U0272826

阀门年产能超 **1200** 万只

广告

主要起草标准

GB 7512—2023《液化石油气瓶阀》
GB/T 34530.2—2017《低温绝热气瓶用阀门 第2部分：截止阀》
GB/T 15382—2021《气瓶阀通用技术要求》
GB/T 17926—2022《车用压缩天然气瓶阀》
GB/T 35208—2017《自闭式液化石油气瓶阀》

系列产品

铜阀门 中高压气体阀门 分集水器
水暖管材/管件 不锈钢管材/管件

浙江铭仕兴新暖通科技股份有限公司系高新技术企业、浙江省"专精特新"企业，拥有省级研发中心和省级企业研究院，专业生产各类铜阀门、中高压气体阀门、分集水器，以及各种新型水暖管材/管件和不锈钢管材/管件等为核心的"铭仕"品牌系列产品。公司以"创造新的生活标准"为企业使命，凭借高标准的产品质量和热情周到的服务赢得了国内外客户的高度赞誉，产品远销欧美四十多个国家和地区。

公司拥有各项发明专利100余项，主要起草了多项阀门国家、行业、团体标准，设有各类阀门性能指标的试验和检测实验室，并通过国家特种设备TS认证，分别获得气瓶附件及压力管道元件的特种设备制造许可证，生产的各大系列产品一直深受国内客户青睐；针对国际市场，公司产品通过了ISO 9001质量管理体系认证、ISO 14001环境管理体系认证、美国实验室UL认证、欧盟TPED99/36/EC指令认证、法国BV认证等国际认证，被广泛认可、享誉世界。

湄池生产基地

解放湖生产基地

阀连千家 门通万户——铭仕阀门 您的安全、健康守护神

浙江铭仕兴新暖通科技股份有限公司
ZHEJIANG MINGSHI XINGXIN HVAC TECHNOLOGY CO., LTD.
地址：浙江省诸暨市店口镇霞光路16号 电话：0575-89006808

www.zj-mingshi.com

生产线

DESIGN AND CONSTRUCTION OF PRODUCTION LINES FOR TYPE III AND IV GAS CYLINDERS

III、IV型气瓶生产线设计与搭建 >>>>>>>

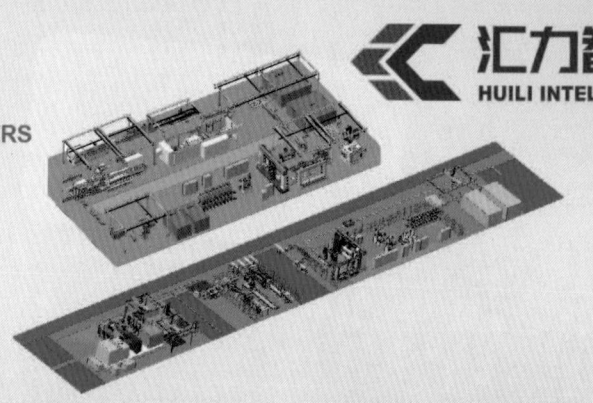

汇力智能
HUILI INTELLIGENCE

产线描述

根据产能场地需要，科学定制 III、IV 型瓶生产线；
了解必要的设备工艺参数；
核心工位核心设备的制作经验；
满足智能化工厂配置要求，符合 GB/T 43554—2023
《智能制造服务 通用要求》的要求。

广告

缠绕机设计与制造（龙门缠绕机、卧式缠绕机、机器人缠绕机）

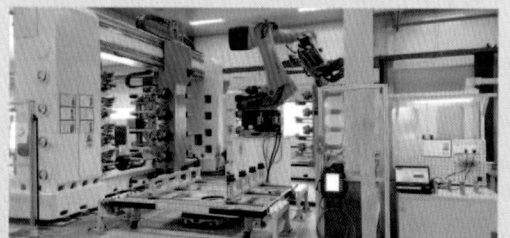  

公司自行研发、设计和制造的四维、五维、六维多工位全自动缠绕机、卧式缠绕机，具有软件自动控制、四轴（五轴）联动、多种张力控制系统选择等特点。设备运行稳定性、可靠性高。可进行螺旋、环向、停留、极性、零度等线型的精密、高速缠绕。缠绕机具备自动刮胶、外径在线检测、原位称重等功能，具有自动化程度高、技术先进、操作简单、便于维护等优点。该设备技术水平已经达到国际同类产品水平。

机器人缠绕机是以机器人和自动张力系统为主体开发的一套适用于罐体类压力容器的自动缠绕设备，以机器人驱动罐体内胆运动，配合全自动张力系统，将纤维按设定程序完成自动缠绕的设备。

其优点：
1. 设备柔性强，可应对小批量多品种快速换型；
2. 占地面积小；
3. 可扩展性强；
4. 成本优。

缠绕机主要参数

缠绕直径×长度	龙门：最大700 mm×3500 mm 卧式：最大3000 mm×25000 mm 机器人缠绕：Φ500 mm×1500 mm	张力控制	湿法：10 N～80 N，精度5% 干法：10 N～150 N，精度3%
工位数	龙门：最大5轴 卧式：最大2轴 机器人缠绕：6+2轴	主轴转速	0 r/min～200 r/min
		定位精度	直线轴：0.05 mm 旋转轴：0.01 mm
同时插补轴数	4轴、5轴、6+2轴	重复定位精度	直线轴：0.025 mm 旋转轴：0.005 mm
轴插补速度	最大2 m/s	缠绕精度	0.1 mm
出纱速度	湿法：最大1.5 m/s 干法：最大6 m/s	可缠绕产品	纤维种类：碳纤维、玻璃纤维、PBO等 形状：筒形、瓶形、球形、锥形等 产品用途：高压容器、轴、辊、壳体等

强旋机设计与制造

公司设计制造的强旋机，是无形切削加工成形，主要用于各种空心薄壁回转体零件旋压成形，特别适用于筒形零件的旋压成形和汽车车轮、轮辐、轮毂的旋压成形，可以通过正旋对带底工件或通过反旋对筒形工件进行强力旋压成形。设计有专用工装，可实现异形零件旋压成形。

主要参数（一）		主要参数（二）		主要参数（三）	
坯料直径	Φ60 mm～Φ600 mm	坯料直径	Φ200 mm～Φ700 mm	坯料直径	Φ300 mm～Φ1400 mm
最大旋压长度	正旋2500 mm～ 反旋3500 mm	最大旋压长度	正旋2500 mm～ 反旋3500 mm	最大旋压长度	正旋2500 mm～ 反旋3500 mm
旋轮座纵向推力	250 kN	旋轮座纵向推力	300 kN	旋轮座纵向推力	1000 kN
旋轮径向推力	3×150 kN	旋轮径向推力	3×250 kN	旋轮径向推力	4×650 kN
尾顶力	75 kN	尾顶力	75 kN	尾顶力	200 kN
主传动					
主轴转速级数	无级	主轴转速级数	无级	主轴转速级数	无级
主轴转速范围	30 r/min～100 r/min	主轴转速范围	30 r/min～100 r/min	主轴转速范围	0 r/min～35 r/min

---

收口机设计与制造

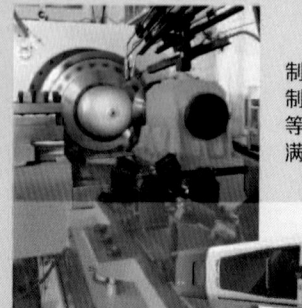

公司设计制造的数控旋压收口机，用于制造各种规格无缝气瓶及无缝内胆。具有控制系统稳定可靠，编程、调试、操作及维修等方便快捷的特点。其稳定性、可靠性可以满足各种规格气瓶收口的工艺要求。

技术参数

铝合金无缝气瓶及铝内胆收口机

可收气瓶直径	≤700 mm	主轴转速	100 r/min～300 r/min
可收气瓶长度	3500 mm	生产率	平均每3 min 一只气瓶

控制系统：采用广数数控系统，具有伺服电机、闭环火控系统、多旋轮组件以及自动上下料组件等功能

无缝钢瓶及钢质无缝内胆收口机   3 min

可收气瓶直径	≤430 mm	主轴转速	300 r/min
可收气瓶长度	3500 mm	生产率	平均每3 min 一只气瓶

控制系统：采用广数数控系统，具有伺服电机、闭环火控系统、多旋轮组件以及自动上下料组件等功能

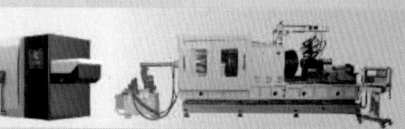

沈阳汇力智能科技有限公司 | 地址：沈阳市沈北新区正良四路52号 | 联系电话：13591449109 | 网址：www.syhlzn.com

深圳市兰洋科技有限公司

专精特新"小巨人"企业

广告

物联网密码锁角阀

全自动转盘充装线

无人防爆运瓶车

全自动钢瓶清洗机

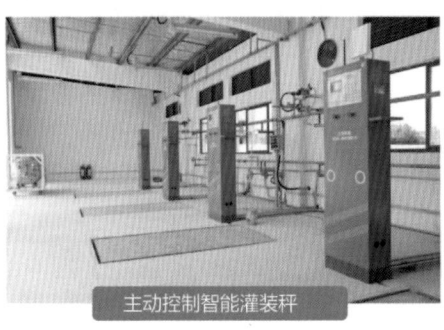

主动控制智能灌装秤

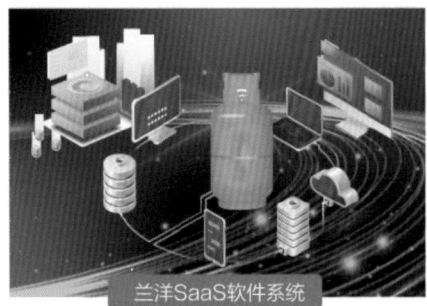

兰洋SaaS软件系统

半自动充装线

电子检漏系统

自动叠瓶系统

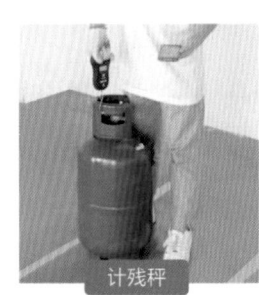

计残秤

轻瓶/重瓶检斤系统

关于我们 ▶▶
ABOUT US

深圳市兰洋科技有限公司成立于 1999 年，是一家集研发、生产、销售、运营管理和信息服务为一体的高新技术企业和专精特新"小巨人"企业。目前共拥有专利数 97 项（其中国际专利 7 项），参与行业团体标准制定 5 项。

公司具备液化石油气行业国际先进的软件、硬件、自动化、通信、物联网、大数据、人工智能、区块链等研发能力，多次引导中国 LPG 行业运营模式创新，推出 LPG 行业"燃气数字化"运营管理模式，创新性提出"燃气本质安全"整体解决方案。

拥有全国较齐全的 LPG 产品矩阵，包括 LPG 全产业链运营管理类产品、全产业链安全类产品及行业 SaaS 软件平台。公司的物联网燃气智能充装设备、物联网燃气安全类产品和系统管理平台已服务国内瓶装燃气行业 70% 的燃气企业。云配送平台服务终端用户已有 750 多万，气瓶安全溯源平台终端用户 150 多万，气站总管理系统平台用户 1200 多。

公司通过参股十多家燃气公司建立实践基地，把产业链拆解为多个环节，每个环节流程重塑，作业数字化、技术创新、产品研发，形成 SOP 标准作业程序，并且快速验证、迭代，探索出一套可复制的商业开发模式。

"以客户为中心、以创新求发展""为行业赋能，为客户创造价值"一直是兰洋科技的经营理念和发展战略。经过 20 多年的耕耘，产品和系统解决方案已应用于 LPG、LNG、多种工业气体和管道天然气领域，并将不断通过科技创新为燃气行业安全铸就坚强的盾牌。

地 址：深圳市龙岗区赛为大厦12楼
电 话：0755-88836815
网 站：www.lanyang.com

· COMPANY PROFILE

广告

浙江金象科技有限公司是国家专精特新"小巨人"企业和高新技术企业，是中国工业气体工业协会压力设备分会会长单位、中国城市燃气协会LPG专业委员会副主任委员单位、全国气瓶标准化技术委员会委员单位、中国电子气体生产与利用百人会副会长单位、中国氢能供应与利用百人会副会长单位、浙江省特种设备协会副会长单位，并取得了国家绿色工厂、浙江制造"品"字标、浙江省知识产权示范企业等诸多荣誉。

公司持有B2、C2级特种设备生产许可和道路机动车辆生产许可，以及美国DOT、ASME，欧盟EC、韩国KGS、日本KHK等认证，主营LPG供气储罐，带泵罐车，高纯电子气体精炼、储运装备，氟化工医药成套装备，各种气瓶，压力容器等产品。

氟化工装备

LPG装备

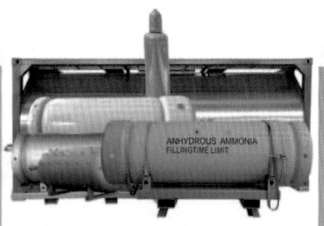
高纯设备

焊接钢瓶

地址：浙江省东阳市经济开发区广福东街1199号
电话：0579-89310722   15057988078
邮箱：admin@kin-shine.com.cn
网址：http://www.kin-shine.com.cn

气瓶

标准汇编

2024

（上）

全国气瓶标准化技术委员会
中国标准出版社　编

中国质量标准出版传媒有限公司
中国标准出版社
北　京

图书在版编目(CIP)数据

气瓶标准汇编.2024.上 / 全国气瓶标准化技术委员会，中国标准出版社编. -- 北京：中国质量标准出版传媒有限公司，2024.8. -- ISBN 978-7-5026-5086-5

Ⅰ. TL351-65

中国国家版本馆 CIP 数据核字第 2024EV5940 号

中国质量标准出版传媒有限公司
中 国 标 准 出 版 社 出 版　发行
北京市朝阳区和平里西街甲 2 号(100029)
北京市西城区三里河北街 16 号(100045)

网址 www.spc.net.cn
总编室:(010)68533533　发行中心:(010)51780238
读者服务部:(010)68523946
中国标准出版社秦皇岛印刷厂印刷
各地新华书店经销

*

开本 880×1230　1/16　印张 53.5　字数 1 599 千字
2024 年 8 月第一版　2024 年 8 月第一次印刷

*

定价 428.00 元

如有印装差错　由本社发行中心调换
版权专有　侵权必究
举报电话:(010)68510107

前　言

　　气瓶作为移动式压力容器,已经广泛地使用于社会生产和人民生活的各个领域(据统计,截至 2023 年年底,我国在用气瓶约 2.88 亿只),其安全运行事关人民群众生命财产安全和经济健康发展。随着我国气瓶标准体系的不断完善,气瓶制造产业得到长足的发展,我国已经由 20 世纪的气瓶进口大国转变为气瓶制造大国。气瓶产业的发展、安全水平的提高,离不开气瓶标准化工作发挥的基础性作用。因此,无论是促进气瓶产业发展和科技进步,还是提高气瓶安全状况和保证人民生命财产安全,贯彻气瓶标准都具有十分重要的意义。

　　本套汇编分为上、下两册,汇总了 77 项气瓶国家标准和 12 项团体标准。其中上册收集的是气瓶基础标准、产品标准和使用标准;下册收集的是气瓶附件标准、方法标准、检验标准、充装标准及信息化标准。本套汇编可作为从事气瓶设计、制造、检验、充装等工作的专业技术人员和从事气瓶安全工作的检查、监察人员的工具书。

编　者

2024 年 6 月

目　录

三、气瓶使用标准

一、气瓶基础标准

ICS 23.020.30
J 74

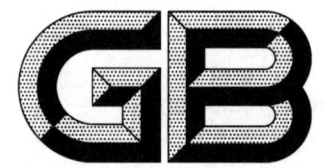

中华人民共和国国家标准

GB/T 7144—2016
代替 GB 7144—1999

气 瓶 颜 色 标 志

Coloured cylinder mark for gases

2016-02-24 发布
2016-09-01 实施

中华人民共和国国家质量监督检验检疫总局
中国国家标准化管理委员会 发布

3

前　言

本标准按照 GB/T 1.1—2009 给出的规则起草。

本标准代替 GB 7144—1999《气瓶颜色标志》。

本标准与 GB 7144—1999 相比较,主要修改之处如下:

——增加检验色标、检验标记环和混合气、标准气的定义;

——按照 GB 16163—2012《瓶装气体分类》所载的 108 种气体,本标准增加 27 种瓶装气体的气瓶颜色标志,由 81 种,增加到 108 种,列于 6.1 表 2 气瓶颜色标志一览表之中,充装气体的排列顺序也修改成与 GB 16163 的附录 A 相一致;

——参照国家环保部的《中国逐步淘汰臭氧层物质国家方案(修订稿)》的内容,应淘汰的气体有:三氟氯甲烷(R-13)、五氟氯乙烷(R-115)、二氟二氯甲烷(R-12)、四氟二氯乙烷(R-114)共 4 种,按规定到 2010 年应停止生产和使用。本标准仍保留了这 4 种气体的气瓶颜色标志,但在该气体序号上加注了 * 号,以示注意;

——增加不锈钢气瓶(含焊接绝热气瓶)、纤维缠绕气瓶颜色标志的原则要求(见 6.4,6.5);

——增加附录 A(规范性附录)、附录 B(规范性附录),分别规定了混合气体(含标准气体)气瓶、大容积钢质无缝气瓶(长管拖车、管束式集装箱用瓶)。

请注意本文件的某些内容可能涉及专利。本文件的发布机构不承担识别这些专利的责任。

本标准由全国气瓶标准化技术委员会(SAC/TC 31)提出并归口。

本标准起草单位:北京氦普北分气体有限公司、北京天海工业有限公司、上海铁锚压力容器(集团)有限公司。

本标准主要起草人:马昌华、赵俊秀、李秀珍、王艳辉、陈伟明。

本标准所代替标准历次版本发布情况为:

——GB 7144—1986、GB 7144—1999。

气 瓶 颜 色 标 志

1 范围

本标准规定了气瓶外表面的涂敷颜色、字样、字色、色环、色带和检验色标等要求,是识别气瓶所充装气体和定期检验年限的主要标志之一。

本标准适用于符合 TSG R0006、以及相关气瓶标准规定的可重复充装的气瓶。

本标准不适用于非重复充装气瓶、灭火用气瓶和机器设备上附属的瓶式压力容器。

注:相关气瓶标准包括气瓶产品国家标准、地方标准或企业标准。

2 规范性引用文件

下列文件对于本文件的应用是必不可少的。凡是注日期的引用文件,仅注日期的版本适用于本文件。凡是不注日期的引用文件,其最新版本(包括所有的修改单)适用于本文件。

GB/T 3181 漆膜颜色标准

GB/T 13005 气瓶术语

GB/T 16163 瓶装气体分类

TSG R0006 气瓶安全技术监察规程

3 术语和定义

GB/T 13005 界定的以及下列术语和定义适用于本文件。

3.1

气瓶颜色标志 coloured cylinder mark for gases

针对气瓶不同的充装介质,按照有关标准对气瓶外表面涂敷的涂膜颜色、字样、字色、色环等内容进行规定的组合,作为识别瓶装气体的标志。

3.2

色环 coloured ring

公称工作压力不同的气瓶充装同一种气体而具有不同充装压力或不同充装系数的识别标志。

3.3

色卡 coloured chip

表示一定颜色的标准样品卡。

3.4

检验色标 coloured mark for requalification of cylinders

为便于观察和了解气瓶定期检验年份,在检验钢印处涂敷的相应颜色和形状的标志。

3.5

检验标记环 test mark ring

装设于瓶阀与阀座之间,上面打有气瓶检验信息钢印的、可以转动的金属环形薄片。

3.6

混合气 gas mixture

含有两种或两种以上有效组分,或虽属非有效组分但其含量超过规定限量的气体。

3.7

标准气 calibration gas

带有证书的具有计量溯源性的一种或多种准确特性量值、用于校准仪器、评价测量方法或给物质赋值的气体。

4 气瓶的涂敷颜色名称和鉴别

4.1 气瓶的涂敷颜色应符合 GB/T 3181 的规定(铝白、黑、白除外)。

4.2 气瓶的涂敷颜色的编号、名称和色卡见表 1。

4.3 选用漆膜以外方法涂敷的气瓶,其涂敷颜色均应符合表 1 的规定。

4.4 颜色和色卡应按 GB/T 3181 的要求鉴别。

表 1 气瓶的漆膜颜色编号、名称和色卡

颜色编号、名称	色卡
P01 淡紫	
PB06 淡(酞)蓝	
B04 银灰	
G02 淡绿	
G05 深绿	
Y06 淡黄	
Y09 铁黄	
YR05 棕	
R01 铁红	
R03 大红	
RP01 粉红	
铝白	
黑	
白	

5 气瓶的字样和色环

5.1 字样

5.1.1 字样是指气瓶充装气体名称、气瓶所属单位名称和其他内容(如溶解乙炔气瓶的"不可近火")等的文字标记。

5.1.2 充装气体名称一般用汉字表示。液化气体的名称前一般应加注"液"或"液化"字样；医用或呼吸用气体，在气体名称前应分别加注"医用"或"呼吸用"字样。混合气（含标准气）按附录 A 的规定，加注混合气或标准气字样。

> 注：对于小容积气瓶，充装气体名称可用化学式表示。

5.1.3 汉字字样宜采用仿宋或黑体字。公称容积 40 L 的气瓶，字体高度不宜低于 80 mm；其他规格的气瓶，字体大小可适当调整。

5.1.4 立式气瓶的充装气体名称应按瓶的环向横列于约为瓶高的 3/4 处，充装单位名称应按气瓶的轴向竖列于气体名称居中的下方或旋转 180°的瓶体表面。

5.1.5 卧式气瓶的充装气体名称和充装单位名称应以气瓶的轴向从瓶阀端向右（瓶阀在左侧）分行横列于瓶体中部，充装单位名称应位于气体名称之下，行间距应不小于字体高度的 1/2。

5.2 色环

5.2.1 充装同一种气体的气瓶，其公称工作压力分级按 TSG R0006 执行。各种气体的颜色标志见表 2。

5.2.2 公称工作压力比规定的起始级高一级的涂一道色环（简称单环）；比起始级高二级的涂两道色环（简称双环）。

> 注：按照 TSG R0006 常用气体气瓶的公称工作压力分级，同种瓶装气体的公称工作压力最低的为起始级。

5.2.3 色环应在气瓶表面环向涂成连续一圈、边缘整齐且等宽的色带，不应呈现螺旋状、锯齿状或波浪状；双环应平行。

5.2.4 公称容积 40 L 的气瓶，单环宽度为 40 mm，双环的各环宽度为 30 mm。其他规格的气瓶，色环宽度可适当调整。

5.2.5 双环的环间距等于色环宽度。

5.2.6 立式气瓶的色环约位于瓶高约 2/3 处，且介于充装气体名称和充装单位名称之间。

5.2.7 卧式气瓶的色环约位于距瓶阀端筒体长度的 1/4 处。

5.3 其他要求

气瓶的字样、色环相互之间应避免叠合，且应避开防震圈的位置。

6 气瓶颜色标志

6.1 充装常用气体的气瓶颜色标志见表 2。

表 2 气瓶颜色标志一览表

序号	充装气体	化学式（或符号）	体色	字样	字色	色环
1	空气	Air	黑	空气	白	$P=20$，白色单环 $P\geqslant30$，白色双环
2	氩	Ar	银灰	氩	深绿	
3	氟	F2	白	氟	黑	
4	氦	He	银灰	氦	深绿	$P=20$，白色单环 $P\geqslant30$，白色双环
5	氪	Kr	银灰	氪	深绿	
6	氖	Ne	银灰	氖	深绿	

表 2（续）

序号	充装气体	化学式（或符号）	体色	字样	字色	色环
7	一氧化氮	NO	白	一氧化氮	黑	
8	氮	N_2	黑	氮	白	$P=20$，白色单环
9	氧	O_2	淡（酞）蓝	氧	黑	$P \geqslant 30$，白色双环
10	二氟化氧	OF_2	白	二氟化氧		
11	一氧化碳	CO	银灰	一氧化碳	大红	
12	氘	D_2	银灰	氘		
13	氢	H_2	淡绿	氢	大红	$P=20$，大红单环 $P \geqslant 30$，大红双环
14	甲烷	CH_4	棕	甲烷	白	$P=20$，白色单环 $P \geqslant 30$，白色双环
15	天然气	CNG	棕	天然气	白	
16	空气（液体）	Air	黑	液化空气	白	
17	氩（液体）	Ar	银灰	液氩	深绿	
18	氦（液体）	He	银灰	液氦	深绿	
19	氢（液体）	H_2	淡绿	液氢	大红	
20	天然气（液体）	LNG	棕	液化天然气	白	
21	氮（液体）	N_2	黑	液氮	白	
22	氖（液体）	Ne	银灰	液氖	深绿	
23	氧（液体）	O_2	淡（酞）蓝	液氧	黑	
24	三氟化硼	BF_3	银灰	三氟化硼	黑	
25	二氧化碳	CO_2	铝白	液化二氧化碳	黑	$P=20$，黑色单环
26	碳酰氟	CF_2O	银灰	液化碳酰氟	黑	
27*	三氟氯甲烷	CF_3Cl	铝白	液化三氟氯甲烷 R-13	黑	$P=12.5$ 黑色单环
28	六氟乙烷	C_2F_6	铝白	液化六氟乙烷 R-116	黑	
29	氯化氢	HCl	银灰	液化氯化氢	黑	
30	三氟化氮	NF_3	银灰	液化三氟化氮	黑	
31	一氧化二氮	N_2O	银灰	液化笑气	黑	$P=15$，黑色单环
32	五氟化磷	PF_5	银灰	液化五氟化磷	黑	
33	三氟化磷	PF_3	银灰	液化三氟化磷	黑	
34	四氟化硅	SiF_4	银灰	液化四氟化硅 R-764	黑	

表 2（续）

序号	充装气体	化学式（或符号）	体色	字样	字色	色环
35	六氟化硫	SF_6	银灰	液化六氟化硫	黑	$P=12.5$,黑色单环
36	四氟甲烷	CF_4	铝白	液化四氟甲烷 R-14	黑	
37	三氟甲烷	CHF_3	铝白	液化三氟甲烷 R-23	黑	
38	氙	Xe	银灰	液氙	深绿	$P=20$,白色单环 $P=30$,白色双环
39	1,1二氟乙烯	$C_2H_2F_2$	银灰	液化偏二氟乙烯 R-1132a	大红	
40	乙烷	C_2H_6	棕	液化乙烷	白	$P=15$,白色单环
41	乙烯	C_2H_4	棕	液化乙烯	淡黄	$P=20$,白色双环
42	磷化氢	PH_3	白	液化磷化氢	大红	
43	硅烷	SiH_4	银灰	液化硅烷	大红	
44	乙硼烷	B_2H_6	白	液化乙硼烷	大红	
45	氟乙烯	C_2H_3F	银灰	液化氟乙烯 R-1141	大红	
46	锗烷	GeH_4	白	液化锗烷	大红	
47	四氟乙烯	C_2F_4	银灰	液化四氟乙烯	大红	
48	二氟溴氯甲烷	$CBrClF_2$	铝白	液化二氟溴氯甲烷 R-12B1	黑	
49	三氯化硼	BCl_3	银灰	液化三氯化硼	黑	
50	溴三氟甲烷	$CBrF_3$	铝白	液化溴三氟甲烷 R-13B1	黑	$P=12.5$,黑色单环
51	氯	Cl_2	深绿	液氯	白	
52	氯二氟甲烷	$CHClF_2$	铝白	液化氯二氟甲烷 R-22	黑	
53*	氯五氟乙烷	$CF_3\text{-}CClF_2$	铝白	液化氟氯烷 R-115	黑	
54	氯四氟甲烷	$CHClF_4$	铝白	液化氟氯烷 R-124	黑	
55	氯三氟乙烷	$CH_2Cl\text{-}CF_3$	铝白	液化氯三氟乙烷 R-133a	黑	

表 2（续）

序号	充装气体	化学式 （或符号）	体色	字样	字色	色环
56*	二氯二氟甲烷	CCl_2F_2	铝白	液化二氟二氯甲烷 R-12	黑	
57	二氯氟甲烷	$CHCl_2F$	铝白	液化氟氯烷 R-21	黑	
58	三氧化二氮	N_2O_3	白	液化三氧化二氮	黑	
59*	二氯四氟乙烷	$C_2Cl_2F_4$	铝白	液化氟氯烷 R-114	黑	
60	七氟丙烷	CF_3CHFCF_3	铝白	液化七氟丙烷 R-227e	黑	
61	六氟丙烷	C_3F_6	银灰	液化六氟丙烷 R-1216	黑	
62	溴化氢	HBr	银灰	液化溴化氢	黑	
63	氟化氢	HF	银灰	液化氟化氢	黑	
64	二氧化氮	NO_2	白	液化二氧化氮	黑	
65	八氟环丁烷	C_4H_8	铝白	液化氟氯烷 R-C318	黑	
66	五氟乙烷	$CH_2F_2CF_3$	铝白	液化五氟乙烷 R-125	黑	
67	碳酰二氯	$COCl_2$	白	液化光气	黑	
68	二氧化硫	SO_2	银灰	液化二氧化硫	黑	
69	硫酰氟	SO_2F_2	银灰	液化硫酰氟	黑	
70	1,1,1,2 四氟乙烷	CH_2FCF_3	铝白	液化四氟乙烷 R-134a	黑	
71	氨	NH_3	淡黄	液氨	黑	
72	锑化氢	SbH_3	银灰	液化锑化氢	大红	
73	砷烷	AsH_3	白	液化砷化氢	大红	
74	正丁烷	C_4H_{10}	棕	液化正丁烷	白	
75	1-丁烯	C_4H_8	棕	液化丁烯	淡黄	
76	（顺）2-丁烯	C_4H_8	棕	液化顺丁烯	淡黄	
77	（反）2-丁烯	C_4H_8	棕	液化反丁烯	淡黄	
78	氯二氟乙烷	CH_3CClF_2	铝白	液化氯二氟乙烷 R-142b	大红	
79	环丙烷	C_3H_6	棕	液化环丙烷	白	
80	二氯硅烷	SiH_2Cl_2	银灰	液化二氯硅烷	大红	

表 2（续）

序号	充装气体		化学式（或符号）	体色	字样	字色	色环
81	偏二氟乙烷		CF_2CH_3	铝白	液化偏二氟乙烷 R-152a	大红	
82	二氟甲烷		CH_2F_2	铝白	液化二氟甲烷 R-32	大红	
83	二甲胺		$(CH_3)_2NH$	银灰	液化二甲胺	大红	
84	二甲醚		C_2H_6O	淡绿	液化二甲醚	大红	
85	乙硅烷		SiH_6	银灰	液化乙硅烷	大红	
86	乙胺		$C_2H_6NH_2$	银灰	液化乙胺	大红	
87	氯乙烷		C_2H_5Cl	银灰	液化氯乙烷 R-160	大红	
88	硒化氢		H_2Se	银灰	液化硒化氢	大红	
89	硫化氢		H_2S	白	液化硫化氢	大红	
90	异丁烷		C_4H_{10}	棕	液化异丁烷	白	
91	异丁烯		C_4H_8	棕	液化异丁烯	淡黄	
92	甲胺		CH_3NH_2	银灰	液化甲胺	大红	
93	溴甲烷		CH_3Br	银灰	液化溴甲烷	大红	
94	氯甲烷		CH_3Cl	银灰	液化氯甲烷	大红	
95	甲硫醇		CH_3SH	银灰	液化甲硫醇	大红	
96	丙烷		C_3H_8	棕	液化丙烷	白	
97	丙烯		C_3H_6	棕	液化丙烯	淡黄	
98	三氯硅烷		$SiHCl_3$	银灰	液化三氯硅烷	大红	
99	1,1,1三氟乙烷		CHF_3CH_2	铝白	液化三氟乙烷 R-143a	大红	
100	三甲胺		$(CH_3)_3N$	银灰	液化三甲胺	大红	
101	液化石油气	工业用		棕	液化石油气	白	
		民用		银灰	液化石油气	大红	
102	1,3丁二烯		C_4H_6	棕	液化丁二烯	淡黄	
103	氯三氟乙烯		C_2F_3Cl	银灰	液化氯三氟乙烯 R-1113	大红	
104	环氧乙烷		CH_2OCH_2	银灰	液化环氧乙烷	大红	
105	甲基乙烯基醚		C_3H_6O	银灰	液化甲基乙烯基醚	大红	
106	溴乙烯		C_2H_3Br	银灰	液化溴乙烯	大红	
107	氯乙烯		C_2H_3Cl	银灰	液化氯乙烯	大红	
108	乙炔		C_2H_2	白	乙炔 不可近火	大红	

表 2（续）

序号	充装气体	化学式 （或符号）	体色	字样	字色	色环
注 1：色环栏内的 P 是气瓶的公称工作压力，单位为兆帕（MPa）；车用压缩天然气钢瓶可不涂色环。						
注 2：序号加 ＊ 的，是 2010 年后停止生产和使用的气体。						
注 3：充装液氧、液氮、液化天然气等不涂敷颜色的气瓶，其体色和字色指瓶体标签的底色和字色。						

6.2 充装表 2 以外气体的气瓶，其涂敷配色见表 3，再配以相应的字样和色环即构成某气体的气瓶颜色标志。

表 3 气瓶涂敷配色类型

充装气体类别		气瓶涂膜配色类型		
		体色	字色	环色
烃类	烷烃	YR05 棕	白	R03 大红
	烯烃			
稀有气体类		B04 银灰	G05 深绿	
氟氯烷类		铝白	可燃性：R03 大红 不燃性：黑	
毒性类		Y06 淡黄		
其他气体		B04 银灰		

6.3 瓶帽、护罩、瓶耳、底座等涂敷颜色应与瓶体的体色一致（塑料材质的瓶帽、护罩除外）。

6.4 铝合金气瓶、不锈钢气瓶（含外壳为不锈钢材质的焊接绝热气瓶），可以不涂敷体色而保持金属本色，但瓶体表面应粘贴醒目的标签，标签的内容至少应包括气瓶的容积、公称工作压力、介质名称及符号、最大充装量等主要技术参数，标签的底色和字色应分别符合表 2 中体色和字色的要求。

注：对于大容积气瓶，标签的宽度不宜小于 300 mm，其他容积的气瓶可根据瓶体尺寸进行适当的调整。

6.5 纤维缠绕气瓶，其外层保护膜内镶嵌的标贴，应符合 TSG R0006 和相应产品国家标准的规定。

环向缠绕气瓶的头部和底部的金属部分的涂敷颜色，根据所盛装介质，应与表 2 规定的体色一致；不书写字样。

长管拖车、管束式集装箱用大容积环缠绕气瓶的头部和底部金属部分的涂敷颜色，由用户或者制造单位自行决定。

6.6 充装混合气体的气瓶按附录 A 的规定涂敷颜色标志。

6.7 大容积钢质无缝气瓶（长管拖车、管束式集装箱用瓶）按附录 B 的规定涂敷颜色标志。

6.8 液化石油气充装单位采用信息化标签进行管理并且自有产权气瓶超过 30 万只液化石油气钢瓶的，可按 TSG R0006 的有关规定，制定企业专用的气瓶颜色标识。

7 气瓶检验色标

7.1 定期检验时，应在气瓶检验钢印标记上和检验标记环上，按检验年份涂检验色标。检验色标的式样见表 4，每 10 年一个循环周期。

注：小容积气瓶和检验标记环上的检验钢印标志可以不涂检验色标。

7.2 公称容积 40 L 气瓶的检验色标形状与尺寸:矩形约为 80 mm×40 mm;椭圆形的长短轴分别约为 80 mm 和 40 mm。其他规格的气瓶,检验色标的大小可以适当调整。

表 4 气瓶检验色标的涂膜颜色和形状

检验年份	颜色	形状
2015	RP01 粉红	矩形
2016	R01 铁红	
2017	Y09 铁黄	
2018	P01 淡紫	
2019	G05 深绿	
2020	RP01 粉红	椭圆形
2021	R01 铁红	
2022	Y09 铁黄	
2023	P01 淡紫	
2024	G05 深绿	矩形
2025	RP01 粉红	
2026	R01 铁红	

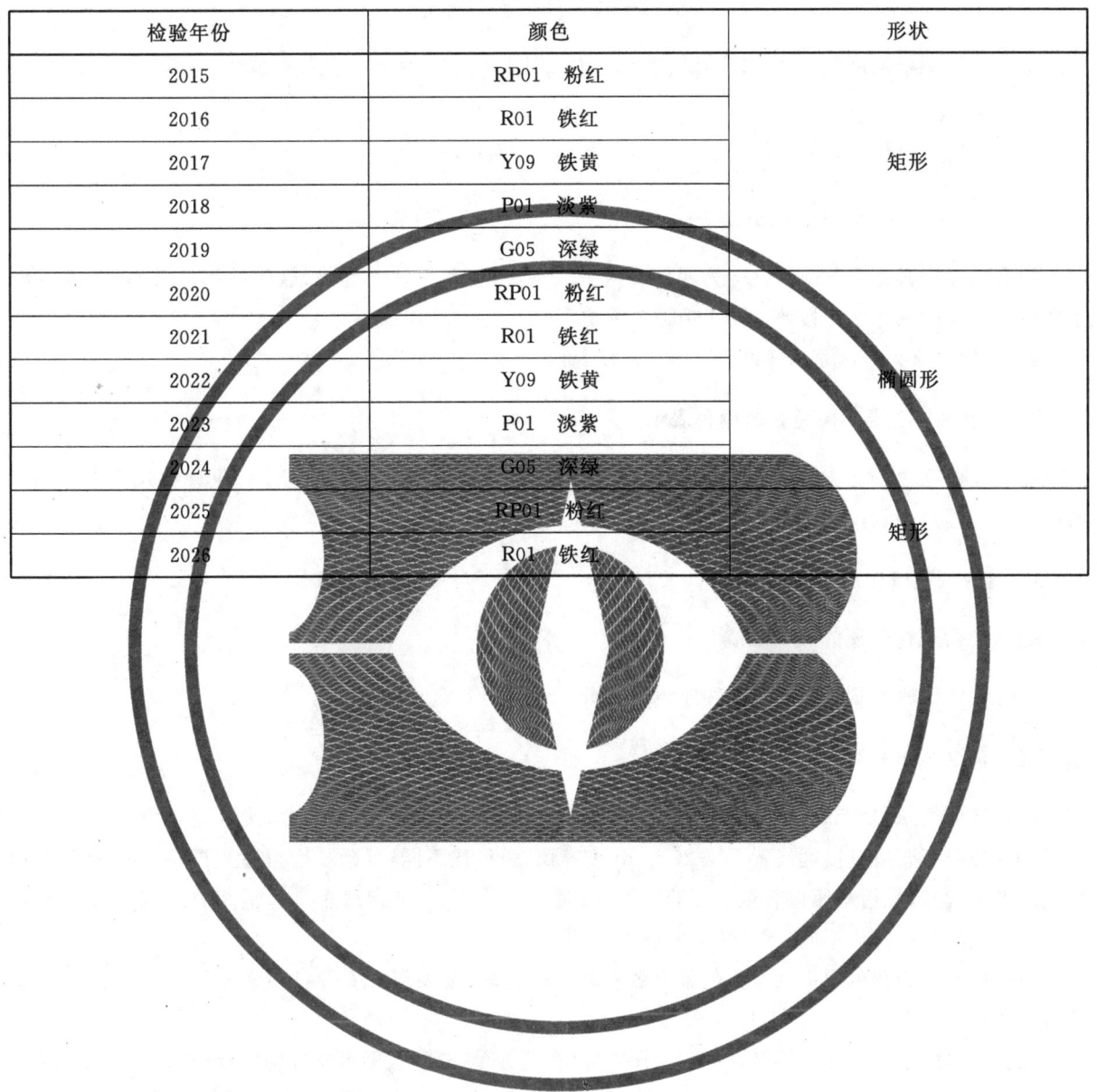

附 录 A

（规范性附录）

混合气体气瓶的颜色标志

混合气体包括标准气体，标准气体气瓶的颜色标志同混合气体气瓶的颜色标志。

A.1 混合气体气瓶的瓶色

A.1.1 混合气体主要危险特性分类

混合气体按其主要危险特性分为四类：可燃性、毒性（含腐蚀性，下同）、氧化性和不燃性（一般性）。主要危险特性的具体区分按照 GB/T 16163 规定。

注：一般性即不燃、不助燃、非氧化、无毒和惰性的泛称。

A.1.2 混合气体主要危险特性的颜色表示

可燃性用红色（R03 大红，下同）表示；毒性用黄色（Y06 淡黄，下同）表示；氧化性用蓝色（PB06 淡（酞）蓝，下同）表示；不燃性用绿色（G05 深绿，下同）表示。

A.1.3 混合气体气瓶瓶色

A.1.3.1 混合气体气瓶的瓶色组成

混合气体气瓶的瓶色分为头色和体色两部分。

A.1.3.2 混合气体气瓶的头色

混合气体气瓶的头部，指瓶颈和瓶肩两部分的组合。对于一条环焊缝的焊接气瓶，是指从瓶口（或阀座，下同）起至瓶肩过渡区或者下延 20 mm（按容积、长径比不同，下延长度可适当调整）；对于两条环焊缝的焊接气瓶，是指从瓶口起至上环缝的下缘；对于无缝气瓶，是指从瓶口起至瓶肩过渡区或者下延 20 mm（按容积、长径比不同，下延长度可适当调整）。

头部所涂敷的颜色为头色。头色需涂敷成两种颜色时，按头部长度（高度）平分为上、下两部分，各涂敷一种颜色。

混合气体的主要危险特性符合 A.1.1 分类时，头色为单一颜色：即可燃性为大红色，毒性为淡黄色，氧化性为淡（酞）蓝色，不燃性（一般性）为深绿色。混合气体的主要危险特性，具有可燃性且又有毒性时，头色上部为大红色，下部为淡黄色；具有毒性且又有氧化性时，头色上部为淡黄色，下部为淡（酞）蓝色。

A.1.3.3 混合气体气瓶的体色

混合气体气瓶头部以外的部分为瓶体。

瓶体所涂敷的颜色为体色。

混合气体气瓶的体色均涂敷为银灰色。

铝合金质气瓶、不锈钢气瓶盛装混合气体，可按 6.4 执行，不涂敷体色而保持金属本色。

表 A.1 为混合气体气瓶的瓶色一览表。

表 A.1 混合气体气瓶的瓶色一览表

混合气体主要危险特性	头色		体色	字色 环色
	上	下		
燃烧性	R03 大红		B04 银灰	R03 大红
毒性	Y06 淡黄			Y06 淡黄
氧化性	PB06 淡(酞)蓝			PB06 淡(酞)蓝
不燃性(一般性)	G05 深绿			G05 深绿
燃烧性和毒性	R03 大红	Y06 淡黄		R03 大红
毒性和氧化性	Y06 淡黄	PB06 淡(酞)蓝		Y06 淡黄

A.1.4 混合气体气瓶的瓶阀颜色

混合气体气瓶的瓶阀不再涂色,即保持金属本色或产品原涂敷的颜色。

A.1.5 混合气体气瓶的其他部位颜色

混合气体气瓶的护罩、瓶耳、瓶帽、底座等,一律涂敷为银灰色。

A.2 混合气体气瓶的字样

A.2.1 一般要求

A.2.1.1 混合气体气瓶的字样应按照 5.1 的相关规定。

A.2.1.2 气体名称应选用主要使用行业的常用名称或商品名称。

A.2.1.3 混合气体气瓶在气体名称下方注明"(混合气)"或"(标准气)"。对于小容积气瓶,可不喷涂气体名称,而直接喷涂"混合气"或"标准气"。

A.2.2 字色

混合气(标准气)及气体名称的字色按表 A.1 规定。

A.3 混合气体气瓶的色环

A.3.1 公称工作压力小于或等于 15 MPa 的不涂色环。

A.3.2 公称工作压力大于 15 MPa 小于 30 MPa 的涂一道色环(简称单环)。

A.3.3 公称工作压力等于 30 MPa 的涂两道色环(简称双环)。

A.3.4 色环的颜色和头色一致;头色分为上、下两部颜色时,应与上部颜色一致。

A.3.5 色环的宽度、间距、位置和要求,应符合 5.2 的规定。

A.3.6 环色按表 A.1 规定。

A.4 其他规定

A.4.1 实为混合气(如空气、液化石油气、煤气、天然气等),但在 6.1 表 2 中已有规定的,按其规定执行。

A.4.2 医用、呼吸用、潜水用、矿用、船用、航空用等专门行业用的专用气瓶,其混合气体气瓶颜色标志,行业已有规定的,按其规定执行。

A.4.3 本规定之外的其他字样(含字色)如气瓶制造单位、产权单位名称,警示语等标志,由用户自行选择、决定。

附 录 B
（规范性附录）
大容积钢质无缝气瓶（长管拖车、集束瓶组式集装箱用瓶）的颜色标志

B.1 适用范围

本附录适用于组装于长管拖车和集束瓶组式集装箱上的大容积钢质无缝气瓶（以下简称大容积气瓶）。单独储运和使用的大容积气瓶的颜色标志仍按本标准有关规定执行。

B.2 气瓶方位要求

长管拖车或者集束瓶组式集装箱按管箱的位置确定方位：管箱一端为气瓶的尾部，另一端为气瓶的头部。

B.3 大容积气瓶的体色

B.3.1 大容积气瓶的体色均涂敷为白色或者乳白色。
B.3.2 组装于长管拖车或集束瓶组式集装箱左外侧和右外侧的大容积气瓶，其可视部位应按本附录的规定喷涂色带和字样。其余气瓶只涂敷体色，不涂敷色带和字样。

B.4 大容积气瓶的色带

B.4.1 色带的颜色划分

依据大容积气瓶所充装气体的主要危险特性，喷涂不同颜色的色带加以区分：
可燃性气体为红色（R03　大红）；毒性气体为黄色（Y06　淡黄）；氧化性气体为蓝色（PB06　淡（酞）蓝）；不燃性（一般性）为绿色（G05 深绿）。

B.4.2 色带的宽度

色带宽度为 80 mm～150 mm。可按照大容积气瓶公称直径不同，进行适当的调整。

B.4.3 色带的涂敷

大容积气瓶的色带，按气瓶在长管拖车或者管束式集装箱上组装固定后的可视位置，沿瓶体外表面中间母线轴向涂敷。气瓶头和尾的收缩部分（瓶肩、瓶颈、瓶口、瓶底）不涂色带。根据需要色带可以断开。

B.5 大容积气瓶的字样

B.5.1 字样内容

大容积气瓶的字样（内容、字体、字的大小等），内容可包括：制造单位名称、气体名称、警示标签、定期检验日期，产权单位名称等，具体由气瓶制造单位或者气瓶产权单位确定。

B.5.2 气体名称

气体名称应按 6.1 表 2 的规定。

气体名称为汉字。字体高度应大于色带宽度,字体具体大小由制造单位或产权单位确定。

B.5.3 字样的排列

根据大容积气瓶在长管拖车或者集束瓶组式集装箱上的放置层数,将所要喷涂的字样内容合理地排布在各层外侧气瓶的可视部位。字样内容及排列方式可按下述方式:

左外侧气瓶的外侧面,沿瓶体外表面中间母线轴向、从头部到尾部顺序书写:制造单位名称(气瓶头部),气体名称、警示标签(气瓶中部上下两排,上为名称,下为标签),定期检验日期,产权单位名称(气瓶尾部,用户需要时)。其间用色带隔开。

右外侧气瓶的外侧面,沿瓶体外表面中间母线轴向、从尾部到头部顺序书写:产权单位名称(气瓶尾部,用户需要时),定期检验日期,气体名称、警示标签(气瓶中部上下两排,上为名称,下为标签),制造单位名称(气瓶头部)。其间用色带隔开。

B.5.4 其他要求

本规定之外的其他标志,有法规、标准规定的应遵照执行。无相关规定的,如气瓶制造单位、产权单位的名称、单位徽标,警示语(含字样内容、字体、字色)等由产权单位或制造单位决定。

ICS 23.020.30
J 74

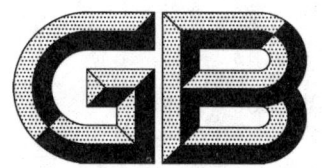

中华人民共和国国家标准

GB 8335—2011
代替 GB 8335—1998

气 瓶 专 用 螺 纹

Special threads for gas cylinders

(ISO 11363-1:2010,Gas cylinders—17E and 25E taper threads for connection of valves to gas cylinders—Part 1:Specifications,NEQ)

自 2017 年 3 月 23 日起,本标准转为推荐性标准,编号改为 GB/T 8335—2011。

2011-12-30 发布   2012-12-01 实施

中华人民共和国国家质量监督检验检疫总局
中国国家标准化管理委员会   发 布

前　言

本标准的全部技术内容为强制性。

本标准按照 GB/T 1.1—2009《标准化工作导则　第 1 部分:标准的结构和编写》给出的规则起草。

本标准代替 GB 8335—1998《气瓶专用螺纹》。

本标准与 GB 8335—1998 相比较,主要修改之处如下:

——将 PZ39.0 的中径基本尺寸由原来的 37.643 变更为 37.645;

——将 PZ39.0 的小径基本尺寸由原来的 36.286 变更为 36.290;

——将 PZ27.8 的中径基本尺寸由原来的 26.636 变更为 26.638;

——将 PZ27.8 的小径基本尺寸由原来的 25.472 变更为 25.476;

——将 PZ19.2 的中径基本尺寸由原来的 18.036 变更为 18.038;

——将 PZ19.2 的小径的基本尺寸由原来的 16.872 变更为 16.876;

——取消了溶解乙炔气瓶易熔塞与瓶连接的两种螺纹规格;

——增加了 PZ30.3 螺纹规格。

本标准使用重新起草法参考 ISO 11363-1:2010《气瓶　阀与气瓶连接的 17E 和 25E 圆锥螺纹　第 1 部分:技术要求》和 DIN 477-1:1979《气瓶阀》,一致性程度为非等效。本标准参考的内容使 PZ19.2 与 17E 圆锥螺纹、PZ27.8 与 25E 圆锥螺纹的基本尺寸完全一致,而保留了偏差不同。

本标准由全国气瓶标准化技术委员会(SAC/TC 31)提出并归口。

本标准主要起草单位:北京天海工业有限公司、上海星地环保设备有限公司、上海市特种设备监督检验技术研究院、宁波富华阀门有限公司。

本标准主要起草人:孟增茂、刘守正、毛冲霓、孙黎、顾秋华。

本标准所代替标准的历次版本发布情况为:

——GB 8335—1987、GB 8335—1998。

根据中华人民共和国国家标准公告(2017 年第 7 号)和强制性标准整合精简结论,本标准自 2017 年 3 月 23 日起,转为推荐性标准,不再强制执行。

气 瓶 专 用 螺 纹

1 范围

本标准规定了气瓶用圆锥螺纹和圆柱管螺纹的术语、符号、基本牙型和尺寸。

本标准适用于气瓶的瓶口与瓶阀连接的圆锥螺纹、瓶帽与颈圈连接的圆柱管螺纹(以下简称圆柱螺纹)。

带安全装置气瓶的易熔塞与塞座连接的圆锥螺纹也可参照本标准使用。

2 规范性引用文件

下列文件对于本文件的应用是必不可少的。凡是注日期的引用文件,仅注日期的版本适用于本文件。凡是不注日期的引用文件,其最新版本(包括所有的修改单)适用于本文件。

GB/T 192 普通螺纹 基本牙型

GB/T 196 普通螺纹 基本尺寸

GB/T 197 普通螺纹 公差

GB/T 3505 产品几何技术规范(GPS)表面结构 轮廓法 术语、定义及表面结构参数

GB/T 13005 气瓶术语

3 术语和定义、符号

3.1 术语和定义

GB/T 13005 确立的以及下列术语和定义适用于本文件。

3.1.1

基准平面 basic plane

垂直于螺纹轴线具有基准直径的平面,简称基面。

注:对内螺纹,是大端平面;对外螺纹,是到小端的距离等于基准距离的平面。

3.1.2

基准直径 basic diameter

内螺纹或外螺纹的基本大径。

3.1.3

圆锥螺纹螺距 taper thread pitch

在中径线上相邻牙对应两点间平行圆锥体母线的距离。

3.1.4

圆锥螺纹中径偏差 taper thread pitch diameter deviation

指包括中径本身的偏差和牙型半角偏差、螺距偏差、锥角偏差等所引起的中径径向补偿值在内的中径综合偏差。

3.1.5

基准距离 basic distance

从基准平面到圆锥外螺纹小端的距离,简称基距。

3.1.6

参照面 reference plane

圆锥外螺纹的小端面（检验可见平面）圆锥内螺纹的大端面（检验可见平面）。

3.2 符号

下列符号适用于本文件。

$D(d)$	内（外）螺纹基面大径；
$D_2(d_2)$	内（外）螺纹基面中径；
$D_1(d_1)$	内（外）螺纹基面小径；
PZ	气瓶圆锥螺纹；
PG	气瓶圆柱螺纹；
n	每25.4 mm锥体母线长度内的螺纹牙数；
P	螺距；
L_1	基距；
L_2	圆锥外螺纹有效长度；
L_3	圆锥内螺纹有效长度；
H	原始三角形高度；
h	牙型高度（$h=2h_1=2h_2$）；
r	圆弧半径；
α	牙型角；
$\Delta\frac{\alpha}{2}$	牙型半角偏差；
φ	倾斜角；
$\Delta\varphi$	倾斜角偏差；
K	锥度。

4 圆锥螺纹

4.1 圆锥螺纹的基本牙型和尺寸

圆锥螺纹的基本牙型、尺寸应符合图1和表1的规定。

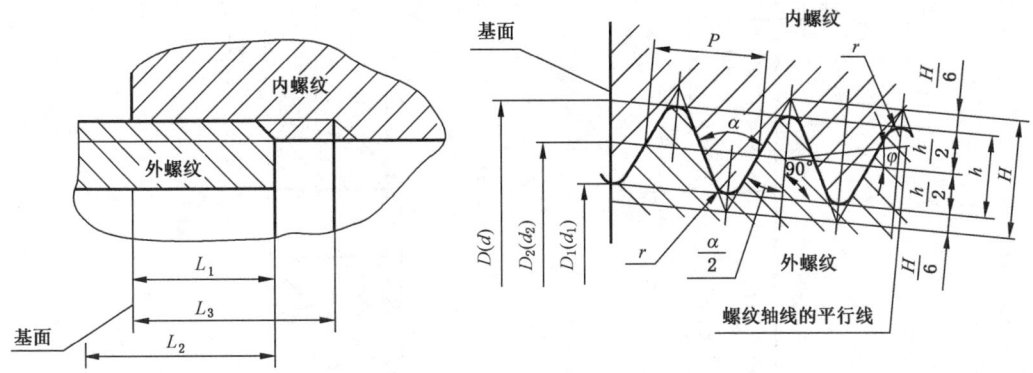

$$H = 0.960\,491\,P; \quad r = 0.137\,329P;$$
$$h = 0.640\,327\,P; \quad K = 3:25 。$$

注1：牙型角平分线垂直于锥体母线。

注2：牙型顶部允许是平的。

图 1

表 1　螺纹的基本尺寸及偏差

螺纹代号	n	P	基面上直径									螺纹长度			牙型高度 h	r	α
			D(d)		D₂(d₂)			D₁(d₁)				L₁	L₂	L₃			
			基本尺寸	极限偏差		基本尺寸	极限偏差		基本尺寸	极限偏差							
				d	D		d₂	D₂		d₁	D₁						
			mm														
PZ39.0	12	2.117	39.000			37.645			36.290						1.355	0.291	
PZ30.3			30.300			29.138			27.976			17.67	26	22			55°
PZ27.8	14	1.814	27.800	+0.18	−0.18	26.638	+0.18	−0.18	25.476	+0.18	−0.18				1.162	0.249	
PZ19.2			19.200			18.038			16.876			16.00	22	19			

4.2　圆锥螺纹的中径偏差

圆锥螺纹的中径偏差以基面位置的轴向变动量表示，其变动范围不超出 1.5 mm。圆锥外螺纹的中径偏差是 +0.18 mm，圆锥内螺纹的中径偏差是 −0.18 mm。圆锥外螺纹用圆锥螺纹环规检查。环规螺纹大端的螺纹尺寸应与该螺纹基面上的螺纹尺寸相同；环规螺纹小端制有一个台阶，台阶的高度为 1.5 mm，小端平面到大端平面的距离等于基距。当环规旋合在外螺纹上时，外螺纹小端平面应在环规小端台阶高度范围内，如图 2 所示。

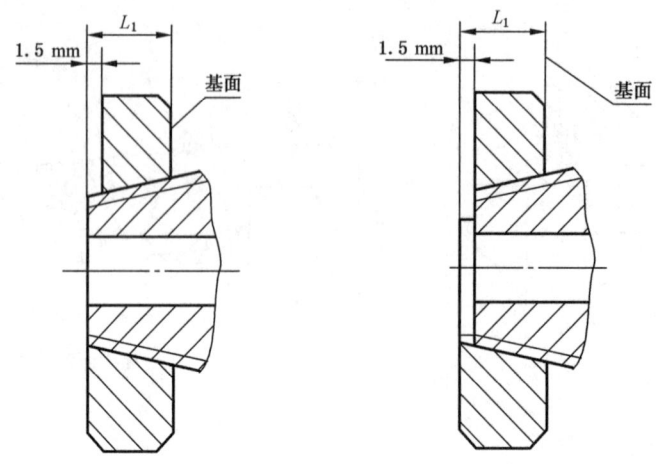

图 2

内螺纹用螺纹塞规检查,塞规大端应制有一个台阶,台阶高度为 1.5 mm,台阶大端部位的螺纹尺寸应与该螺纹基面上的螺纹尺寸相同,台阶大端部位到小端平面的距离等于基距。当把塞规旋入内螺纹时,螺孔端面应在台阶高度范围内,如图 3 所示。

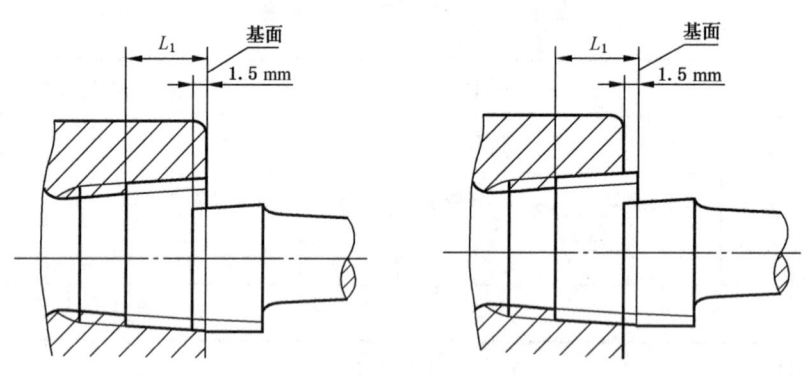

图 3

4.3 圆锥螺纹的牙顶与牙底至螺纹中径线距离的偏差按图 4 的规定,即对螺纹牙顶(圆锥外螺纹为 h_1,圆锥内螺纹为 h_2)的偏差,h_1 取 -0.025 mm,h_2 取 $+0.025$ mm;对螺纹牙底(圆锥外螺纹为 h_2,圆锥内螺纹为 h_1)的偏差,均取 ± 0.025 mm。

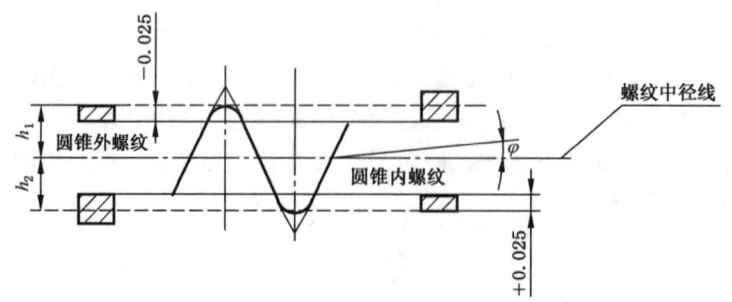

图 4

4.4 牙型半角偏差、倾斜角偏差和螺距偏差按表 2 的规定。

表 2 牙型半角偏差、倾斜角偏差和螺距偏差

螺纹代号	$\Delta\dfrac{\alpha}{2}$	$\Delta\varphi$		ΔP	
		圆锥外螺纹	圆锥内螺纹	在 L_1 长度上	在 L_2 和 L_3 长度上
				mm	
PZ39.0	±1°	$+10'$ $-5'$	$+5'$ $-10'$	±0.04	±0.07
PZ30.3					
PZ27.8					
PZ19.2					

4.5 本标准4.3、4.4偏差作为设计圆锥螺纹工量具时的依据。

4.6 必要时可由供需双方同意增加单项要素的检验,以提高螺纹的质量。

4.7 圆锥螺纹牙型表面粗糙度按GB/T 3505的规定,应不低于 Ra 3.2。

5 圆柱螺纹

5.1 PG80 圆柱螺纹的基本牙型和尺寸应符合图5和表3的规定。

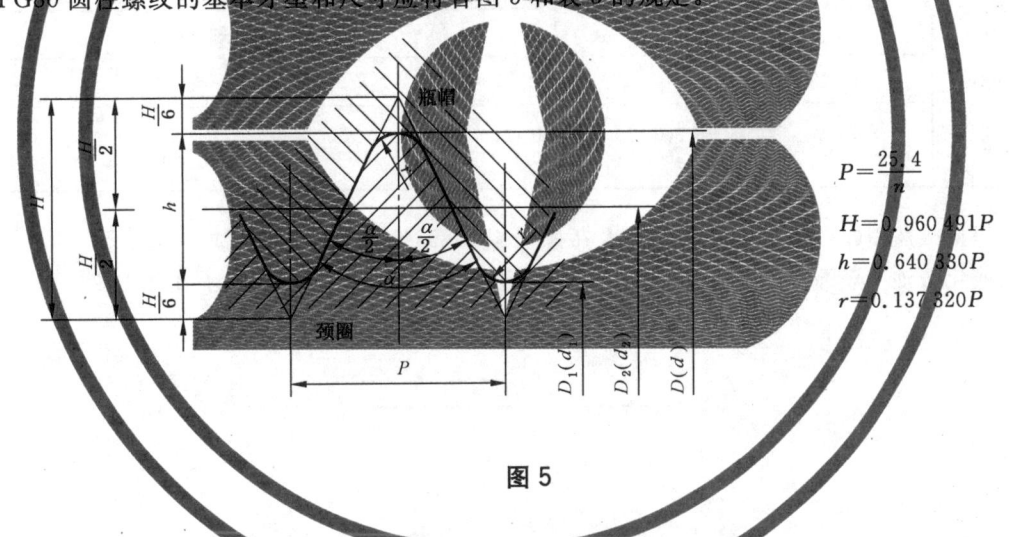

$$P=\frac{25.4}{n}$$
$$H=0.960\,491P$$
$$h=0.640\,330P$$
$$r=0.137\,320P$$

图 5

表 3 PG80 圆柱螺纹的基本尺寸

螺纹代号	n	P	h	r	瓶帽(颈圈)			α
					$D(d)$	$D_2(d_2)$	$D_1(d_1)$	
		mm						
PG80	11	2.309	1.479	0.317	80.000	78.521	77.042	55°

5.2 PG80 圆柱螺纹的极限偏差应符合图6和表4的规定。

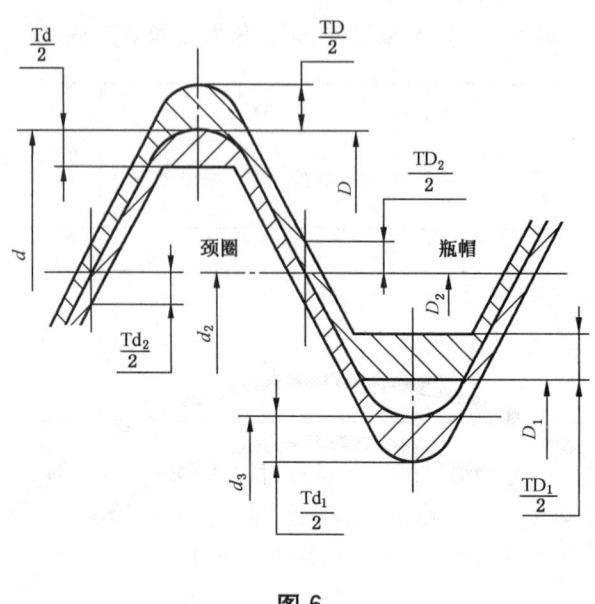

图 6

表 4 PG80 圆柱螺纹的极限偏差

单位为毫米

螺纹类别	瓶　　帽			颈　　圈		
螺纹直径	D	D_2	D_1	d	d_2	d_1
极限偏差	+0.620 +0.100	+0.360 +0.100	+0.900 +0.340	0 −0.520	0 −0.260	0 −0.430

5.3 对于焊接气瓶瓶帽(带大保护罩钢瓶)及瓶颈采用 M85×16(P4)多线螺纹。

5.4 对于液化石油气瓶瓶帽及瓶颈采用 M80×3 规格螺纹并符合 GB/T 192、GB/T 196、GB/T 197 的规定。

ICS 23.020.30
J 74

中华人民共和国国家标准

GB/T 13005—2011
代替 GB/T 13005—1991

气 瓶 术 语

Terminology of gas cylinders

(ISO 10286:2007,Gas cylinders—Terminology,NEQ)

2011-12-30 发布

2012-07-01 实施

中华人民共和国国家质量监督检验检疫总局
中国国家标准化管理委员会 发布

前　言

本标准按照 GB/T 1.1—2009《标准化工作导则　第 1 部分:标准的结构和编写》给出的规则起草。

本标准代替 GB/T 13005—1991《气瓶术语》。

本标准与 GB/T 13005—1991 相比较,主要修改之处如下:

——将术语永久气体修订为压缩气体(亦称永久气体),临界温度由小于−10 ℃修订为小于等于−50 ℃;

——将高压液化气体的临界温度范围由大于等于−10 ℃至 70 ℃修订为大于−50 ℃至小于等于 65 ℃;

——将低压液化气体的临界温度范围由大于 70 ℃修订为大于 65 ℃;

——在基本术语里增加了气体、临界温度、低温液化气体、制冷气体、麻醉气体、止痛气体、惰性气体、稀有气体、静置压力、自紧压力等术语;

——将气瓶的容积范围由不大于 1 000 L 修订为不大于 3 000 L;

——在公称工作压力术语里增加了溶解气体气瓶、焊接绝热气瓶的相关内容;

——在气瓶结构及附件术语里,增加了车用气瓶、焊接绝热气瓶、焊接接头形式以及余压阀、止回阀、切断阀等安全附件的有关内容;

——在设计与制造术语里,增加了焊接方法的有关内容。

本标准使用重新起草法参考 ISO 10286:2007《气瓶　术语》编制,与 ISO 10286:2007 的一致性程度为非等效。

本标准由全国气瓶标准化技术委员会(SAC/TC 31)提出并归口。

本标准起草单位:北京天海工业有限公司、大连锅炉压力容器检验研究院、上海特种设备监督检验技术研究院。

本标准主要起草人:王艳辉、张保国、韩冰、唐明磊、孙黎。

本标准所代替标准的历次版本发布情况为:

——GB/T 13005—1991。

气 瓶 术 语

1 范围

本标准规定了气瓶的常用术语及其定义。

本标准适用于各类气瓶基础标准、方法标准、产品标准和管理标准的技术用语。

2 基本术语

2.1

气体 gas

在 0.101 3 MPa 的绝对压力下,于 20 ℃时完全以气态形式存在的,或者于 50 ℃时其蒸气压达到或超过 0.3 MPa 的所有物质。

注:这里的物质包括单一介质和混合物。

2.2

瓶装气体 gases filled in cylinder

以压缩、液化、低温液化(深冷型)、溶解、吸附等方式装瓶储运的气体。

2.3

临界温度 critical temperature

通过加压使气体液化时所允许的最高温度。在这个温度以上物质只能处于气体状态,不能单用压缩方法使之液化。

2.4

压缩气体 compressed gas

永久气体 permanent gas

临界温度小于等于−50 ℃的所有气体。

2.5

液化气体 liquefied gas

临界温度大于−50 ℃的气体,是高压液化气体和低压液化气体的统称。

2.6

高压液化气体 high pressure liquefied gas

临界温度大于−50 ℃,且小于或等于 65 ℃的气体。

2.7

低压液化气体 low pressure liquefied gas

临界温度大于 65 ℃的气体。

2.8

低温液化气体 refrigerated liquefied gas(cryogenic liquid gas)

临界温度低于或等于−50 ℃,在储运过程中由于低温而液化的气体。

2.9

制冷气体 refrigerant gas

在 0.101 3 MPa 绝对压力下,于−30 ℃以下液化的气体。

2.10

溶解气体 dissolved gas

在压力下溶解于气瓶内溶剂中的气体。

2.11

吸附气体 adsorbed gas

吸附于气瓶内吸附剂中的气体。

2.12

易燃气体 flammable gas

与空气混合的爆炸下限小于10%(体积比),或爆炸上限和下限之差值大于20%的气体。

2.13

自燃气体 pyrophoric gas

在低于100 ℃温度下与空气或氧化剂接触即能自发燃烧的气体。

2.14

毒性气体 toxic gas

泛指会引起人体正常功能损伤的气体。

2.15

窒息气体 asphyxiant gas

当人或动物吸入时能引起窒息的气体。

2.16

呼吸气体 breathing gas

借助呼吸器供呼吸用的气体。

2.17

医用气体 medical gas

用于治疗、诊断、预防等医疗用途的气体。

2.18

麻醉气体 anaesthetic gas

具有麻醉特性的医用气体。

2.19

止痛气体 acesodyne gas

具有止痛作用的医用气体。

2.20

惰性气体 inert gas

不容易与其他物质发生化学反应的气体。

2.21

稀有气体 rare gas

在大气中含量很少,且极难与其他物质发生化学作用的气体。如氦、氖、氩、氪、氙。

2.22

特种气体 special gas

为满足特定用途的气体。

2.23

单一气体 pure gas

其他组分含量不超过规定限量的气体。

2.24

混合气体　gas mixture

含有两种或两种以上有效组分,或虽属非有效组分但其含量超过规定限量的气体。

2.25

气瓶　gas cylinder

公称容积不大于 3 000 L,用于盛装气体的移动式压力容器。

2.26

高压气瓶　high pressure gas cylinder

公称工作压力等于或大于 8 MPa 的气瓶。

注:本标准中的压力除特别标注者外,均指表压。

2.27

低压气瓶　low pressure gas cylinder

公称工作压力小于 8 MPa 的气瓶。

2.28

公称工作压力　nominal working pressure

对于盛装压缩气体的气瓶,系指在基准温度(一般为 20 ℃)下,瓶内气体达到完全均匀状态时的限定压力;对于盛装液化气体的气瓶,系指温度为 60 ℃时瓶内气体压力的上限值;对于充装溶解气体的气瓶,系指瓶内介质达到化学、热量以及扩散平衡条件下静置压力;对于焊接绝热气瓶,系指在气瓶正常工作状态下,内胆顶部气相空间可能达到的最高压力。

2.29

最高温升压力　maximum developed pressure

按相关标准的规定充装,在允许的最高工作温度时瓶内介质达到的压力。

2.30

许用压力　allowable pressure

气瓶在充装、使用、储运过程中允许承受的最高压力。

2.31

设计压力　design pressure

气瓶强度设计时作为计算载荷的压力参数。气瓶的设计压力一般取水压试验压力。

2.32

水压试验压力　hydraulic test pressure

为检验气瓶静压强度所进行的以水为介质的耐压试验的压力。

2.33

屈服压力　yield pressure

气瓶在内压作用下,筒体材料开始沿壁厚屈服时的压力。

2.34

爆破压力　burst pressure

气瓶在内压作用下,瓶体爆破过程中所达到的最高压力。

2.35

自紧　autofrettage

在金属内胆缠绕气瓶制造过程中,当缠绕层复合材料固化后对气瓶内部加压至大于水压试验的压力,使内胆应力超过其屈服点,以引起塑性变形。当缠绕气瓶内部为零压力时,内胆具有压应力,纤维具有拉应力。

2.36

自紧压力 autofrettage pressure

对金属内胆缠绕气瓶进行自紧处理时，在瓶内所施加的压力。

2.37

静置压力 settled pressure

瓶内介质达到化学、热量以及扩散平衡时的压力。

2.38

基准温度 reference temperature

由气瓶产品标准规定的充装标准温度。

2.39

最高工作温度 maximum working temperature

气瓶标准允许达到的气瓶最高使用温度。

2.40

公称容积 nominal water capacity

气瓶容积系列中的容积等级。

2.41

水容积 water capacity

气瓶内腔的实际容积。

2.42

充装系数 filling ratio

标准规定的气瓶单位水容积允许充装的最大气体重量。

2.43

充装量 filling weight

气瓶内充装的气体重量。

2.44

气相空间 free space

瓶内介质处于气-液两相平衡共存状态时气相部分所占的空间。

2.45

满液 hydraulic filling

瓶内无气相空间的状态。

2.46

气瓶净重 mass of cylinder

瓶体及其不可拆连接件的实际重量(不包括瓶阀、瓶帽、防震圈等可拆件)。

2.47

皮重 tare

瓶体及所有附件、填充物的重量。

2.48

实瓶重量 weight with filling contents

气瓶充装气体后的总重。

2.49

纤维应力比 filament stress ratio

缠绕气瓶设计最小爆破压力下的纤维应力与公称工作压力下纤维应力的比值。

2.50

气瓶颜色标志 **coloured cylinder mark for gases**

针对气瓶不同的充装介质,按照有关标准对气瓶外表面涂敷的涂膜颜色、字样、字色、色环等内容作规定的组合,作为识别瓶装气体的标志。

2.51

检验色标 **coloured mark for requalification of cylinders**

为便于观察和了解气瓶定期检验的年份,在检验钢印处涂敷的相应颜色和形状的标志。

3 气瓶结构及附件

3.1

无缝气瓶 **seamless gas cylinder**

瓶体无接缝的气瓶,典型结构如图1所示。

3.2

焊接气瓶 **welded gas cylinder**

瓶体有焊缝的气瓶,如图2所示。

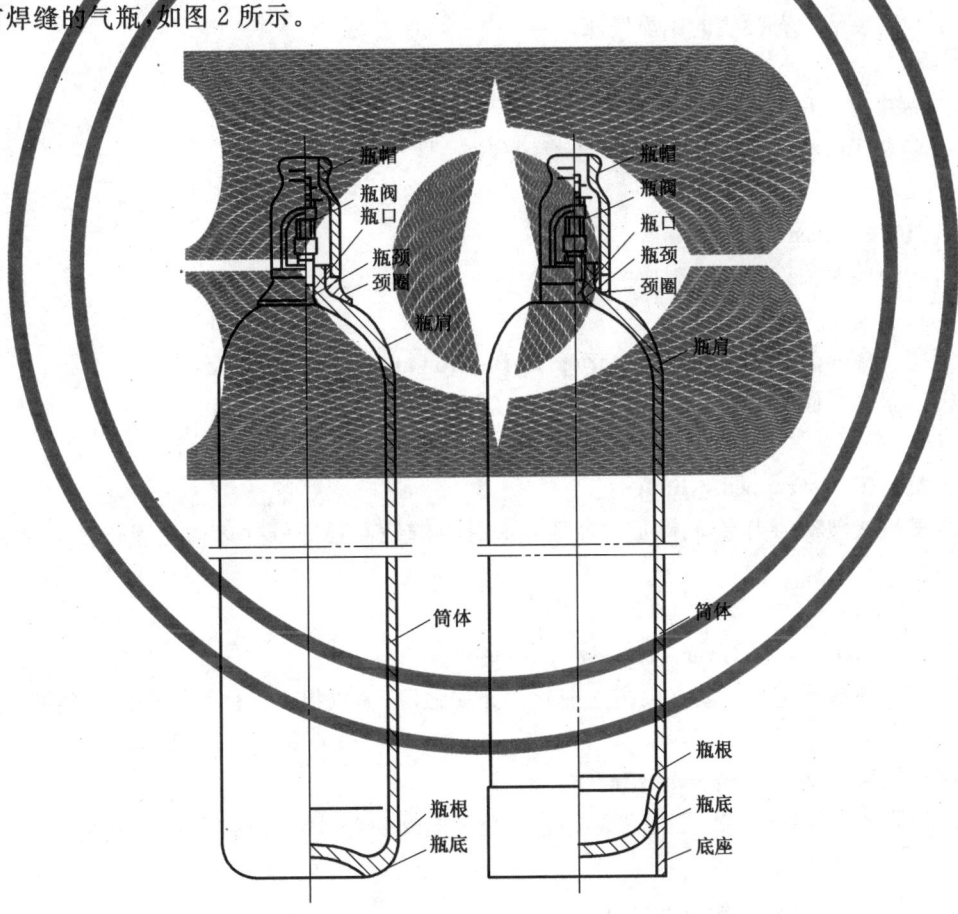

a) 凹形底气瓶　　　　b) 带底座凸形底气瓶

图 1 无缝气瓶经典结构示意图

GB/T 13005—2011

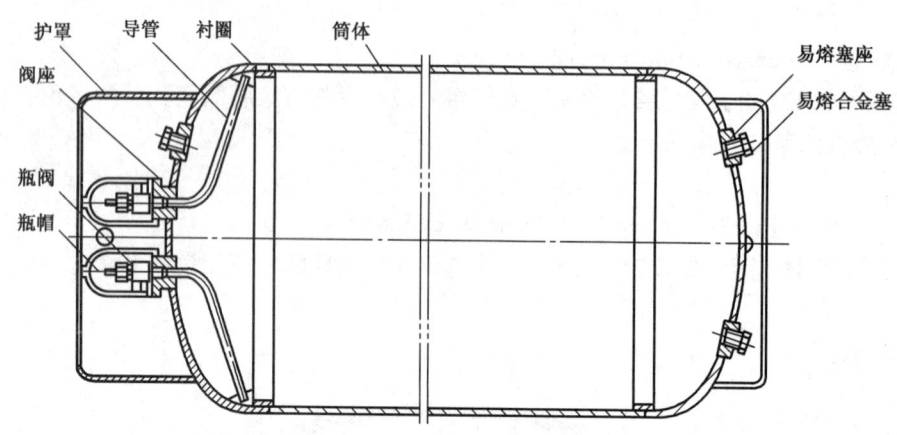

图 2   焊接气瓶结构示意图

3.3

液化石油气钢瓶   liquefied petroleum gas cylinder

专门用于盛装液化石油气的钢质气瓶。

3.4

溶解乙炔气瓶   dissolved acetylene cylinder

瓶内装有多孔填料及溶剂,用于充装乙炔的气瓶。

3.5

复合气瓶   composite gas cylinder

瓶体由两种或两种以上材料制成的气瓶。

3.6

车用气瓶   cylinder for on-board storage of fuel for automotive vehicle

用作机动车燃料储存容器的气瓶。

3.7

缠绕气瓶   fiber-wrapped cylinder

以金属材料或塑料为内层筒体(亦称瓶胆),其外侧缠绕高强纤维并以树脂固化作为增强层的复合气瓶。

3.8

绕丝气瓶   wire wound（over wrapped）gas cylinder

在气瓶筒体外部缠绕一层或多层高强钢丝作为加强层,籍以提高筒体强度的复合气瓶。

3.9

环向缠绕气瓶   hoop-wrapped cylinder

用浸渍树脂的连续纤维在内胆的筒体部分进行环向缠绕,经固化而制成的气瓶。

3.10

全缠绕气瓶   fully-wrapped cylinder

用浸渍树脂的连续纤维在内胆外表面沿环向和径向缠绕,经固化而制成的气瓶。

3.11

焊接绝热气瓶   welded insulated gas cylinder

在内胆与外壳的夹层之内包扎绝热材料并使其处于真空状态的用于储存低温液化气体(临界温度小于等于−50 ℃的气体)的气瓶。

34

3.12

内胆 liner

对于缠绕气瓶而言,内胆是指同充装的气体接触的内层壳体。对于焊接绝热气瓶而言,是指用于充装低温液化气体的内层承压元件。

3.13

增强层 reinforced layer

缠绕气瓶瓶体为承受内压或提高承受内压能力而采用浸渍树脂的高强度纤维缠绕在内胆外层,经固化而得到的承载结构。

3.14

瓶体 shell

直接承受内压的气瓶主体。

3.15

筒体 cylindrical shell

瓶体上的圆柱壳体部分,如图1、图2所示。

3.16

瓶口 opening

气瓶的介质进出口,如图1所示。

3.17

瓶颈 neck

无缝气瓶瓶口部位的瓶体缩颈部分,通常有内螺纹用以连接瓶阀,如图1所示。

3.18

颈圈 neck ring

固定连接在瓶颈外侧用以装配瓶帽的零件,如图1所示。

3.19

瓶肩 shoulder

气瓶筒体与瓶颈之间的上封头部分,如图1所示。

3.20

瓶根 knuckle transition region between base and shell

凹形底或凸形底无缝气瓶筒体与瓶底连接过渡的部分,如图1所示。

3.21

瓶底 bottom

气瓶瓶体封闭端的非筒体承压部分,如图1所示。

3.22

底座 foot ring

为使凸形底气瓶能稳定站立,与气瓶瓶体固定连接的座圈式零件,如图1所示。

3.23

凸形底 convex base

封头向外突出,凹面受内压的瓶底,如图3所示。

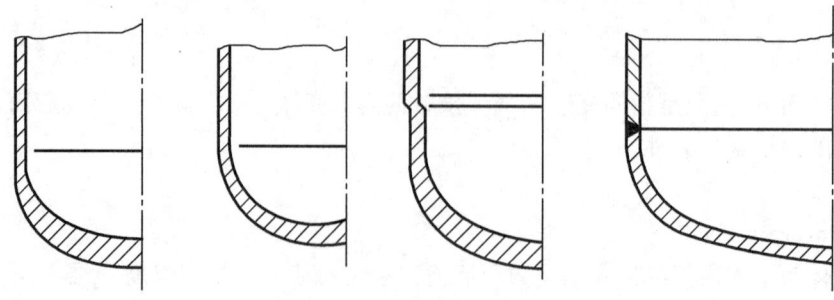

图 3 凸形底示意图

3.24

凹形底 concave base

封头向里凹入,凸面受内压的瓶底,如图 4 所示。

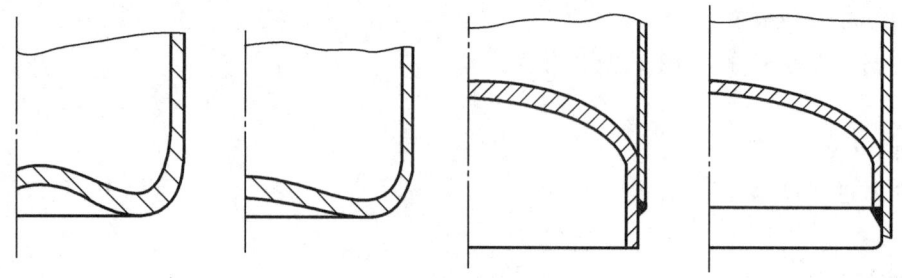

图 4 凹形底示意图

3.25

H 形底 H-type base

带有冲压成形的轴向突缘为底座的瓶底,如图 5 所示。

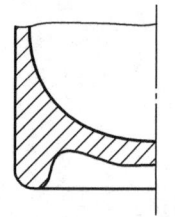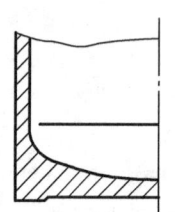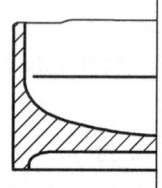

图 5 H 形底示意图

3.26

环焊缝 circumferential weld

沿气瓶瓶体圆周方向的焊缝。

3.27

纵焊缝 longitudinal weld

沿气瓶筒体母线方向的焊缝。

3.28

对接接头 butt joint

两侧母材表面构成大于或等于 135°的焊接接头,见图 6a)。

3.29

锁底接头 joggled joint

将焊缝接头的一侧做成台阶形的整体式垫板,插入到另一侧焊接而形成的焊接接头,见图 6b)。

3.30

搭接接头　lap joint

焊缝接头的两侧处于上下交错的重叠状态,在一侧接头的端部焊接而形成的焊接接头,见图6c)。

3.31

角接接头　fillet joint

焊缝两侧母材呈一定角度,在夹角部位形成的焊接接头,见图6d)。

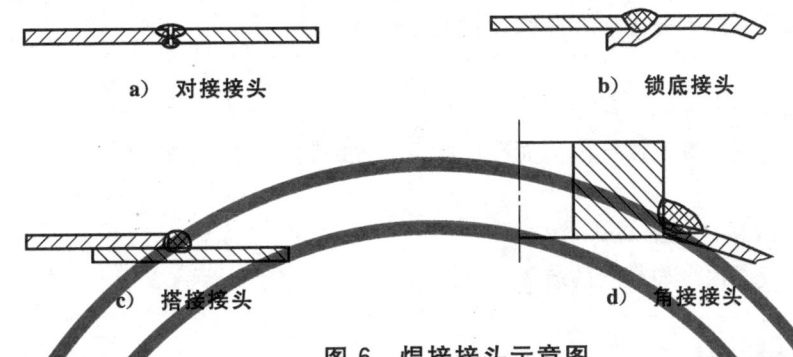

a)　对接接头　　　　　　　　　　　　b)　锁底接头

c)　搭接接头　　　　　　　　　　　　d)　角接接头

图6　焊接接头示意图

3.32

阀座　valve boss

焊接在气瓶封头上用以装配瓶阀的零件。

3.33

瓶阀　cylinder valve

气瓶专用阀门的统称。

3.34

压力泄放装置　pressure relief device

简称泄压装置,为防止气瓶内部压力异常升高而设置的泄压装置,包括安全阀、爆破片、易熔合金塞以及爆破片与易熔合金塞的组合结构等型式。

3.35

易熔合金塞装置　fusible plug device

易熔合金塞与易熔塞座的组合。

3.36

易熔合金塞　fusible plug

为防止瓶内介质因升温超压发生事故而设置的、由易熔合金作为动作部件的熔化泄放型气瓶安全附件,简称易熔塞。

3.37

易熔塞座　fusible plug boss

焊接在气瓶瓶体上用以安装易熔合金塞的零件。

3.38

爆破片　bursting disc

气瓶因超装或环境温度异常升高而导致压力升高时,能够因超压而迅速动作或破裂,泄放出瓶内介质的压力敏感元件。

3.39

安全阀　safety valve

泄压阀　pressure relief valve

气瓶因超装或环境温度异常升高而导致压力升高时,能够泄放出瓶内超压介质,当瓶内超压介质泄放后能够自动恢复正常压力保持状态的安全泄放装置。

3.40

剩余压力阀　residual pressure valve

简称余压阀,为保证气瓶内留有一定的残余压力而在瓶阀上设置的余压控制装置。

3.41

止回阀　non-return valve

为防止外界气体自然倒灌到瓶内而在瓶阀设置的止回装置。

3.42

截止阀　cut-off valve

为防止气瓶放气流速超过规定放气流速而在瓶阀上设置的紧急切断装置。

3.43

液位显示器　liquid level indicator

能够指示液化气体气瓶内液面高度的装置。

3.44

瓶帽　valve protection cap

保护瓶阀用的帽罩式安全附件的统称。按其结构形式可分为固定式瓶帽和拆卸式瓶帽,如图7所示。

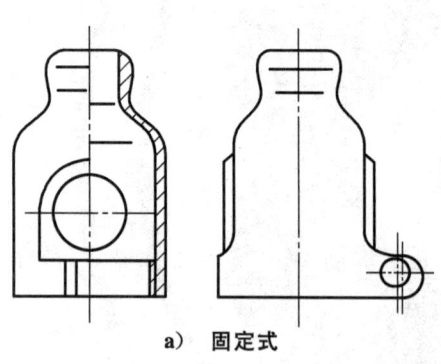
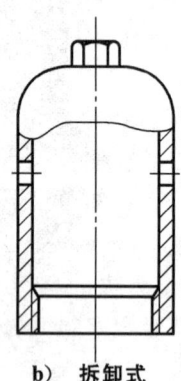

a)　固定式　　　　　　　　　　　　　　　　b)　拆卸式

图 7　瓶帽形状示意图

3.45

护罩　shield

保护瓶帽、瓶阀或易熔塞免受撞击而设置的敞口屏罩式零件,亦可兼作提升零件,见图2。

3.46

瓶耳　cylinder ear

焊接在瓶体上,用于起吊或悬挂气瓶的零件。

3.47

防震圈　bump protection ring

套装在气瓶筒体上使瓶体免受直接冲撞的橡胶圈。

3.48

导管　dip tube

与瓶阀相连,插入液化气瓶内部用以从瓶内排放气态或液态介质的接管,见图2。

3.49

衬圈　gasket

为保证根部焊透,沿对接环焊缝内壁设置的垫板。

3.50

缩口 contraction end for joggle

筒体一端直径缩小,插入与之焊接的另一筒端,起榫插式对接环焊缝衬圈作用的部分。

3.51

多孔填料 porous mass

充满溶解乙炔气瓶内用以吸附溶剂——乙炔的多孔物质。

3.52

气瓶专用螺纹 special threads for gas cylinders

气瓶瓶口与瓶阀连接,瓶帽与颈圈连接所规定采用的螺纹。

3.53

出气口 gas outlet

气瓶使用时瓶阀的放气口。

3.54

检验标记环 test mark ring

装设于瓶阀与阀座之间,上面打有气瓶检验信息钢印的、可以转动的金属环形薄片。

3.55

非重复充装瓶阀 non-refillable cylinder valve

在瓶阀不受破坏的条件下具有防止重复充装功能的、专门用于非重复充装气瓶的瓶阀。

3.56

虹吸管 dip tube/eductor tube

装设于瓶阀下端进气口处,用于气瓶内液相介质释放的导流管。

3.57

限充装置 filling stop unit

安装在液化气体气瓶的瓶阀进气通道上,当气瓶内液相介质达到一定液位时能自动阻止充气,以防止过量充装的装置。

3.58

限流装置 excess-flow unit

安装在阀门的出气通道上,当在规定方向的流量超过预定值时能自动截止,防止超流状态发生的装置。

4 设计与制造

4.1

计算壁厚 calculated wall thickness

按有关标准规定的计算方法求得的新瓶所需壁厚。

4.2

设计壁厚 design wall thickness

计算壁厚经圆整后所得到的壁厚。

4.3

名义壁厚 nominal wall thickness

根据设计壁厚并综合考虑腐蚀裕度、材料厚度负偏差及制造等因素,由设计图样规定的气瓶壁厚。

4.4

实测最小壁厚 actual minimum wall thickness

气瓶壁厚的最小测量值。

4.5

爆破安全系数 burst safety factor

气瓶爆破压力与公称工作压力之比值。

4.6

使用安全系数 application safety factor

水压试验压力与最高温升压力之比值。

4.7

设计应力系数 design stress factor

瓶体材料屈服应力设计取值与水压试验压力下筒体当量应力之比。

注：当量应力：是指在根据强度理论进行强度计算时，用复杂应力状态中的几个主应力的综合值，与单向应力状态
中的许用应力相比较，来判断设计的安全性。这个主应力的综合值就称之为当量应力。

4.8

许用应力 allowable stress

气瓶强度设计中在水压试验压力下瓶体允许达到的当量应力最大值。

4.9

壁应力 wall stress

整体气瓶筒体在水压试验压力下达到的当量应力。

4.10

冲拔拉伸法 piercing and extruding process

以坯、锭、棒材为原材料，经挤压、拉伸或旋压减薄工艺制造无缝气瓶的方法。

4.11

冲压拉伸法 deep stamping and drawing process

以板材为原材料，经冲压、拉伸或旋压减薄工艺制造气瓶的方法。

4.12

管子收口法 tube closing-in process

以无缝管材为原材料，经热旋压收底收口等工艺制造无缝气瓶的方法。

4.13

埋弧焊 submerged arc welding

电弧在焊剂层下燃烧进行焊接的方法。

4.14

气体保护焊 gas metal arc welding（GMAW）

利用气体作为电弧介质并保护电弧和焊接区的电弧焊称为气保护电弧焊。

4.15

钨极惰性气体保护焊 gas tungsten arc welding（GTAW）

在惰性气体氩气（Ar）、氦气（He）或它们的混合气体的保护下，利用高熔点钨电极与工件间产生的
电弧热熔化母材和填充焊丝（如果使用填充焊丝）的一种焊接方法。

5 试验、检验和技术鉴定

5.1

容积变形试验 volumetric expansion test

用水压试验方法测定气瓶容积变形的试验。

5.2

外测法容积变形试验　water jacket volumetric expansion test

用水套法从气瓶外侧测定容积变形的试验。

5.3

内测法容积变形试验　direct volumetric expansion test

从气瓶内侧测定容积变形的试验。

5.4

容积全变形　total volumetric expansion

气瓶在水压试验压力下瓶体的总容积变形。其值为容积弹性变形与容积残余变形之和。

5.5

容积弹性变形　elastic volumetric expansion

瓶体在水压试验压力卸除后能恢复的容积变形。

5.6

容积残余变形　permanent volumetric expansion

瓶体在水压试验压力卸除后不能恢复的容积变形。

5.7

容积残余变形率　ratio of permanent volumetric expansion

瓶体容积残余变形对容积全变形之百分比。

5.8

压力循环试验　pressure cycling test

反复对气瓶进行加压—保压—泄压—保压的压力循环过程,用于考察气瓶疲劳寿命的试验方法。

5.9

疲劳失效　fatigue failure

气瓶因承受压力循环而导致的瓶体破裂或泄漏。

5.10

压扁试验　flattening test

为评定瓶体材料或焊接接头的塑性以及是否存在影响塑性的缺陷,依照有关标准规定的方法从瓶体中部将气瓶局部压扁的试验。

5.11

弯曲试验　bend test

为评定瓶体材料或焊接接头的塑性以及是否存在影响性能的缺陷,依照有关标准规定的方法在瓶体上取样进行的弯曲试验。

5.12

安全性能试验　safety performance test

为检验气瓶安全使用性能所进行的各项试验的统称。

5.13

易熔合金流动温度　yield temperature of fusible alloy

按照有关标准规定测出的易熔合金开始熔断的温度。

5.14

易熔塞动作温度　yield temperature of fusible plug

按照有关标准规定测出的易熔塞开始排放气体的最低温度。

5.15

气瓶宏观检查 visual inspection

泛指内外表面宏观形状、形位公差及其他表面可见缺陷的检验。

5.16

音响检验 hammer examination

按照有关标准规定敲击气瓶,以音响特征判别瓶体品质的检验。

5.17

凹陷 dents

气瓶瓶体因钝状物撞击或挤压造成的壁厚无明显变化的局部塌陷变形。

5.18

凹坑 pits

由于打磨、磨损、氧化皮脱落或其他非腐蚀原因造成的瓶体局部壁厚有减薄、表面浅而平坦的洼坑状缺陷。

5.19

鼓包 bulge

气瓶外表面凸起,内表面塌陷,壁厚无明显变化的局部变形。

5.20

磕伤 gouges

因尖锐锋利物体撞击或磕碰,造成瓶体局部金属变形及壁厚减薄,且在表面留下底部是尖角,周边金属凸起的小而深的坑状机械损伤。

5.21

划伤 cuts

因尖锐锋利物体划、擦造成瓶体局部壁厚减薄,且在瓶体表面留下底部是尖角的线状机械损伤。

5.22

裂纹 crack

瓶体材料或焊接接头因金属原子结合遭到破坏,形成新界面而产生的裂缝,它具有尖锐的缺口和较大长宽比的特点。

5.23

夹层 lamination

亦称分层,泛指重皮、折叠、带状夹杂等层片状几何不连续。它是由冶金或制造等原因造成的裂纹性缺陷,但其根部不如裂纹尖锐,且其起层面多与瓶体表面接近平行或略成倾斜,亦称分层。

5.24

皱折 folds

无缝气瓶收口时因金属挤压在瓶颈及其附近内壁形成的径向(或略呈螺旋形)的密集皱纹或折叠;焊接气瓶封头直边段因冲压抽缩沿环向形成的波浪式起伏亦称皱折。

5.25

环沟 circular groove

位于瓶根内壁,因冲头严重变形引起的经线不圆滑转折。

5.26

点腐蚀 pit corrosion

腐蚀表面长径及腐蚀部位密集程度均未超过有关标准规定(通常指长径小于壁厚,间距不小于10倍壁厚)的孤立坑状腐蚀。

5.27

线状腐蚀　line corrosion

由腐蚀点连成的线状沟痕或由腐蚀点构成的链状腐蚀缺陷。

5.28

局部腐蚀　isolated corrosion

腐蚀表面平坦且腐蚀表面面积未超过有关标准规定的小面积腐蚀缺陷。

5.29

普遍腐蚀　general corrosion

腐蚀表面平坦且腐蚀表面面积超过有关标准规定的大面积腐蚀缺陷。

5.30

热损伤　fire damage

泛指气瓶因过度受热而造成的材质内部损伤或遗留的外伤痕迹,如涂层烧损、瓶体烧伤或烧结、瓶体变形、电弧烧伤、高温切割的痕迹等。

中 文 索 引

英　文　索　引

A

B

C

ICS 23.020.30
J 74

中华人民共和国国家标准

GB/T 15384—2011
代替 GB 15384—1994

气瓶型号命名方法

Designation for gas cylinders

2011-12-30 发布

2012-07-01 实施

中华人民共和国国家质量监督检验检疫总局
中国国家标准化管理委员会　发布

前　言

本标准按照 GB/T 1.1—2009《标准化工作导则　第 1 部分:标准的结构和编写》给出的规则起草。

本标准代替 GB 15384—1994《气瓶型号命名方法》。

本标准与原 GB 15384—1994 相比较,主要变化如下:

——增加复合缠绕气瓶、焊接绝热气瓶、车用压缩天然气气瓶、汽车用液化天然气气瓶、车用液化石油气钢瓶、液化二甲醚钢瓶、车用压缩氢气瓶等气瓶的命名方法;

——将凹形底、凸形底、H 形底、两头收口四种底部结构形式统一以 A(凹形底)、T(凸形底)、H(H 形底)、S(两头收口)表示,不分车用和其他工业气瓶。

本标准由全国气瓶标准化技术委员会(SAC/TC 31)提出并归口。

本标准起草单位:北京天海工业有限公司、常州蓝翼飞机装备制造有限公司。

本标准主要起草人:李秀珍、周海成、叶勇。

本标准所代替标准的历次版本发布情况为:

——GB 15384—1994。

气瓶型号命名方法

1 范围

本标准规定了气瓶型号命名方法,供气瓶设计、制造、使用和管理等有关部门使用。
本标准适用于《气瓶安全监察规程》中规定的各种气瓶及溶解乙炔气瓶。

2 规范性引用文件

下列文件对于本文件的应用是必不可少的。凡是注日期的引用文件,仅注日期的版本适用于本文件。凡是不注日期的引用文件,其最新版本(包括所有的修改单)适用于本文件。

《气瓶安全监察规程》 2000 版

3 气瓶型号命名原则

3.1 气瓶型号组成

气瓶型号一般由气瓶代号、气瓶类型和特征数组成,必要时可增加类型序号和底部结构型式。

3.2 气瓶型号表示方法

气瓶型号的命名表示方法如下:

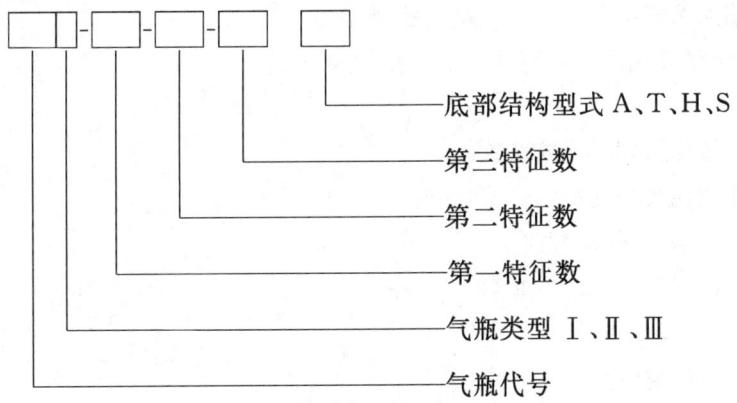

底部结构型式 A、T、H、S
第三特征数
第二特征数
第一特征数
气瓶类型 Ⅰ、Ⅱ、Ⅲ
气瓶代号

3.2.1 气瓶代号

3.2.1.1 气瓶代号用有代表性的大写字母表示。

3.2.1.2 各种气瓶代表字母见表 1 规定。

表 1

气瓶类型	钢质焊接气瓶（包括非重复充装气瓶）	溶解乙炔气瓶	液化石油气钢瓶	液化二甲醚钢瓶	铝合金无缝气瓶	钢质无缝气瓶
代表字母	HJ[a]	RYP	YSP	DME	LW	W[b]
气瓶类型	复合缠绕气瓶	焊接绝热气瓶	车用压缩天然气气瓶	车用压缩氢气瓶	汽车用液化天然气气瓶	车用液化石油气钢瓶
代表字母	CRP	DP[c]	CNG	CHG	CDP	LPG

> [a] HJL 表示立式使用焊接气瓶，HJW 表示卧式使用焊接气瓶。
> [b] WM 碳锰钢制正火处理的无缝气瓶，WZ 碳锰钢制淬火处理的无缝气瓶，WG 铬钼钢钢制的无缝气瓶。
> [c] DPL 表示立式使用焊接气瓶，DPW 表示卧式使用焊接气瓶。

3.2.2 气瓶类型

3.2.2.1 气瓶类型用大写罗马数字（Ⅰ、Ⅱ、Ⅲ等）表示。气瓶代号（大写字母）和气瓶类型（罗马数字）连续书写，字母和罗马数字间不留间隔。

3.2.2.2 对于车用压缩天然气气瓶分为Ⅰ、Ⅱ、Ⅲ类。

代表意义如下：

Ⅰ—为车用压缩天然气钢质气瓶；

Ⅱ—为车用压缩天然气钢质内胆环向缠绕复合气瓶；

Ⅲ—为车用压缩天然气铝合金内胆全缠绕复合气瓶。

3.2.2.3 对于钢质无缝气瓶按工艺类型分为Ⅰ、Ⅱ、Ⅲ类。

代表意义如下：

Ⅰ—为钢坯冲拔拉伸式钢质无缝气瓶；

Ⅱ—为钢管旋压收底收口气瓶；

Ⅲ—为钢板冲压式钢质无缝气瓶。

3.2.2.4 对于钢质焊接气瓶分为Ⅰ、Ⅱ类。

代表意义如下：

Ⅰ—为一道环焊缝焊接气瓶；

Ⅱ—为二道环焊缝焊接气瓶。

3.2.2.5 对于复合缠绕气瓶为Ⅱ、Ⅲ类。

代表意义如下：

Ⅱ—环缠绕式气瓶；

Ⅲ—为金属内胆全缠绕式气瓶。

3.2.2.6 仅有一种制造方式的气瓶，气瓶类型代号类型可空缺，不得使用其他字母代用。

3.2.3 特征数

气瓶各特征数按顺序用阿拉伯数字表示，并用短栏线隔开，各特征数的含义和单位见表2规定。

表 2

类　　别	第一特征数	第二特征数	第三特征数
钢质焊接气瓶	气瓶的公称直径（内径），以 mm 为单位		气瓶的公称工作压力，以 MPa 为单位
溶解乙炔气瓶			表示气瓶在基准温度 15 ℃时的限定压力，以 MPa 为单位
液化石油气瓶	气瓶的公称直径（内径），以 mm 为单位（可略）	气瓶的公称容积，以 L 为单位	气瓶的公称工作压力，以 MPa 为单位（可省略）
铝合金无缝气瓶	气瓶的公称直径（外径），以 mm 为单位		气瓶的公称工作压力，以 MPa 为单位
钢质无缝气瓶			
车用压缩天然气瓶 Ⅰ 型			
复合缠绕气瓶	气瓶的内胆公称直径（外径），以 mm 为单位		气瓶在 20 ℃下的公称工作压力，以 MPa 为单位
车用压缩天然气瓶 Ⅱ 或Ⅲ 型			
焊接绝热气瓶	气瓶的内胆公称直径，以 mm 为单位	气瓶的内胆公称容积，以 L 为单位	气瓶的公称工作压力，以 MPa 为单位
汽车用液化天然气气瓶			

3.2.4 底部结构形式

底部结构形式用来表示一个系列中某一个规格气瓶的底部结构设计,在第三特征数后空一字母间隔书写,符号的含义见表3。

表 3

底部结构形式	凹形底	凸形底	H 形底	两头收口
代表字母	A	T	H	S

3.3 气瓶型号应用示例

3.3.1 车用压缩天然气钢瓶

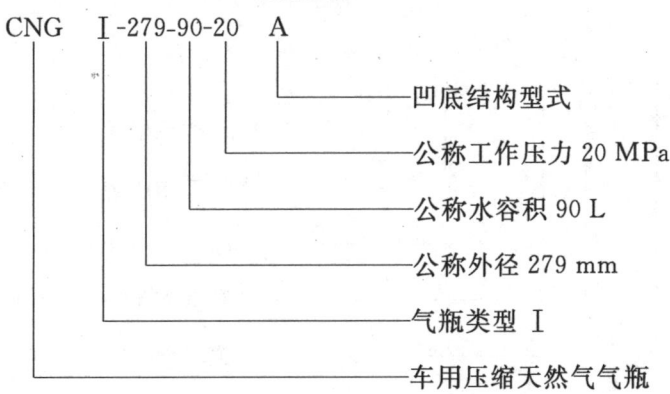

CNG Ⅰ-279-90-20 A
- 凹底结构型式
- 公称工作压力 20 MPa
- 公称水容积 90 L
- 公称外径 279 mm
- 气瓶类型 Ⅰ
- 车用压缩天然气气瓶

3.3.2 液化石油气钢瓶

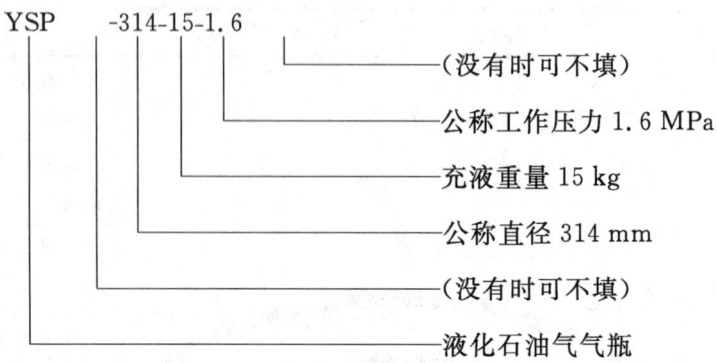

3.3.3 钢质无缝气瓶

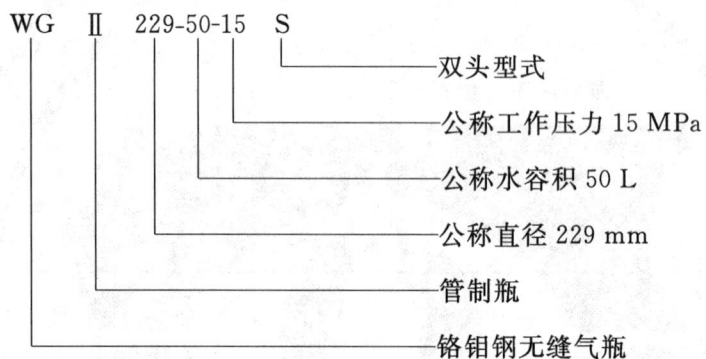

3.3.4 钢质内胆环向缠绕车用天然气钢瓶

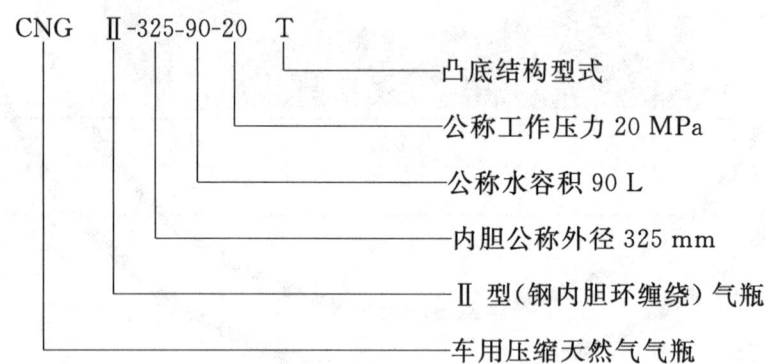

3.3.5 焊接气瓶

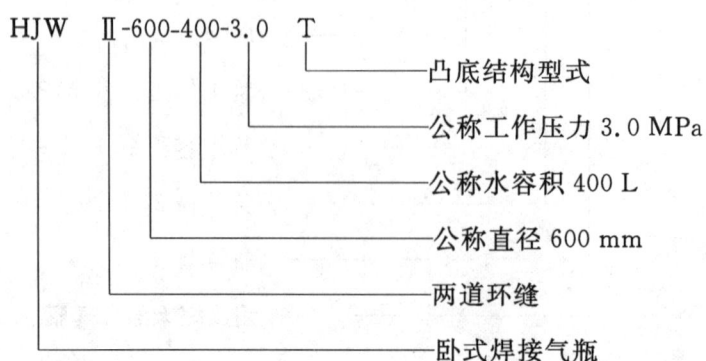

3.3.6 溶解乙炔气瓶

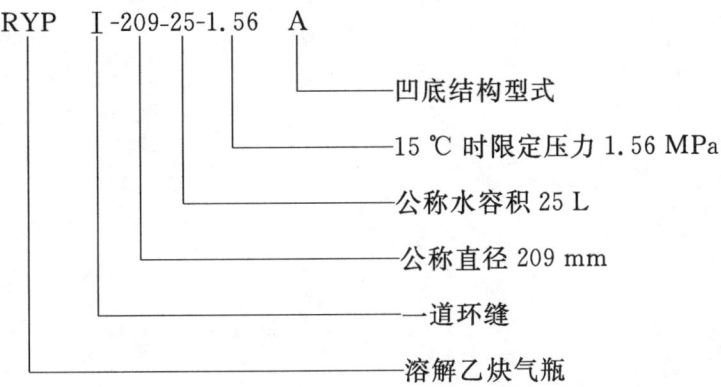

RYP Ⅰ-209-25-1.56 A

- 凹底结构型式
- 15 ℃ 时限定压力 1.56 MPa
- 公称水容积 25 L
- 公称直径 209 mm
- 一道环缝
- 溶解乙炔气瓶

3.3.7 焊接绝热气瓶

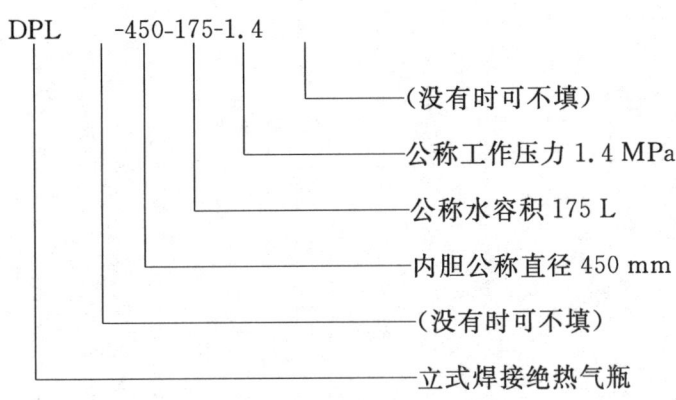

DPL -450-175-1.4

- （没有时可不填）
- 公称工作压力 1.4 MPa
- 公称水容积 175 L
- 内胆公称直径 450 mm
- （没有时可不填）
- 立式焊接绝热气瓶

ICS 23.020.30
C 68

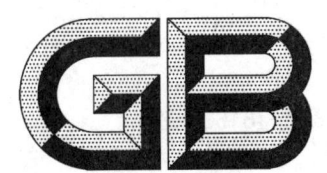

中华人民共和国国家标准

GB/T 16163—2012
代替 GB 16163—1996

瓶 装 气 体 分 类

Classification of gases filled in cylinder

2012-05-11 发布

2012-09-01 实施

中华人民共和国国家质量监督检验检疫总局
中国国家标准化管理委员会　发布

前　言

本标准按照 GB/T 1.1—2009《标准化工作导则　第 1 部分：标准的结构和编写》给出的规则起草。

本标准代替 GB 16163—1996《瓶装压缩气体分类》。

本标准与 GB 16163—1996 相比较，主要变化如下：

——修改了气体分类的临界温度范围；

——修改了原标准中的 FTSC 数字编码的 S 项，由原来的 7 项合并为 6 项，即为：1. 低压液化气体，2. 高压液化气体，3. 溶解气体，4. 压缩气体(1)，5. 压缩气体(2)，6. 低温液化气体(深冷型)；

——增加了气体的 UN 号及英文名称，附录 A 中气体英文名称按英文字首字母顺序排列，制冷剂中文名称按 GB/T 7778《制冷剂编号方法和安全性能分类》编写；

——增加了 8 种低温液化气体(深冷型)；

——气体的种类由 80 种增加到 108 种；

——将易燃气体改为可燃性气体，又将可燃性气体分为：(1)可燃气体甲类：在空气中爆炸下限小于 10%的可燃气体；(2)可燃气体乙类：在空气中爆炸下限大于等于 10%的可燃气体；

——参照《中国逐步淘汰臭氧层物质国家方案(修订稿)》的内容，原《瓶装压缩气体分类》中应淘汰的气体有：高压液化气体的三氟氯甲烷(R-13)、低压液化气体的二氟二氯甲烷(R-12)、四氟二氯乙烷(R-114)、五氟氯乙烷(R-115)等。但是仍列在本标准中，并注明了 2010 年停止生产和使用。

本标准由全国气瓶标准化技术委员会(SAC/TC 31)提出并归口。

本标准起草单位：全国气瓶标准化技术委员会、中国工业气体工业协会。

本标准起草人：汪洋、马昌华、郝澄。

本标准所代替标准的历次版本发布情况：

——GB 16163—1996。

瓶 装 气 体 分 类

1 范围

本标准规定了一般常用瓶装气体的分类和 FTSC 编码。

本标准适用于以气瓶充装的压缩气体(亦称永久气体)、低温液化气体(深冷型)、液化气体和溶解气体。

本标准不适用吸附气体。

2 规范性引用文件

下列文件对于本文件的应用是必不可少的。凡是注日期的引用文件,仅注日期的版本适用于本文件。凡是不注日期的引用文件,其最新版本(包括所有的修改单)适用于本文件。

GB/T 13005 气瓶术语

3 术语和定义

GB/T 13005 界定的以及下列术语和定义适用于本文件。

3.1

瓶装气体 gases filled in cylinder

以压缩、液化、低温液化(深冷型)、溶解、吸附等方式装瓶储运的气体。

4 分类原则

4.1 原则

临界温度低于等于−50 ℃的气体为压缩气体。临界温度高于−50 ℃的气体为液化气体,也是高压液化气体和低压液化气体的统称。临界温度高于−50 ℃且低于等于65 ℃的气体为高压液化气体。临界温度高于65 ℃的气体为低压液化气体。

根据压缩气体的临界温度和在气瓶内的物理状态进行分类;按其化学性能,燃烧性、毒性、腐蚀性进行分组;按 FTSC 编码,标示每种气体的基本特性,以此作为分类依据,构成系统的综合分类。

4.2 第 1 类 压缩气体和低温液化气体

a 组 不燃无毒和不燃有毒气体;

b 组 可燃无毒和可燃有毒气体;

c 组 低温液化气体(深冷型)。

a 组和 b 组气体在正常环境温度(−40 ℃～60 ℃,下同)下充装、贮运和使用过程中均为气态。

c 组气体在充装时及在绝热焊接气瓶中运输为深冷液体形式,在使用过程中是以液态或液体汽化及常温气态使用。

4.3 第2类 液化气体

4.3.1 高压液化气体

a 组 不燃无毒和不燃有毒气体；

b 组 可燃无毒和可燃有毒气体；

c 组 易分解或聚合的可燃气体。

此类气体，在正常环境温度下充装、贮运和使用过程中随着气体温度、压力的变化，其状态也在气、液两态间变化，当此类气体在温度超过气体的临界温度时为气态。

4.3.2 低压液化气体

a 组 不燃无毒和不燃有毒气体；

b 组 可燃无毒和可燃有毒气体；

c 组 易分解或聚合的可燃气体。

在充装、贮运和使用的过程中，正常环境温度均低于此类气体的临界温度。

4.4 第3类 溶解气体

a 组 易分解或聚合的可燃气体。

4.5 FTSC 数字编码

气体的 FTSC 编码是由气体的燃烧性、毒性、状态和腐蚀性的英文词组中第一个字母组成的缩写词。FTSC 编码用四个数字按顺序组成，直接标示了每种气体的基本特性。

4.5.1 编码的依据

编码依据下面四个基本特性：

燃烧性——根据燃烧的潜在危险性，分为不燃、助燃（氧化性）、可燃（甲类、乙类）、自燃、强氧化性、分解或聚合六个类型。

毒性——根据接触毒性的途径和毒性大小，按急性毒性吸入 1 h，半数致死量浓度 LC_{50} 分为无毒、毒、剧毒三个等级。

状态——根据瓶内充装气体的状态和在 20℃ 环境温度时及瓶内压力的大小分为 6 个类型。

腐蚀性——根据气体不同的腐蚀性，分为无腐蚀、酸性腐蚀（氢卤酸腐蚀和非氢卤酸腐蚀）、碱性腐蚀四个类型。

4.5.2 编码的含义

编码的含义见表1和附录 A。

表 1 FTSC 数字编码

F 燃烧性(第一位数)			
0			不燃(惰性);
1			助燃(氧化性);
2			可燃性气体:(1)可燃气体甲类:在空气中爆炸下限小于10%的可燃气体;
			(2)可燃气体乙类:在空气中爆炸下限大于等于10%的可燃气体;
3			自燃气体:在空气中自燃温度小于100 ℃的可燃气体;
4			强氧化性;
5			易分解或聚合的可燃性气体
T 毒性(第二位数)吸入半数致死量浓度LC_{50}/1h			
	1		无毒 $LC_{50} > 5\ 000 \times 10^{-6}$;
	2		毒 $200 \times 10^{-6} < LC_{50} \leqslant 5\ 000 \times 10^{-6}$;
	3		剧毒 $LC_{50} \leqslant 200 \times 10^{-6}$
S 状态(第三位数)标示气瓶内气体的状态			
		1	低压液化气体;
		2	高压液化气体;
		3	溶解气体;
		4	压缩气体(1);
		5	压缩气体(2):适用于氟、二氟化氧;
		6	低温液化气体(深冷型)
C 腐蚀性(第四位数)			
		0	无腐蚀性;
		1	酸性腐蚀,不形成氢卤酸的;
		2	碱性腐蚀;
		3	酸性腐蚀,形成氢卤酸的

GB/T 16163—2012

附　录　A
（规范性附录）
瓶装气体分类

A.1　第 1 类　压缩气体、低温液化气体（深冷型）

临界温度低于等于一50 ℃的气体，详见表 A.1。

表 A.1　临界温度低于等于－50 ℃的气体

序号	UN[a]	FTSC	气体名称	气体英文名称	化学分子式	别名	分子量	沸点（101.325 kPa）℃	临界温度℃	燃烧性[b]	毒性[b]	腐蚀性[b]
						a 组　不燃无毒和不燃有毒气体						
1	1002	1140	空气	Air			28.9	−194.3	−140.6	助燃（氧化性）		
2	1006	0140	氩	Argon	Ar		39.9	−185.9	−122.4			
3	1045	4353	氟	Fluorine	F₂		38.0	−188.1	−129.0	强氧化性	剧毒	酸性腐蚀
4	1046	0140	氦	Helium	He		4.0	−268.9	−268.0			
5	1056	0140	氪	Krypton	Kr		83.8	−153.4	−63.8			
6	1065	0140	氖	Neon	Ne		20.2	−246.1	−228.7			
7	1660	4341	一氧化氮	Nitric oxide	NO		30.0	−151.8	−92.9	强氧化性	剧毒	酸性腐蚀
8	1066	0140	氮	Nitrogen	N₂		28.0	−195.8	−146.9			
9	1072	4140	氧	Oxygen	O₂		32.0	−183.0	−118.4	强氧化性		
10	2190	4353	二氟化氧	Oxygen difluoride	OF₂		54.0	−144.6	−58.0	强氧化性	剧毒	

表 A.1 (续)

序号	UN[a]	FTSC	气体名称	气体英文名称	化学分子式	别名	分子量	沸点(101.325 kPa)℃	临界温度℃	燃烧性[b]	毒性[b]	腐蚀性[b]
						b 组 可燃无毒和可燃有毒气体							
11	1016	2240	一氧化碳	Carbon monoxide	CO		28.0	−191.5	−140.2	可燃乙类	毒	
12	1957	2140	氘	Deuterium	D_2	重氢	4.0	−249.5	−234.8	可燃甲类		
13	1049	2140	氢	Hydrogen	H_2		2.0	−252.8	−239.9	可燃甲类		
14	1972	2140	甲烷	Methane	CH_4	R-50,沼气	16.0	−161.5	−82.5	可燃甲类		
15	1971	2140	天然气(压缩)	Natural gas		CNG				可燃甲类		
						c 组 低温液化气体(深冷型)							
16	1003	1160	空气(液体)	Air(Liquid)		液空	28.9	−194.3	−140.6	助燃(氧化性)		
17	1951	0160	氩(液体)	Argon(Liquid)	Ar	液氩	39.9	−185.9	−122.4			
18	1963	0160	氦(液体)	Helium(Liquid)	He	液氦	4.0	−268.9	−268.0			
19	1966	2160	氢(液体)	Hydrogen(Liquid)	H_2	液氢	2.0	−252.8	−239.9	可燃甲类		
20	1972	2160	天然气(液体)	Natural gas(Liquid)		以甲烷为主组分 LNG		−161.5	−82.5	可燃甲类		
21	1977	0160	氮(液体)	Nitrogen(Liquid)	N_2	液氮	28.0	−195.8	−146.9			
22	1913	0160	氖(液体)	Neon(Liquid)	Ne	液氖	20.2	−246.1	−228.7			
23	1073	4160	氧(液体)	Oxygen(Liquid)	O_2	液氧	32.0	−183.0	−118.4	强氧化性		

a "UN"号是指联合国危险货物运输专家委员会在《关于危险货物运输的建议书》(桔皮书)中对危险货物指定的编号。

b 表中气体的燃烧性为不燃的、毒性为无毒的、腐蚀性为无腐蚀的，在表中均为空白。

A.2 第 2 类 液化气体

A.2.1 高压液化气体

临界温度高于—50 ℃且低于等于 65 ℃的气体，详见表 A.2。

表 A.2 临界温度高于—50 ℃且低于等于 65 ℃的气体

序号	UNª	FTSC	气体名称	气体英文名称	化学分子式	别名	分子量	沸点(101.325 kPa)℃	临界温度℃	燃烧性ᶜ	毒性ᶜ	腐蚀性ᶜ
					a组 不燃无毒和不燃有毒气体							
24	1008	0223	三氟化硼	Boron trifluoride	BF₃	氟化硼	67.8	—100.3	—12.2		毒	酸性腐蚀
25	1013	0120	二氧化碳	Carbon dioxide	CO₂	碳酸气	44.0	—78.5	31.0			
26	2417	0223	碳酰氟	Carbonyl fluoride	CF₂O	氟化碳酰	66.0	—84.6	22.8		毒	酸性腐蚀
27ᵇ	1022	0120	氯三氟甲烷	Chlorotrifluoromethane	CF₃Cl	R-13	104.5	—81.9	28.8			
28	2193	0120	六氟乙烷	Hexafluoroethane	C₂F₆	R-116	138.0	—78.2	19.7			
29	1050	0223	氯化氢	Hydrogen chloride	HCl	无水氢氯酸	36.5	—85.0	51.5		毒	酸性腐蚀
30	2451	4123	三氟化氮	Nitrogen trifluoride	NF₃		71.0	—129.1	—39.3	强氧化性		
31	1070	4120	一氧化二氮	Nitrous oxide	N₂O	氧化亚氮,笑气	44.0	—88.5	36.4	强氧化性		
32	2198	0323	五氟化磷	Phosphorus pentafluoride	PF₅		126.0	—84.5	18.95		剧毒	酸性腐蚀
33	1955	0223	三氟化磷	Phosphorus trifluoride	PF₃		88.0	—151.3	—2.1		毒	酸性腐蚀
34	1859	0223	四氟化硅	Silicon tetrafluoride	SiF₄		104.1	—94.8	—14.2		毒	酸性腐蚀
35	1080	0120	六氟化硫	Sulfur hexafluoride	SF₆		146.1	—63.8	45.6			
36	1982	0120	四氟甲烷	Tetrafluoromethane	CF₄	R-14 四氟化碳	88.0	—128.0	45.7			
37	1984	0120	三氟甲烷	Trifluoromethane	CHF₃	R-23	70.0	—82.2	26.0			
38	2036	0120	氙	Xenon	Xe		131.6	—108.1	16.6			

表 A.2 (续)

序号	UN[a]	FTSC	气体名称	气体英文名称	化学分子式	别名	分子量	沸点(101.325 kPa)℃	临界温度℃	燃烧性[c]	毒性[c]	腐蚀性[c]
						b组 可燃无毒和可燃有毒气体						
39	1959	2120	1,1-二氟乙烯	1,1-Difluoroethylene	$C_2H_2F_2$	偏二氟乙烯,R1132a	64.0	-84.0	29.7	可燃甲类		
40	1035	2120	乙烷	Ethane	C_2H_6		30.1	-88.6	32.2	可燃甲类		
41	1962	2120	乙烯	Ethylene	C_2H_4		28.1	-103.8	9.2	可燃甲类		
42	2199	3320	磷烷	Phosphine	PH_3	磷化氢	34.0	-87.8	51.9	自燃	剧毒	
43	2203	3120	硅烷	Silane	SiH_4	四氢化硅	32.1	-111.4	-3.5	自燃		
						c组 可分解或聚合的可燃气体						
44	1911	5320	乙硼烷	Diborane	B_2H_6	一硼烷	27.7	-92.8	16.7	分解	剧毒	
45	1860	5120	氟乙烯	Fluoroethylene	C_2H_3F	乙烯基氟 R-1141	46.0	-72.2	54.7	聚合		
46	2192	2320	锗烷	Germanium hydride	GeH_4		76.6	-88.2	34.9	分解	剧毒	
47	1081	5120	四氟乙烯	Tetrafluoroethylene	C_2F_4		100.0	-75.6	33.3	聚合	剧毒	

a "UN"号是指联合国危险货物运输专家委员会在《关于危险货物运输的建议书》(橘皮书)中对危险货物指定的编号。

b 2010年停止生产和使用的气体。

c 表中气体的燃烧性为不燃的、毒性为无毒的、腐蚀性为无腐蚀的,在表中均为空白。

A.2.2 低压液化气体

临界温度高于65℃的气体，详见表A.3。

表A.3 临界温度高于65℃的气体

序号	UN[a]	FTSC	气体名称	气体英文名称	化学分子式	别名	分子量	沸点(101.325 kPa)℃	临界温度℃	燃烧性[c]	毒性[c]	腐蚀性[c]
a 组 不燃无毒和不燃有毒气体												
48	1974	0110	溴氯二氟甲烷	Bromochlorodifluoromethane	$CBrClF_2$	R-12B1	165.4	−3.3	154.0			
49	1741	0213	三氯化硼	Boron trichloride	BCl_3	氯化硼	117.0	12.5	176.8		毒	酸性腐蚀
50	1009	0110	溴三氟甲烷	Bromotrifluoromethane	$CBrF_3$	R-13B1	148.9	−57.9	66.8			
51	1017	4213	氯[c]	Chlorine	Cl_2		70.9	−34.1	144.0	强氧化性	毒	酸性腐蚀
52	1018	0110	氯二氟甲烷	Chlorodifluoromethane	$CHClF_2$	R-22	86.5	−40.6	96.2			
53[b]	1020	0110	氯五氟乙烷	Chloropentafluoroethane	C_2ClF_5	R-115	154.5	−39.1	80.0			
54	1021	0110	氯四氟乙烷	Chlorotetrafluoroethane	$CHClF_4$	R-124	136.5	−12.0	122.3			
55	1983	0110	氯三氟乙烷	Chlorotrifluoroethane	C_2H_2Cl	R-133a	118.5	6.9	150.0			
56[b]	1028	0110	二氯二氟甲烷	Dichlorodifluoromethane	CCl_2F_2	R-12	120.9	−24.9	112.0			
57	1029	0110	二氯氟甲烷	Dichlorofluoromethane	$CHCl_2F$	R-21	102.9	8.9	178.5			
58	1421	4311	三氧化二氮	Dinitrogen trioxide	N_2O_3		76.0	2.0	151.8		剧毒	
59[b]	1958	0110	二氯四氟乙烷	Dichlorotetrafluoroethane	$C_2Cl_2F_4$	R-114	170.9	3.9	145.7			
60	3296	0110	七氟丙烷	Heptafluoropropane	CF_3CHFCF_3	R-227	170.0	−15.6	101.6			
61	1858	0110	六氟丙烯	Hexafluoropropylene	C_3F_6	R-1216	150.0	−29.8	86.2			
62	1048	0213	溴化氢	Hydrogen bromide	HBr	无水氢溴酸	80.9	−66.7	89.8		毒	酸性腐蚀
63	1052	0213	氟化氢	Hydrogen fluoride	HF	无水氢氟酸	20.0	19.5	188.0		毒	酸性腐蚀
64	1067	4311	二氧化氮	Nitrogen dioxide	$NO_2(N_2O_4)$	四氧化二氮	92.8	22.1	158.2	强氧化性	剧毒	酸性腐蚀
65	1976	0110	八氟环丁烷	Octafluorocyclobutane	C_4F_8	R-C318	200.0	−6.4	155.3			
66	3220	0110	五氟乙烷	Pentafluoroethane	CHF_2CF_3	R-125	120.0	−49.0	66.0			
67	1076	0313	碳酰二氯	Phosgene	$COCl_2$	光气	98.9	7.4	182.3		剧毒	酸性腐蚀
68	1079	0211	二氧化硫	Sulfur dioxide	SO_2		64.1	−10.0	157.5		毒	酸性腐蚀
69	2191	0210	硫酰氟	Sulfuryl fluoride	SO_2F_2		102.0	−55.4	92.0		毒	酸性腐蚀
70	3159	0110	1,1,1,2-四氟乙烷	1,1,1,2-Tetrafluoroethane	CH_2FCF_3	R-134a	102.0	−26.0	101.1			

表 A.3（续）

序号	UN[a]	FTSC	气体名称	气体英文名称	化学分子式	别名	分子量	沸点(101.325 kPa) ℃	临界温度 ℃	燃烧性[c]	毒性[c]	腐蚀性[c]
					b组　可燃无毒和可燃有毒气体							
71	1005	2212	氨	Ammonia	NH_3		17.0	−33.4	132.4	可燃乙类	毒	碱性腐蚀
72	2676	2311	锑化氢	Antimony hydride	SbH_3		124.8	−17.1	173.0	可燃甲类	剧毒	
73	2188	2310	砷烷	Arsine	ASH_3	砷化氢	77.9	−62.5	99.9	可燃甲类	剧毒	
74	1011	2110	正丁烷	n-Butane	C_4H_{10}	丁烷	58.1	0.5	152.0	可燃甲类		
75	1012	2110	1-丁烯	1-Butene	C_4H_8		56.1	−6.2	146.4	可燃甲类		
76		2110	(顺)2-丁烯	Cis-butene	C_4H_8		56.1	3.7	162.4	可燃甲类		
77		2110	(反)2-丁烯	Tran-2-butene	C_4H_8		56.1	0.9	155.5	可燃甲类		
78	2517	2110	氯二氟乙烷	Chlorodifluoroethane	ClF_2CH_3	R-142b	100.5	−9.2	136.5	可燃甲类		
79	1027	2110	环丙烷	Cyclopropane	C_3H_6	三甲撑	42.1	−32.9	124.6	可燃甲类		
80	2189	2213	二氯硅烷	Dichlorosilane	SiH_2Cl_2		101.0	8.2	176.3	可燃甲类	毒	酸性腐蚀
81	1030	2110	1,1-二氟乙烷	Difluoroethane	CF_2CH_3	偏二氟乙烷 R-152a	66.0	−25.0	113.5	可燃甲类		
82	3252	2110	二氟甲烷	Difluoromethane	CH_2F_2	R-32	52.0	−51.7	78.1	可燃乙类		
83	1032	2212	二甲胺	Dimethylamine	$(CH_3)_2NH$		45.1	7.4	164.6	可燃甲类	毒	碱性腐蚀
84	1033	2110	二甲醚	Dimethylether	C_2H_6O		46.1	−24.8	126.9	可燃甲类		
85	1954	3210	乙硅烷	Disilane,Disilicoethane	Si_2H_6		62.2	−14.5	150.9	自燃		
86	1036	2212	乙胺	Ethylamine	$C_2H_5NH_2$	氨基乙烷	45.1	16.6	183.4	可燃甲类	毒	碱性腐蚀
87	1037	2110	氯乙烷	Ethylchloride	C_2H_5Cl	乙基氯,R160	64.5	12.3	187.2	可燃甲类		
88	2202	2311	硒化氢	Hydrogen selenide	H_2Se		80.9	−42.0	138.0	可燃甲类	剧毒	
89	1053	2211	硫化氢	Hydrogen sulfide	H_2S		34.1	−60.2	100.4	可燃甲类	毒	酸性腐蚀
90	1969	2110	异丁烷	Isobutane	C_4H_{10}		58.1	−11.7	135.0	可燃甲类		
91	1055	2110	异丁烯	Isobutylene	C_4H_8		56.1	−7.1	144.7	可燃甲类		
92	1061	2212	甲胺	Methylamine	CH_3NH_2		31.1	−6.3	156.9	可燃乙类	毒	碱性腐蚀
93	1062	2210	溴甲烷	Methyl bromide	CH_3Br	甲基溴	95.0	3.6	194.0	可燃乙类	毒	
94	1063	2210	氯甲烷	Methyl chloride	CH_3Cl	甲基氯	50.5	−23.9	143.0	可燃甲类	毒	

GB/T 16163—2012

表 A.3（续）

序号	UN[a]	FTSC	气体名称	气体英文名称	化学分子式	别名	分子量	沸点(101.325 kPa) ℃	临界温度 ℃	燃烧性[c]	毒性[c]	腐蚀性[c]
					b组	可燃无毒和可燃有毒气体						
95	1064	2211	甲硫醇	Methyl mercaptan	CH_3SH	硫基甲烷	48.1	6.0	196.8	可燃甲类	毒	碱性腐蚀
96	1978	2110	丙烷	Propane	C_3H_8		44.1	−42.1	96.8	可燃甲类		
97	1077	2110	丙烯	Propylene	C_3H_6		42.1	−47.7	91.8	可燃甲类	毒	
98	1295	2210	三氯硅烷	Trichlorosilane	$SiHCl_3$	三氯氢硅	135.5	31.8	206.0	可燃甲类		
99	2035	2110	1,1,1-三氟乙烷	1,1-Trifluoroethane	CHF_3CH_2	R-143a	84.0	−47.6	73.1	可燃甲类		碱性腐蚀
100	1083	2112	三甲胺	Trimethylamine	$(CH_3)_3N$		59.1	2.9	162.0	可燃甲类		
101	1075	2110	液化石油气			LPG				可燃甲类		
					c组	易分解或聚合的可燃气体						
102	1010	5110	1,3-丁二烯	1,3-Butadiene	C_4H_6	联乙烯	54.1	−4.5	152.0	聚合		
103	1082	5210	氯三氟乙烯	Chlorotrifliuoroethylene	C_2ClF_3	R-1113	116.4	−28.4	105.8	聚合	毒	
104	1040	5210	环氧乙烷	Ethylene oxide	C_2H_4O	氧化乙烯	44.0	10.5	195.8	分解	毒	
105	1087	5210	甲基乙烯基醚	Methyl vinyl ether	C_3H_6O	乙烯基甲醚	58.1	5.0	200.0	聚合		
106	1085	5210	溴乙烯	Vinyl bromide	C_2H_3Br	乙烯基溴	107.0	15.7	198.0	高温易聚合	毒	
107	1086	5210	氯乙烯	Vinyl chloride	C_2H_3Cl		62.5	−13.7	156.5	聚合	致癌	

a "UN"号是指联合国危险货物运输专家委员会在《关于危险货物运输的建议书》(桔皮书)中对危险货物指定的编号。
b 2010年停止生产和使用的气体。
c 表中气体的燃烧性为不燃的,毒性为无毒的,腐蚀性为无腐蚀的,在表中均为空白。

A.3 第 3 类 溶解气体

在压力下溶解于气瓶内溶剂中的气体,详见表 A.4。

表 A.4 在压力下溶解于气瓶内溶剂中的气体

序号	UN[a]	FTSC	气体名称	气体英文名称	化学分子式	别名	分子量	沸点 (101.325 kPa) ℃	临界温度 ℃	燃烧性[b]	毒性[b]	腐蚀性[b]
108	1001	5130	乙炔	Acetylene	C_2H_2	电石气	26.0	84.0	36.3	分解		

[a] "UN"号是指联合国危险货物运输专家委员会在《关于危险货物运输的建议书》(活皮书)中对危险货物指定的编号。
[b] 表中气体的燃烧性为不燃的,毒性为无毒的,腐蚀性为无腐蚀的,在表中均为空白。

ICS 23.020.30
J 74

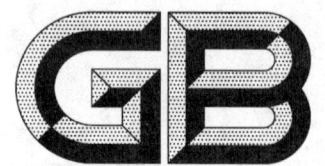

中华人民共和国国家标准

GB 16804—2011
代替 GB 16804—1997

气 瓶 警 示 标 签

Precautionary labels for gas cylinders

(ISO 7225:2005,Gas cylinders—Precautionary labels,MOD)

自 2017 年 3 月 23 日起,本标准转为推荐性标准,编号改为 GB/T 16804—2011。

2011-12-30 发布   2012-12-01 实施

中华人民共和国国家质量监督检验检疫总局
中国国家标准化管理委员会   发 布

前　　言

本标准全部技术内容为强制性。

本标准按照 GB/T 1.1—2009《标准化工作导则　第 1 部分：标准的结构和编写》给出的规则起草。

本标准代替 GB 16804—1997《气瓶警示标签》。

本标准与原 GB 16804—1997 相比，主要技术变化如下：

——增加规范性引用文件；

——根据联合国《关于危险物品运输的建议书：规章范本》，明确说明了主要危险性和次要危险性的确定方法；

——规定面签和底签可以印刷在一起；

——增加了"必要时，底签的形状和尺寸可参照 GB 15258 的规定，但所含信息应满足本标准 5.5.2 的要求"的条款，以便用户将化学品安全标签与气瓶警示标签合一。

本标准使用重新起草法修改采用 ISO 7225：2005《气瓶　警示标签》。

本标准与 ISO 7225：2005 相比在结构上有较多调整，附录 A 中列出了本标准与 ISO 7225：2005 的章条编号对照一览表。

本标准与 ISO 7225 的技术性差异及其原因如下：

——关于规范性引用文件，本标准做了具有技术性差异的调整，调整的情况集中反映在第 2 章"规范性引用文件"中，具体调整如下：增加引用了 GB/T 13005、GB 15258、GB 16163 以及联合国关于危险物品运输的建议书　规章范本；

——调整了术语内容，为适应国内标准的使用，将"主要危险性"、"次要危险性"增加至第 3 章"术语和定义"删除了；

——根据联合国《关于危险物品运输的建议书：规章范本》，增加了第 4 章"瓶装介质主要危险性及次要危险性的确定"，以便于标准的使用；

——增加了 5.2.2 中"关于必要时底签的形状和尺寸可参照 GB 15258 的规定，但所含信息应满足本标准 5.5.2 的规定"。

本标准做了以下编辑性修改：

——5.4.1 中增加了"即对易燃气体底色为红色，对非易燃无毒气体底色为绿色，对毒性气体，底色为白色。"的补充说明；

——5.5.1 中增加了"面签上文字和符号的大小应易于识别和辨认。面签上的符号为黑色，文字为黑色印刷体。但对腐蚀性气体，其文字说明'腐蚀性'应以白色字印在面签的黑底上。每个面签上有一条黑色边线，该线画在边缘内侧，距边缘 $0.05a$。"的补充说明；

——6.1 中增加了"每只气瓶第一次充装时即应粘贴标签。如发现标签脱落、撕裂、污损、字迹模糊不清时，充装单位应及时补贴或更换标签。"的补充说明；

——6.2 中增加了"应避免标签被气瓶上的任何部件或其他标签所遮盖。标签不应被折叠，面签和底签不应分开粘贴。在气瓶的整个使用期内标签应保持完好无损、清晰可见。"的补充说明。

本标准由全国气瓶标准化技术委员会（SAC/TC 31）提出并归口。

本标准起草单位：中国特种设备检测研究院、大连市锅炉压力容器检验研究院、杭州新世纪混合气体有限公司、北京天海工业有限公司。

本标准主要起草人：梁琳、胡军、沈建林、张贺军、郑宁。

本标准所代替标准的历次版本发布情况为：

——GB 16804—1997。

引　言

　　在气瓶上使用警示标签的目的是推动气瓶及所装气体的标识,并对与所装气体相关的主要危险做出警告。警示标签同时能提供其他基本信息,例如,用来显示气体或混合气体的名称及分子式,以及附加的警示说明。

根据中华人民共和国国家标准公告(2017 年第 7号)和强制性标准整合精简结论,本标准自 2017年 3 月 23 日起,转为推荐性标准,不再强制执行。

气 瓶 警 示 标 签

1 范围

本标准规定了用于充装单一气体或混合气体的单个气瓶上的警示标签的设计、内容及应用。
本标准不适用于集装气瓶和集装架。

2 规范性引用文件

下列文件对于本文件的应用是必不可少的。凡是注日期的引用文件,仅注日期的版本适用于本文件。凡是不注日期的引用文件,其最新版本(包括所有的修改单)适用于本文件。

GB/T 13005　气瓶术语

GB 15258　化学品安全标签编写规定

GB 16163　瓶装压缩气体分类

联合国关于危险物品运输的建议书　规章范本(UN ST/SG/AC.10/1/Rev.16,United Nations Recommendations on the Transport of Dangerous Goods—Model Regulations)

3 术语和定义

GB/T 13005 确立的以及下列术语和定义适用于本文件。

3.1

主要危险性　primary hazard

反映介质所具有的主要危险特性。

3.2

次要危险性　subsidiary hazard

反映介质所具有的、与主要危险性相比较为次要的危险特性。

4 瓶装介质主要危险性及次要危险性的确定

4.1 瓶装介质的主要危险性及次要危险性由充装单位根据 GB 16163 及《联合国关于危险物品运输的建议书　规章范本》确定:

```
                类别      项别
主要危险性分为:第 2 类    气体
                        2.1 项:易燃气体
                        2.2 项:非易燃无毒气体(包括窒息性气体、氧化性气体以及不属于
                                其他项别的气体)
                        2.3 项:毒性气体
次要危险性分为:第 5 类    氧化性物质和有机过氧化物
                        5.1 项:氧化性物质
            第 8 类    腐蚀性物质
```

GB 16804—2011

具有两个项别以上的气体或混合气体,其危险性的先后顺序如下:

a) 2.3项优先于所有其他项;

b) 2.1项优先于2.2项。

4.2 如果某一种第2类气体具有一种或多种次要危险性,应根据表1使用标签。

表 1 具有次要危险性的第2类气体标签

项 别	主要危险性	次要危险性
2.1	2.1	无
2.2	2.2	无
	2.2	5.1
2.3	2.3	无
	2.3	2.1
	2.3	5.1
	2.3	5.1,8
	2.3	8
	2.3	2.1,8

5 警示标签设计和内容

5.1 一般规定

警示标签应符合《联合国关于危险物品运输的建议书 规章范本》或其他有关运输的规程的要求。警示标签应设计的清晰、可见、易读。警示标签应由面签和底签两部分组成。

a) 面签:即菱形部分。当有两种或三种危险需要明示时,应有一个或两个次要危险性面签与主要危险性面签同时使用;当需要两个或三个危险性面签时,次要危险性面签应放置在主要危险性面签的右边。面签可以部分重叠,如图1～图3所示。在任何情况下代表主要危险性的面签和所有标签上的编号应清晰可见,符号应可以识别。

b) 底签:底签和面签应分别制作并粘贴到气瓶上或印刷在一起。图1～图4所示是底签和面签排列的示例;也可采用其他排列方式,如面签可放在底签的上方或下方。

5.2 尺寸和形状

5.2.1 面签的尺寸和形状见图1～图4。面签边长 a 的最小长度按表2的规定。

表 2 面签尺寸

气瓶外径 D/mm	面签边长 a/mm
$D<75$	$\geqslant10$
$75\leqslant D<180$	$\geqslant15$
$D\geqslant180$	$\geqslant25$

78

5.2.2 底签的尺寸和形状见图1～图4,必要时底签的形状和尺寸可参照 GB 15258 的规定,但所含信息应满足5.5.2的规定。

5.3 材料

标签和胶合剂所用的材料应在运输、储存和使用条件下经久耐用。标签上的胶合剂应与气瓶外表面的材料相容。

5.4 颜色

5.4.1 面签的底色应符合《联合国关于危险物品运输的建议书 规章范本》的规定,即对易燃气体底色为红色,对非易燃无毒气体底色为绿色,对毒性气体,底色为白色。示例参见见附录B。
5.4.2 底签的颜色和外观应与面签形成对比。

5.5 文字与符号

5.5.1 面签的设计、符号、编号及文字应符合《联合国关于危险物品运输的建议书 规章范本》或其他有关运输的规程的要求。面签上文字和符号的大小应易于识别和辨认。面签上的符号为黑色,文字为黑色印刷体。但对腐蚀性气体,其文字说明"腐蚀性"应以白色字印在面签的黑底上。示例参见附录B。

每个面签上有一条黑色边线,该线画在边缘内侧,距边缘0.05a。
5.5.2 底签上文字的大小应易于识别和辨认,字色为黑色。底签上应记录有关危险货物运输相关法规及危险物质标签相关法规以及准备工作的信息,至少应包含下列内容:

    a) 所装气体识别:
        ——单一气体应有化学名称及分子式;
        ——混合气体应有导致危险性的主要成分的化学名称及分子式,如果主要成分的化学名称或
           分子式已被标识在气瓶的其他地方,也可只在底签上印上通用术语或商品名称。
    b) 气瓶及瓶内所装气体危险性的附加信息和在运输、储存及使用上应遵守的警示及其他说明。
    c) 气瓶充装单位的名称、地址、邮政编码、电话号码。
    d) 充装量。

6 警示标签的应用

6.1 充装单位职责

充装单位应保证根据气瓶内所装气体粘贴、除去、更换标签。每只气瓶第一次充装时即应粘贴标签。如发现标签脱落、撕裂、污损、字迹模糊不清时,充装单位应及时补贴或更换标签。

6.2 标签的粘贴

标签应牢固地粘贴在气瓶上并保持标记清晰可见。应避免标签被气瓶上的任何部件或其他标签所遮盖。标签不应被折叠,面签和底签不应分开粘贴。在气瓶的整个使用期内标签应保持完好无损、清晰可见。

6.3 标签的放置

标签不得覆盖任何充装所需的永久性标记。放置面签的首选位置应在气瓶瓶肩上或瓶肩正下(最

大 50 mm)。对小气瓶(10 L 及以下),标签可以放置在瓶体上。如尺寸允许,标签可放在气瓶颈圈上。危险性面签等于或大于 100 mm×100 mm 时,应放置在气瓶筒体部位。

6.4 已有标签的处理

只有当原有标签信息内容完全清晰时,才可以用新标签覆盖旧标签。否则,原有标签应被彻底除去。主要危险性面签应部分覆盖在次要危险性面签上面(见图 1)。

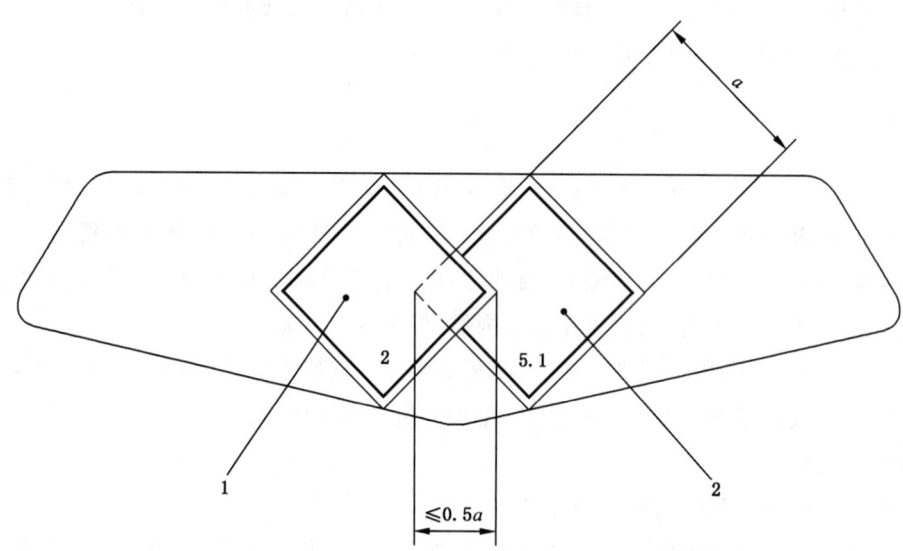

说明:

1——主要危险性面签;

2——次要危险性面签。

图 1 主要和次要危险性面签及底签的示例

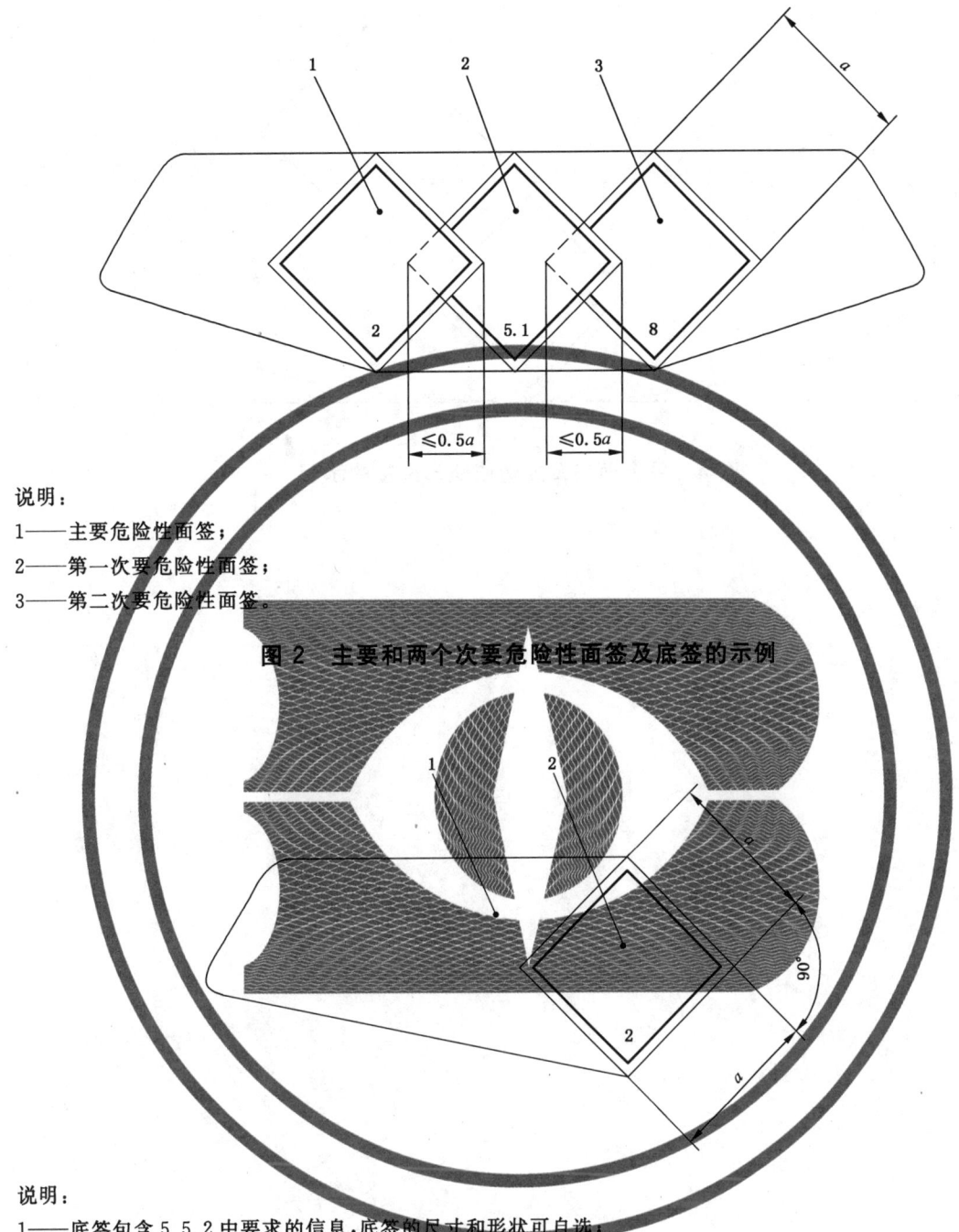

说明：
1——主要危险性面签；
2——第一次要危险性面签；
3——第二次要危险性面签。

图 2　主要和两个次要危险性面签及底签的示例

说明：
1——底签包含 5.5.2 中要求的信息，底签的尺寸和形状可自选；
2——危险性面签包含危险符号、表 B.1 中的类别号及危险性描述。

图 3　主要危险性面签及底签的示例

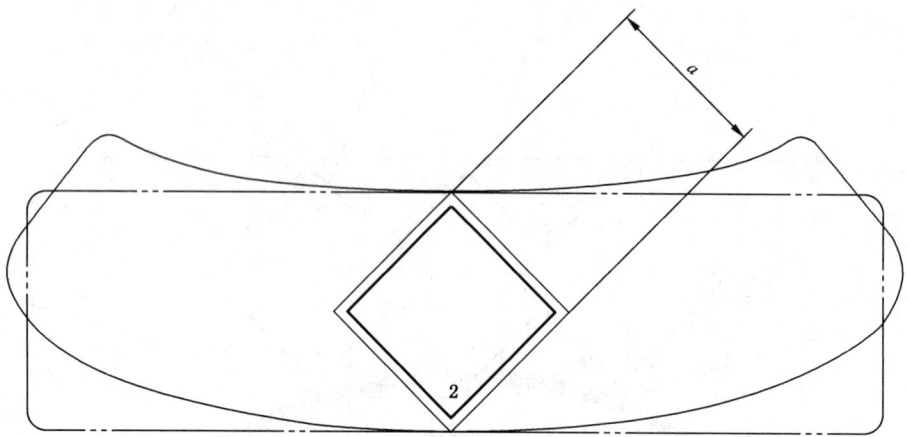

图 4   单个面签及曲边或矩形底签的示例

附 录 A

（资料性附录）

国家标准与国际标准章条编号对照一览表

表 A.1 给出了本标准与 ISO 7225:2005 的章条编号对照情况。

表 A.1 本标准与 ISO 7225:2005 的章条编号对照情况

本标准章条编号	对应 ISO 7225:2005 章条编号
1	1
2	—
—	2.1
3.1	—
3.2	—
4	—
5.1	3.1
5.2	3.2
5.3	3.3
5.4	3.4
5.5	3.5
6.1	4.1
6.2	4.2
6.3	4.3
6.4	4.4
附录 A	—
附录 B	附录 A

附　录　B

（资料性附录）

危险性面签的示例

表 B.1　类别/项别号及面签的颜色

面　签	在下角的类别/项别号	面签颜色
或	2	绿+白 或 绿+黑
或	2	红+白 或 红+黑
	2	白+黑
	5.1	黄+黑
	8	白+黑

表 B.2 带有类别号的气瓶危险性面签示例

项别号 (1)	次要危险性 (2)	面签 (3)				示例 (4)
2.2			或			UN 1013 二氧化碳
2.2	5.1		或		和	UN 1072 氧,压缩性
2.1			或			UN 1011 丁烷
2.3						UN 1062 溴甲烷
2.3	2.1		和			UN 1016 一氧化碳,压缩性
2.3	8		和			UN 1017 氯
2.3	5.1		和			UN 3083 过氯酰氟
2.3	2.1,8		和		和	UN 2189 二氯甲硅烷
2.3	5.1,8		和		和	UN 1045 氟,压缩性

注 1：本表第(1)栏(项别号)和第(2)栏(次要危险性)可以根据《联合国关于危险物品运输的建议书 规章范本》的 3.2 危险物品表中第(3)栏(类别或项别)和第(4)栏(次要危险性)决定。

注 2：记录第 2 类主要危险标签应如表 B.2 所示,将表示类别的数字记在底角。

注 3：所用的颜色(红、绿等)是原色或黑和白。

二、气瓶产品标准

ICS 23.020.30
J 74

中华人民共和国国家标准

GB/T 5099.1—2017
部分代替 GB/T 5099—1994

钢质无缝气瓶
第 1 部分：淬火后回火处理的抗拉强度
小于 1 100 MPa 的钢瓶

Seamless steel gas cylinders—
Part 1:Quenched and tempered steel cylinders with tensile strength
less than 1 100 MPa

(ISO 9809-1:2010,Gas cylinders—Refillable seamless steel gas cylinders—
Design,construction and testing—Part 1:Quenched and tempered
steel cylinders with tensile strength less than 1 100 MPa,NEQ)

2017-12-29 发布   2019-01-01 实施

中华人民共和国国家质量监督检验检疫总局
中国国家标准化管理委员会   发 布

前　言

GB/T 5099《钢质无缝气瓶》拟分为以下几个部分：
——第1部分：淬火后回火处理的抗拉强度小于1 100 MPa的钢瓶；
——第2部分：淬火后回火处理的抗拉强度大于或等于1 100 MPa的钢瓶；
——第3部分：正火处理的钢瓶；
——第4部分：不锈钢无缝气瓶。

本部分为GB/T 5099的第1部分。

本部分按照GB/T 1.1—2009给出的规则起草。

本部分代替GB/T 5099—1994《钢质无缝气瓶》部分内容。

本部分与GB/T 5099—1994相比主要内容变化如下：
——调整了标准的适用范围：
　　a)　公称工作压力由原来的8 MPa～30 MPa改为不大于30 MPa；
　　b)　公称水容积由原来的0.4 L～80 L改为0.5 L～150 L；
　　c)　盛装介质增加可用于混合气体；
　　d)　删去了"不适用灭火用的钢瓶"的规定。
——扩大了钢瓶规格范围：
　　a)　删去了对直径分档的要求；
　　b)　删去了充装介质列表和对压力分档的要求。
——更改了壁厚设计计算公式。
——删去了瓶体底部有限元计算要求。
——每批的数量规定为"不大于200只加上破坏性试验用钢瓶数量"。
——瓶体热处理后的批量金相组织检验更改为型式试验要求。
——增加了对无缝钢管制成的钢瓶进行底部密封性试验的要求。
——水压试验规定采用外测法进行容积变形率测试。
——钢瓶钢印标记中的实测水容积更改为公称水容积。
——增加了瓶阀装配扭矩的附录。
——增加了超声检测方法和评定的附录。
——增加了磁粉检测方法和评定的附录。
——增加了压扁试验方法的附录。
——增加了内、外表面缺陷描述和评定的附录。

本部分与ISO 9809-1:2010《气瓶　可重复充装钢质无缝气瓶　设计、制造和试验　第1部分：淬火后回火处理的抗拉强度小于1 100 MPa的钢瓶》的一致性程度为非等效。

请注意本文件的某些内容可能涉及专利。本文件的发布机构不承担识别这些专利的责任。

本部分由全国气瓶标准化技术委员会(SAC/TC 31)提出并归口。

本部分起草单位：北京天海工业有限公司、上海高压容器有限公司、江苏天海特种装备有限公司。

本部分主要起草人：张增营、石凤文、解越美、陈伟明、吴燕、张保国。

本部分所代替标准的历次版本发布情况为：
——GB 5099—1985、GB/T 5099—1994。

钢质无缝气瓶
第1部分：淬火后回火处理的抗拉强度
小于1 100 MPa的钢瓶

1 范围

GB/T 5099的本部分规定了淬火后回火处理的抗拉强度小于1 100 MPa的钢质无缝气瓶（以下简称钢瓶）的型式和参数、技术要求、试验方法、检验规则、标志、涂敷、包装、运输、储存、产品合格证和批量检验质量证明书。

本部分适用于设计、制造公称工作压力不大于30 MPa，公称水容积为0.5 L～150 L，使用环境温度为－40 ℃～60 ℃，用于盛装压缩气体、高压液化气体或混合气体的可重复充装的钢瓶。

本部分不适用于车用气瓶和机器设备上附属的瓶式压力容器。

注：对于公称水容积小于0.5 L的钢质无缝气瓶也可参照本部分进行制造及检验。

2 规范性引用文件

下列文件对于本文件的应用是必不可少的。凡是注日期的引用文件，仅注日期的版本适用于本文件。凡是不注日期的引用文件，其最新版本（包括所有的修改单）适用于本文件。

GB/T 196 普通螺纹 基本尺寸（ISO 724）

GB/T 197 普通螺纹 公差（ISO 965-1）

GB/T 222 钢的成品化学成分允许偏差

GB/T 223（所有部分） 钢铁及合金化学分析方法

GB/T 224 钢的脱碳层深度测定法（ISO 3887）

GB/T 228.1 金属材料 拉伸试验 第1部分：室温试验方法（ISO 6892）

GB/T 229 金属材料 夏比摆锤冲击试验方法（ISO 148-1）

GB/T 230.1 金属洛氏硬度试验 第1部分：试验方法（A、B、C、D、E、F、G、H、K、N、T标尺）（ISO 6508-1）

GB/T 231.1 金属布氏硬度试验 第1部分：试验方法（ISO 6506-1）

GB/T 232 金属材料 弯曲试验方法（ISO 7438）

GB/T 4336 碳素钢和中低合金钢 多元素含量的测定 火花放电原子发射光谱法（常规法）

GB/T 5777—2008 无缝钢管超声波探伤检验方法（ISO 9303：1989，MOD）

GB/T 7144 气瓶颜色标志

GB/T 8335 气瓶专用螺纹

GB/T 8336 气瓶专用螺纹量规

GB/T 9251 气瓶水压试验方法

GB/T 9252 气瓶压力循环试验方法

GB/T 12137 气瓶气密性试验方法

GB/T 13005 气瓶术语

GB/T 13298 金属显微组织检验方法

GB/T 13320—2007 钢质模锻件 金相组织评级图及评定方法

GB/T 13447　无缝气瓶用钢坯

GB/T 15384　气瓶型号命名方法

GB/T 15385　气瓶水压爆破试验方法

GB/T 18248　气瓶用无缝钢管

JB/T 6065　无损检测　磁粉检测用试片

3　术语和定义、符号

3.1　术语和定义

GB/T 13005 界定的以及下列术语和定义适用于本文件。

3.1.1

屈服强度　yield stress

对材料拉伸试验,呈明显屈服现象时,取上屈服点;无明显屈服现象的,取规定非比例延伸率为 0.2%时的应力。

3.1.2

淬火　quenching

把钢瓶瓶体均匀加热到钢材上临界点 A_{c3} 以上的温度,然后放入适当的介质中快速冷却。

3.1.3

回火　tempering

在淬火后,把钢瓶瓶体均匀加热到钢材下临界点 A_{c1} 以下的某一温度,保温一定时间,然后冷却到室温。

3.1.4

批　batch

采用同一设计、同一炉罐号钢、同一制造方法、同一热处理规范进行连续热处理的钢瓶所限定的数量。

3.2　符号

下列符号适用于本文件。

A　断后伸长率,%

C　瓶体爆破试验破口环向撕裂长度,mm

D　钢瓶筒体公称外径,mm

D_f　冷弯试验弯心直径,mm

E　人工缺陷长度,mm

F　设计应力系数(见 5.2.3)

H　钢瓶凸形底部外高度,mm

L_0　扁试样的原始标距,mm

p_b　实测爆破压力,MPa

p_h　水压试验压力,MPa

p_w　公称工作压力,MPa

p_y　实测屈服压力,MPa

R_e　瓶体材料热处理后的最小屈服强度保证值,MPa

R_{ea}　屈服强度实测值,MPa

R_g　瓶体材料热处理后的最小抗拉强度保证值，MPa

R_m　抗拉强度实测值，MPa

S　钢瓶筒体设计壁厚，mm

S_a　钢瓶筒体实测平均壁厚，mm

S_0　扁试样的原始横截面积，mm^2

S_1　钢瓶底部中心设计壁厚，mm

S_2　钢瓶凹形底部接地点设计壁厚，mm

T　人工缺陷深度，mm

V　公称水容积，L

W　人工缺陷宽度，mm

a_{kV}　冲击值，J/cm^2

a　弧形扁试样的原始厚度，mm

b　扁试样的原始宽度，mm

h　钢瓶凹形底部外高度，mm

l　钢瓶筒体长度，mm

r　钢瓶端部及凹形底部内转角处半径，mm

4　型式和参数

4.1　型式

钢瓶瓶体一般应符合图1所示的型式。

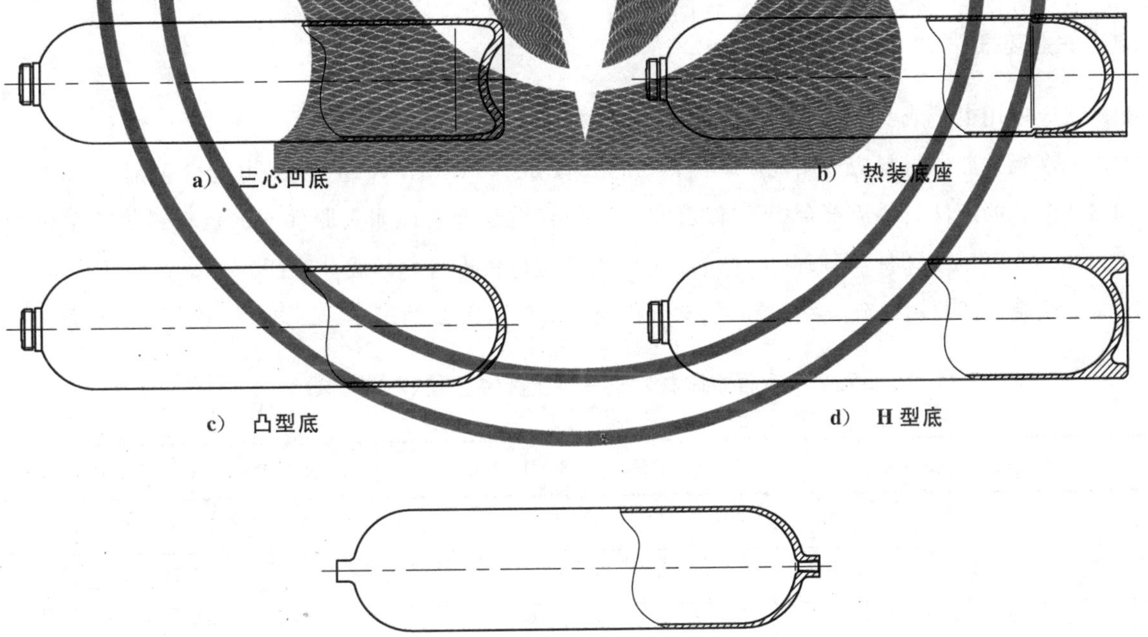

a）三心凹底　　b）热装底座

c）凸型底　　d）H型底

e）双瓶口

图1　结构型式

4.2 参数

钢瓶的公称水容积及允许偏差应符合表1的规定。

表 1　钢瓶的公称水容积及允许偏差

公称水容积/L	允许偏差/%
0.5～2	+20 0
>2～12	+10 0
>12～150	+5 0

4.3 型号标记

钢瓶的型号命名方法应符合 GB/T 15384 的规定。

5 技术要求

5.1 瓶体材料

5.1.1 一般要求

5.1.1.1 应采用电炉或吹氧转炉冶炼的无时效性镇静钢。

5.1.1.2 钢瓶的瓶体材料应选用优质碳锰钢、铬钼钢(如 30CrMo、34CrMo4)或其他合金钢。

5.1.1.3 钢瓶的瓶体材料应符合相关标准的规定,并有质量合格证明书原件或加盖材料供应单位检验公章和经办人章的复印件,钢瓶制造单位应按炉罐号对材料进行化学成分验证分析。

5.1.1.4 钢瓶瓶体材料的硫、磷含量的化学分析结果应符合表2的规定。

表 2　钢瓶瓶体材料的最大硫、磷含量(质量分数)

元　素	$R_m<950$ MPa	950 MPa$\leqslant R_m<$1 100 MPa
S	0.020%	0.010%
P	0.020%	0.020%
S+P	0.030%	0.025%

5.1.1.5 钢瓶瓶体材料的化学成分限定见表3,其允许偏差应符合 GB/T 222 的规定。对于非有意加入的合金元素钒、铌、钛、硼、锆的总含量不得超过 0.15%。化学分析结果应优先符合表2所规定的限定值。

表 3 钢瓶瓶体材料化学成分(质量分数)

元　素	钢　种			
	碳锰钢	30CrMo	34CrMo4	其他合金钢
C	≤0.38%	0.26%～0.34%	0.30%～0.37%	0.25%～0.38%
Si	0.10%～0.35%	0.17%～0.37%	0.15%～0.35%	0.10%～0.40%
Mn	1.35%～1.75%	0.40%～0.70%	0.60%～0.90%	0.40%～1.00%
Cr	—	0.80%～1.10%	0.90%～1.20%	0.80%～1.20%
Mo	—	0.15%～0.25%	0.15%～0.30%	0.15%～0.40%

5.1.2 钢坯

5.1.2.1 钢坯的形状尺寸和允许偏差应符合 GB/T 13447 有关规定。

5.1.2.2 钢的低倍组织不准许有白点、残余缩孔、分层、气泡、异物和夹杂;中心疏松不大于 1.5 级,偏析不大于 2.5 级。

5.1.3 无缝钢管

5.1.3.1 无缝钢管的尺寸外形、内外表面质量和允许偏差应符合 GB/T 18248 规定。

5.1.3.2 无缝钢管应由钢厂按 GB/T 5777—2008 的规定逐根进行纵向和横向超声波探伤检验,应符合该标准 L2 级的规定。

5.2 设计

5.2.1 一般要求

5.2.1.1 筒体的壁厚设计应取用材料热处理后的最小屈服强度保证值 R_e。

5.2.1.2 设计计算所选用的最小屈服强度保证值 R_e,不得大于最小抗拉强度保证值 R_g 的 85%。

5.2.1.3 钢瓶的水压试验压力 p_h 至少应为公称工作压力的 1.5 倍。钢瓶的许用压力不得超过水压试验压力 p_h 的 0.8 倍。

5.2.2 材料抗拉强度

5.2.2.1 用于盛装无氢脆危险或无应力腐蚀倾向介质的钢瓶,其瓶体材料采用铬钼钢(如 30CrMo、34CrMo4)或其他合金钢时淬火后回火处理的最大抗拉强度应小于 1 100 MPa,采用碳锰钢时淬火后回火处理的最大抗拉强度应小于 1 030 MPa。

5.2.2.2 用于盛装具有氢脆危险介质的钢瓶,其瓶体材料淬火后回火处理的最大抗拉强度应小于 880 MPa;当实测屈强比不大于 0.9,且钢瓶的公称工作压力不大于 20 MPa 时,允许材料的实测抗拉强度提高到 950 MPa。

5.2.2.3 用于盛装具有应力腐蚀倾向介质的钢瓶,其瓶体材料淬火后回火处理的最大抗拉强度应小于 880 MPa。

5.2.3 壁厚设计

筒体的设计壁厚 S 应按式(1)计算后向上圆整至少保留一位小数,同时应符合式(2)的要求,且不得小于 1.5 mm。

GB/T 5099.1—2017

$$S=\frac{D}{2}\left[1-\sqrt{\frac{FR_e-\sqrt{3}\,p_h}{FR_e}}\right] \quad\quad\quad\cdots\cdots\cdots\cdots\cdots(1)$$

式中,F 取$\frac{0.65}{R_e/R_g}$和 0.85 两者的较小值。

$$S\geqslant\frac{D}{250}+1 \quad\quad\quad\cdots\cdots\cdots\cdots\cdots(2)$$

5.2.4 端部设计

5.2.4.1 钢瓶凸形端部结构一般如图 2 所示,其中 a)、b)、d)、e)是底部形状,c)和 f)是肩部形状。

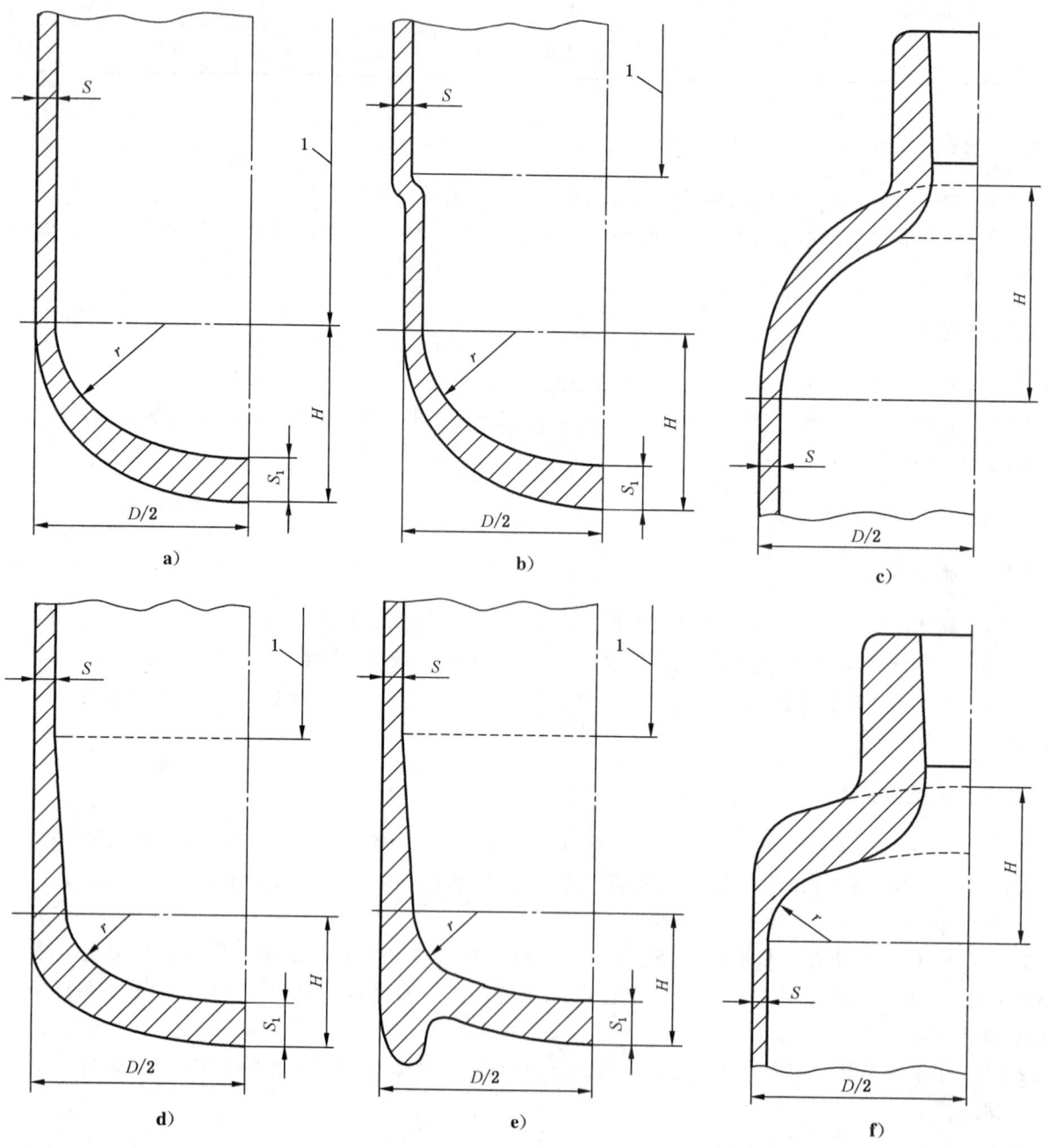

说明:

1——钢瓶筒体。

图 2 凸形底部及肩部结构示意图

96

5.2.4.2 钢瓶凸形端部与筒体连接部位应圆滑过渡,其厚度不得小于筒体设计壁厚 S,凸形端部内转角半径 r 应不小于 $0.075D$,凸形底部中心设计壁厚 S_1 应符合下列要求:

    a) 当 $0.2 \leqslant H/D < 0.4$ 时,$S_1 \geqslant 1.5S$;

    b) 当 $H/D \geqslant 0.4$ 时,$S_1 \geqslant S$。

5.2.4.3 当钢瓶设计采用凹形底部结构(见图3)时,设计尺寸应符合下列要求:

    a) $S_1 \geqslant 2S$;

    b) $S_2 \geqslant 2S$;

    c) $r \geqslant 0.075D$;

    d) $h \geqslant 0.12D$。

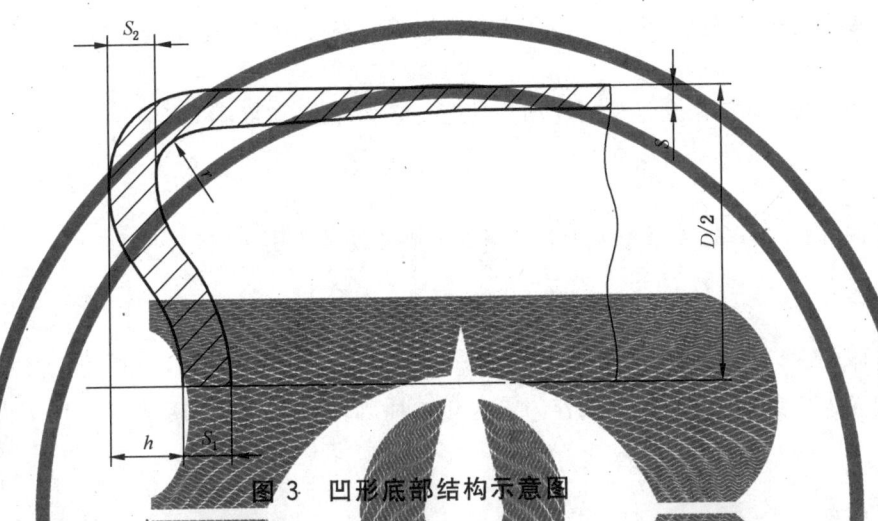

图 3　凹形底部结构示意图

5.2.4.4 钢瓶凹形底部的环壳与筒体之间应有过渡段,过渡段与筒体的连接应圆滑过渡,其厚度不得小于筒体设计壁厚 S。

5.2.4.5 凹形底钢瓶直立时接地点外圆直径应不小于 $0.75D$,以保证气瓶直立时的稳定性。

5.2.4.6 钢瓶制造单位应通过水压爆破试验和压力循环试验来验证端部设计的合理性。

5.2.5 瓶口设计

5.2.5.1 钢瓶瓶口螺纹一般应采用锥螺纹,锥螺纹应符合 GB/T 8335 或相关标准的规定,有效螺纹扣数不少于 8 扣;12 L 及以下钢瓶有效螺纹数不少于 7 扣。如果采用普通螺纹,普通螺纹尺寸及公差应符合 GB/T 196 和 GB/T 197 或相关标准的要求,有效螺纹数在钢瓶水压试验压力 p_h 下计算的剪切安全系数应至少为 10,且不少于 6 扣。

5.2.5.2 钢瓶瓶口的厚度,应保证有足够的强度,以保证瓶口在承受上阀力矩和铆合颈圈的附加外力时不产生塑性变形。

5.2.6 底圈设计

钢瓶设计带有底圈结构时,应保证底圈具有足够的强度,且底圈材料应与瓶体材料相容。底圈形状应为圆筒状并能保证钢瓶的稳定性。底圈与瓶体的连接不得使用焊接方法,其结构不得造成积水。

5.2.7 颈圈设计

钢瓶设计带有颈圈时,应保证颈圈具有足够的强度,且颈圈材料应与瓶体材料相容。颈圈与瓶体的连接不得使用焊接方法。颈圈的轴向拉脱力应不小于 10 倍的空瓶重且不小于 1 000 N,抗转动扭矩应不小于 100 N·m。

5.3 制造

5.3.1 一般要求

5.3.1.1 钢瓶制造应符合本部分和产品图样及相关技术文件的规定。

5.3.1.2 钢瓶瓶体一般采用下列制造方法：

    a) 以钢坯为原料,经冲拔拉伸、收口制成,简称冲拔瓶;

    b) 以无缝钢管为原料,经收底、收口制成,简称管制瓶。

5.3.1.3 钢瓶瓶体制造前应按材料的炉罐号对化学成分进行分析验证,分析方法按 GB/T 223 或 GB/T 4336 执行,结果应符合 5.1 要求。

5.3.1.4 钢瓶不准许作焊接处理。管制瓶底部内表面的裂纹、夹杂、未熔合等缺陷应采用机械铣削等方法去除。

5.3.1.5 对瓶体的表面缺陷允许采用专用工具进行修磨,修磨坡度不大于 1∶3。

5.3.2 组批

制造应按批管理,每批数量不大于 200 只加上破坏性试验用瓶数。

5.3.3 热处理

钢瓶瓶体应进行整体热处理,热处理应按经评定合格的淬火后回火处理工艺进行。可用油或水基淬火剂作为淬火介质。用水基淬火剂作为淬火介质时,瓶体在介质中的冷却速度应不大于在 20 ℃水中冷却速度的 80%。

5.3.4 无损检测

钢瓶瓶体热处理后应逐只进行无损检测。

5.3.5 水压试验

钢瓶瓶体应逐只进行水压试验,水压试验后应进行内表面干燥处理,不得有残留水渍。

5.3.6 瓶口螺纹

钢瓶瓶口螺纹的牙型、尺寸和公差,应符合 GB/T 8335 或相关标准的规定。

5.3.7 附件

5.3.7.1 根据充装气体性质选配相应的瓶阀,锥螺纹瓶阀、普通螺纹瓶阀装配扭矩参见附录 A 中表 A.1、表 A.2 的要求控制。

5.3.7.2 钢瓶一般应配瓶帽或护罩出厂,瓶帽或护罩型式分固定式或可卸式,可用金属或树脂材料制成,并能够抵抗外力的冲击。

5.3.7.3 采用螺纹连接的附件,牙型、尺寸和公差应符合 GB/T 8335 或相关标准的规定。

6 试验方法

6.1 壁厚和制造公差

6.1.1 瓶体厚度应按附录 B 进行超声波全覆盖壁厚测量。

6.1.2 瓶体制造公差用标准量具或专用的量具、样板进行检验,检验项目包括筒体的平均外径、圆度、垂直度和直线度。

6.2 底部密封性试验

采用适当的试验装置对瓶体底部内表面中心区加压,加压面积应至少为瓶体底部面积的 1/16,且加压区域直径至少为 20 mm,试验介质可为洁净的空气或氮气。加压到密封性试验压力后,保压至少 1 min,保压期间应观察瓶体底部中心区域是否泄漏。

6.3 内、外表面

目测检查,内表面检查应有足够的光照,可借助于内窥镜或适当的工具进行检查。

6.4 瓶口内螺纹

目测和用量规检查。锥螺纹按 GB/T 8335 和 GB/T 8336 或相关标准检查,普通螺纹按 GB/T 196 和 GB/T 197 或相关标准检查。

6.5 无损检测

无损检测应采用在线自动超声检测,但对于筒体长度小于 200 mm 的钢瓶,可采用在线自动磁粉检测。超声检测按附录 B 执行;磁粉检测按附录 C 执行。

6.6 硬度检测

硬度应采用在线检测,按 GB/T 230.1 或 GB/T 231.1 执行。

6.7 水压试验

水压试验采用外测法进行容积变形率测试,按 GB/T 9251 执行。

6.8 气密性试验

气密性试验按 GB/T 12137 执行。

6.9 瓶体热处理后各项性能指标测定

6.9.1 取样

6.9.1.1 试样的截取部位如图 4 所示,其中拉伸试验试样应沿筒体成 180°对称位置截取。

6.9.1.2 取样数量:

a) 取纵向拉伸试验试样 2 件;

b) 瓶体壁厚大于或等于 3 mm 时,取横向或纵向冲击试验试样 3 件;

c) 取环向冷弯试验试样 2 件或压扁试验试样瓶 1 只或压扁试验试样环 1 件。

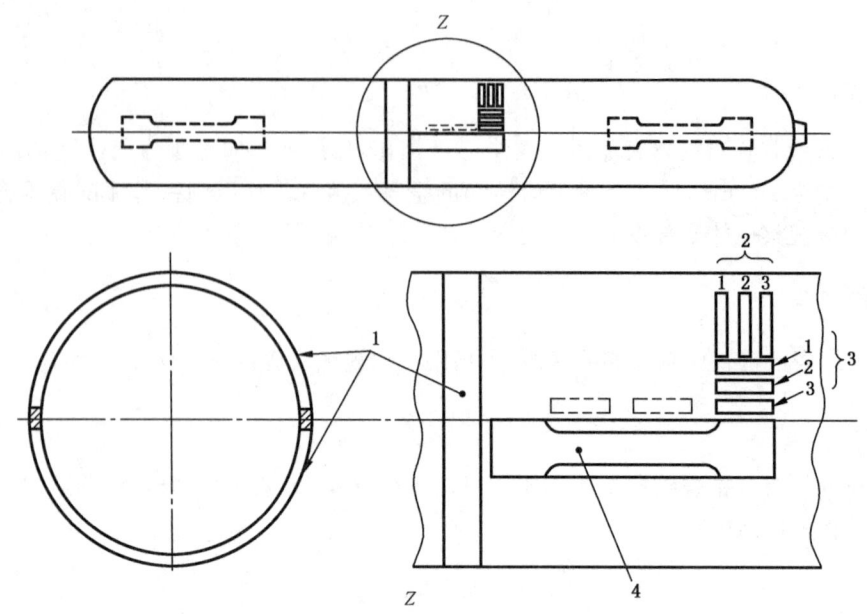

说明:
1——冷弯试样或压扁试验环;
2——横向冲击试样;
3——纵向冲击试样(也可从虚线位置取);
4——拉伸试样。

图 4 试样位置示意图

6.9.2 拉伸试验

6.9.2.1 拉伸试验的测定项目应包括:抗拉强度、屈服强度、断后伸长率。

6.9.2.2 拉伸试样采用全壁厚纵向弧形扁试样,两端夹持部位允许进行压平处理,试样尺寸应符合图5要求,标距取 $L_0 = 5.65\sqrt{S_0}$。

单位为毫米

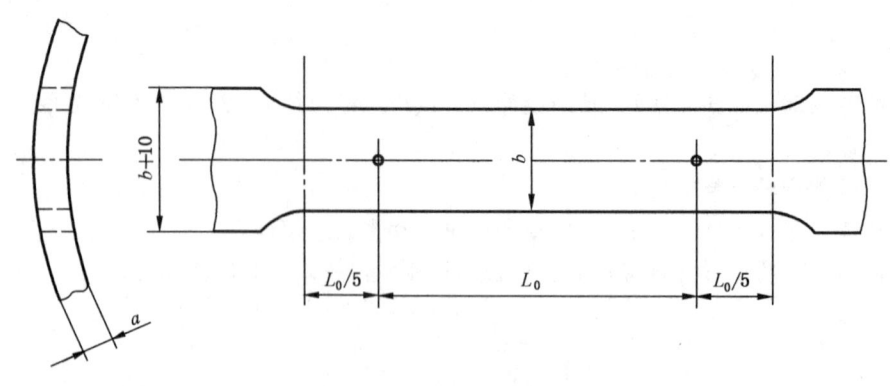

$b \leqslant 4a$,$b < D/8$。

图 5 拉伸试样图

6.9.2.3 除试样尺寸按本部分要求外,拉伸试验方法按 GB/T 228.1 执行,屈服前夹头拉伸速度应小于 3 mm/min。

6.9.3 冲击试验

6.9.3.1 冲击试样采用厚度大于或等于 3 mm 且小于或等于 10 mm 带有 V 型缺口的试样作为标准试样。钢瓶外径大于 140 mm 做横向冲击，小于或等于 140 mm 做纵向冲击。

6.9.3.2 冲击试样应从瓶体上截取，V 型缺口应垂直于瓶壁表面，如图 6 所示。纵向冲击试样应对 6 个面全部进行机加工，如果因壁厚不能最终将试样加工成 10mm 的厚度，则试样的厚度应尽可能接近初始厚度。横向冲击试样只加工 4 个面，瓶体内外壁圆弧表面不进行机加工或内表面按图 7 加工。

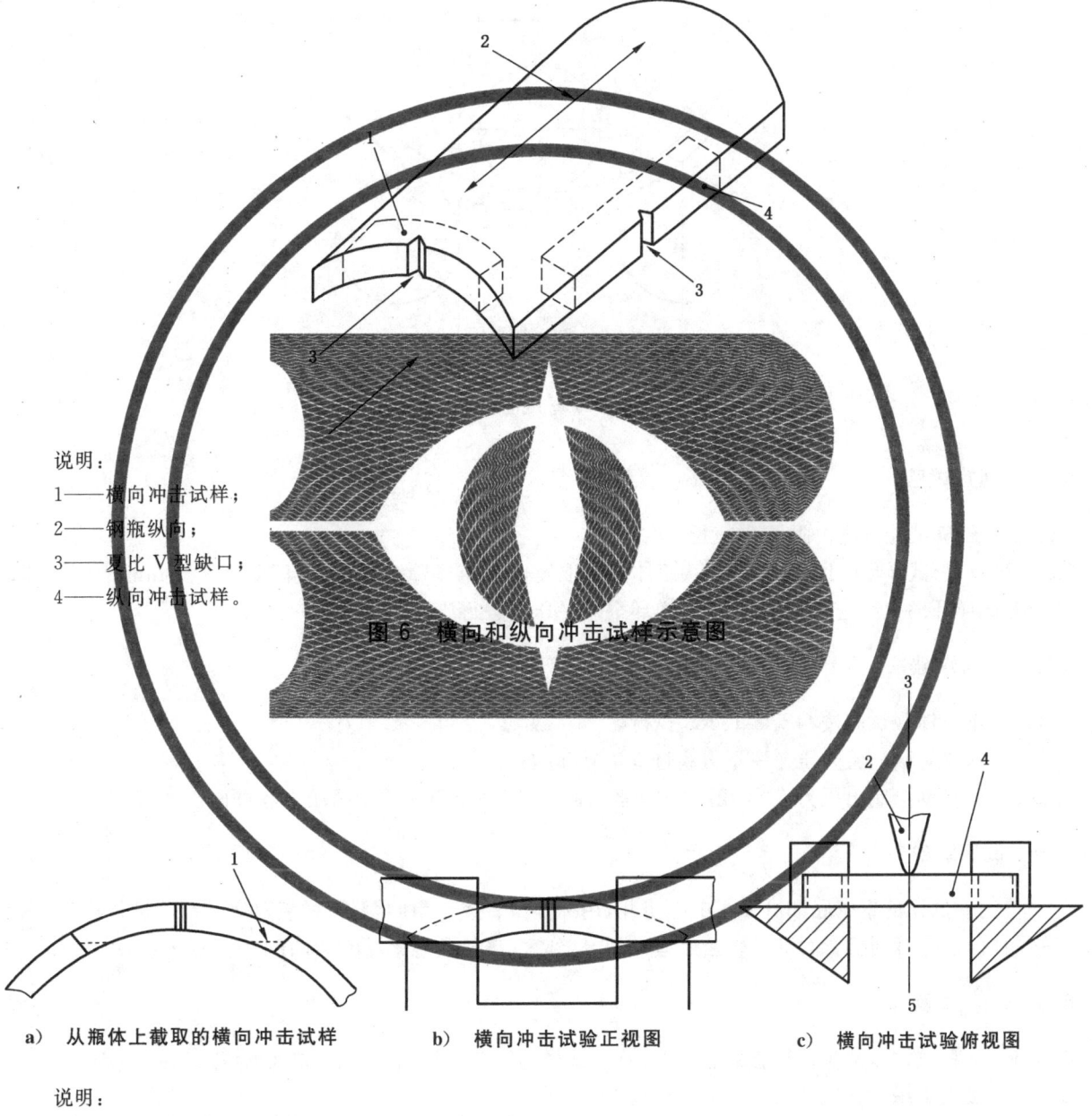

说明：
1——横向冲击试样；
2——钢瓶纵向；
3——夏比 V 型缺口；
4——纵向冲击试样。

图 6 横向和纵向冲击试样示意图

a) 从瓶体上截取的横向冲击试样   b) 横向冲击试验正视图   c) 横向冲击试验俯视图

说明：
1——可选的冲击试样机加工面；
2——冲击摆锤；
3——冲击方向；
4——横向冲击试样；
5——冲击中心线。

图 7 横向冲击试验示意图

6.9.3.3 除按 6.9.3.2 规定的要求外,试样的形状尺寸及偏差和冲击试验方法应按 GB/T 229 执行。

6.9.3.4 瓶体壁厚不足以加工标准试样时,可免做冲击试验。

6.9.4 冷弯试验

6.9.4.1 冷弯试验试样的宽度应为瓶体壁厚的 4 倍,且不小于 25 mm,试样只加工 4 个面,瓶体内外壁圆弧表面不进行加工。

6.9.4.2 试样制作和冷弯试验方法按 GB/T 232 执行,试样按图 8 所示进行弯曲。

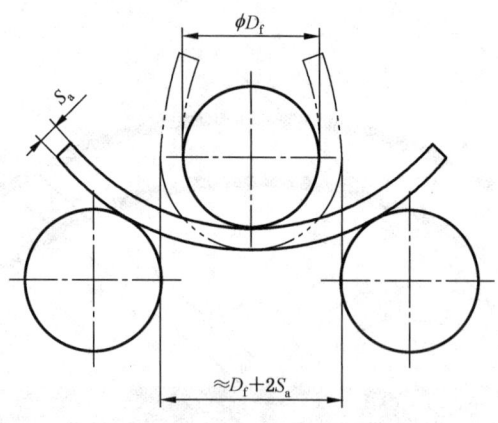

图 8 冷弯试验示意图

6.9.5 压扁试验

6.9.5.1 压扁试验方法按附录 D 执行。

6.9.5.2 对于试样环的压扁试验,应从瓶体上截取宽度为瓶体壁厚的 4 倍且不小于 25 mm 的试样环,只能对试样环的边缘进行机加工,对试样环采用平压头进行压扁。

6.10 水压爆破试验

6.10.1 水压爆破试验按 GB/T 15385 执行。

6.10.2 水压爆破试验升压速率不得超过 0.5 MPa/s。

6.10.3 应自动绘制出压力-时间或压力-进水量曲线,以确定瓶体的屈服压力和爆破压力值。

6.11 底部解剖

将拉伸试样的钢瓶底部沿轴线中心切开,用标准量具或专用的量具、样板对底部尺寸进行检验。对于管制瓶,还应对剖切断面进行酸蚀处理,用 5 倍到 10 倍放大观察抛光后的剖切表面。

6.12 金相试验

6.12.1 金相试样可从拉伸试验的瓶体上截取,试样的制备、尺寸和方法应按 GB/T 13298 执行。

6.12.2 显微组织的评定按 GB/T 13320 执行。

6.12.3 脱碳层深度按 GB/T 224 执行。

6.13 压力循环试验

6.13.1 压力循环试验按 GB/T 9252 执行。

6.13.2 循环压力上限应不低于气瓶的水压试验压力 p_h,循环压力下限应不高于 2 MPa,压力循环速率不得超过每分钟 10 次。

6.13.3 压力循环试验用样瓶,应选择底部实际厚度接近于设计厚度最小值的钢瓶,其底部厚度尺寸应不超过最小设计底厚的 1.15 倍。

6.14 颈圈装配检验

6.14.1 固定气瓶,以 10 倍气瓶的空瓶重量且不小于 1 000 N 的拉力,对颈圈进行轴向拉脱试验。

6.14.2 固定气瓶,对颈圈施加 100 N·m 的扭矩进行旋转试验。

7 检验规则

7.1 试验和检验判定依据

7.1.1 壁厚和制造公差

7.1.1.1 筒体壁厚应不小于设计壁厚。

7.1.1.2 筒体平均外径应不超过公称外径 D 的 $\pm 1\%$。

7.1.1.3 筒体的圆度,在同一截面上测量其最大与最小外径之差,应不超过该截面平均外径的 2%。

7.1.1.4 对于立式钢瓶,瓶体的垂直度应不超过筒体长度 l 的 1%(见图 9)。

7.1.1.5 筒体的直线度应不超过筒体长度 l 的 0.3%(见图 9)。

单位为毫米

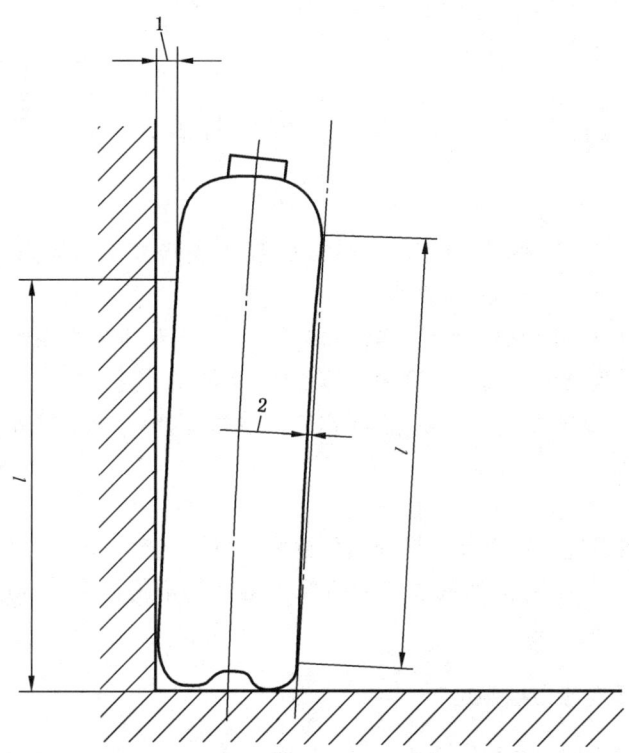

说明:
1——最大为 $0.01 \times l$(见 7.1.1.4);
2——最大为 $0.003 \times l$(见 7.1.1.5)。

图 9 钢瓶瓶体的垂直度与直线度

7.1.2 底部密封性试验

底部密封性试验压力为钢瓶的公称工作压力 p_w,保压时间不少于 1 min,瓶体底部试验区域浸没于水中,不得有泄漏现象。

注:仅限采用无缝钢管旋压收底成型的底部,该试验也可用整体气密性试验代替。

7.1.3 内、外表面

7.1.3.1 瓶体内、外表面应光滑圆整,不得有肉眼可见的凹坑、凹陷、裂纹、鼓包、皱折、夹层等影响强度的缺陷。表面缺陷允许用机械加工方法清除,但清除缺陷后的剩余壁厚应不小于设计壁厚。内、外表面缺陷可参见附录 E 进行评定。

7.1.3.2 钢瓶端部与筒体应圆滑过渡,肩部不准许有沟痕存在。

7.1.4 瓶口螺纹

7.1.4.1 锥螺纹的牙型、尺寸和公差应符合 GB/T 8335 或相关标准的规定。

7.1.4.2 锥螺纹基面位置的轴向变动量应不超过+1.5 mm。

7.1.4.3 普通螺纹尺寸及公差应符合 GB/T 196 和 GB/T 197 或相关标准的要求,有效螺纹数应符合设计要求。

7.1.5 无损检测

钢瓶瓶体热处理后应按 6.5 进行无损检测。超声检测结果应符合附录 B 的要求;磁粉检测应符合附录 C 的要求。

7.1.6 硬度检测

瓶体热处理后应按 6.6 进行硬度检测,硬度值应符合材料热处理后强度值所对应的硬度要求。

7.1.7 水压试验

7.1.7.1 在水压试验压力 p_h 下,保压时间不少于 30 s,压力表指针不得回降,瓶体不得泄漏或明显变形。容积残余变形率应不大于 5%。

7.1.7.2 水压试验报告中应包括钢瓶实测水容积和质量,水容积和质量应保留 3 位有效数字,并至少保留 1 位小数。水容积和质量圆整原则为水容积舍掉尾数,质量尾数进一。

例如:水容积或质量的实测值为 40.675,水容积应表示为 40.6,质量应表示为 40.7。

7.1.8 气密性试验

带瓶阀出厂的钢瓶以及充装可燃及有毒介质的钢瓶应进行气密性试验。气密性试验压力应为公称工作压力 p_w,保压至少 1 min,瓶体、瓶阀和瓶体瓶阀联接处均不得泄漏。因装配而引起的泄漏现象,允许返修后重做试验。

7.1.9 瓶体热处理后各项性能指标测定

7.1.9.1 按 6.9.2 进行拉伸试验,抗拉强度 R_m 和屈服强度 R_{ea} 均应不小于钢瓶制造单位的热处理保证值,且符合 5.2.2 的要求,实测屈强比不大于 0.92,断后伸长率 A 应至少为 14%。

7.1.9.2 按 6.9.3 进行冲击试验,冲击试验结果应符合表 4 规定。

表 4　钢瓶瓶体热处理后的冲击值

钢瓶筒体公称外径 D/mm					≤140
试验方向		横向			纵向
试样宽度/mm		3～5	>5～7.5	>7.5～10	3～10
试验温度/℃			−50		−50
冲击值 a_{kv}/(J·cm^{-2})	3 个试样平均值	30	35	40	60
	单个试样最小值	24	28	32	48

注：冲击值的计算由冲击吸收功除以夏比冲击试样缺口处的实测横截面积得到。

7.1.9.3　按 6.9.4 或 6.9.5 进行冷弯试验或压扁试验,以无裂纹为合格,弯心直径和压头间距应不大于表 5 规定值。

表 5　冷弯试验弯心直径和压扁试验压头间距要求

瓶体抗拉强度实测值 R_m/MPa	弯心直径 D_1/mm	压头间距/mm
R_m≤800	$4S_a$	$6S_a$
800<R_m≤880	$5S_a$	$7S_a$
880<R_m≤950	$6S_a$	$8S_a$
950<R_m<1 100	$7S_a$	$9S_a$

7.1.10　水压爆破试验

7.1.10.1　检查水压爆破试验压力-时间曲线或压力-进水量曲线,确定钢瓶瓶体的实测屈服压力 p_y 和实测爆破压力 p_b 应符合下列要求:

　　a)　p_y≥p_h/F；

　　b)　p_b≥1.6p_h。

7.1.10.2　钢瓶瓶体爆破后应无碎片,爆破口应在筒体上,破口裂缝不得引伸到瓶口。

7.1.10.3　瓶体主破口应为塑性断裂,即断口边缘应有明显的剪切唇,断口上不得有明显的金属缺陷。

7.1.10.4　对于实测平均壁厚小于 7.5 mm 的钢瓶,瓶体上的破口形状与尺寸应符合图 10 的规定。

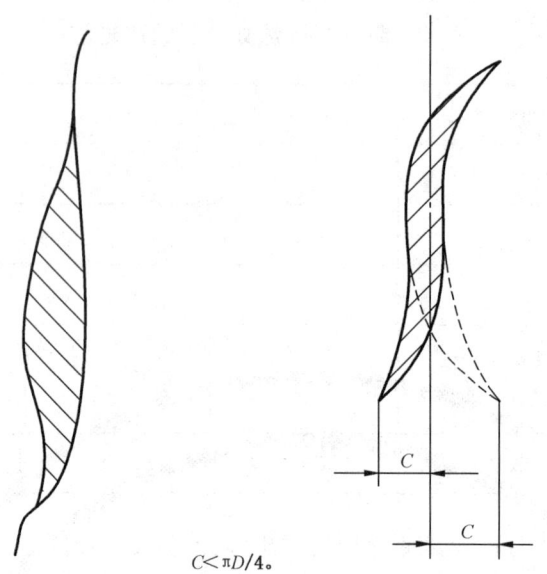

$C < \pi D / 4$。

图 10 破口形状尺寸示意图

7.1.11 底部解剖

按 6.11 检查底部尺寸应符合设计要求。对于管制瓶,还应观察剖切面上不得有影响安全的缩孔、气泡、未熔合、裂纹、夹层等缺陷。底部中心的完好厚度(即无缺陷的厚度)应不低于设计的最小厚度。

7.1.12 金相试验

7.1.12.1 组织应呈回火索氏体,按 GB/T 13320—2007 第四组评级图评定,1~3 级合格。

7.1.12.2 瓶体外壁的脱碳层深度不得超过 0.3 mm,瓶体内壁的脱碳层深度不得超过 0.25 mm。

7.1.13 压力循环试验

在按 6.13 规定压力循环至 12 000 次的过程中,瓶体不得泄漏或破裂。试验完成后,沿直径将瓶底剖开检查,其底部厚度尺寸实测值应符合 6.13.3 的要求。

7.1.14 颈圈装配检验

在进行轴向拉脱试验时颈圈不脱落,在施加扭矩进行旋转试验时颈圈不松动。

7.2 型式试验

7.2.1 每种新设计的钢瓶都应进行型式试验,若型式试验不合格,则不得投入批量生产,不得投入使用。有下列情况之一的可以认定为新设计的钢瓶:
  a) 采用不同的制造方法(见 5.3.1.2)时;
  b) 采用不同牌号的钢材制造时;
  c) 采用不同的热处理方式时;
  d) 采用不同的公称外径时;
  e) 采用不同的设计壁厚时;
  f) 采用不同的底部结构时;
  g) 瓶体长度增加超过 50%时;
  h) 采用不同的抗拉强度或屈服强度热处理保证值时。

7.2.2 制造单位应至少生产 50 只能够代表新设计的钢瓶供型式试验选用。

7.2.3 型式试验项目应按表 6 规定,除了逐只检验的项目,应随机抽取下列数量钢瓶进行型式试验:

    a) 对 2 只钢瓶进行瓶体热处理后各项性能指标测定(包括拉伸试验、冲击试验、冷弯或压扁试验);

    b) 对 2 只钢瓶进行水压爆破试验;

    c) 对 2 只钢瓶进行金相检验(可用测定热处理后各项性能指标的瓶体进行);

    d) 对 3 只钢瓶进行压力循环试验;

    e) 对于管制瓶,抽取 2 只进行底部解剖(可用测定热处理后各项性能指标的瓶体进行);

    f) 对 1 只钢瓶进行颈圈装配检验。

7.3 批量检验

7.3.1 批量检验项目应按表 6 规定。

表 6 试验和检验项目

序号	项目名称	试验方法	出厂检验		型式试验	判定依据
			逐只检验	批量检验		
1	壁厚	6.1.1	√	—	√	7.1.1
2	制造公差	6.1.2	√	—	√	7.1.1
3	底部密封性试验[a]	6.2	√	—	√	7.1.2
4	内、外表面	6.3	√	—	√	7.1.3
5	瓶口内螺纹	6.4	√	—	√	7.1.4
6	无损检测	6.5	√	—	√	7.1.5
7	硬度检测	6.6	√	—	√	7.1.6
8	水压试验	6.7	√	—	√	7.1.7
9	气密性试验	6.8	√	—	√	7.1.8
10	拉伸试验	6.9.2	—	√	√	7.1.9.1
11	冲击试验	6.9.3	—	√	√	7.1.9.2
12	冷弯试验	6.9.4	—	√	√	7.1.9.3
13	压扁试验[b]	6.9.5	—	√	√	7.1.9.3
14	水压爆破试验	6.10	—	√	√	7.1.10
15	底部解剖	6.11	—	√	√	7.1.11
16	金相试验	6.12	—	—	√	7.1.12
17	压力循环试验	6.13	—	—	√	7.1.13
18	颈圈装配检验	6.14	—	—	√	7.1.14

注:"√"表示需检项目;"—"表示不检项目。

[a] 仅适用于管制瓶的底部,该试验也可用整体气密性试验代替。

[b] 压扁试验与冷弯试验任取其一进行。

7.3.2 应从每批钢瓶中随机抽取 1 只钢瓶进行瓶体热处理后各项性能指标测定(包括拉伸试验、冲击试验、冷弯或压扁试验),并随机抽取 1 只钢瓶进行水压爆破试验。

7.4 逐只检验

对同一批生产的每只钢瓶均应进行逐只检验,检验项目按表 6 规定。

7.5 复验规则

如果试验结果不合格,按下列规定进行处理:

a) 如果不合格是由于试验操作异常或测量失误所造成,应重做同样数量试样的试验;如重新试验结果合格,则首次试验无效;

b) 如果确认不合格是由于热处理造成的,允许该批瓶体重新热处理,但重新热处理次数不得多于两次;重新热处理的瓶体应保证设计壁厚;经重新热处理的该批瓶体应作为新批进行批量检验;

c) 如果不合格是由于其他原因造成的,则不合格的钢瓶应报废或用经过批准的方式进行修复;修复后的钢瓶应重新进行原不合格项目的试验。

8 标志、涂敷、包装、运输、储存

8.1 标志

8.1.1 钢瓶钢印标记

8.1.1.1 钢瓶钢印标记应打在瓶体的弧形肩部,可采用以下排列方式,见图11。

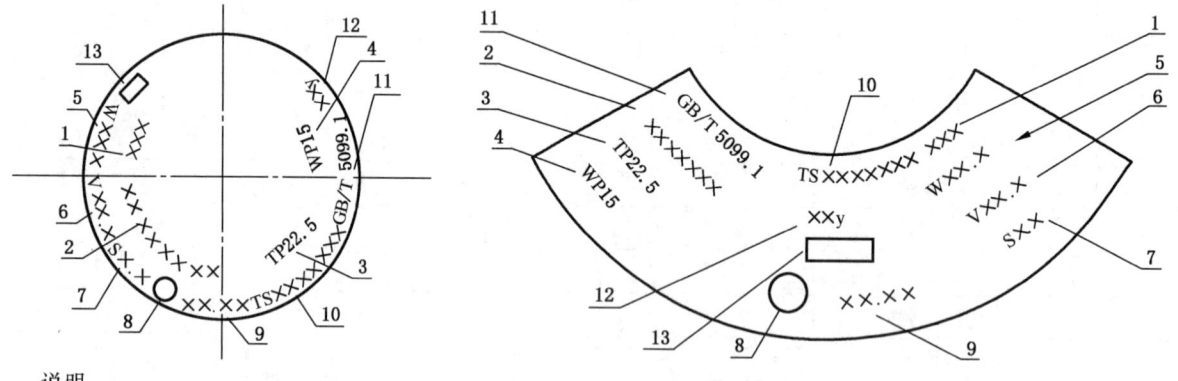

说明:

1 ——充装气体名称或化学分子式;
    注:充装混合气体时,应当在气体名称处打充装气体主组分(含量最多的组分)名称或者化学分子式,后接 M 再加上混合气体的介质特性字母,分子式及 M 之后用"-"隔开。介质特性字母分别为:T 毒性、O 氧化性、F 燃烧性、C 腐蚀性,介质特性标记的排列顺序应当为 T、O、F、C。有几种特性就加打几个字母,例如:×××-M-TOFC。

2 ——钢瓶编号;

3 ——水压试验压力,MPa;

4 ——公称工作压力,MPa;

5 ——实测空瓶质量(不包括瓶阀、瓶帽),kg;

6 ——公称水容积,L;

7 ——钢瓶筒体设计壁厚,mm;

8 ——单位代码(与在发证机构备案的一致);

9 ——制造年、月;

10——钢瓶制造单位特种设备制造许可证号;

11——产品标准号;

12——设计使用年限;

13——监督检验标记。

图 11 钢瓶钢印标记示意图

8.1.1.2　钢印应完整、清晰无毛刺。

8.1.1.3　钢印字体高度,钢瓶外径小于或等于 70 mm 的为 4 mm,70 mm～140 mm 的为 5 mm～7 mm,大于 140 mm 的不小于 8 mm,钢印深度为 0.3 mm～0.5 mm。

8.1.2　漆色标志

钢瓶漆色、字样和字色应符合 GB/T 7144 的有关规定。

8.2　涂敷

8.2.1　钢瓶在涂敷前,应清除表面油污、锈蚀等杂物,且在干燥的条件下进行涂敷。

8.2.2　涂敷应均匀牢固,不得有气泡、流痕、裂纹和剥落等缺陷。

8.3　包装

8.3.1　根据用户的要求,如不带瓶阀的钢瓶,则瓶口应采用可靠措施密封,以防止沾污。

8.3.2　包装方法可用捆装、箱装或散装。

8.4　运输

8.4.1　钢瓶的运输应符合运输部门的规定。

8.4.2　钢瓶在运输和装卸过程中,要防止碰撞、受潮和损坏附件。

8.5　储存

8.5.1　钢瓶应分类按批存放整齐。如采取堆放,则应限制高度防止受损。

8.5.2　钢瓶发运前应采取可靠的防潮措施。

9　产品合格证和批量检验质量证明书

9.1　产品合格证

9.1.1　经检验合格的每只钢瓶均应附有产品合格证,并与产品同时交付用户。

9.1.2　产品合格证至少应包含下列内容:

    a)　钢瓶制造单位名称;

    b)　钢瓶编号;

    c)　公称工作压力;

    d)　水压试验压力;

    e)　气密性试验压力;

    f)　材料牌号、化学成分以及热处理后力学性能保证值;

    g)　热处理状态;

    h)　筒体设计壁厚;

    i)　实测空瓶质量(不包括瓶阀、瓶帽);

    j)　实测水容积;

    k)　产品执行标准;

    l)　制造年、月;

    m)　钢瓶制造单位特种设备制造许可证号;

    n)　检验标记;

    o)　使用说明。

9.2 批量检验质量证明书

9.2.1 经检验合格的每批钢瓶,均应附有批量检验质量证明书。该批钢瓶有一个以上用户时,所有用户均应有批量检验质量证明书的复印件。

9.2.2 批量检验质量证明书的内容,应包括本部分规定的批量检验项目,参见附录 F。

9.2.3 制造单位应妥善保存钢瓶的检验记录和批量检验质量证明书的正本或复印件,保存时间应不少于 7 年。

附　录　A
（资料性附录）
瓶阀装配扭矩

A.1　锥螺纹（见表 A.1）

表 A.1　锥螺纹瓶阀装配扭矩

螺纹代号	扭矩/(N·m)	
	最小值	最大值
PZ19.2	120	150
PZ27.8	200	300
PZ39	250	400

注：对于不锈钢瓶阀，装配扭矩的最小值和最大值均应为本表中数值的2/3倍。

A.2　普通螺纹（见表 A.2）

表 A.2　普通螺纹瓶阀装配扭矩

螺纹代号	扭矩/(N·m)	
	最小值	最大值
M18	100	130
M25	100	130
M30	100	130

附　录　B
（规范性附录）
超声检测

B.1　范围

本附录规定了钢瓶的超声检测方法。

B.2　一般要求

B.2.1　超声检测设备应能够对钢瓶进行在线自动检测，应至少能够检测到 B.4 规定的对比样管的人工缺陷，并能够进行全覆盖壁厚测量，还应能够按照工艺要求正常工作并保证其精度。超声检测设备应符合评定标准要求，应有质量合格证书或检定认可证书。

B.2.2　从事超声检测人员都应取得特种设备超声检测资格；超声检测设备的操作人员应至少具有 I（初）级超声检测资格证书；签发检测报告的人员应至少具有 II（中）级超声检测资格证书。

B.2.3　待测钢瓶的内、外表面都应达到能够进行准确的超声检测并可进行重复检测的条件。

B.2.4　应采用脉冲反射式超声检测，耦合方式可以采用接触法或浸液法。

B.3　检测方法

B.3.1　一般应使超声检测探头对钢瓶进行螺旋式扫查。探头扫查移动速率应均匀，变化在 ±10% 以内。螺旋间距应小于探头的扫描宽度（应有至少 10% 的重叠），保证在螺旋式扫查过程中实现 100% 检测。

B.3.2　应对瓶壁纵向、横向缺陷都进行检测。检测纵向缺陷时，声束在瓶壁内沿环向传播；检测横向缺陷时，声束在瓶壁内沿轴向传播；纵向和横向检测都应在瓶壁两个方向上进行。

B.3.3　对于可能发生氢脆或应力腐蚀的凹底钢瓶，筒体与瓶底之间的环壳部位应在瓶底方向进行横向缺陷扫查。需检测部位见图 B.1。在这个较厚部位，为检测到 5% 壁厚的缺陷，超声灵敏度设置成 +6 dB。当检测筒体与瓶肩或筒体与瓶底的环壳部位时，如果自动检测有困难，可以采用手工接触法检测。

B.3.4　在超声检测每个班次的开始和结束时都应用对比样管校验设备。如果校验过程中设备未能检测到对比样管人工缺陷，则在上次设备校验后检测的所有合格气瓶都应在设备校验合格后重新进行检测。

B.4　对比样管

B.4.1　应准备适当长度的对比样管，对比样管应与待测钢瓶具有相似的直径和壁厚范围、相同声学性能的材料。对比样管不得有影响人工缺陷的自然缺陷。

B.4.2　应在对比样管内外表面加工纵向和横向人工缺陷，这些人工缺陷应适当分开距离，以便每个人工缺陷都能够清晰的识别。

B.4.3　人工缺陷尺寸和形状（见图 B.2 和图 B.3）应符合下列要求：

　　a）　人工缺陷长度 E 应不大于 50 mm；

　　b）　人工缺陷宽度 W 应不大于 2 倍深度 T，当不能满足时可以取宽度 W 为 1.0 mm；

c) 人工缺陷深度 T 应等于钢瓶筒体设计壁厚 S 的$(5\pm0.75)\%$,且深度 T 最小为 0.2 mm,最大
为 1 mm,两端允许圆角;

d) 人工缺陷内部边缘应锐利,横截面应为矩形;采用电蚀法加工时,允许人工缺陷底部略呈圆形。

图 B.1　筒体/瓶底过渡区

说明:

1——外表面人工缺陷;

2——内表面人工缺陷。

注:$T=(5\pm0.75)\%S$,且 $0.2\ \text{mm}\leqslant T\leqslant 1\ \text{mm}$;$W\leqslant 2T$,当不能满足时可取 $W=1.0\ \text{mm}$;$E\leqslant 50\ \text{mm}$。

图 B.2　纵向人工缺陷示意图

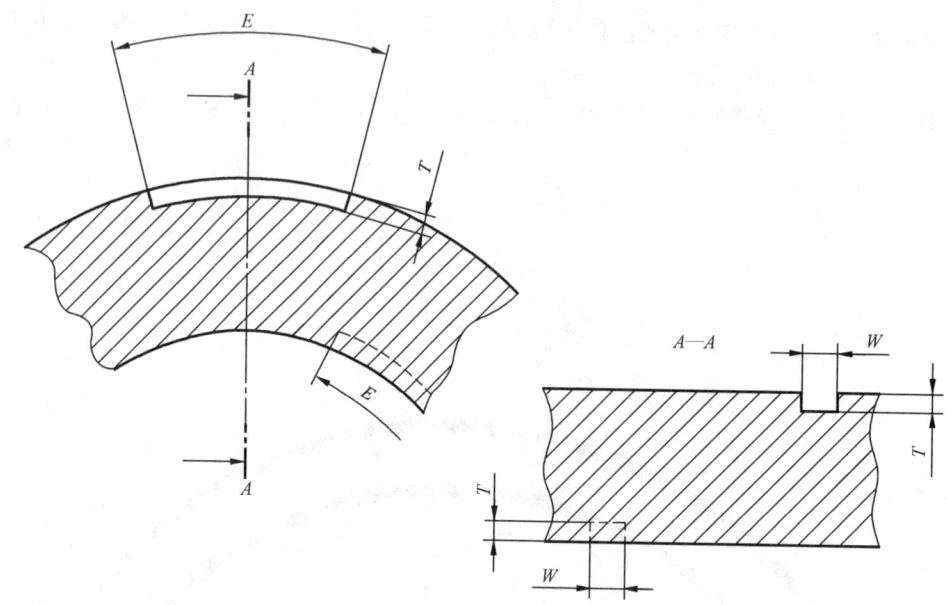

注：$T=(5\pm0.75)\%S$，且 0.2 mm $\leqslant T\leqslant$ 1 mm；$W\leqslant2T$，当不能满足时可取 $W=1.0$ mm；$E\leqslant50$ mm。

图 B.3　横向人工缺陷示意图

B.5　设备标定

应用 B.4 规定的对比样管校验设备，使其能够从对比样管的内外表面对人工缺陷产生清晰的回波，回波的幅度应尽量一致。人工缺陷回波的最小幅度应作为钢瓶超声检测时的不合格标准，同时设置好回波观察、记录装置或分类装置。用对比样管进行设备标定时，应与实际检测钢瓶时采用同样的扫查移动方式、方向和速度。在正常检测的速度时，回波观察、记录装置或分类装置都应正常运转。

B.6　壁厚测量

钢瓶筒体部分应进行全覆盖壁厚测量，以确保筒体任何部位的壁厚不小于设计壁厚。

B.7　结果评定

检测过程中回波幅度大于或等于对比样管人工缺陷回波的钢瓶和壁厚小于设计壁厚的钢瓶应判定为不合格。瓶体表面缺陷允许清除；清除后应重新进行超声缺陷检测和壁厚检测，两者均符合要求后为合格。

B.8　检测报告

超声检测后应出具检测报告。检测报告应能准确反映检测过程并符合检测工艺的要求，其内容至少应包括：检测日期、瓶体规格、批号、检测工艺条件、使用设备、检测数量、合格数和不合格数、检测者、评定者及对不合格缺陷的描述等。

附　录　C
（规范性附录）
磁粉检测

C.1　范围

本附录规定了钢瓶的磁粉检测方法。

C.2　一般要求

C.2.1　磁粉检测设备应至少能够对钢瓶进行周向、纵向磁化和退磁，并能采用连续法检测，全方位显示磁痕，还应能够按照工艺要求正常工作并保证其精度。设备应有质量合格证书或检定认可证书。

C.2.2　从事磁粉检测人员都应取得特种设备磁粉检测资格；磁粉检测设备的操作人员应至少具有Ⅰ（初）级磁粉检测资格；签发检测报告的人员应至少具有Ⅱ（中）级磁粉检测资格。

C.2.3　磁粉检测应使用连续法，当采用荧光磁粉检测时，使用的黑光灯在钢瓶表面的黑光辐照度应大于或等于 1 000 $\mu W/cm^2$，黑光的波长应为 320 mm～400 mm。

C.2.4　磁粉检测可采用油基磁悬液或水基磁悬液。磁悬液的浓度应根据磁粉种类、粒度以及施加方法、时间来确定，一般非荧光磁粉浓度为 10 g/L～25 g/L，荧光磁粉浓度为 0.5 g/L～3 g/L。

C.2.5　磁粉检测前，应对被检瓶体表面进行全面清理，瓶体表面不得有油污、毛刺、松散氧化皮等。

C.2.6　瓶体通电磁化前，应将瓶体上与电极接触区域的任何不导电物质清除干净。

C.3　检测方法

C.3.1　钢质无缝气瓶的磁粉检测应采用湿法进行，在通电的同时施加磁悬液，磁化过程中每次通电时间为 1.5 s～3 s，停止施加磁悬液后才能停止磁化，瓶体表面的磁场强度应达到 2.4 kA/m～4.8 kA/m。

C.3.2　应对瓶体的外表面应进行全面的磁粉检测，同时在瓶体上施加周向磁场和纵向磁场，检查瓶体表面及近表面的各方向缺陷。

C.3.3　检测中缺陷磁痕形成后应立即对其进行观察，观察过程中不得擦掉磁痕，对需要进一步观察的磁痕，应重新进行磁化。观察过程中可借助低倍放大镜进行观察。

C.3.4　应根据磁痕的显示特征判定缺陷磁痕和伪缺陷磁痕。若磁痕难以判定，应将瓶体退磁后擦净瓶体表面，重新进行磁粉检测。

C.3.5　在磁粉检测每个班次的开始和结束时，都应采用 JB/T 6065 规定的 A1-30/100 型标准试片对磁粉检测设备、磁粉和磁悬液的综合性能进行校验，符合要求后才能进行检测。如果校验过程中设备未能检测到标准试片上的人工缺陷，则在上次设备校验后检测的所有合格气瓶都应在设备校验合格后重新进行检测。

C.4　结果评定

检测过程中，表面有裂纹、非金属夹杂物磁痕显示的钢瓶应判定为不合格。对瓶体表面缺陷，原则上允许打磨消除，但打磨后的剩余壁厚应不小于设计壁厚，对打磨修复后的瓶体应重新进行检测。

C.5 退磁

钢瓶经磁粉检测后应进行退磁,退磁效果一般可用剩磁检查仪或磁场强度计测定。剩磁应不大于
0.3 mT。

C.6 检测报告

磁粉检测后应出具检测报告。检测报告应能准确反映检测过程并符合检测工艺的要求,其内容至
少应包括:检测日期、瓶体规格、批号、检测工艺条件、使用设备、检测数量、合格数和不合格数、检测者、
评定者及对不合格缺陷的描述等。

附　录　D
（规范性附录）
压扁试验方法

D.1　范围

本附录规定了钢瓶压扁变形能力的测定方法,适用于检验钢瓶的多轴向应变能力。

D.2　试验钢瓶的要求

D.2.1　试验钢瓶应进行内外表面质量检查,不得有凹坑、划痕、裂纹、夹层、皱折等影响强度的缺陷,表面不得有油污、油漆等杂物,应保证出气孔通畅。

D.2.2　试验钢瓶筒体实测最小壁厚不得小于筒体设计壁厚。

D.2.3　试验钢瓶筒体应进行壁厚的测定,按图 D.1 所示,在筒体部位与轴线成对称位置的 A、B 及 C、D 处测得壁厚的平均值。

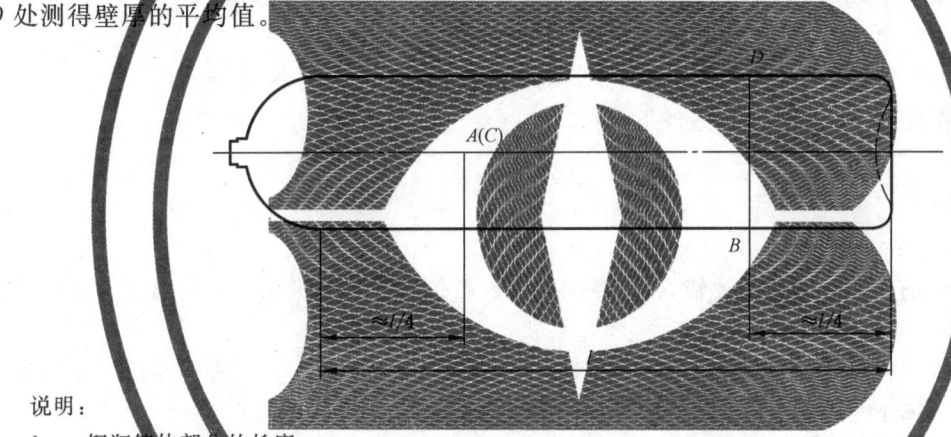

说明:
l——钢瓶筒体部分的长度。

图 D.1　筒体部位平均壁厚测量位置

D.3　试验装置的基本要求

D.3.1　压头的基本要求

D.3.1.1　压头的材质应为碳素工具钢或其他性能良好的钢材。

D.3.1.2　加工成形的压头应进行热处理,其硬度应不小于 HRC 45。

D.3.1.3　压头的顶角为 60°,并将其顶端加工成半径为 13 mm 的圆弧,压头的长度不小于试验钢瓶外径 D 的 1.5 倍,压头高度应不小于钢瓶外径 D 的 0.5 倍,压头表面应光滑,压头的形状、尺寸见图 D.2。

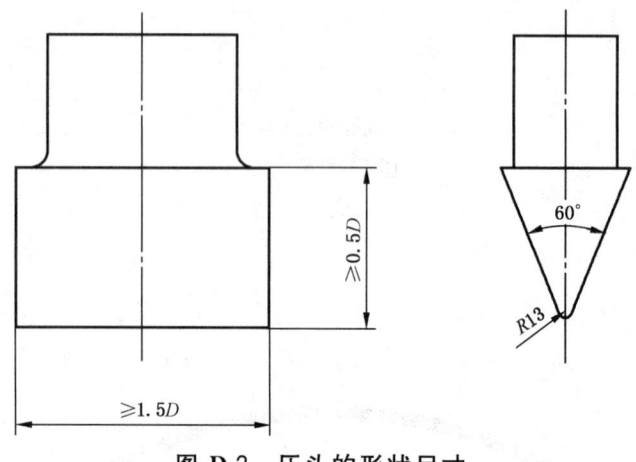

图 D.2　压头的形状尺寸

D.3.2　试验机的基本要求

D.3.2.1　试验机应由有资格的计量检验部门进行检定;经检定合格并在有效期内时,方可使用。

D.3.2.2　试验机的额定载荷量应大于压扁试验最大载荷量的 1.5 倍。

D.3.2.3　试验机应按设备保养维修的有关规定进行机器润滑和必要的保养。试验机应保持清洁,工作台面无油污、杂物等。

D.3.2.4　试验机装置应具有适当的安全设施,以保证试验时操作人员和设备的安全。

D.3.2.5　试验机应在符合其温度要求的条件下工作。

D.4　试验步骤与方法

D.4.1　试验机在工作前应进行机器空运转,检查各部位及仪器仪表。试验机在正常的情况下才可进行试验。

D.4.2　压头应固定安装在钳口上,调整上、下压头的位置。应保证试验时,上、下压头在同一铅锤中心平面内。上、下压头应保持平行移动,不准许横向晃动。

D.4.3　将钢瓶的中部放在垂直于瓶体轴线的两个压头中间,见图 D.3。然后缓慢地开启阀门以 20 mm/min～50 mm/min 的速度进行匀速加载,对试验钢瓶施加压力,直至压到规定的压头间距 T 为止。

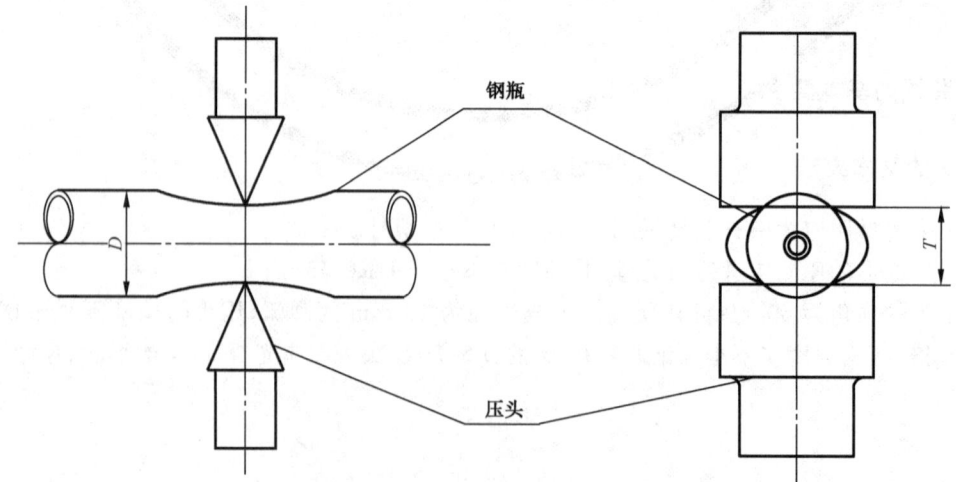

图 D.3　压扁试验示意图

D.4.4 保持压头间距 T 和载荷不变,目测检查试验钢瓶压扁变形处的表面状况。

D.5 试验中的注意事项

D.5.1 在试验过程中发现异常时,应立即停止试验。进行检查并做出判断,待排除故障后,再继续进行试验。

D.5.2 试验机应由专人操作,并负责做好记录。

D.6 试验报告

应对进行压扁试验的钢瓶出具试验报告。试验报告应能准确反映试验过程并具有可追踪性。其内容应包括:试验日期、钢瓶材质、钢瓶规格、热处理批号、筒体设计壁厚、实测最小壁厚、实测平均壁厚使用设备、压扁速度、压头间距、压扁最大载荷、试验结果、试验者等。

附 录 E

（资料性附录）

内、外表面缺陷描述和判定

E.1 范围

本附录规定了钢瓶内、外表面缺陷的描述与评定,适用于钢瓶内、外表面缺陷的检验与评定。

本附录为检验人员进行内、外表面检验时提供常见缺陷的分辨方法。

E.2 一般要求

E.2.1 检验人员应经过培训取得相应资格,并具有丰富的现场经验和准确的判断能力,借助于照明、测量工具及典型缺陷样板的比对能够在内、外表面检验时发现并确认缺陷。

E.2.2 检验时对钢瓶的表面,特别是内壁在观察缺陷前应彻底清洁、烘干并且无氧化物、腐蚀剥落物,必要时,重点检查之前要用适当的方法对要观察的部位进行清洁和清理。

E.2.3 应采用足够亮度的照明灯。

E.2.4 气瓶收口和加工螺纹后,瓶体内表面要用内窥镜、牙医镜或其他合适的工具进行检验。

E.2.5 小缺陷可采用局部处理的方式,利用打磨、机加工或其他适当的方法去除。去除时注意要避免增加新的有害缺陷,如产生修磨或加工棱角。修完后,气瓶要重新检验。

E.3 内、外表面缺陷

E.3.1 常见的内、外表面缺陷及其描述见表 E.1。

E.3.2 表 E.1 中允许返修的缺陷界定是根据使用经验确定的,适用于所有尺寸和类型的气瓶及使用条件。当用户要求高于表 E.1 规定时,由用户与制造单位另行约定。

表 E.1 内、外表面缺陷

序号	缺陷	缺陷描述	评定条件和/或措施	评定结果
1	鼓包	钢瓶外表面凸起,内表面塌陷,壁厚无明显变化的局部变形	所有带有此缺陷的钢瓶	不合格
2	凹坑	由于打磨、磨损、氧化皮脱落或其他非腐蚀原因造成的瓶体局部壁厚有减薄、表面浅而平坦的洼坑状缺陷	壁厚小于最小设计壁厚时或凹坑深度超过平均壁厚的5%时	不合格
3	凹陷	钢瓶瓶体因钝状物撞击或挤压造成的壁厚无明显变化的深度超过外径1%的塌陷变形（见图 E.1）	凹陷深度超过气瓶外径2%时	不合格
		 图 E.1 凹陷		

表 E.1（续）

序号	缺陷	缺陷描述	评定条件和/或措施	评定结果
	凹坑含有切口或沟痕	瓶壁上的凹坑含有切口或沟痕（见图 E.2）	所有带有此缺陷的钢瓶	不合格
4		图 E.2　包含沟痕或切口的凹坑		
5	磕伤	因尖锐锋利物体撞击或磕碰,造成瓶体局部金属变形及壁厚减薄,且在表面留下底部是尖角,周边金属凸起的小而深的坑状机械损伤	实测厚度公差内不能去除时	不合格
			实测厚度公差内能去除时	允许返修
6	划伤	因尖锐锋利物体划、擦造成瓶体局部壁厚减薄,且在瓶体表面留下底部是尖角的线状机械损伤	深度超过平均壁厚的 5%	不合格
7	"橘皮"表面	由于金属的不连续流动造成橘皮状的表面	如果橘皮表面有尖裂纹	不合格
8	麻坑	严重表面腐蚀	抛丸后所有带有此缺陷的钢瓶	不合格
9	裂纹	瓶体材料因金属原子结合遭到破坏,形成新界面而产生的裂缝	实测厚度公差内不能去除时	不合格
			不因气瓶材料劣化引起,实测厚度公差内能去除时	允许返修
	瓶口裂纹	表现为与螺纹垂直的并穿过螺纹的线条(不要与螺纹加工停锥线混淆)(见图 E.3)	所有带有此缺陷的钢瓶	不合格
10		说明: 1——瓶口裂纹; 2——瓶口扩展裂纹。 图 E.3　瓶口裂纹		

表 E.1（续）

序号	缺陷	缺陷描述	评定条件和/或措施	评定结果
11	瓶肩夹层或裂纹	瓶肩内部层片状几何不连续,会扩散到瓶口的加工部位或螺纹部位的缺陷(见图E.4)	螺纹部位的夹层或裂纹用机加工的方法清除到看不见为止,重新仔细检查并核实实测厚度	允许返修
			螺纹部位的夹层或裂纹不能去除,或实测厚度不够	不合格
			螺纹部位的夹层在加工部位之外且无氧化皮时,如果根部是圆滑的	可接受

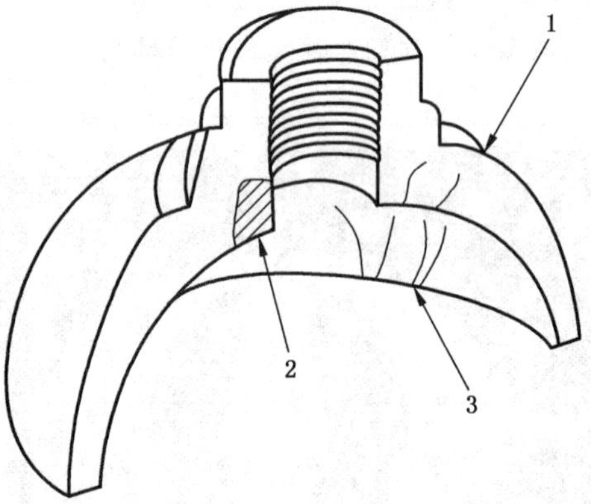

说明:
1——瓶肩裂纹;
2——夹层(分层);
3——瓶肩扩展裂纹。

图 E.4　瓶肩夹层或裂纹

序号	缺陷	缺陷描述	评定条件和/或措施	评定结果
12	瓶底内部裂纹	瓶底内表面金属产生裂缝	实测厚度公差内不能去除时	不合格
			不因气瓶材料劣化引起,实测厚度公差内能去除时	允许返修
13	凸棱	瓶体表面纵向凸起(见图E.5)	高度超过平均壁厚的5%或长度超过瓶体长度的10%	允许返修

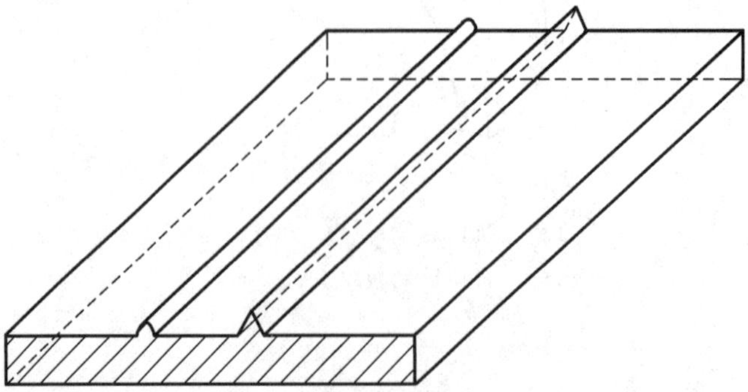

图 E.5　凸棱

表 E.1（续）

序号	缺陷	缺陷描述	评定条件和/或措施	评定结果
14	凹槽	瓶体表面纵向缺口（见图 E.6）	深度超过平均壁厚的 5% 或长度超过瓶体长度的 10%	允许返修

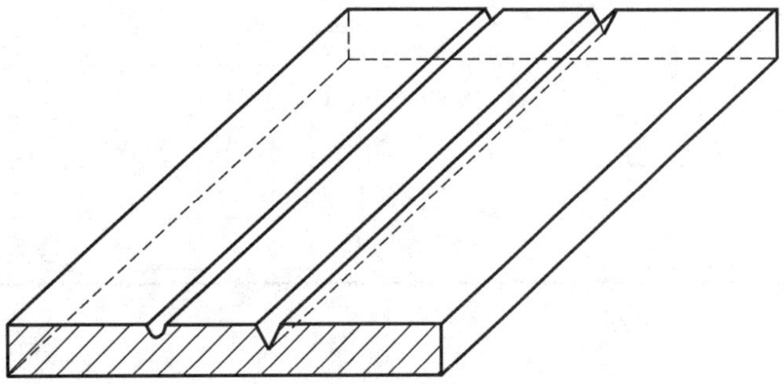

图 E.6　凹槽

| 15 | 夹层（分层） | 泛指重皮、折叠、带状夹杂等层片状几何不连续。它是由冶金或制造等原因造成的裂纹性缺陷，但其根部不如裂纹尖锐，且其起层面多与瓶体表面接近平行或略成倾斜，也称分层（见图 E.7） | 实测厚度公差内不能去除时 | 不合格 |
| | | | 实测厚度公差内能去除时 | 允许返修 |

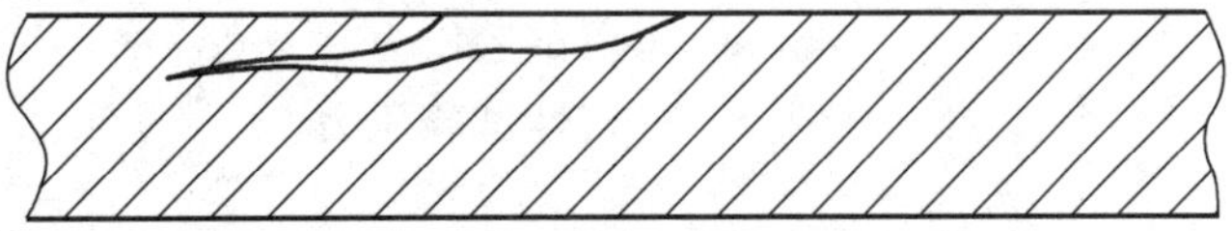

图 E.7　夹层（分层）

16	瓶口螺纹损坏或超出公差范围	螺纹有断牙、凹痕、切口毛刺等损坏，或超出公差范围	如果设计允许，可以重新攻螺纹，用螺纹塞规仔细复查，要保证螺纹的有效扣数	允许返修
			如果不能修理	不合格
17	颈圈松动	颈圈在较低扭矩作用下转动，或在较小轴向力作用下脱落	所有带有此缺陷的钢瓶	允许返修
18	电弧烧伤或火烧伤	钢瓶瓶体有部分烧痕或有落在钢瓶上的焊接材料	所有带有此缺陷的钢瓶	不合格

E.4　不合格钢瓶的处理

不合格的钢瓶可以用来制造其他使用条件的钢瓶（例如降低工作压力等级），但要有相关的技术文件。当不能转造其他使用条件的钢瓶时，应采用切割、压扁等方法对其进行破坏性处理。

附 录 F

（资料性附录）

钢质无缝气瓶批量检验质量证明书

编号：_____

钢瓶型号_____ 盛装介质_____

制造单位_____ 制造许可证编号_____

产品图号_____ 底部结构 凹形底□ 热装底□ 凸形底□ H形底□ 双瓶口□

生产批号_____ 制造日期_____

本批钢瓶共_____只，编号从_____号到_____号

注：本批合格钢瓶中不包括下列瓶号：

F.1 主要技术数据

公称水容积 _____ L 公称工作压力 _____ MPa

公称外径 _____ mm 水压试验压力 _____ MPa

设计壁厚 _____ mm 气密性试验压力 _____ MPa

F.2 主体材料化学成分（质量分数）

材料牌号	C	Mn	Si	S	P	S+P	Mo	Cr
标准规定值								

F.3 瓶体热处理后各项性能指标测定

热处理方式 _____ 屈服强度保证值 R_e _____ MPa 抗拉强度保证值 R_g _____ MPa

试验瓶号	R_{ea}/MPa	R_m/MPa	$A/\%$	$a_{kV}/(J \cdot cm^{-2})$

F.4 底部解剖

无缩孔、气泡、未熔合、裂纹、夹层等缺陷，结构形状尺寸符合图样要求。

F.5　水压爆破试验

试验瓶号＿＿＿＿＿＿＿＿　实测屈服压力＿＿＿＿＿＿＿MPa　实测爆破压力＿＿＿＿＿＿＿MPa
爆破口　<u>塑性断裂,无碎片,破口形状符合标准要求。</u>

该批产品经检查和试验符合 GB/T 5099.1—2017 的要求,是合格产品。

监督检验单位(盖章):　　　　　　　　　制造单位(检验专用章):

监督检验员:　　　　　　　　　　　　　检验负责人:

年　月　日　　　　　　　　　　　年　月　日

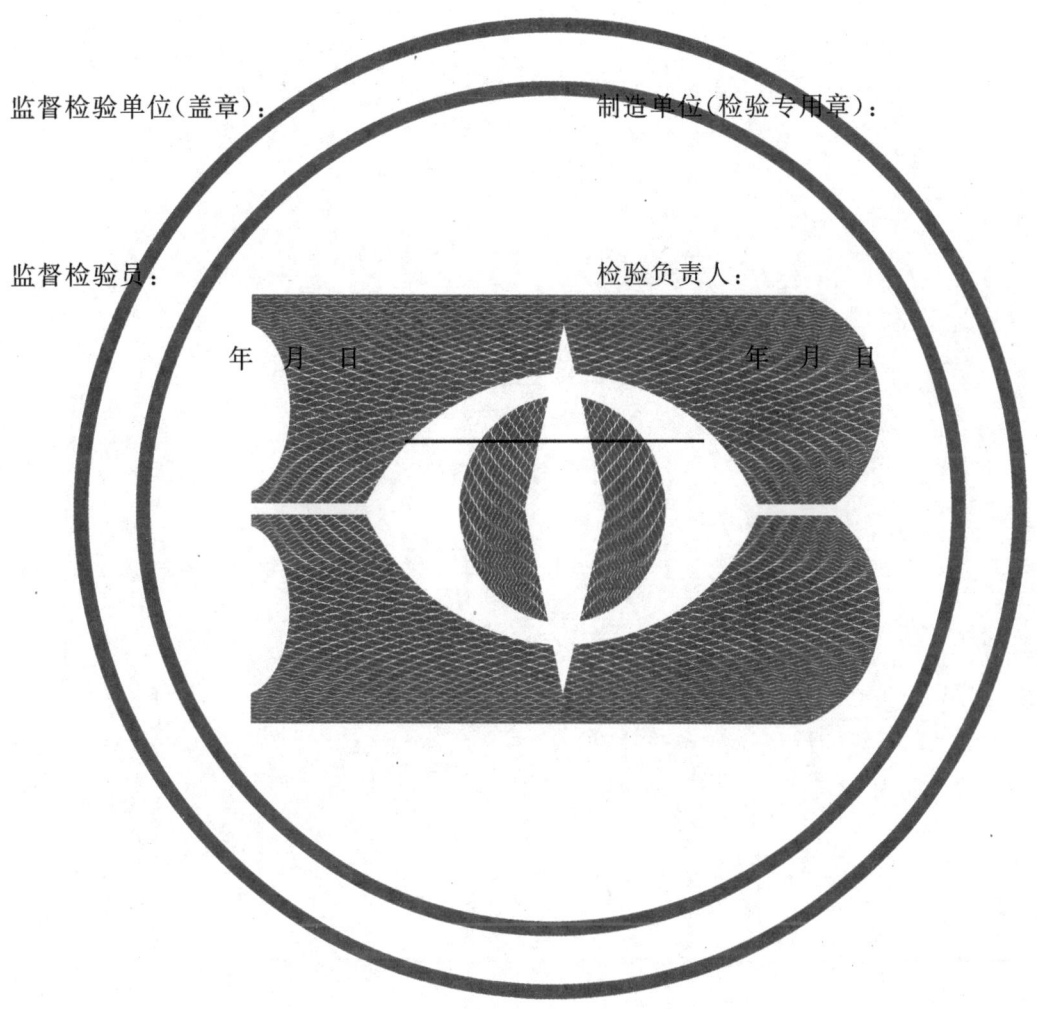

ICS 23.020.30
J 74

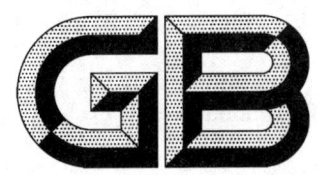

中华人民共和国国家标准

GB/T 5099.3—2017
部分代替 GB/T 5099—1994

钢质无缝气瓶
第 3 部分：正火处理的钢瓶

Seamless steel gas cylinders—
Part 3：Normalized cylinders

(ISO 9809-3：2010，Gas cylinders—Refillable seamless steel gas cylinders—
Design，construction and testing—Part 3：Normalized steel cylinders，NEQ)

2017-12-29 发布

2019-01-01 实施

中华人民共和国国家质量监督检验检疫总局
中国国家标准化管理委员会　　发布

前　言

GB/T 5099《钢质无缝气瓶》拟分为以下 4 个部分：
——第 1 部分：淬火后回火处理的抗拉强度小于 1 100 MPa 的钢瓶；
——第 2 部分：淬火后回火处理的抗拉强度大于或等于 1 100 MPa 的钢瓶；
——第 3 部分：正火处理的钢瓶；
——第 4 部分：不锈钢无缝气瓶。

本部分为 GB/T 5099 的第 3 部分。

本部分按照 GB/T 1.1—2009 给出的规则起草。

本部分代替 GB/T 5099—1994《钢质无缝气瓶》部分内容。

本部分与 GB/T 5099—1994 相比主要变化如下：
——调整了标准的适用范围：
　　a)　公称工作压力由原来的 8 MPa～30 MPa 改为不大于 15 MPa；
　　b)　公称水容积由原来的 0.4 L～80 L 改为 0.5 L～150 L；
　　c)　使用环境温度定为 -20 ℃～60 ℃；
　　d)　删去了"不适用灭火用的钢瓶"的规定。
——扩大了钢瓶规格范围：
　　a)　删去了对直径分档的要求；
　　b)　删去了充装介质列表和对压力分档的要求。
——更改了壁厚设计计算公式。
——删去了瓶体底部有限元计算要求。
——一批的数量规定为"不大于 500 只加上破坏性试验用钢瓶数量"。
——瓶体热处理后的批量金相组织检验更改为型式试验要求。
——增加了对无缝钢管制成的钢瓶进行底部密封性试验的要求。
——水压试验规定采用外测法进行容积变形率测试。
——删去了瓶体热处理后的硬度检验要求。
——钢瓶钢印标记中的实测水容积更改为公称水容积。
——增加了瓶阀装配扭矩的附录。
——增加了超声检测方法和评定的附录。
——增加了磁粉检测方法和评定的附录。
——增加了压扁试验方法的附录。
——增加了内、外表面缺陷描述和评定的附录。

本部分使用重新起草法参考 ISO 9809-3：2010《气瓶　可重复充装钢质无缝气瓶　设计、制造和试验　第 3 部分：正火处理的钢瓶》编制，与 ISO 9809-3：2010 的一致性程度为非等效。

请注意本文件的某些内容可能涉及专利。本文件的发布机构不承担识别这些专利的责任。

本部分由全国气瓶标准化技术委员会(SAC/TC 31)提出并归口。

本部分起草单位：北京天海工业有限公司、上海高压容器有限公司、江苏天海特种装备有限公司。

本部分主要起草人：张增营、石凤文、解越美、陈伟明、吴燕、张保国。

本部分所代替标准的历次版本发布情况为：
　　—— GB 5099—1985、GB/T 5099—1994。

钢质无缝气瓶
第3部分：正火处理的钢瓶

1 范围

GB/T 5099 的本部分规定了正火或正火后回火处理的钢质无缝气瓶(以下简称钢瓶)的型式和参数、技术要求、试验方法、检验规则、标志、涂敷、包装、运输、储存、产品合格证和批量检验质量证明书。

本部分适用于设计、制造公称工作压力不大于 15 MPa,公称水容积为 0.5 L～150 L,使用环境温度为 −20 ℃～60 ℃,用于盛装压缩气体或高压液化气体的可重复充装的钢瓶。

本部分不适用于车用气瓶和机器设备上附属的瓶式压力容器。

注：对于公称水容积小于 0.5 L 的钢质无缝气瓶也可参照本部分进行制造及检验。

2 规范性引用文件

下列文件对于本文件的应用是必不可少的。凡是注日期的引用文件,仅注日期的版本适用于本文件。凡是不注日期的引用文件,其最新版本(包括所有的修改单)适用于本文件。

GB/T 196　普通螺纹　基本尺寸(ISO 724)

GB/T 197　普通螺纹　公差(ISO 965-1)

GB/T 222　钢的成品化学成分允许偏差

GB/T 223(所有部分)　钢铁及合金化学分析方法

GB/T 224　钢的脱碳层深度测定法(ISO 3887)

GB/T 228.1　金属材料　拉伸试验　第1部分:室温试验方法(ISO 6892)

GB/T 229　金属材料　夏比摆锤冲击试验方法(ISO 148-1)

GB/T 232　金属材料　弯曲试验方法(ISO 7438)

GB/T 4336　碳素钢和中低合金钢　多元素含量的测定　火花放电原子发射光谱法(常规法)

GB/T 5777—2008　无缝钢管超声波探伤检验方法(ISO 9303:1989)

GB/T 6394　金属平均晶粒度测定方法

GB/T 7144　气瓶颜色标志

GB/T 8335　气瓶专用螺纹

GB/T 8336　气瓶专用螺纹量规

GB/T 9251　气瓶水压试验方法

GB/T 9252　气瓶压力循环试验方法

GB/T 12137　气瓶气密性试验方法

GB/T 13005　气瓶术语

GB/T 13298　金属显微组织检验方法

GB/T 13299　钢的显微组织评定方法

GB/T 13447　无缝气瓶用钢坯

GB/T 15384　气瓶型号命名方法

GB/T 15385　气瓶水压爆破试验方法

GB/T 18248　气瓶用无缝钢管

JB/T 6065　无损检测　磁粉检测用试片

3 术语和定义、符号

3.1 术语和定义

GB/T 13005 界定的以及下列术语和定义适用于本文件。

3.1.1

屈服强度 yield stress

对材料拉伸试验,呈明显屈服现象时,取上屈服点;无明显屈服现象的,取规定非比例延伸率为 0.2%时的应力。

3.1.2

正火 normalizing

把钢瓶瓶体均匀加热到钢材上临界点 Ac_3 以上的温度,然后在空气中冷却的热处理方式。

3.1.3

回火 tempering

在正火后,把钢瓶瓶体均匀加热到钢材下临界点 Ac_1 以下的某一温度,保温一定时间,然后冷却到室温。

3.1.4

批 batch

采用同一设计、同一炉罐号钢、同一制造方法、同一热处理规范进行连续热处理的钢瓶所限定的数量。

3.2 符号

下列符号适用于本文件。

A　断后伸长率,%

C　瓶体爆破试验破口环向撕裂长度,mm

D　钢瓶筒体公称外径,mm

D_f　冷弯试验弯心直径,mm

F　设计应力系数(见 5.2.5)

H　钢瓶凸形底部外高度,mm

L_0　扁试样的原始标距,mm

p_b　实测爆破压力,MPa

p_h　水压试验压力,MPa

p_w　公称工作压力,MPa

p_y　实测屈服压力,MPa

R_e　瓶体材料热处理后的最小屈服强度保证值,MPa

R_{ea}　屈服强度实测值,MPa

R_g　瓶体材料热处理后的最小抗拉强度保证值,MPa

R_m　抗拉强度实测值,MPa

S　钢瓶筒体设计壁厚,mm

S_a　钢瓶筒体实测平均壁厚,mm

S_0　扁试样的原始横截面积,mm²

S_1　钢瓶底部中心设计壁厚,mm

S_2　钢瓶凹形底部接地点设计壁厚,mm

T　人工缺陷深度,mm

V	公称水容积,L	
W	人工缺陷宽度,mm	
a_{kV}	冲击值,J/cm^2	
a	弧形扁试样的原始厚度,mm	
b	扁试样的原始宽度,mm	
h	钢瓶凹形底部外高度,mm	
l	钢瓶筒体长度,mm	
r	钢瓶端部及凹形底部内转角处半径,mm	

4 型式和参数

4.1 型式

钢瓶瓶体一般应符合图1所示的型式。

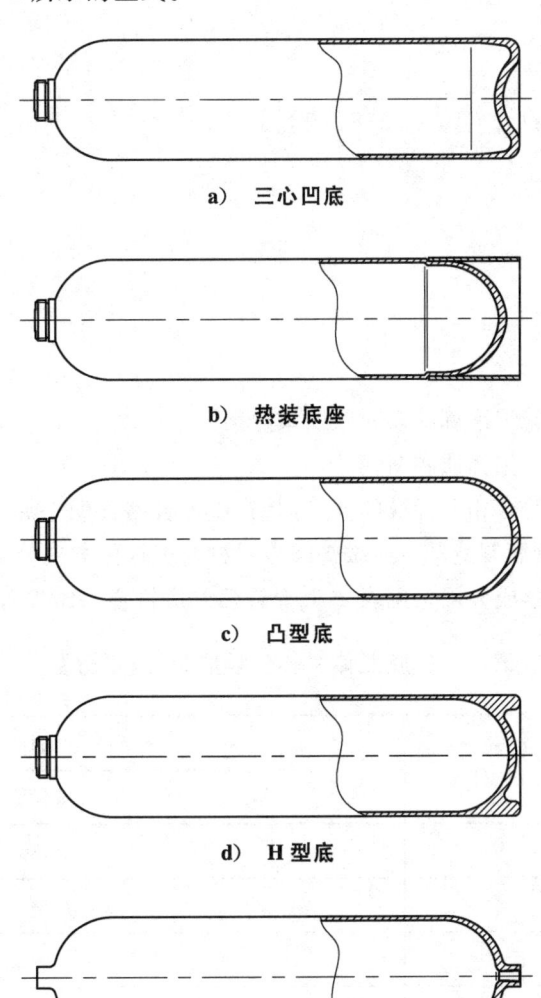

a) 三心凹底

b) 热装底座

c) 凸型底

d) H型底

e) 双瓶口

图 1 结构型式

4.2 参数

钢瓶的公称水容积及允许偏差应符合表1的规定。

表 1 钢瓶的公称水容积及允许偏差

公称水容积/L	允许偏差/%
0.5～2	+20 0
>2～12	+10 0
>12～150	+5 0

4.3 型号标记

钢瓶的型号命名方法应符合 GB/T 15384 的规定。

5 技术要求

5.1 瓶体材料

5.1.1 一般要求

5.1.1.1 应采用电炉或吹氧转炉冶炼的无时效性镇静钢。

5.1.1.2 钢瓶的瓶体材料应选用优质碳锰钢。

5.1.1.3 钢瓶的瓶体材料应符合相关标准的规定,并有质量合格证明书原件或加盖材料供应单位检验公章和经办人章的复印件,钢瓶制造单位应按炉罐号对材料进行化学成分验证分析。

5.1.1.4 钢瓶瓶体材料的化学成分限定见表2,其允许偏差应符合 GB/T 222 的规定。

表 2 钢瓶瓶体材料化学成分(质量分数)

元素	钢种
	碳锰钢
C	≤0.38%
Si	0.10%～0.35%
Mn	1.35%～1.75%
S	≤0.020%
P	≤0.020%
S+P	≤0.030%

5.1.2 钢坯

5.1.2.1 钢坯的形状尺寸和允许偏差应符合 GB/T 13447 有关规定。

5.1.2.2 钢的低倍组织不允许有白点、残余缩孔、分层、气泡、异物和夹杂；中心疏松不大于 1.5 级，偏析不大于 2.5 级。

5.1.3 无缝钢管

5.1.3.1 无缝钢管的尺寸外形、内外表面质量和允许偏差应符合 GB/T 18248 规定。

5.1.3.2 无缝钢管应由钢厂按 GB/T 5777—2008 的规定逐根进行纵向和横向超声波探伤检验，应符合该标准 L2 级的规定。

5.2 设计

5.2.1 一般要求

5.2.1.1 筒体的壁厚设计应取用材料热处理后的最小屈服强度保证值 R_e。

5.2.1.2 设计计算所选用的最小屈服强度保证值 R_e，不得大于最小抗拉强度保证值 R_g 的 75%。

5.2.1.3 钢瓶的水压试验压力 p_h 至少应为公称工作压力的 1.5 倍。钢瓶的许用压力不得超过水压试验压力 p_h 的 0.8 倍。

5.2.1.4 瓶体材料正火或正火后回火处理的最大抗拉强度应小于 800 MPa。

5.2.2 壁厚设计

筒体的设计壁厚 S 应按式(1)计算后向上圆整至少保留一位小数，同时应符合式(2)的要求，且不得小于 1.5 mm。

$$S = \frac{D}{2}\left(1 - \sqrt{\frac{FR_e - \sqrt{3}P_h}{FR_e}}\right) \quad\text{............................(1)}$$

式中，$F \leqslant 0.85$。

$$S \geqslant \frac{D}{250} + 1 \quad\text{............................(2)}$$

5.2.3 端部设计

5.2.3.1 钢瓶凸形端部结构一般如图 2 所示，其中 a)、b)、d)、e)是底部形状，c)和 f)是肩部形状。

5.2.3.2 钢瓶凸形端部与筒体连接部位应圆滑过渡，其厚度不得小于筒体设计壁厚 S，凸形端部内转角半径 r 应不小于 0.075D，凸形底部中心设计壁厚 S_1 应符合下列要求：

a) 当 $0.2 \leqslant H/D < 0.4$ 时，$S_1 \geqslant 1.5S$；

b) 当 $H/D \geqslant 0.4$ 时，$S_1 \geqslant S$。

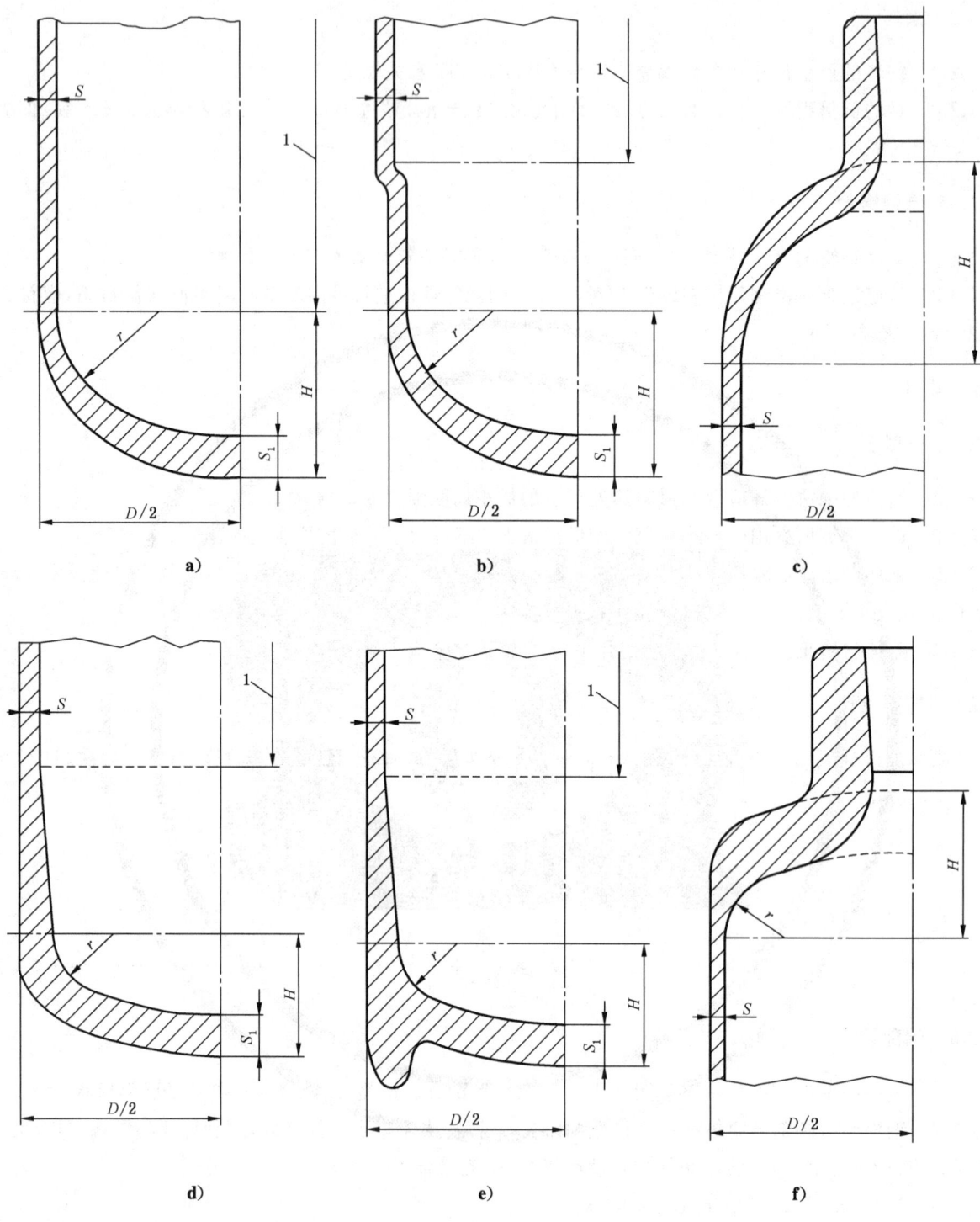

说明:

1——钢瓶筒体。

图 2　凸形底部及肩部结构示意图

5.2.3.3 当钢瓶设计采用凹形底部结构(见图 3)时,设计尺寸应符合下列要求:

a)　$S_1 \geqslant 2S$;

b)　$S_2 \geqslant 2S$;

c) $r \geqslant 0.075D$；

d) $h \geqslant 0.12D$。

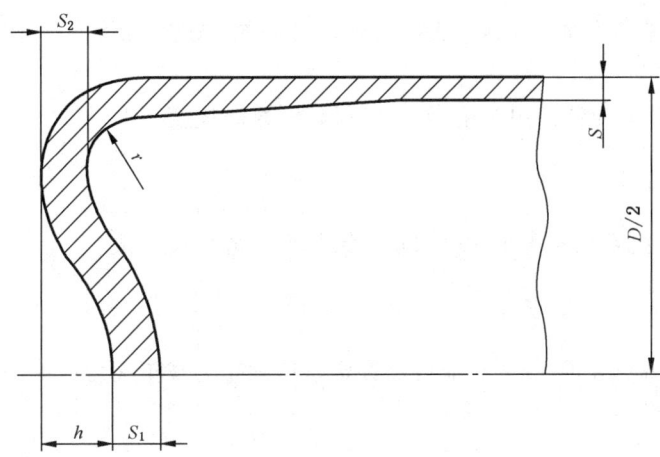

图 3　凹形底部结构示意图

5.2.3.4　钢瓶凹形底部的环壳与筒体之间应有过渡段,过渡段与筒体的连接应圆滑过渡,其厚度不得小于筒体设计壁厚 S。

5.2.3.5　凹形底钢瓶直立时接地点外圆直径应不小于 $0.75D$,以保证气瓶直立时的稳定性。

5.2.3.6　钢瓶制造单位应通过水压爆破试验和疲劳试验来验证端部设计是合理的。

5.2.4　瓶口设计

5.2.4.1　钢瓶瓶口螺纹一般应采用锥螺纹,锥螺纹应符合 GB/T 8335 或相关标准的规定,有效螺纹扣数不少于 8 扣,12 L 及以下的钢瓶有效螺纹不少于 7 扣。如果采用普通螺纹,普通螺纹尺寸及公差应符合 GB/T 196 和 GB/T 197 或相关标准的要求,有效螺纹数在钢瓶水压试验压力 p_h 下计算的剪切安全系数应至少为 10,且不少于 6 扣。

5.2.4.2　钢瓶瓶口的厚度,应保证有足够的强度,以保证瓶口在承受上阀力矩和铆合颈圈的附加外力时不产生塑性变形。

5.2.5　底圈设计

钢瓶设计带有底圈结构时,应保证底圈具有足够的强度,且底圈材料应与瓶体材料相容。底圈形状应为圆筒状并能保证钢瓶的稳定性。底圈与瓶体的连接不得使用焊接方法,其结构不得造成积水。

5.2.6　颈圈设计

钢瓶设计带有颈圈时,应保证颈圈具有足够的强度,且颈圈材料应与瓶体材料相容。颈圈与瓶体的连接不得使用焊接方法。颈圈的轴向拉脱力应不小于 10 倍的空瓶重且不小于 1 000 N,抗转动扭矩应不小于 100 N•m。

5.3　制造

5.3.1　一般要求

5.3.1.1　钢瓶制造应符合本部分和产品图样及相关技术文件的规定。

5.3.1.2　钢瓶瓶体一般采用下列制造方法:

　　a)　以钢坯为原料,经冲拔拉伸、收口制成,简称冲拔瓶;

　　b)　以无缝钢管为原料,经收底、收口制成,简称管制瓶。

GBTの/T 5099.3—2017

5.3.1.3 钢瓶瓶体制造前应按材料的炉罐号对化学成分进行分析验证,分析方法按 GB/T 223 或
GB/T 4336 执行,结果应符合 5.1 要求。

5.3.1.4 钢瓶不允许作焊接处理。管制瓶底部内表面的裂纹、夹杂、未熔合等缺陷,应采用机械铣削等
方法去除。

5.3.1.5 对瓶体的表面缺陷允许采用专用工具进行修磨,修磨坡度不大于 1∶3。

5.3.2 组批

制造应按批管理,每批数量不大于 500 只加上破坏性试验用瓶数。

5.3.3 热处理

钢瓶瓶体应进行整体热处理,热处理应按经评定合格的正火或正火后回火处理工艺进行。

5.3.4 无损检测

钢瓶瓶体热处理后应逐只进行无损检测。

5.3.5 水压试验

钢瓶瓶体应逐只进行水压试验,水压试验后应进行内表面干燥处理,不得有残留水渍。

5.3.6 瓶口螺纹

钢瓶瓶口螺纹的牙型、尺寸和公差,应符合 GB/T 8335 或相关标准的规定。

5.3.7 附件

5.3.7.1 根据充装气体的性质选配相应的瓶阀,锥螺纹瓶阀、普通螺纹瓶阀装配扭矩参见附录 A 中
表 A.1、表 A.2 的要求控制。

5.3.7.2 钢瓶一般应配瓶帽或护罩出厂,瓶帽或护罩型式分固定式或可卸式,可用金属或树脂材料制
成,并能够抵抗外力的冲击。

5.3.7.3 采用螺纹连接的附件,牙型、尺寸和公差应符合 GB/T 8335 或相关标准的规定。

6 试验方法

6.1 壁厚和制造公差

6.1.1 瓶体厚度应采用超声波测厚仪测量。

6.1.2 瓶体制造公差用标准量具或专用的量具、样板进行检验,检验项目包括筒体的平均外径、圆度、
垂直度和直线度。

6.2 底部密封性试验

采用适当的试验装置对瓶体底部内表面中心区加压,加压面积应至少为瓶体底部面积的 1/16,且
加压区域直径至少为 20 mm,试验介质可为洁净的空气或氮气。加压到密封性试验压力后,保压至少
1 min,保压期间应观察瓶体底部中心区域是否泄漏。

6.3 内、外表面

目测检查,内表面检查应有足够的光照,可借助于内窥镜或适当的工具进行检查。

136

6.4 瓶口内螺纹

目测和用量规检查。锥螺纹按 GB/T 8335 和 GB/T 8336 或相关标准检查,普通螺纹按 GB/T 196 和 GB/T 197 或相关标准检查。

6.5 无损检测

无损检测可采用在线自动超声检测或在线自动磁粉检测。超声检测按附录 B 执行;磁粉检测按附录 C 执行。

6.6 水压试验

水压试验采用外测法进行容积变形率测试,按 GB/T 9251 执行。

6.7 气密性试验

气密性试验按 GB/T 12137 执行。

6.8 瓶体热处理后各项性能指标测定

6.8.1 取样

6.8.1.1 试样的截取部位如图 4 所示,其中拉伸试验试样应沿筒体成 180°对称位置截取。

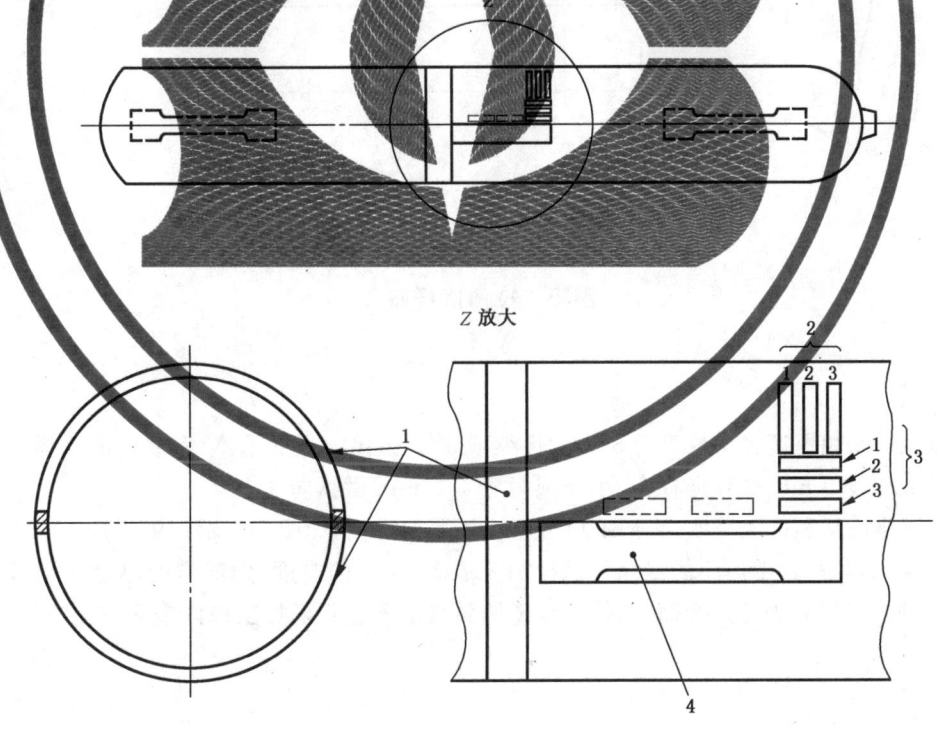

Z 放大

说明:

1——横向冲击试样;

2——纵向冲击试样(也可从虚线位置取);

3——拉伸试样;

4——冷弯试样。

图 4　试样位置示意图

6.8.1.2 取样数量：

a) 取纵向拉伸试验试样2件；

b) 瓶体壁厚大于或等于3 mm时，取横向或纵向冲击试验试样3件；

c) 取环向冷弯试验试样2件或压扁试验试样瓶1只或压扁试验试样环1件。

6.8.2 拉伸试验

6.8.2.1 拉伸试验的测定项目应包括：抗拉强度、屈服强度、断后伸长率。

6.8.2.2 拉伸试样采用全壁厚纵向弧形扁试样，两端夹持部位允许进行压平处理，试样尺寸应符合图5要求，标距取 $L_0 = 5.65\sqrt{S_0}$；

6.8.2.3 除试样尺寸应符合本部分外，拉伸试验方法按GB/T 228.1执行，屈服前夹头拉伸速度应小于3 mm/min。

单位为毫米

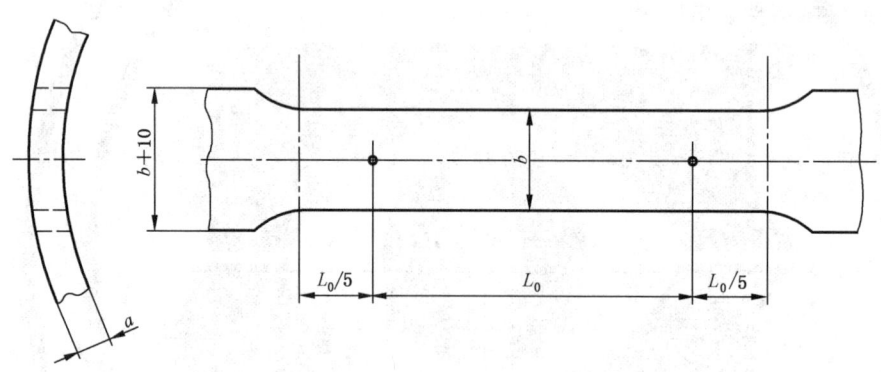

$b \leqslant 4a$，$b < D/8$。

图 5 拉伸试样图

6.8.3 冲击试验

6.8.3.1 冲击试样采用厚度大于或等于3 mm且小于或等于10 mm带有V型缺口的试样作为标准试样。钢瓶外径大于140 mm做横向冲击，小于或等于140 mm做纵向冲击。

6.8.3.2 冲击试样应从瓶体上截取，V型缺口应垂直于瓶壁表面，如图6所示。纵向冲击试样应对6个面全部进行机加工，如果因壁厚不能最终将试样加工成10 mm的厚度，则试样的厚度应尽可能接近初始厚度。横向冲击试样只加工4个面，瓶体内外壁圆弧表面不进行机加工或内表面按图7加工。

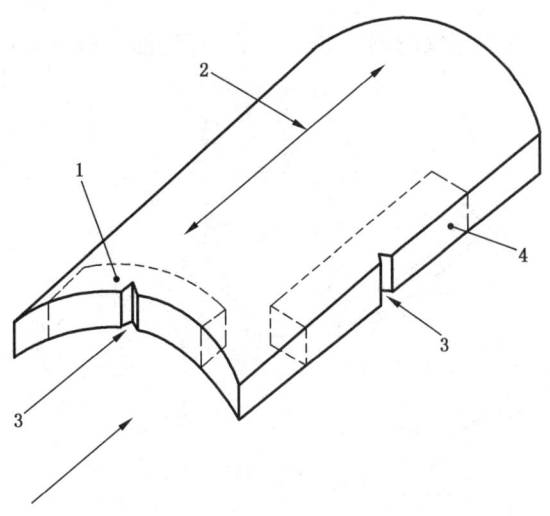

说明:
1——横向冲击试样;
2——钢瓶纵向;
3——夏比 V 型缺口;
4——纵向冲击试样。

图 6　横向和纵向冲击试样示意图

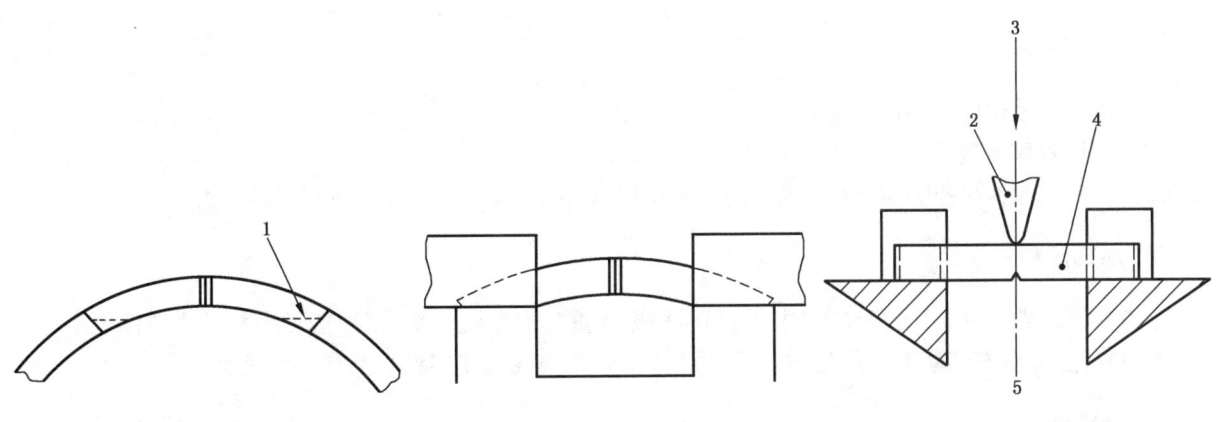

a)　从瓶体上载取的横向冲击试样　　b)　横向冲击试验正视图　　c)　横向冲击试验俯视图
说明:
1——可选的冲击试样机加工面;
2——冲击摆锤;
3——冲击方向;
4——横向冲击试样;
5——冲击中心线。

图 7　横向冲击试验示意图

6.8.3.3 除按 6.8.3.2 规定的要求外,试样的形状尺寸及偏差和冲击试验方法应按 GB/T 229 执行。

6.8.3.4 瓶体壁厚不足以加工标准试样时,可免做冲击试验。

6.8.4 冷弯试验

6.8.4.1 冷弯试验试样的宽度应为瓶体壁厚的 4 倍,且不小于 25 mm,试样只加工 4 个面,瓶体内外壁圆弧表面不进行加工。

6.8.4.2 试样制作和冷弯试验方法按 GB/T 232 执行,试样按图 8 所示进行弯曲。

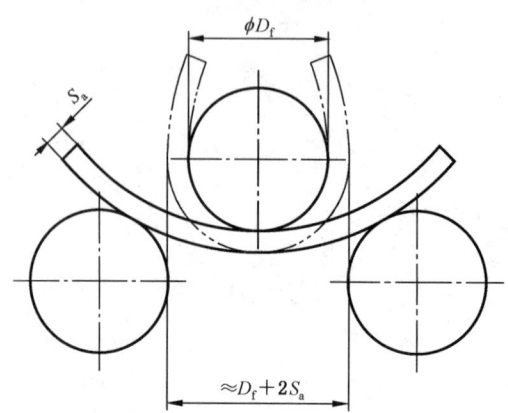

图 8 冷弯试验示意图

6.8.5 压扁试验

6.8.5.1 压扁试验方法按附录 D 执行。

6.8.5.2 对于试样环的压扁试验,应从瓶体上截取宽度为瓶体壁厚的 4 倍且不小于 25 mm 的试样环,只能对试样环的边缘进行机加工,对试样环采用平压头进行压扁。

6.9 水压爆破试验

6.9.1 水压爆破试验按 GB/T 15385 执行。

6.9.2 水压爆破试验升压速率不得超过 0.5 MPa/s。

6.9.3 应自动绘制出压力-时间或压力-进水量曲线,以确定瓶体的屈服压力和爆破压力值。

6.10 底部解剖

将拉伸试样的钢瓶底部沿轴线中心切开,用标准量具或专用的量具、样板对底部尺寸进行检验。对于管制瓶,还应对剖切断面进行酸蚀处理,应用 5 到 10 倍放大观察抛光后的剖切表面。

6.11 金相试验

6.11.1 金相试样可从拉伸试验的瓶体上截取,试样的制备、尺寸和方法应按 GB/T 13298 执行。

6.11.2 晶粒度按 GB/T 6394 执行。

6.11.3 脱碳层深度按 GB/T 224 执行。

6.11.4 带状组织和魏氏组织的评定按 GB/T 13299 执行。

6.12 疲劳试验

6.12.1 疲劳试验按 GB/T 9252 执行。

6.12.2 循环压力上限应不低于气瓶的水压试验压力 p_h,循环压力下限应不高于 2 MPa,压力循环速率不得超过每分钟 10 次。

6.12.3 疲劳试验用样瓶,应选择底部实际厚度接近于设计厚度最小值的钢瓶,其底部厚度尺寸应不超过最小设计底厚的 1.15 倍。

6.13 颈圈装配检验

6.13.1 固定气瓶,以 10 倍气瓶的空瓶重量且不小于 1 000 N 的拉力,对颈圈进行轴向拉脱试验。

6.13.2 固定气瓶,对颈圈施加 100 N·m 的扭矩进行旋转试验。

7 检验规则

7.1 试验和检验判定依据

7.1.1 壁厚和制造公差

7.1.1.1 筒体壁厚应不小于设计壁厚。

7.1.1.2 筒体平均外径应不超过公称外径 D 的 ±1%。

7.1.1.3 筒体的圆度,在同一截面上测量其最大与最小外径之差,应不超过该截面平均外径的 2%。

7.1.1.4 对于立式钢瓶,瓶体的垂直度应不超过筒体长度 l 的 1%(见图 9)。

7.1.1.5 筒体的直线度应不超过筒体长度 l 的 0.3%(见图 9)。

单位为毫米

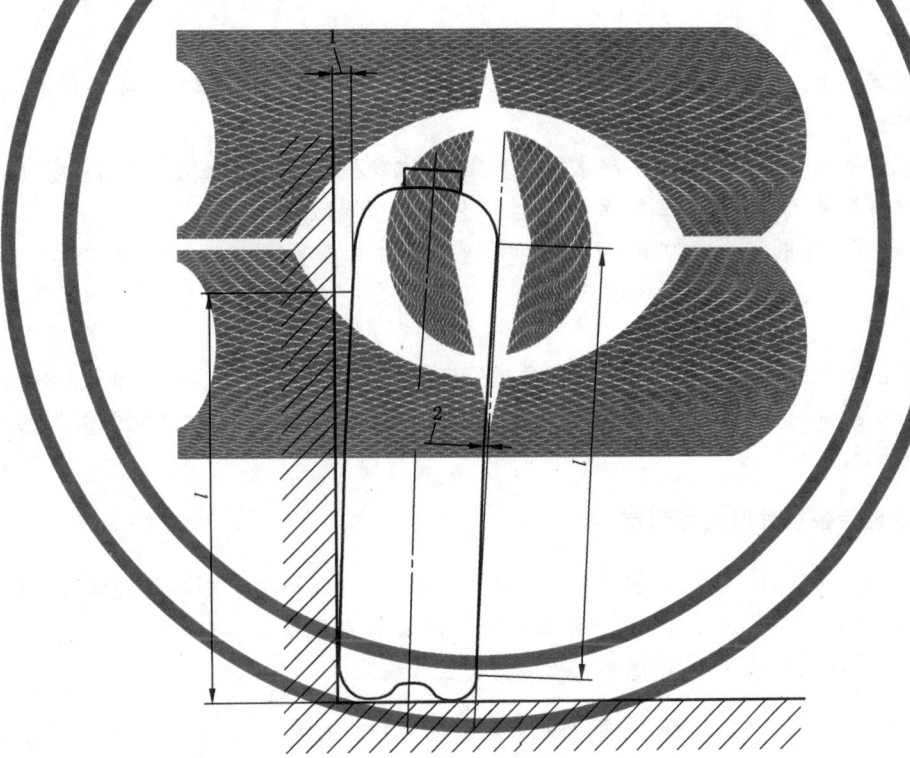

说明:
1——最大 0.01×l(见 7.1.1.4);
2——最大 0.003×l(见 7.1.1.5)。

图 9 钢瓶瓶体的垂直度与直线度

7.1.2 底部密封性试验

底部密封性试验压力为钢瓶的公称工作压力 p_w,保压时间不少于 1 min,瓶体底部试验区域应浸没在水中,不得有泄漏现象。

注:仅限采用无缝钢管旋压收底成型的底部,该试验也可用整体气密性试验代替。

7.1.3 内、外表面

7.1.3.1 瓶体内、外表面应光滑圆整,不得有肉眼可见的凹坑、凹陷、裂纹、鼓包、皱折、夹层等影响强度的缺陷。表面缺陷允许用机械加工方法清除,但清除缺陷后的剩余壁厚应不小于设计壁厚。内、外表面缺陷可参见附录 E 进行评定。

7.1.3.2 钢瓶端部与筒体应圆滑过渡,肩部不允许有沟痕存在。

7.1.4 瓶口螺纹

7.1.4.1 锥螺纹的牙型、尺寸和公差应符合 GB/T 8335 或相关标准的规定。

7.1.4.2 锥螺纹基面位置的轴向变动量应不超过+1.5 mm。

7.1.4.3 普通螺纹尺寸及公差应符合 GB/T 196 和 GB/T 197 或相关标准的要求,有效螺纹数应符合设计要求。

7.1.5 无损检测

超声检测结果应符合附录 B 的要求;磁粉检测应符合附录 C 的要求。

7.1.6 水压试验

7.1.6.1 在水压试验压力 p_h 下,保压时间不少于 30 s,压力表指针不得回降,瓶体不得泄漏或明显变形。容积残余变形率应不大于5%。

7.1.6.2 水压试验报告中应包括钢瓶实测水容积和质量,水容积和质量应保留 3 位有效数字,并至少保留一位小数。水容积和质量圆整原则为水容积舍掉尾数,质量尾数进一。

例如:水容积或质量的实测值为 40.675,水容积应表示为 40.6,质量应表示为 40.7。

7.1.7 气密性试验

带瓶阀出厂的钢瓶以及充装可燃及有毒介质的钢瓶应进行气密性试验。气密性试验压力应为公称工作压力 p_w,保压至少 1 min,瓶体、瓶阀和瓶体瓶阀联接处均不得泄漏。因装配而引起的泄漏现象,允许返修后重做试验。

7.1.8 瓶体热处理后各项性能指标测定

7.1.8.1 按 6.8.2 进行拉伸试验,抗拉强度 R_m 和屈服强度 R_{ea} 均应不小于钢瓶制造单位的热处理保证值,且符合 5.2.1.4 的要求,实测屈强比不大于 0.8,断后伸长率 A 应至少为 20%。

7.1.8.2 按 6.8.3 进行冲击试验,冲击试验结果应符合表 3 规定。

表 3 钢瓶瓶体热处理后的冲击值

钢瓶瓶体公称外径 D/mm		>140	≤140
试验方向		横向	纵向
试验温度/℃		−20	−20
冲击值 a_{kV}/(J·cm⁻²)	3 个试样平均值	20	40
	单个试样最小值	16	32
注:冲击值的计算由冲击吸收功除以夏比冲击试样缺口处的实测横截面积得到。			

7.1.8.3 按 6.8.4 或 6.8.5 进行冷弯试验或压扁试验,以无裂纹为合格,弯心直径和压头间距应不大于表 4 规定值。

表 4　冷弯试验弯心直径和压扁试验压头间距要求

瓶体抗拉强度实测值 R_m/MPa	弯心直径 D_f/mm	压头间距/mm
$R_m \leqslant 800$	$4S_a$	$6S_a$

7.1.9　水压爆破试验

7.1.9.1　检查水压爆破试验压力-时间曲线或压力-进水量曲线,确定钢瓶瓶体的实测屈服压力 p_y 和实测爆破压力 p_b 应符合下列要求:

　　a)　$p_y \geqslant p_h/F$,且 $p_y \geqslant 1.18p_h$;

　　b)　$p_b \geqslant 1.22/(R_e/R_g) \times p_h$。

7.1.9.2　钢瓶瓶体爆破后应无碎片,爆破口应在筒体上,破口裂缝不得引伸到瓶口。

7.1.9.3　瓶体主破口应为塑性断裂,即断口边缘应有明显的剪切唇,断口上不得有明显的金属缺陷。

7.1.9.4　对于实测平均壁厚小于 7.5 mm 的钢瓶,瓶体上的破口形状与尺寸应符合图 10 的规定。

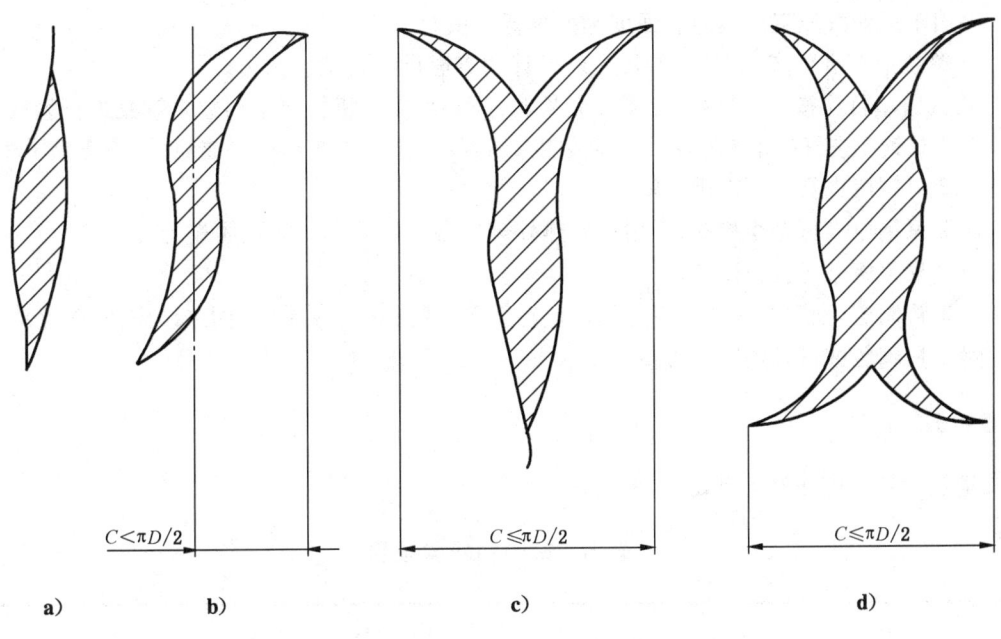

$$C<\pi D/2 \qquad C\leqslant\pi D/2 \qquad C\leqslant\pi D/2$$

a)　　　b)　　　　　c)　　　　　　d)

图 10　破口形状尺寸示意图

7.1.10　底部解剖

　　按 6.10 检查底部尺寸应符合设计要求。对于管制瓶,还应观察剖切面上不得有影响安全的缩孔、气泡、未熔合、裂纹、夹层等缺陷。底部中心的完好厚度(即无缺陷的厚度)应不低于设计的最小厚度。

7.1.11　金相试验

7.1.11.1　晶粒度应不小于 6 级(100 倍),带状组织不大于 3 级,魏氏组织不大于 2 级;

7.1.11.2　瓶体外壁的脱碳层深度不得超过 0.3 mm,瓶体内壁的脱碳层深度不得超过 0.25 mm。

7.1.12　疲劳试验

　　在按 6.12 规定压力循环至 12 000 次的过程中,瓶体不得泄漏或破裂。试验完成后,沿直径将瓶底

GBT 5099.3—2017

剖开检查,其底部厚度尺寸实测值应符合 6.12.3 的要求。

7.1.13 颈圈装配检验

在进行轴向拉脱试验时颈圈不脱落,在施加扭矩进行旋转试验时颈圈不松动。

7.2 型式试验

7.2.1 每种新设计的钢瓶都应进行型式试验,若型式试验不合格,则不得投入批量生产,不得投入使用。有下列情况之一的可以认定为新设计的钢瓶:

   a) 采用不同的制造方法(见 5.3.1.2)时;
   b) 采用不同牌号的钢材制造时;
   c) 采用不同的热处理方式时;
   d) 采用不同的公称外径时;
   e) 采用不同的设计壁厚时;
   f) 采用不同的底部结构时;
   g) 瓶体长度增加超过 50% 时;
   h) 采用不同的抗拉强度或屈服强度热处理保证值时。

7.2.2 制造单位应至少生产 50 只能够代表新设计的钢瓶供型式试验选用。

7.2.3 型式试验项目应按表 5 规定,除了逐只检验的项目,应随机抽取下列数量钢瓶进行型式试验:

   a) 对 2 只钢瓶进行瓶体热处理后各项性能指标测定(包括拉伸试验、冲击试验、冷弯或压扁试验);
   b) 对 2 只钢瓶进行水压爆破试验;
   c) 对 2 只钢瓶进行金相检验(可用测定热处理后各项性能指标的瓶体进行);
   d) 对 3 只钢瓶进行疲劳试验;
   e) 对于管制瓶,抽取 2 只进行底部解剖(可用测定热处理后各项性能指标的瓶体进行)。
   f) 对 1 只钢瓶进行颈圈装配检验。

7.3 批量检验

7.3.1 批量检验项目应按表 5 规定。

表 5 试验和检验项目

序号	项目名称	试验方法	出厂检验		型式试验	判定依据
			逐只检验	批量检验		
1	壁厚	6.1.1	√	—	√	7.1.1
2	制造公差	6.1.2	√	—	√	7.1.1
3	底部密封性试验ª	6.2	√	—	√	7.1.2
4	内、外表面	6.3	√	—	√	7.1.3
5	瓶口内螺纹	6.4	√	—	√	7.1.4
6	无损检测	6.5	√	—	√	7.1.5
7	水压试验	6.6	√	—	√	7.1.6
8	气密性试验	6.7	√	—	√	7.1.7
9	拉伸试验	6.8.2	—	√	√	7.1.8.1
10	冲击试验	6.8.3	—	√	√	7.1.8.2

144

表 5（续）

序号	项目名称	试验方法	出厂检验		型式试验	判定依据
			逐只检验	批量检验		
11	冷弯试验	6.8.4	—	√	√	7.1.8.3
12	压扁试验[b]	6.8.5	—	√	√	7.1.8.3
13	水压爆破试验	6.9	—	√	√	7.1.9
14	底部解剖	6.10	—	√	√	7.1.10
15	金相试验	6.11	—	—	√	7.1.11
16	疲劳试验	6.12	—	—	√	7.1.12
17	颈圈装配检验	6.13	—	—	√	7.1.13

注："√"表示需检项目；"—"表示不检项目。

[a] 仅适用于管制瓶的底部，该试验也可用整体气密性试验代替。

[b] 压扁试验与冷弯试验任取其一进行。

7.3.2 应从每批钢瓶中随机抽取 1 只钢瓶进行瓶体热处理后各项性能指标测定(包括拉伸试验、冲击试验、冷弯或压扁试验)，并随机抽取 1 只钢瓶进行水压爆破试验。

7.4 逐只检验

对同一批生产的每只钢瓶均应进行逐只检验，检验项目按表 5 规定。

7.5 复验规则

如果试验结果不合格，按下列规定进行处理：
   a) 如果不合格是由于试验操作异常或测量失误所造成，应重做同样数量试样的试验；如重新试验结果合格，则首次试验无效；
   b) 如果确认不合格是由于热处理造成的，允许该批瓶体重新热处理，但重新热处理次数不得多于两次；重新热处理的瓶体应保证设计壁厚；经重新热处理的该批瓶体应作为新批进行批量检验；
   c) 如果不合格是由于其他原因造成的，则不合格的钢瓶应报废或用经过批准的方式进行修复；修复后的钢瓶应重新进行原不合格项目的试验。

8 标志、涂敷、包装、运输、储存

8.1 标志

8.1.1 钢瓶钢印标记

8.1.1.1 钢瓶钢印标记应打在瓶体的弧形肩部，可采用以下排列方式，见图 11。

8.1.1.2 钢印应完整、清晰无毛刺。

8.1.1.3 钢印字体高度，钢瓶外径小于或等于 70 mm 的为 4 mm，70 mm～140 mm 的为 5 mm～7 mm，大于 140 mm 的不小于 8 mm，钢印深度为 0.3 mm～0.5 mm。

GBT 5099.3—2017

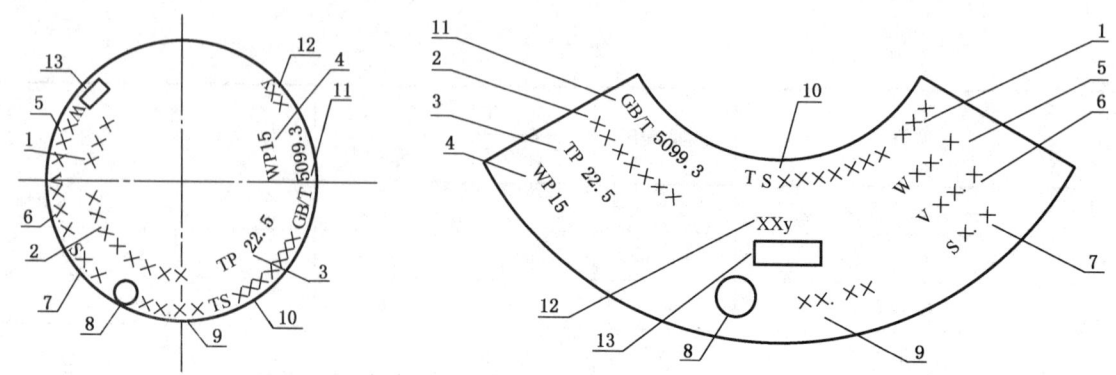

说明:
1——充装气体名称或化学分子式;
　　注:充装混合气体时,应当在气体名称处打充装气体主组分(含量最多的组分)名称或者化学分子式,后接 M
　　　　再加上混合气体的介质特性字母,分子式及 M 之后用"-"隔开。介质特性字母分别为:T 毒性、O 氧化性、
　　　　F 燃烧性、C 腐蚀性,介质特性标记的排列顺序应当为 T、O、F、C。有几种特性就加打几个字母,例如:
　　　　×××-M-TOFC。
2——钢瓶编号;
3——水压试验压力,MPa;
4——公称工作压力,MPa;
5——实测空瓶质量(不包括瓶阀、瓶帽),kg;
6——公称水容积,L;
7——钢瓶筒体设计壁厚,mm;
8——单位代码(与在发证机构备案的一致);
9——制造年、月;
10——钢瓶制造单位特种设备制造许可证号;
11——产品标准号;
12——设计使用年限;
13——监督检验标记。

图 11　钢瓶钢印标记示意图

8.1.2　漆色标志

钢瓶漆色、字样和字色应符合 GB/T 7144 的有关规定。

8.2　涂敷

8.2.1　钢瓶在涂敷前,应清除表面油污、锈蚀等杂物,且在干燥的条件下进行涂敷。
8.2.2　涂敷应均匀牢固,不得有气泡、流痕、裂纹和剥落等缺陷。

8.3　包装

8.3.1　根据用户的要求,如不带瓶阀的钢瓶,则瓶口应采用可靠措施密封,以防止沾污。
8.3.2　包装方法可用捆装、箱装或散装。

8.4　运输

8.4.1　钢瓶的运输应符合运输部门的规定。
8.4.2　钢瓶在运输和装卸过程中,要防止碰撞、受潮和损坏附件。

146

8.5 储存

8.5.1 钢瓶应分类按批存放整齐。如采取堆放，则应限制高度防止受损。

8.5.2 钢瓶发运前应采取可靠的防潮措施。

9 产品合格证和批量检验质量证明书

9.1 产品合格证

9.1.1 经检验合格的每只钢瓶均应附有产品合格证，并与产品同时交付用户。

9.1.2 产品合格证至少应包含下列内容：

 a) 钢瓶制造单位名称；
 b) 钢瓶编号；
 c) 公称工作压力；
 d) 水压试验压力；
 e) 气密性试验压力；
 f) 材料牌号、化学成分以及热处理后力学性能保证值；
 g) 热处理状态；
 h) 筒体设计壁厚；
 i) 实测空瓶质量（不包括瓶阀、瓶帽）；
 j) 实测水容积；
 k) 产品执行标准；
 l) 制造年、月；
 m) 钢瓶制造单位特种设备制造许可证号；
 n) 检验标记；
 o) 使用说明。

9.2 批量检验质量证明书

9.2.1 经检验合格的每批钢瓶，均应附有批量检验质量证明书。该批钢瓶有一个以上用户时，所有用户均应有批量检验质量证明书的复印件。

9.2.2 批量检验质量证明书的内容，应包括本部分规定的批量检验项目，参见附录F。

9.2.3 制造单位应妥善保存钢瓶的检验记录和批量检验质量证明书的正本或复印件，保存时间应不少于7年。

附 录 A

（资料性附录）

瓶阀装配扭矩

A.1 锥螺纹（见表 A.1）

表 A.1 锥螺纹瓶阀装配扭矩

螺纹代号	扭矩/(N·m)	
	最小值	最大值
PZ19.2	120	150
PZ27.8	200	300
PZ39	250	400

注：对于不锈钢瓶阀，装配扭矩的最小值和最大值均应为本表中数值的 2/3 倍。

A.2 普通螺纹（见表 A.2）

表 A.2 普通螺纹瓶阀装配扭矩

螺纹代号	扭矩/(N·m)	
	最小值	最大值
M18	100	130
M25	100	130
M30	100	130

附　录　B

（规范性附录）

超　声　检　测

B.1　范围

本附录规定了钢瓶的超声检测方法。

B.2　一般要求

B.2.1　超声检测设备应能够对钢瓶进行在线自动检测，应至少能够检测到 B.4 规定的对比样管的人工缺陷，还应能够按照工艺要求正常工作并保证其精度。超声检测设备应符合评定标准要求，应有质量合格证书或检定认可证书。

B.2.2　从事超声检测人员都应取得特种设备超声检测资格；超声检测设备的操作人员应至少具有Ⅰ（初）级超声检测资格证书，签发检测报告的人员应至少具有Ⅱ（中）级超声检测资格证书。

B.2.3　待测钢瓶的内、外表面都应达到能够进行准确的超声检测并可进行重复检测的条件。

B.2.4　应采用脉冲反射式超声检测，耦合方式可以采用接触法或浸液法。

B.3　检测方法

B.3.1　一般应使超声检测探头对钢瓶进行螺旋式扫查，探头扫查移动速率应均匀，变化在±10％以内。螺旋间距应小于探头的扫描宽度（应有至少 10％的重叠），保证在螺旋式扫查过程中实现 100％检测。

B.3.2　应对瓶壁纵向、横向缺陷都进行检测。检测纵向缺陷时，声束在瓶壁内沿环向传播；检测横向缺陷时，声束在瓶壁内沿轴向传播；纵向和横向检测都应在瓶壁两个方向上进行。

B.3.3　对于可能发生氢脆或应力腐蚀的凹底钢瓶，筒体与瓶底之间的环壳部位应在瓶底方向进行横向缺陷扫查。需检测部位见图 B.1。在这个较厚部位，为检测到 5％壁厚的缺陷，超声灵敏度设置成＋6 dB。当检测筒体与瓶肩或筒体与瓶底的环壳部位时，如果自动检测有困难，可以采用手工接触法检测。

B.3.4　在超声检测每个班次的开始和结束时都应用对比样管校验设备。如果校验过程中设备未能检测到对比样管人工缺陷，则在上次设备校验后检测的所有合格气瓶都应在设备校验合格后重新进行检测。

B.4　对比样管

B.4.1　应准备适当长度的对比样管，对比样管应与待测钢瓶具有相似的直径和壁厚范围、相同声学性能的材料。对比样管不得有影响人工缺陷的自然缺陷。

B.4.2　应在对比样管内外表面加工纵向和横向人工缺陷，这些人工缺陷应适当分开距离，以便每个人工缺陷都能够清晰的识别。

GBT 5099.3—2017

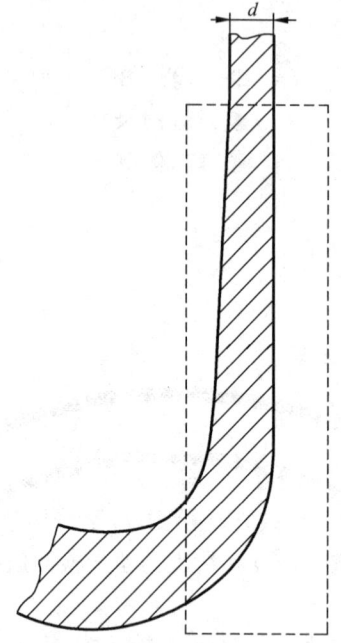

图 B.1　筒体/瓶底过渡区

B.4.3　人工缺陷尺寸和形状(见图 B.2 和图 B.3)应符合下列要求：

　　a)　人工缺陷长度 E 应不大于 50 mm；

　　b)　人工缺陷宽度 W 应不大于 2 倍深度 T，当不能满足时可以取宽度 W 为 1.0 mm；

　　c)　人工缺陷深度 T 应等于钢瓶筒体设计壁厚 S 的(5 ± 0.75)%，且深度 T 最小为 0.2 mm，最大为 1 mm，两端允许圆角；

　　d)　人工缺陷内部边缘应锐利，横截面应为矩形；采用电蚀法加工时，允许人工缺陷底部略呈圆形。

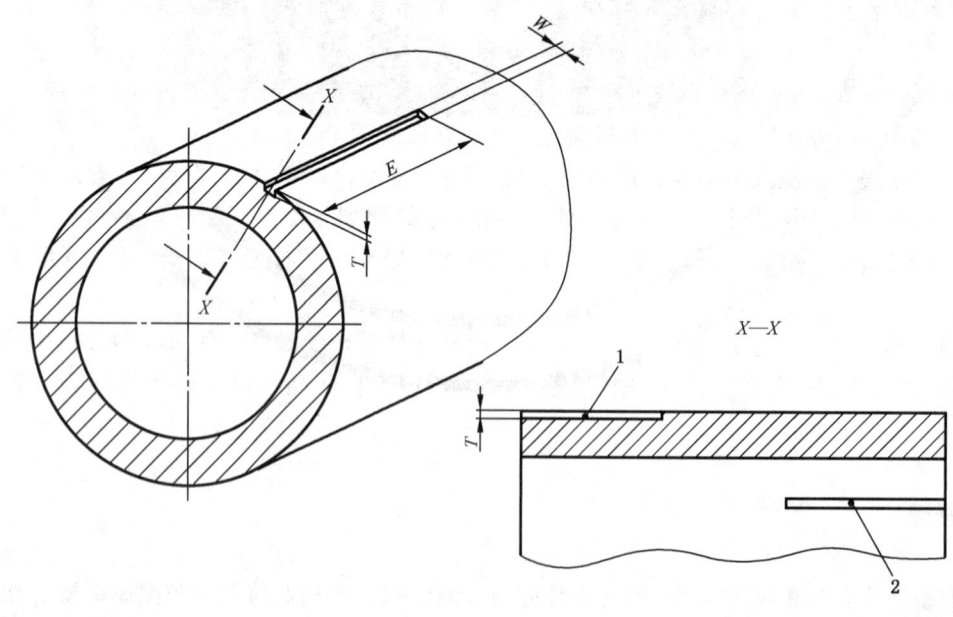

说明：

1——外表面人工缺陷；

2——内表面人工缺陷。

注：$T=(5\pm0.75)$%S，且 0.2 mm$\leqslant T\leqslant$1 mm；$W\leqslant2T$，当不能满足时可取 $W=1.0$ mm；$E\leqslant50$ mm。

图 B.2　纵向人工缺陷示意图

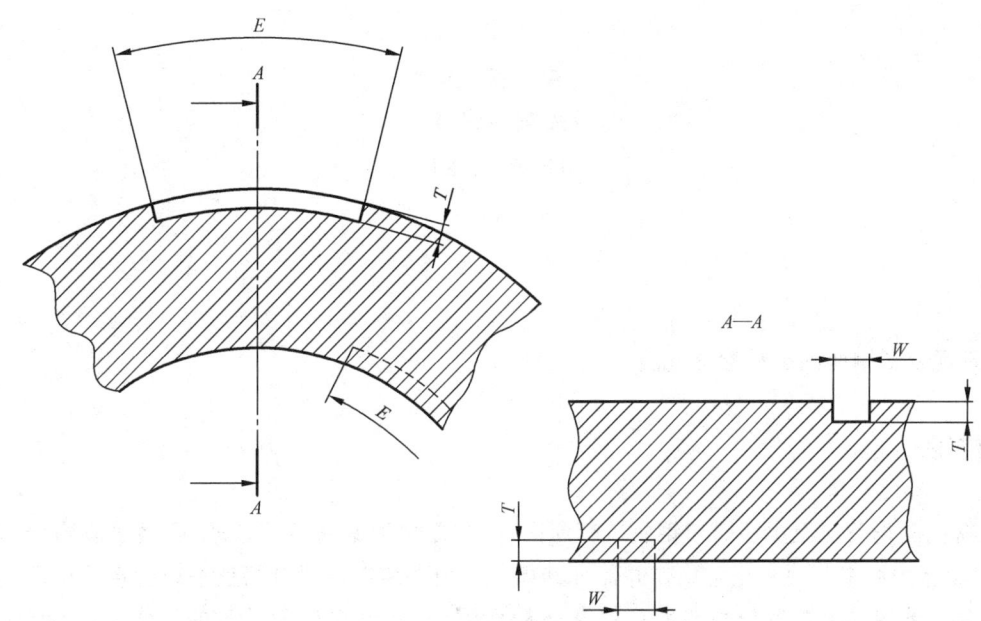

注：$T=(5\pm0.75)\%S$，且 0.2 mm $\leqslant T\leqslant$1 mm；$W\leqslant2T$，当不能满足时可取 $W=1.0$ mm；$E\leqslant50$ mm。

图 B.3　横向人工缺陷示意图

B.5　设备标定

应用 B.4 规定的对比样管校验设备，使其能够从对比样管的内外表面对人工缺陷产生清晰的回波，回波的幅度应尽量一致。人工缺陷回波的最小幅度应作为钢瓶超声检测时的不合格标准，同时设置好回波观察、记录装置或分类装置。用对比样管进行设备标定时，应与实际检测钢瓶时采用同样的扫查移动方式、方向和速度。在正常检测的速度时，回波观察、记录装置或分类装置都应正常运转。

B.6　结果评定

检测过程中回波幅度大于或等于对比样管人工缺陷回波的钢瓶应判定为不合格。瓶体表面缺陷允许清除；清除后应重新进行超声检测和壁厚检测，两者均符合要求为合格。

B.7　检测报告

超声检测后应出具检测报告。检测报告应能准确反映检测过程并符合检测工艺的要求，其内容至少应包括：检测日期、瓶体规格、批号、检测工艺条件、使用设备、检测数量、合格数和不合格数、检测者、评定者及对不合格缺陷的描述等。

附　录　C
（规范性附录）
磁　粉　检　测

C.1　范围

本附录规定了钢瓶的磁粉检测方法。

C.2　一般要求

C.2.1　磁粉检测设备应至少能够对钢瓶进行周向、纵向磁化和退磁，并能采用连续法检测，全方位显示磁痕，还应能够按照工艺要求正常工作并保证其精度。设备应有质量合格证书或检定认可证书。

C.2.2　从事磁粉检测人员都应取得特种设备磁粉检测资格；磁粉检测设备的操作人员应至少具有 I（初）级磁粉检测资格；签发检测报告的人员应至少具有 II（中）级磁粉检测资格。

C.2.3　磁粉检测应使用连续法，当采用荧光磁粉检测时，使用的黑光灯在钢瓶表面的黑光辐照度应大于或等于 1 000 $\mu W/cm^2$，黑光的波长应为 320 mm～400 mm。

C.2.4　磁粉检测可采用油基磁悬液或水基磁悬液。磁悬液的浓度应根据磁粉种类、粒度以及施加方法、时间来确定，一般非荧光磁粉浓度为 10 g/L～25 g/L，荧光磁粉浓度为 0.5 g/L～3 g/L。

C.2.5　磁粉检测前，应对被检瓶体表面进行全面清理，瓶体表面不得有油污、毛刺、松散氧化皮等。

C.2.6　瓶体通电磁化前，应将瓶体上与电极接触区域的任何不导电物质清除干净。

C.3　检测方法

C.3.1　钢质无缝气瓶的磁粉检测应采用湿法进行，在通电的同时施加磁悬液，磁化过程中每次通电时间为 1.5 s～3 s，停止施加磁悬液后才能停止磁化，瓶体表面的磁场强度应达到 2.4 kA/m～4.8 kA/m。

C.3.2　应对瓶体的外表面应进行全面的磁粉检测，同时在瓶体上施加周向磁场和纵向磁场，检查瓶体表面及近表面的各方向缺陷。

C.3.3　检测中缺陷磁痕形成后应立即对其进行观察，观察过程中不得擦掉磁痕，对需要进一步观察的磁痕，应重新进行磁化。观察过程中可借助低倍放大镜进行观察。

C.3.4　应根据磁痕的显示特征判定缺陷磁痕和伪缺陷磁痕。若磁痕难以判定，应将瓶体退磁后擦净瓶体表面，重新进行磁粉检测。

C.3.5　在磁粉检测每个班次的开始和结束时，都应采用 JB/T 6065 规定的 A1-30/100 型标准试片对磁粉检测设备、磁粉和磁悬液的综合性能进行校验，符合要求后才能进行检测。如果校验过程中设备未能检测到标准试片上的人工缺陷，则在上次设备校验后检测的所有合格气瓶都应在设备校验合格后重新进行检测。

C.4　结果评定

检测过程中，表面有裂纹、非金属夹杂物磁痕显示的钢瓶应判定为不合格。对瓶体表面缺陷，原则上允许打磨消除，打磨后的剩余壁厚应不小于设计壁厚，对打磨修复后的瓶体必须重新进行检测。

C.5 退磁

钢瓶经磁粉检测后应进行退磁,退磁效果一般可用剩磁检查仪或磁场强度计测定。剩磁应不大于 0.3 mT。

C.6 检测报告

磁粉检测后应出具检测报告。检测报告应能准确反映检测过程并符合检测工艺的要求,具有可追踪性。其内容应包括:检测日期、瓶体规格、批号、检测工艺条件、使用设备、检测数量、合格数和不合格数、检测者、评定者及对不合格缺陷的描述等。

附 录 D

（规范性附录）

压扁试验方法

D.1 范围

本附录规定了钢瓶压扁变形能力的测定方法,适用于检验钢瓶的多轴向应变能力。

D.2 试验钢瓶的要求

D.2.1 试验钢瓶应进行内外表面质量检查,不得有凹坑、划痕、裂纹、夹层、皱折等影响强度的缺陷,表面不得有油污、油漆等杂物,应保证出气孔通畅。

D.2.2 试验钢瓶筒体实测最小壁厚不得小于筒体设计壁厚。

D.2.3 试验钢瓶筒体应进行壁厚的测定,按图 D.1 所示,在筒体部位与轴线成对称位置的 A、B 及 C、D 处测得壁厚的平均值。

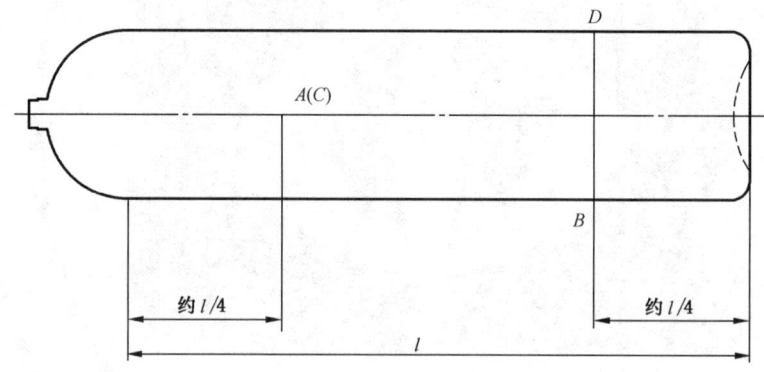

说明:

l——钢瓶筒体部分的长度。

图 D.1 筒体部位平均壁厚测量位置

D.3 试验装置的基本要求

D.3.1 压头的基本要求

D.3.1.1 压头的材质应为碳素工具钢或其他性能良好的钢材。

D.3.1.2 加工成形的压头应进行热处理,其硬度应不小于 HRC 45。

D.3.1.3 压头的顶角为 60°,并将其顶端加工成半径为 13 mm 的圆弧,压头的长度不小于试验钢瓶外径 D 的 1.5 倍,压头高度应不小于钢瓶外径 D 的 0.5 倍,压头表面应光滑,压头的形状处尺寸见图 D.2。

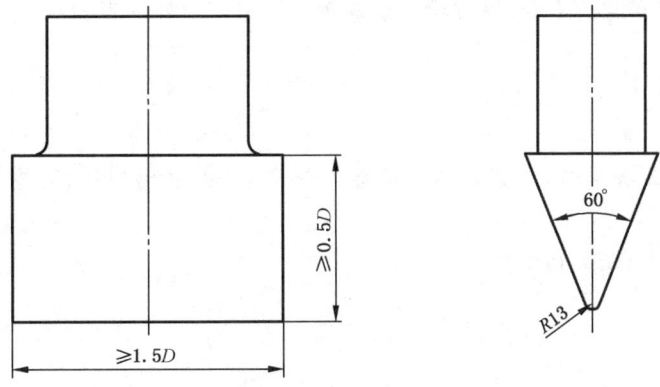

图 D.2　压头的形状尺寸

D.3.2　试验机的基本要求

D.3.2.1　试验机应由有资格的计量检验部门进行检定;经检定合格并在有效期内时,方可使用。

D.3.2.2　试验机的额定载荷量应大于压扁试验最大载荷量的 1.5 倍。

D.3.2.3　试验机应按设备保养维修的有关规定进行机器润滑和必要的保养。试验机应保持清洁,工作台面无油污、杂物等。

D.3.2.4　试验机装置应具有适当的安全设施,以保证试验时操作人员和设备的安全。

D.3.2.5　试验机应在符合其温度要求的条件下工作。

D.4　试验步骤与方法

D.4.1　试验机在工作前应进行机器空运转,检查各部位及仪器仪表。试验机在正常的情况下才可进行试验。

D.4.2　压头应固定安装在钳口上,调整上、下压头的位置。应保证试验时,上、下压头在同一铅锤中心平面内。上、下压头应保持平行移动,不允许横向晃动。

D.4.3　将钢瓶的中部放在垂直于瓶体轴线的两个压头中间,见图 D.3。然后缓慢地拧开阀门以20 mm/min~50 mm/min 的速度进行匀速加载,对试验钢瓶施加压力,直至压到规定的压头间距 T 为止。

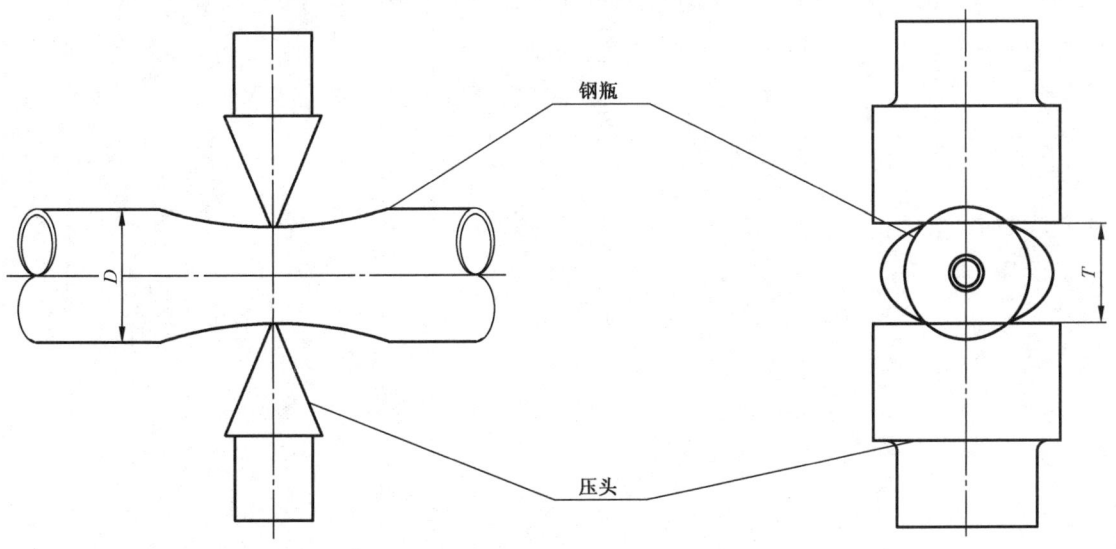

图 D.3　压扁试验示意图

D.4.4 保持压头间距 T 和载荷不变,目测检查试验钢瓶压扁变形处的表面状况。

D.5 试验中的注意事项

D.5.1 在试验过程中发现异常时,应立即停止试验。进行检查并做出判断,待排除故障后,再继续进行试验。

D.5.2 试验机应由专人操作,并负责做好记录。

D.6 试验报告

应对进行压扁试验的钢瓶出具试验报告。试验报告应能准确反映试验过程并具有可追踪性。其内容应包括:试验日期、钢瓶材质、钢瓶规格、热处理批号、筒体设计壁厚、实测最小壁厚、实测平均壁厚使用设备、压扁速度、压头间距、压扁最大载荷、试验结果、试验者等。

附　录　E

（资料性附录）

内、外表面缺陷描述和判定

E.1　范围

本附录规定了钢瓶内、外表面缺陷的描述与评定，适用于钢瓶内、外表面缺陷的检验与评定。

本附录为检验人员进行内、外表面检验时提供常见缺陷的分辨方法。

E.2　一般要求

E.2.1　检验人员应经过培训取得相应资格，并具有丰富的现场经验和准确的判断能力，借助于照明、测量工具及典型缺陷样板的比对能够在内、外表面检验时发现并确认缺陷。

E.2.2　检验时对钢瓶的表面，特别是内壁在观察缺陷前应彻底清洁、烘干并且无氧化物、腐蚀剥落物，必要时，重点检查之前要用适当的方法对要观察的部位进行清洁和清理。

E.2.3　应采用足够亮度的照明灯。

E.2.4　气瓶收口和加工螺纹后，瓶体内表面要用内窥镜、牙医镜或其他合适的工具进行检验。

E.2.5　小缺陷可采用局部处理的方式，利用打磨、机加工或其他适当的方法去除。去除时注意要避免增加新的有害缺陷，如产生修磨或加工棱角。修完后，气瓶要重新检验。

E.3　内、外表面缺陷

E.3.1　常见的内、外表面缺陷及其描述见表 E.1。

E.3.2　表 E.1 中允许返修的缺陷界定是根据使用经验确定的，适用于所有尺寸和类型的气瓶及使用条件。当用户要求高于表 E.1 规定时，由用户与制造单位另行约定。

表 E.1　内、外表面缺陷

序号	缺陷	缺陷描述	评定条件和/或措施	评定结果
1	鼓包	钢瓶外表面凸起，内表面塌陷，壁厚无明显变化的局部变形	所有带有此缺陷的钢瓶	不合格
2	凹坑	由于打磨、磨损、氧化皮脱落或其他非腐蚀原因造成的瓶体局部壁厚有减薄、表面浅而平坦的洼坑状缺陷	壁厚小于最小设计壁厚时或凹坑深度超过平均壁厚的 5% 时	不合格
3	凹陷	钢瓶瓶体因钝状物撞击或挤压造成的壁厚无明显变化的深度超过外径 1% 的塌陷变形（见图 E.1）	凹陷深度超过气瓶外径 2% 时	不合格
		 图 E.1　凹陷		

表 E.1（续）

序号	缺陷	缺陷描述	评定条件和/或措施	评定结果
4	凹坑含有切口或沟痕	瓶壁上的凹坑含有切口或沟痕（见图 E.2）	所有带有此缺陷的钢瓶	不合格

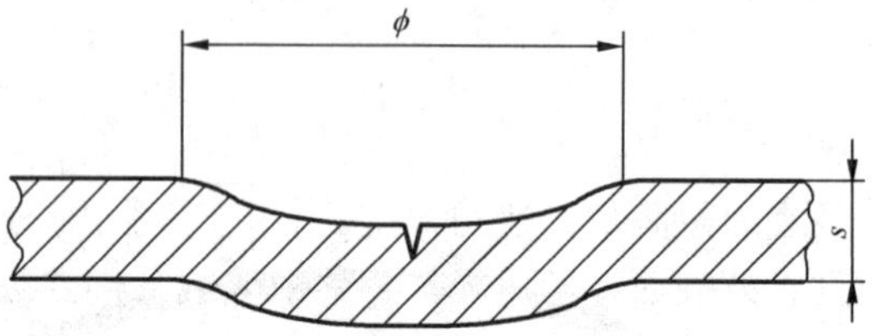

图 E.2　包含沟痕或切口的凹坑

序号	缺陷	缺陷描述	评定条件和/或措施	评定结果
5	磕伤	因尖锐锋利物体撞击或磕碰，造成瓶体局部金属变形及壁厚减薄，且在表面留下底部是尖角，周边金属凸起的小而深的坑状机械损伤	实测厚度公差内不能去除时	不合格
			实测厚度公差内能去除时	允许返修
6	划伤	因尖锐锋利物体划、擦造成瓶体局部壁厚减薄，且在瓶体表面留下底部是尖角的线状机械损伤	深度超过平均壁厚的 5%	不合格
7	"橘皮"表面	由于金属的不连续流动造成橘皮状的表面	如果橘皮表面有尖裂纹	不合格
8	麻坑	严重表面腐蚀	抛丸后所有带有此缺陷的钢瓶	不合格
9	裂纹	瓶体材料因金属原子结合遭到破坏，形成新界面而产生的裂缝	实测厚度公差内不能去除时	不合格
			不因气瓶材料劣化引起，实测厚度公差内能去除时	允许返修
10	瓶口裂纹	表现为与螺纹垂直的并穿过螺纹的线条（不要与螺纹加工停锥线混淆）（见图 E.3）	所有带有此缺陷的钢瓶	不合格

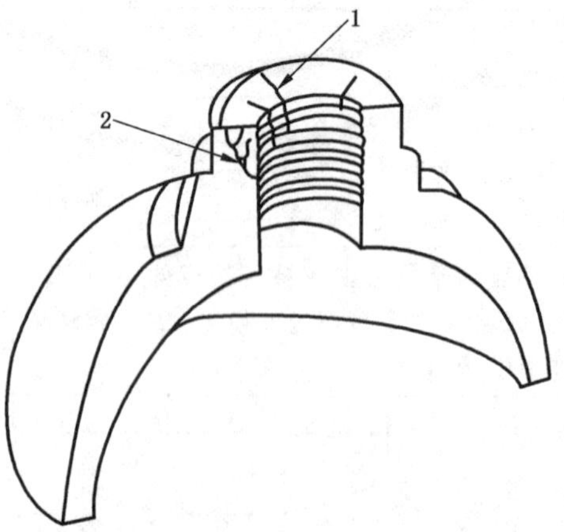

说明：
1——瓶口裂纹；
2——瓶口扩展裂纹。

图 E.3　瓶口裂纹

表 E.1（续）

序号	缺陷	缺陷描述	评定条件和/或措施	评定结果
11	瓶肩夹层或裂纹	瓶肩内部层片状几何不连续,会扩散到瓶口的加工部位或螺纹部位的缺陷(见图 E.4)	螺纹部位的夹层或裂纹用机加工的方法清除到看不见为止,重新仔细检查并核实实测厚度	允许返修
			螺纹部位的夹层或裂纹不能去除,或实测厚度不够	不合格
			螺纹部位的夹层在加工部位之外且无氧化皮时,如果根部是圆滑的	可接受

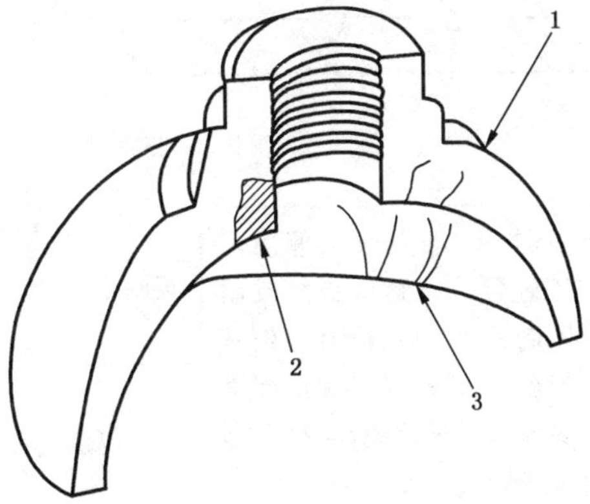

说明:
1——瓶肩裂纹;
2——夹层(分层);
3——瓶肩扩展裂纹。

图 E.4　瓶肩夹层或裂纹

序号	缺陷	缺陷描述	评定条件和/或措施	评定结果
12	瓶底内部裂纹	瓶底内表面金属产生裂缝	实测厚度公差内不能去除时	不合格
			不因气瓶材料劣化引起,实测厚度公差内能去除时	允许返修
13	凸棱	瓶体表面纵向凸起(见图 E.5)	高度超过平均壁厚的5%或长度超过瓶体长度的10%	允许返修

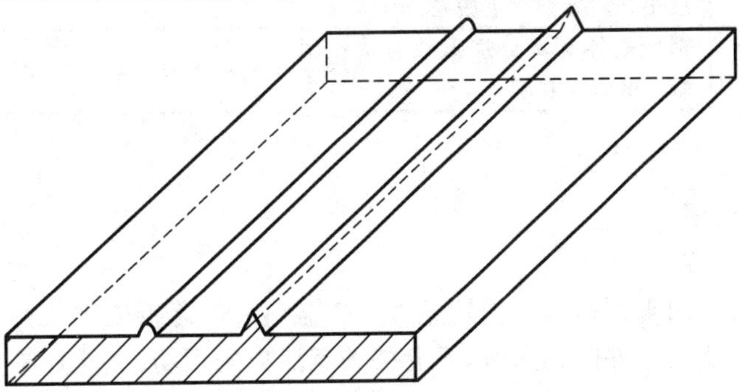

图 E.5　凸棱

GB/T 5099.3—2017

表 E.1（续）

序号	缺陷	缺陷描述	评定条件和/或措施	评定结果
14	凹槽	瓶体表面纵向缺口（见图 E.6）	深度超过平均壁厚的 5% 或长度超过瓶体长度的 10%	允许返修

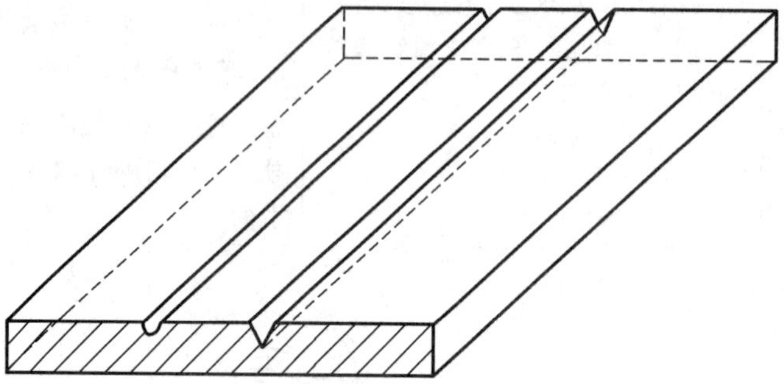

图 E.6 凹槽

| 15 | 夹层（分层） | 泛指重皮、折叠、带状夹杂等层片状几何不连续。它是由冶金或制造等原因造成的裂纹性缺陷，但其根部不如裂纹尖锐，其起层面多与瓶体表面接近平行或略成倾斜，也称分层（见图 E.7） | 实测厚度公差内不能去除时 | 不合格 |
| | | | 实测厚度公差内能去除时 | 允许返修 |

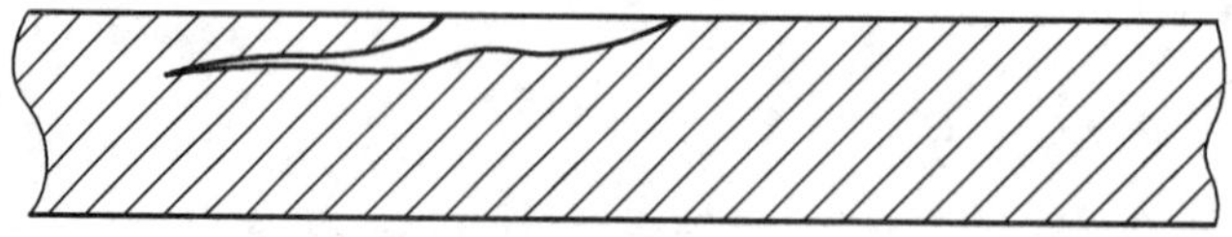

图 E.7 夹层（分层）

16	瓶口螺纹损坏或超出公差范围	螺纹有断牙、凹痕、切口毛刺等损坏，或超出公差范围	如果设计允许，可以重新攻螺纹，用螺纹塞规仔细复查，要保证螺纹的有效扣数	允许返修
			如果不能修理	不合格
17	颈圈松动	颈圈在较低扭矩作用下转动，或在较小轴向力作用下脱落	所有带有此缺陷的钢瓶	允许返修
18	电弧烧伤或火烧伤	钢瓶瓶体有部分烧痕或有落在钢瓶上的焊接材料	所有带有此缺陷的钢瓶	不合格

E.4 不合格钢瓶的处理

不合格的钢瓶可以用来制造其他使用条件的钢瓶（例如：降低工作压力等级），但要有相关的技术文件。当不能转造其他使用条件的钢瓶时，不合格的钢瓶应采用切割、压扁等方法进行破坏处理。

附　录　F

（资料性附录）

钢质无缝气瓶批量检验质量证明书

编号：＿＿＿＿＿＿＿

钢瓶型号＿＿＿＿＿＿＿＿＿＿＿　　盛装介质＿＿＿＿＿＿＿＿＿＿

制造单位＿＿＿＿＿＿＿＿＿＿＿　　制造许可证编号＿＿＿＿＿＿＿＿

产品图号＿＿＿＿＿＿＿＿＿＿＿　　底部结构　凸形底 □　凹形底 □　双瓶口 □

生产批号＿＿＿＿＿＿＿＿＿＿＿　　制造日期＿＿＿＿＿＿＿＿＿＿

本批钢瓶共＿＿＿＿＿＿＿＿只，编号从＿＿＿＿＿＿＿＿＿号到＿＿＿＿＿＿＿＿＿号

注：本批合格钢瓶中不包括下列瓶号：

F.1　主要技术数据

公称水容积＿＿＿＿＿＿L　　公称工作压力＿＿＿＿＿＿MPa

公称外径＿＿＿＿＿＿mm　　水压试验压力＿＿＿＿＿＿MPa

设计壁厚＿＿＿＿＿＿mm　　气密性试验压力＿＿＿＿＿＿MPa

F.2　主体材料化学成分（质量分数）

材料牌号	C	Mn	Si	S	P	S＋P	Mo	Cr
标准规定值								

F.3　瓶体热处理后各项性能指标测定

热处理方式＿＿＿＿＿＿　屈服强度保证值 R_e ＿＿＿＿＿＿MPa　抗拉强度保证值 R_g ＿＿＿＿＿＿MPa

试验瓶号	R_{ea}/MPa	R_m/MPa	A/%	a_{kV}/(J·cm^{-2})

F.4　底部解剖

无缩孔、气泡、未熔合、裂纹、夹层等缺陷，结构形状尺寸符合图样要求。

F.5 水压爆破试验

试验瓶号_____实测屈服压力_____MPa 实测爆破压力_____MPa
爆破口 <u>塑性断裂,无碎片,破口形状符合标准要求。</u>
该批产品经检查和试验符合 GB/T 5099.3—2017 的要求,是合格产品。

监督检验单位(盖章):   制造单位(检验专用章):

监督检验员: 检验负责人:

年　月　日   年　　月　　日

ICS 23.020.30
J 74

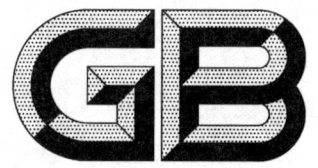

中华人民共和国国家标准

GB/T 5099.4—2017

钢质无缝气瓶
第 4 部分：不锈钢无缝气瓶

Seamless steel gas cylinders—
Part 4：Seamless stainless steel gas cylinders

（ISO 9809-4：2014，Gas cylinders—Refillable seamless steel gas cylinders—
Design，constructionand testing—
Part 4：Stainless steel cylinders with an Rm value of less than 1 100 MPa，NEQ）

2017-12-29 发布

2018-07-01 实施

中华人民共和国国家质量监督检验检疫总局
中国国家标准化管理委员会 发 布

前　言

GB/T 5099《钢质无缝气瓶》拟分为以下几个部分：

——第 1 部分：淬火后回火处理的抗拉强度小于 1 100 MPa 的钢瓶；

——第 2 部分：淬火后回火处理的抗拉强度大于或等于 1 100 MPa 的钢瓶；

——第 3 部分：正火处理的钢瓶；

——第 4 部分：不锈钢无缝气瓶。

本部分为 GB/T 5099 的第 4 部分。

本部分按照 GB/T 1.1—2009 给出的规则起草。

本部分使用重新起草法参考 ISO 9809-4：2014《气瓶　可重复充装钢质无缝气瓶　设计、制造和试验　第 4 部分：抗拉强度小于 1 100 MPa 的不锈钢气瓶》编制，与 ISO 9809-4：2014 的一致性程度为非等效。

本部分与 ISO 9809-4：2014 的主要差别如下：

——本部分在钢瓶制造原材料上只选用了部分奥氏体型不锈钢和奥氏体-铁素体双相型不锈钢作为钢瓶的主体材料，未选用马氏体型不锈钢和铁素体型不锈钢瓶体材料；

——本部分对使用环境温度作了限定；

——本部分增加了钢瓶设计使用年限；

——本部分在瓶体成形工艺上不采用低温加工成型的制造工艺。

请注意本文件的某些内容可能涉及专利。本文件的发布机构不承担识别这些专利的责任。

本部分由全国气瓶标准化技术委员会（SAC/TC 31）提出并归口。

本部分起草单位：江苏久维压力容器制造有限公司、上海市特种设备监督检验技术研究院、南通中集罐式储运设备制造有限公司、上海高压特种气瓶有限公司、上海爱思凯气体容器有限公司、成都格瑞特高压容器有限责任公司、大连市锅炉压力容器检验研究院。

本部分主要起草人：梁廷武、尹爱荣、陈汉泉、宋佐涛、陈伟明、欣怀忠、范俊明、刘岩。

钢质无缝气瓶
第4部分:不锈钢无缝气瓶

1 范围

GB/T 5099 的本部分规定了不锈钢无缝气瓶(以下简称"钢瓶")的术语和定义、符号、型式和参数、技术要求、试验方法、检验规则、标志、包装、运输、储存、产品合格证和批量检验质量证明书。

本部分适用于设计、制造公称工作压力不大于 30 MPa,公称容积不大于 150 L,使用环境温度为 −40 ℃~60 ℃,用于盛装压缩气体或液化气体的可重复充装的移动式钢瓶。

本部分不适用于运输工具上和机器设备上附属的瓶式压力容器。

2 规范性引用文件

下列文件对于本文件的应用是必不可少的。凡是注日期的引用文件,仅注日期的版本适用于本文件。凡是不注日期的引用文件,其最新版本(包括所有的修改单)适用于本文件。

GB/T 196 普通螺纹 基本尺寸(ISO 724)

GB/T 197 普通螺纹 公差(ISO 965-1)

GB/T 222 钢的成品化学成分允许偏差

GB/T 223(所有部分) 钢铁及合金化学分析方法

GB/T 226 钢的低倍组织及缺陷酸蚀检验法

GB/T 228.1 金属材料 拉伸试验 第1部分:室温试验方法(ISO 6892)

GB/T 229 金属材料 夏比摆锤冲击试验方法(ISO 148-1)

GB/T 230.1 金属材料 洛氏硬度试验 第1部分:试验方法(A、B、C、D、E、F、G、H、K、N、T标尺)(ISO 6508-1)

GB/T 231.1 金属材料 布氏硬度试验 第1部分:试验方法

GB/T 232 金属材料 弯曲试验方法(ISO 7438)

GB/T 1172 黑色金属硬度及强度换算值

GB/T 1220 不锈钢棒

GB/T 1979—2001 结构钢低倍组织缺陷评级图

GB/T 4334—2008 金属和合金的腐蚀 不锈钢晶间腐蚀试验方法

GB/T 5777—2008 无缝钢管超声波探伤检验方法

GB/T 7144 气瓶颜色标志

GB/T 8335 气瓶专用螺纹

GB/T 8336 气瓶专用螺纹量规

GB/T 9251 气瓶水压试验方法

GB/T 9252 气瓶疲劳试验方法

GB/T 11170 不锈钢 多元素含量的测定 火花放电原子发射光谱法(常规法)

GB/T 12137 气瓶气密性试验方法

GB/T 13005 气瓶术语

GB/T 13296 锅炉、热交换器用不锈钢无缝钢管

GB/T 14976　流体用不锈钢无缝钢管

GB/T 15385　气瓶水压爆破试验方法

GB/T 21833　奥氏体-铁素体型双相不锈钢无缝钢管

GB/T 24511　承压设备用不锈钢钢板及钢带

NB/T 47013.3—2015　承压设备无损检测　第3部分:超声检测

3　术语和定义、符号

3.1　术语和定义

GB/T 13005界定的以及下列术语和定义适用于本文件。

3.1.1

屈服强度　yield stress

对材料拉伸试验,呈明显屈服现象时,取上屈服点;无明显屈服现象的,取规定非比例延伸率为0.2%时的应力。

3.1.2

固溶处理　solution treatment

把钢瓶瓶体均匀加热到钢材上临界点 AC_3 以上的温度,然后在介质中快速冷却的热处理方法。

3.1.3

批量　batch

采用同一设计,具有相同的公称外径、设计壁厚,用同一炉罐号材料,同一制造方法制成,按同一热处理规范进行连续热处理的钢瓶所限定的数量。

3.2　符号

下列符号适用于本文件。

A:断后伸长率,%;

C:瓶体爆破试验破口环向撕裂宽度,mm;

D:钢瓶筒体公称外径,mm;

D_f:冷弯试验弯心直径,mm;

E:人工缺陷长度,mm;

F:设计应力系数(见5.2.4);

H:钢瓶凸形底部外高度,mm;

L_0:扁试样的原始标距,mm;

p_b:实测爆破压力,MPa;

p_h:水压试验压力,MPa;

p_w:公称工作压力,MPa;

p_y:实测屈服压力,MPa;

R_e:瓶体材料热处理后的最小屈服强度保证值,MPa;

R_{ea}:屈服强度实测值,MPa;

R_g:瓶体材料热处理后的最小抗拉强度保证值,MPa;

R_m:抗拉强度实测值,MPa;

S:筒体设计壁厚,mm;

S_a:筒体实测平均壁厚,mm;

S_1:底部中心设计壁厚,mm;

S_2:凹形底部接地点设计壁厚,mm;

T:人工缺陷深度,mm;

W:人工缺陷宽度,mm;

a_{kV}:冲击值,J/cm^2;

a:弧形扁试样的原始厚度,mm;

b:扁试样的原始宽度,mm;

h:凹形底外部深度,mm;

r:底部内转角半径,mm。

4 型式和参数

4.1 型式

钢瓶瓶体结构一般应符合图1所示的型式。

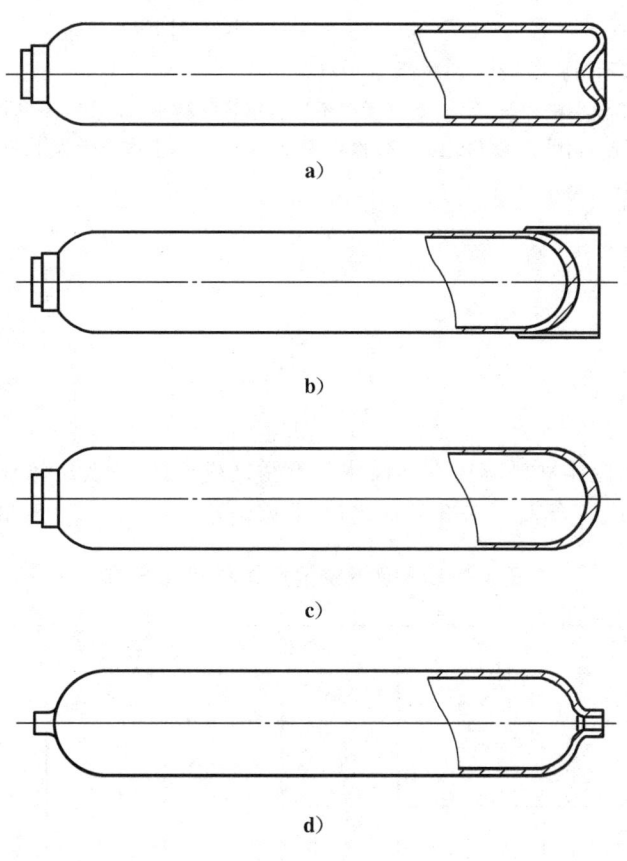

a)

b)

c)

d)

图 1 结构型式

4.2 参数

4.2.1 钢瓶的公称容积及允许偏差应符合表1的规定。

表 1　钢瓶的公称容积及允许偏差

公称容积 V/L	允许偏差/%
≤2	$^{+20}_{0}$
2<V≤12	$^{+10}_{0}$
12<V≤150	$^{+5}_{0}$

4.2.2　钢瓶型号标记表示如下：

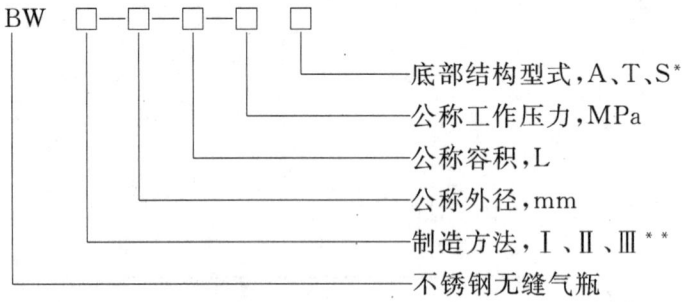

* 　底部结构型式：A 表示凹底、T 表示凸底、S 表示双头。

**　底部结构型式：Ⅰ 表示不锈钢棒冲拔瓶、Ⅱ 表示无缝不锈钢钢管管制瓶、Ⅲ 表示不锈钢钢板拉伸瓶。

　示例：用不锈钢无缝钢管制造，外径为 140 mm、公称容积为 10 L、公称工作压力为 15 MPa、双头收口的不锈钢无缝气瓶，其型号为：BWⅡ-140-10-15 S。

5　技术要求

5.1　瓶体材料

5.1.1　一般规定

5.1.1.1　用于制造钢瓶的瓶体材料应选用奥氏体型不锈钢或奥氏体-铁素体双相型不锈钢。其统一数字代号、牌号和化学成分应符合表 2、表 3 的规定，其允许偏差符合 GB/T 222 的规定。

表 2　奥氏体型不锈钢瓶体材料化学成分

统一数字代号	牌号	化学成分（质量分数）/%							
		C	Si	Mn	P	S	Ni	Cr	Mo
S30408	06Cr19Ni10	≤0.08	≤1.00	≤2.00	≤0.035	≤0.020	8.00～11.00	18.00～20.00	—
S30403	022Cr19Ni10	≤0.03	≤1.00	≤2.00			8.00～12.00	18.00～20.00	—
S31608	06Cr17Ni12Mo2	≤0.08	≤1.00	≤2.00			10.00～14.00	16.00～18.00	2.00～3.00
S31603	022Cr17Ni12Mo2	≤0.03	≤1.00	≤2.00			10.00～14.00	16.00～18.00	2.00～3.00

表 3　奥氏体-铁素体双相型不锈钢瓶体材料化学成分

统一数字代号	牌号	化学成分（质量分数）/%								
		C	Si	Mn	P	S	Ni	Cr	Mo	N
S21953	022Cr19Ni5Mo3Si2N	≤0.030	1.40~2.00	1.20~2.00	≤0.030	≤0.030	4.30~5.20	18.00~19.00	2.50~3.00	0.05~0.10

5.1.1.2　瓶体材料若采用其他牌号的奥氏体型或者奥氏体-铁素体型不锈钢,应具有良好的抗晶间腐蚀或应力腐蚀的能力,且与所充装的气体(如腐蚀性气体、致氢脆性气体)相容。

5.1.1.3　瓶体材料应符合 GB/T 1220、GB/T 13296、GB/T 14976、GB/T 21833、GB/T 24511 或相关标准的规定,并有质量合格证明书,钢瓶制造单位应按炉罐号对材料化学成分进行验证分析,分析方法按 GB/T 223 或 GB/T 11170 执行。

5.1.2　不锈钢棒

5.1.2.1　不锈钢棒的形状尺寸和允许偏差应符合 GB/T 1220 的有关规定。

5.1.2.2　不锈钢棒的低倍组织应按 GB/T 226 进行腐蚀后,其横截面酸浸低倍试片上不允许有目视可见的白点、缩孔、气泡、裂纹、夹杂和分层,并按 GB/T 1979—2001 进行评定,其中心疏松不大于 2 级,偏析不大于 2 级。

5.1.3　不锈钢无缝钢管

5.1.3.1　不锈钢无缝钢管的形状尺寸、内外表面质量和允许偏差应符合相应的 GB/T 13296、GB/T 14976 和 GB/T 21833 的有关规定。

5.1.3.2　不锈钢无缝钢管应逐根按 GB/T 5777—2008 或 NB/T 47013.3—2015 进行纵、横向的超声检测,合格级别不应低于 GB/T 5777—2008 规定的 L2 级或 NB/T 47013.3—2015 规定的 I 级。

5.1.4　不锈钢钢板

5.1.4.1　不锈钢钢板的尺寸和允许偏差应符合 GB/T 24511 的有关规定。

5.1.4.2　不锈钢钢板应由钢厂按 NB/T 47013.3—2015 的规定进行超声检测,应符合承压设备用钢板超声检测和质量分级 I 级的规定。

5.2　设计

5.2.1　设计使用年限

钢瓶的设计使用年限为 30 年。

5.2.2　筒体设计

5.2.2.1　筒体的壁厚设计应选用材料热处理后的最小屈服强度保证值 R_e,其值不得大于最小抗拉强度保证值 R_g 的 75%。

5.2.2.2　钢瓶的水压试验压力 p_h 为公称工作压力 p_w 的 1.5 倍。

5.2.2.3　筒体的设计壁厚 S 按式(1)计算后圆整,同时符合式(2)的要求,且不得小于 1.5 mm。

$$S = \frac{D}{2}\left[1 - \sqrt{\frac{FR_e - \sqrt{3}\,p_h}{FR_e}}\right] \quad \cdots\cdots\cdots\cdots\cdots (1)$$

式中：$F = 0.77$

$$S \geqslant \frac{D}{250} + 1 \quad \cdots\cdots\cdots\cdots\cdots (2)$$

5.2.3 端部设计

5.2.3.1 钢瓶凸形端部结构一般如图 2 所示,其中 a)、b)、d)、e)是底部形状,c)和 f)是肩部形状。

5.2.3.2 钢瓶凸形端部与筒体连接部位应圆滑过渡,其厚度不得小于筒体设计壁厚 S,凸形端部内转角半径 r 应不小于 $0.075D$,凸形底部中心设计壁厚 S_1 应符合下列要求:

    a) 当 $0.2 \leqslant H/D < 0.4$ 时,$S_1 \geqslant 1.5S$;

    b) 当 $H/D \geqslant 0.4$ 时,$S_1 \geqslant S$。

5.2.3.3 当钢瓶设计采用凹形底部结构(见图 3)时,设计尺寸应符合下列要求:

    a) $S_1 \geqslant 2S$;

    b) $S_2 \geqslant 2S$;

    c) $r \geqslant 0.075D$;

    d) $h \geqslant 0.12D$。

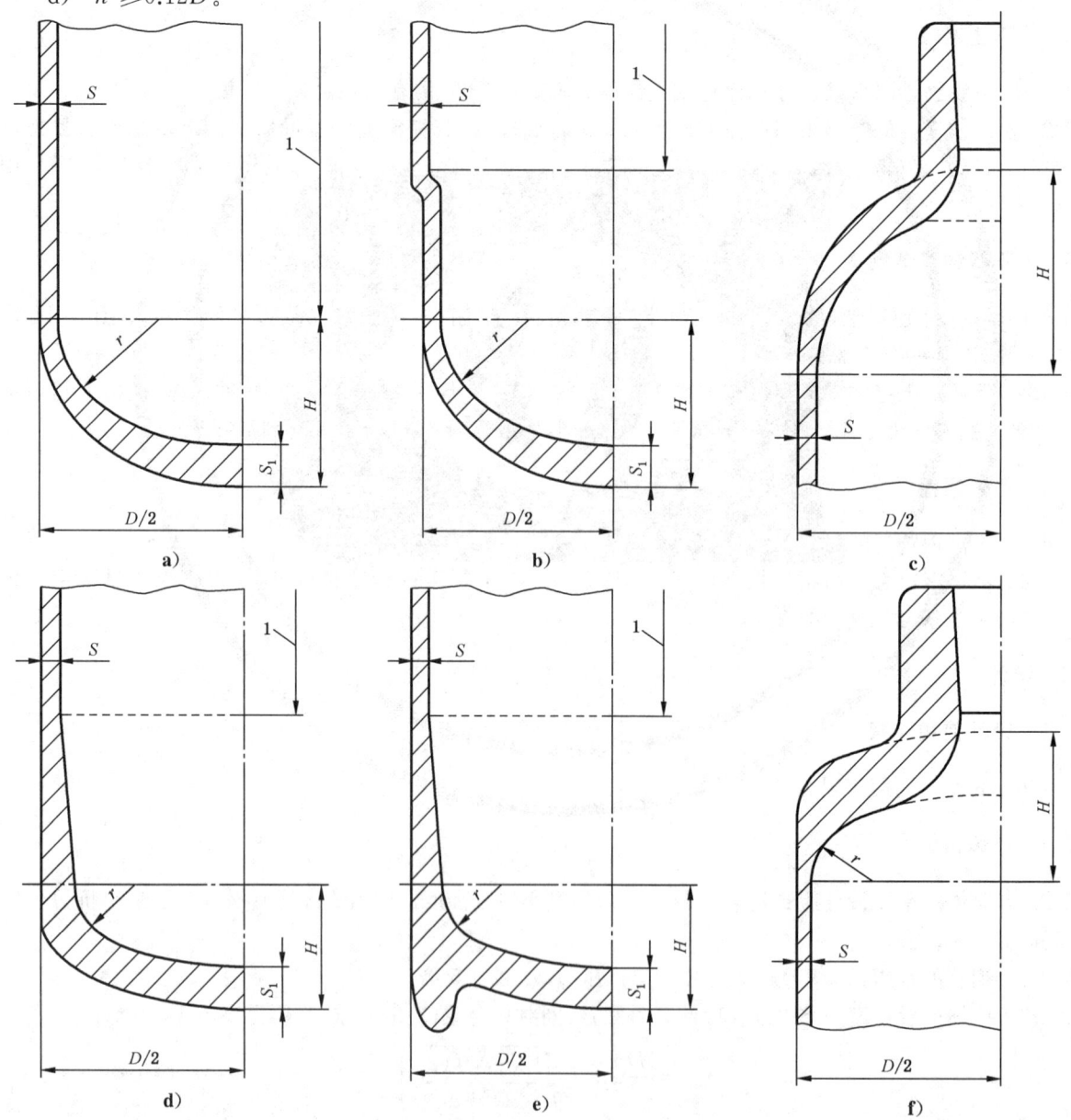

图 2 凸形端部结构示意图

5.2.3.4 钢瓶凹形底部的环壳与筒体之间应有过渡段,过渡段与筒体的连接应圆滑过渡,其厚度不得小于筒体设计壁厚 S。

5.2.3.5 凹形底钢瓶直立时接地点外圆直径应不小于 0.75D,以保证钢瓶直立时的稳定性。

5.2.3.6 应通过 7.1.11,7.1.12 规定的水压爆破试验、疲劳试验来验证端部设计合理性。

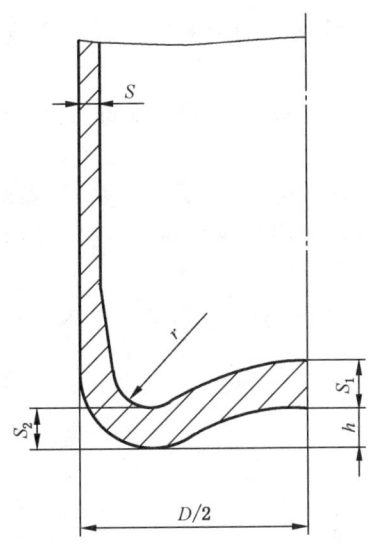

图 3 凹形底部结构示意图

5.2.4 瓶口设计

5.2.4.1 瓶口螺纹采用锥螺纹时,螺纹应符合 GB/T 8335 的规定,有效螺纹牙数不少于 8 牙;采用直螺纹时,螺纹尺寸及公差应符合 GB/T 196、GB/T 197 或相关标准的要求,在水压试验压力 p_h 下计算的剪切安全系数至少为 10,且不少于 6 牙。直螺纹剪切安全系数计算方法参见附录 A。

5.2.4.2 瓶口螺纹处的最小厚度不应小于筒体的设计壁厚,且应保证有足够的强度,以保证瓶口在承受上阀力矩和铆合颈圈的附加外力时不产生塑性变形。

5.2.5 底座

钢瓶设计带有底座结构时,应保证底座具有足够的强度,形状应为圆筒状并能保证钢瓶的直立稳定性,与瓶体的连接不应采用焊接方法。

5.2.6 颈圈

钢瓶设计带有颈圈时,应保证颈圈具有足够的强度,颈圈材料应与瓶体材料相容。颈圈与瓶体的连接不得采用焊接方法。颈圈的轴向拉脱力应不小于 10 倍的空瓶重,且不小于 1 000 N;颈圈的抗转动扭矩应不小于 100 N·m。

5.3 制造

5.3.1 钢瓶制造应符合本部分和产品图样及相关技术文件的规定。

5.3.2 钢瓶瓶体一般采用不锈钢无缝钢管、不锈钢钢板和不锈钢棒为原材料制成;并按炉罐号对化学成分进行分析验证,结果应符合 5.1 的规定。

5.3.3 瓶体不允许作焊接处理。管制瓶底部内表面的裂纹、夹杂、未熔合等缺陷,应采用机械铣削等方法去除。并逐只进行底部气密试验。

5.3.4 钢瓶制造应按批管理,每批数量不大于 200 只加上破坏性试验用瓶数。

5.3.5 钢瓶瓶体应进行整体热处理,热处理按经评定合格的固溶处理工艺进行。

5.3.6 瓶体热处理后应逐只进行超声检测,但瓶体长度小于 200 mm 或 $p_h \times V < 60$ MPa · L($R_m \geqslant$ 650 MPa)或 $p_h \times V < 120$ MPa · L($R_m < 650$ MPa)的钢瓶可以免做超声检测。

5.3.7 对瓶体的表面的缺陷允许采用专用工具进行修磨,修磨后应符合 7.1.2 的要求。

5.3.8 钢瓶瓶口锥螺纹的牙型、尺寸和公差应符合 GB/T 8335 的规定;直螺纹的牙型、尺寸和公差应符合 GB/T196、GB/T 197 或相关标准。

5.3.9 钢瓶瓶体应逐只进行水压试验。在水压试验后,应进行内表面干燥处理,不得有残留水渍。

5.3.10 附件应符合以下规定:

    a) 根据充装气体的性质选装相应的瓶阀,瓶阀装配扭矩可参照附录 B 的要求控制。

    b) 容积 5 L 以上钢瓶应配戴瓶帽出厂,瓶帽型式分固定式或可卸式,可由金属或非金属等材料制成。

    c) 采用螺纹连接的附件,牙型、尺寸和公差应符合 GB/T 8335 或相关标准的规定。

6 试验方法

6.1 壁厚和制造公差

6.1.1 瓶体厚度采用超声波测厚仪测量。

6.1.2 瓶体制造公差采用标准的或专用的量具、样板进行检验,检验项目包括筒体的平均外径、圆度、垂直度和直线度。

6.2 内、外表面

目测检查,表面检查应有足够的光照,内表面可借助于内窥镜或适当的工具进行检查。

6.3 管制瓶底部气密性试验

采用适当的试验装置对瓶体底部内表面中心区加压,加压面积应至少为瓶体底部面积的 1/16,且加压区域直径至少为 20 mm,试验介质可为洁净的空气或氮气。加压到 p_w,至少保压 1 min,保压期间应观察瓶体底部中心区域是否泄漏。

6.4 瓶口螺纹

用符合 GB/T 8336 或相应标准的量规检查。

6.5 硬度检测

硬度检测采用在线检测,按 GB/T 230.1 或 GB/T 231.1 执行。

6.6 超声检测

超声检测按附录 C 执行。

6.7 水压试验

中容积及以上钢瓶,水压试验应采用外测法;小容积钢瓶可采用内测法。试验方法按 GB/T 9251 执行。

6.8 气密性试验

气密性试验按 GB/T 12137 执行。

6.9 瓶体热处理后各项性能指标测定

6.9.1 取样

6.9.1.1 取样部位

取样部位如图 4 所示。

6.9.1.2 取样数量

取样数量应满足以下要求：
a) 纵向拉伸试验试样 2 件；
b) 瓶体壁厚大于或等于 3 mm 时，取冲击试验试样 3 件；
c) 环向冷弯试验试样 2 件，或压扁试验试样瓶(环)1 件；
d) 晶间腐蚀试验试样 2 件。

6.9.2 拉伸试验

6.9.2.1 拉伸试验的测定项目应包括：抗拉强度、屈服强度、断后伸长率。

6.9.2.2 拉伸试样采用实物扁试样，试样制备形状见图 5。

6.9.2.3 拉伸试样形状尺寸和拉伸试验方法按 GB/T 228.1 执行，屈服前夹头拉伸速度应小于 3 mm/min。

6.9.3 冲击试验

6.9.3.1 冲击试验采用厚度大于或等于 3 mm 且小于或等于 10 mm 带有 V 型缺口的试样。钢瓶外径大于 140 mm 做横向冲击，小于或等于 140 mm 做纵向冲击。奥氏体不锈钢钢瓶可以不做冲击试验。

6.9.3.2 冲击试样从瓶体上截取，V 型缺口应垂直于瓶壁表面，如图 6 所示。纵向冲击试样对 6 个面进行加工，如果因壁厚不能最终将试样加工成 10 mm 的厚度，则试样的厚度应尽可能接近初始厚度。横向冲击试样加工 4 个面，瓶体内外壁圆弧表面不进行加工。

6.9.3.3 除按 6.9.3.2 规定的要求外，试样的形状尺寸及偏差和冲击试验方法按 GB/T 229 执行。

6.9.3.4 瓶体壁厚小于 3 mm 时，可免做冲击试验。

6.9.4 冷弯试验

6.9.4.1 冷弯试验试样的宽度应为瓶体壁厚的 4 倍，且不小于 25 mm，试样加工 4 个面，瓶体内外壁圆弧表面不进行加工；

6.9.4.2 试样制作和冷弯试验方法按 GB/T 232 执行，试样按图 7 所示进行弯曲。

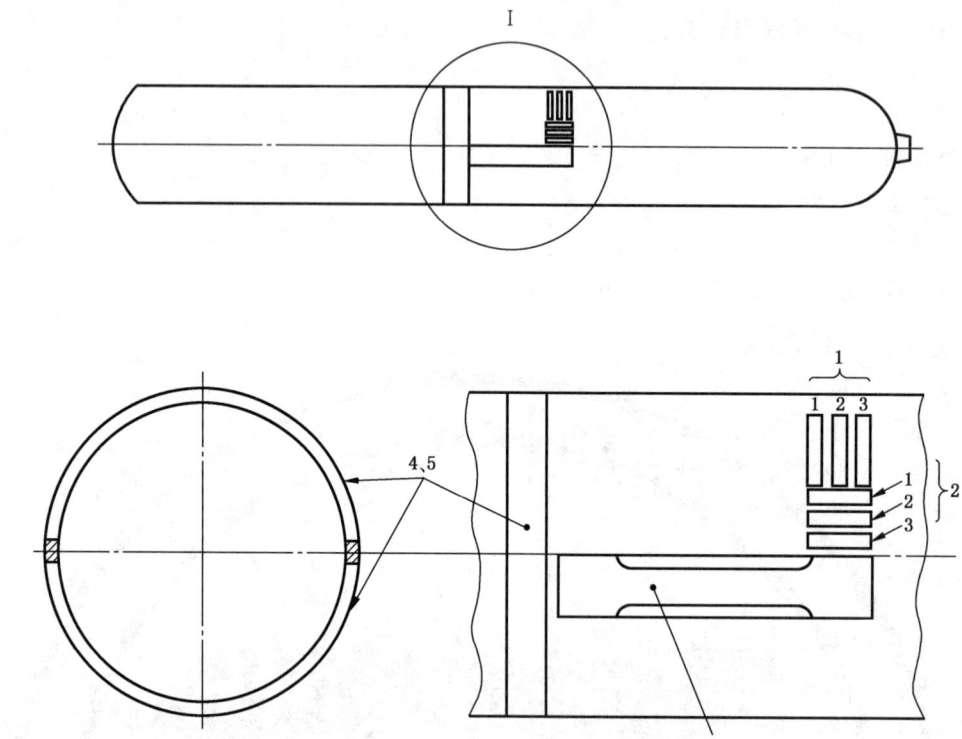

说明：

1——横向冲击试样；

2——纵向冲击试样；

3——拉伸试样；

4——冷弯试样或压扁试样环；

5——晶间腐蚀试样。

图 4   取样部位示意图

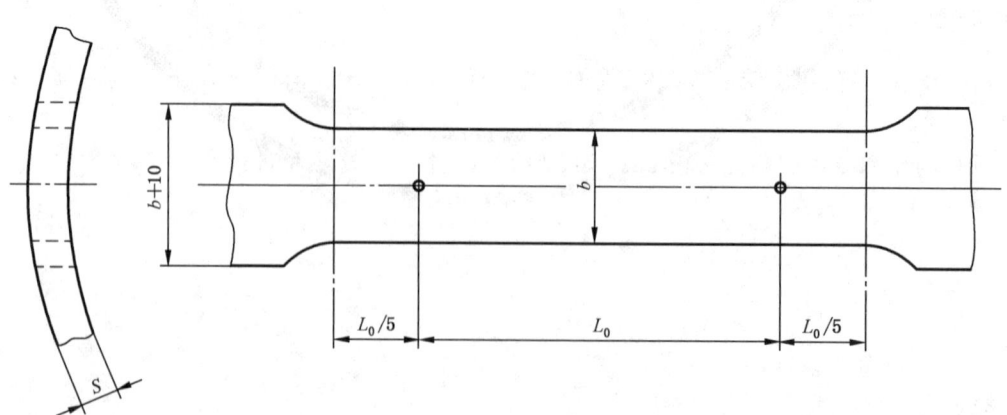

注：$b{\leqslant}4S$，$b{\leqslant}D/8$。

图 5   拉伸试样图

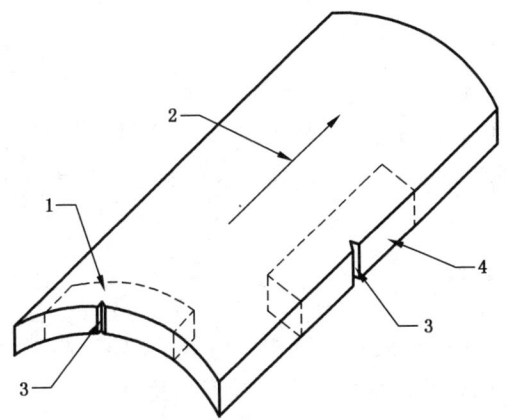

说明:

1——横向冲击试样;

2——钢瓶纵向;

3——夏比 V 型缺口;

4——纵向冲击试样。

图 6　横向和纵向冲击试样示意图

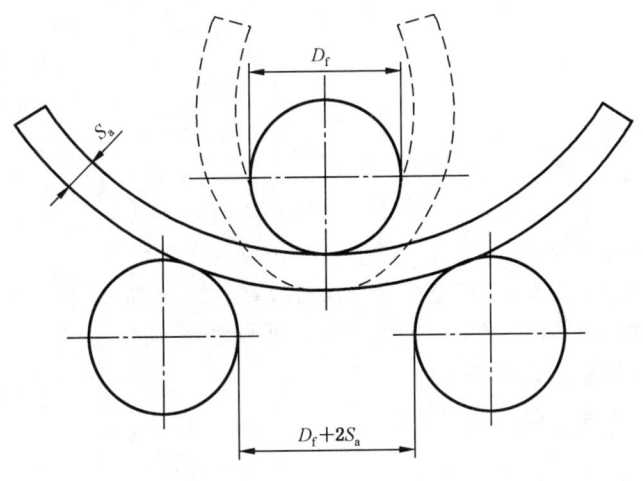

图 7　冷弯试验示意图

6.9.5　压扁试验

6.9.5.1　压扁试验方法按附录 D 执行。

6.9.5.2　当压扁试验采用试样环时,试样环应从瓶体上截取,宽度为瓶体壁厚的 4 倍且不小于 25 mm。只能对试样环的边缘进行加工,对试样环采用平压头进行压扁。

6.9.6　底部解剖

6.9.6.1　底部解剖仅适用于不锈钢无缝钢管制造的钢瓶。

6.9.6.2　将瓶体底部沿轴线中心剖开,用 5 倍～10 倍放大镜观察抛光后的剖切表面,并用标准的或专用的量具、样板对底部尺寸进行检查。

6.9.7 水压爆破试验

6.9.7.1 水压爆破试验按 GB/T 15385 执行。

6.9.7.2 水压爆破试验升压速率不应超过 0.5 MPa/s。

6.9.7.3 应自动绘制出压力-进水量曲线,以确定瓶体的屈服压力和爆破压力值。

6.9.8 疲劳试验

6.9.8.1 疲劳试验按 GB/T 9252 执行。

6.9.8.2 疲劳试验循环压力上限为钢瓶的水压试验压力 p_h,下限不高于水压试验压力 p_h 的 10%;压力循环速率不应超过 15 次/min;试验期间钢瓶外表面温度不超过 50 ℃。

6.9.9 晶间腐蚀试验

晶间腐蚀试验按 GB/T 4334—2008 的方法 E"不锈钢硫酸-硫酸铜腐蚀试验方法"执行。

6.10 颈圈装配检验

6.10.1 固定钢瓶,以 10 倍气瓶的空瓶重量且不小于 1 000 N 的拉力,对颈圈进行轴向拉脱试验。

6.10.2 固定钢瓶,对颈圈施加 100 N·m 的扭矩进行旋转试验。

7 检验规则

7.1 试验和检验判定依据

7.1.1 壁厚和制造公差

7.1.1.1 壁厚应不小于设计壁厚。

7.1.1.2 筒体平均外径与公称外径 D 的偏差应不超过公称外径 D 的 ±1%。

7.1.1.3 筒体的圆度,在同一截面上测量其最大与最小外径之差,应不超过该截面平均外径的 2%。

7.1.1.4 瓶体的垂直度应不超过筒体长度的 1%。

7.1.1.5 筒体的直线度应不超过筒体长度的 0.3%。

7.1.2 内、外观

7.1.2.1 瓶体内、外表面应光滑圆整,不应有肉眼可见的凹坑、凹陷、裂纹、鼓包、皱折、夹层等影响强度的缺陷。内、外观缺陷可参照附录 E 进行评定。

7.1.2.2 钢瓶端部与筒体应圆滑过渡,肩部不应有夹层或裂纹存在。

7.1.3 管制瓶底部气密性试验

瓶体底部试验区域浸没于水中,在底部气密试验压力 p_w 下,至少保压 1 min,不得有泄漏现象。该试验也可用整体气密性试验代替。

7.1.4 瓶口螺纹

7.1.4.1 锥螺纹的牙型、尺寸和公差应符合 GB/T 8335 的规定;直螺纹的牙型、尺寸和公差应符合 GB/T 196、GB/T 197 或相关标准的规定。

7.1.4.2 锥螺纹基面位置的轴向变动量应不超过 +1.5 mm。

7.1.4.3 有效螺纹牙数应符合 5.2.4.1 的要求。

7.1.5 硬度检测

瓶体热处理后按6.5进行硬度检测,应符合硬度及强度换算值的要求。其换算值可按照 GB/T 1172。

7.1.6 超声检测

瓶体热处理后进行超声检测,结果应符合附录C的要求。

7.1.7 水压试验

7.1.7.1 在水压试验压力 p_h 下,保压时间不少于30 s,压力表指针不应回降,瓶体不应泄漏或明显变形。大于12 L钢瓶的容积残余变形率应不大于10%。

7.1.7.2 水压试验报告应包括钢瓶实测水容积和重量,水容积和重量应保留三位有效数字,水容积和重量圆整原则为水容积舍掉尾数,重量尾数进一。

示例:水容积或重量的实测值为:20.675

水容积表示为:　　　20.6

重量表示为:　　　　20.7

7.1.8 气密性试验

气密性试验压力为公称工作压力,保压1 min,钢瓶不应有泄漏。

7.1.9 瓶体热处理后各项性能指标测定

7.1.9.1 按6.9.2进行拉伸试验,抗拉强度 R_m 和屈服强度 R_e 均不小于瓶体热处理保证值,断后伸长率 A 不小于20%。

7.1.9.2 按6.9.3进行冲击试验,冲击试验结果应符合表4规定。

表4　瓶体热处理后的冲击值

瓶体公称外径 D/mm		>140			≤140
试验方向		横向			纵向
试验温度/℃		−50			−50
试样厚度/mm		3~5	>5~7.5	>7.5~10	3~10
冲击值 a_{kV}/(J/cm²)	最小3个试样平均值	30	35	40	60
	最小单个试样值	24	28	32	48

注:冲击值(J/cm²)的计算由冲击吸收功(J)除以夏比冲击试样缺口处的实测横截面积(cm²)得到。

7.1.9.3 按6.9.4或6.9.5进行冷弯试验或压扁试验,以无裂纹为合格,弯心直径和压头间距应符合表5的规定。

表5　冷弯试验弯心直径和压扁试验压头间距要求

瓶体抗拉强度实测值 R_m MPa	弯心直径 D_f mm	压头间距 mm
$R_m \leq 440$	$2S_a$	$6S_a$
$440 < R_m \leq 520$	$3S_a$	$6S_a$
$520 < R_m \leq 600$	$4S_a$	$6S_a$
$R_m > 600$	$5S_a$	$7S_a$

7.1.10 底部解剖

按6.9.6观察剖切面上不应有缩孔、气泡,未熔合、裂纹、夹层等缺陷,且底部尺寸应符合设计要求。

7.1.11 水压爆破试验

7.1.11.1 检查水压爆破试验压力-进水量曲线,确定钢瓶瓶体的实测屈服压力 p_y 和实测爆破压力 p_b 应符合下列要求:

a) $p_y \geqslant p_h/F$;

b) $p_b \geqslant 1.6 p_h$。

7.1.11.2 钢瓶瓶体爆破后应无碎片,爆破口应在筒体上,破口裂缝不得引伸到瓶颈处。对于凹形底的钢瓶破口裂缝不得延伸到钢瓶底部,对于凸形底的钢瓶破口裂缝不得延伸到钢瓶底部中心。

7.1.11.3 瓶体主破口应为塑性断裂,即断口边缘应有明显的剪切唇,断口上不得有明显的金属缺陷。

7.1.11.4 对于壁厚小于7.5 mm的钢瓶,瓶体上的破口形状与尺寸应符合图8的规定。

a)

b)

$C < (\pi D)/2$

图8 破口形状尺寸示意图

7.1.12 疲劳试验

7.1.12.1 在按6.9.8规定压力循环至12 000次的过程中,瓶体不应泄漏或破裂。

7.1.12.2 试验后钢瓶要解剖底部测量厚度,该厚度应接近设计规定的最小厚度。在任何情况下,其厚度正偏差不得大于图纸上该处设计厚度的15%。

7.1.13 晶间腐蚀试验

晶间腐蚀试验后的试样经180°弯曲试验后在10倍放大镜下观察,弯曲试样表面应无因晶间腐蚀而产生的裂纹。

7.1.14 颈圈装配检验

在进行轴向拉脱试验时颈圈不脱落,在施加扭矩进行旋转试验时颈圈不松动。

7.2 型式试验

7.2.1 新设计的钢瓶应进行型式试验,若型式试验不合格,则不得投入批量生产。有下列情况之一的

可认定为新设计的钢瓶:

    a) 采用不同的制造方法时;

    b) 采用不同牌号的不锈钢材料制造时;

    c) 采用不同的热处理工艺时;

    d) 采用不同的公称外径时;

    e) 采用不同的设计壁厚时;

    f) 采用不同的底部结构时;

    g) 瓶体长度增加超过 50%时;

    h) 采用不同的抗拉强度或屈服强度热处理保证值时。

7.2.2 新设计钢瓶型式试验抽样基数一般应不少于 50 只。但对生产要求少于 50 只钢瓶时,除了生产数量外还应保证足够数量的钢瓶来进行型式试验。

7.2.3 型式试验项目应按表 6 的规定,除了逐只检验的项目外,还应随机抽取下列数量钢瓶进行型式试验:

    a) 抽取 2 只钢瓶进行各项性能指标测定(包括拉伸试验、冲击试验、冷弯或压扁试验);

    b) 抽取 2 只钢瓶进行水压爆破试验;

    c) 抽取 2 只钢瓶进行晶间腐蚀试验;

    d) 抽取 3 只钢瓶进行疲劳试验;

    e) 对于不锈钢无缝钢管制造的钢瓶,抽取 2 只钢瓶进行底部解剖试验。

注:a)、c)、e)项目试样可以在同一个取样瓶上截取。

7.3 批量试验

7.3.1 批量试验项目应按表 6 的规定。

7.3.2 每批钢瓶中应随机抽取至少 1 只钢瓶进行瓶体热处理后各项性能指标测定,测定项目包括拉伸试验、冲击试验、冷弯或压扁试验、晶间腐蚀试验、底部解剖试验(仅适用于不锈钢无缝钢管制造的钢瓶)。抽取 1 只钢瓶进行水压爆破试验。

7.4 逐只检验

每批钢瓶均应进行逐只检验,检验项目按表 6 的规定。

7.5 复验规则

如果试验结果不合格,按下列规定进行处理:

    a) 如果不合格是由于试验操作异常或测量失误所造成,则应重新试验;如重新试验结果合格,则先前试验无效;

    b) 如果确认不合格是由于热处理造成的,允许该批瓶体重新热处理,但重新热处理次数不应多于两次;经重新热处理的该批瓶体应作为新批进行检验;

    c) 如果不合格是由于其他原因造成的,则该批瓶体应报废。

表 6　试验和检验项目

序号	项目名称	试验方法	出厂检验		型式试验	判定依据
			逐只检验	批量检验		
1	壁厚	6.1.1	√	—	√	7.1.1
2	制造公差	6.1.2	√	—	√	7.1.1

GB/T 5099.4—2017

表6（续）

序号	项目名称	试验方法	出厂检验		型式试验	判定依据
			逐只检验	批量检验		
3	内、外观	6.2	√	—	√	7.1.2
4	底部气密试验[a]	6.3	√	—	√	7.1.3
5	瓶口螺纹	6.4	√	—	√	7.1.4
6	硬度检测	6.5	√	—	√	7.1.5
7	超声检测	6.6	√	—	√	7.1.6
8	水压试验	6.7	√	—	√	7.1.7
9	气密性试验	6.8	√	—	√	7.1.8
10	拉伸试验	6.9.2	—	√	√	7.1.9.1
11	冲击试验	6.9.3	—	√	√	7.1.9.2
12	冷弯试验[b]	6.9.4	—	√	√	7.1.9.3
13	压扁试验[b]	6.9.5	—	√	√	7.1.9.3
14	底部解剖	6.9.6	—	√	√	7.1.10
15	水压爆破试验	6.9.7	—	√	√	7.1.11
16	疲劳试验	6.9.8	—	—	√	7.1.12
17	晶间腐蚀试验	6.9.9	—	√	√	7.1.13
18	颈圈装配检验	6.10	—	—	√	7.1.14

注："√"表示需检项目；"—"表示不检项目。

[a] 仅适用于管制瓶的底部，该试验也可用整体气密性试验代替。
[b] 压扁试验与冷弯试验在批量检验时任取其一进行。

8 标志、包装、运输、储存

8.1 标志

8.1.1 钢瓶钢印标记

8.1.1.1 钢瓶钢印标记一般打在瓶体的肩部，字体可以呈扇形或环形方式排列，其内容和排列按图9所示。对于公称外径小于60 mm的钢瓶，也可采用激光刻印的方式刻在瓶体直线段靠近瓶肩的圆周部位。

GB/T 5099.4—2017

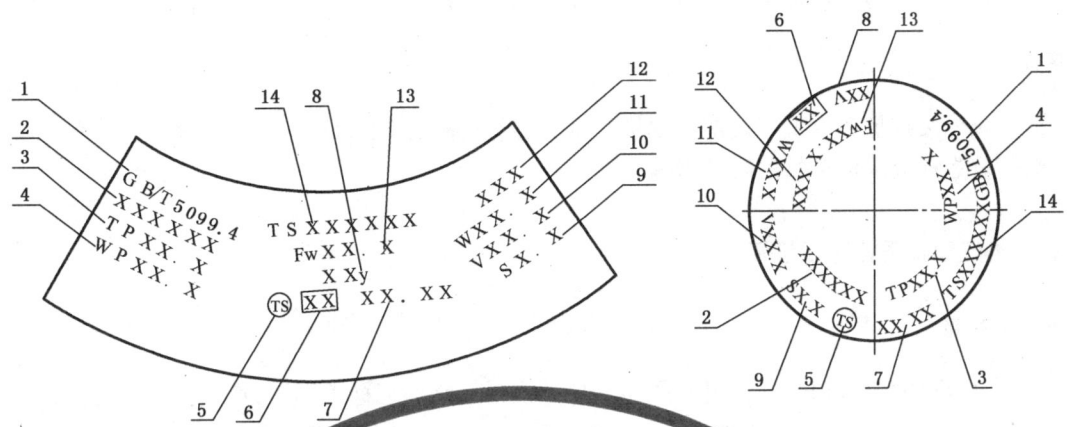

说明：
1 ——产品标准号；
2 ——钢瓶编号；
3 ——水压试验压力，MPa；
4 ——公称工作压力，MPa；
5 ——监督检验标记；
6 ——单位代码；
7 ——制造年、月；
8 ——设计使用年限，a；
9 ——瓶体设计壁厚，mm；
10——公称容积，L；
11——实际重量(不包括瓶阀、瓶帽)，kg；
12——充装气体名称或化学分子式；
　　注：充装混合气体时，应当在气体名称处打充装气体主组分(含量最多的组分)名称或者化学分子式，后接 M
　　　　再加上混合气体的介质特性字母，分子式及 M 之间用"-"隔开。介质特性字母分别为：T 毒性、O 氧化
　　　　性、F 燃烧性、C 腐蚀性。介质特性标记的排列顺序应当为 T、O、F、C。有几种特性就加打几个字母，例
　　　　如：XXX-M-TOFC。
13——液化气体最大充装量，kg；
14——钢瓶制造单位许可证编号。

图 9　钢瓶钢印标记示意图

8.1.1.2　钢印应完整、清晰无毛刺。

8.1.1.3　钢印字体高度，钢瓶外径小于或等于 100 mm 的为 3 mm~7 mm，钢印深度为 0.2 mm~0.3 mm。大于 100 mm 的为 8 mm~10 mm，钢印深度为 0.3 mm~0.5 mm。

8.1.2　钢瓶颜色标志

钢瓶字样、字色和色环等可按照 GB/T 7144 的规定。

8.2　包装

8.2.1　根据用户的要求，如不带瓶阀的钢瓶，则瓶口应采用可靠措施密封，以防止沾污。
8.2.2　包装方法可用捆装、箱装或散装。

8.3　运输

8.3.1　钢瓶的运输应符合运输部门的规定。

181

8.3.2 钢瓶在运输和装卸过程中,要防止碰撞、受潮和损坏附件。

8.4 储存

8.4.1 钢瓶应分类按批存放整齐。如采取堆放,则应限制高度防止受损。

8.4.2 钢瓶发运前应采取可靠的防潮措施。

9 产品合格证和批量检验质量证明书

9.1 产品合格证

9.1.1 经检验合格的每只钢瓶均应附有产品合格证或电子合格证标识,并与产品同时交付用户。

9.1.2 产品合格证至少应包含下列内容:

 a) 钢瓶制造单位名称;

 b) 钢瓶编号;

 c) 公称工作压力

 d) 水压试验压力;

 e) 气密性试验压力;

 f) 材料牌号、化学成分以及热处理后力学性能保证值;

 g) 热处理状态;

 h) 筒体设计壁厚;

 i) 设计使用年限;

 j) 实测空瓶重量(不包括瓶阀、瓶帽);

 k) 实测水容积,

 l) 产品标准代号;

 m) 制造年、月;

 n) 钢瓶制造单位特种设备制造许可证号;

 o) 检验标记;

 p) 使用说明。

9.2 批量检验质量证明书

9.2.1 经检验合格的每批钢瓶,均应附有批量检验质量证明书。该批钢瓶有一个以上用户时,所有用户均应得到批量检验质量证明书或其复印件。

9.2.2 批量检验质量证明书的内容,应包括本部分规定的批量检验项目,参见附录F。

9.2.3 制造单位应妥善保存钢瓶的检验记录和批量检验质量证明书的正本或复印件,保存时间应不少于7年。

附　录　A
（资料性附录）
螺纹剪切应力安全系数计算方法

A.1　概述

本附录规定了钢瓶瓶口直螺纹的剪切应力安全系数的计算方法。

A.2　螺纹剪切应力安全系数计算方法

A.2.1　计算公式

螺纹剪切应力安全系数即材料剪切强度（τ_m）与螺纹剪切应力的比值。材料剪切强度（τ_m）取 0.4 倍的材料抗拉强度。螺纹剪切应力计算公式分别见式（A.1）、式（A.2）

$$\tau_n = \frac{F_w}{ZA_n} \qquad\qquad\qquad\qquad\text{(A.1)}$$

$$\tau_w = \frac{F_w}{ZA_w} \qquad\qquad\qquad\qquad\text{(A.2)}$$

式中：

τ_n ——内螺纹的剪切应力，单位为兆帕（MPa）；

F_w ——最大轴向外载荷，单位为牛顿（N）；

Z ——啮合的螺纹牙数；

A_n ——内螺纹的受剪面积，单位为平方毫米（mm²）；

τ_w ——外螺纹的剪切应力，单位为兆帕（MPa）；

A_w ——外螺纹的受剪面积，单位为平方毫米（mm²）。

最大轴向外载荷见式（A.3）：

$$F_w = p_{内} \cdot A \qquad\qquad\qquad\qquad\text{(A.3)}$$

式中：

$p_{内}$ ——钢瓶内压力，单位为兆帕（MPa）；

A ——瓶口内螺纹开孔受压面积，单位为平方毫米（mm²）。

螺纹的受剪面积计算公式分别见式（A.4）、式（A.5）：

$$A_n = \pi d_{min}\left[\frac{P}{2} + \tan\frac{\alpha}{2}(d_{min} - D_{2max})\right] \qquad\text{(A.4)}$$

$$A_w = \pi D_{1max}\left[\frac{P}{2} + \tan\frac{\alpha}{2}(d_{2min} - D_{1max})\right] \qquad\text{(A.5)}$$

式中：

d_{min} ——外螺纹最小大径，单位为毫米（mm）；

P ——螺纹的螺距，单位毫米（mm）；

α ——螺纹的牙形角，单位为度（°）；

D_{2max} ——瓶口内螺纹最大中径，单位为毫米（mm）；

D_{1max} ——瓶口内螺纹最大小径，单位为毫米（mm）；

d_{2min} ——外螺纹最小中径，单位为毫米（mm）。

瓶口内螺纹和外螺纹的啮合情况和计算取值见图 A.1,且有以下关系式成立:

$$b = \frac{P}{2} + 2x = \frac{P}{2} + \tan\frac{\alpha}{2}(d_{\min} - D_{2\max}) \,, b_1 = \frac{P}{2} + 2y = \frac{P}{2} + \tan\frac{\alpha}{2}(d_{2\min} - D_{1\max}) \,。$$

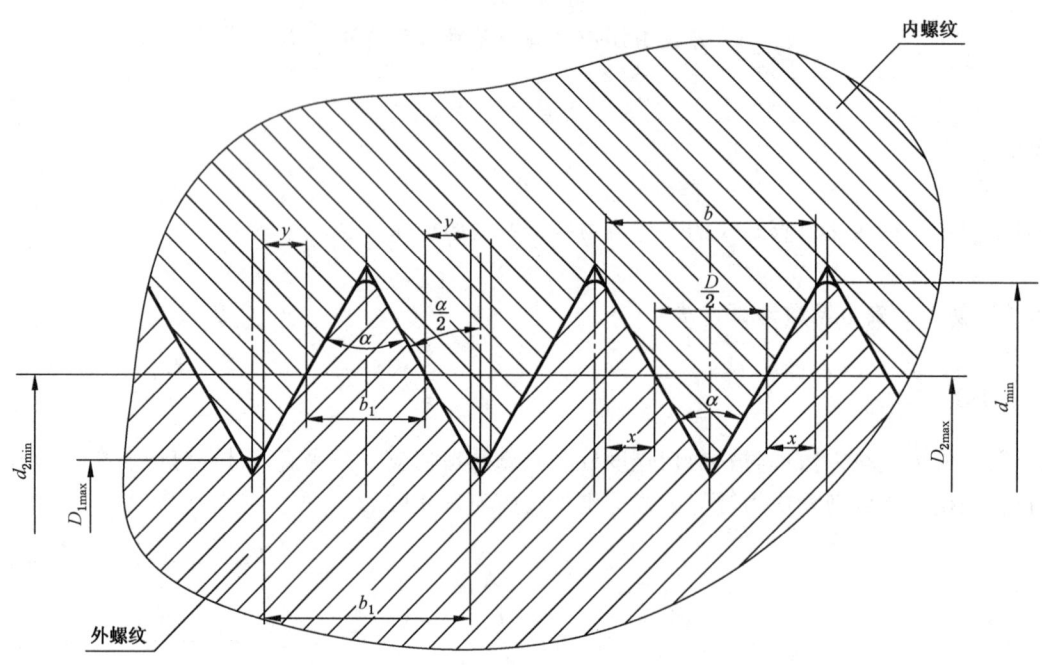

图 A.1　瓶口内螺纹和外螺纹啮合尺寸及受力部位示意图

A.2.2　计算示例

钢瓶瓶体材料热处理后的抗拉强度保证值为 480 MPa,公称工作压力 15 MPa,水压试验压力为 22.5 MPa,瓶口螺纹为 M18×1.5/6H,有效螺纹 6 牙,计算不锈钢气瓶在水压试验压力下螺纹剪切应力安全系数。

例解:根据螺纹标准,M18×1.5 螺纹的牙型角为 60°,其 6H 内螺纹的极限尺寸如下:

公称直径 D	螺距 P	大径 $D_{\min}$	中径		小径	
			$D_{2\max}$	$D_{2\min}$	$D_{1\max}$	$D_{1\min}$
18.0	1.50	18.000	17.216	17.026	16.676	16.376

相应 6 g 外螺纹的极限尺寸如下:

公称直径 d	螺距 P	大径		中径		小径
		$d_{\max}$	$d_{\min}$	$d_{2\max}$	$d_{2\min}$	$d_{1\max}$
18.0	1.50	17.968	17.732	16.994	16.854	16.344

内螺纹的受剪面积 A_n:

$$A_n = \pi d_{\min}\left[\frac{P}{2} + \tan\frac{\alpha}{2}(d_{\min} - D_{2\max})\right] = 3.14 \times 17.732 \left[\frac{1.50}{2} + \tan\frac{60}{2} \times (17.732 - 17.216)\right]$$

$$= 58.336(\text{mm}^2)$$

最大轴向外载荷 F_w:

$$F_w = p_内 A = 22.5 \times 3.14 \times 18.0^2/4 = 5722.65(\text{N})$$

内螺纹的剪切应力 τ_n：

$$\tau_n = \frac{F_w}{ZA_n} = \frac{5722.65}{6 \times 58.336} = 16.349 (\text{MPa})$$

螺纹剪切应力安全系数：

$$\frac{\tau_m}{\tau_n} = \frac{0.4 \times 480}{16.349} = 11.74$$

计算值满足不锈钢气瓶瓶口螺纹的设计要求。

附　录　B

（资料性附录）

瓶阀装配扭矩

B.1　概述

本附录提供了钢瓶阀装配扭矩,适用于由黄铜、不锈钢等材料制造的气瓶阀的装配。

B.2　锥螺纹

螺纹代号	扭矩/(N·m)	
	最小值	最大值
Pz19.2	90	120
Pz27.8	110	200
Pz39	160	250

B.3　直螺纹

螺纹代号	扭矩/(N·m)	
	最小值	最大值
M18	85	100
M25	95	130
M30	95	130

附　录　C
（规范性附录）
超　声　检　测

C.1　范围

本附录规定了钢瓶的超声检测方法。

C.2　一般要求

C.2.1　超声检测设备应至少能够检测到 C.4.2 规定的对比样管的人工缺陷,还应能够按照工艺要求正常工作并保证其精度。设备应有质量合格证书或检定认可证书。

C.2.2　从事超声检测人员都应按照 TSG Z8001 的要求取得超声检测资格;超声检测设备的操作人员应至少具有Ⅰ(初)级超声检测资格证书;签发检测报告的人员应至少具有Ⅱ(中)级超声检测资格证书。

C.2.3　待测钢瓶内、外表面都应达到能够进行准确超声检测的条件,并可进行重复检测。

C.2.4　应采用脉冲反射式超声检测,耦合方式可以采用接触法或浸液法。

C.3　检测方法

C.3.1　一般应使超声检测探头对钢瓶进行螺旋式扫查。探头扫查移动速率应均匀,变化在±10%以内。螺旋间距应小于探头的扫描宽度(应有至少 10% 的重叠),保证在螺旋式扫查过程中实现 100% 检测。

C.3.2　应对瓶壁纵向、横向缺陷都进行检测。检测纵向缺陷时,声束在瓶壁内沿环向传播;检测横向缺陷时,声束在瓶壁内沿轴向传播;纵向和横向检测都应在瓶壁两个相反方向上进行。

C.3.3　对于可能发生氢脆或应力腐蚀的凹底钢瓶,筒体与瓶底之间的环壳部位应在瓶底方向进行横向缺陷扫查。需检测部位,见图 C.1。在这个较厚部位,为检测到 5% 壁厚的缺陷,超声灵敏度设置成+6 dB。在这种情况下,或当检测筒体与瓶肩或筒体与瓶底的环壳部位时,如果自动检测有困难,可以采用手工接触法检测。

C.3.4　在超声检测每个班次的开始和结束时都应用对比样管校验设备。如果校验过程中设备未能检测到对比样管人工缺陷,则在上次设备校验后检测的所有合格钢瓶都应在设备校验合格后重新进行检测。

C.4　对比样管

C.4.1　应准备适当长度的对比样管,对比样管应与待测钢瓶具有相似的直径和壁厚范围、相同声学性能的材料。对比样管不应有影响人工缺陷的自然缺陷。

C.4.2　应在对比样管内外表面加工纵向和横向人工缺陷,这些人工缺陷应适当分开距离,以便每个人工缺陷都能够清晰的识别。

C.4.3　人工缺陷尺寸和形状(见图 C.2 和图 C.3)应符合下列要求:

a)　人工缺陷长度 E 应不大于 50 mm;

b)　人工缺陷宽度 W 应不大于 2 倍深度 T,当不能满足时可以取宽度 W 为 1.0 mm;

c) 人工缺陷深度 T 应等于钢瓶筒体设计壁厚 S 的 5％±0.75％,且深度 T 最小为 0.2 mm,最大为 1 mm,两端允许圆角;

d) 人工缺陷内部边缘应锐利,除了采用电蚀法加工,横截面应为矩形;采用电蚀法加工时,允许人工缺陷底部略呈圆形。

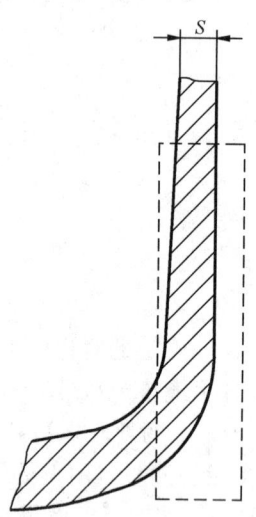

图 C.1　筒体/瓶底过渡区

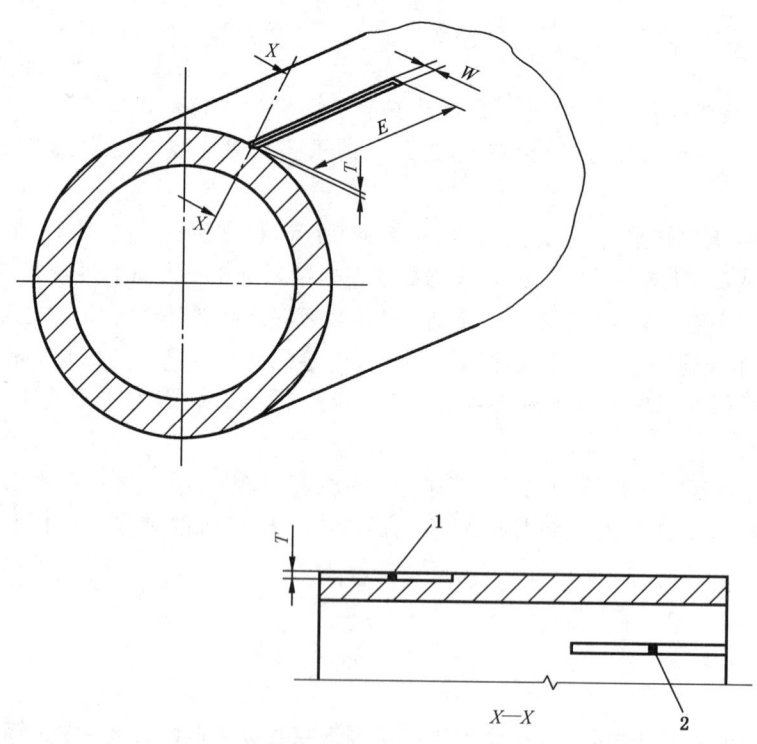

说明:

1——外表面人工缺陷;

2——内表面人工缺陷。

注:$T=(5％±0.75％)S$,且 0.2 mm≤T≤1.0 mm;W≤2T,当不能满足时可取 $W=1.0$ mm;E≤50 mm。

图 C.2　纵向人工缺陷示意图

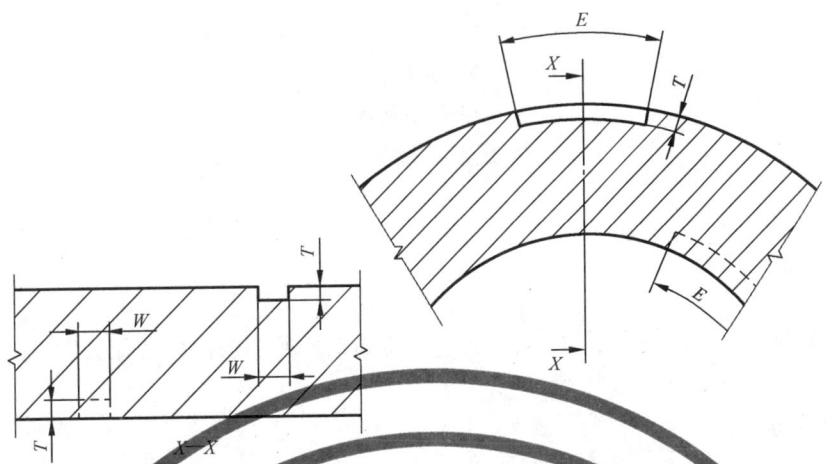

注：$T=(5\%\pm0.75\%)S$，且 $0.2\ \text{mm}\leqslant T\leqslant 1.0\ \text{mm}$；$W\leqslant 2T$，当不能满足时可取 $W=1.0\ \text{mm}$；$E\leqslant 50\ \text{mm}$。

图 C.3 横向人工缺陷示意图

C.5 设备标定

应用 C.4 规定的对比样管，调整设备能够从对比样管的内外表面对人工缺陷产生清晰的回波，回波的幅度应尽量一致。人工缺陷回波的最小幅度应作为钢瓶超声检测时的不合格标准，同时设置好回波观察、记录装置或分类装置。用对比样管进行设备标定时，应与实际检测钢瓶时采用同样的扫查移动方式、方向和速度。在正常检测的速度时，回波观察、记录装置或分类装置都应正常运转。

C.6 结果评定

检测过程中回波幅度大于或等于对比样管人工缺陷回波的钢瓶应判定为不合格。瓶体表面缺陷允许清除；清除后应重新进行超声检测和壁厚检测。

C.7 检测报告

应对进行超声检测的钢瓶出具检测报告。检测报告应能准确反映检测过程并符合检测工艺的要求，具有可追踪性。其内容应包括：检测日期、瓶体规格、批号、检测工艺条件、使用设备、检测数量、合格数和不合格数、检测者、评定者及对不合格缺陷的描述等。

附　录　D

（规范性附录）

压扁试验方法

D.1　范围

本附录规定了钢瓶压扁试验的测定方法,适用于检验钢瓶的多轴向应变能力。

D.2　试验钢瓶的要求

D.2.1　试验钢瓶应进行内外表面质量检查,不得有凹坑、划痕、裂纹、夹层、皱折等影响强度的缺陷,表面不得有油污、油漆等杂物,应保证瓶口通畅。

D.2.2　试验钢瓶筒体实测最小壁厚不得小于筒体设计壁厚。

D.2.3　试验钢瓶筒体应进行壁厚的测定,按图 D.1 所示,在筒体部位与轴线成对称位置的 A、B 及 C、D 处测得壁厚 S_a 的平均值。

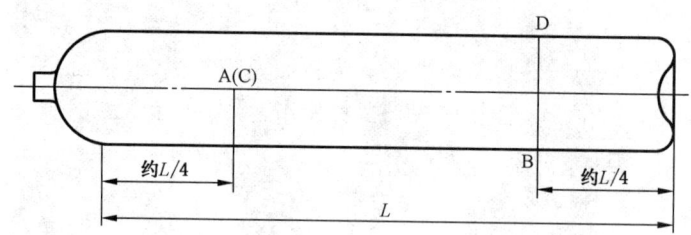

说明:

L——钢瓶筒体部分的长度。

图 D.1　筒体部位平均壁厚测量位置

D.3　试验装置的基本要求

D.3.1　压头的基本要求

D.3.1.1　压头的材质应为碳素工具钢或其他性能良好的钢材。

D.3.1.2　加工成形的压头应进行热处理,其硬度不得小于 HRC 45。

D.3.1.3　压头的顶角为 60°,并将其顶端加工成半径为 13 mm 的圆弧,压头的长度不小于试验钢瓶外径 D 的 1.5 倍,压头高度应不小于钢瓶外径 D 的 0.5 倍,压头表面应光滑,压头的形状尺寸见图 D.2。

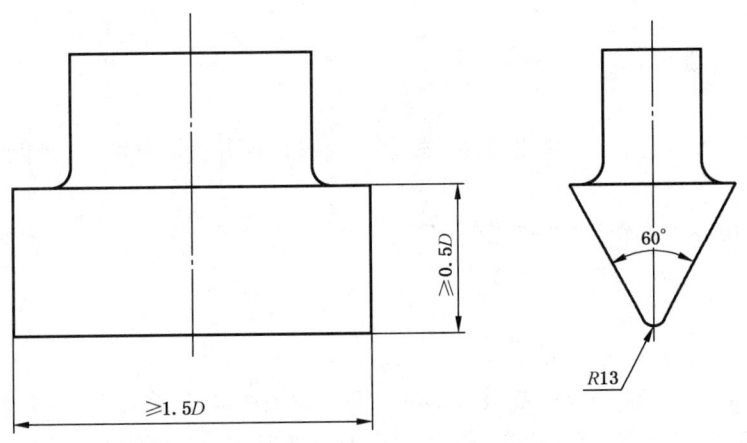

图 D.2　压头的形状尺寸

D.3.2　试验设备的基本要求

D.3.2.1　试验设备应经有资格的计量检验部门进行检定合格。

D.3.2.2　试验设备的额定载荷量应大于压扁试验最大载荷量的 1.5 倍。

D.3.2.3　试验设备装置应具有适当的安全设施,以保证试验时操作人员和设备的安全。

D.3.2.4　试验设备应能在符合其温度要求的条件下正常工作。

D.4　试验步骤与方法

D.4.1　试验设备在工作前应进行机器空运转,检查各部位及仪器仪表。试验设备在正常的情况下才可进行试验。

D.4.2　压头应固定安装在钳口上,调整上、下压头的位置。应保证试验时上、下压头在同一铅锤中心平面内。上、下压头应保持平行移动,不允许横向晃动。

D.4.3　将钢瓶的中部放在垂直于瓶体轴线的两个压头中间,见图 D.3。然后缓慢地拧开阀门以 20 mm/min～50 mm/min 的速度进行匀速加载,对试验钢瓶施加压力,直至压到规定的压头间距 T 为止。

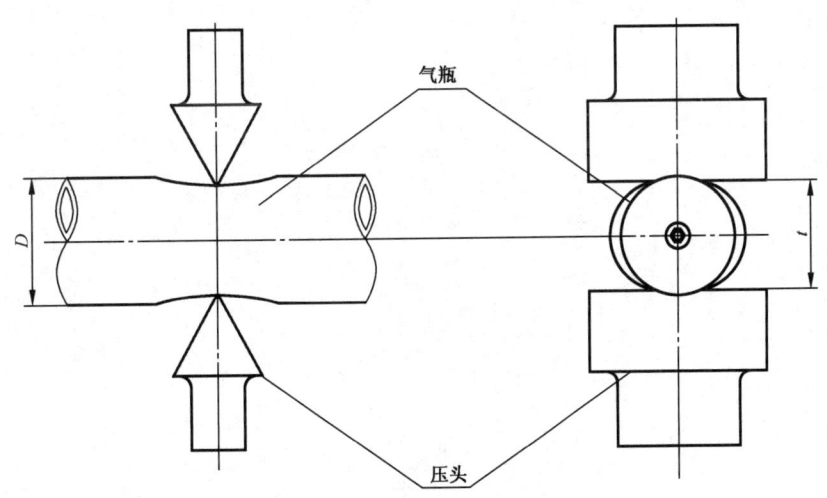

图 D.3　压扁试验示意图

D.4.4　保持压头间距 T 和载荷不变,目测检查试验钢瓶压扁变形处的表面状况。

191

D.5 试验中的注意事项

D.5.1 在试验过程中发现异常时,应立即停止试验。进行检查并做出判断,待排除故障后,再继续进行试验。

D.5.2 试验设备应由专人操作,并负责做好记录。

D.6 试验报告

应对进行压扁试验的钢瓶出具试验报告。试验报告应能准确反映试验过程并具有可追踪性。其内容应包括:试验日期、钢瓶材质、钢瓶规格、钢瓶瓶号、筒体设计壁厚、实测最小壁厚、实测平均壁厚、使用设备、压扁速度、压头间距、压扁最大载荷、试验结果、试验者等。

附　录　E

（资料性附录）

内、外观缺陷描述和判定

E.1　范围

本附录规定了钢瓶内、外观缺陷的描述与评定,适用于钢瓶内、外观缺陷的检验与评定。

本附录为检验人员进行内、外观检验时提供常见缺陷的鉴别方法。

E.2　一般要求

E.2.1　检验人员应经过培训,取得相应资格,并具有丰富的现场经验和准确的判断能力,借助于照明、测量工具及典型缺陷样板的比对能够在内、外观检验时发现并确认缺陷。

E.2.2　检验时对钢瓶的表面,特别是内壁在观察缺陷前应彻底清洁、烘干并且无氧化物、腐蚀剥落物,因为这些缺陷会掩盖更加严重的缺陷。必要时,重点检查之前要用适当的方法对要观察的部位进行清洁和清理。

E.2.3　应采用足够亮度的照明灯。

E.2.4　钢瓶收口和加工螺纹后,瓶体内表面要用内窥镜、牙医镜或其他合适的工具进行检验。

E.2.5　小缺陷可采用局部处理的方法、打磨、机加工或其他适当的方法去除。去除时注意要避免增加新的有害缺陷,如产生修磨或加工棱角。修完后,钢瓶要重新检验。

E.3　内、外观缺陷

常见的内、外观缺陷及其描述见表 E.1。

E.4　不合格钢瓶的处理

不合格的钢瓶应进行消除功能化处理。

表 E.1　内、外观缺陷

序号	缺陷	缺陷描述	评定条件和/或措施	评定结果
1	鼓包	钢瓶外表面凸起,内表面塌陷,壁厚无明显变化的局部变形	所有带有此缺陷的钢瓶	不合格
2	凹坑	由于打磨、磨损、氧化皮脱落或其他非腐蚀原因造成的瓶体局部壁厚有减薄、表面浅而平坦的洼坑状缺陷	壁厚小于最小设计壁厚时或凹坑深度超过平均壁厚的5%时	不合格
3	凹陷	钢瓶瓶体因钝状物撞击或挤压造成的壁厚无明显变化的深度超过外径1%的塌陷变形(见图 E.1)	凹陷深度超过钢瓶外径2%时	不合格

表 E.1（续）

序号	缺陷	缺陷描述	评定条件和/或措施	评定结果
3		 图 E.1　凹陷		
4	凹坑含有切口或沟痕	瓶壁上的凹坑含有切口或沟痕（见图 E.2）	所有带有此缺陷的钢瓶	不合格
		 图 E.2　包含沟痕或切口的凹坑		
5	磕伤	因尖锐锋利物体撞击或磕碰，造成瓶体局部金属变形及壁厚减薄，且在表面留下底部是尖角，周边金属凸起的小而深的坑状机械损伤	实测厚度公差内不能去除时	不合格
			实测厚度公差内能去除时	允许返修
6	划伤	因尖锐锋利物体划、擦造成瓶体局部壁厚减薄，且在瓶体表面留下底部是尖角的线状机械损伤	深度超过该处壁厚的 5%	不合格
7	皱折	钢瓶端部成型时，由于金属的不连续流动造成橘皮状的表面缺陷	如果皱折表面有尖裂纹	不合格
8	麻坑	严重表面腐蚀	抛丸后所有带有此缺陷的钢瓶	不合格
9	裂纹	瓶体材料因金属原子结合遭到破坏，形成新界面而产生的裂缝	实测厚度公差内不能去除时	不合格
			实测厚度公差内能去除时	允许返修

表 E.1（续）

序号	缺陷	缺陷描述	评定条件和/或措施	评定结果
10	瓶口裂纹	表现为与螺纹垂直的并与穿过螺纹的线条（不要与螺纹加工停锥线混淆）（见图 E.3）	所有带有此缺陷的钢瓶	不合格

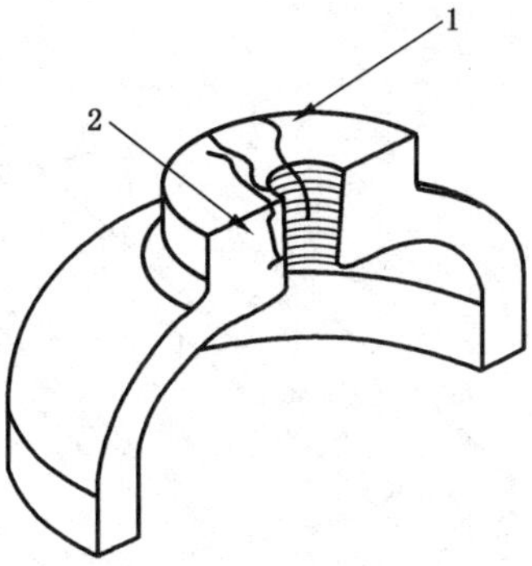

说明：
1——瓶口裂纹；
2——瓶口扩展裂纹。

图 E.3 瓶口裂纹

序号	缺陷	缺陷描述	评定条件和/或措施	评定结果
11	瓶肩夹层或裂纹	瓶肩内部层片状几何不连续，会扩散到瓶口的加工部位或螺纹部位（见图 E.4）	螺纹部位的夹层或裂纹用机加工的方法清除到看不见为止，重新仔细检查并核实实测厚度	允许返修
			螺纹部位的夹层或裂纹不能去除，或实测厚度不够	不合格
			螺纹部位的夹层在加工部位之外且无氧化皮时，如果根部是圆滑的	可接受

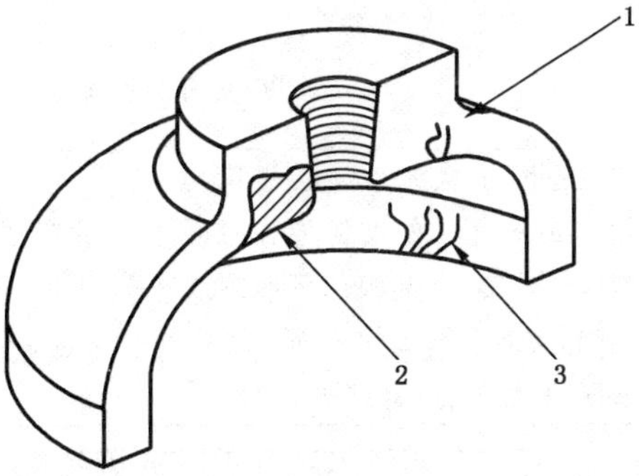

说明：
1——瓶肩裂纹；
2——夹层（分层）；
3——瓶肩扩展裂纹。

图 E.4 瓶肩夹层或裂纹

表 E.1(续)

序号	缺陷	缺陷描述	评定条件和/或措施	评定结果
12	瓶底内部裂纹	瓶底内表面金属产生裂缝	实测厚度公差内不能去除时	不合格
			实测厚度公差内能去除时	允许返修
13	凸棱	瓶体表面纵向凸起(见图 E.5)	高度超过该处壁厚的 5% 或长度超过瓶体长度的 10%	允许返修

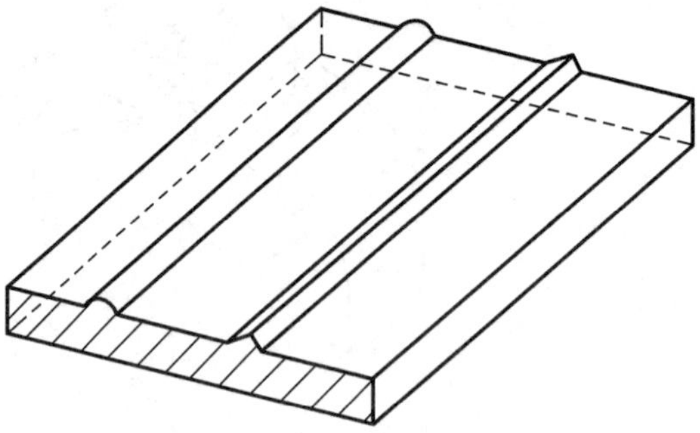

图 E.5 凸棱

14	凹槽	瓶体表面纵向缺口(见图 E.6)	深度超过该处壁厚的 5% 或长度超过瓶体长度的 10%	允许返修

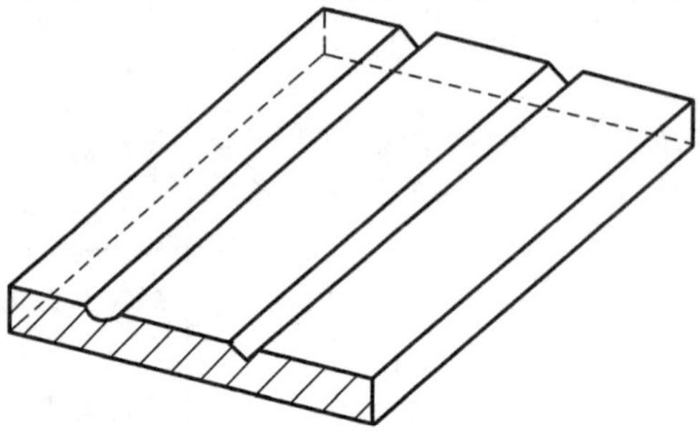

图 E.6 凹槽

15	夹层(分层)	泛指重皮、折叠、带状夹杂等层片状几何不连续。它是由冶金或制造等原因造成的裂纹性缺陷,但其根部不如裂纹尖锐,且其起层面多与瓶体表面接近平行或略成倾斜,也称分层(见图 E.7)	实测厚度公差内不能去除时	不合格
			实测厚度公差内能去除时	允许返修

图 E.7 夹层(分层)

表 E.1(续)

序号	缺陷	缺陷描述	评定条件和/或措施	评定结果
16	瓶口螺纹损坏或超出公差范围	螺纹有断牙、凹痕、切口毛刺等损坏,或超出公差范围	如果设计允许,可以重新攻螺纹,用螺纹塞规仔细复查。要保证螺纹的有效扣数	允许返修
			如果不能修理	不合格
17	颈圈松动	颈圈在较低扭矩作用下转动,或在较小轴向力作用下脱落。	所有带有此缺陷的钢瓶	允许返修
18	电弧烧伤或火烧伤	钢瓶瓶体有部分烧痕或有落在钢瓶上的焊接材料	所有带有此缺陷的钢瓶	不合格

附　录　F

（资料性附录）

不锈钢无缝气瓶批量检验质量证明书

钢瓶型号＿＿＿＿＿＿＿＿＿＿＿＿＿＿＿＿＿＿　　制造许可证编号＿＿＿＿＿＿＿＿＿＿＿＿＿＿＿

产品图号＿＿＿＿＿＿＿＿＿＿＿＿＿＿＿＿＿＿　　底部结构　凸形底 □　凹形底 □　两端收口 □

生产批号＿＿＿＿＿＿＿＿＿＿＿＿＿＿＿＿＿＿　　制造日期＿＿＿＿＿＿＿＿＿＿＿＿＿＿＿＿＿＿＿

本批钢瓶共＿＿＿＿＿＿＿＿＿＿＿只,编号从＿＿＿＿＿＿＿＿＿号到＿＿＿＿＿＿＿＿＿＿号

本批合格钢瓶中不包括下列瓶号:＿＿＿＿＿＿＿＿＿＿＿＿＿＿＿＿＿＿＿＿＿＿＿＿＿＿＿＿＿＿＿

1　主要技术数据

公称容积＿＿＿＿＿＿＿＿＿　L　公称工作压力＿＿＿＿＿＿＿＿＿　MPa

公称外径＿＿＿＿＿＿＿＿＿　mm　水压试验压力＿＿＿＿＿＿＿＿＿　MPa

设计壁厚＿＿＿＿＿＿＿＿＿　mm　气密性试验压力＿＿＿＿＿＿＿＿＿　MPa

2　主体材料化学成分(%)

材料牌号＿＿＿＿＿＿＿　　标记移植号＿＿＿＿＿＿＿

元素名称	C	Si	Mn	P	S	Ni	Cr	Mo	N
标准规定值									
验证结果									

3　瓶体热处理后各项性能指标测定

热处理方式＿＿＿固溶处理＿＿＿　试验瓶号＿＿＿＿＿＿＿

试验项目	R_{es}/MPa	R_m/MPa	$A/\%$	$a_{kV}/(J/cm^2)$
热处理保证值				
实测结果				

4　底部解剖、晶间腐蚀、弯曲试验或压扁试验

试验瓶号＿＿＿＿＿＿＿

检验项目	底部解剖	晶间腐蚀	弯曲试验或压扁试验
标准规定值			
实测结果			

5　水压爆破试验

试验瓶号＿＿＿＿＿＿＿　实测屈服压力＿＿＿＿＿＿＿MPa,实测爆破压力＿＿＿＿＿＿＿MPa。

爆破口呈塑性断裂,无碎片,破口形状符合标准要求。

本批产品经检查和试验符合 GB/T 5099.4 的要求,是合格产品。

监督检验员:　　　　　　检验负责人:　　　　　制造单位(检验专用章):

年　月　日　　　　　　　　　　　　年　月　日

ICS 23.020.30
J 74

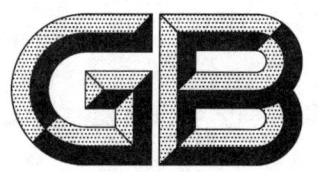

中华人民共和国国家标准

GB/T 5100—2020
代替 GB/T 5100—2011

钢 质 焊 接 气 瓶

Welded steel gas cylinders

(ISO 4706:2008,Gas cylinders—Refillable welded steel cylinder—
Test pressure 60 bar and below,NEQ)

2020-12-14 发布

2021-07-01 实施

国家市场监督管理总局
国家标准化管理委员会 发 布

前　言

本标准按照 GB/T 1.1—2009 给出的规则起草。

本标准代替 GB/T 5100—2011《钢质焊接气瓶》。

本标准与 GB/T 5100—2011 相比,除编辑性修改外主要技术变化如下:

——扩大了标准的适用范围;

——修改了对材料的要求;

——修改了设计方法和壁厚设计公式;

——明确了开孔补强的要求及计算方法。

本标准使用重新起草法参考了 ISO 4706:2008《气瓶　可重复充装的钢质焊接气瓶　试验压力 60 bar 及以下》,与 ISO 4706:2008 一致性程度为非等效。

请注意本文件的某些内容可能涉及专利。本文件的发布机构不承担识别这些专利的责任。

本标准由全国气瓶标准化技术委员会(SAC/TC 31)提出并归口。

本标准起草单位:宁波美恪乙炔瓶有限公司、江苏天海特种装备有限公司、中国特种设备检测研究院、常州蓝翼飞机装备有限公司、北京天海工业有限公司、宜兴北海封头有限公司、山东永安特种装备有限公司、江苏省特种设备安全监督检验研究院、江苏玉华容器制造有限公司、江苏民生重工有限公司。

本标准主要起草人:叶勇、黄强华、王竞雄、张保国、魏东琦、代德维、段红瑞、刘常情、王新农、黄玉华、倪飞。

本标准所代替标准的历次版本发布情况为:

——GB 5100—1985、GB 5100—1994、GB/T 5100—2011。

钢 质 焊 接 气 瓶

1 范围

本标准规定了钢质焊接气瓶(以下简称钢瓶)的基本参数、技术要求、试验方法、检验规则和标志、包装、运输、贮存等。

本标准适用于在正常环境温度—40 ℃~60 ℃下使用的、耐压试验压力不大于 12 MPa(表压)、公称容积为 0.5 L~1 000 L、可重复充装低压液化气体的钢瓶和具有多孔填料的充装乙炔气体的钢瓶。

本标准也适用于充装消防灭火用低压液化气体及其与压缩气体混合物的消防气瓶。

2 规范性引用文件

下列文件对于本文件的应用是必不可少的。凡是注日期的引用文件,仅注日期的版本适用于本文件。凡是不注日期的引用文件,其最新版本(包括所有的修改单)适用于本文件。

GB/T 228.1 金属材料 拉伸试验 第1部分:室温试验方法

GB/T 229 金属材料 夏比摆锤冲击试验方法

GB/T 232 金属材料 弯曲试验方法

GB/T 1804 一般公差 未注公差的线性和角度尺寸的公差

GB/T 7144 气瓶颜色标志

GB/T 8335 气瓶专用螺纹

GB/T 9251 气瓶水压试验方法

GB/T 9252 气瓶压力循环试验方法

GB/T 12137 气瓶气密性试验方法

GB/T 13005 气瓶术语

GB/T 14193 液化气体气瓶充装规定

GB/T 15383 气瓶阀出气口连接型式和尺寸

GB/T 15385 气瓶水压爆破试验方法

GB/T 17925 气瓶对接焊缝 X 射线数字成像检测

GB/T 33209 焊接气瓶焊接工艺评定

NB/T 47013(所有部分) 承压设备无损检测

NB/T 47018(所有部分) 承压设备用焊接材料订货技术条件

JJG 14 非自行指示秤检定规程

3 术语和定义、符号

3.1 术语和定义

GB/T 13005 界定的以及下列术语和定义适用于本文件。

3.1.1

批 batch

采用同一设计、同一牌号材料、同一焊接工艺、同一热处理工艺连续生产的钢瓶所限定的数量。

3.1.2

钢瓶主体 **main body of the cylinder**

钢瓶由封头和筒体或由两个封头组成的部分。

3.1.3

有效厚度 **effective thickness**

钢瓶(或接管)的名义壁厚减去腐蚀裕量和材料的厚度负偏差。

3.2 符号

下列符号适用于本文件。

a——封头曲面与样板间隙,mm;

A——试样断后伸长率,%;

b——焊缝对口错边量,mm;

c——封头表面凹凸量,mm;

d——弯曲试验的弯轴直径,mm;

D——钢瓶公称直径,mm;

D_i——钢瓶内直径,mm;

D_o——钢瓶外直径,mm;

e——钢瓶筒体同一横截面最大最小直径差,mm;

E——对接焊缝棱角高度,mm;

h——封头直边高度,mm;

H_i——封头内凸面高度,mm;

K——封头形状系数;

KV_2——冲击吸收能量,J;

l——样板长度,mm;

L——钢瓶主体长度,mm;

N——最大开孔直径,mm;

n——弯轴直径与试样厚度的比值;

P——公称工作压力,MPa;

P_b——钢瓶实测爆破压力,MPa;

P_h——耐压试验压力,MPa;

r——封头过渡区转角内半径,mm;

R_{eL}——屈服应力或常温下材料屈服点,MPa;

R_i——封头球面部分内半径,mm;

R_m——标准规定的抗拉强度,MPa;

R_{ma}——实测抗拉强度,MPa;

S——钢瓶主体设计壁厚,mm;

S_1——筒体设计壁厚,mm;

S_2——封头设计壁厚,mm;

S_C——开孔处需要补强的厚度,mm;

S_h——试样厚度,mm;

S_k——拉力试样焊缝宽度,mm;

S_n——钢瓶主体名义壁厚,即钢瓶筒体的名义壁厚,mm;

V——公称容积,L;

ΔH_i——封头内高度(H_i+h)公差,mm;

ϕ——焊缝系数;

$\pi\Delta D_i$——内圆周长公差,mm。

4 基本参数

4.1 公称容积和公称直径

钢瓶公称容积V和公称直径D的推荐值按表1的规定。

表 1 钢瓶公称容积V和公称直径D推荐值

公称容积V L	1～10	>10～25	>25～50	>50～100	>100～150	>150～200	>200～600	>600～1 000
公称直径D mm	70,100, 150	200,217, 230	250,300, 314	300,314, 350	350,400	400,500	600,700	800,900

4.2 公称工作压力和耐压试验压力

4.2.1 公称工作压力

钢瓶公称工作压力的确定应遵循以下原则:
a) 对于盛装低压液化气体和压缩气体混合物的钢瓶,其公称工作压力为达到规定环境温度上限时瓶内气体压力值;
b) 盛装低压液化气体的钢瓶,其公称工作压力不得小于其所盛装介质在60 ℃时的饱和蒸汽压;
c) 盛装有毒和剧毒危害的液化气体的钢瓶,其公称工作压力的选用应适当提高;
d) 低压液化气体60 ℃时的饱和蒸汽压值按GB/T 14193或相应气体标准规定。

4.2.2 耐压试验压力

盛装液化气体或液化气体与压缩气体混合物的钢瓶,其耐压试验压力不得小于公称工作压力的1.5倍;盛装乙炔气体的钢瓶,其耐压试验压力为5.2 MPa。

5 技术要求

5.1 材料一般规定

5.1.1 用于制造钢瓶主体的材料,应采用电炉或转炉冶炼的镇静钢,并具有良好的成形和焊接性能。

5.1.2 钢瓶主体一般应采用同一牌号的材料制作。

5.1.3 与钢瓶主体焊接的所有零部件,应采用与钢瓶主体材料的焊接性能相适应的材料,其中阀座、塞座用材料的含碳量应小于0.25%。

5.1.4 所采用的焊接材料应符合NB/T 47018的规定,纵、环焊缝焊接接头的抗拉强度不得低于母材抗拉强度规定值的下限。

5.1.5 材料(包括焊接材料)应符合相应技术标准,且应提供有效的质量证明文件。

5.2 化学成分

钢瓶主体材料的化学成分(熔炼分析),应符合表2的规定。对含有添加微量合金元素的钢材,其含量应符合表 3 的规定。

表 2 钢瓶主体材料的化学成分 %

化学元素	C	Si	Mn	P	S	P+S
不大于	0.20	0.35(0.55)	1.60	0.025	0.020	0.04
注:( )内化学成分的材料适用于制造 V>150 L 的钢瓶。						

表 3 钢瓶主体材料的微量合金元素要求 %

微量合金元素	Nb	Ti	V	Nb+V
不大于	0.05	0.06	0.10	0.12

5.3 力学性能

5.3.1 当钢瓶主体名义壁厚 S_n≥6 mm 时,其主体材料的常温冲击吸收能量 KV_2 应符合表 4 的规定。

表 4 钢瓶主体材料的冲击吸收能量

钢瓶主体名义壁厚 S_n mm	试样规格 mm	试验温度 ℃	冲击吸收能量 KV_2 不小于 J
6～10	5×10×55	常温	23
		−40	18
>10	10×10×55	常温	34
		−40	27

5.3.2 当钢瓶主体名义壁厚 S_n≥6 mm,且在等于或低于−20 ℃的环境温度下使用时,若按−20 ℃时钢瓶内压力计算的瓶体周向应力大于常温下材料标准屈服点的 1/6,则钢瓶主体材料应做−40 ℃低温冲击试验,其冲击吸收能量 KV_2 应符合表 4 的规定。

5.3.3 钢瓶主体材料的屈强比(R_{eL}/R_m)应符合以下规定:
    a) 对 R_m<490 MPa 者,不大于 0.75;
    b) 对 R_m≥490 MPa 者,不大于 0.85。

5.4 设计一般规定

5.4.1 钢瓶主体壁厚计算所依据的内压力为耐压试验压力。

5.4.2 钢瓶主体的组成最多不超过三部分,即纵焊缝不得多于一条,环焊缝不得多于两条。

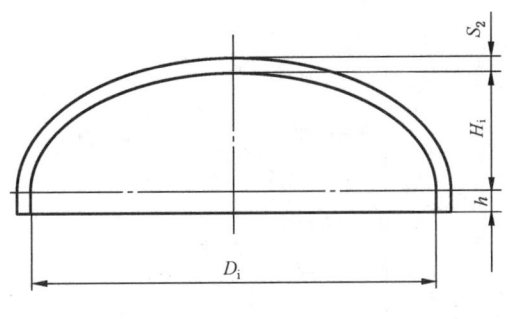
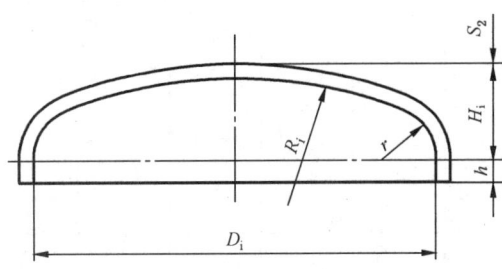

a) （$H_i \geqslant 0.2D_i$）   b) （$R_i \leqslant D_i$ $r \geqslant 0.1D_i$）

图 1 封头示意图

5.4.3 钢瓶封头的形状应为椭圆形[见图 1a)]、碟形[见图 1b)]或半球形,椭圆形和碟形封头的直边高度 h 规定如下:

    a) 当名义壁厚 $S_n \leqslant 8$ mm 时,直边高度 $h \geqslant 25$ mm;

    b) 当名义壁厚 $S_n \geqslant 8$ mm 时,直边高度 $h \geqslant 40$ mm。

5.4.4 对于充装无腐蚀性气体,且公称容积不大于 150 L 的钢瓶,可采用凸面承压封头。

5.5 钢瓶主体壁厚计算

5.5.1 筒体设计壁厚 S_1 按公式(1)计算,并向上圆整,保留一位小数。

$$S_1 = \frac{D_i}{2}\left(\sqrt{\frac{F\phi R_{eL}}{F\phi R_{eL} - \sqrt{3}\, p_i}} - 1\right) \quad\quad\quad\quad\quad (1)$$

式中:

F——设计应力系数,其取值:

    公称容积 1 L~150 L,$F = 0.77$;

    公称容积 >150 L~250 L,$F = 0.72$;

    公称容积大于 250 L,$F = 0.68$。

ϕ——焊接接头系数,其取值按以下规定:

    a) 对于只有一条环向接头,或者对纵向接头逐只进行100%射线检测的钢瓶,取 $\phi = 1.0$;

    b) 进行局部射线检测的钢瓶,取 $\phi = 0.9$。

焊接接头射线透照的方法及检测要求按5.13.2的规定。

5.5.2 封头设计壁厚 S_2 按公式(2)计算,并向上圆整,保留一位小数。

$$S_2 = S_{11} \cdot K \quad\quad\quad\quad\quad\quad (2)$$

式中:

S_{11}——当 $\phi = 1.0$ 时按公式(1)计算出的 S_1 值;

K ——封头形状系数,对标准椭圆封头($H_i = 0.25D_i$),$K = 1$,其他封头由图 2(适用于比值 H_i/D_i 在 0.20~0.25)、图 3(适用于比值 H_i/D_i 在 0.25~0.50)查出。

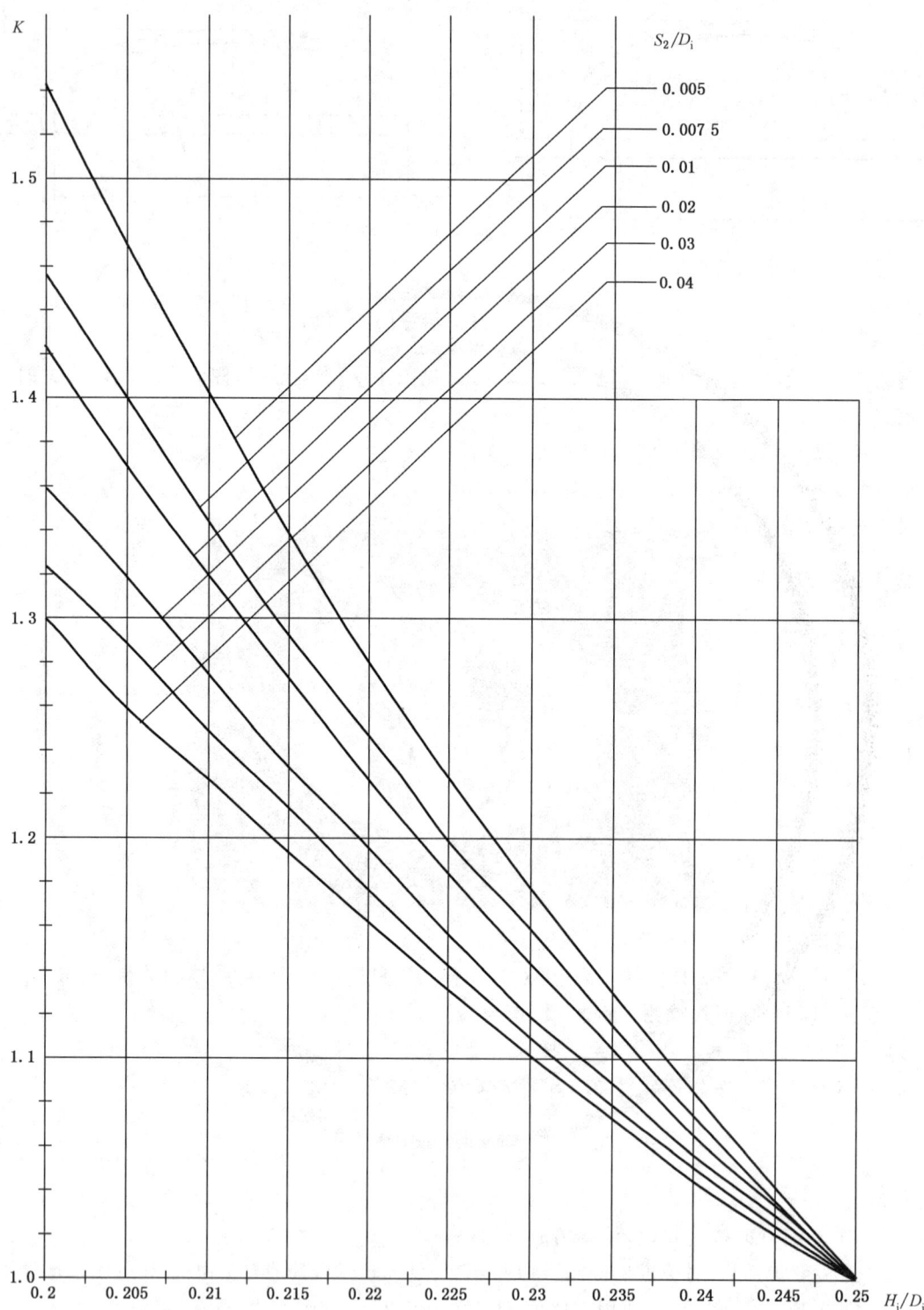

图 2　*H*/*D*ᵢ 在 0.2～0.25 时的封头形状系数 *K*

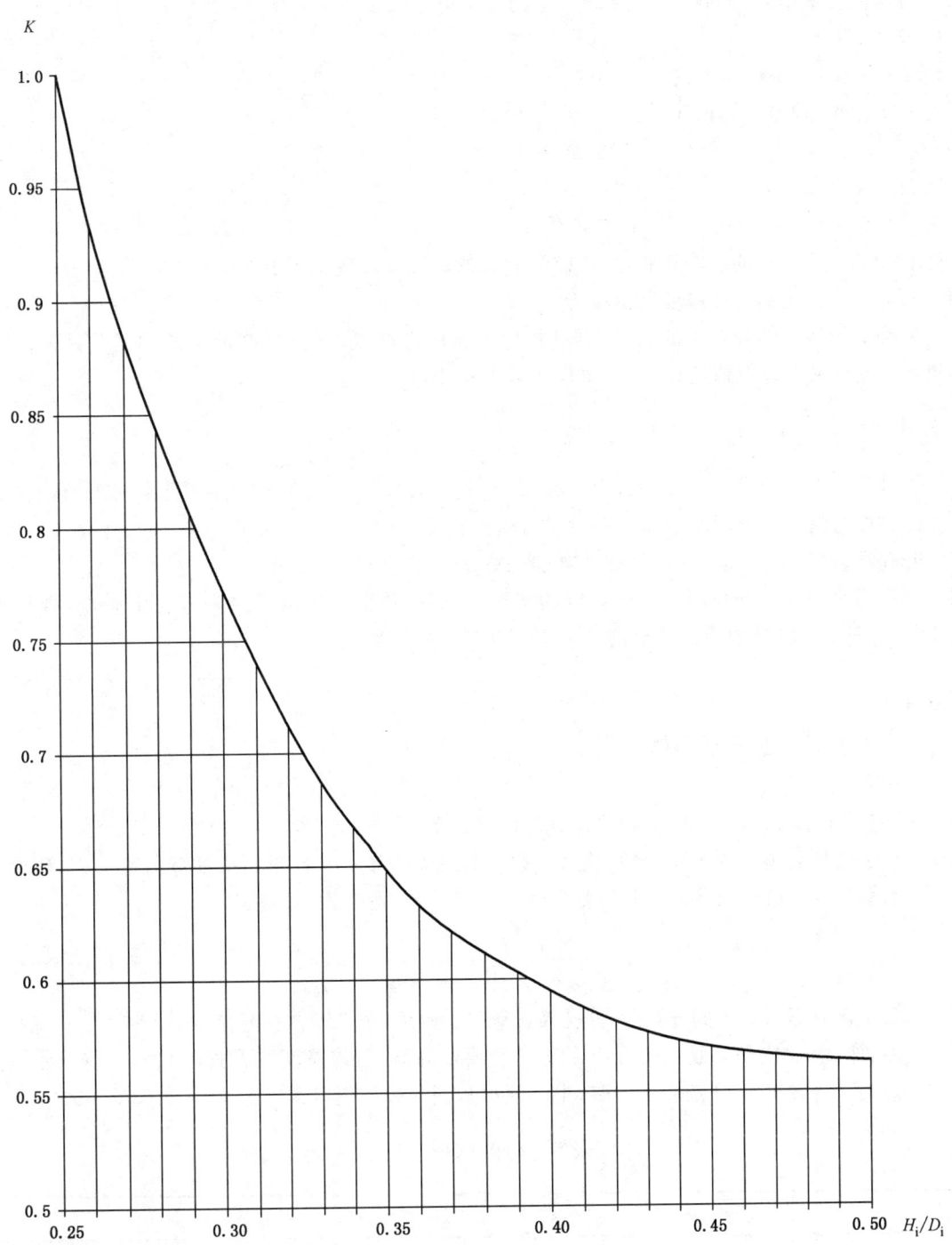

图 3 H_i/D_i 在 0.25～0.5 时的封头形状系数 K

5.5.3 筒体设计壁厚 S_1 和封头设计壁厚 S_2 的最小值应满足以下的规定：

当 $D_i < 100$ mm 时：

$S_{1min} = S_{2min} = 1.1$ mm；

当 100 mm$\leqslant D_i \leqslant 150$ mm 时：

$S_{1min} = S_{2min} = 1.1 + 0.008(D_i - 100)$ mm；

当 $D_i > 150$ mm 时：

$S_{1min} = S_{2min} = (D_i/250) + 0.7$ mm 且不小于 2.0 mm；

对于 $D_i > 300$ mm 的乙炔气瓶，其筒体和封头的设计壁厚应不小于 3.0 mm。

5.5.4 凸面承压封头的设计厚度至少应为 $2S_1$。

5.5.5 在确定钢瓶筒体和封头的名义壁厚时，应考虑腐蚀裕量、钢板厚度负偏差和工艺减薄量。钢瓶筒体和封头的名义壁厚取值应相等（凸面承压封头除外）。

5.6 开孔

5.6.1 不准许在筒体上开孔。在封头上开孔时，开孔最大直径不应超过 $0.5D_i$，且沿封头的轴线垂直方向测量孔边缘与封头外圆周的距离不宜小于瓶体外直径的 10%。

5.6.2 开孔均应考虑补强，且应采用整体补强的方式。

5.6.3 开孔所需的最小补强面积应在规定的截面上求取，该截面应通过封头开孔中心点，沿开孔最大尺寸方向，且垂直于壳体表面。所需的补强面积按公式（3）确定：

$$B = N \cdot S_C \qquad\qquad\qquad (3)$$

式中：

S_C——开孔处需要补强的厚度；

N ——最大开孔直径。

5.6.4 S_C 应不小于公式（2）确定的封头设计厚度 S_2，除非：

a) 对于碟形封头上的开孔，当开孔及补强部分全都位于一个碟形封头的球冠部分内，那么 S_C 应不小于碟形封头的球冠部分所要求的厚度，该厚度按公式（4）确定：

$$S_C = \frac{R_i}{2}\left[\sqrt{\frac{FR_{eL}}{FR_{eL} - \sqrt{3}\,p_h}} - 1\right] \qquad\qquad (4)$$

b) 对于椭圆形封头上的开孔，当开孔及补强部分全部位于从中心测量，半径为 $0.40D_i$ 的一个圆内，那么 S_C 应是等效半径为 Q 的球形所要求的厚度，该厚度按公式（4）确定，将式中 R_i 替换为 Q。等效半径 Q 按表 5 选取，中间值可从图 4 中插值取得。

表 5 等效球形半径 Q

	Q											
H_i/D_i	0.17	0.18	0.19	0.21	0.23	0.25	0.28	0.31	0.36	0.4	0.45	0.5
Q/D_i	1.36	1.27	1.18	1.08	0.99	0.9	0.81	0.73	0.65	0.59	0.54	0.5

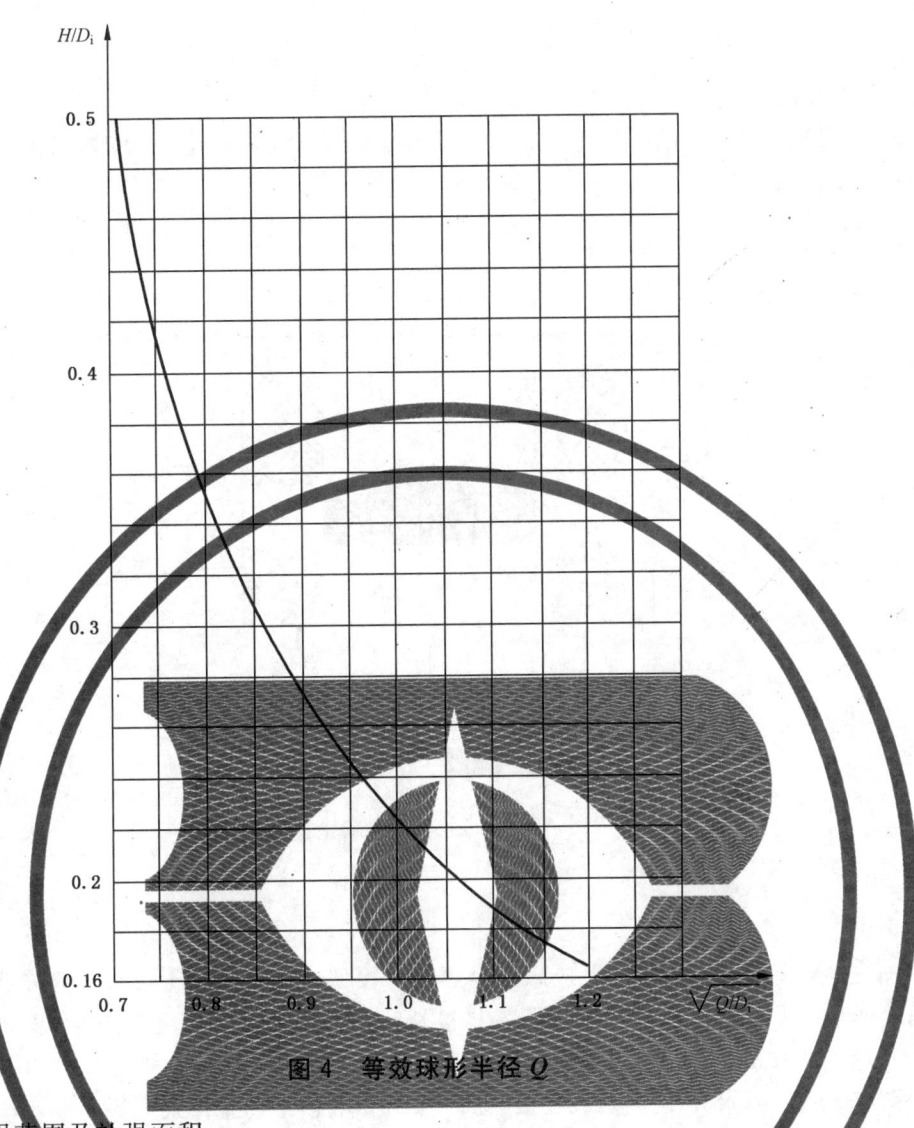

图 4 等效球形半径 Q

5.6.5 有效补强范围及补强面积:

a) 可用于补强的材料总面积 A 如图 5 所示,其值不应小于 B。在计算可用于补强的接管材料面积时,其外、内伸有效长度 P_1、P_2 按公式(5)确定;若接管实际外、内伸长度小于公式(5)的计算结果,则 P_1、P_2 按实际长度选取。

$$P_1(P_2) = \sqrt{N \times t_e} \quad \cdots\cdots\cdots\cdots\cdots\cdots(5)$$

式中:

$P_1(P_2)$——有效长度,外伸为 P_1,内伸为 P_2;

N ——最大开孔直径;

t_e ——开孔处封头的有效厚度。

b) 可用于补强的材料总面积 A 按公式(6)确定:

$$A = A_1 + A_2 \quad\quad \cdots\cdots\cdots\cdots\cdots\cdots(6)$$

其中:

接管的补强面积 $A_1 = 2P_1(t_{ne} - t_n)f_r + 2P_2(t_{ne} - C)f_r \quad \cdots\cdots\cdots\cdots\cdots\cdots(7)$

封头的补强面积 $A_2 = 2(t_e - S_c) \cdot (t_{ne} - t_n)f_r \quad \cdots\cdots\cdots\cdots\cdots\cdots(8)$

式中：

t_{ne}——接管的有效厚度；

t_n——接管的计算厚度；

f_r——强度削弱系数，为接管材料与封头材料屈服强度之比，当 $f_r > 1.0$ 时，取 $f_r = 1.0$；

C——腐蚀裕量。

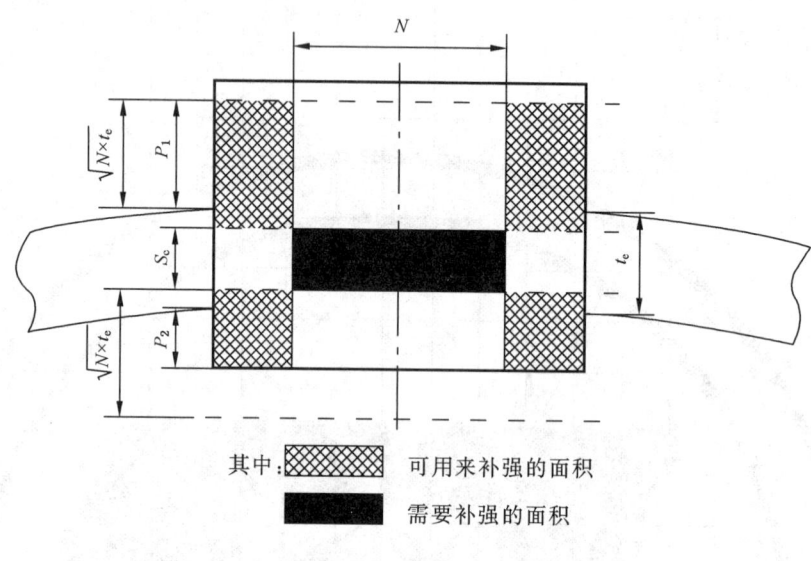

其中：▨ 可用来补强的面积

■ 需要补强的面积

图 5　开孔补强示意图

5.7　焊接接头

5.7.1　钢瓶主体焊缝的焊接接头一般应采用全焊透对接型式。凸面承压封头与筒体连接的焊接接头可采用角接或搭接方式，其中搭接接头的最小搭接长度应为 $4S_n$，焊缝宽度至少为 $2S_n$，见图6。

5.7.2　纵焊缝不得有永久性垫板。

5.7.3　环焊缝允许采用永久性垫板，或在接头的一侧做成台阶形的整体式垫板。

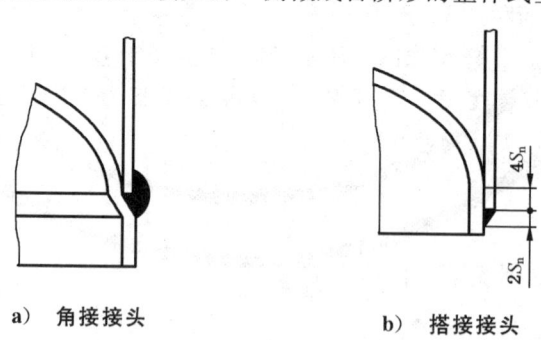

a)　角接接头　　　　　b)　搭接接头

图 6　凸面承压封头与筒体的焊接接头型式

5.8　附件

5.8.1　附件的结构设计和布置应便于操作及焊缝的检查。附件与钢瓶主体的连接焊缝应避开钢瓶主体的纵、环焊缝。附件的结构形状及其与钢瓶主体的连接，应防止造成积液。

5.8.2　底座应保证钢瓶直立时的稳定性，并具有供排液和通风的孔。

5.8.3　水容积大于 150 L 的钢瓶应考虑吊装附件或吊装孔。

5.8.4 选配的瓶阀应满足所盛装介质的要求,瓶阀螺纹应与阀座螺纹相匹配,并符合 GB/T 8335、GB/T 15383 及相关标准的规定。阀座、塞座锥螺纹长度应不小于相关螺纹标准规定的最小长度。消防气瓶的阀座、塞座可选用直螺纹,直螺纹的有效旋合长度不小于 6 个螺距,且在耐压试验压力下的剪切应力安全系数至少为 10。

5.8.5 钢瓶一般应配带固定式瓶帽或护罩,以防止在储存及运输过程中阀门受损而导致气体泄漏。

5.8.6 钢瓶及其附件用的密封材料,应与所盛装的介质相容。

5.8.7 钢瓶装设安全泄放装置时,其材质应与瓶内介质相容,且不得影响充装介质的质量。

5.8.8 液化丙烯、丙烷钢瓶的安全泄放装置应符合附录 A 的要求。

5.9 组批

钢瓶制造单位应按批组织生产。

对于公称容积小于或等于 150 L 的钢瓶,以不多于 502 只为一批;对于公称容积大于 150 L 的钢瓶,以不多于 50 只为一批。

5.10 焊接工艺评定

5.10.1 钢瓶制造单位,在生产钢瓶之前,或需要改变钢瓶主体材料、焊接材料、焊接工艺时,均应进行焊接工艺评定。

5.10.2 焊接工艺评定试件的制作、性能试验及结果评定按 GB/T 33209 执行。进行工艺评定的焊缝,应能代表钢瓶纵、环焊缝的对接焊缝,凸面承压封头与筒体连接的角焊缝或搭接焊缝,阀座、塞座与钢瓶主体焊接的承压角焊缝以及底座、护罩等与钢瓶主体焊接的非承压件角焊缝。

5.10.3 焊接工艺评定文件,应经钢瓶制造单位技术总负责人批准。

5.11 焊接的一般规定

5.11.1 钢瓶的焊接工作,应由持有有效的"特种设备焊接作业证书"的焊工承担,并能通过施焊记录或钢印对每条焊缝的施焊人员实现追踪。对于钢瓶主体名义壁厚 $S_n \geq 6$ mm 的钢瓶,可在所焊的焊缝附近的适当位置打上焊工钢印。

5.11.2 钢瓶主体焊缝的焊接,应采用机械化焊接或自动焊接方法,并严格遵守经评定合格的焊接工艺。

5.11.3 焊接坡口的形状和尺寸,应符合图样规定。坡口表面清洁、光滑,不得有裂纹、分层和夹杂等缺陷。

5.11.4 焊接(包括焊缝返修)应在室内进行,室内相对湿度不得大于 90%,否则应采取措施。当焊接件的温度低于 0 ℃时,应在开始施焊的部位预热。

5.11.5 施焊时,不得在非焊接处引弧。纵焊缝应有引弧板和熄弧板,板长不得小于 100 mm,去除引、熄弧板时,应采用切除的方法,严禁使用敲击的方法,切除处应磨平。

5.12 焊缝外观

5.12.1 钢瓶主体对接焊缝的余高为 0~3.5 mm,同一焊缝最宽最窄处之差不大于 4 mm。

5.12.2 阀座、塞座角焊缝的几何形状应圆滑过渡至母材表面。

5.12.3 瓶体上的焊缝不准许咬边,焊缝和热影响区表面不得有裂纹、气孔、弧坑、凹陷和不规则的突变,焊缝两侧的飞溅物应清除干净。

5.13 焊缝射线透照

5.13.1 从事钢瓶焊缝射线和 X 射线数字成像检测人员,应持有有效的"特种设备无损检测人员资格证

GB/T 5100—2020

书"。

5.13.2 钢瓶主体对接焊缝应进行射线检测。采用焊缝系数 $\varphi=1$ 设计的钢瓶,每只钢瓶的纵、环焊缝均应进行 100%射线检测。采用焊缝系数 $\varphi=0.9$ 设计的钢瓶,对于只有一条环焊缝的按生产顺序每 50只抽取一只(不足 50 只时,也应抽取一只)进行焊缝全长的射线检测;对于有一条纵焊缝,两条环焊缝的钢瓶,每只钢瓶的纵、环焊缝均应进行不少于该焊缝长度的 20%的射线检测。

5.13.3 射线透照的部位应包括纵、环焊缝的交接处。

5.13.4 焊缝射线检测按 NB/T 47013.2 进行,射线检测技术等级不低于 AB 级;对于采用 X 射线数字成像检测的按 GB/T 17925 的规定。焊缝接头质量等级不低于Ⅱ级。

5.13.5 未经射线透照的钢瓶主体对接焊缝质量也应符合 5.13.4 的要求。如经复验发现仅属于气孔超标的缺陷,可由钢瓶制造单位和用户协商处理。

5.14 焊缝返修

5.14.1 焊缝返修应按评定合格的返修工艺进行。返修部位应重新按 5.12 及 5.13.4 进行外观和射线检测合格。

5.14.2 焊缝同一部位的返修次数,不宜超过两次。若超过时,每次返修均应经技术总负责人批准。

5.14.3 返修次数和返修部位应记入产品生产检验记录,并在产品合格证中注明。

5.15 筒体

5.15.1 筒体由钢板卷焊时,钢板的轧制方向应与筒体的环向一致。

5.15.2 筒体同一横截面最大最小直径差 e 不大于 0.01D。

5.15.3 筒体纵焊缝对口错边量 b 不大于 $0.1S_n$,见图 7。

5.15.4 筒体纵焊缝棱角高度 E 不大于 $0.1S_n+2$ mm,见图 8。用长度 l 为 $0.5D_i$ 但不大于 300 mm 的样板进行测量。

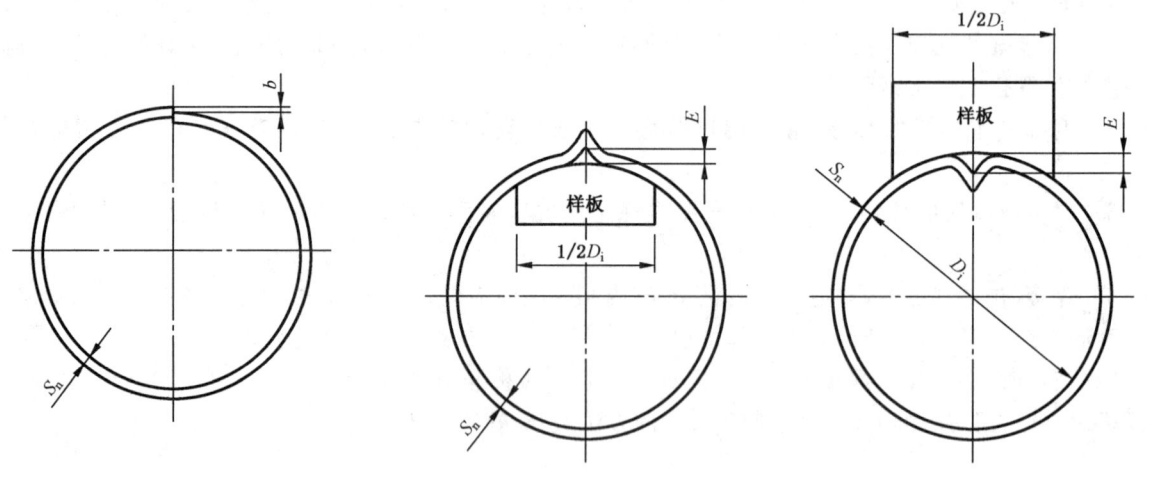

图 7　筒体纵焊缝对口错边量　　　　图 8　筒体纵焊缝棱角高度

5.16 封头

5.16.1 封头应用整块钢板制成。

5.16.2 封头的形状与尺寸公差不得超过表 6 的规定,符号见图 9 所示。

212

表6 封头的形状与尺寸公差 单位为毫米

公称直径 D	圆周长公差 $\pi\Delta D_i$	最大最小直径差 e	表面凹凸量 c	曲面与样板间隙 a	内高公差 ΔH_i
≤200	±2	1	0.8	1.5	$^{+5}_{-3}$
>200～400	±4	2	1	2	
>400～700	±6	3	2	3	
>700	±9	4	3	4	

5.16.3 封头实测最小壁厚不得小于封头设计壁厚与腐蚀裕量之和,对于不含钢印的封头曲面部分,其值不得小于封头设计壁厚值的 0.9 倍与腐蚀裕量之和。

5.16.4 封头直边部分不得存在纵向皱折。

5.17 未注公差尺寸的极限偏差

未注公差线性尺寸的极限偏差按 GB/T 1804 的规定,具体要求如下:

a) 机械加工件不低于 m 级;

b) 非机械加工件不低于 v 级。

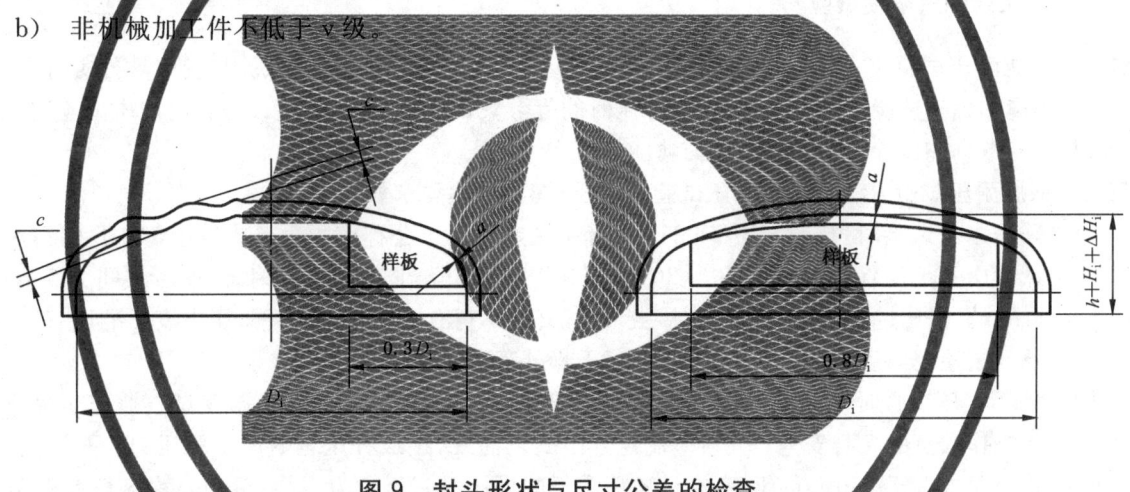

图9 封头形状与尺寸公差的检查

5.18 组装

5.18.1 钢瓶的各零件在组装前,均应经检查合格,且不准许进行强力组装。

5.18.2 封头与筒体对接环焊缝的对口错边量 b 和棱角高度 E 不得超过表 7 的规定,检查尺的长度应不小于 300 mm。

表7 封头与筒体对接环焊缝的对口错边量和棱角高度 单位为毫米

钢瓶主体名义壁厚 S_n	对口错边量 b	棱角高度 E
<6	$0.25S_n$	$0.10S_n+2$
6～10	$0.20S_n$	
>10	$0.10S_n+1$	

5.18.3 当钢瓶由两部分组成时,圆柱形筒体部分的直线度允差应不大于其长度的千分之二。

5.18.4 附件的组装应符合图样的规定。

5.19 表面质量

钢瓶外表面应光滑,不得有裂纹、重皮、夹杂和深度超过 0.5 mm 的凹坑、划伤、腐蚀等缺陷,否则应进行修磨,修磨处应圆滑,其壁厚不得小于设计壁厚与腐蚀裕量之和。

5.20 热处理

5.20.1 钢瓶瓶体在全部焊接完成并检验合格后,应进行整体正火或消除应力的热处理,不准许局部热处理。不应采用感应加热炉进行热处理。

5.20.2 热处理应严格按工艺执行,并具备自动记录装置。

5.20.3 热处理结果应记入产品质量证明书。

5.21 容积和重量

5.21.1 钢瓶的实测水容积应不小于其公称容积。对于公称容积大于 150 L 的钢瓶,其实测容积可用公称容积代替,但不得有负偏差。

5.21.2 钢瓶制造完毕后应逐只进行净重的测定。

5.22 耐压试验和气密性试验

5.22.1 钢瓶耐压试验应在热处理后进行,耐压试验压力按4.2确定。耐压试验装置应具备实时录入瓶号、自动采集和储存试验日期、试验压力和保压时间等参数,并能形成不可更改格式的耐压试验记录(报告)以及试验数据和试验过程视频上传的功能。

5.22.2 钢瓶耐压试验方法可采用水压试验或气压试验,具体要求如下:

    a) 采用水压试验时,按照 GB/T 9251 的有关规定。对于公称容积小于或等于 150 L 的钢瓶,在试验压力下的保压时间至少为 30 s;对于公称容积大于 150 L 的钢瓶,保压时间为 1 min～3 min。保压过程应使瓶体充分膨胀,观察钢瓶不得有宏观变形、渗漏,压力表不准许有回降现象。试验完毕后立即把水放净,并进行干燥处理。

    b) 采用气压试验时,试验装置应具备有效的安全防护设施,使操作人员与受试气瓶完全隔离,确保操作人员的人身安全。同时应制定升压工艺曲线,逐级升压至耐压试验压力。对于公称容积小于或等于 150 L 的钢瓶,在试验压力下的保压时间至少为 10 s;对于公称容积大于 150 L 的钢瓶,保压时间不少于 1 min。

5.22.3 钢瓶气密性试验应在耐压试验合格后进行。采用气压试验时,可将瓶内压力由耐压试验压力直接降到气密性试验压力进行气密性试验。低压液化气钢瓶和消防气瓶的气密性试验压力为公称工作压力,乙炔气瓶的气密性试验压力为 3 MPa。在试验压力下保压 1 min～3 min,被试钢瓶不得有泄漏现象。

5.22.4 如果在耐压试验和气密性试验中发现焊缝上有泄漏,可按5.14的规定进行返修。钢瓶焊缝进行返修后,应重新进行整体热处理。焊缝属下列情况的返修,可不必重新热处理:

    a) 针孔泄漏;

    b) 返修长度未超过 25 mm;

    c) 同一焊缝的返修不多于两处,且两处相距不小于 75 mm。

5.22.5 焊缝返修后,按5.22.2和5.22.3的规定,重新进行耐压试验和气密性试验。

5.23 力学性能试验、爆破试验和疲劳试验

5.23.1 对公称容积小于或等于 150 L 的钢瓶,应按批在热处理后抽取样瓶进行力学性能试验和爆破试验。试验用钢瓶应是经射线检测和逐只检查合格,且未经耐压试验的钢瓶。

5.23.2 对公称容积大于 150 L 的钢瓶,可按批制备产品焊接试板进行力学性能试验。

5.23.3 在钢瓶瓶体上进行力学性能试验时,对于由两部分组成的钢瓶,试验取样部位按图10。对于由三部分组成的钢瓶,试样取样部位按图11。对于封头凸面承压的钢瓶,试验取样部位按图12,如取样尺寸不够,可通过制作加长圆筒的模拟件来完成。

5.23.4 采用产品焊接试板进行力学性能试验时,产品焊接试板应和带试板的钢瓶在同一块钢板(或同一炉批钢板)上下料,作为该钢瓶纵焊缝的延长部分,与纵焊缝一起焊成,并与该钢瓶同一炉热处理。试板应打上该钢瓶的瓶号和焊工代号钢印。试板上的焊缝应进行外观检查和100%的射线检测,并符合5.12和5.13的规定,焊接试板上,其试样的取样位置按图13。

5.23.5 试样截面的焊缝断口不得有裂纹、未熔合、未焊透、夹渣和气孔等缺陷。

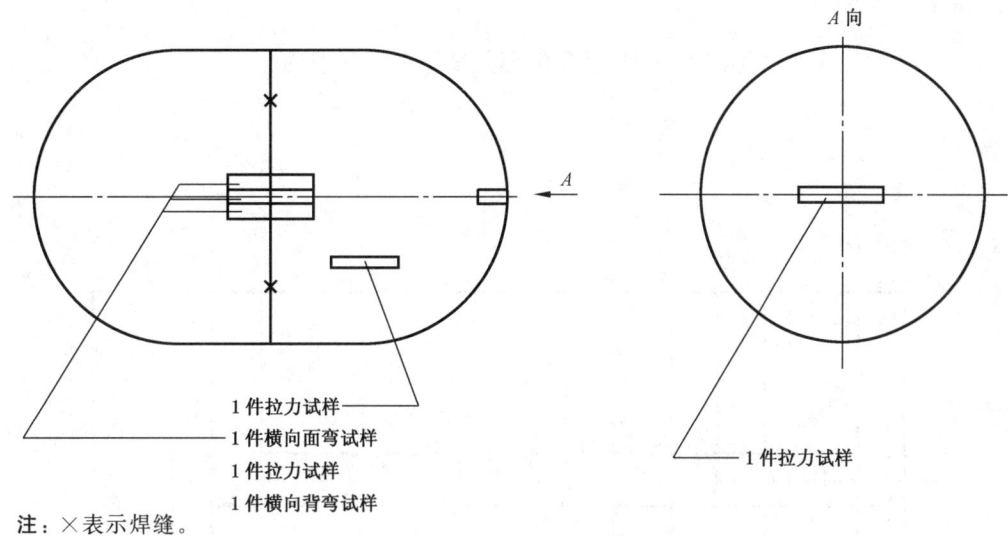

注:×表示焊缝。

图10 仅有一条环焊缝钢瓶的取样位置示意图

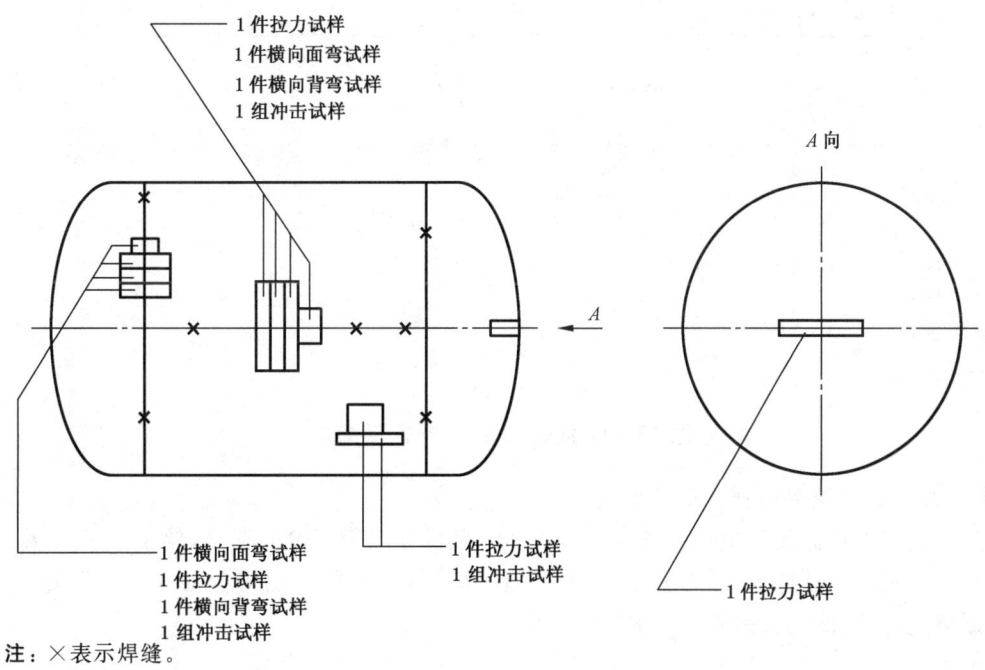

注:×表示焊缝。

图11 有纵焊缝钢瓶的取样位置示意图

GB/T 5100—2020

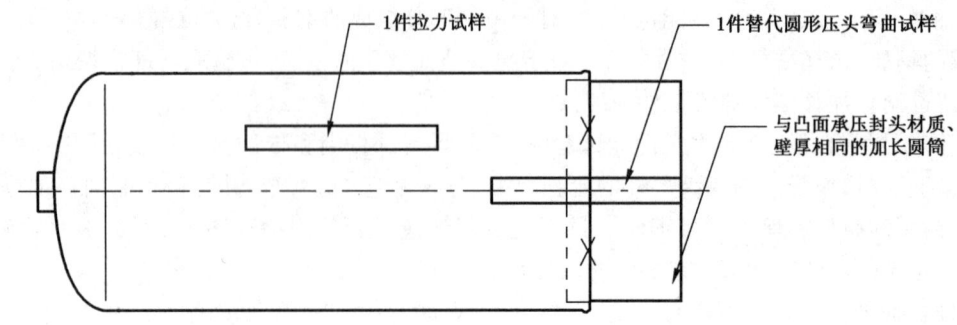

注：×表示焊缝。

图12 凸面承压钢瓶的取样位置示意图

单位为毫米

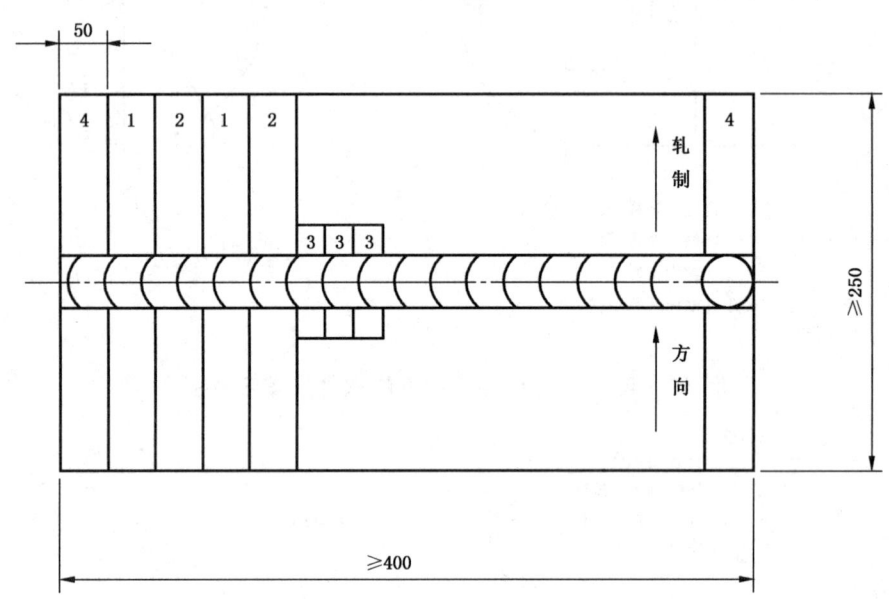

说明：
1——拉力试样；
2——弯曲试样；
3——冲击试样；
4——舍弃部分。

图13 焊接试板取样位置示意图

5.23.6 力学性能试验结果应符合如下规定：

a) 钢瓶主体母材的实测抗拉强度 R_{ma} 不得小于母材标准规定值的下限,伸长率 A 不小于表8的规定。对于深拉伸成形(无纵焊缝)的钢瓶,其主体母材的实测抗拉强度 R_{ma} 可按制造厂的保证值规定,其值应在钢瓶设计图样中注明。

216

表 8　钢瓶主体母材延伸率要求

钢瓶主体名义壁厚 S_n	实测抗拉强度 R_{ma}		
mm	$\leqslant$410 MPa	>410 MPa～520 MPa	>520 MPa
	$A/\%$		
<3	22	19	15
$\geqslant$3	29	25	20
注：S_n<3 mm 时，采用 20 mm×80 mm 矩形横截面非比例试样；$S_n \geqslant$3 mm 时，采用矩形横截面比例试样 $L_0 = 5.65\sqrt{S_0}$。			

b) 焊接接头试样无论断裂发生在什么位置，其实测抗拉强度 R_{ma} 均不得小于母材标准规定值的下限。

c) 焊接接头试样弯曲至180°时，其拉伸面上沿任何方向不得有裂纹或其他缺陷出现。试样边缘的先期开裂可以不计。

d) 母材和焊接接头试样冲击试验结果符合 5.3 的规定。试验结果按三个试样的算术平均值计算，允许其中一个试样的冲击吸收能量小于规定值，但不得低于规定值的 70%。

5.23.7　角焊缝和搭接焊缝的宏观侵蚀检验，经目测检查，焊缝根部应焊透，焊缝金属和热影响区不得有裂纹、未熔合等缺陷存在。

5.23.8　钢瓶爆破试验结果应符合下列规定：

a) 爆破压力实测值 P_b 应不小于 2 倍的试验压力 P_h，且不小于 5 MPa。

b) 瓶体破裂时的容积变形率（钢瓶容积增加量与试验前钢瓶实际容积比）不小于表 9 的规定。

表 9　容积变形率要求

钢瓶主体长度与公称直径比 L/D	R_m/MPa	
	$\leqslant$410	>410
	容积变形率/%	
	不小于	
>1	20	15
$\leqslant$1	14	10
$\leqslant$0.5	10	

c) 瓶体破裂不应产生碎片，爆破口不应发生在封头上（只有一条环焊缝、$L \leqslant 2D_o$ 的钢瓶除外）、纵焊缝及其熔合线上、环焊缝上（垂直于环焊缝除外）。

d) 瓶体的爆破口应为塑性断口，即断口上应有明显的剪切唇，但没有明显的金属缺陷。

5.23.9　疲劳试验应符合下列规定：

a) 对封头凸面承压的钢瓶，其新设计应进行疲劳试验验证。

b) 疲劳试验按 GB/T 9252 的规定进行，循环压力的上限值为钢瓶的耐压试验压力，循环次数为 12 000 次。

c) 钢瓶经疲劳试验后，应按 6.9 进行爆破试验，试验结果应符合 5.23.8 的规定。

5.24 涂敷

5.24.1 钢瓶经检查合格,应清除表面油污、锈蚀、氧化皮、焊接飞溅物,并在保持干燥的情况下,方可涂敷。

5.24.2 钢瓶表面不准许涂抹任何填充物。

5.24.3 钢瓶的颜色标志应符合 GB/T 7144 的规定,消防气瓶按相应规范执行。

6 试验方法

6.1 材料验证试验

钢瓶主体材料化学成分和力学性能的验证试验,按其材料标准规定的方法取样分析和试验。

6.2 焊缝射线检测

钢瓶主体纵、环焊缝射线检测按 NB/T 47013.2 或 GB/T 17925 的规定。透照位置应包括 5.13.3 规定的部位,其他部位由射线检测人员或质量检验人员确定。

6.3 力学性能试验

6.3.1 拉伸试验

拉伸试验要求如下:

a) 母材拉伸试验:母材拉伸试验按 GB/T 228.1 的规定,试样的表面(即瓶壁的内、外表面)均不得进行机械加工。

b) 焊接接头的拉伸试验:焊接接头的拉伸试样按图 14 制备,试样上的焊缝的正面和背面,均应进行机械加工,使其与母材齐平,对于不平整的试样,可以用冷压法矫平。拉伸试验按 GB/T 228.1进行。

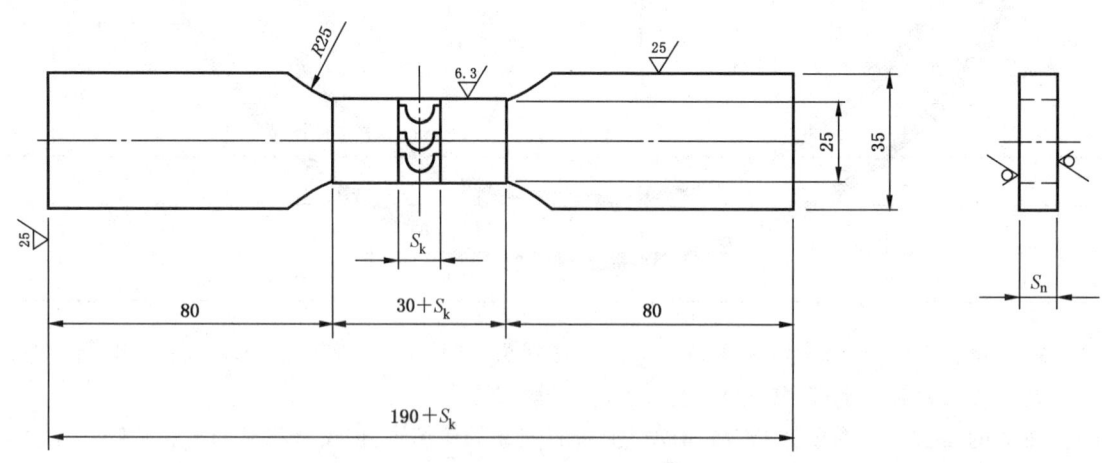

图 14 对接接头拉伸试样

6.3.2 弯曲试验

弯曲试样宽度为 25 mm,弯曲试验按 GB/T 232 进行。试验时,应使弯心轴线位于焊缝中心,两支辊面间的距离应做到试样恰好不接触辊子两侧面(见图 15),弯心直径 d 和试样厚度 S_h 的比值 n 应不超过表 10 的规定,弯曲角度应符合 5.23.6 的规定。

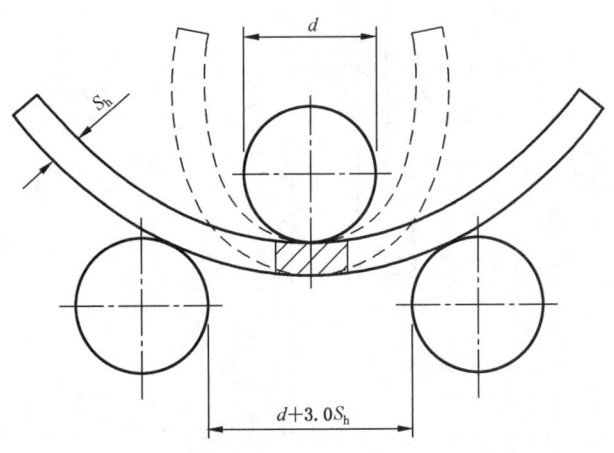

图 15   对接接头弯曲试验

表 10   弯心直径与试样厚度的比值

实测抗拉强度 R_{ma} MPa	n
≤410	2
>410~520	3
>520	4

搭接接头的替代圆形压头弯曲试验应按照 GB/T 33209 中的相关要求进行,试验方法如图 16 所示。按要求测量试件筒体母材平均壁厚,并据此计算出其弯心半径 R。宏观侵蚀焊道直至显示出焊道剖面;然后在焊缝根部用划针划基准线 a,一般情况下,以距基准线 a 间距为试样厚度 T(试样两侧厚度不同时,按较薄者厚度)的位置,在上封头一侧划基准线 b。当试样厚度较薄,a、b 两基准线之间无法将接头焊接热影响区全部包容时,则其间距可取 $2T$。试验时试样应通过焊缝处弯曲,背弯试样应保证背面直接指向最终弯曲外形的外侧。试样应围绕压头弯曲。直到在两基准线 a 和 b 之间靠近焊缝根部的外表面延伸率至少为 20%。对于实测抗拉强度大于 345 MPa 的试样,以 345 MPa 为基准,实测抗拉强度每增加 52 MPa,外表面延伸率规定值可减少 1%,但最多减小至 16%。

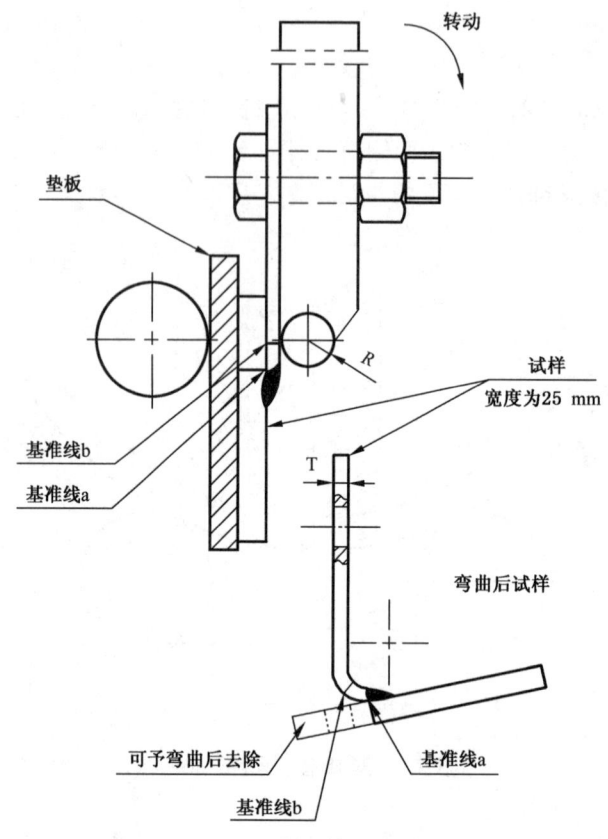

图 16　替代圆形压头弯曲试验

6.3.3　冲击试验

冲击试样的尺寸应符合 5.3.1 表 4 的规定。焊缝冲击试样的缺口轴线应垂直于焊缝表面。常温冲击或低温冲击试验按 GB/T 229 进行。

6.4　宏观侵蚀试验

对于封头凸面承压的钢瓶,对筒体与封头连接的环向角焊缝或搭接焊缝,截取宏观侵蚀试样一件。

6.5　重量和容积的测定

6.5.1　采用称量法测定钢瓶的重量和容积。重量单位为千克(kg),容积单位为升(L)。

6.5.2　称量应使用最大称量为实际称量 1.5 倍～3.0 倍的衡器,其准确度等级应符合 JJG 14 的Ⅲ级,周检期不应超过三个月。

6.5.3　重量和容积测定应保留三位有效数字,其余数字对于重量应进 1,对于容积应舍去,示例如下:

实测净重和容积	1.065	10.65	106.5
重量应取为	1.07	10.7	107
容积应取为	1.06	10.6	106

6.6　钢瓶主体壁厚测量

钢瓶主体壁厚使用超声波测厚仪进行测量。

6.7　耐压试验

6.7.1　采用水压试验时,按照 GB/T 9251 的有关规定进行,试压时应控制泵的小时进水量不超过钢瓶容积的 5 倍,缓慢地升至试验压力。

6.7.2 采用气压试验时,先缓慢升压至试验压力的 10%,保压足够时间,并且对所有焊接接头和连接部位进行初次检查;如无泄漏,再继续升压到试验压力的 50%;如无异常现象,其后按试验压力的 10% 逐级升压,直到试验压力;在试验压力下保压结束后,降至公称工作压力,对焊接接头进行气密性检验。

6.8 气密性试验

钢瓶气密性试验按 GB/T 12137 的有关规定进行。

6.9 爆破试验

6.9.1 钢瓶爆破试验采用水压,其方法按 GB/T 15385 的要求进行,并应遵循下列规定:
   a) 试验的环境温度和试验用水的温度不应低于 5 ℃;
   b) 试验系统不得有渗漏,不得存留气体;
   c) 试验时应用两个量程相同、且量程为预期爆破压力的 2.0 倍~3.0 倍,精度不低于 1.6 级的压力表,其检定周期不得超过三个月;
   d) 试压泵每小时的送水量不应超过钢瓶水容积的 5 倍;
   e) 试验时应有可靠的安全措施。

6.9.2 进行爆破试验前,应先按 6.5 的规定测定钢瓶实际容积。

6.9.3 进行爆破试验时,应缓慢升压,并测量、记录压力和时间、进水量的对应关系,绘制相应的曲线,确定钢瓶开始屈服的压力,升压直至爆破并确定爆破压力和总进水量为止,并计算爆破容积变形率。

6.10 外观检查

用目测检查钢瓶表面、焊缝外观、标志及其附件。

7 检验规则

7.1 材料检验

7.1.1 钢瓶制造单位应按 6.1 规定的方法对制造钢瓶主体的材料,按炉罐号进行成品化学成分验证分析,按批号进行力学性能验证试验。成品化学成分验证分析结果和熔炼化学成分的偏差,应符合该材料标准的规定。

7.1.2 验证分析试验结果,应符合 5.1.5 和 5.2 的规定。当钢瓶主体名义壁厚等于或大于 6 mm 时,冲击试验应符合 5.3 的规定。

7.2 逐只检验

7.2.1 钢瓶逐只检验应按表 11 规定的项目进行。

7.2.2 采用焊缝系数 $\phi=0.9$ 设计的钢瓶,对于有一条纵焊缝、两条环焊缝的,每只钢瓶应进行不少于其纵、环焊缝相应长度 20% 的射线检测,如发现超过标准规定的缺陷,应在该缺陷两端各延长该焊缝长度 20% 的射线检测,一端长度不够时,在另一端补足,若仍有超过标准规定的缺陷时,则该钢瓶的该条焊缝应进行 100% 的射线检测。

7.3 批量检验

7.3.1 抽样规则

7.3.1.1 对于公称容积小于或等于 150 L 的钢瓶,从每批钢瓶中抽取力学性能试验和爆破试验瓶各一只。

7.3.1.2 对于公称容积大于 150 L 的钢瓶,按 5.23.4 的要求随同产品做一块产品焊接试板进行力学性能试验。

7.3.2 批量检验项目

7.3.2.1 钢瓶批量检验项目按表 11 的规定。

7.3.2.2 对于只有一条环焊缝,并采用焊缝系数 $\phi = 0.9$ 设计的钢瓶,按生产顺序每 50 只抽取一只(不足 50 只时应抽取一只)进行焊缝全长的射线检测。

7.3.3 复验规则

7.3.3.1 在批量检验中,如有不合格项目,应进行复验。

7.3.3.2 批量检验项目中,如有证据证明是操作失误或试验设备失灵造成试验失败,则可在同一钢瓶(必要时也可在同批钢瓶中另抽一只)或原产品焊接试板上做第二次试验。第二次试验合格,则第一次试验可以不计。

7.3.3.3 对于按 7.3.2.2 进行射线检测的钢瓶,当焊缝全长的射线检测不合格时,应在同一生产顺序 50 只中,再抽取两只钢瓶进行焊缝全长的射线检测,若仍不合格,则应逐只进行焊缝全长的射线检测。

7.3.3.4 公称容积小于或等于 150 L 的钢瓶进行的力学性能试验或爆破试验不合格时,应按表 12 的规定进行复验,复验钢瓶在同批中任选。

表 11 钢质焊接气瓶检验和试验项目一览表

序号	检 验 项 目		逐只检验	批量检验	检验方法	判定依据
1	筒体	最大最小直径差 e	△			5.15.2
2		纵焊缝对口错边量 b	△		5.15.3	5.15.3
3		纵焊缝棱角高度 E	△		5.15.4	5.15.4
4		直线度	△			5.18.3
5	封头	内圆周长公差 $\pi \Delta D_i$	△			
6		表面凹凸量 c	△		5.16.2	
7		最大最小直径差 e	△			5.16.2
8		曲面与样板间隙 a	△		5.16.2	
9		内高公差 ΔH_i	△			
10		直边部分纵向皱折深度	△			5.16.4
11	环焊缝对口错边量 b		△		5.18.2	5.18.2
12	环焊缝棱角高度 E		△		5.18.2	5.18.2
13	钢瓶表面		△		6.10	5.19、8.1、8.2
14	焊缝外观		△		6.10	5.12
15	钢瓶主体壁厚			△	6.6	5.16.3、5.19
16	射线透照		△	△	6.2	5.5.1、5.13.4
17	力学性能试验			△	6.3	5.23
18	宏观侵蚀检验			△	6.4	5.23.7
19	重量		△		6.5	5.21.2
20	容积		△		6.5	5.21.1
21	耐压试验		△		6.7	5.22.2
22	气密性试验		△		6.8	5.22.3

表 11（续）

序号	检 验 项 目	逐只检验	批量检验	检验方法	判定依据
23	爆破试验		△	6.9	5.23.8
24	附件	△		6.10	5.8

注：钢瓶主体壁厚的批量检验数量为该批钢瓶总数的 5%，且不少于 3 只。

表 12　复验要求

批量/只	不合格项目	复 验 项 目	
≤250	1M	2M	1B
	1B	1M	2B
>250～500	1M	2M	2B
	1B	1M	4B

注：M——力学性能试验。
　　B——爆破试验。

7.3.3.5　按 7.3.3.4 复验仍有一只以上钢瓶不合格时，则该批钢瓶为不合格。但允许对这批钢瓶进行修理，清除缺陷后再重新热处理，并按 7.3 的规定，作为新的一批重新检验。

7.3.3.6　公称容积大于 150 L 的钢瓶，其产品焊接试板力学性能试验如有不合格的项目，经加倍复验仍不合格时，允许从该批钢瓶中任选一只，按 5.23.3 的规定截取试样重做试验，如还有不合格的项目，则这批钢瓶为不合格。但允许重新热处理，按 5.23.3 的规定作为新的一批重新检验。

7.4　型式试验

7.4.1　对每一种新的设计，均应按相关法规的要求进行型式试验。

7.4.2　型式试验的项目要求：

　　a)　对于公称容积小于或等于 150 L 的钢瓶：

　　　　1)　任选 1 只钢瓶按 6.3 进行母材和焊接接头力学性能试验，试验结果应符合 5.23 的要求；

　　　　2)　任选 1 只钢瓶按 6.9 进行爆破试验，试验结果应符合 5.23 的规定；

　　　　3)　对于封头凸面承压的钢瓶，任选 1 只按 5.23.9 的规定进行疲劳试验。

　　b)　对于公称容积大于 150 L 的钢瓶，应按 5.23.4 的要求制作一块产品焊接试板，按 6.3 进行力学性能试验。试验结果应符合 5.23 的要求。

7.4.3　型式试验应由经核准的气瓶型式试验机构进行，并出具型式试验报告。

7.4.4　与现有经过型式试验认可的设计相比，当出现以下情况时，应重新进行型式试验：

　　a)　钢瓶主体材料发生变化；

　　b)　钢瓶主体设计壁厚改变超过 10%；

　　c)　开孔数量增加或开孔位置发生变化，或开孔数量、位置不变，但开孔内径增加超过 100%；

　　d)　封头形状发生变化；

　　e)　钢瓶水容积变化超过 30%；

　　f)　钢瓶主体焊缝（筒体纵焊缝、封头与筒体连接的环焊缝）焊接接头设计发生变化；

　　g)　钢瓶的成形、焊接、热处理工艺发生了变化。

8 标志、包装、运输、贮存

8.1 钢瓶上的钢印标志内容、位置和要求,应符合相关法规和钢瓶设计图样的规定,可以采用图 17 中的方式,用于盛装剧毒介质的钢瓶,应用汉字标明介质名称。钢印标志中钢瓶主体设计壁厚,应标志筒体或封头设计壁厚两者中较厚的壁厚。

8.2 出厂的每只钢瓶,均应在醒目位置装设牢固、不易损坏的电子识读标识(如二维码、电子芯片等),作为钢瓶产品的电子合格证。

8.3 钢瓶产品电子合格证所记载的信息应在气瓶质量安全追溯信息平台上有效存储并对外公示,存储与公示的信息应做到可追溯、可交换、可查询和防篡改。钢瓶产品电子合格证的格式和内容参见附录 B。

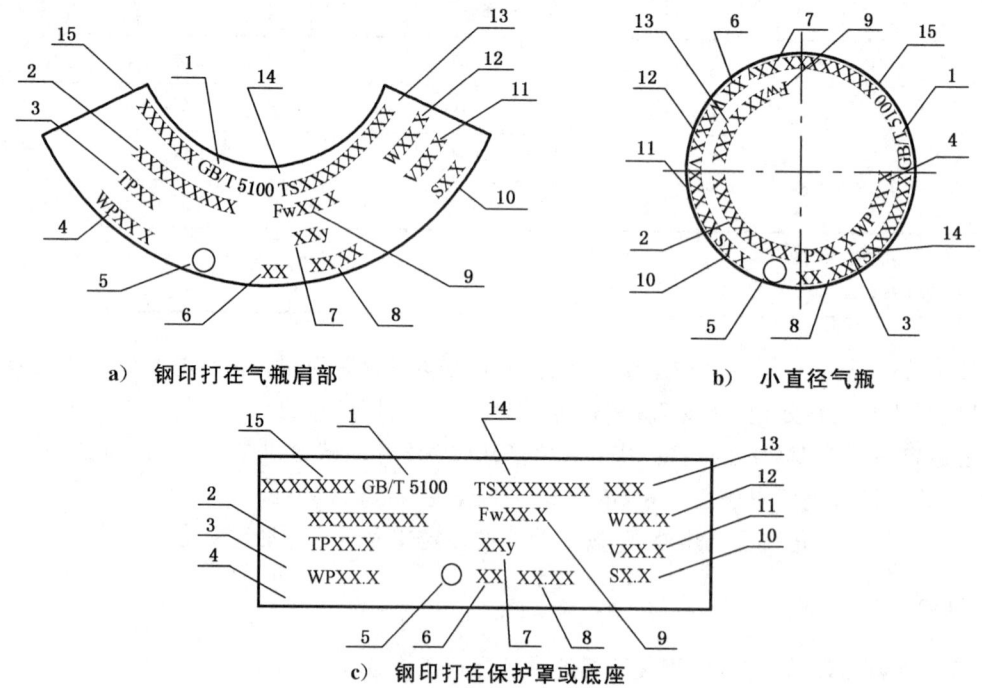

a) 钢印打在气瓶肩部   b) 小直径气瓶

c) 钢印打在保护罩或底座

说明:

1——产品标准号;

2——气瓶编号;

3——耐压试验压力,MPa;

4——公称工作压力,MPa;

5——监检标记;

6——制造单位代号;

7——设计使用年限,年;

8——制造日期;

9——液化气体最大充装量,kg;

10——瓶体设计壁厚,mm;

11——实际容积,L;

12——实际重量,kg;

13——充装气体名称或者化学分子式;

14——气瓶制造许可证编号;

15——气瓶所符合的消防标准(仅适用于消防气瓶)。

图 17 钢印示意图

8.4 出厂钢瓶的包装,应根据与用户签订的协议中关于包装的要求进行,如用户无要求时,则按制造单位的技术规定进行。

8.5 钢瓶在运输和装卸过程中,要防止碰撞、划伤和损坏附件。

8.6 钢瓶应存放在没有腐蚀气体,并通风、干燥、不受日光曝晒的地方。

9 出厂文件

9.1 出厂的每只钢瓶,均应附有产品合格证(含纸质合格证和电子合格证),产品合格证所记入的内容应和制造单位保存的生产检验记录相符,产品合格证的格式和内容参见附录B。

9.2 出厂的每批钢瓶,均应附有批量检验质量证明书。该批钢瓶有一个以上用户时,可提供批量检验质量证明书的复印件给用户,批量检验质量证明书的格式和内容参见附录C。

9.3 制造单位应妥善保存钢瓶的检验记录和批量检验质量证明书的复印件(或正本),保存时间应不少于7年。

附 录 A

（规范性附录）
对盛装液化丙烯、液化丙烷钢瓶的特殊要求

A.1 用于盛装液化丙烯、丙烷的钢瓶应装设安全阀式安全泄放装置,其排放能力应足以保证钢瓶的安全。

A.2 安全阀的开启压力及回座压力应符合表 A.1 的规定。

表 A.1 液化丙烯、液化丙烷钢瓶安全阀的开启压力及回座压力

单位为兆帕

介质名称	液化丙烯	液化丙烷
开启压力	$3.4_{-0.4}^{0}$	$3.0_{-0.4}^{0}$
回座压力	2.6	2.3

附　录　B
（资料性附录）
产 品 合 格 证

（制造单位名称）

钢质焊接气瓶
产 品 合 格 证

钢瓶名称＿＿＿＿＿＿＿＿＿＿＿＿＿＿＿＿＿＿＿＿＿＿＿＿＿＿＿＿＿＿

产品编号＿＿＿＿＿＿＿＿＿＿＿＿＿＿＿＿＿＿＿＿＿＿＿＿＿＿＿＿＿＿

制造日期＿＿＿＿＿＿＿＿＿＿＿＿＿＿＿＿＿＿＿＿＿＿＿＿＿＿＿＿＿＿

制造许可证＿＿＿＿＿＿＿＿＿＿＿＿＿＿＿＿＿＿＿＿＿＿＿＿＿＿＿＿＿

本产品的制造符合 GB/T 5100—2020《钢质焊接气瓶》和设计图样要求。经检验合格。

检验责任工程师（章）　　　　　　　　　质量检验专用章

　　　　　　　　　　　　　　　　　　　　　　年　月　日

注：规格要统一，表心尺寸推荐 150 mm×100 mm。

主要技术数据

公称容积   L   实际容积   L

内直径   mm   总长度   mm

充装介质   最大充装量   kg

筒体设计壁厚   mm   封头设计壁厚   mm

钢瓶主体材料牌号   材料标准号

材料化学成分规定值,%

       C   Si   Mn   P   S   P+S

材料强度规定值:R_m MPa

                  R_{eL} MPa

钢瓶净重(不包括可拆件)   kg

热处理方式   加热温度   ℃

保温时间   h   冷却方式

耐压试验压力   MPa   气密性试验压力   MPa

焊缝系数 ϕ

焊缝射线检测

       依据标准

       检测比例

       合格级别

       检测结果

焊缝返修次数

    1次_____处   2次_____处   3次_____处

（接上页焊缝返修次数）
焊缝返修部位展开简图

上封头		下封头
	筒 体	

（三部分组成）

上封头	下封头

（两部分组成）

使用说明：

钢瓶简图：

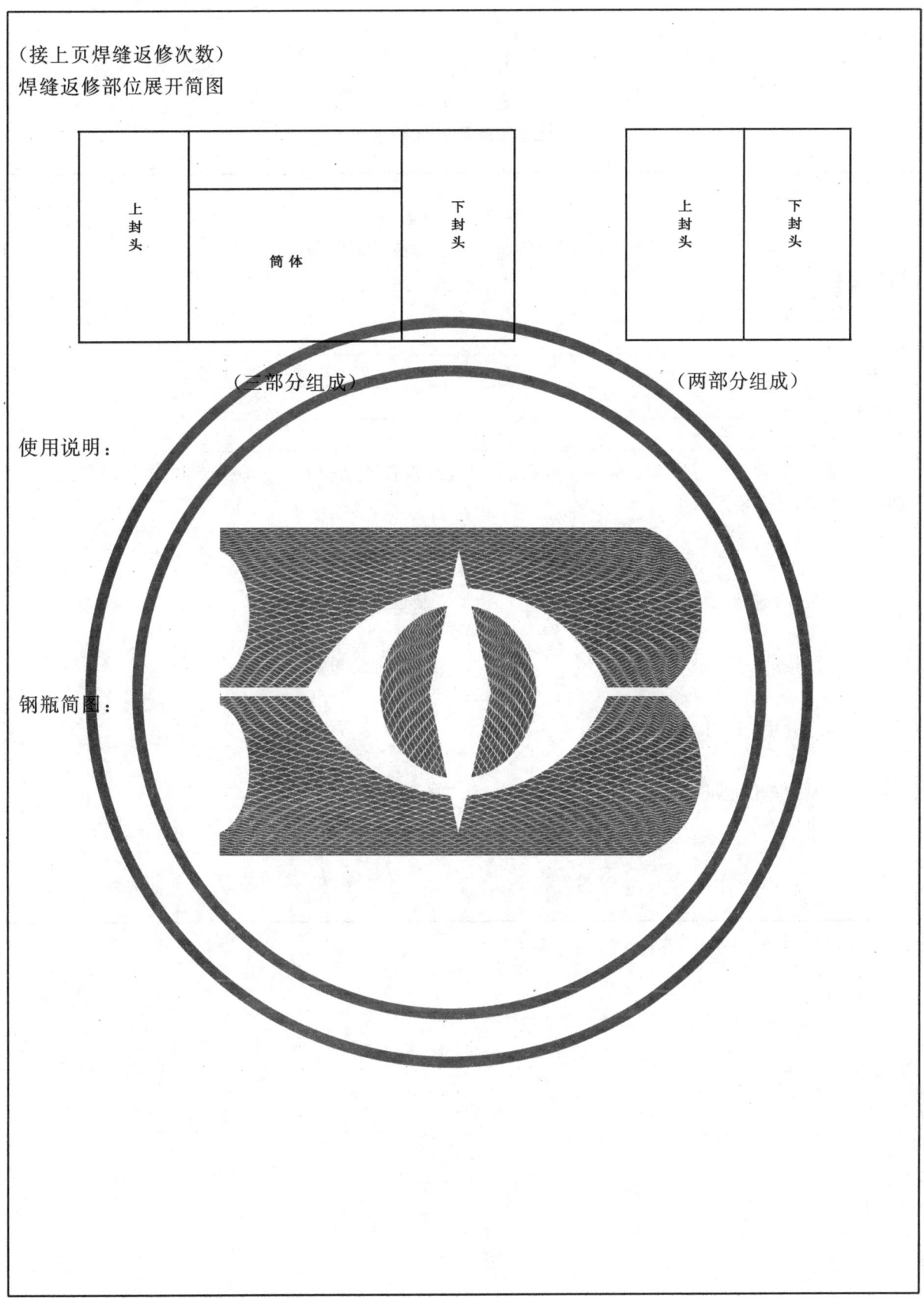

附　录　C

（资料性附录）

批量检验质量证明书

（制造单位名称）

钢质焊接气瓶批量检验质量证明书

钢瓶名称＿＿＿＿＿＿＿＿＿＿＿＿＿＿＿＿＿＿＿＿＿＿＿＿＿＿＿＿＿＿＿

盛装介质及化学分子式＿＿＿＿＿＿＿＿＿＿＿＿＿＿＿＿＿＿＿＿＿＿＿＿＿

图号＿＿＿＿＿＿＿＿＿＿＿＿＿＿＿＿＿＿＿＿＿＿＿＿＿＿＿＿＿＿＿＿＿＿

生产批号＿＿＿＿＿＿＿＿＿＿＿＿＿＿＿＿＿＿＿＿＿＿＿＿＿＿＿＿＿＿＿＿

制造日期＿＿＿＿＿＿＿＿＿＿＿＿＿＿＿＿＿＿＿＿＿＿＿＿＿＿＿＿＿＿＿＿

制造许可证编号＿＿＿＿＿＿＿＿＿＿＿＿＿＿＿＿＿＿＿＿＿＿＿＿＿＿＿＿＿

　　本批钢瓶共　　　只，编号从　　　号到　　　号，经检查和试验符合 GB/T 5100—2020 和设计图样的要求,是合格产品。

　　　　监检机构监检专用章　　　　　　　　制造单位检验专用章

　　　　监检员　　　　　　　　　　　　　　检验部门负责人

　　　　　年　　月　　日　　　　　　　　　　年　　月　　日

　　　　制造单位地址：　　　　　　　　　　邮政编码：

　　　　电话：

注：规格要统一，表心尺寸推荐为 150 mm×100 mm。

1 主要技术数据

公称容积	L	公称工作压力	MPa
公称直径	mm	耐压试验压力	MPa
钢瓶主体名义壁厚	mm	气密性试验压力	MPa

2 试验瓶的测量   （V＞150 L 时，指带试板的瓶）

试验瓶号	实际容积/L	净重/kg	最小实测壁厚/mm		热处理炉号
			筒体	封头	

3 钢瓶主体材料化学成分％

编号	牌号	C	Si	Mn	P	S
标准的规定值						

4 焊接材料

焊丝牌号	焊丝直径/mm	焊剂牌号

5 钢瓶及试板热处理

方法		加热温度	℃
保温时间	h	冷却方式	

6 焊缝射线检测

焊缝总长　　　　　　　mm　　　　　检查比例　　　　　％

按 NB/T 47013 或 GB/T 17925 检测　　　级合格

试验用瓶(V＞150 L 时,指带试板的瓶)

返修 1 次　处,返修 2 次　处,返修 3 次　处。

7 力学性能试验

试板编号	抗拉强度 R_{ma}/MPa	伸长率 A/％	弯曲试验		冲击吸收能量 KV_2/J	
			横向面弯	横向背弯	常温	−40 ℃

注：焊缝试样无伸长率指标。

8　水压爆破试验($V{\leqslant}150$ L)

试验瓶号	爆破压力 MPa	开始屈服压力 MPa	爆破时容积变形率 %

9　试验瓶($V{\leqslant}150$ L)爆破位置和形状简图

质量检验员专用章

ICS 23.020.30
CCS J 74

中华人民共和国国家标准

GB 5842—2023
代替 GB/T 5842—2022

液化石油气钢瓶

Liquefied petroleum steel gas cylinders

2023-11-27 发布

2023-12-01 实施

国家市场监督管理总局
国家标准化管理委员会 发布

233

前　言

本文件按照 GB/T 1.1—2020《标准化工作导则　第 1 部分:标准化文件的结构和起草规则》的规定起草。

本文件代替 GB/T 5842—2022《液化石油气钢瓶》,与 GB/T 5842—2022 相比,除结构调整和编辑性改动外,主要技术变化如下:

　　a)　更改了气瓶型号的表示方法(见 5.1,2022 年版的 5.1);

　　b)　删除和更改了部分气瓶型号,增加了允许充装量的型号参数,将改型序号由罗马字母改为汉字。增加了护罩和底座直径尺寸,增加了 YSP118/49.5 和 YSP118/液/49.5 型号的气瓶不应设置在所服务建筑的室内,其他型号气瓶不应设置在人员密集场所室内的要求(见 5.2,2022 年版的 5.2);

　　c)　更改了气液双相气瓶的结构型式,从气液双相瓶更改为单液相瓶(见 5.3,2022 年版的 5.3);

　　d)　更改了气瓶瓶阀座规格的要求,并增加了瓶阀座尺寸的要求(见 7.3.4,2022 年版的 7.3.4);

　　e)　增加了气瓶水压试验结果的保存要求(见 9.2.2.3);

　　f)　增加了型式试验项目并更改了重新进行型式试验的要求(见 9.6.1,2022 年版的 9.6.1);

　　g)　增加了液相瓶在上封头内凹压印“液”字的要求(见 10.1.2);

　　h)　更改了钢印字深度为不小于 0.7 mm(见 10.1.3,2022 年版的 10.1.3);

　　i)　更改了气瓶可追溯系统的相关要求(见 10.1.4 和 10.1.5,2022 年版的 10.1.4);

　　j)　删除了小于 12 L 的气瓶用 2 位数字表达的要求(见 2022 年版的 10.1.5);

　　k)　删除了粘贴有关安全使用提示的要求(见 2022 年版的 10.1.6);

　　l)　增加了气瓶电子识读标志记录的要求(见 10.1.7);

　　m)　更改了气瓶颜色要求,将气瓶颜色规定为两种(见 10.2.2,2022 年版的 10.2.2);

　　n)　增加了出厂电子识读标识的相关要求(见 10.4.2,2022 年版的 10.1.4);

　　o)　更改了附录 A 的相关表述,并修改附录 A 为规范性附录(见附录 A,2022 年版的附录 A);

　　p)　增加了规范性附录 B“气瓶可追溯唯一性瓶号编制规则”(见附录 B)。

请注意本文件的某些内容可能涉及专利。本文件的发布机构不承担识别专利的责任。

本文件由国家市场监督管理总局提出并归口。

本文件及其所代替文件的历次版本发布情况为:

——1986 年发布为 GB 5842—1986,1996 年第一次修订;

——2006 年第二次修订时,并入了 GB 15380—2001《小容积液化石油气钢瓶》的内容(GB 15380—2001 的历次版本发布情况为:GB 15380—1994);

——2022 年为第三次修订;

——本次为第四次修订。

液化石油气钢瓶

1 范围

本文件规定了液化石油气钢瓶(以下简称气瓶)的型式、型号和基本参数、材料、设计、制造、试验方法和检验规则、标志、包装、涂敷、贮运和出厂文件等要求。

本文件适用于在正常环境温度(—40 ℃～60 ℃)下使用的、公称工作压力为 2.1 MPa、公称容积不大于 150 L、可重复盛装符合 GB 11174 的液化石油气的气瓶。

2 规范性引用文件

下列文件中的内容通过文中的规范性引用而构成本文件不可少的条款。其中,注日期的引用文件,仅该日期对应的版本适用于本文件;不注日期的引用文件,其最新版本(包括所有的修改单)适用于本文件。

GB/T 150.3 压力容器 第 3 部分:设计

GB/T 222 钢的成品化学成分允许偏差

GB/T 228.1 金属材料 拉伸试验 第 1 部分:室温试验方法

GB/T 1804 一般公差 未注公差的线性和角度尺寸的公差

GB/T 2651 金属材料焊缝破坏性试验 横向拉伸试验

GB/T 2653 焊接接头弯曲试验方法

GB/T 6653 焊接气瓶用钢板和钢带

GB/T 7144 气瓶颜色标志

GB 7512 液化石油气瓶阀

GB/T 8335 气瓶专用螺纹

GB/T 9251 气瓶水压试验方法

GB/T 9252 气瓶压力循环试验方法

GB/T 12137 气瓶气密性试验方法

GB/T 13005 气瓶术语

GB/T 15385 气瓶水压爆破试验方法

GB/T 17925 气瓶对接焊缝 X 射线数字成像检测

GB/T 33209 焊接气瓶焊接工艺评定

GB/T 35208 自闭式液化石油气瓶阀

CJ/T 33 液化石油气钢瓶热处理工艺评定

NB/T 47013.2 承压设备无损检测 第 2 部分:射线检测

TSG 23 气瓶安全技术规程

3 术语和定义

GB/T 13005 界定的以及下列术语和定义适用于本文件。

3.1

允许充装量 allowable filling weight

允许充装的最大液化石油气重量。

3.2

气瓶可追溯唯一性瓶号 cylinder number for traceability

具有唯一性和可追溯性的气瓶产品编号。

4 符号

下列符号适用于本文件(见表1)。

表 1 符号

符号	单位	说明
$A/A_{80\,mm}$	%	断后伸长率
b	mm	焊缝对口错边量
d	mm	弯曲试验弯心直径
D	mm	气瓶外直径
E	mm	焊缝棱角高度
H	mm	瓶体高度(系指两封头凸形端点之间的距离)
K	—	封头形状系数
P_b	MPa	水压爆破试验压力
P_c	MPa	计算压力
R_{cL}	MPa	下屈服强度
R_m	MPa	抗拉强度
R_{ma}	MPa	实测抗拉强度
S	mm	瓶体设计壁厚
S_0	mm	瓶体名义壁厚
S_1	mm	筒体计算壁厚和封头直边部分计算壁厚
S_2	mm	封头曲面部分计算壁厚
e	mm	实测试样厚度
J	—	焊缝系数

5 型式、型号和基本参数

5.1 型号的表示方法

气瓶型号表示方法如下:

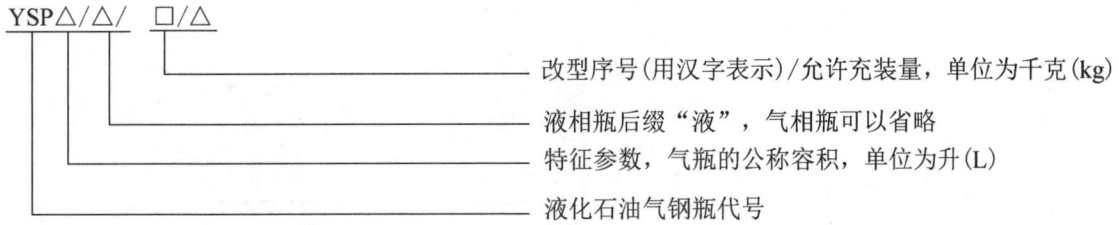

注：改型序号用来表示 YSP 系列中某一型号气瓶的结构、供气方式等发生了改变；如无改变，改型序号可不标注。

示例1：YSP35.5/14.8 表示公称容积 35.5 L、允许充装液化石油气重量 14.8 kg 的气瓶。

示例2：YSP23.9/壹/10 表示公称容积 23.9 L、允许充装液化石油气重量 10 kg 第一次改型的气瓶。

示例3：YSP118/液/49.5 表示公称容积 118 L、允许充装液化石油气重量 49.5 kg 的液相气瓶。

5.2 型号和参数

气瓶应按照表2的规格进行设计和制造。YSP118/49.5 和 YSP118/液/49.5 型号的气瓶不应设置在所服务建筑的室内，其他型号气瓶不应设置在人员密集场所室内。

表 2 常用气瓶型号和参数

型号	气瓶外直径（公称外径）mm	公称容积/L	允许充装量ᵃ/kg	封头形状系数	护罩直径/mm	底座直径/mm
YSP12/4.9	249	12.0	4.9	$K=1.0$	190	240
YSP23.9/10	280	23.9	10.0	$K=1.0$	190	240
YSP29.8/12.4	300	29.8	12.4	$K=1.0$	190	240
YSP35.5/14.8	320	35.5	14.8	$K=0.8$	190	240
YSP118/49.5	407	118	49.5	$K=1.0$	230	400
YSP118/液/49.5	407	118	49.5	$K=1.0$	380	400
ᵃ 气瓶公称容积与充装系数(0.42)乘积数的圆整值(圆整到小数点后1位)。						

5.3 结构型式

气瓶的结构型式见图1。

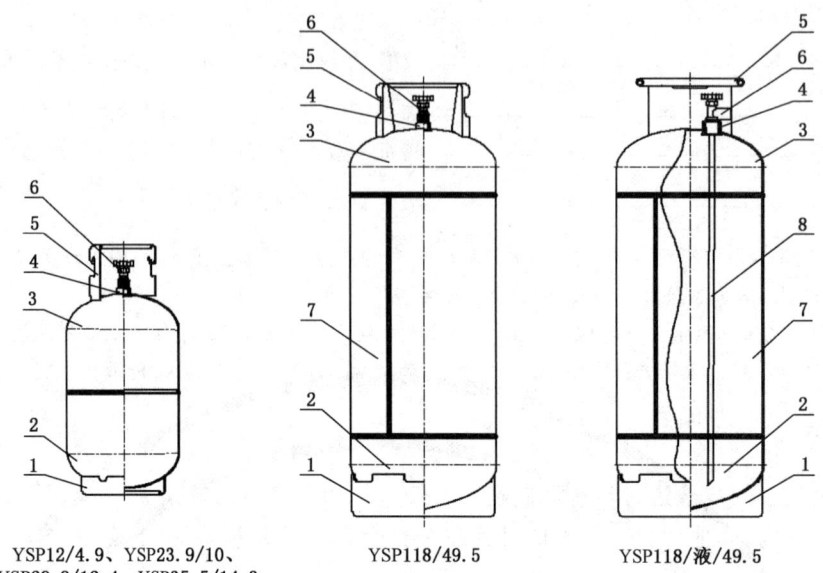

YSP12/4.9、YSP23.9/10、   YSP118/49.5   YSP118/液/49.5
YSP29.8/12.4、YSP35.5/14.8

标引序号说明：

1——底座；

2——下封头；

3——上封头；

4——阀座；

5——护罩；

6——瓶阀；

7——筒体；

8——液相管。

图 1   气瓶结构型式

6   材料

6.1   一般规定

6.1.1   气瓶主体(指筒体、封头等受压元件)材料,应具有良好的延展性和焊接性能;且应附带有材料质量证明书原件或者电子版二维码材料质量证明书。

6.1.2   气瓶制造单位应对主体材料按炉、罐号进行化学成分验证分析,按批号验证力学性能,经验证合格的材料应做材料标记。验证分析结果:化学成分应符合表3的规定;力学性能应符合6.3.1的规定。化学成分允许偏差应符合 GB/T 222 的规定。

6.1.3   焊在气瓶主体上的所有附件,应采用与主体材料焊接性能相适应的材料。

6.1.4   所采用的焊接材料焊成的焊缝,其抗拉强度不应低于母材抗拉强度规定值的下限。

6.1.5   材料(包括焊接材料)应符合相应标准的规定。

6.2   化学成分

主体材料的化学成分(质量分数)应符合表3的规定。

表 3　主体材料的化学成分

化学元素	C	Si	Mn	S	P	Nb	Ti	V	Nb+V	Alt
质量分数/%	≤0.20	≤0.35	0.7～1.50	≤0.012	≤0.025	≤0.05	≤0.06	≤0.10	≤0.12	≥0.02

6.3　力学性能

6.3.1　主体材料的力学性能应符合 GB/T 6653 的规定。

6.3.2　主体材料的屈强比(R_{eL}/R_m)：当材料抗拉强度≥490 MPa 时，R_{eL}/R_m 应≤0.85，当材料抗拉强度＜490 MPa 时，R_{eL}/R_m 应≤0.75。

7　设计

7.1　一般规定

7.1.1　气瓶的设计文件应通过设计文件鉴定。监管部门有要求时，气瓶制造企业应重新申请设计文件鉴定。

7.1.2　气瓶瓶体由两部分组成时，应只有一条环焊缝，采用锁底接头装配；气瓶瓶体由三部分组成时，应有两条环焊缝和一条纵焊缝（纵焊缝不应有永久衬板），封头和筒体采用锁底接头装配。

7.1.3　设计计算气瓶受压元件壁厚时，材料的强度参数应采用下屈服强度(R_{eL})。

7.1.4　气瓶封头形状应为椭圆形。

7.2　瓶体壁厚计算

7.2.1　筒体计算壁厚和封头直边部分计算壁厚(S_1)按公式(1)计算。

$$S_1 = \frac{P_c \times D}{\dfrac{2 \times R_{eL} \times J}{4/3} + P_c} \qquad\cdots\cdots\cdots\cdots\cdots\cdots\cdots\cdots(1)$$

式中：

P_c ——计算压力，取 P_c=3.2 MPa；

J ——焊缝系数，有纵向焊缝取 J=0.9，无纵向焊缝取 J=1.0；

材料的下屈服强度应选用标准规定屈服强度的最小值。

7.2.2　封头曲面部分计算壁厚(S_2)按公式(2)计算。

$$S_2 = \frac{P_c \times D \times K}{\dfrac{2 \times R_{eL}}{4/3} + P_c} \qquad\cdots\cdots\cdots\cdots\cdots\cdots\cdots\cdots(2)$$

式中，材料的下屈服强度应选用标准规定屈服强度的最小值。

7.2.3　YSP118/49.5 和 YSP118/液/49.5 规格的筒体和封头设计壁厚分别按照公式(1)和公式(2)计算；其他规格瓶体设计壁厚(S)取公式(1)和公式(2)计算结果中的较大值。

7.2.4　瓶体设计壁厚除满足按照公式(1)和公式(2)的计算结果要求外，还应满足按公式(3)的计算结果要求，且不应小于 1.5 mm。

$$S \geqslant \frac{D}{250} + 0.7 \text{ mm} \qquad\cdots\cdots\cdots\cdots\cdots\cdots\cdots\cdots(3)$$

7.2.5 气瓶筒体和封头的名义壁厚应相等。确定名义壁厚(S_0)时应注意钢板的厚度负偏差和工艺减薄量。

7.3 附件

7.3.1 附件的设计应便于焊接和检验。

7.3.2 气瓶应配有用于保护瓶阀的护罩和保持气瓶稳定的底座,护罩和底座应焊接在瓶体上。护罩和底座的结构形状及其与气瓶的连接应防止积液并具有足够的强度和刚度,护罩应上端边缘制成圆弧状,底座应有通风孔和排液孔。

7.3.3 气瓶选用的瓶阀应符合 GB 7512 或 GB/T 35208 的规定,所选型号应在瓶阀型式试验证书覆盖范围内。

7.3.4 气瓶阀座螺纹应与瓶阀螺纹相匹配,并符合 GB/T 8335 的规定;气相阀座应选用 PZ27.8 锥螺纹,与气相阀座对应的封头开孔直径应不小于 40 mm,液相阀座应选用 PZ39.0 的锥螺纹,与液相阀座对应的封头开孔直径应不小于 55 mm,液相管内径应不小于 14 mm。

7.3.5 瓶阀与阀座的螺纹连接应密封,密封材料应与液化石油气介质相容。

7.3.6 不准许在筒体上开孔,封头上开孔应按照 GB/T 150.3 的要求,需要补强的应进行开孔补强。带有液相管的气瓶,在封头上开孔时,开孔中心线与封头外圆周的投影距离,应在瓶体外直径的 30%～35%范围内。

8 制造

8.1 焊接工艺评定

8.1.1 焊接工艺评定按 GB/T 33209 规定执行。

8.1.2 进行焊接工艺评定的焊工和无损检测人员,应分别符合 8.2.1 和 9.1.2 的规定。

8.1.3 焊接工艺评定的焊缝,应能代表气瓶的受压元件的对接焊缝和角接焊缝。护罩上焊接电子标签或二维码等电子识读标志(见图 2)的焊接工艺也应进行评定,评定项目为低倍金相,评定要求焊缝金属、熔合区、热影响区不应有裂纹、未熔合。

8.1.4 焊接工艺评定应在气瓶的瓶体和护罩上进行。

8.1.5 焊接工艺评定的结果,应经过气瓶制造单位技术负责人审查批准,并存入企业的技术档案。

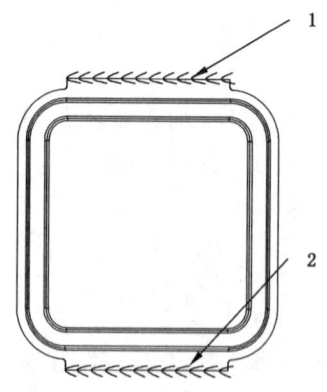

标引序号说明:
1——激光焊上焊缝;
2——激光焊下焊缝。

图 2 电子标签或二维码的激光焊焊缝(示意图)

8.2 焊接

8.2.1 焊接气瓶的焊工应持有有效的特种设备资质证书。焊工代号应打在气瓶显著位置或在焊接记录上签字可追溯。

8.2.2 瓶体的对接焊缝和阀座角焊缝均应采用自动焊接方法施焊,护罩上焊接电子标签或二维码等电子识读标志应采用激光焊施焊。

8.2.3 焊接坡口的形状和尺寸,应符合图样的规定。坡口表面应清洁、光滑,不应有裂纹、分层和夹渣等缺陷及其他残留物质。

8.2.4 焊接(包括焊接返修)应在室内进行,相对湿度不应大于90%。

8.2.5 施焊时,不应在非焊接处引弧,纵焊缝应有引弧板和熄弧板,板长不应小于100 mm。去除引、熄弧板时,不应敲击,应采用切除的方法,切除处应磨平。

8.3 焊缝

8.3.1 瓶体的对接焊缝和阀座角焊缝应焊透。

8.3.2 焊缝的外观应符合下列规定:

    a) 焊缝和热影响区不应有裂纹、气孔、弧坑、夹渣和未熔合等缺陷;

    b) 瓶体的焊缝不应咬边,瓶体附件的焊缝在瓶体一侧不应咬边;

    c) 焊缝表面不应有凹陷或不规则的突变;

    d) 焊缝两侧的飞溅物应清除干净;

    e) 瓶体对接焊缝的余高为0 mm～2.5 mm;同一焊缝最宽最窄处之差应不大于4 mm;

    f) 当图样无规定时,角焊缝的焊脚高度不应小于焊接件中较薄者的厚度,其几何形状应圆滑过渡至母材表面。

8.4 焊缝的返修

8.4.1 焊缝返修应有经评定合格的返修工艺,并应严格执行。

8.4.2 对接焊缝返修处应重新进行外观和射线检查并合格。

8.4.3 焊缝同一部位的返修次数应不超过1次。

8.4.4 返修部位应记入产品生产检验记录。

8.5 筒体

8.5.1 筒体由钢板卷焊而成时,钢板的轧制方向应与筒体的环向一致。

8.5.2 筒体焊接成形后应符合下列要求:

    a) 筒体同一横截面最大最小直径差不大于$0.01D$;

    b) 筒体纵焊缝对口错边量(b)不大于$0.1S_0$(见图3);

    c) 用长度为$D/2$,且小于或等于300 mm的样板测量,筒体纵焊缝棱角高度(E)应不大于$0.1S_0+2$ mm(见图4)。

单位为毫米

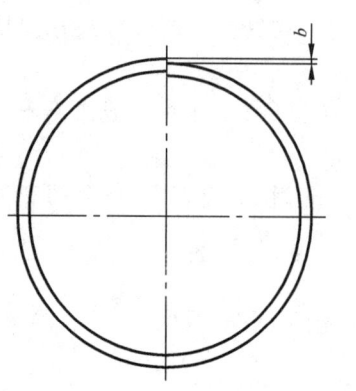

图 3　筒体纵焊缝对口错边量　　　　　图 4　筒体纵焊缝棱角高度

8.6　封头

8.6.1　封头应用整块钢板制成,封头的拉伸减薄量不应大于拉伸前钢板实测厚度的10%。

8.6.2　封头最小壁厚实测值不应小于瓶体设计壁厚(S)。

8.6.3　封头同一横截面最大最小直径差不应大于2 mm,封头的高度偏差为0 mm～5 mm。

8.6.4　封头直边部分的纵向皱折深度不应大于0.25%D。

8.6.5　未注公差尺寸的极限偏差应符合GB/T 1804的规定,具体要求如下:

　　a)　机械加工件不低于m级;

　　b)　非机械加工件不低于c级;

　　c)　长度尺寸不低于v级。

8.7　组装

8.7.1　气瓶瓶体在组装前应进行外观检查。

8.7.2　上下封头或封头与筒体对接环焊缝的对口错边量(b)不大于0.25S_0;棱角高度(E)不大于0.1S_0+2 mm;检查尺的长度不小于300 mm。

8.7.3　附件的装配应符合图样的规定。

8.8　热处理

8.8.1　气瓶在包括瓶体附属结构件全部焊接完成后,应进行整体热处理。热处理装置应保证有效加热区温度分布的均匀性,其有效加热区温度不超过设定温度±25 ℃,应能自动记录温度、时间、气瓶数量等关键参数,炉内测温点应不少于3个,并且能反映整个有效加热区温度场的温度变化趋势。返修瓶完成焊缝返修后应重新进行热处理。

8.8.2　热处理工艺评定按照CJ/T 33的规定执行;每个热处理工艺评定方案,气瓶数量应不少于4只,其中2只做力学性能试验,另外2只做水压爆破试验。

8.8.3　改变主体材料牌号或板厚规格、改变气瓶结构型式、改变焊接工艺、改变热处理设备、改变热处理方式,应重新进行热处理工艺评定。

　　相同尺寸、结构和板厚规格,采用相同焊接、相同热处理规范的气瓶,经热处理工艺评定合格后,在以后的生产过程中准许不再进行评定。

9 试验方法和检验规则

9.1 焊缝射线检测

9.1.1 焊缝应采用射线照相(RT)或者射线数字检测(DR)方法进行无损检测。

9.1.2 无损检测按 NB/T 47013.2 或者 GB/T 17925 的规定执行。

9.1.3 仅有一条环焊缝的气瓶,应按生产顺序每 250 只随机抽取 1 只(不足 250 只时,也应抽取 1 只),对环焊缝进行 100%射线检测。如不合格,应再抽取 2 只检测。如仍有 1 只不合格时,则应逐只检测。

9.1.4 有纵、环焊缝的气瓶,应逐只对气瓶的纵、环焊缝总长度的 20%进行射线检测,其中应包括纵、环焊缝的搭接处。

9.1.5 焊缝射线检测后,应按照 NB/T 47013.2 或 GB/T 17925 进行评定,射线透照底片质量或图像质量为 AB 级,焊缝缺陷等级不低于 Ⅱ 级为合格。

9.1.6 未经射线检测的焊缝质量应符合 9.1.5 的规定。

9.2 逐只检验

9.2.1 一般检验

9.2.1.1 使用深度尺对气瓶表面进行检验,气瓶表面不应有深度超过 0.5 mm 的凹陷缺陷以及深度超过 0.3 mm 的划伤、腐蚀和缺陷。

9.2.1.2 使用直尺和游标卡尺对对接焊缝进行检验,焊缝尺寸应符合 8.3.2 的规定。

9.2.1.3 逐只对气瓶的附件进行查验,选用的附件应符合 7.3 的规定。

9.2.1.4 使用手电筒探照气瓶内部,气瓶内部应干燥、清洁。

9.2.2 水压试验

9.2.2.1 水压试验在热处理工序完成后进行,水压试验按 GB/T 9251 规定执行。水压试验装置应能实时自动记录瓶号、试验时间及试验结果,水压试验记录电子档案应保存至少 8 年。

9.2.2.2 水压试验时,应以每秒不大于 0.5 MPa 的速度缓慢升压至 3.2 MPa,并保持不少于 30 s,气瓶不应有宏观变形和渗漏,压力表不应有肉眼可见的回降。

9.2.2.3 每只气瓶水压试验的现场或视频监检确认文件应至少保存 8 年。

9.2.3 气密性试验

9.2.3.1 气瓶气密性试验按 GB/T 12137 的规定执行。

9.2.3.2 气瓶气密性试验应在水压试验合格后进行,气密性试验压力为 2.1 MPa。

9.2.3.3 试验时向瓶内充装压缩空气,达到试验压力后,浸入水中,保压不少于 30 s,检查气瓶不应有泄漏现象。

9.2.3.4 进行气密性试验时,应采取有效的安全防护措施,以保证操作人员的安全。

9.2.4 返修

9.2.4.1 如果在水压试验或气密性试验过程中发现瓶体焊缝上有渗漏或泄漏,应按 8.4 的要求进行返修;若瓶体母材部分有泄漏,应判废,不应返修。

9.2.4.2 气瓶焊缝返修后,应对气瓶重新进行热处理,并应按 9.2.2 和 9.2.3 的规定重新进行水压试验和气密性试验。

9.3 批量检验

9.3.1 分批

对相同设计、采用相同牌号材料、采用同一焊接工艺和同一热处理工艺连续生产的同一规格的气瓶进行分批。

气瓶的检验批量应不超过 2 000 只,当同一条生产线连续生产的气瓶不足 2 000 只时,也应按一个批量检验。

9.3.2 试验用瓶

从每批气瓶中抽取力学性能试验用瓶和水压爆破试验用瓶各 1 只。

9.3.3 力学性能

9.3.3.1 力学性能试验的取样要求如下所列。

    a) 仅有一条环焊缝气瓶,应从气瓶封头直边部位切取母材拉伸试样 1 件,如果直边部位长度不够时,可从封头曲面部位切取。从环焊缝处切取焊接接头的拉伸试样、横向面弯和背弯试样各 1 件(见图 5)。

    b) 有纵、环焊缝的气瓶,应从筒体部分沿纵向切取母材拉伸试样 1 件,从封头顶部切取母材拉伸试样 1 件,从纵焊缝上切取拉伸试样,横向面弯、背弯试样各 1 件,如果环焊缝和纵焊缝的焊接工艺不同,还应在环焊缝上切取同等数量的试样(见图 6)。

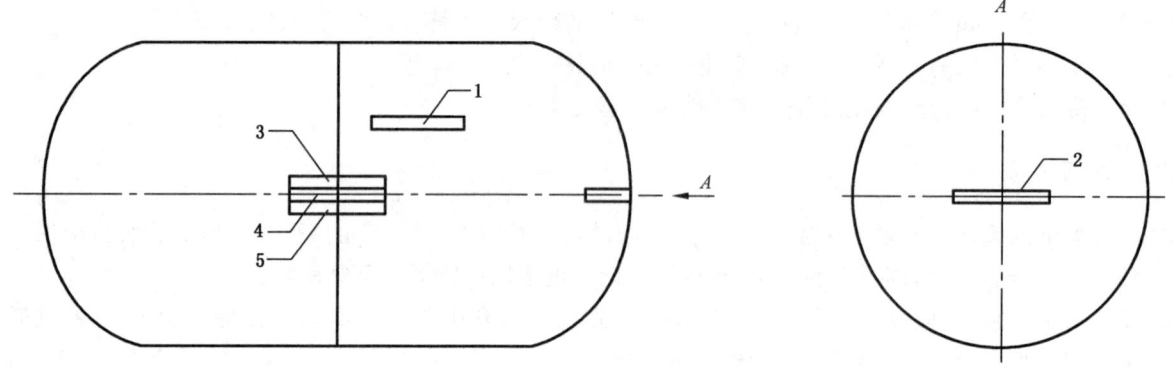

标引序号说明:

1——取 1 件拉伸试样;

2——取 1 件拉伸试样;

3——取 1 件拉伸试样;

4——取 1 件面弯试样;

5——取 1 件背弯试样。

图 5　仅有一条环焊缝气瓶的取样位置示意图

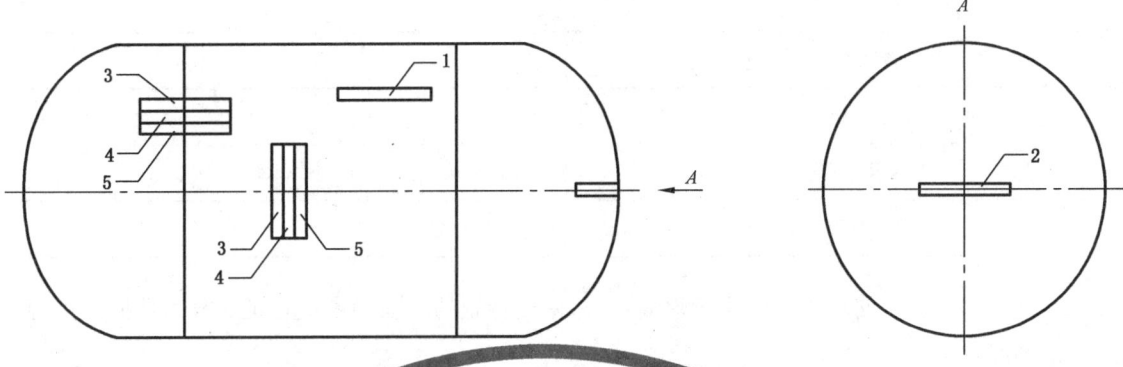

标引序号说明:

1——取1件拉伸试样;

2——取1件拉伸试样;

3——取1件拉伸试样;

4——取1件面弯试样;

5——取1件背弯试样。

图6 有纵焊缝气瓶的取样位置示意图

9.3.3.2 试样上焊缝的正面和背面应采用机械加工方法使之与板面齐平。对不够平整的试样,准许在机械加工前采用冷压法矫平。

9.3.3.3 试样的焊接横断面不应有裂纹、未熔合、未焊透、夹渣和气孔等缺陷。

9.3.3.4 材料拉伸试验要求如下所列。

  a) 气瓶母材拉伸试验按GB/T 228.1的规定执行。试验结果应同时满足:

  1) 屈服强度、实测抗拉强度 R_{ma} 不应低于母材标准规定值的下限,气瓶瓶体的屈强比 (R_{eL}/R_{ma}):当材料抗拉强度≥490 MPa时,R_{eL}/R_{ma} 应≤0.85,当材料抗拉强度<490 MPa时,R_{eL}/R_{ma} 应≤0.75;

  2) 试样的断后伸长率应符合表4的规定。

表4 断后伸长率 $A/A_{80\ mm}$ 的数值

瓶体名义壁厚(S_0)	R_{ma}≤490 MPa	R_{ma}>490 MPa
S_0≥3 mm	A≥29%	A≥20%
S_0<3 mm	$A_{80\ mm}$≥22%	$A_{80\ mm}$≥15%
注:$A_{80\ mm}$——原始标距为80 mm的试样断后伸长率。		

  b) 气瓶焊接接头拉伸试验按 GB/T 2651 的规定执行。试样采用该文件规定的带肩板形试样。抗拉强度应不低于母材标准规定值的下限。

9.3.3.5 材料弯曲试验要求如下:

  a) 焊接接头弯曲试验按 GB/T 2653 的规定执行;

  b) 弯心直径 d 和实测试样厚度 e 之间的比值 n 应不大于表5的规定值;

表 5　弯心直径和实测试样厚度比值

实测抗拉强度(R_{ma})/MPa	n
$R_{ma} \leqslant 440$	2
$440 < R_{ma} \leqslant 520$	3
$R_{ma} > 520$	4

   c)　弯曲试验中,应使弯心轴线位于焊缝中心,两支持辊的辊面距离应保证试样弯曲时恰好能通过(见图 7);

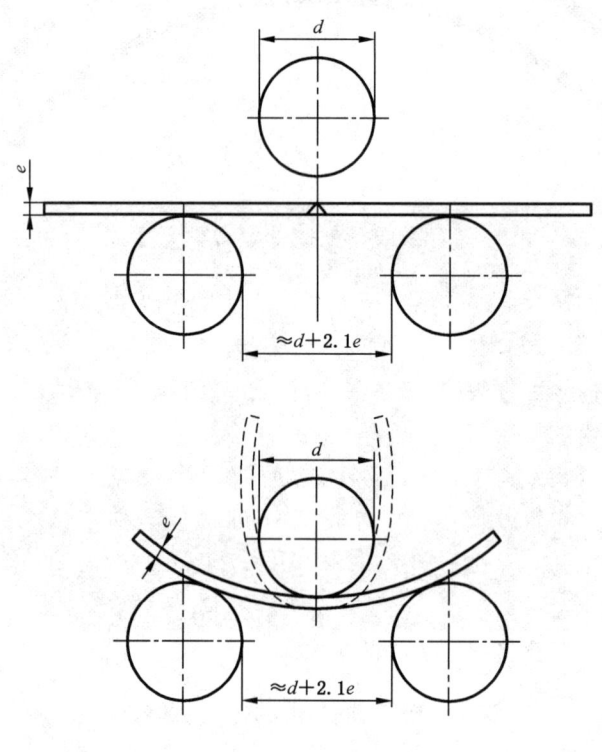

图 7　对接接头弯曲试验

   d)　焊接接头试样弯曲 180°时应无裂纹,但试样边缘的先期开裂不计。

9.3.4　水压爆破试验

9.3.4.1　气瓶实际爆破安全系数为 3.0,即实际水压爆破试验压力 P_b 应不小于 3 倍公称压力,即 6.3 MPa。

9.3.4.2　水压爆破试验按 GB/T 15385 的规定执行。水压爆破试验应采用能自动采集并记录压力、进水量和时间,同时能绘制压力-时间、压力-进水量曲线的试验装置。

9.3.4.3　气瓶爆破前变形应均匀,爆破时容积变形率(爆破时气瓶容积增加量与气瓶水容积之比)应不小于表 6 的规定。

表6　气瓶爆破时容积变形率

瓶体高度与气瓶外直径之比 H/D	抗拉强度/MPa		
	$R_m \leqslant 410$	$410 < R_m \leqslant 490$	$R_m > 490$
	容积变形率/%		
>1	20	15	12
≤1	15	10	8

9.3.4.4　气瓶爆破时不应形成碎片,爆破口不应发生在阀座角焊缝上、封头曲面部位(小容积气瓶除外)、纵焊缝上和起始于环焊缝上(垂直于环焊缝者除外),也不应发生在纵焊缝的熔合线处。

9.3.5　尺寸检验

封头及筒体的尺寸检验,按照表7的要求在每个批次首、中、末段各抽取10只进行抽检。护罩压印的钢印深度使用深度尺对三处不同的字样进行测量,三处均不应小于0.7 mm。

9.3.6　重量和容积检查

气瓶的实测重量(含瓶阀)应符合产品图样的规定,YSP118/49.5和YSP118/液/49.5规格准许的制造重量偏差不应超过设计计算重量的±1.5 kg,其他规格气瓶的允许制造重量偏差不应超过设计计算重量的±0.5 kg。实测容积不应小于其公称容积。气瓶的重量和容积检查为每批抽取批量3%的样瓶进行抽检。若出现一只不合格,则加倍抽查,如仍有不合格产品,则对该批次逐只检测重量和容积。

9.3.7　电子识读标志试验

9.3.7.1　电子识读标志在800 ℃～1 000 ℃的火焰中燃烧1 min,不应崩裂,应能用手机扫描识别。
9.3.7.2　将电子识读标志产品,放在33 ℃～36 ℃的盐雾箱内,在无任何遮掩的情况下,用5%的氯化钠和95%蒸馏水(按重量)组成的盐溶液,对产品连续进行144 h的喷盐雾试验,然后取出,立即用清水冲洗产品,并轻轻拭去盐的沉积物,产品表面应无明显腐蚀及鼓泡,应能用手机扫描识别。
9.3.7.3　电子识读标志产品按进货批次进行批量试验,每个批次分别抽取3只开展试验。

9.4　压力循环试验

压力循环试验按GB/T 9252的规定执行。将3只疲劳试验用气瓶装到压力循环试验机上,使用水或液压油作为试验介质,循环上限压力3.2 MPa,循环下限压力为0.3 MPa,以不超过15 次/min的频率,经过12 000次压力循环后,气瓶应无泄漏。

9.5　重复试验

9.5.1　逐只检验的项目不合格的,在进行处理或修复后,再进行该项检验,仍不合格者判废。
9.5.2　批量检验项目中,如果有证据说明是操作失误或是测量差错时,则应在同一气瓶或在同批气瓶中另选1只进行第二次试验。如果第二次试验合格,则第一次试验可以不计。
9.5.3　力学性能试验不合格时,应在同一批气瓶中再抽取4只试验用瓶,2只进行力学性能试验,2只进行水压爆破试验;水压爆破试验不合格时,应在同一批气瓶中再抽取5只试验用瓶,1只进行力学性能试验,4只进行水压爆破试验。
9.5.4　复验仍有不合格时,则该批气瓶判为不合格。但准许这批气瓶重新热处理或修复后再热处理,并按9.3的规定,作为新的一批重新做试验。

9.6 型式试验

9.6.1 气瓶应按型号进行型式试验,制造企业应在本企业网站上公示型式试验证书后方可生产该型号产品,符合下列情况之一者,应重新进行型式试验:

a) 按同一制造工艺制造的同一型号气瓶,制造中断 12 个月,重新制造的;

b) 改变焊接、热处理等主要生产工艺的;

c) 修改设计文件需重新鉴定的;

d) 实施产品召回的或监督抽查时检验结果不合格的;

e) 气瓶质量原因导致发生事故的。

9.6.2 型式试验项目包括瓶体材料拉伸试验、瓶体材料弯曲试验、焊缝射线检测、瓶体材料化学成分检验、水压试验、气密性试验、水压爆破试验、压力循环试验、护罩钢印深度、电子识读标志火烧试验、电子识读标志盐雾试验,其中压力循环试验瓶数量为 3 只,其他试验项目的样瓶数量为 1 只。

9.6.3 首次制造的型式试验的样瓶抽样基数为 200 只,非首次制造的型式试验抽样基数不少于试验用样瓶数量的 3 倍。

9.6.4 型式试验样瓶应在气瓶制造单位检验合格的产品中抽取。

9.7 出厂检验和型式试验项目

气瓶出厂检验和型式试验项目应符合表 7 的规定。

表 7 出厂检验和型式试验项目

序号	项目名称		试验方法	出厂检验		型式试验	判定依据
				逐只检验	批量检验		
1	瓶体材料化学成分检验		6.2	—	√	√	6.2
2	原材料力学性能检验		6.3	—	√		6.3
3	封头	最小壁厚测量	8.6.2	—	√		8.6.2
4		最大最小直径差	8.6.3	—	√		8.6.3
5		封头高度公差	8.6.3	—	√		8.6.3
6		直边部分纵向皱折深度	8.6.4	—	√		8.6.4
7	筒体	最大最小直径差	8.5.2 a)	—	√		8.5.2 a)
8		纵焊缝对口错边量	8.5.2 b)	—	√	—	8.5.2 b)
9		纵焊缝棱角高度	8.5.2 c)	—	√		8.5.2 c)
10	环焊缝对口错边量		8.7.2	—	√		8.7.2
11	环焊缝棱角高度		8.7.2	—	√		8.7.2
12	焊缝外观		8.3.2	√	—	—	8.3.2
13	气瓶附件		7.3	√			7.3
14	焊缝射线检测		9.1.1	—	√	√	9.1.5
15	水压试验		9.2.2.1	√	—	√	9.2.2.2
16	气密性试验		9.2.3.1	√	—	√	9.2.3.3
17	护罩钢印深度		9.3.5	—	√	√	9.3.5

表 7 出厂检验和型式试验项目（续）

序号	项目名称	试验方法	出厂检验		型式试验	判定依据
			逐只检验	批量检验		
18	重量检查	9.3.6	—	√	—	9.3.6
19	电子识读标志火烧试验	9.3.7.1	—	√	√	9.3.7.1
20	电子识读标志盐雾试验	9.3.7.2	—	√	√	9.3.7.2
21	容积检查	9.3.6	√	—	—	9.3.6
22	瓶体材料拉伸试验	9.3.3.4	—	√	√	9.3.3.4
23	瓶体材料弯曲试验	9.3.3.5	—	√	√	9.3.3.5
24	水压爆破试验	9.3.4.1	—	√	√	9.3.4.2 9.3.4.3 9.3.4.4
25	压力循环试验	9.4	—	—	√	9.4

注："√"表示需要进行的项目，"—"表示无需进行的项目。

10 标志、涂敷、包装、贮运、出厂文件

10.1 标志

10.1.1 气瓶的钢印标志内容应符合 TSG 23 的规定。

10.1.2 气瓶上封头应内凹压制气瓶介质标志"LPG"、气瓶产权单位标志及气瓶制造年份标志，字高20 mm～55 mm；YSP118/液/49.5 规格的气瓶应在上封头，还应内凹压印"液"，字高 55 mm，内凹标志的高度应不少于 0.5 mm；凹字与母材应平滑过渡。

10.1.3 压印在护罩上的钢印标志的内容与排列应符合附录 A 的规定，钢印字体高度应为 6 mm～20 mm，钢印深度应不小于 0.7 mm，字体应明显、清晰。

10.1.4 每只气瓶应在护罩上镂刻气瓶可追溯唯一性瓶号，唯一性瓶号编制规则按附录 B 的规定。

10.1.5 每只出厂气瓶应在护罩上焊接永久性的电子标签或二维码电子识读标志，焊接电子识读标志的焊缝应采用角焊缝。电子识读标志应能用手机扫描识读并能耐受气瓶定期检验时的高温焚烧，电子识读标识应确保在设计使用年限内不可更换并能够有效追溯气瓶产品质量安全信息以及互联上传的充装、使用登记和定期检验信息。

10.1.6 气瓶的重量和容积应用三位数字表达，重量向上圆整，容积向下圆整。

10.1.7 气瓶电子识读标志在监检记录中记录。

10.2 涂敷

10.2.1 气瓶经检验合格后，应进行表面涂敷。

10.2.2 采用喷粉涂装的方式进行气瓶表面涂敷，气瓶表面应印有"液化石油气"字样，YSP118/液/49.5型号的气瓶表面应印有"液相液化石油气应直连气化装置"字样，其字体为 30 mm～80 mm 高的仿宋体汉字。YSP118/液/49.5 型号的气瓶颜色应为白色，其他型号的气瓶颜色应为符合 GB/T 7144 规定的银灰色，字色为大红色，不应使用其他颜色。

10.3 包装、贮运

10.3.1 出厂的气瓶应使用纤维套袋或塑料丝网套进行包装。

10.3.2 气瓶的瓶阀口应密封,以免在运输、贮存中进入杂物。

10.3.3 气瓶在运输、装卸时,应防止碰撞、磕伤。

10.3.4 出厂的气瓶应贮存在没有腐蚀性气体、通风、干燥,且不受日光曝晒的地方。

10.4 公示网站和出厂文件

10.4.1 制造单位应在本企业建立的气瓶产品追溯信息网站上,公示每只出厂气瓶的质量安全追溯信息(包括产品合格证、批量质量证明书、监督检验证书、型式试验证书以及产权单位标志等)。

10.4.2 气瓶出厂时镂刻的唯一性瓶号、气瓶阀门唯一性瓶阀号,以及所有的电子识读标志,包括气瓶永久性电子标签或二维码、瓶阀电子标签或二维码均应实现绑定并在气瓶制造企业网站上公示。手机扫描电子识读标志查询信息应符合10.4.1的规定。

10.4.3 每只气瓶出厂时均应有产品合格证(包括纸质或电子合格证),产品合格证格式见附录C。产品合格证所记入的内容应与制造厂家保存的生产检验记录相符。

10.4.4 每批出厂的气瓶均应有质量证明书,质量证明书格式见附录D。

11 气瓶的设计使用年限

11.1 设计使用年限

按本文件制造的气瓶,设计使用年限应为8年。

11.2 年限印制

气瓶的设计使用年限应压印在气瓶的护罩上(见附录A)。

附 录 A

（规范性）

气瓶钢印标志

气瓶钢印标志如图 A.1 所示。

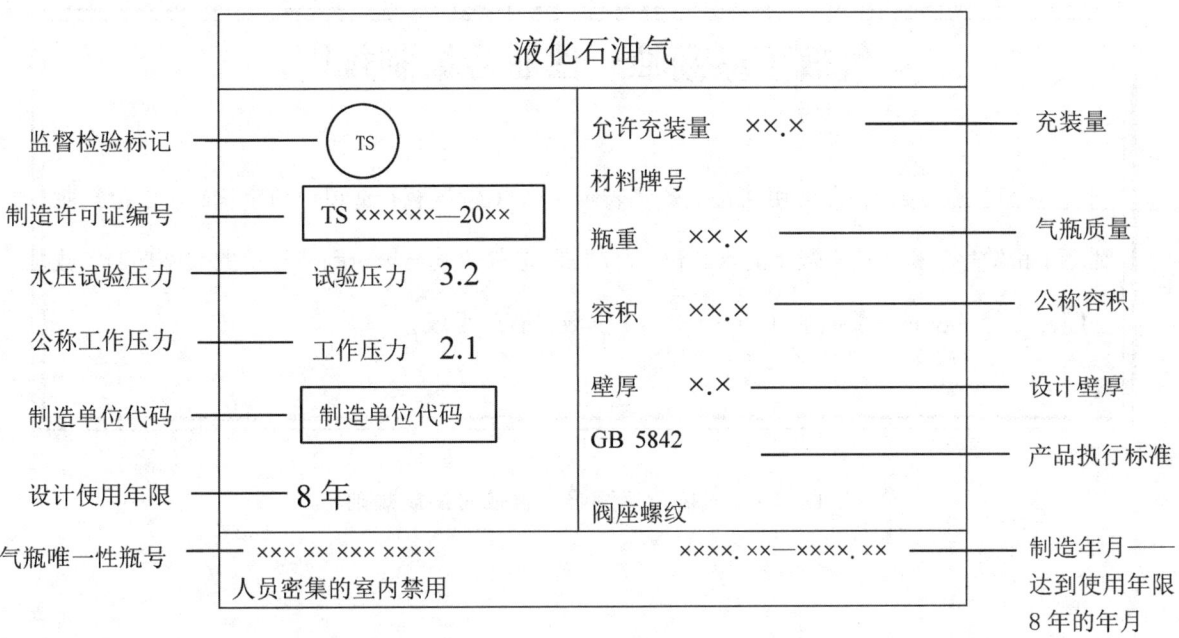

上述各项目位置准许调整。

YSP118/49.5 和 YSP118/液/49.5 型号的气瓶还应压印"不应设置在所服务建筑的室内"。

图 A.1 气瓶钢印标志

附　录　B

（规范性）

气瓶可追溯唯一性瓶号编制规则

气瓶可追溯唯一性瓶号编制规则如图 B.1 所示。

气瓶可追溯唯一性瓶号编制规则

气瓶可追溯唯一性瓶号用阿拉伯数字表示，由 3 位气瓶制造单位数字代码、2 位气瓶制造年份数字代码（年份数字的末 2 位）、7 位制造单位某一年份制造气瓶的数字序号（数字序号不足 7 位时，前面加 0 补齐）等 12 位数字有序组成。

图 B.1　气瓶可追溯唯一性瓶号编制规则

附 录 C
（资料性）
产品合格证格式

产品合格证内容见图 C.1、图 C.2。

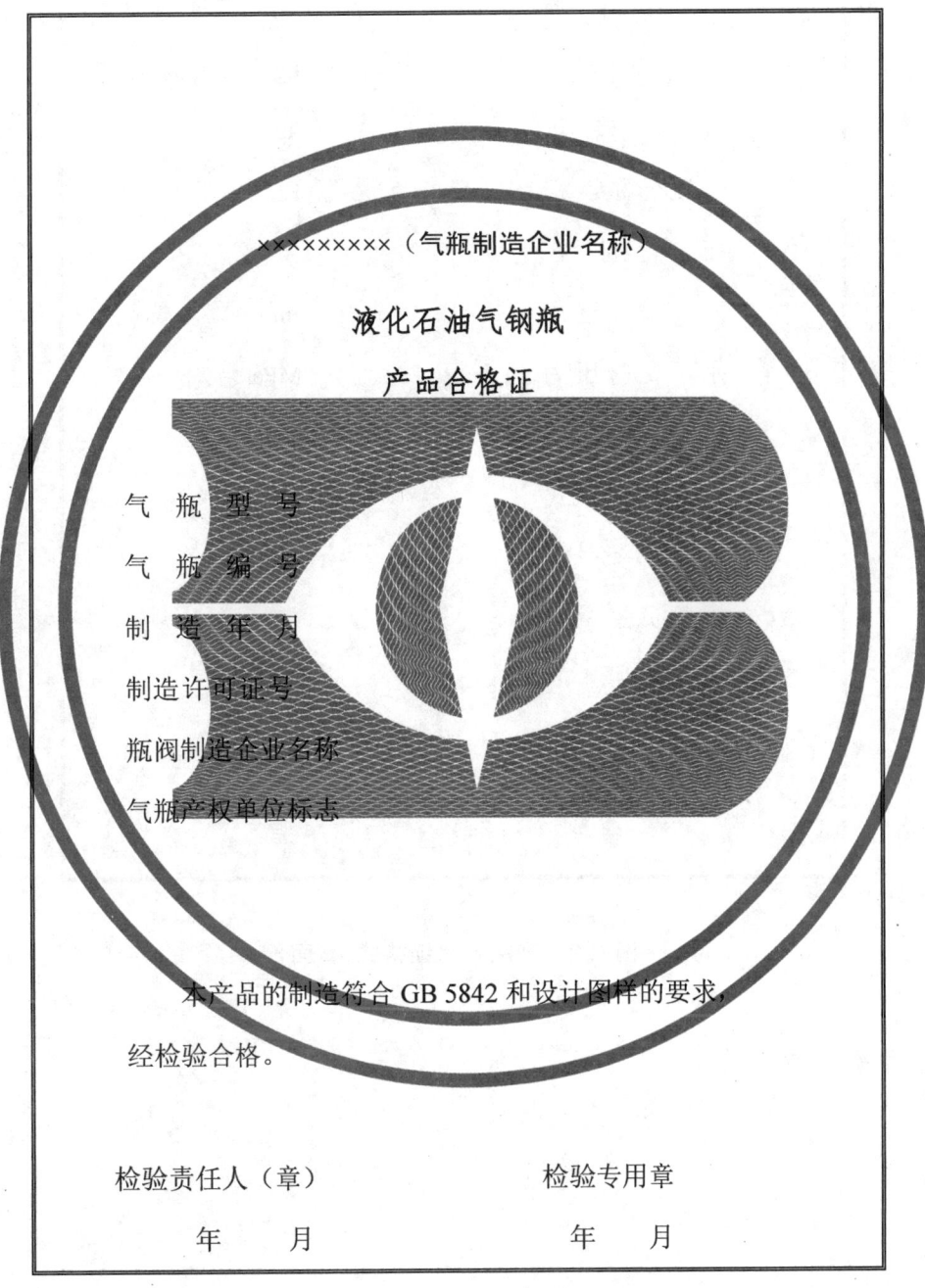

规格要求统一，合格证尺寸为 150 mm×100 mm。

图 C.1 产品合格证格式（正面）

充　装　介　质

允 许 充 装 量　　　　　　　　kg

气　瓶　重　量　　　　　　　　kg

气瓶公称容积　　　　　　　　　L

瓶　体　材　料

瓶体设计壁厚　　　　　　　　　mm

水压试验压力　　　　　　　　　MPa

气密性试验压力　　　　　　　　MPa

热　处　理　方　式

检验员签章

图 C.2　产品合格证格式(背面)

附 录 D
（资料性）
质量证明书格式

批量质量证明书格式见图 D.1、图 D.2。

××××××××（气瓶制造企业名称）

液化石油气钢瓶
批量检验质量证明书

气瓶名称及型号

盛 装 介 质

图　　　号

出 厂 批 号

制 造 年 月

制造许可证编号

本批气瓶共　　只，符合 GB 5842 和设计图样的要求，经检验合格。

制造企业检查专用章

年　　月

制造企业地址：

联 系 电 话：

规格要求统一，质量证明书尺寸为 150 mm×100 mm。

图 D.1　批量质量证明书

1. 主要技术数据

公称容积　　　　　L　　　　　　公称工作压力　　　　　　MPa

气瓶外直径　　　　mm　　　　　水压试验压力　　　　　　MPa

瓶体设计壁厚　　　mm　　　　　气密性试验压力　　　　　MPa

2. 试验瓶的测量

试验瓶号	容积/L	重量/kg	最小实测壁厚/mm	
			筒体或封头直边部分	封头曲面部分

3. 主体材料化学成分（质量分数，%）

项目	牌号	C	Si	Mn	S	P	Nb	V	Ti
质保书									
复验值									
标准规定值		≤0.2	≤0.35	0.7～1.50	≤0.012	≤0.025	≤0.05	≤0.1	≤0.06

备注：w(Nb)+ w(V)≤0.12%，w(Alt)≥0.020%。

4. 焊接材料

焊丝牌号	焊丝直径/mm	焊剂牌号

5. 气瓶热处理

方　　　法　　□正火　　　□去应力退火　　　加热温度　　　　℃

保温时间　　　s　　　冷却方式　□空冷　　　□炉冷

6. 焊缝射线检测

焊缝射线检测结果符合 GB 5842。

7. 力学性能试验

试板编号	抗拉强度 R_{ma}/MPa	断后伸长率 A/%	弯曲试验	
			面弯	背弯

图 D.2　批量质量证明书（附页）

8. 水压爆破试验

试验瓶号	爆破压力/MPa	开始塑变的压力/MPa	容积变形率/%

9. 试验用瓶

返修部位（简图）

爆破口位置（简图）

质量检验员专用章

图 D.2 批量质量证明书（附页）（续）

参 考 文 献

[1] GB 11174 液化石油气

ICS 23.020.30
J 74

中华人民共和国国家标准

GB/T 11638—2020
代替 GB/T 11638—2011

乙 炔 气 瓶

Acetylene cylinders

(ISO 3807:2013，Gas cylinders—Acetylene cylinders—Basic requirements
and type testing，NEQ)

2020-12-14 发布

2021-07-01 实施

国家市场监督管理总局
国家标准化管理委员会 发 布

前　言

本标准按照 GB/T 1.1—2009 给出的规则起草。

本标准代替 GB/T 11638—2011《溶解乙炔气瓶》。

本标准与 GB/T 11638—2011 相比较,除编辑性修改外主要技术变化如下:

——乙炔气瓶容积上限由 60 L 调整到 100 L;

——增加了 DMF 溶剂乙炔气瓶的相关要求;

——将填料的抗压强度由 1.8 MPa 提高到 2.0 MPa;

——型式试验中冲击稳定性试验修改为仅适用于深拉深成形的焊接瓶体乙炔气瓶;

——增加了型式试验覆盖范围的要求;

——增加了无溶剂乙炔气瓶的相关要求;

——增加了丙酮溶剂乙炔气瓶水浴升温试验的一种替代计算方法;

——回火试验横卧时间要求修改为最小 24 h,增加了回火试验前水浴后瓶内压力的要求;

——增加了型式试验时填料强度试块的取件要求;

——删除了乙炔气瓶使用性能试验的要求,增加了乙炔气瓶使用时的安全操作要求。

本标准使用重新起草法参考 ISO 3807:2013《气瓶　乙炔气瓶　基本要求和型式试验》编制,与 ISO 3807:2013 的一致性程度为非等效。

请注意本文件的某些内容可能涉及专利。本文件的发布机构不承担识别这些专利的责任。

本标准由全国气瓶标准化技术委员会(SAC/TC 31)提出并归口。

本标准起草单位:江苏天海特种装备有限公司、宁波美恪乙炔瓶有限公司、北京天海工业有限公司、中国特种设备检测研究院、大连锅炉压力容器检验检测研究院有限公司、沈阳特种设备检测研究院、太仓市金阳气体有限公司、浙江金盾压力容器有限公司。

本标准主要起草人:张保国、王竞雄、代德维、薄柯、王艳辉、古海波、郝延平、倪学仁、马夏康。

本标准所代替标准的历次版本发布情况为:

——GB 11638—1989,GB 11638—2003,GB/T 11638—2011;

——GB 16164—1996。

乙 炔 气 瓶

1 范围

本标准规定了乙炔气瓶的规格系列、技术要求、试验方法、检验规则、标志、涂敷、包装及充装、运输、贮存和使用。

本标准适用于基准温度 15 ℃时最大限定压力为 1.56 MPa,最高许用温度 40 ℃,公称容积≤100 L,内含多孔填料,移动式可重复充气的乙炔气瓶。

注:本标准中的压力均指表压。

2 规范性引用文件

下列文件对于本文件的应用是必不可少的。凡是注日期的引用文件,仅注日期的版本适用于本文件。凡是不注日期的引用文件,其最新版本(包括所有的修改单)适用于本文件。

GB/T 5099.1 钢质无缝气瓶 第1部分:淬火后回火处理的抗拉强度小于1 100 MPa 的钢瓶(GB/T 5099.1—2017,ISO 9809-1:2010,NEQ)

GB/T 5099.3 钢质无缝气瓶 第3部分:正火处理的钢瓶(GB/T 5099.3—2017,ISO 9809-3:2010,NEQ)

GB/T 5100 钢质焊接气瓶(GB/T 5100—2020,ISO 4706:2008,NEQ)

GB/T 6026 工业用丙酮

GB 6819 溶解乙炔

GB/T 7144 气瓶颜色标志

GB/T 8335 气瓶专用螺纹

GB/T 8337 气瓶用易熔合金塞装置

GB/T 10879 溶解乙炔气瓶阀

GB/T 12137 气瓶气密性试验方法

GB/T 13005 气瓶术语

GB/T 13591 溶解乙炔充装规定

HG/T 2028 工业用二甲基甲酰胺

3 术语和定义

GB/T 13005 界定的以及下列术语和定义适用于本文件。

3.1

乙炔气瓶 acetylene cylinder

装有瓶阀和其他附件,内含多孔填料和易于溶解乙炔的溶剂(或无溶剂),用于贮运乙炔的气瓶。

3.2

瓶体 shell

适于灌装多孔填料、溶剂和乙炔气的承压壳体。

3.3

多孔填料 porous material

充满乙炔气瓶内,用以吸附溶剂/乙炔溶液的固体多孔物质。

注：本标准系指整体式多孔物质。

3.4

溶剂 solvent

能被多孔填料吸附且能溶解和释放乙炔的液体。

注：常用的溶剂包括丙酮和二甲基甲酰胺(DMF)。

3.5

皮重 tare

瓶体、多孔填料、瓶阀和固定式瓶帽重量与溶剂规定充装量之和。

3.6

最大乙炔量 maximum acetylene content

瓶中乙炔的最大限定重量。

注：其中包含了饱和气体的重量。

3.7

水容积 water capacity

瓶体容积

用灌水法测得的瓶体实际容积。

3.8

孔隙率 porosity

多孔填料的微孔总容积与瓶体水容积之比。

3.9

乙炔/溶剂比 acetylene/solvent ratio

最大乙炔量与溶剂规定充装量之比。

3.10

最大限定压力 maximum permissible settled pressure

在基准温度15 ℃时,充以规定溶剂量和最大乙炔量的乙炔气瓶的最大允许压力。

3.11

批量 batch

采用同一设计条件、同一规格、同一填料配方及制造工艺,连续生产的乙炔气瓶所限定的数量。

3.12

单一公称容积 single cylinder nominal water capacity

只包含一种容积规格的设计,在型式试验时,选用单一容积的乙炔气瓶进行试验。

3.13

范围公称容积 range of cylinders of different nominal water capacities

包含一系列容积规格的设计,在型式试验时,按要求选用不同容积的乙炔气瓶进行试验,以覆盖整个容积系列。

4 符号

下列符号适用于本文件。

D_N:乙炔气瓶公称直径,mm;

D_i:模拟火灾试验装置直筒内径,mm;

T_m:乙炔气瓶皮重,kg;

m_A:乙炔气瓶的最大乙炔量,kg;

Q_a:丙酮规定充装量,kg;

Q_d:DMF 规定充装量,kg;

V:瓶体实际水容积,L;

V_N:乙炔气瓶公称容积,L;

δ:瓶内多孔填料孔隙率,%;

Δm_S:溶剂充装量允许偏差,kg;

V_{F65}:乙炔气瓶在 65 ℃时,瓶体单位水容积的自由空间,L/L。

5 规格系列

乙炔气瓶的公称直径和公称容积宜采用表1推荐的系列。

表 1 乙炔气瓶公称容积系列及溶剂允差一览表

D_N/mm	V_N/L	Δm_S/kg	
		丙酮	DMF
102	2	+0.1 / 0	+0.1 / 0
120	4	+0.1 / 0	+0.1 / 0
152	8	+0.1 / 0	+0.2 / 0
152、160	10	+0.1 / 0	+0.25 / 0
180	14		
210	25	+0.2 / 0	+0.6 / 0
250	40	+0.4 / 0	+1.0 / 0
300	60	+0.5 / 0	+1.5 / 0
304、314、350	>60～100	+0.5 / 0	+1.5 / 0

注:公称直径 D_N 为推荐尺寸,对于钢质无缝气瓶指外径,钢质焊接气瓶指内径。

6 技术要求

6.1 瓶体

6.1.1 瓶体的设计、制造、试验和检验应符合 GB/T 5100 或 GB/T 5099.1 或 GB/T 5099.3 及产品图样的规定,但规格、试验压力、螺纹和标志应符合本标准的规定。

6.1.2 公称容积大于或等于 10 L 的乙炔气瓶,宜采用焊接瓶体。采用焊接瓶体时,其环焊缝焊接接头不得采用锁底焊或带有永久性垫板。

6.1.3 瓶体的水压试验压力为 5.2 MPa。

6.1.4 瓶体的气密性试验压力为 3.0 MPa。

6.1.5 阀座与瓶阀连接的螺纹应采用锥螺纹,并符合 GB/T 8335 或设计图样的规定。

6.2 多孔填料

6.2.1 一般要求

多孔填料应为整体式,且均匀一致,不应含有石棉,不应有穿透性裂纹或溃散。

6.2.2 技术指标

6.2.2.1 孔隙率应在 89%～92% 的范围内。

6.2.2.2 抗压强度不小于 2.0 MPa。

6.2.2.3 表面孔洞:对于公称容积大于或等于 10 L 的乙炔气瓶,表面孔洞的总容积不大于 20 cm^3,且单个孔洞的容积不大于 1.5 cm^3;对于公称容积小于 10 L 的乙炔气瓶,表面孔洞的总容积不大于 5 cm^3,且单个孔洞的容积不大于 1.0 cm^3。

6.2.2.4 多孔填料与瓶壁的间隙,沿径向或轴向测量,均不应超过填料直径或长度的 0.4%,且不大于 2.5 mm。

6.2.3 相容性

6.2.3.1 在制造及使用期间,多孔填料与乙炔、溶剂、瓶体及其他相接触的附件不得发生有害反应。

6.2.3.2 乙炔气瓶的附件(瓶阀、易熔合金塞装置)不得选用含铜量大于 70% 的铜合金材料制造,且不得含有锌、镉、汞等元素。

6.2.3.3 瓶阀、易熔合金塞装置与瓶体结合处使用的密封材料,应不与乙炔、溶剂等发生化学反应。

6.2.4 安全性能

乙炔气瓶成品应能通过附录 A 所规定的下列各项试验:

——水浴升温试验;

——回火试验;

——模拟火灾试验;

——冲击稳定性试验(仅限深拉深成形的焊接瓶体的乙炔气瓶)。

6.3 附件

6.3.1 瓶阀应符合 GB/T 10879 或相关标准的规定。

6.3.2 乙炔气瓶上应设置易熔合金塞装置(简称易熔塞)。易熔塞的数量和位置,应能通过乙炔气瓶的安全性能试验。易熔塞可设置在乙炔气瓶的肩部、阀座或瓶阀上。

6.3.3 易熔塞的要求应符合 GB/T 8337 的规定,动作温度应为 100 ℃±5 ℃。

6.3.4 公称容积大于或等于 10 L 的乙炔气瓶应佩戴固定式瓶帽或防护罩,其瓶帽或防护罩重量偏差不应大于公称值的 5%。

6.4 乙炔气瓶外观

6.4.1 瓶体表面不得有肉眼可见的裂纹、重皮、夹杂、凹陷、凹坑、磕伤、划伤等缺陷,对于凹坑、磕伤、划伤等缺陷,允许用机械加工方法清除并修磨圆滑,但清除缺陷后的剩余壁厚不得小于设计壁厚。

6.4.2 附件应齐全、外观完好并装配牢靠。

6.5 气密性

乙炔气瓶在 3.0 MPa 的试验压力下,保压时间不少于 1 min,其所有焊接接头和连接部位应无泄漏。

6.6 溶剂

6.6.1 丙酮

6.6.1.1 丙酮应符合 GB/T 6026 一级品的要求。

6.6.1.2 丙酮规定充装量按公式(1)计算:

$$Q_a = 0.38\delta V \quad\quad\quad\quad\quad\quad\quad\quad\quad\quad\quad\quad (1)$$

计算值保留三位有效数字,其余数字舍弃。

6.6.2 DMF

6.6.2.1 DMF 应符合 HG/T 2028 优等品的要求。

6.6.2.2 DMF 规定充装量按公式(2)计算:

$$Q_a = 0.46\delta V \quad\quad\quad\quad\quad\quad\quad\quad\quad\quad\quad\quad (2)$$

计算值保留三位有效数字,其余数字舍弃。

6.6.3 溶剂充装量允许偏差

溶剂充装量允许偏差应符合表 1 的规定。

6.7 皮重

乙炔气瓶在未灌注溶剂之前应进行称重,称量值加上按 6.6 计算所得溶剂规定充装量即为乙炔气瓶皮重,保留三位有效数字,其余数字舍弃。

6.8 最大乙炔量

当溶剂为丙酮时,乙炔气瓶的最大乙炔量按公式(3)计算:

$$m_A = 0.20\delta V \quad\quad\quad\quad\quad\quad\quad\quad\quad\quad\quad\quad (3)$$

当溶剂为 DMF 时,乙炔气瓶的最大乙炔量按公式(4)计算:

$$m_A = 0.215\delta V \quad\quad\quad\quad\quad\quad\quad\quad\quad\quad\quad\quad (4)$$

无溶剂乙炔气瓶的最大乙炔量按公式(5)计算:

$$m_A = 0.018\delta V \quad\quad\quad\quad\quad\quad\quad\quad\quad\quad\quad\quad (5)$$

计算值保留三位有效数字,其余数字舍弃。

6.9 限定压力

充以规定溶剂量的溶剂和最大乙炔量的乙炔后,在恒温 15 ℃时,乙炔气瓶内平衡压力不应超过最大限定压力 1.56 MPa。

7 试验方法

7.1 乙炔气瓶的安全性能按附录 A 进行试验。

7.2 多孔填料技术指标的测定按附录 B 执行,但型式试验时的多孔填料孔隙率测定按附录 C 执行。

7.3 瓶体外观采用目视检查方法,对修磨处应用超声波测厚仪检查剩余壁厚;检查附件是否满足 6.4.2 中的规定。

7.4 乙炔气瓶的气密性试验按 GB/T 12137 执行。

8 检验规则

8.1 出厂检验

8.1.1 逐只检验

凡出厂的乙炔气瓶应按表 2 规定的项目进行逐只检验。

表 2 乙炔气瓶检验和试验项目一览表

序号	检验项目			试验方法	出厂检验		型式试验	判定依据
					逐只检验	批量检验		
1	多孔填料	技术指标	外观	7.2		△	△	6.2.1
2			孔隙率		△ᵃ	△ᵃ	△ᵇ	6.2.2.1
3			抗压强度			△	△	6.2.2.2
4			表面孔洞			△	△	6.2.2.3
5			肩部轴向间隙		△	△	△	6.2.2.4
6			与瓶壁的侧向间隙			△	△	
8	乙炔气瓶	安全性能	水浴升温试验	7.1			△	A.1.2
9			回火试验				△	A.2.2
10			模拟火灾试验				△	A.3.2
11			冲击稳定性试验ᶜ				△	A.4.2
12			外观	7.3	△		△	6.4
13			气密性	7.4	△		△	6.5

注:△ 表示应进行的内容。

ᵃ 按附录 B 中 B.2 测定。

ᵇ 按附录 C 测定。

ᶜ 仅限深拉深成形的焊接瓶体的乙炔气瓶。

8.1.2 批量检验

8.1.2.1 分批

同一规格的乙炔气瓶,按生产顺序,以不多于 500 只为一批。

8.1.2.2 检验项目

乙炔气瓶应按表 2 规定的项目进行批量检验。

8.1.2.3 抽样规则

从每批乙炔气瓶中随机抽取一只,用于多孔填料的检测。

8.1.2.4 复验规则

批量检验复验规则如下：

a) 在批量检验中，如有不合格项目，应当进行复验。

b) 对于出现的不合格项目，如有证据表明是操作失误或检测设备失灵导致检测失败，则应在同一填料上或同批瓶中另抽一只进行第二次检测，如合格，则第一次检测可以不计。否则，按 c) 执行。

c) 对于非操作原因的不合格项目，应从同釜（或装置）瓶中另抽 2 只，按 8.1.2.2 进行复验，如两只瓶的复验结果均合格，则判该批瓶合格；只要有一只仍有不合格项目，则判该釜（或装置）瓶的填料不合格。此时，对该批其他釜（或装置）瓶，允许从每一釜（或装置）瓶中各抽一只，仍按 8.1.2.2 进行复验，如复验结果合格，则判该釜（或装置）瓶合格；如仍有不合格项目，则判该釜（或装置）瓶不合格。

8.2 型式试验

8.2.1 试验时机

乙炔气瓶制造厂遇下列情况之一，应进行型式试验：

a) 乙炔气瓶首次制造时；

b) 新设计的乙炔气瓶超出 8.2.5 中的覆盖范围时；

c) 获准乙炔气瓶制造许可，停产逾六个月或以上而重新投产的首批瓶；

d) 获准制造的乙炔气瓶的多孔填料配方或工艺有较大变化时；

e) 正常生产时，出厂检验结果与上次型式试验有较大差异时；

f) 特种设备安全监督管理部门提出型式试验的要求时。

8.2.2 抽样规则

8.2.2.1 提交型式试验的样瓶应从经出厂检验合格、未充装溶剂和乙炔的同规格乙炔气瓶中抽取，每种规格样瓶数量不得少于 50 只。

8.2.2.2 型式试验各检验项目的试验瓶数量和溶剂、乙炔充装量应符合表 3 的规定。

8.2.2.3 乙炔的品质应符合 GB 6819 的要求。

8.2.3 试验项目

型式试验项目按表 2 规定。

8.2.4 复验规则

8.2.4.1 型式试验有不合格项目时，若因操作不当所引起不合格，允许从同一批中另抽表 3 规定数量的乙炔气瓶对不合格项目进行复验。否则，应在产品设计和制造工艺改进的基础上，重新提交型式试验。

8.2.4.2 型式试验不合格，则该种规格的乙炔气瓶不准许投入批量生产，而提交型式试验的该批乙炔气瓶内多孔填料作销毁性处理。

8.2.5 型式试验的覆盖范围

8.2.5.1 单一公称容积乙炔气瓶的型式试验可覆盖公称容积与其相同，其他条件符合 8.2.5.3 中规定的乙炔气瓶。

8.2.5.2 范围公称容积乙炔气瓶的型式试验可覆盖所有公称容积在其范围内，其他条件符合 8.2.5.3 中规定的乙炔气瓶。

表 3　型式试验试验瓶数量及溶剂、乙炔充装量一览表

检验项目		单一公称容积乙炔气瓶型式试验数量	范围公称容积乙炔气瓶型式试验数量	充装量	
				丙酮或 DMF	乙炔
填料抗压强度试验		2 只	最大公称容积和最小公称容积各 1 只	—	—
孔隙率试验[a]		2 只	最大公称容积和最小公称容积各 2 只	—	—
安全性能试验	水浴升温试验[b]	2 只	最大公称容积 2 只	$m_S + \Delta m_S$	$1.05 m_A$
	回火试验[c] 跌落试验	3 只	最大公称容积和最小公称容积各 3 只	m_S	—
	回火试验[c] 回火程序				$1.05 m_A$
	模拟火灾试验	3 只	每个公称直径 3 只	$m_S \sim m_S + \Delta m_S$	m_A
	冲击稳定性试验	1 只	每个公称直径 1 只		

[a] 按附录 C 进行。

[b] 当采用替代计算法时无需挑选试验样瓶。

[c] 用于回火试验的乙炔气瓶其口部的轴向间隙不小于 2.0 mm 或不小于制造单位的设计保证值。

8.2.5.3　型式试验覆盖条件：

　　a)　瓶体结构相同。瓶体结构分为以下两类：

　　　　——无缝气瓶，或

　　　　——焊接气瓶；

　　b)　瓶体外径属于同一范围：

　　　　——≤270 mm，或

　　　　——＞270 mm；

　　c)　溶剂相同；

　　d)　多孔填料由同一制造厂生产且配方相同；

　　e)　单位公称容积的溶剂规定充装量相同；

　　f)　单位公称容积的乙炔最大充装量相同或者与已通过型式试验的乙炔气瓶相比更低；

　　g)　模拟火灾试验的专项条件见 8.2.5.4；

　　h)　冲击稳定性试验的专项条件见 8.2.5.5。

8.2.5.4　当乙炔气瓶发生以下变化时，应重新进行模拟火灾试验：

　　a)　公称直径改变；

　　b)　易熔塞的数量、泄放面积或设计结构发生变化；

　　c)　与之前试验相比，易熔塞位置变动超过 25 mm；

　　d)　阀座重量变化不少于 40%；

　　e)　封头形状改变，例如：从凹面承压变为凸面承压；

　　f)　公称容积增加。

8.2.5.5　当乙炔气瓶发生以下变化时，应重新进行冲击稳定性试验：

　　a)　公称直径改变；

　　b)　瓶体主体材料改变；

　　c)　瓶体名义壁厚减少；

d) 封头的承压直边段加长。

8.2.5.6 无溶剂乙炔气瓶无需进行型式试验，但应同时满足以下要求：

a) 乙炔气瓶制造厂已通过带溶剂乙炔气瓶的型式试验，且设计最大乙炔量应与公式(3)或公式(4)一致，并取得型式试验证书；

b) 除溶剂和最大乙炔量以外，无溶剂乙炔气瓶的设计参数、制造工艺和技术要求应与 a)中乙炔气瓶相同；

c) 无溶剂乙炔气瓶的设计文件应通过乙炔气瓶型式试验机构的设计文件鉴定。

9 标志、涂敷、包装

9.1 标志

9.1.1 钢印标记应符合以下规定：

a) 乙炔气瓶肩部钢印的项目和位置应符合图 1 的规定，钢印标志应明显、完整、清晰，钢印字体高度 5 mm～15 mm，深度 0.3 mm～0.5 mm，印痕处应圆滑无尖角；

b) 钢印标志也可在瓶肩部沿圆周线排列，排列方式可按设计图样的规定。但其项目应符合图 1 的规定。

9.1.2 颜色标记应符合以下规定：

a) 乙炔气瓶表面为白色，"乙炔""不可近火"等字样为红色，应符合 GB/T 7144 的规定；

b) 对于以 DMF 为溶剂乙炔气瓶，应在瓶体醒目位置喷涂"DMF"字样；对于无溶剂乙炔气瓶，应在瓶体醒目位置喷涂"无溶剂"字样。喷涂位置和字样高度应在乙炔气瓶设计图样中具体规定。

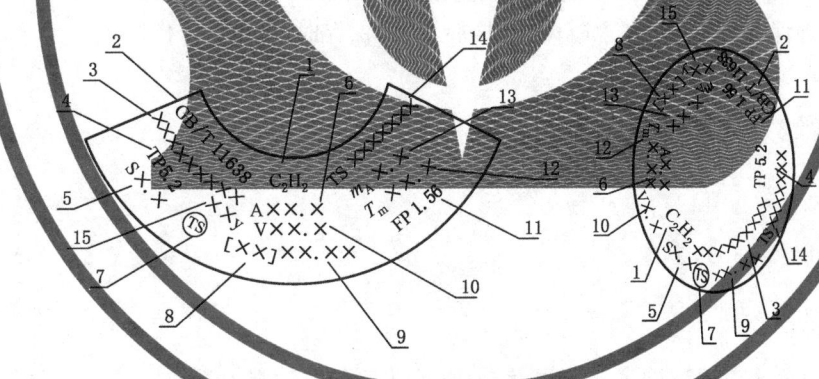

说明：

1——乙炔化学分子式；
2——产品标准号；
3——瓶编号；
4——瓶体水压试验压力，MPa；
5——瓶体设计壁厚，mm；
6——溶剂标记及溶剂规定充装量，kg：
　　丙酮溶剂标记为"A"；
　　DMF 溶剂标记为"DMF"；
　　无溶剂乙炔气瓶标记为"SF"；

7——监督检验标记；
8——单位代码(制造厂代号)；
9——制造年、月；
10——瓶体实际容积，L；
11——在基准温度 15 ℃时的限定压力，MPa；
12——皮重，kg；
13——最大乙炔量，kg；
14——制造单位许可证编号；
15——设计使用年限。

图 1 乙炔气瓶钢印标记示意图

9.1.3 电子识读标识应符合以下规定：

  a) 出厂的每只乙炔气瓶,均应在醒目位置装设牢固、不易损坏的电子识读标识(如二维码、电子芯片等),作为乙炔气瓶的电子合格证。

  b) 乙炔气瓶电子合格证所记载的信息应在气瓶质量安全追溯信息平台上有效存储并对外公示,存储与公示的信息应当做到可追溯、可交换、可查询和防篡改。乙炔气瓶电子合格证的格式和内容参见附录 D。

9.2 涂敷

9.2.1 乙炔气瓶经检验合格,清除表面油污、锈蚀等杂物并保持干燥的条件下方可涂敷。

9.2.2 乙炔气瓶表面不准刮泥子。

9.2.3 涂层应均匀、牢固,不应有气泡、流痕、龟裂和剥落等缺陷。

9.3 包装

9.3.1 乙炔气瓶的瓶阀出气口应妥善密封,以防进入杂质或有害介质。

9.3.2 乙炔气瓶可单个交货,也可用木架集装或集装箱包装。

10 产品合格证和批量检验质量证明书

10.1 出厂的每只钢瓶,均应附有产品合格证(含纸质合格证和电子合格证),产品合格证所记入的内容应和制造单位保存的生产检验记录相符,产品合格证的格式和内容参见附录 D。

10.2 出厂的每批乙炔气瓶,均应附有批量检验质量证明书。该批钢瓶有一个以上用户时,可以向用户提供批量检验质量证明书的复印件,批量检验质量证明书的格式和内容参见附录 E。

10.3 制造厂应妥善保存乙炔气瓶(含瓶体)的检验记录,保存时间应不少于 7 年。

11 乙炔气瓶的充装、运输、贮存、使用

11.1 充装

乙炔充装按 GB/T 13591 执行。

11.2 运输

11.2.1 乙炔气瓶的运输应执行国家法规以及交通、消防等部门的有关规定。

11.2.2 乙炔气瓶在运输、装卸过程中,要防止碰撞、划伤。

11.3 贮存

乙炔气瓶应贮存在通风、干燥、不受日光曝晒和没有腐蚀介质的地方,并符合国家法规和消防部门的有关规定。

11.4 使用

11.4.1 乙炔气瓶使用时,乙炔气瓶阀应缓慢开启,通常情况下不宜超过 3/4 转,且不得开启超过 1.5 转。减压阀低压侧压力不得超过 0.103 MPa。

11.4.2 带溶剂的乙炔气瓶在焊接、切割及其相关的操作过程中应当控制用气流量。在任何情况下,每小时的放气流量都应不超过最大乙炔量的 1/7;间歇用气时,每小时的放气流量不宜超过最大乙炔量的 1/10;连续用气时,每小时的放气流量不宜超过最大乙炔量的 1/15。

附 录 A

（规范性附录）

乙炔气瓶安全性能试验方法

A.1 水浴升温试验

A.1.1 试验程序

A.1.1.1 受试瓶按表3规定的量灌注溶剂并充装乙炔。

A.1.1.2 将受试瓶放在试验水槽中央并浸没于水中，将水逐渐加热，使水温保持在 65 ℃±2 ℃；测定瓶内压力。直到连续 2 h 内压力恒定或压力曲线表明瓶内已出现液压时为止。

A.1.2 合格标准

瓶内未出现满液的液压；或者最大压力未超过气瓶试验压力。

A.1.3 替代计算法

A.1.3.1 替代计算法仅适用于以丙酮为溶剂的乙炔气瓶。

A.1.3.2 按公式（A.1）计算 V_{F65}：

$$V_{F65} = \delta - \frac{Q_a}{V_N} \times 1.359 \times \left(1.686 \times \frac{1.05m_A}{Q_a} + 0.981\right) \quad\quad\quad\quad (A.1)$$

A.1.3.3 如果计算所得 V_{F65} 大于 0，则证明气瓶内部在 65 ℃时仍有自由空间，试验合格。

A.2 回火试验

A.2.1 试验程序

A.2.1.1 跌落试验

A.2.1.1.1 受试瓶按表3规定的量灌注溶剂。

A.2.1.1.2 将受试瓶从不小于 0.7 m 高处自由地跌落到盖有棉纤维酚醛树脂层压板的混凝土惯性块上连续 10 次，跌落处理试验装置示意图如图 A.1 所示。跌落前后均需测量填料的肩部轴向间隙，将测量结果记入回火试验报告中，并确认跌落后的间隙符合表 3 中脚注 c 的要求。

A.2.1.2 回火程序

A.2.1.2.1 将经过跌落试验的受试瓶，装上如图 A.2 所示的引爆管。

A.2.1.2.2 按表3规定的量充装乙炔。

A.2.1.2.3 在不低于 15 ℃的环境中卧放至少 24 h。

A.2.1.2.4 直立浸没于水温保持在 35 ℃±2 ℃的水池中至少 3 h，使瓶内压力升至 2.0 MPa～2.1 MPa。

A.2.1.2.5 尽快将受试瓶立放于引爆点，在瓶内压力降低值不超过 A.2.1.2.4 的最大压力的 5% 前，通电点火、引爆。

A.2.2 合格标准

乙炔气瓶经回火试验后，应符合下列要求：

GB/T 11638—2020

——不爆炸；

——瓶体无明显变形；

——点火后至少 24 h 内，除易熔合金塞泄漏外，其他任何部位无泄漏。

单位为毫米

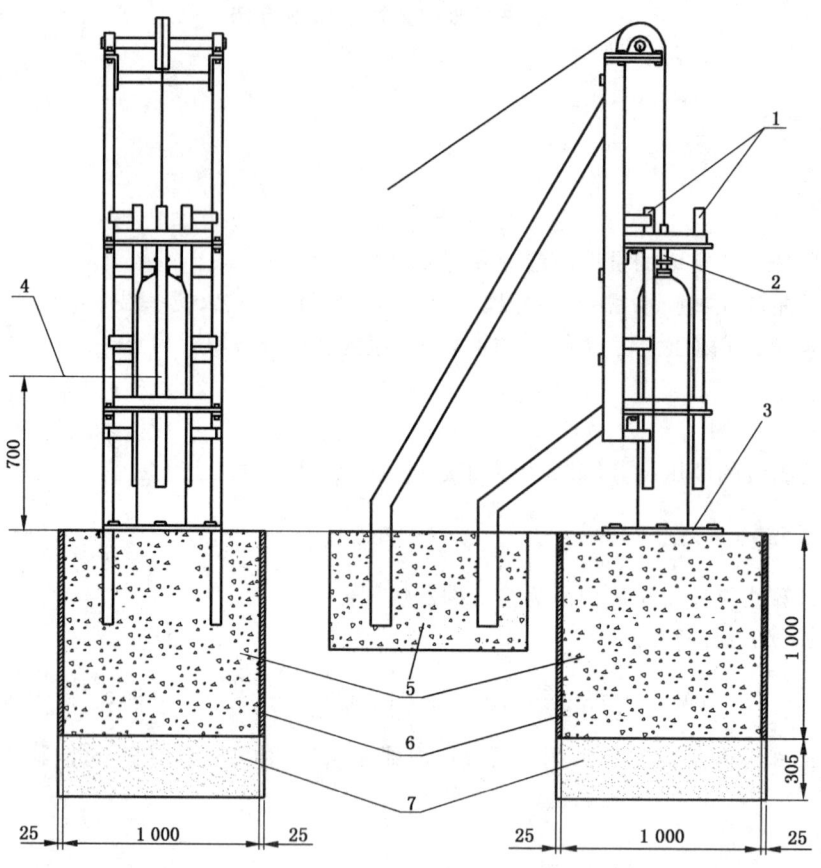

说明：

1——导轨；

2——瞬间脱钩装置；

3——保护板；

4——行程高度；

5——混凝土块；

6——隔音垫（可不用）；

7——砂。

注 1：地基：混凝土块的推荐配比为水泥 50.8 kg、沙 71 L、石子（尺寸为 5 mm～9 mm）142 L，混凝土整体浇筑；保证
放置保护板的表面光滑、完全水平。

注 2：保护板由一块 25 mm 厚的棉纤维酚醛树脂层压板制成（16 层/cm～18 层/cm），保护板的布氏硬度为 48HB
（测量球径为 10 mm、载荷为 300 kg）。

图 A.1 跌落试验装置示意图

单位为毫米

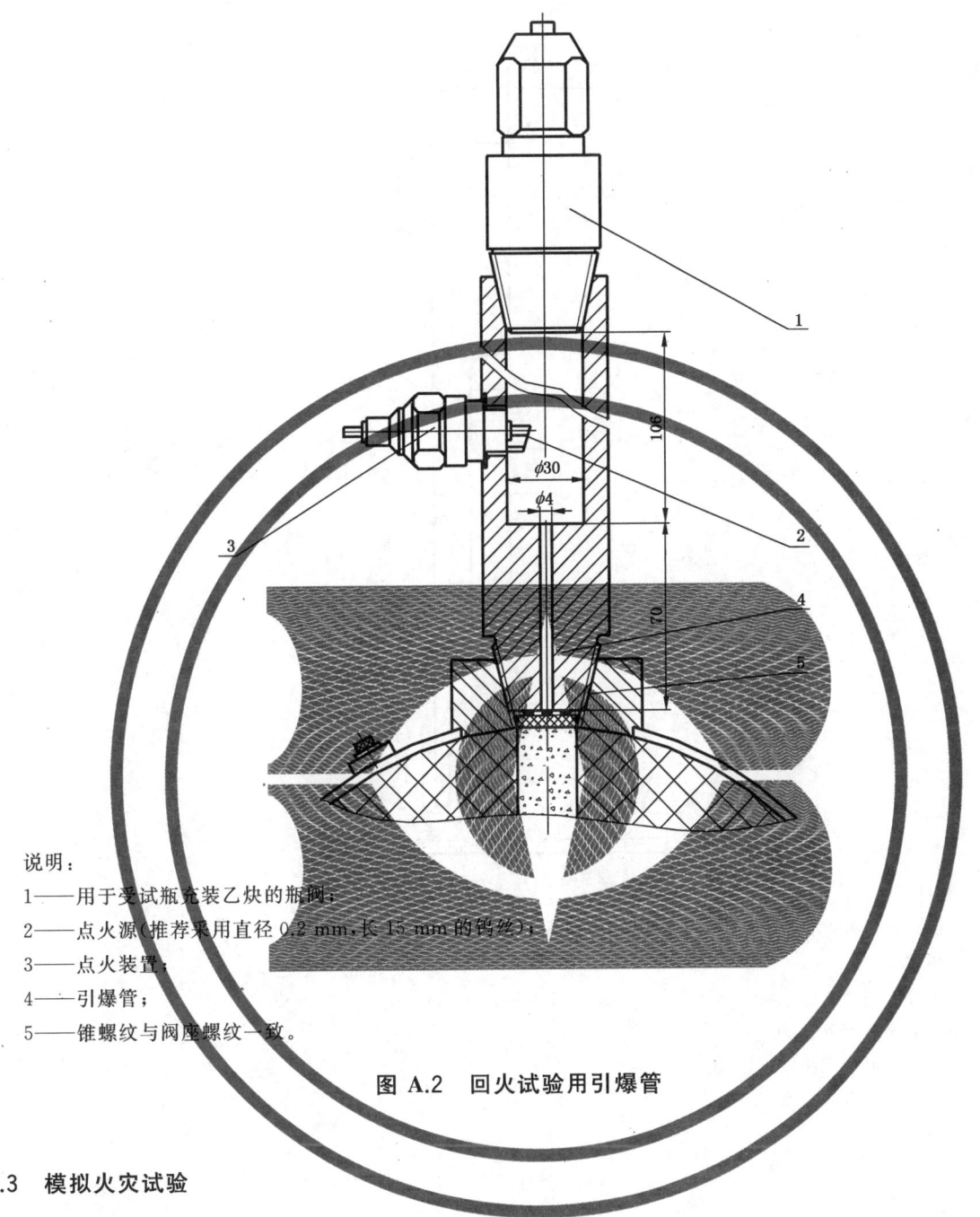

说明：

1——用于受试瓶充装乙炔的瓶阀；

2——点火源（推荐采用直径 0.2 mm、长 15 mm 的钨丝）；

3——点火装置；

4——引爆管；

5——锥螺纹与阀座螺纹一致。

图 A.2　回火试验用引爆管

A.3　模拟火灾试验

A.3.1　试验程序

A.3.1.1　受试瓶按表 3 规定的量灌注溶剂并充装乙炔。

A.3.1.2　放在温度不低于 18 ℃ 的环境中 18 h 以上。

A.3.1.3　放入图 A.3 所示试验装置中。烟囱的内径至少为乙炔气瓶的外径加 100 mm。

A.3.1.4　点火并调节风量和燃料量，以保证点火后 5 min 内，试验装置内受试瓶中部周围温度不低于 650 ℃，但明火不得触及受试瓶。

A.3.2　合格标准

乙炔气瓶经模拟火灾试验后，应符合下列要求：

——易熔合金塞动作；

——乙炔气瓶没有严重破坏。

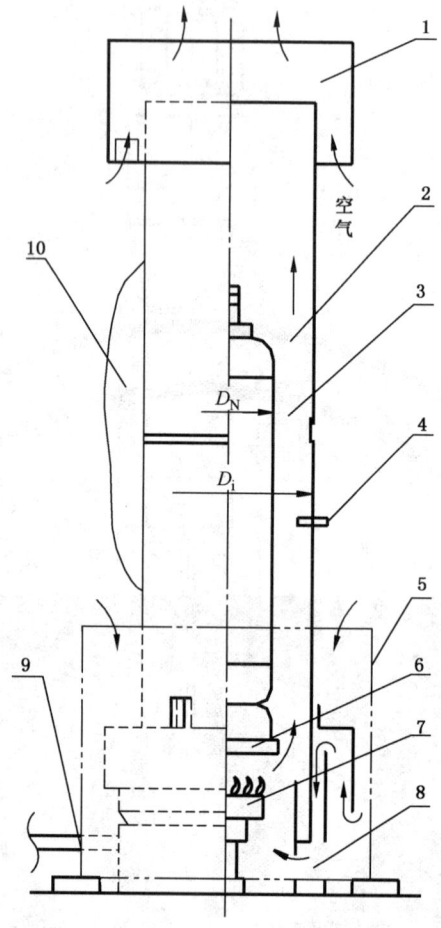

说明：

1 ——倒烟导流板；

2 ——顶部；

3 ——中部；

4 ——热电偶(4个互成90°)；

5 ——二次风罩(可不用)；

6 ——乙炔气瓶支座；

7 ——炉盘；

8 ——底部；

9 ——燃气管；

10——保温层。

注：$D_i = D_N + 100$ mm。

图 A.3   模拟火灾试验装置结构示意图

A.4   冲击稳定性试验

A.4.1   试验程序

A.4.1.1   受试瓶按表3规定的量灌注溶剂并充装乙炔。

A.4.1.2 将受试瓶水平放置并固定。

A.4.1.3 用落锤法在受试瓶中部(避开焊缝)冲击出深度不小于受试瓶外径四分之一的凹坑。

注：落锤头部应为光滑球面,其直径约为受试瓶外径的1/3。

A.4.1.4 受冲击24 h后,放尽瓶中乙炔气,并沿凹坑中轴线将受试瓶纵向剖开检查。

A.4.2 合格标准

测量凹坑深度,如果凹坑深度不小于受试瓶外径的1/4,则试验有效。且：

——乙炔分解未扩展,但紧贴凹坑处的局部乙炔分解是允许的；

——瓶体无可见裂纹造成的泄漏。

附 录 B

（规范性附录）

多孔填料技术指标测定方法

B.1 与瓶壁间隙和肩部轴向间隙

B.1.1 将测试样用瓶沿轴向中心剖开，找出填料与瓶壁之间的最大间隙部位，用图 B.1 所示专用塞尺分别测量轴向和径向间隙，同一规格塞尺在该部位的测量次数不得超过两次。

B.1.2 从乙炔气瓶阀座孔目测，找出填料与阀座内壁之间的最大间隙部位，用图 B.1 所示专用塞尺测量肩部轴向间隙。

单位为毫米

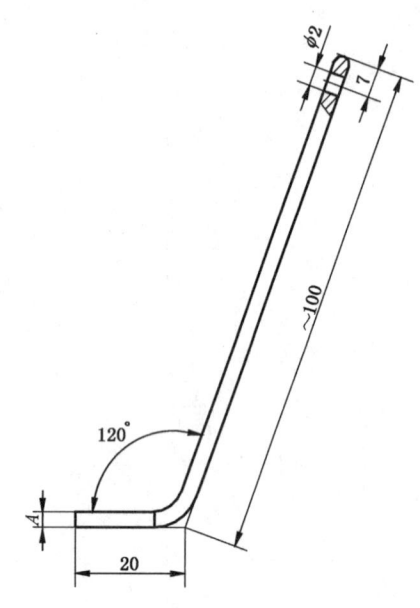

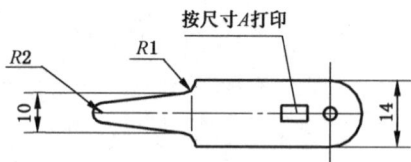

注 1：锐边倒钝，材料：不锈钢；

注 2：厚度 $A_{-0.05}^{0}$ 。

图 B.1 专用塞尺

B.2 孔隙率

B.2.1 乙炔气瓶内多孔填料孔隙率测定

称出每只灌满料浆的瓶重及其烘干后质量，按式（B.1）计算乙炔气瓶内多孔填料孔隙率：

$$\delta = \frac{w_j - w_P}{\rho V} \times 100\%$$ ·····························(B.1)

式中：

δ ——乙炔气瓶内多孔填料孔隙率；

w_j ——灌满料浆的瓶重，单位为千克(kg)；

w_P ——料浆烘干后瓶重，单位为千克(kg)；

V ——瓶体实际水容积，单位为升(L)；

ρ ——水的密度，单位为千克每升(kg/L)。

计算结果保留两位有效数字。

B.2.2 试样的孔隙率测定

B.2.2.1 从测试瓶中取出多孔填料，割取 50 mm×80 mm×125 mm 试样一块，当测试样瓶内径小于 200 mm 时试样的尺寸为 50 mm×50 mm×50 mm，试块的切割面应平整，将试块于 150 ℃烘干至恒重。测量长、宽、高尺寸，称出试样的质量(m_y)。将其放入盛水容器内，并注满能淹没试样的水，在电炉上加热，连续煮沸 5 h，自然冷却并静止浸泡不少于 12 h，使试样吸水达到饱和。取出试样，立即用饱含水分的多层纱布除去表面的过剩水分，称量并记录试样该状态的质量(m_b)。

B.2.2.2 按式(B.2)计算试样的孔隙率：

$$\delta_s = \frac{m_b - m_y}{V_s} \times 100\%$$ ·····························(B.2)

式中：

δ_s ——孔隙率；

m_y ——试样的质量，单位为克(g)；

m_b ——饱和水分状态于试样质量，单位为克(g)；

V_s ——试样的总体积，单位为升(L)。

B.3 多孔填料外观

打开测试样瓶，小心取出多孔填料，用目视法检查多孔填料是否符合6.2.1的要求。

B.4 表面孔洞

B.4.1 30 cm³ 橡皮泥体积的确定：用 50 mL(或 100 mL)量筒注满 20 mL(或 70 mL)蒸馏水，然后将橡皮泥放入量筒内(不得溅出蒸馏水)。使液面刻度正好在 50 mL(或 100 mL)处止。倒出蒸馏水，取出橡皮泥。吹干表面附着水(或用纱布吸干)。称出橡皮泥质量，以塑料袋封装备用。

B.4.2 表面单个孔洞容积测定：用已知体积的橡皮泥对填料表面最大的单个孔洞进行充填修补，至修补后的孔洞表面橡皮泥与孔洞边缘上的填料表面平齐为止，称出剩下的橡皮泥质量。

按式(B.3)计算表面单个孔洞的容积：

$$V_i = \frac{30}{w_0}(w_0 - w_1)$$ ·····························(B.3)

式中：

V_i ——表面单个孔洞容积，单位为立方厘米(cm³)；

w_0 ——30 cm³ 橡皮泥的质量，单位为克(g)；

w_1 ——修补单个孔洞后剩余橡皮泥的质量，单位为克(g)；

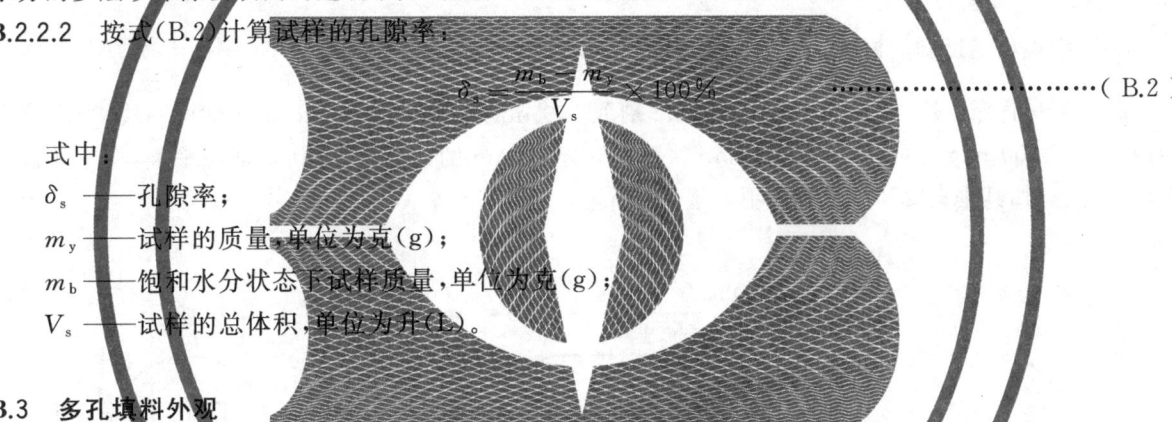

30 ——橡皮泥的已知体积,单位为立方厘米(cm³)。

计算结果保留两位有效数字。

B.4.3 表面孔洞总容积的测定,按 B.4.2 的方法用剩余橡皮泥继续充填修补表面剩下的全部大小孔洞,称出最后剩下的橡皮泥质量。

按式(B.4)计算表面孔洞总容积:

$$\sum V_i = \frac{30}{w_0}(w_0 - w_2) \quad\quad\quad\quad\quad\quad\quad\quad (B.4)$$

式中:

$\sum V_i$ ——表面孔洞总容积,单位为立方厘米(cm³);

w_2 ——第二次充填修补孔洞后,最后剩余的橡皮泥质量,单位为克(g)。

计算结果保留两位有效数字。

B.5 抗压强度

B.5.1 试样制备

B.5.1.1 批量检验试样的制备

将从测试样瓶中取出的多孔填料按图 B.2 割取 100 mm×100 mm×125 mm 试样一块,当测试样瓶内径小于 200 mm 时可用规格为 50 mm×50 mm×50 mm 的试块代替,切割面应平整,将试样置于平板上检查时,其垂直度和平行度均不大于 1 mm。

单位为毫米

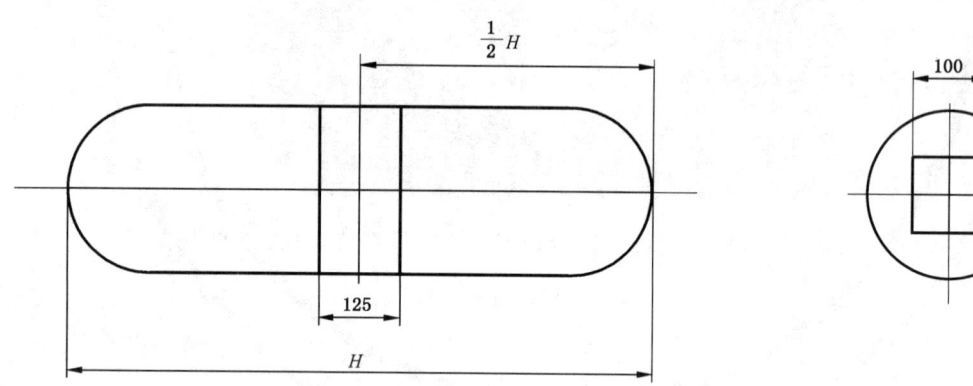

图 B.2 抗压强度批量检验试样取样图

B.5.1.2 型式试验试样的制备

将测试样瓶均分为上、中、下三部分,每部分割取一块试块(对于公称容积≤5 L 的气瓶,可将试样瓶均分为上下两部分,每部分割取一块试块)。试样高度应不少于 50 mm 且不大于 100 mm,可制备成立方体试样,亦可是覆盖整个填料截面的圆柱形试样。

B.5.2 抗压强度的测定

B.5.2.1 将试样测量尺寸后,在 150 ℃烘箱内烘 2 h,取出置于干燥器内(或用塑料袋密封包装好)冷却至室温。

B.5.2.2 将试样高度方向立放在垫有压板的试验机下压头中央,试样上端放上压板后调整试验机,使试验机的上压头正好与上压板接触时,定为变形零点。以 0.1 MPa/s~0.5 MPa/s 的加载速度均匀地对多孔填料试样进行压缩,当试样被压缩至原高度的 90% 时,试验立即停止。记录下试验机此时测力度盘上指示最大载荷。

B.5.2.3 按式(B.5)计算抗压强度:

$$\sigma_c = \frac{F}{A} \quad\quad\quad\quad\quad\quad\quad\quad\quad\quad\quad (\text{B.5})$$

式中:

σ_c ——抗压强度,单位为兆帕(MPa);

F ——最大载荷,单位为牛(N);

A ——试样受压面积,单位为平方毫米(mm²)。

附　录　C

（规范性附录）

型式试验时多孔填料孔隙率的测定

C.1 将受试瓶称重,抽真空 12 h 后关闭瓶阀;在瓶内压力不大于 2.7×10^{-3} MPa 条件下,以不大于 1.8 MPa的压力灌注丙酮,当丙酮不再渗入时,关闭瓶阀并称重。

C.2 对受试瓶再抽真空至少 15 min 后继续补注丙酮;重复上述操作,直至受试瓶内的所有空气被抽出且受试瓶重量恒定不变。

C.3 将受试瓶置于恒温室中,使之与装有丙酮的容器相接,打开瓶阀,在有较小液压的情况下至少保持 24 h。

C.4 关闭瓶阀,卸下受试瓶,称出受试瓶最终质量。

C.5 受试瓶最终质量与灌注丙酮前的质量之差即为丙酮实际注入量。

C.6 以百分数表示的孔隙率 δ 按式(C.1)计算:

$$\delta = \frac{m}{V\rho} \times 100\% \qquad\qquad\qquad (\text{C.1})$$

式中:

m ——丙酮实际注入量,单位为千克(kg);

V ——瓶体实际水容积,单位为升(L);

ρ ——实施 C.3 操作时恒温室温度所对应的丙酮密度,单位为千克每升(kg/L)。

附 录 D

（资料性附录）

产品合格证

D.1 合格证封面

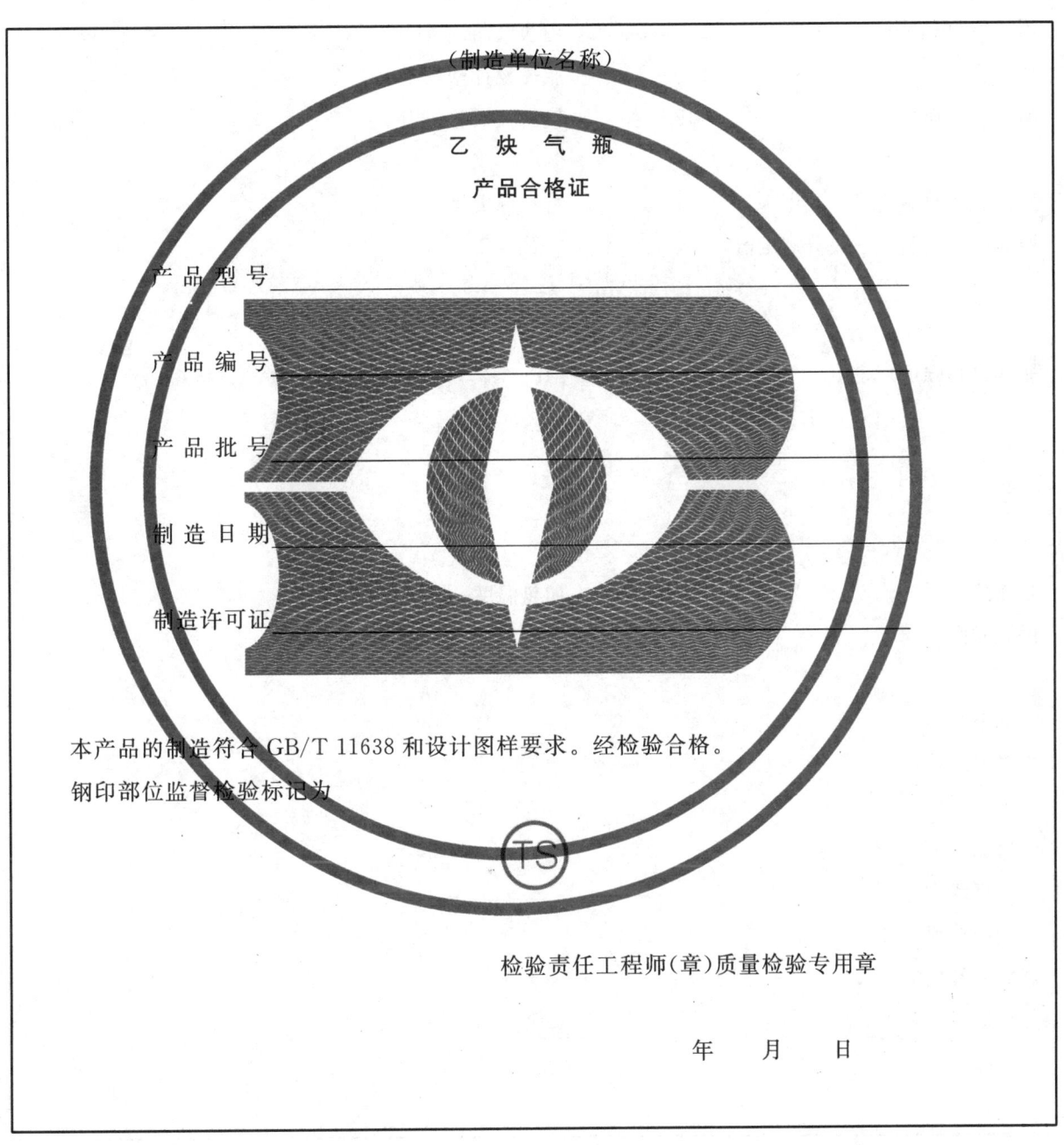

本产品的制造符合 GB/T 11638 和设计图样要求。经检验合格。

钢印部位监督检验标记为

检验责任工程师（章）质量检验专用章

年　　月　　日

D.2 焊接瓶体乙炔气瓶合格证内容

主要技术数据	
最高许用温度　　　　　　　　℃	基准温度 15 ℃时的最大限定压力　　MPa
填料孔隙率　　　　　　　　　%	肩部轴向间隙　　　　　　　　　　　mm
溶剂类型	溶剂规定充装量　　　　　　　　　　kg
乙炔最大充装量　　　　　　　kg	乙炔气瓶皮重　　　　　　　　　　　kg
实际容积　　　　　　　　　　L	瓶体设计壁厚　　　　　　　　　　　mm
耐压试验压力　　　　　　　MPa	气密性试验压力　　　　　　　　　 MPa

瓶体主体材料牌号　　　　　　　　　　　材料标准号

瓶体主体材料化学成分规定值,%

　　　　　C　　　　Si　　　　Mn　　　　P　　　　S　　　　P+S

瓶体材料强度规定值:R_m　　　　　　MPa

　　　　　　　　　　R_{eL}　　　　　　MPa

　　　　　　　　　　A　　　　　　　%

　　　　　　　　　　A_{kV}　　　　　　J

瓶体热处理方式　　　　　　　　　　加热温度　　　　　　　　　℃

保温时间　　　　　　　　h　　　　冷却方式

焊缝系数 φ

焊缝射线检测

　依据标准

　检测比例

　合格级别

　检测结果

焊缝返修次数

　1次＿＿＿＿＿处　　　　　　2次＿＿＿＿＿处　　　　　　3次＿＿＿＿＿处

（接上页焊缝返修次数）

焊缝返修部位展开简图

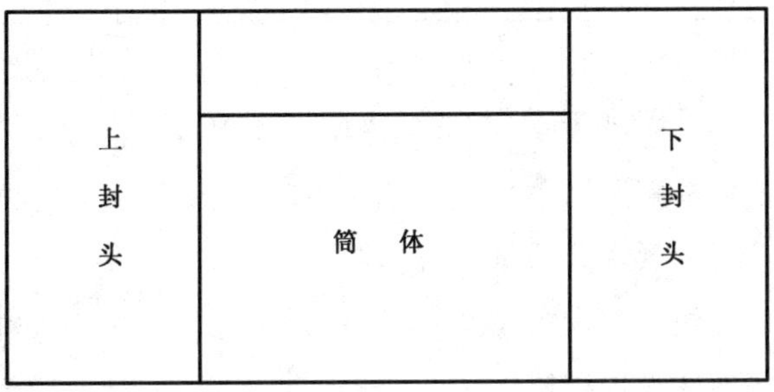

上封头	筒体	下封头

（三部分组成）

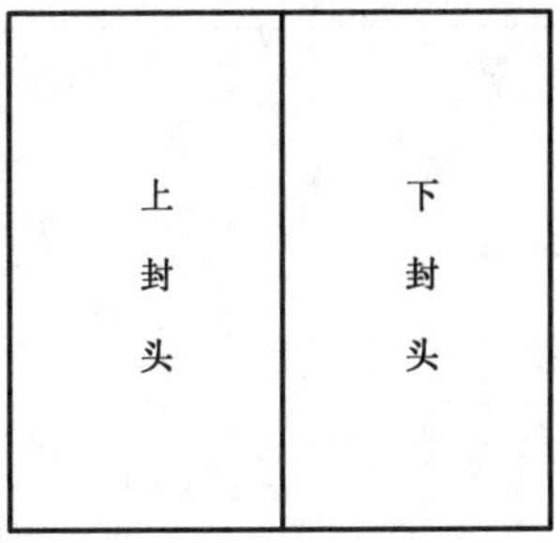

上封头	下封头

（两部分组成）

使用说明：

钢瓶简图：

D.3 无缝瓶体乙炔气瓶合格证内容

主要技术数据			
最高许用温度	℃	基准温度 15 ℃时的最大限定压力	MPa
填料孔隙率	%	肩部轴向间隙	mm
溶剂类型		溶剂规定充装量	kg
乙炔最大充装量	kg	乙炔气瓶皮重	kg
实际容积	L	瓶体设计壁厚	mm
耐压试验压力	MPa	气密性试验压力	MPa
瓶体热处理状态			

瓶体主体材料牌号   材料标准号

瓶体主体材料化学成分规定值,%

        C   Si   Mn   P   S   P+S   Mo   Cr

瓶体材料强度规定值:R_m MPa

                    R_{ea} MPa

                    A %

                    a_{kV} $J \cdot cm^{-2}$

使用说明:

钢瓶简图:

附　录　E

（资料性附录）

批量检验质量证明书

E.1　乙炔气瓶批量质量证明书封面

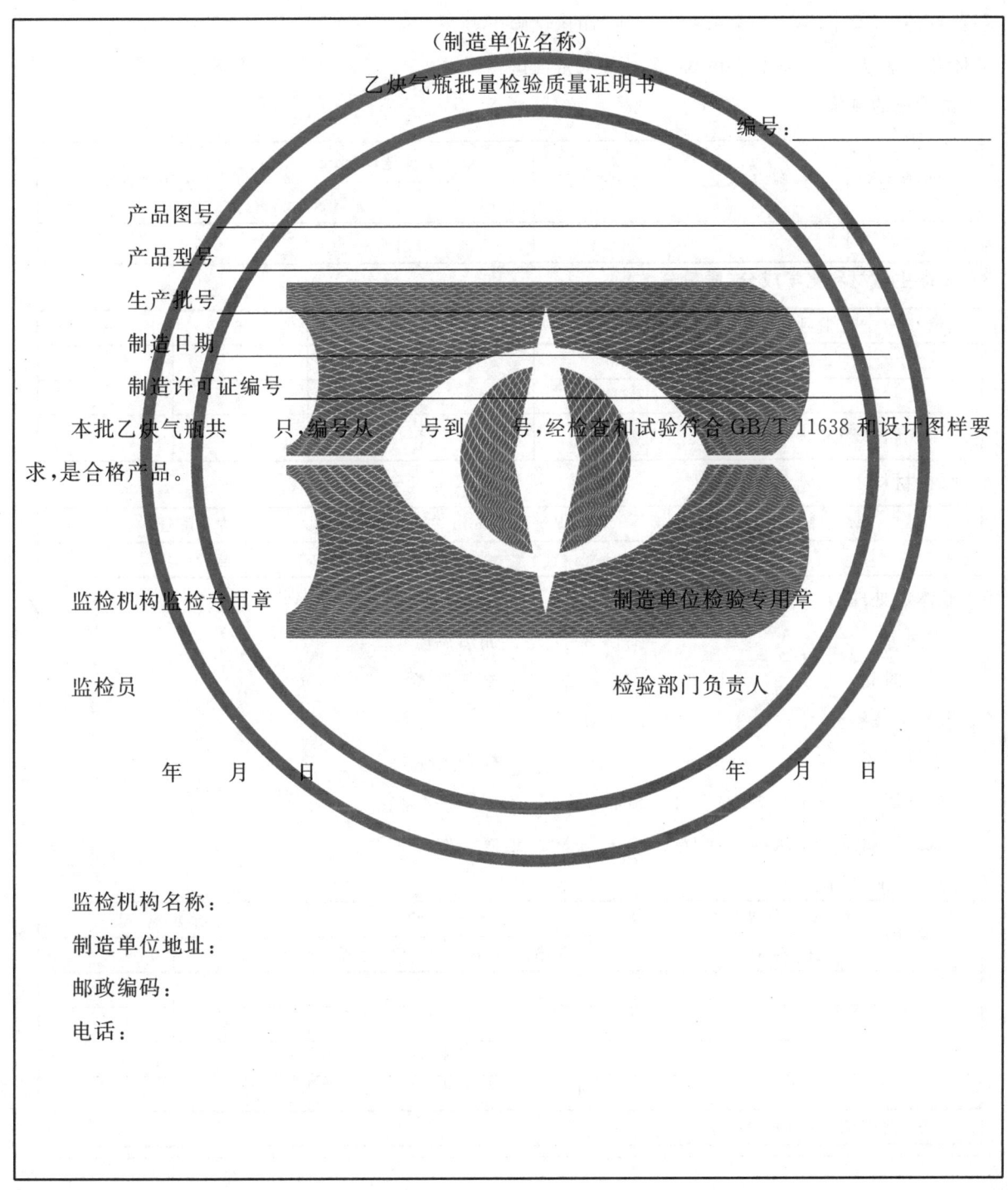

（制造单位名称）

乙炔气瓶批量检验质量证明书

编号：＿＿＿＿＿＿＿＿

产品图号＿＿＿＿＿＿＿＿＿＿＿＿＿＿＿＿＿＿＿＿＿＿

产品型号＿＿＿＿＿＿＿＿＿＿＿＿＿＿＿＿＿＿＿＿＿＿

生产批号＿＿＿＿＿＿＿＿＿＿＿＿＿＿＿＿＿＿＿＿＿＿

制造日期＿＿＿＿＿＿＿＿＿＿＿＿＿＿＿＿＿＿＿＿＿＿

制造许可证编号＿＿＿＿＿＿＿＿＿＿＿＿＿＿＿＿＿＿

本批乙炔气瓶共　　　　只，编号从　　　　号到　　　　号，经检查和试验符合 GB/T 11638 和设计图样要求，是合格产品。

监检机构监检专用章　　　　　　　　　　　　　制造单位检验专用章

监检员　　　　　　　　　　　　　　　　　　　检验部门负责人

　　　年　月　日　　　　　　　　　　　　　　　年　月　日

监检机构名称：

制造单位地址：

邮政编码：

电话：

E.2 焊接瓶体乙炔气瓶批量质量证明书内容

1 主要技术数据

公称容积	L	基准温度 15 ℃时的最大限定压力	MPa
最高许用温度	℃	乙炔最大充装量	kg
溶剂类型		溶剂规定充装量	kg
公称直径	mm	耐压试验压力	MPa
瓶体名义壁厚	mm	气密性试验压力	MPa

2 试验瓶的测量

试验瓶号	实际容积/L	净重/kg	最小实测壁厚/mm		热处理炉号
			筒体	封头	

3 瓶体主体材料化学成分（质量分数）

编号	牌号	C	Si	Mn	P	S	P+S
标准的规定值							

4 焊接材料

焊丝牌号	焊丝直径/mm	焊剂牌号

5 瓶体热处理

方法　　　　　　　　　　　　　　　加热温度　　　　　　℃

保温时间　　　　　h　　　　　　　冷却方式

6 焊缝射线检测

焊缝总长　　　　　mm　　　　　　检查比例　　　　　%

按 NB/T 47013.2 或 GB/T 17925 检测　　　　　级合格

试验用瓶返修 1 次　　处,返修 2 次　　处,返修 3 次　　处。

7 力学性能试验

试验编号	抗拉强度 R_{ma}/MPa	伸长率 A/%	弯曲试验		冲击功 A_{kV}/J	
			横向面弯	横向背弯	常温	−40 ℃
注：焊缝试样无伸长率指标。						

8 水压爆破试验

试验瓶号	爆破压力 MPa	开始屈服压力 MPa	爆破时容积变形率 %

9 试验瓶爆破位置和形状简图

10 解剖样瓶填料实测数据

试验瓶号	孔隙率 %	抗压强度 N/mm²	径向间隙 mm	轴向间隙 mm	表面质量	内部质量

质量检验员专用章

E.3 无缝瓶体乙炔气瓶批量质量证明书内容

<table>
<tr><td colspan="4">

1 主要技术数据

</td></tr>
<tr><td>公称容积</td><td>L</td><td>基准温度 15 ℃时的最大限定压力</td><td>MPa</td></tr>
<tr><td>最高许用温度</td><td>℃</td><td>乙炔最大充装量</td><td>kg</td></tr>
<tr><td>溶剂类型</td><td></td><td>溶剂规定充装量</td><td>kg</td></tr>
<tr><td>公称外径</td><td>mm</td><td>耐压试验压力</td><td>MPa</td></tr>
<tr><td>瓶体设计壁厚</td><td>mm</td><td>气密性试验压力</td><td>MPa</td></tr>
</table>

底部结构

2 瓶体主体材料化学成分（质量分数）

编号	牌号	C	Si	Mn	P	S	P+S	Mo	Cr
标准的规定值									

3 瓶体热处理后各项性能指标测定

热处理方式_____ 屈服强度保证值 R_e_____MPa 抗拉强度保证值 R_g_____MPa

试验瓶号	R_{ea}/MPa	R_m/MPa	A/%	a_{kV}/(J·cm^{-2})

4 底部解剖

无缩孔、气泡、未熔合、裂纹、夹层等缺陷,结构形状尺寸符合图样要求。

5 水压爆破试验

试验瓶号_____ 实测屈服压力_____MPa 实测爆破压力_____MPa
爆破口 塑性断裂,无碎片,破口形状符合标准要求。

6 解剖样瓶填料实测数据

试验瓶号	孔隙率 %	抗压强度 N/mm²	径向间隙 mm	轴向间隙 mm	表面质量	内部质量

质量检验员专用章

参 考 文 献

[1] GB/T 17925 气瓶对接焊缝 X 射线数字成像检测
[2] NB/T 47013.2 承压设备无损检测 第 2 部分:射线检测

ICS 23.020.30
CCS J 74

中华人民共和国国家标准

GB/T 11640—2021
代替 GB/T 11640—2011

铝 合 金 无 缝 气 瓶

Seamless aluminium alloy gas cylinders

(ISO 7866:2012,Gas cylinders—Refillable seamless aluminium alloy
gas cylinder—Design,construction and testing,NEQ)

2021-04-30 发布

2021-11-01 实施

国家市场监督管理总局
国家标准化管理委员会 发 布

前　言

本文件按照 GB/T 1.1—2020《标准化工作导则　第 1 部分:标准化文件的结构和起草规则》的规定起草。

本文件代替 GB/T 11640—2011《铝合金无缝气瓶》,与 GB/T 11640—2011 相比,主要技术变化如下:

——在范围的适用性中,更改了公称容积的范围,容积上限调整至 150 L(见第 1 章,2011 年版的第 1 章);

——增加了铝瓶用铝合金材料牌号 7032、7060(见 5.1.1.1);

——更改了相容性的要求(见 5.1.1.3,2011 年版的 5.1.3)

——更改了壁厚设计计算公式(见 5.2.2.3,2011 年版的 5.2.1.3);

——增加了热处理温度和时间的控制要求(见 5.3.5.2);

——增加了 12 L 及以下铝瓶可免做容积残余变形率测定的规定(见 6.6.2);

——增加了最小屈服强度保证值大于 380 MPa 高强度铝瓶未爆先漏试验的有关规定(见 6.10);

——删除了宜充装于铝瓶中的气体的规定(见 2011 年版的附录 C)。

本文件参考 ISO 7866:2012《气瓶　可重复充装的铝合金无缝气瓶　设计、制造和试验》编制,与 ISO 7866:2012 的一致性程度为非等效。

请注意本文件的某些内容可能涉及专利。本文件的发布机构不承担识别专利的责任。

本文件由全国气瓶标准化技术委员会(SAC/TC 31)提出并归口。

本文件起草单位:沈阳斯林达安科新材料有限公司、上海市特种设备监督检验技术研究院、浙江威能消防器材股份有限公司、江苏久维压力容器制造有限公司、沈阳中复科金压力容器有限公司、辽宁美托科技有限公司。

本文件主要起草人:姜将、尹爱荣、杨树军、王晓东、宋佐涛、邓红、刘扬涛、孟丽莉、李昱。

本文件及其所代替文件的历次版本发布情况为:

——1989 年首次发布为 GB 11640—1989;

——2001 年第一次修订 GB/T 11640—2001,2011 年第二次修订;

——本次为第三次修订。

铝合金无缝气瓶

1 范围

本文件规定了铝合金无缝气瓶(以下简称"铝瓶")的术语和定义、符号、型式和参数、技术要求、试验方法和合格指标、检验规则、标志、涂敷、包装、运输、储存及产品合格证和批量检验质量证明书等要求。

本文件适用于设计、制造公称工作压力不大于 30 MPa,公称容积不大于 150 L,使用环境温度 $-40\ ℃\sim60\ ℃$,用于盛装压缩气体或液化气体的可重复充装的铝瓶。

本文件不适用于运输工具和机器设备上附属的瓶式压力容器。

2 规范性引用文件

下列文件中的内容通过文中的规范性引用而构成本文件不可少的条款。其中,注日期的引用文件,仅该日期对应的版本适用于本文件;不注日期的引用文件,其最新版本(包括所有的修改单)适用于本文件。

GB/T 192 普通螺纹 基本牙型

GB/T 196 普通螺纹 基本尺寸

GB/T 197 普通螺纹 公差

GB/T 228.1 金属材料 拉伸试验 第1部分:室温试验方法

GB/T 230.1 金属材料 洛氏硬度试验 第1部分:试验方法

GB/T 231.1 金属材料 布氏硬度试验 第1部分:试验方法

GB/T 232 金属材料 弯曲试验方法

GB/T 3191 铝及铝合金挤压棒材

GB/T 3246.1 变形铝及铝合金制品组织检验方法 第1部分:显微组织检验方法

GB/T 3246.2 变形铝及铝合金制品组织检验方法 第2部分:低倍组织检验方法

GB/T 3880.1 一般工业用铝及铝合金板、带材 第1部分:一般要求

GB/T 3880.2 一般工业用铝及铝合金板、带材 第2部分:力学性能

GB/T 3880.3 一般工业用铝及铝合金板、带材 第3部分:尺寸偏差

GB/T 3934 普通螺纹量规 技术条件

GB/T 4437.1 铝及铝合金热挤压管 第1部分:无缝圆管

GB/T 6519 变形铝、镁合金产品超声波检验方法

GB/T 7144 气瓶颜色标志

GB/T 7999 铝及铝合金光电直读发射光谱分析方法

GB/T 8335 气瓶专用螺纹

GB/T 8336 气瓶专用螺纹量规

GB/T 9251 气瓶水压试验方法

GB/T 9252 气瓶压力循环试验方法

GB/T 12137 气瓶气密性试验方法

GB/T 13005 气瓶术语

GB/T 15385　气瓶水压爆破试验方法

GB/T 15970.6—2007　金属和合金的腐蚀　应力腐蚀试验　第 6 部分:恒载荷或恒位移下的预裂纹试样的制备和应用

GB/T 20975(所有部分)　铝及铝合金化学分析方法

YS/T 67　变形铝及铝合金圆铸锭

ISO 11114-1　气瓶　气瓶和瓶阀材料与盛装气体的相容性　第 1 部分:金属材料(Gas cylinders—Compatibility of cylinder and valve materials with gas contents—Part 1:Metallic materials)

3　术语和定义、符号

3.1　术语和定义

GB/T 13005 界定的以及下列术语和定义适用于本文件。

3.1.1

固溶处理　solution treatment

将铝瓶瓶体加热至适当温度并保温,使过剩相充分溶解到固溶体中,然后快速冷却以获得过饱和固溶体的热处理工艺。

3.1.2

批量　batch

按同一设计、同一炉罐号材料、同一制造工艺以及同一热处理规范,在同一时期内热处理的铝瓶所限定的数量。

注:质量要素控制条件相同时,不同炉热处理的产品可组成一批。

3.1.3

屈服强度　yield stress

规定非比例延伸率为 0.2% 时的强度。

3.1.4

设计应力系数　design stress factor

水压试验压力下等效壁应力和屈服强度保证值的比值。

3.1.5

人工时效处理　artificial ageing

铝瓶瓶体经固溶处理后在适当的温度下保温,使强化相沉淀析出,以提高其屈服强度和拉伸强度的热处理工艺。

3.2　符号

下列符号适用于本文件。

A　——断后伸长率,%;

a　——疲劳裂纹长度,单位为毫米(mm);

a_0　——拉伸试样的原始厚度,单位为毫米(mm);

b_0　——拉伸试样的原始宽度,单位为毫米(mm);

C　——爆破破口环向撕裂宽度,单位为毫米(mm);

D_f　——弯曲试验的压头直径,单位为毫米(mm);

D_i　——筒体公称内径,单位为毫米(mm);

D_o ——筒体公称外径,单位为毫米(mm);

E ——弹性模量,单位为兆帕(MPa);

F ——设计应力系数(见5.2.2.3);

K_{IAPP} ——施加的弹性应力强度,单位为兆帕二分之一次方米(MPa·m$^{1/2}$);

L_0 ——人工缺陷长度,单位为毫米(mm);

l_0 ——拉伸试样的原始标距,单位为毫米(mm);

p_b ——实测爆破压力,单位为兆帕(MPa);

p_h ——水压试验压力,单位为兆帕(MPa);

p_w ——公称工作压力,单位为兆帕(MPa);

p_y ——实测屈服压力,单位为兆帕(MPa);

R ——压扁试验的压头刃口半径,单位为毫米(mm);

R_c ——刀具切削半径,单位为毫米(mm);

R_e ——瓶体材料热处理后的最小屈服强度保证值,单位为兆帕(MPa);

R_{ea} ——实测屈服强度,单位为兆帕(MPa);

R_{eSLC} ——在室温条件下,从试验铝瓶中制备的代表SLC试样部位的两件试样屈服应力的平均值,单位为兆帕(MPa);

R_g ——瓶体材料热处理后的最小抗拉强度保证值,单位为兆帕(MPa);

R_m ——实测抗拉强度,单位为兆帕(MPa);

r ——瓶底内转角半径,单位为毫米(mm);

r_c ——刀尖顶角半径,单位为毫米(mm);

r_1 ——瓶底内形半径,单位为毫米(mm);

S ——筒体设计壁厚,单位为毫米(mm);

S_a ——筒体实测壁厚,单位为毫米(mm);

S_{a0} ——筒体实测平均壁厚,单位为毫米(mm);

SLC ——恒载荷裂纹;

S_0 ——拉伸试样的原始横截面积,单位为平方毫米(mm^2);

S_1 ——瓶底中心厚度,单位为毫米(mm);

T ——压扁试验的压头间距,单位为毫米(mm);

V ——公称容积,单位为升(L);

V_1 ——裂纹开口位移(CMOD),单位为毫米(mm),指由弹性和塑料变形引起裂纹位移的模式1(也叫开口模式)的组成部分,在单位载荷弹性位移最大的裂纹面测得。

4 型式和参数

4.1 型式

铝瓶瓶体典型结构一般应符合图1所示的型式。

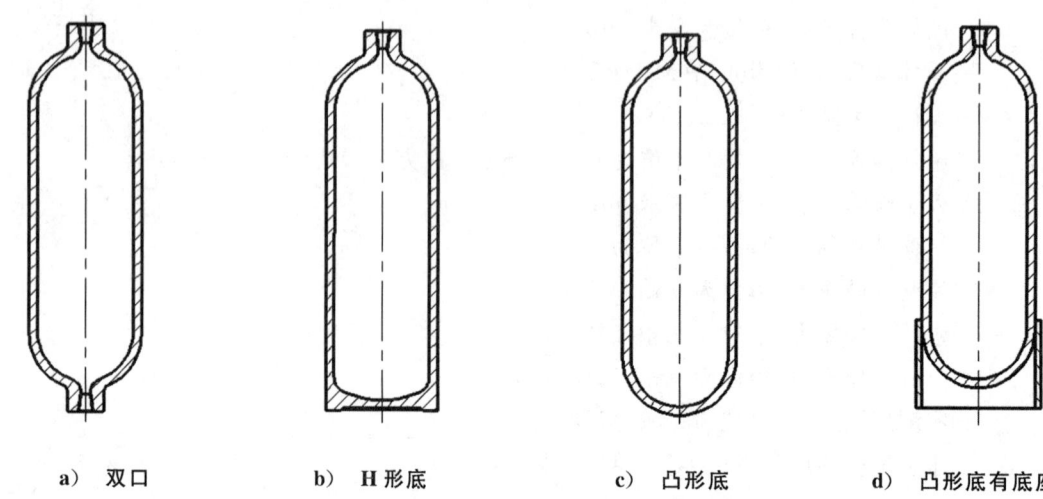

a) 双口　　　　b) H形底　　　　c) 凸形底　　　　d) 凸形底有底座

图 1　铝瓶瓶体结构型式

4.2　参数及标记

4.2.1　铝瓶的公称容积的允许偏差应符合表 1 的规定。

表 1　铝瓶的公称容积的允许偏差

公称容积 V/L	允许偏差/%
V≤2	$^{+20}_{0}$
2<V≤12	$^{+10}_{0}$
12<V≤150	$^{+5}_{0}$

4.2.2　铝瓶型号标记表示如下：

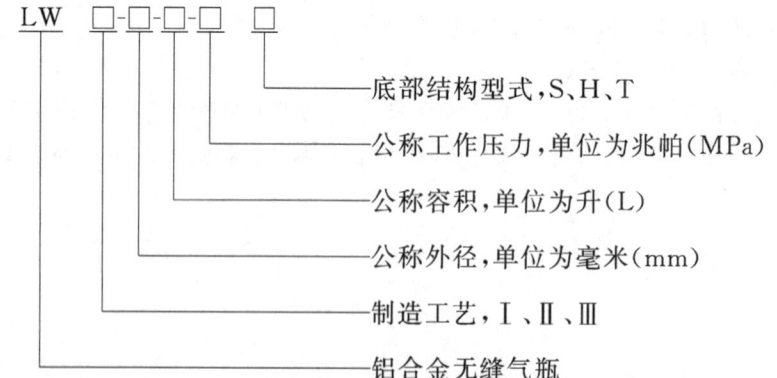

底部结构型式：S 表示双口；H 表示 H 形底；T 表示凸形底，包括球形底、碟形底、凸形底有底座。
制造工艺：Ⅰ 表示铸锭及棒材挤压瓶；Ⅱ 表示管材管制收口瓶；Ⅲ 表示板材拉深瓶。
示例：用铝合金铸锭制造，筒体公称外径 140 mm、公称容积 8 L，公称工作压力 15 MPa，H 形底，其型号为：
LWⅠ-140-8-15 H。

5 技术要求

5.1 瓶体材料

5.1.1 一般要求

5.1.1.1 瓶体材料可以采用 6061、7032、7060;采用 7032、7060 时,公称直径应不超过 ϕ203 mm,公称容积应不超过 20 L。

5.1.1.2 瓶体材料应有材料制造单位的产品质量证明书。铝瓶制造单位应按炉罐号对材料化学成分进行验证分析,分析方法按 GB/T 7999 或 GB/T 20975(所有部分)执行。瓶体材料的化学成分应符合表2 的规定。

表 2　铝合金化学成分

牌号	化学成分(质量分数)/%														Al
	Si	Fe	Cu	Mn	Mg	Cr	Ni	Zn	Ti	Zr	Pb	Bi	其他单项	其他总体	
6061	0.40~0.80	≤0.70	0.15~0.40	≤0.15	0.80~1.20	0.04~0.35		≤0.25	≤0.15		≤0.003	≤0.003	≤0.05	≤0.15	余量
7032	≤0.10	≤0.12	1.70~2.30	≤0.05	1.50~2.50	0.15~0.25	≤0.05	5.50~6.50	≤0.10	≤0.05	≤0.003	≤0.003	≤0.05	≤0.15	余量
7060	≤0.15	≤0.20	1.80~2.60	≤0.20	1.30~2.10	0.15~0.25		6.10~7.50	≤0.05	≤0.05	≤0.003	≤0.003	≤0.05	≤0.15	余量

5.1.1.3 瓶体材料应与充装气体相容,应符合 ISO 11114-1 的规定。

5.1.1.4 首次采用 7032、7060 材料设计的铝瓶,应通过腐蚀试验和抗恒载荷裂纹试验。公称外径变化大于 20％时,应进行腐蚀试验。腐蚀试验按附录 A 执行,抗恒载荷裂纹试验按附录 B 执行。

5.1.1.5 瓶体材料选用 7032、7060 或其他热处理后的最小屈服强度保证值大于 380 MPa 的铝瓶,应进行未爆先漏试验。

5.1.1.6 瓶体也可采用其他具有良好的抗晶间腐蚀性能和工艺性能的铝合金材料,但应通过腐蚀试验和抗恒载荷裂纹试验。

5.1.2 铸锭、挤压棒材

5.1.2.1 铸锭应符合 YS/T 67 的规定,挤压棒材应符合 GB/T 3191 的规定,铸锭的晶粒度不应低于二级,晶粒度的检验方法按 GB/T 3246.2 执行。

5.1.2.2 铸锭、挤压棒材应按 ϕ2 mm 当量平底孔进行超声波探伤,检验方法按 GB/T 6519 执行。

5.1.3 管材

5.1.3.1 管材应符合 GB/T 4437.1 的规定。

5.1.3.2 在 GB/T 6519 产品规格要求内的管材,应按 A 级进行超声波探伤,检验方法按 GB/T 6519

GB/T 11640—2021

执行。

5.1.4 板材

5.1.4.1 板材应符合 GB/T 3880.1～3880.3 的规定。

5.1.4.2 在 GB/T 6519 产品规格要求内的板材,应按 A 级进行超声波探伤,检验方法按 GB/T 6519
执行。

5.2 设计

5.2.1 设计使用年限

铝瓶的设计使用年限应符合国家相关规定的要求。

5.2.2 壁厚设计

5.2.2.1 筒体的壁厚设计应选用材料热处理后的最小屈服强度保证值 R_e,其值不应大于最小抗拉强度
保证值 R_g 的 85%。

5.2.2.2 铝瓶水压试验压力 p_h 为公称工作压力 p_w 的 1.5 倍。

5.2.2.3 筒体设计壁厚 S 应按式(1)计算后向上圆整至少保留一位小数,同时应符合式(2)的要求,且
不应小于 1.5 mm。

$$S = \frac{D_o}{2}\left[1 - \sqrt{\frac{FR_e - \sqrt{3}\,p_h}{FR_e}}\right] \quad \cdots\cdots\cdots\cdots\cdots\cdots(1)$$

式中:

设计应力系数 F 取 $\dfrac{0.65}{R_e/R_g}$ 和 0.85 两者的较小值。

$$S \geqslant \frac{D_o}{100} + 1 \quad \cdots\cdots\cdots\cdots\cdots\cdots(2)$$

5.2.3 端部设计

5.2.3.1 铝瓶端部的典型结构如图 2 所示。

5.2.3.2 铝瓶端部与筒体连接部位应圆滑过渡,端部尺寸应符合下列要求:
a) $S_1 \geqslant S$;
b) $r_1 \leqslant 1.2D_i$;
c) $r \geqslant 0.1D_i$。

5.2.3.3 铝瓶端部任何部位的厚度不应小于筒体的设计壁厚。

5.2.3.4 任何形状的端部设计,都应当通过 6.8 和 6.9 规定的水压爆破试验和压力循环试验来验证。

298

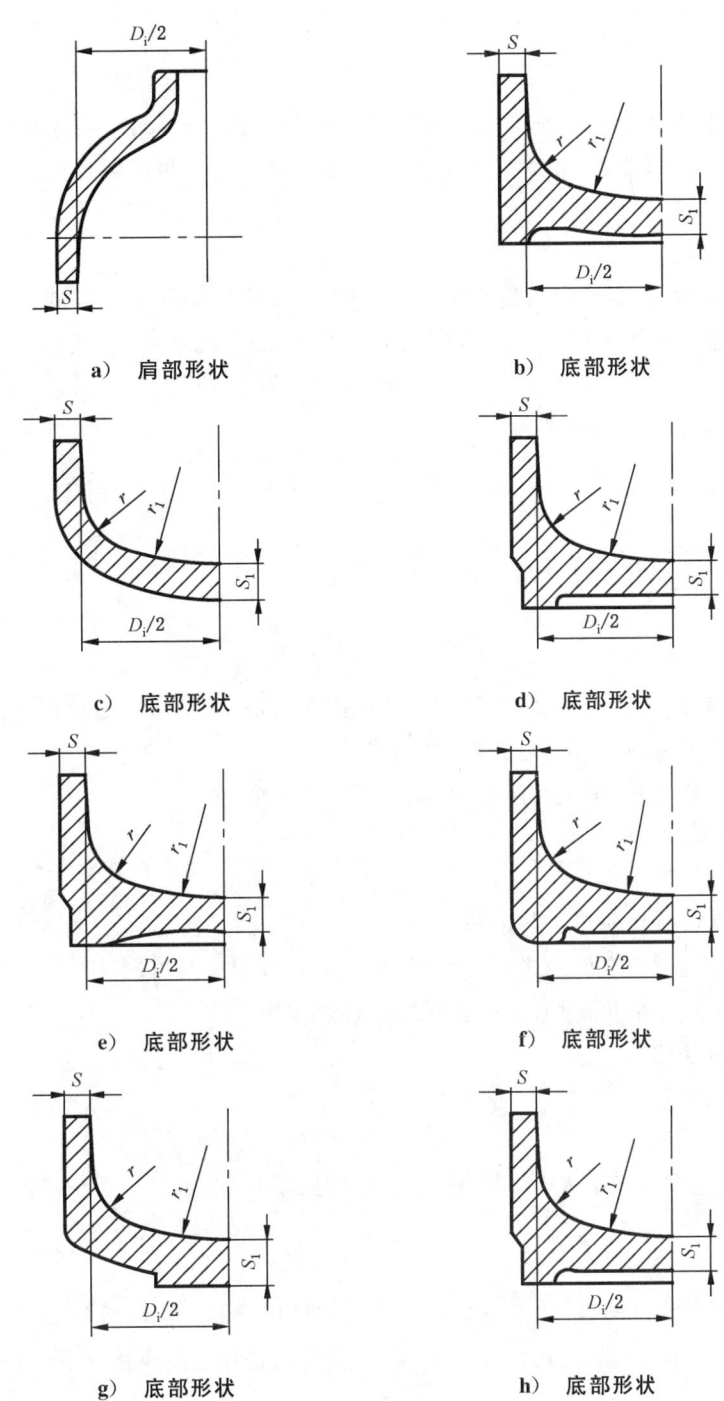

a) 肩部形状　　　　b) 底部形状

c) 底部形状　　　　d) 底部形状

e) 底部形状　　　　f) 底部形状

g) 底部形状　　　　h) 底部形状

图 2　铝瓶端部的典型结构

5.2.4　瓶口设计

5.2.4.1　瓶口厚度应保证瓶口在承受上阀力矩和铆合颈圈的附加外力时不产生明显的塑性变形,其上阀力矩应符合附录 C 的规定。

5.2.4.2　瓶口螺纹应贯穿瓶口;采用锥螺纹时,螺纹应符合 GB/T 8335 的规定;采用普通螺纹时,螺纹尺寸和公差应符合 GB/T 192、GB/T 196、GB/T 197 或相关标准的规定。在水压试验压力 p_h 下计算的剪切安全系数至少为 10,且不少于 6 牙。普通螺纹剪切安全系数计算方法见附录 D。

5.2.5 底座设计

铝瓶设计带有底座结构时,应保证底座具有足够的强度,且底座材料应与瓶体材料相容。底座形状应为圆筒状并能保证铝瓶的直立稳定性。底座与瓶体的连接不应使用焊接方法,其结构不应造成积水。

5.2.6 颈圈设计

铝瓶设计带有颈圈时,应保证颈圈具有足够的强度,且颈圈材料应与瓶体材料相容。颈圈与瓶体的连接不应使用焊接方法。颈圈的轴向拉脱力应不小于 10 倍的空瓶重且不小于 1 000 N,抗转动扭矩应不小于 100 N·m。

5.3 制造

5.3.1 一般要求

铝瓶制造应符合产品设计图样及相关技术文件的要求。

5.3.2 筒体

5.3.2.1 瓶体以铸锭、挤压棒材为原材料,采用冷挤压或热挤压,或挤压后冷拉深等工艺制成。

5.3.2.2 瓶体以管材为原材料,采用旋压等工艺制成。

5.3.2.3 瓶体以板材为原材料,采用冲压拉深、旋压等工艺制成。

5.3.3 端部

5.3.3.1 肩部可用模压或旋压收口工艺成形。

5.3.3.2 瓶口和瓶肩过渡部位表面应光滑,表面不应有突变或明显皱折。

5.3.3.3 端部在成形过程中加热要均匀,确保材料无过烧组织。

5.3.3.4 不应进行焊接处理。

5.3.4 组批

制造应按批管理,每批数量不大于 200 只加上破坏性试验用瓶数。

5.3.5 热处理

5.3.5.1 铝瓶瓶体应进行整体热处理,热处理按评定合格的固溶和人工时效热处理工艺执行。

5.3.5.2 铝瓶瓶体进行固溶、人工时效热处理时,温度和时间允许偏差应符合表 3 的规定。

表 3 铝瓶瓶体热处理温度和时间允许偏差

热处理	温度允许偏差	时间允许偏差
固溶处理	±10 ℃	±30%
人工时效处理	±5 ℃	±20%

5.3.6 瓶口螺纹

瓶口螺纹的牙型、尺寸和公差,锥螺纹应符合 GB/T 8335,普通螺纹应符合 GB/T 192、GB/T 196、GB/T 197 或相关标准的规定。

5.3.7 水压试验

铝瓶瓶体应逐只进行水压试验,水压试验后应进行内表面干燥处理,不应有残留水渍。

5.3.8 附件

5.3.8.1 根据充装气体性质选装相应的瓶阀,按规定扭矩(见附录 C)装配瓶阀。

5.3.8.2 铝瓶需要配装护罩出厂时,护罩可用金属或树脂材料制成,并能够保证足够的强度。

6 试验方法和合格指标

6.1 壁厚和制造公差

6.1.1 试验方法

6.1.1.1 瓶体壁厚采用超声波测厚仪或专用测量工具进行检测。

6.1.1.2 瓶体制造公差采用标准的或专用的量具、样板进行检验,检验项目包括筒体的平均外径、圆度、垂直度和直线度。

6.1.2 合格指标

6.1.2.1 瓶体任意一点的壁厚应不小于设计壁厚。

6.1.2.2 筒体圆度,在同一截面上应不超过该截面平均外径的 2%。

6.1.2.3 筒体直线度,应不超过筒体长度的 0.3%。

6.1.2.4 筒体平均外径不超过公称外径的 ±1%。

6.1.2.5 瓶体的垂直度应不超过筒体长度的 1%。

6.2 内、外表面

6.2.1 试验方法

目测检查。表面检查应有足够的光照,内表面可借助于内窥镜或适当的工具进行检查。

6.2.2 合格指标

6.2.2.1 瓶体内、外表面应光滑圆整,不应有肉眼可见的凹坑、凹陷、裂纹、鼓包、皱折、夹层等影响强度的缺陷。内、外观缺陷可按附录 E 进行评定。

6.2.2.2 铝瓶端部与筒体应圆滑过渡,肩部不应有沟痕存在。

6.3 瓶口螺纹

6.3.1 试验方法

目测和用量规检查。量规应符合 GB/T 8336、GB/T 3934 或相关标准的规定。

6.3.2 合格指标

6.3.2.1 螺纹的牙型、尺寸及公差,应符合 GB/T 8335 或相关标准的规定。

6.3.2.2 螺纹的有效螺纹数应符合设计要求。

6.4 瓶体热处理后各项性能指标测定

6.4.1 取样

6.4.1.1 取样部位如图 3 所示。

6.4.1.2 取样数量：

　　a）　取纵向对称拉伸试样 2 件；

　　b）　取金相试样 1 件；

　　c）　取环向弯曲试样 2 件，或压扁试样瓶（环）1 件。

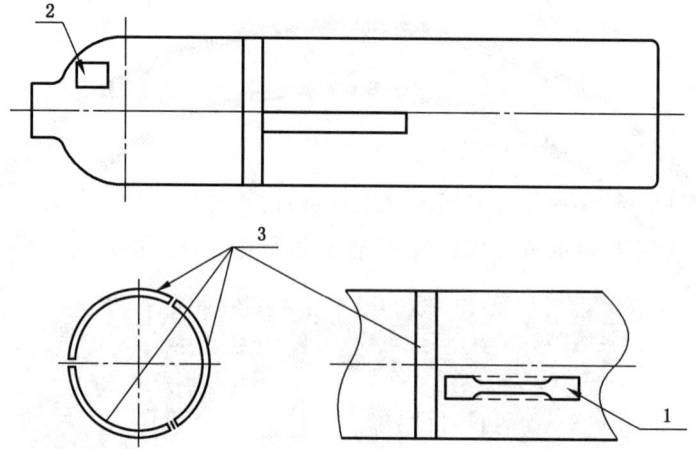

标引序号说明：

1——拉伸试样；

2——金相试样；

3——弯曲试样或压扁试样环。

图 3　取样部位示意图

6.4.2 拉伸试验

6.4.2.1 试验方法

6.4.2.1.1　拉伸试验的测定项目应包括：抗拉强度、屈服强度、断后伸长率。

6.4.2.1.2　拉伸试样形状尺寸应符合图 4 要求，原始标距取 $l_0 = 5.65\sqrt{S_0}$。

单位为毫米

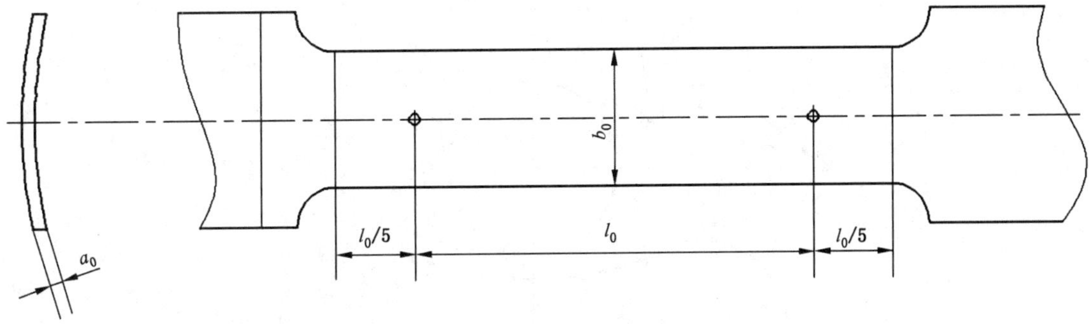

注：当 $a_0 \geqslant 3$ 时，$b_0 < D_0/8$，$b_0 \leqslant 4a_0$。

图 4 拉伸试样图

6.4.2.1.3 拉伸试验方法按 GB/T 228.1 执行。

6.4.2.2 合格指标

实测抗拉强度 R_m 和实测屈服强度 R_{ea} 均不小于瓶体热处理保证值，断后伸长率 A 不小于 12%。

6.4.3 金相试验

6.4.3.1 试验方法

金相试验方法按 GB/T 3246.1 执行。

6.4.3.2 合格指标

无过烧组织，过烧组织的判别按照 GB/T3246.1 的规定。

6.4.4 弯曲试验

6.4.4.1 试验方法

6.4.4.1.1 从筒体上截取一个筒体环，等分三段或两段，制备两个试样。试样宽度为 25 mm，试样侧面加工粗糙度不大于 12.5 μm，棱边可加工成半径不大于 2 mm 的圆角。弯心直径见表 4。

6.4.4.1.2 弯曲示意按图 5 所示。弯曲角度 180°，试验方法按 GB/T 232 执行。

表 4 弯曲试验弯心直径和压扁试验压头间距要求

实测抗拉强度 R_m/MPa	弯心直径 D_f/mm	压头间距 T/mm
$R_m \leqslant 325$	$6S_{ao}$	$10S_{ao}$
$325 < R_m \leqslant 440$	$7S_{ao}$	$12S_{ao}$
$R_m > 440$	$8S_{ao}$	$15S_{ao}$
注：压头间距大于或等于瓶体外径时，由弯曲试验代替。		

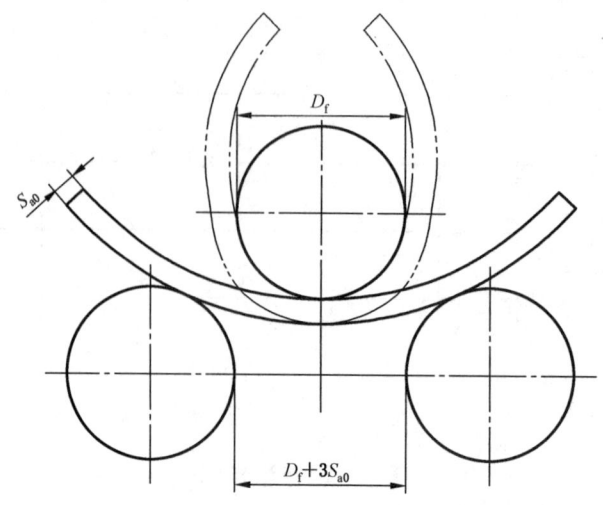

图 5 弯曲示意图

6.4.4.2 合格指标

目测试样无裂纹。

6.4.5 压扁试验

6.4.5.1 试验方法

6.4.5.1.1 压扁试验方法按附录 F 的规定执行。

6.4.5.1.2 压头间距见表 4。

6.4.5.1.3 压扁试验可采用试样瓶或试样环。对于试样环的压扁试验,应从瓶体上截取宽度为瓶体壁厚的 4 倍且不小于 25 mm 的试样环,只能对试样环的边缘进行机加工,对试样环采用平压头进行压扁。

6.4.5.2 合格指标

目测试样无裂纹。

6.5 硬度试验

6.5.1 试验方法

硬度检测按 GB/T 230.1 或 GB/T 231.1 执行。

6.5.2 合格指标

硬度值应符合设计要求。

6.6 水压试验

6.6.1 试验方法

水压试验按 GB/T 9251 执行。

6.6.2 合格指标

在试验压力下,至少保压 30 s,压力表指针不应回降,瓶体不应泄漏或明显变形。容积残余变形率不应大于 5 %,12 L 及以下铝瓶可免做容积残余变形率。

6.7 气密性试验

6.7.1 试验方法

气密性试验按 GB/T 12137 执行。

6.7.2 合格指标

带瓶阀出厂的铝瓶以及充装可燃或有毒介质的铝瓶应进行气密性试验。气密性试验压力为公称工作压力 p_w,保压至少 1 min,瓶体、瓶阀和瓶体瓶阀联接处均不应泄漏。因装配而引起的泄漏现象,允许返修后重做试验。

6.8 水压爆破试验

6.8.1 试验方法

6.8.1.1 水压爆破试验按 GB/T 15385 执行。

6.8.1.2 水压爆破试验时弹性变形区域升压速率不应超过 0.5 MPa/s,再以尽可能恒定的速率加压直至爆破。

6.8.1.3 应自动绘制出压力-时间或压力-进水量曲线,以确定瓶体的屈服压力和爆破压力值。

6.8.2 合格指标

6.8.2.1 铝瓶瓶体实测屈服压力 p_y 和实测爆破压力 p_b 应符合下列要求:

a) $p_y \geqslant p_b/F$;

b) $p_b \geqslant 1.6 p_w$。

6.8.2.2 爆破破口为纵向塑性破口,无碎片,破口上无明显金属缺陷,瓶体上的破口形状与尺寸应符合图 6 的规定。

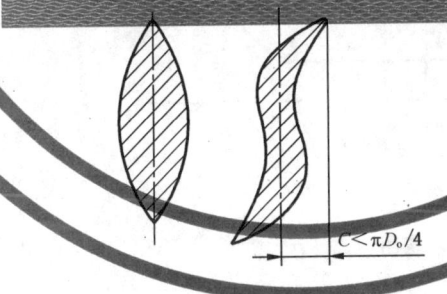

$C < \pi D_o / 4$

图 6 破口形状与尺寸示意图

6.9 压力循环试验

6.9.1 试验方法

6.9.1.1 试验方法按 GB/T 9252 执行。

6.9.1.2 循环压力上限应不低于铝瓶的水压试验压力,循环压力下限应不高于水压试验压力的 10 %(且不超过 3 MPa)。

6.9.1.3 压力循环试验用样瓶,应选择底部实际厚度接近于设计厚度最小值的铝瓶,其底部厚度尺寸应

GB/T 11640—2021

不超过最小设计底厚的 1.15 倍。

6.9.2 合格指标

6.9.2.1 压力循环至少 12 000 次的过程中,瓶体不应泄漏或破裂。

6.9.2.2 试验后铝瓶要测量底部厚度,其底部厚度尺寸实测值应符合 6.9.1.3 的规定。

6.10 未爆先漏试验

6.10.1 要求

6.10.1.1 未爆先漏试验方法分为压力循环和加压泄漏两种,可采用其中一种试验方法进行。

6.10.1.2 试验应选择筒体实际壁厚接近设计壁厚的铝瓶,其壁厚应不超过筒体设计壁厚的 1.15 倍。

6.10.2 取样

6.10.2.1 取样数量

抽取 2 只铝瓶进行试验。

6.10.2.2 制样

分别在 2 只铝瓶筒体外表面中部最小壁厚处加工一条纵向缺陷,缺陷长度 L_0 不小于 4 倍筒体设计壁厚。用于加工缺陷的刀具厚度约为 12.5 mm,顶角为 45°～60°,刀尖顶角半径 r_c 为 0.25 mm± 0.025 mm。当铝瓶筒体公称外径小于或等于 140 mm 时,刀具切削直径($2R_c$)为 20 mm。当铝瓶筒体公称外径大于 140 mm 时,刀具切削直径($2R_c$)为 30 mm。缺陷深度应不小于缺陷处实测厚度的 60%。缺陷和刀具示意见图 7。

单位为毫米

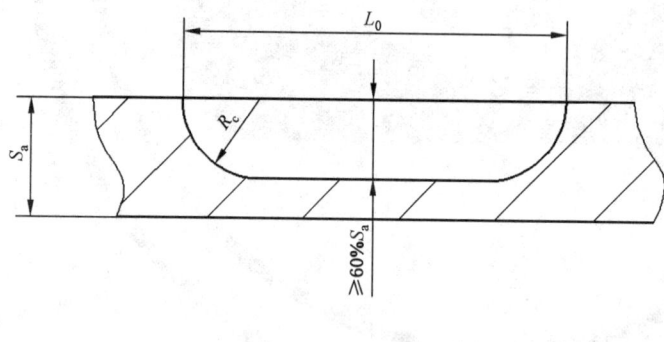 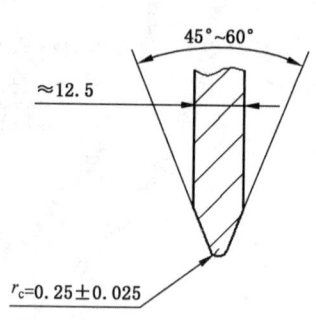

a) 缺陷示意图　　　　　　b) 刀具示意图

图 7　缺陷和刀具示意图

6.10.3 压力循环

6.10.3.1 试验方法

按 6.9.1 进行压力循环试验,循环速率应不超过 5 次/min,循环压力上限应不低于 $2/3p_h×(S_a/S)$。

6.10.3.2 合格指标

6.10.3.2.1 压力循环至瓶体失效,瓶体不应发生爆破,且测量的泄漏缺陷总长度不超过 $1.1L_0$,则铝瓶通过试验。

6.10.3.2.2 如果压力循环试验过程中,裂纹扩展偏离径向,可重新取 2 只铝瓶进行试验,如果其中任意 1 只铝瓶不合格,则铝瓶未通过试验。

6.10.3.2.3 直径和压力不大于已通过试验的铝瓶,可不进行此项试验。

6.10.4 加压泄漏

6.10.4.1 试验方法

按 6.6.1 进行加压泄漏试验,加压时间不少于 1 min 至 $2/3p_h \times (S_a/S)$,保压 10 s,继续升压至泄漏。

6.10.4.2 合格指标

6.10.4.2.1 测量的泄漏缺陷总长度不超过 $1.1L_0$,则铝瓶通过试验。

6.10.4.2.2 如果铝瓶泄漏,且泄漏压力小于 $2/3p_h \times (S_a/S)$,则重新选取 2 只铝瓶加工一条小于上述试验深度的缺陷,再进行试验,试验结果均符合 6.10.4.2.1 的规定,则铝瓶通过试验。

6.10.4.2.3 如果铝瓶爆破,且爆破压力大于 $2/3p_h \times (S_a/S)$,则重新选取 2 只铝瓶加工一条大于上述试验深度的缺陷,再进行试验,试验结果均符合 6.10.4.2.1 的规定,则铝瓶通过试验。

6.11 颈圈装配试验

6.11.1 试验方法

6.11.1.1 以 10 倍气瓶的空瓶重量且不小于 1 000 N 的拉力,对颈圈进行轴向拉脱试验。

6.11.1.2 对颈圈施加 100 N·m 的扭矩进行旋转试验。

6.11.2 合格指标

在进行轴向拉脱试验时颈圈不脱落,在施加扭矩进行旋转试验时颈圈不松动。

7 检验规则

7.1 出厂检验

7.1.1 逐只检验

铝瓶应按表 5 规定的项目进行逐只检验。

7.1.2 批量检验

7.1.2.1 铝瓶应按表 5 规定的项目进行批量检验。

7.1.2.2 每批铝瓶中应随机抽取至少 1 只铝瓶,进行拉伸试验、金相试验、弯曲试验或压扁试验。

7.1.2.3 每批铝瓶中应随机抽取 1 只铝瓶进行水压爆破试验。

7.1.3 复验规则

如果试验结果不合格,按下列规定进行处理:

a) 如果试验结果不合格是因设备异常或测量误差造成,则重新试验,如可能应在同一只铝瓶上进行二次抽样试验,如第二次试验合格,第一次试验可忽略;

    b) 如果试验结果不符合要求是由于热处理造成的,可重新进行热处理,重新热处理的铝瓶需重新
        进行批量检验。但热处理次数不应多于两次(不包括单纯的人工时效处理次数)。

如果重新进行热处理的铝瓶批量检验某项不合格,则整批铝瓶判废。

7.2 型式试验

7.2.1 如符合以下任何一个条件视为新设计:
    a) 采用不同的材料;
    b) 采用不同的制造工艺;
    c) 采用不同的热处理工艺;
    d) 采用不同的抗拉强度保证值或屈服强度保证值;
    e) 采用不同的筒体公称外径;
    f) 采用不同的端部结构;
    g) 采用不同的设计壁厚;
    h) 瓶体长度增加超过50%。

7.2.2 新设计铝瓶型式试验抽样基数一般应不少于50只。

7.2.3 新设计的铝瓶应按表5规定的项目进行型式试验:
    a) 抽取2只铝瓶进行瓶体热处理后各项性能指标测定(包括拉伸试验、金相试验、弯曲试验或压
        扁试验);
    b) 抽取2只铝瓶进行水压爆破试验;
    c) 抽取3只铝瓶进行压力循环试验;
    d) 抽取2只铝瓶进行未爆先漏试验(如需要)。

表 5　铝瓶出厂检验及型式试验

序号	检验项目	出厂检验		型式试验	试验方法和合格指标
		逐只检验	批量检验		
1	壁厚和制造公差	√	—	—	6.1
2	内、外表面	√	—	—	6.2
3	瓶口螺纹	√			6.3
4	拉伸试验	—	√	√	6.4.2
5	金相试验	—	√	√	6.4.3
6	弯曲试验ª	—	√	√	6.4.4
7	压扁试验ª	—	√	√	6.4.5
8	硬度试验	√	—	√	6.5
9	水压试验	√	—	√	6.6
10	气密性试验	√	—	√	6.7
11	水压爆破试验	—	√	√	6.8
12	压力循环试验			√	6.9
13	未爆先漏试验ᵇ	—		√	6.10

表 5　铝瓶出厂检验及型式试验（续）

序号	检验项目	出厂检验		型式试验	试验方法和合格指标
		逐只检验	批量检验		
14	颈圈装配试验ᶜ	—	—	√	6.11

注："√"为做检验或试验，"—"为不做检验或试验。

ᵃ　弯曲试验与压扁试验任取其一进行。

ᵇ　仅适用于新设计的瓶体材料选用 7032、7060 或其他热处理后的最小屈服强度保证值大于 380 MPa 的铝瓶。

ᶜ　仅适用于带有颈圈的铝瓶。

8　标志、涂敷、包装、运输和储存

8.1　标志

8.1.1　钢印标记

8.1.1.1　铝瓶钢印标记应打在瓶体的弧形肩部，可沿一条或者两条圆周线排列，排列方式见图8。对于公称外径小于 60 mm 的铝瓶，也可以采用激光刻印的方式刻在靠近底部的圆周部位，剩余壁厚不应小于设计壁厚。

8.1.1.2　钢印应完整、清晰无毛刺。

8.1.1.3　钢印字体高度，铝瓶外径小于或等于 70 mm 的为 4 mm，70 mm～140 mm 的为 5 mm～7 mm，大于 140 mm 的不小于 8 mm，钢印深度为 0.3 mm～0.5 mm，激光刻印深度不大于 0.1 mm。

8.1.2　颜色标志

铝瓶表面颜色、字样、字色和色环应符合 GB/T 7144 的有关规定。

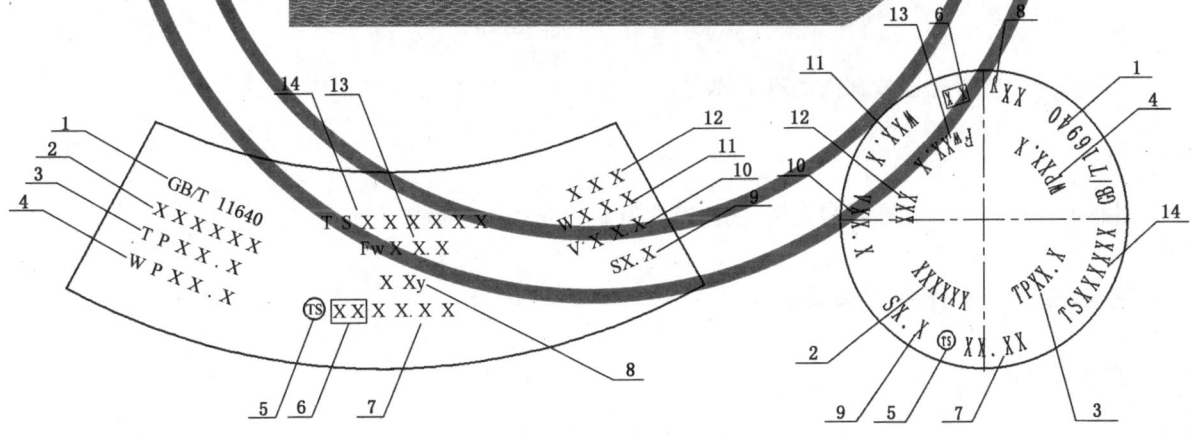

图 8　钢印示意图

标引序号说明：

1——产品标准编号；

2——铝瓶编号；

3——水压试验压力，单位为兆帕(MPa)；

4——公称工作压力，单位为兆帕(MPa)；

5——监督检验标记；

6——单位代码(与在发证机构备案的一致)；

7——制造年、月；

8——设计使用年限；

9——瓶体设计壁厚，单位为毫米(mm)；

10——公称容积，单位为升(L)；

11——实际质量(不包括瓶阀、护罩)，单位为千克(kg)；

12——充装气体名称或化学分子式；

13——液化气体最大充装量，单位为千克(kg)；

14——铝瓶制造单位许可证编号。

图 8 钢印示意图（续）

8.2 涂敷

8.2.1 铝瓶在涂敷前，应清除表面油污等杂物，且在干燥的条件下进行涂敷。

8.2.2 涂敷应均匀牢固，不应有气泡、流痕、裂纹和剥落等缺陷。

8.2.3 涂敷工艺不应影响铝瓶热处理性能。

8.3 包装

8.3.1 铝瓶出厂时，若不带阀，其瓶口应采取可靠措施加以密封，以防止污染。

8.3.2 铝瓶应妥善包装，防止运输时损伤。

8.4 运输

铝瓶的运输应符合运输部门的有关规定。

8.5 储存

铝瓶不应储存在日光曝晒和高温、潮湿及含有腐蚀介质的环境中。

9 产品合格证和批量检验质量证明书

9.1 产品合格证

9.1.1 经检验合格的每只铝瓶均应附有产品合格证及使用说明书。

9.1.2 合格证应包括下列内容：

    a) 铝瓶型号；

    b) 铝瓶编号；

    c) 公称容积；

    d) 实测空瓶重量(不包括瓶阀、护罩)；

    e) 充装介质；

f) 公称工作压力；

g) 水压试验压力；

h) 制造单位名称、代码；

i) 生产日期；

j) 监督检验标志；

k) 制造单位许可证编号；

l) 筒体设计壁厚；

m) 设计使用年限；

n) 材料牌号；

o) 产品标准编号；

p) 使用说明书。

9.2 批量检验质量证明书

9.2.1 经检验合格的每批铝瓶均应附有批量检验质量证明书（见附录 G）。

9.2.2 批量检验质量证明书的内容应包括本文件规定的批量检验项目。

9.2.3 铝瓶制造单位应妥善保存铝瓶的检验记录和批量检验质量证明书的复印件（或正本），保存时间不少于 7 年。

附 录 A

（规范性）

腐 蚀 试 验

A.1 评定晶间腐蚀敏感性的试验

A.1.1 试验简述

试样取自成品铝瓶,将试样浸没在腐蚀溶液中,在规定的腐蚀时间之后,垂直于腐蚀面横向切割并抛光,用金相学法测定晶间腐蚀的扩展情况。

A.1.2 取样

分别从瓶口、瓶体和瓶底取样(见图 A.1)。在规定的腐蚀溶液中完成瓶体三部分金属的试验,试样的形状和尺寸见图 A.2。

首先用带锯锯下 $a_1a_2a_3a_4$,$b_1b_2b_3b_4$,$a_1a_2b_2b_1$ 和 $a_4a_3b_3b_4$ 四个平面,然后用细锉刀锉平。保留 $a_1a_4b_4b_1$ 和 $a_2a_3b_3b_2$ 成品瓶体的内外表面原始状态。

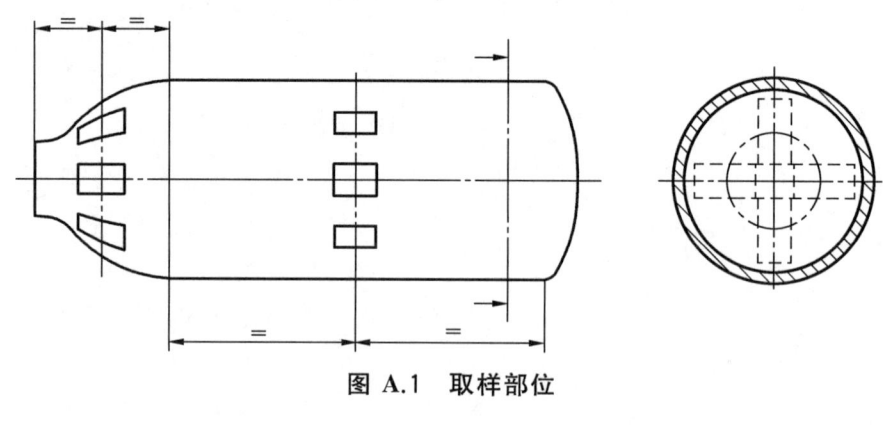

图 A.1 取样部位

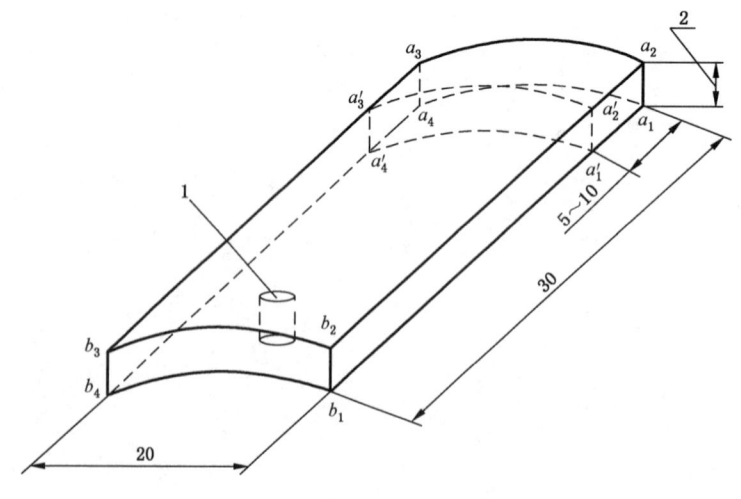

标引序号说明:

1——孔 ϕ3 mm;

2——瓶体厚度。

图 A.2 试样形状和尺寸

A.1.3 腐蚀前表面的准备

A.1.3.1 试剂

A.1.3.1.1 硝酸 HNO_3 分析纯,浓度 1.33 g/mL。

A.1.3.1.2 氢氟酸 HF 分析纯,浓度 1.14 g/mL。

A.1.3.1.3 去离子水或蒸馏水。

A.1.3.2 方法

将下列溶液放入烧杯里,加热至 95 ℃:
——HNO_3(A.1.3.1.1):63 mL;
——HF(A.1.3.1.2):6 mL;
——H_2O(A.1.3.1.3):931 mL。

将试样吊挂在铝或其他惰性材料的金属丝上,在上述溶液中浸泡 1 min。用流动的水冲洗,再用去离子水或蒸馏水冲洗(A.1.3.1.3)。

在室温下再将试样浸入硝酸溶液 1 min,以去除可能生成的铜的沉淀物,再用去离子水或蒸馏水冲洗。

在上述准备工作完成后,为防止试样氧化,应立即将它们浸入下述腐蚀溶液中。

A.1.4 试验过程

A.1.4.1 腐蚀溶液

溶液由 57 g/L 氯化钠和 3 g/L 过氧化氢组成。

A.1.4.2 腐蚀溶液的准备

A.1.4.2.1 试剂

A.1.4.2.1.1 氯化钠 NaCl 晶体,分析纯。

A.1.4.2.1.2 过氧化氢 H_2O_2,(100~110)体积。

A.1.4.2.1.3 高锰酸钾 $KMnO_4$,分析纯。

A.1.4.2.1.4 硫酸 H_2SO_4,分析纯,浓度 1.83 g/mL。

A.1.4.2.1.5 去离子水或蒸馏水。

A.1.4.2.2 过氧化氢的标定

由于过氧化氢不太稳定,在使用前应先做滴定度的标定。用吸管取 10 mL 过氧化氢(A.1.4.2.1.2),放在一个带有刻度的细颈瓶中,用去离子水或蒸馏水将其稀释到 1 000 mL,由此所得到的过氧化氢溶液称为 C。用吸管将下列溶液放入三角杯中:10 mL 过氧化氢溶液 C;约 2 mL 硫酸(A.1.4.2.1.4)溶液。

用浓度 1.859 g/L 高锰酸钾溶液(A.1.4.2.1.3)滴定,高锰酸钾起指示剂的作用。

A.1.4.2.3 滴定说明

在硫酸溶液中,高锰酸钾与过氧化氢的化学反应式为:

$$2KMnO_4 + 5H_2O_2 + 3H_2SO_4 = K_2SO_4 + 2MnSO_4 + 8H_2O + 5O_2$$

由上述反应式可得,316 g $KMnO_4$ 需 170 g H_2O_2 进行反应。

因此,1 g 纯过氧化氢与 1.859 g 高锰酸钾作用,即 1.859 g/L 高锰酸钾溶液(饱和的)需用相等体积的 1 g/L 的过氧化氢溶液进行反应。由于使用的过氧化氢在滴定过程中稀释了 100 倍,所以 10 mL 试剂仅代表 0.1 mL 初始过氧化氢。

由滴定用的高锰酸钾毫升数乘以 10,即可求得初始过氧化氢的滴定度 T(g/L)。

A.1.4.2.4 腐蚀溶液的配制

配制 10 L 溶液的方法:在去离子水或蒸馏水(A.1.4.2.1.5)中溶解 570 g 氯化钠(A.1.4.2.1.1)得到总体积大约 9 L 的溶液,再加入所需过氧化氢的用量,混合并加入去离子水或蒸馏水至 10 L。加入溶液中的过氧化氢体积用量按式(A.1)计算:

$$V = (1\ 000 \times 30)/T \qquad\qquad\qquad (A.1)$$

式中:

V ——过氧化氢体积用量,单位为毫升(mL);

30 ——10 L 腐蚀溶液中,过氧化氢的用量;

T ——过氧化氢滴定度,即每升腐蚀溶液过氧化氢的含量。

A.1.4.3 腐蚀过程

A.1.4.3.1 将腐蚀溶液放在浸入水槽的结晶盘中(或尽可能大的一个烧杯中),水槽用磁搅拌器搅拌,并用接触温度计控制温度。试样可用铝线(或其他惰性材料)悬挂在腐蚀溶液中,或使试样直接用棱边 与容器接触放进腐蚀溶液中,后一种方法更好一些。腐蚀时间为 6 h,温度控制在 30 ℃±1 ℃。要特别注意,保证试样表面每平方厘米至少有 10 mL 溶液。腐蚀后,用水冲洗试样,然后在 50% 稀硝酸中浸泡大约 30 s,再用水冲洗,并用压缩空气干燥。

A.1.4.3.2 假如试样是同类合金,且互相不接触,可同时腐蚀几只试样,但是要保证试样单位表面上所需试剂的最小数量。

A.1.5 试样检验前的准备

A.1.5.1 装置

A.1.5.1.1 铸模:

——外径:40 mm;

——高度:27 mm;

——壁厚:2.5 mm。

A.1.5.1.2 铸模材料为环氧树脂加固化剂或类似的物质。

A.1.5.2 方法

将每一个试样垂直放入铸模中,用试样 $a_1 a_2 a_3 a_4$ 面为支撑,将按一定比例配制的环氧树脂和固化剂的混合物注入试样周围。用车床沿 $a_1 a_2 a_3 a_4$ 面车去 2 mm,去除端面腐蚀的影响。或者距离 $a_1 a_2 a_3 a_4$ 平面 5 mm～10 mm 锯一试样(见图 A.2 和图 A.3),将试样镶嵌,露出 $a'_1 a'_2 a'_3 a'_4$ 面,以便于机械抛光。

检测面要用水磨砂纸、金刚化合物或氧化镁化合物进行机械抛光。

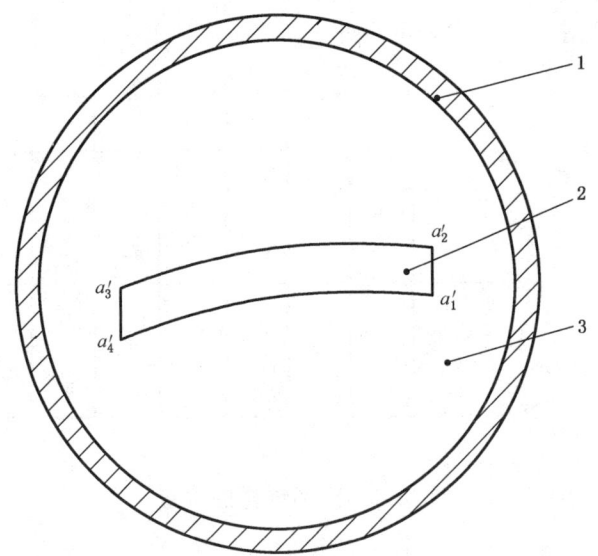

标引序号说明：

1——铸模；

2——试样；

3——环氧树脂和固化剂。

图 A.3　铸模中的试样

A.1.6　金相检验

检测的目的是测量铝瓶内外表面穿晶腐蚀程度。

首先进行低倍检查(例如：×40)，找到最严重的腐蚀区域，然后再做高倍观测(一般为：×300)以确定腐蚀特征和程度。

A.1.7　金相检验说明

A.1.7.1　合金在等轴晶体结构状态下，腐蚀深度应不超过下述两个值中的较大者：

——与检验表面成垂直方向三个晶粒大小；

——0.2 mm。

任何情况下腐蚀深度都不应超过 0.3 mm。

如果在×300 倍下，腐蚀深度超过规定值的视场不多于 4 个，仅局部超标是允许的。

A.1.7.2　由于冷加工，具有在一个方向取向结晶结构的合金，瓶体内外表面的腐蚀深度不应超过 0.1 mm。

A.2　评定应力腐蚀敏感性的试验

A.2.1　试验简述

从瓶体上切割圆环并施加应力，按规定时间浸泡到氯化钠水溶液中，取出并在空气中放置到规定时间，如此循环共 30 d。如果圆环不出现裂纹，可认定此合金适用于制造铝瓶。

A.2.2　试样

在瓶体上切割一个圆环，宽度为 4S 但不应小于 25 mm(见图 A.4)，试样应有 60°的切口，借助于螺栓和两个螺母施加应力(见图 A.5)。试样的内外表面都不应加工。

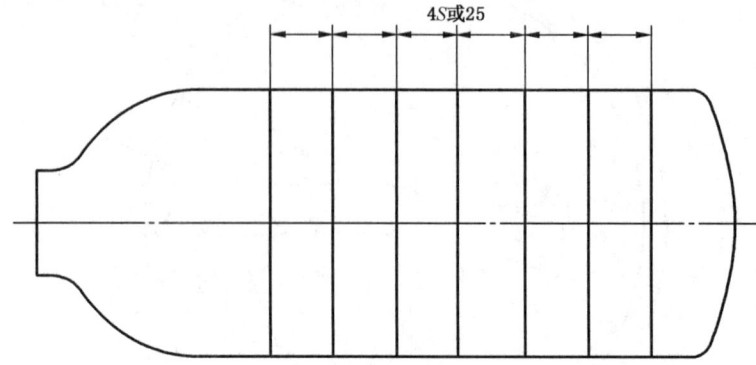

图 A.4　圆环试样的位置

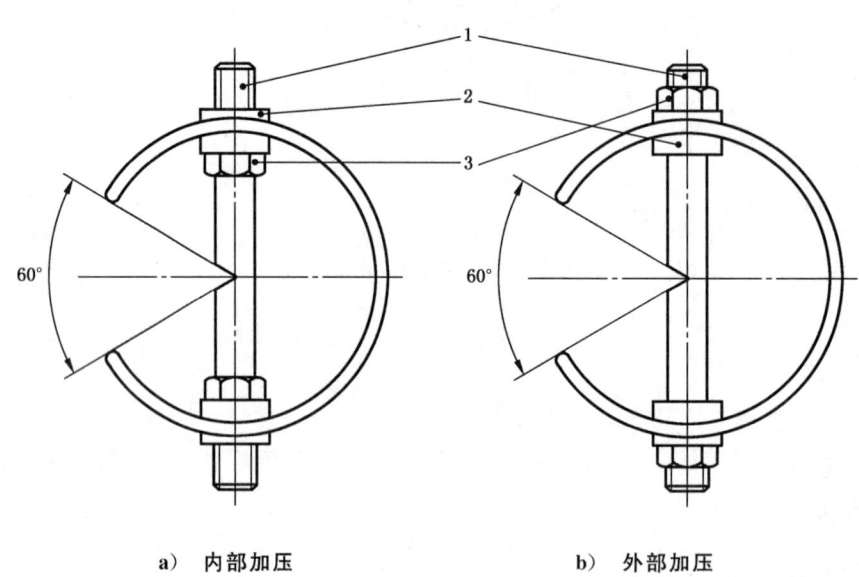

a)　内部加压　　　　　　　　　b)　外部加压

标引序号说明:

1——螺栓;

2——绝缘套管;

3——螺帽。

图 A.5　受压试样

A.2.3　腐蚀试验前表面的准备

用适当的溶剂,清除掉全部油脂、油迹和用于应变仪的粘合剂。

A.2.4　试验步骤

A.2.4.1　腐蚀溶液的准备

氯化钠溶液的准备:用(3.5 ± 0.1)份的氯化钠溶于 96.5 份的水中。

新制作的这种溶液 pH 值应在 6.4～7.2 之间。可用稀的盐酸或稀氢氧化钠溶液调整 pH 值。

在氯化钠水溶液中,只能靠加蒸馏水弥补腐蚀过程中水分的挥发,保持容器中原有溶液的量,如果需要,每天都可添加,但不可添加氯化钠溶液。

每周应将溶液全部更换一次。

A.2.4.2 给圆环施加应力

给三个圆环加张力,使内表面处于拉伸状态。给另外三个圆环加压力,使外表面处于拉伸状态。

给出对圆环施加应力的最大值见式(A.2):

$$R_{max} = R_e \times F \qquad \text{................................(A.2)}$$

式中:

R_{max}——施加应力的最大值,单位为兆帕(MPa);

R_e ——瓶体材料热处理后的最小屈服强度保证值,单位为兆帕(MPa);

F ——设计应力系数。

圆环上实际应力的大小可通过应力应变仪测定,也可通过调整圆环直径,达到所需要的应力值。圆环直径按式(A.3)计算:

$$D' = D_o \pm \frac{\pi R_{max}(D_o - S)^2}{4E \cdot S \cdot Z} \qquad \text{................................(A.3)}$$

式中:

D' ——受压力(或拉力)时圆环的直径,单位为毫米(mm);

D_o ——铝瓶筒体公称外径,单位为毫米(mm);

S ——铝瓶筒体设计壁厚,单位为毫米(mm);

E ——弹性模量,单位为兆帕(MPa)(约取 70 000 MPa);

Z ——为修正系数(图 A.6)。

修正系数 Z 与 D_o/S 的关系曲线见图 A.6。

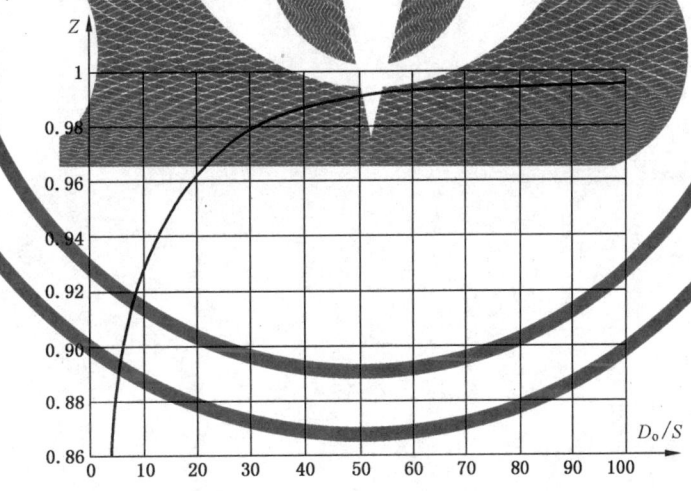

图 A.6 修正系数 Z 和 D_o/S 关系曲线

螺栓、螺母应与圆环绝缘,以防腐蚀。试验圆环应整体浸入溶液中 10 min,然后从溶液中取出暴露在空气中 50 min,如此循环 30 d。

A.2.5 试验结果

假如受力圆环在 30 d 试验以后,肉眼检查或低倍(10 倍～30 倍)检查无裂纹产生,那么此合金可用来制造铝瓶。

A.2.6 金相检查

A.2.6.1 如果怀疑有裂纹(例如锈蚀线出现),应补作金相检验,即在可疑区垂直于圆环轴向取一观测面检查,排除可疑点。比较受拉应力和压应力环的两个面上腐蚀贯穿的深度和形式(沿晶或穿晶)。

A.2.6.2 如果试验环的每个面的腐蚀情况相似,此合金可认为试验合格。但如果试验环受拉应力面 较受压应力面的沿晶开裂明显,则此环试验不通过。

A.2.7 试验报告

试验报告包括下列内容:
a) 材料牌号;
b) 材料化学成分;
c) 材料化学成分实测值;
d) 材料实测机械性能及热处理保证值;
e) 试验结果。

附 录 B

（规范性）

抗恒载荷裂纹试验

B.1 试验简述

用恒载荷或恒位移法使疲劳预裂纹试样加载到规定的应力强度 K_{IAPP}，试样在规定的时间和温度下保持该应力强度的负载状态。试验后检查试样以确定原始的疲劳裂纹增长情况。

如果试样的裂纹增长小于或等于规定的尺寸，可认定此合金适用于制造铝瓶。

瓶颈和瓶肩的公称厚度≤7 mm 的铝瓶不需进行该抗恒载荷裂纹试验。应按图 B.1 实测瓶颈和瓶肩的壁厚。

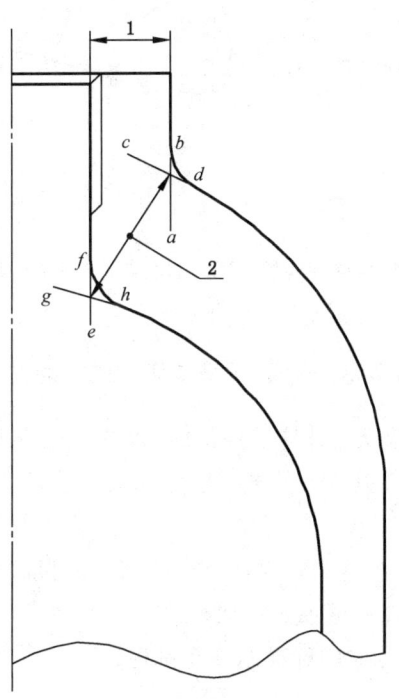

标引序号说明：

1——公称瓶颈厚度；

2——公称肩部厚度。

图 B.1 瓶肩厚度示意图

B.2 取样

B.2.1 试样结构应满足下列试样或试样几何形状的组合：

a) 紧凑拉伸试样（CTS）（见 GB/T 15970.6—2007 图 3）；

b) 双悬梁试样（DCB）（见 GB/T 15970.6—2007 图 4）；

c) 改进楔形开口试样（改进 WOL）（见 GB/T 15970.6—2007 图 5）；

d) C 形试样（见 GB/T 15970.6—2007 图 6）。

B.2.2 试样制备的方向应符合图 B.2 所示的规定。

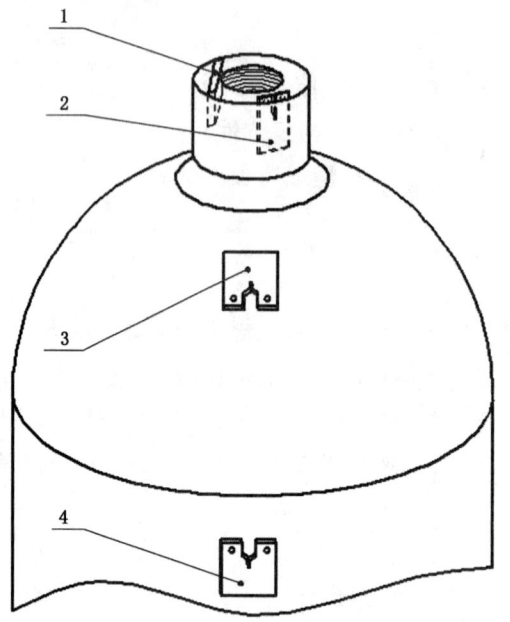

标引序号说明：

1——Y-Z 方向瓶颈试样；

2——Y-X 方向瓶颈试样；

3——Y-X 方向铝瓶肩部试样，该试样尽可能地靠近瓶口选取，切口尖端方向应朝向瓶口；

4——Y-X 方向筒体试样。

图 B.2　瓶颈、瓶肩和筒体试样的方向

B.2.3　取样数量和试验内容：至少应从筒体取三件试样，如果可能，从瓶肩和瓶颈各取三件试样。每个部位所制取的三件试样应尽可能贴近。其中一件试样进行 SLC 试验，另外两个进行拉伸试验（见图 B.2）。

B.2.4　不可对试样坯料进行压扁。

B.2.5　如果不能从规定部位或满足 B.4.7 有效性要求的部位获得试样要求的厚度，则可选最厚的试样进行试验。应在铝瓶热处理后，瓶口机械加工前取样。

B.2.6　拉伸试样，如尺寸不够可按相应的标准制备小试样。

B.3　疲劳预裂纹

应满足 GB/T 15970.6—2007 第 6 章（除 6.4 外）的所有规定。疲劳裂纹长度应按式（B.1）计算：

$$a \geqslant 1.27\left(\frac{K_{IAPP}}{R_{eSLC}}\right)^{2} \times 1\,000 \qquad\qquad（\text{B.1}）$$

B.4　试验步骤

B.4.1　应满足 GB/T 15970.6—2007 第 7 章（除 7.2，7.3，7.4，7.5.1，7.5.2，7.5.4，7.5.5 外）的所有要求。

B.4.2　疲劳预裂纹试样的应力强度按（B.2）计算：

$$K_{IAPP} = 0.056 R_{eSLC} \qquad\qquad（\text{B.2}）$$

应用合适的恒位移法或恒载荷法使试样负载。

B.4.3　通过非监视载荷方法或监视载荷方法确定用恒位移法载荷的试样，并应满足以下要求：

　　a)　通过非监视载荷方法：

　　　　1)　试验结束卸载前记录裂纹开口位移（CMOD）；

    2) 卸载试样；

    3) 用合适的载荷测量装置使试样重新负载,但载荷值不超过测量的 CMOD 值。记录下载荷值并用该值计算 K_{IAPP}。所计算的该 K_{IAPP} 值应等于或大于 B.4.2 计算的 K_{IAPP} 值。

 b) 通过监视载荷方法：

    1) 将试验结束时的最终载荷应用到 K_{IAPP} 计算中；

    2) 计算的该 K_{IAPP} 值应大于或等于 B.4.2 计算的 K_{IAPP} 值。

B.4.4 使用恒位移方法的试验：

 a) 如在恒位移载荷下测试 CTS 试样,用式(B.3)~式(B.5)确定 V_1 值：

$$V_1 = \frac{K_{IAPP} \cdot \sqrt{W}}{0.032 \cdot E \cdot f(x) \cdot \sqrt{B/B_n}} \quad\cdots\cdots\cdots\cdots\cdots\cdots(B.3)$$

$$f(x) = \frac{2.24(1.72 - 0.9x + x^2) \cdot \sqrt{1-x}}{9.85 - 0.17x + 11x^2} \quad\cdots\cdots\cdots\cdots(B.4)$$

$$x = \frac{a}{W} \quad\cdots\cdots\cdots\cdots\cdots\cdots(B.5)$$

式中：

B ——试样厚度,单位为毫米(mm)；

B_n ——试样厚度的减少量,单位为毫米(mm)；

W ——试样宽度,单位为毫米(mm)。

b) 如在恒位移载荷下测试 C 形试样,用式(B.6)~式(B.7)计算：

对于 $x/W = 0$ 的试样：

$$V_1 = \frac{K_{IAPP} \cdot \sqrt{W} \cdot P_1 \left[0.43\left(1 - \frac{r_1}{r_2}\right) + Q_1 \right]}{0.032 \cdot E \cdot Y} \quad\cdots\cdots\cdots(B.6)$$

对于 $x/W = 0.5$ 的试样：

$$V_1 = \frac{K_{IAPP} \cdot \sqrt{W} \cdot P_2 \left[0.45\left(1 - \frac{r_1}{r_2}\right) + Q_2 \right]}{0.032 \cdot E \cdot Y} \quad\cdots\cdots\cdots(B.7)$$

式中：

r_1 ——试样内径,单位为毫米(mm)；

r_2 ——试样外径,单位为毫米(mm)；

Y 见 GB/T 15970.6—2007 中图 14。

$P_1 = (1 + a/W) / (1 - a/W)^2$

$Q_1 = 0.542 + 13.137(a/W) - 12.316(a/W)^2 + 6.576(a/W)^3$

$P_2 = (2 + a/W) / (1 - a/W)^2$

$Q_2 = 0.399 + 12.63(a/W) - 9.838(a/W)^2 + 4.66(a/W)^3$

c) 在使用恒位移试验方法测试 DCB 和改进 WOL 试样时,应使用 GB/T 15970.6—2007 提供的应力强度系数公式。

B.4.5 使用恒载荷方法试验：

 a) 在恒载荷条件下测试 DCB 试样,应使用式(B.8)：

$$K_{IAPP} = \left[\frac{p_a}{BH^{3/2}} \right] \left[3.46 + \frac{2.38H}{a} \right] \quad\cdots\cdots\cdots\cdots(B.8)$$

式中：

p_a——施加的载荷,单位为牛(N);

H——试样半高,单位为毫米(mm)。

同时应满足式(B.9)~式(B.10)的要求:

$$2 \leqslant a/H \leqslant 10 \quad \text{…………………………} (B.9)$$
$$W \geqslant a + 2H \quad \text{…………………………} (B.10)$$

   b) 在恒载荷条件下测试 CTS、改进 WOL 和 C 型试样,应使用 GB/T 15970.6—2007 提供的应力强度系数公式。

B.4.6 载荷试样应在室温下测试 90 d 或在(80±5)℃下测试 30 d。

B.4.7 应用式(B.11)代替 GB/T 15970.6—2007 中 7.6.6 e)的有效方程式。所有试样都应满足(除B.2.5外)有效性要求。

$$a, B, B_n, (W-a) \geqslant 1.27 \left(\frac{K_{IAPP}}{R_{eSLC}} \right)^2 \times 1\,000 \quad \text{…………………………} (B.11)$$

B.4.8 如需进行 B.5.4 的附加试验,重复整个试验步骤。根据 B.4.5 规定的恒载荷条件在室温放置180 d。

B.5 裂纹增长检查

B.5.1 在规定的试验时间后卸载试样,使试样在不超过 0.6 K_{IAPP} 的最大应力强度下进行疲劳试验,直至裂纹增长了至少 1 mm。在疲劳试验后砸开试样。

B.5.2 用扫描电子显微镜(SEM)测量疲劳试验前后裂纹距离。应垂直于疲劳试验前和疲劳试验后裂纹,在 25%B,50%B 和 75%B 的位置进行测量。计算这三个值的平均值。

B.5.3 如果两个疲劳裂纹之间的平均距离不超过 0.16 mm,试样通过试验。如果所有的试样都通过,则材料满足要求。

B.5.4 如果 B.5.3 测量的平均值超过 0.16 mm,需按 B.4.8 进行重复试验,试验后按 B.5.1 和 B.5.2 步骤进行。两个疲劳裂纹之间的平均距离不超过 0.3 mm,则材料满足要求。

B.6 铝瓶厚度质量鉴定

   如果不能满足 B.4.7 的有效性要求,只要试样满足本附录所述试验方法的其他要求,则认为铝瓶取样材料在最大厚度范围内合适。如果试样满足 B.4.7 的有效性要求和本附录所述试验方法的其他要求,则材料适合于所有厚度。

B.7 报告

   应按 GB/T 15970.6—2007 第 8 章(8.5 除外)规定的信息记录报告。报告应说明是否符合有效性标准,并应包括 B.5.2 的 SEM 显微图。报告文件应永久保存。

附　录　C

（规范性）

铝瓶的装阀扭矩

C.1　铝瓶锥螺纹的装阀扭矩见表 C.1。

表 C.1　铝瓶锥螺纹的装阀扭矩

螺纹规格	扭矩/(N·m)		
	min	max	
		无颈圈	有颈圈
PZ19.2	75	95	140
PZ27.8	95	110	180

C.2　铝瓶普通螺纹的装阀扭矩见表 C.2。

表 C.2　铝瓶普通螺纹的装阀扭矩

螺纹规格	扭矩/(N·m)	
	min	max
M18×1.5	85	100
M25×2	95	130
M30×2	95	130

附 录 D

（资料性）

螺纹剪切应力安全系数计算方法

D.1 计算公式

螺纹剪切应力安全系数即材料剪切强度（τ_m）与螺纹剪切应力的比值。铝合金材料剪切强度（τ_m）取 0.6 倍的材料抗拉强度。螺纹剪切应力计算见式（D.1）～式（D.2）：

$$\tau_n = \frac{F_w}{zA_n} \quad\quad\quad\quad\quad\quad\quad (D.1)$$

$$\tau_w = \frac{F_w}{zA_w} \quad\quad\quad\quad\quad\quad\quad (D.2)$$

式中：

τ_n ——内螺纹的剪切应力，单位为兆帕（MPa）；

F_w——最大轴向外载荷，单位为牛（N）；

z ——啮合的螺纹牙数；

A_n——内螺纹牙的受剪面积，单位为平方毫米（mm²）；

τ_w ——外螺纹的剪切应力，单位为兆帕（MPa）；

A_w——外螺纹牙的受剪面积，单位为平方毫米（mm²）。

最大轴向外载荷计算见式（D.3）：

$$F_w = p_内 A \quad\quad\quad\quad\quad\quad\quad (D.3)$$

式中：

$p_内$——铝瓶内压力，单位为兆帕（MPa）；

A ——瓶口内螺纹开孔受压面积（取内螺纹的大径），单位为平方毫米（mm²）。

螺纹牙的受剪面积计算见式（D.4）～式（D.5）：

$$A_n = \pi d_{min}\left[\frac{P}{2} + \tan\frac{\alpha}{2}(d_{min} - D_{2max})\right] \quad\quad\quad (D.4)$$

$$A_w = \pi D_{1max}\left[\frac{P}{2} + \tan\frac{\alpha}{2}(d_{2min} - D_{1max})\right] \quad\quad\quad (D.5)$$

式中：

d_{min} ——外螺纹最小大径，单位为毫米（mm）；

P ——螺纹的螺距，单位为毫米（mm）；

α ——螺纹的牙型角，单位为度（°）；

D_{2max} ——瓶口内螺纹最大中径，单位为毫米（mm）；

D_{1max} ——瓶口内螺纹最大小径，单位为毫米（mm）；

d_{2min} ——外螺纹最小中径，单位为毫米（mm）。

瓶口内螺纹和外螺纹的啮合情况和计算取值见图 D.1，且有以下关系式成立，见式（D.6）～式（D.7）：

$$b = \frac{P}{2} + 2x = \frac{P}{2} + \tan\frac{\alpha}{2}(d_{min} - D_{2max}) \quad\quad\quad (D.6)$$

$$b_1 = \frac{P}{2} + 2y = \frac{P}{2} + \tan\frac{\alpha}{2}(d_{2min} - D_{1max}) \quad\quad\quad (D.7)$$

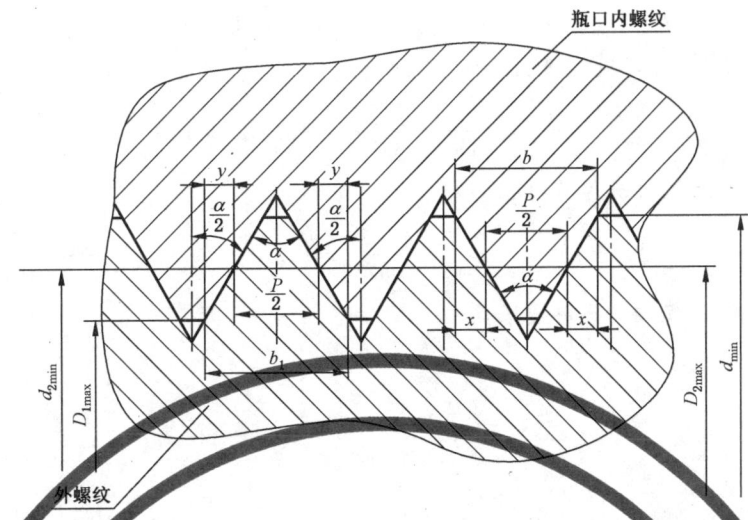

图 D.1　瓶口内螺纹和外螺纹啮合尺寸及受力部位示意图

D.2　计算示例

铝瓶材料抗拉强度保证值为 290 MPa,公称工作压力为 30 MPa,水压试验压力为 45 MPa,瓶口螺纹为 M18×1.5-6H,有效螺纹 13 牙,计算铝瓶水压试验压力下螺纹剪切应力安全系数。

解:根据螺纹标准,M18×1.5 螺纹的牙型角为 60°,其中 6H 内螺纹的极限尺寸见表 D.1。

表 D.1　M18×1.5-6H 内螺纹的极限尺寸

单位为毫米

公称直径 D	螺距 P	大径 D_{min}	中径		小径	
			D_{2max}	D_{2min}	D_{1max}	D_{1min}
18.0	1.50	18.000	17.216	17.026	16.676	16.376

相应的 6g 外螺纹的极限尺寸见表 D.2。

表 D.2　M18×1.5-6g 外螺纹的极限尺寸

单位为毫米

公称直径 d	螺距 P	大径		中径		小径
		d_{max}	d_{min}	d_{2max}	d_{2min}	d_{1max}
18.0	1.50	17.968	17.732	16.994	16.854	16.344

内螺纹牙的受剪面积 A_n 计算见式(D.8):

$$A_n = \pi d_{min}\left[\frac{P}{2} + \tan\frac{\alpha}{2}(d_{min} - D_{2max})\right]$$

$$= 3.14 \times 17.732\left[\frac{1.50}{2} + \tan\frac{60°}{2} \times (17.732 - 17.216)\right]$$

$$= 58.336\,(\text{mm}^2) \quad\quad\quad\quad\quad\quad\quad\quad\quad\quad\quad\quad\quad\text{(D.8)}$$

最大轴向外载荷 F_w 计算见式(D.9):

$$F_w = p_内 A = 45 \times 3.14 \times 18.0^2/4 = 11\,445.3(\text{N}) \quad\quad (\text{D.9})$$

内螺纹的剪切应力 τ_n 计算见式(D.10):

$$\tau_n = \frac{F_w}{zA_n} = \frac{11445.3}{13 \times 58.336} = 15.092(\text{MPa}) \quad\quad (\text{D.10})$$

螺纹剪切应力安全系数计算见式(D.11):

$$\frac{\tau_m}{\tau_n} = \frac{0.6 \times 290}{15.092} = 11.52 \quad\quad (\text{D.11})$$

计算值满足铝瓶瓶口螺纹的设计要求。

附 录 E

（资料性）

铝瓶制造缺陷的描述和判定

E.1 一般要求

E.1.1 铝瓶内外表面应清洁、干燥，无氧化物、无腐蚀和锈迹，检查之前用合适的方法对内外表面进行
清理。

E.1.2 应使用足够强度的照明光源。

E.1.3 铝瓶螺纹加工后，应用内窥镜或其他合适的装置检查瓶颈内部。

E.1.4 局部缺陷可修磨去除，修磨后应重新进行壁厚检查。

E.2 制造缺陷

铝瓶常见的内、外表面缺陷及其描述见表 E.1。

表 E.1 中可返修的缺陷的判定是根据使用经验确定的，适用于所有尺寸和类型的铝瓶及使用条
件。当用户要求高于表 E.1 规定时，由用户与制造单位另行约定。

表 E.1 常见的制造缺陷及判定标准

序号	缺陷	现象描述	判定标准	判定结论
1	鼓包	可见表面凸起	所有有此缺陷的铝瓶	报废
2	凹陷	有可见的凹陷处（见图 E.1）（包括由于打磨或机械加工等造成）	凹坑的深度超过铝瓶外径的 2% 或超过 2 mm（取小值）。凹坑的直径小于其深度的 30 倍。壁厚小于设计壁厚	报废
3	划伤、磕伤、压痕	壁上有金属缺失（主要由于在挤压或拉伸操作中模具表面有附着物造成）	内表面：超过 5% 壁厚，缺陷下的剩余壁厚小于设计壁厚。有明显的 V 字形切口或缺陷长度超过 5 倍铝瓶厚度	报废
			外表面：深度超过壁厚的 5%，或缺陷下的剩余壁厚小于设计壁厚	报废
			外表面：深度小于壁厚的 5%，并且缺陷下的剩余厚度大于设计壁厚	可修复
4	带有划伤或磕伤的凹陷	壁的下陷处有划伤或磕伤（见图 E.2）	所有有此缺陷的铝瓶	报废
5	凸棱	纵向凸起的有尖角的表面（见图 E.3）	内表面：高度超过壁厚的 5%	报废
			外表面：高度超过壁厚的 5%	可修复

表 E.1 常见的制造缺陷及判定标准（续）

序号	缺陷	现象描述	判定标准	判定结论
6	凹槽	纵向深的凹槽（见图 E.4）	内表面：如果深度超过壁厚的 5% 或缺陷下的剩余壁厚小于设计壁厚	报废
			外表面：深度超过壁厚的 5% 或缺陷下的剩余壁厚小于设计壁厚	报废
			外表面：深度小于壁厚的 5%，如果缺陷下的剩余壁厚大于设计壁厚	可修复
7	夹层	表面裂纹、重皮、鼓包或表面中断（见图 E.5）	内表面：所有有此缺陷的铝瓶	报废
			外表面：所有有此缺陷的铝瓶	可修复
8	浮泡	壁上有连续的内含有物质的小鼓包	内表面：所有有此缺陷的铝瓶	报废
			外表面：明显与铝瓶性能无关的所有此缺陷的铝瓶	可修复
9	裂纹	金属上有裂口或裂缝	所有有此缺陷的铝瓶	报废
10	瓶口裂纹	表现为与螺纹垂直方向并延伸到螺纹表面的线条（不应将其与螺纹机加工痕迹混淆）（见图 E.6）	所有有此缺陷的铝瓶	报废
11	肩部皱折或肩部裂纹	瓶肩内部有峰状和槽状皱折，并延伸到螺纹区（见图 E.7）。起始于瓶肩内部并延伸到机加工区或螺纹部位（图 E.8 显示肩部裂纹的起始及延伸状态）	应通过机加工去除延伸到螺纹部分的可见线状氧化物皱折或裂纹（见图 E.7）。机加工后，应仔细检查整个区域并确认壁厚	可修复
			如果机加工没能除去线状氧化物皱折或裂纹，或壁厚超差	报废
			如果机加工去除了线状氧化物皱折或裂纹，且壁厚合格	合格
			只要尖顶平滑且下陷处底部圆滑，超出机械加工区并且明显可见是敞口凹陷（金属中无氧化物）的皱折认为合格	合格
12	内部螺纹损坏或超出公差范围	螺纹损坏，有凹陷，划伤，毛刺或超出公差范围	可用合适的螺纹量规重新加工并检查螺纹，并仔细地进行目测检查，应保证有效螺纹的数目	可修复
			如果不能进行修复	报废
13	凹坑	由于酸洗或储存条件不好而腐蚀导致的凹坑	内表面：所有有此缺陷的铝瓶	报废
			外表面：所有有此缺陷的铝瓶	可修复
14	与设计图纸不一致	与设计图纸不符（如瓶口或底部尺寸，直线度公差等）	所有呈现此缺陷的铝瓶	可修复或报废
15	颈圈不牢靠	颈圈在低扭矩时转动或在轴向载荷时脱离	所有呈现此缺陷的铝瓶	可修复或报废
16	弧或喷枪燃烧	铝瓶有火焰损伤的缺陷	所有呈现此缺陷的铝瓶	报废

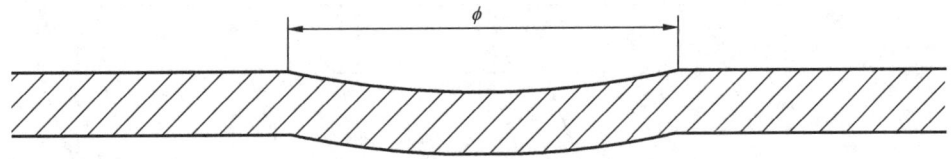

图 E.1 凹陷

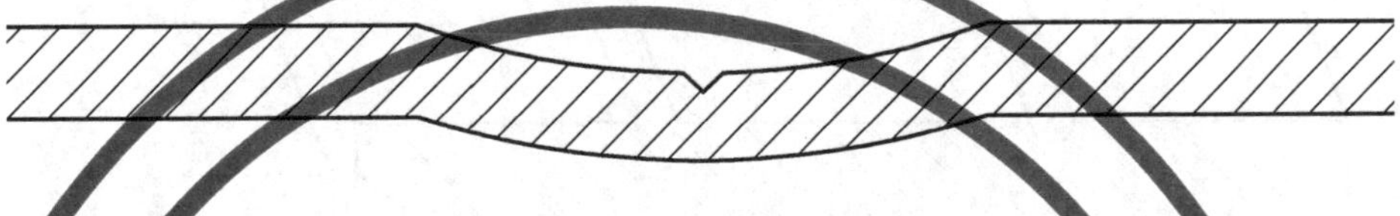

图 E.2 带有划伤或磕伤的凹陷

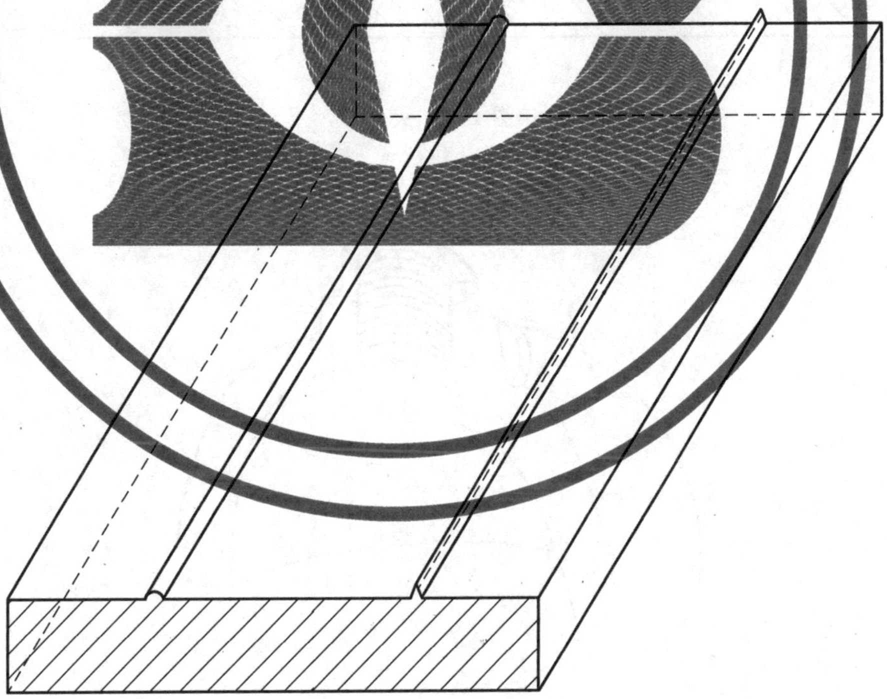

图 E.3 凸起表面

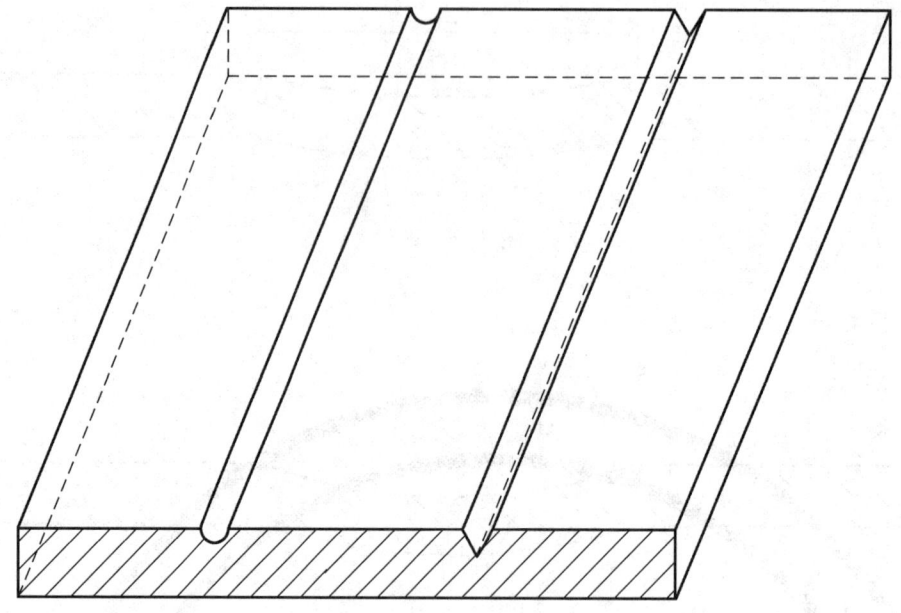

图 E.4 凹槽

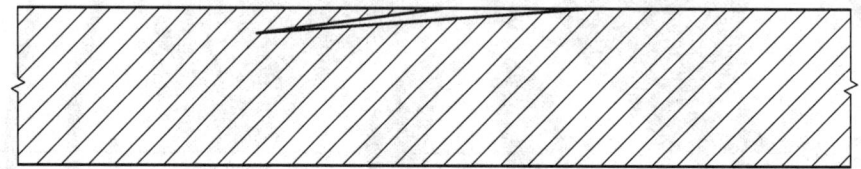

图 E.5 夹层

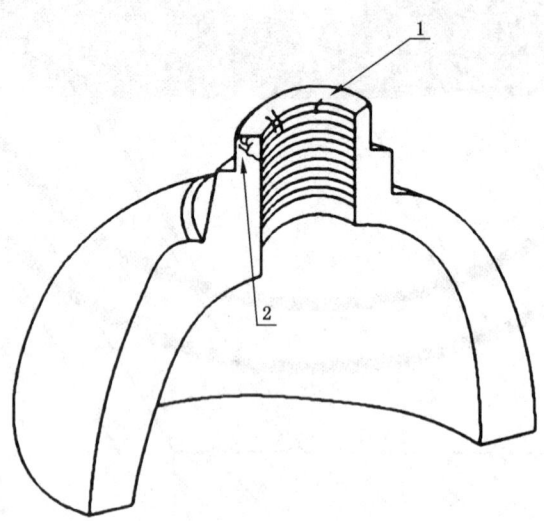

标引序号说明：

1——瓶口裂纹；

2——瓶口扩展裂纹。

图 E.6 瓶口裂纹

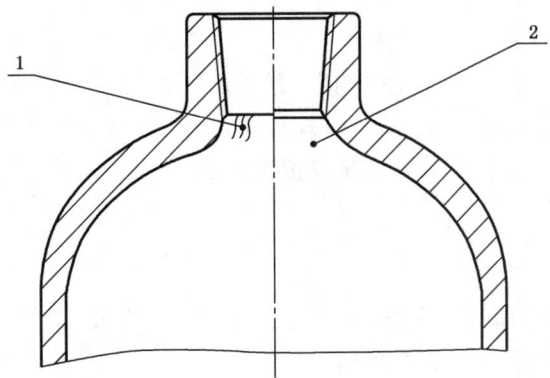

标引序号说明：

1——皱折或裂纹；

2——加工后。

图 E.7　肩部皱折或裂纹

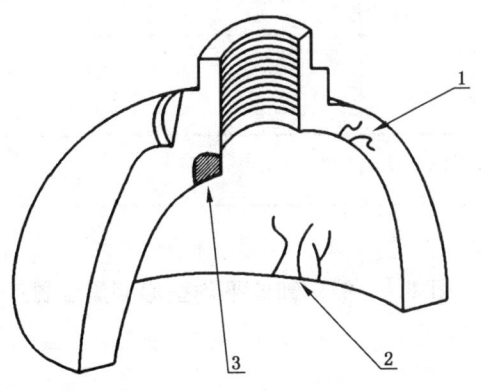

标引序号说明：

1——肩部裂纹；

2——肩部扩展裂纹；

3——皱折。

图 E.8　肩部裂纹

GB/T 11640—2021

附 录 F

（规范性）

压扁试验方法

F.1 试验铝瓶的要求

F.1.1 试验铝瓶应进行内外表面质量检查,不应有凹坑、划痕、裂纹、夹层、皱折等影响强度的缺陷,表面不应有油污、油漆等杂物,应保证出气孔通畅。

F.1.2 试验铝瓶筒体实测最小壁厚不应小于筒体设计壁厚。

F.1.3 试验铝瓶筒体应进行壁厚的测定,按图 F.1 所示,在筒体部位与轴线成对称位置的 A、B 及 C、D 处测得壁厚的平均值。

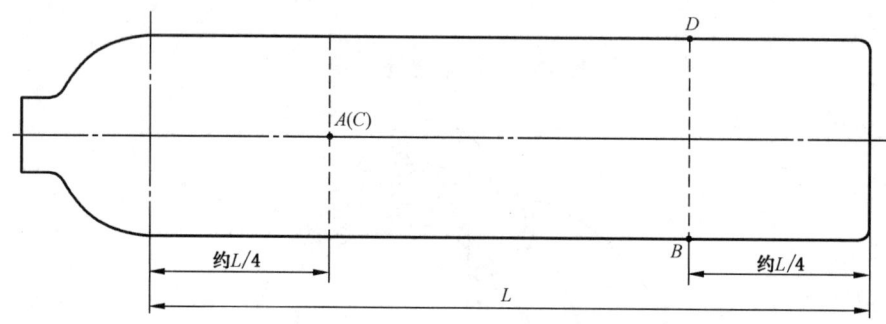

图 F.1 筒体部位平均壁厚测量位置

F.2 试验装置的基本要求

F.2.1 压头的基本要求

F.2.1.1 压头的材质应为碳素工具钢或其他性能良好的钢材。

F.2.1.2 加工成形的压头应进行热处理,其硬度不应小于 45 HRC 。

F.2.1.3 压头的顶角为 60°,压头刃口长度不小于铝瓶筒体公称外径的 1.5 倍,压头刃口最大半径按表 4 的规定。压头高度应不小于铝瓶筒体公称外径的 0.5 倍,压头表面应光滑,压头的形状处尺寸见图 F.2。

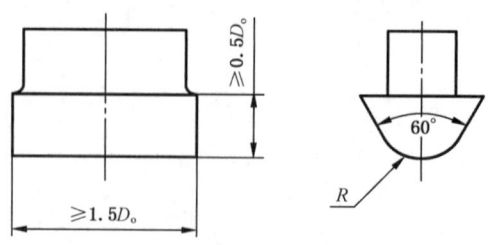

图 F.2 压头的形状尺寸

F.2.2 试验机的基本要求

F.2.2.1 试验机的精度与性能要求,应经有资格的计量检验部门进行检定。在有效期内,经检定合格方可使用。

332

F.2.2.2 试验机的额定载荷量应大于压扁试验最大载荷量的1.5倍。

F.2.2.3 试验机应按设备保养维修的有关规定进行机器润滑和必要的保养。试验机应保持清洁,工作台面无油污、杂物等。

F.2.2.4 试验机装置必须具有适当的安全设施,以保证试验时操作人员和设备的安全。

F.2.2.5 试验机应在符合其温度要求的条件下工作。

F.3 试验步骤与方法

F.3.1 试验机在工作前应进行机器空运转,检查各部位及仪器仪表。试验机在正常的情况下才可进行试验。

F.3.2 压头应固定安装在钳口上,调整上、下压头的位置。应保证试验时,上、下压头在同一铅锤中心平面内。上、下压头应保持平行移动,不可横向晃动。

F.3.3 将铝瓶的中部放在垂直于瓶体轴线的两个压头中间(见图 F.3)。然后缓慢地拧开阀门以 20 mm/min~50 mm/min 的速度进行匀速加载,对试验铝瓶施加压力,直至压到规定的压头间距 T 为止,根据实测抗拉强度确定压头间距(见表 4)。

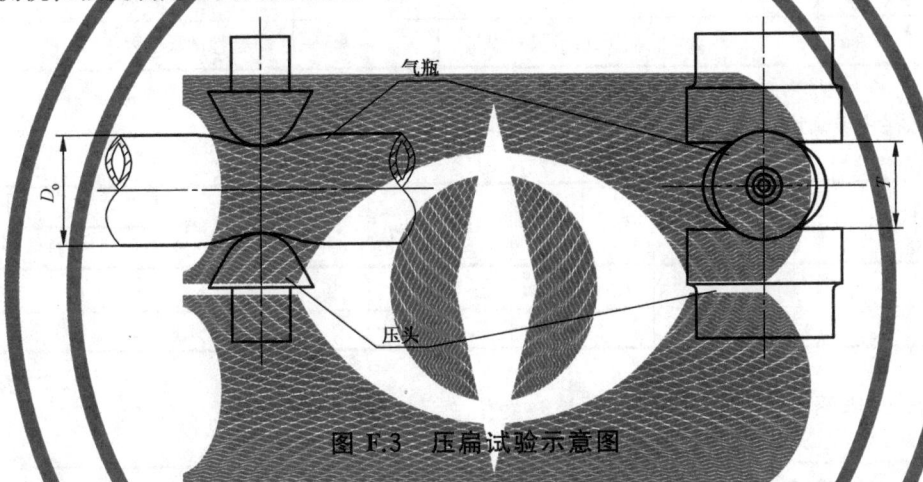

图 F.3 压扁试验示意图

F.3.4 保持压头间距 T 和载荷不变,目测检查试验铝瓶压扁变形处的表面状况。

F.4 试验中的注意事项

F.4.1 在试验过程中发现异常时,应立即停止试验。进行检查并做出判断,待排除故障后,再继续进行试验。

F.4.2 试验机应由专人操作,并负责做好记录。

F.5 试验报告

试验报告应能准确反映试验过程并具有可追踪性。其内容应包括:试验日期、铝瓶材料牌号、铝瓶规格型号、热处理批号、筒体设计壁厚、实测最小壁厚、实测平均壁厚、使用设备、压扁速度、压头间距、压扁最大载荷、试验结果、试验者等。

附　录　G

（资料性）

铝合金无缝气瓶批量检验质量证明书

铝合金无缝气瓶批量检验质量证明书见图 G.1。

编号：_____

铝瓶型号_____ 产品图号_____ 制造许可证编号_____
生产批号_____ 盛装介质_____ 底部结构 H 形底□ 凸形底□ 两头□□
本批铝瓶_____只，编号从_____号到_____号
本批合格铝瓶中不包括下列瓶号：_____

1　主要技术数据

公称容积/L		公称外径/mm		设计壁厚/mm	
公称工作压力/MPa		水压试验压力/MPa		气密性试验压力/MPa	

2　瓶体材料化学成分　牌号_____标志移植号_____

元素/%	Si	Fe	Cu	Mn	Mg	Cr	Ni	Zn	Ti	Pb	Bi	其他		Al
												单项	总体	
标准值														余量
实测值														

3　瓶体热处理后各项指标测定　试验瓶号_____

检验项目	抗拉强度/MPa	屈服强度/MPa	断后伸长率 A/%	金相试验	弯曲试验□或压扁试验□
规定值			≥12		
实测值					

4　水压爆破试验　试验瓶号_____

实测爆破压力/MPa	实测屈服压力/MPa	爆破破口形式
		塑性变形，无碎片

经检查和试验符合 GB/T 11640-20XX 标准的要求，该批铝瓶为合格产品。
监督检验员：（签字或盖章）　　　　　　　　气瓶制造单位：（检验专用章）
　　　　　　　　　　　　　　　　　　　　　检验负责人：（签字或盖章）
　　　年　月　日　　　　　　　　　　　　　　　　年　月　日

图 G.1　铝合金无缝气瓶批量检验质量证明书

ICS 23.020.30
CCS J 74

中华人民共和国国家标准

GB/T 17258—2022
代替 GB/T 17258—2011

汽车用压缩天然气钢瓶

Steel cylinders for the on-board storage of compressed
natural gas as a fuel for automotive vehicles

（ISO 11439:2013,Gas cylinders—High pressure cylinders for the on-board
storage of natural gas as a fuel for automotive vehicles,NEQ）

2022-10-12 发布

2023-05-01 实施

国家市场监督管理总局
国家标准化管理委员会 发 布

前　言

本文件按照 GB/T 1.1—2020《标准化工作导则　第 1 部分:标准化文件的结构和起草规则》的规定起草。

本文件代替 GB/T 17258—2011《汽车用压缩天然气钢瓶》,与 GB/T 17258—2011 相比,除结构调整和编辑性改动外,主要技术变化如下:

    a)　更改了公称工作压力范围(见第 1 章,2011 年版的第 1 章);

    b)　更改了钢瓶容积允许偏差(见 4.2.2,2011 年版的 4.2);

    c)　增加了许用压力的要求(见 5.1.2);

    d)　更改了钢材硫、磷化学成分的要求(见 5.2.4,2011 年版的 5.1.4);

    e)　更改了设计屈服强度保证值与抗拉强度保证值比值的要求(见 5.3.1.2,2011 年版的 5.2.1.2);

    f)　更改了设计应力系数 F 的取值(见 5.3.2,2011 年版的 5.2.2);

    g)　增加了瓶阀和安全泄放装置的执行标准的要求(见 5.3.5.1 和 5.3.5.3);

    h)　增加了无损检测(NDE)最大允许缺陷尺寸的要求和确定方法(见 5.3.6 和附录 B);

    i)　增加了冲压拉伸制造方法(见 5.4.1.2);

    j)　增加了底部密封性试验的要求(见 5.4.1.6 和 6.2);

    k)　删除了淬火温度和回火温度的要求(见 2011 年版的 5.3.2);

    l)　删除了磁粉检测方法(见 2011 年版的 6.7 和附录 D);

    m)　增加了硬度检测的要求(见 6.10 和 7.1.1.11);

    n)　增加了未爆先漏试验要求(见 6.17 和 7.1.18);

    o)　删除了新设计钢瓶情况的描述(见 2011 年版的 7.2.1);

    p)　更改了设计变更情况的描述(见 7.2.3,2011 年版的 7.2.4 和 7.2.5);

    q)　增加了批量压力循环试验的要求(见 7.3.4);

    r)　更改了复验规则的要求(见 7.5,2011 年版的 7.5);

    s)　增加了气瓶电子识读标识的要求(见 8.1.2);

    t)　删除了阀门合格证的要求(见 2011 年版的 10.2)。

本文件参考 ISO 11439:2013《气瓶　车用高压天然气瓶》起草,一致性程度为非等效。

请注意本文件的某些内容可能涉及专利。本文件的发布机构不承担识别专利的责任。

本文件由全国气瓶标准化技术委员会(SAC/TC 31)提出并归口。

本文件起草单位:北京天海工业有限公司、中国特种设备检测研究院、大连锅炉压力容器检验检测研究院有限公司、浙江大学、中材科技(成都)有限公司、浙江金盾压力容器有限公司、中特检验集团有限公司。

本文件主要起草人:石凤文、徐昌、黄强华、韩冰、戴行涛、叶盛、杨明高、马夏康、裘孙洋、古纯霖、赵保顾。

本文件于 1998 年首次发布,2011 年第一次修订,本次为第二次修订。

汽车用压缩天然气钢瓶

1 范围

本文件规定了汽车用压缩天然气钢瓶(以下简称"钢瓶")的型式和参数、技术要求、试验方法、检验规则、标志、涂敷、包装、运输和储存的要求。

本文件适用于设计、制造公称工作压力为 20 MPa、25 MPa,公称容积为 30 L～300 L,工作温度为－40 ℃～65 ℃,设计使用寿命为 15 年的钢瓶。

按本文件制造的钢瓶,仅用于固定在汽车上、充装符合 GB 18047 的用作汽车燃料的车用压缩天然气储存容器;使用条件中不包括因外力等引起的附加载荷。

本文件不适用于压缩天然气加气站用的贮气钢瓶,也不适用于焊接结构的钢瓶。

2 规范性引用文件

下列文件中的内容通过文中的规范性引用而构成本文件必不可少的条款。其中,注日期的引用文件,仅该日期对应的版本适用于本文件;不注日期的引用文件,其最新版本(包括所有的修改单)适用于本文件。

GB/T 192 普通螺纹 基本牙型

GB/T 196 普通螺纹 基本尺寸

GB/T 197 普通螺纹 公差

GB/T 222 钢的成品化学成分允许偏差

GB/T 223(所有部分) 钢铁及合金化学分析方法

GB/T 224 钢的脱碳层深度测定法

GB/T 226 钢的低倍组织及缺陷酸蚀检验法

GB/T 228.1 金属材料 拉伸试验 第1部分:室温试验方法

GB/T 229 金属材料 夏比摆锤冲击试验方法

GB/T 230.1 金属材料 洛氏硬度试验 第1部分:试验方法

GB/T 231.1 金属材料 布氏硬度试验 第1部分:试验方法

GB/T 232 金属材料 弯曲试验方法

GB/T 1979 结构钢低倍组织缺陷评级图

GB/T 4157 金属在硫化氢环境中抗硫化物应力开裂和应力腐蚀开裂的实验室试验方法

GB/T 4336 碳素钢和中低合金钢 多元素含量的测定 火花放电原子发射光谱法(常规法)

GB/T 5777 无缝和焊接(埋弧焊除外)钢管纵向和/或横向缺欠的全圆周自动超声检测

GB/T 7144 气瓶颜色标志

GB/T 8335 气瓶专用螺纹

GB/T 8336 气瓶专用螺纹量规

GB/T 9251 气瓶水压试验方法

GB/T 9252 气瓶压力循环试验方法

GB/T 12137 气瓶气密性试验方法

GB/T 13005 气瓶术语

GB/T 13298　金属显微组织检验方法

GB/T 13320　钢质模锻件　金相组织评级图及评定方法

GB/T 13447　无缝气瓶用钢坯

GB/T 15385　气瓶水压爆破试验方法

GB/T 17926　车用压缩天然气瓶阀

GB/T 18248　气瓶用无缝钢管

GB/T 20668　统一螺纹　基本尺寸

GB/T 33215　气瓶安全泄压装置

3　术语、定义和符号

3.1　术语和定义

GB/T 13005 界定的以及下列术语和定义适用于本文件。

3.1.1

批量　batch

采用同一设计、用同一炉罐号材料、同一制造工艺、同一热处理工艺规程连续制造的钢瓶的限定数量。

3.2　符号

下列符号适用于本文件。

A　断后伸长率,%;

a　拉伸试样的原始厚度,单位为毫米(mm);

a_{kV}　冲击值,单位为焦耳每平方厘米(J/cm^2);

b　拉伸试样的原始宽度,单位为毫米(mm);

C　瓶体爆破试验破口环向撕裂长度,单位为毫米(mm);

D_f　冷弯试验弯心直径,单位为毫米(mm);

D_o　钢瓶筒体公称直径,单位为毫米(mm);

E　人工缺陷长度,单位为毫米(mm);

F　设计应力系数;

H　钢瓶凸形底部外高度,单位为毫米(mm);

h　钢瓶凹形底部外高度,单位为毫米(mm);

L　钢瓶筒体长度,单位为毫米(mm);

L_o　拉伸试样的原始标距,单位为毫米(mm);

P　气瓶公称工作压力,单位为兆帕(MPa);

P_b　实测爆破压力,单位为兆帕(MPa);

P_h　水压试验压力,单位为兆帕(MPa);

P_m　钢瓶的许用压力,单位为兆帕(MPa);

P_y　实测屈服压力,单位为兆帕(MPa);

R_e　瓶体材料热处理后的屈服强度保证值,单位为兆帕(MPa);

R_{ea}　屈服强度实测值,单位为兆帕(MPa);

R_g　瓶体材料热处理后的抗拉强度保证值,单位为兆帕(MPa);

R_m　抗拉强度实测值,单位为兆帕(MPa);

r　钢瓶端部及凹形底部内转角处半径,单位为毫米(mm);

S　钢瓶筒体设计壁厚,单位为毫米(mm);

S_a　钢瓶筒体实测平均壁厚,单位为毫米(mm);

S_0　拉伸试样的原始横截面积,单位为平方毫米(mm²);

S_1　钢瓶底部中心设计壁厚,单位为毫米(mm);

S_2　钢瓶凹形底部接地点设计壁厚,单位为毫米(mm);

T　人工缺陷深度,单位为毫米(mm);

T_y　压扁试验规定的压头间距,单位为毫米(mm);

W　人工缺陷宽度,单位为毫米(mm)。

4 型式和参数

4.1 型式

钢瓶瓶体结构应符合图 1 所示的型式。

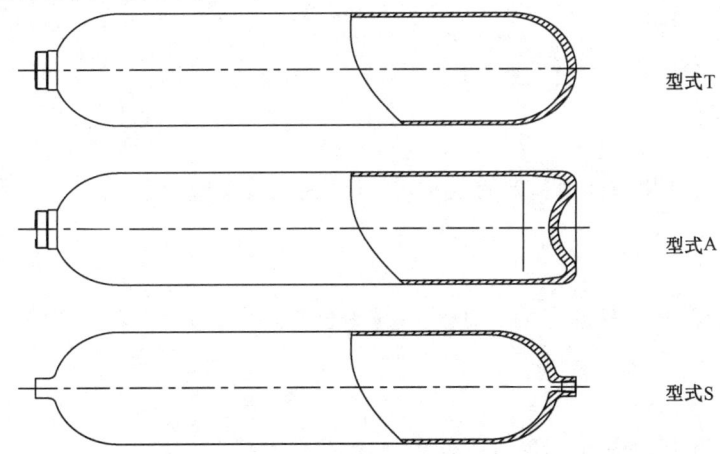

图 1　钢瓶瓶体结构型式

4.2 参数

4.2.1 钢瓶的公称工作压力应为 20 MPa 或 25 MPa。

4.2.2 钢瓶的公称容积及允许偏差应符合表 1 的规定。

表 1　钢瓶的公称容积及允许偏差

公称容积(V)/L	允许偏差/%
30～120	+5 0
>120～300	+2.5 0

4.3 型号标记

钢瓶的型号由以下部分组成:

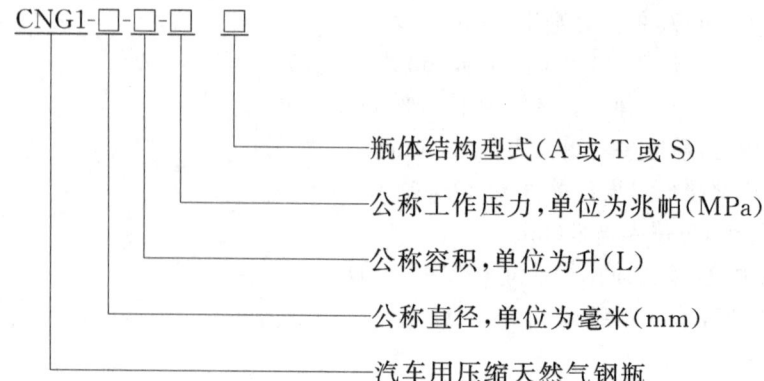

示例：公称工作压力为 20 MPa，公称容积为 60 L，公称直径为 229 mm，结构型式为 A 的钢瓶，其型号标记为
CNG1-229-60-20A。

5 技术要求

5.1 一般要求

5.1.1 设计使用寿命

以本文件中规定的使用条件为基础的钢瓶，其设计使用寿命应为 15 年。

5.1.2 许用压力

在充装和使用过程中，钢瓶的许用压力（P_m）应为公称工作压力（P）的 1.3 倍。

5.1.3 温度范围

在充装和使用过程中，钢瓶的温度应不低于 -40 ℃ 且不高于 65 ℃。

5.1.4 外表面

设计钢瓶时，应考虑其连续承受机械损伤或化学侵蚀的能力。

5.2 瓶体材料一般要求

5.2.1 瓶体材料应采用电炉或氧气转炉冶炼的无时效性镇静钢。

5.2.2 瓶体材料应选用优质铬钼钢。

5.2.3 瓶体材料应符合相关标准的规定，并有质量合格证明书。钢瓶制造单位在钢瓶制造前应按炉罐号对材料进行化学成分分析，分析方法按 GB/T 223（所有部分）或 GB/T 4336 执行。

5.2.4 瓶体材料可选用牌号为 34CrMo4 或 30CrMo 两种材料。若选用其他材料，其化学成分限定见表 2，其允许偏差应符合 GB/T 222 的规定。对于非有意加入的合金元素钒、铌、钛、硼、锆的总含量不应超过 0.15%。

表 2 钢瓶瓶体材料化学成分

%

元素	C	Si	Mn	Cr	Mo	S	P	S+P	Ni	Cu
含量	≤0.37	0.17~0.37	0.40~0.90	0.80~1.20	0.15~0.30	≤0.010	≤0.015	≤0.020	≤0.30	≤0.20

5.2.5 钢坯的形状尺寸和允许偏差应符合 GB/T 13447 的有关规定。应按材料的炉罐号对钢坯的低倍组织进行分析,分析方法按 GB/T 226 进行,低倍组织的评定应符合 GB/T 1979 的规定。钢坯的低倍组织不应有白点、残余缩孔、分层、气泡、异物和夹杂,中心疏松不大于 2.0 级,偏析不大于 2.5 级。

5.2.6 无缝钢管的尺寸外形、内外表面质量和允许偏差应符合 GB/T 18248 的规定。无缝钢管应由钢厂按 GB/T 5777 的规定逐根进行纵向和横向超声检测,应符合验收等级 U2 的规定。

5.3 设计

5.3.1 一般要求

5.3.1.1 筒体的壁厚设计计算应以水压试验压力(P_h)为准。水压试验压力应为公称工作压力(P)的 1.5 倍。

5.3.1.2 设计计算瓶体壁厚所选用的屈服强度保证值与抗拉强度保证值的比值不应大于 85%。

5.3.1.3 应对瓶体材料的最大抗拉强度进行限定,如果材料的硫、磷含量分别不大于 0.005% 和 0.010%,并按附录 A 及 GB/T 4157 进行硫化氢应力腐蚀试验(应力环法),允许材料的实际抗拉强度大于 880 MPa,但是不应大于 950 MPa。设计文件中应注明瓶体材料硫化氢应力腐蚀试验的结果:材料制造单位,牌号,冶炼方法,热加工方法,硫、磷含量实测值,抗拉强度实测值等。

5.3.2 壁厚设计

筒体的设计壁厚(S)应按公式(1)计算,同时应符合公式(2)的要求,且不应小于 1.5 mm。

$$S = \frac{D_o}{2}\left(1 - \sqrt{\frac{FR_e - \sqrt{3}\,P_h}{FR_e}}\right) \quad\cdots\cdots\cdots\cdots\cdots\cdots\cdots (1)$$

式中 F 取 $\dfrac{0.65}{R_e/R_g}$ 或 0.85 的较小值。

$$S \geq \frac{D_o}{250} + 1 \quad\cdots\cdots\cdots\cdots\cdots\cdots\cdots (2)$$

5.3.3 端部设计

5.3.3.1 端部结构一般如图 2 所示,其中图 2a)是带瓶口半球形,图 2b)是半球形,图 2c)是碟形,图 2d)是凹形。

5.3.3.2 钢瓶碟形端部结构应满足下列要求:

a) $r \geq 0.075 D_o$;

b) 当 $0.22 \leq H/D_o < 0.4$ 时,$S_1 \geq 1.5S$;

c) 当 $H/D_o \geq 0.4$ 时,$S_1 \geq S$。

5.3.3.3 当钢瓶设计采用凹形端部结构时,端部结构设计尺寸应符合下列要求:

a) $S_1 \geq 2S$;

b) $S_2 \geq 2S$;

c) $r \geq 0.075 D_o$;

d) $h \geq 0.12 D_o$。

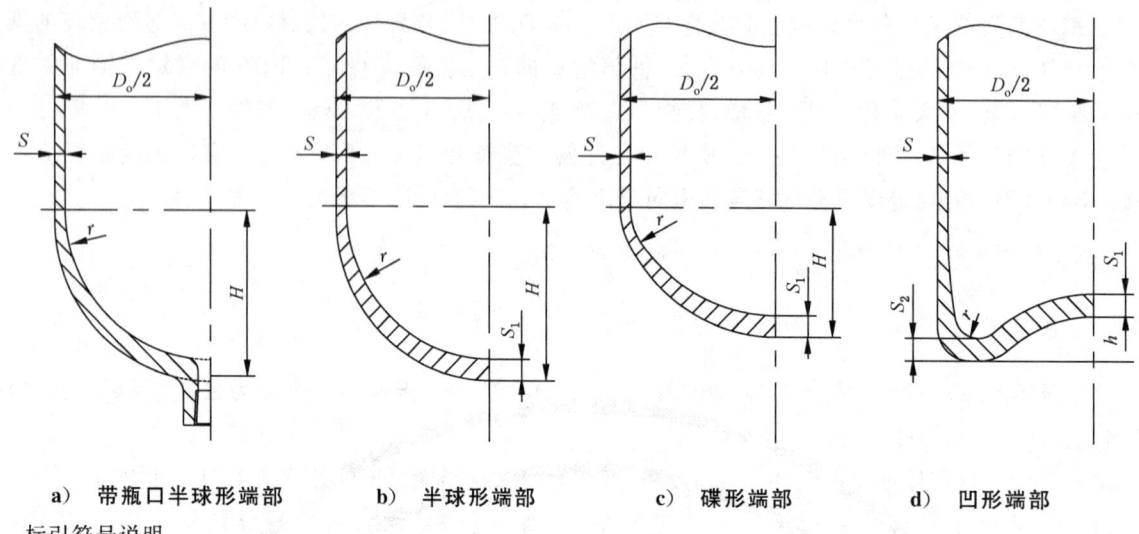

| a) 带瓶口半球形端部 | b) 半球形端部 | c) 碟形端部 | d) 凹形端部 |

标引符号说明：

D_o ——钢瓶筒体公称直径，单位为毫米（mm）；

H ——钢瓶凸形底部外高度，单位为毫米（mm）；

h ——钢瓶凹形底部外高度，单位为毫米（mm）；

r ——钢瓶端部及凹形底部内转角处半径，单位为毫米（mm）；

S ——钢瓶筒体设计壁厚，单位为毫米（mm）；

S_1 ——钢瓶底部中心设计壁厚，单位为毫米（mm）；

S_2 ——钢瓶凹形底部接地点设计壁厚，单位为毫米（mm）。

图 2　端部结构型式图

5.3.3.4　钢瓶凹形端部的环壳与筒体之间应有过渡段，过渡段与筒体的连接应圆滑过渡。

5.3.4　瓶口设计

5.3.4.1　钢瓶瓶口螺纹应采用锥螺纹，锥螺纹应符合 GB/T 8335 或相关标准的规定，有效螺纹数应不小于 8 扣。

5.3.4.2　钢瓶瓶口的厚度，应有足够的强度，瓶口在承受上阀力矩和铆合颈圈的附加外力时不应产生塑性变形。

5.3.5　附件

5.3.5.1　瓶阀应符合 GB/T 17926 的规定，应有安全泄压装置。

5.3.5.2　爆破片的公称爆破压力为水压试验压力，允许偏差为 $^{+10\%}_{0}$；易熔塞的动作温度为 110 ℃±5 ℃。

5.3.5.3　安全泄压装置的额定排量应按 GB/T 33215 进行计算，不应小于气瓶的安全泄放量，并应保证气瓶通过 6.15 规定的火烧试验。

5.3.6　无损检测（NDE）最大允许缺陷尺寸

应规定钢瓶任何一点的最大允许缺陷尺寸，防止钢瓶在使用寿命期间因泄漏或破裂而失效。确定最大允许缺陷尺寸方法见附录 B。

5.4 制造

5.4.1 一般要求

5.4.1.1 钢瓶制造除应符合本文件的规定外,还应符合产品图样和相关标准的规定。

5.4.1.2 钢瓶瓶体一般采用下列制造方法:

a) 以钢坯、钢锭、钢棒为原材料,经挤压、拉伸或旋压减薄、收口制成;

b) 以无缝钢管为原材料,经收底、收口制成;

c) 以钢板为原材料,经冲压、拉伸或旋压减薄、收口制成。

5.4.1.3 管制气瓶在收底成型过程中,不应添加金属,不应进行焊接。

5.4.1.4 钢瓶制造应分批管理,瓶体按热处理顺序,以不大于200只加上破坏性试验用瓶体数量为一个批量。

5.4.1.5 钢瓶凹形端部深度应符合设计规定值,端部球壳和环壳的厚度均应符合设计要求。

5.4.1.6 无缝钢管经旋压制成的瓶坯应进行工艺评定;瓶体端部内表面不应有肉眼可见的凹孔、皱褶、凸瘤和氧化皮;端部的缺陷允许清除,但应保证端部设计厚度;瓶体不应做补焊处理。采用无缝钢管经收底制成的气瓶应在收口前逐只进行底部密封性试验。

5.4.1.7 对瓶体的表面缺陷允许采用专用工具进行修磨,修磨后应符合7.1.3的要求。

5.4.2 热处理

5.4.2.1 钢瓶瓶体应进行整体热处理,热处理应按经评定合格的工艺进行。

5.4.2.2 可用油或水基淬火剂作为淬火介质。用水基淬火剂作为淬火介质时,瓶体在介质中的冷却速度应不大于在20 ℃水中冷却速度的80%。

5.4.3 无损检测

钢瓶瓶体热处理后应逐只进行无损检测。

5.4.4 瓶体内表面处理

钢瓶瓶体在水压试验后,应进行内表面干燥处理。

5.4.5 附件

5.4.5.1 颈圈

如需装配,颈圈与瓶体的装配不应用焊接方式。

5.4.5.2 瓶帽

如需装配,瓶帽宜采用可卸式结构。

5.4.5.3 附件螺纹

采用螺纹连接的附件,其螺纹牙型、尺寸和公差应符合 GB/T 8335、GB/T 192、GB/T 196、GB/T 197或 GB/T 20668 等标准的规定。

6 试验方法

6.1 壁厚和制造公差

6.1.1 瓶体壁厚应按附录C进行超声波全覆盖壁厚测量。

6.1.2 瓶体制造公差用标准量具或专用的量具、样板进行检验,检验项目包括简体的平均外径、圆度、垂直度和直线度。

6.2 底部密封性试验

采用适当的试验装置对管制瓶底部内表面中心区加压,加压面积应至少为瓶体底部面积的1/16,且加压区域直径至少为 20 mm,试验介质可为洁净的空气或氮气。加压到密封性试验压力后,保压期间在底部外表面中心涂刷肥皂液,保压至少 1 min,保压期间应观察瓶体底部中心区域是否泄漏。

6.3 内、外表面

目视检查,检查环境应保证足够的亮度;内表面检查时可借助于内窥灯或内窥镜。

6.4 瓶口螺纹

目视和用符合 GB/T 8336 或相关标准的螺纹量规检查。

6.5 瓶体热处理后各项性能指标测定

6.5.1 取样

6.5.1.1 试样应从简体中部截取,采用实物扁试样,试样的截取部位见图3。

6.5.1.2 取样数量要求如下:

a) 取纵向拉伸试验试样 2 件;

b) 取横向冲击试验试样 3 件;

c) 取环向冷弯试验试样 2 件或压扁试验试样瓶 1 只或压扁试验试样环 1 件。

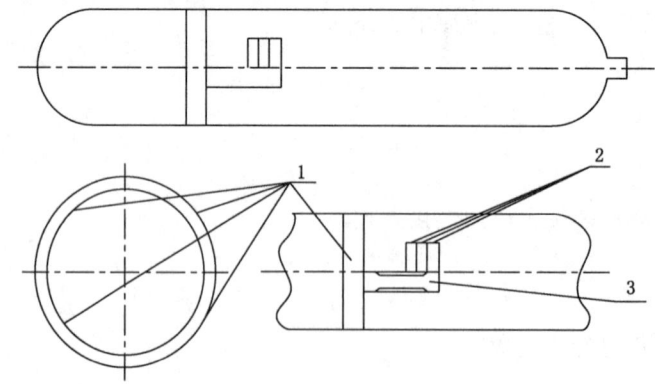

标引序号说明:

1——冷弯试样或压扁环试样;

2——横向冲击试样;

3——拉伸试样。

图 3 试样位置示意图

6.5.2 拉伸试验

6.5.2.1 拉伸试验的测定项目应包括:抗拉强度、屈服强度、伸长率。

6.5.2.2 拉伸试样制备形状见图 4,取 $L_0 = 5.65\sqrt{S_0}$,试样原始宽度(b)不应超过 4 倍试验原始厚度(a),且小于筒体直径(D_0)的八分之一。

6.5.2.3 拉伸试样形状尺寸和拉伸试验方法应按 GB/T 228.1 执行。

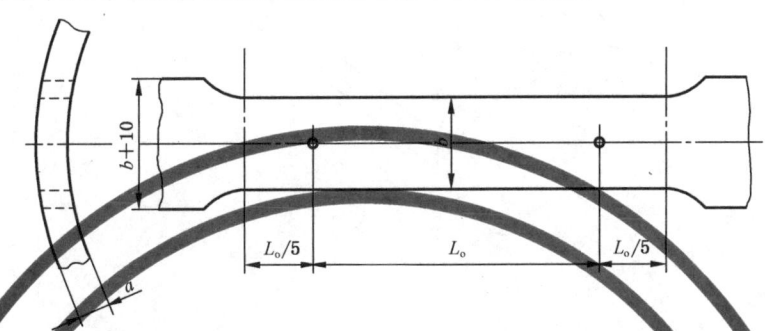

标引符号说明:

a ——拉伸试样的原始厚度,单位为毫米(mm);

b ——拉伸试样的原始宽度,单位为毫米(mm);

L_0 ——拉伸试样的原始标距,单位为毫米(mm)。

图 4 拉伸试样图

6.5.3 冲击试验

6.5.3.1 冲击试样采用宽度大于或等于 3 mm 且小于或等于 10 mm 带有 V 型缺口的试样做横向冲击。

6.5.3.2 冲击试样应从瓶体上截取,V 型缺口应垂直于瓶壁表面,见图 5。对于瓶体厚度小于 10 mm 的横向冲击试样加工 4 个面,瓶体内外壁圆弧表面不进行机加工。对于瓶体厚度大于 10 mm 的试件,若能通过对内外表面的加工使试样宽度为 10 mm,则该试样宽度取 10 mm;若因壁厚不能最终将试样加工成 10 mm 的厚度,则试样的宽度应接近初始厚度。

6.5.3.3 除按 6.5.3.2 规定的要求外,试样的形状尺寸及偏差和冲击试验方法应按 GB/T 229 执行。

6.5.3.4 瓶体壁厚不足以加工标准试样时,可免做冲击试验。

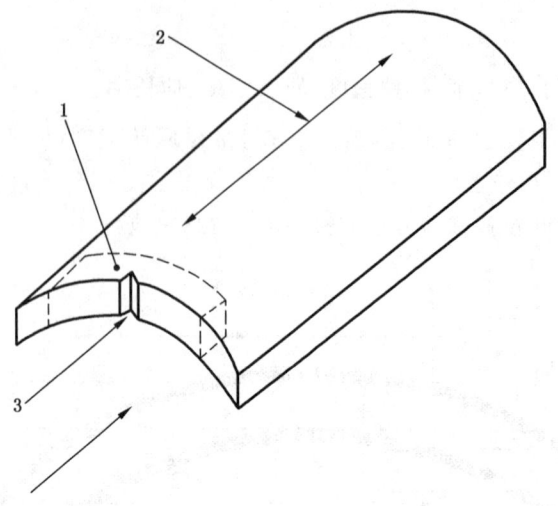

标引序号说明：

1——横向冲击试样；

2——钢瓶纵向；

3——夏比 V 型缺口。

图 5　横向冲击试样示意图

6.5.4　冷弯试验

6.5.4.1　冷弯试验试样的宽度应为瓶体壁厚的 4 倍，且不小于 25 mm，试样只加工 4 个面，瓶体内外壁圆弧表面不进行机加工。

6.5.4.2　试样制作和冷弯试验方法按 GB/T 232 执行，试样按图 6 所示进行弯曲。

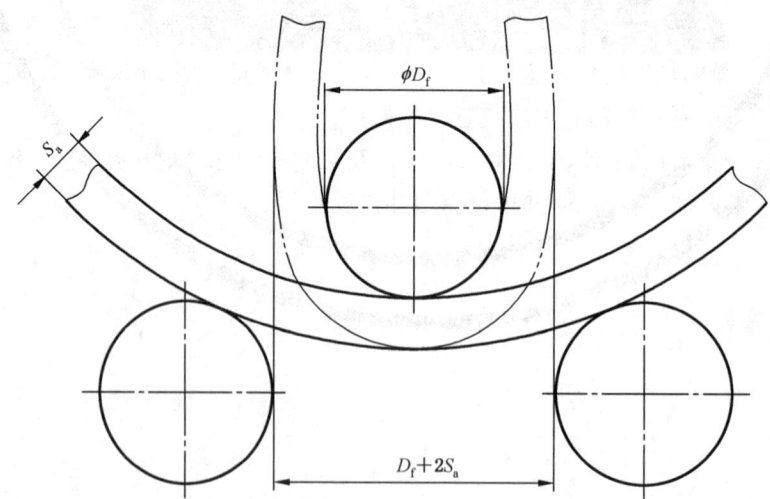

标引符号说明：

D_f ——弯心直径，单位为毫米（mm）；

S_a ——钢瓶筒体实测平均壁厚，单位为毫米（mm）。

图 6　冷弯试验示意图

6.5.5 压扁试验

6.5.5.1 压扁试验方法按附录 D 执行。

6.5.5.2 对于试样环的压扁试验,应从瓶体上截取宽度为瓶体壁厚的 4 倍且不小于 25 mm 的试样环,只能对试样环的边缘进行机加工,对试样环采用平压头进行压扁。

6.6 硫化氢应力腐蚀试验

硫化氢应力腐蚀试验按附录 A 执行。

6.7 端部解剖

6.7.1 端部解剖试样应从力学性能试验的瓶体上截取,试样的高度尺寸应保留有瓶体端部过渡段以上的筒体部分。

6.7.2 试样的剖面应在瓶体的轴线上,用 5～10 倍放大镜观察抛光后的剖切表面,并用标准量具或专用的量具、样板对底部尺寸进行检验。

6.8 金相试验

6.8.1 金相试样可从拉伸试验的瓶体上截取,试样的制备、尺寸和方法应按 GB/T 13298 执行。

6.8.2 显微组织的评定按 GB/T 13320 执行。

6.8.3 脱碳层深度按 GB/T 224 执行。

6.9 无损检测

应采用在线自动超声检测设备进行检测,按附录 C 执行。

6.10 硬度检测

硬度应采用在线检测,按照 GB/T 230.1 或 GB/T 231.1 执行。

6.11 水压试验

按 GB/T 9251 规定的外测法进行水压试验,试验压力为 1.5P。

6.12 气密性试验

在水压试验合格后,按 GB/T 12137 规定的试验方法进行气密性试验,试验压力为 P。

6.13 水压爆破试验

6.13.1 水压爆破试验按 GB/T 15385 执行。

6.13.2 水压爆破试验升压速率不应超过 0.5 MPa/s。

6.13.3 应自动绘制出压力-时间或压力-进水量曲线,以确定瓶体的屈服压力和爆破压力值。

6.14 压力循环试验

6.14.1 压力循环试验按 GB/T 9252 执行。

6.14.2 循环压力上限应不低于气瓶的水压试验压力(P_h),循环压力下限应不高于 2 MPa,压力循环速率不应超过 10 次/min。

6.15 火烧试验

6.15.1 钢瓶的放置

钢瓶应水平放置,并使瓶体下侧在火源上方约 100 mm 处。应采用金属挡板防止火焰直接接触瓶阀和泄压装置。金属挡板不应直接接触泄压装置和瓶阀。

6.15.2 火源

火源长度 1.65 m,火焰分布均匀。在火源长度范围内,火焰应能触及钢瓶下部及两侧的外表面。

6.15.3 温度和压力测量

至少用 3 只热电偶沿钢瓶下侧均匀设置,以监控表面温度,其间隔距离不小于 0.75 m。同时应配置测量和监控瓶内压力的压力表。用金属挡板防止火焰直接接触热电偶,也可以将热电偶嵌入边长小于 25 mm 的金属块中。试验过程中应每间隔不大于 30 s 的时间,记录一次热电偶的温度和钢瓶内的压力。

6.15.4 一般试验要求

用天然气或空气将钢瓶加压到公称工作压力。火烧试验时,应采取预防钢瓶突然发生爆炸的措施。点火后,火焰应迅速布满 1.65 m 的长度,并由钢瓶的下部及两侧将其环绕。点火后 5 min 内,至少应有 1 只热电偶指示温度达到 590 ℃,并在随后的试验过程中不应低于这一温度。对于长度不大于 1.65 m 的钢瓶,其中心位置应置于火源中心的上部。对于长度大于 1.65 m 的钢瓶,按下列要求放置:

a) 如果钢瓶的一端装有泄压装置,火源开始于钢瓶的另一端;

b) 如果钢瓶的两端都装有泄压装置,则火源应处于泄压装置间的中心位置;

c) 如果钢瓶采用了绝热层附加保护,应在工作压力下进行两次火烧试验:一次是火源中心处于钢瓶长度中间;另一次是用另外一只钢瓶,使火源起始于钢瓶两端中的一端。

6.16 枪击试验

用直径至少为 7.62 mm 的穿甲弹,穿透以压缩天然气或空气充压到公称工作压力的钢瓶。子弹至少应完全穿透钢瓶的一个侧壁。子弹应以约 90°的角度射击瓶壁。

6.17 未爆先漏试验

按 GB/T 9252 规定的试验方法,在常温条件下进行压力循环试验,并同时满足以下要求:

a) 循环压力下限应不高于 2 MPa,循环压力上限应不低于水压试验压力(P_h);

b) 压力循环速率应不超过 10 次/min;

c) 压力循环至钢瓶失效或超过 45 000 次。

7 检验规则

7.1 试验和检验判定依据

7.1.1 壁厚和制造公差

7.1.1.1 实测壁厚应不小于设计壁厚。

7.1.1.2 筒体外径的制造公差不应超过公称直径的±1%。

7.1.1.3 筒体的圆度在同一截面上测量其最大与最小外径之差,不应超过该截面平均直径的2%。

7.1.1.4 对于立式钢瓶,瓶体的垂直度应不超过其长度的1%(见图7)。

7.1.1.5 筒体的直线度应不超过其长度的0.3%(见图7)。

标引序号说明:
1——最大 0.010×l(见 7.1.1.4);
2——最大 0.003×l(见 7.1.1.5)。

图 7 钢瓶瓶体的垂直度与直线度

7.1.2 底部密封性试验

底部密封性试验压力为钢瓶的公称工作压力,保压时间不少于1 min,瓶体底部试验区域浸没于水或肥皂液中,不应有泄漏现象。底部密封性试验仅限采用钢管旋压收口成型的底部,该试验也可用整体气密性试验代替。

7.1.3 内、外表面

7.1.3.1 瓶体内、外表面应光滑圆整,不应有肉眼可见的凹坑、凹陷、裂纹、鼓折皱、折叠、分层等影响强度的缺陷。表面缺陷允许用机械加工方法清除,但清除后的剩余壁厚应不小于设计壁厚。

7.1.3.2 钢瓶端部与筒体应圆滑过渡,肩部不应有沟痕存在。

7.1.4 瓶口螺纹

7.1.4.1 螺纹的牙型、尺寸和公差应符合 GB/T 8335 或相关标准的规定。

7.1.4.2 螺纹不应有倒牙、平牙、牙双线、牙尖、牙阔以及螺纹表面上的明显跳动波纹。

7.1.4.3 锥螺纹从瓶口基面起有效螺纹数应不少于8个螺距。

7.1.4.4 锥螺纹基面位置的轴向变动量应不超过+1.5 mm。

7.1.5 瓶体热处理后的各项性能指标

瓶体热处理后机械性能测定结果应符合表3的规定。

表 3　钢瓶瓶体热处理后的机械性能

试验项目		指标		
拉伸试验	R_{ea}	不小于钢瓶制造厂的热处理保证值		
	R_m	不小于钢瓶制造厂的热处理保证值,且不大于设计抗拉强度上限		
	A	$\geqslant 14\%$		
冲击试验	试验方向	横向		
	试样宽度/mm	$3\sim 5$	$>5\sim 7.5$	$>7.5\sim 10$
	试验温度/℃	-50		
	$\alpha_{kV}/(J/cm^2)$ 最小 3 个试样平均值	30	35	40
	最小单个试样值	24	28	32

7.1.6　冷弯试验或压扁试验

在批量和型式试验中,按 6.5.4 或 6.5.5 进行冷弯试验或压扁试验,以无裂纹为合格,弯心直径和压头间距应符合表 4 的规定。

表 4　冷弯试验弯心直径和压扁试验压头间距要求

瓶体抗拉强度实测值(R_m)/MPa	弯心直径(D_f)/mm	压头间距(T_y)/mm
$R_m\leqslant 800$	$4S_a$	$6S_a$
$800<R_m\leqslant 880$	$5S_a$	$7S_a$
$880<R_m\leqslant 950$	$6S_a$	$8S_a$

7.1.7　硫化氢应力腐蚀试验

试验结果应符合附录 A 的规定。

7.1.8　端部解剖

按 6.7 检查底部尺寸应符合设计要求,对于管制瓶,还应观察剖切面上,剖切面上不应有影响安全的缩孔、气泡、未熔合、裂纹、夹层等缺陷。底部中心的完好厚度(既无缺陷的厚度)应不低于设计的最小厚度。

7.1.9　金相试验

7.1.9.1　组织应呈回火索氏体,按 GB/T 13320 第三组评级图评定,1 级~3 级合格。

7.1.9.2　瓶体的脱碳层深度,外壁不应超过 0.3 mm,内壁不应超过 0.25 mm。

7.1.10　无损检测

钢瓶瓶体热处理后按 6.9 进行无损检测,超声检测结果应符合附录 C 的要求。

7.1.11　硬度检测

瓶体热处理后应按照 6.10 进行硬度检测,硬度值应符合材料热处理后强度值所对应的硬度要求。

7.1.12 水压试验

7.1.12.1 按6.11的要求进行水压试验,在水压试验压力(P_h)下,保压时间不少于30 s,压力表指针不应回降,瓶体不应泄漏或明显变形。容积残余变形率不应大于5%。

7.1.12.2 水压试验报告中应包括钢瓶实测水容积和质量,水容积和质量的数值应保留一位小数。

示例:水容积或质量的实测数值为100.675,水容积数值表示为100.6,质量数值表示为100.7。

7.1.13 气密性试验

气密性试验压力应为公称工作压力,保压时间应不少于1 min,瓶体、瓶阀、瓶体和瓶阀联接处均不应泄漏。因装配而引起的泄漏现象,允许重新做试验。

7.1.14 水压爆破试验

7.1.14.1 检查水压爆破试验压力-时间曲线或压力-进水量曲线,确定钢瓶瓶体的实测屈服压力(P_y)和实测爆破压力(P_b)应符合下列要求:

a) $P_y \geqslant P_h/F$;

b) $P_b \geqslant 1.6\,P_h$。

7.1.14.2 钢瓶瓶体爆破后应无碎片,爆破口应在筒体上,破口裂缝不应引伸到瓶口,瓶体上的破口形状与尺寸应符合图8的规定。

7.1.14.3 瓶体主破口应为塑性断裂,即断口边缘应有明显的剪切唇,断口上不应有明显的金属缺陷。

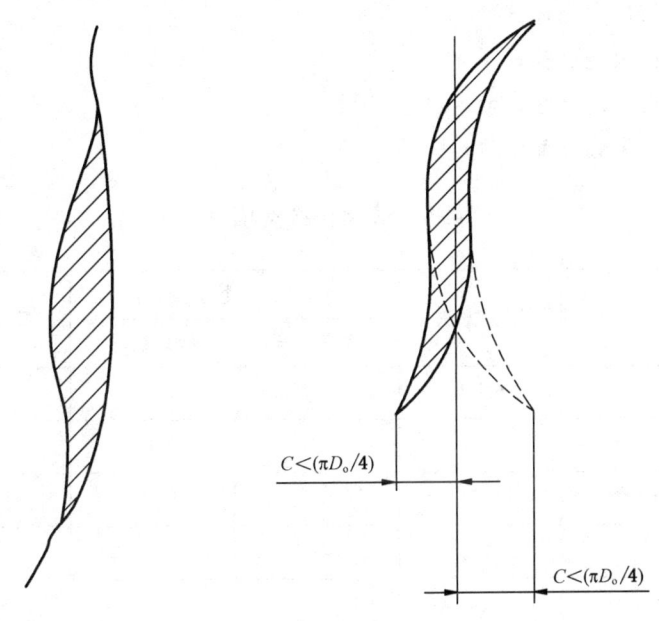

标引符号说明:

C——瓶体爆破试验破口环向撕裂长度,单位为毫米(mm)。

图 8 破口形状尺寸示意图

7.1.15 压力循环试验

按6.14的规定执行,钢瓶承受15 000次循环的过程中,瓶体不应泄漏或爆破。

7.1.16 火烧试验

在按 6.15 的规定进行火烧试验时,钢瓶内气体应通过安全泄压装置泄放,且开始泄放压力应不小于钢瓶的许用压力(P_m),钢瓶不应发生爆炸。

7.1.17 枪击试验

在按 6.16 的规定进行枪击试验时,子弹至少穿过一侧瓶壁,瓶体不应破裂。

7.1.18 未爆先漏试验

按 6.17 的规定压力循环至 15 000 次,瓶体不应发生泄漏失效,再压力循环至 45 000 次或钢瓶泄漏失效,瓶体不应发生爆破。

7.2 型式试验

7.2.1 新设计和设计变更的钢瓶均应进行型式试验,若型式试验不合格,不应投入批量生产。

7.2.2 型式试验项目应按表 5 的规定,除了逐只检验的项目,应随机抽取下列数量钢瓶进行型式试验:

 a) 对 1 只钢瓶进行瓶体热处理后材料性能指标测定(包括拉伸试验、冲击试验、冷弯试验或压扁试验)、端部解剖和金相试验;

 b) 对 1 只钢瓶进行硫化氢应力腐蚀试验,也可在材料性能试验瓶上取样;

 c) 对 3 只钢瓶进行水压爆破试验;

 d) 对 2 只钢瓶进行压力循环试验;

 e) 对 1 只钢瓶进行火烧试验;

 f) 对 1 只钢瓶进行枪击试验;

 g) 对 3 只钢瓶进行未爆先漏试验。

表 5 试验和检验项目

序号	项目名称	试验方法	出厂检验		型式试验	判定依据
			逐只检验	批量检验		
1	壁厚	6.1.1	√	—	√	7.1.1
2	制造公差	6.1.2	√	—	√	7.1.1
3	底部密封性试验[a]	6.2	√	—	√	7.1.2
4	内、外表面	6.3	√	—	√	7.1.3
5	瓶口内螺纹	6.4	√	—	√	7.1.4
6	拉伸试验	6.5.2	—	√	√	7.1.5
7	冲击试验	6.5.3	—	√	√	7.1.5
8	冷弯试验[b]	6.5.4	—	√	√	7.1.6
9	压扁试验[b]	6.5.5	—	√	√	7.1.6
10	硫化氢应力腐蚀试验[c]	6.6	—	—	√	7.1.7
11	端部解剖	6.7	—	√	√	7.1.8

表 5 试验和检验项目（续）

序号	项目名称	试验方法	出厂检验		型式试验	判定依据
			逐只检验	批量检验		
12	金相试验	6.8	—	—	√	7.1.9
13	无损检测	6.9	√	—	√	7.1.10
14	硬度检测	6.10	√	—	√	7.1.11
15	水压试验	6.11	√	—	√	7.1.12
16	气密性试验	6.12	√	—	√	7.1.13
17	水压爆破试验	6.13	—	√	√	7.1.14
18	压力循环试验	6.14	—	√	√	7.1.15
19	火烧试验	6.15	—	—	√	7.1.16
20	枪击试验	6.16	—	—	√	7.1.17
21	未爆先漏试验	6.17	—	—	√	7.1.18

注："√"表示做检验或试验，"—"表示不做检验或试验。

a 仅适用于管制瓶的底部，该试验也可用整体气密性试验代替。

b 冷弯试验和压扁试验任取其一进行。

c 仅适用于抗拉强度上限保证值大于 880 MPa 的钢瓶。

7.2.3 设计变更

设计变更允许减少型式试验项目。设计变更除应按表 5 规定的项目进行逐只检验外，还应按表 6 规定的项目重新进行型式试验。相对于设计原型进行了表 6 规定试验项目的钢瓶，如果其长度减少小于或等于 50%，则不需要重新进行型式试验；长度减少大于 50% 时，应按表 6 的规定增加相应的型式试验。除了长度变化以外的其他任何变化，均应针对设计原型重新进行型式试验，即已进行设计变更的钢瓶不能作为设计原型。

表 6 设计变更的钢瓶需进行型式试验的试验项目

设计变更项目	型式试验						
	硫化氢应力腐蚀试验	材料性能试验	水压爆破试验	压力循环试验	火烧试验	枪击试验	未爆先漏试验
	附录 A	7.1.5	7.1.14	7.1.15	7.1.16	7.1.17	7.1.18
瓶体材料	√a	√	—	—	—	—	—
公称直径变化≤20%	—	—	√	√	—	—	—
公称直径变化>20%	—	—	√	√	√	√	√
长度变化≤50%	—	—	—	—	√b	—	—
长度变化>50%	—	—	√	√	√b	—	—

表6 设计变更的钢瓶需进行型式试验的试验项目（续）

设计变更项目	型式试验						
	硫化氢应力腐蚀试验	材料性能试验	水压爆破试验	压力循环试验	火烧试验	枪击试验	未爆先漏试验
	附录A	7.1.5	7.1.14	7.1.15	7.1.16	7.1.17	7.1.18
工作压力变化≤20%ᶜ	—	√	√	√	—	—	—
端部结构变化	—	—	√	√	—	—	√
瓶口螺纹尺寸	—	—	√	√	—	—	—
压力泄放装置变更	—	—	—	—	√	—	—
注："√"表示做检验或试验，"—"表示不做检验或试验。							
ᵃ 仅限材料制造单位、冶炼方法、热加工方法变更或实测抗拉强度超过硫化氢应力腐蚀试件实测抗拉强度5%时，不包括材料规格的变化。							
ᵇ 该试验仅当长度增加时适用。							
ᶜ 仅限壁厚变化与压力变化成比例时。							

7.3 批量试验

7.3.1 批量试验项目应满足表5的规定。

7.3.2 应从每批钢瓶中随机抽取1只钢瓶进行瓶体热处理后各项性能指标测定（包括拉伸试验、冲击试验、冷弯试验或压扁试验），并对该钢瓶进行端部解剖。

7.3.3 应从每批钢瓶中随机抽取1只钢瓶进行水压爆破试验。

7.3.4 应从每批钢瓶中随机抽取1只钢瓶进行压力循环试验，试验频率如下：

　　a) 初次，每批取1只钢瓶进行压力循环试验，压力循环次数不少于15 000次；

　　b) 如果连续10个生产批属同一设计族（即相似的材料和工艺，符合设计变更的限定条件，见7.2.3），且在上述a)试验中的压力循环次数均达到至少22 500次后仍不产生泄漏或破裂，则压力循环试验的频率可以减少到每5个生产批抽取1只钢瓶；

　　c) 如果连续10个生产批属于同一设计族，且在上述a)试验中的压力循环次数均达到至少30 000次压力循环仍不产生泄漏或破裂，则压力循环试验的频率可以减少到每10个生产批抽取1只钢瓶；

　　d) 如果从最后一次压力循环试验起，中断超过3个月，则上述b)中或c)中减少的试验频率失效，然后应从下一个生产批开始，每个生产批中抽取1只钢瓶做压力循环试验，以重新建立b)中或c)中减少的批量压力循环试验频率；

　　e) 如果减少了频率的压力循环试验不符合试验b)中或c)中要求的压力循环次数（分别为22 500次和30 000次），则有必要重复a)中的批量压力循环试验频率，至少为10个批，以重新建立b)中或c)中减少的批量压力循环试验频率。

　　如果钢瓶上述a)、b)或c)中的压力循环试验，不能满足至少15 000次的要求，则应按7.5的程序处理，找出失效原因并纠正。然后再从该批中抽取3只钢瓶，重复进行压力循环试验。如其中任一只钢瓶未达到15 000次，则该批钢瓶应报废。

7.4 逐只检验

对同一批生产的每只钢瓶均应进行逐只检验,检验项目按表5的规定。

7.5 复验规则

如果试验结果不合格,应找出不合格原因并按以下要求进行。

a) 如果不合格是由于试验操作异常或测量误差所造成,则应重新进行试验;若重新试验结果合格,则试验合格。

b) 如果确认不合格是由于热处理造成的,允许对该批钢瓶重新热处理,但重复热处理次数不应多于两次;重新热处理的钢瓶应保证设计壁厚;经重新热处理的该批钢瓶应作为新批重新进行批量检验;在质量检验记录中,应写明重复热处理的钢瓶编号、原因及结论。

c) 如果确认不合格是由于热处理之外的原因造成的,所有存在缺陷的钢瓶可报废,也可通过适合的方式进行修复。修复的钢瓶应重新进行批量检验,若试验合格,应重新归到其原始批。

8 标志、涂敷、包装、运输、储存

8.1 标志

8.1.1 钢瓶钢印标记

8.1.1.1 钢瓶钢印标记应打在瓶体的弧形肩部,可采用图9所示形式。

8.1.1.2 钢瓶上的钢印标记也可在瓶肩部沿圆周线排列,各项目的排列可不按图9中的指引号的顺序,但项目不应缺少。

8.1.1.3 钢印刃口应圆滑,字体应完整、清晰,无毛刺。

8.1.1.4 钢印字体高度不小于 8 mm,字体深度为 0.3 mm～0.5 mm。

8.1.1.5 容积和质量的钢印标记应保留一位小数,见7.1.12.2。

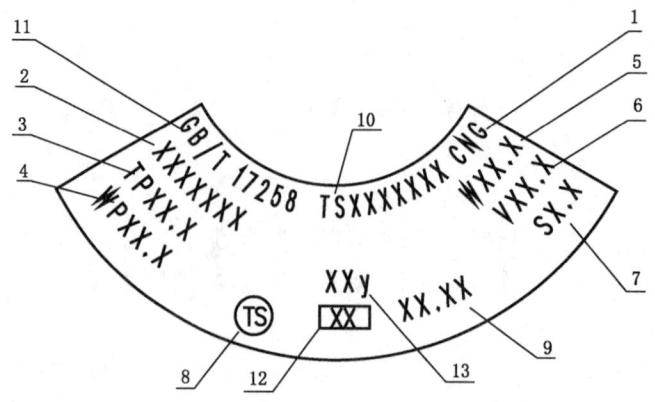

标引序号说明：

1 ——充装气体名称或化学分子式；

2 ——气瓶编号；

3 ——水压试验压力，单位为兆帕(MPa)；

4 ——公称工作压力，单位为兆帕(MPa)；

5 ——实测质量，单位为千克(kg)；

6 ——公称容积，单位为升(L)；

7 ——钢瓶设计壁厚，单位为毫米(mm)；

8 ——监检标记；

9 ——制造日期；

10——气瓶制造单位许可证编号；

11——产品标准编号；

12——制造单位代号；

13——设计使用年限。

图 9　钢瓶钢印标记示意图

8.1.2　钢瓶电子识读标识

8.1.2.1　出厂的每只钢瓶，均应在醒目的位置装设牢固、不易损坏的电子识读标识(如二维码、电子芯片等)，作为钢瓶产品的电子合格证。

8.1.2.2　钢瓶产品电子合格证所记载的信息应在气瓶安全追溯信息平台上有效存储并对外公示，存储与公示的信息应做到可追溯、可交换、可查询和防篡改。

8.1.3　颜色标记

钢瓶颜色为棕色，字样为"天然气"，字色白色，其他按照 GB/T 7144 执行。

8.2　涂敷

8.2.1　钢瓶在涂敷前，应清除表面油污、锈蚀等杂物，且在干燥的条件下方可进行涂敷。

8.2.2　涂敷应均匀牢固，不应有气泡、流漆痕、裂纹和剥落等缺陷。

8.3　包装

8.3.1　根据用户的要求，如不带瓶阀的钢瓶，则瓶口应采用可靠措施密封，以防止沾污。

8.3.2　包装方法可用捆装、箱装或散装。

8.4 运输

8.4.1 钢瓶的运输应符合运输部门的规定。

8.4.2 钢瓶在运输和装卸过程中,要防止碰撞、受潮和损坏附件。

8.5 储存

8.5.1 钢瓶应分类按批存放整齐。如采取堆放,则应限制高度,防止受损。

8.5.2 钢瓶出厂前如储存 6 个月以上,则应采取可靠的防潮措施。

9 安装

钢瓶的安装和使用应符合有关国家标准或行业标准及气瓶安全监察的相关规定。

10 产品合格证和批量检验质量证明书

10.1 产品合格证

10.1.1 经检验合格的每只钢瓶均应附有产品合格证(含纸质合格证和电子合格证),并与产品同时交付用户。

10.1.2 产品合格证应说明下列内容:

    a) 钢瓶制造单位名称;

    b) 钢瓶编号;

    c) 公称工作压力;

    d) 水压试验压力;

    e) 气密性试验压力;

    f) 材料牌号、化学成分以及热处理后力学性能保证值;

    g) 热处理状态;

    h) 筒体设计壁厚;

    i) 实测空瓶质量(不包括瓶阀、瓶帽和防震圈);

    j) 实测水容积;

    k) 出厂检验标记;

    l) 制造年、月;

    m) 本文件编号;

    n) 钢瓶制造单位生产许可证号;

    o) 使用说明;

    p) 瓶阀型号(装配瓶阀时)。

10.2 批量检验质量证明书

10.2.1 经检验合格的每批钢瓶均应附有批量检验质量证明书,该批钢瓶有一个以上用户时,所有用户均应有批量检验质量证明书的复印件。

10.2.2 批量检验质量证明书的内容应包括本文件规定的批量检验项目,见附录 E。

10.2.3 制造单位应妥善保存钢瓶的检验记录和批量检验质量证明书的正本或复印件,保存时间应不少于钢瓶设计使用年限。

附 录 A

（规范性）

硫化氢应力腐蚀试验

A.1 概述

本附录规定了在硫化氢的酸性水溶液中受拉力的车用压缩天然气钢瓶材料抗开裂破坏性能试验，适用于抗拉强度保证值上限大于 880 MPa 的钢瓶。

A.2 试验方法及要求

A.2.1 硫化氢应力腐蚀试验除了应符合本附录的各项要求外，还应按 GB/T 4157 规定的方法 A 拉伸试验执行。

A.2.2 取耐硫化氢应力腐蚀试验的纵向拉伸试样 3 件。拉伸试样应从一只成品气瓶的简体中部纵向截取，其制备形状及尺寸见图 A.1，拉伸试样试验段的直径（D）应为（3.81±0.05）mm，试验段长（G）为 25.4 mm，试验段端部过渡圆弧半径（R）应不小于 15 mm。

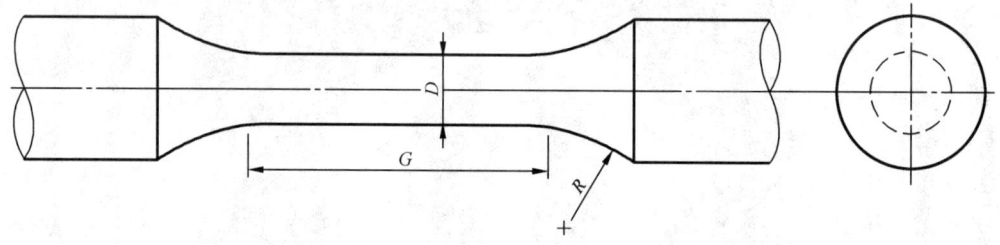

标引符号说明：

D ——试验段直径，单位为毫米（mm）；

G ——试验段长，单位为毫米（mm）；

R ——试验段端部过渡圆弧半径，单位为毫米（mm）。

图 A.1 硫化氢应力腐蚀试验拉伸试样

A.2.3 试验溶液是由 0.5%（质量分数）的三水合乙酸钠（$CH_3COONa \cdot 3H_2O$），用乙酸调初始 pH 至 4.0 的酸性缓冲溶液。试验溶液应在室温下用分压为 0.414 kPa 的硫化氢试验气体（用氮气混合）连续饱和。

A.2.4 对浸在试验溶液里的拉伸试样施以恒定的拉伸应力载荷，拉伸应力应为最小屈服强度保证值的 60%。

A.3 试验结果判定

拉伸试样在 144 h 试验周期内应不发生断裂。

A.4 试验报告

应出具硫化氢应力腐蚀试验报告。试验报告应能准确反映试验过程并具有可追踪性。其内容应包括以下信息：试验日期，材料牌号，材料制造单位，材料冶炼方法，材料热加工方法，材料硫、磷含量实测值，材料抗拉强度实测值，试验结果，试验者等。

附 录 B

（资料性）

无损检测（NDE）最大允许缺陷尺寸确定方法

B.1 概述

本附录给出了钢瓶无损检测（NDE）时的最大允许缺陷尺寸确定方法。

B.2 钢瓶最大允许缺陷尺寸确定方法

钢瓶无损检测（NDE）最大允许缺陷尺寸通过以下方式确定：

a) 在气瓶筒体内壁和外壁制作裂纹缺陷，内部缺陷在气瓶收口前进行加工；

b) 将裂纹缺陷制作到超过 NDE 检测方法能探测到的长度和深度；

c) 对含有这些缺陷的 3 只气瓶进行压力循环至失效，试验方法见 6.14。

如果气瓶在 15 000 次循环次数内没有泄漏或破裂，则无损检测的允许缺陷尺寸等于或小于该位置的缺陷尺寸。

B.3 试验报告

无损检测最大允许缺陷尺寸试验报告内容包括试验日期、气瓶壁厚、缺陷加工方法、缺陷尺寸、压力循环试验试验结果、试验者等信息，并能准确反映试验过程并具有可追踪性。

附　录　C
（规范性）
超声检测

C.1　概述

本附录规定了汽车用压缩天然气钢瓶的超声检测方法。其他能够证明适用于钢瓶制造工艺的超声检测技术也可以采用。

C.2　一般要求

C.2.1　超声检测设备应能够对钢瓶进行在线自动检测,并自动记录,应至少能够检测到 C.4 规定的对比样管的人工缺陷,还应能够按照工艺要求正常工作并保证其精度。设备应有质量合格证书或检定认可证书。

C.2.2　从事超声检测人员都应取得特种设备超声检测资质,超声检测设备的操作人员应至少具有Ⅰ(初)级超声检测资质证书,签发检测报告的人员应至少具有Ⅱ(中)级超声检测资质证书。

C.2.3　待测钢瓶的内、外表面均应达到能够进行准确的超声检测并可进行重复检测的条件。对于缺陷检测,应采用脉冲回波系统。对于壁厚检测,应采用谐振法或脉冲回波系统。试验应采用接触法或浸液法。

C.2.4　应采用能确保在试验探头和钢瓶之间有充分的超声能传递的耦合方式。

C.3　检测方法

C.3.1　一般应使超声检测探头对钢瓶进行螺旋式扫查。探头扫查移动速率应均匀,变化在±10%以内。螺旋间距应小于探头的扫描宽度(应有至少 10% 的重叠),保证在螺旋式扫查过程中实现 100%检测。

C.3.2　应对瓶壁纵向、横向缺陷都进行检测。检测纵向缺陷时,声束在瓶壁内沿环向传播;检测横向缺陷时,声束在瓶壁内沿轴向传播;纵向和横向检测都应在瓶壁两个方向上进行。

C.3.3　在超声检测每个班次的开始和结束时都应用对比样管校验设备。如果校验过程中设备未能检测到对比样管人工缺陷,则在上次设备校验后检测的所有合格气瓶都应在设备校验合格后重新进行检测。

C.4　对比样管

C.4.1　应准备适当长度的对比样管,对比样管应与待测钢瓶筒体段具有相同的公称外径、公称壁厚、表面状况、热处理状态,并且有相近声学性能(例如速度、衰减系数等)。对比样管不应有影响人工缺陷的自然缺陷。

C.4.2　应在对比样管内、外表面加工纵向和横向人工缺陷,这些人工缺陷应适当分开距离,以便每个人工缺陷都能够清晰的识别。

C.4.3　人工缺陷尺寸和形状(见图 C.1 和图 C.2)应符合下列要求:

    a)　人工缺陷长度(E)应不大于 50 mm;

    b)　人工缺陷宽度(W)应不大于 2 倍深度(T),当不能满足时可以取宽度(W)为 1.0 mm;

    c)　人工缺陷深度(T)应等于钢瓶筒体设计壁厚(S)的(5 ± 0.75)%,且深度(T)最小为 0.2 mm,最

大为 1 mm,两端允许圆角;

d) 人工缺陷内部边缘应锐利;除了采用电蚀法加工,横截面应为矩形;采用电蚀法加工时,允许人工缺陷底部略呈圆形。

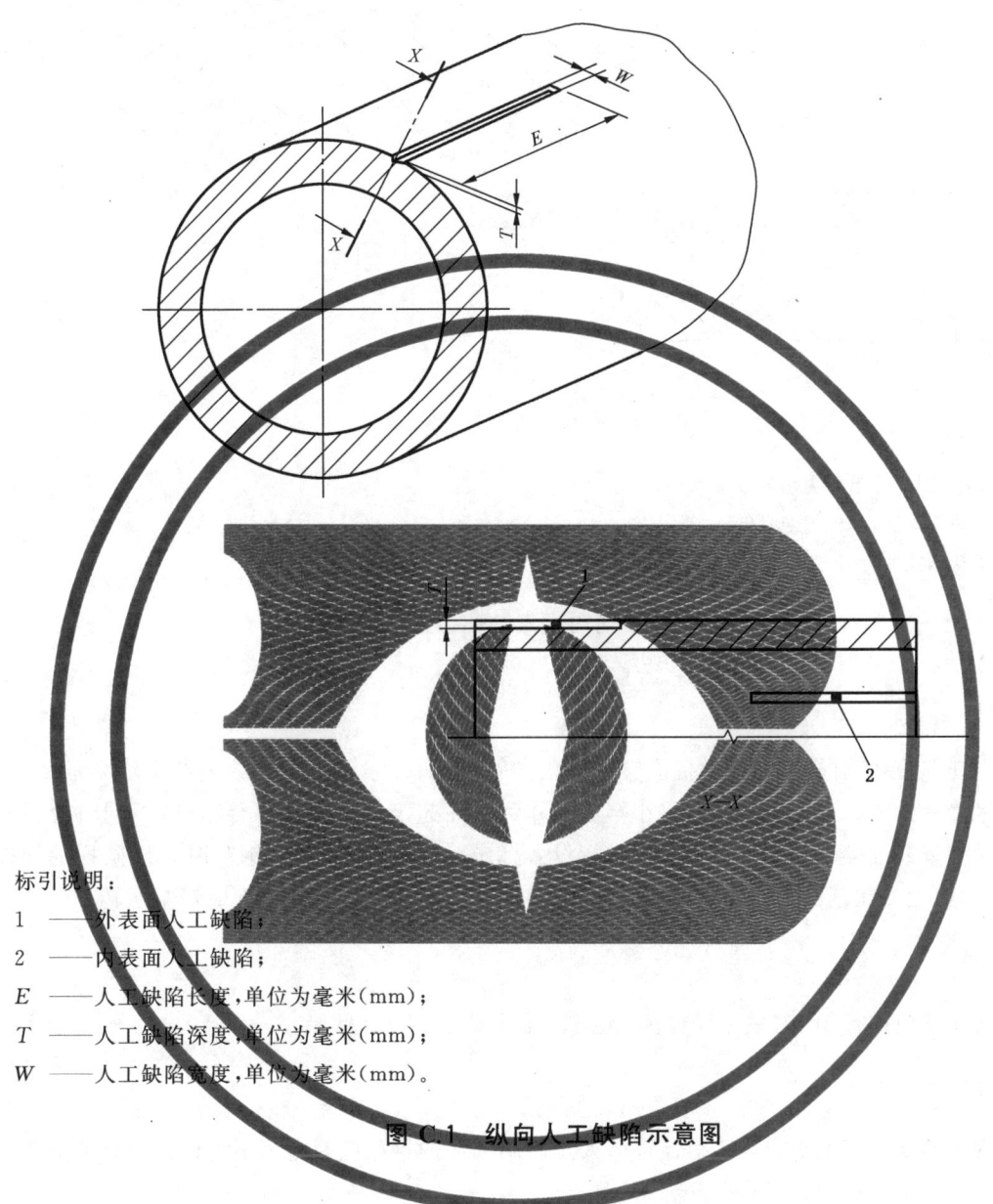

标引说明:

1 ——外表面人工缺陷;

2 ——内表面人工缺陷;

E ——人工缺陷长度,单位为毫米(mm);

T ——人工缺陷深度,单位为毫米(mm);

W ——人工缺陷宽度,单位为毫米(mm)。

图 C.1 纵向人工缺陷示意图

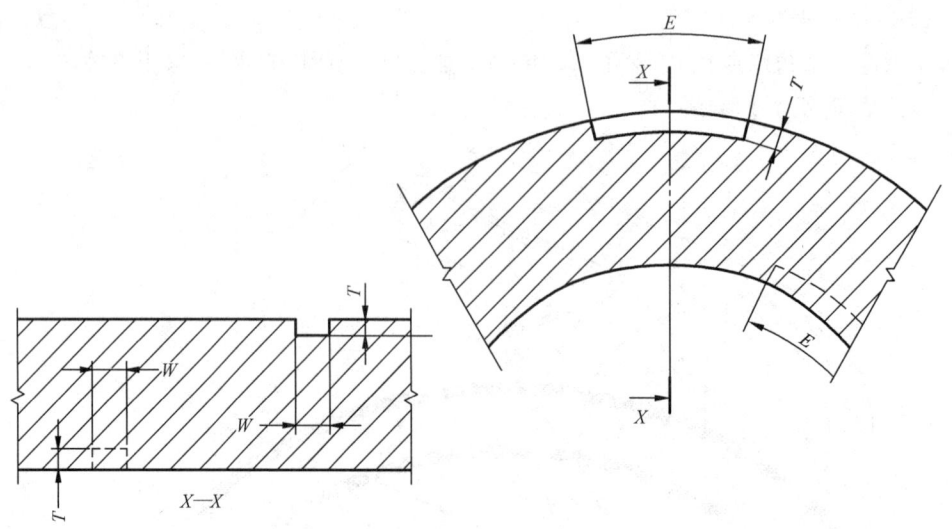

标引符号说明：

E——人工缺陷长度，单位为毫米(mm)；

T——人工缺陷深度，单位为毫米(mm)；

W——人工缺陷宽度，单位为毫米(mm)。

图 C.2　横向人工缺陷示意图

C.5　设备标定

应用 C.4 规定的对比样管，调整设备能够从对比样管的内、外表面对人工缺陷产生清晰的回波，回波的幅度应尽量一致。人工缺陷回波的最小幅度应作为钢瓶超声检测时的不合格标准，同时设置好回波观察、记录装置或分类装置。用对比样管进行设备标定时，应与实际检测钢瓶时采用同样的扫查移动方式、方向和速度。在正常检测的速度时，回波观察、记录装置或分类装置都应正常运转。

C.6　壁厚检测

钢瓶的筒体段应进行 100% 的壁厚检测，检测结果应不小于设计壁厚。

C.7　结果评定

检测过程中回波幅度大于或等于对比样管人工缺陷回波的钢瓶应判定为不合格。允许清除瓶体表面缺陷，清除后应重新进行超声检测和壁厚检测。

C.8　检测报告

应对进行超声检测的钢瓶出具检测报告。检测报告应能准确反映检测过程并符合检测工艺的要求，具有可追踪性。其内容应包括：检测日期、瓶体规格、批号、检测工艺条件、使用设备、检测数量、合格数和不合格数、检测者、评定者及对不合格缺陷的描述等。

附 录 D

（规范性）

压扁试验方法

D.1 概述

本附录规定了钢瓶压扁变形能力的测定方法,适用于检验钢瓶的多轴向应变能力。

D.2 试验钢瓶的要求

D.2.1 试验钢瓶应进行内、外表面质量检查,不应有凹坑、划痕、裂纹、夹层、皱折等影响强度的缺陷,表面不应有油污、油漆等杂物,应保证出气孔通畅。

D.2.2 试验钢瓶筒体实测最小壁厚不应小于筒体设计壁厚。

D.2.3 试验钢瓶筒体应进行壁厚的测定,按图 D.1 所示,在筒体部位与轴线成对称位置的 A、B 及 C、D 处测得壁厚的平均值。

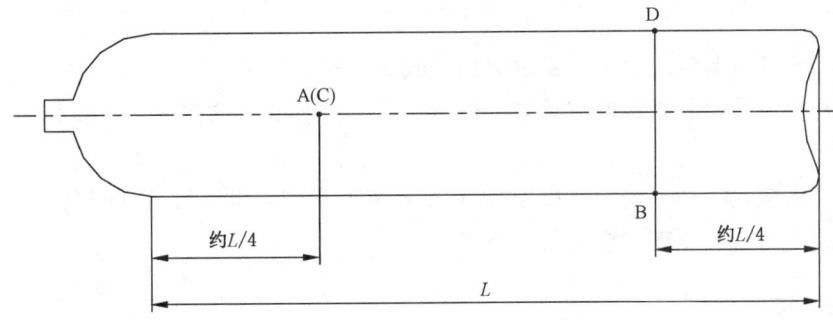

标引符号说明:

L——钢瓶筒体长度,单位为毫米(mm)。

图 D.1 筒体部位平均壁厚测量位置

D.3 试验装置的基本要求

D.3.1 压头的基本要求

D.3.1.1 压头的材质应为碳素工具钢或其他性能良好的钢材。

D.3.1.2 加工成形的压头应进行热处理,其硬度不应小于 HRC 45。

D.3.1.3 压头的顶角为 60°,并将其顶端加工成半径为 13 mm 的圆弧,压头的长度不小于试验钢瓶外径(D_o)的 1.5 倍,压头高度应不小于钢瓶外径(D_o)的 0.5 倍,压头表面应光滑,压头的形状处尺寸见图 D.2。

GBT 17258—2022

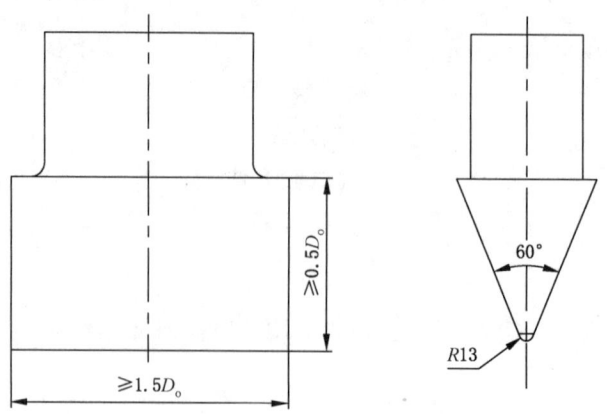

图 D.2　压头的形状尺寸

D.3.2　试验机的基本要求

D.3.2.1　试验机的精度与性能要求应经有资质的计量检验部门进行检定。在有效期内,经检定合格方可使用。

D.3.2.2　试验机的额定载荷量应大于压扁试验最大载荷量的 1.5 倍。

D.3.2.3　试验机应按设备保养维修的有关规定进行机器润滑和必要的保养。试验机应保持清洁,工作台面无油污、杂物等。

D.3.2.4　试验机装置应具有适当的安全设施,以保证试验时操作人员和设备的安全。

D.3.2.5　试验机应在符合其温度要求的条件下工作。

D.4　试验步骤与方法

D.4.1　试验机在工作前应进行机器空运转,检查各部位及仪器仪表。试验机在正常的情况下才可进行试验。

D.4.2　压头应固定安装在钳口上,调整上、下压头的位置。应保证试验时,上、下压头在同一铅锤中心平面内。上、下压头应保持平行移动,不应横向晃动。

D.4.3　将钢瓶的中部放在垂直于瓶体轴线的两个压头中间,见图 D.3。然后缓慢地拧开阀门以 20 mm/min～50 mm/min 的速度进行匀速加载,对试验钢瓶施加压力,直至压到规定的压头间距(T_y)为止。

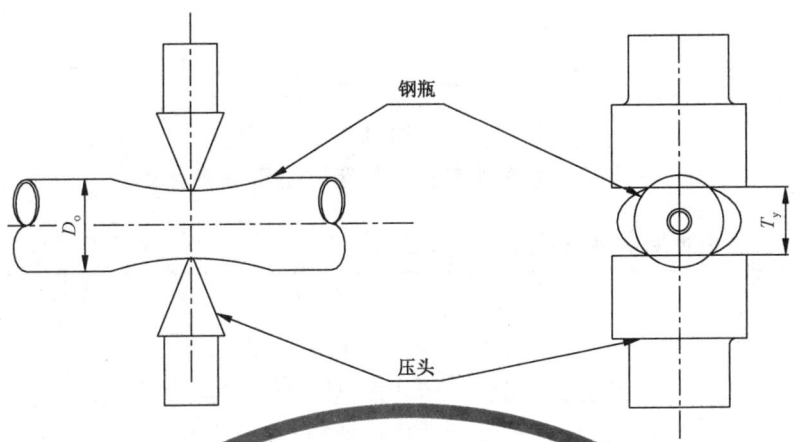

标引符号说明：

D_0——钢瓶筒体公称直径，单位为毫米（mm）；

T_y——压扁试验规定的压头间距，单位为毫米（mm）。

图 D.3　压扁试验示意图

D.4.4　保持压头间距（T_y）和载荷不变，目测检查试验钢瓶压扁变形处的表面状况。

D.5　试验中的注意事项

D.5.1　在试验过程中发现异常时，应立即停止试验，进行检查并做出判断，待排除故障后，再继续进行试验。

D.5.2　试验机应由专人操作，并负责做好记录。

D.6　试验报告

应对进行压扁试验的钢瓶出具试验报告。试验报告应能准确反映试验过程并具有可追踪性。其内容应包括：试验日期、钢瓶材质、钢瓶规格、热处理批号、筒体设计壁厚、实测最小壁厚、实测平均壁厚使用设备、压扁速度、压头间距、压扁最大载荷、试验结果、试验者等。

附 录 E

（资料性）

汽车用压缩天然气钢瓶批量检验质量证明书

汽车用压缩天然气钢瓶批量检验质量证明书见图 E.1。

编号：_____

钢瓶型号_____盛装介质　CNG_____

制造单位_____制造许可证编号_____

产品图号_____底部结构　凸形底 □　凹形底 □　双瓶口 □

生产批号_____制造日期_____

本批钢瓶共_____只，编号从_____号到_____号

注：本批合格钢瓶中不包括下列瓶号：

1　主要技术数据

公称容积_____L　公称工作压力_____MPa

公称直径_____mm　水压试验压力_____MPa

设计壁厚_____mm　气密性试验压力_____MPa

2　主体材料化学成分（质量分数，%）

元素	C	Si	Mn	Cr	Mo	S	P	S+P	Ni	Cu
标准值	≤0.37	0.17～0.37	0.40～0.90	0.80～1.20	0.15～0.30	≤0.010	≤0.015	≤0.020	≤0.30	≤0.20
实测值										

3　瓶体热处理后各项性能指标测定

3.1　热处理方式　淬火后回火　，屈服强度保证值（R_e）_____MPa，抗拉强度保证值（R_g）_____MPa。

试验瓶号	R_{ea}/MPa	R_m/MPa	A/%	a_{kV}/（J/cm²）	冷弯 (180°)

3.2　压扁试验结果：

试验编号	平均壁厚/mm	压头距离/mm	结果

图 E.1　汽车用压缩天然气钢瓶批量检验质量证明书

4 端部解剖

无缩孔、气泡、未熔合、裂纹、夹层等缺陷,结构形状尺寸符合图样要求。

5 水压爆破试验

试验瓶号＿＿＿＿＿＿,实测屈服压力＿＿＿＿＿＿MPa,实测爆破压力＿＿＿＿＿＿MPa。

爆破口　塑性断裂,无碎片,破口形状符合标准要求。

6 压力循环试验

试验瓶编号:＿＿＿＿＿　循环压力上限:＿＿＿＿＿　循环压力下限:＿＿＿＿＿

试验结果:　加压循环至＿＿＿＿＿次,瓶体无泄漏或爆破。

该批产品经检查和试验符合 GB/T 17258—2022 的要求,是合格产品。

监督检验单位(盖章):　　　　　　　　　制造单位(检验专用章):

监督检验员:　　　　　　　　　　　　　检验负责人:

　　年　　月　　日　　　　　　　　　　年　　月　　日

图 E.1　汽车用压缩天然气钢瓶批量检验质量证明书（续）

参 考 文 献

[1]　GB 18047　车用压缩天然气

ICS 23.020.30
CCS J 74

中华人民共和国国家标准

GB/T 17259—2024
代替 GB/T 17259—2009

机动车用液化石油气钢瓶

Liquefied petroleum gas steel cylinders for vehicles

2024-04-25 发布

2024-11-01 实施

国家市场监督管理总局
国家标准化管理委员会 发布

前　言

本文件按照 GB/T 1.1—2020《标准化工作导则　第 1 部分:标准化文件的结构和起草规则》的规定起草。

本文件代替 GB/T 17259—2009《机动车用液化石油气钢瓶》,与 GB/T 17259—2009 相比,除结构调整和编辑性改动外,主要技术变化如下:

a) 更改了适用范围(见第 1 章,2009 年版的第 1 章);

b) 更改了车用钢瓶型号与参数(见 5.2,2009 年版的 4.2);

c) 增加了车用钢瓶的结构型式(见 5.3);

d) 更改了材料规定(见 6.1、6.2,2009 年版的 5.1、5.2);

e) 更改了机动车用液化石油气钢瓶集成阀的相关要求(见 7.5.1,2009 年版的 6.5);

f) 更改了组装要求(见 8.3,2009 年版的 7.9);

g) 更改了焊接工艺评定要求(见 8.4.1,2009 年版的 7.1);

h) 更改了焊接一般规定(见 8.4.2、8.4.3、8.4.4,2009 年版的 7.2);

i) 更改了热处理的要求(见 8.5,2009 年版的 7.11);

j) 更改了焊缝射线及磁粉检测要求(见 9.1,2009 年版的 7.4);

k) 更改了一般检验、水压试验和气密性试验要求(见 9.2,2009 年版的 7.3、7.10 和 7.13);

l) 更改了分批要求(见 9.3.1,2009 年版的 9.3.1);

m) 更改了试验用瓶要求(见 9.3.2,2009 年版的 7.14.1);

n) 更改了力学性能取样要求(9.3.3.1,2009 年版的 7.14);

o) 更改了弯曲试验的材料强度数值(9.3.3.5,2009 年版的 8.2.5);

p) 更改了水压爆破试验要求(见 9.3.4,2009 年版的 7.15、8.8);

q) 删除了水压爆破操作过程(见 2009 年版的 8.8);

r) 更改了压力循环试验要求(见 9.4,2009 年版的 A.2.4);

s) 更改了重复试验要求(见 9.8,2009 年版的 9.3.3);

t) 更改了型式试验要求(见 9.9,2009 年版的附录 A),增加了型式试验项目和抽样要求(见 9.9);

u) 更改了逐只检验、批量检验和型式试验项目(见表 9,2009 年版的表 4);

v) 增加了护罩、标志牌字高及护罩镂刻瓶号和可追溯系统的要求(见 10.1.2、10.1.3、10.1.4);

w) 调整了瓶体涂敷颜色、字体颜色及尺寸的要求(见 10.2,2009 年版的 10.2)。

请注意本文件的某些内容可能涉及专利。本文件的发布机构不承担识别专利的责任。

本文件由全国气瓶标准化技术委员会(SAC/TC 31)提出并归口。

本文件起草单位:江苏民生重工有限公司、上海市特种设备监督检验技术研究院、沈阳特种设备检测研究院、江西省检验检测认证总院、厦门特种设备检验检测院、北京石油化工学院、江苏科技大学、机械工业上海蓝亚石化设备检测所有限公司、宁夏特种设备检验检测院、重庆市特种设备检测研究院、山东大学、合肥市特种设备安全监督检验研究院、江苏省特种设备安全监督检验研究院、南京市锅炉压力容器检验研究院。

本文件主要起草人:钱春、徐维普、朱红波、李昱、何成、詹志炜、盖晓东、宋文明、马立新、袁奕雯、邱艳丽、陈杰、张华、胡庆贤、王娟、金世贵、陶景、丁鑫。

本文件于 1998 年首次发布,2009 年第一次修订,本次为第二次修订。

机动车用液化石油气钢瓶

1 范围

本文件规定了机动车用液化石油气钢瓶（以下简称车用钢瓶）的型式、材料、设计、制造、试验方法和检验规则、标志、包装、涂敷、贮运、设计使用年限和出厂文件。

本文件适用于设计、制造在环境温度（－40 ℃～60 ℃）下使用的，公称工作压力为 2.2 MPa，公称容积 20 L～240 L，可重复盛装符合 GB 19159 的道路机动车用 LPG 钢瓶和场内机动车用 LPG 钢瓶。

2 规范性引用文件

下列文件中的内容通过文中的规范性引用而构成本文件必不可少的条款。其中，注日期的引用文件，仅该日期对应的版本适用于本文件；不注日期的引用文件，其最新版本（包括所有的修改单）适用于本文件。

GB/T 150.3 压力容器 第 3 部分：设计
GB/T 222 钢的成品化学成分允许偏差
GB/T 228.1 金属材料 拉伸试验 第 1 部分：室温试验方法
GB/T 1804 一般公差 未注公差的线性和角度尺寸的公差
GB/T 2651 金属材料焊缝破坏性试验 横向拉伸试验
GB/T 2653 焊接接头弯曲试验方法
GB/T 7144 气瓶颜色标志
GB/T 9251 气瓶水压试验方法
GB/T 9252 气瓶压力循环试验方法
GB/T 12137 气瓶气密性试验方法
GB/T 13005 气瓶术语
GB/T 15385 气瓶水压爆破试验方法
GB/T 17925 气瓶对接焊缝 X 射线数字成像检测
GB/T 18299 机动车用液化石油气钢瓶集成阀
GB/T 33209 焊接气瓶焊接工艺评定
GB/T 38155 重要产品追溯 追溯术语
NB/T 47013.2 承压设备无损检测 第 2 部分：射线检测
NB/T 47013.4 承压设备无损检测 第 4 部分：磁粉检测
TSG 23 气瓶安全技术规程

3 术语和定义

GB/T 13005、GB/T 38155 界定的以及下列术语和定义适用于本文件。

4 符号

下列符号适用于本文件（见表 1）。

表 1 符号和说明

符号	单位	说明
$A/A_{80\,mm}$ [a]	%	断后伸长率
A_o	mm	车用钢瓶壳体外表面积
a	mm	封头曲面与样板间隙
b	mm	焊缝对口错边量
c	mm	封头表面凹凸量
d	mm	弯曲试验弯心直径
D	mm	车用钢瓶外直径
D_i	mm	车用钢瓶内直径
E	mm	对接焊缝棱角高度
e	mm	筒体同一横截面最大最小直径差
F	—	设计应力系数
h	mm	封头直边高度
H_i	mm	封头内凸面高度
K	—	封头形状系数
L	mm	瓶体长度(包括两端封头高度)
n	—	弯轴直径与试样厚度的比值
P_b	MPa	水压爆破试验压力
P_h	MPa	水压试验压力
Q	m^3/min	安全阀排放量
r	mm	封头过渡区转角内径
R_{cL}	MPa	下屈服强度
R_i	mm	封头球面部分内半径
R_m	MPa	抗拉强度
R_{ma}	MPa	实测抗拉强度
S	mm	瓶体设计壁厚
S_1	mm	筒体计算壁厚
S_2	mm	封头计算壁厚
S_b	mm	试验前瓶体实测壁厚最小值
S_h	mm	试样实测厚度
S_0	mm	瓶体名义壁厚
V	L	公称容积
ΔH	mm	封头内高度(H_i+h)公差
Φ	—	焊缝系数
$\pi\Delta D_i$	mm	内圆周长公差
[a] 当瓶体名义壁厚 $S_0<3$ mm 时,以 $A_{80\,mm}$ 表示;当瓶体名义壁厚 $S_0\geqslant3$ mm 时,则以 A 表示。		

5 型式

5.1 型号表示方法

车用钢瓶型号表示方法如下：

LPG—W—△—△—△—□

- 改进型号(罗马字母 Ⅰ、Ⅱ、Ⅲ……)
- 第三特征数(公称工作压力,MPa)
- 第二特征数(公称容积,L)
- 第一特征数(车用钢瓶内直径,mm)
- 有缝卧式
- 车用液化石油气钢瓶

5.2 公称容积和内直径

典型车用钢瓶的公称容积和内直径应按表 2 的规定。

表 2 典型车用钢瓶的公称容积和内直径

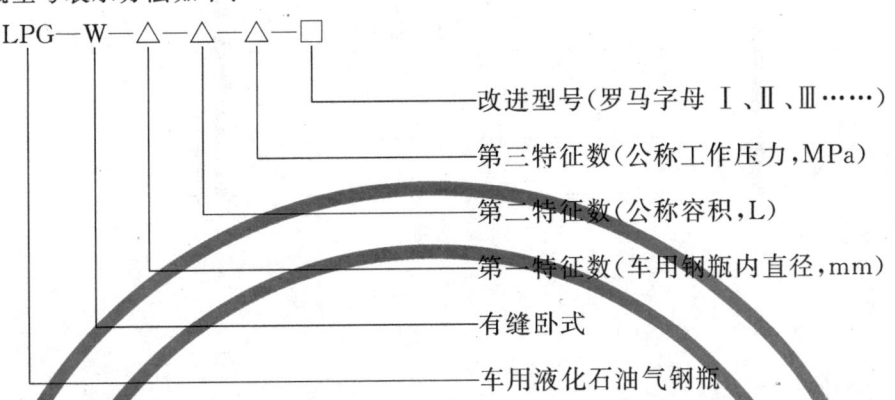

公称容积(V) L	内直径(D_i) mm
20	180、200
20<V≤80	200、230、250、280、314
80<V≤150	350、400
150<V≤240	400、450、500
注：筒体长度满足取试件长度。	

5.3 气瓶结构型式

车用钢瓶的结构型式见图 1 和图 2。

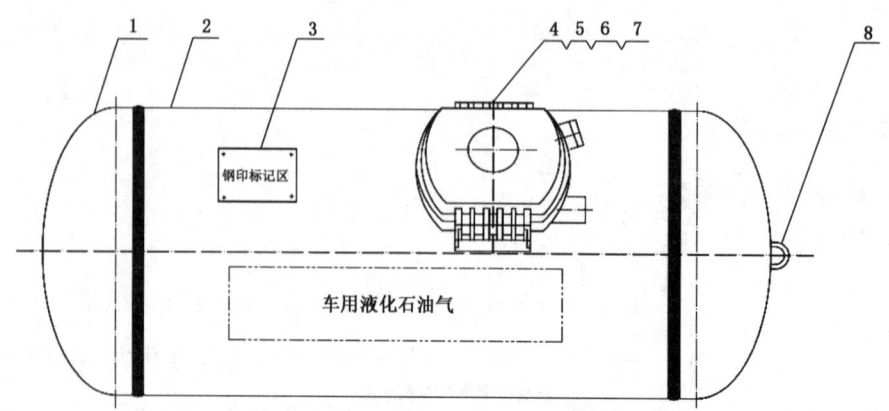

标引序号说明：

1——封头；

2——筒体；

3——铭牌；

4——内六角螺栓；

5——保护盒；

6——集成阀；

7——吊耳；

8——集成阀阀座。

图 1 道路机动车用钢瓶结构型式

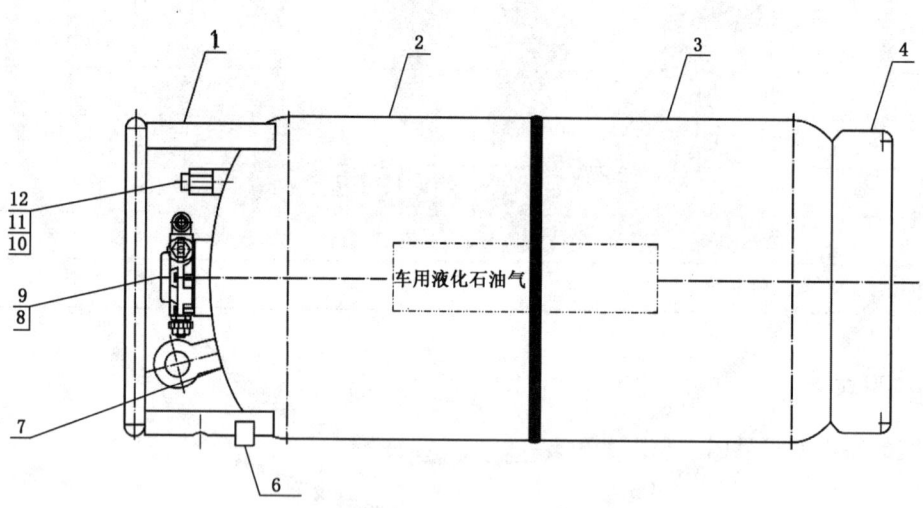

a) 两部分组成的场内机动车用钢瓶

图 2 场内机动车用钢瓶结构型式

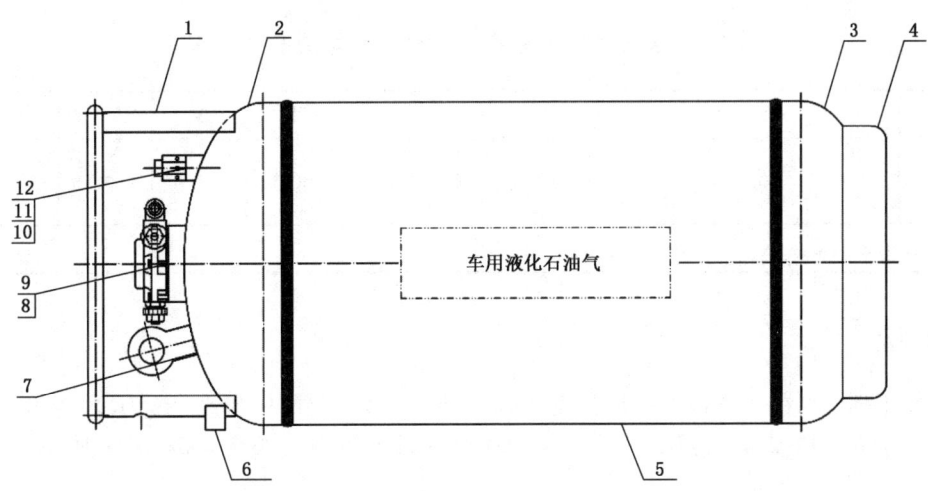

b) 三部分组成的场内机动车用钢瓶

标引序号说明：

1 ——护罩；

2 ——左封头；

3 ——右封头；

4 ——底圈；

5 ——筒体；

6 ——稳定支架；

7 ——充液连接支架；

8 ——集成阀；

9 ——集成阀阀座；

10——安全阀；

11——安全阀阀座；

12——出液连接支架。

图 2　场内机动车用钢瓶结构型式（续）

6　材料

6.1　一般规定

6.1.1　车用钢瓶主体(指筒体、封头等受压元件)材料,具有良好的延展性和焊接性能;并应附带有材料质量证明书原件或者加盖材料供应单位公章和经办人签字(章)的复印件。材料质量证明书应有包括二维码、条形码等形式的可追溯信息化标志。

6.1.2　车用钢瓶制造单位应对主体材料按炉罐号进行化学成分验证分析,按批号验证力学性能,验证分析结果应符合 6.2 的要求,化学成分允许偏差应符合 GB/T 222 的规定。经验证合格的材料应在分割或使用前进行标记移植。

6.1.3　焊在车用钢瓶主体上的所有附件,应采用与主体材料焊接性能相适应的材料。

6.1.4　焊接材料的抗拉强度不应低于母材抗拉强度规定值的下限。

6.2　化学成分与力学性能

6.2.1　化学成分

车用钢瓶主体材料的化学成分应符合表 3 的规定。

表 3　车用钢瓶主体材料化学成分

化学成分	C	Si	Mn	S	P	Nb	Ti	V	Nb+V	Alt	CE
质量分数/%	≤0.20	≤0.35	0.7～1.50	≤0.012	≤0.025	≤0.05	≤0.06	≤0.10	≤0.12	≥0.02	≤0.50
注：CE 表示碳当量。											

6.2.2　力学性能

车用钢瓶主体材料的力学性能应符合表 4 的规定。主体材料的屈强比(R_{eL}/R_m)应满足：当材料抗拉强度不小于 490 MPa 时，R_{eL}/R_m 不大于 0.85；当材料抗拉强度小于 490 MPa 时，R_{eL}/R_m 不大于 0.75。

表 4　车用钢瓶主体材料力学性能

抗拉强度(R_m)	下屈服强度(R_{eL})	断后伸长率	
		$A_{80\ mm}$ $L_0=80\ mm, b=20\ mm$	A
		<3 mm	≥3 mm
440 MPa～560 MPa	≥295 MPa	20%	26%

7　设计

7.1　一般规定

7.1.1　车用钢瓶瓶体的组成不应超过三部分，即纵焊缝不应多于一条，对接环焊缝不应多于两条。

7.1.2　车用钢瓶封头的形状应为椭圆形[见图 3 a)]、碟形[见图 3 b)]或半球形，封头的直边高度(h)应不小于 25 mm。

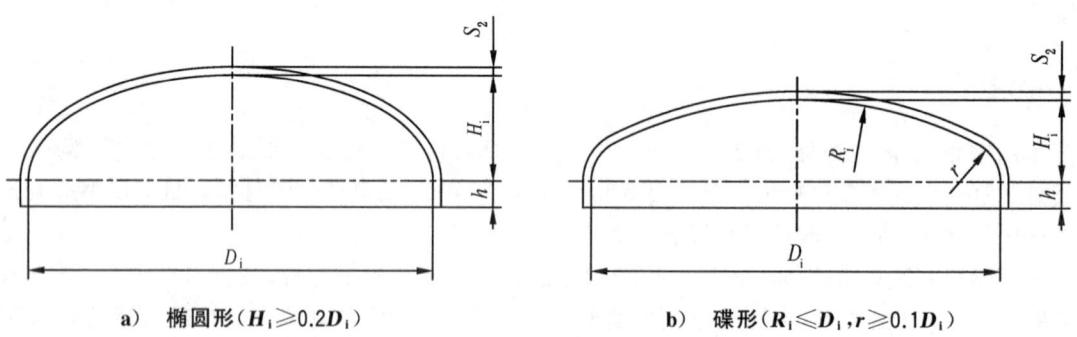

a)　椭圆形($H_i \geq 0.2D_i$)　　　　　　　b)　碟形($R_i \leq D_i, r \geq 0.1D_i$)

图 3　封头形状

7.2　瓶体壁厚计算

7.2.1　筒体计算壁厚(S_1)按公式（1）计算，并向上圆整，保留一位小数。

$$S_1 = \frac{P_h D_i}{\dfrac{2R_{eL}\Phi}{1.3} - P_h} \quad \cdots\cdots\cdots\cdots\cdots\cdots\cdots\cdots\cdots（1）$$

式中,焊缝系数(Φ)取 0.9。

7.2.2 封头计算壁厚(S_2)按公式(2)计算,并向上圆整,保留一位小数。

$$S_2 = \frac{P_h D_i K}{\frac{2R_{eL}}{1.3} - P_h} \quad \cdots\cdots\cdots\cdots\cdots\cdots\cdots (2)$$

式中:

K ——封头形状系数,其取值规定如下:

- 标准椭圆封头($H_i = 0.25D_i$),$K = 1$;
- 其他封头的 K,由图 4(适用于 H_i/D_i 在 0.2~0.25 时)、图 5(适用于 H_i/D_i 在 0.25~0.50 时)查出。

R_{eL}——所选材料标准规定的下屈服强度值,单位为兆帕(MPa)。

7.2.3 瓶体设计壁厚(S)应取 S_1、S_2 两者最大值,并符合下列规定:

a) 当 $D_i < 250$ mm 时,不小于 2 mm;

b) 当 $D_i \geq 250$ mm 时,不小于按公式(3)计算的厚度。

$$S = \frac{D}{250} + 1 \quad \cdots\cdots\cdots\cdots\cdots\cdots\cdots (3)$$

7.2.4 筒体和封头的名义壁厚(S_n)应相等。确定瓶体的名义厚度(S_n)时应考虑钢板厚度负偏差和工艺减薄量。

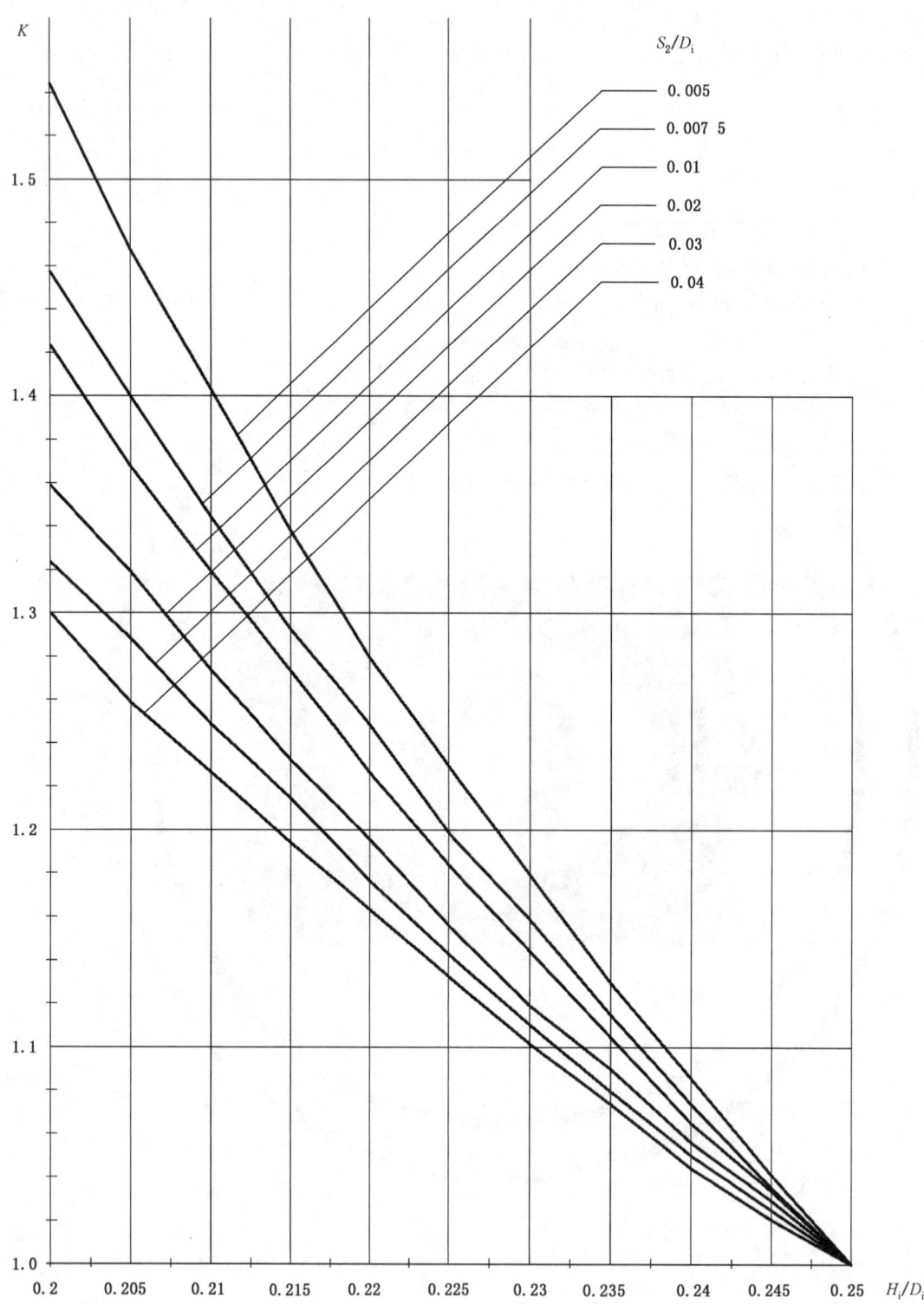

图 4　H_i/D_i 在 0.2～0.25 时的封头形状系数 K

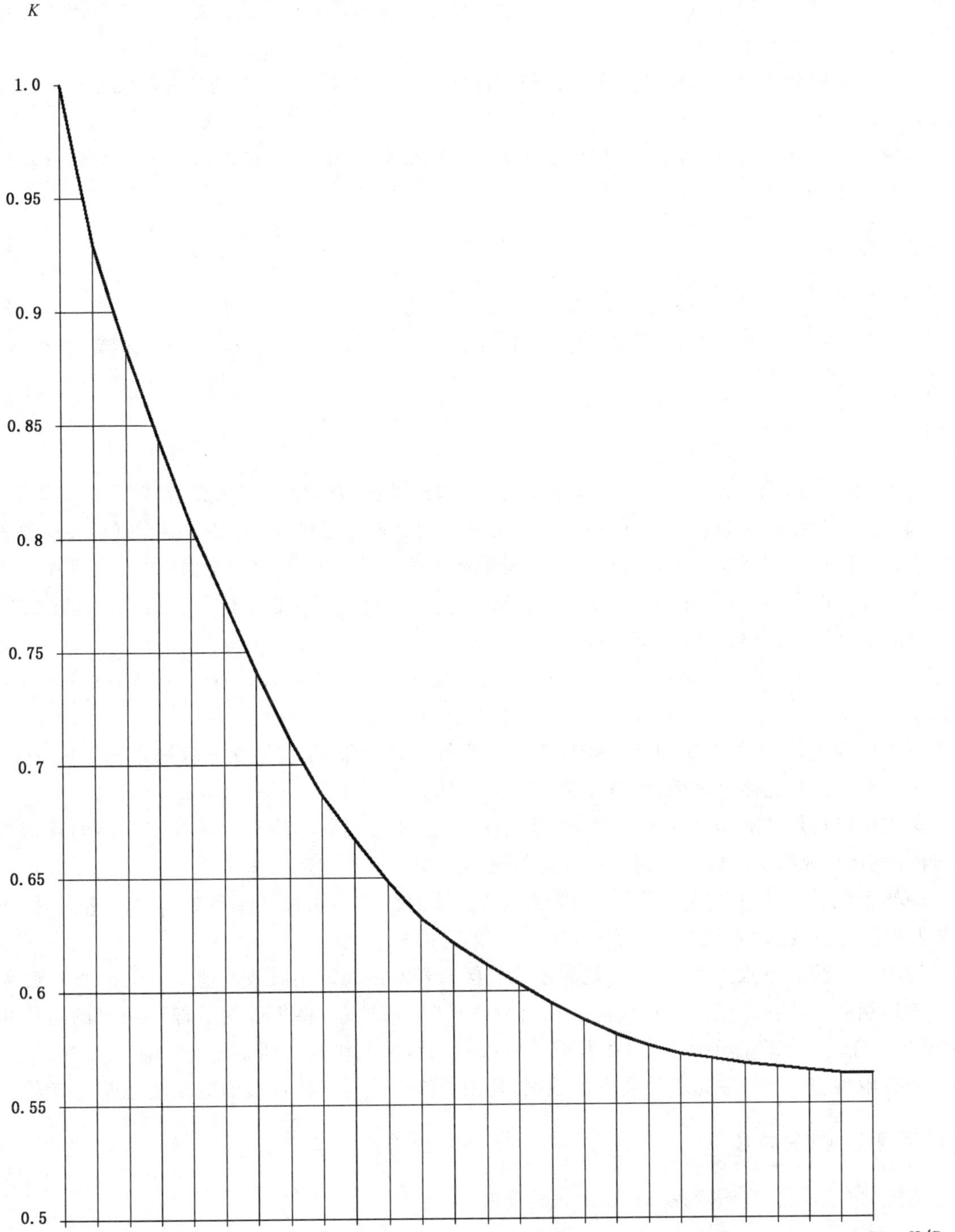

图 5　H_i/D_i 在 0.25～0.50 时的封头形状系数 K

7.3 开孔

7.3.1 允许在封头或筒体上开孔,开孔应避开应力集中和焊缝部位。孔边缘与对接焊缝边缘距离应不小于 25 mm。

7.3.2 开孔考虑补强,补强方法与计算按照 GB/T 150.3 的等面积法或采用有限元分析法进行。补强所用材料应与瓶体材料焊接性能相适应。

7.3.3 圆形开孔直径不应超过瓶体外直径的40%,沿封头的轴线垂直方向测量孔边缘与封头外圆周的距离不宜小于瓶体外直径的10%。

7.3.4 当进行非圆截面开孔或圆形开孔直径超过瓶体外直径的40%时,应进行有限元分析并进行压力循环试验验证。

7.3.5 瓶体所有开孔与连接件的焊接应保证全焊透,包括阀座、管接头在内的焊后凸出部分距瓶体外表面不应大于35 mm。

7.4 焊接接头

7.4.1 主体焊缝的焊接接头应采用全焊透对接形式。

7.4.2 纵焊缝不应有永久性垫板;环焊缝允许采用永久性垫板,或者在接头的一侧做成台阶形的整体式垫板。

7.5 附件

7.5.1 车用钢瓶应选用符合GB/T 18299规定的集成阀,集成阀一般应包括充装装置、80%限充装置、安全阀、截止阀、液位显示装置,安全阀也可单独设置在集成阀附近的车用钢瓶气相部位,并应设置安全防护装置。所选型号应在集成阀型式试验证书覆盖范围内。集成阀上的安全阀,也应设置在车用钢瓶气相部位。设置的安全阀,其开启压力应为2.5 MPa±0.2 MPa,回座压力不低于2.2 MPa,在2.64 MPa下排放量应不低于公式(4)的计算值:

$$Q \geqslant 10.66A_o0.82 \quad\cdots\cdots\cdots\cdots\cdots\cdots\cdots\cdots\cdots\cdots\cdots\cdots\cdots\quad(4)$$

式中:

Q ——标准状态下(绝对压力0.1 MPa、15 ℃)空气的排放量,单位为立方米每分(m³/min);

A_o ——车用钢瓶壳体外表面积,单位为平方米(m²)。

7.5.2 附件的结构形状和布置应便于对车用钢瓶的操作及对焊缝的检查。附件与瓶体的连接焊缝应避开瓶体的纵、环焊缝。附件的结构形状及其与瓶体的连接应防止造成积液。

7.5.3 瓶体上配备的管口及集成阀应设置防护装置,并保证若不用切割工具或其他专用工具,不能将这些装置拆除,应保证集成阀或管口等连接件不突出防护装置之外。

7.5.4 钢印标记牌应是永久性标志,与瓶体连接应保证若不用切割工具或其他专用工具则不能拆除。

7.5.5 车用钢瓶安装在密闭的车箱或行李箱内时,应装备保护盒,将集成阀等部件密封的附件包含在内,用于收集任何可能泄漏的气体,并由排气口将收集的泄漏气体排放到车外大气中。

7.5.6 所有附件应保证有满足使用要求的强度,凡用焊接方法与瓶体连接的应在热处理之前完成。

7.6 车用钢瓶的充装要求

道路机动车用钢瓶应固定在机动车上进行充装。

8 制造

8.1 封头

8.1.1 封头应采用整块钢板压制成型。

8.1.2 封头形状与尺寸公差不应超过表5的规定,见图6所示。

表 5　封头形状与尺寸公差

单位为毫米

公称外直径 D	圆周长公差 $\pi\Delta D_i$	最大最小直径差 e	表面凹凸量 c	曲面与样板间隙 a	内高公差 ΔH
≤400	±4	2	1	2	+5
>400～500	±6	3	2	3	0

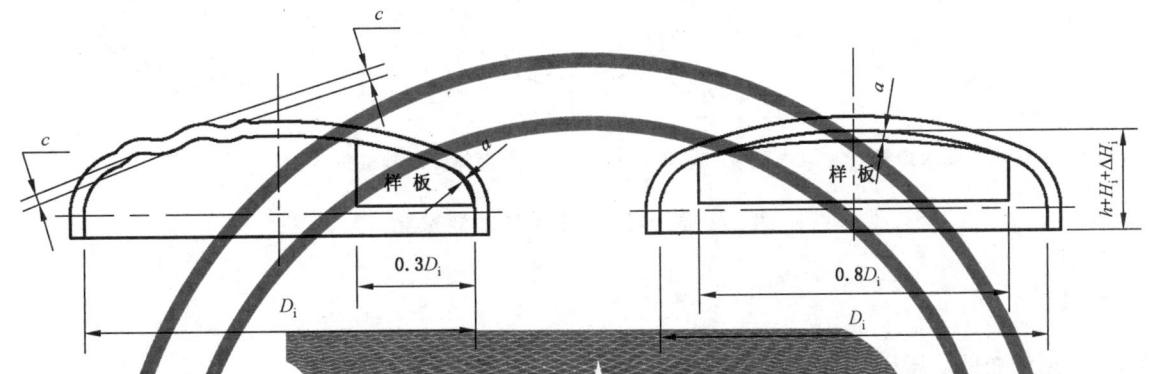

图 6　封头形状与尺寸检查

8.1.3　封头最小壁厚实测值不应小于瓶体设计壁厚(S)。

8.1.4　封头直边部分的纵向皱折深度不应大于 $0.25D_i$,且不应大于 1.5 mm。

8.1.5　未注公差尺寸的极限偏差应符合 GB/T 1804 的规定,具体要求如下:

　　a)　机械加工件不低于 m 级;

　　b)　非机械加工件不低于 c 级;

　　c)　长度尺寸不低于 v 级。

8.2　筒体

8.2.1　筒体由钢板卷制、焊接而成时,钢板的轧制方向应与筒体的环向一致。

8.2.2　筒体焊接成形后符合下列要求:

　　a)　筒体同一横截面最大与最小直径差(e)不大于 0.01D;

　　b)　筒体纵焊缝对口错边量(b)不大于 $0.1S_n$,见图 7 a);

　　c)　用长度为 $D_i/2$,且不小于 300 mm 的样板测量,筒体纵焊缝棱角高度(E)应不大于($0.1S_n$＋
　　　　2)mm,见图 7 b)。

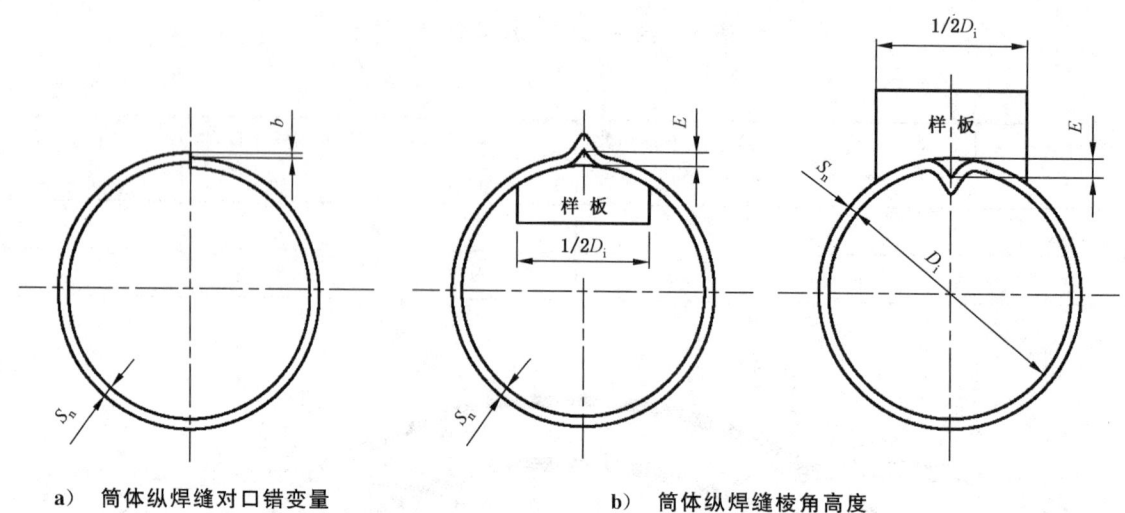

a) 筒体纵焊缝对口错变量   b) 筒体纵焊缝棱角高度

图 7　筒体纵焊缝焊接尺寸检查

8.3　组装

8.3.1　车用钢瓶的受压元件在组装前应进行外观检查,不合格者不应组装。

8.3.2　对接环焊缝的对口错边量不大于 $0.2S_n$,棱角高度(E)不大于($0.1S_n+2$)mm;检查尺的长度不小于 300 mm。

8.3.3　当瓶体由两部分组成时,圆柱形筒体部分的直线度应不大于 2‰。

8.3.4　附件的装配应符合图样的规定。

8.4　焊接

8.4.1　焊接工艺评定

8.4.1.1　车用钢瓶焊接工艺评定按 GB/T 33209 规定执行。

8.4.1.2　焊接工艺评定的结果,应经过车用钢瓶制造单位技术负责人审查批准,并存入企业的技术档案。

8.4.2　焊接

8.4.2.1　车用钢瓶的焊接工作中,应通过施焊记录或钢印对每条焊缝的施焊人员实现追踪。

8.4.2.2　瓶体的对接焊缝和阀座角焊缝均应采用自动焊接方法施焊,且应遵守经评定合格的焊接工艺。

8.4.2.3　焊接坡口的形状尺寸,应符合图样的规定。坡口表面应清洁、光滑,不应有裂纹、分层和夹渣等缺陷及其他残留物质。

8.4.2.4　焊接(包括焊接返修)应在室内进行,室内相对湿度不应大于 90%,否则应采取有效措施。当焊接件温度低于 0 ℃时,应在施焊处预热,预热温度不低于 15 ℃。

8.4.2.5　施焊时,不应在非焊接处引弧。纵焊缝应有引弧板和熄弧板,板长不应小于 100 mm。去除引弧板、熄弧板时,应采用切除的方法,不应使用敲击的方法,切除处应磨平。

8.4.3　焊缝

8.4.3.1　瓶体的对接焊缝和阀座角焊缝应为全焊透结构。

8.4.3.2　焊缝表面的外观满足下列要求:

 a)　焊缝和热影响区不应有裂纹、气孔、弧坑、夹渣和未熔合等缺陷;

b) 瓶体的焊缝不准许咬边，瓶体附件的焊缝在瓶体一侧不准许咬边；

c) 焊缝表面不应有凹陷或不规则的突变；

d) 焊缝两侧的飞溅物应清除干净；

e) 瓶体对接焊缝的余高为 0 mm～3.5 mm，同一焊缝最宽最窄处之差应不大于 4 mm；

f) 当图样无规定时，角焊缝的焊脚高度不应小于焊接件中较薄者的厚度，其几何形状应圆滑过渡至母材表面。

8.4.4 焊缝的返修

8.4.4.1 焊缝返修应有经评定合格的返修工艺。

8.4.4.2 纵、环焊缝返修处应重新进行外观和射线检查并合格，合格级别应符合 9.1.4 的规定。

8.4.4.3 焊缝同一部位只允许返修一次。

8.4.4.4 返修部位应记入产品生产检验记录。

8.5 热处理

8.5.1 车用钢瓶在全部焊接完成后，应当进行整体消除应力热处理。热处理装置应当具有温度自动控制和实时记录功能，有效加热区的温度应不超出设定温度±25 ℃，用于实际生产时的炉内测温点应不少于 3 个，并且能够反映整个有效加热区温度场的温度变化趋势。返修瓶完成返修后应重新进行热处理。

8.5.2 车用钢瓶的热处理应进行热处理工艺评定。对于公称容积不大于 150 L 的车用钢瓶热处理工艺评定验证试验应包含力学性能试验和水压爆破试验；对于公称容积大于 150 L 的车用钢瓶热处理工艺评定验证试验应仅对试板进行力学性能试验。

8.5.3 改变主体材料牌号或板厚规格、车用钢瓶结构型式、热处理设备、热处理方式时，应重新进行热处理工艺评定。相同尺寸、结构和板厚规格，采用相同焊接、相同热处理规范的车用钢瓶，经热处理工艺评定合格后，在以后的生产过程中可不再进行评定。

9 试验方法和检验规则

9.1 焊缝射线及磁粉检测

9.1.1 焊缝射线检测按 NB/T 47013.2 或 GB/T 17925 的规定进行；瓶体阀座角焊缝的磁粉检测应按 NB/T 47013.4 的规定进行。

9.1.2 仅有一条环焊缝的车用钢瓶，应按生产顺序每 50 只随机抽取 1 只（不足 50 只时，也应抽取 1 只），对环焊缝进行 100%射线检测。如不合格，应再抽取 2 只检测。如仍有 1 只不合格时，则应逐只检测。

9.1.3 车用钢瓶瓶体纵、环焊缝射线透照按 NB/T 47013.2 或 GB/T 17925 进行。采用焊缝系数 $\Phi=1.0$ 设计，应逐只对纵、环焊缝进行 100%射线透照检验；采用焊缝系数 $\Phi=0.9$ 设计，应逐只对纵、环焊缝进行不少于每条焊缝 20%总长度的射线检测。对有纵、环焊缝的车用钢瓶，透照的部位应包括纵、环焊缝的交接处并且从交接处向环焊缝两侧延伸范围不少于 25 mm，纵向焊缝延伸范围不少于 100 mm。若发现超过本文件规定的缺陷，应在该缺陷两端各延长该焊缝长度 20%进行射线检测，一端长度不够时，在另一端补足。若仍有超过本文件规定的缺陷时，则该焊缝应进行 100%射线检测。对于公称容积大于 150 L 的车用钢瓶带有产品焊接试板的，还应对焊接试板焊缝进行 100%射线检测。

9.1.4 焊缝射线检测后，应按照 NB/T 47013.2 进行评定，射线透照底片质量或图像质量为 AB 级，焊缝缺陷等级不低于 Ⅱ 级为合格。瓶体阀座角焊缝的磁粉检测后，应按照 NB/T 47013.4 进行评定，不应有任何裂纹显示，焊缝缺陷等级不低于 Ⅰ 级为合格。发现裂纹、未熔合等超标缺陷，应进行修磨或补焊，对该部位按原无损检测方法进行检测，并随时做好记录。

9.2 逐只检验

9.2.1 一般检验

9.2.1.1 焊缝外观应符合 8.4.3.2 的规定,焊缝错边量及棱角高度应符合 8.3.2 的规定。

9.2.1.2 车用钢瓶表面应光滑,不应有裂纹、重皮、夹渣和深度超过 0.5 mm 的凹坑以及深度超过 0.3 mm 的划伤、腐蚀和缺陷。

9.2.1.3 车用钢瓶的附件应符合 7.5 的规定。

9.2.1.4 车用钢瓶内应干燥、清洁。

9.2.2 重量和容积

9.2.2.1 车用钢瓶的实测容积应不小于其公称容积。对于公称容积大于 150 L 的车用钢瓶,其实测容积可用理论容积代替,但不应有负偏差。

9.2.2.2 车用钢瓶制造完毕后应逐只进行重量的测定,单位为千克(kg)。

9.2.2.3 测定重量应使用量程为 1.5 倍～3.0 倍理论重量的衡器,检定周期不应超过 3 个月。

9.2.2.4 重量和容积测定应保留三位有效数字,其余数字对于重量应进 1,对于容积应舍去。

示例:

实测重量和容积	1.065	10.65	106.5
重量应取为	1.07	10.7	107
容积应取为	1.06	10.6	106

9.2.3 水压试验

9.2.3.1 水压试验按 GB/T 9251 规定执行并记录和可追溯,水压试验装置应当能实时自动记录瓶号。水压试验记录档案保存年限不低于车用钢瓶设计使用年限。

9.2.3.2 水压试验时,应以不大于 0.5 MPa/s 的速度缓慢升压至 3.3 MPa,并保压不少于 30 s,车用钢瓶不应有宏观变形和渗漏,压力表不应有回降。

9.2.3.3 不应对同一钢瓶连续进行水压试验。

9.2.4 气密性试验

9.2.4.1 车用钢瓶气密性试验按 GB/T 12137 规定执行。

9.2.4.2 车用钢瓶气密性试验应在水压试验合格后进行,气密性试验压力应为 2.2 MPa。

9.2.4.3 试验时向瓶内充装压缩空气,达到试验压力后,浸入水中,保压不少于 1 min,检查车用钢瓶不应有泄漏现象。

9.2.4.4 进行气密性试验时,应采取有效的防护措施,以保证操作人员的安全。

9.2.5 返修

9.2.5.1 如果在水压试验或气密性试验过程中发现瓶体焊缝上有渗漏或泄漏,应按 8.4.4 的要求进行返修;若瓶体母材部分有泄漏,应判废。

9.2.5.2 车用钢瓶焊缝进行返修后,应对车用钢瓶重新进行热处理,并应按 9.2.3 和 9.2.4 的规定重新进行水压试验和气密性试验。

9.3 批量检验

9.3.1 分批

采用同一设计、同一牌号主体材料、同一焊接工艺、同一热处理工艺连续生产的车用钢瓶为一批。

对于公称容积不大于 150 L 的车用钢瓶,以不多于 500 只为一批(不包括破坏性试验用瓶);对于公称容积大于 150 L 的车用钢瓶,以不多于 50 只为一批。

9.3.2 试验用瓶

从每批车用钢瓶中抽取水压爆破试验用瓶 1 只。

对公称容积不大于 150 L 的车用钢瓶,应按批抽取 1 只样瓶进行力学性能试验及阀座焊缝解剖检验,样瓶应经射线检测和逐只检验合格;对公称容积大于 150 L 的车用钢瓶,可按批制备产品焊接试板进行力学性能试验。

不能连续生产的:对公称容积不大于 150 L 的车用钢瓶,每班应至少抽取力学性能试验用瓶和水压爆破试验用瓶各 1 只;对公称容积大于 150 L 的车用钢瓶,每班应制备产品焊接试板进行力学性能试验。

9.3.3 力学性能

9.3.3.1 取样满足以下要求。

a) 仅有一条环焊缝的车用钢瓶,应从车用钢瓶封头直边部位切取母材拉伸试样一件,如果直边部位长度不够时,可从封头曲面部位切取。从环焊缝处切取焊接接头的拉伸试样、横向面弯和背弯试样各一件(见图 8)。阀座焊缝解剖检验部位为垂直于焊缝的截面。

b) 有纵、环焊缝的车用钢瓶,应从筒体部分沿纵向切取母材拉伸试样一件,从封头顶部切取母材拉伸试样一件,从纵焊缝上切取拉伸试样、横向面弯、背弯试样各一件;如果环焊缝和纵焊缝的焊接工艺不同,还应在环焊缝上切取同等数量的试样(见图 9)。

c) 对于公称容积大于 150 L 车用钢瓶带有产品焊接试板的,产品焊接试板应和受检瓶在同一块钢板(或同一炉批钢板)上下料,作为受检瓶纵焊缝的延长部分,与纵焊缝一起焊成并与受检瓶同一炉热处理。试板应打上受检瓶的瓶号和焊工钢印,试板焊缝的射线检测同 9.1.3,合格级别同 9.1.4。焊接试板上取样位置见图 10。

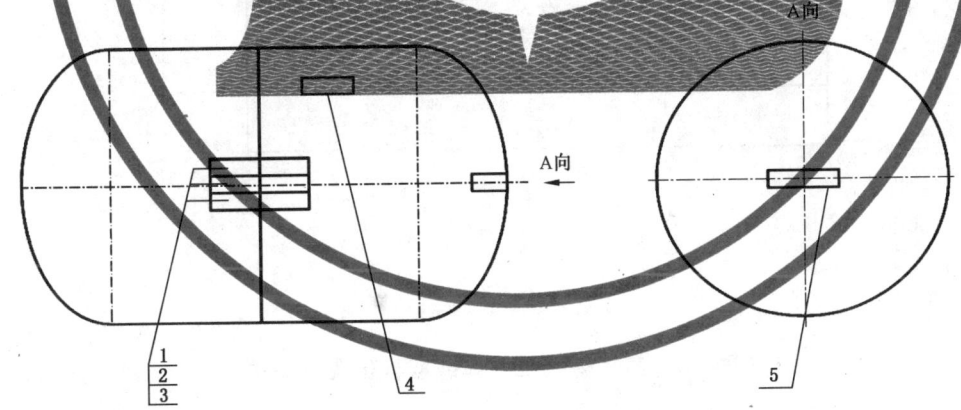

标引序号说明:

1、4、5——拉伸试样;

2   ——面弯试样;

3   ——背弯试样。

图 8 仅有一条环焊缝车用钢瓶的取样位置示意图

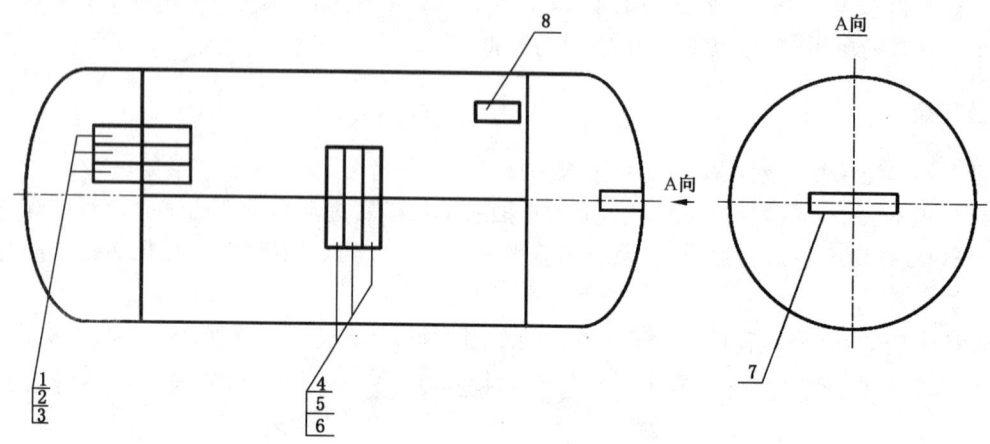

标引序号说明：

1、4、7、8——拉伸试样；

2、5　　　——面弯试样；

3、6　　　——背弯试样。

图 9　有纵、环焊缝车用钢瓶的取样位置示意图

单位为毫米

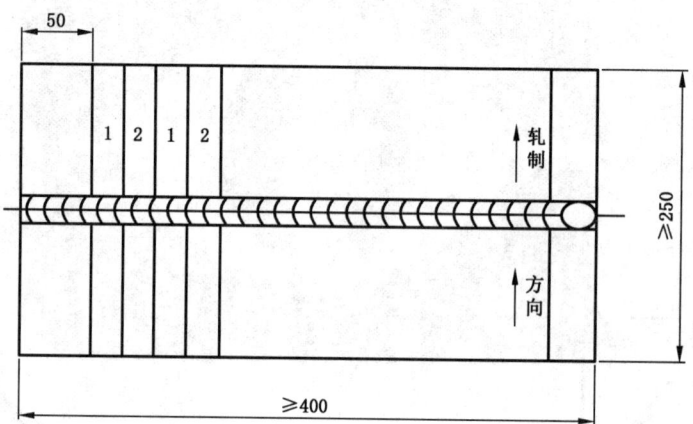

标引序号说明：

1——拉力试样；

2——弯曲试样；

其余部分舍弃。

图 10　产品焊接试板焊缝取样位置示意图

9.3.3.2　试样上焊缝的正面和背面应采用机械加工方法使之与板面齐平。对不够平整的试样，允许在机械加工前采用冷压法矫平。

9.3.3.3　试样的焊接横断面不应有裂纹、未熔合、未焊透、夹渣和气孔等缺陷。

9.3.3.4　材料拉伸试验满足以下要求。

    a)　车用钢瓶母材拉伸试验按 GB/T 228.1 规定执行；屈服强度、实测抗拉强度 R_{ma} 不应低于母材标准规定值的下限；试样的断后伸长率应不小于表 6 的规定。

表 6 试样断后伸长率

瓶体名义壁厚	实测抗拉强度	断后伸长率
$S_0 < 3$ mm	$R_{ma} \leqslant 490$ MPa	$A_{80\,mm} \geqslant 22\%$
	$R_{ma} > 490$ MPa	$A_{80\,mm} \geqslant 15\%$
$S_0 \geqslant 3$ mm	$R_{ma} \leqslant 490$ MPa	$A \geqslant 29\%$
	$R_{ma} > 490$ MPa	$A \geqslant 20\%$
注：$A_{80\,mm}$ 表示原始标距为 80 mm 的断后伸长率。		

　　b) 车用钢瓶焊接接头拉伸试验按 GB/T 2651 的规定执行。试样采用该文件规定的带肩板形试样,抗拉强度不应低于母材标准规定值的下限。

9.3.3.5 材料弯曲试验满足以下要求。

　　a) 焊接接头弯曲试验按 GB/T 2653 的规定执行,弯心直径(d)和实测试样厚度(S_h)之间的比值(n)应不大于表 7 规定的值。

表 7 弯心直径和实测试样厚度比值

实测抗拉强度(R_{ma})/MPa	n
$\leqslant 440$	2
$440 < R_{ma} \leqslant 520$	3
> 520	4

　　b) 弯曲试验中,应使弯心轴线位于焊缝中心,两支持辊的辊面距离应保证试样弯曲时恰好能通过(见图 11)。

　　c) 焊接接头试样弯曲 180° 时应无裂纹,但试样边缘的先期开裂不计。

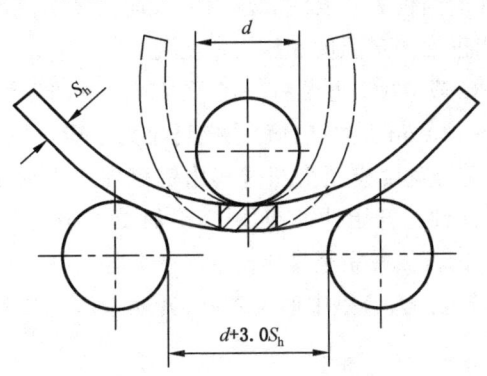

图 11 焊缝接头弯曲试验

9.3.3.6 阀座角焊缝解剖试件截取切口应垂直于角焊缝,切口应平整光滑,以目测方法检验,焊缝应焊透。

9.3.4 水压爆破试验

9.3.4.1 水压爆破试验按 GB/T 15385 的规定执行。水压爆破试验应采用能自动采集并记录压力、进水量和时间,并能绘制压力-时间、压力-进水量曲线的试验装置。

9.3.4.2 对于公称容积不大于 150 L 的车用钢瓶应按批抽取样瓶进行爆破试验,爆破试验结果符合下列规定。

    a) 爆破压力实测值(P_b)应不小于 6.6 MPa。

    b) 瓶体破裂时的容积变形率:

        当 R_m<490 MPa 时,≥15%;

        当 R_m≥490 MPa 时,≥12%。

    c) 瓶体破裂不产生碎片,爆破口不准许发生在封头(只有一条环焊缝、L≤2D 的车用钢瓶除外)、纵焊缝及其熔合线、环焊缝(垂直于环焊缝除外)及角焊缝部位。

    d) 瓶体的爆破口为塑性断口,即断口上有明显的剪切唇,但没有明显的金属缺陷。

9.4　压力循环试验

压力循环试验按 GB/T 9252 的规定执行。将三只压力循环试验用车用钢瓶装到压力循环试验机上,使用水或油作为试验介质,循环上限压力 3.3 MPa,循环下限压力为 0.3 MPa,以不超过 15 次/min 的频率,经过 12 000 次压力循环后,车用钢瓶应无泄漏。

9.5　振动试验

将车用钢瓶充入最大充装量的水+公称工作压力的氮气或空气达到额定的充装量,试验在室温下进行,试验应沿被试验车用钢瓶的三个正交轴方向分别加载。试验在正弦振动台架上进行,其恒定加速度为 $1.5g$,频率范围为 5 Hz～200 Hz。试验应在三个正交轴向各进行 30 min。每个轴向应包括 5 Hz～200 Hz～5 Hz 两个试验历程,每个试验历程各进行 15 min。

振动试验后,对车用钢瓶进行检查。任何部位不应出现泄漏,阀门和附件不应有损坏。

9.6　火烧试验

9.6.1　试验用车用钢瓶应充装液化石油气到额定充装量,车用钢瓶应水平架起或吊装固定好;安全附件应朝上;火焰不应直接烧到安全附件;允许用金属板作阀门的保护罩。车用钢瓶筒体外侧中心位置对称各固定一支测温用热电偶,其测温仪表及表线和压力表等应安全引到隐蔽体或防护屏障内,保护试验人员安全,并保证试验过程中能正常测定温度和压力的变化。

9.6.2　试验采用 20♯柴油、LPG 或 CNG 为燃料。在车用钢瓶下部放油盆(槽)或燃烧排,车用钢瓶的最低点距火源高度为 120 mm～130 mm;油盆(槽)或燃烧排大小应足以使车用钢瓶的边缘完全置于火焰之中。油盆(槽)或燃烧排长度与宽度应至少超过车用钢瓶在水平面上投影长度与宽度 200 mm,但不超过 400 mm;其中油盆高度从油面开始计算,四周高出油面不超过 50 mm;燃料应能保证足够燃烧 10 min,或足以使车用钢瓶内液化石油气完全排放。

9.6.3　试验场所应远离高大建筑物、人口集中区及森林,并应采取必要的安全防火措施,试验场所的风速应不超过 2.2 m/s。

9.6.4　记录火烧试验的布置方式、车用钢瓶内压力、从点火到安全阀开启的时间及从安全阀开启到瓶内压力降至 0.1 MPa 的时间。在试验期间,记录热电偶温度和车用钢瓶内压力的时间间隔不应超过 10 s。

9.6.5　当车用钢瓶内压达到开启压力后,安全阀应正常开启和回座,至少回座一次,试验过程中瓶体无破裂或爆炸为合格。

9.7　爆炸冲击试验

将试验用车用钢瓶充装液化石油气到额定充装量。瓶体水平固定在水泥地面上,在瓶体中部上表面堆放 50 g 硝胺当量的炸药,然后引爆,爆炸后钢瓶不破坏为合格。

9.8 重复试验

9.8.1 逐只检验的项目不合格的,在进行处理或修复后,可再进行该项检验,仍不合格者则判废。

9.8.2 批量检验项目中,如果有证据表明是操作失误或是测量差错时,则应在同一气瓶或在同批气瓶中另选 1 只或原产品焊接试板上进行第二次试验。如果第二次试验合格,则第一次试验可以不计。

9.8.3 对于公称容积不大于 150 L 的车用钢瓶,力学性能试验不合格时,应在同一批车用钢瓶中再抽取 4 只试验用瓶,2 只进行力学性能试验,2 只进行水压爆破试验;水压爆破试验不合格时,应在同一批气瓶中再抽取 5 只试验用瓶,1 只进行力学性能试验,4 只进行水压爆破试验。

9.8.4 复验仍有不合格时,则该批车用钢瓶判为不合格。但允许对这批车用钢瓶重新热处理,或修复后再热处理,作为新的一批重新试验。

9.9 型式试验

9.9.1 符合下列情况之一者,应进行型式试验:

    a) 研制、开发的新产品;

    b) 改变原设计;

    c) 同一制造工艺制造的同一品种车用钢瓶,制造中断 12 个月又重新制造的;

    d) 改变冷热加工、焊接、热处理等主要制造工艺;

    e) 实施产品召回的;

    f) 监督抽查时检验不合格的。

9.9.2 型式试验项目包括瓶体材料拉伸试验、瓶体材料弯曲试验、瓶体材料化学成分检验、水压爆破试验、压力循环试验(满足 7.3.4 要求时)、振动试验、火烧试验、爆炸冲击试验。

9.9.3 首次型式试验的样瓶抽样基数为 50 只(非首次制造的型式试验抽样基数不少于试验用样瓶数量的 3 倍),其中压力循环试验 3 只,爆破试验 1 只,力学性能试验 1 只,振动试验 1 只,火烧试验 1 只,爆炸冲击试验 1 只。

9.9.4 型式试验应在车用钢瓶制造单位完成出厂检验并合格后进行。

9.9.5 对于新设计产品,如其选用的阀门已经在某一规格的车用钢瓶上经型式试验合格,且满足表 6 的要求,可免做振动试验和火烧试验。属于瓶体制造工艺(如焊接、热处理等)发生重大变更的,可免做振动试验和火烧试验。对于表 8 规定的设计变更情况,可免做部分型式试验项目。

表 8 型式试验变更与项目免做

设计变更情况		火烧试验	爆炸冲击试验	振动试验
阀门型号规格或制造厂家发生变化			√	
瓶体容积由小变大	直径不变或由大变小		√	√
	直径由小增大		√	
瓶体容积由大变小		√	√	√
应力水平增加、主体材料变更		√		√
阀门安装位置由封头、筒体相互变更		√		√
注:"√"表示可免做的型式试验项目。				

9.10 出厂检验和型式试验项目

车用钢瓶出厂检验和型式试验项目应符合表 9 的规定。

表 9 检验和型式试验项目

序号	项目名称		试验方法	出厂检验		型式试验	判定依据
				逐只检验	批量检验		
1	主体材料化学成分检验		6.2.1	√			6.2.1
2	主体材料力学性能检验		6.2.2	√			6.2.2
3	封头	高度公差	8.1.2	√			8.1.2
4		最小壁厚测量	8.1.3	√			8.1.3
5		最大最小直径差	8.1.2	√			8.1.2
6		直边部分纵向皱折深度	8.1.4	√			8.1.4
7	气瓶附件		7.5	√			7.5
8	筒体	最大最小直径差	8.2.2 a)	√			8.2.2 a)
9		纵焊缝对口错边量	8.2.2 b)	√			8.2.2 b)
10		纵焊缝棱角高度	8.2.2 c)	√			8.2.2 c)
11	环焊缝对口错边量		8.3.2	√			8.3.2
12	环焊缝棱角高度		8.3.2	√			8.3.2
13	焊缝外观		8.4.3.2	√			8.4.3.2
14	焊缝射线检测		9.1.1	√[a]	√	√	9.1.4
15	阀座角焊缝磁粉检测		9.1.1	√		√	9.1.4
16	容积检查		9.2.2.1	√	√		9.2.2.1 9.2.2.4
17	重量检查		9.2.2.2	√	√		9.2.2.2 9.2.2.4
18	水压试验		9.2.3.1	√		√	9.2.3.2
19	气密性试验		9.2.4.2	√		√	9.2.4.3
20	拉伸试验		9.3.3.4		√	√	9.3.3.4
21	弯曲试验		9.3.3.5		√	√	9.3.3.5
22	阀座角焊缝解剖检验		9.3.3.6		√	√	9.3.3.6
23	水压爆破试验		9.3.4.1		√	√	9.3.4.2
24	压力循环试验		9.4			√[b]	9.4
25	振动试验		9.5			√	9.5
26	火烧试验		9.6			√	9.6
27	爆炸冲击试验		9.7			√	9.7

注:"√"表示需要进行的项目。

a 对仅有一条环焊缝的车用钢瓶,应按 9.1.2 的要求检测;对有纵、环焊缝的车用钢瓶,应按 9.1.3 的要求检测。

b 首次型式试验应进行压力循环试验,以后满足 7.3.4 要求时才应进行。

10 标志、涂敷、包装、贮运、出厂文件

10.1 标志

10.1.1 车用钢瓶的钢印标志内容,应符合 TSG 23 的规定。

10.1.2 压印在场内机动车用钢瓶护罩上的钢印标志和道路机动车用钢瓶装焊在筒体上的钢印标志牌,内容与排列按照附录 A,钢印字体高度应为 6 mm～20 mm,深度为 0.5 mm,字体应明显、清晰。

10.1.3 每只车用钢瓶的唯一性瓶号:对于场内机动车用钢瓶镂刻在护罩上;对于道路机动车用钢瓶压印在钢印标记牌并在附近再粘贴与其对应的电子识读标志。对于在场内机动车用钢瓶护罩醒目位置镂刻的瓶号和压印在道路机动车用钢瓶钢印标记牌上瓶号及粘贴的电子识读标记,应采用焊接方式的陶瓷二维码并确保不易脱落或损坏,且能在设计使用年限内有效追溯车用钢瓶产品质量信息的电子识读标志。制造单位应建立车用钢瓶质量安全追溯制造信息公示网站,每只出厂的合格车用钢瓶公示信息(包括产品合格证、批量质量证明书、监检证书、型式试验证书等)均应录入公示网站平台公示并供用户查询。

10.1.4 车用钢瓶应根据用户需要粘贴有关安全使用提示,内容见附录 B。安全使用提示印制在不干胶纸上,贴在车用钢瓶护罩的内壁或不易碰撞、摩擦导致损坏脱落的部位。

10.2 涂敷

10.2.1 车用钢瓶表面按 GB/T 7144 的规定,涂敷 YR05 棕色。

10.2.2 车用钢瓶在涂敷前,应清除表面油污、锈蚀等杂物,且在干燥的条件下进行涂敷。涂层应均匀牢固,不应有气泡、流痕、裂纹和剥落等缺陷。

10.2.3 瓶体表面应印有"液化石油气"白色长仿宋体汉字,字高 60 mm～80 mm;下方印制造单位名称汉字。

10.3 包装、贮运

10.3.1 出厂的车用钢瓶采用织物编织袋包装或其他形式包装物;可根据用户的要求另行包装。

10.3.2 车用钢瓶在运输、装卸时,应防止碰撞、磕伤。

10.3.3 车用钢瓶应贮存在无腐蚀性气体、通风、干燥,且不受日光曝晒的地方。

10.4 出厂文件

10.4.1 每只车用钢瓶出厂时均应有产品合格证(纸质或电子合格证),产品合格证格式见附录C。产品合格证所记入的内容应与制造单位保存的生产检验记录相符。

10.4.2 每批出厂的车用钢瓶均应有批量质量证明书,格式见附录 D。该批车用钢瓶有 1 个以上用户时,可提供加盖制造单位检验专用章的批量质量证明书的复印件给用户。

10.4.3 产品合格证和批量质量证明书应经制造单位检验责任工程师签字或者盖章。

11 车用钢瓶的设计使用年限

11.1 设计使用年限

按本文件制造的车用钢瓶,设计使用年限应不少于 15 年。

11.2 年限印制

车用钢瓶的设计使用年限应压印在车用钢瓶的护罩上(见附录 A)。

附 录 A
（规范性）
机动车用液化石油气钢瓶钢印标志

车用钢瓶钢印标志见图 A.1。

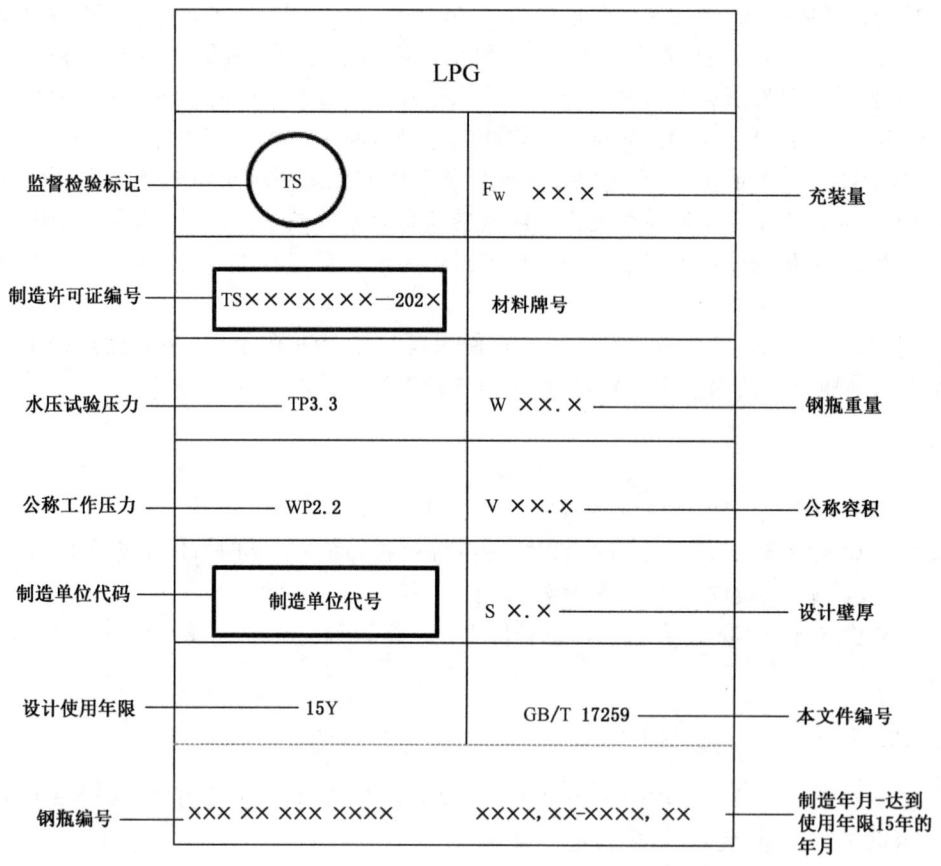

注 1：上述各项目位置可调整。

注 2：LPG 表示充装的车用液化石油气。

注 3：车用钢瓶编号用阿拉伯数字表示，由 3 位车用钢瓶制造单位数字代码、2 位车用钢瓶制造年份数字代码（年份数字的末 2 位）、7 位制造单位某一年份制造车用钢瓶的数字序号（数字序号不足 7 位时，前面加 0 补齐）等 12 位数字有序组成。

注 4：最大充装量，为瓶体公称容积的 80%［对于使用称量法充装的车用钢瓶，单位为千克（kg）］。

图 A.1 钢瓶钢印标志示意图

附 录 B

（资料性）

车用钢瓶安全使用提示

车用钢瓶安全使用提示见图 B.1。

机动车用液化石油气钢瓶安全使用提示

1. 车用钢瓶充装介质仅限于 GB 19159 规定的车用液化石油气。

2. 充装车用液化石油气时先打开进气端截止阀，完毕后关闭。

3. 充装车用液化石油气时，限充动作前，指针有动作；限充动作后，复视指针应指在指示表牌的"F"点或使用说明书中规定的部位。

4. 每次充装车用液化石油气结束时，应及时检漏。

5. 使用的保护盒（罩）应保持清洁、完好无损。

6. 存放空、满钢瓶场所的条件应符合 TSG 23《气瓶安全技术规程》的相关规定。

7. 安放到使用车辆上的车用钢瓶应按使用说明书中规定卧式放置（含方向、方位），并用配备的专用固定带固定好，以防滑移、脱落损坏车用钢瓶和影响安全使用。

8. 每次调换车辆上车用钢瓶时，对已换上的满瓶瓶上阀输出端接头与使用端接头连接应牢固且不应有泄漏。

9. 固定在车辆后备箱使用的车用钢瓶，严禁有可燃、助燃的物品与其存放在一起。

10. 对于车用钢瓶安装在汽车后备箱内的，应从后备箱内引出排气管至车外。在向瓶内充装液化石油气时，必须先打开后备箱盖，以防液化石油气在密闭空间充装时泄漏，导致在打开后备箱盖时达到一定浓度的液化石油气与空气混合发生燃爆事故。

11. 车用钢瓶在充装、运输、使用中如发现异常，应立即停止充装、运输、使用，并及时送具有车用钢瓶相应检验资质的单位进行检验。

图 B.1 车用钢瓶安全使用提示

附　录　C

（资料性）

车用钢瓶产品合格证格式

产品合格证样式见图 C.1 和图 C.2。

×××××××××（气瓶制造单位名称）

机动车用液化石油气钢瓶

产品合格证

车用钢瓶型号：

车用钢瓶编号：

车用钢瓶批号：

制造年月：

制造许可证号：

瓶阀制造企业名称：

本产品的制造符合 GB/T 17259—2024《机动车用液化石油气钢瓶》和设计图样的要求，经检验合格。

检验责任人（章）　　　　检验专用章

　年　月　　　　　　　年　月

公司地址：　　　　　　　联系电话：

注：规格统一，合格证尺寸为 150 mm×100 mm；每张产品合格证上部穿上细线绳，车用钢瓶检验合格后将合格证挂在车用钢瓶上，或集中交付给同一订货单位。

图 C.1　产品合格证格式（正面）

充装介质　　LPG

最大充装量　　kg

车用钢瓶重量　　kg

车用钢瓶公称容积　　L

瓶体材料

瓶体设计壁厚　　mm

瓶体名义壁厚　　　mm

水压试验压力 3.3 MPa

气密性试验压力 2.2 MPa

热处理方式

瓶阀型号

瓶阀制造单位

检验员签章

图 C.2　产品合格证格式(反面)

附　录　D

（资料性）

车用钢瓶批量质量证明书格式

批量质量证明书格式见图 D.1 和图 D.2。

×××××××××（气瓶制造单位名称）

机动车用液化石油气钢瓶

批量质量证明书

车用钢瓶型号

盛装介质

图号

出厂批号

制造年月

制造许可证编号

本批车用钢瓶共××只，经检验符合 GB/T 17259—2024《机动车用液化石油气钢瓶》和设计图样的要求，是合格产品。

监督检验专用章　　　　　　　　制造企业检查专用章

　　年　月　　　　　　　　　　　　年　月

制造企业地址：

联系电话：

注：规格统一，质量证明书尺寸为 150 mm×100 mm。

图 D.1　批量质量证明书（正面）

1 主要技术数据

公称容积	L	公称工作压力	MPa
内直径	mm	水压试验压力	MPa
瓶体名义壁厚	mm	气密性试验压力	MPa

2 试验瓶的测量（$V>150$ L 时，指带试板的瓶）

试验瓶号	实测容积/L	净重/kg	最小实测壁厚/mm		热处理炉号
			筒体	封头	

注：净重不包括可拆件。

3 瓶体材料化学成分（质量分数/%）

编号	牌号	C	Si	Mn	P	S
标准的规定值						

4 焊接材料

焊丝牌号	焊丝直径/mm	焊剂牌号

5 车用钢瓶及试板热处理

方法加热温度 ℃
保温时间 h   冷却方式

图 D.2 批量质量证明书（反面）

GB/T 17259—2024

6　焊缝射线检测

焊缝总长　　　　　　mm　　　　　　检测比例　　　　　　%

按□NB/T 47013.2 □GB/T 17925 检测级合格

试验用瓶(V＞150 L时,指带试板的瓶)

返修 1 次处

7　力学性能试验

试验瓶号	抗拉强度 R_{ma} MPa	伸长率 A %	弯曲试验	
			横向面弯	横向背弯
试验数量				

8　水压爆破试验(V≤150 L)

试验瓶号	爆破压力 MPa	开始屈服压力 MPa	爆破时容积变形率 %

图 D.2　批量质量证明书(反面)(续)

398

9 试验用瓶(公称容积 $V>150$ L 时,指带试板的瓶)

返修部位(简图)

10 试验用瓶($V \leqslant 150$ L)爆破位置和形状简图

质量检验专用章

图 D.2 批量质量证明书(反面)(续)

参 考 文 献

[1] GB 19159 车用液化石油气

ICS 23.020.30
J 74

中华人民共和国国家标准

GB/T 17268—2020
代替 GB/T 17268—2009

工业用非重复充装焊接钢瓶

Non-refillable steel welded cylinders for industrial use

(ISO 11118:2015，Gas cylinders—Non-refillable metallic gas cylinders—
Specification and test methods，NEQ)

2020-12-14 发布

2021-07-01 实施

国家市场监督管理总局
国家标准化管理委员会 发布

前　言

本标准按照 GB/T 1.1—2009 给出的规则起草。

本标准代替 GB/T 17268—2009《工业用非重复充装焊接钢瓶》，与 GB/T 17268—2009 相比，除编辑性修改外主要技术变化如下：

——修改了标准的适用范围(见第 1 章,2009 年版的第 1 章)；

——修改了瓶体材料、焊接材料的要求(见 6.1.1、6.1.3,2009 年版的 6.1.1、6.1.3)；

——增加了阀门阀座与瓶体连接的承压焊缝的焊接方法要求(见 9.2.3)；

——增加了材料验证试验和壁厚测量要求(见 10.1,10.3.1)；

——修改了气压试验的要求(见 10.2.2,2009 年版的 10.1.2)；

——增加了水压爆破试验样瓶的人工时效要求(见 10.3.3.1)；

——修改了焊接工艺评定(见附录 B,2009 年版的附录 B)；

——修改了焊工考试规则(见附录 C,2009 年版的附录 C)；

——增加了附录 D"屈服点延伸"(见附录 D)。

本标准使用重新起草法参考 ISO 11118:2015《气瓶　非重复充装金属气瓶　规范和试验方法》编制，与 ISO 11118:2015 一致性程度为非等效。

请注意本文件的某些内容可能涉及专利。本文件的发布机构不承担识别这些专利的责任。

本标准由全国气瓶标准化技术委员会(SAC/TC 31)提出并归口。

本标准起草单位：浙江巨程钢瓶有限公司、中国特种设备检测研究院、上海特种设备监督检验技术研究院、浙江金象科技有限公司、武义西林德机械制造有限公司、三江开源有限公司、浙江安盛机械制造有限公司、江苏凯斯迪化工机械有限公司。

本标准主要起草人：黄强华、魏春华、徐维普、林建华、叶晓茹、王裕航、朱真日、唐健雄、林康生、单冬芳。

本标准所代替标准的历次版本发布情况为：

——GB 17268—1998、GB/T 17268—2009。

工业用非重复充装焊接钢瓶

1 范围

本标准规定了工业用非重复充装焊接钢瓶(以下简称钢瓶)的型式、设计、制造、检验规则和试验方法、标记、涂敷等。

本标准适用于在环境温度$-40\ ℃\sim60\ ℃$下使用的,试验压力$P_T\leqslant6.2\ MPa$(表压)、容积$V\leqslant25\ L$、$P_TV\leqslant100\ MPa\cdot L$(当$P_T>4.5\ MPa$时,$V\leqslant5\ L$),非重复充装毒性按GB/T 7778划为A类制冷剂(限低压液化气体)的钢瓶。

注:钢瓶不得用于充装压缩气体。

2 规范性引用文件

下列文件对于本文件的应用是必不可少的。凡是注日期的引用文件,仅注日期的版本适用于本文件。凡是不注日期的引用文件,其最新版本(包括所有的修改单)适用于本文件。

GB/T 222 钢的成品化学成分允许偏差

GB/T 223.9 钢铁及合金 铝含量的测定 铬天青S分光光度法

GB/T 223.59 钢铁及合金 磷含量的测定 铋磷钼蓝分光光度法和锑磷钼蓝分光光度法

GB/T 223.63 钢铁及合金化学分析方法 高碘酸钠(钾)光度法测定锰量

GB/T 223.64 钢铁及合金 锰含量的测定 火焰原子吸收光谱法

GB/T 223.68 钢铁及合金化学分析方法 管式炉内燃烧后碘酸钾滴定法测定硫含量

GB/T 223.69 钢铁及合金 碳含量的测定 管式炉内燃烧后气体容量法

GB/T 228.1 金属材料 拉伸试验 第1部分:室温试验方法

GB/T 1804 一般公差 未注公差的线性和角度尺寸的公差

GB/T 2653 焊接接头弯曲试验方法

GB/T 2975 钢及钢产品 力学性能试验取样位置及试样制备

GB/T 4336 碳素钢和中低合金钢 多元素含量的测定 火花放电原子发射光谱法(常规法)

GB/T 5213 冷轧低碳钢板及钢带

GB/T 13005 气瓶术语

GB/T 14193 液化气体气瓶充装规定

GB/T 16918 气瓶用爆破片安全装置

GB/T 17878 工业用非重复充装焊接钢瓶用瓶阀

GB/T 20066 钢和铁 化学成分测定用试样的取样和制样方法

NB/T 47018.3 承压设备用焊接材料订货技术条件 第3部分:气体保护电弧焊丝和填充丝

TSG Z6001 特种设备作业人员考核规则

3 术语和定义

GB/T 13005界定的以及下列术语和定义适用于本文件。

3.1

试验压力 test pressure

用于计算钢瓶壁厚及进行钢瓶压力试验的压力。其值为钢瓶所充介质在 60 ℃时的饱和蒸汽压与 2.3 MPa 二者中的较大值。

3.2

批量 batch

采用同一设计、同一炉号、同一焊接工艺、同一成形工艺在一个轮班(不超过 12 h)连续生产的钢瓶所限定的数量。

4 符号

下列符号适用于本文件。

D_i ——钢瓶内直径的数值,mm;

D_o ——钢瓶外直径的数值,mm;

E ——环缝棱角高度的数值,mm;

e ——钢瓶同一截面最大最小直径差的数值,mm;

H ——半瓶体筒体高度的数值,mm;

h_i ——椭圆形封头内曲面高度的数值,mm;

P_b ——钢瓶爆破压力(表压)的数值,MPa;

P_T ——钢瓶试验压力(表压)的数值,MPa;

R_i ——碟形封头的内球面半径的数值,mm;

R_m ——钢瓶拉伸成形后瓶体的最低抗拉强度保证值的数值,MPa;

$R_{P0.2}$ ——钢瓶拉伸成形后瓶体的最低规定非比例延伸强度保证值的数值,MPa;

r ——碟形封头过渡区的转角内半径的数值,mm;

S ——钢瓶设计壁厚的数值,mm;

S_n ——钢瓶名义壁厚的数值,mm;

V ——钢瓶水容积的数值,L;

ΔH ——半瓶体高度公差的数值,mm;

$\pi\Delta D_o$——圆周长公差的数值,mm;

$[\sigma]$ ——瓶体设计许用应力的数值,MPa。

5 钢瓶的型式

5.1 钢瓶的产品型号参照 GB/T 15384 进行命名,表示方法如下:

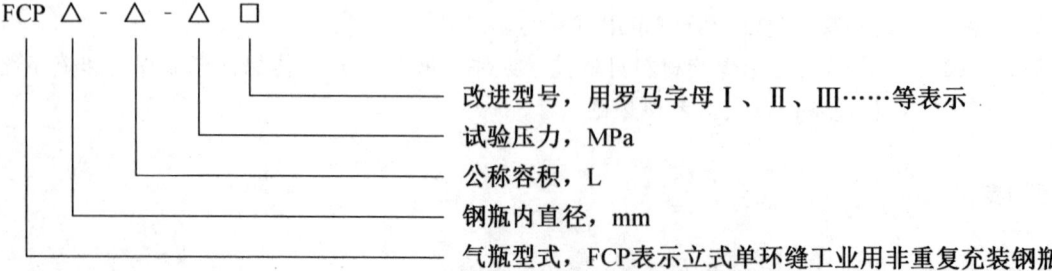

注:改进型号用来表示一个系列中某一规格钢瓶的设计改型,是指钢瓶的材料牌号、瓶阀型号、瓶体开孔位置的改变。

示例：

公称容积为13.4 L、试验压力为2.3 MPa、钢瓶内径为240 mm、第一次改型的钢瓶产品型号为：

FCP 240-13.4-2.3 I

5.2 钢瓶型式见图1。

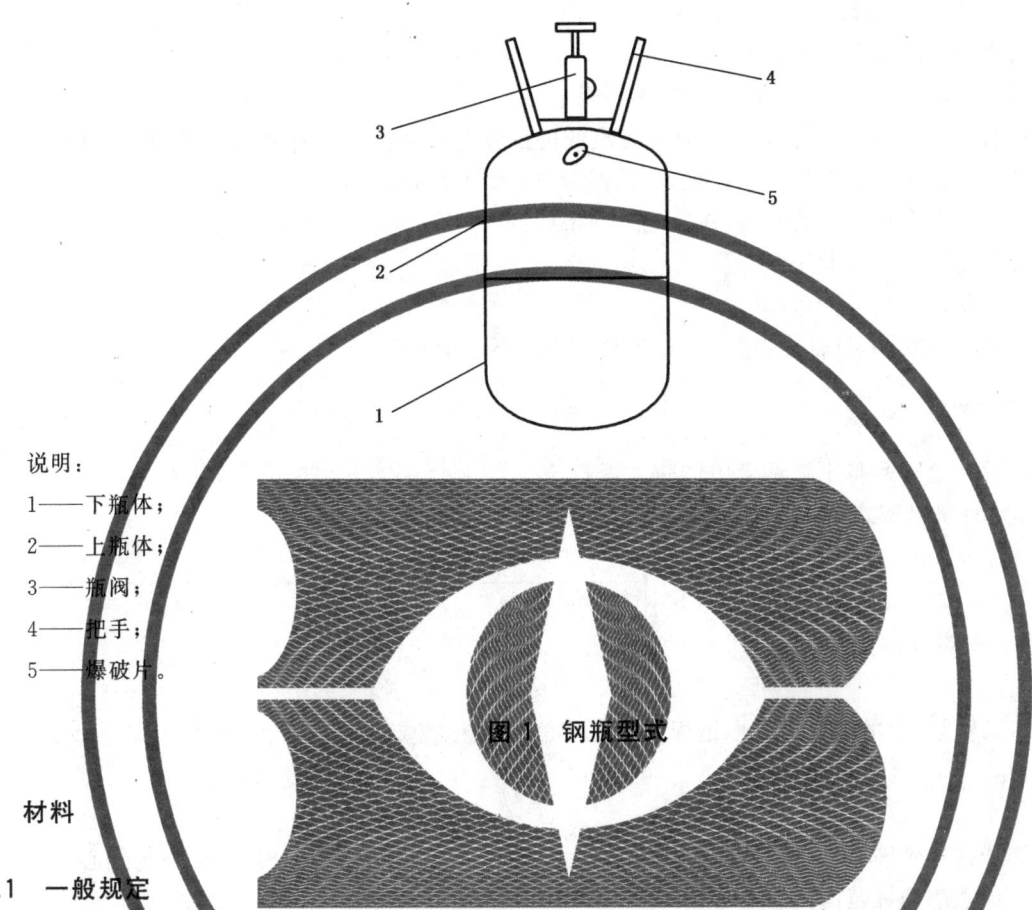

说明：
1——下瓶体；
2——上瓶体；
3——瓶阀；
4——把手；
5——爆破片。

图1 钢瓶型式

6 材料

6.1 一般规定

6.1.1 钢瓶瓶体材料应采用电炉或转炉冶炼的镇静钢，并具有良好的压延和焊接性能。材料使用时，不应有拉伸应变痕。

6.1.2 焊在钢瓶瓶体上的所有零部件应采用与瓶体材料焊接性相适应的材料。

6.1.3 所采用的焊接材料应符合NB/T 47018.3的规定，保证焊接接头性能符合设计要求。

6.1.4 材料（包括焊接材料）应符合相应标准的规定，应具有质量合格证明文件，且与所要充装的介质有相容性。

6.1.5 瓶体材料应考虑在环境温度范围内使用的适用性。

6.1.6 瓶体材料应按炉号验证化学成分，按批号验证力学性能，试验方法按10.1的规定。

6.2 化学成分

瓶体材料的化学成分应符合：

——碳（C）的含量不大于0.12%；

——锰（Mn）的含量不大于0.5%；

——磷（P）的含量不大于0.025%；

——硫（S）的含量不大于0.020%；

——铝（Al）的含量不小于0.020%。

7 设计

7.1 一般规定

7.1.1 钢瓶瓶体由上下瓶体两部分组成,只有一条环焊缝。

7.1.2 设计所依据的内压力为试验压力。

7.1.3 介质最大允许充装系数按 GB/T 14193 的规定。

7.1.4 设计图样应标明瓶体材料拉伸成形后的最低抗拉强度保证值 R_m、最低规定非比例延伸强度保证值 $R_{P0.2}$ 及焊接接头抗拉强度最低保证值。设计许用应力$[\sigma] \leqslant R_{P0.2}/1.3$。

7.1.5 封头的形状应为椭圆形或碟形,并满足下列条件:

    a) 椭圆形封头 $h_i \geqslant 0.2D_i$;

    b) 碟形封头 $R_i \leqslant D_i$,$r \geqslant 0.15D_i$。

7.1.6 半瓶体筒体高度 H 与瓶体内直径 D_i 之比 H/D_i 不小于 0.3。

7.2 瓶体壁厚计算

7.2.1 瓶体的设计壁厚 S 取下述两者中的较大者:

    a) 瓶体设计壁厚按式(1)计算:

$$S = \frac{D_i}{2}\left[\sqrt{\frac{[\sigma]}{[\sigma]-\sqrt{3}P_T}} - 1\right] \quad\quad\quad\quad (1)$$

    b) 瓶体设计壁厚按式(2)要求:

$$S \geqslant D_o/650 + 0.5 \quad\quad\quad\quad (2)$$

7.2.2 钢瓶名义壁厚 S_n 的确定应考虑钢板的厚度负偏差及工艺减薄量。

7.3 瓶体开孔

7.3.1 瓶体的开孔只允许在封头上进行。所有的开孔和补强件均应布置在以封头轴心为轴心,直径为封头直径 80% 的假想圆柱范围内。

7.3.2 瓶体开孔应考虑补强。补强材料应与瓶体材料相适应,并具有良好的焊接性。

7.4 焊接接头

瓶体环焊缝应采用锁边坡口对接接头形式或带永久性垫板的对接接头形式。

7.5 瓶阀

7.5.1 应安装非重复充装瓶阀,瓶阀与瓶体应采用焊接连接,以避免钢瓶的重复使用。

7.5.2 瓶阀应符合 GB/T 17878 的规定。

7.6 爆破片

7.6.1 钢瓶应装设爆破片。爆破片应符合 GB/T 16918 的规定。爆破片压印爆破片型号、制造单位名称或代号。

7.6.2 爆破片安全泄放面积为每升钢瓶容积不小于 0.34 mm^2。

7.6.3 爆破片焊装后的爆破压力应在 $1.05P_T \sim 1.6P_T$ 范围中。

8 设计定型

8.1 型式试验

8.1.1 对每一种新设计的钢瓶应进行型式试验,生产厂应提供不少于50只试制瓶,供型式试验机构随机抽样进行型式试验。型式试验的详细规定见附录A。

8.1.2 制造厂如中断生产超过六个月,应重新进行型式试验。

8.2 新设计

与已有的钢瓶相比,钢瓶的受压元件只要满足下列条件之一者,即认为是钢瓶的新设计:
a) 采用不同的工艺(主要生产工艺);
b) 采用不同材料;
c) 钢瓶的形状发生变化;
d) 钢瓶壁厚发生变化;
e) 钢瓶长度增加50%;
f) 直径变化超过原直径的1%;
g) 钢瓶的试验压力 P_T 升高。

8.3 型式试验报告

8.3.1 型式试验的报告应包括附录A中要求的所有项目。

8.3.2 制造厂应在该设计钢瓶的生产期内保留型式试验报告,停止生产后仍需保存5年。

9 制造

9.1 焊接工艺评定

焊接工艺评定及试验方法按附录B的要求。

9.2 焊接的一般规定

9.2.1 钢瓶的焊接,由按TSG Z6001和附录C的规定经考试合格取得相应项目资格的焊工承担。

9.2.2 钢瓶焊缝(包括瓶阀、爆破片与瓶体的焊缝)的焊接,应严格遵守经评定合格的焊接工艺。

9.2.3 钢瓶主体焊缝及瓶阀与瓶体连接的承压焊缝的焊接,应采用机械化焊接或自动焊接方法。

9.2.4 焊接接头应符合图样规定。坡口表面应清洁、光滑,不得有裂纹、分层和夹杂等缺陷。

9.2.5 焊接(包括返修焊接)应在室内进行,若无有效防护措施,则相对湿度应不大于90%。

9.2.6 施焊时,不得在非焊接处引弧。

9.3 焊缝

9.3.1 瓶体环焊缝应不低于母材表面,其余高不大于2 mm,环焊缝最宽最窄处之差不大于2 mm。

9.3.2 角焊缝的焊脚尺寸应符合图样规定。

9.3.3 焊缝表面外观应符合下列规定:
a) 环焊缝和热影响区不得有裂纹、气孔、弧坑、夹渣及未熔合等缺陷;
b) 环焊缝不准许咬边,零部件与瓶体的焊缝在瓶体一侧不准许咬边;
c) 焊缝表面不得有凹陷或不规则的突变;

d) 焊缝两侧的飞溅物应清除干净；

e) 电阻焊接头表面无裂纹、烧穿、缩孔、电极粘损,压痕深度正常。

9.4 焊缝的返修

主体焊缝处如出现针孔泄漏,只准许进行一次返修,其余缺陷不准许返修。

9.5 瓶体

9.5.1 上、下瓶体应用整块钢板冷冲压成形。

9.5.2 瓶体形状公差与尺寸公差不得超过表1的规定。

表 1 瓶体形状公差与尺寸公差

单位为毫米

圆周长公差 $\pi\Delta D_o$	最大最小直径差 e	半瓶体高度公差 ΔH
$^{+2}_{0}$	1.5	$^{+4}_{0}$

9.5.3 瓶体实测壁厚不得小于瓶体设计壁厚。

9.5.4 瓶体不得存在皱折。

9.6 未注公差尺寸的极限偏差

未注公差尺寸的极限偏差,按 GB/T 1804 的规定,具体要求如下:

a) 机械加工件为 GB/T 1804—m;

b) 非机械加工件为 GB/T 1804—C。

9.7 组装

9.7.1 钢瓶受压元件在组装前均应进行外观检查,不合格者不得组装。

9.7.2 瓶体内应清洁、无油、无水。

9.7.3 瓶体环焊缝棱角高度 E(见图2)不大于 1 mm,检查尺长度不小于 200 mm,当瓶体直段长度不足 200 mm 时,检查尺长度等于直段长度。

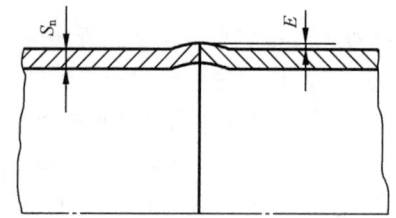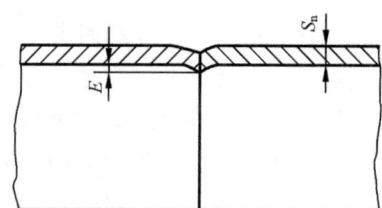

图 2 环焊缝棱角高度

9.7.4 零配件的装配应符合图样规定。

10 检验规则和试验方法

10.1 材料验证试验

10.1.1 钢瓶主体材料化学成分:化学分析法按 GB/T 20066 取样和抽样,按 GB/T 223.9、GB/T 223.59、GB/T 223.63、GB/T 223.64、GB/T 223.68、GB/T 223.69 规定的方法试验;光谱法按

GB/T 4336 规定的方法取样和试验。化学分析的允许偏差应符合 GB/T 222 的规定,试验结果符合6.2的规定。

10.1.2 力学性能试验:采用 GB/T 2975 规定的方法取样,按 GB/T 228.1 规定的方法试验,试验结果符合 GB/T 5213 的规定;拉伸试验应自动记录应力-应变曲线,材料应力-应变曲线应平滑过渡,无明显的屈服平台。

10.2 逐只检验

10.2.1 外观检验

10.2.1.1 钢瓶表面应光滑,不得有裂纹、重皮、夹杂和深度超过 0.5 mm 的凹坑及深度超过 0.1 mm 的划伤和腐蚀等缺陷。

10.2.1.2 焊缝外观应符合9.3.3的规定。

10.2.1.3 钢瓶的瓶阀应符合7.5的规定,其余附件符合图样要求。

10.2.2 气压试验

10.2.2.1 试验时钢瓶整体浸入水中后,压力缓慢上升,达到试验压力后,至少保持 15 s,然后进行泄漏检查。检查期间钢瓶不得发生泄漏。

10.2.2.2 试验环境温度不得低于 5 ℃。

10.2.2.3 气压试验宜采用具有实时录入批号,自动记录试验日期、试验压力、保压时间等相关参数,能自动生成气压试验报告的试验装置。

10.2.2.4 气压试验应用两个量程相同、精度不低于 1.6 级、在检定有效期内的压力表,压力表量程为试验压力的 1.5 倍~3 倍,压力表的检定周期不得超过三个月。

10.2.2.5 进行气压试验时,应采用有效措施将钢瓶与操作人员可靠隔离,以确保操作人员的安全。

10.2.2.6 若钢瓶在气压试验中发生宏观变形,该钢瓶应予以报废。

10.2.2.7 经返修的钢瓶,应重新做气压试验。

10.3 批量检验

10.3.1 壁厚测量

钢瓶主体壁厚使用超声波测厚仪进行测量。每批钢瓶首件应进行检测,然后每 1 000 只钢瓶抽取至少 1 只进行检测,不满 1 000 只的仍按每 1 000 只抽 1 只的规定检测。

10.3.2 压扁试验和水压爆破试验的抽样

每批钢瓶从气压试验合格的钢瓶中随机抽取一只,用于压扁试验;该批钢瓶中,每 2 001 只(最多)气压试验合格的钢瓶随机抽取一只,用于水压爆破试验。

10.3.3 水压爆破试验

10.3.3.1 样瓶在水压爆破试验前,应按下列要求之一进行人工时效处理:
   a) 时效温度 100 ℃,至少恒温 1 h;
   b) 时效温度 120 ℃,至少恒温 15 min;
   c) 时效温度 150 ℃,至少恒温 2.5 min。
   注:若瓶体在拉伸成形后的生产工艺条件能满足人工时效的要求,则可不进行专门人工时效处理。

10.3.3.2 进行水压爆破试验前应先测量钢瓶的水容积,实测容积应不小于设计容积。

10.3.3.3 试验用水泵的每小时送水量一般应为钢瓶容积的 1 倍~2 倍。

10.3.3.4 进行水压爆破试验应先排净钢瓶内空气,然后以不超过 0.69 MPa/min 的速率升压,直至钢瓶爆破片爆破。对爆破片爆破口进行焊补后,继续按原速率要求升压,直至钢瓶爆破。

10.3.3.5 爆破片与钢瓶爆破应采用自动记录装置,绘制出压力-进水量-时间曲线。

10.3.3.6 水压爆破试验应测定下列数据:

    a) 钢瓶水容积;

    b) 钢瓶爆破片爆破压力;

    c) 钢瓶爆破压力 P_b。

10.3.3.7 爆破片爆破压力应符合 7.6.3 的要求,钢瓶爆破压力应不小于 2 倍试验压力,否则水压爆破试验为不合格。

10.3.3.8 钢瓶的破裂应发生在瓶体圆筒部位的纵向方向上,且不得在焊缝部位先开裂。如破裂先发生在焊缝或发生在封头、任何开孔、补强、附件部位以及瓶体圆筒部位的非纵向方向上,则该钢瓶水压爆破试验为不合格。

10.3.3.9 外观检查水压爆破试验后的钢瓶,不得有拉伸应变痕(参见附录 D),否则该批钢瓶不合格。

10.3.4 压扁试验

10.3.4.1 将钢瓶的中部(避开焊缝及热影响区)放进垂直于瓶体轴线的两个压头之间进行试验。也可用宽度不小于 38 mm 的圆环试样代替整个气瓶作压扁试验。圆环可不包括焊缝及热影响区。

10.3.4.2 压头顶角为 60°,顶部圆弧半径为 13 mm,压头长度不小于试验瓶外径 D_o 的 1.5 倍,压头高度不小于试验瓶外径 D_o 的 0.5 倍,压头表面粗糙度 $Ra \leqslant 6.3\ \mu m$。

10.3.4.3 在负荷作用下,将钢瓶(或圆环)压扁至两压头顶部间距为 6 倍瓶体设计壁厚,检查压扁处无裂纹为合格。

10.4 试验规则

10.4.1 逐只检验不合格的钢瓶,进行处理或修复后,可重新进行检验,仍不合格者判废。

10.4.2 批量检验时,如有证据说明是操作失误或试验设备故障造成试验失败时,则可在同一钢瓶或者在同批钢瓶中另抽一只做第二次试验,如第二次试验合格,则第一次试验可以不计。

10.4.3 水压爆破试验不合格,允许从本批钢瓶中加倍随机取样进行复验。复验只要有一只钢瓶不合格,则该批钢瓶应予报废。

11 标记、涂敷、包装、运输、贮存

11.1 标记

11.1.1 钢瓶应以丝网印刷或类似方式作标记,标记应为中文,标记应明晰、持久、防水且不得损伤瓶体。

11.1.2 标记内容如下:

    a) GB/T 17268—2020;

    b) 试验压力,MPa;

    c) 盛装介质;

    d) 最大充装量,kg;

    e) 制造厂的制造许可证号;

    f) 批号;

    g) 制造日期(若批号不能反映制造日期);

    h) 声明:本钢瓶严禁重复充装。严禁充装压缩气体。

11.1.3 11.1.2a)～e)所列标记内容用至少 3 mm 高的中文、数字和字母顺序排列。

示例：GB/T 17268—2020　试验压力 2.3 MPa　介质×××　最大充装量××××kg　许可证号××××
　　　　11.1.2a)　　　　　　11.1.2b)　　　　　　11.1.2c)　　　　11.1.2d)　　　　　　　11.1.2e)

11.1.4 11.1.2f)和 g)所列标记内容,用至少 3 mm 高的中文、数字和字母顺序排列。若批号能反映制造日期(年、月、日),则不需标识制造日期。

示例：批号　200508-A　　制造日期　200508
　　　　　11.1.2f)　　　　　　　　11.1.2g)

11.1.5 11.1.2h)标记内容,用至少 6 mm 高的文字表述。其余标记内容,可按照与用户签订的合同、协议要求增加。

11.1.6 每只钢瓶应在醒目位置(如瓶肩或把手)装设不易损坏遗失的、能追溯钢瓶安全质量信息及充装信息的二维码标识,作为钢瓶产品的电子合格证。

11.2　涂敷

11.2.1 钢瓶经检验合格,在消除表面上的油污、铁锈、氧化皮、焊接飞溅等杂物,并保持干燥的情况下,方可涂敷。

11.2.2 钢瓶的颜色应根据与用户签订的合同、协议要求进行涂敷。

11.3　包装

钢瓶用纸箱包装出厂,也可根据与用户签订的合同、协议要求进行包装。

11.4　运输

钢瓶在运输、装卸时要防止碰撞、划伤。

11.5　贮存

钢瓶应贮存在没有腐蚀性气体、通风、干燥且不受日光曝晒的地方。

12　产品合格证和质量证明书

12.1　产品合格证和质量证明书

每只出厂钢瓶均应有产品电子合格证,每批出厂的钢瓶应提供批量质量证明书,该批钢瓶有一个以上用户时,可提供批量检验证明书的复印件给用户。产品电子合格证的格式和内容参见附录 E,批量检验质量证明书的格式和内容参见附录 F。

12.2　产品质量记录

制造厂对每批钢瓶均应建立记录该批钢瓶产品质量证明书、监督检验证书以及钢瓶阀门、爆破片制造单位、型式试验证书等内容的电子信息;钢瓶电子合格证应记入上述信息内容,且在气瓶质量安全追溯信息平台上有效存储并对外公示,存储与公示的信息应做到可追溯、可交换、可查询和防篡改。

12.3　保存期限

制造厂的产品资料至少保存 4 年。

GB/T 17268—2020

附 录 A
（规范性附录）
型式试验项目及评判依据

A.1 材料

材料应有质保书，并复验化学成分，复验结果符合本标准要求。

A.2 拉伸试验

A.2.1 拉伸试样应从随机抽取的三只型式试验钢瓶上截取，每只钢瓶上取三件试样（瓶体 2 件、焊缝1 件），共取 9 件，取样位置见图 A.1。

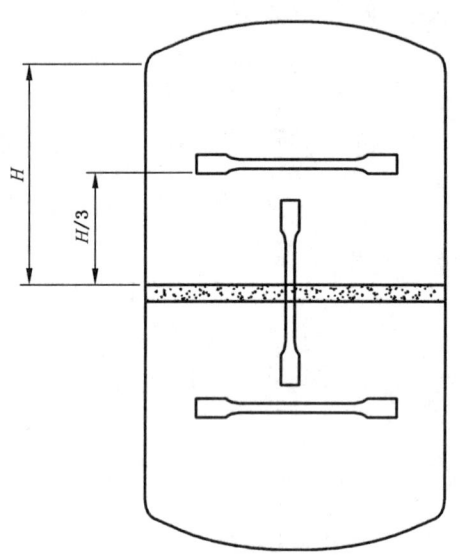

图 A.1 试样取样位置

A.2.2 拉伸试验按 GB/T 228.1 的规定。瓶体母材试样按 GB/T 228.1 制备，要求测定抗拉强度和规定非比例延伸强度；焊接接头试样按图 B.2 制备，要求测定抗拉强度，并注明断口位置。
A.2.3 试验结果应满足：
　　a） 瓶体试样的抗拉强度和规定的非比例延伸强度应不小于设计规定的最低保证值；
　　b） 焊缝试样的抗拉强度不小于设计规定的最低保证值，且断口不在焊缝金属上。

A.3 阀体与瓶体的角焊缝检验、爆破片与瓶体电阻焊焊缝检验

A.3.1 检验项目包括外观检查和金相检验（宏观），试件数量为各一件，按四等分截取相对的 2 块作为金相试样，每块试样的两个截面都要进行金相检验。
A.3.2 检验结果应满足：
　　a） 外观检查
　　　　角焊缝试件接头表面无裂纹和未熔合，焊缝形状和焊脚尺寸符合图纸要求。

电阻焊焊缝试件表面无裂纹和烧穿,压痕深度正常。

b) 金相检验

角焊缝试件根部应焊透,焊缝和热影响区无裂纹、气孔和未熔合。电阻焊焊缝试样截面无裂纹,熔合良好。

A.4 尺寸检验

A.4.1 将瓶体沿纵向对中剖成两半,测量壁厚,确定瓶体的最小壁厚应不小于设计壁厚。

A.4.2 检查钢瓶的直径、高度、封头尺寸应符合图样要求。

A.5 爆破试验

A.5.1 随机抽样不少于三只钢瓶,用于水压爆破试验。

A.5.2 测量每只钢瓶的皮重、水容积并记录。

A.5.3 钢瓶的爆破试验及评判依据按10.3.3的规定。

A.6 压扁试验

A.6.1 随机抽样不少于一只钢瓶,用于压扁试验。

A.6.2 压扁试验及评判依据按10.3.4的规定。

A.7 跌落试验

A.7.1 应从最终发货包装状态的钢瓶中随机抽样不少于三只钢瓶,用于跌落试验。

A.7.2 撞击表面为一块面积1 m×1 m,厚度0.1 m的单独浇铸混凝土表面,其表面覆盖一块厚10 mm钢板,表面水平偏差不超过2 mm。

A.7.3 钢瓶在试验前应装满水,但不得带内压进行试验。跌落试验程序如下:

a) 一只钢瓶从1.2 m高度,以底部朝下撞击符合A.7.2要求的地面,如图A.2中a所示;

b) 一只钢瓶从1.2 m高度,以瓶身朝下撞击符合A.7.2要求的地面,如图A.2中b所示;

c) 一只钢瓶从1.2 m高度,以瓶阀一端朝下,瓶身轴线与地面成45°的位置撞击符合A.7.2要求的地面,如图A.2中c所示。

A.7.4 试验结果应满足:

a) 承受A.7.3a)和b)要求试验的钢瓶,不得有泄漏并通过10.3.3要求的爆破试验;

b) 承受A.7.3c)要求试验的钢瓶,不得有泄漏,瓶阀仍能正常工作并通过10.3.3要求的爆破试验。

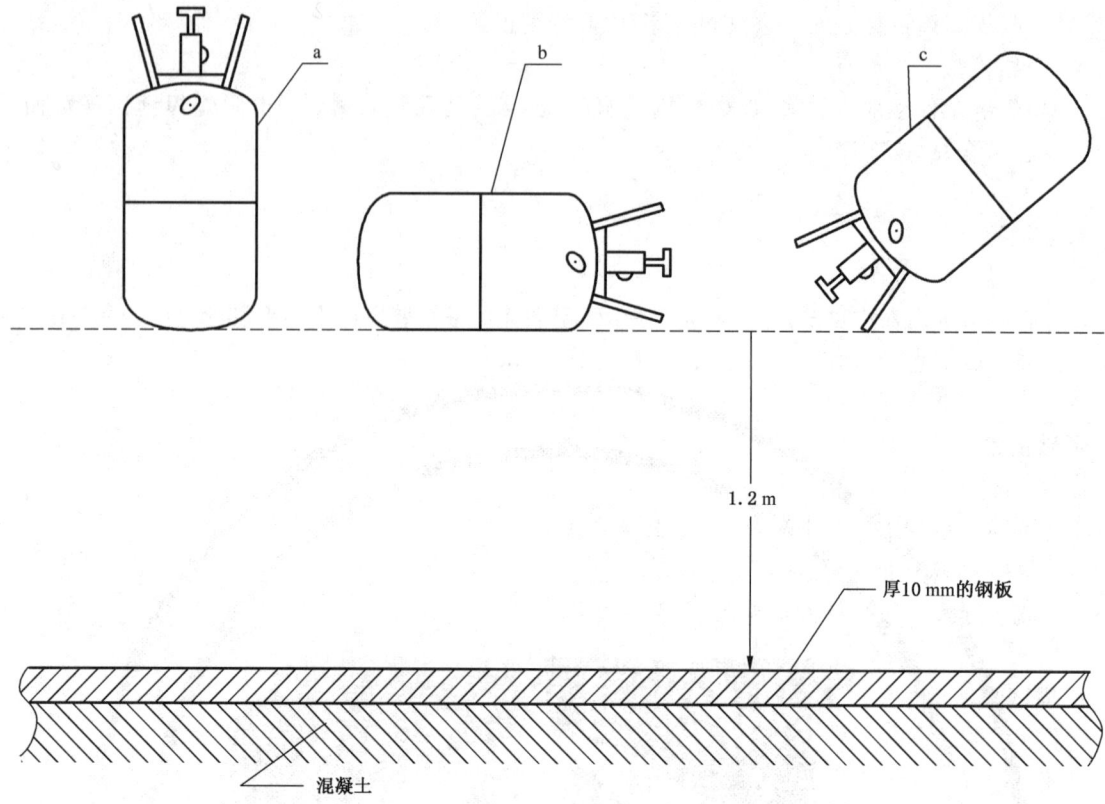

图 A.2　跌落试验

附　录　B

（规范性附录）

焊接工艺评定

B.1　概述

B.1.1　仅适用于工业用非重复充装焊接钢瓶（以下称钢瓶）。

B.1.2　钢瓶在制造前均应按本附录进行焊接工艺评定。

B.1.3　本附录规定钢瓶主要受压元件间焊缝的焊接工艺评定规则、试验方法和合格指标。

B.2　总则

B.2.1　焊接工艺评定过程是：拟定焊接工艺指导书，根据本附录的规定施焊试件、检验试件和试样，测定焊接接头是否具有所要求的使用性能，提出焊接工艺评定报告，从而验证所拟定的焊接工艺的正确性。

B.2.2　焊接工艺评定报告应经过制造单位技术总负责人审查批准，并经监检人员签字确认后存入工厂技术档案。

B.3　焊接工艺评定规则

B.3.1　焊接工艺评定应在本单位进行。所用母材与焊接材料应符合相应标准的要求，设备、仪表应处于正常工作状态，由本单位操作技能熟练的焊接人员在相应的焊接气瓶生产线上焊接试样瓶（或试件）。

B.3.2　改变母材组别及焊接材料应重新进行焊接工艺评定。

　　钢材的分组：根据钢材的化学成分和焊接性将焊接气瓶用母材进行分组，见表 B.1。表中未列入，但规范和标准准许使用的钢材可按照其化学成分和焊接性归入相应的组别。

表 B.1　材料的分组

分组	合金组分	化学成分（质量分数）/%								
		C	Si	Mn	P	S	Cr	Ni	Mo	其他元素
I	碳素钢	≤0.20	≤0.45	<1.00	≤0.025	≤0.015	≤0.030	≤0.030	≤0.030	Cu≤0.020；Als≥0.015 或 Alt≥0.020
II	碳-锰钢	≤0.20	≤0.55	1.00~1.60	≤0.025	≤0.015	≤0.030	≤0.030	≤0.030	Alt≥0.020；如钢中加入 Nb、Ti、V 等微量元素，Alt 含量的下限不适用
IV	奥氏体不锈钢	≤0.08	≤1.00	≤2.00	≤0.035	≤0.020	16.00~20.00	8.00~14.00	2.00~3.00[a]	Ti≥5C[a]
[a]　表中 Mo、Ti 的质量分数值系对含 Mo 奥氏体不锈钢及含 Ti 奥氏体不锈钢的要求。										

B.3.3 改变焊接方法或焊接工艺参数(包括电流、电压范围、混合气体配比、焊嘴前倾改为后置、焊丝直径、焊接速度、焊缝结构形式)应重新进行焊接工艺评定。

B.3.4 当钢瓶瓶体母材试件的名义厚度改变时,钢瓶焊接接头的每种壁厚均需进行焊接工艺评定。

B.3.5 焊接工艺评定的试件类型、试验项目、试样数量列于表 B.2。

表 B.2 工艺评定试验项目和取样数量

试件类型	试验项目	试样数量
瓶体环向对接焊缝试件	拉伸试验	2
	面弯试验	2
	背弯试验	2
瓶阀与瓶体角焊缝试件	低倍金相试验	2
爆破片与瓶体电阻焊焊缝试件	低倍金相试验	2
把手与瓶体电阻焊焊缝试件	低倍金相试验	2
焊缝返修对接焊缝试件	拉伸试验	2
	面弯试验	2
	背弯试验	2
注:焊缝返修的焊接工艺评定制作,将瓶体环缝全部磨平后再补焊作为试件。		

B.4 试件、试样和检验

B.4.1 试件制备

B.4.1.1 母材、焊接材料(含焊丝、气体、电极等)、坡口和试件的焊接应符合焊接工艺指导书的要求。

B.4.1.2 试件的数量应满足制备试样的要求。

B.4.2 对接焊缝试件和试样的检验、试验

B.4.2.1 外观检查

试件接头表面不得有裂纹、气孔、烧穿、咬边和未熔合。

B.4.2.2 力学性能试验

B.4.2.2.1 取样位置见图 B.1,应保证每对同类试样相对 180°截取。

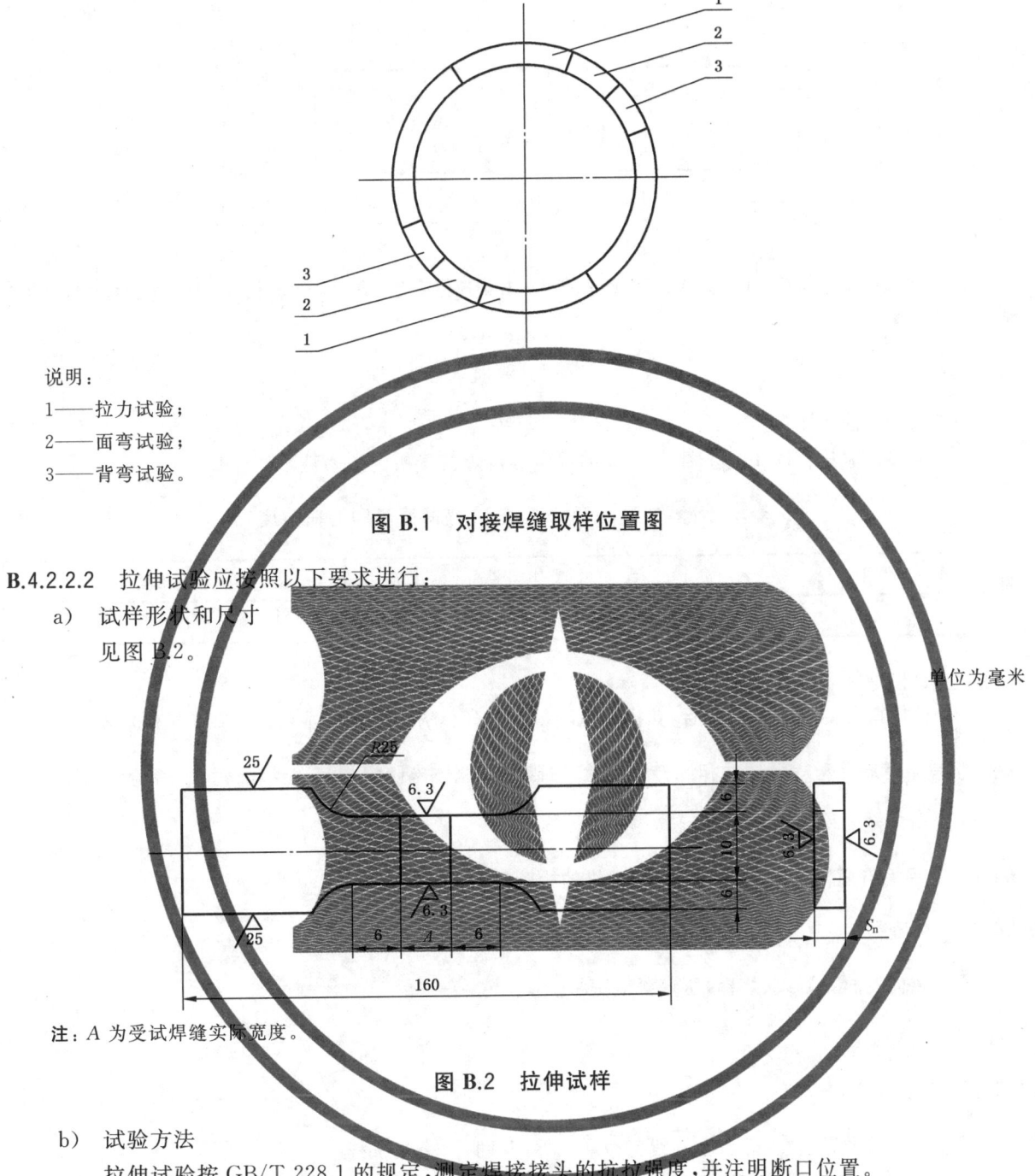

说明：

1——拉力试验；

2——面弯试验；

3——背弯试验。

图 B.1　对接焊缝取样位置图

B.4.2.2.2 拉伸试验应按照以下要求进行：

　　a)　试样形状和尺寸

　　　　见图 B.2。

单位为毫米

注：A 为受试焊缝实际宽度。

图 B.2　拉伸试样

　　b)　试验方法

　　　　拉伸试验按 GB/T 228.1 的规定，测定焊接接头的抗拉强度，并注明断口位置。

　　c)　合格指标

　　　　每个试样的抗拉强度应不低于设计规定的最低保证值，且断口不在焊缝金属上。

B.4.2.2.3 弯曲试验应按照以下要求进行：

　　a)　试样型式

　　　　见图 B.3。

GB/T 17268—2020

单位为毫米

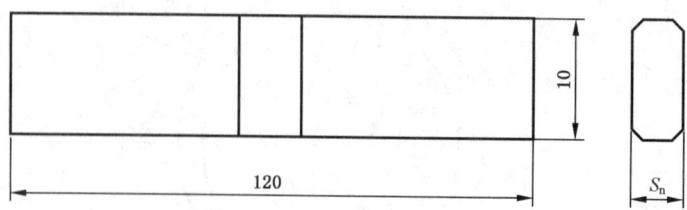

试样的焊缝余高、垫板应以机械加工去除,面弯、背弯试样的拉伸面应平齐且保留母材原始表面,面背弯试样拉伸面棱角应圆滑过渡。

图 B.3　弯曲试样

b)　试验方法

弯曲试验按 GB/T 2653 和表 B.3 的规定测定焊接接头的致密性和塑性。

表 B.3　弯曲试验弯轴直径、支座间距离和弯曲角度

弯轴直径	支座间距离	弯曲角度
$4S_n$	$6S_n+3$	180°

c)　合格指标

试样弯曲到规定的角度后,其拉伸面不得出现任何方向的裂纹或缺陷,否则为不合格。

B.4.3　阀体与瓶体角焊缝试件和试样的检验、爆破片与瓶体电阻焊焊缝试件和试样的检验

试件和试样的检验按 A.3 进行。

B.4.4　把手板与瓶体电阻焊焊缝试件和试样的检验

B.4.4.1　外观检查

试件接头表面无裂纹、烧穿,压痕深度正常。

B.4.4.2　金相检验

B.4.4.2.1　试样制备

任选其中两个焊点,沿焊点中心线各截取一件(共两件)金相试样。

B.4.4.2.2　合格指标

截面上无裂纹,熔合良好。

附 录 C
（规范性附录）
焊工考试规则

C.1 总则

C.1.1 焊工考试的组织、监督、发证、持证焊工的管理等应遵守 TSG Z6001（以下简称"考规"）的规定。
C.1.2 本附录根据工业用非重复充装焊接钢瓶（以下简称"钢瓶"）的特点，对焊工焊接操作技能考试的内容与方法、考试结果评定作出专门规定。
C.1.3 本附录仅适用于钢瓶的焊工资格考试。

C.2 考试监督管理与组织

焊工考试的监督管理与组织按"考规"执行，经省级以上（含省级）批准的焊工考试委员会组织考试。

C.3 考试内容和方法

C.3.1 焊工基本知识考试按"考规"，并增加电阻焊基本知识。焊接操作技能考试按本附录。
C.3.2 钢瓶母材按表 B.1 钢材的分组表中所规定的化学成分要求进行分类。焊工采用某一类别中牌号的母材经焊接操作技能考试合格后，焊接与该牌号相同类别的其他牌号母材的焊件时，不需要重新进行焊接操作技能考试。改变母材类别及未能归入表 B.1 钢材的分组表中的材料应重新考试。
C.3.3 实际操作技能考试项目列于表 C.1。
C.3.4 焊工操作技能考试直接在钢瓶瓶体上进行。焊接工艺应经焊接工艺评定合格并由工厂提供，焊接条件与实际生产相同。
C.3.5 从事焊缝返修的手工钨极氩弧焊焊工操作技能考试，按"考规"进行考试。
C.3.6 《焊工考试基本情况表》《焊工操作技能考试检验记录表》和《焊工焊绩记录表》按"考规"中的附件。

表 C.1 钢瓶焊工考试项目

项目代号	焊接方法	适用范围
T-P/F-P-X	凸焊/缝焊	爆破片与上瓶体的焊接
D-B-X	点焊	板状把手与上瓶体的焊接
GMAW-Y-X	熔化极气体保护焊	瓶阀与上瓶体的焊接
GMAW-R-X	熔化极气体保护焊	瓶体环缝
注：X 代表母材类别号。		

C.4 考试结果与评定

C.4.1 每个项目抽两个试件进行焊后检验并任选其中一件进行破坏性试验。合格标准按表 C.2。

C.4.2 非破坏性试验中的试压允许在工厂进行。焊工考试委员会予以监督确认。

C.4.3 T-P/F-P 和 GMAW-Y 的金相试样按 A.3.1 制备。D-B 的金相试样按 B.4.4.2.1 制备。

表 C.2 钢瓶焊工考试合格标准

项目代号	非破坏性试验	破坏性试验	
		试样数量	合格指标
T-P/F-P-X	无裂纹、烧穿,压痕深度正常,气压试验合格	金相两件	金相低倍检查截面无裂纹、缩孔,熔合良好
D-B-X	试件表面无裂痕、烧穿,压痕深度正常	金相两件	金相低倍检查断面无裂纹、缩孔,熔合良好,熔核尺寸符合要求
GMAW-Y-X	无裂纹、气孔、夹渣、未熔合、焊瘤、烧穿、咬边等缺陷,整瓶气压试验合格	金相两件	金相低倍检查截面无裂纹、气孔、未熔合等缺陷,焊缝根部应焊透
GMAW-R-X	无裂纹、气孔、夹渣、未熔合、焊瘤、烧穿、咬边等缺陷,宽 6.5 mm ± 0.5 mm,余高 ≤2 mm(重叠段不计),整瓶气压试验合格	面弯一件背弯一件	任何方向无裂纹或缺陷
注:X 代表母材类别号。			

C.4.4 弯曲试验按 B.4.2.2.3 进行。

附　录　D
（资料性附录）
屈服点延伸

屈服点延伸是在材料塑性变形开始后，在近似不变的载荷下产生的不连续屈服的延伸。它与成形时在材料表面产生可见的拉伸应变痕（Luder 线）相关。冷轧钢的屈服点延伸通常与材料退火后的平整轧制中未进行充足的延伸有关（通常小于 1.0%）。连续退火钢相对罩式退火钢更容易受屈服点延伸的影响。为了消除屈服点延伸，制造厂通常在冷轧板材退火后的最后一道生产工序采取平整轧制（通常大于 1.5%）。

呈现明显屈服现象的材料中，屈服点延伸长度是试样在不连续屈服开始时的长度和结束时的长度之差（即应变增加而应力不增加的区域）。

屈服点延伸可以通过观察材料的拉伸应力-应变曲线来确定，拉伸应力-应变曲线参见图 D.1。

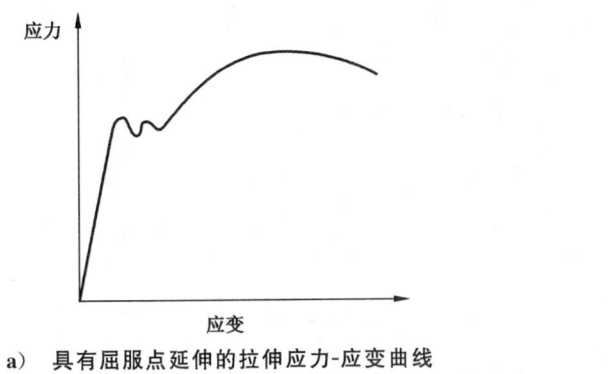

a)　具有屈服点延伸的拉伸应力-应变曲线　　　b)　无屈服点延伸的拉伸应力-应变曲线

图 D.1　拉伸应力-应变曲线图

屈服点延伸会影响成形后未退火钢瓶的强度，导致钢瓶在承受压力低于压力泄放装置最小泄放压力时的意外破裂。为能发现屈服点延伸，在进行钢瓶的水压爆破试验之前，应对钢瓶进行人工时效处理。

未退火的钢瓶经过人工时效和水压爆破试验后，有屈服点延伸的钢瓶瓶体表面的高应力区域会呈现可见的拉伸应变痕。图 D.2 是瓶体屈服延伸的拉伸应变痕的照片。

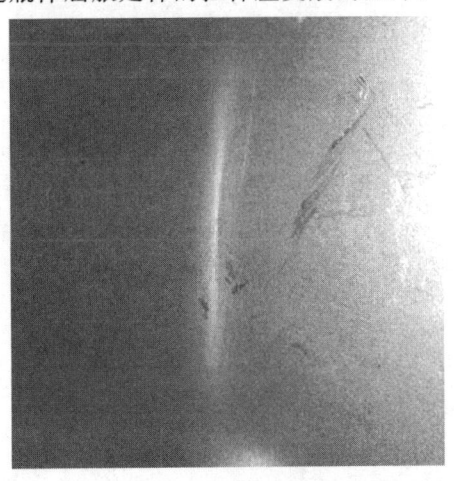

图 D.2　拉伸应变痕

GB/T 17268—2020

附　录　E

（资料性附录）

产品合格证

产品合格证样式见图 E.1。

××××××公司

工业用非重复充装焊接钢瓶

产品合格证

钢瓶型号＿＿＿＿＿＿充装介质＿＿＿＿＿

产品批号＿＿＿＿＿＿最大充装量＿＿＿＿kg

生产日期＿＿＿＿＿试验压力＿＿＿＿MPa

钢瓶制造许可证号＿＿＿＿＿＿＿＿＿＿＿

瓶阀制造单位名称＿＿＿＿＿＿＿＿＿＿＿

瓶阀制造许可证号＿＿＿＿＿＿＿＿＿＿＿

本钢瓶制造符合GB/T 17268《工业用非重复充装焊接钢瓶》和设计图样的要求，经检验合格。

检验责任师（章）　　　质量检验专用章

年　　月

注：规格要统一，表心尺寸为 75 mm×60 mm。

图 E.1　产品合格证样式

422

附　录　F

（资料性附录）

批量检验质量证明书的格式和内容

批量检验质量证明书样式见图 F.1。

××××××公司

工 业 用 非 重 复 充 装 焊 接 钢 瓶

批量检验质量证明书

钢瓶型号_____

充装介质_____

产品批号_____

制造许可证号_____

生产日期_____

本批钢瓶共____只，经检验符合GB/T 17268—2020《工业用非重复充装焊接钢瓶》的要求，是合格产品。

监督检验专用章　　　　　制造厂检验专用章

监检员_____　　　　　质里保证工程师_____

年　月　日　　　　　　　年　月　日

制造厂地址：

邮编：　　　　　　　　　电话：

注：规格要统一，表心尺寸为150 mm×100 mm。

图 F.1　批量检验质量证明书样式（第 1 页/共 4 页）

GB/T 17268—2020

1. 主要技术数据			
钢瓶型号		钢瓶批号	
公积容积/L		瓶体内径/mm	
试验压力/MPa		设计壁厚/mm	

2. 试验瓶的测量

试验瓶号	钢瓶自重/kg	实际水容积/L	最小实测壁厚/mm

3. 瓶体材料化学成分(%)

编号	牌号	C	Mn	S	P	Al
标准的规定值/%		≤0.12	≤0.50	≤0.02	≤0.025	≥0.02

4. 瓶体材料机械性能

材料厚度/mm	规定非比例延伸强度$R_{p0.2}$/MPa	抗拉强度R_m/MPa	延伸率A/%

图 F.1（续）

5. 焊接材料

焊丝牌号	焊丝直径/mm

6. 水压爆破试验

试验瓶号	爆破片爆破压力/MPa	钢瓶爆破压力/MPa	破口检验	试验结论

试验瓶爆破位置和形状简图:

质量检验员专用章

图 F.1（续）

钢瓶使用说明：

（由制造厂编写）

图 F.1（续）

参 考 文 献

[1] GB/T 7778 制冷剂编号方法和安全性分类
[2] GB/T 15384 气瓶型号命名方法

ICS 23.020.30
J 76

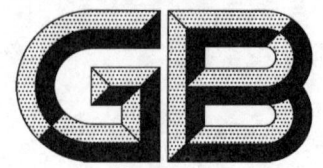

中华人民共和国国家标准

GB 19158—2003

站 用 压 缩 天 然 气 钢 瓶

Steel cylinders for the storage of compressed natural gas

自 2017 年 3 月 23 日起,本标准转为推荐性
标准,编号改为 GB/T 19158—2003。

2003-05-23 发布

2003-11-01 实施

中 华 人 民 共 和 国
国家质量监督检验检疫总局 发 布

前　言

　　本标准是在参照了国家有关天然气标准资料,并结合站用压缩天然气钢瓶的生产、使用情况后制定而成的。

　　站用瓶是固定使用的气瓶,不同于其他气瓶。本标准对站用瓶提出如下要求:公称工作压力25 MPa;设计温度≤60℃;容积系列及直径系列采用了连续化;材料取消锰钢,一律用铬钼钢,并规定了具体钢种;瓶体设计依据 GB 150—1998《钢制压力容器》进行;对抗拉强度予以上限限制;取消爆破试验容积变形率;修订了爆破安全系数;改变了疲劳试验的压力及次数。

　　本标准参考文献:GB 150—1998《钢制压力容器》;GB 5099—1994《钢质无缝气瓶》;GB 17258—1998《汽车用压缩天然气钢瓶》;美国联邦规程第 49 章 517.304《压缩天然气燃料容器规范》(Compressed natural gas fuel container integrity)(1996 年);DOT 免除令 E8009;原机械电子部通用机械行业内部标准 JB/TQ 814—89《汽车用压缩天然气高压钢瓶规范》。

　　本标准的附录 A 是标准的附录。

　　本标准由全国气瓶标准化技术委员会提出并归口。

　　本标准由北京天海工业有限公司负责起草。

　　本标准主要起草人:胡传忠、周海成、吴燕。

根据中华人民共和国国家标准公告(2017 年第 7 号)和强制性标准整合精简结论,本标准自 2017 年 3 月 23 日起,转为推荐性标准,不再强制执行。

中华人民共和国国家标准

GB 19158—2003

站 用 压 缩 天 然 气 钢 瓶

Steel cylinders for the storage of compressed natural gas

1 范围

本标准规定了压缩天然气充气站专用的贮气钢瓶(以下简称钢瓶)的型式和参数、技术要求、试验方法、检验规则、标志、涂敷、包装、运输和贮存等。

本标准适用于设计、制造公称工作压力为 25 MPa(本标准压力均指表压),公称容积 50～200 L,设计温度≤60℃的钢瓶。

按本标准制造的钢瓶,只允许充装符合 GB 18047—2000《车用压缩天然气》的天然气。

2 引用标准

下列标准所包含的条文,通过在本标准中引用而构成为本标准的条文。本标准出版时,所示版本均为有效。所有标准都会被修订,使用本标准的各方应探讨使用下列标准最新版本的可能性。

GB/T 222—1984　钢的化学分析用试样取样法及成品化学成分允许偏差

GB/T 223.1—1981　钢铁及合金中碳量的测定

GB/T 223.2—1981　钢铁及合金中硫量的测定

GB/T 223.3—1988　钢铁及合金化学分析方法　二安替比林甲烷磷钼酸重量法测定磷量

GB/T 223.4—1988　钢铁及合金化学分析方法　硝酸铵氧化容量法测定锰量

GB/T 223.5—1997　钢铁及合金化学分析方法　还原型硅钼酸盐光度法测定酸溶硅含量

GB/T 223.6—1994　钢铁及合金化学分析方法　中和滴定法测定硼量

GB/T 224—1987　钢的脱碳层深度测定方法

GB/T 226—1991　钢的低倍组织及缺陷酸蚀检验法

GB/T 228—2002　金属拉伸试验法

GB/T 229—1994　金属夏比缺口冲击试验方法

GB/T 230—1991　金属洛氏硬度试验方法

GB/T 231.1—2002　金属布氏硬度试验　第 1 部分:试验方法

GB/T 231.2—2002　金属布氏硬度试验　第 2 部分:硬度计的检验

GB/T 231.3—2002　金属布氏硬度试验　第 3 部分:标准硬度块的标定

GB/T 232—1999　金属材料　弯曲试验方法

GB/T 1172—1999　黑色金属硬度及强度换算值

GB/T 1979—2001　结构钢低倍组织缺陷评级图

GB/T 3077—1999　合金结构钢

GB/T 5777—1996　无缝钢管超声波探伤检验方法

GB 7144—1999　气瓶颜色标志

GB 8335—1998　气瓶专用螺纹

中华人民共和国国家质量监督检验检疫总局 2003-05-23 批准　　　　　　2003-11-01 实施

GB/T 8336—1998　气瓶专用螺纹量规

GB/T 9251—1997　气瓶水压试验方法

GB/T 9252—2001　气瓶疲劳试验方法

GB/T 12137—2002　气瓶气密性试验方法

GB/T 12606—1999　钢管漏磁探伤方法

GB/T 13298—1991　金属显微组织检验方法

GB/T 13299—1991　钢的显微组织评定方法

GB/T 13440—1992　无缝气瓶压扁试验方法

GB 15385—1994　气瓶水压爆破试验方法

GB 18047—2000　车用压缩天然气

GB 18248—2000　气瓶用无缝钢管

JB 4730—1994　压力容器无损检测

YB/T 5148—1993　金属平均晶粒度测定方法

3　术语和符号

本标准采用下列定义。

3.1　公称工作压力

钢瓶在基准温度(20℃)时的限定充装压力。

3.2　屈服应力

对材料试件拉伸试验,有明显屈服现象的取屈服点或下屈服点;无明显屈服现象的,取屈服强度。

3.3　实测抗拉强度

按本标准6.3.2所测得的实际抗拉强度值。

3.4　批量

系指采用同一设计条件,具有相同的公称直径、设计壁厚,长度变化不超过50%,用同一炉罐号钢,同一制造方法制成,按同一热处理规范进行连续热处理的钢瓶限定的数量;如采用箱式炉或井式炉进行热处理,则指每一炉次所限定的数量。

3.5　设计温度

用以确定设计压力的钢瓶最高使用温度。

3.6　设计压力

不低于在设计温度时钢瓶内介质达到的最高温升压力。

3.7　符号

D_o——钢瓶筒体外径,mm;

D_f——冷弯试验弯心直径,mm;

P_d——设计压力,MPa;

P_h——水压试验压力,MPa;

S——钢瓶筒体设计壁厚,mm;

S_{ao}——钢瓶筒体实测平均壁厚,mm;

T——压扁试验压头间距,mm;

V——公称水容积,L;

a_0——弧形扁试样的原始厚度,mm;

b_0——扁试样的原始宽度,mm;

d——破口环向撕裂宽度,mm;

l_0——试样原始标距,mm;

α_k——冲击韧性值,J/cm²;

δ_5——伸长率,%;

σ_e——瓶体材料热处理后的屈服应力保证值,N/mm²;

σ_{ea}——屈服应力实测值,N/mm²;

σ_b——瓶体材料热处理后的抗拉强度保证值,N/mm²;

σ_{ba}——抗拉强度实测值,N/mm²。

4 型式和参数

4.1 钢瓶瓶体结构一般应符合图 1 所示型式。

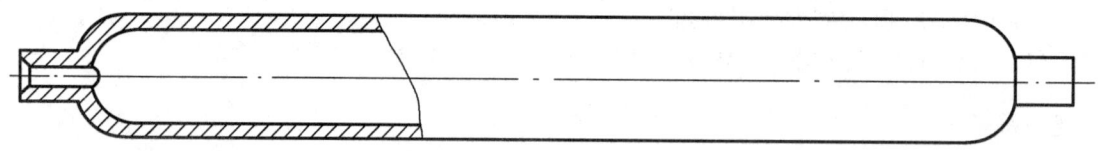

图 1 钢瓶瓶体结构型式

4.2 钢瓶的公称工作压力应为 25 MPa。公称水容积和公称外径一般符合表 1 的规定。

表 1 钢瓶的公称水容积和公称外径

项　　目	数　　值	允许偏差/%
公称水容积 V/L	50～200	+5 / 0
公称外径 D_o/mm	229～406	±1

4.3 钢瓶型号由以下部分组成:

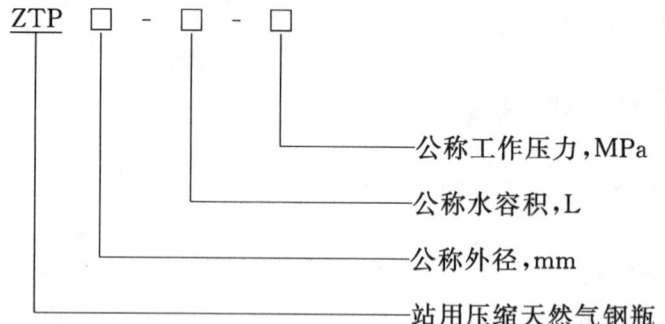

型号示例:公称工作压力为 25 MPa,公称水容积为 80 L,公称外径为 279 mm 的钢瓶,其型号标记为"ZTP279-80-25"。

5 技术要求

5.1 瓶体材料一般规定

5.1.1 瓶体材料应是碱性平炉、电炉或吹氧碱性转炉冶炼的无时效性镇静钢。

5.1.2 钢种应选用优质铬钼钢无缝钢管,其材料牌号为 30CrMo,应符合 GB/T 3077 的规定,其中 S、P 应符合表 2 规定,化学成分允许偏差应符合 GB/T 222 的规定。

5.1.3 钢瓶材料应有质量合格证明书。钢瓶制造厂应按炉罐号进行各项验证分析。

5.1.4 瓶体材料应具有良好的低温冲击性能。

表 2 瓶体材料 S、P 元素含量　　　　　　　%

S	P	S+P
≤0.020	≤0.020	≤0.030

5.2 无缝钢管

5.2.1 钢管的外形公差应不低于 GB 18248 的规定。

5.2.2 钢管的壁厚偏差不应超过最小壁厚的＋22.5%。

5.2.3 钢管应由钢厂逐根探伤交货,探伤应按 GB/T 5777 或 GB/T 12606 进行,合格级别为 C5 或 N5。

5.3 设计

5.3.1 一般规定

5.3.1.1 钢瓶的水压试验压力应为公称工作压力的 1.5 倍。

5.3.1.2 钢瓶设计确定筒体设计壁厚值时,所选定的屈服应力不得大于最小抗拉强度的 85%。

5.3.1.3 应对材料的实际抗拉强度进行限制,钢瓶瓶体材料实际抗拉强度不应大于 880 N/mm²。

5.3.1.4 钢瓶的设计所依据的压力应为设计压力。一般应取 60℃ 时的温升压力为设计压力;但是如果站上采取了遮阳措施且提供了具体的最高使用温度数据,也可根据此数据来确定设计压力。

5.3.2 筒体设计壁厚按式(1)计算

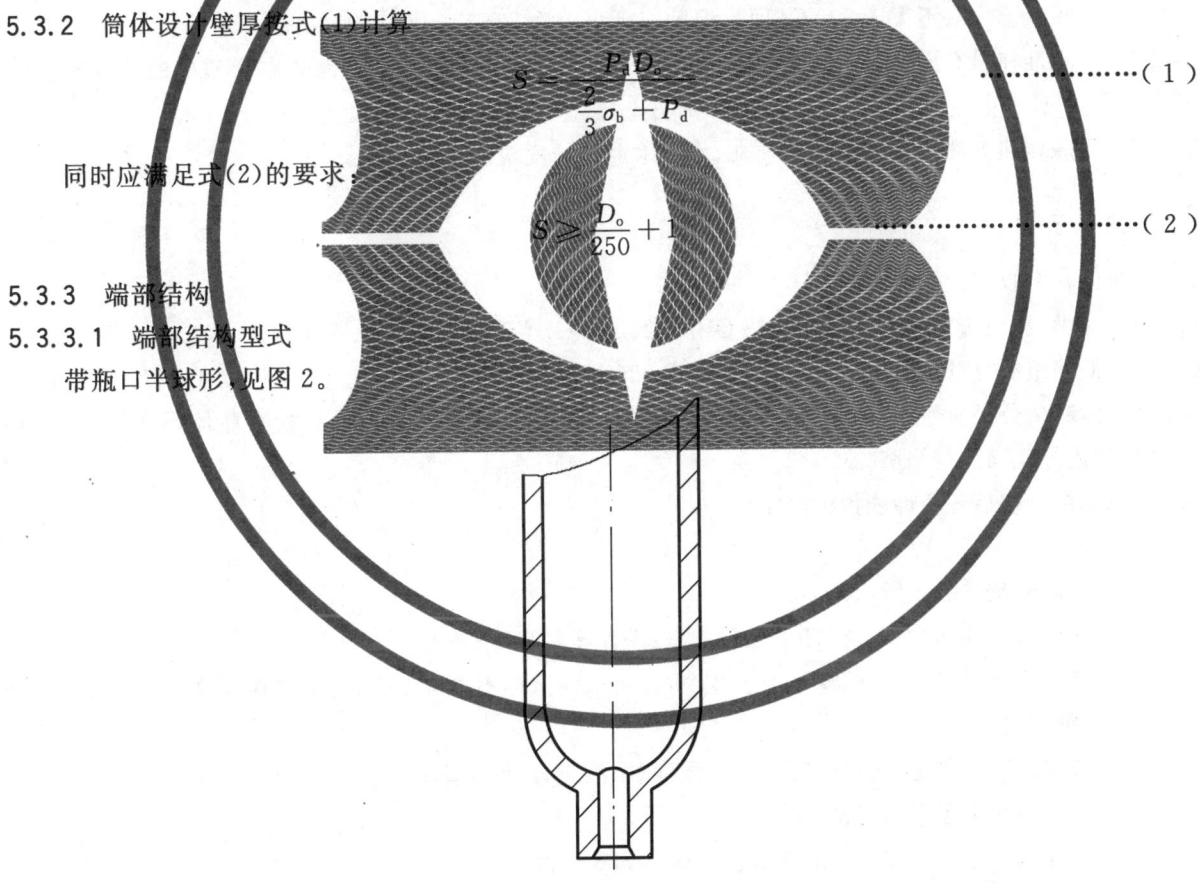

$$S = \frac{P_d D_o}{\frac{2}{3}\sigma_b + P_d} \quad\quad\cdots\cdots\cdots\cdots\cdots\cdots(1)$$

同时应满足式(2)的要求:

$$S \geqslant \frac{D_o}{250} + 1 \quad\quad\cdots\cdots\cdots\cdots\cdots\cdots(2)$$

5.3.3 端部结构

5.3.3.1 端部结构型式
带瓶口半球形,见图2。

图 2 端部结构型式图

5.3.3.2 钢瓶瓶口的厚度,应保证有足够的强度,且保证在承受紧阀的力偶矩时不变形。

5.3.3.3 瓶口内螺纹的牙型、尺寸和公差应符合 GB 8335 的规定或其他相关标准的要求。瓶阀与瓶口的螺纹配合应保证在装配瓶阀后留有 2~5 个螺距螺纹。

5.3.4 瓶阀

5.3.4.1 瓶阀上应有安全泄压装置,型式应为爆破片—易熔塞组合式。爆破片的爆破压力一般为0.95~

1.0 倍设计压力。易熔塞的动作温度为 100℃±5℃。

5.3.4.2 瓶阀上的安全泄压装置应符合有关标准的要求。

5.3.4.3 瓶阀上应标明制造厂名称或代号、重量、公称工作压力及用途。例如:M(制造厂代号)、W(重量)、P(公称工作压力)、CNG(用途)。

5.4 制造

5.4.1 一般规定

5.4.1.1 钢瓶制造应符合本标准规定,并应符合产品图样和技术文件的规定。

5.4.1.2 钢瓶瓶体的制造方法应是:以无缝钢管为原料经旋压制成。

5.4.1.3 钢瓶制造应在连续热处理条件下组批,100 L 以下(含 100 L)不大于 502 只为一个批量,100 L 以上不大于 202 只为一个批量;如采用箱式炉或井式炉进行热处理,则应以炉次为批量进行批量检验。100 L 以上的钢瓶,热处理试样允许用不低于 400 mm 长的试环代替。试环应与钢瓶为同批号材料,并且要与钢瓶采用相同的热处理工艺同时进行热处理。

5.4.1.4 无缝钢管收口工艺,应进行工艺评定。

5.4.2 热处理

5.4.2.1 钢瓶应采用调质热处理,热处理应按评定合格的热处理工艺进行。

5.4.2.2 淬火温度应不大于 930℃,回火温度应不小于 538℃。

5.4.2.3 不准在没有添加剂的水中淬火,以水加添加剂作为淬火介质时,瓶体在介质中的冷却速度应不大于在 20℃水中冷却速度的 80%。

5.4.2.4 瓶体热处理后应逐只进行喷丸、无损检测及硬度检测。

6 试验方法

6.1 瓶体材料技术指标验证

6.1.1 化学成分:应以材料的炉罐号按 GB/T 222 和 GB/T 223.1～223.6 执行。

6.1.2 低倍组织:应以材料的炉罐号按 GB/T 226 进行,低倍组织的评定应符合 GB/T 1979 的规定。

6.2 瓶体制造公差应使用标准的或专用的量具样板进行检查,应使用测厚仪检查瓶体厚度,用专用工具对瓶体内外表面进行修磨。

6.3 瓶体热处理后各项性能指标测定

6.3.1 取样

   a) 取样部位见图 3 所示;

   b) 试样应从简体中部或试环上纵向截取,采用实物扁试样;

   c) 取样数量:拉伸试验试样不少于 2 个,冲击试验试样不少于 3 个,冷弯试验试样不少于 4 个。

6.3.2 拉伸试验

   a) 拉伸试验的测定项目应包括:抗拉强度、屈服应力、伸长率;

   b) 拉伸试样制备形状见图 4;

   c) 拉伸试样形状尺寸的一般要求按 GB/T 228 执行;

   d) 拉伸试验方法按 GB/T 228 执行。

6.3.3 冲击试验

   a) 规定以 5 mm×10 mm×55 mm 带有 V 型缺口的试样作为标准试样;

   b) 试样的形状尺寸及偏差应按 GB/T 229 执行;

   c) 冲击试验方法按 GB/T 229 执行。

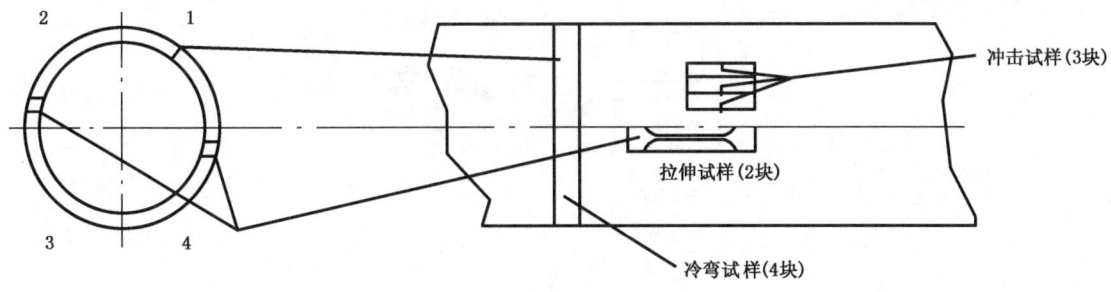

图 3　试验取样部位图

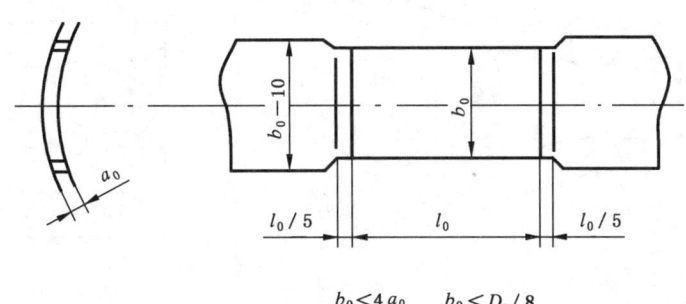

$b_0 < 4a_0$　　$b_0 < D_o/8$

图 4　拉伸试样图

6.3.4　冷弯试验

a)　试样截取的部位见图3,圆环应从拉伸试样的筒体上用机械方法横向截取;

b)　圆环的宽度应为瓶体壁厚的4倍,且不小于25 mm,将其等分成四条,任取一块试样进行侧面加工,其表面粗糙度不低于12.5 μm,圆角半径不大于2 mm;

c)　试样制作和冷弯试验方法按 GB/T 232 执行,试样按图5进行弯曲。

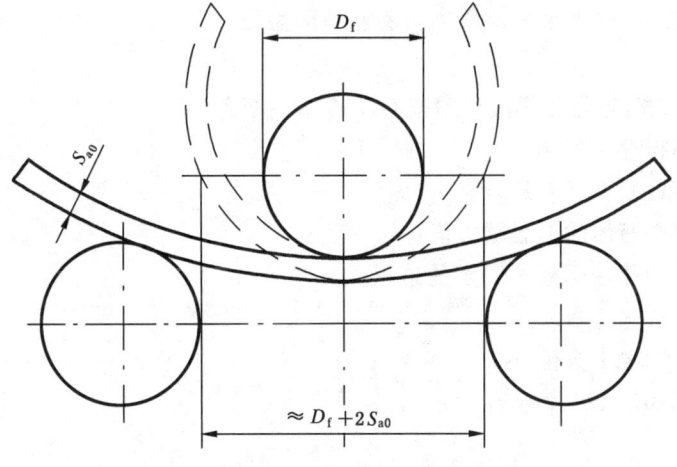

图 5　冷弯试验示意图

6.3.5　压扁试验

6.3.5.1　压扁试验应按 GB/T 13440 执行。

a)　将瓶体的中部放进垂直于瓶体轴线的两个顶角为60°、半径为13 mm的压头中间,以20～50 mm/min的速度对瓶体施加压力,在负荷作用下测量压头间距 T;

b)　压头的长度应不小于瓶体已经压扁的宽度,见图6。

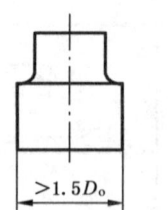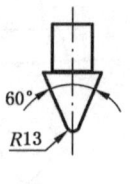

a) 压头

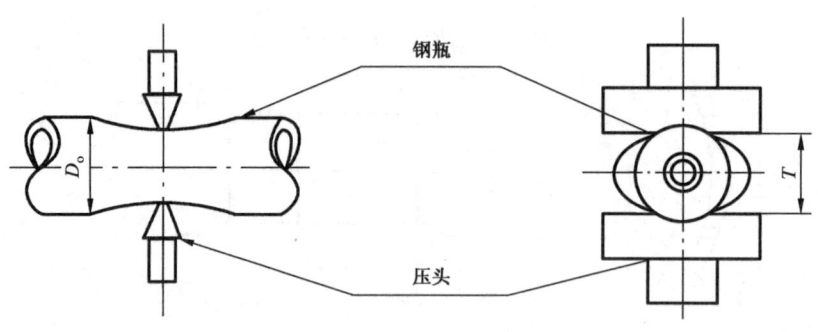

b) 压扁

图 6　压扁试验示意图

6.4　硬度测定方法应按 GB/T 230 或 GB/T 231.1～231.3 执行。硬度及强度换算值按 GB/T 1172。

6.5　金相试验

　　a)　金相试样应从拉伸试验的筒体上截取,试样的制备、尺寸和方法应按 GB/T 13298 执行;

　　b)　晶粒度按 YB/T 5148 执行;

　　c)　脱碳层深度按 GB/T 224 执行;

　　d)　带状组织和魏氏组织的评定按 GB/T 13299 执行。

6.6　无损探伤按 JB 4730 执行。无损探伤应使用磁粉检测或超声检测的方法。

6.7　目测并用符合 GB/T 8336 的标准塞规检查瓶口内螺纹。

6.8　爆破试验

　　当钢瓶容积≤100 L 时进行。爆破试验按 GB 15385 执行。

　　a)　试验管路中不得存有气体;

　　b)　升压速度不应超过 0.5 MPa/s;

　　c)　测出试验过程中瓶体的屈服压力值;

　　d)　测出从开始升至钢瓶爆破瞬间水的总压入量;

　　e)　绘制出压力—进水量曲线。

6.9　水压试验按 GB/T 9251 执行。

6.10　气密性试验按 GB/T 12137 执行。

6.11　疲劳试验

　　当钢瓶容积≤100 L 时进行。疲劳试验按 GB/T 9252 执行。

7　检验规则

7.1　瓶体允许的制造公差

7.1.1　筒体的壁厚偏差不应超过设计壁厚的 +22.5%。

7.1.2　筒体外径的制造公差不应超过设计的 ±1%。

7.1.3　筒体的圆度,在同一截面上测量其最大与最小外径之差,不应超过该截面平均外径的 2%。

7.1.4 筒体的直线度不应超过瓶体长度的 2‰。

7.1.5 瓶体高度的制造公差不应超过±20mm。

7.2 瓶体内外观要求

7.2.1 瓶体内、外表面应光滑圆整,不得有肉眼可见的裂纹、折叠、重皮、夹杂等影响强度的缺陷;对氧化皮脱落造成的局部圆滑凹陷和修磨后的轻微痕迹允许存在,但必须保证筒体设计壁厚。

7.2.2 瓶肩与筒体必须圆滑过渡;瓶肩上不允许有沟痕存在。

7.3 瓶口内螺纹

7.3.1 螺纹的牙型、尺寸和公差应符合 GB 8335 或其他相关标准的规定。

7.3.2 螺纹不允许有倒牙、平牙、牙双线、牙底平、牙尖、牙阔以及螺纹表面上的明显跳动波纹。

7.3.3 瓶口基面起有效螺距数不得少于 8 个。

7.3.4 螺纹基面位置的轴向变动量为＋1.5 mm。

7.4 机械性能试验

瓶体热处理后的机械性能应符合表 3 规定。

表 3　瓶体的机械性能

热处理状态 试验项目	淬火后回火处理
σ_{es}/σ_{bs}	≤0.90
$\sigma_e/(N/mm^2)$	≥钢瓶制造厂热处理保证值
$\sigma_b/(N/mm^2)$	≥钢瓶制造厂热处理保证值
$\delta_5/\%$	≥16
V 型缺口试样截面/mm	5×10
$a_k/(J/cm^2)$　试验温度/℃	−50
$a_k/(J/cm^2)$　平均值	80
$a_k/(J/cm^2)$　单个试样最小值	40

7.5 硬度试验

瓶体热处理后的硬度值应符合材料强度值的要求。

7.6 冷弯和压扁试验

7.6.1 冷弯试验和压扁试验以无裂纹为合格,弯心直径和压头间距的要求应符合表 4 规定。

表 4　冷弯试验和压扁试验的弯心直径和压头间距要求　　　　　　　　　mm

钢瓶实测抗拉强度值 σ_{ba}/MPa	弯心直径 D_f	压头间距 T
>580~685	$4S_{a0}$	$6S_{a0}$
>685~784	$5S_{a0}$	$6S_{a0}$
>784~880	$6S_{a0}$	$7S_{a0}$

7.6.2 抗拉强度实测值超过保证值10%的,应以压扁试验代替冷弯试验。

7.7 金相组织检查

7.7.1 瓶体组织应呈回火索氏体。

7.7.2 瓶体的脱碳层深度:外壁不得超过 0.3 mm;内壁不得超过 0.25 mm。

7.8 水压试验

7.8.1 按 5.3.1.1 及 6.9 要求进行水压试验,在保压 1 min 内,压力表指针不得回降,容积残余变形率不得大于 3%,瓶体泄漏或明显变形即为不合格。

7.8.2 水压试验后,钢瓶内部应烘干。

7.9 气密性试验

7.9.1 气密性试验压力为公称工作压力。

7.9.2 按6.10要求进行气密性试验。试验时瓶体出现泄漏,即为不合格。确因装配不紧而引起瓶口泄漏,允许返修后重做试验。

7.10 爆破试验(容积≤100 L时进行)

7.10.1 实际爆破压力不得小于设计压力的3.0倍。

7.10.2 实测屈服压力与爆破压力的比值,应与瓶体材料实测屈服应力与抗拉强度的比值相接近。

7.10.3 瓶体爆破后应无碎片,破口必须在筒体上。瓶体上的破口形状与尺寸应符合图7的规定。

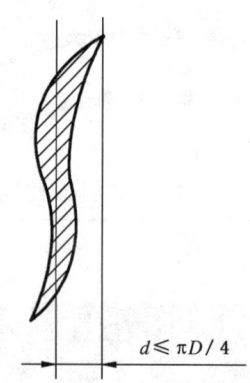

$d \leqslant \pi D / 4$

图7 破口形状与尺寸示意图

7.10.4 瓶体主破口应为塑性断裂,即断口边缘应有明显的剪切唇,断口上不得有明显的金属缺陷;破口裂缝不得引伸超过瓶肩高度的20%。

7.11 无损探伤

瓶体热处理后应进行无损探伤,无损探伤应使用磁粉检测(A型高灵敏度试片)或超声检测的方法,不得有裂纹或裂纹性缺陷。按JB 4730执行,合格标准均为Ⅰ级。

7.12 出厂检验

7.12.1 逐只检验

凡出厂的钢瓶,应按表5规定项目进行逐只检验。

7.12.2 批量检验

凡出厂的钢瓶,应按表5规定进行批量检验。

7.12.3 抽样规则

按5.4.1.3的要求,对于容积≤100 L的钢瓶应从中随机抽出两只钢瓶进行各项性能测定。

7.12.4 复验规则

a) 若对抽样瓶体测定的试验结果不符合规定要求时,应对不合格项目进行加倍复验;若复验结果符合规定,认为合格;若复验仍不合格,且不合格是由于热处理原因造成,允许该批钢瓶重新热处理;

b) 经重复热处理的该批钢瓶,应作为新批对待并应重新进行批量检验;

c) 在质量检验记录中,应写明重复热处理的钢瓶编号、原因及结论;

d) 重复热处理次数不得多于两次。

7.13 型式试验

钢瓶制造厂凡遇下列情况之一者即需进行型式试验。

a) 新设计的钢瓶;

b) 变更瓶体直径和设计壁厚生产的钢瓶;

c) 变更最小屈服应力保证值超过60 N/mm² 而生产的钢瓶。

7.13.1 型式试验项目按表5规定。

7.13.2 疲劳试验

7.13.2.1 钢瓶容积≤100 L 时试验方法按 6.11 执行；大于 100 L 时应参照 GB 150 做疲劳寿命计算。

7.13.2.2 合格标准：60 000 次循环（压力上限为设计压力）不破坏为合格。

7.13.3 抽样规则

7.13.3.1 凡表 5 中规定的逐只检查的项目，都应按项目逐只检验。

7.13.3.2 凡表 5 中规定的批量检验的项目，每批的抽样数不少于 2 只进行检验。

7.13.3.3 钢瓶制造厂应另抽取对试验目的有代表性的钢瓶 3 只，进行疲劳试验。

7.13.4 若按 7.13 进行的型式试验不合格，则不得投入批量生产，不得投入使用。

表 5 检验项目表

序号	检验项目	试验方法	出厂检验		型式试验	判定依据
			逐只检验	批量检验		
1	瓶体壁厚	6.2	√		√	7.1.1
2	瓶体制造公差	6.2	√		√	7.1
3	瓶体内、外观	6.2	√		√	7.2
4	拉伸试验	6.3.2		√	√	7.4
5	冲击试验	6.3.3		√	√	7.4
6	冷弯试验	6.3.4		√	√	7.6
7	压扁试验	6.3.5		√	√	7.6
8	硬度测试	6.4	√		√	7.5
9	金相组织	6.5		√	√	7.7
10	无损探伤	6.6	√		√	7.11
11	瓶口内螺纹	6.7	√		√	7.3
12	水压试验	6.9	√		√	7.8
13	气密性试验	6.10	√		√	7.9
14	爆破试验*	6.8		√	√	7.10
15	疲劳试验*	6.11			√	7.13.2
注：对于 4、5、6、7 条，当钢瓶容积大于 100 L 时，可用试环代替进行各项试验。						
* 仅在钢瓶容积≤100 L 时进行。						

8 标志、涂敷、包装、运输、贮存

8.1 标志

8.1.1 钢印标记

8.1.1.1 每个钢瓶一般应在瓶肩上按图 8 所示项目、位置打钢印标记。

8.1.1.2 钢瓶上钢印标记也可在瓶肩部沿圆周线排列，各项目的排列可不按图 8 中的指引号顺序，但项目不可缺少。

8.1.1.3 钢印必须明显、完整、清晰。

8.1.1.4 钢印字体高度不小于 8 mm，钢印字体深度为 0.3～0.5 mm。

8.1.1.5 容积的钢印标记为公称容积，瓶重的钢印标记应保留一位小数。

例如：瓶重的实测值 90.675，瓶重应表示为 90.7。

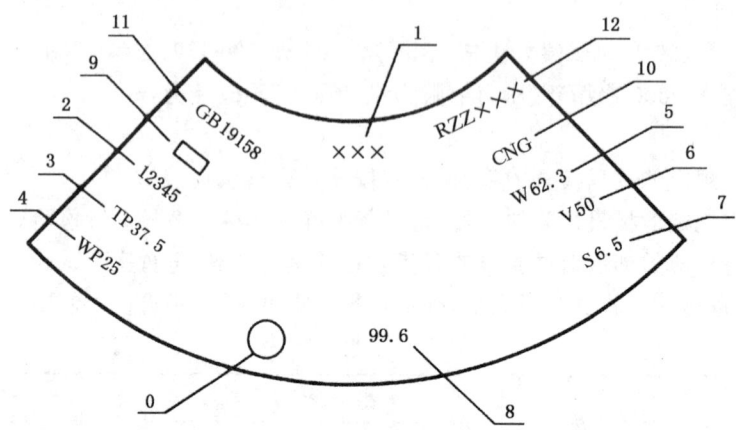

0—制造厂检验标记;1—钢瓶制造厂代号;2—钢瓶编号;

3—水压试验压力;4—公称工作压力,MPa;5—实测重量,kg;

6—公称容积,L;7—瓶体设计壁厚,mm;8—制造年月;

9—安全监察部门的监检标记;10—压缩天然气缩写英文字母;

11—产品标准号;12—气瓶制造单位许可证编号

图 8 钢瓶钢印标记示意图

8.1.2 颜色标记

钢瓶颜色为棕色,字样为"天然气",字色红色,其他参照 GB 7144 执行。

8.2 涂敷

8.2.1 钢瓶在涂敷前应清除其表面油污、锈蚀等杂物,且在干燥的条件下方可涂敷。

8.2.2 涂层应均匀牢固,不应有气泡、漆痕、龟裂纹和剥落等缺陷。

8.3 包装

根据用户的要求,如不带瓶阀出厂,则瓶口应采取可靠措施加以密封,以防止玷污。出厂时可用捆装、集装或散装。

8.4 运输

8.4.1 钢瓶的运输应符合运输部门的规定。

8.4.2 钢瓶在运输和装卸过程中,应防止碰撞、受潮和损坏附件。

8.5 贮存

8.5.1 钢瓶应分类存放整齐。如采取堆放,则应限制高度防止受损。

8.5.2 钢瓶出厂前如贮存 6 个月以上,则应采取可靠的防潮措施。

9 安装

钢瓶的安装和使用除应符合相应的有关国家(行业)标准及气瓶安全监察有关规定外,还应按安装说明书安装;钢瓶卧式使用时每只钢瓶均应安装一排污管,且此管在钢瓶内的一端应位于钢瓶的最低处。

10 产品合格证和批量检验质量证明书

10.1 出厂的每只钢瓶均应附有产品合格证,且应向用户提供使用说明书(包括安装说明)。

10.2 对出厂合格证的要求

    a) 钢瓶制造厂名称;

    b) 钢瓶编号;

    c) 水压试验压力;

    d) 公称工作压力;

  e) 气密性试验压力；

  f) 材料牌号及其化学成分和机械性能、热处理后工厂保证值；

  g) 热处理状态；

  h) 瓶体设计壁厚；

  i) 实际重量（不包括瓶阀）；

  j) 实际水容积；

  k) 出厂检验标记；

  l) 制造年、月；

  m) 产品执行的标准；

  n) 钢瓶制造厂生产许可证号。

10.3 出厂合格证应用透明塑料袋盛装，并固定于瓶阀上。

10.4 出厂的每批钢瓶均应附有批量检验质量证明书。该批钢瓶有一个以上用户时，所有用户均应有批量检验质量证明书的复印件。

10.5 批量检验质量证明书的内容应包括本标准规定的批量检验项目。

10.6 制造厂应妥善保存钢瓶的检验记录和批量检验质量证明书的复印件（或正本），保存时间应不少于 7 年。

附 录 A

（标准的附录）

站用压缩天然气钢瓶批量检验质量证明书

钢瓶名称＿＿＿＿＿＿＿＿＿＿＿＿生产批＿＿＿＿＿＿＿＿＿＿＿＿＿

盛装介质＿＿＿＿＿＿＿＿＿＿＿＿＿＿＿＿＿＿＿＿＿＿＿＿＿＿＿

制造许可证编号＿＿＿＿＿＿＿＿＿＿＿＿＿＿＿＿＿＿＿＿＿＿＿＿

本批钢瓶共＿＿＿＿＿＿＿＿＿＿只，编号从＿＿＿＿＿＿＿＿＿号到＿＿＿＿＿＿＿＿＿＿号

注:本批合格钢瓶中不包括下列瓶号:

1. 主要技术数据

公称容积＿＿＿＿＿＿＿＿＿＿L;公称工作压力＿＿＿＿＿＿＿＿＿＿＿MPa;

公称直径＿＿＿＿＿＿＿＿＿＿mm;水压试验压力＿＿＿＿＿＿＿＿＿MPa;

设计壁厚＿＿＿＿＿＿＿＿＿＿mm;气密性试验压力＿＿＿＿＿＿＿＿MPa。

2. 主体材料化学成分/%

编号	牌号	C	Mn	Si	S	P	Mo	Cr	Cu
国家标准规定值									

3. 热处理方法

＿＿＿＿＿＿＿＿＿＿热处理　　热处理介质＿＿＿＿＿＿＿＿＿＿＿

4. 机械性能试验　　热处理保证值:＿＿＿＿＿＿＿＿＿＿＿N/mm²

试验编号	$\sigma_{ea}/(N/mm^2)$	$\sigma_{ba}/(N/mm^2)$	$\delta_5/\%$	$\alpha_k(-50℃)/(J/cm^2)$	冷弯(180°)

5. 金相检查

组织	晶粒度/级	脱碳层/mm		夹杂物/级	
		外壁	内壁	硫化物	氧化物

6. 爆破试验

编号＿＿＿＿＿＿＿＿＿＿屈服压力＿＿＿＿＿＿＿＿＿＿MPa

实测屈强比＿＿＿＿＿＿＿＿爆破压力＿＿＿＿＿＿＿＿＿＿MPa。

爆破口为塑性变形,无碎片,破口形状符合标准要求。

经检查和试验符合 GB 19158—2003 标准的要求,是合格产品。

监督检验单位确认　　　　　　　　制造厂检验专用章

监督检验员:＿＿＿＿＿＿＿＿＿　检验科长:＿＿＿＿＿＿＿＿＿

　　　年　月　日　　　　　　　年　月　日

ICS 23.020.30
CCS J 74

中华人民共和国国家标准

GB/T 24159—2022
代替 GB/T 24159—2009

焊 接 绝 热 气 瓶

Welded insulated cylinders

2022-07-11 发布

2023-02-01 实施

国家市场监督管理总局
国家标准化管理委员会 发 布

前　言

本文件按照 GB/T 1.1—2020《标准化工作导则　第 1 部分:标准化文件的结构和起草规则》的规定起草。

本文件代替 GB/T 24159—2009《焊接绝热气瓶》,与 GB/T 24159—2009 相比,除结构调整和编辑性改动外,主要技术变化如下:

a)　更改了气瓶的容积、介质的范围和型式:
- 容积由 450 L 扩展到 1 000 L(见第 1 章,2009 年版的第 1 章);
- 增加了液化天然气(见第 1 章);
- 增加了卧式型式(见 5.1);

b)　更改了焊接工艺评定的内容[见 8.10.3,2009 年版的 7.2.1、7.2.2、7.2.3、7.2.4、7.2.6a)、7.2.6b)、7.2.6c)、7.2.7、7.14.2、7.14.3、8.2.2、8.2.4.1、8.2.4.2、8.2.4.3、9.3.3];

c)　增加了最大准许充装系数的规定(见附录 A);

d)　增加了阀门进口接头与出口接头的规定(见附录 B);

e)　更改了安全泄放量和泄放面积的规定(见附录 C,2009 年版的附录 A),增加了热导率推荐值(见 C.1)、流量的换算关系(见 C.2)、气体压缩系数的计算公式(见 C.4)、大于或等于临界压力的气体系数的计算方法(见 C.5.2);

f)　增加了振动试验的规定(见附录 D);

g)　增加了跌落试验的规定(见附录 E);

h)　删除了供气量测试方法的规定(见 2009 年版的附录 B)。

请注意本文件的某些内容可能涉及专利。本文件的发布机构不承担识别专利的责任。

本文件由全国气瓶标准化技术委员会(SAC/TC 31)提出并归口。

本文件起草单位:广东省特种设备检验研究院、北京明晖天海气体储运装备销售有限公司、成都兰石低温科技有限公司、中国特种设备检测研究院、大连锅炉压力容器检验检测研究院有限公司、张家港中集圣达因低温装备有限公司、北京天海工业有限公司、查特深冷工程系统(常州)有限公司、江苏天海特种装备有限公司、上海交通大学、江苏深绿新能源科技有限公司。

本文件主要起草人:郑任重、谭粤、朱鸣、李蔚、李兆亭、古海波、徐惠新、龚伟、夏莉、黄强华、张保国、姚欣、鲁雪生、张耕、柳云兴、王艳辉、赵勇、欧阳小平、潘方文。

本文件于 2009 年首次发布,本次为第一次修订。

焊 接 绝 热 气 瓶

1 范围

本文件规定了焊接绝热气瓶(以下简称"气瓶")的符号,规定了气瓶的型号命名方法、基本参数、材料、设计、制造、试验方法、检验规则、型式试验、标志、包装、运输、出厂资料、资料保存等要求。

本文件适用于在正常环境温度(−40 ℃~60 ℃)下使用,贮存液氧、液氮、液氩的公称容积范围为10 L~1 000 L,液化天然气的公称容积范围为 150 L~1 000 L,设计温度不高于−196 ℃,公称工作压力为 0.2 MPa~3.5 MPa,可重复充装的气瓶。

对于贮存液态二氧化碳、液态氧化亚氮的气瓶可参照本文件进行制造和检验。

注:本文件凡未注明的压力均指表压。

2 规范性引用文件

下列文件中的内容通过文中的规范性引用而构成本文件必不可少的条款。其中,注日期的引用文件,仅该日期对应的版本适用于本文件;不注日期的引用文件,其最新版本(包括所有的修改单)适用于本文件。

GB/T 228.1 金属材料 拉伸试验 第 1 部分:室温试验方法

GB/T 229 金属材料 夏比摆锤冲击试验方法

GB/T 1804 一般公差 未注公差的线性和角度尺寸的公差

GB/T 2653 焊接接头弯曲试验方法

GB/T 7144 气瓶颜色标志

GB/T 9251 气瓶水压试验方法

GB/T 12137 气瓶气密性试验方法

GB/T 12241 安全阀 一般要求

GB/T 12243 弹簧直接载荷式安全阀

GB/T 13005 气瓶术语

GB/T 15384 气瓶型号命名方法

GB/T 16804 气瓶警示标签

GB/T 16918 气瓶用爆破片安全装置

GB/T 17925 气瓶对接焊缝 X 射线数字成像检测

GB/T 18442.1 固定式真空绝热深冷压力容器 第 1 部分:总则

GB/T 18442.3 固定式真空绝热深冷压力容器 第 3 部分:设计

GB/T 18443.2 真空绝热深冷设备性能试验方法 第 2 部分:真空度测量

GB/T 18443.3 真空绝热深冷设备性能试验方法 第 3 部分:漏率测量

GB/T 18443.4 真空绝热深冷设备性能试验方法 第 4 部分:漏放气速率测量

GB/T 18443.5 真空绝热深冷设备性能试验方法 第 5 部分:静态蒸发率测量

GB/T 18443.8 真空绝热深冷设备性能试验方法 第 8 部分:容积测量

GB/T 18517 制冷术语

GB/T 24511 承压设备用不锈钢和耐热钢钢板和钢带

GB/T 25198　压力容器封头

GB/T 26929　压力容器术语

GB/T 31480　深冷容器用高真空多层绝热材料

GB/T 31481　深冷容器用材料与气体的相容性判定导则

GB/T 33209　焊接气瓶焊接工艺评定

GB/T 33215　气瓶安全泄压装置

GB/T 34530.1　低温绝热气瓶用阀门　第1部分:调压阀

GB/T 34530.2　低温绝热气瓶用阀门　第2部分:截止阀

JB 4732—1995　钢制压力容器分析设计标准

JB/T 6896　空气分离设备表面清洁度

NB/T 47013.2　承压设备无损检测　第2部分:射线检测

NB/T 47013.11　承压设备无损检测　第11部分:X射线数字成像检测

NB/T 47013.14　承压设备无损检测　第14部分:X射线计算机辅助成像检测

NB/T 47018.1　承压设备用焊接材料订货技术条件　第1部分:采购通则

NB/T 47018.3　承压设备用焊接材料订货技术条件　第3部分:气体保护电弧焊钢焊丝和填充丝

TSG 23　气瓶安全技术规程

3　术语和定义

GB/T 12241、GB/T 13005、GB/T 16918、GB/T 18442.1、GB/T 18442.3、GB/T 18443.2、GB/T 18517、GB/T 26929、GB/T 33209 及 GB/T 33215 界定的以及下列术语和定义适用于本文件。

3.1

批量　lot/batch

按照相同规则组成的一定数量的产品(或内胆)。

3.1.1

内胆批量　lot/batch of inner vessel

采用同一设计、同一牌号材料、同一工艺(主要指焊接工艺、无损检测工艺、耐压试验工艺)连续生产的一定数量的气瓶内胆。

3.1.2

产品批量　lot/batch of cylinder

采用同一设计、同一批内胆、同一工艺(主要指绝热工艺、抽真空工艺)连续生产的一定数量的气瓶产品。

3.2

气瓶净重　tare of cylinder

满足充装、贮存、运输、使用及安全等基本功能的空瓶(卧式气瓶含框架或支座)质量。

3.3

有效容积　effective volume

气瓶准许充装的最大液体体积。

3.4

传热系数　heat transfer coefficient

单位面积、单位温度差、单位时间内冷热流体之间所能传递的热量,表征传热过程强弱。

[来源:GB/T 18517—2012,2.6.2,有修改]

3.5

自由空气　free air

绝对压力 $1.013\ 25\times10^5$ Pa,温度 15.6 ℃状态下的空气。

4　符号

下列符号适用于本文件。

D_i:封头或筒体的内直径,mm。

D_0:封头或筒体的外直径,mm。

E_0:材料的弹性模量,MPa。

g:重力加速度,$g=9.81$ m/s²。

H_i:封头内高度,等于封头内曲面深度与封头直边高度之和,mm。

h_i:封头内曲面深度,mm。

h_0:封头外曲面总高度,$h_0=h_i+S_n$;mm。

k_1:由椭圆长短轴比值决定的系数。

L:筒体长度与每个封头的直边高度、内曲面深度的 1/3 的总和,mm。

P:公称工作压力,MPa。

P_b:爆破片设计爆破压力,MPa。

P_{cr}:临界压力,MPa。

P_d:设计压力,MPa。

P_f:安全阀的排放压力或爆破片安全装置的设计爆破压力,MPa。

P_t:耐压试验压力,MPa。

P_z:安全阀整定压力,MPa。

P_1:外压力,MPa。

R:碟形封头的球壳外半径及椭圆封头的当量球壳外半径,mm。

S:设计壁厚,mm。

S_b:筒体实测最小壁厚,mm。

S_e:有效厚度,等于名义壁厚减去腐蚀裕量和钢材厚度负偏差,mm。

S_h:封头成形后的最小壁厚,mm。

S_n:名义壁厚,mm。

σ:壁应力,MPa。

ΔH_i:封头内高度公差,mm。

$\Delta\pi D_i$:封头内圆周长公差,mm。

5　型号命名方法和基本参数

5.1　型号命名方法

立式用"DPL"表示、卧式用"DPW"表示,其余按照 GB/T 15384 规定的方法命名,设计有更改时可在型号的末尾加罗马数字Ⅰ、Ⅱ、Ⅲ等作为顺序号。

5.2　基本参数

5.2.1　公称容积和内胆内直径

公称容积和内胆内直径宜按照表 1 选取。公称容积宜取 5 的整数倍。

表 1　公称容积和内胆内直径

公称容积/L	10～25	25～50	50～150	150～200	200～500	500～800	800～1 000
内胆内直径/mm	200～300	250～350	300～450	400～550	450～800	600～900	750～1 200

5.2.2　压力

5.2.2.1　内胆筒体壁厚的内压计算所采用的压力为设计压力;设计压力为内胆耐压试验压力;内胆耐压试验压力不应小于 2 倍公称工作压力($P_d = P_t \geqslant 2P$)。

5.2.2.2　气瓶内胆及外壳承受的外压力不应小于 0.21 MPa。

5.2.3　有效容积

5.2.3.1　液氧、液氮、液氩气瓶的有效容积不应大于公称容积的 95%。

5.2.3.2　液化天然气气瓶的有效容积不应大于公称容积的 90%。

6　材料

6.1　一般要求

6.1.1　内胆主体(筒体和封头)材料应采用符合 GB/T 24511 和设计文件要求的奥氏体不锈钢。若采用境外牌号材料时,应符合 TSG 23 的规定。内胆主体材料的材料质量证明书应符合 6.1.4 的规定、复验的结果应符合 6.2、6.3 的规定及设计文件要求。

6.1.2　焊接在内胆上的元件应采用相应材料标准规定的且符合设计文件要求的奥氏体不锈钢;其余与贮存介质直接接触的材料应与介质相容,并符合相应材料标准的规定。

6.1.3　焊接材料及其熔敷金属的化学成分、拉伸性能应符合 NB/T 47018.1 及 NB/T 47018.3 的规定和设计文件要求。

6.1.4　受压元件和焊接材料从材料制造单位采购时,应取得材料制造单位提供的材料质量证明书原件;原件应盖有材料制造单位质量检验章和印有可追溯的信息化标志(二维码、条形码等),可追溯信息化标志至少包括材料制造单位信息、材料牌号、规格、炉批号、交货状态、质量证明书签发日期等。从非材料制造单位采购时,应取得材料制造单位提供的材料质量证明书原件或复印件,复印件应加盖材料供应单位检验公章和经办人章。

6.1.5　外壳应采用奥氏体不锈钢。

6.1.6　当盛装介质的温度低于 −182 ℃时,应采用不与氧气或富氧气氛发生危险性反应的绝热材料。绝热材料性能应符合 GB/T 31480 的规定,并符合 GB/T 31481 的试验规定。

6.1.7　吸附材料应与所贮存的介质相容。

6.2　化学成分

内胆主体材料的化学成分及允许偏差应符合表 2 的规定。

表 2　化学成分及允许偏差

化学成分	C	Mn	P	S	Si	Ni	Cr
质量分数	≤0.08	≤2.00	≤0.035	≤0.015	≤0.75	8.00～10.50	18.00～20.00
允许偏差	±0.01	±0.04	+0.005	+0.005	±0.05	±0.10	±0.20

6.3 力学性能

内胆主体材料的力学性能应符合表3和设计文件的规定。

表 3 力学性能

抗拉强度 R_m	规定塑性延伸强度 $R_{p0.2}$	断后伸长率 A
$\geqslant$520 MPa	$\geqslant$220 MPa	$\geqslant$40%

7 设计

7.1 一般要求

7.1.1 组成

7.1.1.1 气瓶主要由内胆、外壳、绝热系统、内胆与外壳之间的连接件、阀门管路系统、保护阀门管路系统的保护装置、底座等组成。阀门管路系统包括阀门、仪表、安全泄压装置、管件、管道及管道支撑件。保护装置宜是保护罩、保护圈(环)、框架等。

7.1.1.2 内胆主体不应超过三部分,即纵焊缝不多于1条,环焊缝不多于2条。

7.1.2 内胆与外壳之间的连接件

内胆与外壳之间的连接件的应力值在下列载荷独立作用下不应大于材料常温屈服强度(或规定塑性延伸强度)的2/3。

a) 立式气瓶应符合下列要求:
  1) 垂直于气瓶轴线方向的载荷不应低于最大质量与 $2g$ 的乘积;
  2) 沿气瓶轴线竖直方向的载荷不应低于最大质量与 $3g$ 的乘积。
b) 卧式气瓶应符合下列要求:
  1) 垂直于气瓶轴线且与地面平行方向的载荷不应低于最大质量与 $2g$ 的乘积;
  2) 沿气瓶轴线方向的载荷不应低于最大质量与 $2g$ 的乘积;
  3) 垂直于气瓶轴线且在竖直方向的载荷不应低于最大质量与 $3g$ 的乘积。

注:"最大质量"是介质总质量(标准大气压下饱和介质充装至有效容积)、内胆金属质量及绝热层质量之和。

7.1.3 性能指标

真空夹层漏气速率、真空夹层漏放气速率按照表4的规定;公称工作压力不大于2.4 MPa的静态蒸发率按照表4的规定,公称工作压力大于2.4 MPa的静态蒸发率按照图纸的要求。

表 4 静态蒸发率、真空夹层漏气速率和真空夹层漏放气速率

公称容积/L	10	50	175	300	500	800	1 000
液氮静态蒸发率上限 η/(%/d)	5.45	4.0	2.5	2.2	1.9	1.7	1.5
真空夹层漏气速率(20 ℃)/(Pa·m³/s)	$\leqslant 2\times10^{-8}$		$\leqslant 6\times10^{-8}$				
真空夹层漏放气速率(20 ℃)/(Pa·m³/s)	$\leqslant 2\times10^{-7}$		$\leqslant 6\times10^{-7}$				
低温真空度(夹层绝对压力)/Pa	$\leqslant 2\times10^{-2}$						

7.1.4 最大充装体积与最大充装质量

7.1.4.1 任何情况下,压力达到主安全泄压装置的整定压力时,液氧、液氮、液氩的液相体积不应超过公称容积的98%,液化天然气的液相体积不应超过公称容积的95%。

7.1.4.2 最大充装质量是有效容积与附录A规定的最大准许充装系数的乘积按照9.14规定的方法得出的质量。

7.1.5 设计使用年限

设计使用年限不应超过20年,且应在设计文件中注明并作为铭牌的内容。

7.1.6 附件

7.1.6.1 阀门、压力表、安全泄压装置和液位计等与氧接触的附件的清洁度应符合8.13.2的规定。

7.1.6.2 调压阀应符合GB/T 34530.1的规定,截止阀应符合GB/T 34530.2的规定。阀门接口采用螺纹时,液化天然气应采用左旋螺纹,其余介质的应采用右旋螺纹。

7.1.6.3 压力表的精度不应低于2.5级,量程宜为公称工作压力的1.5倍~3倍。

7.1.6.4 液化天然气气瓶使用电容式液位计时应满足防爆要求。

7.1.6.5 液化天然气气瓶整体应设计为防静电结构,确保瓶体、阀门等任何与液化天然气接触部分具有导电连贯性,总接地电阻不大于10 Ω。

7.1.6.6 推荐设置便于直接检测夹层空间真空的装置。

7.1.6.7 阀门进口接头与出口接头(一端与阀门连接,一端与软管等连接)应符合附录B的规定。

7.1.6.8 阀门管路系统的保护装置应适应运输、装载过程中的静态和动态载荷。

7.1.6.9 底座应保证气瓶的稳定性。公称容积大于500 L的气瓶不应设置轮子。有轮的气瓶及有轮的框架应有刹车锁止装置。

7.1.6.10 当盛装介质后的总质量超过40 kg时,应设置吊装附件。

7.1.6.11 保护罩、保护圈(环)应采用金属材料制成,且应采用焊接方式与气瓶连接。

7.2 内胆

7.2.1 内胆封头应凹面承受压力,形状为半球形或长短轴比为2∶1的标准椭圆形,最小壁厚不应小于按照公式(1)计算所得的筒体设计壁厚值的0.9倍。

7.2.2 内胆筒体的内压设计壁厚不应小于按照公式(1)计算的值。

$$S = \frac{D_i}{2} \times \left(\sqrt{\frac{0.4P_c + \sigma}{\sigma - 1.3P_c}} - 1 \right) \quad \cdots\cdots\cdots\cdots\cdots\cdots (1)$$

式中,壁应力 σ 取下列各项中的最小值:

——310 MPa;

——按照9.1测定的内胆主体材料的最小抗拉强度 R_m 的50%;

——按照9.1测定的内胆主体材料的规定塑性延伸强度 $R_{p0.2}$;

——按照8.10.4.3测定的焊接接头的最小抗拉强度 R_m 的50%;

——对于有纵缝的内胆,壁应力不应超过上述各项中最小值的85%。

7.2.3 只准许在封头上开孔,开孔应是圆形,且应焊装管接头、管座或凸缘等。开孔直径不应大于封头内直径的1/3,且不应大于76 mm,开孔边缘应位于以封头中心为中心80%封头内直径的范围内。当开孔直径、开孔边缘超出本文件规定时,应按照JB 4732—1995的规定进行强度校核。

7.3 外壳

7.3.1 外壳筒体按照公式(2)得出的外压力 P_1 应满足5.2.2.2的要求。

$$P_1 = \frac{2.6E_0 (S_e/D_0)^{2.5}}{[(L/D_0) - 0.45 (S_e/D_0)^{0.5}]} \quad \cdots\cdots\cdots\cdots\cdots\cdots\cdots\cdots (2)$$

7.3.2 外壳封头按照公式(3)得出的外压力 P_1 应满足5.2.2.2的要求。碟形封头的 R 是球壳外半径；椭圆形封头的 R 是当量球壳外半径，$R = K_1 D_0$，K_1 按照表5选取：

$$P_1 = 0.25E_0 \left(\frac{S_f}{R}\right)^2 \quad \cdots\cdots\cdots\cdots\cdots\cdots\cdots\cdots (3)$$

表 5 系数 K_1 值

$D_0/2h_0$	2.6	2.4	2.2	2.0	1.8	1.6	1.4	1.2	1.0
K_1	1.18	1.08	0.99	0.90	0.81	0.73	0.65	0.57	0.50
注1：中间值采用内插法。									
注2：$K_1 = 0.9$ 为标准椭圆形封头。									

7.4 压力泄放系统

7.4.1 一般要求

7.4.1.1 气瓶应配备主、副安全泄压装置(安全阀或爆破片安全装置)、放空阀等组成的保证气瓶安全的压力泄放系统。

7.4.1.2 安全泄放量及所需的泄放面积按照附录C的规定计算。

7.4.1.3 安全泄压装置的安装方式应满足泄放出的液(气)体不影响外壳、阀门、阀门管路系统的保护装置等。

7.4.2 泄放管道

7.4.2.1 安全泄压装置连接的泄放管道的截面积不应小于安全泄压装置的进口面积总和,且能确保泄放能力满足气瓶的安全泄放要求。

7.4.2.2 安全泄压装置进口管道应位于内胆顶部,其最低点应位于98%公称容积的液面以上。

7.4.3 安全泄压装置

7.4.3.1 主安全泄压装置和副安全泄压装置应并联设置。主安全泄压装置应采用安全阀;液化天然气的副安全泄压装置只准许采用安全阀,其余介质的副安全泄压装置应采用安全阀或爆破片安全装置。

7.4.3.2 主安全泄压装置(安全阀)的整定压力不应大于1.2倍公称工作压力($P_z \leqslant 1.2P$);排放压力应符合下列要求:
   a) 在C.1.1情况下,液氧、液氮、液氩气瓶的排放压力不应大于1.1倍整定压力;
   b) 在C.1.2情况下,液化天然气气瓶的排放压力不应大于1.1倍整定压力。

7.4.3.3 副安全泄压装置只适用于C.1.2的情况,且应符合下列要求:
   a) 采用安全阀时,整定压力为1.4倍~1.6倍公称工作压力($1.4P \leqslant P_z \leqslant 1.6P$);排放压力不应大于1.1倍整定压力;
   b) 采用爆破片安全装置时,设计爆破压力为1.54倍~1.76倍公称工作压力($1.54P \leqslant P_b \leqslant 1.76P$)。

7.4.3.4 安全阀应满足GB/T 12243的规定,回座压力不低于90%整定压力;爆破片安全装置除螺塞螺纹外,其余应符合GB/T 16918的规定。安全阀及爆破片安全装置应通过相关的型式试验验证。

7.5 外壳泄压装置

外壳应设置泄压装置,且应满足如下规定:

——泄放压力不应大于 0.1 MPa；

——最小泄放面积不应小于内胆公称容积与 $0.34 \text{ mm}^2/\text{L}$ 的乘积，且最小内直径不小于 6 mm；

——不应采用重闭式结构；

——应有防护措施以免在泄放时伤人。

8 制造

8.1 制造单位职责

8.1.1 制造单位正式生产前，用于制造的文件应已通过鉴定批准，按照此文件生产的样瓶应已通过型式试验验证。

8.1.2 制造单位的检查部门应按照本文件及设计文件规定的要求进行检验和试验，出具相应的报告，并对报告的正确性和完整性负责。

8.2 组批

8.2.1 按照内胆组批进行制造，同一批内胆筒体的材料批号不应超过两个。产品组批在内胆组批的基础上进行；同一内胆批量宜为一个产品批量，也可以组成多个产品批量。

8.2.2 一批内胆数量不应大于 200 只(不包括破坏性检验用瓶)。

8.3 材料复验

内胆主体材料应按照炉罐号进行化学成分复验；应按照批号进行力学性能复验，力学性能试样应沿垂直钢板轧制方向截取。

8.4 标志移植

受压元件的材料应有可追溯的标志。在制造过程中如果原标志被裁掉或材料被分成几块时，制造单位应规定标志的表达方式。在材料分割前用无氯无硫的记号笔完成标志移植，不应采用硬印标记。

8.5 未注公差

未注线性和角度尺寸公差的等级按照 GB/T 1804 的规定，机械加工表面为中等 m 级，非机械加工表面为粗糙 c 级。

8.6 筒体

8.6.1 筒体纵缝对口错边量 b_s [见图 1a)]不应大于 $0.1S_n$；筒体纵缝形成的环向棱角高度 E_s(见图 2)，宜用弦长等于 $D_i/2$，但不大于 300 mm 的内样板(或外样板)和直尺检测，其值不应大于 $0.1S_n+2$ mm。

8.6.2 筒体制作完成后，同一横截面最大最小内径差 e 不应大于 $0.01D_i$。

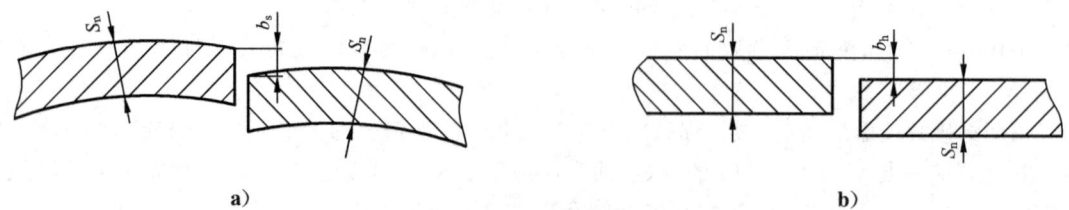

a) b)

图 1 纵缝、环缝的对口错边量

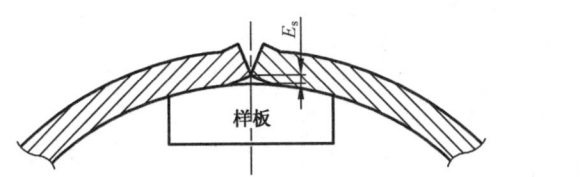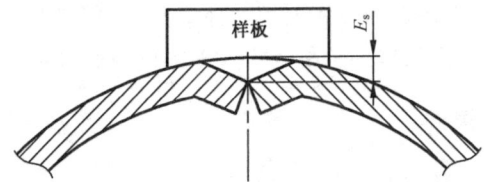

图 2　纵缝的环向棱角高度

8.7　封头

8.7.1　用于制造封头的钢板不应拼接,且内胆封头的壁应力值不应大于内胆筒体的壁应力值。

8.7.2　封头成形后不应有突变、裂纹、起皮、折皱等缺陷,壁厚符合 7.2、7.3 及设计文件的要求。

8.7.3　封头形状与尺寸公差按照 GB/T 25198 的规定进行检验,结果应符合表 6 的规定。

表 6　封头形状和尺寸公差

单位为毫米

| 内直径 D_i | 封头形状与尺寸公差 | | | | 直边倾斜度 | | 封头内高度公差 ΔH_i |
	内圆周长公差 $\Delta \pi D_i$	曲面与样板间隙 a	表面凹凸量 c	最大最小直径差 e	外倾	内倾	
＜400	±4.0	≤2	≤1	≤2	≤1.5	≤1.0	+5 −3
400～＜800	±6.0	≤3	≤2	≤3			
800～1 200	±9.0	≤5	≤3	≤5			

8.7.4　液氧及液化天然气气瓶应在外壳阀门端封头明显部位压制字体高度不宜小于 40 mm 的凸起标志,液氧的压制"O₂"、液化天然气的压制"LNG"。

8.8　连接接头

8.8.1　纵、环焊接接头应采用全焊透对接接头。纵焊接接头不应有永久性垫板;环焊接接头可采用永久性垫板或锁底接头。

8.8.2　与内胆直接连接的元件应采用熔化焊的方法。管接头、管座或凸缘等受压元件与封头的连接应采用全焊透接头。

8.8.3　钎焊和螺纹连接仅准许用于与内胆不直接相连的接头。

8.9　组装

8.9.1　元件组装前应检查合格,受压元件不准进行强力对中、找平。

8.9.2　封头与筒体对接环缝对口错边量 b_h[见图 1b)]不应大于 $0.25S_n$;封头与筒体形成的轴向棱角高度 E_h(见图 3)不应大于 $0.1S_n+2$ mm,检验尺的长度不应小于 150 mm。

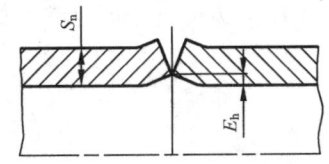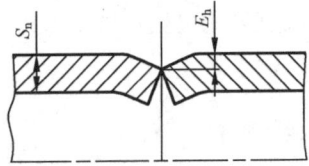

图 3　环焊缝轴向棱角高度示意图

GBT 24159—2022

8.9.3 焊接在内筒体上的元件应避开内筒体的纵、环焊接接头。

8.9.4 底座、框架及吊装附件等部件与瓶体的连接应避开外壳的纵、环焊缝。

8.10 焊接

8.10.1 焊前准备及施焊环境

8.10.1.1 焊接材料的贮存库应保持干燥,相对湿度不应大于60%。

8.10.1.2 焊接(包括焊接返修)应在清洁、干燥的室内专用场地上进行。当施焊环境出现下列任一情况,且无有效防护措施时,不应施焊:
——气体保护焊时风速大于2 m/s;
——相对湿度大于90%;
——焊件温度低于-20 ℃。

8.10.1.3 焊件温度低于0 ℃,但不低于-20 ℃时,应在始焊处100 mm范围内预热到15 ℃左右。

8.10.2 坡口要求

坡口表面不应有裂纹、分层、夹杂等缺陷。施焊前,应清除坡口及两侧母材表面至少20 mm范围内(以坡口边缘计)的氧化物、油污等其他有害杂质。

8.10.3 内胆焊接工艺评定

8.10.3.1 内胆的纵、环焊接接头以及所有元件与内胆的焊接接头均应进行焊接工艺评定。焊接工艺评定应符合本文件和GB/T 33209的规定。

8.10.3.2 公称容积小于或等于100 L的焊接工艺评定,纵缝、环缝可采用试样瓶或纵缝采用平板试件、环缝采用圆筒形试件;公称容积大于100 L的可采用平板试件。

8.10.3.3 材料厚度不足以制备厚度2.5 mm的内胆焊接工艺评定冲击试样时,应采用含碳量(质量分数)不低于0.05%,厚度不超过3.2 mm的材料用相同焊接工艺焊接试样瓶或试件,然后再制备2.5 mm的试样。

8.10.3.4 内胆纵、环焊接接头焊接工艺评定试验结果要求如下:
——拉伸试样无论断裂发生在任何位置,实测抗拉强度不应小于6.3的规定及设计文件要求;
——试样弯曲到180°后,其拉伸面上的焊缝和热影响区内不应有开口缺陷,试样的棱角开口缺陷一般不计,但由未熔合、夹渣或其他内部缺欠引起的棱角开口缺陷长度应计入;
——10 mm×10 mm×55 mm的标准试样在-192 ℃下的夏比冲击功吸收能量(KV_2)平均值不应小于31 J;至多准许有一个试样小于31 J,但不应小于21.7 J;宽度为7.5 mm、5 mm、2.5 mm的小尺寸试样的KV_2指标分别为标准试样的75%、50%、25%。

8.10.4 内胆焊接

8.10.4.1 焊接设备、焊接标识

纵、环焊接接头宜采用机械化气体保护焊。施焊后,纵、环焊接接头应有可跟踪的标识和记录。标识不应采用硬印方式。

8.10.4.2 引弧板和熄弧板

施焊时,纵焊接接头应有引弧板和熄弧板,环焊接接头不应在非焊接处引弧。应采用切除的方法去除引弧板和熄弧板,不应使用敲击的方法;去除后应磨平切除处。

8.10.4.3 产品焊接试样

8.10.4.3.1 每批内胆应按照内胆筒体的材料批号以及下列规定制作试样瓶或产品焊接试件进行力学性能试验和弯曲性能试验：

    a) 公称容积不大于 100 L 时，纵、环焊接接头应分别制作；

    b) 纵、环焊接接头焊接工艺不同时，纵、环焊接接头应分别制作；

    c) 公称容积大于 100 L，且纵、环焊接接头焊接工艺相同时，可只制作纵向平板焊接试件。

8.10.4.3.2 制作试样瓶时，在焊接接头的形状尺寸和外观符合 8.10.4.4 的规定及 100%无损检测符合 8.11.2 规定后，纵焊接接头与环焊接接头应分别取样，取样位置按照图 4 的规定。

8.10.4.3.3 制作产品焊接试件时，应采用与内胆筒体批号相同的材料。平板焊接试件可置于筒体焊缝延长部位与所代表的筒体一起施焊；圆筒形焊接试件的内直径不应大于在制品的内直径。在焊接接头的形状尺寸和外观符合 8.10.4.4 的规定及 100%无损检测符合 8.11.2 规定后，圆筒形焊接试件取样位置按照图 4 的规定，平板焊接试件取样位置按照图 5 的规定。

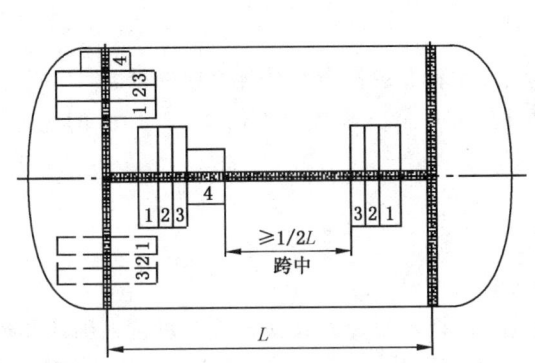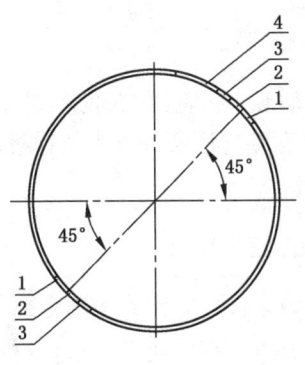

标引序号说明：

1——拉伸试样；

2——面弯试样；

3——背弯试样；

4——冲击试样。

图 4 试样瓶上试样位置图

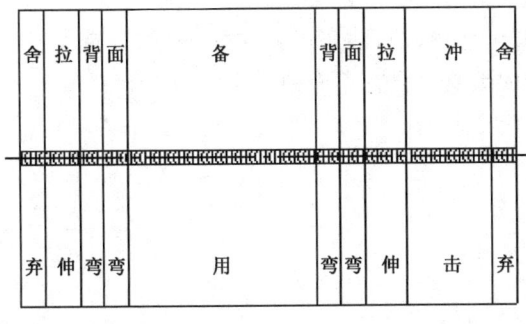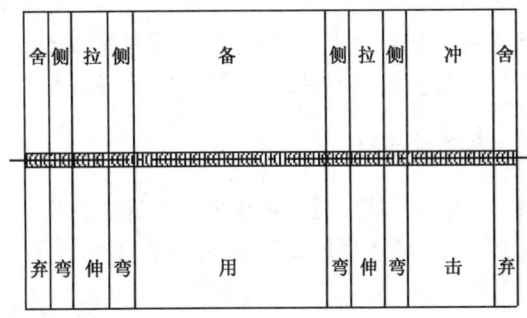

注：舍弃部分宽度至少为 25 mm，两端带引(熄)弧板时，可不舍弃。

图 5 板状对接焊接接头上试样位置图

8.10.4.3.4 符合 8.10.4.3.1a)、8.10.4.3.1b)的情况时，纵焊接接头、环焊接接头制备拉伸试样各 1 件、横向面弯试样各 1 件、横向背弯试样各 1 件、冲击试样各 6 件(焊缝、热影响区各 3 件)。符合 8.10.4.3.1c) 采用平板焊接试件时，制备拉伸试样 1 件、横向面弯试样 1 件、横向背弯试样 1 件、冲击试样 6 件(焊缝、热影响区各 3 件)。

8.10.4.3.5 内胆材料不足以制备 2.5 mm 的产品焊接试样时,可免做冲击试验。

8.10.4.4 焊接接头形状尺寸和外观

8.10.4.4.1 对接焊缝的余高为 0 mm~2.5 mm,同一焊缝最宽最窄处之差不应大于 3 mm。

8.10.4.4.2 焊缝与母材应圆滑过渡,角焊缝的外形应成凹形圆滑过渡。

8.10.4.4.3 焊接接头不准许有咬边、表面裂纹、表面气孔、未焊透、未熔合、未填满、弧坑、夹渣和飞溅物。

8.10.4.5 焊接返修

8.10.4.5.1 焊接接头及产品焊接试件的返修应按照返修工艺进行,返修部位的形状尺寸和外观检测结果应符合 8.10.4.4 的规定,返修部位无损检测的结果应符合 8.11.2 的规定。

8.10.4.5.2 同一焊接部位的返修次数不宜超过两次;超过时,返修前应经制造单位技术负责人批准。返修次数和返修部位应记入产品生产检验记录,并在产品合格证中注明。

8.11 无损检测

8.11.1 内胆纵、环焊接接头的无损检测应在形状尺寸和外观符合 8.10.4.4 后进行。

8.11.2 射线检测技术等级为 AB 级,检测结果评定和质量分级按照 NB/T 47013.2 的规定,合格级别不低于Ⅱ级。

8.12 内胆耐压试验

8.12.1 内胆耐压试验应在无损检测合格后逐只进行。

8.12.2 试验应有可靠的安全防护措施,并经制造单位技术负责人或安全生产负责人确认和批准。

8.12.3 试验应使用两个量程相同的、在检定有效期内的压力测试仪表,量程为试验压力的 1.5 倍~3 倍(宜为试验压力的 2 倍),精度不低于 1.6 级,机械式的表盘直径不小于 100 mm。

8.12.4 试验时,焊接接头有泄漏的应按照 8.10.4.5 的规定进行返修,合格后重新进行耐压试验。

8.12.5 保压检查期间压力不应下降,不应有渗漏、可见的宏观变形和异常声响等现象。

8.13 表面质量与清洁度

8.13.1 板材表面不应有影响正常使用的缺陷,对于尖锐划痕应进行修磨,修磨斜度最大为 1:3,修磨处应圆滑光洁,且修磨后内胆厚度满足 7.2 的要求、外壳厚度满足 7.3 的要求。

8.13.2 形成(或处于)真空空间的元件应进行清除碳氢化合物(油、油脂等)、去污处理,处理完毕后应有良好的保护措施;与氧直接接触的零部件处理后残余的碳氢化合物不应超过 125 mg/m^2。

8.14 气密性试验

8.14.1 气密性试验压力不应低于公称工作压力。

8.14.2 保压检查期间压力不应下降、不应有泄漏。

9 检验方法

9.1 内胆主体材料

内胆主体材料化学成分复验及力学性能复验,当采用国内材料时试验方法和检验要求按照GB/T 24511 的规定进行;当采用境外材料时试验方法和检验要求按照相应的国外标准的规定进行;检验频次按照表 7 的规定。

表 7　检验项目、检验频次、要求

序号	检验项目		检验频次			要求
			逐只检验	批量检验	型式试验	
1	内胆主体材料复验			△	△	6.2、6.3
2	内胆、外壳筒体	纵缝对口错边量 b_s	△			8.6.1
3		纵缝环向棱角高度 E_s	△			8.6.1
4		同一截面最大最小直径差 e	△			8.6.2
5		实测最小厚度 S_b	△			7.2.2
6	内胆、外壳封头 a	外观		△		8.7.2
7		内圆周长公差 $\Delta\pi D_i$		△		8.7.3
8		曲面与样板间隙 a		△		8.7.3
9		表面凹凸量 c		△		8.7.3
10		最大最小直径差 e		△		8.7.3
11		内高度公差 ΔH		△		8.7.3
12		直边倾斜度		△		8.7.3
13		成形后最小厚度 S_h	△			7.2.1
14	封头与筒体对接环缝对口错边 b_h		△			8.9.2
15	封头与筒体形成的轴向棱角高度 E_h		△			8.9.2
16	内胆产品焊接试样力学性能			△	△	8.10.4.3
17	焊接接头形状尺寸和外观		△			8.10.4.4
18	无损检测		△			8.11.2
19	内胆耐压试验		△			9.5
20	表面质量与清洁度		△			8.13
21	真空夹层漏气速率			△	△	7.1.3
22	真空夹层漏放气速率				△	7.1.3
23	气密性试验		△			9.9
24	低温真空度				△	9.10
25	静态蒸发率			△	△	7.1.3
26	接地电阻 b		△			7.1.6.5
27	容积		△			9.13.1
28	气瓶净重		△			设计文件
29	振动试验				△	附录D
30	跌落试验				△	附录E

注 1：△表示检验该项目。

注 2：区分内胆与外壳时，内胆下角标为 1，外壳下角标为 2，如 e_1、e_2、S_{b1}、S_{b2}。

a 封头检验数量由制造单位确定。

b 仅适用于液化天然气气瓶。

9.2 壁厚测定

壁厚用超声波测厚仪或游标卡尺等工具按照表 7 规定的频次进行测量。

9.3 内胆产品焊接试样

内胆产品焊接试样拉伸试验方法按照 GB/T 228.1 的规定,冲击试验方法按照 GB/T 229 的规定(冲击温度不高于−192 ℃),弯曲试验方法按照 GB/T 2653 的规定。

9.4 无损检测

9.4.1 内胆纵、环焊接接头的检测应采用射线检测方法(胶片感光、数字成像、计算机辅助成像)。采用胶片感光时应符合 NB/T 47013.2 的规定,采用数字成像时应符合 GB/T 17925 或 NB/T 47013.11 的规定,采用计算机辅助成像检测时应符合 NB/T 47013.14 的规定。

9.4.2 内胆纵、环焊接接头应选用以下方式进行检测:

    a) 采用气压进行耐压试验时,纵、环焊接接头逐条 100％射线检测;

    b) 采用液压进行耐压试验时,抽取的纵焊接接头比例不应小于每批总数量的 10％,且不应少于 2 条进行 100％射线检测。

9.5 内胆耐压试验

9.5.1 液压试验方法如下:

    ——采用氯离子含量不超过 25 mg/L 的清洁水;

    ——试验程序和步骤按照 GB/T 9251 的规定进行;

    ——液压试验后应及时排尽内胆与接管中的水,并使其干燥。

9.5.2 气压试验方法如下:

    ——采用干燥洁净的空气、氮气或其他惰性气体;

    ——试验时先缓慢升压至试验压力的 10％,保压对所有焊接接头和连接部位进行初次检查;确认无泄漏后,再继续升压至试验压力的 50％;如无异常现象,其后按照试验压力的 10％逐级升压,直到试验压力,保压时间至少 30 s,且充分膨胀;后降至公称工作压力,保压进行检查。

9.6 表面质量与清洁度

表面质量与清洁度的处理方法应按照 JB/T 6896 的规定;真空空间的元件选取适合的方法;与氧直接接触的零部件宜采用油分浓度测定法、质量法处理碳氢化合物。

9.7 真空夹层漏气速率

抽真空前,按照 GB/T 18443.3 规定的方法检测。

9.8 真空夹层漏放气速率

抽真空结束,按照 GB/T 18443.4 规定的方法进行检测。

9.9 气密性试验

阀门、仪表及安全泄压装置等附件组装后,按照 GB/T 12137 规定的方法进行试验。

9.10 低温真空度

充装液氮且至热平衡后,按照 GB/T 18443.2 规定的方法进行测量。

9.11 静态蒸发率

制造完毕,每批抽取不少于 3 只按照 GB/T 18443.5 规定的方法进行检测。

9.12 接地电阻

制造完毕,接地电阻用电阻测试仪进行检测。

9.13 容积与质量

9.13.1 容积

内胆容积可按照 GB/T 18443.8 规定的方法进行测定。

9.13.2 质量

制造完毕,应采用称量范围为实际质量的 1.5 倍～3 倍、精度满足最小称量误差要求的衡器测定气瓶净重。

9.14 取舍规则

对于测定的容积,个位小于 5 时应舍去,大于 5 时取 5;对于气瓶净重和最大充装质量应舍弃小数点后的数字。保留有效数字至个位。取舍后的数据是铭牌上标示的容积、质量。

示例:

实测值	容积取值/L	质量取值/kg	
		气瓶净重	最大充装质量
10.67	10	10	10
104.45	100	104	104
177.78	175	177	177

10 检验规则

10.1 项目、频次及要求

产品检验的项目、检验频次、要求应按照表 7 的规定。

10.2 复验规则

10.2.1 批量检验中,检验项目有不合格应按照表 8 进行复验,复验后仍不合格的应按照表 8 的规定处理。

表 8 复验及复验不合格的处理规则

检验项目	内胆主体材料	封头形状外观等	内胆产品焊接试样力学性能	内胆焊接接头无损检测	静态蒸发率
复验数量	按照 10.2.2	按照 10.2.3	按照 10.2.4	按照 10.2.5	按照 10.2.6
复验后仍不合格	逐张检验	逐只检验	该批产品不合格	逐条检验	逐只检验

10.2.2 内胆主体材料的化学成分、力学性能有不合格,复验试样的数量、取样位置、试样制备、试验方法按照相应材料标准的规定。化学成分复验时只针对不合格的元素含量进行;力学性能复验时只针对不合格项目进行。

10.2.3 封头检测有不合格,制造单位根据实际情况确定复验数量。

10.2.4 内胆产品焊接试样力学性能和弯曲试验有不合格,准许从原试样瓶或原产品焊接试件上取样对不合格项目复验。复验试样的取样位置、取样数量、试样制备按照8.10.4.3的规定,试验方法按照9.3的规定。拉伸试验、弯曲试验及前后两组冲击试样的平均值的试验结果应符合8.10.3.4的规定。

10.2.5 按照9.4.2b)方式检测的纵焊接接头有不合格,复验数量不少于9.4.2b)规定的2倍。

10.2.6 静态蒸发率检测不合格,再抽取不少于6只进行复验。

10.2.7 如有证据证明是操作失误或试验设备失灵,可以进行第二次试验。第二次试验合格,则第一次试验结果可以不计;第二次试验不合格,按照10.2.1的规定进行复验。

10.3 型式试验

10.3.1 有以下情况之一的,应进行型式试验:

——新开发的气瓶;

——制造单位首次制造的气瓶;

——制造中断12个月,又重新投入制造的首批气瓶;

——变更符合10.3.3规定的气瓶。

10.3.2 型式试验的项目按照表7规定;应从同一批气瓶(内胆)抽样,基数应满足下列要求:

——首次制造的不少于15只气瓶;

——非首次制造的气瓶基数不少于试验用样瓶数量的3倍;

——采用试样瓶取样的应提供至少3只内胆。

10.3.3 当设计有变更时制造单位应向设计文件鉴定机构提供变更内容,当变更项目有表9规定之一时,应按照表9规定的型式试验项目进行相关试验。

表 9 变更后需进行型式试验的项目

型式试验项目	变更项目					
	绝热系统	内胆与外壳之间的连接件	内胆主体材料类型	内胆筒体厚度	内胆容积[a]	框架或保护罩
材料化学成分			△	△		
材料力学性能			△	△		
产品焊接试样力学性能			△	△[b]		
真空夹层漏气速率					△	
真空夹层漏放气速率	△				△	
低温真空度					△	
静态蒸发率	△	△[c]		△[d]	△	
振动试验		△[e]		△	△[f,g]	△

表 9 变更后需进行型式试验的项目（续）

型式试验项目	变更项目					
	绝热系统	内胆与外壳之间的连接件	内胆主体材料类型	内胆筒体厚度	内胆容积[a]	框架或保护罩
跌落试验		Δ[e]			Δ[f,g]	Δ

注：Δ 表示检验该项目。

[a] 仅因长度变化引起的容积变化率不超过已通过试验的受试瓶容积的 100% 时,仅做振动、跌落试验。

[b] 壁厚变化按照 GB/T 33209—2016 表 2 的规定需要做焊接工艺评定的。

[c] 连接件截面积变化率不超过 20% 可免做。

[d] 内胆内直径和公称容积相同的厚壁气瓶已通过试验验证的,若因公称工作压力变小引起壁厚变薄的可免做。

[e] 连接件截面积变大可以免做。

[f] 仅因长度变化引起的容积变化,下列情况可以免做:变小不超过已通过试验的受试瓶容积的 100%,变大不超过已通过试验的受试瓶容积的 20%。

[g] 气瓶充装质量小于同一型号已通过试验的受试瓶时可免做。

11 标志、包装和运输

11.1 铭牌应当牢固地焊接或铆接在部件上。铭牌内容应采用机械打印、激光打印、蚀刻、镂刻等能够形成永久性标记的方法制作。铭牌至少包含以下内容:

——气瓶型号;

——气瓶编号;

——产品标准号;

——充装介质名称(只准许一种);

——公称容积;

——公称工作压力;

——内胆耐压试验压力;

——气瓶净重;

——最大充装质量;

——制造单位名称;

——制造单位代号;

——制造许可证编号;

——制造日期;

——监检标志;

——设计使用年限。

11.2 标签的底色和字色按照 GB/T 7144 的规定,布局合理,尺寸不小于 300 mm×300 mm,应粘贴在瓶体易于观察的部位且耐撕毁。标签至少应包含以下内容:

——"焊接绝热气瓶"字样;

——气瓶型号;

——公称工作压力;

——内胆耐压试验压力；

——充装介质名称；

——介质主要特性（如低温性、易燃特性、窒息性等，但不限于）；

——警示标签（按照 GB/T 16804 的规定）；

——急救措施（如低温灼伤的处理、窒息的急救等，但不限于）；

——必要的警告内容（如天然气气瓶应有"密闭或通风不良空间禁止使用""远离点火源"；立式气瓶应有"应保持直立"或"禁止卧放"等，但不限于）。

11.3 液化天然气气瓶出厂前应设置永久性电子识读标志，其余介质气瓶出厂前推荐设置。该识读标志应当能够通过手机扫描方式链接到制造单位建立的产品公示平台，直接获取每只产品的产品信息数据，且应在使用年限内不可更换并能有效识读。

11.4 出厂时内胆应充有不大于 0.1 MPa 的干燥氮气。

11.5 包装应根据设计文件规定或用户要求。

11.6 在运输和装卸过程中，要防止碰撞、受潮和损坏附件。

12 出厂资料

12.1 产品合格证

每只气瓶应有产品合格证，格式见附录 F。

12.2 批量检验质量证明书

12.2.1 批量检验质量证明书的格式见附录 G。

12.2.2 每批应有批量检验质量证明书。提供给用户的批量检验质量证明书是复印件时，应盖有制造单位检验公章。

12.3 产品使用说明书

应向用户提供产品使用说明书。使用说明书至少应包含产品简介、设计标准、结构和性能、产品使用指南（气体性质、充装、运输、贮存、定期检验、颜色标志以及需要用户遵守的安全基本要求等）、急救措施等内容。

13 资料保存

13.1 设计鉴定文件资料、型式试验报告、各种工艺评定报告、工艺文件等技术资料，应当作为存档资料长期保存。

13.2 产品档案保存时间不应少于 20 年，包括材料质量证明书，材料复验报告，制造和检验过程的各种质量和记录报告如施焊记录、无损检测、耐压试验等，产品批量检验质量证明书，产品监督检验证书等。产品档案可以是纸质或者电子文档。

附 录 A
（规范性）
最大准许充装系数

A.1 概述

由于外部热量的传入会导致液化气体膨胀,直至充满气瓶而引发危险;因此本附录对充装进行限制以避免这种状况的发生。

A.2 说明

A.2.1 液氧、液氮、液氩、液态二氧化碳、液态氧化亚氮的最大准许充装系数是 0.98 与主安全阀整定压力时的饱和液体密度之积加上 0.02 与主安全阀整定压力时的饱和蒸气密度之积的和;液化天然气(甲烷)的最大准许充装系数是 0.95 与主安全阀整定压力时的饱和液体密度之积加上 0.05 与主安全阀整定压力时的饱和蒸气密度之积的和。常用数据见表 A.1。

A.2.2 液化天然气是以甲烷为基础计算的,气瓶使用单位宜按照液化天然气实际的特性进行计算。

A.2.3 当整定压力大于或等于临界压力时,最大准许充装系数为临界密度。

表 A.1 常用最大准许充装系数

主安全阀整定压力 P_z/MPa	液氧/(kg/L)	液氮/(kg/L)	液氩/(kg/L)	液化天然气(甲烷)/(kg/L)	液态二氧化碳/(kg/L)	液态氧化亚氮/(kg/L)
0.24	1.050	0.734	1.284	0.377		
0.48	1.010	0.699	1.233	0.362		
0.72	0.978	0.672	1.194	0.350		
0.96	0.951	0.648	1.160	0.340		
1.20	0.927	0.625	1.130	0.331		
1.44	0.904	0.604	1.101	0.323		
1.68	0.883	0.583	1.075	0.315		
1.92	0.863	0.562	1.049	0.307		
2.16	0.843	0.540	1.024	0.299		
2.40	0.823	0.516	0.999	0.291		
2.64	0.803	0.491	0.974	0.284	0.959	0.915
2.88	0.783	0.461	0.949	0.276	0.943	0.899
3.12	0.763	0.419	0.923	0.268	0.928	0.885
3.36	0.742	0.383*	0.895	0.259	0.912	0.870
3.60	0.720		0.867	0.250	0.897	0.856
3.84	0.696		0.835	0.239	0.882	0.841
4.08	0.671		0.800	0.227	0.867	0.827
4.20	0.657		0.780	0.219	0.860	0.819

注 1:"*"处的系数是压力为 3.34 MPa 时的值。

注 2:中间值采用内插法。

附　录　B

（规范性）

阀门进口接头与出口接头

B.1　基本要求

B.1.1　工作压力不应低于 3.5 MPa，爆破压力不应低于 14.0 MPa。

B.1.2　材质应与盛装介质相容，应满足强度要求及与相配阀门、外部接管的适应性，且应取得材料质量证明书。

B.1.3　液化天然气的阀门接头为左旋螺纹，其余介质的为右旋螺纹。

B.1.4　在不影响密封性能和整体强度的情况下，准许适当压平（钝化处理）引导螺纹的外螺纹牙顶。

B.1.5　未注线性尺寸公差的等级按照 GB/T 1804 的中等 m 级，密封面的表面粗糙度 $Ra3.2$。

B.1.6　在阀门接头体的棱柱的六个面中任意面的明显位置刻印或用钢印打"WP 3.5 MPa"（WP 指工作压力）、"CGA ×××"字样（"×××"应符合表 B.1 的规定），字体高度不应小于 3.5 mm。

B.1.7　阀门接头组批的数量不应大于同一批号材料可制作的数量。

B.2　试验方法

B.2.1　试验条件

试验应在下列条件下进行：

——试验环境条件为环境大气压和环境温度；

——试验装置应使用两个量程相同的、在检定有效期内的压力测试仪表，量程为试验压力的 1.5 倍～ 3 倍（宜为试验压力的 2 倍），精度不低于 1.6 级，机械式的表盘直径不应小于 100 mm。

B.2.2　漏率测试

漏率测试按照以下要求进行和验收：

a)　每批选取不少于 5 个样品与测试工装（如配套的螺母、垫片、接头、管道等）及试验装置相连接并拧紧；

b)　充入洁净的惰性气体至 3.5 MPa；

c)　将样品与测试工装没入水中保压不少于 5 min；

d)　5 个样品总的泄漏率不应大于 1.67 mm^3/s。

B.2.3　循环测试

循环测试按照以下要求进行和验收：

a)　每批选取不少于 5 个样品测量，并记录数据（如螺纹、孔径及其他因反复拧紧可能发生变化的尺寸）；

b)　在 3.5 MPa 压力下，测定并记录样品与测试工装密封时的力矩；

c)　继续拧紧至 B.2.3b)测定的力矩的两倍，然后标记样品与测试工装的相对位置；

d)　松开至手可以拧动的程度，然后拧紧至 B.2.3c)中的标记位置为一个循环；

e)　每进行 100 次循环操作后，测量并记录 B.2.3a)的数据；

f)　每个样品共进行不少于 500 次循环操作；

g)　循环测试后，再按照 B.2.2 进行漏率测试，结果应符合 B.2.2 的要求。

B.2.4 强度测试

强度测试按照以下要求进行和验收：

a) 每批选取 5 不少于个样品进行强度测试；

b) 每个样品进行不低于 14.0 MPa 的压力试验保压不少于 5 min；

c) 强度测试后无永久变形及破裂现象。

B.3 与阀门连接方式

阀门接头应采用以下任一种方式与阀门连接：

——采用银钎焊、焊接的方式；

——是一个整体（阀座的一部分）；

——需采用专用工具才可拆卸的防拆卸装置连接。

B.4 阀门接头代号与配对管口

充装口、出液口（或充装口、出液口合一）、气体使用口、放空口（或兼做测满口）按照表 B.1 的规定配置相应的阀门接头。

表 B.1 阀门接头代号与配对管口

介质	充装口	出液口	气体使用口	放空口（测满口）
液氧		CGA 440	CGA 540	CGA 440
液氮		CGA 295	CGA 580	CGA 295
液氩		CGA 295	CGA 580	CGA 295
液化天然气（甲烷）		CGA 450	CGA 450	CGA 450
液态二氧化碳		CGA 622	CGA 320	CGA 295
液态氧化亚氮		CGA 624	CGA 326	CGA 624

<h1>附　录　C</h1>

（规范性）

<h2>安全泄放量和泄放面积</h2>

C.1　安全泄放量

C.1.1　气瓶绝热层完好或者劣化，夹层空间处于大气压力下充满气态的贮存介质或空气，外部环境温度为 328 K(55 ℃)时，安全泄放量按照公式(C.1)计算：

$$Q_{a1}=\frac{0.383(328-T)G_i U_1 A_r}{922-T} \quad\quad\quad (C.1)$$

$$U_1=\frac{\lambda_1}{\delta}$$

式中：

A_r——受热面积，绝热层内外表面积的算术平均值，单位为平方米(m²)；

G_i——P_f 压力下介质的气体系数；

Q_{a1}——折合成自由空气的安全泄放量(体积流量)，单位为立方米每小时(m³/h)；

T——P_f 压力下安全泄压装置进口处介质的温度，单位为开尔文(K)；

U_1——绝热系统在外部温度为 328 K(55 ℃)，内部温度为 P_f 压力下介质的饱和温度时的传热系数，单位为千焦每小时平方米摄氏度[kJ/(h·m²·℃)]；

λ_1——液体沸点时的饱和温度和 328 K 下的平均热导率，宜由制造单位实际测出，没数据时也可参照表 C.1 的值，单位为千焦每小时米摄氏度[kJ/(h·m·℃)]；

δ——绝热层厚度，不包括真空空间、劣化绝热层所占空间，单位为米(m)。

C.1.2　气瓶绝热层完好或者劣化，夹层空间处于大气压力下充满气态的贮存介质或空气，同时外部处于火灾或 922 K(649 ℃)高温条件下，安全泄放量按照公式(C.2)计算：

$$Q_{a2}=G_i U_2 A_r^{0.82} \quad\quad\quad (C.2)$$

$$U_2=\frac{\lambda_2}{\delta}$$

式中：

Q_{a2}——折合成自由空气的安全泄放量(体积流量)，单位为立方米每小时(m³/h)；

U_2——绝热系统在外部温度为 922 K(649 ℃)，内部温度为 P_f 压力下介质的饱和温度时的传热系数，单位为千焦每小时平方米摄氏度[kJ/(h·m²·℃)]；

λ_2——液体沸点时的饱和温度与 922 K 下的热导率的平均值，宜由制造单位实际测出，没数据时也可参照表 C.1 的值，单位为千焦每小时米摄氏度[kJ/(h·m·℃)]。

表 C.1　热导率

介质	氧	氮	氩	甲烷	二氧化碳	氧化亚氮
λ_1	0.068 4	0.068 4	0.046 8	0.086 4	0.061 2	0.050 4
λ_2	0.156 0	0.144 7	0.098 5	0.268 1	0.142 1	0.136 8

注：夹层压力为 1.013 25×10⁵ Pa(绝对压力)。

C.2　流量换算

质量流量与体积流量的换算按照公式(C.3)进行。

$$W_{s} = \frac{Q_a C}{92.34} \sqrt{\frac{M}{ZT}} \qquad \cdots\cdots\cdots\cdots\cdots\cdots\cdots\cdots\cdots\cdots\cdots(\text{C.3})$$

式中：

C——气体特性系数，按 GB/T 33215—2016 的表 1 或按照式(C.4)求取：

$$C = 520 \times \sqrt{k \left(\frac{2}{k+1} \right)^{\frac{k+1}{k-1}}} \qquad \cdots\cdots\cdots\cdots\cdots\cdots\cdots\cdots(\text{C.4})$$

式中：

k ——气体绝热指数；

M ——介质的摩尔质量，单位为千克每千摩尔(kg/kmol)；

Q_a ——Q_{a1}、Q_{a2} 的统称；

W_s ——安全泄放量(质量流量)，单位为千克每小时(kg/h)；

Z ——气体压缩系数。

C.3 泄放面积

泄放面积按照公式(C.5)计算：

$$A_0 \geqslant \frac{W_s}{7.6 \times 10^{-2} CK P_f} \sqrt{\frac{ZT}{M}} \qquad \cdots\cdots\cdots\cdots\cdots\cdots\cdots(\text{C.5})$$

式中：

A_0——泄放面积，单位为平方毫米(mm²)；

K ——安全泄压装置的泄放系数，与泄压装置的类型、结构有关：爆破片装置一般选取不大于 0.6，安全阀由泄压装置制造单位实测确定。

C.4 气体压缩系数 Z

气体压缩系数应按照表 C.2 或 GB/T 33215—2016 附录 A 选取。当压力不在表 C.2 范围内时，Z 值可以按照公式(C.6)计算。气体压缩系数不能确定时，选取 $Z=1$。

$$Z = \frac{10^6 M P_f}{R \rho_g T} \qquad \cdots\cdots\cdots\cdots\cdots\cdots\cdots\cdots\cdots\cdots(\text{C.6})$$

式中：

R ——通用气体常数，$R = 8\,314$ N·m/(kmol·K)；

ρ_g ——P_f 压力下介质饱和蒸气密度，单位为千克每立方米(kg/m³)。

表 C.2　气体压缩系数 Z

安全泄压装置排放压力(绝对压力)/MPa	液氧	液氮	液氩	液化天然气(甲烷)	液态二氧化碳	液态氧化亚氮
0.364	0.919 6	0.894 2	0.916 2	0.912 2	—	—
0.452	0.906 3	0.877 0	0.902 6	0.898 1	—	—
0.628	0.882 0	0.845 4	0.877 9	0.872 3	—	—
0.804	0.859 8	0.816 3	0.855 2	0.848 7	—	—
0.892	0.849 2	0.802 4	0.844 5	0.837 5	—	—
1.156	0.819 2	0.762 4	0.813 9	0.805 5	—	—
1.420	0.790 9	0.724 0	0.785 1	0.775 4	—	—

表 C.2 气体压缩系数 Z（续）

安全泄压装置排放压力(绝对压力)/MPa	液氧	液氮	液氩	液化天然气(甲烷)	液态二氧化碳	液态氧化亚氮
1.508	0.781 8	0.711 4	0.775 8	0.765 7	—	—
1.684	0.763 9	0.686 3	0.757 5	0.746 4	—	—
1.860	0.746 4	0.661 2	0.739 5	0.727 6	—	—
1.948	0.737 7	0.648 5	0.730 6	0.718 2	—	—
2.212	0.711 2	0.609 8	0.704 2	0.690 3	—	—
2.476	0.686 5	0.569 1	0.678 0	0.662 5	—	—
2.564	0.678 0	0.554 8	0.669 2	0.653 2	—	—
2.740	0.661 0	0.524 6	0.651 6	0.634 4	—	—
2.916	0.643 9	0.491 3	0.633 9	0.615 3	—	—
3.004	0.635 3	0.472 8	0.624 9	0.605 6	0.724 1	0.718 4
3.268	0.609 1	0.400 9	0.597 4	0.575 8	0.706 3	0.700 5
3.532	0.582 0	—	0.568 9	0.544 2	0.688 5	0.682 7
3.620	0.572 7	—	0.559 0	0.533 1	0.682 6	0.676 7
3.796	0.553 6	—	0.538 6	0.509 9	0.670 7	0.664 9
3.972	0.533 6	—	0.517 0	0.484 6	0.658 9	0.653 0
4.060	0.523 2	—	0.505 6	0.470 9	0.652 9	0.647 0
4.324	0.489 7	—	0.468 1	0.422 1	0.635 0	0.629 0
4.588	0.450 8	—	0.421 1	—	0.616 8	0.610 7
4.676	0.435 7	—	0.400 8	—	0.610 6	0.604 5
4.720	0.427 5	—	—	—	0.607 6	0.601 4
5.028	0.330 2	—	—	—	0.585 7	0.579 3
5.380	—	—	—	—	0.559 8	0.553 0
5.732	—	—	—	—	0.532 4	0.525 0
6.084	—	—	—	—	0.503 0	0.494 6
6.260	—	—	—	—	0.487 2	0.478 0

C.5 气体系数 G_i

C.5.1 当 $P_f < P_{cr}$ 时，气体系数 G_i 采用公式（C.7）计算，常用数据见表 C.3：

$$G_i = \frac{241 \times (922 - T)}{qC} \sqrt{\frac{ZT}{M}} \quad \cdots\cdots\cdots\cdots\cdots (\text{C.7})$$

式中：

q——P_f 压力下介质的汽化潜热，单位为千焦每千克（kJ/kg）；

C.5.2 当 $P_f \geqslant P_c$ 时，气体系数 G_i 采用公式（C.8）计算：

$$G_i = \frac{241 \times (922 - T)}{\theta C} \sqrt{\frac{ZT}{M}} \quad \cdots\cdots\cdots\cdots\cdots\cdots\cdots (C.8)$$

$$\theta = v \left[\frac{\partial h}{\partial v} \right]_P$$

式中：

θ ——比热输入，在 P_f 压力和温度 $\dfrac{\sqrt{v}}{v\left[\dfrac{\partial h}{\partial v}\right]_P}$ 下取得最大值时的值，单位为千克每千焦（kg/kJ）；

v ——介质在 P_f 压力和操作温度范围内任一温度下的质量体积，单位为立方米每千克（m³/kg）。

表 C.3 常用气体系数 G_i

安全泄压装置排放压力（绝对压力）/MPa	液氧	液氮	液氩	液化天然气（中烷）	液态二氧化碳	液态氧化亚氮
0.364	4.865	5.299	5.357	3.156	—	—
0.452	4.976	5.446	5.480	3.225	—	—
0.628	5.168	5.709	5.694	3.345	—	—
0.804	5.377	5.952	5.884	3.453	—	—
0.892	5.417	6.070	5.973	3.504	—	—
1.156	5.645	6.427	6.230	3.652	—	—
1.420	5.865	6.802	6.480	3.797	—	—
1.508	5.939	6.935	6.563	3.847	—	—
1.684	6.087	7.217	6.733	3.974	—	—
1.860	6.239	7.528	6.907	4.052	—	—
1.948	6.317	7.697	6.997	4.106	—	—
2.212	6.560	8.283	7.278	4.278	—	—
2.476	6.822	9.047	7.585	4.469	—	—
2.564	6.916	9.363	7.695	4.539	—	—
2.740	7.112	10.142	7.929	4.688	—	—
2.916	7.326	11.245	8.184	4.854	—	—
3.004	7.440	12.015	8.322	4.945	3.886	4.024
3.268	7.819	17.250	8.786	5.259	3.962	4.128
3.532	8.271	—	9.352	5.661	4.063	4.228
3.620	8.443	—	9.573	5.824	4.098	4.264
3.796	8.831	—	10.079	6.215	4.171	4.340
3.972	9.294	—	10.704	6.735	4.247	4.419
4.060	9.564	—	11.079	7.073	4.287	4.461
4.324	10.602	—	12.628	8.787	4.413	4.593
4.588	12.303	—	15.712	—	4.550	4.739

表 C.3 常用气体系数 G_i（续）

安全泄压装置排放压力（绝对压力）/MPa	液氧	液氮	液氩	液化天然气（甲烷）	液态二氧化碳	液态氧化亚氮
4.676	13.187	—	17.803	—	4.602	4.791
4.720	13.741	—	—	—	4.628	4.818
5.028	38.029	—	—	—	4.822	5.024
5.380	—	—	—	—	5.087	5.306
5.732	—	—	—	—	5.417	5.662
6.084	—	—	—	—	5.851	6.141
6.260	—	—	—	—	6.130	6.457

C.6 气体的部分性质

气体的部分性质见表 C.4。

表 C.4 气体的部分性质

介质	摩尔质量/(kg/kmol)	气体特性系数 C	气体绝热指数 k	临界压力 P_{cr}（绝压）/MPa	临界温度 T_{cr}/K	临界密度 ρ_{cr}/(kg/m³)	液体密度/(kg/m³)
液氧	31.998 8	356	1.40	5.043	154.35	436.144	1 141.17
液氮	28.013 4	356	1.40	3.394	126.05	313.3	806.084
液氩	39.948	378	1.67	4.863	150.69	535.599	1 395.40
液化天然气（甲烷）	16.043	348	1.31	4.599	190.65	162.658	422.356
注：气体绝热指数是 $1.013\ 25 \times 10^5$ Pa（绝压），15 ℃状态下的。							

附　录　D
（规范性）
振动试验

D.1　试验目的

模拟气瓶在运输条件下,内胆与外壳之间的连接件、阀门管路系统及卧式气瓶框架（支座）等附件的耐久性。

D.2　试验对象

液氧气瓶应进行振动试验,其余介质的宜进行振动试验。

D.3　试验条件

D.3.1　充装介质和充装体积

振动试验前,气瓶应充装液氮,当达到热平衡时,液氮的体积约为50%有效容积。

D.3.2　气瓶状态

振动试验前,气瓶应处于热平衡、内胆压力为0 MPa、所有阀门处于关闭状态。

D.3.3　受试瓶数量

所有振动项目应在同一只气瓶上进行。

D.4　试验步骤

试验应按照以下步骤进行:
a) 首先在8 Hz～40 Hz范围内扫频确定共振频率,如果共振频率在表D.1范围内,应当修正设计避开共振频率;
b) 然后振动加速度、振动时间按照表D.1的规定,振动方向如下:
1) 立式气瓶垂直于轴线方向$2g$,沿轴线方向$3g$;
2) 卧式气瓶沿轴线方向$2g$,沿竖直方向$3g$。

表 D.1　振动加速度及加振时间

振动频率/Hz	8	11	15	20	25	30	35	40
$2g$ 加振时间/min	57	41	40	22	18	15	13	11
$3g$ 加振时间/min	113	81	59	45	36	30	25	23

D.5　试验评定

振动完毕后,对气瓶加压至公称工作压力,试验结果应同时满足以下要求:
——任何部位不应出现泄漏,
——静置12 h以上,气瓶的外壳不应有结露或结霜现象（除内胆与外壳连接部位外）。

附 录 E

（规范性）

跌落试验

E.1 试验目的

模拟气瓶在受冲击条件下,外壳、保护装置对气瓶的保护能力以及内胆与外壳之间的连接件的抗冲击能力。

E.2 试验条件

E.2.1 冲击面

冲击面应为厚度不小于 100 mm 的混凝土地面(或厚度不小于 10 mm 的钢板),且应坚硬、平坦、光滑和水平,冲击面的各边应至少比气瓶最大投影面宽 200 mm。

E.2.2 充装介质和充装质量

跌落试验前,气瓶宜充装与设计文件一致的介质;充装质量为设计文件允许的最大充装质量。

液化天然气应在有完备的安全预案,并经试验单位技术负责人或安全生产负责人确认和批准的情况下采用,否则采用液氮代替。

E.2.3 跌落高度

气瓶充装与设计文件一致的介质时,气瓶的最低点距离冲击面的高度不应低于 1.5 m。若采用液氮为试验介质时,跌落高度按照公式(E.1)进行修正。

$$H = \frac{1.5\, m_0}{m} \qquad\qquad\qquad\qquad (E.1)$$

式中:

H ——跌落高度,单位为米(m);

m_0 ——设计文件允许的最大充装质量与气瓶净重之和,单位为千克(kg);

m ——实际充装的液氮质量与气瓶净重之和,单位为千克(kg)。

E.2.4 气瓶状态

跌落试验前,气瓶应处于热平衡、内胆压力为公称工作压力的 90%、夹层处于真空、所有阀门处于关闭状态。

E.2.5 气瓶受冲击面

试验时,气瓶的以下部位应受冲击:

——立式气瓶阀门端(气瓶轴线垂直于地面)、底部(气瓶轴线垂直于地面)、瓶体(气瓶轴线平行于地面);

——卧式气瓶阀门端(气瓶轴线垂直于地面)、底部(气瓶轴线垂直于地面)、瓶体侧面(气瓶轴线平行于地面,只做一个侧面)、瓶体底面(气瓶轴线平行于地面);

——如果保护装置不能完全保护阀门管路系统,则需针对此部分阀门管路系统做跌落试验。

E.2.6　受试瓶数量

上一个项目的跌落试验合格后,经型式试验机构判断不影响下一个项目试验的结果时可以在同一只气瓶上进行下一个项目试验,否则下个项目应提供相应数量的气瓶。

E.3　试验步骤

试验应按照以下步骤进行:
a)　气瓶升高前,测定总质量、环境温度、风速;
b)　用防冻液清除待冲击部位的霜和水;
c)　将气瓶升高到不低于 E.2.3 规定的高度,释放气瓶,让气瓶做自由落体运动;在释放气瓶时,要求所有固定点应同时释放;
d)　待气瓶落地后,用照相机记录气瓶的落点、在受冲击面上的方向、位置等信息。

E.4　试验评定

跌落后,外壳变形是允许的;但跌落后 1 h 内,任何部位不应出现泄漏,气瓶外壳不应有大面积的结露或结霜现象(内胆与外壳之间的连接支撑处、受冲击部位除外)。

附　录　F

（资料性）

产品合格证

××××公司

焊接绝热气瓶

产品合格证

气瓶型号

充装介质

备案图号

产品编号

产品批号

内胆编号

内胆批号

制造日期

制造许可证

阀门制造单位名称/制造许可证编号

本产品的制造符合 GB/T 24159—2022《焊接绝热气瓶》要求。经检验合格。

检验负责人　　　　　　　质量检验专用章

　　　年　月　日　　　　　　年　月　日

1. 主要技术数据

公称容积_____L 公称工作压力_____MPa 内胆内直径_____mm

充装介质_____内胆筒体/封头设计壁厚___/___mm 气瓶净重_____kg

最大充装质量__kg 气密性试验压力__MPa 内胆试验压力__MPa(□气压□液压)

2. 材料数据

内胆筒体钢板牌号_____材料标准代号_____材料批号

内胆封头钢板牌号_____材料标准代号_____材料批号

材料标准化学成分(%):

内胆筒体 C____ S____ P____ Mn____ Si____ Ni_____ Cr

内胆封头 C____ S____ P____ Mn____ Si____ Ni_____ Cr

材料复验化学成分(%):

内胆筒体 C____ S____ P____ Mn____ Si____ Ni_____ Cr

内胆封头 C____ S____ P____ Mn____ Si____ Ni_____ Cr

材料标准强度规定值:R_m_____MPa $R_{p0.2}$_____MPa

设计文件要求材料强度值:R_m_____MPa $R_{p0.2}$_____MPa

材料强度复验值:

内胆筒体 R_m____MPa $R_{p0.2}$____MPa 内胆封头 R_m____MPa $R_{p0.2}$____MPa

实测厚度:内胆筒体/封头:___/___mm 外壳筒体/封头:___/___mm

3. 接地电阻:____Ω(仅针对液化天然气气瓶)

4. 无损检测

内胆焊接接头无损检测标准:

无损检测内胆编号

纵焊接接头　　　　　环焊接接头

检测比例:_____%

合格级别/检测结果_____/

焊接接头返修次数:1次_____处,2次_____处,3次

5. 内胆焊接接头返修部位展开图(如有在简图上标明)

填写说明:

1. 内胆筒体材料有两个批号时,材料数据应分别填写。

2. 无损检测为逐只检测时(包括复验不合格后的逐只检测),内胆编号与产品编号应一一对应。

3. 无损检测为抽检时,内胆编号可附页说明;抽检后需要复验时,复验结果及返修情况可附页说明。

附　录　G

（资料性）

批量检验质量证明书

×××× 公司

焊接绝热气瓶

批量检验质量证明书

气瓶型号

备案图号

产品批号

内胆批号

出厂日期

制造许可证编号

本批气瓶产品共　　　只，编号从　　　　　　到

本批气瓶内胆共　　　只，编号从　　　　　　到

其中不含

本批产品的制造符合 GB/T 24159—2022《焊接绝热气瓶》要求。经检验合格。

监督检验单位专用章　　　　　　　　制造单位检验专用章

监检员　　　　　　　　　　　　　　检验负责人

年　月　日　　　　　　　　　　　　年　月　日

制造单位地址：　　　　　　　　　　　　　　　　邮政编码：

1. 主要技术数据

公称容积_____ L　公称工作压力_____ MPa　内胆内直径_____ mm

内胆筒体/封头设计壁厚___/___ mm　气密性试验压力__ MPa

内胆试验压力__ MPa(□气压□液压)

2. 材料数据

内胆筒体钢板牌号_____材料标准代号_____材料批号

内胆封头钢板牌号_____材料标准代号_____材料批号

材料化学成分复验(%)：

内胆筒体 C____ S____ P____ Mn____ Si____ Ni_____ Cr

内胆封头 C____ S____ P____ Mn____ Si____ Ni_____ Cr

焊材标准_____焊丝(条)牌号_____焊丝(条)直径_____ mm

材料力学性能复验数据

试样		力学性能及弯曲试验					
类别	材料批号或内胆瓶号	拉伸			−192 ℃冲击 KV_2/J	弯曲	
		抗拉强度 R_m/MPa	规定塑性延伸强度 $R_{p0.2}$/MPa	断后伸长率 A/%		面弯	背弯
材料复验						—	—
焊材熔敷金属					—	—	—
产品焊接试样							

3. 静态蒸发率测试数据

抽检瓶产品编号	
静态蒸发率(LN_2)/(%/d)	

4. 无损检测数据

抽检内胆编号	检测方式	检测长度/mm		无损检测检测比例		检测结果	
		纵焊接接头	环焊接接头	纵焊接接头	环焊接接头	纵焊接接头	环焊接接头
				□100% □10%且不少于2条	□100%	—	级　级

5. 抽检内胆无损检测返修1次___处,返修2次___处,返修3次___处。

内胆焊接接头返修部位展开图(如有在简图上标明)

填写说明:内胆筒体材料有两个批号时,材料数据应分别填写。

ICS 23.020.30
CCS J 74

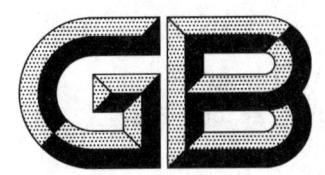

中华人民共和国国家标准

GB/T 24160—2022
代替 GB/T 24160—2009

车用压缩天然气钢质内胆环向缠绕气瓶

Hoop-wrapped composite cylinders with steel liner for the on-board
storage of compressed natural gas as a fuel for automotive vehicles

（ISO 11439：2013，Gas cylinders—High pressure cylinders for the on-board
storage of natural gas as a fuel for automotive vehicles，NEQ）

2022-03-09 发布

2023-04-01 实施

国家市场监督管理总局
国家标准化管理委员会   发 布

前　言

本文件按照 GB/T 1.1—2020《标准化工作导则　第 1 部分:标准化文件的结构和起草规则》的规定起草。

本文件代替 GB/T 24160—2009《车用压缩天然气钢质内胆环向缠绕气瓶》,与 GB/T 24160—2009 相比,除结构调整和编辑性改动外,主要技术变化如下:

a)　更改了公称工作压力范围(见第 1 章、4.2.1,2009 年版的第 1 章、4.2.1);

b)　更改了内胆公称外直径数值范围(见表 1,2009 年版的表 1);

c)　更改了温度范围的要求(见 5.1.3,2009 年版的 5.1.3);

d)　更改了钢材化学成分的要求(见 5.2.1.5,2009 年版的 5.2.1.5);

e)　更改了内胆材料抗拉强度限定要求(见 5.3.1.3,2009 年版的 5.3.1.3);

f)　增加了冲压拉伸制造方法(见 5.4.2,2009 年版的 5.4.2);

g)　更改了瓶阀和安全泄放装置的执行标准(见 5.5.1,2009 年版的 5.5.1);

h)　增加了硬度检测的要求(见 6.1.9、7.1.1.9);

i)　增加了硫化氢应力腐蚀试验的要求和试验方法(见 6.1.11、7.1.1.11、附录 A);

j)　增加了气瓶电子识读标识的要求(见 8.1.5)。

本文件参考 ISO 11439:2013《气瓶　车用高压天然气瓶》起草,一致性程度为非等效。

请注意本文件的某些内容可能涉及专利。本文件的发布机构不承担识别专利的责任。

本文件由全国气瓶标准化技术委员会(SAC/TC 31)提出并归口。

本文件起草单位:北京天海工业有限公司、中国特种设备检测研究院、大连锅炉压力容器检验检测研究院有限公司、浙江大学、中材科技(成都)有限公司、浙江金盾压力容器有限公司、广安市保城特种设备检验有限公司。

本文件主要起草人:石凤文、张增营、黄强华、韩冰、李逸凡、杨明高、马夏康、韩华亮。

本文件于 2009 年首次发布,本次为第一次修订。

车用压缩天然气钢质内胆环向缠绕气瓶

1 范围

本文件规定了车用压缩天然气钢质内胆环向缠绕气瓶(以下简称"缠绕气瓶")的型式和参数、技术要求、试验方法、检验规则、标志、涂敷、包装、运输和储存等要求。

本文件适用于设计、制造公称工作压力为 20 MPa、25 MPa、30 MPa,公称容积为 30 L～450 L,工作温度为−40 ℃～65 ℃,设计使用寿命为 15 年的缠绕气瓶。

按本文件制造的缠绕气瓶,仅用于固定在汽车上、充装符合 GB 18047 的用作汽车燃料的车用压缩天然气储存容器;使用条件中不包括因外力等引起的附加载荷。

2 规范性引用文件

下列文件中的内容通过文中的规范性引用而构成本文件必不可少的条款。其中,注日期的引用文件,仅该日期对应的版本适用于本文件;不注日期的引用文件,其最新版本(包括所有的修改单)适用于本文件。

GB/T 222 钢的成品化学成分允许偏差

GB/T 223(所有部分) 钢铁及合金化学分析方法

GB/T 224 钢的脱碳层深度测定法

GB/T 226 钢的低倍组织及缺陷酸蚀检验法

GB/T 228.1 金属材料 拉伸试验 第 1 部分:室温试验方法

GB/T 229 金属材料 夏比摆锤冲击试验方法

GB/T 230.1 金属材料 洛氏硬度试验 第 1 部分:试验方法

GB/T 231.1 金属材料 布氏硬度试验 第 1 部分:试验方法

GB/T 232 金属材料 弯曲试验方法

GB/T 1458 纤维缠绕增强塑料环形试样力学性能试验方法

GB/T 3362 碳纤维复丝拉伸性能试验方法

GB/T 4157 金属在硫化氢环境中抗硫化物应力开裂和应力腐蚀开裂的实验室试验方法

GB/T 4336 碳素钢和中低合金钢 多元素含量的测定 火花放电原子发射光谱法(常规法)

GB/T 4612 塑料 环氧化合物 环氧当量的测定

GB/T 5777 无缝和焊接(埋弧焊除外)钢管纵向和/或横向缺欠的全圆周自动超声检测

GB/T 7690.1 增强材料 纱线试验方法 第 1 部分:线密度的测定

GB/T 7690.3 增强材料 纱线试验方法 第 3 部分:玻璃纤维断裂强力和断裂伸长的测定

GB/T 8335 气瓶专用螺纹

GB/T 8336 气瓶专用螺纹量规

GB/T 9251 气瓶水压试验方法

GB/T 9252 气瓶压力循环试验方法

GB/T 12137 气瓶气密性试验方法

GB/T 13005 气瓶术语

GB/T 13298 金属显微组织检验方法

GB/T 13320 钢质模锻件 金相组织评级图及评定方法

GB/T 24160—2022

GB/T 15385　气瓶水压爆破试验方法

GB/T 17926　车用压缩天然气瓶阀

GB/T 19466.2　塑料　差示扫描量热法（DSC）第2部分:玻璃化转变温度的测定

GB/T 33215　气瓶安全泄压装置

3　术语、定义和符号

3.1　术语和定义

GB/T 13005界定的以及下列术语和定义适用于本文件。

3.1.1

批量　batch

内胆批量:采用同一设计、同一炉罐号材料、同一制造工艺、同一热处理工艺规程连续制造的内胆的限定数量。

缠绕气瓶批量:采用同一尺寸规格、同一设计、同一制造工艺、同一复合材料型号连续制造的缠绕气瓶的限定数量。

3.2　符号

下列符号适用于本文件。

A　内胆材料断后伸长率,%;

a_o　拉伸试样的原始厚度,mm;

b_o　拉伸试样的原始宽度,mm;

D_o　内胆公称外直径,mm;

D_f　冷弯试验弯心直径,mm;

E　人工缺陷长度,mm;

l_o　拉伸试样的原始标距,mm;

P　公称工作压力,MPa;

P_h　水压试验压力,MPa;

P_m　缠绕气瓶的许用压力,MPa;

R_e　内胆材料热处理后的屈服强度保证值,MPa;

R_{ea}　内胆材料屈服强度实测值,MPa;

R_g　内胆材料热处理后的抗拉强度保证值,MPa;

R_m　内胆材料抗拉强度实测值,MPa;

S_{ao}　内胆筒体实测平均壁厚,mm;

T　人工缺陷深度,mm;

V　公称容积,L;

W　人工缺陷宽度,mm;

α_{kV}　内胆材料冲击值,J/cm²;

σ_c　缠绕层复合材料抗拉强度,MPa;

τ_s　缠绕层复合材料层间剪切强度,MPa。

4　型式和参数

4.1　型式

缠绕气瓶瓶体结构应符合图1所示的型式。

482

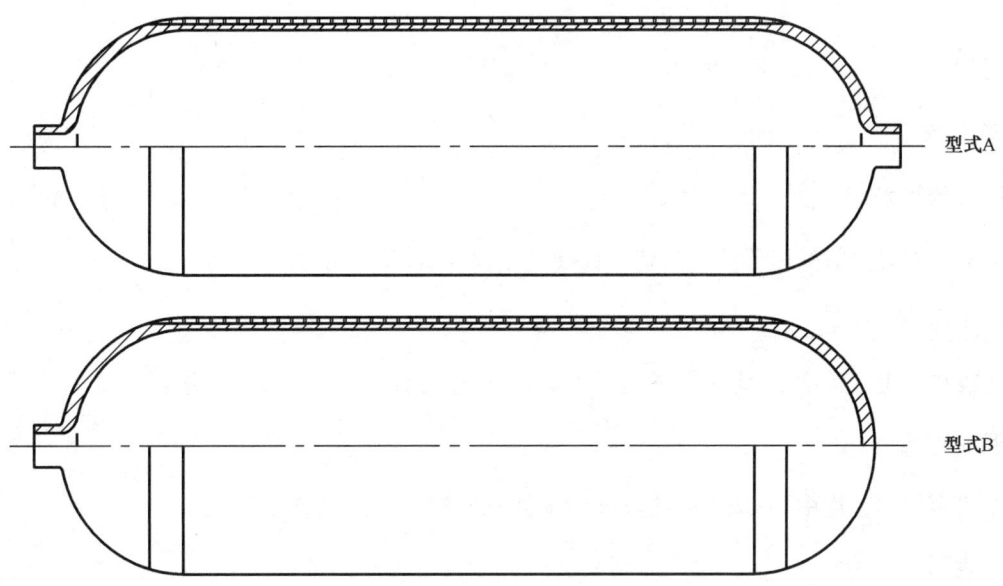

图 1 结构型式

4.2 参数

4.2.1 缠绕气瓶的公称工作压力 $P(20\ ℃)$ 应为 20 MPa、25 MPa 或 30 MPa。

4.2.2 公称容积和内胆公称外直径应符合表1的规定。

表 1 公称容积和内胆公称外直径

项目	数值	允许偏差/%
公称容积 V/L	30～450	+5 / 0
内胆公称外直径 D_o/mm	ϕ165～ϕ450	±1

4.3 型号标记

型号标记由以下部分组成:

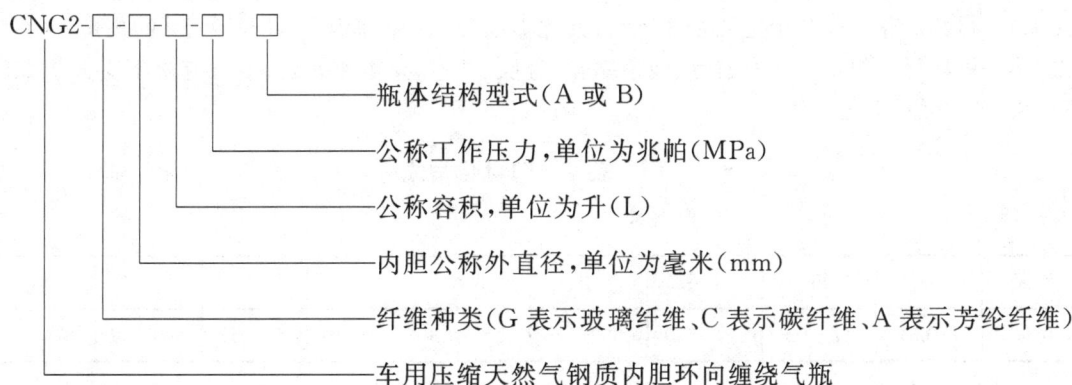

示例:公称工作压力为 20 MPa,公称容积为 50 L,内胆公称外直径为 325 mm,纤维采用玻璃纤维,结构型式为 A 型的车用压缩天然气钢质内胆玻璃纤维环向缠绕气瓶,其型号标记为:CNG2-G-325-50-20A。

5 技术要求

5.1 一般要求

5.1.1 设计使用寿命

以本文件中规定的使用条件为基础的缠绕气瓶,其设计使用寿命为 15 年。

5.1.2 许用压力

在充装和使用过程中,缠绕气瓶许用压力 P_m 为公称工作压力 P 的 1.3 倍。

5.1.3 温度范围

在充装和使用过程中,缠绕气瓶的温度应不低于 $-40\ ℃$ 且不高于 $65\ ℃$。

5.1.4 外表面

设计缠绕气瓶时,应考虑其连续承受机械损伤或化学侵蚀的能力。缠绕气瓶外表面应能适应下列工作环境:

  a) 间断地浸入水中,或者道路溅水;
  b) 车辆在海洋附近行驶,或者在用盐融化冰的路面上行驶;
  c) 阳光中的紫外线辐射;
  d) 砾石的冲击;
  e) 接触酸和碱溶液、肥料;
  f) 汽车用液体的侵蚀,包括汽油、液压油、电池酸、乙二醇和油;
  g) 接触排放的废气。

5.2 材料

5.2.1 内胆材料

5.2.1.1 应是电炉或氧气转炉冶炼的无时效性镇静钢。

5.2.1.2 应选用优质铬钼钢(30CrMo 或 34CrMo4)。

5.2.1.3 应符合其相应的国家标准或行业标准的规定,并有质量合格证明书。缠绕气瓶制造单位应按炉罐号进行各项指标的验证分析。

5.2.1.4 材料的化学成分限定如表 2 所示,其化学成分允许偏差应按 GB/T 222 的规定。

5.2.1.5 钢坯低倍组织不应有白点、残余缩孔、分层、气泡、异物和夹杂;中心疏松不应大于 2.0 级,偏析不应大于 2.5 级。

表 2　钢材化学成分

%

元素	C	Si	Mn	Cr	Mo	S	P	S+P	Ni	Cu
含量	≤0.37	0.17~0.37	0.40~0.90	0.80~1.20	0.15~0.30	≤0.010	≤0.015	≤0.020	≤0.30	≤0.20

5.2.1.6 无缝钢管

5.2.1.6.1 钢管的直线度应不大于 1.5 mm/m,圆度应不大于外直径允许偏差的 80%。

5.2.1.6.2 钢管的内外表面不应有裂纹、折叠、轧折、离层和结疤。若有缺陷,应完全清除,清除处应光滑,清除后的实际壁厚不应小于壁厚允许的最小值。

5.2.1.6.3 无缝钢管应由钢厂按 GB/T 5777 的规定逐根进行纵向和横向超声波探伤检验,应符合验收等级 U2 的规定。

5.2.2 缠绕层材料

5.2.2.1 树脂

5.2.2.1.1 浸渍材料可以是热固性或热塑性树脂。适合的基体材料有:环氧、改性环氧、聚酯和乙烯类热固性树脂和聚乙烯、聚酰胺热塑性树脂。

5.2.2.1.2 浸渍材料的性能和技术指标应符合相应的国家标准或行业标准的规定,并有质量合格证明书。

5.2.2.2 纤维

5.2.2.2.1 结构增强性的纤维材料类型应是玻璃纤维、芳纶纤维或碳纤维。

5.2.2.2.2 纤维材料应符合相应的国家标准或行业标准的规定,并有质量合格证明书。

5.3 设计

5.3.1 一般规定

5.3.1.1 本文件不提供设计公式,但要求设计时进行适当的计算、分析和论证,以使缠绕气瓶能顺利地通过本文件所规定的材料、型式和批量等试验。

5.3.1.2 设计应保证缠绕气瓶在正常使用期间,由于承压部件质量退化而引起的失效模式为"未爆先漏"。如果金属内胆发生泄漏,只应是由于疲劳裂纹的扩展所致。

5.3.1.3 应对瓶体内胆材料的最大抗拉强度进行限定,如果其硫、磷含量分别不大于 0.005% 和 0.010%,并按附录 A 及 GB/T 4157 进行硫化氢应力腐蚀试验(应力环法),允许材料的实际抗拉强度大于 880 MPa,但是不应大于 1 000 MPa。设计时,内胆材料屈服强度的保证值应不超过抗拉强度保证值的 90%。

5.3.1.4 缠绕气瓶水压试验压力 P_h 为公称工作压力 P 的 1.5 倍。

5.3.1.5 内胆最小设计爆破压力应为缠绕气瓶公称工作压力 P 的 1.3 倍。

5.3.1.6 缠绕气瓶最小设计爆破压力不应小于表 3 中的给定值。为保证在承受持续载荷和循环载荷条件下复合材料缠绕层的设计具有高度可靠性,纤维应力比应满足表 3 的规定。

表 3 缠绕气瓶纤维应力比和最小设计爆破压力

纤维类型	纤维应力比	最小设计爆破压力/MPa
玻璃纤维	≥ 2.75	2.5P
芳纶纤维	≥ 2.35	2.35P
碳纤维	≥ 2.35	2.35P

5.3.1.7 应采用能用于材料非线性分析的软件(专用计算机程序或有限元分析程序),建立计算复合材料力学性能的适当模型,对缠绕气瓶进行自紧压力、自紧后零压力、公称工作压力和最小设计爆破压力下的应力分析,确定缠绕层和内胆中的应力分布,纤维应力比应符合表 3 的规定。

5.3.1.8 如果采用碳纤维,设计上应采取防止缠绕气瓶金属部件产生电化学腐蚀的措施。

5.3.2 端部结构

端部结构可采用半球形、椭圆形、碟形等凸形结构,允许缠绕气瓶在端部开瓶口,瓶口的中心线应与缠绕气瓶的中心线一致。

5.3.3 瓶口螺纹

瓶口螺纹应按 GB/T 8335 的规定。瓶口的厚度,应能保证在承受紧阀的力偶矩和铆合颈圈的附加外力时不变形。

5.3.4 最大允许缺陷尺寸

应规定内胆任何一点的最大允许缺陷尺寸以保证缠绕气瓶通过压力循环试验。确定最大允许缺陷尺寸方法见附录 B。

5.4 制造

5.4.1 内胆和缠绕气瓶制造应符合本文件的规定,并应符合产品图样和有关技术文件的规定。

5.4.2 内胆一般采用下列制造方法:

  a) 以钢坯、钢锭、钢棒为原材料,经挤压、拉伸或旋压减薄、收口制成;

  b) 以无缝钢管为原材料,经收底、收口制成;

  c) 以钢板为原材料,经冲压、拉伸或旋压减薄、收口制成。

5.4.3 内胆制造前应以材料的炉罐号对化学成分进行验证,分析方法按 GB/T 223(所有部分)或 GB/T 4336 执行,结果应符合 5.2.1 的要求。

5.4.4 内胆不应进行焊接处理。

5.4.5 采用无缝钢管经收底制成的内胆应在收口前逐只进行底部密封性试验。

5.4.6 对内胆和缠绕气瓶的表面缺陷允许采用专用工具进行修磨。

5.4.7 制造应分批管理,内胆成品和缠绕气瓶成品均以不大于 200 只加上破坏性试验用内胆或缠绕气瓶数量为一个批。

5.4.8 热处理内胆应通过连续加热炉进行整体热处理,热处理应按经评定合格的热处理工艺进行。淬火工艺可用油或水中加添加剂作为淬火介质。在水中加添加剂作为淬火介质时,内胆在介质中的冷却速度不应大于在 20 ℃水中冷却速度的 80%。内胆热处理后应逐只进行无损检测。

5.4.9 缠绕气瓶制造前应对缠绕层材料按批进行确认,应符合 5.2.2 及以下要求:

  a) 树脂的环氧当量应按 GB/T 4612 测定;

  b) 纤维线密度(公制号数)应按 GB/T 7690.1 测定;

  c) 纤维的断裂强度应按 GB/T 7690.3 或 GB/T 3362 测定。

5.4.10 缠绕和固化应按评定合格的工艺进行,并按 GB/T 19466.2 规定的方法对缠绕层复合材料进行玻璃化转变温度的测定。

5.4.11 应在缠绕气瓶水压试验前进行自紧处理。自紧压力应大于水压试验压力,且不大于按 5.3.1.7 计算的自紧压力的上限。

5.4.12 缠绕气瓶在水压试验后,应进行内表面干燥处理,不应有残留水渍。

5.4.13 瓶口螺纹的牙型、尺寸和公差,应按 GB/T 8335 或相关标准的规定。

5.5 附件

5.5.1 瓶阀

5.5.1.1 瓶阀应按 GB/T 17926 的规定,应有安全泄压装置,型式应为易熔合金塞和爆破片复合式结构。

5.5.1.2 爆破片的公称爆破压力为水压试验压力,允许偏差为 $^{+10}_{-0}\%$;易熔合金塞的动作温度为110 ℃±5 ℃,其余要求应符合相关标准的规定。

5.5.1.3 安全泄压装置的额定排量应按 GB/T 33215 进行计算,不应小于气瓶的安全泄放量,并能保证气瓶通过 6.2.10 规定的火烧试验。

5.5.2 颈圈

如需装配,颈圈与瓶体的装配禁止用焊接方式。

5.5.3 瓶帽

如需装配,瓶帽宜采用可卸式结构。

5.5.4 附件螺纹

采用螺纹联接的附件,其螺纹牙型、尺寸和公差应按 GB/T 8335 或相关标准的规定。

6 试验方法

6.1 内胆

6.1.1 壁厚和制造公差

内胆壁厚应按附录 C 进行超声波全覆盖壁厚测量。内胆制造公差应采用标准量具或专用的量具、样板进行检查。

6.1.2 底部密封性试验

采用适当的试验装置对内胆底部内表面中心区加压,加压面积至少应为内胆底部面积的 1/16,且加压区域直径至少为 20 mm,试验介质可为洁净的空气或氮气。加压到密封性试验压力后,至少应保压 1 min,保压期间在内胆底部外表面中心区涂刷肥皂液,观察是否有泄漏发生。

6.1.3 内、外观

目测检查,可借助于内窥灯或内窥镜检查内表面。

6.1.4 瓶口内螺纹

目测和用按 GB/T 8336 或相应标准的量规检查。

6.1.5 内胆热处理后各项性能指标测定

6.1.5.1 取样

取样要求如下:
a) 取样部位见图 2 所示;
b) 试样应从筒体中部截取,采用实物扁试样;
c) 取样数量:拉伸试样 1 件,横向冲击试样 3 件,冷弯试样 4 件。

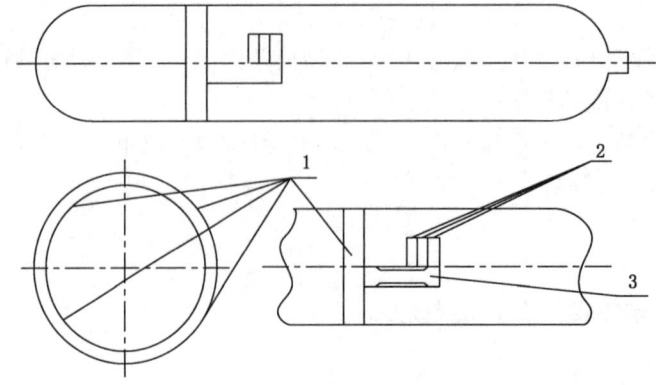

标引序号说明：

1——冷弯试样；

2——横向冲击试样；

3——拉伸试样。

图 2　取样部位图

6.1.5.2　拉伸试验

拉伸试验应符合以下要求：

a)　试验的测定项目包括：抗拉强度、屈服强度和断后伸长率；

b)　拉伸试样采用实物扁试样，试样制备形状见图3；

c)　拉伸试样尺寸偏差和拉伸试验方法按 GB/T 228.1 执行。

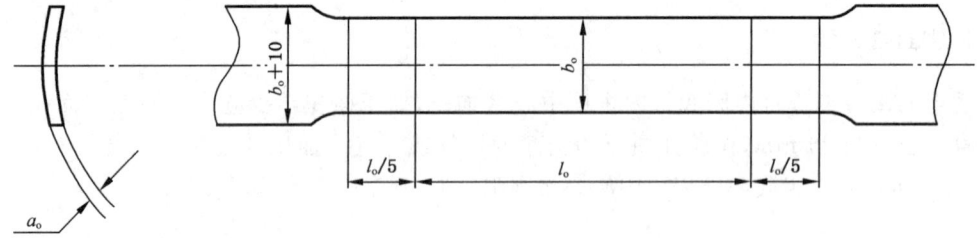

标引符号说明：

a_o——拉伸试样的原始厚度；

b_o——拉伸试样的原始宽度；

l_o——拉伸试样的原始标距。

注：$b_o < D_o/8, b_o < 4a_o$。

图 3　拉伸试样图

6.1.5.3　冲击试验

冲击试验应符合以下要求：

a)　规定以(3 mm～5 mm)×10 mm×55 mm、(5 mm～7.5 mm)×10 mm×55 mm 或(7.5 mm～10 mm)×10 mm×55 mm 带有 V 型缺口的横向试样作为标准试样；

b)　试样形状尺寸及偏差按 GB/T 229 执行；

c)　试验方法按 GB/T 229 执行。

6.1.5.4 冷弯试验

冷弯试验应符合以下要求：

a) 圆环应从拉伸试验的内胆上用机械方法环向截取；

b) 圆环的宽度应为内胆壁厚的 4 倍，且不应少于 25 mm，将其等分成 4 条，任取 1 件试样进行冷弯试验，试验前应对该试样侧面进行加工，其表面粗糙度不应低于 12.5 μm，圆角半径应不大于 2 mm；

c) 试样制备和试验方法按 GB/T 232 执行，试样按图 4 进行弯曲。

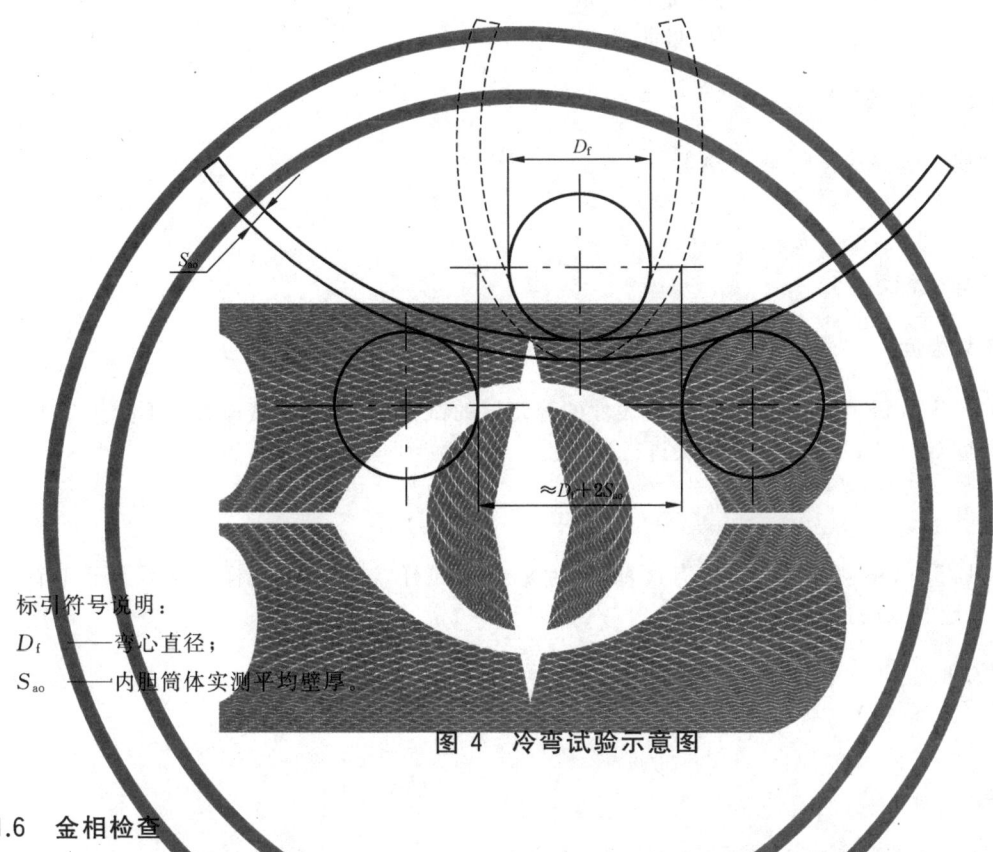

标引符号说明：

D_f ——弯心直径；

S_{ao} ——内胆筒体实测平均壁厚。

图 4   冷弯试验示意图

6.1.6   金相检查

金相检查应符合以下要求：

a) 试样可从拉伸试验的内胆上截取，试样的制备、尺寸和试验方法按 GB/T 13298 执行；

b) 脱碳层深度按 GB/T 224 执行。

6.1.7   底部解剖

底部检查应符合以下要求：

a) 试样可从拉伸试验的内胆上截取，试样的剖面应在内胆的轴线上；

b) 试样的高度尺寸应保证留有瓶体底部过渡段以上的筒体部分；

c) 试验方法按 GB/T 226 执行。

6.1.8   无损检测

应采用在线自动超声检测，按附录 C 执行。

6.1.9 硬度检测

硬度应采用在线检测,按 GB/T 230.1 或 GB/T 231.1 执行。

6.1.10 水压爆破试验

按 GB/T 15385 规定的试验方法在常温条件下进行水压爆破试验,并同时满足以下要求:
a) 管路中不应存有气体;
b) 升压速度应不大于 0.5 MPa/s;
c) 测出从开始到内胆爆破瞬间水的总压入量;
d) 自动绘制压力-时间和压力-进水量曲线。

6.1.11 硫化氢应力腐蚀试验

硫化氢应力腐蚀试验应按附录 A 执行。

6.2 缠绕气瓶

6.2.1 缠绕层力学性能

6.2.1.1 层间剪切强度

应采用按 GB/T 1458 规定制作的具有代表性的缠绕层的试样,试验有效试样数应不少于 3 个。水煮沸 24 h 后,再按 GB/T 1458 规定的方法进行试验。

6.2.1.2 抗拉强度

应采用按 GB/T 1458 规定制作的具有代表性的缠绕层的试样,试验有效试样数应不少于 3 个。再按 GB/T 1458 规定的方法进行试验。

6.2.2 缠绕层外观

目测检查。

6.2.3 水压试验

按 GB/T 9251 规定的外测法进行水压试验,试验压力为 $1.5P$。

6.2.4 水压爆破试验

按 GB/T 15385 规定的试验方法,在常温条件下进行水压爆破试验,并同时满足以下要求:
a) 管路中不应存有气体;
b) 在超过设计压力 80% 后的升压速度应不大于 1.4 MPa/s;如超过设计压力 80% 后的升压速度大于 3.5 MPa/s,则应在设计的最小爆破压力下保压 5 s;
c) 测出从开始到缠绕气瓶爆破瞬间水的总压入量;
d) 自动绘制压力-时间或压力-进水量曲线。

6.2.5 气密性试验

在水压试验合格后,按 GB/T 12137 规定的试验方法进行气密性试验,试验压力为 P。

6.2.6 常温压力循环试验

按 GB/T 9252 规定的试验方法,在常温条件下进行压力循环试验,并同时满足以下要求:

a) 循环压力下限应不高于 2 MPa,循环压力上限应不低于缠绕气瓶的许用压力 P_m;

b) 压力循环速率不应超过 10 次/min。

6.2.7 极限温度压力循环试验

试验步骤如下:

a) 将零压下的缠绕气瓶置于温度不低于 65 ℃、相对湿度不低于 95％的环境中 48 h;

b) 然后使缠绕气瓶在温度不低于 65 ℃、相对湿度不低于 95％的环境中按 GB/T 9252 进行压力循环试验,其中:

——循环压力下限应不高于 2 MPa,循环压力上限应不低于缠绕气瓶的许用压力 P_m;

——压力循环速率应不超过 10 次/min;

——压力循环至 7 500 次;

c) 再将缠绕气瓶置于低温环境中,测量并控制缠绕层外表面温度不高于−40 ℃;

d) 使缠绕气瓶在温度不高于−40 ℃的环境中按 GB/T 9252 进行压力循环试验,其中:

——循环压力下限应不高于 2 MPa,循环压力上限应不低于公称工作压力 P;

——压力循环速率不应超过 3 次/min;

——压力循环至 7 500 次;

e) 将缠绕气瓶按 6.2.4 的规定进行水压爆破试验。

6.2.8 加速应力破裂试验

在温度不低于 65 ℃,缠绕气瓶加水压不低于许用压力 P_m 条件下,缠绕气瓶静置 1 000 h。然后按 6.2.4 的规定进行水压爆破试验。

6.2.9 枪击试验

用不小于 7.62 mm 的穿甲弹,穿透 1 只用压缩天然气或空气充压到公称工作压力 P 的缠绕气瓶。子弹应至少完全穿透缠绕气瓶的一侧瓶壁。子弹应以约 45°的角度射击瓶壁。

6.2.10 火烧试验

6.2.10.1 缠绕气瓶的放置

缠绕气瓶应水平放置,并使瓶体下侧在火源上方约 100 mm 处。应采用金属挡板防止火焰直接接触瓶阀和泄压装置。金属挡板不应直接接触泄压装置和瓶阀。

6.2.10.2 火源

火源长度 1.65 m,火焰分布均匀。在火源长度范围内,火焰应能触及缠绕气瓶下部及两侧的外表面。

6.2.10.3 温度和压力测量

至少用 3 只热电偶沿缠绕气瓶下侧均匀设置,以监控表面温度,其间隔距离不小于 0.75 m。用金属挡板防止火焰直接接触热电偶,也可以将热电偶嵌入边长小于 25 mm 的金属块中。试验过程中,每间隔不大于 30 s 的时间,记录一次热电偶的温度和缠绕气瓶内的压力。

6.2.10.4 一般试验要求

用天然气或空气将缠绕气瓶加压到公称工作压力 P。火烧试验时,应采取预防缠绕气瓶突然发生爆炸的措施。点火后,火焰应迅速布满 1.65 m 的长度,并由缠绕气瓶的下部及两侧将其环绕。点火后 5 min 内,至少应有 1 只热电偶指示温度达到 590 ℃,并在随后的试验过程中不应低于这一温度。

对于长度≤1.65 m 的缠绕气瓶,其中心位置应置于火源中心的上部。对于长度>1.65 m 的缠绕气瓶,按下列要求放置:

a) 如果缠绕气瓶的一端装有泄压装置,火源开始于缠绕气瓶的另一端;

b) 如果缠绕气瓶的两端都装有泄压装置,则火源应处于泄压装置间的中心位置;

c) 如果缠绕气瓶采用了绝热层附加保护,应在工作压力下进行两次火烧试验:一次是火源中心处于缠绕气瓶长度中间;另一次是用另外一只缠绕气瓶,使火源起始于缠绕气瓶两端中的一端。

6.2.11 裂纹容限试验

沿缠绕气瓶缠绕层外表面纵向方向加工两条缺陷,缺陷尺寸至少为:一条长度×深度为 25 mm× 1.25 mm,另一条长度×深度为 200 mm×0.75 mm。然后按 GB/T 9252 进行压力循环试验,并符合以下要求:

a) 循环压力下限应不高于 2 MPa,循环压力上限应不低于缠绕气瓶的许用压力 P_m;

b) 压力循环速率应不超过 10 次/min;

c) 压力循环至缠绕气瓶失效或超过 15 000 次。

6.2.12 酸环境试验

用质量浓度为 30% 的硫酸溶液(密度为:1.219 g/cm³)浸渍在加水压至不低于缠绕气瓶的许用压力 P_m 的缠绕气瓶缠绕层外表面 100 h,浸渍区域为 ϕ150 mm 直径范围。然后按 6.2.4 的规定进行水压爆破试验。

6.2.13 未爆先漏试验

按 GB/T 9252 规定的试验方法,在常温条件下进行压力循环试验,并同时满足以下要求:

a) 循环压力下限应不高于 2 MPa,循环压力上限应不低于水压试验压力 P_h;

b) 压力循环速率应不超过 10 次/min;

c) 压力循环至缠绕气瓶失效或超过 45 000 次。

6.2.14 高温蠕变试验

在温度不低于 100 ℃,缠绕气瓶加水压至不低于许用压力 P_m 条件下,缠绕气瓶静置 200 h。然后按 6.2.3 和 6.2.4 的规定进行水压试验和水压爆破试验。

7 检验规则

7.1 试验和检验判定依据

7.1.1 内胆

7.1.1.1 壁厚和制造公差

壁厚和制造公差应符合以下要求:

a) 壁厚偏差不应超过设计壁厚的 $^{+17}_{0}$%;

b) 筒体的平均外直径不应超过公称外直径 D 的 ±1%;

c) 筒体的圆度在同一截面上测量其最大与最小外直径之差,不应超过该截面平均外直径的 2%;

d) 筒体直线度不应超过筒体长度的 0.3%。

7.1.1.2 底部密封性试验

底部密封性试验压力为缠绕气瓶的公称工作压力 P，保压时间不少于 1 min，内胆底部不应有泄漏。

注：仅限采用旋压收口成型底部的结构型式 B 类，该试验也可用整体气密性试验代替。

7.1.1.3 内、外观

内胆内外表面应符合以下要求：
a) 内胆筒体内、外表面应光滑圆整，不应有肉眼可见的裂纹、折叠、波浪、重皮、夹杂等影响强度的缺陷，对氧化皮脱落造成的局部圆滑凹陷和修磨后的轻微痕迹允许存在，但应保证筒体设计壁厚；
b) 内胆端部内、外表面不应有肉眼可见的缩孔、皱褶、凸瘤和氧化皮，端部缺陷允许用机械加工方法清除，但应保证端部设计厚度；
c) 内胆的端部与筒体应圆滑过渡，肩部不应有沟痕存在。

7.1.1.4 瓶口内螺纹

瓶口内螺纹应符合以下要求：
a) 螺纹的牙型、尺寸和公差应按 GB/T 8335 或相关标准的规定；
b) 螺纹的螺距、牙型角、牙顶、牙底以及螺纹表面粗糙度应符合标准要求；
c) 自瓶口基面起有效螺距数不应少于 8 个螺距；
d) 螺纹基面位置的轴向变动量不应大于 1.5 mm。

7.1.1.5 内胆热处理后各项性能指标测定

7.1.1.5.1 内胆应经淬火后回火热处理，热处理后内胆的力学性能值应符合表 4 的要求。

表 4 内胆的力学性能

试验项目		指标		
实测屈强比 R_{ea}/R_m		≤0.92		
实测抗拉强度 R_m/MPa		≥制造厂的热处理保证值，且不大于设计抗拉强度上限		
实测屈服强度 R_{ea}/MPa		≥制造厂的热处理保证值		
断后伸长率 A/%		≥14		
冲击值 α_{kv}/(J·cm^{-2})	试样宽度/mm	>3～5	>5～7.5	>7.5～10
	试验温度/℃	−50		
	平均值	30	35	40
	单个试样最小值	24	28	32

7.1.1.5.2 冷弯试验

冷弯后的试样应无裂纹，弯心直径应符合表 5 的规定。

表 5　冷弯试验弯心直径要求

实测抗拉强度 R_m/MPa	弯心直径 D_f/mm
>580~685	4 S_{ao}
>685~784	5 S_{ao}
>784~880	6 S_{ao}
>880~950	7 S_{ao}
>950~1 000	8 S_{ao}

7.1.1.6　金相检查

金相检查结果应符合以下要求：

a) 组织体应为回火索氏体，按 GB/T 13320 第三组评级图评定，1 级～3 级为合格；

b) 脱碳层深度：外壁不应超过 0.3 mm，内壁不应超过 0.25 mm。

7.1.1.7　底部解剖

经酸蚀后，断面试样上不应有肉眼可见的缩孔、气泡、未熔合、裂纹、夹层等缺陷。

注：仅限采用旋压收口成型底部的结构型式 B 类。

7.1.1.8　无损检测

内胆热处理后按 6.1.8 进行无损检测，结果应符合附录 A 的要求。

7.1.1.9　硬度检测

瓶体热处理后应按 6.1.9 进行硬度检测，硬度值应符合材料热处理后强度值所对应的硬度要求。

7.1.1.10　水压爆破试验

水压爆破试验结果应符合以下要求：

a) 实测爆破压力不应低于内胆最小设计爆破压力；

b) 爆破后应无碎片，主破口起始点应在筒体上；

c) 主破口应为塑性断裂，即断口边缘应有明显的剪切唇，断口上不应有明显的金属缺陷。

7.1.1.11　硫化氢应力腐蚀试验

试验结果应符合附录 A 的规定。

7.1.2　缠绕气瓶

7.1.2.1　缠绕层力学性能

7.1.2.1.1　缠绕层复合材料层间剪切强度 τ_s 不应低于 13.8 MPa。

7.1.2.1.2　缠绕层复合材料抗拉强度 σ_c 不应低于制造单位的保证值。

7.1.2.2　缠绕层外观

无白纱、纤维裸露、纤维断裂、树脂积瘤以及离层等缺陷。

7.1.2.3 水压试验

在水压试验压力下,保压时间不少于30 s,压力表指针不应回降,瓶体不应泄漏或明显变形。泄压后容积残余变形率不应大于5%。

水压试验报告中应包括缠绕气瓶实测水容积和重量,水容积和重量应保留一位小数。

示例:水容积或重量的实测值为40.675,水容积表示为40.6,重量表示为40.7。

7.1.2.4 水压爆破试验

实测爆破压力不应低于最小设计爆破压力,破口的起始点应位于筒体部分。

7.1.2.5 气密性试验

气密性试验压力应为公称工作压力,保压时间不少于1 min,瓶体、瓶阀和瓶体瓶阀联接处均不应泄漏。因装配而引起的泄漏现象,允许返修后重做试验。

7.1.2.6 常温压力循环试验

在按6.2.6规定压力循环至15 000次的过程中,瓶体不应泄漏或破裂。再加压循环至45 000次,允许泄漏失效,瓶体不应发生破裂。对于结构型式B,且采用钢管旋压收口成型的底部,在任何情况下其熔合部位不应泄漏。

7.1.2.7 极限温度压力循环试验

在按6.2.7的规定进行加压循环过程中不应有纤维脱离、瓶体泄漏和破裂现象。

经极限温度压力循环后,其水压爆破压力不应低于85%的最小设计爆破压力。

7.1.2.8 加速应力破裂试验

按6.2.8规定进行加速应力破裂试验后,其水压爆破压力不应低于85%的最小设计爆破压力。

7.1.2.9 枪击试验

在按6.2.9规定枪击试验过程中,子弹至少穿过一侧瓶壁,瓶体不应破裂。

7.1.2.10 火烧试验

在按6.2.10的规定进行火烧试验中,缠绕气瓶内气体应通过安全泄压装置泄放,且开始泄放压力应不小于缠绕气瓶的许用压力P_m,缠绕气瓶不应发生爆炸。

7.1.2.11 裂纹容限试验

带规定缺陷的缠绕气瓶在按6.2.11的规定先进行压力循环至3 000次的过程中,瓶体不应泄漏。再进行压力循环12 000次,允许泄漏失效,但不应破裂。

7.1.2.12 酸环境试验

按6.2.12的规定经酸环境试验后,其水压爆破压力不应低于85%的最小设计爆破压力。

7.1.2.13 未爆先漏试验

按6.2.13规定压力循环至瓶体泄漏失效,或压力循环超过45 000次。瓶体不应发生爆破。对于结构型式B,且采用钢管旋压收口成型的底部,在任何情况下其熔合部位不应泄漏。

7.1.2.14 高温蠕变试验

在按 6.2.14 的规定进行高温蠕变后,其水压试验和爆破试验应分别符合 7.1.2.3 和 7.1.2.4 的规定。

注:当玻璃化转变温度超过 102 ℃时,不做此项试验。

7.2 型式试验

7.2.1 新设计的缠绕气瓶应按表 6 规定项目进行型式试验,型式试验的内胆及缠绕气瓶应具有代表性。若型式试验不合格,则不应投入批量生产,不应投入使用。

7.2.2 型式试验所需内胆的数量为:内胆热处理后各项性能指标测定 1 只,水压爆破试验 1 只。

7.2.3 型式试验所需缠绕气瓶的数量为:水压爆破试验 3 只,常温压力循环试验 2 只,未爆先漏试验 3 只,火烧试验 1 只(如果缠绕气瓶采用了绝热层附加保护时 2 只),枪击试验 1 只,酸环境试验 1 只,裂纹容限试验 1 只,加速应力破裂试验 1 只,极限温度压力循环试验 1 只,高温蠕变试验 1 只(如需要)。

7.2.4 所有进行型式试验的内胆和缠绕气瓶在试验后都应进行销毁处理。

表 6 试验和检验项目

项目名称		型式试验	出厂检验		试验和检验方法	判定依据
			批量试验	逐只检验		
内胆	壁厚	√	—	√	6.1.1	7.1.1.1
	制造公差	√	—	√	6.1.1	7.1.1.1
	底部密封性试验[a]	√	—	√	6.1.2	7.1.1.2
	内、外观	√	—	√	6.1.3	7.1.1.3
	瓶口内螺纹	√	—	√	6.1.4	7.1.1.4
	拉伸试验	√	√	—	6.1.5.2	7.1.1.5.1
	冲击试验	√	√	—	6.1.5.3	7.1.1.5.1
	冷弯试验	√	√	—	6.1.5.4	7.1.1.5.2
	金相检查	√	√	—	6.1.6	7.1.1.6
	底部解剖[a]	√	√	—	6.1.7	7.1.1.7
	无损检测	√	—	√	6.1.8	7.1.1.8
	硬度检测	√	—	—	6.1.9	7.1.1.9
	水压爆破试验	√	√	—	6.1.10	7.1.1.10
	硫化氢应力腐蚀试验[b]	√	—	—	6.1.11	7.1.1.11
缠绕气瓶	缠绕层层间剪切强度	√	√	—	6.2.1.1	7.1.2.1.1
	缠绕层抗拉强度	√	√	—	6.2.1.2	7.1.2.1.2
	缠绕层外观	√	—	√	6.2.2	7.1.2.2
	水压试验	√	—	√	6.2.3	7.1.2.3
	水压爆破试验	√	√	—	6.2.4	7.1.2.4
	气密性试验	√	—	√	6.2.5	7.1.2.5
	常温压力循环试验	√	√	—	6.2.6	7.1.2.6
	极限温度压力循环试验	√	—	—	6.2.7	7.1.2.7

表6 试验和检验项目（续）

项目名称		型式试验	出厂检验		试验和检验方法	判定依据
			批量试验	逐只检验		
缠绕气瓶	加速应力破裂试验	√	—	—	6.2.8	7.1.2.8
	枪击试验	√	—	—	6.2.9	7.1.2.9
	火烧试验	√	—	—	6.2.10	7.1.2.10
	裂纹容陷试验	√	—	—	6.2.11	7.1.2.11
	酸环境试验	√	—	—	6.2.12	7.1.2.12
	未爆先漏试验	√	—	—	6.2.13	7.1.2.13
	高温蠕变试验c	√	—	—	6.2.14	7.1.2.14

注："√"表示做检验或试验,"—"表示不做检验或试验。

a 仅限于结构型式B,且采用钢管旋压收口成型的底部,底部密封性试验也可用整体气密性试验代替。

b 硫化氢应力腐蚀试验项目仅适用于设计规定的抗拉强度允许大于880 MPa的钢瓶。

c 复合材料的玻璃化转变温度高于102 ℃时,可不进行此项试验。

7.3 设计变更

设计变更允许减少型式试验项目。设计变更除应按表6规定项目进行批量试验和逐只检验外,还应按表7规定的项目重新进行型式试验。相对于设计原型进行了表7规定试验项目的气瓶,如果其长度减少小于或等于50%,则不需要重新进行型式试验;长度减少大于50%时,应按表7的规定增加相应的型式试验。除了长度变化以外的其他任何变化,均应针对设计原型重新进行型式试验。

表7 设计变更需重新进行型式试验的试验项目

设计变更	试验项目									
	水压爆破试验	极限温度压力循环试验	常温压力循环试验	火烧试验	枪击试验	酸环境试验	裂纹容限试验	加速应力破裂试验	高温蠕变试验a	硫化氢应力腐蚀试验
纤维材料制造厂	√	√	√	—	—	—	—	√	√	—
内胆材料	√	√	√	√	√	√	√	√	√	√d
纤维材料	√	√	√	√	√	√	√	√	√	—
树脂材料		√	√	—	√	√	√	√	√	—
直径变化≤20%	√	—	√	—	—	—	—	—	—	—
直径变化>20%	√	√	√	√	—	√	√	—	—	—
长度变化≤50%	—	—	—	√b	—	—	—	—	—	—
长度变化>50%	—	—	—	√b	—	—	—	—	—	—
工作压力变化≤20%c	√	—	—	—	—	—	—	—	—	—
端部结构	√	—	—	—	—	—	—	—	—	—
瓶口螺纹尺寸	√	—	√	—	—	—	—	—	—	—

表 7 设计变更需重新进行型式试验的试验项目（续）

设计变更	试验项目									
	水压爆破试验	极限温度压力循环试验	常温压力循环试验	火烧试验	枪击试验	酸环境试验	裂纹容限试验	加速应力破裂试验	高温蠕变试验ᵃ	硫化氢应力腐蚀试验
保护层	—	√	—	—	—	√	—	—	—	—
制造工艺	√	—	√	—	—	—	—	—	—	—
瓶阀	—	—	—	√	—	—	—	—	—	—
注："√"表示做检验或试验，"—"表示不做检验或试验。										
ᵃ 树脂玻璃化转变温度低于 102 ℃时，应进行此项试验。 ᵇ 仅限长度增加时。 ᶜ 仅限壁厚变化与压力变化成比例时。 ᵈ 仅限内胆材料生产商变更时，不包括材料规格的变化，且抗拉强度大于 880 MPa 的气瓶。										

7.4 批量试验

7.4.1 批量试验项目应按表6的规定。批量试验所需内胆的数量为：内胆热处理后各项性能指标测定1只，水压爆破试验1只。

7.4.2 批量试验所需缠绕气瓶的数量为：水压爆破试验1只，常温压力循环试验1只。

7.4.3 常温压力循环试验频率按下列规定执行：

  a) 初次，每批取1只缠绕气瓶，压力循环的总次数为不少于15 000 次；

  b) 如果连续10个生产批属于同一设计族（即相似的材料和工艺，符合设计变更的限定条件，见7.3），且压力循环试验的缠绕气瓶在上述a)试验中达到至少22 500 次压力循环后仍不产生泄漏或破裂，则压力循环试验可以减少到每5个生产批抽取1只缠绕气瓶；

  c) 如果连续10个生产批属于同一设计族，且压力循环试验的缠绕气瓶在上述a)试验中达到至少30 000 次压力循环后仍不产生泄漏或破裂，则压力循环试验可以减少到每10个生产批抽取1只缠绕气瓶；

  d) 从最后一次压力循环试验起，中断超过3个月即失效；然后应从下一个生产批中抽取1只缠绕气瓶作压力循环试验，以保持上述b)或c)的减少的试验频率；

  e) 如果减少了频率的试验b)或c)不符合要求的压力循环的次数（分别为22 500 次和30 000 次），则有必要重复a)的批压力循环试验频率，至少为10个批，以重新建立b)或c)的减少的批压力循环试验频率。

如果缠绕气瓶在上述a)、b)或c)试验中，不能满足至少15 000 次的要求，则应按7.7的程序处理，找出失效原因并纠正。然后再从该批中抽取3只缠绕气瓶，重复进行压力循环试验。如其中任一只缠绕气瓶未达到15 000 次，则该批缠绕气瓶应报废。

7.5 逐只检验

对同一批次生产的每只缠绕气瓶或内胆均应进行逐只检验，检验项目按表6的规定。

7.6 抽样规则

随机抽样进行，能代表成品缠绕气瓶或内胆性能的同批试样也可使用。

7.7 复验规则

如果试验结果不合格,按下列规定进行处理:

a) 如果不合格是由于试验操作异常或测量误差所造成,则应重新试验;如重新试验结果合格,则首次试验无效;

b) 如果试验操作正确,应找出试验不合格的原因:

    1) 如确认不合格是由于热处理造成的,允许对所涉及的所有缠绕气瓶内胆重复热处理,但重复热处理次数不应多于两次;重新热处理的内胆应保证设计壁厚;经重复热处理的内胆应作为新批重新进行批量检验;

    2) 如果不合格是由于热处理之外的原因造成的,则所有不合格的缠绕气瓶应报废。

8 标志、涂敷、包装、运输、储存

8.1 标志

8.1.1 内胆的材料移植号、热处理批号应永久性标记在瓶胆的口部或端部。

8.1.2 应对每只缠绕气瓶作清晰的永久性标记,字高不小于 8 mm,标记可在缠绕气瓶瓶肩部分打钢印标记或使用植入树脂层内的标签。

8.1.3 缠绕气瓶的标记项目应至少包括下列内容:

a) 气瓶编号;

b) 产品文件编号;

c) 充装介质;

d) 公称容积,L;

e) 公称工作压力,MPa;

f) 水压试验压力,MPa;

g) 内胆设计壁厚,mm;

h) 设计使用年限,年;

i) 制造许可证编号;

j) 制造日期;

k) 制造单位名称;

l) 制造单位代号;

m) 监检标记。

8.1.4 标记应明显、完整、清晰。

8.1.5 出厂的每只缠绕气瓶,均应在醒目的位置装设牢固、不易损坏的电子识读标识(如二维码、电子芯片等),作为缠绕气瓶产品的电子合格证。缠绕气瓶产品电子合格证所记载的信息应在气瓶安全追溯信息平台上有效存储并对外公示,存储与公示的信息应做到可追溯、可交换、可查询和防篡改。

8.2 涂敷

8.2.1 缠绕气瓶在涂敷前,应清除其外表面的油污、锈蚀等杂物,且在干燥条件下涂敷。

8.2.2 涂层应均匀牢固,不应有气泡、漆痕、龟裂纹和剥落等缺陷。

8.3 包装

8.3.1 根据用户需要,如不带瓶阀出厂,则瓶口应采取可靠措施加以密封,以防止沾污。

8.3.2 应采取保护缠绕层和瓶阀的有效措施。

8.4 运输

8.4.1 缠绕气瓶的运输应符合运输部门的有关规定。

8.4.2 缠绕气瓶在运输和装卸过程中,应防止碰撞、受潮和损坏附件,尤其要防止缠绕层的划伤。

8.5 储存

缠绕气瓶应分类存放整齐。出厂前如储存六个月以上,则应采取可靠的防潮措施。

9 产品合格证、产品使用说明书和批量检验质量证明书

9.1 产品合格证

9.1.1 出厂的每只缠绕气瓶均应附有产品合格证(含纸质合格证和电子合格证),且应向用户提供产品使用说明书。

9.1.2 出厂产品合格证应至少包含以下内容:

   a) 缠绕气瓶制造单位名称;
   b) 缠绕气瓶编号;
   c) 水压试验压力;
   d) 公称工作压力;
   e) 气密性试验压力;
   f) 内胆材料名称或牌号;
   g) 纤维材料名称或牌号;
   h) 树脂材料名称或牌号;
   i) 实测空瓶重量(不含瓶阀、瓶帽);
   j) 实测水容积;
   k) 出厂检验标记;
   l) 制造年月;
   m) 定期检验周期;
   n) 产品标准号;
   o) 缠绕气瓶的设计使用年限(年);
   p) 气瓶制造许可证编号;
   q) 气瓶阀门制造单位名称;
   r) 气瓶阀门制造许可证号。

9.2 产品使用说明书

应至少包含以下内容:

   a) 充装介质;
   b) 公称工作压力;
   c) 定期检验周期;
   d) 设计使用寿命;
   e) 产品的维护;
   f) 安装使用注意事项。

9.3 批量检验质量证明书

9.3.1 批量检验质量证明书的内容,应包括本文件规定的批量检验项目,见附录 D。

9.3.2 出厂的每批缠绕气瓶,均应附有批量检验质量证明书。该批缠绕气瓶有一个以上用户时,所有用户均应有批量检验证明书的复印件。

9.3.3 缠绕气瓶制造单位应妥善保存缠绕气瓶的检验记录和批量检验质量证明书的复印件(或正本),可以采用电子或者纸质资料的保存方式,保存时间不应少于气瓶设计使用年限。

<h1 style="text-align:center">附　录　A</h1>
（规范性）
<h2 style="text-align:center">硫化氢应力腐蚀试验</h2>

A.1　概述

本附录规定了在硫化氢的酸性水溶液中受拉力的缠绕气瓶内胆材料抗开裂破坏性能试验,适用于抗拉强度大于 880 MPa 的内胆。

A.2　试验方法及要求

A.2.1　硫化氢应力腐蚀试验除了应符合本附录的各项要求外,其余按 GB/T 4157 规定的方法 A 拉伸试验执行。

A.2.2　取耐硫化氢应力腐蚀试验的纵向拉伸试样 3 件。拉伸试样应从一只成品气瓶的筒体中部纵向截取,其制备形状及尺寸见图 A.1。

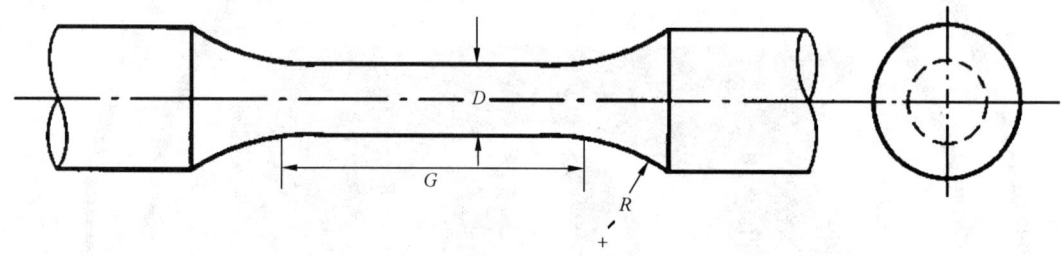

标引符号说明:

D——试验段直径;

G——试验段长;

R——试验段端部过渡圆弧半径。

注: $D = (3.81 \pm 0.05)$ mm, $G = 25.4$ mm, $R_{min} = 15$ mm。

图 A.1　硫化氢应力腐蚀试验拉伸试样

A.2.3　试验溶液是由 0.5%（质量分数）的三水合乙酸钠（$CH_3COONa \cdot 3H_2O$）,用乙酸调初始 pH 至 4.0 的酸性缓冲溶液。试验溶液应在室温下用分压为 0.414 kPa 的硫化氢试验气体（用氮气混合）连续饱和。

A.2.4　对浸在试验溶液里的拉伸试样施以恒定的拉伸应力载荷,拉伸应力应为最小屈服应力保证值的 60%。

A.3　试验结果判定

拉伸试样在 144 h 试验周期内应不发生断裂。

附　录　B

（资料性）

NDE 缺陷尺寸确定方法

内胆 NDE 缺陷尺寸可通过以下方式确定：

a)　在内胆筒体内壁制作裂纹缺陷，内部缺陷可在气瓶收口前进行加工；

b)　将裂纹缺陷制作到超过 NDE 检测方法能探测到的长度和深度；

c)　按照 6.2.6 中规定的试验方法，对含有这些缺陷的 3 只气瓶进行压力循环至失效。

如果气瓶在 1 000 次×使用寿命（年）循环次数内没有泄漏或破裂，则无损检测的允许缺陷尺寸等于或小于该位置的缺陷尺寸。

附　录　C
（规范性）
超声检测

C.1　概述

本附录规定了钢质内胆的超声检测方法。其他能够证明适用于钢质内胆制造工艺的超声检测技术也可以采用。

C.2　一般要求

C.2.1　超声检测设备应能实现对内胆筒体的自动检测，并至少能够检测到 C.4.2 规定的对比样管的人工缺陷，还应能够按照工艺要求正常工作并保证其精度。设备应有质量合格证书或检定认可证书。

C.2.2　从事超声检测人员都应按照《特种设备无损检测人员考核规则》的要求取得超声检测资格，超声检测设备的操作人员应至少具有 I（初）级超声检测资格证书，签发检测报告的人员应至少具有 II（中）级超声检测资格证书。

C.2.3　待测内胆的内、外表面都应达到能够进行准确的超声检测并可进行重复检测的条件。

C.2.4　应采用脉冲反射式超声检测，耦合方式可以采用接触法或浸液法。

C.3　检测方法

C.3.1　一般应使超声检测探头对内胆侧壁进行螺旋式扫查。探头扫查移动速率应均匀，变化在 $\pm 10\%$ 以内。螺旋间距应小于探头的扫描宽度（至少应有 10％ 的重叠），保证在螺旋式扫查过程中实现 100％ 检测。

C.3.2　应能检测到内胆侧壁纵向和横向缺陷。检测纵向缺陷时，声束在内胆侧壁内沿环向传播；检测横向缺陷时，声束在内胆侧壁内沿轴向传播；纵向和横向检测都应在内胆侧壁两个方向上进行。

C.3.3　对于内胆筒体与肩部或底部之间的环壳部位应在底部方向进行横向缺陷扫查。需检测部位，见图 C.1。在这个较厚部位，为检测到 5％ 壁厚的缺陷，超声灵敏度设置成 ＋6 dB。在这种情况下，或当检测内胆筒体与肩部或底部的环壳部位时，如果不能用自动检测，可以采用手工检测。

C.3.4　在超声检测每个班次的开始和结束时都应用对比样管校验设备。如果校验过程中设备未能检测到对比样管人工缺陷，则在上次设备校验后检测的所有合格内胆都应在设备校验合格后重新进行检测。

C.4　对比样管

C.4.1　应准备适当长度的对比样管，对比样管应与待测内胆具有相似的直径和壁厚范围、相同声学性能的材料。对比样管不应有影响人工缺陷的自然缺陷。

C.4.2　应在对比样管内外表面加工纵向和横向人工缺陷，这些人工缺陷应适当分开距离以便每个人工缺陷都能够清晰的识别。

C.4.3　人工缺陷尺寸和形状（见图 C.2 和图 C.3）应符合下列要求：

    a)　人工缺陷长度 E 应不大于 50 mm；

    b)　人工缺陷宽度 W 应不大于 2 倍深度 T，当不能满足时可以取宽度 W 为 1.0 mm；

    c)　人工缺陷深度 T 应等于筒体设计壁厚 S 的 5％±0.75％，且深度 T 最小为 0.2 mm，最大为 1 mm，两端允许圆角；

    d)　人工缺陷内部边缘应锐利，除了采用电蚀法加工，横截面应为矩形；采用电蚀法加工时，允许人工缺陷底部略呈圆形。

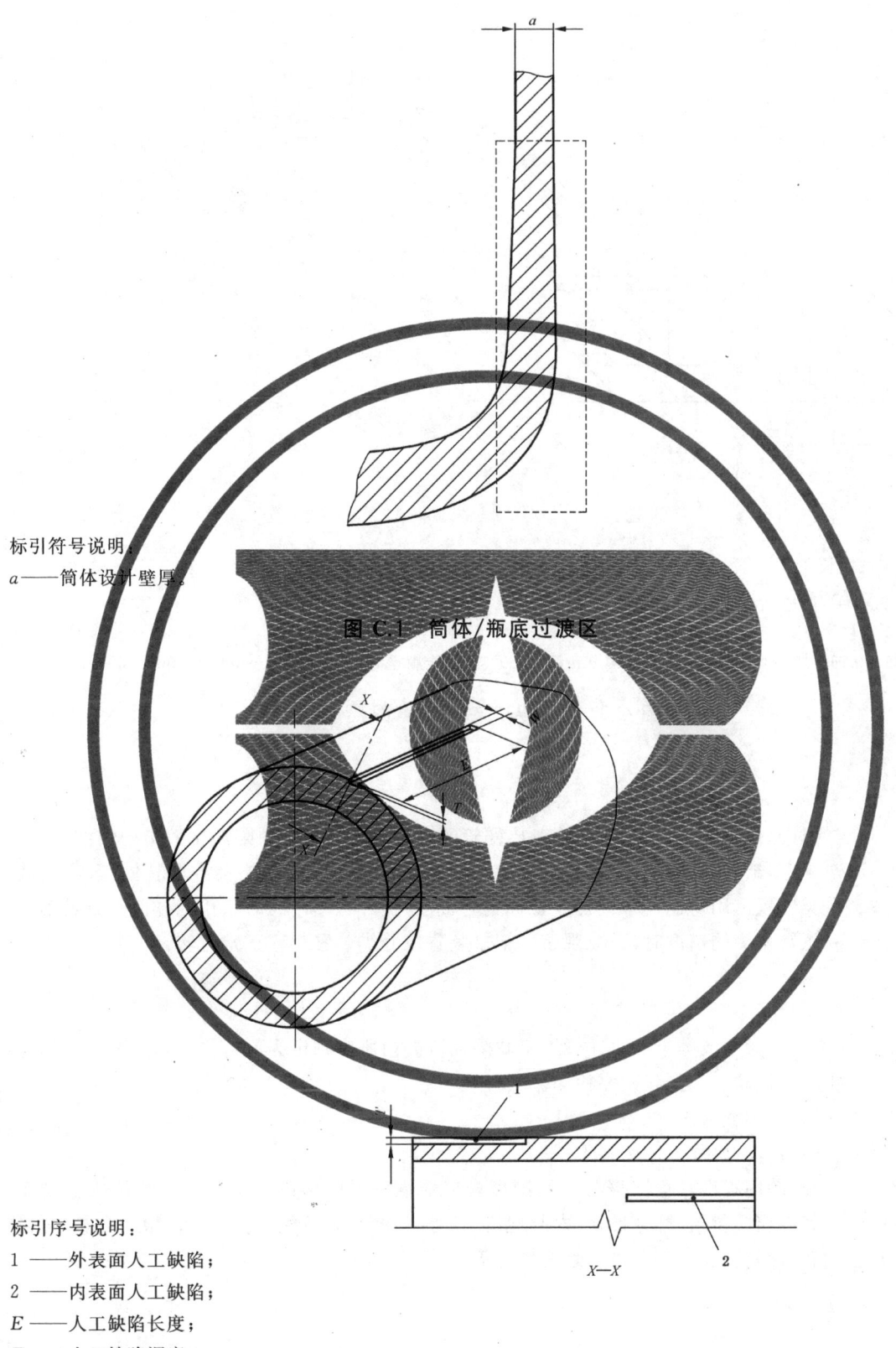

标引符号说明:

a——筒体设计壁厚。

图 C.1　筒体/瓶底过渡区

标引序号说明:

1 ——外表面人工缺陷;

2 ——内表面人工缺陷;

E ——人工缺陷长度;

T ——人工缺陷深度;

W——人工缺陷宽度。

注:$T=(5\pm0.75)\%S$,且 0.2 mm$\leqslant T\leqslant$1.0 mm;$W\leqslant 2T$,当不能满足时可取 $W=1.0$ mm;$E\leqslant50$ mm。

图 C.2　纵向人工缺陷示意图

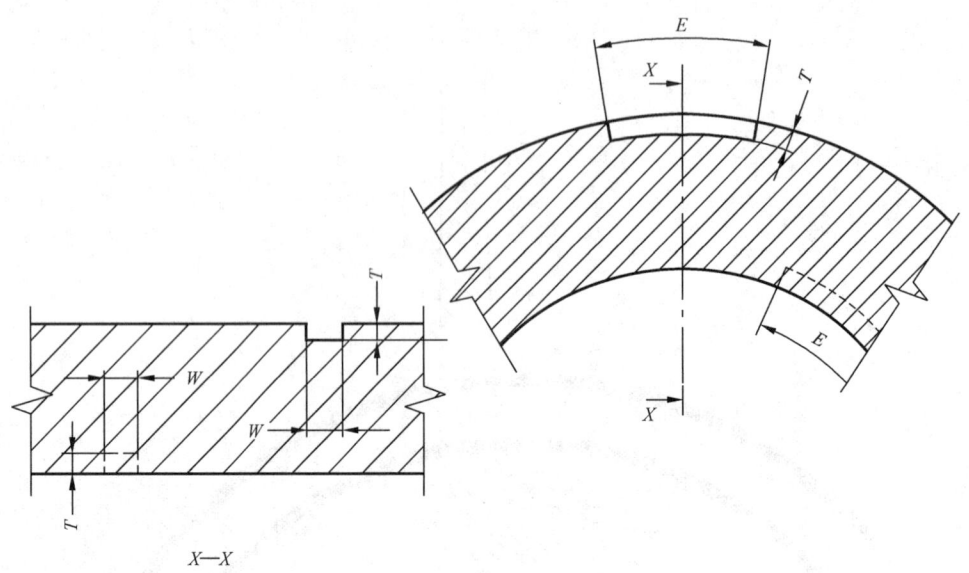

标引符号说明：

E ——人工缺陷长度；

T ——人工缺陷深度；

W ——人工缺陷宽度。

注：$T=(5±0.75)\%S$，且 $0.2\ mm≤T≤1.0\ mm$；$W≤2T$，当不能满足时可取 $W=1.0\ mm$；$E≤50\ mm$。

图 C.3　横向人工缺陷示意图

C.5　设备标定

应用 C.4 规定的对比样管，调整设备能够从对比样管的内外表面对人工缺陷产生清晰的回波，回波的幅度应尽量一致。人工缺陷回波的最小幅度应作为钢瓶超声检测时的不合格标准，同时设置好回波观察、记录装置或分类装置。用对比样管进行设备标定时，应与实际检测内胆时采用同样的扫查移动方式、方向和速度。在正常检测的速度时，回波观察、记录装置或分类装置都应正常运转。

C.6　结果评定

检测过程中回波幅度大于或等于对比样管人工缺陷回波的内胆应判定为不合格。内胆表面缺陷允许清除，清除后应重新进行超声检测和壁厚检测。

C.7　检测报告

应对进行超声检测的内胆出具检测报告。检测报告应能准确反映检测过程并符合检测工艺的要求，具有可追踪性。其内容应包括：检测日期、内胆规格、批号、检测工艺条件、使用设备、检测数量、合格数和不合格数、检测者、评定者及对不合格缺陷的描述等。

附　录　D

（资料性）

车用压缩天然气钢质内胆环向缠绕气瓶批量检验质量证明书

车用压缩天然气钢质内胆环向缠绕气瓶批量检验质量证明书见图 D.1。

缠绕气瓶型号：＿＿＿＿＿＿＿＿＿＿＿＿	盛装介质：＿＿＿＿＿＿＿＿＿＿＿＿	
制造许可证编号：＿＿＿＿＿＿＿＿＿＿	制造单位：＿＿＿＿＿＿＿＿＿＿＿＿	
生产批号：＿＿＿＿＿＿＿＿＿＿＿＿＿	制造日期：＿＿＿＿＿＿＿＿＿＿＿＿	
产品标准代号：＿＿＿＿＿＿＿＿＿＿＿	产品图号：＿＿＿＿＿＿＿＿＿＿＿＿	
本批缠绕气瓶共＿＿＿＿＿＿＿只，编号从＿＿＿＿＿＿＿号至＿＿＿＿＿＿＿号		

注：本批合格缠绕气瓶中不包含下列瓶号：

1 主要技术数据

公称工作压力/MPa		水压试验压力/MPa	
公称容积/L		气密性试验压力/MPa	
内胆公称外直径/mm			

2 主体材料

类别	名称或牌号	规格或型号
内胆材料		
纤维材料		
树脂材料		

3 内胆材料化学成分

元素/%	C	Si	Mn	Cr	Mo	S	P	S+P	Ni	Cu
标准值	≤0.37	0.17～0.37	0.40～0.90	0.80～1.20	0.15～0.30	≤0.010	≤0.015	≤0.020	≤0.30	≤0.20
实测值										

4 力学性能

4.1 内胆材料

检验项目	抗拉强度 R_m/MPa	屈服强度 R_{ea}/MPa	断后伸长率 A/%	冲击值 α_{kV}/(J·cm^{-2})	冷弯(180°)
合格标准					合格
实测结果					

图 D.1　车用压缩天然气钢质内胆环向缠绕气瓶批量检验质量证明书

GB/T 24160—2022

5 内胆金相检查

显微组织	脱碳层深度/mm	
	外壁	内壁
回火索氏体		

6 内胆端部解剖检查

　　结构形状尺寸符合图纸要求,低倍组织合格。

7 水压爆破试验

7.1 内胆

编　　号:＿＿＿＿＿　　爆破压力:＿＿＿＿＿　　爆破口:塑性变形,无碎片。

7.2 缠绕气瓶

编　　号:＿＿＿＿＿　　爆破压力:＿＿＿＿＿

8 常温压力循环试验

缠绕气瓶编号:＿＿＿＿＿　循环压力上限:＿＿＿＿　循环压力下限:＿＿＿＿

试验结果:常温加压循环至　　　次,瓶体无泄漏或爆破。

　　该批产品经检查和试验符合 GB/T 24160—20××的要求,是合格产品。

监督检验单位(盖章):　　　　　　　制造单位(检验专用章):

监督检验员:　　　　　　　　　　　检验负责人:

　　年　月　日　　　　　　　　　　年　月　日

图 D.1　车用压缩天然气钢质内胆环向缠绕气瓶批量检验质量证明书（续）

508

参 考 文 献

[1] GB 18047 车用压缩天然气

ICS 23.020.30
CCS J 74

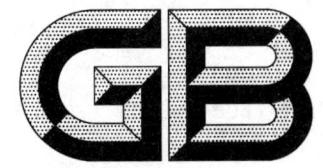

中华人民共和国国家标准

GB/T 28054—2023

代替 GB/T 28054—2011

钢质无缝气瓶集束装置

Bundles of seamless steel gas cylinders

2023-12-28 发布

2024-07-01 实施

国家市场监督管理总局
国家标准化管理委员会 发布

前　　言

本文件按照 GB/T 1.1—2020《标准化工作导则　第 1 部分:标准化文件的结构和起草规则》的规定起草。

本文件代替 GB/T 28054—2011《钢质无缝气瓶集束装置》,与 GB/T 28054—2011 相比,除结构调整和编辑性改动外,主要技术变化如下:

a)　更改了公称工作压力范围和单只气瓶公称容积范围(见第 1 章,2011 年版的第 1 章);

b)　更改了集束装置结构型式图(见 4.1,2011 年版的 4.1);

c)　更改了管路材料牌号及标准的要求(见 5.1.2.1,2011 年版的 5.1.1.1);

d)　更改了安全附件和仪表的要求(见 5.2.4,2011 年版的 5.3.6);

e)　增加了集束装置中气瓶执行标准的要求(见 5.3.1.2);

f)　删除了移动式框架的形式(见 2011 年版的 5.3.4.1);

g)　增加了垂直跌落试验的要求(见 6.3.2);

h)　增加了旋转跌落试验的要求(见 6.3.3);

i)　增加了型式试验的要求(见 7.3);

j)　增加了设计变更的要求(见 7.4);

k)　删除了铭牌型式、铭牌字体、铭牌材质的内容(见 2011 年版的 8.1.3 和 8.1.5);

l)　删除了储运的要求(见 2011 年版的第 9 章);

m)　删除了充装可燃气体集束装置的安全使用规定(见 2011 年版的第 10 章)。

请注意本文件的某些内容可能涉及专利。本文件的发布机构不承担识别专利的责任。

本文件由全国气瓶标准化技术委员会(SAC/TC 31)提出并归口。

本文件起草单位:北京天海工业有限公司、大连锅炉压力容器检验检测研究院有限公司、宽城天海压力容器有限公司、中国特种设备检测研究院、天津天海高压容器有限责任公司、临沂市特种设备检验研究院、杭州新世纪混合气体有限公司、上海市特种设备管理协会、河北省特种设备监督检验研究院、中材科技(苏州)有限公司。

本文件主要起草人:石凤文、徐昌、张亚涛、陶思伟、古纯霖、赵杰、张金波、刘福涛、陈伟明、丁春晓、王献忠、赵濯非、毕静、杨明高。

本文件于 2011 年首次发布,本次为第一次修订。

钢质无缝气瓶集束装置

1 范围

本文件规定了钢质无缝气瓶集束装置(以下简称集束装置)的型式和型号、技术要求、试验方法和合格指标、检验规则、标志、涂敷、产品合格证和产品质量证明书。

本文件适用于可重复充装压缩气体、高(低)压液化气体或混合气体的移动式集束装置。集束装置的公称工作压力不超过 30 MPa,单只气瓶公称容积不大于 450 L,集束装置气瓶总容积不大于 3 000 L,集束装置的使用环境温度为－40 ℃～60 ℃。

本文件不适用于充装毒性程度为剧毒气体的集束装置,也不适用于固定在车上使用的集束装置。

2 规范性引用文件

下列文件中的内容通过文中的规范性引用而构成本文件必不可少的条款。其中,注日期的引用文件,仅该日期对应的版本适用于本文件;不注日期的引用文件,其最新版本(包括所有的修改单)适用于本文件。

GB/T 1527　铜及铜合金拉制管

GB/T 5099.1　钢质无缝气瓶　第 1 部分:淬火后回火处理的抗拉强度小于 1 100 MPa 的钢瓶

GB/T 5099.3　钢质无缝气瓶　第 3 部分:正火处理的钢瓶

GB/T 5099.4　钢质无缝气瓶　第 4 部分:不锈钢无缝气瓶

GB/T 13005　气瓶术语

GB/T 14976　流体输送用不锈钢无缝钢管

GB/T 15383　气瓶阀出气口连接型式和尺寸

GB/T 19866　焊接工艺规程及评定的一般原则

GB/T 20801.4　压力管道规范　工业管道　第 4 部分:制作与安装

GB/T 33145　大容积钢质无缝气瓶

GB/T 33215　气瓶安全泄压装置

GB/T 41113　硬钎焊工和硬钎焊操作工技能评定

CB/T 3832　铜管钎焊技术要求

JB/T 6804　抗震压力表

NB/T 47013.5　承压设备无损检测　第 5 部分:渗透检测

NB/T 47014　承压设备焊接工艺评定

NB/T 47018.1　承压设备用焊接材料订货技术条件　第 1 部分:采购通则

NB/T 47018.2　承压设备用焊接材料订货技术条件　第 2 部分:钢焊条

NB/T 47018.3　承压设备用焊接材料订货技术条件　第 3 部分:气体保护电弧焊钢焊丝和填充丝

NB/T 47018.4　承压设备用焊接材料订货技术条件　第 4 部分:埋弧焊钢焊丝和焊剂

TSG 23　气瓶安全技术规程

TSG Z6002　特种设备焊接操作人员考核细则

3 术语、定义和符号

3.1 术语和定义

GB/T 13005 界定的以及下列术语和定义适用于本文件。

3.1.1

集束装置 cylinder bundle

将若干个气瓶集束在一起使用的瓶组式集装装置。

注：一般由气瓶、管路及框架组成。

3.1.2

管路 manifold

由主管道、支管、阀门与管件相连，但不包括气瓶上的阀门或气瓶连接件而组成的系统。

3.1.3

气瓶连接件 cylinder fitting

当气瓶不适用瓶阀连接时，用没有关闭气体功能的部件作为连接气瓶与管路的连接件。

3.1.4

管件 pipe fitting

用于管路连接的弯通、三通、四通和异径管件(变径接头)等。

注：根据连接方法可分为承插式管件、螺纹管件、法兰管件和焊接管件四类。

3.1.5

公称工作压力 nominal working pressure

对于盛装压缩气体的集束装置，在基准温度时(一般为20 ℃)所盛装气体的限定充装压力；对于盛装高压液化气体的集束装置，温度为60 ℃时气体压力的上限值。

3.1.6

集束装置总质量 gross weight

集束装置净重与介质的最大允许充装质量之和。

3.2 符号

下列符号适用于本文件。

C 　金属管的厚度附加量，单位为毫米(mm)；

C_1 　管材的负偏差，单位为毫米(mm)；

C_2 　腐蚀裕量，单位为毫米(mm)；

C_3 　金属管螺纹或槽的深度，单位为毫米(mm)；

D_i 　金属管的内径，单位为毫米(mm)；

D_o 　金属管的外径，单位为毫米(mm)；

d_0 　气瓶阀门的通径，单位为毫米(mm)；

n 　气瓶数量，单位为只；

P_h 　管路水压试验压力，单位为兆帕(MPa)；

S 　金属管的设计壁厚，单位为毫米(mm)；

S_n 　金属管的名义壁厚，单位为毫米(mm)；

S_0 　金属管的计算壁厚，单位为毫米(mm)；

T 　集束装置的净重，单位为千克(kg)；

Y 　温度影响系数；

α   悬吊角度,单位为度(°);

φ   焊接接头系数;

$[\sigma]^t$ 设计温度下材料的许用应力,单位为兆帕(MPa)。

4 型式和型号

4.1 型式

集束装置的结构型式如图 1 所示。

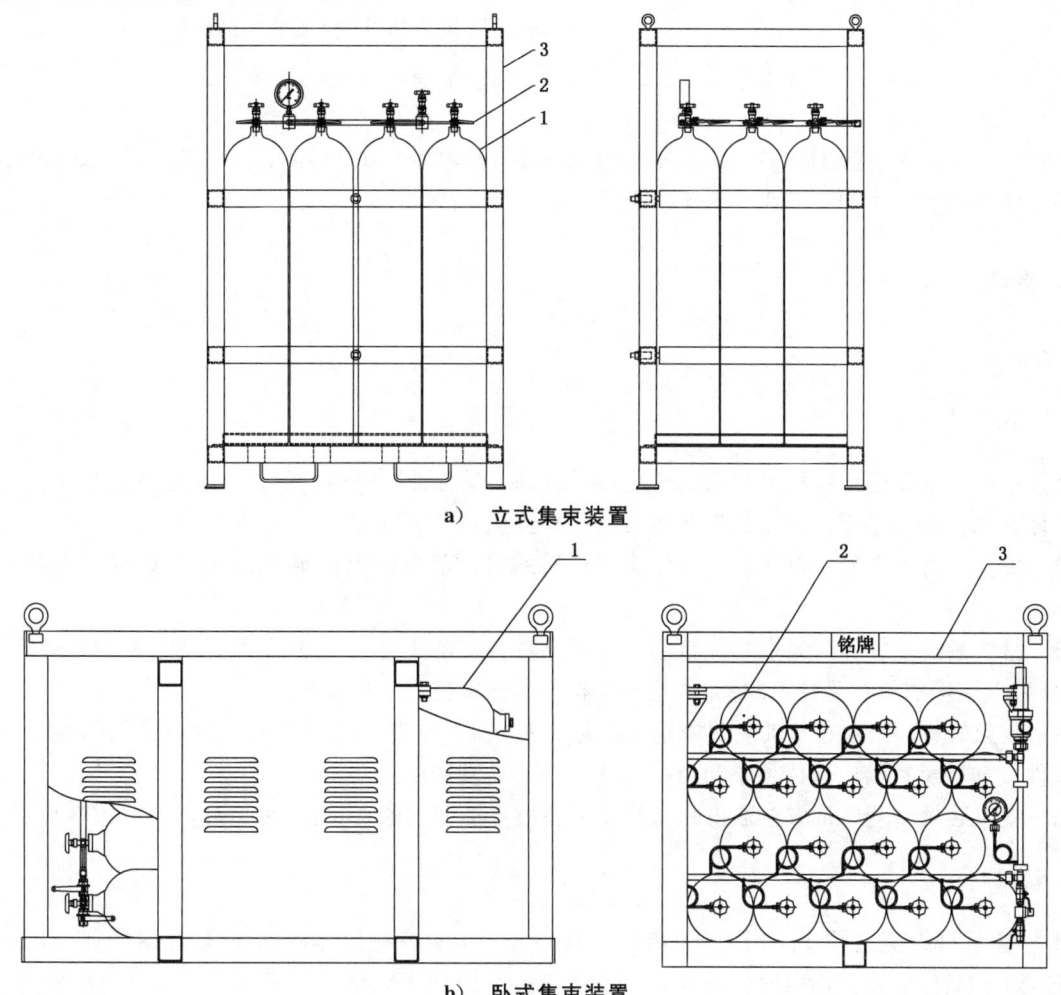

a) 立式集束装置

b) 卧式集束装置

标引序号说明:

1——气瓶;

2——管路;

3——框架。

图 1 集束装置结构型式

4.2 型号标记

集束装置型号标记表示如下:

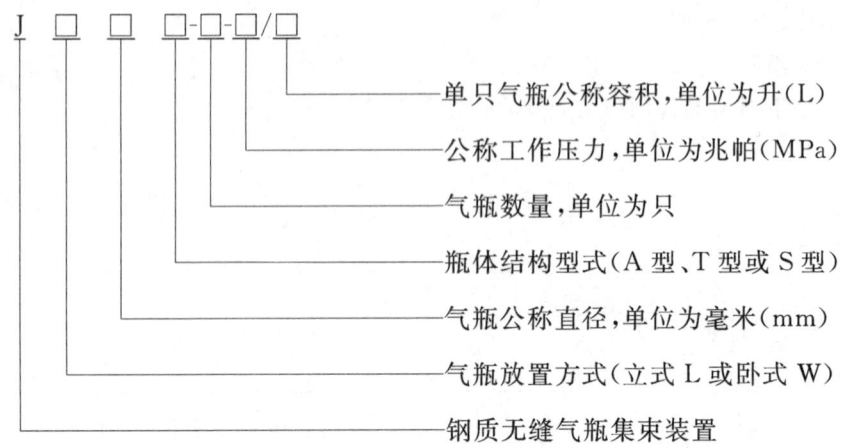

示例:

气瓶卧式放置,气瓶公称直径为 279 mm,气瓶结构型式为 S 型,气瓶数量为 18 只,公称工作压力为 20 MPa,单只气瓶公称容积为 80 L 的钢质无缝气瓶集束装置,其型号标记为:JW279S-18-20/80。

5 技术要求

5.1 材料

5.1.1 一般要求

5.1.1.1 集束装置受压元件材料的选用应注意材料的力学性能、化学性能、工艺性能,气瓶、阀门以及所有与气体介质接触的零部件的材料应与充装的气体介质相容。

5.1.1.2 集束装置受压元件材料制造单位应在材料的明显部位做出清晰、牢固的钢印标志或其他可追溯的标志。

5.1.1.3 材料制造单位应向集束装置制造单位提供材料质量证明书,材料质量证明书的内容应齐全、清晰,印制可以追溯的信息化标识或标签,且加盖材料制造单位质量检验章。

5.1.1.4 集束装置制造单位从非材料制造单位取得材料时,应当取得材料制造单位提供的材料质量证明书原件或加盖材料供应单位公章和经办人签字(章)的复印件。

5.1.1.5 集束装置制造单位应对取得的材料及材料质量证明书的真实性、可追溯性和一致性负责。

5.1.2 管路材料

5.1.2.1 管路材料应选用 S30403、S30408、S31603、S31608 等奥氏体不锈钢无缝钢管或 TP1、TP2、H62、H68 等铜管,铜管应选用软化退火(O60)状态。不锈钢无缝钢管应符合 GB/T 14976 的规定,铜管应符合 GB/T 1527 的规定。

5.1.2.2 管路焊接材料应符合 NB/T 47018.1~NB/T 47018.4 的规定。焊接材料应有质量证明书和清晰牢固的标志。

5.1.2.3 管路焊接材料应按 NB/T 47014 的要求进行焊接工艺评定,评定合格后方可使用。

5.1.2.4 制造单位应建立并严格执行焊接材料验收、复验、保管、烘干、发放和回收制度。

5.1.2.5 管路用管件应选用与管子材质一致的锻件或棒材。

5.1.3 框架材料

5.1.3.1 框架材料应有良好的可焊性、足够的强度和韧性,框架材料一般采用 20、Q235 或 Q345。

5.1.3.2 框架材料应注意外界环境的腐蚀作用和环境温度的影响。

5.1.3.3 框架主体结构由型材焊接而成。

5.2 设计

5.2.1 一般要求

5.2.1.1 集束装置的结构、气瓶与框架的连接,以及管路、安全附件和仪表的布置应安全可靠,且满足使用要求。

5.2.1.2 所有承压部件及密封件的材料应与工作温度范围相适应。

5.2.1.3 充装可燃性气体或有毒性气体的集束装置,气瓶上应装设气瓶阀门,管路与气瓶阀门进行连接。充装高(低)压液化气体的集束装置,气瓶上不应装设气瓶阀门,气瓶与管路的连接应采用气瓶专用三通连接件连接,使整个集束装置内的气瓶构成一个相互连通的整体。

5.2.1.4 集束装置应牢固可靠,所有零件应借助工具才可以拆卸(管路进出气阀门防尘帽除外)。

5.2.1.5 用于充装氧气的集束装置公称工作压力应不大于 20 MPa。

5.2.1.6 集束装置所装配的气瓶及安全附件、管路、阀门应按照相关安全技术规范和标准的规定进行型式试验。

5.2.1.7 用于充装有毒性气体的集束装置气瓶总容积应不大于 800 L。

5.2.2 管路

5.2.2.1 管路结构设计应避免热胀冷缩、机械振动等引起的损坏,必要时应设置温度补偿结构和紧固装置。

5.2.2.2 管路管径及阀门应有足够的流通面积,管路支管的内径应大于或等于瓶阀的通径 d_0,管路主管的内径应满足公式(1)。

$$D_i \geqslant 0.8\sqrt{n}d_0 \quad\quad\quad\quad (1)$$

5.2.2.3 管路的计算壁厚应不小于公式(2)和公式(3)计算的较大值。

$$S_0 = \frac{P_h D_0}{2([\sigma]^t + P_h Y)} \quad\quad\quad\quad (2)$$

$$S_0 = \frac{P_h[D_i + 2(C_2 + C_3)]}{2[[\sigma]^t + P_h(1 - Y)]} \qu\quad\quad\quad (3)$$

式中,温度影响系数 Y 值取 0.4。

5.2.2.4 厚度附加量应按照公式(4)计算。

$$C = C_1 + C_2 + C_3 \quad\quad\quad\quad (4)$$

式中,管路壁厚的负偏差 C_1 按管材标准的规定。

5.2.2.5 管路所要求的设计壁厚按公式(5)确定。

$$S = S_0 + C \quad\quad\quad\quad (5)$$

5.2.2.6 管路的名义壁厚 S_n(图纸标注的壁厚)应取设计壁厚向上圆整至标准规格的壁厚。

5.2.2.7 管路和瓶阀设计压力应大于或等于集束装置气瓶的公称工作压力。

5.2.2.8 管路管件的最小壁厚应不小于与其连接的管子的设计壁厚。

5.2.2.9 管路中管子、管件、阀门连接可采用焊接、螺纹连接或卡套连接方式。

5.2.2.10 管路的设计、制造及安装应避免由于膨胀、收缩及机械撞击及振动而造成的损坏,金属管应有一定的弯度或盘管来增加柔韧性。

5.2.2.11 管路与框架的固定应避免应力集中,应采用螺栓固定等方式进行连接。

5.2.2.12 氧气和强氧化性气体阀门及管件密封材料,应采用无油脂的阻燃材料(氧指数不小于 95)且与所充装的气体相容。

5.2.2.13 充装氧气用管路的材质应采用铜管或者不含钛的不锈钢无缝钢管。

5.2.2.14 管路应布局合理,阀门应装设在启闭自如的部位。

5.2.2.15 管路中的金属管应选用材料牌号一致的无缝钢管或铜管。

5.2.2.16 管路上的充放气阀门应与所充装的介质具有相容性,用于可燃性气体的集束装置的阀门出气口应采用左旋螺纹连接。

5.2.2.17 集束装置中的气瓶瓶阀或气瓶连接件应与所充装的介质相适应,其出气口连接型式和尺寸应符合 GB/T 15383 的要求。

5.2.3 框架

5.2.3.1 集束装置的框架应能安全有效地保护集束装置的所有部件,防止在正常操作中由于振动、冲击载荷或者装卸载荷等导致集束装置破坏而引起的泄漏。

5.2.3.2 集束装置的框架设计应能保证通过叉车或起重设备以方便升降及运输集束装置。如果是以起重设备吊运方式设计的集束装置,其框架应设置角件、吊耳、吊环或链环等起重零件。为方便运输,集束装置框架也可装设叉车专用叉口。

5.2.3.3 框架设置有吊耳等起重零件时,该起重零件应设计成能承受 2 倍集束装置总质量的载荷。在起吊过程中对于装设多个吊耳等起重零件的集束装置,该起重零件相对水平的最小悬吊角度 α 应达到 45°,见图 2。框架设置有叉车专用叉口时,叉口应关于集束装置重心对称。

5.2.3.4 框架的结构组件应能承受竖直方向 2 倍集束装置总质量的载荷。设计时的许用应力应不超过 0.9 倍的材料屈服应力。

5.2.3.5 框架的结构设计应能在正常操作下或意外碰撞时保护管路不受意外撞击。

5.2.3.6 使用叉车从集束装置底部叉入和移动的,集束装置应设计有牢固的防侧翻防护结构。

5.2.3.7 集束装置框架结构应便于气瓶及管路的安装和拆卸。

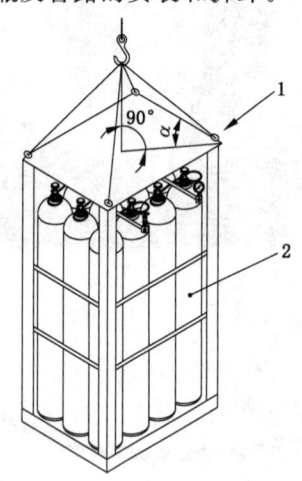

标引说明：

1——吊耳等起重零件；

2——集束装置；

α——悬吊角度。

图 2 最小悬吊角度

5.2.4 安全附件和仪表

5.2.4.1 安全阀

5.2.4.1.1 盛装液化气体的集束装置应按照 GB/T 33215 的规定在总管路上装设安全泄压装置,型式应为全启式弹簧安全阀。

5.2.4.1.2 安全阀的整定压力应为气瓶水压试验压力的75%~100%,安全阀的额定排放压力不应超过气瓶的水压试验压力,安全阀的回座压力不应小于气瓶在最高使用温度下的温升压力,其余要求应符合GB/T 33215的规定。

5.2.4.1.3 安全阀的额定排量应按GB/T 33215进行计算,不应小于集束装置的安全泄放量。

5.2.4.2 仪表

管路应至少装设一个抗震型压力表,压力表应符合JB/T 6804的规定。压力表精度等级不低于1.6级,表盘刻度极限值应为集束装置公称工作压力的1.5倍~3.0倍,表盘直径不小于100 mm。

5.2.5 设计文件

设计文件应满足TSG 23的规定。

5.3 制造

5.3.1 一般要求

5.3.1.1 集束装置制造除应符合本文件的要求外,还应符合产品设计文件的规定。

5.3.1.2 集束装置中的气瓶应符合GB/T 5099.1、GB/T 5099.3、GB/T 5099.4或GB/T 33145的规定,同一台集束装置应采用相同材料、相同结构、公称工作压力、公称直径、公称容积的气瓶。

5.3.2 管路

5.3.2.1 管路的制造应符合GB/T 20801.4和设计文件的要求。

5.3.2.2 组焊后的管路应无油。

5.3.2.3 应对管路的管路焊缝进行100%无损检测。

5.3.2.4 管路的水压试验压力为公称工作压力的1.5倍。

5.3.2.5 管路的气密性试验压力为公称工作压力。

5.3.3 框架

5.3.3.1 集束装置框架一般采用型钢、钢棒、钢板或角件等焊接而成。

5.3.3.2 固定集束装置中气瓶用的紧固梁或紧固压板,应采用型钢。

5.3.3.3 气瓶与任何其他零部件的连接不应采用焊接结构。

5.3.3.4 框架材料不应拼接。

5.3.4 焊接要求

5.3.4.1 焊接程序应符合GB/T 19866和NB/T 47014的要求。

5.3.4.2 铜管钎焊应符合CB/T 3832的要求。

5.3.4.3 管路焊接人员应按TSG Z6002的规定考核合格,且取得相应项目的"特种设备作业人员证"后,方可在有效期内担任合格项目范围内的焊接工作。钎焊焊接人员应符合GB/T 41113的要求。

5.3.4.4 管路主管、支管和管件之间的焊接,应严格遵守评定合格的焊接工艺。

5.3.4.5 管路不锈钢管采用非熔化极氩弧焊焊接方式连接,铜管及管件的焊接应采用银钎焊,且应使用含银量大于45%的银基焊丝。

5.3.4.6 采用银钎焊焊接管路的管子及管件焊接接头型式一般采用插接或对接的方式。焊后焊件表面应光洁,不应有气孔、接头焊瘤及钎焊零件被熔化等缺陷。

5.3.4.7 管路的管子之间、管子与管件之间的焊接优先采用对接焊接形式。当采用承插焊接形式时,焊脚高度不小于钢管厚度的 1.25 倍,且不小于 3.2 mm。

5.3.5 组装

5.3.5.1 气瓶的技术参数应与集束装置的设计文件一致,并有合格证、批量检验质量证明书及监督检验证书。

5.3.5.2 集束装置上应设有防止气瓶发生相对位移的紧固防护结构。

5.3.5.3 管路应固定在框架上,并应有防止碰撞的保护装置。管路的结构、尺寸及公差应符合集束装置设计文件的规定。

5.3.5.4 紧固件的安装扭矩应符合设计文件的规定。

5.3.5.5 管路与安全附件、仪表及装卸附件的连接应采用焊接、螺纹或卡套式连接结构,且密封良好、牢固可靠。卡套式连接结构适用于直径不大于 15 mm 的管路。

5.3.5.6 管路、安全附件、仪表及装卸附件应安装牢固、连接可靠。

5.3.5.7 采用适当的方式使气瓶与框架固定。例如气瓶与立式集束装置框架的固定可采用侧向螺栓紧固压板的压紧方式,气瓶与卧式集束装置框架的固定可采用顶部螺栓紧固压梁板的压紧方式,在吊装及运输过程中集束装置内的气瓶之间以及气瓶与集束装置框架之间均不应产生相对位移。

5.3.5.8 安全阀、压力表组装前应校验或检定,合格后方可安装。

6 试验方法和合格指标

6.1 管路

6.1.1 管路无损检测

6.1.1.1 试验方法

管路焊接后应进行 100%无损检测,无损检测按 NB/T 47013.5 执行。

6.1.1.2 合格指标

合格质量等级应符合 NB/T 47013.5 中Ⅰ级规定。

6.1.2 管路水压试验

6.1.2.1 试验方法

管路无损检测合格后应进行水压试验,试验应满足以下要求:
a) 管路水压试验压力不低于气瓶的水压试验压力;
b) 试验用压力表至少采用两个量程相同且经检定合格的压力表,压力表安装在便于观察的位置,压力表符合相应国家标准或行业标准的规定,压力表精度应不低于 1.6 级,表盘直径不小于 100 mm,压力表的量程为水压试验压力的 1.5 倍~2.0 倍;
c) 对于不锈钢无缝钢管,水压试验用水的氯离子含量不超过 25 mg/L;
d) 试验时缓慢升压,达到水压试验压力后,保压时间不少于 10 min,对焊缝和连接部位进行检查;
e) 水压试验完毕后,将水排尽并用氮气或无油空气将内部吹干。

6.1.2.2 合格指标

保压过程中应无渗漏、无可见变形、无异响,压力表不应降压。

6.2 框架

6.2.1 框架尺寸检查

6.2.1.1 试验方法

应采用标准的或专用的量具、样板进行检查。

6.2.1.2 合格指标

框架的尺寸和公差应符合设计文件的规定。

6.2.2 吊重试验

6.2.2.1 试验方法

框架设置有吊耳等起重零件时,应进行吊重试验。吊重质量不小于 2 倍集束装置总质量的载荷。在起吊过程中对于装设多个吊耳等起重零件的集束装置,该起重零件相对水平的最小悬吊角度 α 应达到 45°,见图 2。

6.2.2.2 合格指标

吊重后框架不应有永久变形和异状,其尺寸仍能满足正常使用的要求。如装设面板或门扇,应能正常开启。

6.3 集束装置

6.3.1 外观及结构检查

6.3.1.1 试验方法

目视检查。

6.3.1.2 合格指标

集束装置框架以及管路系统应无明显变形、结构件脱落等现象,气瓶和管路应固定牢靠。

6.3.2 垂直跌落试验

6.3.2.1 试验方法

垂直跌落试验用集束装置应用水充装到集束装置总质量,并用空气加压至 0.5 MPa。集束装置应从 100 mm 的高度垂直落在水泥地面,框架的一角先着地。框架底面与地面夹角不小于 5°,如图 3 所示。

6.3.2.2 合格指标

集束装置垂直跌落后,气瓶不应松动,管路不应泄漏,框架应保证仍能进行起吊或叉举。

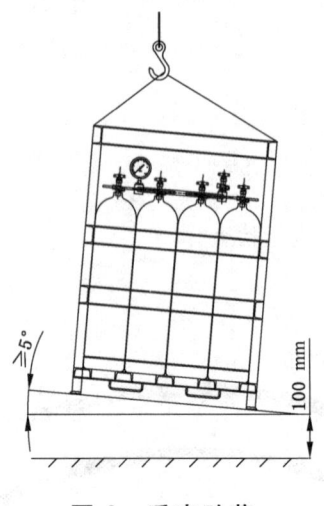

图 3　垂直跌落

6.3.3　旋转跌落试验

6.3.3.1　试验方法

旋转跌落试验用集束装置应用水充装到集束装置总质量,并用空气加压至 0.5 MPa。集束装置应从不小于 1 200 mm 的高度旋转跌落,应保证管路一端先着地。具体操作要求如下。

a)　立式集束装置应绕旋转点以旋转方式落到水泥地面,不应有水平移动;底端面为矩形的集束装置应绕着的底端面最长边旋转,如图 4 所示。

b)　卧式集束装置应沿水平方向移动,直至其重心移出平台边缘,自由跌落到水泥地面,如图 5 所示。

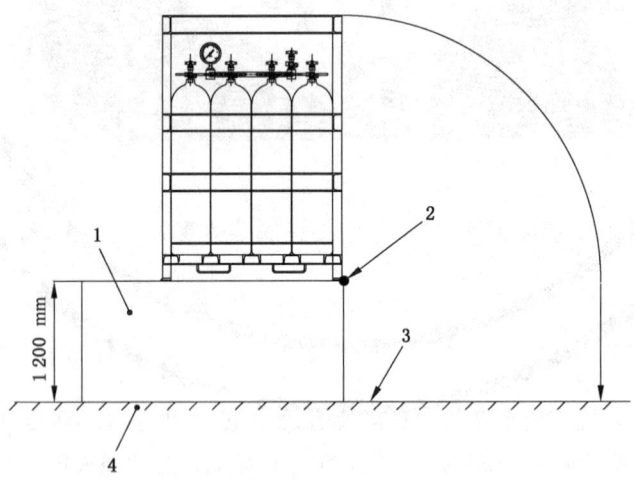

标引序号说明:

1——跌落平台;

2——旋转点;

3——跌落点;

4——水泥地面。

图 4　立式集束装置旋转跌落

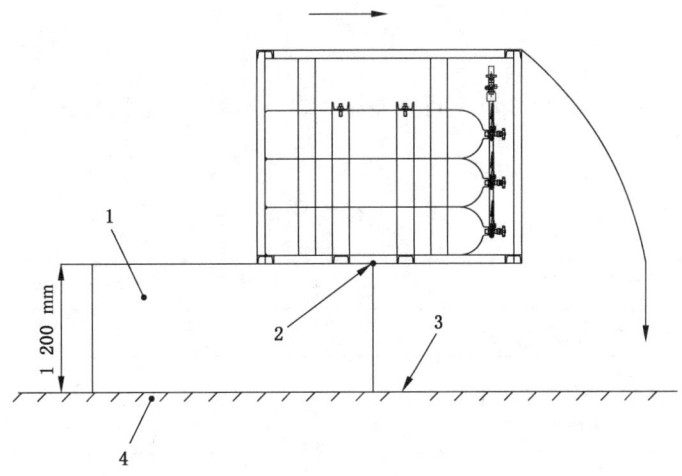

标引序号说明：
1——跌落平台；
2——旋转点；
3——跌落点；
4——水泥地面。

图 5　卧式集束装置旋转跌落

6.3.3.2　合格指标

集束装置旋转跌落后,气瓶不应松动,管路不应泄漏,框架应保证仍能进行起吊或叉举。

6.3.4　气密性试验

6.3.4.1　试验方法

集束装置组装后进行气密性试验,试验前先将所有气瓶的阀门(若装有)关闭,试验介质为氮气或无油空气,试验压力为公称工作压力。试验时应缓慢升压,达到公称工作压力后,保压时间不少于10 min。对焊缝和连接部位用肥皂水或其他适用检漏液检查管路是否漏气。

6.3.4.2　合格指标

管路不应有泄漏。因装配引起的泄漏现象,允许返修后重做试验。

7　检验规则

7.1　逐台检验

集束装置应按表1规定的项目进行逐台检验。

7.2　批量检验

集束装置应按表1规定的项目进行批量检验,同一设计每10台框架中抽取1台进行框架吊重试验。若批量检验时有不合格项目,且有证据证明不合格是由于试验操作异常或测量误差所造成,则可重新检验;若重新检验结果合格,则首次检验无效。若批量检验有不合格的项目,则本批产品其余框架均应进行检验。

7.3 型式试验

制造厂应在新设计或停产 12 个月以上再恢复生产时,试制 1 台集束装置进行型式试验。型式试验项目按照表 1 的规定。

表 1　检验项目

序号	项目名称		逐台检验	批量检验	型式试验	试验方法和合格指标
1	管路	无损检测	√	—	√	6.1.1
2		水压试验	√	—	√	6.1.2
3	框架	尺寸检查	√	—	√	6.2.1
4		吊重试验	—	√	√	6.2.2
5	集束装置	外观及结构检查	√	—	√	6.3.1
6		垂直跌落试验	—	—	√	6.3.2
7		旋转跌落试验[a]	—	—	√	6.3.3
8		气密性试验	√	—	√	6.3.4
注:"√"表示做检验或试验,"—"表示不做检验或试验。						
[a]　根据气瓶布置方式选择试验。						

7.4 设计变更

对设计原型进行设计变更时,允许减少型式试验项目。设计变更除应按表 1 规定项目进行批量检验和逐台检验外,还应按表 2 的项目进行型式试验。

表 2　设计变更需重新进行型式试验的试验项目

序号	设计变更	试验项目					
		管路		框架	集束装置		
		无损检测	水压试验	吊重试验	垂直跌落试验	旋转跌落试验[a]	气密性试验
1	管路材料改变	√	√	—	—	—	√
2	框架材料改变	—	—	√	√	√	—
3	额定质量增加	—	—	√	√	√	—
注:"√"表示做检验或试验,"—"表示不做检验或试验。							
[a]　根据气瓶布置方式选择试验。							

8 标志、涂敷

8.1 标志

8.1.1 每台集束装置上应设有永久性的铭牌标识,铭牌应明显、完整、清晰,铭牌应固定在集束装置框架上侧易于观测的位置。

8.1.2 铭牌的字高应不小于 8 mm,铭牌项目应至少包括以下内容:

a) 产品名称；

b) 产品标准编号；

c) 产品型号；

d) 产品编号；

e) 充装介质；

f) 公称工作压力，MPa；

g) 气瓶公称水容积，L；

h) 集束装置总水容积，L；

i) 管路水压试验压力，MPa；

j) 集束装置气密性试验压力，MPa；

k) 外形尺寸，mm；

l) 集束装置净重（不包括气体质量），kg；

m) 制造日期；

n) 出厂检验标记；

o) 制造单位名称；

p) 液化气体最大充装量，kg。

8.2 涂敷

8.2.1 集束装置框架的涂敷应符合设计文件的规定，一般框架漆色与所组装气瓶的体色一致。

8.2.2 底漆、面漆成分及漆膜厚度应符合设计图样的要求，涂漆应均匀、牢固，不应有气泡、龟裂纹、留痕、剥落等缺陷。

9 产品合格证和产品质量证明书

9.1 出厂的集束装置中每只气瓶均应附有产品合格证，合格证的要求应符合 GB/T 5099.1、GB/T 5099.3、GB/T 5099.4 或 GB/T 33145 的要求。

9.2 出厂的集束装置均应附有气瓶的批量检验质量证明书，批量检验质量证明书应符合 GB/T 5099.1、GB/T 5099.3、GB/T 5099.4 或 GB/T 33145 的要求。

9.3 出厂的集束装置均应附有产品合格证，产品合格证所记入的内容应和制造单位保存的生产检验记录相符，产品合格证应至少包括以下内容：

a) 制造单位名称；

b) 产品名称；

c) 产品型号；

d) 产品编号；

e) 充装介质；

f) 公称工作压力，MPa；

g) 使用环境温度，℃；

h) 管路水压试验压力，MPa；

i) 集束装置气密性试验压力，MPa；

j) 气瓶公称水容积，L；

k) 集束装置气瓶总水容积，L；

l) 产品执行标准编号；

m) 所组装气瓶的编号；

      n）　主阀门、压力表、安全阀的型号。

9.4　出厂的集束装置均应附有产品质量证明书,产品质量证明书的格式和内容见附录 A。

9.5　出厂的集束装置均应附有使用说明书,应包括主要技术性能参数、充装介质、适用范围、操作使用、维护保养、应急措施、定期检查、安全附件及仪表的型号等内容。

9.6　制造厂应妥善保存集束装置的检验记录和产品质量证明书的复印件(或正本)。

附　录　A

（资料性）

钢质无缝气瓶集束装置批量检验质量证明书

钢质无缝气瓶集束装置批量检验质量证明书见图 A.1。

钢质无缝气瓶集束装置产品质量证明书

产品型号_____　　充装介质_____

产品图号_____　　制造单位_____

生产批号_____　　制造日期_____

本批集束装置共_____台,编号从_____号到_____号

1. 主要技术数据

公称工作压力_____MPa　气瓶公称容积_____L

外形尺寸___mm×___mm×___mm　集束装置气瓶总水容积_____L

管路水压试验压力_____MPa　集束装置气密性试验压力_____MPa

2. 管路材料

主管材料牌号_____　支管材料牌号_____

3. 焊接

管路采用_____焊接方式,焊材_____

框架采用_____焊接方式,焊材_____

4. 管路无损检测

依据标准	NB/T 47013.5
检查比例	100%
合格级别	Ⅰ级
检查结果	

5. 管路水压试验结果_____

6. 集束装置气密性试验结果_____

7. 框架吊重试验结果_____

8. 外观及结构检查结果_____

9. 气瓶符合_____标准要求,见钢质无缝气瓶批量质量证明书。

经检查和试验符合 GB/T 28054—2023 的要求,该批集束装置是合格产品。

制造单位:(检验专用章)

检验负责人:(签字或盖章)

年　　月　　日

图 A.1　钢质无缝气瓶集束装置批量检验质量证明书

ICS 23.020.30
J 74

中华人民共和国国家标准

GB/T 32566—2016

不锈钢焊接气瓶

Welded stainless steel cylinders

(ISO 18172-1:2007,Gas cylinders—Refillable welded stainless
steel cylinders—Part 1:Test pressure 6MPa and below,NEQ)

2016-02-24 发布

2016-09-01 实施

中华人民共和国国家质量监督检验检疫总局
中国国家标准化管理委员会 发 布

前　言

　　本标准的第 3 章及 6.2.2、6.5.2、6.12.1、8.3.3.2、9.2.1、10.1、附录 B、附录 C 为推荐性的，其余为强制性的。

　　本标准按照 GB/T 1.1—2009 给出的规则起草。

　　本标准使用重新起草法参考 ISO 18172-1:2007《气瓶　可重复充装不锈钢焊接气瓶　第 1 部分：试验压力小于或等于 6 MPa》制定，与 ISO 18172-1:2007 的一致性程度为非等效。

　　请注意本文件的某些内容可能涉及专利。本文件的发布机构不承担识别这些专利的责任。

　　本标准由全国气瓶标准化技术委员会(SAC/TC 31)提出并归口。

　　本标准负责起草单位：宁波美恪乙炔瓶有限公司。

　　本标准参加起草单位：常州蓝翼飞机装备制造有限公司、北京天海工业有限公司、上海容华高压容器有限公司、宁波明欣化工机械有限责任公司、宜兴北海封头有限公司。

　　本标准主要起草人：王竞雄、叶勇、张保国、裘维平、游卓华、魏东琦。

不锈钢焊接气瓶

1 范围

本标准规定了不锈钢焊接气瓶(以下简称钢瓶)的材料、设计、制造工艺、试验方法、检验规则和标志、包装、运输、存放等最基本的要求。

本标准适用于环境温度−40 ℃～60 ℃下使用的,水压试验压力不大于 6.0 MPa(表压)、公称容积为 0.5 L～1 000 L 可重复充装与钢瓶材料具有相容性的压缩气体、低压液化气体和溶解气体的钢瓶。

2 规范性引用文件

下列文件对于本文件的应用是必不可少的。凡是注日期的引用文件,仅注日期的版本适用于本文件,凡是不注日期的引用文件,其最新版本(包括所有的修改单)适用于本文件。

GB 150.3 压力容器 第 3 部分:设计

GB/T 228.1 金属材料 拉伸试验 第 1 部分:室温试验方法

GB/T 232 金属材料 弯曲试验方法

GB/T 1804 一般公差 未注公差的线性和角度尺寸的公差

GB/T 4334—2008 金属和合金的腐蚀 不锈钢晶间腐蚀试验方法

GB/T 7144 气瓶颜色标志

GB 8335 气瓶专用螺纹

GB/T 9251 气瓶水压试验方法

GB/T 9252 气瓶疲劳试验方法

GB/T 12137 气瓶气密性试验方法

GB/T 13005 气瓶术语

GB/T 14976 流体输送用不锈钢无缝钢管

GB/T 15384 气瓶型号命名方法

GB/T 15385 气瓶水压爆破试验方法

GB/T 16163 瓶装气体分类

GB/T 17925 气瓶对接焊缝 X 射线数字成像检测

GB 24511 承压设备用不锈钢板及钢带

NB/T 47013.2 承压设备无损检测 第 2 部分:射线检测

3 术语和定义、符号

3.1 术语和定义

GB/T 13005 界定的以及下列术语和定义适用于本文件。

3.1.1

批量 **batch**

采用同一设计、同一牌号材料、同一焊接工艺,同一制造技术连续生产的钢瓶所限定的数量。

3.1.2

屈服应力　yield stress

材料发生屈服时的正应力,取材料标准规定的 $R_{p0.2}$ 值。

3.1.3

设计应力系数　design stress factor

在试验压力 P_h 下,当量壁应力与材料的屈服应力 $R_{p0.2}$ 的比率。

3.2　符号

下列符号适用于本文件。

a:封头曲面与样板间隙(mm)。

A:试样断后伸长率(%)。

b:焊缝对口错边量(mm)。

c:封头表面凹凸量(mm)。

d:弯曲试验的弯轴直径(mm)。

D:钢瓶公称直径(mm)。

D_i:钢瓶内直径(mm)。

D_o:钢瓶外直径(mm)。

e:钢瓶筒体同一横截面最大最小直径差(mm)。

E:对接焊缝棱角高度(mm)。

F:设计应力系数。

h:封头直边高度(mm)。

H_i:封头内凸面高度(mm)。

K:封头形状系数。

l:样板长度(mm)。

L:瓶体长度(mm)。

n:弯轴直径与试样厚度的比值。

P:公称工作压力(MPa)。

P_b:实测爆破压力(MPa)。

P_h:水压试验压力(MPa)。

P_y:爆破试验时测定的屈服压力(MPa)。

r:封头过渡区转角内半径(mm)。

$R_{p0.2}$:规定塑性延伸率为0.2%时的应力(MPa)。

R_i:封头球面部分内半径(mm)。

R_m:瓶体材料的抗拉强度保证值(MPa)。

R_{ma}:实测抗拉强度(MPa)。

S:瓶体设计壁厚(mm)。

S_1:筒体设计壁厚(mm)。

S_2:封头设计壁厚(mm)。

S_b:瓶体实测最小壁厚(mm)。

S_h:试样厚度(mm)。

S_k:拉伸试样焊缝宽度(mm)。

S_n:瓶体名义壁厚(mm)。

V:公称容积 L。

ΔH_i：封头内高度(H_i+h)公差(mm)。

ϕ：焊接接头系数。

$\pi\Delta D_i$：内圆周长公差(mm)。

4 材料

4.1 材料一般规定

4.1.1 用于制造瓶体的材料应采用镍铬型奥氏体不锈钢，并符合 GB 24511 或 GB 14976 的规定。

4.1.2 用于制造瓶体的材料不应与充装的气体或液体发生化学反应。当钢瓶用于盛装有晶间腐蚀作用的介质时，应对瓶体材料进行晶间腐蚀性能试验。

4.1.3 与瓶体焊接的所有零部件应采用与瓶体材料性质相适应的材料，并符合相应标准的规定。

4.1.4 所采用的焊接材料，其化学成分应当与母材相同或相近，其焊接接头的抗拉强度不得低于母材抗拉强度规定值的下限且不低于设计图纸的规定。

4.1.5 材料(包括焊接材料)应具有材料生产单位提供的质量证明书原件。从非材料生产单位获得材料时，应取得质量证明书原件或加盖供材单位检验公章和经办人章的有效复印件。

4.1.6 不锈钢板材应按炉号进行化学成分复验、按批号进行力学性能复验。经复验合格的材料应做材料标记，标记应用无氯无硫记号笔书写。

4.1.7 材料(包括焊接材料)的移植号应记录在相应的产品质量记录上。

4.1.8 材料应按钢号分类，在室内存放，并与碳素钢有严格的隔离措施。

4.2 化学成分及力学性能

瓶体材料的化学成分及力学性能应符合 GB 24511 或 GB 14976 等标准的规定。

选用境外牌号材料时，应选择与 GB 24511 或 GB 14976 所列化学成分和力学性能相近的牌号，且其技术要求不得低于材料标准中所列相应牌号的规定。

5 设计

5.1 设计的一般规定

5.1.1 瓶体壁厚计算所依据的内压力为水压试验压力。

5.1.2 瓶体材料的屈强比$(R_{p0.2}/R_m)$不应大于 0.85。

5.1.3 瓶体的组成最多不超过三部分，即纵向焊接接头不得多于一条，环向焊接接头不得多于两条。

5.1.4 钢瓶封头的形状应为椭圆形［见图 1 a)］、碟形［见图 1 b)］或半球形，封头的直边高度 h 规定如下：

椭圆形封头［见图 1 a)］：$H_i\geqslant0.192 D_i,h\geqslant4 S_2$；

碟形封头［见图 1 b)］：$R_i\leqslant D_i,r\geqslant0.1 D_i,h\geqslant4 S_2$。

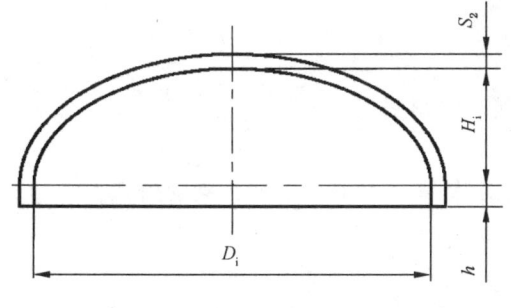 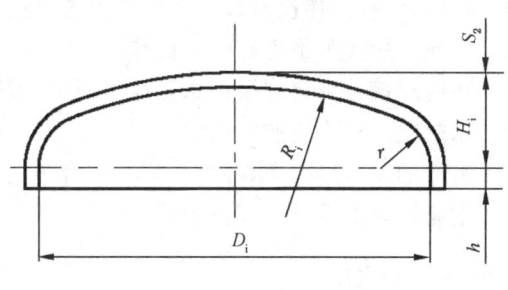

图 1 封头形状示意图

5.1.5 钢瓶的型号表示方法按 GB/T 15384 的规定。

5.2 瓶体壁厚

5.2.1 筒体设计壁厚 S_1 按式(1)计算并向上圆整,保留一位小数:

$$S_1 = \frac{D_i}{2}\left[1 - \sqrt{\frac{F \times \phi \times R_{p0.2} - \sqrt{3} \times P_h}{F \times \phi \times R_{p0.2}}}\right] \quad \cdots\cdots\cdots\cdots\cdots(1)$$

式中:

F ——设计应力系数,取 $F=0.77$;

ϕ ——焊接接头系数,其取值按以下规定:

      a) 对于只有一条环向接头,或者对纵向接头逐只进行100%射线检测的钢瓶,取 $\phi=1.0$;

      b) 对纵向接头进行局部射线检测的钢瓶,取 $\phi=0.9$。

焊接接头射线透照的方法及检测要求按 6.4 的规定。

5.2.2 封头设计壁厚 S_2 按式(2)计算并向上圆整,保留一位小数:

$$S_2 = S_1 \times K \quad \cdots\cdots\cdots\cdots\cdots(2)$$

式中:

S_1 —— $\phi=1.0$ 时按式(1)计算的壁厚值;

K ——封头形状系数,对标准椭圆封头($H_i=0.25\,D_i$),$K=1$;其他封头的数值由图 2 或图 3 的曲线中查得。

5.2.3 筒体设计壁厚 S_1 和封头设计壁厚 S_2 的最小值应满足以下的规定:

    a) 当 $D_i \leqslant 100$ mm 时,S_1 min$=S_2$ min$=1.1$ mm;

    b) 当 100 mm$<D_i \leqslant 150$ mm 时,S_1 min$=S_2$ min$=1.1+0.008(D_i-100)$mm;

    c) 当 $D_i>150$ mm 时,S_1 min$=S_2$ min$=D_i/250+0.7$ mm 且不小于 2.0 mm。

5.2.4 钢瓶筒体和封头的名义壁厚应相等,确定瓶体的名义厚度时应考虑腐蚀裕量、钢板厚度负偏差和工艺减薄量。

5.3 开孔设计

5.3.1 不允许在筒体上开孔,在封头上开孔时所有开孔均应布置在以封头轴心为轴心,直径为封头直径80%的假想圆柱的范围之内。

5.3.2 开孔均应考虑补强,补强方法与计算应符合 GB 150.3 的相关规定或采用有限元分析法进行,补强材料应和瓶体材料相适应并具有良好的焊接性能。

6 制造和工艺

6.1 一般要求

6.1.1 钢瓶纵、环向焊接接头应采用全焊透对接型式。

6.1.2 纵向焊接接头不得有永久性垫板。

6.1.3 环向焊接接头允许采用永久性垫板或一端缩口插接的锁底焊形式。

6.1.4 钢瓶制造单位应按批组织生产。

6.1.5 钢瓶的制造过程中,各生产环节应有防止表面损伤、铁离子和其他杂质污染的措施。

6.1.6 钢瓶筒体上不得打印钢印标记。

6.2 焊接工艺评定

6.2.1 钢瓶制造单位,在生产气瓶之前或需要改变瓶体材料、焊接材料、焊接工艺时均应进行焊接工艺评定。针对不同结构形式的焊接接头(纵、环、角接)应分别进行评定;每种壁厚的瓶体均需评定,同等瓶体壁厚时,小直径钢瓶的评定结果可以覆盖大直径钢瓶。

6.2.2　纵向焊接接头焊接工艺评定可以在焊接评定试板上进行;环向焊接接头的焊接工艺评定应在钢瓶或在焊接接头结构形式一致的模拟圆筒试件上进行;角接接头评定时的焊接位置应与产品实际施焊的位置相一致。焊接工艺评定除符合本标准之外还应符合相应标准的规定。

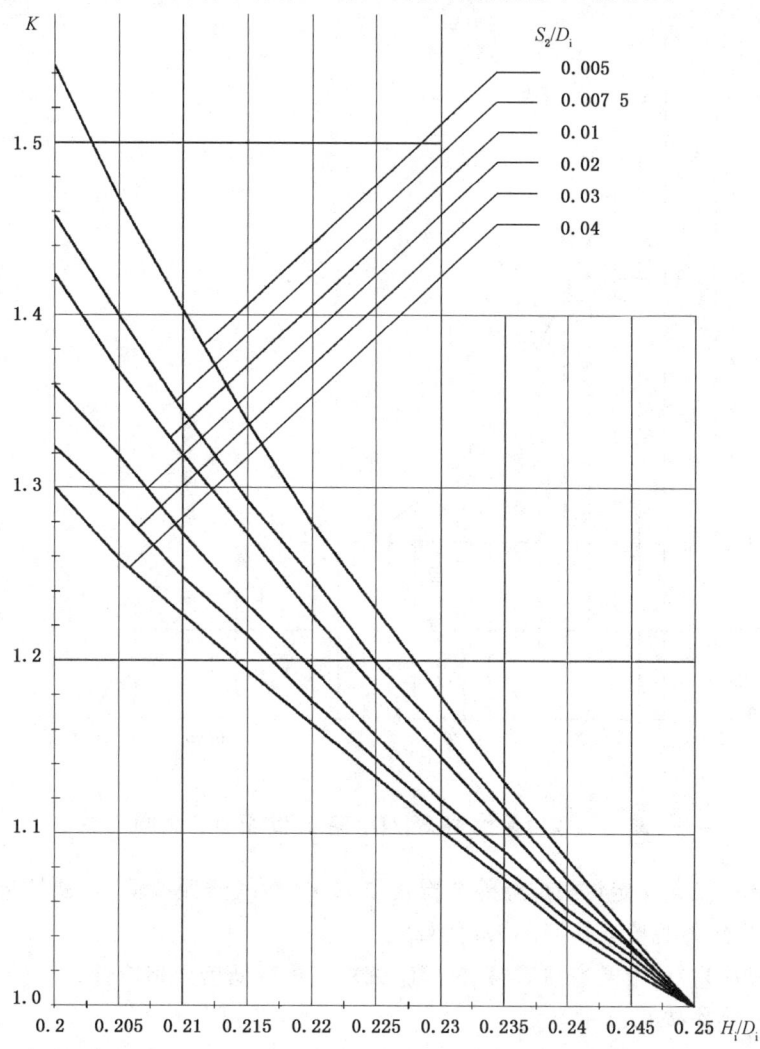

图 2　适用于比值 H_i/D_i 在 0.20 至 0.25 之间

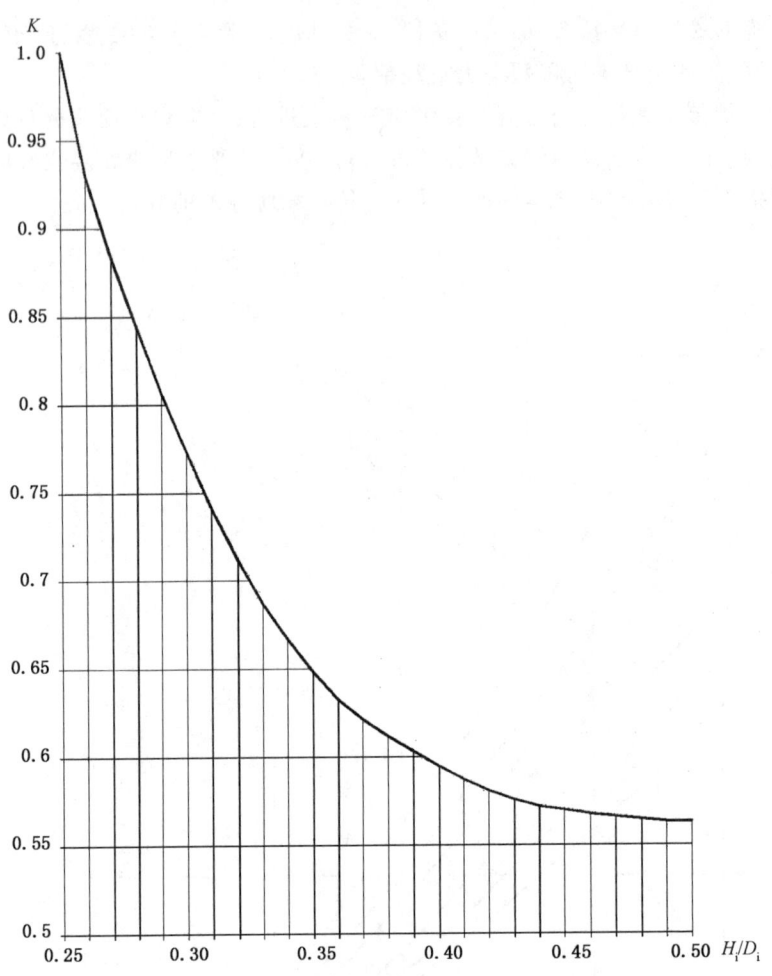

图 3　适用于比值 H_i/D_i 在 0.25 至 0.5 之间

6.2.3　对接焊缝的焊接工艺评定试板应经外观检查和 100% 射线透照检测,检测结果应符合 6.3 和 6.4 的规定,角焊缝试件应经外观检查并符合 6.3 的规定。

6.2.4　对接焊缝试样应进行拉伸、弯曲试验,角焊缝试样应进行低倍金相检验。

6.2.5　对接焊缝试样制作按 6.14 的规定。

6.2.6　角焊缝试样的制作将试件(一般为管板角焊缝试件)等分切取 4 块试样,其中一个切口应位于焊缝的起始和终了搭接位置,每块试样取一个面进行低倍金相检验,任意两检验面不得为同一切口的两侧面。

6.2.7　焊接工艺评定试验结果要求如下:

　　a)　焊接接头的力学性能试验结果应符合 6.14 的规定;

　　b)　金相检验焊缝根部应焊透,焊缝金属和热影响区不得有裂纹、未熔合。

6.2.8　焊接工艺评定文件应经气瓶制造单位技术总负责人批准。

6.3　焊接的一般规定

6.3.1　钢瓶的焊接工作,应由持有效的"特种设备作业人员证"的焊工承担。施焊后,应有可跟踪的标志或记录。

6.3.2　钢瓶主体焊缝以及阀座与瓶体的焊接应采用机械化焊接或自动焊接方法,并严格遵守经评定合格的焊接工艺。

6.3.3　焊接坡口的形状和尺寸应符合设计文件的规定,坡口表面应清洁、光滑、不得有裂纹、分层和夹杂等缺陷。

6.3.4　钢瓶的焊接(包括焊接返修)应在相对湿度不大于90%,温度不低于0 ℃的室内进行,否则应采取措施。

6.3.5　施焊时,不得在非焊接处引弧,纵向接头应有引弧板和熄弧板,去除引、熄弧板时,应采用切除的方法,不应使用敲击的方法,切除处应磨平。

6.3.6　瓶体对接接头的焊缝余高为0～3 mm ,同一焊缝最宽最窄处之差应不大于3 mm。

6.3.7　阀座、塞座角接接头的焊缝几何形状应圆滑过渡至母材表面。

6.3.8　瓶体上的焊缝不允许咬边,焊缝和热影响区表面不得有裂纹、气孔、弧坑、凹陷和不规则的突变,焊缝两侧的飞溅物应清除干净。

6.4　焊接接头的射线透照

6.4.1　从事钢瓶射线或 X 射线数字成像检测人员应持有有效的特种设备无损检测人员资格证书。

6.4.2　采用焊接接头系数 $\phi=1$ 设计的钢瓶,每只钢瓶的纵、环向焊接接头均应进行100%射线透照检测。当采用焊接接头系数 $\phi=0.9$ 设计时,对于只有一条环向接头的钢瓶,按每台机器每班次生产的首件以及之后按顺序生产的每50只抽取一只(不足50只时也应抽取一只)进行焊接接头全长的射线透照检测;对于有一条纵向接头,两条环向接头的钢瓶,每只钢瓶的纵、环向焊接接头均应进行不少于该接头长度的20%的射线透照检测。

6.4.3　射线透照的部位应包括纵、环向焊接接头的交接处。

6.4.4　焊接接头的射线透照检测按 NB/T 47013.2 进行,射线检测技术等级为 AB 级;对于采用 X 射线数字成像检测的,应符合 GB/T 17925 的规定。焊接接头质量等级不低于Ⅱ级。

6.4.5　未经射线透照的瓶体对接接头质量也应符合6.4.4的要求。

6.5　焊接返修

6.5.1　焊接返修应按评定合格的返修工艺进行,返修部位应重新按6.3及6.4进行外观和射线透照检测合格。

6.5.2　焊缝同一部位的返修次数不宜超过两次,若超过时,每次返修均应经技术总负责人批准。

6.5.3　返修次数和返修部位应记入产品生产检验记录,并在产品合格证中注明。

6.6　筒体

6.6.1　筒体由钢板卷焊时,钢板的轧制方向应与筒体的环向一致。

6.6.2　筒体同一横截面最大最小直径差 $e \leqslant 0.01D$ 。

6.6.3　筒体纵向焊接接头对口错边量 $b \leqslant 0.1S_n$ 。(见图4)。

6.6.4　筒体纵向焊接接头处的棱角高度 $E \leqslant 0.1S_n+2$ mm(见图5)。用长度 l 为 $0.5D_i$ 但不大于 300 mm 的样板进行测量。

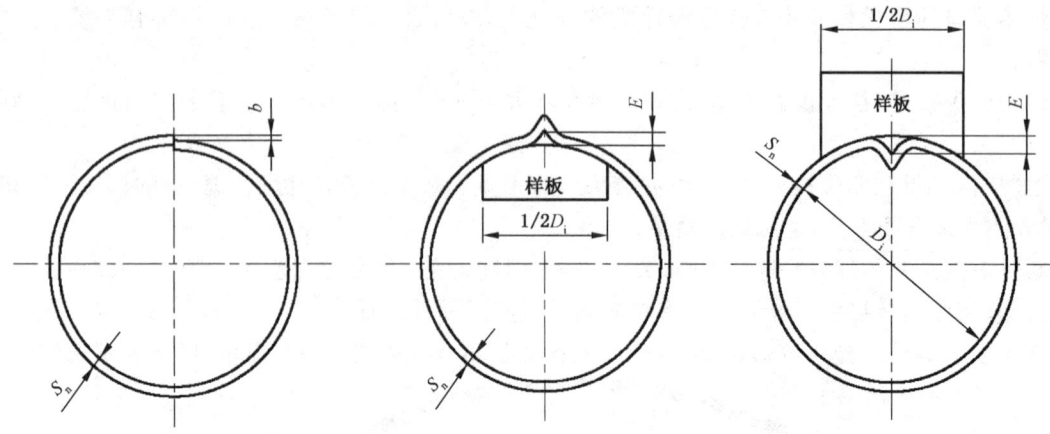

图 4　筒体纵向接头错边量示意图　　　　图 5　筒体纵向接头棱角高度示意图

6.7　封头

6.7.1　封头应用整块钢板制成。

6.7.2　封头的形状与尺寸公差不得超过表1的规定,符号见图6所示。

表 1　封头形状尺寸公差一览表　　　　　　　　　　　　　　单位为毫米

公称直径 D	圆周长公差 $\pi\Delta D_i$	最大最小直径差 e	表面凹凸量 c	曲面与样板间隙 a	内高公差 ΔH_i
≤200	±2	1	0.8	1.5	+5 −3
>200～400	±4	2	1	2	
>400～700	±6	3	2	3	
>700	±9	4	3	4	

6.7.3　封头实测最小壁厚不得小于封头设计壁厚与腐蚀裕量之和。

6.7.4　封头直边部分不得有皱折。

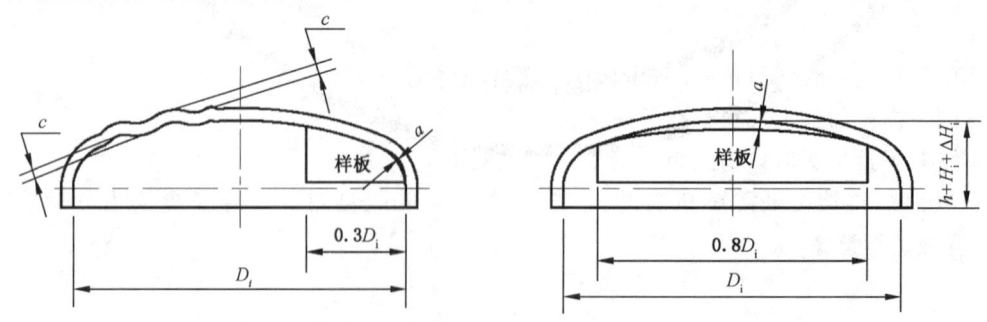

图 6　封头形状尺寸公差示意图

6.8　未注公差尺寸的极限偏差

未注公差线性尺寸的极限偏差按 GB/T 1804,具体要求如下:

　　a)　机械加工件不低于 m 级;

b) 非机械加工件不低于 v 级。

6.9 组装

6.9.1 钢瓶的各零件在组装前均应经检查合格,且不准进行强力组装。

6.9.2 封头与筒体对接环向焊接接头的对口错边量 b 和棱角高度 E 不得超过表 2 的规定,检查尺的长度应不小于 300 mm。

表 2 瓶体纵、环向接头错边量和棱角高度要求一览表

单位为毫米

钢瓶主体名义壁厚 S_n	对口错边量 b	棱角高度 E
<6	$0.25\ S_n$	
6~10	$0.20\ S_n$	$0.10\ S_n + 2$
>10	$0.10\ S_n + 1$	

6.9.3 当钢瓶由两部分组成时,圆柱形筒体部分的直线度允差应不大于其长度的 0.2%。

6.9.4 瓶体与底座组焊时,应保证瓶体中心线与地面铅垂线的偏差不大于瓶体长度的 1%。

6.10 表面质量

钢瓶外表面应光滑,不得有裂纹、重皮、夹杂等影响使用的缺陷。允许对局部缺陷进行修磨,但修磨后的壁厚不得小于设计壁厚与腐蚀裕量之和,且应圆滑过渡。

6.11 热处理

6.11.1 封头热加工成形后应进行固溶处理,固溶处理的规范按相应材料标准以及评定合格的工艺执行。

6.11.2 除图样另有规定外,钢瓶不进行整体热处理。

6.11.3 所有的热处理应有记录,并保存。

6.12 容积和质量

6.12.1 钢瓶的实测水容积应不小于其公称容积,对于公称容积大于 150 L 的钢瓶,其实测容积可用理论计算容积代替,但不得有负偏差。

6.12.2 钢瓶制造完毕后应逐只进行净重的测定。

6.13 压力试验和气密性试验

6.13.1 压力试验应在焊接接头射线检测合格后逐只进行。

压力试验应采用水压试验或气压试验。试验压力为公称工作压力的 1.5 倍。

采用水压试验时,试验用水的氯离子含量不应超过 25 mg/L 在水压试验压力下,保压不少于 30 s。钢瓶不得有宏观变形、渗漏和异响等现象,压力表不应有回降。水压试验后应立即对瓶内进行干燥处理。

采用气压试验时,试验介质应为干燥无油的空气或氮气。气压试验应有有效的安全防护措施,严格控制升压速度,逐级升压至试验压力。在试验压力下,保压不少于 10 s。

6.13.2 钢瓶气密性试验应在压力试验合格后进行,气密性试验压力为公称工作压力。在试验压力下保压不少于 1 min,被试钢瓶不得有泄漏现象。

6.13.3 如果在水压试验和气密性试验中发现焊接接头上有泄漏,应按 6.5 的规定进行返修。返修后,应重新进行水压试验和气密性试验。

6.14 力学性能试验、晶间腐蚀试验、水压爆破试验和压力循环试验

6.14.1 对公称容积小于或等于150 L的钢瓶,应按批抽取样瓶进行力学性能试验,试验用钢瓶应是经射线透照检测合格的钢瓶。

6.14.2 对公称容积大于150 L的钢瓶,应按批制备产品焊接试板或抽取样瓶进行力学性能试验。

6.14.3 在钢瓶瓶体上进行力学性能和晶间腐蚀试验时,对于由两部分组成的钢瓶,试验取样部位按图7,对于由三部分组成的钢瓶,试样取样部位按图8。

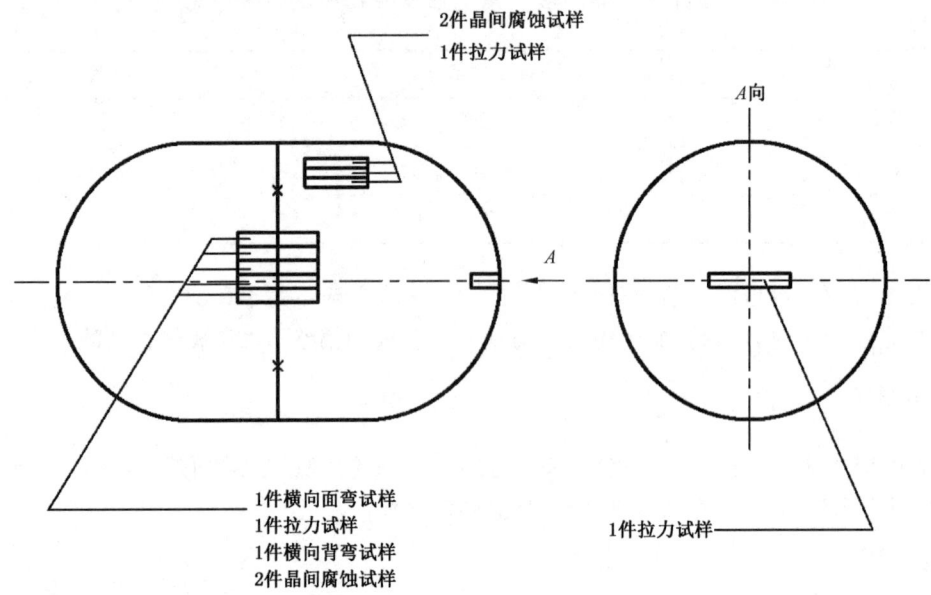

注:×表示焊缝。

图 7 只有一条环向焊接接头的钢瓶力学性能及晶间腐蚀试验取样示意图

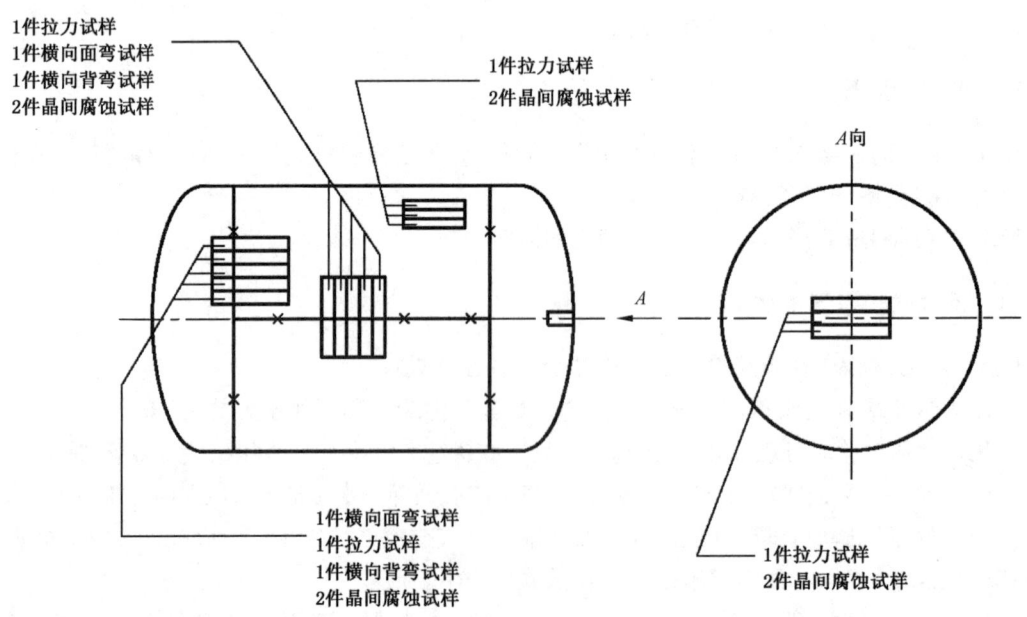

注:×表示焊缝。

图 8 具有一条纵向焊接接头和两条环向焊接接头的钢瓶力学性能及晶间腐蚀取样示意图

6.14.4 采用产品焊接试板进行力学性能和晶间腐蚀试验时,产品焊接试板应和带试板的钢瓶在同一块钢板(或同一炉批钢板)上下料,作为该钢瓶纵焊缝的延长部分,与纵焊缝一起焊成,试板上应标注该瓶的瓶号和焊工代号钢印,试板的焊接接头应经外观检查和100%的射线透照检测,并符合6.3和6.4的规定,焊接试板上试样的取样位置按图9。

单位为毫米

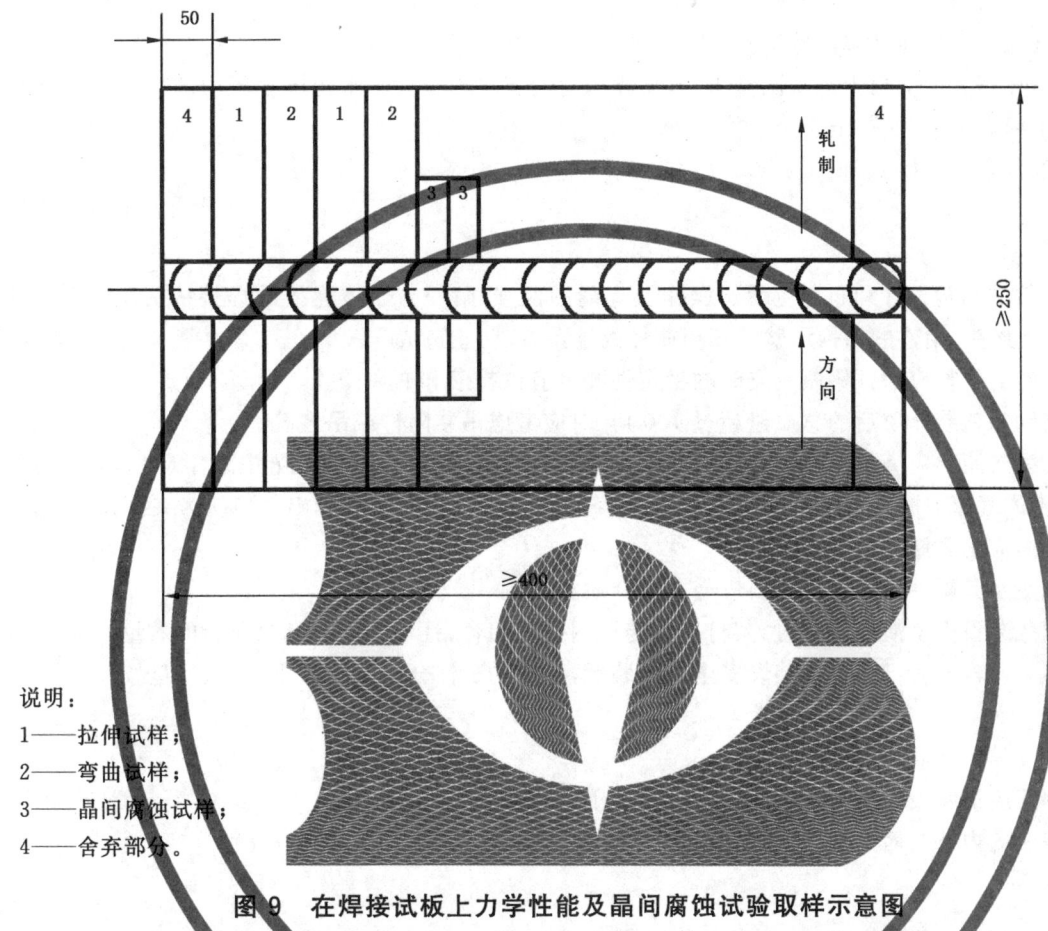

说明:
1——拉伸试样;
2——弯曲试样;
3——晶间腐蚀试样;
4——舍弃部分。

图 9 在焊接试板上力学性能及晶间腐蚀试验取样示意图

6.14.5 试样的焊缝截面应良好,不得有裂纹、未熔合、未焊透、夹渣和气孔等缺陷。

6.14.6 力学性能试验结果应符合如下规定:

a) 瓶体母材的实测抗拉强度 R_{ma} 不得小于母材标准规定值的下限;

b) 焊接接头试样无论断裂发生在什么位置,其实测抗拉强度 R_{ma} 均不得小于母材标准规定值的下限;

c) 焊接接头试样弯曲至180°时,其拉伸面上沿任何方向不得有裂纹或其他缺陷,试样边缘的先期开裂不计。

6.14.7 晶间腐蚀试验,用于盛装具有晶间腐蚀作用介质的钢瓶,应对与介质接触的瓶体材料及焊缝进行晶间腐蚀性能试验,腐蚀试验方法及评判标准按GB/T 4334—2008"方法 E"或设计图样的规定,并在钢瓶的钢印标记区域规定的位置上应标注"H"标记。

6.14.8 水压爆破试验

a) 容积小于或等于150 L的钢瓶以及直接在封头上打印钢印标志的大容积钢瓶,应进行水压爆破试验;

b) 在试验压力下,钢瓶瓶体的容积残余变形率应不大于10%;

c) 实测爆破压力 P_b 至少应该为试验压力的2.25倍。爆破试验时所测得的屈服压力 P_y 应当等

于或大于依据下式的计算值:$P_y \geqslant P_h / F$;

　　d)　瓶体爆破不应该产生任何碎片,爆破口不应发生在封头上(只有一条环向接头、$L \leqslant 2D$ 的钢瓶除外),爆破口也不得发生在纵向焊接接头的焊缝及其熔合线上、环向焊接接头的焊缝上(垂直于环向焊接接头的除外);对于在封头上打印钢印标志的气瓶,其破口起始点不应在钢印处;

　　e)　瓶体的爆破口应为塑性断口,断口应有明显的剪切唇,但不应有明显的缺陷。

6.14.9　压力循环试验

　　a)　钢印标志直接打印在封头上的钢瓶,应进行压力循环试验;

　　b)　循环压力的上限为水压试验压力,循环压力的下限不应大于水压试验压力的 10%。循环频率不得大于 15 次/min;

　　c)　压力循环次数不少于 12 000 次,气瓶不得泄漏或破裂。

6.15　附件

6.15.1　附件的结构设计和布置应便于操作及焊缝的检查,附件与瓶体连接的焊接接头应避开瓶体的纵、环向焊接接头,附件的结构形状及其与瓶体的连接,应防止造成积液。

6.15.2　底座的结构应保证钢瓶直立时的稳定性并具有供排液和通风的孔。

6.15.3　当钢瓶盛装介质后的总质量超过 100 kg 时应考虑吊装附件或吊装孔。

6.15.4　选配的瓶阀应满足所盛装介质的要求,瓶阀螺纹应与瓶口螺纹相匹配并符合 GB 8335 的规定。盛装可燃气体气瓶的瓶阀出气口应为左旋螺纹;盛装溶解气体气瓶的瓶阀出气口应为夹箍式结构。

6.15.5　钢瓶应配戴瓶帽或护罩。

6.15.6　钢瓶及其附件用的密封材料应与瓶内介质相容。

6.15.7　钢瓶装设安全泄放装置时,其材质应与瓶内介质相容,且不得影响充装介质的质量。

6.15.8　盛装剧毒介质钢瓶不得装设安全泄放装置,介质的毒性分类按 GB/T 16163 的规定。

6.16　外观

6.16.1　钢瓶应清除表面油污、焊接飞溅物、保持干燥。

6.16.2　钢瓶的内外表面清洗或酸洗、钝化处理按图样的规定。

7　试验方法

7.1　材料复验

　　钢瓶主体材料按炉号进行化学成分、按批号进行力学性能的复验,按其材料标准规定的方法取样分析和试验。

7.2　焊接工艺评定试板力学性能试验

7.2.1　按 6.2.2 要求当从焊接工艺评定试板上截取样坯时,截取位置参照图 9,试板两端舍去部分不少于 50 mm;当从样瓶上截取样坯时,截取位置参考图 7 和图 8。样坯用机械加工方法截取,采用热切割时应除去热影响区。

7.2.2　焊接工艺评定用的焊接接头试样数量:拉伸试样 2 件,横向弯曲试样 4 件(面弯、背弯各 2 件)。

7.2.3　试样上的焊缝的正面和背面均应进行机械加工使其与母材齐平,对于不平整的试样可用冷压法矫平。

7.2.4　拉伸试样按图 10 制备,拉伸试验按 GB/T 228.1 进行。

单位为毫米

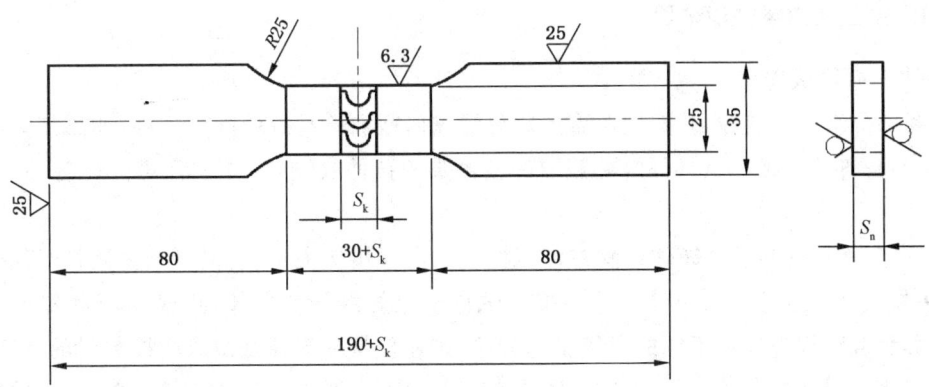

图 10　拉伸试样图

7.2.5　弯曲试样宽度为 38 mm，弯曲试验按 GB/T 232 进行。试验时应使弯轴轴线位于焊缝中心两支辊面间的距离应做到试样恰好不接触辊子两侧面(见图 11)，弯轴直径 d 和试样厚度 S_h 的比值 n 应符合表 3 的规定，弯曲角度应符合 6.14.6 c)的规定。

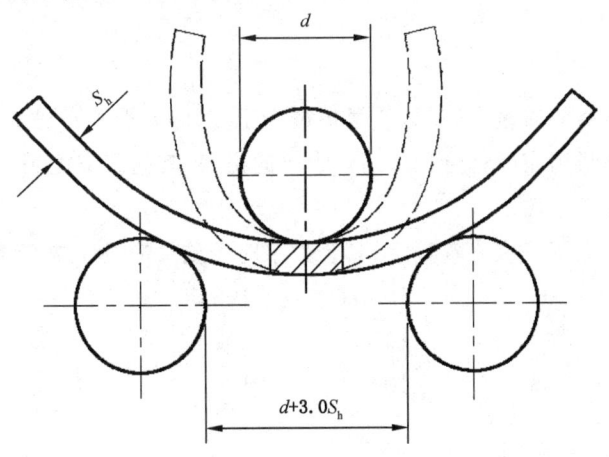

图 11　弯曲试验示意图

表 3　弯心直径与实测抗拉强度的对应关系

实测抗强度 R_{ma}/MPa	弯轴直径 d 和试样厚度 S_h 的比值 n
$R_{ma} \leqslant 440$	2
$440 < R_{ma} \leqslant 520$	3
$520 < R_{ma} \leqslant 600$	4
$600 < R_{ma} \leqslant 700$	5
$R_{ma} > 700$	6

7.3　焊接接头射线透照检测

瓶体纵、环向焊接接头射线透照检测应符合 NB/T 47013.2 或 GB/T 17925 的规定。透照位置应包括 6.4.3 规定的部位,其他部位由射线透照检测人员或质量检验人员确定。

7.4 母材和焊接接头力学性能试验

7.4.1 从瓶体上截取试样

7.4.1.1 由两部分组成的瓶体,从圆柱形筒体部分沿纵向截取母材拉伸试样一件,如果筒体部分长度不够,则从封头凸形部分切取。从环焊缝处截取焊接接头的拉伸、横向面弯及背弯试样各一件,截取部位见图 7。

7.4.1.2 由三部分组成的钢瓶,瓶体母材拉伸试样离纵向焊接接头 180°,沿纵向从圆柱形筒体部分切取一件,从任一封头凸形部分截取一件。焊接接头试样从纵焊缝处截取拉伸、横向面弯和背弯试样各一件。如果环焊缝和纵焊缝采用不同的焊接工艺方法,则还应从环焊缝处截取同样数量的试样(见图 8)。

7.4.2 从产品焊接试板上截取焊接接头试样:拉伸试样 2 件、横向面弯和背弯试样各一,试板的尺寸和样坯的截取部位见图 9。

7.4.3 从瓶体上或从产品焊接试板上截取样坯方法应符合 6.14 的规定。

7.4.4 焊接接头试样的加工应符合 7.2.3 的规定。

7.4.5 母材拉伸试样的制备和试验应符合 GB/T 228.1 的规定。

7.4.6 焊接接头拉伸、弯曲试样的制备及其试验按 7.2.4 和 7.2.5 的规定进行。

7.5 质量和容积的测定

7.5.1 采用称量法测定钢瓶的质量和容积,质量单位为千克(kg),容积单位为升(L)。

7.5.2 称量应使用最大称量为实际称量(1.5～3.0)倍的衡器,其精度应能满足最小称量误差的要求,其检定周期不应超过三个月。

7.5.3 质量和容积测定应保留三位有效数字,其余数字对于质量应进 1,对于容积应舍去。示例如下:

实测净重和容积	1.064 5	10.676	106.55
质量应取为	1.07	10.7	107
容积应取为	1.06	10.6	106

7.6 瓶体壁厚测量

瓶体壁厚使用超声波测厚仪进行测量。

7.7 压力试验

7.7.1 钢瓶的压力试验应采用水压试验或气压试验。

7.7.2 钢瓶水压试验按 GB/T 9251 的有关规定进行,试压时应以每秒不大于 0.5 MPa 的升压速度缓慢地升至试验压力,保压不少于 30 s。

7.7.3 钢瓶气压试验时应先升压至试验压力的 10%,对所有焊接接头和连接部位进行初次检查;若无泄漏,再升压至试验压力的 50%;如无异常现象,其后按规定试验压力的 10% 逐级升压,直至升到试验压力,保压不少于 10 s。然后降压至公称工作压力,进行气密性试验。

7.8 气密性试验

钢瓶气密性试验按 GB/T 12137 的有关规定进行。

7.9 水压爆破试验

钢瓶的爆破试验按 GB/T 15385 的要求进行。

7.10 晶间腐蚀试验

晶间腐蚀试验的方法按 GB/T 4334—2008"方法 E"或设计图样的规定执行。

7.11 压力循环试验

钢瓶的压力循环试验按 GB/T 9252 的要求进行。

7.12 外观和附件检查

用目测检查钢瓶表面焊缝外观标志及其附件。

7.13 垂直度检查

用专用角尺或检测工装进行垂直度检查。

8 检验规则

8.1 材料检验

钢瓶制造单位应按 7.1 规定的方法对制造瓶体的材料,按炉号进行成品化学成分验证分析;按批号进行力学性能验证试验。

8.2 逐只检验

8.2.1 钢瓶逐只检验应按表 4 规定的项目进行。

8.2.2 采用焊接接头系数 $\phi=0.9$ 设计的钢瓶,对于有一条纵向焊接接头、两条环向焊接接头的钢瓶,应分别对其纵、环向焊接接头进行不小于 20% 的射线透照检测,如发现超过标准规定的缺陷,应在该缺陷两端各延长该焊接接头长度 20% 的射线透照检测,一端长度不够时,在另一端补足。若仍有超过标准规定的缺陷时,则该气瓶的该焊接接头应进行 100% 的射线透照检测。

8.3 批量检验

8.3.1 分批和抽样规则

8.3.1.1 对于只有一条环向焊接接头,并采用焊接接头系数 $\phi=0.9$ 设计的钢瓶,对每台机器每班次生产的首件以及之后按顺序生产的每 50 只抽取 1 只(不足 50 只时应抽取 1 只)进行焊缝全长的射线透照检测。

8.3.1.2 对于公称容积小于或等于 150 L 的钢瓶,以不多于 200 只为一批,从每批钢瓶中抽取 1 只力学性能试验瓶。

8.3.1.3 对于公称容积大于 150 L 的钢瓶,以不多于 50 只为一批,做一块产品焊接试板进行力学性能试验。

8.3.2 批量检验项目

钢瓶批量检验项目按表 4 规定。

8.3.3 复验规则

8.3.3.1 在批量检验中如有不合格项目,应进行复验。

8.3.3.2 批量检验项目中,如有证据证明是操作失误或试验设备失灵造成试验失败,则可在同一钢瓶(必要时也可在同批气瓶中另抽1只)或原产品焊接试板上做第二次试验,第二次试验合格,则第一次试验可以不计。

8.3.3.3 对于按8.3.1.1进行射线透照检测的钢瓶,当焊缝全长的射线透照检测不合格时,应在同一生产顺序50只钢瓶中,再抽取二只气瓶进行焊缝全长的射线透照检测,若仍不合格则应逐只进行焊缝全长的射线透照检测。

8.3.3.4 公称容积小于或等于150 L的钢瓶进行的力学性能试验不合格时,应在同批中任选二只进行复验。

8.3.3.5 按8.3.3.4复验仍有1只以上钢瓶不合格时则该批钢瓶为不合格。

8.3.3.6 公称容积大于150 L的钢瓶,其产品焊接试板力学性能试验如有不合格的项目,经加倍复验仍不合格时,允许从该批钢瓶中任选1只,按7.4.1.2的规定截取试样重做试验。如还有不合格的项目,则这批钢瓶为不合格。

9 型式试验

9.1 对于每一新的设计,制造单位应提供不少于试验所需数量的钢瓶进行型式试验,提供型式试验的钢瓶应按表4逐只检查的项目进行检测。

9.2 型式试验的项目要求

9.2.1 力学性能试验

任意选取1只按7.4进行母材和焊接接头力学性能试验;对于公称容积大于150 L的钢瓶,可按6.14.4的要求制作一块产品焊接试板,按7.4.2进行焊接接头力学性能试验。

9.2.2 水压爆破试验

对于公称容积小于或等于150 L的钢瓶,任意选取1只按7.9进行爆破试验。

9.2.3 晶间腐蚀试验

用于盛装具有晶间腐蚀作用介质的钢瓶,按照7.10要求对与介质接触的瓶体材料及进行晶间腐蚀试验。

9.2.4 压力循环试验

钢印标志直接压制在封头上的气瓶,任意选取3只按照7.11的要求进行疲劳试验。

9.3 与现有经过型式试验认可的设计相比,当出现以下情况时,应重新进行型式试验:

    a) 瓶体材料或设计壁厚发生变化;

    b) 瓶体焊缝(简体纵焊缝、封头与简体连接的环焊缝)焊接接头设计发生变化;

    c) 钢瓶水容积变化超过30%以上。

表4 检验与试验项目一览表

序号	检验项目		逐只检验	批量检验	型式试验	检验方法	判定依据
1	钢瓶主体材料的化学成分和力学性能[a]		—	—	—	7.1	4.2
2	简体	最大最小直径 e	△	—	—	6.6.2	6.6.2
3		纵向焊接接头对口错边量 b	△	—	—	6.6.3	6.6.3
4		纵向焊接接头棱角高度 E	△	—	—	6.6.4	6.6.4
5		直线度	△	—	—	6.9.3	6.9.3

表 4（续）

序号	检验项目		逐只检验	批量检验	型式试验	检验方法	判定依据
6	封头	内圆周长公差 $\pi\Delta D_i$	△	—	—	6.7.2	6.7.2
7		表面凹凸 c	△	—	—	6.7.2	6.7.2
8		最大最小直径差 e	△	—	—	6.7.2	6.7.2
9		曲面与样板间隙 α	△	—	—	6.7.2	6.7.2
10		内高公差 ΔH_i	△	—	—	6.7.2	6.7.2
11		直边部分纵向皱折深度	△	—	—	6.7.4	6.7.4
12	环向焊接接头对口错边量 b		△	—	—	6.9.2	6.9.2
13	环向焊接接头棱角度 E		△	—	—	6.9.2	6.9.2
14	钢瓶表面		△	—	—	7.12	6.10
15	焊缝外观		△	—	—	7.12	6.3.8
16	瓶体壁厚		△	△	—	7.6	6.7.3、5.2
17	射线透照		△	△	—	7.3	6.4.4
18	力学性能		—	△	△	7.4	6.14.6
19	晶间腐蚀[b]		—	—	△	7.10	6.14.7
20	容积		△	—	—	7.5	6.12.1
21	质量		△	—	—	7.5	6.12.2
22	压力试验		△	—	—	7.7	6.13.1
23	气密性试验		△	—	—	7.8	6.13.2
24	水压爆破试验[c]		—	—	△	7.9	6.14.8
25	压力循环试验[d]		—	—	△	7.11	6.14.9
26	附件检验		△	—	—	7.12	6.15
27	垂直度检验		△	—	—	7.13	6.9.4

注："△"为需检项目，"—"为不检项目。

[a] 按炉号进行化学成分复验，按批号进行力学性能复验。

[b] 用于盛装具有晶间腐蚀作用介质的钢瓶，应进行晶间腐蚀试验。

[c] 容积小于或等于150 L的钢瓶以及直接在封头上打印钢印标志的大容积钢瓶，应进行水压爆破试验。

[d] 仅限钢印标志直接压制在封头上的钢瓶的型式试验。

10 标志、包装、运输、存放

10.1 气瓶的钢印标志宜打在护罩、底座或封焊铭牌上；在封头上打印钢印标志时，应通过疲劳试验和水压爆破试验，其破裂口起始点不应在钢印处。

10.2 钢印标志的内容和布局，应符合相关法规和钢瓶设计图样的规定。标志中瓶体设计壁厚，应标志筒体或封头设计壁厚两者中的较厚的壁厚。用于盛装具有晶间腐蚀作用介质的钢瓶，在钢印标志中应标注"H"标记。

10.3 钢瓶的字样、颜色和标志，应符合附录 A 的规定。

10.4 出厂钢瓶的包装应根据与用户签订的协议中关于包装的要求进行,如用户无要求时则按制造单位的技术规定进行。钢瓶在运输和装卸过程中要防止碰撞、划伤和损坏附件。

10.5 钢瓶应存放在没有腐蚀气体、通风、干燥、不受日光曝晒的地方,并应避免与碳钢接触。

11 出厂文件

11.1 出厂的每只钢瓶,均应附有产品合格证,产品合格证所记入的内容应和制造单位保存的生产检验记录相符,产品合格证的格式和内容参见附录 B。

11.2 出厂的每批钢瓶,均应附有批量检验质量证明书。该批钢瓶有一个以上用户时,可提供批量检验质量证明书的复印件给用户,批量检验质量证明书的格式和内容参见附录 C。

11.3 制造单位应妥善保存钢瓶的检验记录和批量检验质量证明书的复印件或正本,保存时间应不少于 7 年。

附　录　A
（规范性附录）
不锈钢焊接气瓶的颜色标志

A.1　不锈钢焊接气瓶的瓶体表面标识

A.1.1　对于瓶体进行涂敷处理的钢瓶，其瓶体表面颜色、字色等标识应符合 GB/T 7144 的规定。

A.1.2　对于瓶体表面进行抛光处理的钢瓶，其瓶体应保持其不锈钢本色，不涂覆颜色。但需在其表面粘贴"介质标贴"，以作识别。

A.2　不锈钢焊接气瓶介质标贴的设计要求

A.2.1　介质标贴的内容至少应包括：介质名称、介质符号、气瓶公称工作压力、气瓶试验压力、气瓶质量、气瓶公称容积、介质最大充装量等特征数据。

其中，气瓶质量可用理论质量代替，但理论质量值不得大于实际质量。

A.2.2　介质标贴应以醒目的字体标明介质名称及介质符号，介质名称或符号与钢瓶标志中介质保持一致。介质名称及介质符号的字符高度应不小于 40 mm，介质标贴的示例如图 A.1 所示，其内容布局可根据需要进行调整。

注：小容积气瓶标贴的介质名称及介质符号的字符高度，可适当缩小。

A.2.3　介质标贴应标明介质的最大充装量（kg），并与钢瓶标志中的最大充装量一致。

A.2.4　介质标贴的底色和字色应符合 GB/T 7144 中相应介质的瓶体颜色和字色的规定。

A.2.5　介质标贴可由彩印塑封单面不干胶制成。

A.2.6　介质标贴的粘贴

介质标贴应粘贴于瓶体合适的部位。对于立式气瓶，标贴竖向粘贴于瓶体上部的合适部位，不得遮盖纵向焊接接头焊缝。对于卧式气瓶，标贴应横向布置于瓶体中部。

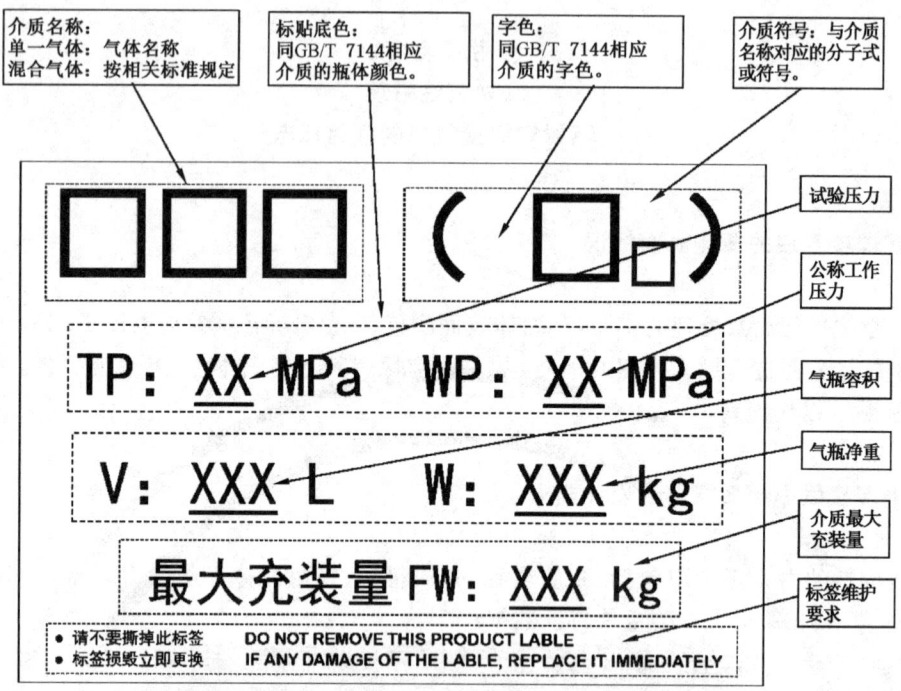

图 A.1 介质标贴示意图

附　录　B
（资料性附录）
产品合格证

产品合格证的规格要统一，表心尺寸推荐 150 mm×100 mm。

产品合格证示例如下：

（制造单位名称）

不锈钢焊接气瓶
产　品　合　格　证

气瓶名称＿＿＿＿＿＿＿＿＿＿＿＿＿＿＿＿＿＿＿＿＿

产品编号＿＿＿＿＿＿＿＿＿＿＿＿＿＿＿＿＿＿＿＿＿

制造日期＿＿＿＿＿＿＿＿＿＿＿＿＿＿＿＿＿＿＿＿＿

制造许可证＿＿＿＿＿＿＿＿＿＿＿＿＿＿＿＿＿＿＿＿

本产品的制造符合 GB/T 32566—2016《不锈钢焊接气瓶》和设计图样要求。
经检验合格。

检验科长（章）　　　　　　　质量检验专用章

　　　　　　　　　　　　　　　　　　　　　　年　月　日

GB/T 32566—2016

主要技术资料

公称容积＿＿＿＿＿＿＿＿＿＿ L　　　实际容积＿＿＿＿＿＿＿＿＿＿ L

内直径＿＿＿＿＿＿＿＿＿＿ mm　　　总长度＿＿＿＿＿＿＿＿＿＿ mm

充装介质＿＿＿＿＿＿＿＿＿＿　　　最大充装量＿＿＿＿＿＿＿＿＿＿ kg

筒体设计壁厚＿＿＿＿＿＿＿＿＿＿ mm　　　封头设计壁厚＿＿＿＿＿＿＿＿＿＿ mm

瓶体材料牌号＿＿＿＿＿＿＿＿＿＿　　　材料标准号＿＿＿＿＿＿＿＿＿＿

材料化学成分规定值/％

C	Si	Mn	P	S	Cr	Ni	Mo	Cu	N	其他

材料强度规定值：

R_m ＿＿＿＿＿＿＿＿＿＿ MPa　　　　$R_{p0.2}$ ＿＿＿＿＿＿＿＿＿＿ MPa

钢瓶质量(不包括可拆件)：＿＿＿＿＿＿＿＿＿＿ kg

水压试验压力＿＿＿＿＿＿＿＿＿＿ MPa　　　气密性试验压力＿＿＿＿＿＿＿＿＿＿ MPa

焊接接头系数 ϕ ＿＿＿＿＿＿＿＿＿＿

焊接接头射线透照检测

依据标准＿＿＿＿＿＿＿＿＿＿

检测比例＿＿＿＿＿＿＿＿＿＿

合格级别＿＿＿＿＿＿＿＿＿＿

检测结果＿＿＿＿＿＿＿＿＿＿

焊接返修次数

1次＿＿＿＿＿＿处；2次＿＿＿＿＿＿处；3次＿＿＿＿＿＿处

焊接返修部位展开简图

上封头	筒　体	下封头

（三部分组成）

上封头	下封头

（两部分组成）

（接上页）

使用说明：

钢瓶简图：

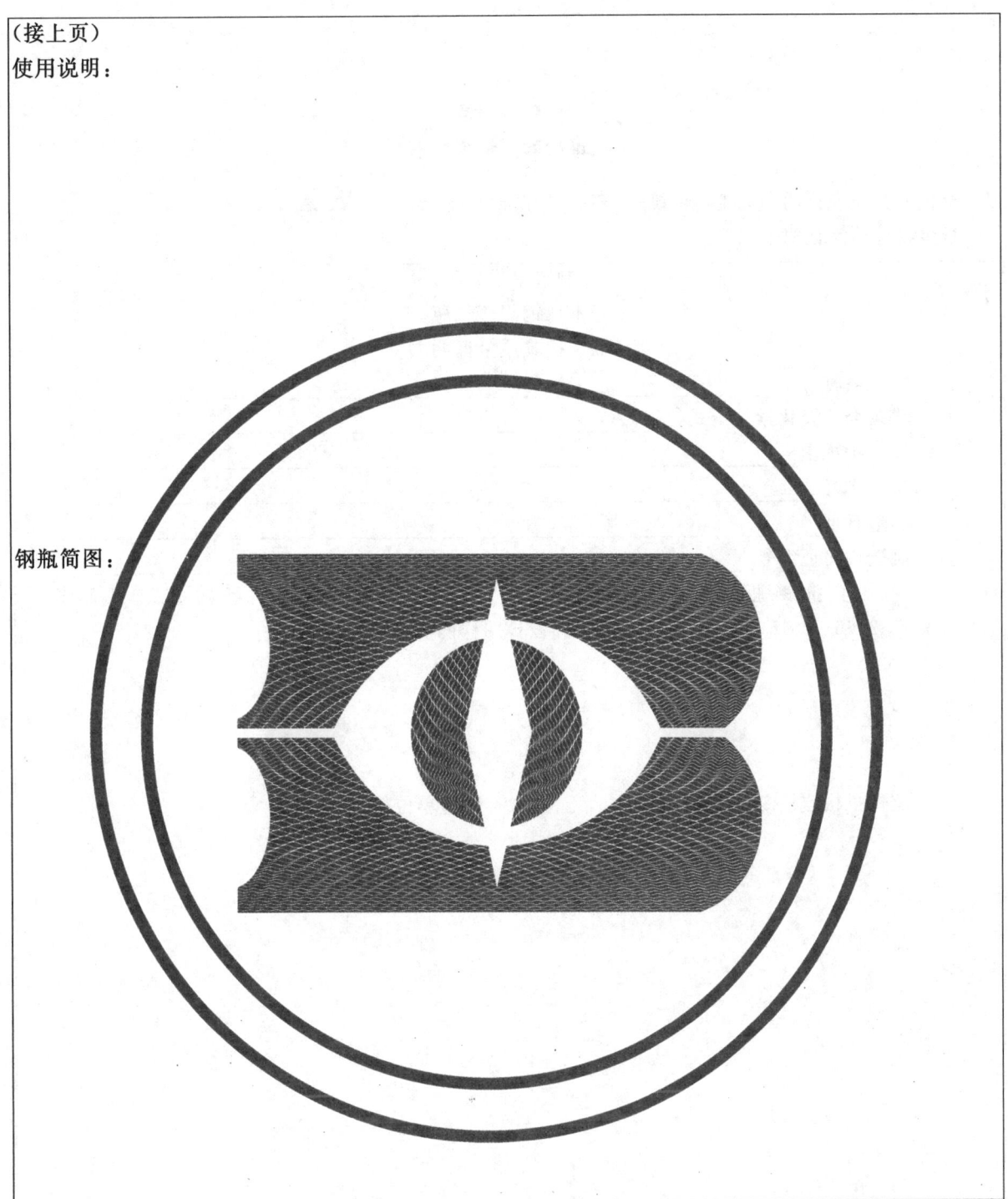

附　录　C

（资料性附录）

批量检验质量证明书

批量检验质量证明书的规格要统一,表心尺寸推荐 150 mm×100 mm。

批量检验质量证明书示例如下:

制造单位名称

不锈钢焊接气瓶

批量检验质量证明书

气瓶名称 _____

盛装介质及化学分子式 _____

设计批准图号 _____

生产批号 _____

制造日期 _____

制造许可证编号 _____

　　本批钢瓶共 _____ 只,编号从 _____ 号到 _____ 号,经检查和试验符合 GB/T 32566—2016《不锈钢焊接气瓶》和设计图样的要求,是合格产品。

监检机构监检专用章　　　　　　　　　　制造单位检验专用章

监检员　　　　　　　　　　　　　　　　检验科长

年　月　日　　　　　　　　　　　　　年　月　日

制造单位地址:　　　　　　　　　　邮政编码:

电话:

---

1 主要技术资料

公称容积＿＿＿＿＿＿＿＿＿＿ L   公称工作压力＿＿＿＿＿＿＿＿＿＿ MPa

公称直径＿＿＿＿＿＿＿＿＿＿ mm   水压试验压力＿＿＿＿＿＿＿＿＿＿ MPa

瓶体名义壁厚＿＿＿＿＿＿＿＿＿＿ mm   气密性试验压力＿＿＿＿＿＿＿＿＿＿ MPa

2 试验瓶的测量   (V>150 L 时,指带试板的瓶)

试验瓶号	实际容积/L	质量/kg	最小实测壁厚/mm		热处理炉号
			筒体	封头	

注:净重不包括可拆件。

3 瓶体材料化学成分/%

编　号	牌　号	C	Si	Mn	P	S	Cr	Ni	Mo	Cu	N	其他
标准的规定值												

4 焊接材料

焊丝牌号	焊丝直径/mm	焊剂牌号

5 焊接接头射线透照检测

焊缝总长＿＿＿＿＿＿＿＿＿＿ mm   检查比例＿＿＿＿＿%

按 NB/T 47013.2 检测＿＿＿＿＿级合格

按 GB/T 17925 检测＿＿＿＿＿级合格

试验用瓶(V>150 L 时,指带试板的瓶)

返修 1 次＿＿＿＿＿处,返修 2 次＿＿＿＿＿处,返修 3 次＿＿＿＿＿处。

6 力学性能试验

试板编号	抗拉强度 R_m/MPa	伸长率 A/%	弯曲试验	
			横向面弯	横向背弯
试样数量	2	2	1	1

注:焊接试样无伸长率指标。

7 晶间腐蚀试验

按"GB/T 4334—2008 方法 E"试验,试验结果＿＿＿＿＿。

质量检验员专用章

参 考 文 献

[1]　GB 5100　钢质焊接气瓶

[2]　TSG R0006　气瓶安全技术监察规程

———————————

ICS 23.020.30
CCS J 74

中华人民共和国国家标准

GB/T 33145—2023
代替 GB/T 33145—2016

大容积钢质无缝气瓶

Large capacity seamless steel gas cylinders

（ISO 11120:2015,Gas cylinders—Refillable seamless steel tubes of water
capacity between 150 L and 3 000 L—Design,construction and testing,NEQ）

2023-05-23 发布

2023-12-01 实施

国家市场监督管理总局
国家标准化管理委员会　发布

前　言

本文件按照 GB/T 1.1—2020《标准化工作导则　第 1 部分:标准化文件的结构和起草规则》的规定起草。

本文件代替 GB/T 33145—2016《大容积钢质无缝气瓶》,与 GB/T 33145—2016 相比,除结构调整和编辑性改动外,主要技术变化如下:

a)　将本文件的适用范围中公称工作压力上限由 30 MPa 更改为 35 MPa,本文件适用范围中增加了"公称容积大于 3 000 L 且小于或等于 4 200 L 的钢瓶,可以参照本文件的有关规定执行"(见第 1 章,2016 年版的第 1 章);

b)　更改了钢瓶的公称直径上限(见表 1,2016 年版的表 1);

c)　安全泄放装置爆破片的公称爆破压力调整为气瓶公称工作压力 p 的 1.5 倍(见 5.2.5.2,2016年版的 5.2.5.2)。

本文件参考 ISO 11120:2015《气瓶　水容积 150 L～3 000 L、可重复充装的钢质无缝气瓶　设计、制造和试验》起草,与 ISO 11120:2015 的一致性程度为非等效。

请注意本文件的某些内容可能涉及专利。本文件的发布机构不承担识别专利的责任。

本文件由全国气瓶标准化技术委员会(SAC/TC 31)提出并归口。

本文件起草单位:石家庄安瑞科气体机械有限公司、中国特种设备检测研究院、新兴能源装备股份有限公司、北京天海工业有限公司、浙江蓝能燃气设备有限公司、浙江金盾压力容器有限公司。

本文件主要起草人:王红霞、黄强华、杨明高、张保国、薄柯、武常生、张君鹏、杨葆英、陈凡、马夏康。

本文件于 2016 年首次发布,本次为第一次修订。

大容积钢质无缝气瓶

1 范围

本文件规定了大容积钢质无缝气瓶(以下简称"钢瓶")的型式和参数、技术要求、试验方法、检验规则、标志、涂敷、包装、运输和储存。

本文件适用于在正常环境温度−40 ℃~+60 ℃下使用、公称工作压力为 10 MPa~35 MPa、公称水容积大于 150 L 且小于或等于 3 000 L,可重复充装压缩气体或液化气体的移动式钢瓶。

公称容积大于 3 000 L 且小于或等于 4 200 L 的钢瓶,可以参照本文件的有关规定执行。

2 规范性引用文件

下列文件中的内容通过文中的规范性引用而构成本文件必不可少的条款。其中,注日期的引用文件,仅该日期对应的版本适用于本文件;不注日期的引用文件,其最新版本(包括所有的修改单)适用于本文件。

GB/T 196 普通螺纹 基本尺寸(GB/T 196—2003,ISO 724:1993,MOD)

GB/T 222—2006 钢的成品化学成分允许偏差

GB/T 223(所有部分) 钢铁及合金化学分析方法

GB/T 224 钢的脱碳层深度测定法(GB/T 224—2019,ISO 3887:2017,MOD)

GB/T 226 钢的低倍组织及缺陷酸蚀检验法

GB/T 228.1 金属材料 拉伸试验 第1部分:室温试验方法(GB/T 228.1—2021,ISO 6892-1:2019,MOD)

GB/T 229 金属材料 夏比摆锤冲击试验方法(GB/T 229—2020,ISO 148-1:2016,MOD)

GB/T 231.1 金属材料 布氏硬度试验 第1部分:试验方法(GB/T 231.1—2018,ISO 6506-1:2014,MOD)

GB/T 232 金属材料 弯曲试验方法(GB/T 232—2010,ISO 7438:2005,MOD)

GB/T 1979 结构钢低倍组织缺陷评级图

GB/T 3634.1 氢气 第1部分:工业氢

GB/T 3634.2 氢气 第2部分:纯氢、高纯氢和超纯氢

GB/T 4336 碳素钢和中低合金钢 多元素含量的测定 火花放电原子发射光谱法(常规法)

GB/T 6394—2017 金属平均晶粒度测定方法

GB/T 7144 气瓶颜色标志

GB/T 7307 55°非密封管螺纹(GB/T 7307—2001,eqv ISO 228-1:1994)

GB/T 8923.1—2011 涂覆涂料前钢材表面处理 表面清洁度的目视评定 第1部分:未涂覆过的钢材表面和全面清除原有涂层后的钢材表面的锈蚀等级和处理等级(ISO 8501-1:2007,IDT)

GB/T 9251 气瓶水压试验方法

GB/T 9252 气瓶压力循环试验方法

GB/T 9452—2012 热处理炉有效加热区测定方法

GB/T 10561 钢中非金属夹杂物含量的测定 标准评级图显微检验法(GB/T 10561—2005,ISO 4967:1998,IDT)

GB/T 11344　无损检测　超声测厚（GB/T 11344—2021,ISO 16809:2017,NEQ）

GB/T 12137　气瓶气密性试验方法

GB/T 13005　气瓶术语（GB/T 13005—2011,ISO 10286:2007,NEQ）

GB/T 13298　金属显微组织检验方法

GB/T 13320　钢质模锻件 金相组织评级图及评定方法

GB/T 15385　气瓶水压爆破试验方法

GB 17820—2018　天然气

GB 18047　车用压缩天然气

GB/T 20066　钢和铁　化学成分测定用试样的取样和制样方法（GB/T 20066—2006,ISO 14284:1996,IDT）

GB/T 23907　无损检测　磁粉检测用试片

GB/T 30824—2014　燃气热处理炉温度均匀性测试方法

GB/T 33215　气瓶安全泄压装置

GB/T 37244　质子交换膜燃料电池汽车用燃料　氢气

NB/T 47008—2017　承压设备用碳素钢和合金钢锻件

NB/T 47010—2017　承压设备用不锈钢和耐热钢锻件

NB/T 47013.3—2015　承压设备无损检测　第3部分:超声检测

NB/T 47013.4—2015　承压设备无损检测　第4部分:磁粉检测

NB/T 47013.5—2015　承压设备无损检测　第5部分:渗透检测

TSG 23　气瓶安全技术规程

YB/T 4149—2018　连铸圆管坯

ASME B1.1　统一英制螺纹（UN 和 UNR 牙型）[Unified inch screw threads（UN and UNR thread form）]

3　术语和定义、符号

3.1　术语和定义

GB/T 13005 界定的以及下列术语和定义适用于本文件。

3.1.1

大容积钢质无缝气瓶　large capacity seamless steel gas cylinder

水容积大于 150 L 且小于或等于 3 000 L,用于可重复充装压缩气体或液化气体的移动式钢质无缝气瓶。

3.1.2

批量　lot

采用同一设计、同一炉罐号材料、同一制造工艺,按同一热处理规范、采用连续热处理炉连续热处理的钢瓶所限定的数量。

3.1.3

螺塞　screw plug

带有连接螺纹,用于钢瓶两端瓶口密封以及连接管路、装配阀门等附件的端塞。

3.1.4

公称直径　nominal diameter

钢瓶筒体部分的外径。

3.2 符号

下列符号适用于本文件。

A　内螺纹开孔受压面积，mm^2；

A_n　内螺纹牙受剪面积，mm^2；

A_w　外螺纹牙受剪面积，mm^2；

$A_{50\,mm}$　原始标距为 50 mm 的断后伸长率，%；

a'　筒体最小设计壁厚，mm；

a_o　拉伸试样厚度，mm；

a_{fa}　冷弯试样实测平均厚度，mm；

B_1　压扁试验压头宽度，mm；

B　压扁试验样环被压扁后的宽度，mm；

D_f　冷弯试验弯心直径，mm；

D_i　筒体内径，mm；

D_o　筒体外径，即公称直径，mm；

D_{1max}　内螺纹最大小径，mm；

D_{2max}　内螺纹最大中径，mm；

d_{2min}　外螺纹最小中径，mm；

d_{min}　外螺纹最小大径，mm；

E　对比样管上人工缺陷长度，mm；

F_w　螺纹最大轴向外载荷，N；

K_n　内螺纹剪切应力安全系数；

KV_2　瓶体材料热处理后的冲击吸收能量，J；

K_w　外螺纹剪切应力安全系数；

I　惯性矩，mm^4；

L　瓶体长度，mm；

M　弯矩，N·mm；

P　螺距，mm；

p　公称工作压力，MPa；

p_h　水压试验压力，MPa；

R_{ea}　瓶体材料热处理后的实测屈服强度，MPa；

R_m　瓶体材料热处理后的实测抗拉强度，MPa；

T　对比样管上人工缺陷深度，mm；

T_y　压扁试验规定的压头间距，mm；

V　公称水容积，L；

W　对比样管上人工缺陷宽度，mm；

w　瓶体充水后瓶体单位长度的重力，N/mm；

z　螺纹啮合牙数；

α　螺纹牙形角，(°)；

$[\sigma]$　瓶体壁应力的许用值，MPa；

σ_1　瓶体水平放置，其底部金属因弯矩而产生的最大拉应力，MPa；

σ_2　瓶体水平放置，其底部金属在水压试验压力作用下产生的纵向拉应力，MPa；

τ_n　内螺纹剪切应力，MPa；

τ_{nm} 内螺纹材料剪切强度,MPa;

τ_{w} 外螺纹剪切应力,MPa;

τ_{wm} 外螺纹材料剪切强度,MPa。

4 型式、参数和型号

4.1 型式

瓶体结构型式一般按图1所示。

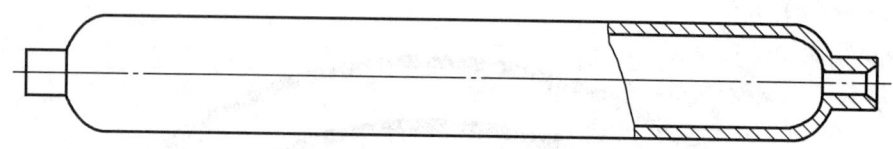

图 1 瓶体的结构型式

4.2 参数

钢瓶公称水容积和公称直径一般应符合表1的规定。

表 1 公称水容积和公称直径

项目	数值	允许偏差/%
公称水容积 V/L	>150~4 200[a]	+10 0
公称直径 D_o/mm	325~720	±1
[a] 当钢瓶公称水容积 V>3 000 L 时,应符合5.2.1.4和5.2.1.5的规定。		

4.3 型号

钢瓶型号由以下部分组成。

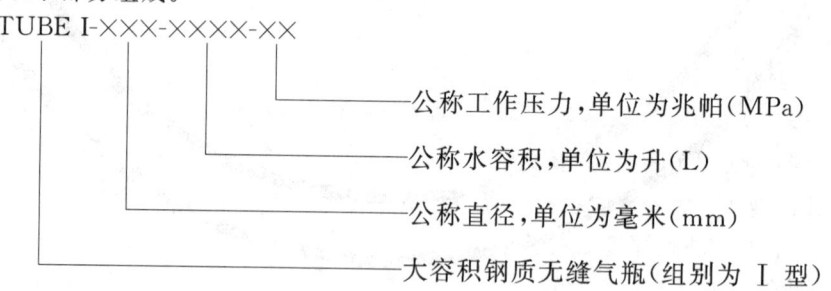

示例:

公称工作压力为 25 MPa、公称水容积为 2 250 L、公称直径为 559 mm 的大容积钢质无缝气瓶,其型号标记为:
TUBE 1-559-2250-25。

5 技术要求

5.1 材料

5.1.1 瓶体

5.1.1.1 制造瓶体的材料应是采用电弧炉加炉外精炼并经真空精炼处理,或氧气转炉加炉外精炼并经真空精炼处理的无时效性镇静钢。

5.1.1.2 瓶体材料的选用应与所盛装的介质具有相容性。

5.1.1.3 应选用具有良好的低温冲击性能的优质钢材。

5.1.1.4 瓶体材料的化学成分限定如表 2 所示,其化学成分允许偏差应符合 GB/T 222—2006 中表 1 的规定。对于 V、Nb、Ti、B 和 Zr 等非有意加入的合金元素的总质量分数不应超过 0.15%。常用瓶体材料的化学成分按附录 A。

表 2　瓶体材料化学成分限定

组别	化学成分(质量分数)/%							
	C	Mn	Si	S	P	S+P	Cr	Mo
I	0.25～0.35	0.40～0.90	0.15～0.37	≤0.010	≤0.020	≤0.025	0.80～1.10	0.15～0.25
II	0.35～0.50	0.50～1.05	0.15～0.40	≤0.010	≤0.020	≤0.025	0.80～1.15	0.15～0.25

5.1.1.5 制造瓶体用无缝钢管及制造无缝钢管用钢坯除应符合相应的国家标准或行业标准的规定外,还符合下列要求。

 a) 钢坯

  1) 宜采用连铸连轧钢坯或锻制钢坯;

  2) 表面不准许存在目视可见的结疤、气孔、针孔、重皮及深度超过 0.5 mm 的裂纹;

  3) 低倍组织:横截面酸浸试片上不应有目视可见的白点、分层、气泡、夹杂和折叠等缺陷存在,并按 YB/T 4149—2018 中附录 A 评级图进行评定,中心疏松、缩孔、中心裂纹、中间裂纹、皮下裂纹、皮下气泡合格级别均不大于 1 级;

  4) 有害元素的质量分数:$w(As) \leqslant 0.010\%$、$w(Sn) \leqslant 0.010\%$、$w(Sb) \leqslant 0.010\%$、$w(Pb) \leqslant 0.010\%$、$w(Bi) \leqslant 0.010\%$,且其总和 $\Sigma_w(As+Sn+Sb+Pb+Bi) \leqslant 0.025\%$;

  5) 熔炼分析气体的质量分数:$w(H) \leqslant 2 \times 10^{-6}$、$w(O) \leqslant 25 \times 10^{-6}$、$w(N) \leqslant 70 \times 10^{-6}$;

  6) 非金属夹杂物:按 GB/T 10561 中 A 法进行评级,应满足表 3 的要求。

表 3　非金属夹杂物合格级别

非金属夹杂物类型		A	B	C	D	DS
合格级别/级	细系	≤1.5	≤1.0	≤0.5	≤1.5	≤1.5
	粗系	≤1.0	≤1.0	≤0.5	≤1.5	

 b) 无缝钢管

  1) 壁厚偏差不应超过公称壁厚的 $^{+20\%}_{0}$;

  2) 外径偏差不应超过公称直径的 ±1%;

  3) 直线度不应超过总长的 0.15%;

  4) 圆度,即在同一截面上的最大外径与最小外径差,不应超过该截面平均外径的 2%;

  5) 内、外表面不应有裂纹、折叠、轧折、离层和结疤,若有缺陷应完全清除,清除处应光滑过渡,清除后的实际壁厚不应小于规定壁厚的最小值;

  6) 应逐根按 NB/T 47013.3—2015 进行纵向、横向的超声检测,合格级别不应低于 NB/T 47013.3—2015 规定的 I 级;

  7) 应以热轧(扩)状态、冷拔状态或冷拔后热处理状态交货,热扩状态应是坯料钢管经整体加热后扩制变形成更大直径钢管的变形状态。

5.1.1.6 无缝钢管制造单位应提供无缝钢管和钢坯的质量证明书,或带有钢坯质量证明信息的无缝钢管的质量证明书。

5.1.2 螺塞

5.1.2.1　螺塞材料宜采用 30CrMo 和 35CrMo,其化学成分应满足表 4 的要求。

表 4　螺塞材料的化学成分限定

材料牌号	化学成分(质量分数)/%								
	C	Mn	Si	P	S	Cr	Mo	Cu	Ni
30CrMo	0.26～0.34	0.40～0.70	0.17～0.37	≤0.025	≤0.025	0.80～1.10	0.15～0.25	≤0.25	≤0.30
35CrMo	0.32～0.38	0.40～0.70	0.15～0.40	≤0.025	≤0.015	0.80～1.10	0.15～0.25	≤0.25	≤0.30

5.1.2.2　螺塞材料应经调质热处理,热处理后的力学性能应符合设计要求,并且其硬度应低于瓶体热处理后的硬度。

5.2　设计

5.2.1　一般规定

5.2.1.1　钢瓶只允许盛装与瓶体材料相容且符合相应标准的压缩气体或液化气体;钢瓶盛装压缩天然气或氢气时,车用压缩天然气应符合 GB18047 的规定,民用压缩天然气应符合 GB 17820—2018 中一、二类天然气的规定,氢气应符合 GB/T 3634.1 或 GB/T 3634.2 或 GB/T 37244 的规定。

5.2.1.2　钢瓶可用作长管拖车、管束式集装箱(气瓶集装箱)等移动式压力容器上的钢瓶,也可固定在专用托架上单独使用。

5.2.1.3　钢瓶的公称工作压力 p 不应高于 TSG 23 对相应介质最高公称工作压力的规定。

5.2.1.4　钢瓶的公称工作压力大于 30 MPa 时,其公称水容积不应大于 3 000 L。

5.2.1.5　盛装液化气体的钢瓶,其公称水容积不应大于 3 000 L。

5.2.1.6　钢瓶的水压试验压力 p_h 为公称工作压力 p 的 5/3 倍。

5.2.1.7　对于盛装氢气、天然气或者甲烷等有致脆性、应力腐蚀倾向气体的钢瓶,其瓶体只允许采用表 2 规定的第 I 组材料。

5.2.1.8　应对瓶体材料的抗拉强度进行控制。对于盛装氢气、天然气或者甲烷等有致脆性、应力腐蚀倾向气体的钢瓶,其瓶体材料热处理后的实际抗拉强度不应大于 880 MPa,屈强比不应大于 0.86,断后伸长率($A_{50\,mm}$)不应小于 20%;对于盛装其他非致脆性、非应力腐蚀倾向气体的钢瓶,其瓶体材料热处理后的实际抗拉强度不应大于 1 060 MPa,屈强比不应大于 0.92,断后伸长率($A_{50\,mm}$)不应小于 16 %。

5.2.1.9　对于盛装氢气、天然气或者甲烷等有致脆性、应力腐蚀倾向气体的,计算瓶体设计壁厚所选用的瓶体壁应力的许用值不大于材料最小抗拉强度的 67%,且不应大于 482 MPa;对于盛装其他非致脆性、非应力腐蚀倾向气体的,计算瓶体设计壁厚所选用的瓶体壁应力的许用值不应大于材料最小抗拉强度的 67%,且不应大于 624 MPa。

5.2.1.10　钢瓶的设计使用年限,应以型式试验时的疲劳循环次数为依据进行确定;钢瓶的设计使用年限为 20 a。

5.2.2　筒体壁厚的计算

筒体最小设计壁厚 a' 应按公式(1)进行计算:

$$a' = \frac{D_o}{2}\left(1 - \sqrt{\frac{[\sigma] - 1.3p_h}{[\sigma] + 0.4p_h}}\right) \quad\cdots\cdots\cdots\cdots\cdots\cdots(1)$$

5.2.3 弯曲应力的校核

假设钢瓶两端水平支撑,并在全长上均匀加载。载荷包括充满水后瓶体部分单位长度的重力和加压到钢瓶的水压试验压力。瓶体水平放置,其底部金属由于弯曲而产生的最大拉应力的2倍加上相同底部金属在水压试验压力作用下纵向拉应力不应大于瓶体材料最小屈服强度的80%。

a) 瓶体底部金属由于弯曲而产生的最大拉应力 σ_1 应按公式(2)进行计算:

$$\sigma_1 = \frac{MD_o}{2I} \qquad\qquad\qquad (2)$$

其中:

$$M = \frac{wL^2}{8} \qquad\qquad\qquad (3)$$

$$I = 0.049\,09(D_o^4 - D_i^4) \qquad\qquad\qquad (4)$$

b) 瓶体底部金属在水压试验压力作用下纵向拉应力 σ_2 应按公式(5)进行计算:

$$\sigma_2 = \frac{D_i^2 p_h}{D_o^2 - D_i^2} \qquad\qquad\qquad (5)$$

5.2.4 瓶口

5.2.4.1 钢瓶两端瓶颈应采用符合相应标准的螺纹连接,可采用下列螺纹:

a) 55°非密封管螺纹,螺纹应符合 GB/T 7307 的规定;

b) 普通公制螺纹,螺纹应符合 GB/T 196 的规定;

c) 英制 UN 螺纹,螺纹应符合 ASME B1.1 的规定。

5.2.4.2 在水压试验压力下螺纹剪切应力安全系数至少为10,并且应至少啮合6扣完整螺纹。采用直螺纹时,螺纹剪切应力安全系数可参考附录B进行计算。

5.2.4.3 钢瓶两端瓶颈的开孔直径不应大于筒体公称直径的一半。

5.2.4.4 钢瓶两端瓶颈的厚度,自螺纹的根径计算不应小于筒体最小设计壁厚,且保证在承受螺塞的力偶矩和支撑附加力时不产生变形或损坏。

5.2.4.5 螺纹精度应能满足气密性能的需要。采用公制直螺纹时,内/外螺纹精度宜为6H/6g;采用英制 UN 直螺纹时,内/外螺纹精度宜为2B/2A。

5.2.5 安全泄放装置

5.2.5.1 应按照 TSG 23 的要求以及不同介质的要求设置安全泄放装置。充装液化气体时,应保证安全泄放装置与瓶内气相空间相连。

5.2.5.2 爆破片的公称爆破压力为钢瓶公称工作压力 p 的1.5倍,标定爆破压力的允差为±5%;易熔合金的动作温度为102.5 ℃±5 ℃。

5.2.5.3 采用爆破片与易熔合金塞串联组合装置时,易熔合金塞装置应串联在爆破片装置出口侧。组合泄放装置应按照不同的工况组合进行型式试验。

5.2.5.4 采用爆破片时,其泄放面积应按 GB/T 33215 的相关要求计算。

注:盛装氢气等介质的钢瓶,安全泄放量的计算可按 CGA S-1.1 的规定。

5.2.6 螺塞

钢瓶两端螺塞应选用锻件,并应符合 NB/T 47008—2017、NB/T 47010—2017 中Ⅲ级锻件的规定。

5.2.7 排污装置

充装天然气等对瓶体材料具有应力腐蚀作用介质的钢瓶,应设置瓶内积液排污装置。排液管的结构和布置应能够保证瓶内积液排出顺畅、干净。

5.2.8 其他要求

在长管拖车、管束式集装箱等容器上使用的钢瓶用于充装液化气体时,每只钢瓶应单独进行充装和充装量的控制,完成充装的钢瓶阀门应关闭。在储存、运输和使用过程中,应防止各钢瓶之间的介质流通,以免造成单只钢瓶的超装。

5.3 制造

5.3.1 一般要求

5.3.1.1 钢瓶制造应符合本文件规定,并应符合产品图样和有关技术文件的规定。

5.3.1.2 瓶体不应进行焊接处理。

5.3.1.3 瓶体的制造应分批管理。每批钢瓶的数量不应超过 50 只。

5.3.1.4 盛装氧气或氧化性气体的钢瓶应禁油。

5.3.2 原材料和零部件

5.3.2.1 要求

制造单位应对钢瓶原材料和零部件进行检验和复验。经检验和复验合格的原材料和零部件方可投入生产和使用。

5.3.2.2 无缝钢管

5.3.2.2.1 外观

逐根目视检验,其结果应符合 5.1.1.5 中的外观要求和技术协议的要求。

5.3.2.2.2 尺寸

壁厚应按 GB/T 11344 在超声检测设备上进行全覆盖测量或采用超声波测厚仪进行测量,制造公差采用标准量具或专用的量具、样板进行检验,其结果应符合 5.1.1.5 中壁厚要求和技术协议要求。

5.3.2.2.3 化学成分

应以材料的炉罐号按 GB/T 20066 和 GB/T 223(所有部分) 或 GB/T 4336 进行化学成分验证,其结果应符合 5.1.1.4 和设计要求。

5.3.2.2.4 非金属夹杂物

应按 GB/T 10561 中 A 法对非金属夹杂物进行评级,其结果应符合 5.1.1.5 中的非金属夹杂物要求。

5.3.2.2.5 低倍组织

应按 GB/T 226 进行低倍组织检查,并按 GB/T 1979 进行评定,横截面酸浸低倍组织试片上不应有目视可见的白点、分层、气泡、夹杂、折叠等缺陷。

5.3.2.2.6 无损检测

逐根按 NB/T 47013.3—2015 进行纵向、横向的超声检测检验,其结果应符合 5.1.1.5 的有关要求。

5.3.2.3 螺塞

5.3.2.3.1 化学成分

应按炉批号按 GB/T 20066 和 GB/T 223 (所有部分) 或 GB/T 4336 进行化学成分验证,其结果应符合设计要求。

5.3.2.3.2 硬度

应按 GB/T 231.1 进行硬度检测,其结果应符合设计要求。

5.3.2.3.3 螺纹

螺纹尺寸应采用相应的螺纹量规进行检验,应符合相应标准的要求;螺纹表面按 NB/T 47013.4—2015 或 NB/T 47013.5—2015 进行磁粉检测或渗透检测,应无裂纹性缺陷。

5.3.2.4 安全泄放装置

应按批(指材料批、产品批和采购批)进行确认,其结果应符合设计要求。

5.3.3 收口

瓶体以无缝钢管为原料,经热旋压或热锻收口制成,且应按经评定合格的工艺进行。

5.3.4 热处理

5.3.4.1 瓶体应进行整体调质热处理,且应按评定合格的热处理工艺进行。

5.3.4.2 可用油或水基淬火剂作为淬火介质。用水基淬火剂作为淬火介质时,瓶体在介质中的冷却速度应不大于在 20 ℃水中冷却速度的 80%。不应直接采用水作为淬火介质。

5.3.4.3 应采用具备炉温自动控制装置,并能自动记录炉温曲线的连续式热处理炉。

5.3.4.4 应按照 GB/T 9452—2012 或 GB/T 30824—2014 的规定,对热处理炉的有效加热区进行炉温测定。在首次使用前、设备大修、设备改造或停产三个月以上再次开工时,应进行炉温测定;正常生产情况下,每半年应定期进行一次炉温测定。有效加热区内的温度均匀性应至少达到 GB/T 9452—2012 或 GB/T 30824—2014 的Ⅳ级热处理炉的相关规定,并且符合工艺评定允许的温度偏差和产品质量的要求。

5.3.4.5 每批瓶体可带一只或多只试环,随批同炉热处理。试环与所处理的瓶体应具有相同的公称直径和壁厚,且来自同一炉罐号材料。试环的长度至少为 610 mm,瓶体及试环热处理时两端应封闭。

5.3.4.6 每批瓶体应从随批同炉热处理试环或瓶体中部截取试样和样环,进行拉伸试验、冲击试验、压扁试验(必要时)等。

5.3.5 金相检查

每批瓶体应从随批同炉热处理试环或瓶体中部截取试样,进行金相检查。

5.3.6 硬度检测

瓶体和随批同炉热处理的试环在热处理后应逐只进行硬度检测。

5.3.7 水压试验

瓶体经瓶口螺纹加工后,应逐只进行外测法水压试验。

5.3.8 无损检测

瓶体应逐只进行在线 100%超声检测和 100%磁粉检测。

5.3.9 内表面处理

水压试验后,瓶体内表面应进行干燥处理。瓶体内外表面应进行抛丸处理。抛丸后应吹扫,内表面应清洁、干燥、无异物,内外表面清洁度应不低于 Sa2.5 级。

6 试验方法

6.1 壁厚和制造公差

筒体部位应按 GB/T 11344 在超声检测设备上进行全覆盖超声测厚,应能自动记录和确定最小壁厚的位置,瓶体的其他部位应采用超声波测厚仪测量;制造公差应采用标准的或专用的量具、样板进行检查。

6.2 内、外观

目测检查内外表面,可借助于内窥灯或内窥镜检查内表面。

6.3 瓶口螺纹

瓶口螺纹采用相应的螺纹量规对螺纹进行尺寸及公差检验,按 NB/T 47013.4—2015 或 NB/T 47013.5—2015 规定的方法对螺纹的表面进行磁粉检测或渗透检测。

6.4 瓶体热处理后各项性能指标测定

6.4.1 取样

6.4.1.1 试样和样环应从同批随炉试环或瓶体中部截取的试环上截取。

6.4.1.2 取样部位如图 2 所示。

6.4.1.3 取样数量:拉伸试样 2 件,冲击试样 3 件,金相试样 2 件,压扁试验样环 1 只。

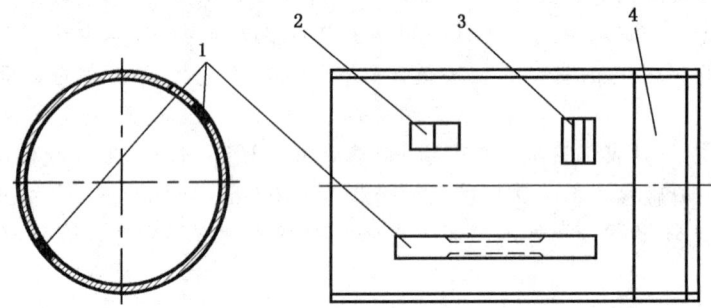

标引序号说明:
1——拉伸试样;
2——金相试样;
3——冲击试样;
4——压扁试样。

图 2 取样部位图

6.4.2 拉伸试验

6.4.2.1 试验的测定项目包括抗拉强度、屈服强度和断后伸长率。

6.4.2.2 试验采用全壁厚纵向弧形试样,试样的形状、尺寸应符合图 3 的规定。除夹持端以外,试样不应被压平。

6.4.2.3 试验方法应按 GB/T 228.1 执行。

单位为毫米

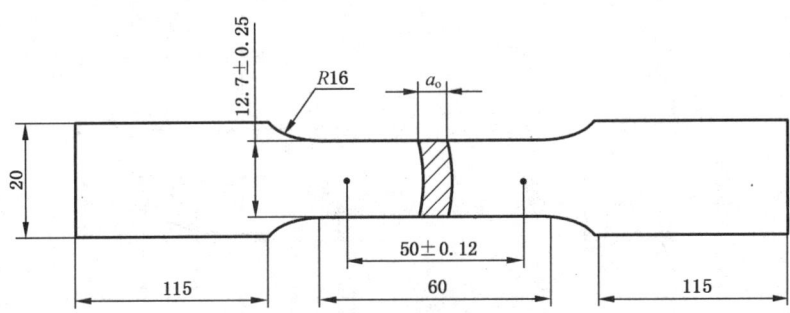

图 3 拉伸试样

6.4.3 冲击试验

6.4.3.1 试样应靠近内壁截取。

6.4.3.2 应采用 10 mm×10 mm×55 mm 带 V 型缺口的横向标准试样；对于设计壁厚小于 10 mm 的钢瓶，不能截取标准试样时，可采用 10 mm×7.5 mm×55 mm 或 10 mm×5 mm×55 mm 带 V 型缺口的横向小试样。根据壳体壁厚的可加工尺寸，应尽可能选取较大尺寸的试样。V 型缺口的轴线方向应与壳体圆筒的径向方向一致。

6.4.3.3 试样的形状、尺寸和试验方法应按 GB/T 229 执行。

6.4.4 金相检查

6.4.4.1 试样的制备和试验方法应按 GB/T 13298 执行。

6.4.4.2 显微组织应按 GB/T 13320 进行评定。

6.4.4.3 晶粒度应按 GB/T 6394—2017 进行评定。

6.4.4.4 脱碳层深度应按 GB/T 224 进行测定。

6.4.5 压扁试验

6.4.5.1 对盛装氢气、天然气或者甲烷等有致脆性、应力腐蚀倾向气体的钢瓶，应进行压扁试验。

6.4.5.2 试验用样环宽度不应小于 200 mm。也可直接用瓶体做压扁试验。

6.4.5.3 将样环放进垂直于样环轴线的两个顶角为 60°、刃口圆角半径为 13 mm 的压头中间，压力试验机以 20 mm/min～50 mm/min 的速度对样环施加压力，样环被压扁到其间距 T_y 等于 6 倍样环的实测平均壁厚。压头的宽度 B_1 应大于样环被压扁后的宽度 B。压扁试验示意图见图 4。

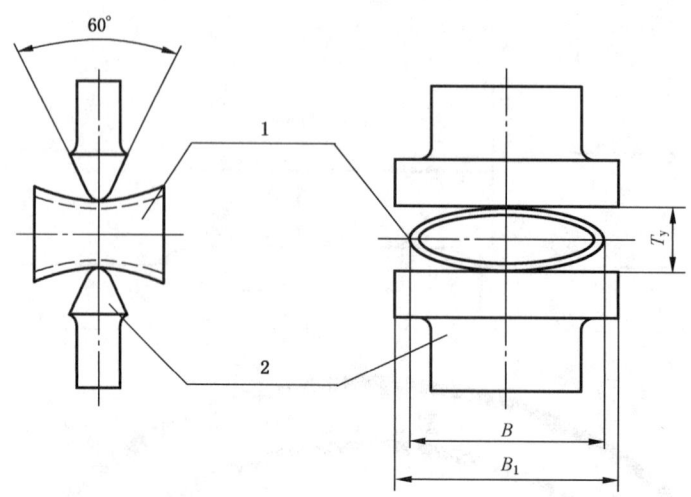

标引序号说明：

1——样环；

2——压头。

图 4 压扁试验示意图

6.4.6 冷弯试验

6.4.6.1 重复热处理后,剩余试环长度不足以截取压扁试验样环时,允许采用冷弯试验代替压扁试验。

6.4.6.2 在试环的对称部位沿环向截取 2 只弧长为 300 mm,宽度为 80 mm 的弯曲试样,试样上代表瓶体内外壁圆弧表面不进行机械加工。

6.4.6.3 应按 GB/T 232 进行冷弯试验,其弯心直径等于冷弯试样实测平均厚度的 2 倍,弯曲角度为 180°。冷弯试验示意图见图 5。

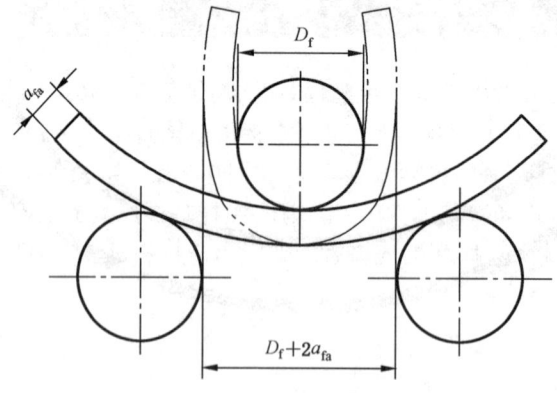

图 5 冷弯试验示意图

6.5 端部解剖

6.5.1 瓶体端部解剖试样的切取方式和位置见图 6。端部解剖试样不应少于 1 只,试样的剖面应在瓶体的轴线上,试样应保证留有直段部分。

6.5.2 试验方法应按 GB/T 226 执行,并且用 5 倍～10 倍放大镜观察解剖表面。

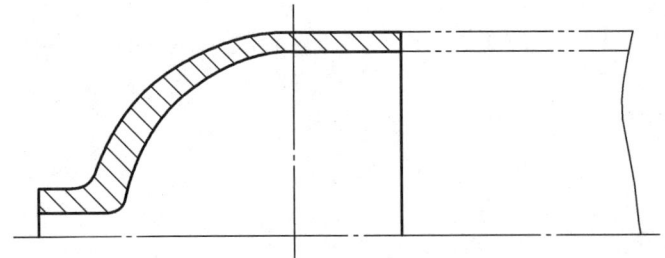

图 6   端部解剖试样

6.6   硬度检测

6.6.1   瓶体热处理后应逐只按 GB/T 231.1 进行硬度检测。

6.6.2   每只瓶体应在包括筒体两端截面和中间部位的至少 3 个不同截面的外表面圆周上均分 4 点(即相邻两点相距 90°)进行硬度检测。不同截面的间距不应大于 3 m。

6.7   水压试验

6.7.1   按 GB/T 9251 规定的外测法(水套测定法)执行,其中:

   a)   膨胀测量装置读取分辨数值应不超过待测钢瓶全膨胀量的 1%,且其精度不应低于待测钢瓶总膨胀量的 ±1% 和装置满量程的 ±0.5%;

   b)   压力测量及显示装置读取分辨数值应不超过待测钢瓶水压试验压力的 1%,且其精度不应低于待测钢瓶水压试验压力的 ±1% 和装置满量程的 ±0.5%;

   c)   标准瓶在大于和小于水压试验压力 p_h 的高低两个压力区间范围内进行校验时的全变形容积相对偏差均不大于 ±1%;在泄放压力后至零压,标准瓶全膨胀量应归零(不超过受试压力下全膨胀量值的 ±0.1% 和 ±0.1 mL 的较大值)。

6.7.2   在水压试验压力 p_h 下,保压充足时间,不应低于 2 min,使瓶体充分变形。

6.8   无损检测

瓶体热处理或水压试验后应按附录 C 和附录 D 逐只进行超声检测和磁粉检测。

6.9   气密性试验

6.9.1   以单只钢瓶形式出厂时,应逐只进行气密性试验,气密性试验一般应采用浸水法;以长管拖车或管束式集装箱等形式组装并进行使用的钢瓶,单只钢瓶可不进行气密性试验,待组装成长管拖车、集装管束、储气瓶组或管束式集装箱后,可采用涂液法,对钢瓶和管路系统进行整体气密性试验。

6.9.2   试验方法应按 GB/T 12137 执行,其中:

   a)   采用干燥无油空气或氮气等压缩气体作为试验介质;

   b)   气密性试验压力应为公称工作压力 p;

   c)   保压不应低于 3 min。

6.10   水压爆破试验

应按 GB/T 15385 执行。

6.11   疲劳试验

6.11.1   疲劳试验用样瓶筒体段的实测壁厚应尽可能接近设计壁厚,壁厚的正偏差不应大于钢瓶设计壁厚的 10%。

6.11.2 应按 GB/T 9252 执行。循环压力上限为水压试验压力 p_h,循环压力下限应不超过循环压力上限的 10%。

7 检验规则

7.1 试验和检验判定依据

7.1.1 壁厚和制造公差

7.1.1.1 壁厚不应低于最小设计壁厚,且筒体的壁厚偏差不应超过 +20%。

7.1.1.2 筒体外径偏差不应超过公称设计值的 ±1%。

7.1.1.3 筒体的圆度,即在同一截面上的最大外径与最小外径之差不应超过该截面平均外径的 2%。

7.1.1.4 筒体直线度不应超过筒体总长度的 0.2%。

7.1.1.5 瓶体长度的制造偏差不应大于 ±20 mm,且不应大于图样规定值。

7.1.2 内、外观

7.1.2.1 瓶体内、外表面应光滑圆整,不应有肉眼可见的裂纹、折叠、波浪、重皮、夹杂等影响强度的缺陷。对氧化皮脱落造成的局部圆滑凹陷和允许采用的机械加工方法清除缺陷后的轻微痕迹允许存在,但应保证筒体最小设计壁厚。

7.1.2.2 端部内、外表面不应有肉眼可见的缩孔、皱褶、凸瘤和氧化皮。端部缺陷允许用机械加工方法清除,但应保证端部设计壁厚。

7.1.2.3 端部与筒体应圆滑过渡,肩部不准许有沟痕存在。

7.1.3 瓶口螺纹

7.1.3.1 螺纹的牙型、尺寸和公差应符合相关标准的规定。

7.1.3.2 螺纹表面进行磁粉检测或渗透检测的合格级别为 NB/T 47013.4—2015 或 NB/T 47013.5—2015 规定的 Ⅰ 级。

7.1.4 瓶体热处理后各项性能指标测定

7.1.4.1 力学性能值

瓶体热处理后的力学性能值应符合表 5 的要求。

表 5 瓶体材料热处理后的力学性能

试验项目	充装介质	
	盛装致脆性或应力腐蚀倾向气体（氢气、天然气和甲烷等）的钢瓶	盛装非致脆性或非应力腐蚀倾向气体的钢瓶
实测屈服强度与抗拉强度的比值 R_{ea}/R_m	≤ 0.86	≤ 0.92
实测抗拉强度 R_m/ MPa	≥ 制造单位热处理后的保证值,且 ≤ 880 MPa	≥ 制造单位热处理后的保证值,且 ≤ 1 060 MPa
实测屈服强度 R_{ea}/ MPa	≥ 制造单位热处理后的保证值	≥ 制造单位热处理后的保证值
断后伸长率 $A_{50 mm}$/ %	≥ 20	≥ 16

表 5 瓶体材料热处理后的力学性能（续）

试验项目		充装介质					
		盛装致脆性或应力腐蚀倾向气体（氢气、天然气和甲烷等)的钢瓶			盛装非致脆性或非应力腐蚀倾向气体的钢瓶		
冲击吸收能量 KV_2	试样尺寸/mm	10×5×55	10×7.5×55	10×10×55	10×5×55	10×7.5×55	10×10×55
	平均值/J	40	50	60	27	34	40
	单个试样最小值/J	32	40	48	22	27	32
	试验温度/℃	−40			−40		

7.1.4.2 金相检查

7.1.4.2.1 显微组织应为回火索氏体。

7.1.4.2.2 晶粒度应不低于 GB/T 6394—2017 规定的 7 级。

7.1.4.2.3 内、外壁脱碳层深度分别不应超过 0.25 mm 和 0.3 mm。

7.1.4.3 压扁试验

压扁处应无裂纹。

7.1.4.4 冷弯试验

弯曲后试样应无裂纹。

7.1.5 端部解剖

端部解剖断面经酸蚀后不应有目视可见的缩孔、气泡、裂纹、夹杂物和折叠存在。

7.1.6 硬度检测

7.1.6.1 硬度值应在设计规定的最小和最大抗拉强度对应范围之内,并且同一环向截面上的硬度值（HB）偏差不应大于 30。硬度值与抗拉强度对应范围见附录 E。

7.1.6.2 对于盛装氢气、天然气或者甲烷等有致脆性、应力腐蚀倾向气体的钢瓶,其瓶体硬度值（HB）不应超过 269;对于盛装非致脆性、应力腐蚀倾向气体的钢瓶,其瓶体硬度值（HB）不应超过 330。

7.1.7 水压试验

7.1.7.1 在保压期间,压力表指针指示压力不应回降,瓶体不应泄漏或明显变形。

7.1.7.2 容积残余变形率不应大于 5%。

7.1.8 无损检测

超声检测结果应符合附录 C 的要求,磁粉检测结果应符合附录 D 的要求。

7.1.9 气密性试验

在公称工作压力 p 下,瓶体及所有螺纹联接处均不应泄漏。因装配而引起的泄漏现象,允许重新试验。

7.1.10 水压爆破试验

7.1.10.1 实测爆破压力不应低于公称工作压力 p 的 2.5 倍。

7.1.10.2 爆破后应无碎片,保持一个整体,主破口应起始于筒体。

7.1.10.3 主破口应为塑性断裂,即断口边缘应有明显的剪切唇,断口上不应有明显的金属缺陷。破口裂缝不应延伸超过瓶肩高度的20%。

7.1.10.4 实测屈服压力与爆破压力的比值,应与瓶体材料实测屈服强度与抗拉强度的比值相近。

7.1.11 疲劳试验

疲劳循环次数至少达到钢瓶设计使用年限乘以750次,并且至少达到15 000次,瓶体应无泄漏和破裂。

7.2 逐只检验

对同一批次生产的每只钢瓶均应进行逐只检验,检验项目按表6的规定。

7.3 批量试验

钢瓶出厂前应进行批量检验,检验项目应按表6的规定。

7.4 型式试验

7.4.1 凡遇到下列情况之一,钢瓶应进行型式试验:
  a) 新设计;
  b) 改变设计壁厚;
  c) 改变瓶体材料牌号;
  d) 改变钢瓶瓶体结构、形状(如端部形状、瓶口尺寸等);
  e) 瓶体热加工成形或热处理规范等主要制造工艺改变(如收口方法、热处理加热和淬火方式等);
  f) 生产中断6个月以上;
  g) 有关安全技术规范明确规定。

7.4.2 应按表6规定的项目进行型式试验。若型式试验不合格,不应投入批量生产,不应投入使用。

7.4.3 型式试验项目应包含力学性能测试、压扁试验、金相检查、端部解剖、水压爆破试验、疲劳试验等破坏性试验,其所需钢瓶或试环的数量至少为:
  a) 试环或钢瓶1只;
  b) 端部解剖1只(可采用性能指标测试用钢瓶或疲劳试验后的钢瓶);
  c) 水压爆破试验2只;
  d) 疲劳试验2只。

7.4.4 型式试验钢瓶的筒体段长度不应小于公称直径的5倍,且不小于3 m。

7.4.5 所有进行型式试验的钢瓶在试验后都应进行去功能处理。

表 6 钢瓶检验和试验项目

序号	检验项目	出厂检验		型式试验	试验方法	判定依据
		逐只检验	批量检验			
1	壁厚和制造公差	√	—	√	6.1	7.1.1
2	内、外观	√	—	√	6.2	7.1.2
3	瓶口螺纹	√	—	√	6.3	7.1.3
4	拉伸试验	—	√	√	6.4.2	7.1.4.1
5	冲击试验	—	√	√	6.4.3	7.1.4.1

表 6 钢瓶检验和试验项目（续）

序号	检验项目	出厂检验		型式试验	试验方法	判定依据
		逐只检验	批量检验			
6	金相检查	—	√	√	6.4.4	7.1.4.2
7	压扁试验ᵃ	—	√	√	6.4.5	7.1.4.3
8	冷弯试验ᵇ	—	√	√	6.4.6	7.1.4.4
9	端部解剖	—	—	√	6.5	7.1.5
10	硬度检测	√	—	√	6.6	7.1.6
11	水压试验	√	—	√	6.7	7.1.7
12	无损检测ᶜ	√	—	√	6.8	7.1.8
13	气密性试验	√	—	√	6.9	7.1.9
14	水压爆破试验	—	—	√	6.10	7.1.10
15	疲劳试验	—	—	√	6.11	7.1.11

注:"√"表示需检项目;"—"表示不检项目。

ᵃ 仅对盛装天然气、甲烷等有应力腐蚀倾向以及氢气等致脆性气体的钢瓶进行试验。

ᵇ 重复热处理后,剩余试环的长度不足以截取压扁试验试样时,允许采用冷弯试验代替压扁试验。

ᶜ 无损检测系指超声、磁粉检测方法。

7.5 复验规则

如果试验结果不合格,按下列规定进行处理。

a) 如果不合格是由于试验操作异常或测量误差所造成,应重新试验。如果重新试验结果合格,则合格。

b) 如果试验操作正确,应找出试验不合格的原因。

——如果确认不合格是由于热处理造成的,允许该批瓶体和剩余试环重复热处理。重复热处理时,剩余试环两端也应封闭;重复热处理次数不 Y 应多于两次,且应保证瓶体的最小设计壁厚;经重复热处理的该批瓶体应作为新批重新进行检验。

——如果不合格是由于热处理之外的原因造成的,所有带缺陷的钢瓶应通过工艺许可的方式进行修复。如果修复的钢瓶通过了试验的要求,这些钢瓶应重新归到原批。如果不能通过试验,则为不合格。

8 标记、涂敷、包装、运输和储存

8.1 标记

8.1.1 钢印标记

8.1.1.1 每只钢瓶应在瓶肩部位按图 7 所示项目和排列方式打印钢印。

8.1.1.2 有应力腐蚀倾向的气体,应在充装气体名称或化学分子式后面加"—F"符号,如 CNG-F。

8.1.1.3 钢印标记应明显、清晰、完整;对于直径不大于 425 mm 的钢瓶,钢印字体不应小于 8 mm;对于直径大于 425 mm 的钢瓶,钢印字体不应小于 12 mm;钢印深度为 0.5 mm～0.8 mm;钢印压痕不应引起应力集中。

8.1.1.4 钢印中实际水容积和实际重量应保留四位有效数字,其数字修约按照容积舍弃、重量四舍五入的原则修约。

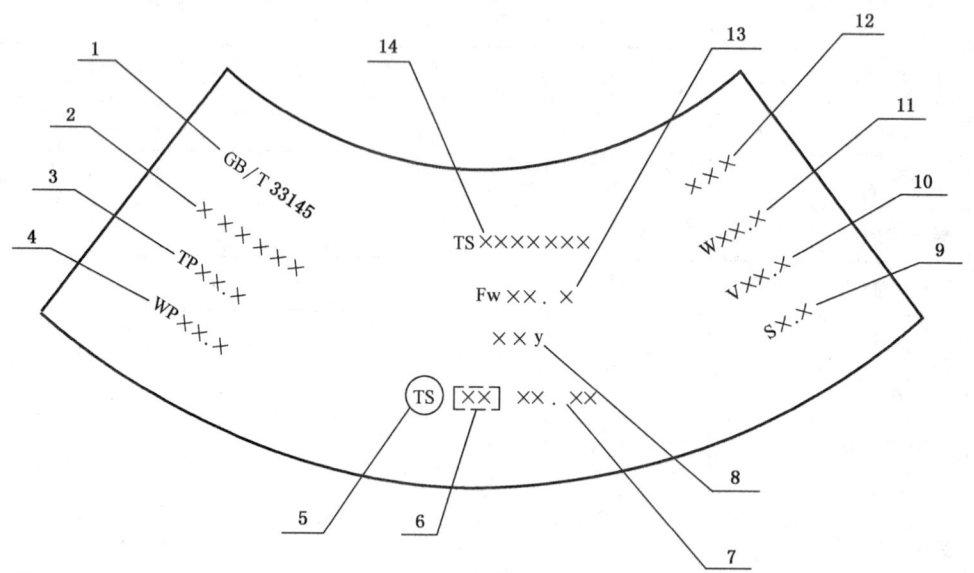

标引序号说明:
1 ——产品标准编号;
2 ——钢瓶编号;
3 ——水压试验压力,单位为兆帕(MPa);
4 ——公称工作压力,单位为兆帕(MPa);
5 ——监检标记;
6 ——制造单位代号;
7 ——制造日期;
8 ——设计使用年限,单位为年(a);
9 ——筒体最小设计壁厚,单位为毫米(mm);
10——实际水容积,单位为升(L);
11——实际重量,单位为千克(kg);
12——充装气体名称或化学分子式;
13——液化气体最大充装量,单位为千克(kg);
14——钢瓶制造单位制造许可证编号。

图 7 钢瓶钢印标记示意图

8.1.2 颜色标记

应按 GB/T 7144 执行。

8.1.3 钢瓶电子识读标识

8.1.3.1 单独出厂和使用的钢瓶(用于长管拖车和管束集装箱的钢瓶除外),应在醒目的位置装设牢固、不易损坏的电子识读标识(如二维码、电子芯片等),作为钢瓶产品的电子合格证。

8.1.3.2 钢瓶产品电子合格证所记载的信息应在 TSG 23 规定的气瓶安全追溯信息平台上有效存储并对外公示,存储与公示的信息应做到可追溯、可交换、可查询和防篡改。

8.2 涂敷

8.2.1 钢瓶涂敷前应进行表面处理,以清除锈蚀、氧化皮和油污等杂物,其表面质量应达到 GB/T 8923.1—2011 规定的 Sa2.5 级,且在干燥的条件下方可涂敷。

8.2.2 钢瓶的涂层应均匀、牢固,不应有气泡、龟裂纹、流痕、剥落等缺陷。

8.3 包装

8.3.1 钢瓶出厂时通常包括瓶体和两端螺塞及其他附件,所有附件和瓶体两端螺纹应采取防护措施,以防碰撞受损。

8.3.2 钢瓶内部应保持干燥、封闭状态。出厂时若不带两端螺塞,则应采用保护螺塞进行封闭。

8.3.3 钢瓶两端瓶颈内、外螺纹应采用适当的方式进行防锈处理,不应污染瓶内介质。

8.3.4 钢瓶出厂时,瓶体内可充装 0.05 MPa～0.2 MPa(基准温度 20 ℃)的氮气。

8.4 运输

8.4.1 钢瓶的运输应符合道路交通运输的相关规定。

8.4.2 钢瓶在运输和装卸过程中,应防止碰撞、受潮和损坏附件。

8.5 储存

8.5.1 存放钢瓶的场地应平整,钢瓶应放在枕木或钢制支撑上,不应直接放置于地面上。钢瓶与支撑间、钢瓶层与层之间应用适当方式隔开,以避免损坏钢瓶外表面的漆膜。

8.5.2 应具有可靠的防潮措施。

9 产品合格证、产品使用说明书和批量检验质量证明书

9.1 产品合格证

9.1.1 出厂的每只钢瓶均应附有产品合格证,且应向用户提供产品使用说明书。

9.1.2 出厂产品合格证应至少包含以下内容:

    a) 制造单位名称和代号;

    b) 制造许可证编号;

    c) 钢瓶编号;

    d) 产品标准编号;

    e) 充装气体名称或化学分子式;

    f) 公称工作压力,单位为兆帕(MPa);

    g) 水压试验压力,单位为兆帕(MPa);

    h) 实际水容积,单位为升(L);

    i) 实际空瓶重量(不含附件),单位为千克(kg);

    j) 液化气体最大充装量,单位为千克(kg);

    k) 筒体最小设计壁厚,单位为毫米(mm);

    l) 瓶体材料牌号;

    m) 热处理状态;

    n) 设计使用年限,单位为年(a);

    o) 出厂检验标记;

    p) 制造年月。

9.2 产品使用说明书

应至少包含以下内容：

a) 充装介质；

b) 公称工作压力，单位为兆帕(MPa)；

c) 水压试验压力，单位为兆帕(MPa)；

d) 设计使用寿命，单位为年(a)；

e) 产品的使用说明；

f) 产品的维护；

g) 使用注意事项。

9.3 批量检验质量证明书

9.3.1 批量检验质量证明书的内容，应包括本文件规定的批量检验项目。

9.3.2 出厂的每批钢瓶，均应附有批量检验质量证明书和监督检验证书。该批钢瓶有一个以上用户时，所有用户均应有批量检验证明书和监督检验证书的复印件。

9.3.3 钢瓶制造单位应妥善保存钢瓶的检验记录和批量检验质量证明书的复印件(或正本)，保存时间不应低于钢瓶的设计使用年限。

附　录　A

（规范性）

常用瓶体材料的化学成分

常见瓶体材料的化学成分按表 A.1 的规定。

表 A.1　常用瓶体材料的化学成分

组别	材料牌号	化学成分（质量分数）/%									
		C	Mn	Si	S[e]	P[e]	S+P[e]	Cr	Mo	Ni	Cu
I	30CrMo	0.26～0.34	0.40～0.70	0.17～0.37	≤0.010	≤0.020	≤0.025	0.80～1.10	0.15～0.25	≤0.30	≤0.20
	4130X[a]	0.25～0.35	0.40～0.90	0.15～0.35	≤0.010	≤0.020	≤0.025	0.80～1.10	0.15～0.25	—	—
II	35CrMo	0.32～0.38	0.40～0.70	0.17～0.37	≤0.010	≤0.020	≤0.025	0.80～1.10	0.15～0.25	≤0.30	≤0.20
	34CrMo4[b]	0.32～0.37	0.60～0.90	≤0.40	≤0.010	≤0.020	≤0.025	0.90～1.20	0.15～0.30	—	—
	42CrMo	0.38～0.45	0.50～0.80	0.17～0.37	≤0.010	≤0.020	≤0.025	0.90～1.15	0.15～0.25	—	—
	SA372Gr.J CL.110[c]	0.35～0.50	0.75～1.05	0.15～0.35	≤0.010	≤0.020	≤0.025	0.80～1.15	0.15～0.25	—	—
	4140[d]	0.38～0.43	0.75～1.00	0.15～0.35	≤0.010	≤0.020	≤0.025	0.80～1.10	0.15～0.25	—	—
	4142[d]	0.40～0.45	0.75～1.00	0.15～0.35	≤0.010	≤0.020	≤0.025	0.80～1.10	0.15～0.25	—	—
	4145[d]	0.43～0.48	0.75～1.00	0.15～0.35	≤0.010	≤0.020	≤0.025	0.80～1.10	0.15～0.25	—	—

[a] 4130X 为 ASTM A519 中的牌号，化学成分经过修正后应用于本文件、符合本文件要求的材料。

[b] 34CrMo4 为 EN 10297-1 中的牌号，化学成分经过修正后应用于本文件、符合本文件要求的材料。

[c] SA372Gr.JCL.110 为 ASME SA-372/SA-372M 中的牌号，化学成分经过修正后应用于本文件、符合本文件要求的材料。

[d] 4140、4142、4145 为 ASTM A519 中的牌号，经本文件确认后应用于本文件、符合本文件要求的材料。

[e] S、P 及 S+P 含量按表 2 的规定进行了修正。

附　录　B

（资料性）

直螺纹剪切应力安全系数的计算方法

B.1　螺纹剪切应力的计算

内螺纹剪切应力 τ_n 和外螺纹剪切应力 τ_w 分别按公式(B.1)、公式(B.2)计算：

$$\tau_n = \frac{F_w}{zA_n} \quad\quad\quad\quad\quad\quad (\text{B.1})$$

$$\tau_w = \frac{F_w}{zA_w} \quad\quad\quad\quad\quad\quad (\text{B.2})$$

在水压试验压力下，螺纹最大轴向外载荷 F_w 按公式(B.3)计算：

$$F_w = p_h A \quad\quad\quad\quad\quad\quad (\text{B.3})$$

单个内螺纹牙受剪面积 A_n 和单个外螺纹牙受剪面积 A_w 分别按公式(B.4)、公式(B.5)计算：

$$A_n = \pi d_{min}\left[\frac{P}{2} + \tan\frac{\alpha}{2}(d_{min} - D_{2max})\right] \quad\quad (\text{B.4})$$

$$A_w = \pi D_{1\,max}\left[\frac{P}{2} + \tan\frac{\alpha}{2}(d_{2\,min} - D_{1max})\right] \quad\quad (\text{B.5})$$

B.2　螺纹剪切应力安全系数的计算

螺纹剪切应力安全系数即材料剪切强度与螺纹剪切应力的比值。材料剪切强度通常取材料抗拉强度的 0.5 倍～0.6 倍。

内螺纹剪切应力安全系数 K_n 和外螺纹剪切应力安全系数 K_w 分别按公式(B.6)、公式(B.7)计算：

$$K_n = \frac{\tau_{nm}}{\tau_n} \quad\quad\quad\quad\quad\quad (\text{B.6})$$

$$K_w = \frac{\tau_{wm}}{\tau_w} \quad\quad\quad\quad\quad\quad (\text{B.7})$$

附 录 C

（规范性）

超 声 检 测

C.1 总则

本附录规定了钢瓶的超声检测方法。其他能够证明适用于钢瓶的超声检测技术也可以采用。

C.2 一般要求

C.2.1 超声检测设备应能实现对钢瓶筒体的自动检测，并至少能够检测到 C.4 规定的对比样管上的人工缺陷，还应能够按照工艺要求正常工作并保证其精度。设备应有质量合格证书或检定认可证书。

C.2.2 超声检测的作业人员应取得特种设备超声检测资格，从事超声检测设备的操作人员应至少具有Ⅰ级（初级）超声检测资格，签发超声检测报告的人员应至少具有Ⅱ级（中级）超声检测资格。

C.2.3 待测钢瓶内、外表面都应达到能够进行准确的超声检测并可进行重复检测的条件。

C.2.4 应采用脉冲反射式超声检测，耦合方式可以采用接触法或浸液法。

C.3 检测方法

C.3.1 通常应使超声检测探头对筒体进行螺旋式扫描。探头扫描移动速率应均匀，变化在±10%以内。螺旋间距应小于探头的扫描宽度（至少应有 10%的重叠），保证在螺旋式扫描过程中实现 100%检测。

C.3.2 应对瓶壁纵向、横向缺陷进行检测。检测纵向缺陷时，声束在瓶壁内沿环向传播；检测横向缺陷时，声束在瓶壁内沿轴向传播；纵向和横向检测都应在瓶壁两个方向上进行。

C.3.3 在超声检测每个班次的开始和结束时都应用对比样管校验超声检测设备。如果校验过程中超声检测设备未能检测到对比样管上的人工缺陷，则在上次超声检测设备校验后检测的所有合格钢瓶都应在超声检测设备校验合格后重新进行检测。

C.4 对比样管

C.4.1 应准备适当长度的对比样管，对比样管应与待测钢瓶具有相同的公称直径、公称壁厚、表面状况、热处理状态，并且有相近声学性能（例如，速度、衰减系数等）。对比样管上不应有影响人工缺陷的自然缺陷。

C.4.2 应在对比样管内、外表面上加工纵向和横向人工缺陷，这些人工缺陷应适当分开距离，以便每个人工缺陷都能够清晰识别。

C.4.3 人工缺陷尺寸和形状（见图 C.1 和图 C.2）应符合下列要求：

a) 人工缺陷长度 E 不应大于 50 mm；

b) 人工缺陷宽度 W 不应大于人工缺陷深度 T 的 2 倍，当不能满足时，可以取宽度 W 为 1.0 mm；

c) 人工缺陷深度 T 应等于筒体最小设计壁厚 a' 的 $(5\pm0.75)\%$，且深度 T 最小为 0.2 mm，最大为 1 mm，两端允许圆角；

d) 人工缺陷内部边缘应锐利，除了采用电蚀法加工，横截面应为矩形；采用电蚀法加工时，允许人工缺陷底部略呈圆形。

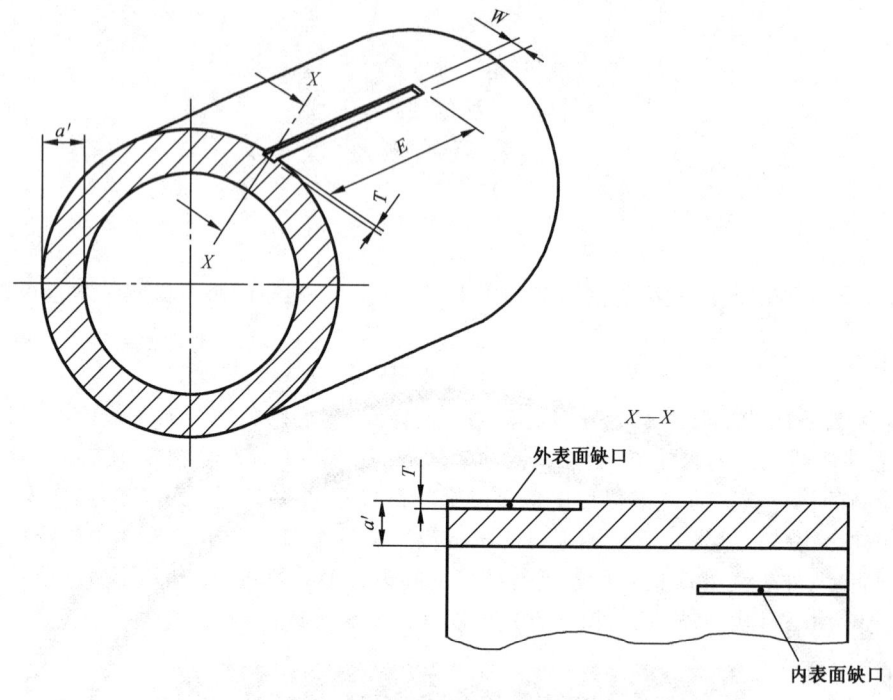

注：$T=(5\pm0.75)\% \ a'$,且 $0.2 \ mm \leqslant T \leqslant 1.0 \ mm$；$W \leqslant 2T$,当不能满足时,可取 $W=1.0 \ mm$；$E \leqslant 50 \ mm$。

图 C.1　纵向人工缺陷示意图

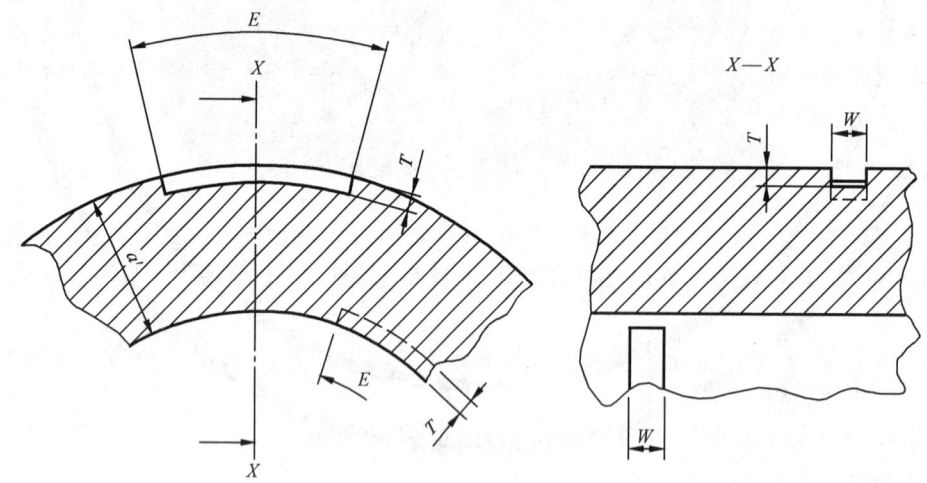

注：$T=(5\pm0.75)\% \ a'$,且 $0.2 \ mm \leqslant T \leqslant 1.0 \ mm$；$W \leqslant 2T$,当不能满足时,可取 $W=1.0 \ mm$；$E \leqslant 50 \ mm$。

图 C.2　横向人工缺陷示意图

C.5　设备标定

应用 C.4 规定的对比样管调整超声检测设备,能够从对比样管内、外表面上的人工缺陷产生清晰的回波,回波幅度应尽量一致。人工缺陷回波的最小幅度应作为钢瓶超声检测时的不合格标准,同时设置好回波观察、记录装置或分选装置。用对比样管进行设备标定时,应与实际检测钢瓶时所采用扫查移动方式、方向和速度一样。在正常检测时,回波观察、记录装置或分选装置都应正常运转。

C.6　结果评定

检测过程中回波幅度大于或等于对比样管上人工缺陷回波的钢瓶应判定为不合格。表面缺陷允许清除,清除后应重新进行超声检测和壁厚检测。

C.7　检测报告

应对进行超声检测的钢瓶出具检测报告。检测报告应能准确反映检测过程并符合检测工艺的要求,具有可追踪性。其内容应包括检测日期、钢瓶规格、批号、检测工艺条件、使用设备、检测数量、合格数和不合格数、检测者、评定者及对不合格缺陷的描述等。

GBF/T 33145—2023

附　录　D
（规范性）
磁　粉　检　测

D.1　总则

本附录规定了钢瓶瓶体的磁粉检测方法。能够证明适用于钢瓶的其他磁粉检测技术也可以采用。

D.2　一般要求

D.2.1　磁粉检测设备应至少能够对钢瓶瓶体进行周向、纵向、复合磁化和退磁，并能采用连续法检测，全方位显示磁痕，还应能够按照工艺要求正常工作并保证其精度。磁粉检测设备应有质量合格证书或检定认可证书。

D.2.2　从事磁粉检测人员都应取得特种设备磁粉检测资格，磁粉检测设备的操作人员应至少具有Ⅰ级（初级）磁粉检测资格，签发磁粉检测报告的人员应至少具有Ⅱ级（中级）磁粉检测资格。

D.2.3　采用荧光磁粉检测时，使用的黑光灯在钢瓶表面的黑光辐照度不应低于 1 000 μW/ cm^2，黑光的波长应为 315 nm～400 nm；采用非荧光磁粉检测时，被检钢瓶表面可见光照度不应低于 1 000 lx。

D.2.4　磁粉检测用磁粉应具有高磁导率、低矫顽力和低剩磁。非荧光磁粉应与被检钢瓶表面颜色有较高的对比度。

D.2.5　可采用低黏度油基磁悬液或水基磁悬液。磁悬液的浓度应根据磁粉种类、粒度以及施加方法、时间来确定。一般非荧光磁粉质量浓度为 10 g/L～25 g/L，荧光磁粉质量浓度为 0.5 g/L～3 g/L。测定前应对磁悬液进行充分的搅拌。循环使用的磁悬液，每次开始工作前应进行磁悬液浓度测定。

D.2.6　磁粉检测前，应对被检瓶体表面进行全面清理，瓶体表面不应有油污、毛刺、松散氧化皮等。

D.2.7　瓶体通电磁化前，应将瓶体上与电极接触区域的任何不导电物质清除干净。

D.3　检测方法

D.3.1　瓶体磁粉检测应采用湿法进行，在通电的同时施加磁悬液，确保整个检测面被磁悬液完全湿润。磁化过程中每次通电时间为 1.5 s～3 s，停止施加磁悬液后才能停止磁化，瓶体表面的磁场强度应达到 2.4 kA/m～4.8 kA/m。为保证磁化效果应至少反复磁化两次。

D.3.2　对瓶体的外表面应进行全面的磁粉检测，同时在瓶体上施加周向磁场和纵向磁场，检查瓶体表面及近表面的各方向缺陷。

D.3.3　检测中缺陷磁痕形成后应立即对其进行观察，观察过程中不应擦掉磁痕，对需要进一步观察的磁痕，应重新进行磁化。观察过程中可借助 2 倍～10 倍的放大镜进行观察。

D.3.4　应根据磁痕的显示特征判定缺陷磁痕和伪缺陷磁痕。若磁痕难以判定，应将瓶体退磁后擦净瓶体表面，重新进行磁粉检测。

D.3.5　在磁粉检测每个班次的开始和结束时都应采用 GB/T 23907 规定的 A 1-30/100 型标准试片对磁粉检测设备、磁粉和磁悬液的综合性能进行校验，符合要求后才能进行检测。如果校验过程中未能检测到标准试片上的人工缺陷，则在上次校验后检测的所有合格钢瓶都应在综合性能校验合格后重新进行检测。

D.4　退磁

经磁粉检测后应进行退磁，剩磁应不大于 0.3 mT(240 A/m)。

D.5　结果评定

检测过程中，表面有裂纹、非金属夹杂物磁痕显示的钢瓶应判定为不合格。对瓶体表面缺陷，允许

584

机械打磨消除,但应保证产品最小壁厚,对打磨修复后的瓶体应重新进行检测。

D.6　检测报告

应对进行磁粉检测的钢瓶出具检测报告。检测报告应能准确反映检测过程并符合检测工艺的要求,具有可追踪性。其内容应包括检测日期、钢瓶规格、批号、检测工艺条件、使用设备、检测数量、合格数和不合格数、检测者、评定者及对不合格缺陷的描述等。

附 录 E

（资料性）

硬度-抗拉强度对应图

E.1 概述

图 E.1 所示硬度-抗拉强度对应图用于经淬火和回火热处理后抗拉强度在 680 MPa～1 060 MPa 范围的铬钼钢制造的钢瓶。

注：图 E.1 基于实践得出，对于不同的测试设备或材料（如不同直径、壁厚或牌号等），可采用标准硬度块进行测定比较，确定适当的修正值。

E.2 示例

抗拉强度在 750 MPa～880 MPa 范围所对应的硬度值（HB）范围为 209（图 E.1 中抗拉强度下限-硬度对应线上的 A 点）～269（图 E.1 中抗拉强度上限-硬度对应线上的 B 点）。

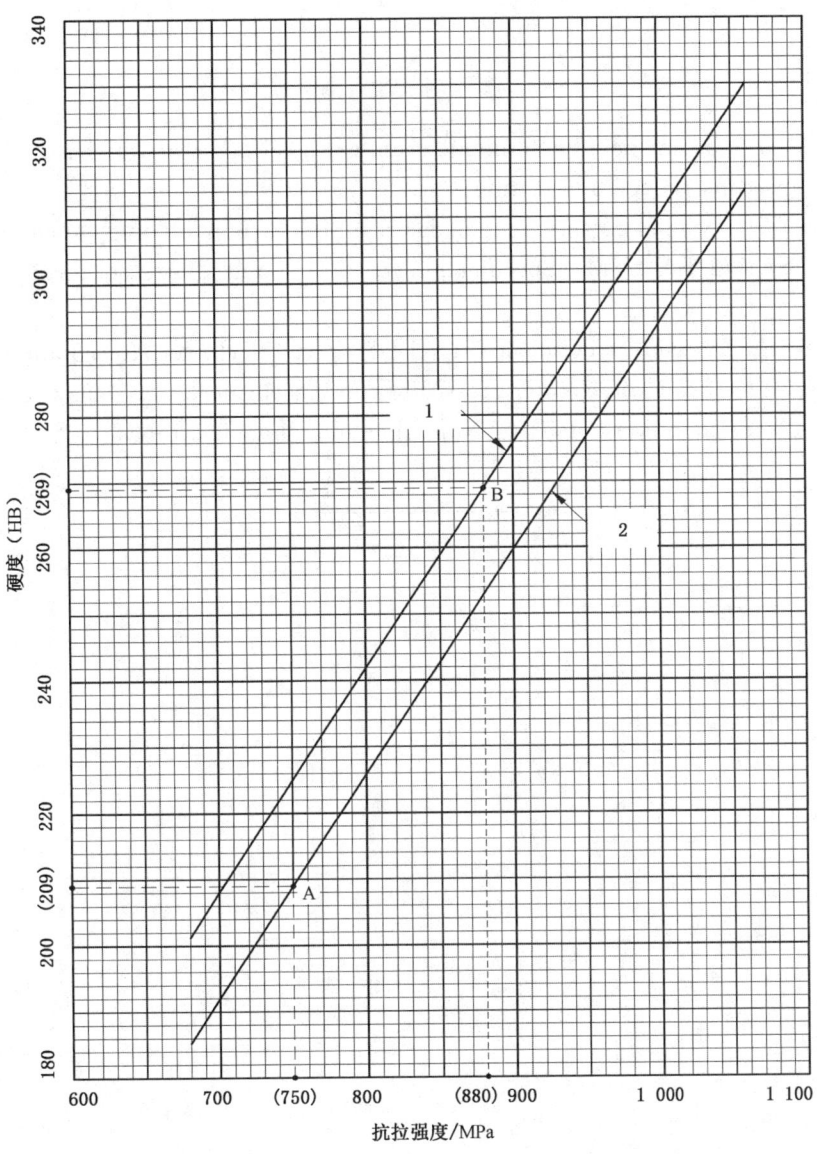

标引序号说明：

1——抗拉强度上限-硬度对应线；

2——抗拉强度下限-硬度对应线。

图 E.1　硬度-抗拉强度对应图

参 考 文 献

[1]　ISO 11120　Gas cylinders—Refillable seamless steel tubes of water capacity between 150 l and 3000 l—Design，construction and testing

[2]　ASTM A519　Standard specification for seamless carbon and alloy steel mechanical tubing

[3]　ASME SA-372/SA-372M　Specification for carbon and alloy steel forgings for thin-walled pressure vessels

[4]　CGA S-1.1　Pressure relief device standard—Part 1：Cylinders for compressed gases

[5]　EN 10297-1　Seamless circular steel tubes for mechanical and general engineering purposes—Technical delivery conditions—Part 1：Non-alloy and alloy steel tubes

ICS 23.020.30
J 74

中华人民共和国国家标准

GB/T 33147—2016

液 化 二 甲 醚 钢 瓶

Liquefied dimethyl ether cylinders

[ISO 22991:2004,Gas cylinders—Transportable refillable welded steel cylinders for liquefied petroleum gas(LPG)—Design and construction,NEQ]

2016-10-13 发布

2017-05-01 实施

中华人民共和国国家质量监督检验检疫总局
中国国家标准化管理委员会 发布

前　言

　　本标准按照 GB/T 1.1—2009 给出的规则起草。

　　本标准使用重新起草法参考 ISO 22991:2004《气瓶　移动式可重复充装液化石油气的钢质焊接气瓶　设计和结构》编制,与 ISO 22991:2004 的一致性程度为非等效。

　　本标准由全国气瓶标准化技术委员会(SAC/TC 31)提出并归口。

　　本标准起草单位:广东盈泉钢制品有限公司、中国城市燃气协会液化石油气钢瓶专业委员会、全国气瓶标准化技术委员会、佛山市顺德区广沙百福压力容器制造有限公司、宁波中州集团有限公司、江苏玉华容器制造有限公司、国家燃气用具质量监督检验中心、宁波富华阀门有限公司。

　　本标准主要起草人:曾祥照、郭晓春、黄强华、潘子毅、傅其照、黄玉华、翟军、顾秋华。

液化二甲醚钢瓶

1 范围

本标准规定了液化二甲醚钢瓶的结构型式、材料、设计、制造、试验方法、检验规则、标志、包装、贮运和设计使用年限等。

本标准适用于在正常环境温度（－40 ℃～60 ℃）下使用、公称工作压力为 1.6 MPa、公称容积不大于 150 L,可重复盛装液化二甲醚(符合 GB 25035 规定)的钢质焊接气瓶(以下简称钢瓶)。

2 规范性引用文件

下列文件对于本文件的应用是必不可少的。凡是注日期的引用文件,仅注日期的版本适用于本文件。凡是不注日期的引用文件,其最新版本(包括所有的修改单)适用于文件。

GB/T 222 钢的成品化学成分允许偏差

GB/T 228.1 金属材料 拉伸试验 第 1 部分:室温试验方法

GB/T 1804—2000 一般公差 未注公差的线性和角度尺寸的公差

GB/T 2651 焊接接头拉伸试验方法

GB/T 2653 焊接接头弯曲试验方法

GB 6653 焊接气瓶用钢板和钢带

GB 8335 气瓶专用螺纹

GB/T 9251 气瓶水压试验方法

GB/T 12137 气瓶气密性试验方法

GB/T 13005 气瓶术语

GB/T 15385 气瓶水压爆破试验方法

GB/T 17925 气瓶对接焊缝 X 射线数字成像检测

GB 25035 城镇燃气用二甲醚

GB/T 33146 液化二甲醚瓶阀

NB/T 47013.2 承压设备无损检测 第 2 部分:射线检测

TSG R0006 气瓶安全技术监察规程

3 术语和定义

GB/T 13005 界定的术语和定义适用于本文件。

4 符号

本标准使用的符号和说明见表 1。

表 1 符号和说明

符 号	说 明	单 位
A	断后伸长率	%
a	力学性能和弯曲试样厚度	mm
b	焊缝对口错边量	mm
d	弯曲试验弯轴直径	mm
D	钢瓶外直径	mm
D_i	钢瓶内直径	mm
E	对接焊缝棱角高度	mm
H	瓶体高度(系指两封头凸形端点之间的距离)	mm
K	封头形状系数	
P_b	爆破压力	MPa
P_h	水压试验压力	MPa
R_{eL}	屈服强度下限	MPa
R_m	抗拉强度	MPa
R_{ma}	抗拉强度实测值	MPa
S	瓶体设计壁厚	mm
S_0	瓶体名义壁厚	mm
S_1	筒体计算壁厚	mm
S_2	封头计算壁厚	mm
Φ	焊缝系数	
α	弯曲角	°

5 钢瓶的型号与结构

5.1 钢瓶型号的表示方法

钢瓶型号的表示方法如下:

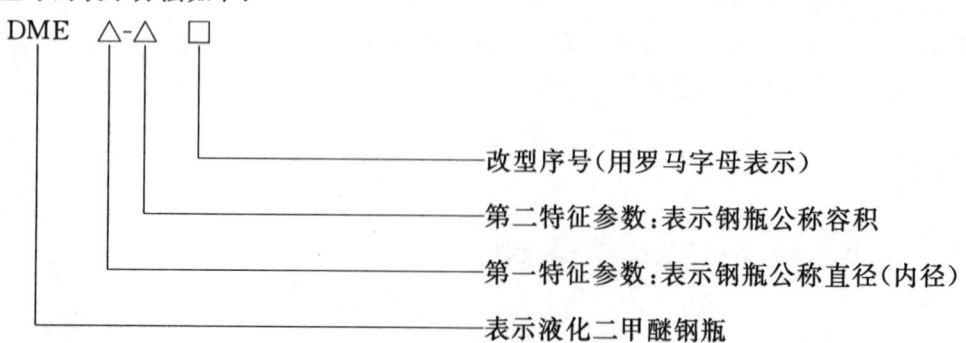

DME △-△ □

改型序号(用罗马字母表示)

第二特征参数:表示钢瓶公称容积

第一特征参数:表示钢瓶公称直径(内径)

表示液化二甲醚钢瓶

5.2 典型钢瓶型号和参数

典型钢瓶型号和参数见表2。

表 2 典型液化二甲醚钢瓶型号和参数

型号	钢瓶内直径 mm	公称容积 L	最大充装量 kg	护罩外径 mm	底座外径 mm	用途
DME324-26	324	26.0	≤15.0	230	330	
DME374-87	374	87.0	≤50.0	230	380	
DME374-87Ⅱ	374	87.0	≤50.0	300	380	用于气化装置的储存设备

二甲醚的公称工作压力和充装系数按 TSG R0006 的规定。

如需要其他型号和参数的液化二甲醚钢瓶,可按 TSG R0006 和本标准设计。

5.3 钢瓶结构

钢瓶结构见图1。

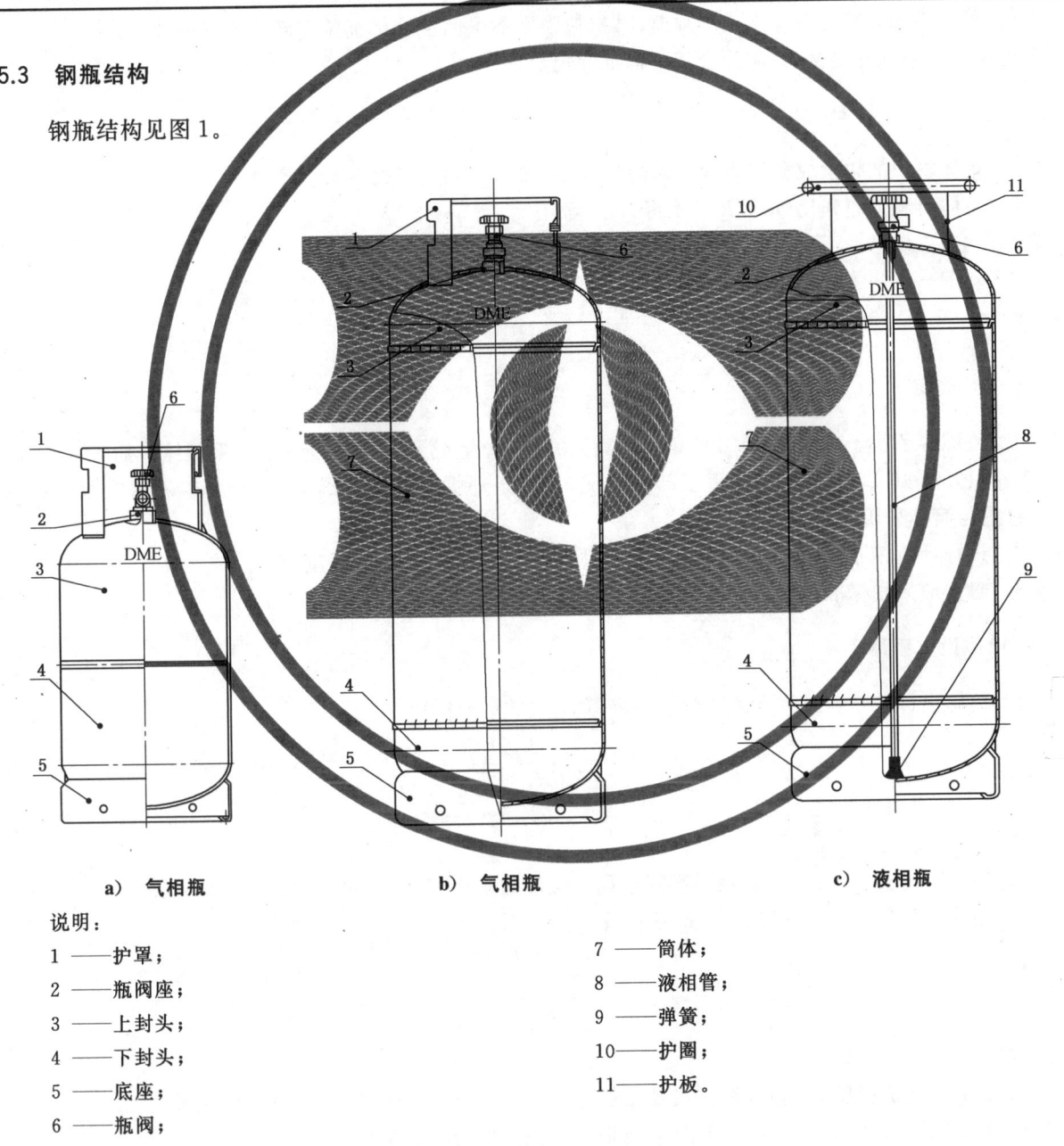

a) 气相瓶　　　　b) 气相瓶　　　　c) 液相瓶

说明:

1 ——护罩;
2 ——瓶阀座;
3 ——上封头;
4 ——下封头;
5 ——底座;
6 ——瓶阀;
7 ——筒体;
8 ——液相管;
9 ——弹簧;
10——护圈;
11——护板。

图 1 液化二甲醚钢瓶

6 材料

6.1 一般规定

6.1.1 钢瓶主体(指封头、筒体等受压元件)材料应是电炉或转炉冶炼的镇静钢,应具有良好的冲压和焊接性能。材料应具有质量合格证书(原件)。

6.1.2 钢瓶制造单位应对主体材料按炉、罐号进行化学成分验证分析,按批号验证力学性能,经验证合格的材料应做材料标记。验证分析结果应与质量合格证书相符,化学成分允许偏差应符合 GB/T 222 的规定。

6.1.3 焊接在钢瓶主体上的附件,应采用与主体材料焊接性相适应的材料。

6.1.4 所采用的焊接材料焊接成的焊缝,其抗拉强度不得低于母材抗拉强度规定值的下限。

6.1.5 材料(包括焊接材料)应符合相应标准的规定。

6.2 化学成分与力学性能

6.2.1 主体材料的化学成分与力学性能应符合 GB 6653 标准的规定。

6.2.2 主体材料的屈强比(R_{eL}/R_m)不得大于 0.80。

6.2.3 钢瓶主体材料不允许带有缺陷。

7 设计

7.1 一般规定

7.1.1 公称容积小于或等于 40 L 的钢瓶,瓶体由两部分组成,只有一条环焊缝,采用缩口插入式装配。公称容积大于 40 L 的钢瓶,瓶体由三部分组成,有两条环焊缝和一条纵焊缝,纵焊缝不得有永久性衬板,封头与筒体采用缩口插入式装配。

7.1.2 设计计算钢瓶受压元件壁厚时,材料的强度参数应采用下屈服强度 R_{eL}。

7.1.3 封头应采用标准椭圆形封头。

7.2 筒体设计壁厚

7.2.1 筒体设计壁厚和封头直边部分设计壁厚 S_1 按式(1)计算。

$$S_1 = \frac{P_h D_i}{\dfrac{2.0 R_{eL} \Phi}{1.3} - P_h} \qquad \cdots\cdots\cdots\cdots\cdots\cdots\cdots (1)$$

式中:

材料的下屈服强度 R_{eL} 应选用标准规定屈服强度的最小值;Φ 为焊缝系数,取 $\Phi = 0.9$。

7.2.2 封头曲面部分设计壁厚 S_2 按式(2)计算。

$$S_2 = \frac{P_h D_i K}{\dfrac{2.0 R_{eL}}{1.3} - P_h} \qquad \cdots\cdots\cdots\cdots\cdots\cdots\cdots (2)$$

式中:

材料的下屈服强度 R_{eL} 应选用标准规定屈服强度的最小值;标准椭圆形封头形状系数 $K = 1$。

7.2.3 瓶体设计壁厚 S 应选取式(1)计算值向上圆整后保留一位小数。

7.2.4 当式(1)式(2)的计算结果小于 2.0 mm 时,瓶体设计壁厚还应满足式(3)的要求,且不小于 1.5 mm。

$$S \geq \frac{D}{250} + 0.7 \quad \cdots\cdots\cdots\cdots\cdots\cdots\cdots\cdots\cdots\cdots(3)$$

7.2.5 钢瓶封头和筒体的名义壁厚应相等。确定瓶体名义壁厚 S_0 时,应考虑钢板厚度负偏差和工艺减薄量。

7.3 附件

7.3.1 附件的设计应便于焊接和检验。

7.3.2 钢瓶应配有用以保护瓶阀的护罩和保持钢瓶稳定的底座。护罩和底座材料的名义厚度应不小于瓶体材料的名义壁厚;护罩和底座应焊接在瓶体上。护罩和底座与钢瓶的连接部位应防止积液;底座应有通风孔和排液孔。

7.3.3 阀座螺纹应采用 PZ27.8 左旋锥螺纹,用于气化装置储存设备的液相瓶(DME 374-87 Ⅱ型)阀座螺纹应采用 PZ39.0 左旋锥螺纹,并符合 GB 8335 的规定。瓶阀应符合 GB/T 33146 的规定,瓶阀进气口锥螺纹应与阀座螺纹相匹配。

7.3.4 瓶阀与阀座的螺纹连接应密封,密封材料应与钢瓶所盛装的液化二甲醚不发生化学反应。

7.3.5 带有液相管(宜采用钢管或铜管)的钢瓶,液相管应有塔形弹簧使之固定,液相管端口距下封头内壁应不大于 20 mm。

8 制造

8.1 封头

8.1.1 封头应采用整块钢板压制成形。

8.1.2 上封头正方(瓶阀出气口方向)曲面处压制"DME"凸字,在对应 180° 部位压制制造单位代号和制造年份凸字,字高 30 mm~45 mm,字体凸出高度 0.7 mm~1.0 mm,凸字与母材应平滑过渡。

8.1.3 封头最小壁厚实测值不得小于瓶体设计壁厚 S。

8.1.4 封头同一横截面最大与最小直径差不大于 2 mm,封头的高度偏差为 $^{+5}_{0}$ mm。

8.1.5 封头直边部分的纵向皱折深度不大于 0.25%D。

8.1.6 封头端面应采用机械方式加工齐平。

8.1.7 未注公差尺寸的极限偏差应符合 GB/T 1804 的规定,具体要求如下:

 a) 机械加工件应符合 GB/T 1804—2000 中 m 级的要求;

 b) 非机械加工件应符合 GB/T 1804—2000 中 c 级的要求;

 c) 长度尺寸应符合 GB/T 1804—2000 中 v 级的要求。

8.2 筒体

8.2.1 筒体由钢板卷制、焊接而成时,钢板的轧制方向应与筒体的环向一致。

8.2.2 筒体焊接成形后应符合下列要求:

 a) 筒体同一横截面最大与最小直径差不大于 0.01D;

 b) 筒体纵焊缝对口错边量 b 不大于 0.1S_0(图 2);

 c) 用长度为 $D/2$,且不小于 300 mm 的样板测量,筒体纵焊缝棱角高度 E 应不大于 0.1S_0+2 mm(图 2)。

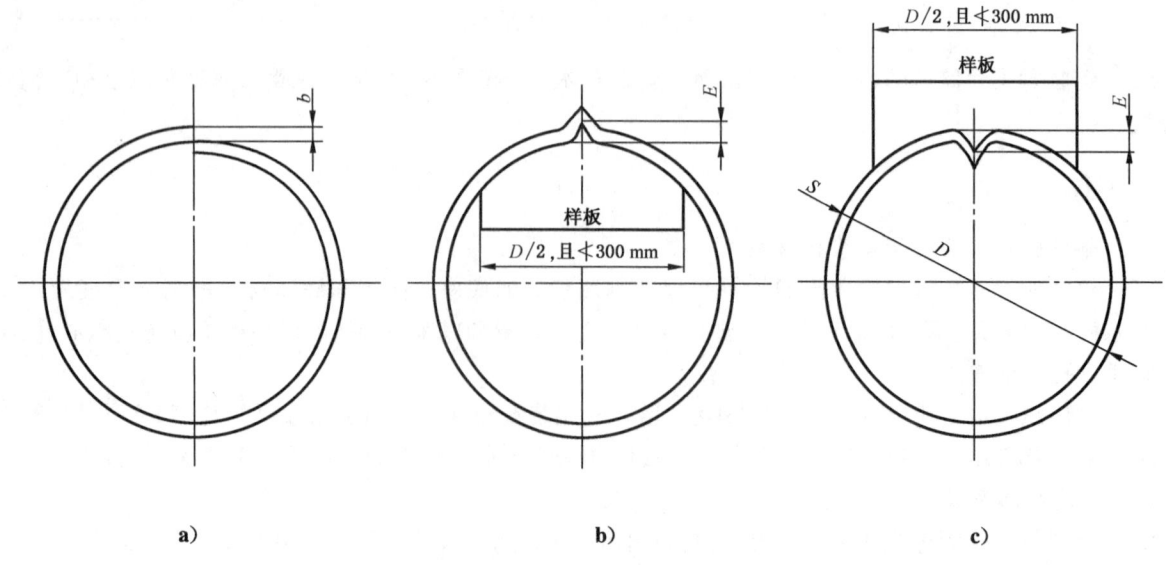

a)   b)   c)

图 2   筒体卷制偏差

8.3   组装

8.3.1   钢瓶瓶体在组装前应进行外观检查,不合格者不得组装。

8.3.2   瓶体对接环焊缝的对口错边量 b 不大于 $0.25S_0$;棱角高度 E 不大于 $0.1S_0+2$ mm;检查尺的长度不小于 300 mm。

8.3.3   附件的装配应符合图样的规定。

8.4   焊接

8.4.1   焊接工艺评定

8.4.1.1   钢瓶正式生产前或在生产过程中改变材料(包括焊接材料)、焊接工艺或更换焊接设备时,应进行焊接工艺评定。

8.4.1.2   焊接工艺评定的焊工和无损检测人员,应分别符合 8.4.2.1 和 9.1.2 的规定。

8.4.1.3   焊接工艺评定的焊缝,应能代表钢瓶受压元件的对接焊缝和角接焊缝。

8.4.1.4   焊接工艺评定可以在钢瓶瓶体上进行,也可以在焊接工艺试板上进行。

8.4.1.5   焊接工艺评定的结果,应经过制造企业技术负责人审查批准,并存入企业的技术档案。

8.4.2   焊接要求

8.4.2.1   焊接钢瓶的焊工应经考试合格,并持有有效焊工证书。焊工代号应打在钢瓶阀座的端面上或工艺文件规定的位置上。

8.4.2.2   瓶体的对接焊缝和阀座角焊缝均应采用自动焊方法施焊,且应严格遵守经评定合格的焊接工艺。

8.4.2.3   焊接接头坡口的形状尺寸,应符合图样的规定。坡口表面应清洁、光滑,不得存在裂纹、分层和夹杂等缺陷及其他残留物质。

8.4.2.4   焊接(包括返修焊接)应在室内进行,相对湿度不得大于 90%,否则应采取有效措施。当焊接件温度低于 0 ℃时,应在始焊处预热。

8.4.2.5   施焊时,不得在非焊接处引弧,纵焊缝应有引弧板和熄弧板,板长不得小于 100 mm。去除引、熄弧板时,严禁敲击,应采用切除的方法,切除处应磨平。

8.4.3 焊缝

8.4.3.1 瓶体的对接焊缝应焊透。

8.4.3.2 焊缝表面的外观应符合下列规定：

  a) 焊缝和热影响区不得有裂纹、气孔、弧坑、夹杂和未熔合等缺陷；

  b) 瓶体焊缝不允许咬边；与瓶体焊接的附件的焊缝在瓶体一侧不允许咬边；

  c) 焊缝表面不得有凹陷或不规则的突变；

  d) 瓶体对接焊缝的余高为 0 mm～2.0 mm；同一焊缝最宽最窄处之差应不大于 3 mm；

  e) 焊缝两侧的飞溅物应清除干净；

  f) 当图样无规定时，角焊缝的焊脚高度不得小于焊接件中较薄者的厚度，其几何形状应圆滑过渡于母材表面。

8.4.4 焊缝的返修

8.4.4.1 焊缝返修应有经评定合格的返修工艺，并严格进行。

8.4.4.2 返修处应重新进行外观和射线检测合格。

8.4.4.3 焊缝同一部位允许返修一次。

8.4.4.4 返修部位应记入产品生产检验记录。

8.5 热处理

8.5.1 钢瓶在全部焊接完成后，应进行整体正火或消除应力退火的热处理，不允许局部热处理。

8.5.2 钢瓶的热处理应进行热处理工艺评定。

8.5.3 热处理方式应记入产品合格证和质量证明书。

9 试验方法和检验规则

9.1 射线透照

9.1.1 射线透照检验应按 GB/T 17925 的规定执行或采用 X 射线胶片照相方法检测。

9.1.2 无损检测人员应经考试合格，并持有有效的特种设备无损检测人员资格证书。

9.1.3 只有环焊缝的钢瓶，应按生产顺序每 50 只抽取 1 只（不足 50 只时，也应抽取 1 只），对环焊缝进行 100% 射线检测。如不合格，应再抽取 2 只检验；如仍有 1 只不合格时，则应逐只进行射线透照检测。

9.1.4 有纵、环焊缝的钢瓶，除逐只对钢瓶纵、环焊缝进行不少于 20% 长度的射线检测外，还应对纵、环焊缝的交接处进行射线透照检测。

9.1.5 射线检测技术不低于 AB 级，射线检测结果按 NB/T 47013.2 的评定；焊缝缺陷等级不低于Ⅲ级为合格。

9.1.6 未经射线透照检测的焊缝质量也应符合 9.1.5 的规定。

9.2 逐只检验

9.2.1 一般检验

9.2.1.1 焊缝外观应符合 8.4.3.2 的规定。

9.2.1.2 钢瓶表面应光滑，不得有裂纹、重皮、夹层和深度超过 0.5 mm 的凹坑以及深度超过 0.3 mm 的损伤、腐蚀等缺陷。

9.2.1.3 钢瓶附件应符合 7.3 的要求。

9.2.1.4 钢瓶实际重量(含瓶阀)应符合产品设计图样的规定;实测容积应不小于其公称容积。

9.2.1.5 钢瓶内应干燥、清洁。

9.2.2 水压试验

9.2.2.1 钢瓶水压试验按 GB/T 9251 的规定进行,水压试验装置应当能实时自动记录瓶号、时间及试验结果,并且每只试验瓶应对应一只压力表。

9.2.2.2 水压试验时,应缓慢升压至 2.4 MPa,并保持 1 min,检查钢瓶不得有渗漏和宏观变形,压力表不得有回降现象。

9.2.2.3 不应对同一钢瓶连续进行水压试验。

9.2.3 气密性试验

9.2.3.1 钢瓶气密性试验按 GB/T 12137 的规定进行,试验水槽内壁应呈白色。

9.2.3.2 钢瓶气密性试验应在水压试验合格后进行。

  a) 在钢瓶喷涂前进行一次气密性试验,试验压力为 0.5 MPa。

  b) 在钢瓶安装瓶阀后进行一次气密性试验,试验压力为 1.6 MPa。

9.2.3.3 试验时向瓶内充入压缩空气,达到试验压力后,浸入水中,保持 1 min,检查钢瓶不得有泄漏现象。

9.2.3.4 进行气密性试验时,应采取有效的安全防护措施,以保障操作人员的安全。

9.2.4 返修

9.2.4.1 如果在水压试验或气密性试验过程中发现瓶体焊缝上有泄漏,应按 8.4.4 的要求进行返修;若瓶体母材有泄漏,则判废不得返修。

9.2.4.2 钢瓶焊缝进行返修后,应对钢瓶重新进行热处理,并应按 9.2.2 和 9.2.3 的规定重新做水压试验和气密性试验。

9.3 批量检验

9.3.1 分批

9.3.1.1 对相同设计、用相同牌号材料,采用同一焊接工艺和同一热处理工艺连续生产的同一规格的钢瓶进行分批。

9.3.1.2 钢瓶的检验批量应不超过 1 000 只为一批(包含试验用瓶);当同一条生产线连续生产的钢瓶不足 1 000 只时,也应按一个批量进行检验。

9.3.2 试验用瓶

从每批钢瓶中随机抽取力学性能试验瓶和水压爆破试验用瓶各 1 只。

9.3.3 力学性能试验

9.3.3.1 取样要求

9.3.3.1.1 只有环焊缝的钢瓶,应从钢瓶封头直边部位切取母材拉伸试样一件,如果直边部位长度不够时,可从封头曲面部位切取。从环焊缝处切取焊接接头的拉伸试样、横向面弯和背弯试样各一件(图 3)。

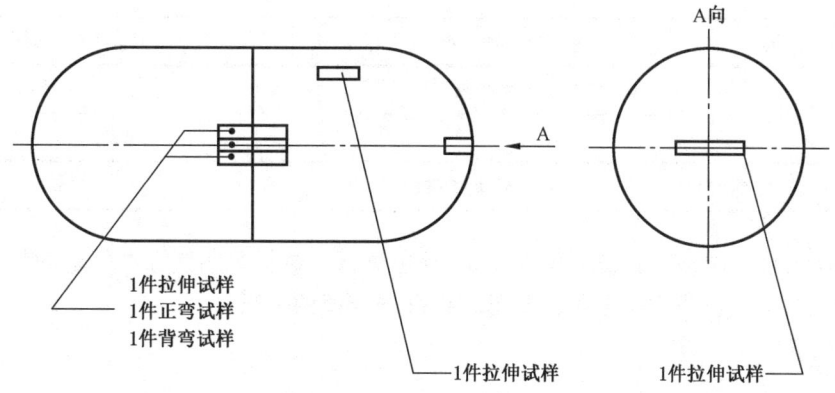

图 3 只有环焊缝钢瓶力学性能试验取样图

9.3.3.1.2 有纵、环焊缝的钢瓶,应从筒体部分沿纵向切取母材拉伸试样一件,从封头顶部切取母材拉伸试样一件,从纵焊缝上切取拉伸、横向面弯、背弯试样各一件,如果环焊缝和纵焊缝的焊接工艺不同,则应在环焊缝上切取同样数量的试样(图 4)。

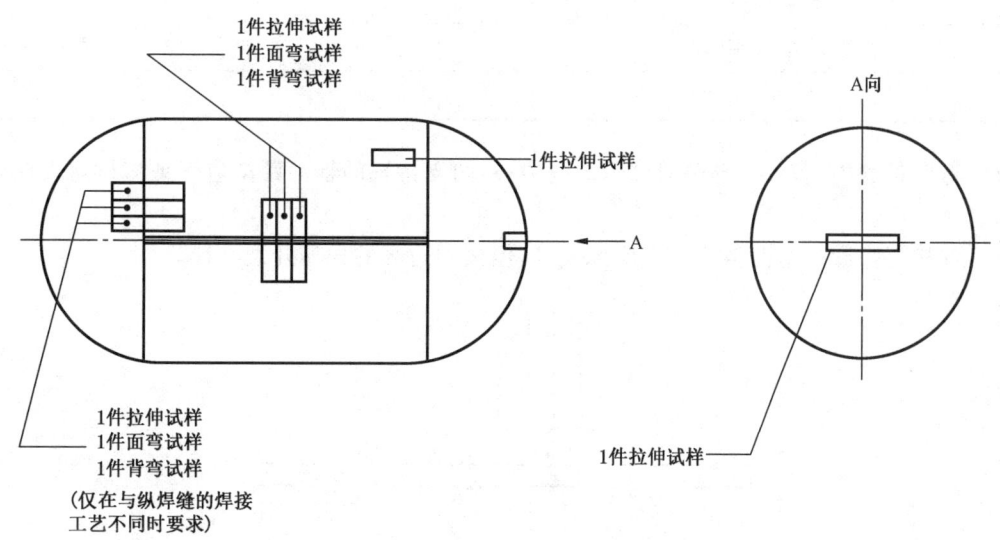

图 4 有纵、环焊缝钢瓶力学性能试验取样图

9.3.3.1.3 试样上焊缝的正面和背面应采用机械加工方法使之与板面齐平。对不够平整的试样,允许在机械加工前采用冷压法矫平。

9.3.3.1.4 试样的焊接横截面应良好,不得有裂纹、未熔合、未焊透、夹渣和气孔等缺陷。

9.3.3.2 拉伸试验

9.3.3.2.1 钢瓶母材拉伸试验按 GB/T 228.1 规定进行;试验结果应满足:

a) 实测抗拉强度 R_{ma} 不得低于母材标准规定值的下限;

b) 试样的断后伸长率应符合表 3 规定。

GBT 33147—2016

表 3 断后伸长率 A 的数值

瓶体名义壁厚 S_0	$R_{ma} \leqslant 490$ MPa	$R_{ma} > 490$ MPa
$S_0 \geqslant 3$ mm	$A \geqslant 29\%$	$A \geqslant 20\%$
$S_0 < 3$ mm	$A_{80\ mm} \geqslant 22\%$	$A_{80\ mm} \geqslant 15\%$
注：$A_{80\ mm}$——表示原始标距为 80 mm 的试样断后伸长率。		

9.3.3.2.2 钢瓶焊接接头拉伸试验按 GB/T 2651 规定进行。试样采用该标准规定的带肩板形试样，如断裂发生在焊缝部位，其抗拉强度不得低于母材标准规定值的下限。

9.3.3.3 弯曲试验

9.3.3.3.1 焊接接头的弯曲试验按 GB/T 2653 进行。

9.3.3.3.2 弯轴直径 d 和试样厚度 S_0 之间的比值 n 应符合表 4 的规定。

表 4 弯轴直径和试样厚度比值

实测抗拉强度 R_{ma} MPa	n
$R_{ma} \leqslant 430$	2
$430 < R_{ma} \leqslant 510$	3
$510 < R_{ma} \leqslant 590$	4

9.3.3.3.3 弯曲试验中，应使弯轴轴线位于焊缝中心，两支持辊的辊面距离应保证试样弯曲时恰好能通过（图 5）。

9.3.3.3.4 焊接接头试样弯曲至 180° 时应无裂纹，但试样边缘的先期开裂不计。

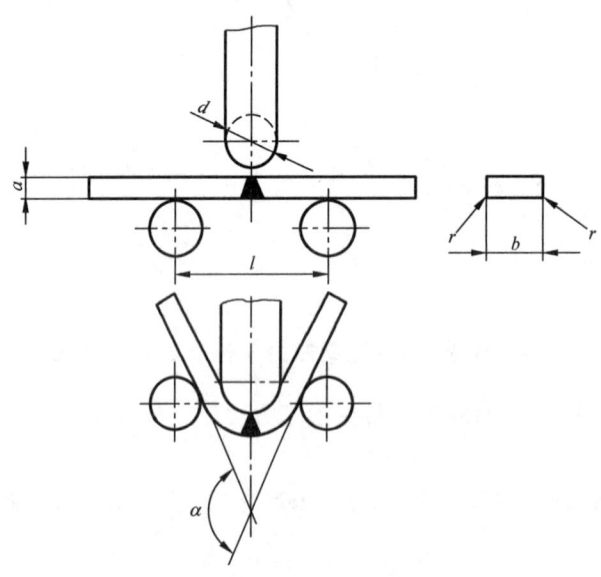

图 5 焊缝接头弯曲试验图

9.3.4 水压爆破试验

9.3.4.1 钢瓶水压爆破试验按 GB/T 15385 规定进行。

9.3.4.2 进行水压爆破试验时,升压应缓慢平稳,水泵每小时送水量应不超过钢瓶水容积的 5 倍。

9.3.4.3 水压爆破试验及应测定的数据:

 a) 称出空瓶的重量,充满水后再称出钢瓶和水的总重量,计算出钢瓶的水容积;

 b) 缓慢升压至 1.6 MPa,然后卸压,反复进行数次,排出水中的气体;

 c) 排尽气体后,在缓慢升压至 2.4 MPa,至少保持 30 s 后,钢瓶不应发生宏观变形和渗漏;

 d) 继续缓慢升压直至钢瓶爆破,试验装置应自动记录压力、时间和进水量,绘制压力—时间、压力—进水量曲线,并确定钢瓶开始屈服时的压力;钢瓶爆破时,应自动记录爆破压力和总进水量。

9.3.4.4 水压爆破压力 P_b 应不小于按式(4)计算的结果:

$$P_b \geqslant \frac{2SR_m}{D-S_0} \quad\quad\quad\quad\quad (4)$$

9.3.4.5 爆破时容积变形率(爆破时钢瓶容积增加量与钢瓶水容积之比)应符合表 5 的规定。

表 5　钢瓶爆破时容积变形率

瓶体高度与内直径之比 H/D	母材抗拉强度/MPa		
	$R_m \leqslant 360$	$360 < R_m \leqslant 490$	$R_m > 490$
	容积变形率/%		
≥1	≥20	≥15	≥12
≤1	≥14	≥10	≥8

9.3.4.6 钢瓶爆破时不应形成碎片,爆破口不应发生在瓶阀座角焊缝上、封头曲面部位(高径比 H/D≤1.2 的钢瓶除外)、纵焊缝上和环焊缝上(垂直于环焊缝者除外)。

9.4 重复试验

9.4.1 逐只检验的项目有不合格时,在进行处理或修复后,可再次进行该项检验,仍不合格者则判废。

9.4.2 批量检验项目中,如有证据说明是操作失误或是测量差错时,则应在同一钢瓶上或在同批钢瓶中另选一只做第二次试验。如果第二次试验合格,则第一次试验可以不计。

9.4.3 力学性能试验不合格时,应在同一批钢瓶中再抽取 4 只试验用瓶,2 只做力学性能试验,2 只做水压爆破试验;水压爆破试验不合格时,应在同一批钢瓶中再抽取 5 只试验用瓶,1 只做力学性能试验,4 只做水压爆破试验。

9.4.4 如复验仍有不合格时,则该批钢瓶为不合格;但允许这批钢瓶重新热处理或修复后再热处理,并按 9.3 的规定,作为新的一批重新做试验。

9.5 型式试验

9.5.1 符合下列情况之一者,应进行型式试验:

 a) 研制、开发的新产品;

 b) 改变原设计的主要技术参数或产品结构;

 c) 中断生产超过 6 个月,重新生产时;

 d) 改变冷热加工、焊接、热处理等主要制造工艺;

 e) 制造地址变更。

9.5.2 钢瓶检验及型式试验项目要求见表 6。

表 6　钢瓶检验及型式试验项目和要求

序号	检验项目		逐只检验	批量检验	型式试验	检验方法	判定依据
1	主体材料化学成分复验			△	△	6.1.2	6.2.1
2	主体材料力学性能复验			△	△	6.1.2	6.2.1
3	封头	最小壁厚实测值		△	△	8.1.3	8.1.3
4		最大与最小直径差		△	△	8.1.4	8.1.4
5		高度公差		△	△	8.1.4	8.1.4
6		直边部分纵向皱折深度		△	△	8.1.5	8.1.5
7		上封头压制凸字检验		△	△	8.1.2	8.1.2
8	筒体	最大与最小直径差		△	△	8.2.2a)	8.2.2a)
9		纵焊缝对口错边量		△	△	8.2.2b)	8.2.2b)
10		纵焊缝棱角高度		△	△	8.2.2c)	8.2.2c)
11	环焊缝对口错边量			△	△	8.3.2	8.3.2
12	环焊缝棱角高度			△	△	8.3.2	8.3.2
13	焊缝外观检验		△		△	8.4.3.2	8.4.3.2
14	对接焊缝射线无损检测			△	△	9.1.1	9.1.5
15	重量		△		△	9.2.1.4	9.2.1.4
16	公称容积		△		△	9.2.1.4	9.2.1.4
17	水压试验		△		△	9.2.2.2	9.2.2.2
18	气密性试验		△		△	9.2.3	9.2.3.3
19	力学性能			△	△	9.3.3.2.1 9.3.3.2.2 9.3.3.3.1	9.3.3.2.1 9.3.3.2.2 9.3.3.3.4
20	水压爆破试验			△	△	9.3.4.1	9.3.4.4 9.3.4.5 9.3.4.6

注："△"表示需要做的项目。

10　标志、印字、包装、贮存、出厂文件、安全警示

10.1　标志、提示

10.1.1　压印在钢瓶护罩上的钢印制造标志应明显、清晰,内容与排列按附录 A 的规定。DME374-87型、DME374-87Ⅱ型钢瓶护罩上应压印"限室外使用"的钢印标志。

10.1.2　钢瓶应有安全使用提示,内容参见附录 B。安全使用提示印制在不干胶纸上,贴在钢瓶护罩的内壁。

10.2　涂敷、印字

10.2.1　钢瓶表面涂敷颜色为淡绿色,色卡号为 RAL6017-RAL6018。

10.2.2 钢瓶表面宜采用环氧树脂粉末加热固化涂敷工艺,涂层厚度不小于 $50\ \mu m$,$4.9\ Nm$ 冲击功试验涂层不脱落、2H 铅笔硬度测试无明显划痕、划格测定涂层不脱落为合格。

10.2.3 瓶体表面应印有"液化二甲醚"红色长仿宋体汉字,下方印制造单位名称汉字。

10.2.4 液相钢瓶应在上封头印有红色"液相"字样。

10.3 包装、贮运

10.3.1 出厂的钢瓶采用织物编织袋包装或其他形式包装物;可根据用户的要求另行包装。

10.3.2 钢瓶运输应符合 TSG R0006 的有关规定。

10.3.3 钢瓶运输、装卸时,应防止碰撞和表面损伤。

10.3.4 钢瓶应贮存在无腐蚀性气体、通风、干燥、不受日光曝晒的地方。

10.4 出厂文件

10.4.1 每只钢瓶出厂时均应有产品合格证,产品合格证格式参照附录C。产品合格证应注明所安装的气瓶阀门的制造单位名称和制造许可证编号。产品合格证所记录的内容应与制造厂保存的生产、检验记录相符。

10.4.2 每批出厂的钢瓶均应有批量产品检验质量证明书。批量产品检验质量证明书格式参照附录D。该批钢瓶有 1 个以上用户时,可提供加盖公章的批量检验质量证明书复印件给用户。

10.4.3 产品合格证和批量检验质量证明书应经制造单位检验责任工程师签字或者盖章。

10.4.4 鼓励钢瓶制造单位采用电子信息技术建立可追溯性的出厂文件档案和制造标志。

11 钢瓶设计使用年限

11.1 按本标准设计、制造的钢瓶设计使用年限为 8 年。

11.2 钢瓶的设计使用年限应在钢瓶的护罩上压印钢字,见附录 A。

附　录　A
（规范性附录）
液化二甲醚钢瓶钢印标志

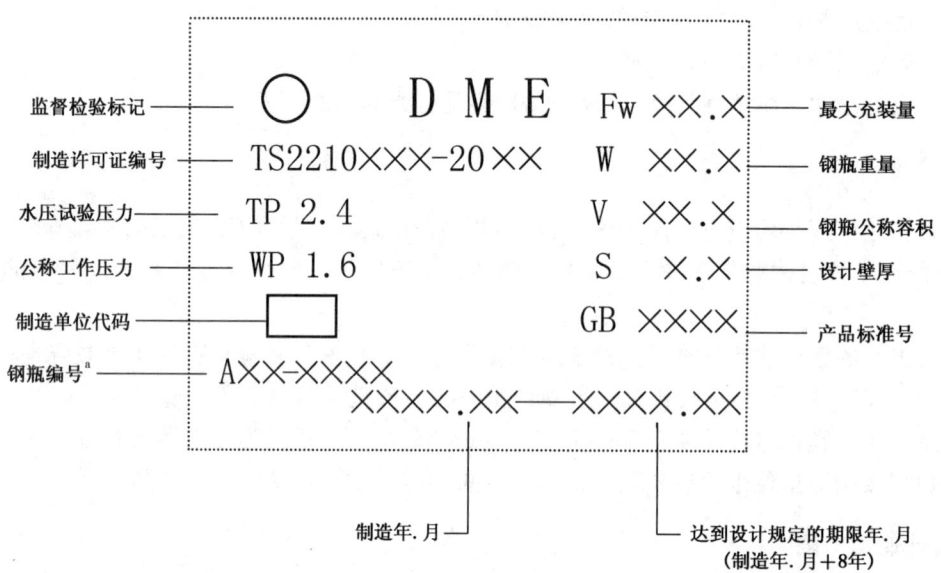

钢瓶护罩上的钢印标记

监督检验标记 —— ○　　D M E　Fw ××.× —— 最大充装量

制造许可证编号 —— TS2210×××-20×× 　W　××.× —— 钢瓶重量

水压试验压力 —— TP 2.4　　　　 V　××.× —— 钢瓶公称容积

公称工作压力 —— WP 1.6　　　　 S　×.× —— 设计壁厚

制造单位代码 —— [　　] 　　　　　GB ×××× —— 产品标准号

钢瓶编号[a] —— A××-××××

××××.×× —— ××××.××

制造年.月 —— 　　　　—— 达到设计规定的期限年.月
（制造年.月+8年）

注1：DME 表示充装的介质。

注2：钢瓶编号的前三位为生产批号（第一位用的英文字母表示，I、O、Z 字母除外，第二位和第三位用阿拉伯数字表示），后四位为生产序号（生产序号以阿拉伯数字表示），同一年度同一型号的产品，钢瓶编号不应有重复。

[a]　钢瓶编号应在钢瓶组装后按生产顺序压印在护罩上。

附　录　B
（资料性附录）
液化二甲醚钢瓶安全使用提示

液化二甲醚钢瓶安全使用提示

1. 钢瓶充装介质仅限于液化二甲醚。

2. 与钢瓶配套使用的调压器、胶管、灶具、热水器等必须选用二甲醚专用产品，否则会引发燃气泄漏事故。

3. DME374-87型、DME374-87Ⅱ型液化二甲醚钢瓶应放置在室外使用。

4. 钢瓶必须保持直立使用。

5. 钢瓶放置地点不得靠近热源和明火，并与燃器具保持1米以上的距离。

6. 瓶阀与调压器的连接螺纹为左旋外螺纹，安装调压器时，应检查调压器上的密封圈是否完好无损，调压器拧紧后，应用肥皂水检查连接处，不得漏气。

7. DME374-87Ⅱ型液化二甲醚钢瓶应直接与气化装置连接使用，不得与调压器连接使用。

8. 发现瓶内二甲醚泄漏时，应立即关闭阀门，打开门窗通风散气，不可点火、开关电器设备或使用电话，以防引起爆炸着火事故。

附　录　C

（资料性附录）

液化二甲醚钢瓶产品合格证格式

××××公司

液化二甲醚钢瓶

产 品 合 格 证

钢瓶名称_____

钢瓶型号_____

钢瓶批号_____

制造年月_____

制造单位许可证编号_____

本产品的制造符合 GB/T 33147—2016《液化二甲醚钢瓶》
和设计图样要求,经检验合格。

检验科长(章)　　　　　　　质量检验专用章

　　　　　　　　　　　　　　　　　年　　　月

（公司商标）

公司地址:　　　　　　　　　　邮编:

联系电话:　　　　　　　　　　传真:

网址:　　　　　　　　　　　　邮箱:

充装介质_____

钢瓶公称容积_____L

钢瓶公称工作压力_____MPa

钢瓶重量_____±_____kg

瓶体钢材牌号_____

瓶体设计壁厚_____mm

瓶体名义壁厚_____mm

水压试验压力_____MPa

气密性试验压力_____MPa

热处理方式_____

阀门型号_____

阀门制造单位_____

阀门制造单位许可证编号_____

注1：格式可选取适当尺寸的纸张排版印制。

注2：每张产品合格证上部穿上细线绳，钢瓶检验合格后将合格证挂在钢瓶上，或集中交付给同一订货单位。

附　录　D
（资料性附录）
液化二甲醚钢瓶批量检验质量证明书格式

××××公司

液化二甲醚钢瓶
批量检验质量证明书

钢瓶型号_____

盛装介质_____

图　　号_____

生产年月_____

生产批号_____

制造许可证编号_____

本批钢瓶共_____只,经检验符合 GB/T 33147—2016《液化二甲醚钢瓶》

和设计图样的要求,是合格产品。

监督检验机构专用章　　　　　　　　　　制造单位检验专用章

监检员_____　　　　　　　　检验科长_____

年　月　日　　　　　　　　　　年　月　日

（产品商标）

公司地址:　　　　　　　　　　　　　邮政编码:

联系电话:　　　　　　　　　　　　　传真:

电子邮箱:　　　　　　　　　　　　　网址:

1. 主要技术数据

公称容积 _____ L

公称工作压力 _____ MPa

瓶体内直径 _____ mm

水压试验压力 _____ MPa

瓶体设计壁厚 _____ mm

气密性试验压力 _____ MPa

2. 试验瓶的测量

试验瓶号	容积/ L	净重/ kg	最小实测壁厚/mm	
			筒体及封头直边部分	封头曲面部分

3. 主体材料化学成分（％）及力学性能

项目	化学成分/％						力学性能		
	C	Si	Mn	P	S	Al	R_{m}/MPa	A(或 $A_{80\,\mathrm{mm}}$)/％	$R_{\mathrm{eL}}/R_{\mathrm{m}}$
质保书									
复验值									
标准规定值									

4. 焊接材料

焊丝牌号	焊丝直径/mm	焊剂牌号或保护气体比例

5. 钢瓶热处理

方　　法 _____

加热温度 _____ ℃

保温时间 _____ min

冷却方式 _____

6. 焊缝 X 射线透照检测

焊缝射线透照检测结果符合 GB/T 17925 或 NB/T 47013.2 的规定。

7. 力学性能试验

试板编号	抗拉强度 R_{ma}/MPa	断后伸长率 A（或 $A_{80\,mm}$）/ %	弯 曲 试 验	
			面 弯	背 弯

8. 水压爆破试验

试验瓶号	爆破压力/ MPa	开始塑变的压力/ MPa	容积变形率/ %

9. 试验用瓶

返修部位（简图）

爆破口位置（简图）

质量检验员专用章

ICS 23.020.30
J 74

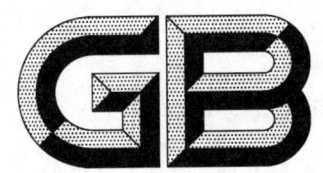

中华人民共和国国家标准

GB/T 34510—2017

汽车用液化天然气气瓶

Liquefied natural gas cylinders for vehicles

2017-10-14 发布

2018-05-01 实施

中华人民共和国国家质量监督检验检疫总局
中国国家标准化管理委员会 发布

前　言

本标准按照 GB/T 1.1—2009 给出的规则起草。

请注意本文件的某些内容可能涉及专利。本文件的发布机构不承担识别这些专利的责任。

本标准由全国气瓶标准化技术委员会(SAC/TC 31)提出并归口。

本标准起草单位:查特深冷工程系统(常州)有限公司、北京天海工业有限公司、张家港富瑞特种装备股份有限公司、张家港中集圣达因低温装备有限公司、大连市锅炉压力容器检验研究院、中国特种设备检测研究院、四川空分设备(集团)有限责任公司。

本标准起草人:徐惠新、李兆亭、张保国、古海波、易希朗、潘华军、殷劲松、蔡浩、黄强华、韩冰、王艳辉、陈祖志、王炼、姚欣、郑任重、刘守正。

汽车用液化天然气气瓶

1 范围

本标准规定了汽车用液化天然气(Liquefied Natural Gas,缩写 LNG)气瓶(以下简称气瓶)的术语和定义、符号、型式、基本参数、材料、设计、制造、试验方法、检验规则、标志、包装、运输、存放、产品合格证、产品使用说明书、批量检验质量证明书和使用规定。

本标准适用于在正常环境温度(−40 ℃~60 ℃)下使用、贮存介质为 LNG、设计温度不高于−196 ℃、公称容积为 150 L~500 L、公称工作压力为 0.8 MPa~3.5 MPa 的用作汽车燃料箱的可重复充装焊接绝热气瓶。

2 规范性引用文件

下列文件对于本文件的应用是必不可少的。凡是注日期的引用文件,仅注日期的版本适用于本文件。凡是不注日期的引用文件,其最新版本(包括所有的修改单)适用于本文件。

GB/T 228.1 金属材料 拉伸试验 第 1 部分:室温试验方法

GB/T 229 金属材料 夏比摆锤冲击试验方法

GB/T 1804 一般公差 未注公差的线性和角度尺寸的公差

GB/T 2653 焊接接头弯曲试验方法

GB/T 7144 气瓶颜色标志

GB/T 9251 气瓶水压试验方法

GB/T 12137 气瓶气密性试验方法

GB/T 13005 气瓶术语

GB/T 13550 5A 分子筛及其测定方法

GB/T 15384 气瓶型号命名方法

GB/T 17925 气瓶对接焊缝 X 射线数字成像检测

GB/T 18443.2 真空绝热深冷设备性能试验方法 第 2 部分:真空度测量

GB/T 18443.3 真空绝热深冷设备性能试验方法 第 3 部分:漏率测量

GB/T 18443.4 真空绝热深冷设备性能试验方法 第 4 部分:漏放气速率测量

GB/T 18443.5 真空绝热深冷设备性能试验方法 第 5 部分:静态蒸发率测量

GB/T 18443.7 真空绝热深冷设备性能试验方法 第 7 部分:维持时间测量

GB/T 18443.8 真空绝热深冷设备性能试验方法 第 8 部分:容积测量

GB/T 24511 承压设备用不锈钢钢板及钢带

GB/T 25986 汽车用液化天然气加注装置

GB/T 31480 深冷容器用高真空多层绝热材料

GB/T 31481—2015 深冷容器用材料与气体的相容性判定导则

GB/T 33209 焊接气瓶焊接工艺评定

HG/T 2690 13X 分子筛

JB/T 6896 空气分离设备表面清洁度

JB 4732　钢制压力容器——分析设计标准

NB/T 47013.2　承压设备无损检测　第 2 部分:射线检测

NB/T 47013.3　承压设备无损检测　第 3 部分:超声检测

YS/T 599　超细氧化钯粉

TSG R0006—2014　气瓶安全技术监察规程

3　术语和定义、符号

3.1　术语和定义

GB/T 13005 界定的以及下列术语和定义适用于本文件。

3.1.1

批量　batch

包含内胆批量和产品批量。

3.1.1.1

内胆批量　batch of inner containment vessels

采用同一设计、同一材料牌号、同一焊接工艺,连续生产的气瓶内胆所限定的数量。

3.1.1.2

产品批量　batch of cylinders

采用同一设计、同一材料牌号、同一焊接工艺、同一绝热工艺,连续生产的气瓶产品所限定的数量。

3.1.2

内胆　inner containment vessel

用于充装 LNG 介质的内层承压元件。

3.1.3

外壳　outer shell

形成和保护气瓶绝热空间的外壳体。

3.1.4

静态蒸发率　static evaporation rate

气瓶在充装至最大允许量的低温液体静置 48 h 后,24 h 内自然蒸发损失的低温液体质量和气瓶有效容积下低温液体质量的百分比,换算为标准环境下(20 ℃,1 atm)的蒸发率值。

注:单位为%/d。

3.1.5

净重　net weight

气瓶及其不可拆连接件的实际重量(包括管道系统)。

3.1.6

有效容积　effective volume

内胆允许的最大盛液容积。

3.1.7

真空夹层漏率　vacuum interspace leak rate

单位时间内漏入真空夹层的气体量。

注:单位为 Pa·m³/s。

3.1.8

漏放气速率 leak and outgassing rate

气瓶夹层放气速率与漏率之和。放气速率为常温状态下气瓶真空夹层中各种材料在单位时间内解吸的气体量。

注：单位为 Pa·m³/s。

3.1.9

公称工作压力 nominal working pressure

气瓶正常工作状态下，内胆顶部气相空间可能达到的最高压力。

3.1.10

壁应力 wall stress

气瓶内胆在水压试验下筒壁所承受的应力。

3.1.11

设计压力 design pressure

气瓶强度设计时作为计算载荷的压力参数。气瓶的设计压力一般取试验压力。

3.1.12

有效厚度 effective thickness

名义厚度减去腐蚀裕量和钢材厚度负偏差。

3.1.13

安全空间 safety space

内胆中设置的与内胆连通的一部分空间，充装液体结束时，安全空间内仍为气相，用于容纳气瓶内低温液体由于温度上升造成的体积膨胀，达到避免满液的目的。

3.1.14

自动限充功能 automatic safe-space insurance function

充液时，能够确保在气瓶内胆留有一定安全空间的功能。

3.1.15

限流装置 excess-flow unit

安装在出液管道上，当在规定方向的流量超过预定的值时，能够自动截止，防止超流状态发生的装置。

3.1.16

维持时间 hold time

气瓶充灌至规定的初始充灌量，从规定的起始条件开始，关闭气瓶各条管线，并开始记时，直至压力升高达到一级安全阀起跳压力为止所经历的时间。

注：单位为"天"。

3.2 符号

下列符号适用于本文件。

a——封头曲面与样板的间隙，mm；

A——断后伸长率，%；

b——焊接接头对口错边量，mm；

c——封头表面凹凸量，mm；

C——厚度附加量，$(C=C_1+C_2)$，mm；

C_1——钢材厚度负偏差,mm;

C_2——腐蚀裕量,mm;

D_N——内胆公称直径,mm;

d——弯曲试验的弯轴直径,mm;

D_i——内胆封头或筒体的内直径,mm;

D_0——外壳封头或筒体的外直径,mm;

E——对接焊接接头棱角高度,mm;

E_0——外壳材料弹性模量,MPa;

e——内胆或外壳筒体同一截面最大最小直径差,mm;

H——气瓶的外形总长度(含保护圈、保护罩),mm;

H_i——封头内凸面高度,mm;

h——封头直边高度,mm;

K_1——由椭圆形长短轴比值决定的系数,见表5;

L——外壳体上两相邻支撑线之间的距离,当筒体部分没有加强圈,则取筒体的总长度加上每个凸形封头曲面深度的1/3,mm;

l——样板长度,mm;

n——弯轴直径与试样厚度的比值;

P——公称工作压力,MPa;

P_1——许用外压力,MPa;

P_d——设计压力,MPa;

R——外壳封头的当量半径,mm;对于椭圆封头,$R = K_1 D_0$;

S——内胆的设计壁厚,mm;

S_b——内胆筒体实测最小壁厚,mm;

S_e——外壳筒体的有效厚度,mm;

S_f——外壳封头成形后的最小厚度,mm;

S_n——内胆名义壁厚,mm;

S_k——拉力试样焊接接头宽度,mm;

t——温度,℃;

U——总热传导系数,kJ/(h·m²·℃);

V——内胆公称容积,L;

η——静态蒸发率,%/d;

σ——壁应力,MPa;

R_m——抗拉强度,MPa;

$R_{p0.2}$——规定非比例延伸强度,MPa;

Δh_i——封头内高度($H_i + h$)公差,mm;

$\pi \Delta D_i$——内圆周长公差,mm。

4 型式及基本参数

4.1 型式与产品型号

4.1.1 气瓶的结构型式为卧式,见图1。

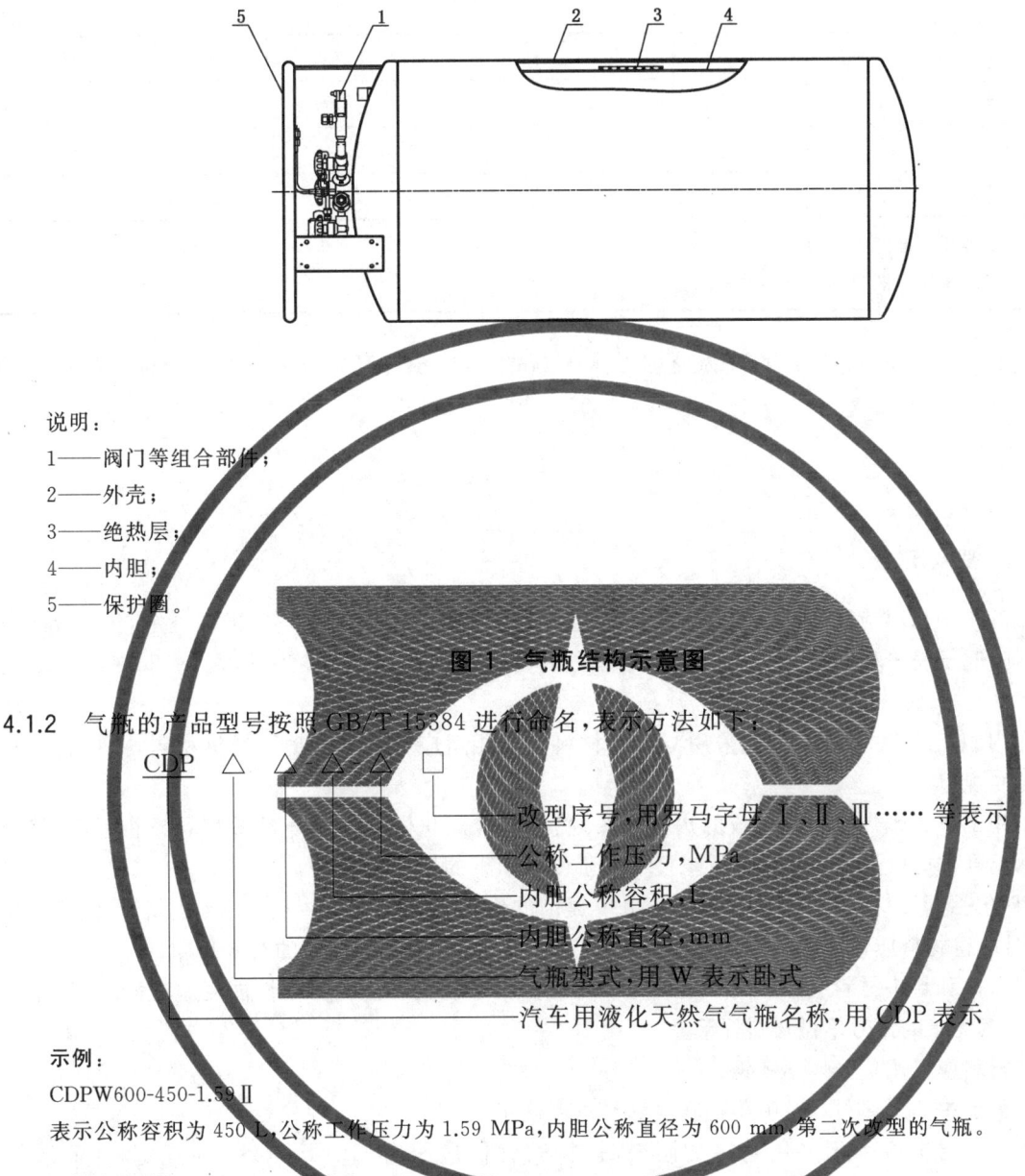

说明:
1——阀门等组合部件;
2——外壳;
3——绝热层;
4——内胆;
5——保护圈。

图 1 气瓶结构示意图

4.1.2 气瓶的产品型号按照 GB/T 15384 进行命名,表示方法如下:

$$\underline{\text{CDP}}\ \triangle\ \ \triangle\ \ \triangle - \triangle\ \ \Box$$

———改型序号,用罗马字母 Ⅰ、Ⅱ、Ⅲ……等表示

———公称工作压力,MPa

———内胆公称容积,L

———内胆公称直径,mm

———气瓶型式,用 W 表示卧式

———汽车用液化天然气气瓶名称,用 CDP 表示

示例:
CDPW600-450-1.59Ⅱ
表示公称容积为 450 L,公称工作压力为 1.59 MPa,内胆公称直径为 600 mm,第二次改型的气瓶。

4.2 基本参数

4.2.1 气瓶公称容积 V 和推荐的公称直径 D_N 按表 1 的规定。

表 1 公称容积及推荐采用的公称直径

公称容积 V/L	150~200	200~350	350~500
推荐的内胆公称直径 D_N/mm	300~450	450~550	550~750

4.2.2 公称工作压力 1.0 MPa~1.6 MPa 气瓶的静态蒸发率按表 2 的规定,其他公称工作压力的气瓶静态蒸发率按设计图样规定。

4.2.3 气瓶真空夹层漏率和漏放气速率按表 2 规定。

表 2　静态蒸发率、真空夹层漏率及漏放气速率一览表

公称容积 V/L	150	175	200	300	450	500
静态蒸发率 η/(%/d),≤	3.48	2.88	2.76	2.64	2.52	2.4
真空夹层漏率/(Pa·m³/s)	$\leqslant 6 \times 10^{-8}$					
漏放气速率/(Pa·m³/s)	$\leqslant 6 \times 10^{-7}$					

注 1：公称容积为推荐参考值。

注 2：静态蒸发率指液氮的静态蒸发率。

4.2.4　气瓶内胆壁厚的设计压力 P_d 为公称工作压力的 2 倍,压力试验压力不低于公称工作压力的 2 倍。

5　材料

5.1　材料的一般规定

5.1.1　气瓶的内胆材料应采用奥氏体型不锈钢,且应符合 GB/T 24511 等材料标准的规定,化学成分和力学性能不应低于表 3 和表 4 的规定。若采用境外牌号材料时,应符合 TSG R0006—2014 中 2.2 的规定。

5.1.2　焊在内胆上所有的零部件,应采用与内胆材料性质相适应的奥氏体型不锈钢材料,并应符合相应技术标准的规定。

5.1.3　所采用的不锈钢焊接材料焊成的焊接接头,其熔敷金属化学成分应与母材相同或相近,且抗拉强度不应低于母材抗拉强度规定值的下限且不低于设计图纸的规定。

5.1.4　材料(包括焊接材料)应具有材料生产单位提供的质量证明书原件。从非材料生产单位获得材料时,应同时取得材料质量证明书原件或加盖供材单位检验公章和经办人章的有效复印件。

5.1.5　内胆筒体和封头材料应按炉罐号进行化学成分复验和按批号进行力学性能复验,经复验合格的材料,应用无氯无硫的记号笔做材料标记。

5.1.6　外壳材料应采用奥氏体不锈钢。

5.1.7　真空夹层中的绝热材料及吸附材料应满足以下规定:

  a)　真空夹层中应采用多层绝热的阻燃材料,其性能应符合 GB/T 31480 的规定,并应通过 GB/T 31481—2015 中 4.4.4 的点燃试验。

  b)　作为吸附材料的 5A 分子筛和 13X 分子筛,应分别符合 GB/T 13550 和 HG/T 2690 的规定。

  c)　真空夹层中添加的氧化钯,应符合 YS/T 599 的规定。

5.2　化学成分

内胆主体材料的化学成分及允许偏差按表 3 的规定。

表 3　内胆主体材料化学成分和允许偏差(质量分数)

化学成分	C	Mn	P	S	Si	Ni	Cr
百分含量/%	≤0.08	≤2.00	≤0.035	≤0.03	≤1.00	8.00~11.0	17.00~20.00
允许偏差/%	±0.01	±0.04	+0.005	+0.005	±0.05	±0.10	±0.20

5.3 力学性能

内胆主体材料的力学性能按表4规定。

表4 内胆主体材料力学性能

抗拉强度(R_m)	规定非比例延伸强度($R_{P0.2}$)	断后伸长率(A)
$\geqslant$520 MPa	$\geqslant$205 MPa	$\geqslant$40%

6 设计

6.1 一般规定

6.1.1 气瓶由内胆、外壳以及夹层中绝热层和阀门管路系统组成。内胆与外壳之间的连接应有足够的强度,能够承受使用过程中的振动载荷、惯性载荷和冲击载荷,并按照本标准附录A的要求通过安全性能试验。

6.1.2 内胆的组成最多不超过三部分,即纵向焊接接头不应多于一条,环向焊接接头不应多于两条。

6.1.3 气瓶应采用真空多层绝热方式,并进行传热计算,总的热传递不超过2.09 J/(h·℃·L)。

6.2 内胆

6.2.1 内胆封头设计

气瓶内胆的封头应是凹面承压,形状为半球形或长短轴比为2:1的标准椭圆形。

6.2.2 内胆壁厚

内胆设计壁厚不小于按式(1)计算的结果:

$$S = \frac{D_i}{2} \times \left(\sqrt{\frac{0.4P_d + \sigma}{\sigma - 1.3P_d}} - 1 \right) \quad\quad\cdots\cdots\cdots\cdots\cdots\cdots(1)$$

式中壁应力 σ 取下列各项中的最小值:

a) 310 MPa;

b) 按8.2测定的焊接接头的最小抗拉强度的50%;

c) 按8.1测定的母材的最小抗拉强度的50%;

d) 按8.1测定的母材的屈服强度;

e) 带纵缝内胆的壁应力不超过上述数值最低值的85%。

6.2.3 内胆开孔

6.2.3.1 只准在封头上开孔,开孔应是圆形。开孔直径不应大于内径的1/3,开孔位于以封头中心为中心的80%封头内直径的范围内。当开孔直径超过76 mm时,应采用有限元分析计算方法对开孔进行强度校核,可按照JB 4732执行。

6.2.3.2 内胆上的每一个开孔应焊装管接头等其他附件,附件与封头的连接应采用全焊透的焊接形式。

6.3 外壳

6.3.1 一般要求

外壳筒体和封头壁厚的设计应满足许用外压力不小于0.21 MPa的要求。

6.3.2 外壳筒体壁厚

外壳筒体壁厚按式(2)进行校核：

$$P_1 = \frac{2.6E_0\,(S_e/D_0)^{2.5}}{(L/D_0) - 0.45\,(S_e/D_0)^{0.5}} \qquad\qquad\qquad\qquad\qquad (2)$$

6.3.3 外壳封头壁厚

外壳封头壁厚按式(3)进行校核：

$$P_1 = 0.25E_0(S_f/R)^2 \qquad\qquad\qquad\qquad\qquad\qquad\qquad (3)$$

如果封头为椭圆形,则 $R = K_1 D_0$,K_1 按照表 5 选取：

表 5 椭圆封头系数对照表

$D_0/2h_0$	2.6	2.4	2.2	2.0	1.8	1.6	1.4	1.2	1.0
K_1	1.18	1.08	0.99	0.90	0.81	0.73	0.65	0.57	0.50
注1：中间值由内插法求得。 注2：$K_1 = 0.9$ 为标准椭圆形封头。 注3：$h_0 = H_i + S_n$。									

6.3.4 外壳泄放装置

外壳应设置泄放装置,且泄放装置应当满足以下要求：

a) 泄放装置的开启压力不应大于 0.1 MPa；

b) 总的泄放面积不应小于内胆公称容积与 0.34 mm^2/L 的乘积。

6.4 焊接接头

6.4.1 纵、环焊接接头应采用全焊透对接型式。

6.4.2 纵向焊接接头不应有永久性垫板。

6.4.3 环向焊接接头允许采用永久性垫板或缩口锁底焊结构。

6.4.4 连接到内胆封头或筒体上的所有附件,应采用熔化焊焊接,对于受压元件的焊接接头应保证全焊透。

6.5 管路系统

6.5.1 一般要求

管路系统的设置应具备充液、出液、自动和手动泄压、超速排放限流、压力显示、液位显示等基本功能。管路系统阀门宜标明介质流向,并且截止阀应标明开启和关闭方向。

6.5.2 相容性要求

管路系统及其部件所用的密封件不得与液化天然气发生化学反应,并且能够承受盛装介质的低温。

6.5.3 防护要求

管路系统应设置不可拆卸的防护装置,可采用整体式护罩或支撑结构防护圈。防护装置的设置不应影响阀门、管路以及抽真空接口的维修或更换。

6.5.4 充液管路

充液管路上宜设有专用的充液接头。充液接头应具有气瓶内介质流向外部的止回功能,且应带有防尘盖。如果不设置专用充液接头,则应当设置截止阀、螺纹堵头或者采用法兰等密封结构,保证充液完毕后及使用过程中介质不外泄。

6.5.5 出液管路

出液管路及管路上的接头、阀门的通径大小、安装位置、安装方式等应能够满足排出能力的要求。

出液管路应设有截止阀、限流装置。

限流装置安装在出液管路液体侧末端、汽化器前端之间,并且能在其后部的燃料供给管路发生大量泄漏、破裂、断裂等情况下能够自动切断管路。

对于装有外置汽化增压器的结构气瓶,气瓶回气管接头部位应装设单向阀(或止回阀),防止瓶内气体外泄。

6.5.6 泄压管

泄压管路应与气瓶内胆气相空间直接相通,且管路通径应满足安全泄放的要求。

泄压管路分为自动泄压(安全阀开启泄压)和手动泄压。

气瓶安装在汽车上时应将泄压管路的出口接引至安全位置排放。车辆停放时泄压管还应符合10.8c)要求。

充装时如果需要泄压,严禁直接对大气排放,可以排放至加气站的 LNG 储存容器内。

6.5.7 安全阀

内胆应设置至少两只安全阀,安全阀入口接管应各自与内胆气相空间直接连通。每只安全阀的排放能力应能单独满足安全泄放的要求。安全阀可按任意方位装设,但安全阀前不应装设截止阀。

气瓶主安全阀的出口应满足 6.5.5 的规定。

气瓶不应装设爆破片。

安全泄放量和安全阀排放能力的计算见附录 B。主安全阀的开启压力不大于公称工作压力的 1.2 倍,副安全阀的开启压力不大于公称工作压力的 1.8 倍。

6.5.8 压力表

压力表量程为公称工作压力的 1.5 倍~3.0 倍,精度不低于 2.5 级。压力表进口管路应与内胆气相空间直接连通。

6.5.9 液位计

每只气瓶应设置能将液位信号传输至汽车驾驶室内的液位计,且当瓶内燃料剩余量为最大充装量的 5% 时具有警示功能。

6.6 安全空间

气瓶内应具有足够的安全空间,充装饱和蒸气压为 0.8 MPa(表压,下同)的 LNG,且安全阀的开启压力为 1.6 MPa 时,安全空间至少应为内胆总容积的 10%。充装饱和蒸气为其他压力,或安全阀采用其他开启压力的 LNG 气瓶,则应根据 LNG 在充装压力和安全阀开启压力下的密度差计算安全空间的容积。安全空间的计算方法参见附录C。气瓶的安全空间及设计对应的饱和蒸气压力和安全阀开启压力均应在设计图样和提供给用户的技术文件中注明。

6.7 自动限充功能

气瓶应具备自动限充功能。在瓶内LNG任意残留量的状态下再次充装时,均应保证瓶内实际安全空间与设计值相符。自动限充功能试验方法见附录D。

6.8 维持时间

气瓶的维持时间不应少于5天。

7 制造

7.1 组批

气瓶按内胆组批进行制造,即一个气瓶产品批中一般只包含同一批的内胆,但一个内胆批允许分成几个气瓶产品批。

7.2 焊接工艺评定

7.2.1 焊接工艺评定应针对纵向或环向焊接接头分别进行。材料壁厚为6 mm以下时,每种壁厚均需进行评定,同等壁厚时,小直径气瓶的评定结果可代替大直径的气瓶。气瓶制造单位在改变内胆材料、焊接材料、焊接工艺、焊接设备时,投产前均应进行焊接工艺评定,焊接工艺评定除按本标准规定外,其余要求应符合GB/T 33209的规定。

7.2.2 纵向焊接接头焊接工艺评定可以在焊接试板上进行;环向焊接接头的焊接工艺评定应在模拟的圆筒试件上进行,也可以直接在内胆筒体上进行。进行工艺评定的焊接接头,应能代表内胆的主要焊接接头(纵、环、角焊接接头)。

7.2.3 焊接工艺评定试件经外观检查应无咬边、裂纹、表面气孔、焊渣、凹坑、焊瘤等缺陷,试板焊接接头经100%射线透照检测,检测结果应符合NB/T 47013.2 Ⅱ级要求。

7.2.4 焊接工艺评定用的焊接接头试样数量规定如下:拉力试样2件,横向弯曲试样4件(面弯、背弯各2件),内胆材料最低使用温度下低温冲击试样6件(焊接接头、热影响区各3件)。

7.2.5 当进行焊接工艺评定的内胆材料实测厚度不足以制备厚度2.5 mm的低温冲击试样时,应从符合本标准5.1、5.2和5.3规定的厚度不超过3.2 mm的焊接试板上制备厚度为2.5 mm的试样,其试板材料的含碳量不得低于0.05%。该试板炉号可与该批内胆炉号不同,但应采用相同的焊接工艺。

7.2.6 焊接工艺评定试验结果要求如下:

    a) 焊接接头试样无论断裂发生在任何位置,其实测抗拉强度均不得小于内胆材料标准规定值的下限,且不低于设计图纸规定。

    b) 焊接接头低温冲击试样的冲击吸收功应不小于表6的要求。

    c) 焊接接头试样弯曲至180°时应无裂纹,试样边缘的先期开裂可以不计,但由夹渣或其他焊接缺陷引起的试样开裂应判为不合格。

表 6　焊接接头低温冲击试样冲击功参数表

试样尺寸 mm	焊接接头或热影响区每组三个 试样的平均值 J	单个试样的最小值 J
10×10	20.4	13.6
10×7.5	17	11.6
10×5	13.6	9.5
10×2.5	6.8	4.8
注 1：当焊接接头或热影响区每组三个试样的平均值不小于上述单个试样的最小值时，且其中一个以上试样的 　　冲击值低于要求的平均值，或一个试样的冲击值低于单个试样准许的最小值时，可再取焊接接头或热影响 　　区三个附加试样进行试验；每一个试样的冲击值均不小于平均值的要求为合格。		
注 2：若由于试样本身的缺陷原因，允许重复取样进行试验。		

7.2.7　焊接工艺评定报告需由焊接责任工程师审核，制造单位技术总负责人批准。

7.3　筒体

7.3.1　筒体由钢板卷焊时，钢板的轧制方向应与筒体的环向一致。

7.3.2　筒体同一横截面最大最小直径差 e 不大于 $0.01D_i$。

7.3.3　筒体纵焊接接头对口错边量 b 不大于 $0.1S_n$，见图 2。

7.3.4　筒体纵向焊接接头棱角高度 E 不大于 $0.1S_n+2$ mm，见图 3，用长度 l 为 $0.5D_i$，但不大于 300 mm 的样板进行测量。

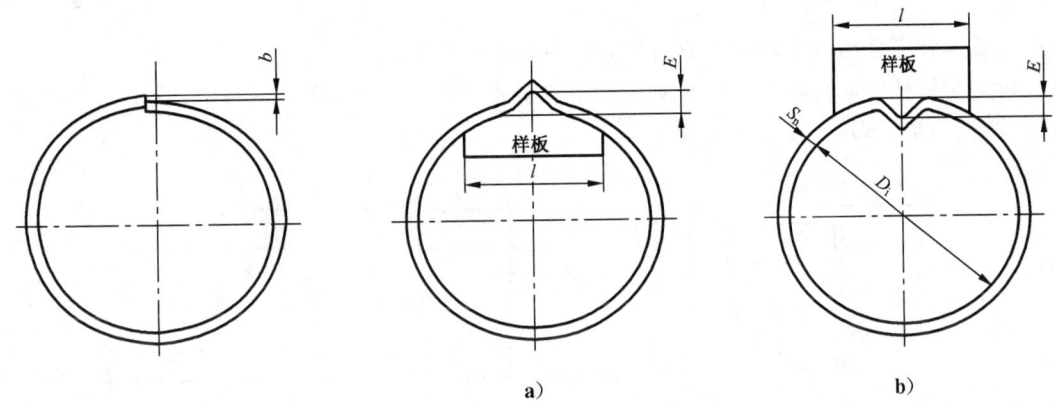

图 2　纵向焊接接头对口错边量示意图　　　图 3　纵向焊接接头棱角高度示意图

7.4　封头

7.4.1　封头钢板不准许拼接。

7.4.2　内胆封头最小厚度应不小于其筒体设计壁厚的 90%，外壳封头最小壁厚按照 6.3.3 规定。封头的外形不得有突变，且形状与尺寸公差不得超过表 7 的规定，表中符号见图 4。

表 7 封头尺寸公差参数表

单位为毫米

公称直径 D	圆周长公差 $\pi \Delta D_i$	最大最小直径差 e	表面凹凸量 c	曲面与样板间隙 a	内高公差 Δh_i
<400	±4.0	2	1	2	+5 −3
400~800	±6.0	3	2	3	

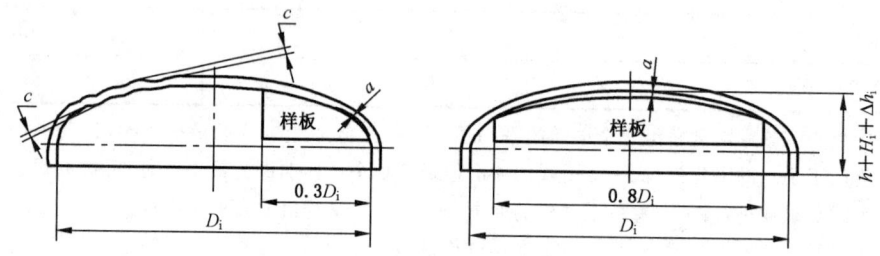

图 4 封头形状尺寸公差示意图

7.4.3 封头不得有裂纹、起皮、折皱等缺陷。

7.5 未注公差尺寸的极限偏差

未注公差尺寸的极限偏差按 GB/T 1804 的规定,具体要求如下:
a) 机械加工件为中等 m 级;
b) 非机械加工件为粗糙 c 级。

7.6 组装

7.6.1 气瓶的各零件组装前均应检查合格,且不准进行强力组装。

7.6.2 封头与筒体的对接环焊接接头对口错边量 b 不大于 $0.25S_n$,棱角高度 E 不大于 $0.1S_n+2$ mm,见图5,检验尺的长度应不小于 150 mm。

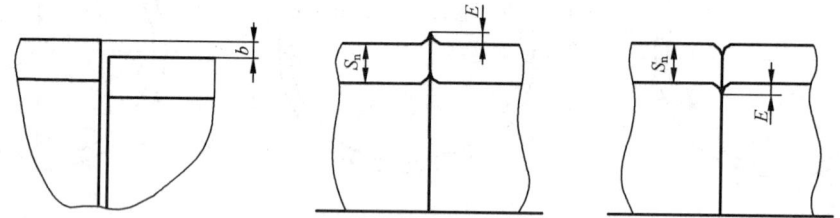

图 5 环向焊接接头对口错边量及棱角高度示意图

7.6.3 附件的组装应符合图样的规定。

7.7 内胆焊接的一般规定

7.7.1 气瓶的焊接,应由按照有关安全技术规范的规定考核合格,取得相应项目的《特种设备作业人员证》的人员,在有效期内担任合格项目内的焊接工作。施焊后,焊接接头应有可跟踪的标识和记录。

7.7.2 气瓶的纵向、环向焊接接头焊接应采用自动保护焊,施焊工艺应严格按照评定合格的焊接工艺进行。

7.7.3 焊接坡口的形状和尺寸,应符合图样规定。坡口表面应清洁、光洁,不得有裂纹、分层、夹杂等缺陷。

7.7.4 焊接(包括焊接接头返修)应在室内的专用场地上进行,焊接场地应保持清洁、干燥,地面应铺橡胶或木质垫板,零部件应放置在木质架子上。

7.7.5 气瓶的焊接工作,应在相对湿度不大于90%,温度不低于0℃的室内进行。

7.7.6 施焊时,不得在瓶体上非焊接处引弧,纵向焊接接头应有引弧板和熄弧板。去除引、熄弧板时,应采用切除的方法,严禁使用敲击的方法,切除处应磨平。

7.8 焊接接头外观

7.8.1 内胆对接焊接接头的余高为0 mm~2.5 mm,同一焊接接头最宽最窄处之差不大于3 mm。

7.8.2 角焊接接头的几何形状应圆滑过渡到母材。

7.8.3 气瓶上的焊接接头和热影响区表面,不准许有咬边、未焊透、裂纹、气孔、凹陷和不规则突变等缺陷,焊接接头两侧的飞溅物应清除干净。

7.9 无损检测

7.9.1 内胆纵、环焊接接头经外观检测合格后应逐只进行无损检测。从事气瓶无损检测的人员,应持有有效的特种设备无损检测人员资格证书。

7.9.2 内胆纵、环焊接接头进行100%射线透照检测,焊接接头缺陷等级评定按NB/T 47013.2进行,缺陷等级不低于Ⅱ级,射线检测技术等级不低于AB级。不能进行射线检测的部分,可以采用超声检测替代。

7.9.3 无损检测可采用数字成像方法,采用时应当满足GB/T 17925要求。

7.10 焊接接头返修

7.10.1 焊接接头返修应按返修工艺进行,应由具有7.7.1规定资格的人员担任,返修部位应重新按7.8、7.9进行外观和无损检测。

7.10.2 内胆焊接接头同一部位的返修次数不宜超过两次,如超过时,返修前应经制造单位技术总负责人批准。

7.10.3 返修次数和返修部位应记入产品生产检验记录。

7.11 表面质量及清洁度

7.11.1 内胆及外壳的内外表面均应光滑,不得有裂纹、重皮、划痕等缺陷,否则应进行修磨,修磨处应圆滑光洁,且内胆壁厚需满足6.2、外壳壁厚需满足6.3的要求。

7.11.2 内胆内外表面及所有接触介质的零部件应进行脱脂处理,符合JB/T 6896有关规定,并有良好的保护措施。

7.11.3 凡处于真空状况的表面和零部件应清洁干燥,不得有油污、灰尘。

7.12 容积与重量

7.12.1 气瓶内胆的实测水容积不应小于其公称容积,实测容积可以用理论计算代替,但不得有负偏差。

7.12.2 气瓶制造完毕后应逐只进行净重测定。

7.13 压力试验

7.13.1 气瓶的内胆经射线透照检测合格后应逐只进行压力试验,压力试验采用水压或气压试验,试验压力按4.2.4的规定。水压试验介质为清洁的水且氯离子含量应不超过25 mg/L;气压试验应采用干燥无油的空气或氮气。

7.13.2 气压试验应有安全防护措施。

7.13.3 在试验压力下保压应不少于30 s,内胆不得有宏观变形、泄漏和异常响声等现象,压力表量程为试验压力的2.0倍~3.0倍,精度不低于1.6级。

7.13.4 水压试验后应及时排净内胆与接管中的水,并使其干燥。

7.13.5 如果在压力试验中发现焊接接头有泄漏,应按7.10的规定进行返修,返修合格后,重新按要求进行压力试验。

7.14 内胆焊接接头力学性能试验

7.14.1 每批内胆应进行焊接接头力学性能试验,可在内胆或产品焊接试板上取样。在焊接试板上截取试样时,只进行纵向焊接接头的力学性能试验。

7.14.2 产品焊接试板应和受试内胆在同一块钢板(或同炉批钢板)上下料,作为受试内胆纵焊接接头的延长部分与纵缝一起焊成,试板应标上受试内胆和焊工的代号,试板上的焊接接头应进行外表检查和100%射线透照检测,并符合7.8和7.9的规定,焊接试板尺寸和力学性能试样取样的位置按图6。

单位为毫米

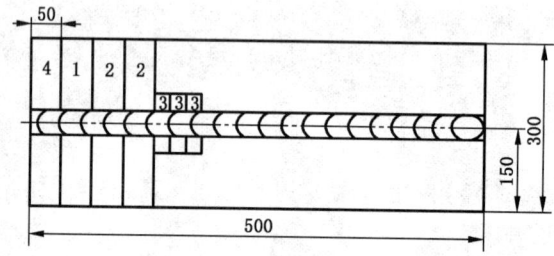

说明:
1——拉力试件;
2——弯曲试件;
3——冲击试件;
4——舍弃部分。

图6 焊接试板上力学性能试样取样的位置示意图

7.14.3 在气瓶内胆上取样的位置按图7。

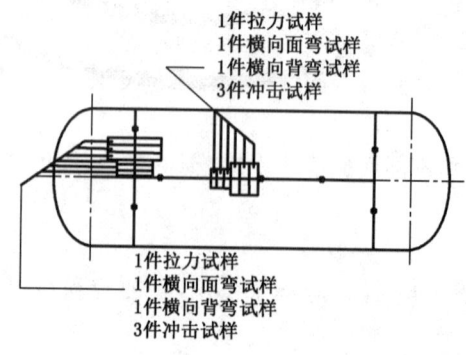

图7 内胆上力学性能试样取样的位置示意图

7.14.4 试样的焊接接头截面应良好,不得有裂纹、未熔合、未焊透、夹渣和气孔等缺陷。

7.14.5 力学性能试验结果应符合 7.2.6 的要求。

7.15 绝热材料与吸附材料

7.15.1 绝热材料及吸附材料的选用应符合 5.1.7 和图样的规定。

7.15.2 绝热层包扎应牢固,不应出现溃散现象。

7.16 真空检漏

7.16.1 气瓶应逐只进行真空检漏,漏率应符合 4.2.3 的要求。

7.16.2 如果在真空检漏试验中发现焊接接头有泄漏,可按 7.10 的规定进行返修,返修合格后,重新按 7.13 的要求进行压力试验,合格后再按照要求进行真空检漏试验。

7.17 真空

气瓶充装液氮后,夹层真空度不低于 $2×10^{-2}$ Pa。

7.18 管路气密性试验

气瓶的阀门及安全附件组装后应用干燥无油的洁净空气或氮气进行管路气密性试验,试验压力为公称工作压力,保压时间不少于 1 min。阀门、接头及安全附件等不得有泄漏现象。

8 试验方法

8.1 材料复验

气瓶不锈钢材料化学成分和力学性能的复验,按其材料标准规定的方法取样分析和试验。

8.2 焊接工艺评定试板力学性能试验

8.2.1 按 7.2.2 的要求,从焊接工艺评定试板(尺寸参照图6)上截取样坯时,试板两端舍去部分不少于 50 mm,样坯一般用机械加工方法截取。采用热切割时,应去除热影响区。从内胆上用热切割截取样坯时(截取部位参照图7),试样上不得留有热影响区。

8.2.2 焊接工艺评定用的焊接接头试样数量按 7.2.4 的规定。

8.2.3 试样的焊接接头正面和背面,均应进行机械加工,使其与母材齐平,对于不平整的试样,可以用冷压法矫平。

8.2.4 试样制作和试验方法应满足以下规定:

    a) 拉伸试样按图8加工,夹持部分长度根据试验机夹具确定,拉伸试验方法按 GB/T 228.1 进行。

单位为毫米

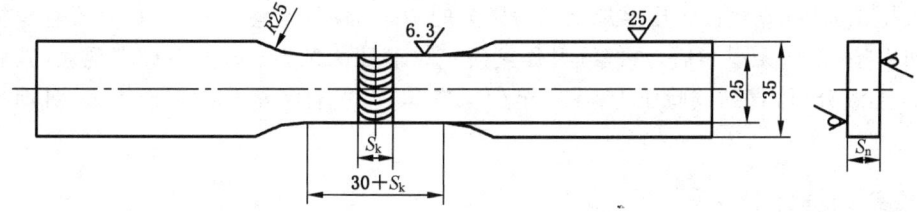

图 8 拉伸试样加工尺寸

    b) 弯曲试样宽度为 38 mm,弯曲试验按 GB/T 2653 进行。试验时应使弯轴轴线位于焊接接头中

GB/T 34510—2017

心,两支辊面间的距离应做到试样恰好不接触辊子两侧面(如图9),弯轴直径 d 应为试样厚度的 4 倍,试验角度应符合 7.2.6 的规定。

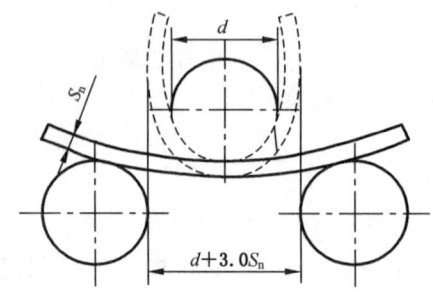

图 9　弯曲试验示意图

c) 冲击试样的尺寸采用 10 mm×10 mm×55 mm 标准试样,或采用厚度为 7.5 mm、5 mm 或 2.5 mm 的小试样,取样方法和要求按照 GB/T 33209。焊接接头冲击试样纵轴应垂直于焊接接头轴线,缺口轴线垂直于母材表面。焊接接头试样的缺口轴线应位于焊接接头中心线上,热影响区试样的缺口轴线与熔合线交点的距离大于零,且应尽可能多地通过热影响区。低温冲击试验方法按 GB/T 229 进行。试件冷却温度为 −196 ℃,从试件取出到完成冲击试验的时间不得大于 5 s。

8.3　焊接接头无损检测

内胆纵、环焊接接头射线透照检测按照 NB/T 47013.2 进行,X 射线检测可采用数字成像方法,采用时应当满足 GB/T 17925 要求。超声检测按照 NB/T 47013.3 进行。

8.4　焊接接头力学性能试验

8.4.1　从内胆上截取焊接接头试样:分别从纵向和环向焊接接头上截取拉力、横向面弯和背弯试样各 1 件、低温冲击试样(缺口位于焊接接头中心)3 件。试板和样坯的截取部位见图 7。

8.4.2　从产品焊接试板上截取焊接接头试样:拉力试样 1 件,横向面弯和背弯试样各 1 件,冲击试样(缺口位置位于焊接接头中心)3 件,样坯的截取部位见图 6。

8.4.3　从气瓶内胆上或产品焊接试板上截取样坯方法应符合 8.2.1 的规定。

8.4.4　焊接接头拉力、弯曲和冲击试样的制作及其试验按 8.2.3、8.2.4 的规定进行。

8.4.5　当内胆材料的实测厚度小于 2.5 mm 时可免做冲击试验。

8.5　内胆的压力试验

8.5.1　采用水压试验时,按照 GB/T 9251 的规定进行。

8.5.2　采用气压试验时,先缓慢升压至规定试验压力的 10%,保压足够时间,并且对所有焊接接头和连接部位进行初次检查;如无泄漏后,再继续升压到规定试验压力的 50%;如无异常现象,其后按规定试验压力的 10% 逐级升压,直到试验压力;保压至少保持 30 s;然后降至公称工作压力,对焊接接头进行气密性检查。

8.6　管路的气密性试验

管路的气密性试验按 GB/T 12137 规定进行,试验介质为干燥、清洁无油的空气或氮气。

8.7　重量与容积的测定

8.7.1　采用称量法测定气瓶的净重,重量单位为千克(kg)。

8.7.2 称量应使用最大称量为实际称量的 1.5 倍~3.0 倍的衡器,其精度应满足最小称量误差的要求。

8.7.3 内胆应进行容积测量,测定方法按 GB/T 18443.8 的规定进行。由于结构等原因可用几何尺寸测量法测量并计算容积。

8.7.4 重量和容积的测定应保留三位有效数字,其余数字对于重量应进 1,对于容积应舍去。

8.8 壁厚的测定

壁厚测定应使用超声波测厚仪测量。

8.9 外观检查

8.9.1 目测检查内胆和外壳的表面、焊接接头外观及安全附件。

8.9.2 用白色、清洁、干燥的滤纸擦抹脱脂表面,纸上应无油脂痕迹和污物,与介质接触的表面应按 JB/T 6896 要求进行检查。

8.10 真空度的试验

真空度的试验方法按 GB/T 18443.2 规定进行。

8.11 真空检漏试验

真空检漏可采用氦质谱检漏的方法进行。

8.12 真空夹层漏率试验

真空夹层漏率的试验方法按 GB/T 18443.3 规定进行。

8.13 漏放气速率试验

漏放气速率的试验方法按 GB/T 18443.4 规定进行。

8.14 静态蒸发率试验

静态蒸发率的试验按 GB/T 18443.5 规定进行。

8.15 维持时间试验

维持时间按 GB/T 18443.7 规定进行。

9 检验规则

9.1 材料检验

9.1.1 气瓶制造单位应按 8.1 的规定方法对内胆的材料,按炉罐号进行化学成分验证分析,按批号进行力学性能验证试验。

9.1.2 内胆材料的化学成分和力学性能试验复验结果应符合 5.2、5.3 和设计图样的要求,检验项目按照 5.1.5 的要求;若采用国外材料时,则应符合 5.1.1 的规定。

9.2 出厂检验

9.2.1 逐只检验

气瓶逐只检验应按表 8 规定项目进行。

9.2.2 批量检验

9.2.2.1 分批和抽样规则

以不多于 200 只内胆为一批,从每批抽取 1 只内胆或做一块产品试板取样进行焊接接头力学性能试验。

9.2.2.2 批量检验项目

气瓶以内胆批为基础进行组批。其批量检验项目按表 8 的规定,其中静态蒸发率检测,每批产品抽检数量不少于 3 只。

9.2.3 复验规则

9.2.3.1 在批量检验中,如有不合格项目,应进行加倍复验。加倍抽样方式按照 9.2.3.2 和 9.2.3.3 的规定进行。

9.2.3.2 在焊接接头力学性能试验中,如果试验不合格可在同一内胆或原产品焊接试板上按照原要求取相同数量的试件,也可在同批内胆中重新取样试验。如有证据证明是操作失误或试验设备失灵造成试验失败,则可在同一内胆上或原产品焊接试板上做第二次试验;第二次试验合格,则第一次试验可以不计。焊接接头力学性能试验经加倍复验仍不合格时,则该批气瓶内胆为不合格。

9.2.3.3 进行静态蒸发率测试时,如有 1 只不合格,应从该批产品中再抽取数量不少于 6 只进行加倍复验。在进行加倍复验时,如果仍有 1 只不合格,则该批气瓶也应进行逐只检验。如有证据证明是操作失误或试验设备失灵造成试验失败,可以用同一只气瓶进行第二次试验;第二次试验合格,则第一次试验结果可以不计。

9.3 型式试验

9.3.1 新设计气瓶首次批量投产前或停产逾六个月而重新投产的首批气瓶应按照 9.3.2 的要求进行型式试验。

9.3.2 提交满足数量的同规格气瓶和内胆,按表 8 规定的项目进行型式试验。

表 8 型式试验检验项目表

序号	检验项目		逐只检验	批量试验	型式试验	检验方法	判断依据
1	材料复验			△		8.1	9.1
2	绝热材料点燃试验				△	5.1.7	5.1.7
3	筒体	最大最小直径差 e	△				7.3.2
4		纵向焊接接头对口错边量 b	△			7.3.3	7.3.3
5		纵向焊接接头棱角高度 E	△			7.3.4	7.3.4
6		内圆周周长公差 $\pi \Delta D_i$	△				7.4.2
7		最大最小直径差 e	△				7.4.2
8		表面凹凸量 c	△				7.4.2
9	封头	曲面与样板间隙 a	△				7.4.2
10		内高公差 Δh_i	△				7.4.2
11		外观	△				7.4.3
12		壁厚	△			8.8	7.4.2

表 8（续）

序号	检验项目	逐只检验	批量试验	型式试验	检验方法	判断依据
13	环向焊接接头对口错边量 b	△			7.6.2	7.6.2
14	环向焊接接头棱角高度 E	△			7.6.2	7.6.2
15	内胆、外壳表面质量	△			8.9	7.11
16	焊接接头外观	△			8.9.1	7.8
17	气瓶壁厚	△			8.8	图样
18	纵向、环向焊接接头无损检测	△			8.3	7.9.2 或 7.9.3
19	焊接接头力学性能		△	△	8.4	7.14.5
20	重量与容积	△			8.7	7.12
21	内胆压力试验	△			8.5	7.13
22	管路气密性试验	△			8.6	7.18
23	清洁度	△			8.9.2	7.11
24	真空度的试验			△	8.10	7.17
25	真空检漏	△			8.11	7.16
26	真空夹层漏率试验			△	8.12	4.2.3
27	漏放气速率试验			△	8.13	4.2.3
28	静态蒸发率试验		△	△	8.14	4.2.2
29	维持时间测定		△	△	8.14	6.8
30	安全性能试验			△	附录 A	附录 A
31	自动限充功能试验			△	附录 D	附录 D
注：△表示检验该项目。						

9.3.3 当改变设计而影响气瓶的绝热性能时，应按照表 9 或表 A.1 要求进行相关型式试验。

表 9 设计变更需重新进行型式试验的试验项目

型式试验项目	变更内容							
	绝热系统材料或设计 a	内胆支撑结构	夹层管道走向	内胆材料类型	内胆设计壁厚	内胆直径	内胆容积 b	安全空间设计 c
焊接接头力学性能				*	*			
绝热材料点燃试验	*							
真空度试验	*					*	*	
真空夹层漏率试验	*					*	*	
漏放气速率试验	*	*				*	*	
静态蒸发率试验	*	*	*			*	*	

表 9（续）

型式试验项目	变更内容							
	绝热系统材料或设计[a]	内胆支撑结构	夹层管道走向	内胆材料类型	内胆设计壁厚	内胆直径	内胆容积[b]	安全空间设计[c]
维持时间测定	*	*	*			*	*	
自动限充功能试验								*

注 1：* 表示需要进行的型式试验项目。

注 2：设计变更的安全性能试验项目见表 A.1。

[a] 绝热系统材料或设计的变更是指绝热材料类型、吸附材料类型或包扎方式等影响绝热性能的变更。

[b] 仅容积变化且变化率不超过已通过型式试验的受试瓶内胆容积的 100% 时可免做。

[c] 安全空间设计内容包括占内胆总容积的比例(%)和进排液方式。

10 标志、包装、运输、存放

10.1 气瓶应在明显部位焊接固定铭牌，铭牌应包括以下内容：

    a) 制造单位名称和制造许可证号码；

    b) 制造单位代号；

    c) 气瓶型号；

    d) 气瓶编号；

    e) 产品标准号；

    f) 实际容积，L；

    g) 公称工作压力，MPa；

    h) 水压试验压力，MPa；

    i) 充装介质；

    j) 最大充装量，kg；

    k) 气瓶净重，kg；

    l) 监检标记；

    m) 制造日期；

    n) 安全空间，L；

    o) 注意事项：本气瓶的气相安全空间仅适用于充装蒸气压不小于×.× MPa 的饱和 LNG。

10.2 气瓶应在明显部位牢固设置"安全使用告知"警示牌。内容至少包括："远离火源、集中排放"。

10.3 气瓶的字样、字色和色环等可按照 GB/T 7144 的有关规定。

10.4 气瓶出厂时应对内胆充装 0.01 MPa～0.05 MPa 干燥氮气，并关闭所有阀门。

10.5 气瓶的包装应根据图样规定或用户要求。

10.6 气瓶在运输和装卸过程中，要防止碰撞、受潮和损坏附件。

10.7 在外壳前封头便于观察的部位，应当压制明显凸起的 LNG 介质符号，其字体高度不应低于 60 mm。

10.8 气瓶的存放应满足以下规定：

a) 气瓶应存放在阴凉干燥处。

b) 气瓶在未安装到汽车上之前,禁止带液(LNG)存放。

c) 对于已安装有气瓶的汽车在存放期内应将带液气瓶的安全泄放装置排气口与按规定要求制作的泄压排放管相连,将超压排放的天然气接引至安全位置泄放。

11 产品合格证、产品使用说明书和批量检验质量证明书

11.1 产品合格证及使用说明书

11.1.1 出厂的每只气瓶均应附有产品合格证,且应向用户提供产品使用说明书。在使用说明书中应注明充装介质的最低饱和蒸气压、安全阀动作压力、操作安全要求等内容。

11.1.2 出厂产品合格证格式参见附录E,且应至少包含以下内容:

a) 制造单位的名称;

b) 气瓶型号;

c) 气瓶编号;

d) 公称容积,L;

e) 公称工作压力,MPa;

f) 产品批号;

g) 内胆批号;

h) 充装介质的最低饱和蒸气压,MPa;

i) 出厂检验标记;

j) 制造年月;

k) 产品标准号;

l) 制造单位制造许可证编号。

11.2 批量检验质量证明书

11.2.1 批量检验质量证明书的内容,应包括本标准规定的批量检验项目,格式参见附录F。

11.2.2 出厂的每批气瓶,均应附有批量检验质量证明书。该批气瓶有一个以上用户时,所有用户均应有批量检验证明书的复印件。

11.3 资料保存年限

气瓶制造单位应妥善保存气瓶的检验记录和批量检验质量证明书的复印件(或正本),保存时间不应少于15年。

12 使用规定

12.1 真空丧失的气瓶严禁继续使用。

12.2 遭遇车祸的气瓶应当在检测机构经过检测判定合格方可继续使用。

12.3 严禁私自维修气瓶,气瓶的维修应由有制造资格的厂家或在其指导下委托有关单位进行维修。

12.4 气瓶使用单位应建立产品使用管理制度、安全操作制度、维护制度和定期检查制度,每年对气瓶进行定期检查后出具定期检查报告。

附　录　A

（规范性附录）

安全性能试验

A.1　安全性能试验项目及要求

A.1.1　安全性能试验项目包括：

　　a)　振动试验；

　　b)　火烧试验；

　　c)　跌落试验。

A.1.2　符合以下情况的,应进行安全性能试验：

　　a)　新设计的产品,应进行安全性能试验。

　　b)　因设计、制造有重大变更时,应按照表 A.1 的规定进行安全性能试验。

表 A.1　设计变更时安全性能试验项目

变更内容	安全性能试验项目		
	振动试验	火烧试验	跌落试验
支撑结构改变	△		△
内胆名义壁厚改变	△		△
公称直径变大	△		△
绝热材料类型或包扎方式改变		△	
公称容积变大[a]	△		△
公称容积变小[a]		△	
管路系统保护圈或保护罩改变[b]			△
注："△"表示要做的项目。			
[a]　表示相同的内胆直径、内胆壁厚,仅仅是公称容积的变化。			
[b]　当仅管路系统保护圈或保护罩改变时,仅需进行对管路系统端的 3 m 跌落试验。			

A.1.3　安全性能试验用的产品,应按照表 8 经过检验合格后进行,试验结果应详细记录,资料存入技术
档案,至该类型产品不再生产以后 15 年。

A.1.4　安全性能试验应在首批生产的气瓶中任意选取,数量应满足下列项目试验要求：

　　a)　振动试验；

　　b)　火烧试验；

　　c)　3 m 高度跌落试验；

　　d)　10 m 高度跌落试验。

A.1.5　若气瓶加装外置增压器,则该增压器、连接管路及气瓶的固定支座,还应与气瓶一同进行安全性
能试验。固定支座应具有足够的强度和刚度,以便对连接在气瓶外部的装置、管路和附件起到保护
作用。

　　进行 3 m 跌落试验时,应采用措施使气瓶着地时固定支座承受地面撞击力,必要时可加装试验工

装,试验工装沿长度方向应超出保护圈或保护罩至少 250 mm。试验工装应与固定支座刚性连接,使气瓶着地时通过试验工装将地面撞击力传导至固定支座。试验工装应具有足够的强度和刚度,以避免试验时试验工装发生明显的变形影响试验结果。

A.1.6　经安全性能试验合格的,增压器、连接管路以及气瓶和增压器与固定支座的栓固方式不应改变,如更改则应重新进行安全性能试验。

对于加装外置增压器的气瓶已通过安全性能试验的,可不再进行同规格气瓶的振动试验、火烧试验。

A.2　安全性能试验方法及评定要求

A.2.1　振动试验

A.2.1.1　试验目的

实施振动试验的目的是模拟检验气瓶在汽车运行条件下,内胆与外壳的支撑结构、管路系统等的耐久性。

A.2.1.2　试验条件

振动试验前气瓶中充装与装满 LNG 等重的液氮,气瓶处于完全冷却状态,压力为 0 MPa(表压)。

A.2.1.3　试验规程

试验规程要求如下:
a)　对于客车用气瓶:振动加速度为 3 g(3 倍重力加速度),对于重型货车用气瓶(不包括半挂牵引车):振动加速度为 5 g(5 倍重力加速度);
b)　振动方向为上下垂直方向(见图 A.1);

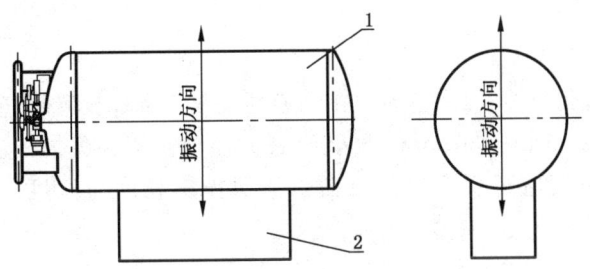

说明:
1——气瓶;
2——振动台。

图 A.1　振动试验示意图

c)　振动试验在 8 Hz～40 Hz 范围内扫频,扫频时发现有共振的,应更改气瓶设计,然后重新进行型式试验;
d)　振动频率的变动方法及加振时间,按照表 A.2 规定的振动频率和时间加振。
e)　对于运行路况特别恶劣的重型货车用气瓶,试验参数可由供需双方协商确定。

表 A.2　振动频率与加振时间对照表

振动频率/Hz	8	11	15	20	25	30	35	40
加振时间/min	170	122	89	67	54	45	38	34

A.2.1.4　试验评定

试验结果应同时满足以下要求为合格：

a)　振动完毕后,任何部位不得出现泄漏;

b)　振动完毕后,静置 30 min 以上气瓶外壳不应有结露或结霜现象(内胆与外壳连接支撑部位除外)。

A.2.2　火烧试验

A.2.2.1　试验目的

实施火烧试验的目的是检验气瓶在外部高温环境下气瓶绝热系统性能的安全可靠性。

A.2.2.2　试验条件

火烧试验前,装满与 LNG 等高度的液氮,气瓶处于放空或瓶内维持 0.8 MPa 的饱和蒸气压,且完全冷却状态,试验前关闭放空阀。加装外置增压器的气瓶进行火烧前,应开启增压阀,火烧时增压阀应保持开启状态。气瓶应水平架起或吊装固定好,不准许火焰直接烧到安全阀、截止阀、压力表、调压阀等附件。允许采用金属板作为管路系统的保护罩。瓶体底部沿轴向布置不少于 3 只热电偶用以监测气瓶外表面温度,热电偶距离气瓶底部不应大于 10 mm,热电偶间距不大于 0.75 m。应采用适当的方式监测气瓶内压力。温度或压力应至少 30 s 记录一次。仪表及表线等应引到隐蔽体或防护屏障内,保证万一气瓶爆炸不会给试验人员带来危险并保证试验过程中能正常测定温度和压力的变化。

A.2.2.3　试验规程

试验采用天然气(或液化石油气)为燃料。在倒置的气瓶正下部放置燃气管路、燃烧装置等,保证气瓶的最低点距燃烧装置 120 mm～130 mm,燃烧装置大小应足以使气瓶的主体边缘完全置于火焰之中,因此燃烧装置长度与宽度应至少超出气瓶在水平面投影长度与宽度的 100 mm;保证足够燃烧时间。

试验场所的风速不应超过 2.2 m/s。

试验时间要求在气点火 10 min 内,任意一只热电偶测得的温度应不低于 590 ℃,此时开始计时;并控制热电偶温度在 590 ℃附近,火烧时间应满足表 A.3 的规定。

表 A.3　气瓶火烧时间对照表

瓶内初始压力/MPa	0	0.8
安全阀起跳时间/min	≥30	≥15

当满足时间要求后,继续进行试验,直至安全阀开启,然后切断火源。记录安全阀开启的压力。

A.2.2.4　试验评定

气瓶内压力达到安全阀开启压力后,安全阀应能正常动作,且开启时的火烧时间应满足表 A.3

规定。

A.2.3 跌落试验

A.2.3.1 试验目的

实施跌落试验目的是检验气瓶在冲击条件下的完整性。跌落试验包括:对气瓶的最关键部位(自行指定,管路系统端除外)进行 10 m 高的跌落试验和对管路系统端 3 m 高的跌落试验。

A.2.3.2 试验条件

跌落试验前,气瓶应装满与 LNG 等重量的液氮,气瓶处于放空且完全冷却状态,试验前关闭放空阀。跌落平面应为坚固、平整的水平水泥地面。

A.2.3.3 试验规程

将气瓶升高前测定气瓶的重量、环境温度、风速,填入相应的表内。

用防冻液体清除待冲击部位的霜和水。

将气瓶升高到规定的高度,然后释放气瓶,让气瓶做自由落体运动。在释放气瓶时,要求所有固定点应同时释放。

待气瓶落地后,用照相机将气瓶的落点、在水泥地面上的方向、位置等情况记录下来。

A.2.3.4 试验评定

跌落试验完毕后的 1 h 内,任何部位不得出现泄漏,气瓶外壳不得有大面积结露或结霜现象(内胆与外壳连接支撑部位除外)。

附 录 B

（规范性附录）

气瓶安全泄放量和安全阀排放能力的计算

B.1 符号

下列符号适用于本文件：

Q_{a1}, Q_{a2} ——在额定泄放压力（取1.2倍的安全阀整定压力）下，将以瓶内介质计算的气瓶最小安全泄放量折合成自由流空气（101.325 kPa绝对压力，15.6 ℃）的流量，m³/h（体积流量）；

t ——泄放压力下瓶内介质的温度，℃；

G_i ——气体系数，由表B.1查得或表B.1上方的计算式计算得到；

U ——气瓶绝热材料的总热传导系数，可以通过绝热层的热传导率除以绝热层厚度得到，热传导率可由试验测定，kJ/(h·m²·℃)；

A_o ——气瓶瓶体外表面积，m²；

W_{s1}, W_{s2} ——在额定泄放压力（取1.2倍的安全阀整定压力）下，将以瓶内介质计算的气瓶最小安全泄放量折合成自由流空气（101.325 kPa绝对压力，15.6 ℃）的流量，kg/h（质量流量）；

Z ——气体压缩系数，对空气和天然气，Z取1.0；

q ——泄放压力下瓶内所装介质的汽化潜热，kJ/kg；

C ——气体特性系数，对空气C取356，对天然气C取348；

M ——气体的摩尔质量，对空气M取29，对天然气M取16；

W_r ——安全阀的额定排量，kg/h（质量流量）；

K ——安全阀的泄放系数，与安全阀的类型、结构有关，一般选用0.6，或由安全阀制造单位实测确定；

P ——安全阀的额定泄放压力（绝对压力），MPa；

A ——泄压装置的泄放面积，mm²；

T ——泄放装置泄放温度，K，对自由流空气，取288.8 K。

B.2 气瓶安全泄放量的计算

B.2.1 当气瓶绝热层完整但绝热层真空被破坏，绝热层空间被所装介质或大气所充满，气瓶的最小安全泄放量可以由式（B.1）确定：

$$Q_{a1} = \frac{0.382(54.4-t)G_i U A_o}{(649-t)} \quad\cdots\cdots\cdots\cdots\cdots\cdots\cdots\cdots\cdots\cdots\cdots(B.1)$$

式中，U值是在绝热层真空被破坏，绝热层空间被所装介质或大气所充满条件下取得，取两者中较大值。U值应在绝热层平均温度（也可采用37.8 ℃）下确定。

B.2.2 当绝热层真空被破坏，绝热层空间被所装介质或大气所充满，同时处于外部高温条件（试验环境或火灾）下，气瓶的最小安全泄放量可以由计算式（B.2）确定：

$$Q_{a2} = G_i U A_o^{0.82} \quad\cdots\cdots\cdots\cdots\cdots\cdots\cdots\cdots\cdots\cdots\cdots\cdots(B.2)$$

式中，U值是在绝热层真空被破坏，绝热层空间被所装介质或大气所充满条件下取得，取两者中较大值。U 值应在 649 ℃外部高温条件(试验环境或火灾)下确定。

B.2.3 气瓶最小安全泄放量需按式(B.3)和式(B.4)将由式(B.1)和式(B.2)计算所得体积流量转换到质量流量:

$$W_{s1} = 1.224 Q_{a1} \qquad \cdots\cdots\cdots\cdots\cdots\cdots\cdots\cdots\cdots\cdots (B.3)$$

$$W_{s2} = 1.224 Q_{a2} \qquad \cdots\cdots\cdots\cdots\cdots\cdots\cdots\cdots\cdots\cdots (B.4)$$

B.3 安全阀的额定排量计算

安全阀的额定排量按下式计算:

$$W_r = 7.6 \times 10^{-2} CKPA \sqrt{\frac{M}{ZT}} \qquad \cdots\cdots\cdots\cdots\cdots\cdots\cdots (B.5)$$

由于 W_{s1}、W_{s2} 为折合成自由流空气的安全泄放量,在计算 W_r 时,相应的气体参数应按自由流空气取值,以便进行比较评定。

B.4 判定

一级安全阀的额定排量应不小于气瓶的最小安全泄放量 W_{s1}。

二级安全阀的额定排量应不小于气瓶的最小安全泄放量 W_{s2}。

当安全阀的额定排放压力低于 0.69 MPa 或介于表 B.1 中所列两档之间时,G_i 按表中较大值取值;当额定的安全阀排放压力高于 2.76 MPa 时,G_i 按式(B.6)进行计算。

$$G_i = \frac{241(649-t)}{qC} \sqrt{\frac{Z(t+273)}{M}} \qquad \cdots\cdots\cdots\cdots\cdots\cdots (B.6)$$

表 B.1 安全阀额定泄放压力对应的气体系数 G_i

介质	额定泄放压力/MPa	系数 G_i
液化天然气	0.69	3.42
	1.38	4.06
	2.07	4.93
	2.76	5.95
液氮	0.69	5.95
	1.38	6.88
	2.07	8.05
	2.76	10.44

附 录 C
（资料性附录）
安全空间的设计计算

C.1 符号说明

F_s——安全空间容积占内胆公称容积的百分比，%；

ρ_1——最低充装压力下的饱和 LNG 的密度，kg/m³；

ρ_2——安全阀开启压力下的饱和 LNG 的密度，kg/m³。

C.2 安全空间的设计原则

安全空间应保证气瓶充装额定的最低充装压力下的饱和 LNG 后，内压力升至安全阀开启压力时，内胆不满液。

C.3 计算

安全空间的设计计算按下式：

$$F_s = \left(\frac{\rho_1}{\rho_2} - 1\right) \times 100\%$$

计算结果应向上圆整至整数。

附　录　D
（规范性附录）
自动限充功能试验方法

D.1　试验目的

实施自动限充功能试验目的是检验气瓶的自动限充功能是否符合设计要求。

D.2　试验条件

试验介质选用液氮。

试验装置中加注装置应符合 GB/T 25986 的相关要求,且应具备与被充气瓶相配合协调工作的功能,当充装速率突然减小时能自动停止充装。

试验装置应能准确测量气瓶内液氮的重量。应采用电子秤称重,电子秤精确度等级为Ⅲ级以上,检定分度值 0.1 kg。

试验装置应能准确测量所加注液氮的温度,精确至 0.1 ℃。

D.3　试验准备

试验前,称取气瓶空瓶重量,并向气瓶充装相当于内胆全容积 50% 以上的液氮,打开放空阀静置 24 h 以上,便气瓶处于完全冷却状态。

D.4　试验规程

D.4.1　将气瓶及其托架放置在电子秤上,连接充装管路。计算出空瓶、托架及连接管路的总重量 M_0。

D.4.2　将气瓶排液至规定的初始充装率,将压力泄放至合适的压力,关闭放空阀,静置 10 min。记录气瓶的压力 P_1 和电子秤读数 M_1。

D.4.3　开始充装,记录充装过程中液体的温度 T 和充装结束时电子秤的读数 M_2。

D.4.4　重复步骤 D.4.2～D.4.3,共 8 次。规定的初始充装率及对应的试验次数如表 D.1 所示,初始充装率允许偏差为 ±5%。

表 D.1　初始充装率及对应的试验次数对照表

初始充装率/%	5	25	50	75
试验次数	2	2	2	2

D.5　充装率的计算

D.5.1　气瓶初始液体体积 V_1 按式(D.1)计算:

$$V_1 = (M_1 - M_0)/\rho_1 \quad\quad\quad\text{(D.1)}$$

式中，ρ_1 为气瓶初始液体的密度，可通过液氮的饱和蒸气压 P_1 查气体手册获得。

D.5.2 充装液体的体积 V_2 按式(D.2)计算：

$$V_2 = (M_2 - M_1)/\rho_2 \qquad\qquad\qquad (\text{D.2})$$

式中，ρ_2 为充装液体的密度，可通过液氮的温度 T_1 查气体手册获得。

D.5.3 充装率 Φ 按式(D.3)计算：

$$\Phi = (V_1 + V_2)/V \qquad\qquad\qquad (\text{D.3})$$

式中，V 为气瓶公称容积。

D.6 试验评定

任何一次试验测得的充装率不得大于设计规定值加 2%。

附 录 E

（资料性附录）

产品合格证

产品合格证见表 E.1。

表 E.1 产品合格证

××××公司

汽车用液化天然气气瓶

产 品 合 格 证

气瓶型号 _____

产品编号 _____

产品批号 _____

内胆批号 _____

制造年月 _____

制造许可证编号 _____

本产品的制造符合 GB/T 34510—2017《汽车用液化天然气气瓶》标准和设计图样要求。

经检验合格。

检验负责人（章）   质量检验专用章

年   月

表 E.1（续）

主要技术数据：

公称容积_____L　　　　　公称工作压力_____MPa

内胆内径_____mm　　　　充装介质　液化天然气(LNG)

最大充装量(充装介质的最低饱和蒸气压)_____L(_____MPa)

内胆筒体设计厚度_____mm　　　内胆封头设计厚度_____mm

内胆筒体、封头钢板牌号_____　　材料标准代号_____

材料化学成分规定值/%

C≤0.08　S≤0.03　P≤0.035　Mn≤2　Si≤1　Ni8～11　Cr17～20

材料强度规定值：$R_m \geqslant$ __520__ MPa　　　　　$R_{p0.2} \geqslant$ __205__ MPa

气瓶净重_____kg

管路气密性试验压力_____MPa　　　内胆试验压力_____MPa

内胆焊接接头无损检测：依据标准_____

纵向焊接接头　环向焊接接头

探伤类型：_____　_____

检测比例：_____　_____

合格级别：_____　_____

检测结果：_____　_____

焊接接头返修次数：

　　1次：_____处，2次：_____处。

内胆焊接接头返修部位展开图

附 录 F

（资料性附录）

批量检验质量证明书

批量检验质量证明书见表F.1。

表 F.1 批量检验质量证明书

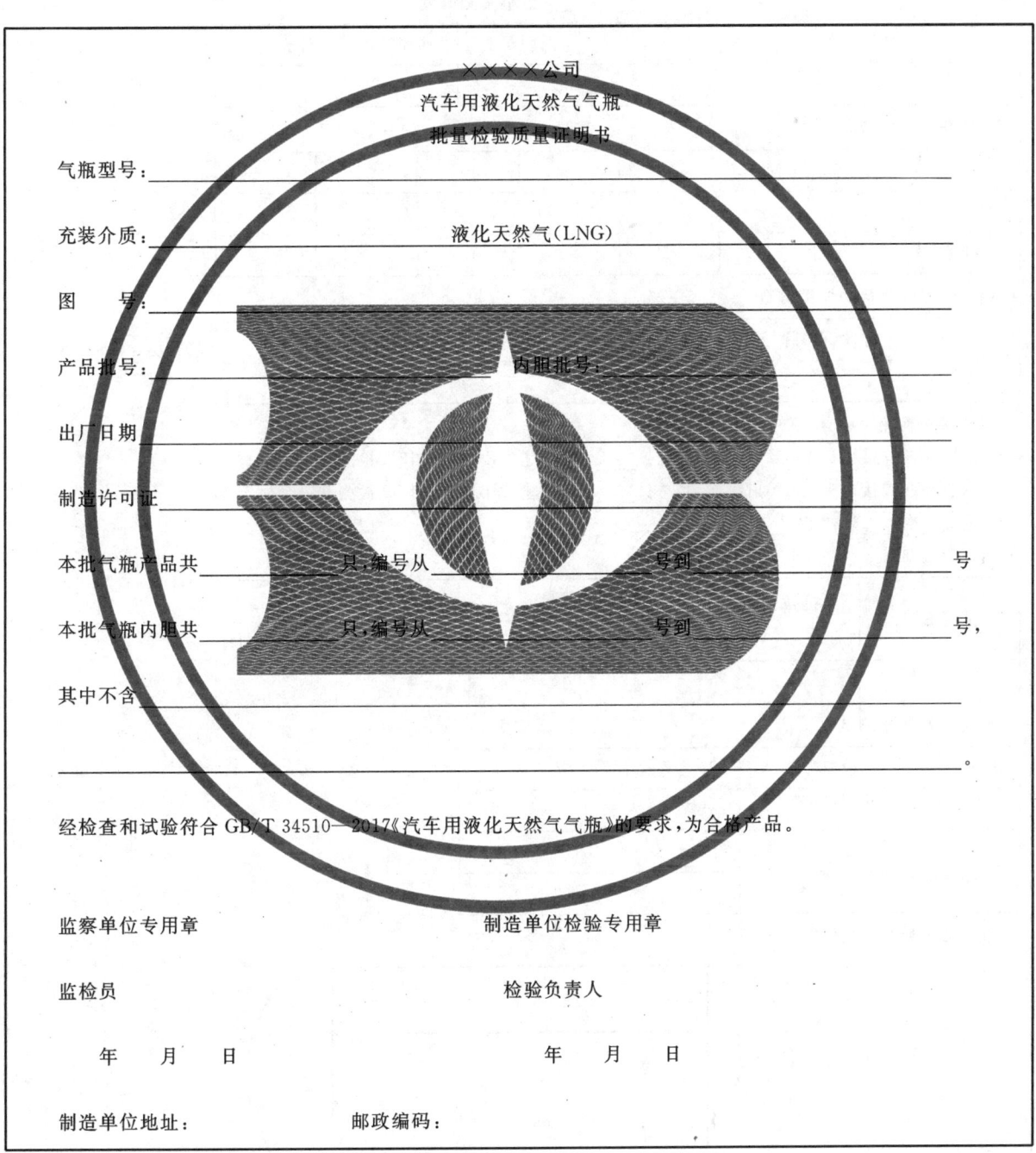

××××公司

汽车用液化天然气气瓶

批量检验质量证明书

气瓶型号：

充装介质：　　　　　　　　　　液化天然气（LNG）

图　　号：

产品批号：　　　　　　　　　　　　内胆批号：

出厂日期

制造许可证

本批气瓶产品共　　　　　只,编号从　　　　　　号到　　　　　　号

本批气瓶内胆共　　　　　只,编号从　　　　　　号到　　　　　号,

其中不含

　　　　　　　　　　　　　　　　　　　　　　　　　　。

经检查和试验符合 GB/T 34510—2017《汽车用液化天然气气瓶》的要求,为合格产品。

监察单位专用章　　　　　　　　　　　制造单位检验专用章

监检员　　　　　　　　　　　　　　　检验负责人

　　年　　月　　日　　　　　　　　　　年　　月　　日

制造单位地址：　　　　　邮政编码：

表 F.1（续）

1. 主要技术数据

公称容积＿＿＿＿＿＿＿＿＿＿L   公称工作压力＿＿＿＿＿＿＿＿＿＿MPa

内胆内径＿＿＿＿＿＿＿＿＿mm   内胆名义壁厚＿＿＿＿＿＿＿＿＿mm

内胆气压试验压力＿＿＿＿＿＿MPa 内胆设计壁厚＿＿＿＿＿＿＿＿＿mm

2. 批量抽检瓶的测量

抽检瓶号	容积/L	最小实测厚度/mm			
		内胆筒体	内胆封头	外壳筒体	外壳封头

3. 瓶体材料化学成分/%

牌号	C	Mn	P	S	Si	Ni	Cr
检验值							
标准值							

4. 内胆主体焊接接头焊接材料

焊丝(条)牌号	焊丝(条)直径/mm

5. 焊接接头检测 （抽检瓶号：＿＿＿＿＿＿）

内胆纵向焊接接头 100％射线检测,总长＿＿＿＿mm,按 NB/T 47013.2 检测Ⅱ级合格。

内胆环向焊接接头 100％射线检测,总长＿＿＿＿mm,按 NB/T 47013.2 检测Ⅱ级合格。

返修 1 次＿＿＿处,2 次＿＿＿＿处。

6. 力学性能试验

试验编号	抗拉强度 R_m/MPa	弯曲试验		低温冲击	
		横向面弯	横向背弯	冲击温度/℃	冲击功/J

7. 抽检瓶蒸发率测试

序号	抽检瓶号	静态蒸发率/[％/$d(LN_2)$]
1		
2		
3		

8. 抽检瓶返修部位(简图)

参 考 文 献

[1] GB/T 24159—2009 焊接绝热气瓶

[2] CGA S-1.1—2007 Pressure Relief Device Standards Part 1—Cylinders for Compressed Gases

[3] NFPA 52—2010 Vehicular Gaseous Fuel Systems Code Effective

[4] SAE J2343—2008 Recommended Practice for LNG Medium and Heavy-Duty Powered Vehicles

ICS 23.020.30
J 74

中华人民共和国国家标准

GB/T 35544—2017

车用压缩氢气铝内胆碳纤维全缠绕气瓶

Fully-wrapped carbon fiber reinforced cylinders with an aluminum liner for the
on-board storage of compressed hydrogen as a fuel for land vehicles

2017-12-29 发布

2018-07-01 实施

中华人民共和国国家质量监督检验检疫总局
中国国家标准化管理委员会 发布

前　　言

本标准按照 GB/T 1.1—2009 给出的规则起草。

请注意本文件的某些内容可能涉及专利。本文件的发布机构不承担识别这些专利的责任。

本标准由全国气瓶标准化技术委员会(SAC/TC 31)提出并归口。

本标准起草单位:浙江大学、大连市锅炉压力容器检验研究院、中国特种设备检测研究院、沈阳斯林达安科新技术有限公司、北京天海工业有限公司、北京科泰克科技有限责任公司、中材科技(成都)有限公司、中国标准化研究院、北京海德利森科技有限公司、上海市特种设备监督检验技术研究院、张家港富瑞氢能装备有限公司。

本标准主要起草人:郑津洋、胡军、黄强华、黄改、姜将、孙冬生、张保国、杨明高、王赓、花争立、韩冰、刘岩、韩武林、孙黎、葛安泉。

车用压缩氢气铝内胆碳纤维全缠绕气瓶

1 范围

本标准规定了车用压缩氢气铝内胆碳纤维全缠绕气瓶(以下简称气瓶)的型式和参数、技术要求、试验方法、检验规则、标志、包装、运输和储存等要求。

本标准适用于设计制造公称工作压力不超过70 MPa、公称水容积不大于450 L、贮存介质为压缩氢气、工作温度不低于−40 ℃且不高于85 ℃、固定在道路车辆上用作燃料箱的可重复充装气瓶。

注：氢燃料电池城市轨道交通等供氢用气瓶可参照本标准进行制造及检验。

2 规范性引用文件

下列文件对于本文件的应用是必不可少的。凡是注日期的引用文件,仅注日期的版本适用于本文件。凡是不注日期的引用文件,其最新版本(包括所有的修改单)适用于本文件。

GB/T 192 普通螺纹 基本牙型

GB/T 196 普通螺纹 基本尺寸

GB/T 197 普通螺纹 公差

GB/T 228.1 金属材料 拉伸试验 第1部分:室温试验方法

GB/T 230.1 金属材料 洛氏硬度试验 第1部分:试验方法(A、B、C、D、E、F、G、H、K、N、T标尺)

GB/T 231.1 金属材料 布氏硬度试验 第1部分:试验方法

GB/T 232 金属材料 弯曲试验方法

GB/T 1458 纤维缠绕增强塑料环形试样力学性能试验方法

GB/T 3191 铝及铝合金挤压棒材

GB/T 3246.1 变形铝及铝合金制品组织检验方法 第1部分:显微组织检验方法

GB/T 3362 碳纤维复丝拉伸性能试验方法

GB/T 3880.1 一般工业用铝及铝合金板、带材 第1部分:一般要求

GB/T 3880.2 一般工业用铝及铝合金板、带材 第2部分:力学性能

GB/T 3880.3 一般工业用铝及铝合金板、带材 第3部分:尺寸偏差

GB/T 3934 普通螺纹量规 技术条件

GB/T 4437.1 铝及铝合金热挤压管 第1部分:无缝圆管

GB/T 4612 塑料 环氧化合物 环氧当量的测定

GB/T 6519 变形铝、镁合金产品超声波检验方法

GB/T 7690.3 增强材料 纱线试验方法 第3部分:玻璃纤维断裂强力和断裂伸长的测定

GB/T 7762—2014 硫化橡胶或热塑性橡胶 耐臭氧龟裂 静态拉伸试验

GB/T 7999 铝及铝合金光电直读发射光谱分析方法

GB/T 9251 气瓶水压试验方法

GB/T 9252 气瓶压力循环试验方法

GB/T 11640 铝合金无缝气瓶

GB/T 12137 气瓶气密性试验方法

GB/T 13005　气瓶术语

GB/T 15385　气瓶水压爆破试验方法

GB/T 17394.1　金属材料　里氏硬度试验　第 1 部分:试验方法

GB/T 19466.2　塑料　差示扫描量热法(DSC)　第 2 部分:玻璃化转变温度的测定

GB/T 20668　统一螺纹　基本尺寸

GB/T 20975(所有部分)　铝及铝合金化学分析方法

GB/T 26749　碳纤维　浸胶纱拉伸性能的测定

GB/T 30019　碳纤维　密度的测定

GB/T 33215　气瓶安全泄压装置

YS/T 67　变形铝及铝合金圆铸锭

3　术语和定义及符号

3.1　术语和定义

GB/T 13005 界定的以及下列术语和定义适用于本文件。

3.1.1

铝内胆　aluminum liner

在外表面缠绕碳纤维增强层,用于密封气体且可承受或不承受部分压力载荷的无缝铝合金容器。

3.1.2

全缠绕　fully-wrapped

用浸渍树脂基体的碳纤维连续在铝内胆上进行螺旋和环向缠绕,使气瓶的环向和轴向都得到增强的缠绕方式。

3.1.3

全缠绕气瓶　fully-wrapped cylinder

在铝内胆外表面全缠绕碳纤维增强层,经加温固化成型的气瓶。

3.1.4

公称工作压力　nominal working pressure

气瓶在基准温度(15 ℃)下的限定充装压力。

3.1.5

自紧　autofrettage

通过向气瓶施加内压使铝内胆产生塑性变形,从而使得气瓶在零压力下铝内胆承受压应力、碳纤维承受拉应力的加压过程。

3.1.6

自紧压力　autofrettage pressure

自紧时施加在气瓶内的最高压力(表压)。

3.1.7

气瓶批量　batch of cylinder

采用同一设计条件,具有相同结构尺寸铝内胆、复合材料,且用同一工艺进行缠绕、固化的气瓶的限定数量。

3.1.8

铝内胆批量　batch of aluminum liner

采用同一设计条件,具有相同的公称外直径、设计壁厚,用同一炉罐号材料,同一制造工艺制成,按同一热处理规范及相同的工艺参数进行连续热处理的铝内胆的限定数量。

3.1.9

设计使用年限 service life

在规定使用条件下,气瓶允许使用的年限。

3.1.10

纤维应力比 fiber stress ratio

气瓶在最小爆破压力下的碳纤维应力与公称工作压力下的碳纤维应力之比。

3.1.11

极限弹性膨胀量 rejection elastic expansion;REE

在每种规格型号气瓶设计定型阶段,由制造单位规定的气瓶弹性膨胀量的许用上限值,单位为毫升。该数值不得超过设计定型批相同规格型号气瓶在水压试验压力下弹性膨胀量平均值的1.1倍。

3.2 符号

下列符号适用于本文件。

A ——室温下铝内胆材料断后伸长率实测值,%;

a_0 ——铝内胆材料拉伸试样的原始厚度,mm;

b_0 ——铝内胆材料拉伸试样的原始宽度,mm;

D_f ——冷弯试验弯心直径,mm;

D_0 ——铝内胆公称外直径,mm;

H ——铝内胆材料压扁试验压头间距,mm;

l_0 ——铝内胆材料拉伸试样的原始标距,mm;

N_d ——气瓶设计循环次数,次;

p ——气瓶公称工作压力,MPa;

p_{bmin} ——气瓶最小爆破压力,MPa;

p_{b0} ——气瓶爆破压力期望值,MPa;

p_m ——气瓶许用压力,MPa;

p_h ——气瓶水压试验压力,MPa;

$R_{p0.2}$ ——室温下铝内胆材料0.2%非比例延伸强度,MPa;

R_m ——室温下铝内胆材料抗拉强度实测值,MPa;

S_{ao} ——冷弯试验铝内胆筒体实测平均壁厚,mm;

V ——气瓶公称水容积,L。

4 型式、参数、分类和型号

4.1 型式

气瓶的瓶体结构应符合图1所示的型式,其中T型为凸形底结构,S型为两端收口结构。

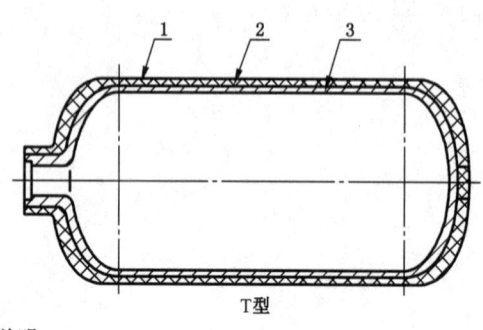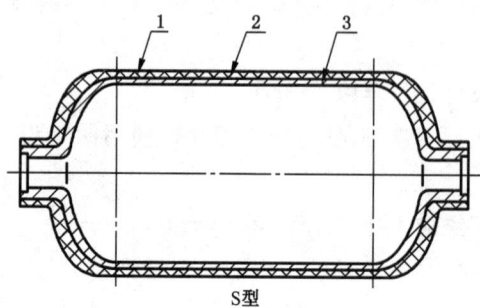

T型　　　　　　　　　　　　　　　　　S型

说明：
1——碳纤维缠绕层；
2——防电偶腐蚀层；
3——铝内胆。

图 1　气瓶结构型式

4.2　参数

4.2.1　气瓶公称工作压力一般应为 25 MPa、35 MPa、50 MPa 或 70 MPa。

4.2.2　气瓶公称水容积和铝内胆公称外直径一般应符合表1的规定。

表 1　气瓶公称水容积和铝内胆公称外直径

项目	数值	允许偏差/%
公称水容积(V)/L	≤120	+5 0
	120～450	+2.5 0
铝内胆公称外直径(D。)/mm	φ180～φ660	±1

4.3　分类

气瓶分为 A 类气瓶和 B 类气瓶。A 类气瓶为公称工作压力小于或者等于 35 MPa 的气瓶；B 类气瓶为公称工作压力大于 35 MPa 的气瓶。

4.4　型号

气瓶型号标记应由以下部分组成：

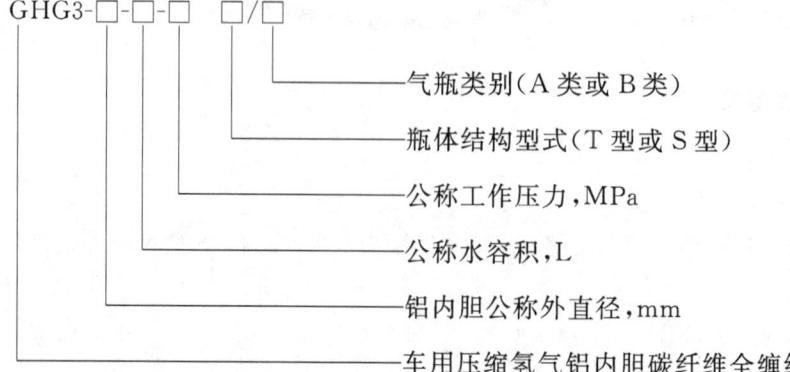

GHG3-□-□-□ □/□

气瓶类别(A 类或 B 类)

瓶体结构型式(T 型或 S 型)

公称工作压力,MPa

公称水容积,L

铝内胆公称外直径,mm

车用压缩氢气铝内胆碳纤维全缠绕气瓶

示例：铝内胆公称外直径为 356 mm、公称水容积为 120 L、公称工作压力为 35 MPa、结构型式为 S 型的 A 类车用压缩氢气铝内胆碳纤维全缠绕气瓶,其型号标记为：CHG3-356-120-35 S/A。

5 技术要求

5.1 一般要求

5.1.1 公称水容积

A 类气瓶的公称水容积不大于 450 L;B 类气瓶的公称水容积不大于 230 L。

5.1.2 设计循环次数

A 类气瓶的设计循环次数 N_d 为 11 000 次;B 类气瓶的设计循环次数 N_d 为 7 500 次。

5.1.3 设计使用年限

A 类气瓶的设计使用年限为 15 年;B 类气瓶的设计使用年限为 10 年。当气瓶实际使用年限未达到设计使用年限,但充装次数达到设计循环次数时,气瓶应当报废。

5.1.4 许用压力

在充装和使用过程中,气瓶的许用压力 p_m 为公称工作压力 p 的 1.25 倍。

5.1.5 温度范围

在充装和使用过程中,气瓶的温度应不低于 −40 ℃ 且不高于 85 ℃。

5.1.6 氢气品质

充装气瓶的压缩氢气成分应符合燃料电池汽车用氢气品质的要求。

5.1.7 工作环境

设计气瓶时,应考虑其连续承受机械损伤或化学侵蚀的能力,其外表面至少应能适应下列工作环境:

  a) 间断地浸入水中,或者道路溅水;
  b) 车辆在海洋附近行驶,或者在用盐融化冰的路面上行驶;
  c) 阳光中的紫外线辐射;
  d) 车辆振动和碎石冲击;
  e) 接触酸和碱溶液、肥料;
  f) 接触汽车用液体,包括汽油、液压油、电池酸、乙二醇和油;
  g) 接触排放的废气。

5.2 材料

5.2.1 一般要求

制造气瓶的材料,应有材料制造单位提供的质量证明书原件,或者加盖了材料经营单位公章且有经办人签字(章)的质量证明书复印件。

5.2.2 铝内胆

5.2.2.1 内胆应采用 6061 铝合金,其化学成分应符合表 2 的规定。

表 2　6061 铝合金化学成分

元素		Si	Fe	Cu	Mn	Mg	Cr	Zn	Ti	Pb	Bi	其他		Al
												单项	总体	
质量分数/%	最小值	0.40	—	0.15	—	0.80	0.04	—	—	—	—	—	—	余量
	最大值	0.80	0.70	0.40	0.15	1.20	0.35	0.25	0.15	0.003	0.003	0.05	0.15	

5.2.2.2　铝内胆材料应满足相应标准的规定,板材应符合 GB/T 3880.1、GB/T 3880.2、GB/T 3880.3 的规定,管材应符合 GB/T 4437.1 的规定,挤压棒材应符合 GB/T 3191 的规定,铸锭应符合 YS/T 67 的规定。铸锭应进行超声检测,超声检测按 $\phi 2$ mm 当量平底孔进行,检验方法应符合 GB/T 6519 的规定。

5.2.2.3　铝内胆材料应经气瓶制造单位复验合格后方可使用。气瓶制造单位应按材料炉罐号根据 GB/T 7999 或 GB/T 20975 进行化学成分复验。

5.2.3　树脂

5.2.3.1　浸渍材料应采用环氧树脂或改性环氧树脂等耐热性高且稳定性好的热固性树脂。树脂的环氧当量测定应按 GB/T 4612 的规定执行,树脂材料的玻璃化转变温度应按 GB/T 19466.2 的规定进行测定,且其值应不低于 105 ℃。

5.2.3.2　浸渍材料的性能和技术指标应符合相应的国家标准或行业标准的规定。

5.2.4　纤维

5.2.4.1　碳纤维

5.2.4.1.1　承载纤维应采用连续无捻碳纤维,不准许采用混合纤维。

　　注:当采用碳纤维作为承载纤维,用玻璃纤维作为防电偶腐蚀层或外表面保护层时,不认为是混合纤维。

5.2.4.1.2　每批碳纤维的力学性能应符合气瓶设计文件的规定。

5.2.4.1.3　气瓶制造单位应对碳纤维材料按批进行复验。纤维线密度(公制号数)应按 GB/T 3362 或 GB/T 30019 测定;纤维浸胶拉伸强度应按 GB/T 3362 或 GB/T 26749 测定。

5.2.4.2　玻璃纤维

5.2.4.2.1　应采用 S 型或 E 型玻璃纤维,其力学性能应符合气瓶设计文件的规定。

5.2.4.2.2　玻璃纤维只允许用作气瓶外表面保护层或防电偶腐蚀层。

5.2.4.2.3　采用 GB/T 7690.3 规定的方法,按批对玻璃纤维力学性能进行复验。

5.3　设计

5.3.1　铝内胆

5.3.1.1　铝内胆端部应采用凸形结构。

5.3.1.2　铝内胆端部应采用渐变厚度设计,筒体与端部应圆滑过渡。

5.3.1.3　铝内胆最小设计壁厚应通过应力分析验证。

5.3.1.4　气瓶瓶口应开在气瓶端部,且应与铝内胆同轴。

5.3.1.5　瓶口的外径和厚度应满足瓶阀装配时的扭矩要求。必要时,瓶口可采用增强结构,如钢套等。

5.3.1.6　瓶口螺纹应采用直螺纹,螺纹长度应大于气瓶阀门螺纹的有效长度,且应符合 GB/T 192、

GB/T 196、GB/T 197 或 GB/T 20668 的规定。

5.3.1.7 瓶口螺纹在水压试验压力下的切应力安全系数应不小于 4。计算螺纹切应力安全系数时,铝合金剪切强度取 0.6 倍的材料抗拉强度保证值。

5.3.2 气瓶

5.3.2.1 气瓶水压试验压力应不低于 1.5 倍公称工作压力。

5.3.2.2 纤维应力比应不低于 2.25。

5.3.2.3 气瓶最小爆破压力应不低于 2.25 倍公称工作压力。

5.3.2.4 气瓶外表面可以采用适当的保护层进行防护。如果保护层作为设计的一部分时,应符合 6.2.11 规定的要求。

5.3.2.5 气瓶使用条件中不包括因外力等引起的附加载荷。

5.3.3 应力分析

采用有限单元法,建立合适的气瓶分析模型,计算气瓶在自紧压力、自紧后零压力、公称工作压力、许用压力、水压试验压力和最小爆破压力下,铝内胆和缠绕层中的应力和应变。分析模型应考虑铝内胆的材料非线性、复合材料各向异性和结构的几何非线性。

5.3.4 最大允许缺陷尺寸

采用含裂纹气瓶常温压力循环试验方法或者基于断裂力学的工程评估方法,确定铝内胆无损检测时的最大允许缺陷尺寸,参见附录 A。

5.4 制造

5.4.1 一般要求

5.4.1.1 气瓶应符合产品设计图样和相关技术文件的规定。

5.4.1.2 制造应分批管理,铝内胆成品和气瓶成品均以不大于 200 只加上破坏性试验用铝内胆或气瓶的数量为一个批。

5.4.2 铝内胆

5.4.2.1 铸锭和挤压棒材应挤压成形,或者挤压后冷拉伸成形;板材应冲压冷拉伸或旋压成形;管材应旋压成形。铝内胆不得进行焊接。

5.4.2.2 成形后的铝内胆应按评定合格的热处理工艺进行固溶时效热处理。

5.4.2.3 铝内胆热处理后应逐只进行硬度测定。

5.4.3 瓶口螺纹

螺纹和密封面应光滑平整,不准许有倒牙、平牙、牙双线、牙底平、牙尖、牙阔以及螺纹表面上的明显跳动波纹。螺纹轴线应与气瓶轴线同轴。

5.4.4 纤维缠绕

5.4.4.1 缠绕碳纤维前,铝内胆内外表面应清理干净,不得有金属碎屑等杂物,且应采取措施防止铝内胆外表面与碳纤维缠绕层之间发生电偶腐蚀。

5.4.4.2 缠绕和固化应按评定合格的工艺进行。固化温度不得对铝内胆力学性能产生影响。

5.4.4.3 水压试验前应按规定的自紧压力进行自紧处理,并详细记录每只气瓶的自紧压力、容积膨胀量等。

5.5 附件

5.5.1 气瓶应当设置温度驱动安全泄压装置(TPRD)和截止阀。TPRD应采用易熔合金塞或其他合适的结构型式,其动作温度应为(110±5)℃,且泄放口不得朝向瓶体。

5.5.2 易熔合金塞应满足 GB/T 33215 的规定,其他结构型式的 TPRD 应满足相应标准的要求。

5.5.3 气瓶设置其他火烧保护装置时,装置不得影响气瓶的受力状态和 TPRD 的正常开启。

5.5.4 温度驱动安全泄压装置和阀门的型式试验方法及合格指标应满足附录 B 的规定。

6 试验方法和合格指标

6.1 铝内胆

6.1.1 壁厚和制造公差

6.1.1.1 试验方法

壁厚应采用超声测厚仪测量;制造公差应采用标准的或专用的量具、样板进行检查。

6.1.1.2 合格指标

铝内胆的壁厚和制造公差应符合以下要求:
a) 壁厚应不小于最小设计壁厚;
b) 筒体外直径平均值和公称外直径的偏差不超过公称外直径的 1%;
c) 筒体同一截面上最大外直径与最小外直径之差不超过公称外直径的 2%;
d) 筒体直线度不超过筒体长度的 3‰。

6.1.2 内外表面

6.1.2.1 试验方法

目测检查外表面,用内窥灯或内窥镜检查内表面。

6.1.2.2 合格指标

铝内胆内外表面应符合以下要求:
a) 内、外表面无肉眼可见的表面压痕、凸起、重叠、裂纹和夹杂,颈部与端部过渡部分无突变或明显皱折;
b) 筒体与端部应圆滑过渡;
c) 若采用机加工或机械修磨的方法去除表面缺陷,缺陷去除部位应圆滑过渡,且壁厚不小于最小设计壁厚。

6.1.3 瓶口螺纹

6.1.3.1 试验方法

目测检查,并用符合 GB/T 3934 标准或相应标准的量规检查。

6.1.3.2 合格指标

瓶口螺纹应符合以下要求:

a) 螺纹的有效螺距数和表面粗糙度应符合设计规定;

b) 螺纹牙型、尺寸和公差应符合相关标准规定。

6.1.4 铝内胆热处理后的性能测量

6.1.4.1 取样

取样要求如下:

a) 取样部位:拉伸试样、冷弯试样和压扁试样应从筒体中部截取,金相试样应从铝内胆肩部截取,如图 2 所示;

a) 取样数量:拉伸试样 3 件、冷弯试样 2 件或压扁试样 1 件、金相试样 1 件。

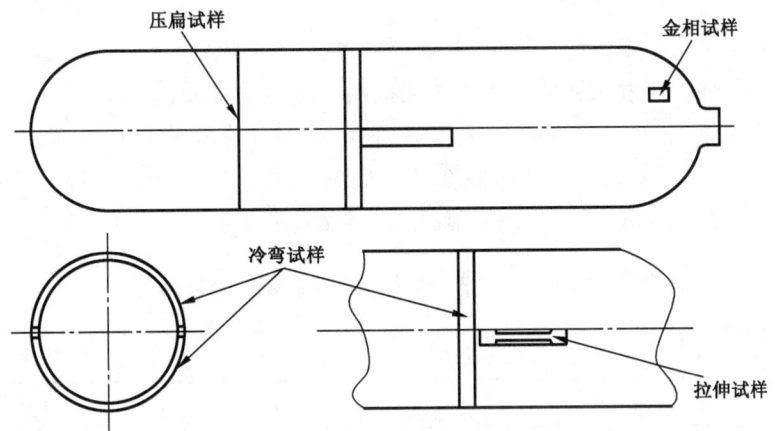

图 2 取样部位图

6.1.4.2 拉伸试验

6.1.4.2.1 试验方法

拉伸试验应符合以下要求:

a) 试样应为实物扁试样,如图 3 所示;

b) 试样制备和拉伸试验方法应按 GB/T 228.1 的规定执行。

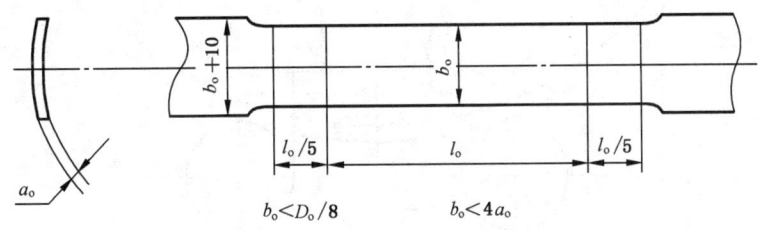

图 3 拉伸试样图

6.1.4.2.2 合格指标

实测抗拉强度 R_m 与 0.2% 非比例延伸强度 $R_{p0.2}$ 应满足设计制造单位保证值,断后伸长率 A 不得小于 12%。

6.1.4.3 金相试验

6.1.4.3.1 试验方法

试样的制备、尺寸和试验方法应按 GB/T 3246.1 的规定执行。

6.1.4.3.2 合格指标

无过烧组织。

6.1.4.4 冷弯试验

6.1.4.4.1 试验方法

冷弯试验应按 GB/T 232 规定的方法执行,并同时符合以下要求:
a) 圆环应从拉伸试验所取试样的铝内胆上用机械方法环向截取;
b) 圆环试样的宽度为 25 mm,将圆环等分成 2 条,任取 1 条试样进行冷弯试验。试验前应对试样侧面进行加工,其轮廓算术平均偏差 R_a 的值应不大于 12.5 μm,圆角半径应不大于 2 mm;
c) 弯心直径应按表 3 选取,试样按图 4 进行弯曲,弯曲角度 180°。

表 3 冷弯试验弯心直径和压扁试验压头间距

拉伸强度实测值 R_m/MPa	弯心直径 D_f/mm	压扁试验压头间距 H/mm
≤325	$6S_{ao}$	$10S_{ao}$
325~440	$7S_{ao}$	$12S_{ao}$
>440	$8S_{ao}$	$15S_{ao}$

6.1.4.4.2 合格指标

目测试样无裂纹。

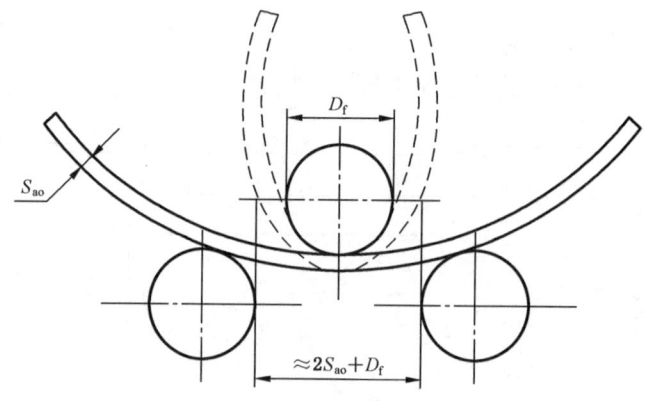

图 4 冷弯试验示意图

6.1.4.5 压扁试验

6.1.4.5.1 试验方法

试样制备和试验方法按 GB/T 11640 执行。试样应被压扁至表 3 规定间距 H。

6.1.4.5.2 合格指标

在保持规定压头间距和压扁载荷条件下,目测铝内胆压扁变形处无裂纹。

6.1.5 硬度试验

6.1.5.1 试验方法

试验方法应按 GB/T 17394.1、GB/T 230.1 或 GB/T 231.1 的规定执行。

6.1.5.2 合格指标

硬度值不得超出设计制造单位规定的范围。

6.1.6 无损检测

6.1.6.1 试验方法

采用超声检测或其他合适的检测方法,对铝内胆进行无损检测。

6.1.6.2 合格指标

铝内胆最大缺陷尺寸应小于 5.3.4 规定的最大允许缺陷尺寸。

6.2 气瓶

6.2.1 缠绕层力学性能

6.2.1.1 层间剪切试验

6.2.1.1.1 试验方法

按 GB/T 1458 规定,制作具有代表性的缠绕层试样,有效试样数应不少于 6 个。将试样在沸水煮 24 h 后,再按 GB/T 1458 规定的方法进行试验。

6.2.1.1.2 合格指标

缠绕层复合材料层间剪切强度值应不低于 13.8 MPa。

6.2.1.2 拉伸试验

6.2.1.2.1 试验方法

按 GB/T 3362 规定,制作具有代表性的拉伸试样,有效试样数应不少于 6 个,并按 GB/T 3362 规定的试验方法进行试验。

6.2.1.2.2 合格指标

实测抗拉强度应不低于设计制造单位保证值。

6.2.2 缠绕层外观

6.2.2.1 试验方法

目测检查。

GBT 35544—2017

6.2.2.2 合格指标

不得有纤维裸露、纤维断裂、树脂积瘤、分层及纤维未浸透等缺陷。

6.2.3 水压试验

6.2.3.1 试验方法

按 GB/T 9251 规定的外测法进行水压试验,试验压力 p_h 为 1.5p。

6.2.3.2 合格指标

在试验压力下保压至少 30 s,压力不应下降,瓶体不应泄漏或明显变形。气瓶弹性膨胀量应小于极限弹性膨胀量,且泄压后容积残余变形率不大于 5%。

6.2.4 气密性试验

6.2.4.1 试验方法

在水压试验合格后,按 GB/T 12137 规定的试验方法采用氮气进行气密性试验,试验压力为 p。

6.2.4.2 合格指标

在试验压力下保压至少 1 min,瓶体、瓶阀和瓶体瓶阀连接处均不应泄漏。因装配引起的泄漏,允许返修后重做试验。

6.2.5 水压爆破试验

6.2.5.1 试验方法

按 GB/T 15385 规定的试验方法在常温条件下进行水压爆破试验,并同时满足以下要求:
a) 试验介质应为非腐蚀性液体;
b) 当试验压力大于 1.5p 时,升压速率应小于 1.4 MPa/s。若升压速率小于或者等于 0.35 MPa/s,加压直至爆破;若升压速率大于 0.35 MPa/s 且小于 1.4 MPa/s,如果气瓶处于压力源和测压装置之间,则加压直至爆破,否则应在达到最小爆破压力后保压至少 5 s 后,继续加压直至爆破。

6.2.5.2 合格指标

爆破起始位置应在气瓶筒体部位。对于 A 类气瓶,实测爆破压力应大于或者等于 p_{bmin};对于 B 类气瓶,实测爆破压力应在 $0.9p_{b0} \sim 1.1p_{b0}$ 内,且大于或者等于 p_{bmin}。气瓶爆破压力期望值 p_{b0} 应由制造单位提供数值及依据(含实测值及其统计分析)。

6.2.6 常温压力循环试验

6.2.6.1 试验方法

试验介质应为非腐蚀性液体,在常温条件下按 GB/T 9252 规定的试验方法进行常温压力循环试验,并同时满足以下要求:
a) 试验前,在规定的环境温度和相对湿度条件下,气瓶温度应达到稳定;试验过程中,监测环境、液体和气瓶表面的温度并维持在规定值;
b) 循环压力下限应为 (2±1)MPa,上限应不低于 1.25p;
c) 压力循环频率应不超过 6 次/min。

662

6.2.6.2 合格指标

在设计循环次数 N_d 内,气瓶不得发生泄漏或破裂,之后继续循环至 22 000 次或至泄漏发生,气瓶不得发生破裂。

6.2.7 火烧试验

6.2.7.1 试验方法

气瓶及其附件应进行火烧试验,并同时满足以下要求:
a) 局部火烧位置应为气瓶上距安全泄压装置最远的区域。如果气瓶两端均装有安全泄压装置,火源应处于安全泄压装置间的中心位置;
b) 试验前,用氢气或空气缓慢将气瓶加压至公称工作压力 p;
c) 火源为液化石油气(LPG)、天然气或者煤油燃烧器,其宽度应大于或者等于气瓶直径,使火焰由气瓶的下部及两侧将其环绕。局部火烧时的火源长度为(250±50)mm,整体火烧时的火源长度应吞没整个气瓶;
d) 气瓶应水平放置,并使其下表面距火源约 100 mm。在气瓶轴向不超过 1.65 m 的区域内至少设置 5 个热电偶(至少 2 个设置在局部火烧范围内;至少 3 个设置在其他区域)。设置在其他区域的热电偶应等间距布置且间距小于或者等于 0.5 m。热电偶距气瓶下表面的距离为(25±10)mm。必要时,还可在安全泄压装置及气瓶其他部位设置更多的热电偶;
e) 试验时应采用防风板等遮风措施,使气瓶受热均匀;
f) 火烧试验时,热电偶指示温度如图 5 所示。局部火烧阶段,气瓶火烧区域上热电偶指示温度在点火后 1 min 内至少应达到 300 ℃,在 3 min 内至少达到 600 ℃,在之后的 7 min 内不得低于 600 ℃,但也不得高于 900 ℃。点火 10 min 后进入整体火烧阶段,火焰应迅速布满整个气瓶长度,热电偶指示温度至少应达到 800 ℃,但不得高于 1 100 ℃。热电偶指示温度应满足表 4 的规定。

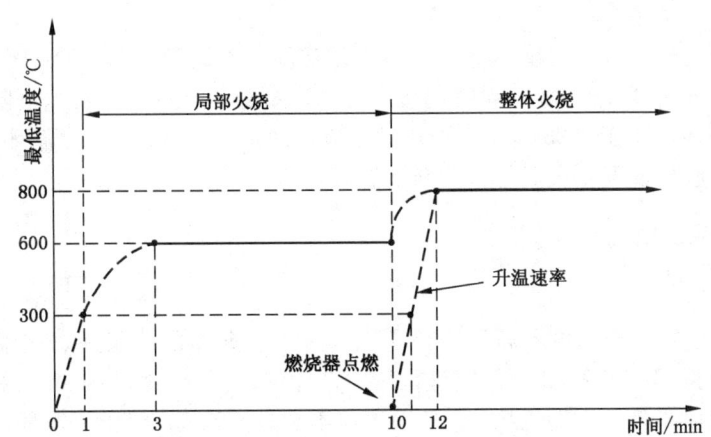

图 5 火烧试验过程最低温度要求

表 4　火烧试验操作和温度要求

时间/min	操作	局部火烧区域		整体火烧区域(除局部火烧区域)	
		最低温度/℃	最高温度/℃	最低温度/℃	最高温度/℃
0～1	点燃燃烧器		900		
1～3	稳定局部火源	300	900		
3～10	稳定局部火源	600	900		
10～11	在第 10 min 点燃主燃烧器	600	1 100		1 100
11～12	稳定整体火源	600	1 100	300	1 100
12～试验结束	稳定整体火源	800	1 100	800	1 100

6.2.7.2　试验结果

记录火烧试验布置方式、热电偶指示温度、气瓶内压力、从点火到安全泄压装置打开的时间及从安全泄压装置打开到压力降至 1 MPa 以下的时间。在试验期间,记录热电偶温度和气瓶内压力的时间间隔不得超过 10 s。

6.2.7.3　合格指标

火烧过程中至少 1 个热电偶指示温度达到规定范围,气瓶内气体应通过安全泄压装置及时泄放,泄放过程应连续,气瓶不得发生爆破。

6.2.8　极限温度压力循环试验

6.2.8.1　试验方法

6.2.8.1.1　高温压力循环试验

试验步骤如下:
a)　将零压力下的气瓶置于温度不低于 85 ℃、相对湿度不低于 95% 的环境中 48 h;
b)　在此环境中按 GB/T 9252 的规定进行压力循环试验,其中:循环压力下限应为 (2 ± 1) MPa,循环压力上限应不低于 $1.25p$,压力循环频率应不超过 6 次/min,压力循环次数为 4 000 次;
c)　试验过程中应保证气瓶表面与试验介质温度均达到规定值。

6.2.8.1.2　低温压力循环试验

试验步骤如下:
a)　将零压力的气瓶置于温度不高于 −40 ℃ 环境中直至纤维缠绕层外表面温度不高于 −40 ℃;
b)　在此环境中按 GB/T 9252 的规定进行压力循环试验,其中:循环压力下限应为 (2 ± 1) MPa,循环压力上限应不低于 $0.8p$,压力循环频率应不超过 6 次/min,压力循环次数为 4 000 次;
c)　试验过程中应保证气瓶表面与试验介质温度均达到规定值。

6.2.8.1.3　水压爆破试验

气瓶经高温和低温压力循环试验之后,按 6.2.5.1 的规定进行水压爆破试验。

6.2.8.2　合格指标

气瓶进行高温和低温压力循环试验过程中无纤维脱离、瓶体泄漏和破裂现象;经极限温度压力循环试验后,其爆破压力不应低于1.8p。

6.2.9 加速应力破裂试验

6.2.9.1 试验方法

先在温度不低于85 ℃的环境中,将气瓶加水压至1.25p,并在此温度和压力下静置1 000 h,再按6.2.5.1的规定进行水压爆破试验。

6.2.9.2 合格指标

爆破压力不得低于1.8p。

6.2.10 裂纹容限试验

6.2.10.1 试验方法

试验步骤如下:

a) 在靠近气瓶端部的筒体外表面沿轴向加工两条裂纹,并符合以下要求:
    1) 一条裂纹位于气瓶阀门端,长度为25 mm,深度大于或者等于1.25 mm;
    2) 另一条裂纹位于气瓶的另一端,长度200 mm,深度大于或者等于0.75 mm;
b) 按GB/T 9252的规定进行压力循环试验,并符合以下要求:
    1) 循环压力下限应为(2±1)MPa,循环压力上限应不低于1.25p;
    2) 压力循环频率应不超过6 次/min;
    3) 循环次数为设计循环次数N_d。

6.2.10.2 合格指标

在前3 000 次压力循环中,瓶体不得发生泄漏或破裂;在随后继续循环至设计循环次数N_d之前,瓶体不得发生破裂。

6.2.11 环境试验

6.2.11.1 气瓶放置和区域划分

在气瓶筒体上部划分5个明显区域,以便进行摆锤冲击和化学暴露,如图6所示。每个区域的直径应为100 mm。5个区域可不在一条直线上,但不应重叠。

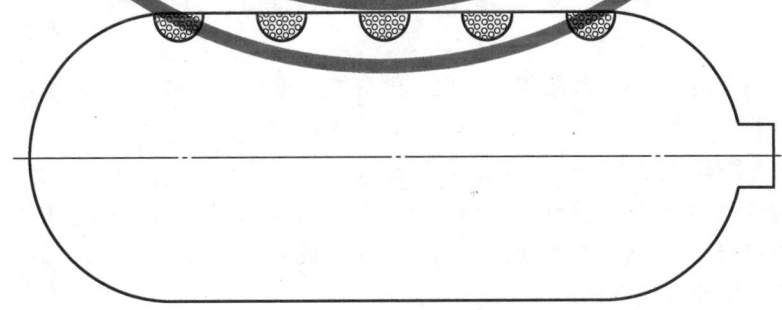

说明:
虽然预处理和液体暴露在气瓶的筒体部位上进行,但气瓶的所有部位,包括两端,应视为暴露区域,应能耐暴露区域的所处环境。

图6 气瓶取向和暴露区域图

6.2.11.2 摆锤冲击预处理

在5个区域各自的中心附近用摆锤进行冲击预处理。摆锤应为钢制,且侧面为等边三角形、底部为方形的锥体,顶点和棱的圆角半径为 3 mm。摆锤撞击中心与锥体重心的连线应在气瓶撞击点法线上,摆锤的冲击能量应大于或者等于30 J。在摆锤冲击过程中,应保持气瓶固定且始终无内压。

6.2.11.3 暴露用环境液体

在5个经预处理的区域上面,分别放置厚 0.5 mm、直径为 100 mm 的玻璃棉衬垫。分别向衬垫内加入足够的化学溶液,确保试验过程中化学溶液均匀地由衬垫渗透到气瓶表面,化学暴露区域应朝上。5种化学溶液为:

    a) 体积浓度为19%的硫酸水溶液(电池酸);
    b) 质量浓度为25%的氢氧化钠水溶液;
    c) 体积浓度为5%的甲醇汽油溶液(加油站用);
    d) 质量浓度为28%的硝酸氨水溶液;
    e) 体积浓度为50%的甲醇水溶液(挡风玻璃清洗液)。

6.2.11.4 压力循环

按 GB/T 9252 的规定对气瓶进行压力循环试验,循环压力下限应为(2 ± 1)MPa,循环压力上限应不低于 $1.25p$,升压速率应不超过 2.75 MPa/s,压力循环次数为 3 000 次。

6.2.11.5 保压

将气瓶加压至 $1.25p$,在此压力下保压至少 24 h,以确保化学溶液腐蚀时间(压力循环时间和保压时间之和)达到 48 h。

6.2.11.6 水压爆破试验

按 6.2.5.1 规定进行水压爆破试验。

6.2.11.7 合格指标

气瓶在环境试验过程中,瓶体不得发生泄漏;经环境试验后,其爆破压力不得低于 $1.8p$。

6.2.12 跌落试验

6.2.12.1 试验方法

跌落试验应使用无内压、不安装瓶阀的气瓶。气瓶跌落面应为水平、光滑的水泥地面或者与之相似的坚硬表面。试验步骤如下:

    a) 气瓶下表面距跌落面 1.8 m,水平跌落 1 次。
    b) 气瓶垂直跌落,两端分别接触跌落面 1 次。跌落高度应使气瓶具有大于或者等于 488 J 的势能,同时应保证气瓶较低端距跌落面的高度小于或者等于 1.8 m。为保证气瓶能够自由跌落,可采取措施防止气瓶翻倒。
    c) 气瓶瓶口向下与竖直方向成45°角跌落 1 次,如气瓶低端距跌落面小于 0.6 m,则应改变跌落角度以保证最小高度为 0.6 m,同时应保证气瓶重心距跌落面的高度为 1.8 m。试验过程如图 7 所示。若气瓶两端都有开口,则应将两瓶口分别向下进行跌落试验;
    d) 气瓶跌落后,按照 6.2.6.1 的规定进行常温压力循环试验,循环次数为气瓶设计循环次数 N_d。

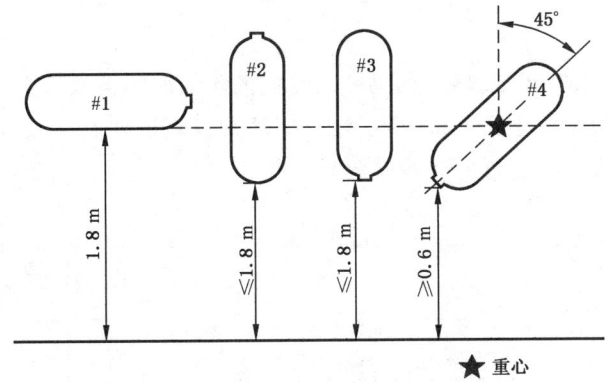

图 7 跌落方向

6.2.12.2 合格指标

气瓶在前 3 000 次循环内不得发生破裂或泄漏,且随后继续循环至设计循环次数 N_d 之前,瓶体不得发生破裂。

6.2.13 氢气循环试验

6.2.13.1 试验方法

氢气循环试验应同时满足以下要求:
a) 循环压力的下限应为(2±1)MPa,上限应不低于 1.25p;
b) 充氢速率不得大于 60 g/s,充氢过程中气瓶温度不得高于 85 ℃;
c) 放氢速率应大于或者等于实际使用时气瓶最大放氢速率,放氢过程气瓶温度不得低于—40 ℃;
d) 氢气循环次数为 1 000 次,分两组进行,每组 500 次。第一组在常温环境中进行,循环后将气瓶加压至 1.15p,并在 55 ℃环境中至少静置 30 h;第二组在环境温度为—30 ℃和50 ℃条件下分别进行 250 次循环;
e) 按 6.2.4.1 的规定对气瓶进行气密性试验。

6.2.13.2 合格指标

瓶体、瓶阀和瓶体瓶阀连接处均不得泄漏。

6.2.14 枪击试验

6.2.14.1 试验方法

试验步骤如下:
a) 采用氢气、氦气或氮气将气瓶加压至公称工作压力 p;
b) 从下列两种方法中任选一种进行射击:
 1) 采用直径为 7.62 mm 的穿甲弹以 850 m/s 的速度射击气瓶,射击距离不超过 45 m;
 2) 采用维氏硬度不小于 870 HV、直径为 6.08 mm～7.62 mm、质量为 3.8 kg～9.75 kg 的锥形钢制子弹(锥角为 45°)以 850 m/s 的速度射击气瓶,射击能量不小于 3 300 J;
c) 子弹应以 90°角射击气瓶一侧瓶壁。

6.2.14.2 合格指标

气瓶不得发生破裂。

6.2.15 耐久性试验

在6.2.6规定的常温压力循环试验中,如果3只气瓶的实测循环次数均大于11 000次,或3只气瓶的实测循环次数最大值与最小值之比小于或者等于1.25,则仅随机抽取1只气瓶按图8进行耐久性试验,否则,应抽取3只气瓶按图8进行耐久性试验。

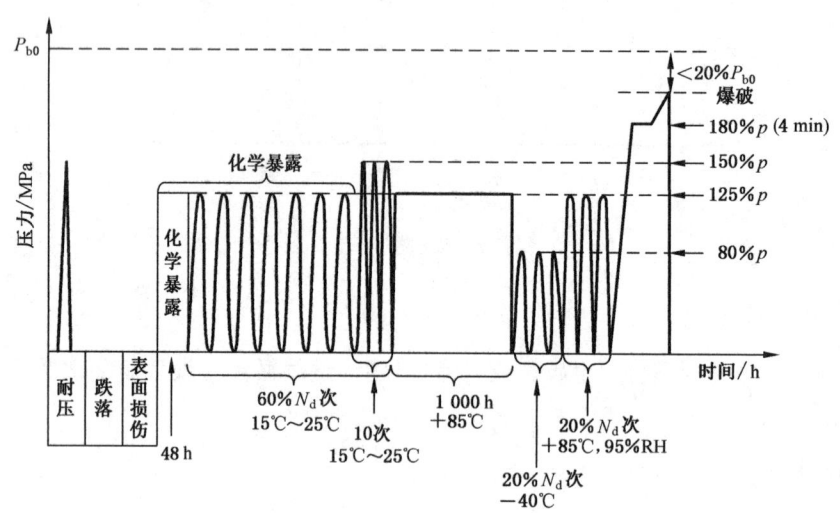

图8 耐久性试验

6.2.15.1 耐压试验

按6.2.3.1的规定进行耐压试验。试验介质为非腐蚀性液体,试验时应将气瓶缓慢加压至1.5p并保压30 s。制造单位已做过耐压试验的气瓶可不进行此项试验。

6.2.15.2 跌落试验

气瓶应按6.2.12.1规定进行跌落试验,之后按照6.2.6的规定进行常温压力循环试验。跌落试验可采用单只或者3只气瓶。采用单只气瓶时,跌落试验合格后进行6.2.15规定的后续试验;采用3只气瓶时,按以下方法确定后续试验用气瓶:

a) 若每只气瓶均能达到常温压力循环试验的要求,则采用进行45°角跌落的气瓶;

b) 若有气瓶不能满足常温压力循环试验的要求,则应先确定压力循环次数最小的跌落方向,再用新气瓶进行该方向的跌落试验,常温压力循环试验合格后再进行后续试验。

6.2.15.3 裂纹容限试验

试验步骤如下:

a) 先按6.2.10.1中a)规定对气瓶进行裂纹制备;

b) 将气瓶在−40 ℃环境中静置12 h;

c) 按6.2.11.1和6.2.11.2规定对各区域的中心进行摆锤冲击。

6.2.15.4 环境试验

试验步骤如下:

a) 按照6.2.11.3的规定进行化学暴露,气瓶的总浸渍时间应大于48 h,并保持气瓶内压为1.25p,环境温度为(20±5)℃。

b) 在循环压力下限为(2 ± 1)MPa、上限不低于$1.25p$,环境温度为(20 ± 5)℃条件下对气瓶进行压力循环,循环次数为$0.6N_d$。在进行最后 10 次循环前,应将压力上限升高为$1.5p$,移走玻璃棉衬垫并用清水冲洗气瓶表面。

6.2.15.5 加速应力破裂试验

在温度大于或者等于 85 ℃的环境中将气瓶加压至$1.25p$,并保压 1 000 h。试验过程中应保持试验箱和非腐蚀性试验介质的温度维持在规定温度,允许温度偏差为±5 ℃。

6.2.15.6 极限温度压力循环试验

先将气瓶置于温度小于或者等于-40 ℃的低温环境中,在压力下限为(2 ± 1)MPa、上限不低于$0.8p$ 的条件下进行压力循环试验,循环次数为$0.2N_d$;再将气瓶置于温度大于或者等于 85 ℃、相对湿度为 95%的环境中,在压力下限为(2 ± 1)MPa,上限不低于$1.25p$ 条件下进行压力循环试验,循环次数为$0.2N_d$,试验方法见 6.2.6.1。

6.2.15.7 常温静压试验

应将气瓶用液体加压至$1.8p$,保压 4 min,气瓶不得发生破裂。试验方法见 6.2.3.1。

6.2.15.8 剩余强度液压爆破试验

气瓶应按 6.2.5.1 规定进行水压爆破试验。

6.2.15.9 合格指标

按 6.2.15 规定进行耐压试验、跌落试验、裂纹容限试验、环境试验、加速应力破裂试验和极限温度压力循环试验过程中,气瓶瓶体不得发生泄漏或破裂;在剩余强度液压爆破试验中,其爆破压力不得小于$0.8p_{b0}$。

6.2.16 使用性能试验

按图 9 对气瓶及其附件进行使用性能试验。

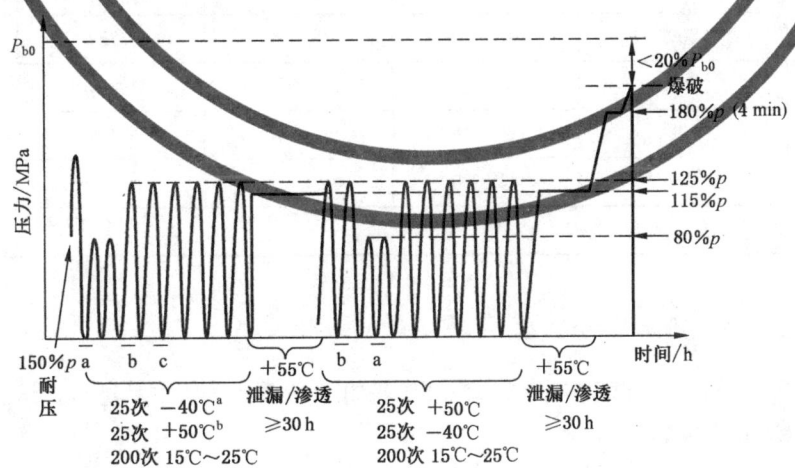

图 9　使用性能试验图示

^a 试验环境温度小于或者等于-40 ℃,其中 5 次循环使用(20 ± 5)℃的氢气,5 次循环使用小于或者等于-35 ℃的氢气。

^b 试验环境温度大于或者等于$+50$ ℃,其中 5 次循环使用小于或者等于-35 ℃的氢气。

^c 试验环境温度为 15 ℃~25 ℃。

6.2.16.1 耐压试验

按 6.2.3.1 规定进行耐压试验,将气瓶加压至 1.5p 并保压 30 s。制造单位已做过耐压试验的气瓶可不进行此项试验。

6.2.16.2 常温和极限温度气压循环试验

用氢气对气瓶及其附件进行 500 次气压循环试验。试验分为两组,每组各进行 250 次压力循环试验,试验顺序和试验条件如图 9 和表 5 所示。每组气压循环试验后应按 6.2.16.3 的规定进行极限温度下气压泄漏/渗透试验。试验应同时满足以下要求:

a) 试验前,将气瓶在规定的温度、相对湿度环境中至少静置 24 h;

b) 试验过程中,试验用氢气温度应控制在规定的温度范围内,并保持环境温度和相对湿度稳定。如果在实际使用中采用特殊装置防止气瓶内部出现极限温度,在试验时可使用该装置;

c) 循环压力的下限为 (2±1)MPa,上限为规定的压力(允许偏差为 ±1 MPa)。若气瓶在使用过程中的压力始终大于其规定压力,则应以此压力为循环压力的下限;

d) 应在 3min 内匀速将气瓶充装至规定的压力,但充氢速率不得大于 60 g/s。如果试验过程中气瓶内的温度高于 85 ℃,则应适当降低充氢速率;

e) 放氢速率应大于或者等于实际使用时气瓶最大放氢速率。

表 5 常温和极限温度下气压循环试验

疲劳试验组号	压力循环次数/次	试验条件			
		氢气温度/℃	环境温度ª/℃	最大压力	相对湿度/%
第一组 (250 次)	5	20±5	≤−40	0.8p	95
	5	≤−35			
	15	≤−40			
	5	≤−35	≥50	1.25p	
	20	≤−40			
	200	≤−40	20±5	1.25p	
第二组 (250 次)	25	≤−40	≥50	1.25p	95
	25	≤−40	≤−40	0.8p	
	200	≤−40	20±5	1.25p	
ª 气瓶及其附件都达到环境温度后方可进行气压循环试验。					

6.2.16.3 极限温度下气压泄漏/渗透试验

极限温度下气压泄漏/渗透试验应在 6.2.16.2 中每组气压循环试验之后进行。试验步骤如下:

a) 气体泄漏试验步骤如下:

1) 用氢气将气瓶及其附件加压至 1.15p;

2) 将气瓶及其附件置于温度大于或者等于 55 ℃的密闭容器内保压,保压时间应取泄漏稳定所需时间与 30 h 中的较大值。测量稳态时的泄漏速率,最大允许氢气泄漏速率应为 46 mL/(h·L)。

b) 若实测氢气泄漏速率大于 3.6 NmL/min (0.005 mg/s),则应进行局部泄漏试验,以确保每个

泄漏点的氢气泄漏速率应不超过 3.6 NmL/min（0.005 mg/s）。局部泄漏试验方法应采用气泡法,步骤如下:

1) 将截止阀等与气瓶相连接的零部件排气口用阀帽进行密封;

2) 将气瓶及其附件浸没在专用检漏液中或在室外将气瓶及其附件涂上专用检漏液;

3) 根据气泡尺寸和气泡形成速率评估氢气泄漏程度。局部泄漏速率不得大于 0.005 mg/s。当气泡直径为 1.5 mm 时,允许的气泡生成速率为 2 030 个/min;当气泡直径为 6 mm 时,允许的气泡生成速率为 32 个/min。

6.2.16.4 常温静压试验

将气瓶用液体加压至 $1.8p$,保压 4 min,气瓶不得发生爆破。试验方法见 6.2.3.1。

6.2.16.5 剩余强度液压爆破试验

应按 6.2.5.1 规定进行液压爆破试验。

6.2.16.6 合格指标

按 6.2.16 规定进行耐压试验、常温和极限温度气压循环试验、极限温度气压泄漏/渗透试验和常温静压试验过程中,气瓶瓶体不得发生泄漏或破裂;在剩余强度液压爆破试验中,其爆破压力不得小于 $0.8p_{b0}$。

7 检验规则

7.1 出厂检验

7.1.1 逐只检验

铝内胆和气瓶均应按表 6 规定的项目进行逐只检验。

7.1.2 批量检验

7.1.2.1 检验项目

铝内胆和气瓶均应按表 6 规定的项目进行批量检验。

7.1.2.2 抽样规则

7.1.2.2.1 铝内胆

从每批铝内胆中随机抽取 1 只。

如果批量检验时有不合格项目,按下列规定进行处理:

a) 如果不合格是由于试验操作异常或测量误差造成,应重新试验;如重新试验结果合格,则首次试验无效。

b) 如果试验操作和测量正确,应先查明试验不合格原因,再按以下规则处理:

　　1) 如确认铝内胆不合格是由于热处理不当造成的,允许对该批铝内胆重新热处理,但热处理次数不得超过 2 次。经重新热处理的该批铝内胆应作为新批重新进行批量检验;

　　2) 如果铝内胆不合格是由于其他原因造成的,则整批铝内胆报废。

7.1.2.2.2 气瓶

从每批气瓶中随机抽取 2 只,1 只进行水压爆破试验,另 1 只进行常温压力循环试验。A 类气瓶常温压力循环试验的压力循环总次数应大于或者等于 11 000 次，B 类气瓶常温压力循环试验的压力循环总次数应大于或者等于 7 500 次。

如果批量检验时有不合格项目，允许再随机抽取 5 只气瓶进行该项试验。5 只气瓶全部通过试验，则本批气瓶合格；如果其中有一只未通过试验，则整批气瓶判废。

7.2 型式试验

7.2.1 新设计气瓶应按表 6 规定项目进行型式试验。

7.2.2 用于型式试验的同批气瓶，数量不得少于 30 只，从中随机抽取进行型式试验的内胆数量为 1 只，气瓶数量为：

 a) 对于 A 类气瓶：水压爆破试验 3 只；常温压力循环试验 2 只；火烧试验 1 只；极限温度压力循环试验 1 只；加速应力破裂试验 1 只；裂纹容限试验 1 只；环境试验 1 只；跌落试验 1 只；氢气循环试验 1 只；枪击试验 1 只。

 b) 对于 B 类气瓶：水压爆破试验 3 只；常温压力循环试验 3 只；火烧试验 1 只；耐久性试验 1 只或 3 只；使用性能试验 1 只。

7.2.3 所有进行型式试验的内胆和气瓶在试验后都应进行消除使用功能处理。

7.3 设计变更

7.3.1 设计变更允许减少型式试验项目。设计变更除应按表 6 规定项目进行逐只检验和批量检验外，还应按表 7 规定的项目重新进行型式试验。

7.3.2 当气瓶使用新纤维材料或新树脂材料，公称工作压力变化≤20%，内胆壁厚减薄，外直径、长度或端部结构发生变化时，均应重新进行应力分析。

7.3.3 碳纤维符合下列条件之一时应认为是新纤维材料：

 a) 纤维由不同原始材料（初始材料）制造，如：聚丙烯腈纤维或沥青纤维；

 b) 纤维制造单位规定的公称纤维模量超过设计原型规定的±5%；

 c) 纤维制造单位规定的公称纤维强度超过设计原型规定的±5%。

7.3.4 碳纤维由同种原始材料（初始材料）制造，并且纤维制造单位规定的公称纤维模量和公称纤维强度均未超过设计原型规定的±5%，则应认为是等效纤维材料。

7.3.5 树脂材料类型不同时应认为是新树脂材料：如：环氧树脂、改性环氧树脂等。

7.3.6 相同类型和相同种类化学性质等效的树脂为等效树脂材料。

表 6 试验和检验项目

试验项目		出厂检验		型式试验	试验
		逐只检验	批量检验		试验方法和合格指标
铝内胆	壁厚	√		√	6.1.1
	制造公差	√		√	6.1.1
	内外表面	√		√	6.1.2
	瓶口螺纹	√		√	6.1.3
	拉伸试验		√	√	6.1.4.2
	金相试验		√	√	6.1.4.3
	冷弯试验或压扁试验[a]		√	√	6.1.4.4 或 6.1.4.5
	硬度试验	√		√	6.1.5
	无损检测[b]	√		√	6.1.6

表6（续）

试验项目		出厂检验		型式试验	试验
		逐只检验	批量检验		试验方法和合格指标
气瓶	A类和B类 缠绕层层间剪切试验			✓	6.2.1.1
	缠绕层拉伸试验			✓	6.2.1.2
	缠绕层外观	✓		✓	6.2.2
	水压试验	✓		✓	6.2.3
	气密性试验	✓		✓	6.2.4
	水压爆破试验		✓	✓	6.2.5
	常温压力循环试验		✓	✓	6.2.6
	火烧试验			✓	6.2.7
	A类 极限温度压力循环试验			✓	6.2.8
	加速应力破裂试验			✓	6.2.9
	裂纹容限试验			✓	6.2.10
	环境试验			✓	6.2.11
	跌落试验			✓	6.2.12
	氢气循环试验			✓	6.2.13
	枪击试验			✓	6.2.14
	B类 耐久性试验			✓	6.2.15
	使用性能试验			✓	6.2.16

a 铝内胆冷弯试验和压扁试验选择其中一项执行。
b 可选项。

表7 设计变更需重新进行型式试验的试验项目

设计变更	试验项目													
	A类和B类				A类								B类	
	层间剪切试验	缠绕层拉伸试验	水压爆破试验	常温压力循环试验	火烧试验	极限温度压力循环试验	加速应力破裂试验	裂纹容限试验	环境试验	跌落试验	氢气循环试验	枪击试验	耐久性试验	使用性能试验
纤维制造单位	✓	✓	✓	✓		✓	✓				✓	✓	✓	
新纤维材料	✓	✓	✓	✓	✓	✓	✓	✓	✓	✓	✓	✓	✓	✓
等效纤维材料	✓	✓	✓	✓										

表7（续）

设计变更	试验项目													
	A类和B类					A类							B类	
	层间剪切试验	缠绕层拉伸试验	水压爆破试验	常温压力循环试验	火烧试验	极限温度压力循环试验	加速应力破裂试验	裂纹容限试验	环境试验	跌落试验	氢气循环试验	枪击试验	耐久性试验	使用性能试验
新树脂材料	√	√	√	√	√	√	√	√	√	√	√	√	√	√
等效树脂材料	√	√	√	√										
内胆外直径变化≤20%			√	√	√					√		√	√	
内胆外直径变化>20%			√	√	√	√				√		√	√	
长度变化≤50%			√	√	√ª							√		
长度变化>50%			√	√	√ª	√				√			√	
公称工作压力变化≤20%ᵇ			√	√										
内胆壁厚减薄			√	√						√			√	
内胆成型工艺			√	√										
端部结构			√	√										
瓶口螺纹			√	√										
保护层ᶜ									√			√	√	
温度驱动安全泄压装置					√									

ª 仅在长度增加时要求进行试验；

ᵇ 仅适用于壁厚变化与压力变化成比例时；

ᶜ 指作为设计部分的保护层。

8 标记、包装、运输和储存

8.1 标记

8.1.1 每只气瓶缠绕层的表面层或者防护层下面应当植入完整、清晰的制造标签和经认证合格的电子标签,以形成永久性标记。

8.1.2 气瓶制造标签的字高应不小于 8 mm,标记项目至少应包括:

  a) 制造单位名称和代号;

  b) 制造许可证编号;

  c) 气瓶编号;

  d) 产品标准号;

  e) 气瓶类别(A 类、B 类);

  f) 公称工作压力,MPa;

  g) 水压试验压力,MPa;

  h) 充装介质名称或化学分子式;

  i) 气瓶公称水容积,L;

  j) 设计使用年限,年;

  k) 气瓶的制造年月;

  l) 设计循环次数,次;

  m) 水压试验极限弹性膨胀量,L;

  n) 监督检验标记。

8.2 包装

8.2.1 根据用户需要,如不带瓶阀出厂,则瓶口应采取可靠措施加以密封,防止沾污。

8.2.2 气瓶应妥善包装,防止运输时损伤。

8.3 运输

8.3.1 气瓶运输应符合运输部门的有关规定。

8.3.2 气瓶在运输和装卸过程中,应防止碰撞、受潮和附件损坏,尤其要防止缠绕层划伤。

8.4 储存

气瓶应分类存放整齐。储存在干燥、通风、阴凉的地方,避免日光暴晒、高温、潮湿,严禁接触强酸、强碱、强辐射,严禁切割、刻划、抛掷和剧烈撞击。

9 产品合格证和批量检验质量证明书

9.1 产品合格证

9.1.1 出厂的每只气瓶均应附有产品合格证,且应向用户提供产品使用说明书。

9.1.2 出厂产品合格证至少应包含以下内容:

  a) 制造单位名称和代号;

  b) 制造许可证编号;

  c) 气瓶编号;

d) 产品标准号;

e) 气瓶类别(A 类、B 类);

f) 充装介质名称或化学分子式;

g) 公称工作压力,MPa;

h) 水压试验压力,MPa;

i) 气密性试验压力,MPa;

j) 实测水容积,L;

k) 实测空瓶质量(不含附件),kg;

l) 铝内胆材料名称或牌号;

m) 纤维材料名称或牌号;

n) 树脂材料名称或牌号;

o) 设计使用年限,年;

p) 出厂检验标记;

q) 制造年月;

r) 定期检验周期;

s) 设计循环次数,次;

t) 阀门制造单位名称和制造许可证编号(带阀门出厂时);

u) 阀门装配扭矩。

9.1.3 **产品使用说明书应至少包含以下内容:**

a) 充装介质;

b) 公称工作压力,MPa;

c) 水压试验压力,MPa;

d) 设计使用年限,年;

e) 设计循环次数,次;

f) 产品的维护;

g) 安装使用注意事项。

9.2 批量检验质量证明书

9.2.1 批量检验质量证明书的内容,应包括本标准规定的批量检验项目。

9.2.2 出厂的每批气瓶,均应附有批量检验质量证明书和监督检验证书。该批气瓶有一个以上用户时,所有用户均应有批量检验证明书和监督检验证书的复印件。

9.2.3 气瓶制造单位应妥善保存气瓶的检验记录和批量检验质量证明书的复印件(或正本),保存时间不应低于气瓶的设计使用年限。

附　录　A
（资料性附录）
铝内胆最大允许缺陷尺寸确定方法

A.1　总则

本附录规定了气瓶铝内胆无损检测时的最大允许缺陷尺寸确定方法。

A.2　铝内胆最大允许缺陷尺寸确定方法

气瓶铝内胆最大允许缺陷尺寸可以按照以下任一方法确认。

A.2.1　含裂纹气瓶常温压力循环试验方法

含裂纹气瓶常温压力循环试验方法按下列规定进行：
a)　在铝内胆收口和热处理前，在铝内胆内表面预制轴向裂纹；
b)　裂纹长度和深度应根据无损检测能力确定；
c)　将3只带有预制裂纹缺陷的气瓶按照6.2.6的规定进行常温压力循环试验；
d)　如果经设计循环次数后，3只气瓶均未泄漏或破裂，则最大允许缺陷尺寸规定为小于或者等于预制裂纹尺寸。

A.2.2　基于断裂力学的工程评估方法

基于断裂力学的工程评估方法按下列规定进行：
a)　在铝内胆的疲劳敏感部位设置轴向裂纹，作为平面缺陷；
b)　压力范围为10%公称工作压力~公称工作压力；
c)　气瓶压力循环次数应大于或者等于设计循环次数；
d)　按GB/T 19624的要求计算最大等效裂纹尺寸，最大允许缺陷尺寸应小于或等于此计算值。

附　录　B

（规范性附录）

温度驱动安全泄压装置和阀门型式试验方法与合格指标

B.1　总则

本附录规定了温度驱动安全泄压装置（TPRD）、单向阀、手动/自动截止阀型式试验方法与合格指标。

B.2　型式试验项目

型式试验包括 TPRD 试验、单向阀和手动/自动截止阀试验以及非金属密封件试验，详见表 B.1。型式试验试件数量及试验顺序见图 B.1 和 B.2。

表 B.1　型式试验项目一览表

对象	试验项目	试验方法及合格指标
温度驱动安全泄压装置（TPRD）	氢循环试验	B.3.1.1
	加速寿命试验	B.3.1.2
	温度循环试验	B.3.1.3
	耐盐雾腐蚀性试验	B.3.1.4
	耐冷凝腐蚀性试验	B.3.1.5
	耐应力腐蚀试验（仅限铜合金部件）	B.3.1.6
	跌落试验	B.3.1.7
	耐振性试验	B.3.1.8
	泄漏试验	B.3.1.9
	动作试验	B.3.1.10
	流量试验	B.3.1.11
单向阀和截止阀	耐压性试验	B.3.2.1
	泄漏试验	B.3.2.2
	极限温度压力循环试验	B.3.2.3
	耐盐雾腐蚀性试验	B.3.2.4
	耐冷凝腐蚀性试验	B.3.2.5
	电气试验	B.3.2.6
	耐振性试验	B.3.2.7
	应力腐蚀开裂试验	B.3.2.8
	预冷氢气暴露试验（仅限 B 类气瓶）	B.3.2.9
非金属密封件	耐氧老化性试验	B.3.3.1
	臭氧相容性试验	B.3.3.2
	氢气相容性试验	B.3.3.3

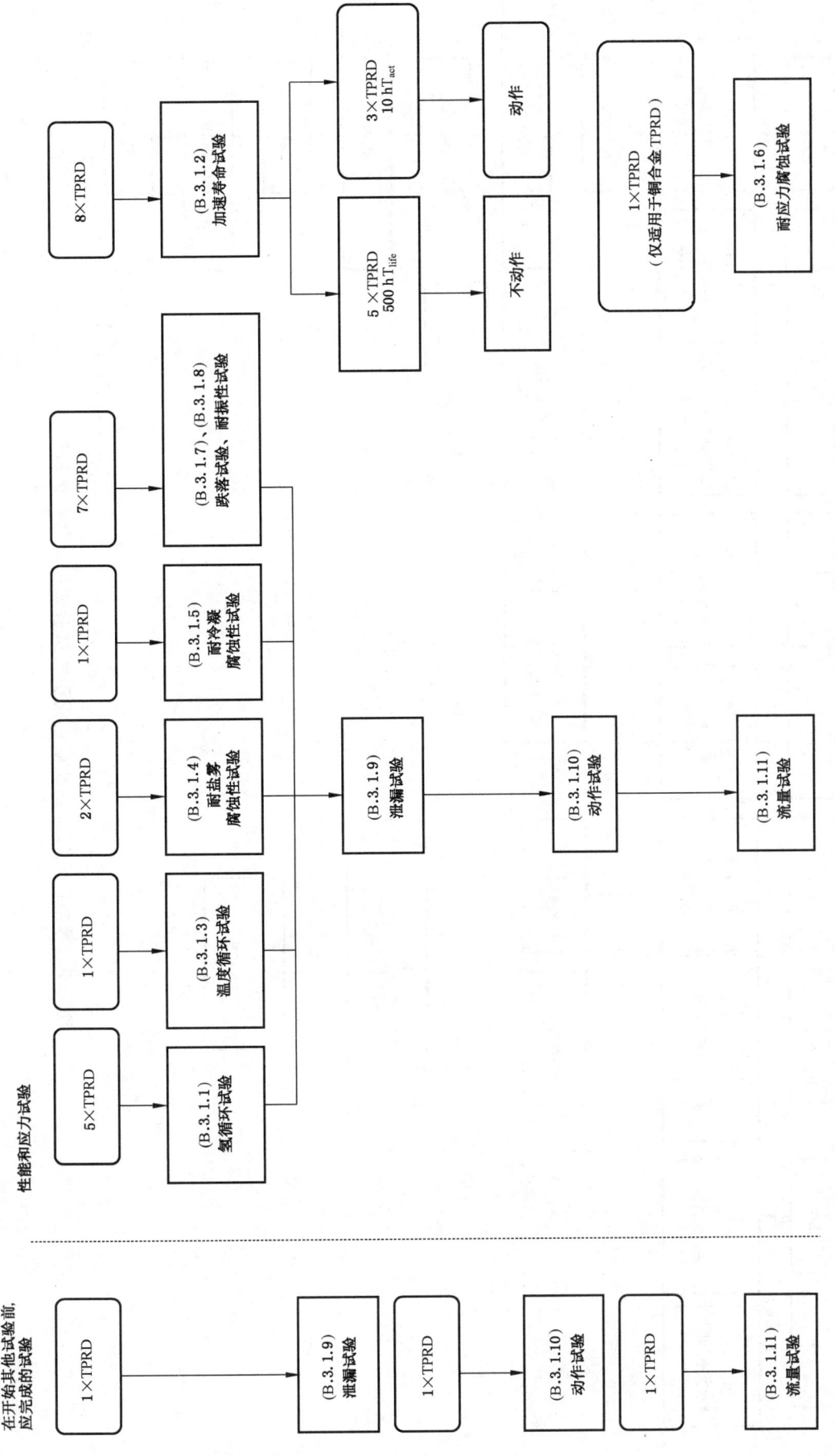

图 B.1 温度驱动安全泄压装置（TPRD）型式试验试样数量和试验顺序

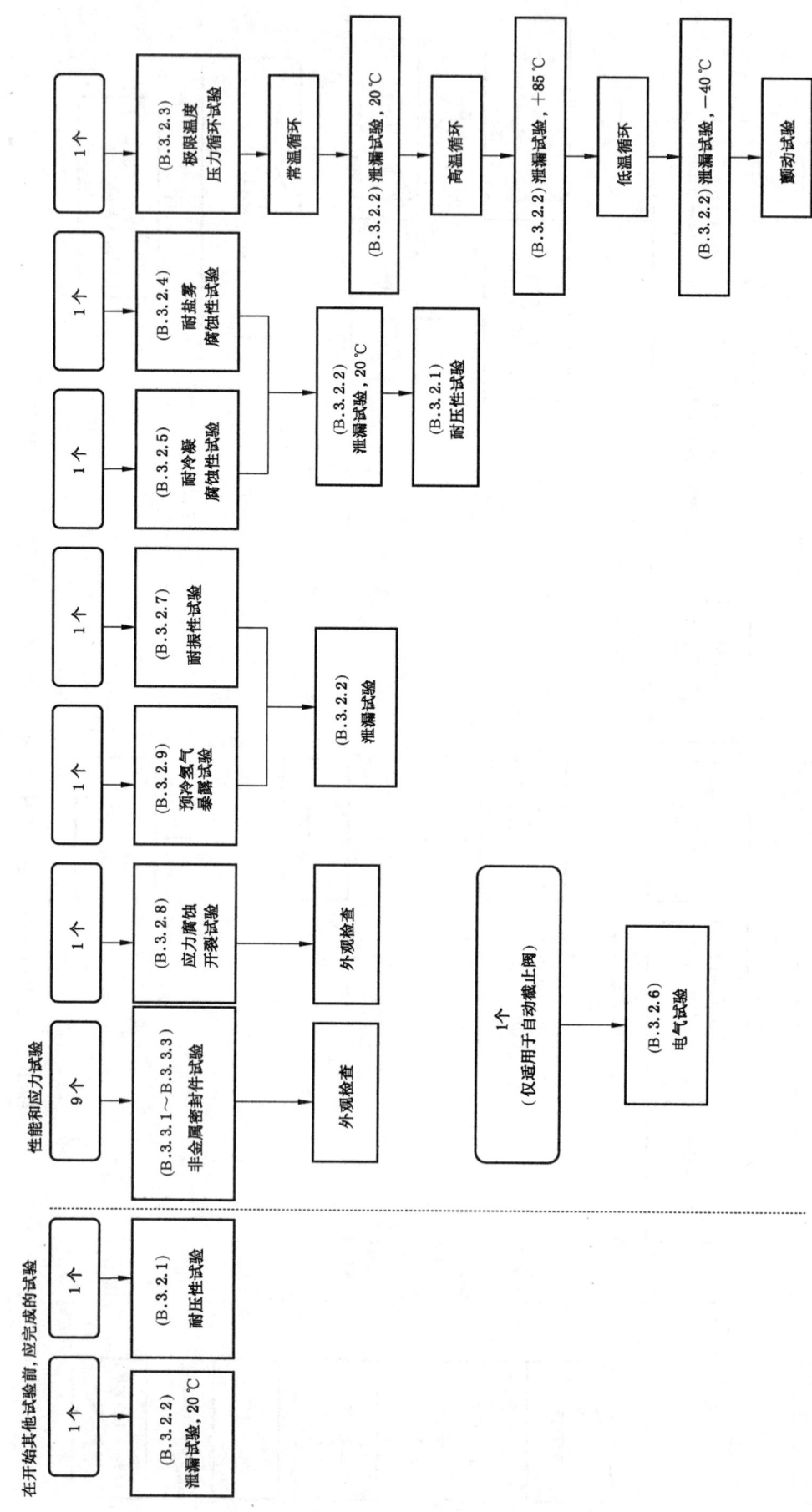

图 B.2 单向阀、手动/自动截止阀型式试验试样数量和试验顺序

B.3 型式试验方法与合格指标

B.3.1 TPRD试验方法与合格指标

B.3.1.1 氢循环试验

B.3.1.1.1 试验方法

采用氢气对5个TPRD进行11 000次压力循环,循环频率应不超过10次/min,试验要求如表B.2所示。

表 B.2 氢循环试验要求

循环压力	循环次数/次	试验温度/℃
(2±1)MPa~1.5p(±1 MPa)	5	85
(2±1)MPa~1.25p(±1 MPa)	1 495	85
(2±1)MPa~1.25p(±1 MPa)	9 500	55±5

B.3.1.1.2 合格指标

循环试验后,TPRD应符合B.3.1.9泄漏试验、B.3.1.10动作试验和B.3.1.11流量试验的规定。

B.3.1.2 加速寿命试验

B.3.1.2.1 试验方法

试验步骤如下:

a) 对8个TPRD进行此项试验,其中3个TPRD的试验温度为动作温度T_{act},另外5个TPRD的试验温度为加速寿命温度T_{life}($T_{life}=9.1T_{act}^{0.503}$);

b) 将TPRD置于恒温箱或水浴中,试验中温度允许偏差为±1 ℃;

c) TPRD进气口的氢气压力应为1.25p±1 MPa。压力源可位于恒温箱或水浴箱的外部,并以单一或者采用分支管路系统为TPRD加压。若采用分支管路系统,则每个分支管路都应包含一个单向阀。

B.3.1.2.2 合格指标

在T_{act}下测试的TPRD动作时间应不超过10 h,在T_{life}下测试的TPRD动作时间应不超过500 h。

B.3.1.3 温度循环试验

B.3.1.3.1 试验方法

试验步骤如下:

a) 将1个无内压的TPRD先在温度小于或者等于−40 ℃的液体中静置至少2 h,然后在5 min内将其转移到温度大于或者等于85 ℃的液体中,并在此温度下静置至少2 h,之后在5 min内将TPRD转移到温度小于或者等于−40 ℃的液体中;

b) 重复a)的步骤,完成15次循环;

c) 将TPRD在温度小于或者等于−40 ℃的液体中静置至少2 h,之后在此温度下用氢气对

TPRD 进行 100 次压力循环,试验压力为 2 MPa(+1/0 MPa)[1] ~0.8p(+2/0 MPa)。

B.3.1.3.2 合格指标

在温度循环试验后,TPRD 应符合 B.3.1.9 泄漏试验、B.3.1.10 动作试验和 B.3.1.11 流量试验的规定,其中泄漏试验的温度为-40 ℃(+5/0 ℃)。

B.3.1.4 耐盐雾腐蚀性试验

B.3.1.4.1 试验方法

试验步骤如下:

a) 移除 2 个 TPRD 所有非永久固定的排气口阀帽,将 TPRD 安装到专用装置上;

b) 将 TRPD 在以下规定的盐雾中暴露 500 h。其中 1 个 TPRD 试验时,以 2:1 的比例向盐溶液中添加硫酸和硝酸溶液,使盐溶液的 pH 为 4.0±0.2;另 1 个 TPRD 试验时,通过向盐溶液中添加氢氧化钠将盐溶液的 pH 调整为 10.0±0.2;

c) 盐雾室的温度应维持在 30 ℃~35 ℃。

B.3.1.4.2 合格指标

经过耐盐雾腐蚀性试验后,TPRD 应符合 B.3.1.9 泄漏试验、B.3.1.10 动作试验和 B.3.1.11 流量试验的规定。

B.3.1.5 耐冷凝腐蚀性试验

B.3.1.5.1 试验方法

试验步骤如下:

a) 封闭 TPRD 的进出口,在常温下,将 TPRD 在以下溶液中分别浸泡 24 h:
  1) 体积浓度为 19%的硫酸水溶液(电池酸);
  2) 质量浓度为 25%的氢氧化钠水溶液;
  3) 质量浓度为 28%的硝酸氨水溶液;
  4) 体积浓度为 50%的甲醇水溶液(挡风玻璃清洗液)。

b) 采用 1 个 TPRD 完成此项试验,在每种溶液中浸泡后,将 TPRD 上残留溶液擦除并用水冲洗干净。

B.3.1.5.2 合格指标

试验后的 TPRD 不得有影响其功能的裂纹、软化、膨胀等物理损伤(不包括凹痕、表面变色)。同时,TPRD 应符合 B.3.1.9 泄漏试验、B.3.1.10 动作试验和 B.3.1.11 流量试验的规定。

B.3.1.6 耐应力腐蚀试验

B.3.1.6.1 试验方法

对 1 个含铜合金(如黄铜)零件的 TPRD 进行试验。试验要求如下:

a) 清除铜合金零件上的油脂;

b) 将 TPRD 在装有氨水的玻璃环境箱中连续放置 10 天;

c) 环境箱内氨水溶液比重应为 0.94,氨水体积应为环境箱容积的 2%;

---

1) 表示允许上偏差为 1 MPa,下偏差为 0 MPa。

d) TPRD 应置于氨水液面上方(35±5)mm 处不与氨水发生反应的托盘上；

e) 试验过程中应保持氨水和环境箱温度为(35±5)℃。

B.3.1.6.2 合格指标

不得产生裂纹或发生分层现象。

B.3.1.7 跌落试验

B.3.1.7.1 试验方法

在常温下将 6 个 TPRD 从 2 m 高处自由跌落到光滑水泥地面上。跌落方向为 6 个方向(3 个正交轴的正反方向)。

B.3.1.7.2 合格指标

不得出现影响 TPRD 正常使用的可见外部损伤。

B.3.1.8 耐振性试验

B.3.1.8.1 试验方法

将 TPRD(含 1 个未经试验的 TPRD 和经跌落试验的 6 个 TPRD)装在专用装置上,沿 3 个正交轴方向以共振频率各振动 2 h。以 $1.5g$ 的加速度进行 10 min 正弦扫频,频率范围 10 Hz~500 Hz,确定TPRD 的共振频率,若未发现共振频率,则试验以 40 Hz 的频率进行。

B.3.1.8.2 合格指标

试验后的 TPRD 应符合 B.3.1.9 泄漏试验、B.3.1.10 动作试验和 B.3.1.11 流量试验的规定。

B.3.1.9 泄漏试验

B.3.1.9.1 试验方法

将 1 个未经试验的 TPRD 依次在以下规定的温度和压力下放置 1 h,在每个温度条件的试验完成后,将 TPRD 在对应温度的液体中浸泡 1 min,试验条件如下:

a) 常温:在常温和 $0.05p(0/-2$ MPa)、$1.5p(+2/0$ MPa)的试验压力下;

b) 高温:在温度为 85 ℃和 $0.05p(0/-2$ MPa)、$1.5p(+2/0$ MPa)的试验压力下;

c) 低温:在温度为 -40 ℃和 $0.05p(0/-2$ MPa)、$p(+2/0$ MPa)的试验压力下。

B.3.1.9.2 合格指标

若在规定的试验时间内没有气泡产生,则 TPRD 通过试验;若检测到气泡,则应采用适当方法测量泄漏速率。氢气的泄漏速率不应超过 10 NmL/h。

B.3.1.10 动作试验

B.3.1.10.1 试验方法

对 2 个未经试验和 16 个已经完成其他试验项目(包括 B.3.1.1、B.3.1.3、B.3.1.4、B.3.1.5、B.3.1.7 和B.3.1.8)的 TPRD 进行试验,试验要求如下:

a) 试验装置应包含可控制空气温度和流量的环境箱,使空气温度达到(600±10)℃。TPRD 不应直接接触火焰。将 TPRD 装在专用装置上,并记录试验布置方式;

b) 应采用热电偶监测环境箱温度。试验开始前 2 min,环境箱温度应稳定在规定温度范围内;

c) 应在 TPRD 放入环境箱之前,对 TPRD 加压。对于 2 个未经试验的 TPRD,一个加压至 0.25p,另一个加压至公称工作压力 p;对于已进行其他试验的 TPRD,加压至 0.25p;

d) 将带压的 TPRD 放到环境箱中直至 TPRD 动作,记录动作时间。

B.3.1.10.2 合格指标

2 个未经试验的 TPRD 的动作时间之差应小于或者等于 2 min。已进行过其他试验的 TPRD 的动作时间与未经试验且加压至 0.25p 的 TPRD 的动作时间之差应小于或者等于 2 min。

B.3.1.11 流量试验

B.3.1.11.1 试验方法

试验要求如下:

a) 对 8 个 TPRD 进行流量试验,其中 3 个 TPRD 未经试验,5 个 TPRD 已按照 B.3.1.1、B.3.1.3、B.3.1.4、B.3.1.5、B.3.1.8 的规定分别进行了相应试验(其中每个试验抽取 1 个);

b) 按照 B.3.1.10 的规定对每个 TPRD 进行动作试验,TPRD 动作后,在不进行清洗、拆除部件或修整的情况下,采用氢气、空气或惰性气体对每个 TPRD 进行流量试验;

c) 进气口压力应为(2±0.5)MPa,出气口压力应为大气压力,记录进气口压力及温度;

d) 流量的测量精度应为±2%。

B.3.1.11.2 合格指标

8 个 TPRD 实测流量的最小值应大于或者等于最大值的 90%。

B.3.2 单向阀和手动/自动截止阀试验方法与合格指标

B.3.2.1 耐压性试验

B.3.2.1.1 试验方法

先对 1 个未经试验的阀进行该项试验,将其爆破压力作为阀的基准爆破压力。试验要求如下:

a) 封堵阀的出气口,并使阀内部处于连通状态;

b) 对阀的进气口施加 2.5p(+2/0 MPa)的液压,并保压 3 min,之后对阀进行检查;

c) 以小于或者等于 1.4 MPa/s 的升压速率继续加压,直至阀失效,记录阀失效时的压力。

B.3.2.1.2 合格指标

保压 3 min 后,阀不得发生破裂。对于已进行过其他试验的阀,其实测爆破压力应不小于基准爆破压力的 0.8 倍,或大于 4 倍的公称工作压力 p。

B.3.2.2 泄漏试验

B.3.2.2.1 试验方法

将 1 个未经试验的阀装在试验专用装置上,封堵出气口,在下列规定的试验温度下从阀的进气口充入氢气至不同的试验压力,在每个温度条件的试验完成后,将阀在对应温度液体中浸泡 1 min。

a) 常温:在常温、0.05p(0/−2 MPa)、1.5p(+2/0 MPa)的试验压力下;

b) 高温:在温度为 85 ℃和 0.05p(0/−2 MPa)、1.5p(+2/0 MPa)的试验压力下;

c) 低温:在温度为−40 ℃和 0.05p(0/−2 MPa)、p(+2/0 MPa)的试验压力下。

B.3.2.2.2 合格指标

若在规定的试验时间内没有气泡产生,则阀通过试验,若检测到气泡,则应采用适当方法测量泄漏速率。氢气的泄漏速率不应超过 10NmL/h。

B.3.2.3 极限温度压力循环试验

B.3.2.3.1 试验方法

单向阀的循环次数为 11 000 次,自动截止阀的循环次数为 50 000 次,手动截止阀的循环次数为100 次。试验步骤如下:

a) 将阀装在专用装置上。在规定的压力下,采用氢气对阀连续进行循环。对于一个循环的定义如下:

    1) 对于单向阀,将其装在试验专用装置上,关闭阀出气口,在 6 个增压步内向阀进气口充入氢气至公称工作压力 p(＋2/0 MPa)。之后从阀进气口泄压,在进行下次循环前,应使单向阀出气口压力小于 $0.6p$;

    2) 对于截止阀,将其装在试验专用装置上,向其进气口和出气口持续加压;

    3) 一个循环应包括一次上述操作和一次复位。

b) 对 1 个阀进行如下试验:

    1) 常温循环。试验压力为 $1.25p$(＋2/0 MPa),循环次数为总循环次数的 90%,试验温度应为常温。试验完成后,阀应符合 B.3.2.2.1 a)常温泄漏试验的规定;

    2) 高温循环。试验压力为 $1.25p$(＋2/0 MPa),循环次数为总循环次数的 5%,试验温度应大于或者等于 85 ℃。试验完成后,阀应符合 B.3.2.2.1 b)高温泄漏试验的规定;

    3) 低温循环。试验压力为公称工作压力 p(＋2/0 MPa),循环次数为总循环次数的 5%,试验温度应小于或者等于 −40 ℃。试验完成后,阀应符合 B.3.2.2.1 c)低温泄漏试验的规定;

c) 单向阀阀瓣颤动试验。在完成 11 000 次循环试验和 B.3.2.2.1 b)规定的泄漏试验后,以能引起阀瓣最大颤动的氢气流速进行 24 h 颤动试验。

B.3.2.3.2 合格指标

极限温度压力循环试验应符合以下要求:

a) 常温循环试验完成后,阀应符合 B.3.2.2.1 a)常温泄漏试验的规定;高温循环试验完成后,阀应符合 B.3.2.2.1 b)高温泄漏试验的规定;低温循环试验完成后,阀应符合 B.3.2.2.1 c)低温泄漏试验的规定。

b) 单向阀颤动试验完成后,单向阀应符合 B.3.2.2.1 a)常温泄漏试验和 B.3.2.1 耐压性试验的规定。

B.3.2.4 耐盐雾腐蚀性试验

B.3.2.4.1 试验方法

应将 1 个阀固定在试验装置上,使其处于正常安装状态,在规定的盐雾中暴露 500 h。盐雾室的温度应维持在 30 ℃～35 ℃,盐溶液应由 5% 的氯化钠和 95% 的蒸馏水(质量分数)组成。试验后,应立即冲洗试样,清除盐垢并检查变形。

GB/T 35544—2017

B.3.2.4.2　合格指标

试验后的阀不得有影响其功能的裂纹、软化、膨胀等物理损伤(不包括凹痕、表面变色)。同时,阀应符合 B.3.2.2.1 a)常温泄漏试验和 B.3.2.1 耐压性试验的规定。

B.3.2.5　耐冷凝腐蚀性试验

B.3.2.5.1　试验方法

试验步骤如下:
a)　封堵阀的进出口,在常温下,将阀在以下溶液中分别浸泡 24 h:
　　1)　体积浓度为 19%的硫酸水溶液(电池酸);
　　2)　质量浓度为 25%的氢氧化钠水溶液;
　　3)　质量浓度为 28%的硝酸铵水溶液;
　　4)　体积浓度为 50%的甲醇水溶液(挡风玻璃清洗液)。
b)　采用 1 个阀完成此项试验,在每种溶液中浸泡后,应将阀上残留溶液擦除并用水冲洗干净。

B.3.2.5.2　合格指标

试验后的阀不得有影响其功能的裂纹、软化、膨胀等物理损伤(不包括凹痕、表面变色)。同时,阀应符合 B.3.2.2.1 a)常温泄漏试验和 B.3.2.1 耐压性试验的规定。

B.3.2.6　电气试验

B.3.2.6.1　试验方法

对 1 个自动截止阀进行试验,试验应同时满足以下要求:
a)　异常电压试验。将电磁阀与可变压直流电源相连,对其进行如下操作:
　　1)　在 1.5 倍额定电压下稳定(温度恒定)1 h;
　　2)　将电压增大到 2 倍额定电压或 60 V 中的较小值,持续 1 min;
　　3)　自动截止阀失效不得导致外部泄漏、阀门的动作以及冒烟、熔化或着火等危险情况。
b)　绝缘电阻试验。在电源和阀外壳之间施加 1 000 V 直流电压,持续至少 2 s。

B.3.2.6.2　合格指标

对于异常电压试验,在公称工作压力和室温下,12 V 系统的阀的最小动作电压应小于或者等于 9 V,24 V 系统的阀的最小动作电压应小于或者等于 18 V;对于绝缘电阻试验,阀的绝缘电阻值应大于或者等于 240 kΩ。

B.3.2.7　耐振性试验

B.3.2.7.1　试验方法

将 1 个未经试验的阀装在专用装置上,封堵出气口,从阀的进气口充入氢气至公称工作压力 p,并沿 3 个正交轴方向以共振频率各振动 2 h。以 $1.5g$ 的加速度进行 10 min 正弦扫频,频率范围 10 Hz～40 Hz,确定阀的共振频率,若未发现共振频率,则试验以 40 Hz 的频率进行。

B.3.2.7.2　合格指标

无可见外部损伤。同时,阀应符合 B.3.2.2.1 a)常温泄漏试验的规定。

B.3.2.8 应力腐蚀开裂试验

B.3.2.8.1 试验方法

对 1 个含铜合金(如黄铜)零件的阀进行试验。试验要求如下:
a) 拆开阀,清除铜合金零件上的油脂,再将其重新组装;
b) 将阀在装有氨水的玻璃环境箱中连续放置 10 天;
c) 环境箱内氨水溶液比重应为 0.94,氨水体积应为环境箱容积的 2%;
d) 试样应置于氨水液面上方(35±5)mm 处不与氨水发生反应的托盘上;
e) 试验过程中应保持氨水和环境箱温度为(35±5)℃。

B.3.2.8.2 合格指标

不得产生裂纹或发生分层现象。

B.3.2.9 预冷氢气暴露试验

B.3.2.9.1 试验方法

对 1 个阀进行试验,在常温下以 30 g/s 的流速向阀充入温度小于或者等于−40 ℃的预冷氢气至少 3 min,保压 2 min 后,降低阀内压力。重复 10 次上述操作,直至保压时间达到 15 min,否则应另外再进行 10 次上述操作。

B.3.2.9.2 合格指标

试验后,阀应符合 B.3.2.2.1 a)常温泄漏试验的规定。

B.3.3 非金属密封件的试验方法与合格指标

本项试验适用于单向阀和截止阀中的非金属密封件。

B.3.3.1 耐氧老化性试验

B.3.3.1.1 试验方法

将 3 个非金属密封件置于温度为(70±2)℃和试验压力为 2 MPa 的氧气(纯度≥99.5%)中 96 h。

B.3.3.1.2 合格指标

无裂纹或其他可见缺陷。

B.3.3.2 臭氧相容性试验

B.3.3.2.1 试验方法

将 3 个试样按 GB/T 7762—2014 中的方法 A 进行试验。

B.3.3.2.2 合格指标

试样表面无龟裂。

B.3.3.3 氢气相容性试验

B.3.3.3.1 试验方法

试验步骤如下:

a) 对 3 个非金属密封件测量体积,并称重;

b) 将密封件在压力为气瓶公称工作压力、温度为 15 ℃的氢气中放置 168 h 后,将压力在 1 s 内降至大气压力;

c) 将密封件在压力为气瓶公称工作压力、温度为 —40 ℃的氢气中放置 168 h 后,将压力在 1 s 内降至大气压力;

d) 取出密封件,并立即测量其体积变化率和质量损失率。

B.3.3.3.2 合格指标

密封件应无破损等异常现象,其体积膨胀率应不超过 25%或者体积收缩率应不超过 1%,质量损失率应不超过 10%。

参 考 文 献

[1] GB/T 19624 在用含缺陷压力容器安全评定

GB/T 35544—2017《车用压缩氢气铝内胆碳纤维全缠绕气瓶》
国家标准第 1 号修改单

本修改单经国家市场监督管理总局（国家标准化管理委员会）于 2020 年 4 月 28 日批准，自 2020 年 4 月 28 日起实施。

一、修改附录 B 的表 B.1,增加脚注内容

修改后的表 B.1 如下：

表 B.1 型式试验项目一览表

对象	试验项目	试验方法及合格指标
温度驱动安全泄压装置(TPRD)	氢循环试验	B.3.1.1
	加速寿命试验	B.3.1.2
	温度循环试验	B.3.1.3
	耐盐雾腐蚀性试验	B.3.1.4
	耐冷凝腐蚀性试验	B.3.1.5
	耐应力腐蚀试验(仅限铜合金部件)	B.3.1.6
	跌落试验	B.3.1.7
	耐振性试验	B.3.1.8
	泄漏试验[a,f]	B.3.1.9
	动作试验[a]	B.3.1.10
	流量试验[a]	B.3.1.11
单向阀和截止阀	耐压性试验[a,b,c,d,e,f]	B.3.2.1
	泄漏试验[c,d]	B.3.2.2
	极限温度压力循环试验	B.3.2.3
	耐盐雾腐蚀性试验	B.3.2.4
	耐冷凝腐蚀性试验	B.3.2.5
	电气试验	B.3.2.6
	耐振性试验[c]	B.3.2.7
	应力腐蚀开裂试验	B.3.2.8
	预冷氢气暴露试验(仅限 B 类气瓶)	B.3.2.9

表 B.1（续）

对象	试验项目	试验方法及合格指标
非金属密封件	耐氧老化性试验	B.3.3.1
	臭氧相容性试验	B.3.3.2
	氢气相容性试验	B.3.3.3

a 用于组合氢阀的 TPRD 在进行 TPRD 型式试验时应安装在组合氢阀上；但当带有 TPRD 的端塞与已通过型式试验的组合氢阀采用相同材料、结构型式、组件几何尺寸以及最小泄放通径的 TPRD 时，应进行该试验。

b 当组合氢阀上的 TPRD 的结构型式发生变化（如易熔塞改为玻璃球或反之），除进行 TPRD 的全部试验项目外，应增加该试验。

c 当组合氢阀仅是外形尺寸，充气口、出气口和压力传感器（测量瓶内压力）接口的连接方式及规格尺寸发生变更时，应进行该试验。

d 当组合氢阀仅是进气口螺纹规格发生变更时，应进行该试验。

e 新设计的带有 TPRD 的端塞，除进行 TPRD 的全部试验项目外，应增加该试验。

f 当带有 TPRD 的端塞仅是进气口螺纹规格和外形尺寸发生变更时，应进行该试验。

二、修改附录 B 的 B.3.1.5.1 和 B.3.2.5.1 耐冷凝腐蚀性试验方法

将原标准 B.3.1.5.1 中"a)封闭 TPRD 的进出口，在常温下，将 TPRD 在以下溶液中分别浸泡24 h："修改为"a) 封闭 TPRD 的进出口，常温下，在 TPRD 表面放置厚度为 0.5 mm、直径为 50 mm 的玻璃棉衬垫。分别向不同的衬垫内加入足够的化学溶液，确保化学溶液浸润整个玻璃棉衬垫，并由衬垫均匀渗透到 TPRD 表面，可根据需要补充溶液，以使玻璃棉衬垫保持整体浸透状态。化学暴露区域应朝上，在每种溶液中持续暴露 24 h。4 种化学溶液为："。

将原标准 B.3.2.5.1 中"a)封堵阀的进出口，在常温下，将阀在以下溶液中分别浸泡 24 h："修改为"a) 封闭阀的进出口，常温下，在阀表面放置厚度为 0.5 mm、直径为 50 mm 的玻璃棉衬垫。分别向不同的衬垫内加入足够的化学溶液，确保化学溶液浸润整个玻璃棉衬垫，并由衬垫均匀渗透到阀表面，可根据需要补充溶液，以使玻璃棉衬垫保持整体浸透状态。化学暴露区域应朝上，在每种溶液中持续暴露 24 h。4 种化学溶液为："。

ICS 23.020.30
J 74

团　体　标　准

T/CATSI 02005—2019

液化石油气高密度聚乙烯内胆玻璃纤维全缠绕气瓶

Fully-wrapped glass fiber reinforced cylinder with a high-density polyethylene liner for liquefied petroleum gas

2019-09-19 发布 　　　　　　　　　　　　　　　2019-10-08 实施

中国技术监督情报协会　　　发 布

前　言

本标准按照 GB/T 1.1—2009 给出的规则起草。

本标准参考 EN 14427:2014《液化石油气用可运输可重复充装复合气瓶:设计和建造》有关热塑性非金属内胆全缠绕气瓶部分制定的。

请注意本文件的某些内容可能涉及专利。本文件的发布机构不承担识别这些专利的责任。

本标准由中国技术监督情报协会气瓶安全标准化与信息工作委员会提出并归口。

本标准起草单位:浙江大学、大连锅炉压力容器检验检测研究院有限公司、中国特种设备检测研究院、艾赛斯(杭州)复合材料有限公司、天津安易达复合气瓶有限公司、北京天海工业有限公司、上海市特种设备监督检验技术研究院、深圳市燃气集团股份有限公司。

本标准主要起草人:郑津洋、胡军、黄强华、文安戈、陈亚鹏、胡生才、于光远、张保国、王栋亮、韩冰、孙黎、朱进朝、安成名、廖斌斌、戴行涛。

液化石油气高密度聚乙烯内胆玻璃纤维
全缠绕气瓶

1 范围

本标准规定了液化石油气高密度聚乙烯内胆玻璃纤维全缠绕气瓶（以下简称"气瓶"）的型式和参数、技术要求、试验方法、合格指标、检验规则、标志、包装、运输和储存等要求。

本标准适用于同时满足以下条件的气瓶：

a) 公称工作压力为 2.1 MPa；

b) 公称容积为 0.5 L～150 L；

c) 工作温度为－40 ℃～60 ℃；

d) 可重复充装液化石油气。

按本标准制造的气瓶仅适用于充装符合 GB 11174 的液化石油气。使用条件不包括因外力等引起的附加载荷。

2 规范性引用文件

下列文件对于本文件的应用是必不可少的。凡是注日期的引用文件，仅注日期的版本适用于本文件。凡是不注日期的引用文件，其最新版本（包括所有的修改单）适用于本文件。

GB/T 228.1　金属材料　拉伸试验　第 1 部分：室温试验方法

GB/T 1033.1　塑料　非泡沫塑料密度的测定　第 1 部分：浸渍法、液体比重瓶法和滴定法

GB/T 1033.2　塑料　非泡沫塑料密度的测定　第 2 部分：密度梯度柱法

GB/T 1033.3　塑料　非泡沫塑料密度的测定　第 3 部分：气体比重瓶法

GB/T 1040.1　塑料　拉伸性能的测定　第 1 部分：总则

GB/T 1040.2　塑料　拉伸性能的测定　第 2 部分：模塑和挤塑塑料的试验条件

GB/T 1458　纤维缠绕增强塑料环形试样力学性能试验方法

GB/T 1690　硫化橡胶或热塑性橡胶耐液体试验方法

GB/T 3682.1　塑料　热塑性塑料熔体质量流动速率（MFR）和熔体体积流动速率（MVR）的测定　第 1 部分：标准方法

GB/T 3864　工业氮

GB/T 4612　塑料　环氧化合物　环氧当量的测定

GB/T 7512　液化石油气瓶阀

GB/T 8335　气瓶专用螺纹

GB/T 9251　气瓶水压试验方法

GB/T 9252　气瓶压力循环试验方法

GB/T 9789　金属和其他无机覆盖层通常凝露条件下的二氧化硫腐蚀试验

GB/T 10125　人造气氛腐蚀试验盐雾试验

GB 11174　液化石油气

GB/T 12137　气瓶气密性试验方法

GB/T 13005　气瓶术语

GB/T 15385　气瓶水压爆破试验方法

GB/T 16422.3　塑料　实验室光源加速应力破坏试验方法　第3部分:荧光紫外灯

GB/T 19466.2　塑料　差示扫描量热法(DSC)　第2部分:玻璃化转变温度的测定

GB/T 19466.3　塑料　差示扫描量热法(DSC)　第3部分:熔融和结晶温度及热熔的测定

GB/T 22314　塑料　环氧树脂　黏度测定方法

GB/T 28053—2011　呼吸器用复合气瓶

TSG R0006　气瓶安全技术监察规程

3　术语和定义、符号

3.1　术语和定义

GB/T 13005界定的以及下列术语和定义适用于本文件。

3.1.1

全缠绕　fully wrapping

用浸渍树脂的玻璃纤维连续在高密度聚乙烯内胆上进行螺旋和环向缠绕,使气瓶的环向和轴向都得到增强的缠绕方式。

3.1.2

高密度聚乙烯　high-density polyethylene

密度大于 0.94 g/cm³ 的聚乙烯。

3.1.3

高密度聚乙烯内胆　high-density polyethylene liner

使用高密度聚乙烯制成的,用于密封气体的内层容器。

注:以下简称"内胆"。

3.1.4

玻璃纤维缠绕层　glass fiber reinforced overwrap

采用浸渍树脂的高强度玻璃纤维缠绕在内胆外层,经固化而得到的承载结构。

3.1.5

气瓶批量　batch of finished cylinders

采用同一设计条件,相同复合材料,具有相同结构尺寸内胆,且用同一工艺进行缠绕、固化,连续生产的气瓶的数量。

注:一批成品气瓶可以由不同批次的内胆、玻璃纤维与环氧基体材料组成。

3.1.6

内胆批量　batch of liners

采用同一设计条件,具有相同的设计外径、设计壁厚,且用同一工艺、同一批材料,连续制造的内胆的数量。

3.1.7

设计使用年限　service life

在规定使用条件下,气瓶允许使用的年限。

3.1.8

外套　protective sleeve

保护气瓶、瓶阀免受撞击而设置的保护附件,亦可兼做提升附件。

3.1.9

不可拆卸外套 non-removable protective sleeve

与气瓶瓶体进行一体化设计制造,永久固定在瓶体上,拆卸时对瓶体表面产生不可修复破坏的外套。

3.1.10

可拆卸外套 removable protective sleeve

除不可拆卸外套外的外套。

3.1.11

外套镂空面积比例 ratio of sleeve open aera

气瓶外表面未被外套覆盖的面积之和占气瓶总表面积的百分比。

3.1.12

浸胶量 matrix content

复合材料中树脂体系的质量百分比。

3.1.13

气瓶最大充装量 maximum filling mass of the cylinder

TSG R0006《气瓶安全技术监察规程》规定的液化石油气充装系数与气瓶公称容积的乘积。

3.1.14

气瓶最大使用重量 maximum operating mass of the cylinder

瓶体重量、阀门重量、外套重量与气瓶最大充装量之和。

3.1.15

阀座 boss

焊接在内胆上用于连接气瓶和瓶阀的部件。

3.1.16

内阀座 inner-boss

阀座中由金属制成,用于连接瓶阀的零件。

3.1.17

外阀座 outter-boss

阀座中由塑料制成,用于与内胆焊接的零件。

3.2 符号

下列符号适用于本文件。

F ——外套强度试验压力,N;

g ——重力加速度,$m \cdot s^{-2}$;

L_1 ——气瓶公称长度,mm;

L_2 ——冲头长度,mm;

M ——气瓶最大使用重量,kg;

MFR ——热塑性塑料的熔体质量流动速率,g/10 min;

P ——气瓶公称工作压力,MPa;

P_{bmin} ——气瓶最小爆破压力,MPa;

P_f ——耐压试验压力,MPa;

T ——外套强度试验拉力,N。

4 型式、型号和参数

4.1 型式

4.1.1 气瓶、瓶阀及外套应符合图1所示型式,气瓶仅允许沿气瓶轴线一端开口。

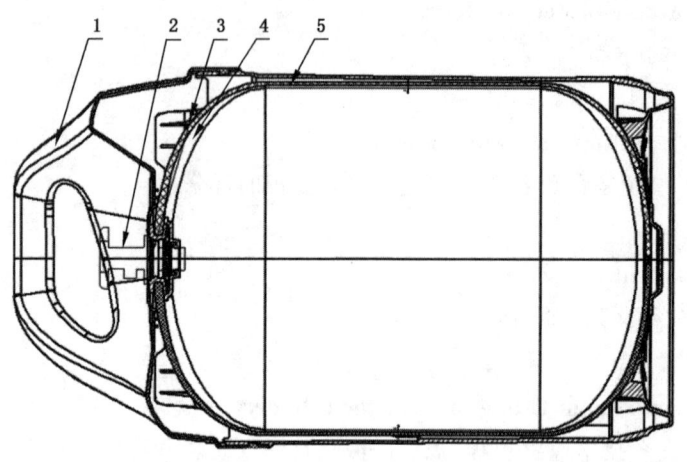

说明:
1——外套;
2——瓶阀;
3——阀座;
4——高密度聚乙烯内胆;
5——玻璃纤维缠绕层。

图 1 气瓶、瓶阀及外套结构型式

4.2 型号

气瓶型号标记应由以下部分组成:

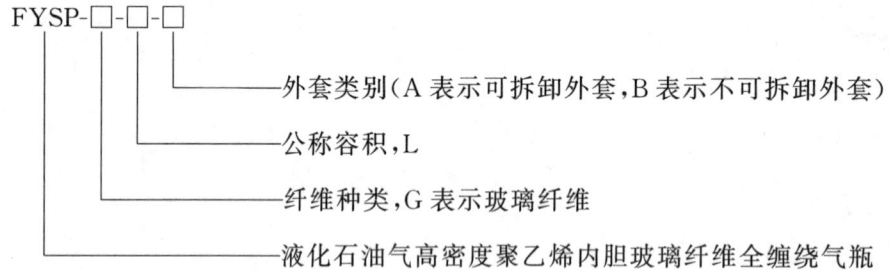

FYSP-□-□-□

外套类别(A 表示可拆卸外套,B 表示不可拆卸外套)

公称容积,L

纤维种类,G 表示玻璃纤维

液化石油气高密度聚乙烯内胆玻璃纤维全缠绕气瓶

示例:公称容积为 26.2 L,装配可拆卸外套的液化石油气高密度聚乙烯内胆玻璃纤维全缠绕气瓶,其型号标记为:
FYSP-G-26.2-A。

4.3 参数

4.3.1 气瓶公称工作压力应为 2.1 MPa。

4.3.2 气瓶公称容积、重量偏差及内胆厚度一般应符合表1的规定。

4.3.3 气瓶最大充装量应符合表1的规定。

表 1　气瓶常用型号和参数

型号	公称容积/L	公称容积允许偏差	重量偏差	内胆厚度/mm	最大充装量/kg
FYSP-G-4.7-×	4.7*	[0,+5%]	±3%	≥1	1.9
FYSP-G-12-×	12.0*	[0,+5%]	±3%	≥1	5.0
FYSP-G-18-×	18.0*	[0,+5%]	±3%	≥2	7.5
FYSP-G-23.9-×	23.9*	[0,+5%]	±3%	≥2	10.0
FYSP-G-26.2-×	26.2*	[0,+5%]	±3%	≥2	11.0
FYSP-G-27.5-×	27.5	[0,+5%]	±3%	≥2	11.5
FYSP-G-34.5-×	34.5	[0,+5%]	±3%	≥2	14.5
FYSP-G-35.5-×	35.5*	[0,+5%]	±3%	≥2	14.9

注1："×"为外套类别标记，"A"表示可拆卸外套，"B"表示不可拆卸外套。
注2：标记"*"的为推荐采用的公称容积。

5　技术要求

5.1　一般要求

5.1.1　公称容积

公称容积不低于 0.5 L 且不高于 150 L。

5.1.2　设计循环次数

设计循环次数为 12 000 次。

5.1.3　设计使用年限

设计使用年限为 12 年。

注：当气瓶实际使用年限未达到设计使用年限，但充装次数达到设计循环次数时，气瓶应当报废。

5.1.4　耐压试验压力

气瓶的耐压试验压力 P_f 为公称工作压力 P 的 1.5 倍，即 3.2 MPa。

5.1.5　气体成分

充装的液化石油气应符合 GB 11174 的规定要求。

5.1.6　温度范围

在充装和使用过程中，气瓶的温度应不低于 −40 ℃ 且不高于 60 ℃。

5.1.7　工作环境

设计气瓶时，应考虑其连续承受机械损伤或化学侵蚀的能力，瓶体外表面和外套至少应能适应下列工作环境：

a)　可能受到的冲击；

b) 海洋附近使用；

c) 阳光中的紫外线辐射；

d) 空气中二氧化硫的侵蚀。

5.2 材料

5.2.1 一般要求

制造气瓶的材料,应有材料供应单位提供的质量合格证明书原件,或者加盖了材料供应单位公章且有经办人签字(章)的质量证明书复印件。

5.2.2 内胆

5.2.2.1 内胆材料应采用高密度聚乙烯或改性高密度聚乙烯。

5.2.2.2 内胆材料的性能和技术指标应符合以下要求:

a) 熔点:应不低于 120 ℃,按 GB/T 19466.3 的规定执行;

b) 熔体质量流动速率 MFR:应不高于气瓶设计文件的要求值,按 GB/T 3682.1 的规定执行;

c) 密度:应不低于 0.94 g/cm^3,按 GB/T 1033.1、GB/T 1033.2 或 GB/T 1033.3 的规定执行。

5.2.2.3 内胆材料应按材料制造商的生产批次对 5.2.2.2b)、c)的指标进行复验,经复验合格后方可投入使用。

5.2.3 树脂体系

5.2.3.1 树脂基体应采用环氧树脂或改性环氧树脂等耐热性高且稳定性好的热固性树脂,树脂的环氧当量应符合气瓶设计文件的要求,按 GB/T 4612 的规定测定。

5.2.3.2 树脂体系的性能和指标应满足以下要求:

a) 玻璃化转变温度应不低于 95 ℃,按 GB/T 19466.2 的规定执行;

b) 黏度应符合气瓶设计文件的要求,按 GB/T 22314 的规定执行。

5.2.3.3 树脂应按材料制造商的生产批次对 5.2.3.2a)的指标进行复验,经复验合格后方可投入使用。

5.2.4 纤维

5.2.4.1 纤维材料应采用 E-CR 型玻璃纤维。

5.2.4.2 玻璃纤维的力学性能应符合气瓶设计文件的要求。纤维浸胶的力学性能应按 6.3.2 的要求进行测定。

5.2.4.3 气瓶制造单位应按批对浸胶纤维进行复验,经复验合格后方可投入使用。

5.2.5 阀座

5.2.5.1 外阀座材料应采用高密度聚乙烯或改性高密度聚乙烯。

5.2.5.2 内阀座材料应与液化石油气相容,宜采用铜合金 HPb59-1。

5.2.5.3 外阀座材料的强度应符合气瓶设计文件的要求,试验方法按 GB/T 1040.1 和 GB/T 1040.2 执行。

5.2.5.4 内阀座材料的强度应符合气瓶设计文件的要求,试验方法按 GB/T 228.1 执行。

5.2.6 外套

外套材料宜采用高密度聚乙烯或改性高密度聚乙烯,且应具有抗老化、抗氧化和耐低温等性能。

5.3 设计

5.3.1 内胆与阀座

5.3.1.1 设计文件中应注明内胆所用材料牌号、密度、熔体质量流动速率、弹性模量、拉伸强度和断裂延伸率。

5.3.1.2 内胆应按照非承载设计。

5.3.1.3 内胆端部应采用凸形结构。

5.3.1.4 内胆端部厚度应均匀过渡,筒体与端部应圆滑过渡。

5.3.1.5 气瓶阀座应设置在气瓶一侧端部,且应与内胆同轴。

5.3.1.6 阀座应具备足够的强度,在瓶阀装配扭矩(瓶阀装配扭矩范围为 80 N·m~120 N·m)作用下不产生永久变形。

5.3.1.7 外阀座与内胆的焊接面积应符合设计文件的要求。

5.3.1.8 阀座螺纹长度应大于瓶阀螺纹的有效长度,且螺纹应符合相应标准的规定。

5.3.1.9 阀座螺纹采用直螺纹设计的,阀座螺纹在公称工作压力下的切应力安全系数应不小于 20。计算螺纹切应力安全系数时,剪切强度取 60％的材料抗拉强度。螺纹切应力按 GB/T 28053—2011 附录 B 中方法计算。

5.3.2 缠绕层

设计文件中应注明以下内容:
a) 纤维牌号、弹性模量;
b) 树脂基体牌号、环氧当量;
c) 树脂体系黏度、玻璃化转变温度、拉伸强度、弹性模量、断裂延伸率;
d) 固化剂的牌号;
e) 玻璃纤维纱线的数量、缠绕角度、层数和顺序;
f) 缠绕层树脂配比、缠绕方式和浸胶量;
g) 固化曲线。

5.3.3 气瓶

5.3.3.1 设计文件应注明所有零部件尺寸及公差,包括弧度和直线度。

5.3.3.2 设计文件应注明公称容积、充装介质、公称工作压力、耐压试验压力、设计最小爆破压力。

5.3.3.3 气瓶长度偏差应不超过 1％。

5.3.3.4 耐压试验压力 P_f 应不低于 $1.5P$。

5.3.3.5 气瓶最小爆破压力 P_{bmin} 应不低于 7.2 MPa。

5.3.3.6 纤维应力比应不低于 3.4。

5.3.4 瓶阀

5.3.4.1 瓶阀应符合 GB/T 7512 或相关标准的规定。

5.3.4.2 阀座螺纹应与瓶阀螺纹相匹配,并符合 GB/T 8335 或相关标准的规定。

5.3.4.3 瓶阀与阀座的螺纹连接应可靠密封,密封材料应与所盛装的液化石油气相容。

5.3.5 外套

外套不得出现细长形的镂空,外套的镂空面积比例与筒体单孔镂空尺寸应符合下列要求:

a) 可拆卸外套的镂空面积比例不应超过 35%；

b) 不可拆卸外套的镂空面积比例不应超过 25%,筒体镂空单孔的外切圆直径不超过 6.5 cm。

5.3.6 应力分析

采用有限单元法,建立合适的气瓶分析模型,计算气瓶在公称工作压力、耐压试验压力和最小爆破压力下,内胆和缠绕层中的应力与应变。分析模型应考虑复合材料各向异性和结构的几何非线性。对带不可拆卸外套的气瓶,还应考虑外套对气瓶应力的影响。

5.4 制造

5.4.1 一般要求

5.4.1.1 气瓶应符合气瓶设计图样和设计文件的要求。

5.4.1.2 气瓶制造应按批管理。每批气瓶不得大于 200 只加上用于破坏性试验的数量。

5.4.1.3 气瓶生产车间应按设计文件规定控制环境温度和湿度。

5.4.1.4 气瓶内胆整体成型、纤维缠绕、气瓶固化等过程的所有操作均应由自动化设备和连续的工艺协同完成。不允许设置人工操作岗位。

5.4.2 内胆

5.4.2.1 内胆制造应符合设计图样和设计文件的要求。

5.4.2.2 内胆采用吹塑工艺成型。

5.4.2.3 内胆厚度应符合表 1 的要求。

5.4.2.4 气瓶内胆制造应按批管理。每批内胆不得大于 1 000 只加上用于破坏性试验的数量。

5.4.3 阀座及阀座螺纹

5.4.3.1 阀座应采用嵌件注塑工艺,且应与内胆牢固焊接。焊接应按照评定合格的工艺进行,焊接工艺文件应包含对温度、时间和压力的控制要求。焊接过程应采用自动控制操作。

5.4.3.2 螺纹的牙型、尺寸和公差应符合相应标准的规定。螺纹和密封面应光滑平整,不允许有倒牙、平牙、牙双线、牙底平、牙尖、牙阔,以及螺纹表面上的明显跳动波纹。螺纹轴线应与气瓶轴线同轴。

5.4.4 纤维缠绕

5.4.4.1 缠绕纤维前,应对内胆外观进行检验。表面有明显缺陷或树脂、碎屑等杂物的内胆应报废。

5.4.4.2 缠绕应按评定合格的工艺进行。

5.4.5 气瓶固化

5.4.5.1 固化应按评定合格的工艺进行。

5.4.5.2 固化温度不得超过 120 ℃,且不能影响内胆的力学性能。

5.4.5.3 气瓶外表面打磨不得损伤纤维。

5.4.6 外套

5.4.6.1 安装外套的气瓶应易于安装、运输,外套应能有效保护气瓶。

5.4.6.2 外套应与瓶体紧密配合,且不损坏瓶体表面。

5.4.6.3 外套制造应符合设计文件的要求。

6 试验方法与合格指标

6.1 一般规定

6.1.1 对于带不可拆卸外套的气瓶,除缠绕层力学试验外,带外套进行气瓶试验;对于带可拆卸外套的气瓶,仅跌落试验和外套试验带外套。

6.1.2 试验液体应循环利用,回收测试样件,并采取安全措施清理化学品和破坏后的气瓶等。

6.1.3 试验后气瓶应报废并使之不能保压。

6.1.4 试验时,如无特别要求,常温指周围环境温度,其允许范围为 10 ℃~35 ℃。

6.2 内胆与阀座

6.2.1 内胆尺寸和制造公差

6.2.1.1 试验方法

壁厚可采用超声波测厚仪或其他工具检测,制造公差应采用标准的或专用的量具、样板进行检测。

6.2.1.2 合格指标

检测结果应符合以下要求:
a) 壁厚和外径应符合设计要求;
b) 筒体外径偏差不超过 1%;
c) 筒体的圆度在同一截面上测量的偏差不超过该截面平均外径的 2%;
d) 内胆长度偏差不超过 1%;
e) 筒体直线度不超过瓶体长度的 0.2%。

6.2.1.3 监测和记录的参数

壁厚、筒体外径、筒体圆度、内胆长度、筒体直线度。

6.2.2 内外表面

6.2.2.1 试验方法

目测检查,可借助内窥灯或内窥镜检查内表面。

6.2.2.2 合格指标

检查结果应符合以下要求:
a) 内胆筒体应无肉眼可见的色斑、麻点、夹杂、裂纹、鼓包、内陷、塑料焦化等缺陷;
b) 端部与筒体应圆滑过渡,不应有突变或明显皱折。

6.2.2.3 监测和记录的参数

内外表面检查结果。

6.2.3 阀座螺纹

6.2.3.1 试验方法

目测检查,并采用符合相应标准的量规检查。

6.2.3.2 合格指标

检查结果应符合以下要求：
a) 阀座螺纹采用直螺纹设计的，有效螺纹牙数应不少于 6 个；
b) 螺纹的牙型、尺寸及制造公差应符合相应标准的规定；
c) 螺纹的有效螺距数、牙型角、牙顶、牙底及表面粗糙度应符合相应标准的规定。

6.2.3.3 监测和记录的参数

螺纹型号、螺纹量规型号、螺纹检查结果。

6.2.4 内胆重量

6.2.4.1 试验方法

应采用精度误差不大于 0.01 kg 的电子称重仪测量内胆重量。

6.2.4.2 合格指标

内胆重量与设计文件中规定值的偏差应小于设计规定值的±3%。

6.2.4.3 监测和记录的参数

内胆重量。

6.2.5 介质相容性试验

6.2.5.1 试验方法

将内胆材料制成 25.4 mm×25.4 mm×6.4 mm 的标准试样(或从内胆上取尺寸为 25.4 mm×25.4 mm 的试样)，试样数量不少于 3 个。按 GB/T 1690 的规定进行测试并计算体积变化。试验介质为正己烷溶液，试验温度为 23 ℃±2 ℃，浸泡时间为 70 h±0.5 h。

6.2.5.2 合格指标

试样体积变化率不超过 9%，且不出现收缩、弯曲、开裂或其他劣化迹象。

6.3 气瓶

6.3.1 外观检查

6.3.1.1 试验方法

目测检查外观。

6.3.1.2 合格指标

检查结果应符合以下要求：
a) 螺纹、密封环区域应清洁无异物；
b) 外表面应光滑、平整，无纤维裸露、纤维断裂、树脂积瘤及纤维分层等影响性能的缺陷。

6.3.1.3 监测和记录的参数

外观检查结果。

6.3.2 缠绕层力学试验

6.3.2.1 层间剪切试验

6.3.2.1.1 试验方法

按 GB/T 1458 的规定,制作具有代表性的缠绕层试样,有效试样数应不少于 9 个。将试样在沸水煮 24 h 后,再按 GB/T 1458 规定的方法进行试验。

6.3.2.1.2 合格指标

层间剪切强度应不低于设计制造单位保证值。

6.3.2.2 拉伸试验

6.3.2.2.1 试验方法

按 GB/T 1458 的规定,制作具有代表性的缠绕层试样,有效试样数应不少于 5 个,并按 GB/T 1458 规定的方法进行试验。

6.3.2.2.2 合格指标

拉伸强度应不低于设计制造单位保证值。

6.3.3 耐压试验

6.3.3.1 试验方法

按 GB/T 9251 规定进行耐压试验,试验压力为 $3.20^{+0.15}_{0}$ MPa,保压时间为 30 s。

6.3.3.2 合格指标

保压期间,试验压力应在允许的误差范围内,气瓶应无泄漏、无明显变形。

6.3.3.3 监测和记录的参数

试验温度、试验压力、保压时间、试验气瓶异常现象。

6.3.4 气密性试验

6.3.4.1 试验方法

按 GB/T 12137 规定的浸水法进行气密性试验。试验升压速率不高于 0.5 MPa/s。升压至 2.1 MPa,保压 1 min。

6.3.4.2 合格指标

气瓶未出现肉眼可见的连续气泡。

6.3.4.3 监测和记录的参数

试验温度、试验介质、试验压力、保压时间、试验气瓶异常现象。

6.3.5 爆破试验

6.3.5.1 试验方法

取 3 只气瓶,按 GB/T 15385 规定的试验方法在常温条件下进行爆破试验,并同时满足以下要求:
a) 试验介质应为非腐蚀性液体;
b) 试验过程中,气瓶外表面温度应低于 50 ℃;
c) 升压速率应不超过 1 MPa/s,试验持续时间应不低于 40 s;
d) 气瓶增压至失效时(如破裂),试验能达到的最大压力记录为爆破压力;
e) 爆破试验设备应具备自动记录和绘制压力-时间曲线、压力-体积曲线功能。

6.3.5.2 合格指标

试验结果应符合以下要求:
a) 气瓶爆破压力应高于最小爆破压力 7.2 MPa。压力达到 7.2 MPa 前,气瓶应无泄漏;
b) 爆破压力最大值与最小值之差与爆破压力平均值的比值不得超过 20%;
c) 气瓶不应产生碎片(由于冲击产生的纤维和树脂碎屑除外)。

6.3.5.3 监测和记录的参数

爆破压力、碎片数量、失效形式、压力-时间曲线或压力-体积曲线。

6.3.6 常温压力循环试验

6.3.6.1 试验方法

取 2 只气瓶,在常温条件下按 GB/T 9252 规定的试验方法进行常温压力循环试验,并同时满足以下要求:
a) 试验介质应为非腐蚀性液体;
b) 气瓶外表面温度应低于 50 ℃;
c) 循环压力上限不低于 3.2 MPa,循环压力下限不高于 0.3 MPa;
d) 压力循环频率应不超过 10 次/min。

6.3.6.2 合格指标

经受 12 000 次循环而无漏液、渗液或破裂现象。

6.3.6.3 监测和记录的参数

试验介质、气瓶表面温度,压力循环次数、最小循环压力、最大循环压力、循环频率、失效形式。

6.3.7 人工时效试验

6.3.7.1 试验方法

取 2 只气瓶,使用空气或氮气将气瓶增压至不小于公称工作压力,依次进行以下试验:
a) 按 GB/T 10125 的规定进行中性盐雾试验,试验时间 10 d;
b) 按 GB/T 9789 的规定进行二氧化硫环境试验,以 24 h 为一个试验周期:在试验箱内暴露 8 h,然后在室内环境大气中暴露 16 h,相对湿度应不低于 30% 且不高于 70%,试验时间 10 d;
c) 按 GB/T 16422.3 的规定进行荧光紫外灯加速应力破坏试验,并采用表 2 所示的暴露周期进行

循环,试验时间 10 d;

d) 气瓶泄压,在空载状态下重复一次 a)、b)、c)的过程,并记录试验后的气瓶压力;

e) 1 只气瓶应按 6.3.5 的要求进行爆破试验,另 1 只气瓶应按 6.3.6 的要求进行常温压力循环试验。

表 2 暴露周期

循环序号	暴露周期	灯型	340 nm 时的辐照度/(W/m²)	黑标温度/℃
1	4 h 干燥	UVA-340	0.83	60±3
	4 h 凝露		关闭光源	50±3
2	5 h 干燥	UVA-340	0.83	50±3
	1 h 凝露		关闭光源	25±3

6.3.7.2 合格指标

试验结果应符合以下要求:

a) 气瓶爆破压力应不低于 6.3 MPa,压力达到 6.3 MPa 前应无泄漏;

b) 气瓶应经受 12 000 次循环而无漏液、渗液或破裂现象。

6.3.7.3 监测和记录的参数

充装压力、试验条件及周期、肉眼可见的外观变化、爆破试验需要监测的参数、常温压力循环试验需要监测的参数。

6.3.8 加速应力破裂试验

6.3.8.1 试验方法

取 2 只气瓶,在温度为 70 ℃±5 ℃,相对湿度≥95%的条件下,将气瓶加水压至 3.2 MPa,并保压 1 000 h。保压结束后,气瓶先按 6.3.4 要求进行气密性试验,再按 6.3.5 要求进行爆破试验。

6.3.8.2 合格指标

试验结果应符合以下要求:

a) 加速应力破坏试验后气瓶表面纤维应无变形或松散等现象;

b) 气密性试验中,气瓶未出现肉眼可见的连续气泡;

c) 气瓶爆破压力应不小于 6.3 MPa,压力达到 6.3 MPa 前应无泄漏。

6.3.8.3 监测和记录的参数

保压前后的气瓶水容积、每天至少 2 次记录试验过程中的温度及湿度、每天至少 2 次记录试验过程中气瓶内部的压力、气密性试验需要监测的参数、爆破试验需要监测的参数。

6.3.9 冲击试验

6.3.9.1 试验方法

6.3.9.1.1 一般规定

试验前的准备应符合以下规定:

a) 取 4 只气瓶,充装水至气瓶最大充装量;另取 4 只气瓶,充装水至气瓶最大充装量,并用空气或氮气加压至 2.1 MPa；

b) 用于平面冲击和冲头冲击的装置应由钢制成，其硬度应高于气瓶的硬度。

6.3.9.1.2 平面冲击试验

试验应按以下规定进行。

a) 用于冲击试验的钢板厚度应不小于 10 mm，长度和宽度应满足试验要求。

b) 取 2 只未加压的气瓶按图 2 进行下列试验：
1) 先与地面平行姿态从 3 m 高处跌落；
2) 再与地面呈 45°姿态从 3 m 高处跌落，冲击点为瓶肩边缘；
3) 冲击后，用空气或氮气加压至 2.1 MPa 进行检漏，瓶体应无泄漏；
4) 气瓶应进行外观检查，判断瓶体是否出现如表 3 所示的明显损伤；

表 3 瓶体明显损伤

损伤类型	损伤定义	明显损伤
磕伤	由碰撞导致的缠绕层的坑状机械损伤	深度大于缠绕层厚度的 10% 或总长度大于气瓶外径的 50%
冲击损伤	缠绕层受到冲击，在树脂上出现"霜状"或"击碎"状态	气瓶出现永久变形或损伤面积>1 cm²
纤维损伤	由碰撞或冲击造成的纤维损伤	任何的纤维断裂、纤维分层等纤维损伤

5) 如果 2 只气瓶均存在明显损伤，2 只气瓶均按 6.3.5 的要求进行爆破试验；如果 2 只气瓶均无明显跌落损伤，或者仅 1 只气瓶存在明显跌落损伤，1 只气瓶按 6.3.5 的要求进行爆破试验，另 1 只气瓶按 6.3.6 的要求进行常温压力循环试验。

c) 取 2 只加压至 2.1 MPa 的气瓶按 b)中 1)~5)的过程重复试验。

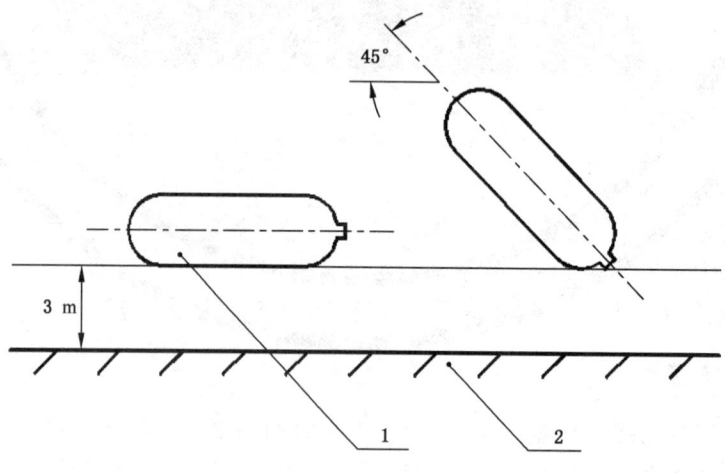

说明：

1——气瓶；

2——钢板。

图 2 平面冲击

6.3.9.1.3 冲头冲击试验

试验应按以下规定进行。

a) 冲头剖面如图 3 所示,剖面长 60 mm,高 50 mm,顶部有一半径为 3 mm 的圆角;冲头长度如图 4 所示,比气瓶公称长度大 200 mm。

b) 取 2 只未加压的气瓶进行下列试验:

   1) 先从 1.2 m 高度处气瓶轴线平行于冲头跌落,如图 4 所示;

   2) 再从 1.2 m 高度处气瓶轴线垂直于冲头跌落,两次冲击点应间隔至少 45°,符合图 5 的要求;

   3) 冲击后,用空气或氮气加压至 2.1 MPa 进行检漏,瓶体应无泄漏;

   4) 完成两次冲击试验后,气瓶应进行外观检查,判断瓶体是否出现如表 3 所示的明显损伤;

   5) 如果两只气瓶均存在明显损伤,两只气瓶均按 6.3.5 的要求进行爆破试验;如果两只气瓶均无明显跌落损伤,或者仅一只气瓶存在明显跌落损伤,一只气瓶按 6.3.5 的要求进行爆破试验,另一只气瓶按 6.3.6 的要求进行常温压力循环试验。

c) 取 2 只加压至 2.1 MPa 的气瓶按 b)中 1)～5)的过程重复试验。

尺寸单位为毫米

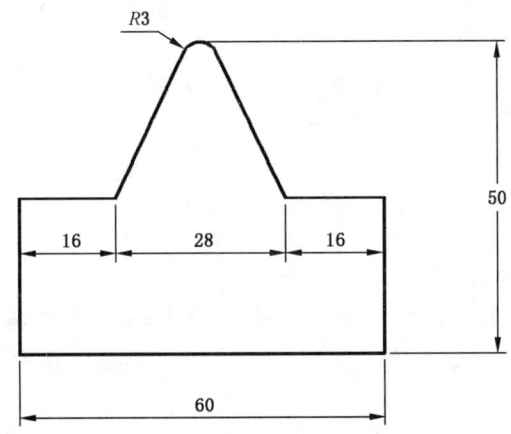

图 3　冲头剖面图

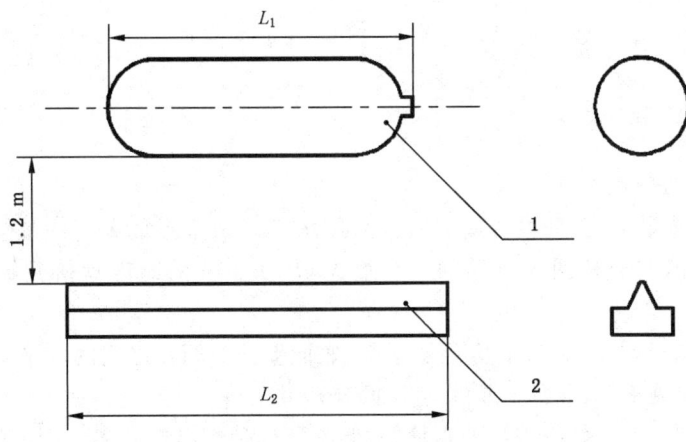

说明:

1——气瓶;

2——冲头;

$L_2 \geqslant L_1 + 200$。

图 4　冲头平行冲击

707

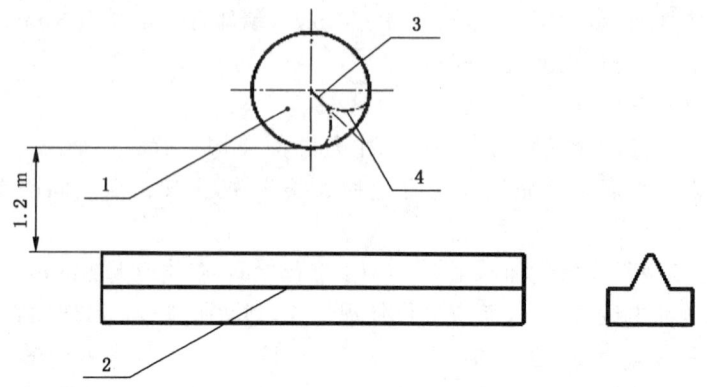

说明：

1——气瓶；

2——冲头；

3——冲击点位置至少间隔 45°；

4——第一次跌落的凹痕。

图 5　冲头垂直冲击

6.3.9.2　合格指标

试验结果应符合以下要求：

a)　冲击后，气瓶应无泄漏；

b)　气瓶爆破压力应不小于 6.3 MPa，压力达到 6.3 MPa 前应无泄漏；

c)　常温压力循环试验中，气瓶应经受 12 000 次循环而无漏液、渗液或破裂现象。

6.3.9.3　监测和记录的参数

气瓶内部压力、气瓶冲击位置、冲击尖角尺寸、爆破试验需要监测的参数、常温压力循环试验需要监测的参数。

6.3.10　跌落试验

6.3.10.1　试验方法

试验应按以下规定进行：

a)　取 2 只气瓶（安装外套、瓶阀等所有附件），用水充装气瓶至最大使用重量，并用空气或氮气加压至 2.1 MPa，气瓶按图 6 所示的 5 种姿态，从 1.2 m 的高度跌落到钢板上各 2 次（共跌落 10 次）；

b)　钢板厚度应大于 10 mm，表面应足够平整，表面上任意两点之间的水平差异不超过 2 mm；

c)　钢板应置于混凝土上，混凝土厚度应不低于 100 mm；

d)　完成 10 次跌落后，气瓶应进行外观检查，判断瓶体是否出现如表 3 所示的明显损伤；

e)　如果 2 只气瓶均存在明显损伤，2 只气瓶均按 6.3.5 的要求进行爆破试验；如果 2 只气瓶均无明显跌落损伤，或者仅 1 只气瓶存在明显跌落损伤，1 只气瓶按 6.3.5 的要求进行爆破试验，另 1 只气瓶按 6.3.6 的要求进行常温压力循环试验。

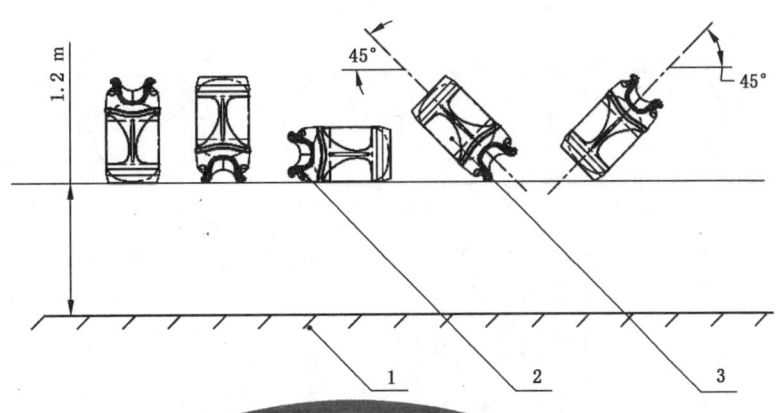

说明：
1——钢板；
2——外套；
3——气瓶。

图 6 跌落试验

6.3.10.2 合格指标

试验结果应符合以下要求：

a) 经过 10 次跌落之后，气瓶应无泄漏现象；
b) 气瓶爆破压力应不小于 6.3 MPa，压力达到 6.3 MPa 前应无泄漏；
c) 常温压力循环试验中，气瓶应经受 12 000 次循环测试且无漏液、渗液或破裂现象；
d) 外套应完整，无因部件损坏致外壳无法有效安装的现象，如图 A.4 所示；
e) 外套应无贯穿性裂纹，贯穿性裂纹如图 A.5、图 A.6 所示；
f) 外套允许存在磨损、局部塌陷和微裂纹等不影响其使用功能的损伤。

6.3.10.3 监测和记录的参数

气瓶重量、试验压力、跌落高度、外观检查结果、爆破试验需要监测的参数、常温压力循环试验需要监测的参数。

6.3.11 裂纹容限试验

6.3.11.1 试验方法

试验应按以下规定进行：

a) 取 2 只气瓶，在气瓶筒体段中部沿圆周方向间隔 120°加工 2 条裂纹缺陷，1 条轴向裂纹，1 条周向裂纹，如图 7 所示；
b) 裂纹长度应不小于 5 倍的缠绕层厚度，深度应不小于 40%缠绕层厚度，宽度应不小于 1 mm；
c) 1 只气瓶按 6.3.5 的要求进行爆破试验；
d) 另 1 只气瓶按 6.3.6 的要求进行常温压力循环试验。当循环次数达到 5 000 次或至气瓶失效时即可停止试验。

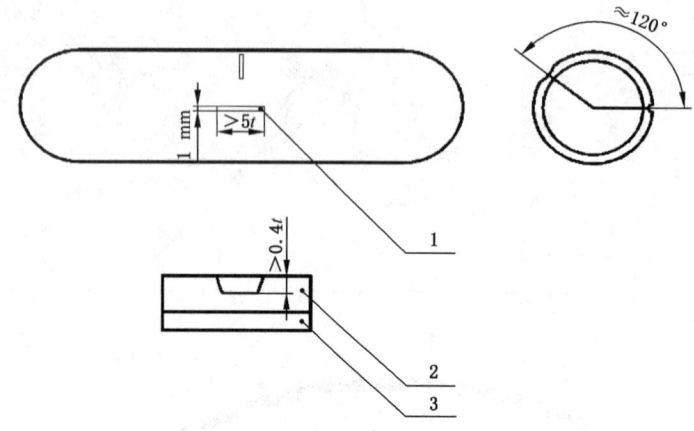

说明：

1——裂纹；

2——缠绕层；

3——内胆。

注：t 为缠绕层厚度。

图 7 裂纹容限试验

6.3.11.2 合格指标

试验结果应符合以下要求：

a) 爆破压力应不低于 4.2 MPa。压力达到 4.2 MPa 前应无泄漏；

b) 常温压力循环试验中，气瓶在 1 000 次循环内应无漏液、渗液现象，5 000 次循环内不应破裂。

6.3.11.3 监测和记录的参数

缺陷尺寸、爆破试验需要监测的参数、常温压力循环试验需要监测的参数。

6.3.12 极限温度压力循环试验

6.3.12.1 试验方法

取 1 只气瓶依次进行真空压力循环试验、高温压力循环试验、低温压力循环试验、常温压力循环试验和爆破试验。试验过程应保证气瓶表面与试验介质温度均达到规定值。

6.3.12.1.1 真空压力循环试验

在常温和标准大气压下，将气瓶内压力从标准大气压降至 0.02 MPa（绝压），并保压 1 min，然后将气瓶压力恢复到标准大气压，此过程为一个循环。循环次数为 150 次。

6.3.12.1.2 高温压力循环试验

试验应按以下规定进行：

a) 将零压力气瓶在温度不低于 60 ℃ 且不高于 70 ℃、相对湿度不低于 95% 的环境中放置 48 h；

b) 按 GB/T 9252 的规定进行压力循环试验，其中：循环压力下限为标准大气压，循环压力上限应不低于 2.1 MPa，压力循环频率应不超过 5 次/min，压力循环次数为 5 000 次；

c) 测试完成后释放气瓶内压力，使气瓶恢复至常温常压。

6.3.12.1.3　低温压力循环试验

试验应按以下规定进行：

a)　将零压力气瓶和加压介质的温度冷却至-60 ℃～-50 ℃；

b)　按 GB/T 9252 的规定进行压力循环试验，其中：循环压力下限为标准大气压，循环压力上限应不低于 2.1 MPa，压力循环频率应不超过 5 次/min，压力循环次数为 5 000 次；

c)　测试完成后释放气瓶内压力，使气瓶恢复至常温常压。

6.3.12.1.4　常温压力循环试验

试验应按以下规定进行：

a)　将零压力气瓶置于常温常压环境中，加压介质温度为常温；

b)　按 6.3.6 的要求进行常温压力循环试验，压力下限为标准大气压，循环 30 次；

c)　测试完成后释放气瓶内压力。

6.3.12.1.5　爆破试验

气瓶经真空、高温、低温和常温压力循环试验之后，按 6.3.5 的规定进行爆破试验。

6.3.12.1.6　合格指标

试验结果应符合以下要求：

a)　气瓶经真空压力循环试验后，不得出现内胆与复合层剥离、鼓包、凹陷、开裂、折叠或其他缺陷；

b)　气瓶进行高温、低温及常温压力循环试验过程中应无纤维脱离现象，无漏液、渗液或破裂现象；

c)　气瓶爆破压力应不低于 5.25 MPa，压力达到 5.25 MPa 前应无泄漏。

6.3.12.2　监测和记录的数据

试验记录内容应包含：

a)　真空循环阶段记录：最大/最小循环压力、循环次数、试验介质、外观检查结果；

b)　高温、低温和常温循环阶段记录：各阶段的温度、高温阶段的湿度、试验介质、循环次数、最大/最小循环压力、外观检查结果。

c)　爆破试验阶段记录：爆破压力、失效形式。

6.3.13　火烧试验

6.3.13.1　试验方法

取 2 只安装瓶阀的气瓶，充装液化石油气至最大充装量，进行火烧试验，并同时满足以下要求：

a)　将 2 只气瓶置于火中，1 只气瓶水平放置，使其下表面距火源约 100 mm；另 1 只气瓶竖直放置，瓶阀朝上，下表面距离火源约 100 mm；

b)　火源长度 1.65 m，火焰分布均匀，应能遮盖整个气瓶，并且至少能够持续 30 min；

c)　在气瓶下侧至少均匀设置 3 只热电偶，以监测气瓶表面温度，其间距不得超过 0.75 m；用金属挡板防止火焰直接接触热电偶，也可以将热电偶嵌入边长小于 25 mm 的金属块中；试验过程中记录热电偶的温度，时间间隔不大于 30 s；

d)　点火后，火焰应迅速包裹气瓶，并由气瓶的下部及两侧将其环绕；

e)　点火后 5 min 之内，至少应有 1 只热电偶指示温度达到 590 ℃，并在随后的试验过程中所有热电偶温度不得低于此温度值；

f)　火烧试验时,应采取预防气瓶突然发生爆炸的安全措施。

6.3.13.2　合格指标

介质应通过气瓶表面或瓶阀连续泄放,气瓶不得发生爆炸。

6.3.13.3　监测和记录的参数

气瓶初始压力、试验时间、温度、泄放方式及位置。

6.3.14　枪击试验

6.3.14.1　试验方法

试验应按以下规定进行:
a)　气瓶应充装空气、氮气或其他惰性气体至 2.1 MPa;
b)　子弹应采用 7.62 mm 穿甲弹;
c)　射击距离应不大于 45 m,子弹速度约为 850 m/s,子弹应至少完全穿透气瓶的一个侧壁;
d)　子弹入射方向应与气瓶轴线约 45°。

6.3.14.2　合格指标

气瓶应保持为一整体,无爆裂现象。

6.3.14.3　监测和记录的参数

子弹规格、气瓶初始压力、失效形式、子弹射入和射出的位置及尺寸。

6.3.15　渗透试验

6.3.15.1　试验方法

试验应按以下规定进行:
a)　取 2 只气瓶进行试验,按 6.3.6 的要求进行 1 000 次常温压力循环试验,循环压力下限为标准大气压,循环压力上限应不低于 2.1 MPa,试验后清洁气瓶内部并干燥;
b)　进行气密性试验,可用涂液法检查瓶阀、内胆与阀座或密封环连接处有无气泡逸出;无气泡冒出或固定位置气泡抹去后无新气泡产生后,方可进行下一步试验;
c)　按最大充装量充装液化石油气,将气瓶置于 40 ℃±2 ℃的恒温环境中,并保持相对湿度恒定在不高于 50%的值,开始渗透性测试;
d)　气瓶温度达到 40 ℃后,定期(每天至少 1 次)称重并记录气瓶重量;
e)　气瓶重量变化稳定后,继续监测气瓶重量变化 500 h,计算上述 500 h 内的气瓶重量损失率。

6.3.15.2　合格指标

试验结果应符合以下要求:
a)　气密性试验合格;
b)　气瓶重量损失率不超过 1 mg/(h·L)。

6.3.15.3　监测和记录的参数

常温压力循环试验需要监测的参数、渗透试验介质、每天至少要记录 2 次温度和湿度、气瓶重量、气瓶重量损失率、达到稳定损失率的时间。

6.3.16 气体循环试验

6.3.16.1 一般要求

气瓶应先通过耐压试验(6.3.3)、气密性试验(6.3.4)和常温压力循环试验(6.3.6),循环次数为6 000次,再进行气体循环试验。

6.3.16.2 试验方法

试验应按以下规定进行:
a) 用空气或氮气,将气瓶加压至2.1 MPa,并保持72 h;
b) 在0.2 MPa～2.1 MPa之间进行1 000次气体循环试验,试验介质为空气或氮气,应控制循环频率,以保证试验过程中气瓶表面温度不超出其工作温度范围;循环结束后检查气瓶内表面;
c) 用空气或氮气,将气瓶加压至2.1 MPa,并保持72 h;保压结束后,检查气瓶内表面;
d) 按6.3.6的要求进行常温压力循环试验,循环次数为6 000次;应对内胆及内胆与阀座连接面进行目视检查,检查是否存在疲劳裂纹或静电放电。

6.3.16.3 合格指标

试验结果应符合以下要求:
a) 气体循环后,气瓶内表面无起泡和内胆脱层、裂纹等现象;
b) 气密性试验时,应无肉眼可见的连续气泡;
c) 常温压力循环试验中,6 000次循环内气瓶无漏液、渗液或破裂现象。

6.3.16.4 监测和记录的参数

气瓶温度、达到压力循环上限的次数、最大/最小循环压力、循环频率、试验介质、内胆表面检查结果、常温压力循环试验要求记录的参数、失效形式。

6.3.17 扭矩试验

6.3.17.1 试验方法

试验应按以下规定进行:
a) 对阀座螺纹施加1.1倍最大扭矩;
b) 目测检查,并采用符合相应标准的量规检查。

6.3.17.2 合格指标

阀座螺纹应无永久变形,螺纹检测应符合要求。

6.3.17.3 监测和记录的参数

阀座螺纹材料、扭矩、螺纹量规型号。

6.3.18 阀座强度试验

6.3.18.1 试验方法

试验应按以下规定进行:

a) 对阀座螺纹施加 1.5 倍最大扭矩；

b) 进行气密性试验，试验压力为 0.63 MPa，保压时间为 20 min。

6.3.18.2　合格指标

试验结果应符合以下要求：

a) 气瓶的阀座应无明显变形和相对错位；

b) 气密性试验时，应无肉眼可见的连续气泡。

6.3.18.3　监测和记录的参数

阀座螺纹材料、扭矩、气密性试验需要监测的参数。

6.3.19　外套试验

6.3.19.1　低温跌落试验

6.3.19.1.1　试验方法

取 1 只装配外套的气瓶，气瓶充装防冻液至最大使用重量，按如下要求进行试验：

a) 将气瓶在 −40 ℃ 环境中静置至少 30 min；

b) 将气瓶迅速取出，并采取一定保温措施，进行 1.2 m 水平跌落。

6.3.19.1.2　合格指标

试验结果应符合以下要求：

a) 气瓶应无明显损伤；

b) 外套应保持完整。

6.3.19.1.3　监测和记录的参数

环境温度、保温时间、试验气瓶重量、跌落高度、外观检查结果。

6.3.19.2　外套强度试验

6.3.19.2.1　试验方法

取 1 只装配外套的气瓶，充水至气瓶最大使用重量，按如下要求进行试验：

a) 试验 A：外套上表面竖直向下施加压力 F。如图 8a)所示。

$$F = 6Mg$$

b) 试验 B：任意把手上施加拉力 T。如图 8b)所示。

$$T = 1.5Mg$$

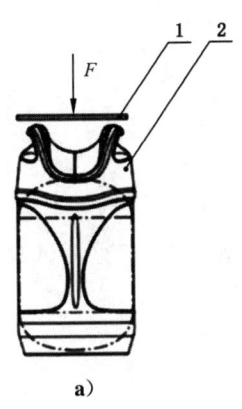
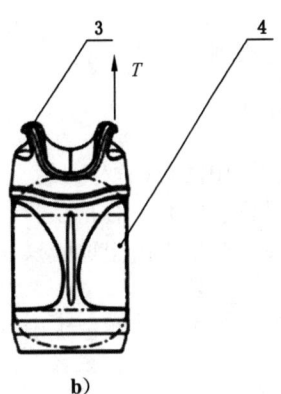

a)　　　　　　　　　　　　　　　　　　b)

说明：

1——压板；

2——外套；

3——外套把手；

4——气瓶。

图 8　外套强度试验

6.3.19.2.2　合格指标

试验结果应符合以下要求：

a)　试验 A:外套不破坏,无脱落；

b)　试验 B:外套把手不破坏,无脱落。

6.3.19.3　外套抗老化试验

6.3.19.3.1　试验方法

取 2 只装配外套的气瓶充水至气瓶最大使用重量,先按人工时效试验 6.3.7.1 中的步骤 a)、b)、c)、d)进行中性盐雾环境、二氧化硫环境和荧光紫外灯下的暴露。然后取 1 只气瓶进行 6.3.10 跌落试验,另 1 只气瓶进行 6.3.19.2 外套强度试验。

6.3.19.3.2　合格指标

2 只气瓶的外套应分别满足跌落试验和外套强度试验的合格指标。

7　检验规则

7.1　出厂检验

7.1.1　逐只检验

内胆和气瓶均应按表 4 规定的项目进行逐只检验。

7.1.2　批量检验

7.1.2.1　检验项目

内胆和气瓶均应按表 4 规定的项目进行批量检验。

7.1.2.2 抽样规则

7.1.2.2.1 内胆

从每批内胆中随机抽取 5 只。

如果批量检验时有不合格项目,按下列规定进行处理:

a) 如果不合格是由于试验操作异常或测量误差所造成,应重新试验;如重新试验结果合格,则首次试验无效。

b) 如果试验操作和测量正确,则应逐只检查,不合格的内胆应报废。

7.1.2.2.2 气瓶

从每批气瓶中随机抽取 2 只,1 只进行常温压力循环试验,1 只进行爆破试验。气瓶常温压力循环试验的压力循环总次数应不小于 12 000 次,气瓶爆破压力应在型式试验的压力范围内。

注:也可每批抽取 1 只气瓶,依次进行常温压力循环试验和爆破试验。试验合格指标不变。

如果批量检验时有不合格项目,按下列规定进行处理:

a) 如果不合格是由于试验操作异常或测量误差所造成,应重新试验;如重新试验结果合格,则首次试验无效。

b) 如果试验操作和测量正确,则整批气瓶报废。

7.1.3 抽样检验

气瓶投产后的前 5 年,气瓶制造单位应每年不少于一次按照 6.3.15 对未出厂产品进行渗透试验。

7.2 型式试验

7.2.1 新设计气瓶应按表 4 规定项目进行型式试验。

7.2.2 用于型式试验的同批气瓶,数量不得少于 100 只。从中抽取进行型式试验的内胆数量为 2 只(在进行缠绕工艺前随机抽取),气瓶数量为:

耐压试验 1 只;气密性试验 1 只;爆破试验 3 只;常温压力循环试验 2 只;人工时效试验 2 只;加速应力破裂试验 2 只;冲击试验 8 只;跌落试验 2 只;裂纹容限试验 2 只;极限温度压力循环试验 1 只;火烧试验 2 只;枪击试验 1 只;渗透试验 2 只;气体循环试验 1 只;扭矩试验 1 只;阀座强度试验 1 只;低温跌落试验 1 只;外套强度试验 1 只;外套抗老化试验 2 只。

7.2.3 所有进行型式试验的内胆和气瓶在试验后都应进行消除使用功能处理。

表 4 试验和检验项目

试验项目		出厂检验		型式试验	试验方法和合格指标
		逐只检验	批量检验		
材料	内胆材料测试		√	√	5.2.2.2
	树脂玻璃化转变温度		√	√	5.2.3.2
	纤维浸胶力学性能		√	√	5.2.4.2
内胆及阀座	内胆尺寸和制造公差		√	√	6.2.1
	内外表面		√	√	6.2.2
	阀座螺纹		√	√	6.2.3
	内胆重量	√		√	6.2.4
	介质相容性试验			√	6.2.5

表 4　试验和检验项目（续）

试验项目		出厂检验		型式试验	试验方法和合格指标
		逐只检验	批量检验		
气瓶	气瓶重量	√		√	—
	外观检查	√		√	6.3.1
	耐压试验	√		√	6.3.3
	气密性试验	√		√	6.3.4
	爆破试验		√	√	6.3.5
	常温压力循环试验		√	√	6.3.6
	人工时效试验			√	6.3.7
	加速应力破裂试验			√	6.3.8
	冲击试验			√	6.3.9
	跌落试验			√	6.3.10
	裂纹容限试验			√	6.3.11
	极限温度压力循环试验			√	6.3.12
	火烧试验			√	6.3.13
	枪击试验			√	6.3.14
	渗透试验			√	6.3.15
	气体循环试验			√	6.3.16
	扭矩试验			√	6.3.17
	阀座强度试验			√	6.3.18
	外套试验			√	6.3.19

7.3　设计变更

7.3.1　设计变更允许减少型式试验项目。设计变更除应按表4规定项目进行批量检验和逐只检验外，还应按表5规定的项目重新进行型式试验。

7.3.2　纤维由同种原始材料（初始材料）制造，并且纤维制造单位规定的公称纤维模量和公称纤维强度与设计原型规定值相差均未超过±5%，则认为是等效纤维。

7.3.3　树脂材料类型相同，并且树脂体系弹性模量、拉伸强度和断裂延伸率与设计原型规定值相差均不超过±5%，玻璃化转变温度与设计原型规定值相差不超过±5%，则认为是等效树脂。

7.3.4　当符合下列任一条件时，该气瓶认为是设计变更：

a)　气瓶长度与原型气瓶长度的变化差值大于5%；

b)　气瓶外径与原型气瓶外径的变化差值大于2%且不超过50%；

c)　内胆厚度变化；

d)　缠绕层厚度改变或缠绕层铺层变化；

e)　采用7.3.2规定的等效纤维；

f)　采用7.3.3规定的等效树脂；

g)　阀座设计改变或阀座与内胆连接方式改变；

T/CATSI 02005—2019

h) 阀座螺纹尺寸变化；

i) 外套改变。

表 5 设计变更需重新进行型式试验的项目

变更内容		复合材料试验	内胆材料试验	耐压试验	气密性试验	爆破试验	常温压力循环试验	人工时效试验	加速应力破坏试验	冲击试验	跌落试验	裂纹容限试验	极限温度循环试验	火烧试验	枪击试验	渗透试验	气体循环试验	扭矩试验	阀座强度试验	外套试验
气瓶长度变化	>5%且≤50%			√		√	√													
	>50%			√		√	√			√	√			√			√			
气瓶外径变化	>2%且≤20%			√	√	√	√												√	
	>20%且≤50%			√	√	√	√		√	√	√	√	√	√	√	√	√		√	
内胆厚度变化			√	√		√	√			√			√ᶜ			√	√		√	
缠绕层厚度与铺层变化		√ᵃ		√		√			√	√			√	√ᵈ						
等效纤维		√		√		√				√			√							
等效树脂		√		√		√		√		√			√							
阀座设计或阀座与内胆连接改变				√	√	√					√			√ᵉ		√		√	√	
阀座螺纹变化																		√	√	
外套改变										√ᵇ	√									√

当气瓶采用新纤维材料或新树脂材料，内胆厚度减薄，缠绕层厚度与铺层变化，外直径、长度或端部结构发生变化时，均应重新进行应力分析。

注：当气瓶长度变化不超过 5%、气瓶外径变化不超过 2%时不需要进行试验。

ᵃ 针对等效纤维。

ᵇ 针对不可拆卸外套。

ᶜ 内胆厚度变小时适用。

ᵈ 缠绕层厚度变化时适用。

ᵉ 当原型气瓶的火烧试验时液化石油气从阀座处泄漏时适用。

8 标志、包装、运输和储存

8.1 标志

8.1.1 应在气瓶上设置永久性标志。经认证合格的电子标签或瓶体缠绕层内贴的纸质标签，均可作为

718

永久性标志。

8.1.2 永久性标志应安装在气瓶瓶体的易见位置上。采用不可拆卸外套时,永久性标志可安装或刻印在外套上。采用可拆卸外套时,若永久性标志被外套遮挡,应在外套上增加标志。

8.1.3 纸质标签应清晰可见,字高不小于 5 mm,字母应大写,应使用阿拉伯数字。

8.1.4 永久性标志应至少包括以下内容:

a) 制造单位名称或代号;

b) 气瓶编号;

c) 产品标准号;

d) 公称工作压力,MPa;

e) 耐压试验压力,MPa;

f) 充装介质名称;

g) 气瓶公称容积,L;

h) 气瓶制造年月;

i) 液化石油气最大允许充装量,kg;

j) 气瓶公称重量,kg。

8.1.5 应在外套显著位置上永久标记"可拆卸外套"或"不可拆卸外套"。

8.2 包装

气瓶应妥善包装,防止运输时损伤。

8.3 运输

8.3.1 气瓶的运输应符合运输部门的规定。

8.3.2 气瓶在运输和装卸过程中,应防止碰撞、受潮和损坏附件,尤其要防止缠绕层的划伤。

8.4 储存

气瓶应分类存放整齐。储存在干燥、通风、阴凉的地方,避免日光暴晒、高温、潮湿,严禁接触强酸、强碱、强辐射,严禁切割、刻划、抛掷和剧烈撞击。

9 产品合格证、产品使用说明书和批量检验质量证明书

9.1 产品合格证

9.1.1 出厂的每只气瓶均应安装有可追溯产品信息的产品合格电子标识(电子合格证),且应向用户提供产品使用说明书。

9.1.2 出厂产品电子合格证应至少包含以下内容:

a) 制造单位名称和代号;

b) 气瓶编号;

c) 耐压试验压力,MPa;

d) 公称工作压力,MPa;

e) 气密性试验压力,MPa;

f) 内胆材料名称或牌号;

g) 纤维材料名称或牌号;

h) 树脂材料名称或牌号;

i) 气瓶公称容积,L;

j) 公称空瓶质量(含瓶阀),kg;

k) 出厂检验标记;

l) 制造年月;

m) 检验周期;

n) 产品标准号;

o) 制造许可证编号;

p) 充装介质名称(注明仅适用于液化石油气);

q) 设计使用寿命,年。

9.2 产品使用说明书

应至少包含以下内容:

a) 充装介质;

b) 公称工作压力,MPa;

c) 检验周期;

d) 设计使用寿命;

e) 耐压试验压力,MPa;

f) 产品的维护;

g) 安装使用注意事项;

h) 气瓶外观评估(见附录 A)。

附　录　A

（规范性附录）

液化石油气高密度聚乙烯内胆玻璃纤维全缠绕气瓶检验与评定

A.1　总则

本附录规定了液化石油气高密度聚乙烯内胆玻璃纤维全缠绕气瓶检验与评定的基本方法和技术要求。

A.2　检验周期及项目

A.2.1　检验周期

A.2.1.1　自气瓶标签所示制造日期起,推荐充装单位每4年自检一次。

A.2.1.2　气瓶出现下列任一情况,应提前进行检验:

　　a)　气瓶在使用过程中发现有严重腐蚀、损伤或对其安全可靠性有怀疑时;

　　b)　气瓶库存或者停用时间超过一个检验周期;

　　c)　充装单位认为气瓶有必要进行检验时。

A.2.2　检验项目

检验项目至少应包括外观检验、瓶阀检验和气密性试验。

A.3　检验准备

A.3.1　记录

A.3.1.1　逐只检查记录气瓶制造标记和检验标记。记录至少应包括如下内容:制造单位名称代号或制造许可证编号、气瓶编号、制造年月、公称工作压力、耐压试验压力、气瓶重量、公称容积、螺纹规格、上次检验日期(年、月)等信息。

A.3.1.2　达到设计使用年限的气瓶应报废。如欲继续使用,应是经有资质的检验机构评定合格的气瓶。评定不合格的气瓶应报废处理。

A.3.1.3　对制造标记模糊不清或项目不全导致无法评定的气瓶,记录后不予检验,报废处理。

A.3.1.4　对判定不能继续使用的气瓶,记录后不予检验,报废处理。

A.3.1.5　对提前进行检验的气瓶,应查明原因,并做好记录。

A.3.2　气瓶内介质检查

气瓶内的介质应为符合 GB 11174 的规定的液化石油气。对于瓶内介质不明、瓶阀无法开启的气瓶,应与待检气瓶分别存放以待另行妥善处理。

A.3.3　瓶阀拆除与残液、残气处理

A.3.3.1　对于无法证明有无余压的气瓶,应与待检瓶分开存放以待另行妥善处理。在保证不泄漏、不污染环境、不影响操作人员健康的前提下,采取适当方法,逐只回收瓶内残液和残气。经外观检查报废的气瓶,亦应逐只回收瓶内的残液和残气。

A.3.3.2　确认瓶内压力与大气压力一致时,将瓶阀卸掉。应避免对气瓶的筒身进行夹持固定,以防止气瓶损伤。

A.3.3.3 将气瓶倒置于吹扫装置上,利用温度不超过 60 ℃的热水或热氮气吹扫瓶内的残液和残气,吹扫时间应不少于 3 min。亦可采用经安全评定不影响气瓶安全性能的方法对瓶内残液和残气进行处理。

A.3.3.4 用可燃气体检测器测定瓶内吹扫后的残气浓度。凡浓度高于 0.4%(体积分数)的气瓶,应重新对气瓶内残液和残气进行处理。

A.4 检验方法与结果评定

A.4.1 总则

气瓶带外套进行检验。

A.4.2 外观检查与评定

A.4.2.1 外观检验

根据实际需要,可使用温度不超过 60 ℃的水或对气瓶无腐蚀的化学试剂对气瓶的外表面进行清洗。

检验人员应能看到整个气瓶或外套的外表面情况。如果粘贴物掩盖了气瓶的损伤或者可疑的损伤,应去除粘贴物。可疑损伤的迹象包括:标牌或粘贴物有划痕、明显的受冲击痕迹、机油等。

A.4.2.2 检验方法与评定

按表 A.1 执行气瓶外观评估。

a) 对于带可拆卸外套的气瓶,当外套损伤超过表 A.1 的规定时,应拆下外套并检查气瓶瓶体。如果瓶体满足外观评估的合格指标,气瓶可由原制造单位或充装单位更换新的外套并继续使用。

b) 对于带不可拆卸外套的气瓶,当外套破损超过表 A.1 的规定时,气瓶判废。

表 A.1 外观评估清单

序号	检查项	合格指标	说明
1	磨损	缠绕层磨损深度不超过其厚度的 10%; 缠绕层磨损面积最大直径不超过气瓶外径的 50%	见图 A.1
2	划伤	缠绕层划伤深度不超过其厚度的 10%; 缠绕层划伤总长度不超过气瓶直径的 50%	见图 A.2
3	分层	缠绕层无可见分层、翘边、发白现象	图 A.3 所示为不合格
4	外套损伤	外套完整,无因部件损坏致外套无法有效安装的现象	图 A.4 所示为不合格
		外套仅出现不影响保护功能的局部裂纹或局部塌陷,但无贯穿性裂纹	图 A.5、图 A.6 为外套贯穿性裂纹
5	化学腐蚀	缠绕层树脂基体无溶解,缠绕层无发黏与变色	图 A.7 所示为不合格
6	热损伤	气瓶、瓶阀、外套及其他附件颜色无变化,无燃烧痕迹	图 A.8 所示为不合格

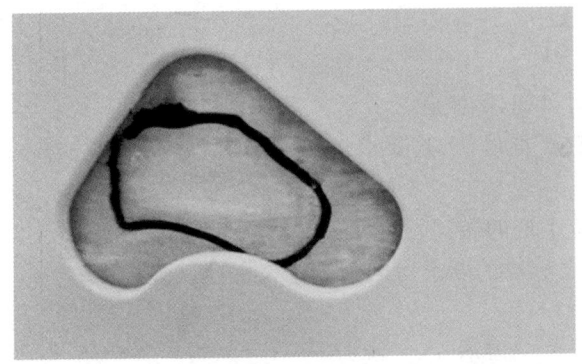

图 A.1　磨损

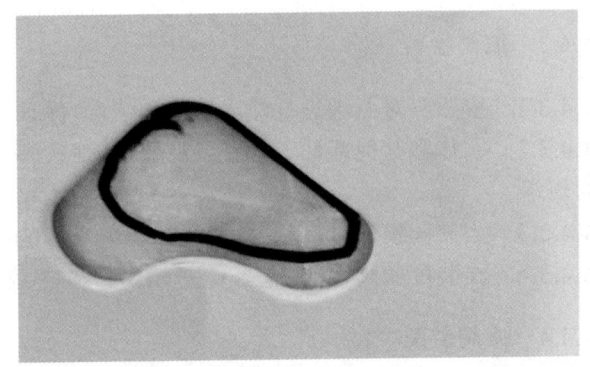

图 A.2　划伤

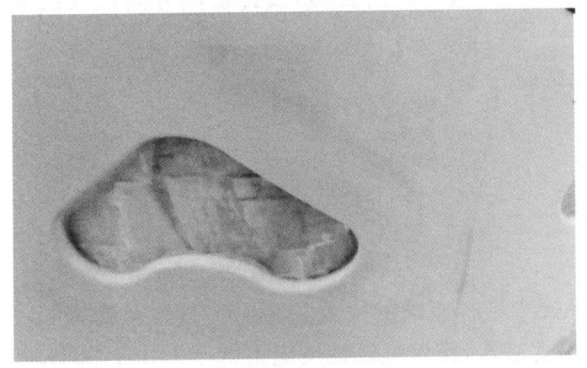

图 A.3　分层

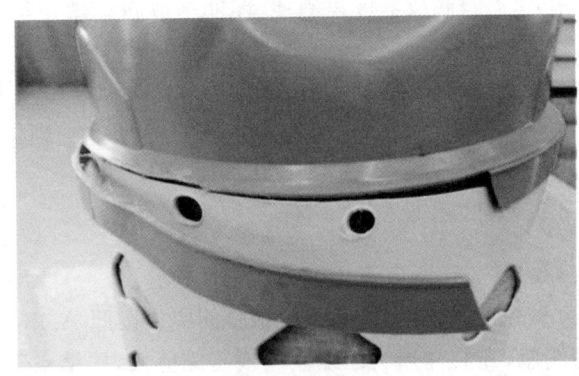

图 A.4　外套部件损坏,无法有效安装

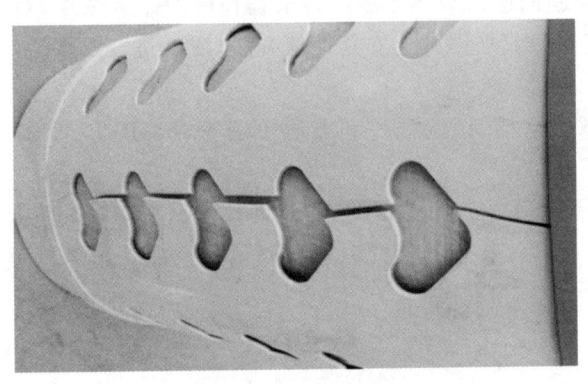

图 A.5　贯穿性裂纹

图 A.6　贯穿性裂纹

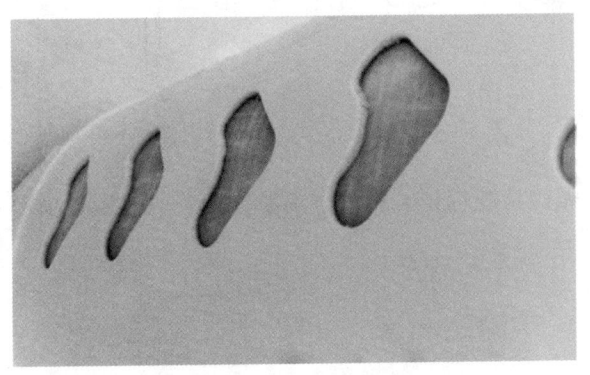

图 A.7　化学腐蚀变色

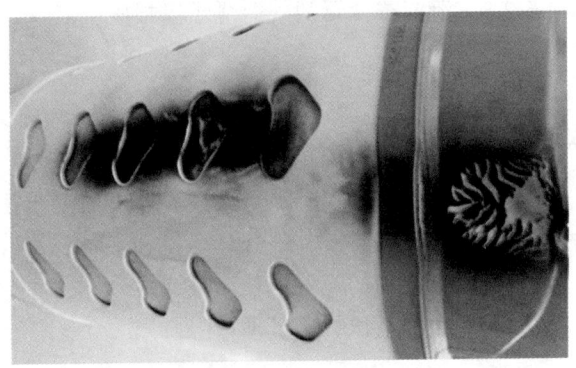

图 A.8　热损伤

A.4.3 瓶阀检验

A.4.3.1 应逐只对瓶阀进行外观检验和清洗,保证开闭自如、不泄漏。

A.4.3.2 阀体和其他部件不得有严重变形,螺纹不得有严重损伤,其要求按照 GB/T 7512 或相关标准的规定。

A.4.3.3 当瓶阀损坏时,应更换新的有制造资格的单位生产的瓶阀。

A.4.3.4 在装配瓶阀之前,应逐只按 GB/T 7512 或相关标准的要求对瓶阀进行气密性试验。

A.4.4 瓶阀装配

A.4.4.1 密封材料应与所盛装的液化石油气相容。

A.4.4.2 瓶阀应装配牢固,并保证其与阀座连接的有效螺纹牙数和密封性能,装配后其外露螺纹数应为 1 牙～2 牙。

A.4.4.3 瓶阀装配好之后,应按 A.4.5 要求进行气密性试验。

A.4.5 气密性试验

A.4.5.1 试验方法

A.4.5.1.1 气瓶应逐只进行气密性检验。

A.4.5.1.2 气瓶进行气密性试验前应先按照 A.4.3 和 A.4.4 进行瓶阀的检验和装配。瓶阀安装结束后的气瓶,充装介质为压缩空气或压缩氮气,压缩空气不得含有水,压缩氮气纯度应不低于 GB/T 3864 中规定的Ⅱ类二级指标。

A.4.5.1.3 凡以空气为介质进行气密性检验的气瓶,检验前应逐只测定瓶内残留物释放的燃气浓度,对于浓度大于 0.4%(体积分数)的气瓶,应进行二次氮气吹扫或采用其他安全处理方法,浓度符合要求后,方可用空气进行检验,否则应用氮气进行检验。

A.4.5.1.4 气密性试验采用浸水检验,其充气装置、试验水槽、试验条件和方法等应符合 GB/T 12137 的规定。

A.4.5.1.5 充气过程中若充气装置或检验过程中瓶阀装配不当产生泄漏时,应立即停止试验,待修理或重新装配瓶阀后再试验。

A.4.5.1.6 气密试验压力为 2.1 MPa,保压时间不应少于 1 min。

A.4.5.2 结果评定

A.4.5.2.1 保压期间内气瓶未出现肉眼可见的连续气泡。

A.4.5.2.2 泄漏或变形的气瓶应予以报废。

A.5 检验后的工作

A.5.1 检验标记

检验合格的气瓶,应参照 TSG R0006 的要求逐只做好检验标记。标记应不易损坏、不易失落、字迹清晰,其内容包括:

    a) 负责检验的充装单位名称或代号;
    b) 本次和下次检验日期(年、月)。

A.5.2 检验记录、报告

检验人员应当认真填写气瓶检验与评定记录,检验结束后应对检验合格或者报废的气瓶及时出具气瓶检验报告。负责检验的充装单位应对评定记录及检验报告归档整理保存,并将相关记录录入可追溯系统,实现网上查询。保存期不得低于 6 年。气瓶检验报告至少应包括以下内容:

a) 产权单位名称;

b) 制造单位和气瓶使用登记号;

c) 气瓶出厂编号;

d) 检验代号;

e) 检验结果;

f) 下次检验日期。

A.5.3 报废处理

报废气瓶由负责检验的充装单位进行破坏性处理,方式为瓶体压扁或者解体,不得采用钻孔或破坏瓶口螺纹的方式进行破坏性处理,以避免报废气瓶被重新使用。

A.5.4 其他要求

对于已采用电子标签等先进信息化手段对气瓶进行管理的地区,负责检验的充装单位应配备相应的装置,用于检验前核实送检钢瓶电子标签录入信息的准确性以及检验后将钢瓶检验信息录入电子标签。

T/CATSI 02005—2019

附　录　B

（资料性附录）

液化石油气高密度聚乙烯内胆玻璃纤维全缠绕气瓶批量检验质量证明书

气瓶型号：_____　充装介质：_____

制造许可证编号：_____　制造单位：_____

生产批号：_____　制造日期：_____

产品标准代号：_____　产品图号：_____

本批气瓶共_____只,编号从_____号至_____号

　注：本批合格气瓶中不包含下列瓶号：_____

B.1　主要技术参数

公称工作压力/MPa		水压试验压力/MPa	
水容积/L		气密性试验压力/MPa	
内胆外径/mm			

B.2　材料

内胆材料			
名称或牌号		规格或型号	
检验项目	密度/(g/m³)		熔体质量流动速率/(g/10 min)
规定值			
实测值			
纤维/树脂复合材料			
纤维名称或牌号		纤维规格或型号	
树脂名称或牌号		树脂规格或型号	
检验项目	抗拉强度/MPa		层间剪切强度/MPa
规定值			
实测值			

B.3　爆破试验

气瓶编号：_____　爆破压力/MPa：_____　爆破起始位置：_____

B.4　常温压力循环试验

气瓶编号：_____　循环压力上限/MPa：_____　循环压力下限/MPa：_____

试验结果:常温加压循环至_____次,瓶体无泄漏或爆破。

该批产品经检查和试验符合 T/CATSI 02005—2019 标准的要求,是合格产品。

监督检验单位:(盖章)　　　　　　　　　　　　气瓶瓶制造单位:(检验专用章)

监督检验员:(签字或盖章)　　　　　　　　　　检验负责人:(签字或盖章)

　年　　月　　日　　　　　　　　　　　　　　　年　　月　　日

726

附　录　C

（资料性附录）

液化石油气高密度聚乙烯内胆玻璃纤维全缠绕气瓶使用与维护说明

C.1　气瓶必须保持直立使用。

C.2　气瓶放置地点不得靠近热源和明火,并与灶具保持 1 m 以上的距离。

C.3　瓶阀的出口螺纹为左旋。安装调压器时,应检查调压器上的密封圈是否完好无损。调压器拧紧后,应用肥皂水检查调压器与瓶阀连接处,不得漏气。

C.4　发现液化石油气泄漏时,应立即打开门窗通风散气,严禁点火、开关电气设备或使用电话,以防引起爆炸着火事故。

C.5　出现着火事故时,应立即关闭瓶阀,并将气瓶转移至室外空旷处。

C.6　严禁用任何热源加热气瓶。

C.7　使用盛装液化气体的气瓶,应当符合安全生产、燃气行业等有关法律法规、安全技术规范及相应标准的规定。

C.8　瓶装气体经销单位和消费者不得经销和购买超期未检气瓶或者报废气瓶盛装的气体。

C.9　瓶内气体不得用尽,气瓶内应当留有不少于 0.5％～1.0％ 规定充装量的剩余气体。

C.10　严禁气瓶超量充装。

C.11　严禁将气瓶内的气体向其他气瓶倒装。

C.12　严禁用户自行处理瓶内的残液。

C.13　严禁用户直接提拉瓶阀或气瓶阀座。

ICS 23.020.30
CCS J 74

团 体 标 准

T/CATSI 02013—2021

加氢站用高压储氢气瓶安全技术要求

Safety technical requirements for hydrogen storage gas cylinder used
in hydrogen refueling station

2021-04-23 发布   2021-05-07 实施

中国技术监督情报协会　　发　布

前　言

本文件按照 GB/T 1.1—2020《标准化工作导则　第1部分:标准化文件的结构和起草规则》的规定起草。

本文件参考了 EN 17533—2020《气态氢　固定储存用气瓶和管子》的部分内容,以及 T/CATSI 05003—2020《加氢站储氢压力容器专项技术要求》中对材料的要求。

请注意本文件的某些内容可能涉及专利。本文件的发布机构不承担识别专利的责任。

本文件由中国技术监督情报协会气瓶安全标准化与信息工作委员会提出并归口。

本文件起草单位:大连锅炉压力容器检验检测研究院有限公司、北京天海工业有限公司、国家市场监督管理总局特种设备局、江苏国富氢能技术装备有限公司、中国特种设备检测研究院、北京科泰克科技有限责任公司、中材科技(成都)有限公司、沈阳斯林达安科新技术有限公司、石家庄安瑞科气体机械有限公司。

本文件主要起草人:胡军、张保国、高继轩、黄强华、韩冰、孙冬生、杨明高、姜将、葛安泉、王红霞、金鑫。

引　言

为了保障按气瓶标准设计、制造的用于加氢站用高压储氢气瓶的安全使用,预防和减少事故,保护人民生命和财产安全,促进氢能产业健康发展,特制定本文件。

本文件是针对安装在按 GB 50516 或 GB 50156 设计建设的加氢站上使用的加氢站用储氢气瓶制定的技术要求。

加氢站用高压储氢气瓶安全技术要求

1 范围

本文件规定了站用储氢气瓶的基本安全要求,站用储氢气瓶除需符合相应气瓶产品标准外,还需满足本文件的规定。

本文件适用于安装在按 GB 50516 或 GB 50156 设计建设的加氢站上使用的、公称工作压力大于或等于 35 MPa 且不大于 87.5 MPa、设计温度不低于－40 ℃且不高于 85 ℃、贮存介质为车用氢气的储氢气瓶(组)。同一瓶组不能用于混合工况。

2 规范性引用文件

下列文件中的内容通过文中的规范性引用而构成本文件必不可少的条款。其中,注日期的引用文件,仅该日期对应的版本适用于本文件;不注日期的引用文件,其最新版本(包括所有的修改单)适用于本文件。

GB/T 231.1 金属材料布氏硬度试验 第 1 部分:试验方法

GB/T 1458 纤维缠绕增强塑料环形试样力学性能试验方法

GB/T 19466.2 塑料差示扫描量热法(DSC) 第 2 部分:玻璃化转变温度的测定

GB/T 33145 大容积钢质无缝气瓶

GB/T 34542.2 氢气储存输送系统 第 2 部分:金属材料与氢环境相容性试验方法

GB/T 34542.3 氢气储存输送系统 第 3 部分:金属材料氢脆敏感度试验方法

GB/T 34583 加氢站用储氢装置安全技术要求

GB/T 35544 车用压缩氢气铝内胆碳纤维全缠绕气瓶

GB/T 37244 质子交换膜燃料电池汽车用燃料氢气

GB 50156 汽车加油加气加氢站技术标准

GB 50516 加氢站技术规范

ISO 11119-1 气瓶 可重复充装复合气瓶 设计、制造和试验 第 1 部分:容积不大于 450 L 的环缠绕纤维增强复合气瓶(Gas cylinders—Design,construction and testing of refillable composite gas cylinders and tubes—Part 1:Hoop wrapped fibre reinforced composite gas cylinders and tubes up to 450 L)

ISO 11119-2 气瓶 可重复充装复合气瓶 设计、制造和试验 第 2 部分:容积不大于 450 L 的可承载金属内胆全缠绕纤维增强复合气瓶(Gas cylinders—Design,construction and testing of refillable composite gas cylinders and tubes—Part 2:Fully wrapped fibre reinforced composite cylinders and tubes up to 450 L with load-sharing metal liners)

ISO 11120 气瓶 可重复充装的水容积为 150 L～3 000 L 无缝钢瓶 设计、制造和试验(Gas cylinders—Refillable seamless steel tubes of water capacity between 150 L and 3 000 L—Design,construction and testing)

ISO 11515 气瓶 可重复充装的水容积为 450 L～3 000 L 复合增强气瓶 设计、制造和试验(Gas cylinders—Refillable composite reinforced tubes of water capacity between 450 L and 3 000 L—Design,construction and testing)

ASME VIII-3 高压容器

3 术语、定义和符号

3.1 术语和定义

GB/T 13005 界定的以及下列术语和定义适用于本文件。

3.1.1

自紧 autofrettage

在金属内胆复合气瓶制造过程中,复合材料缠绕层固化后,对气瓶内部加压至大于水压试验压力 TP,使内胆应力超过其屈服点并出现塑性变形的工艺过程。

注:自紧后,当缠绕气瓶内部为零压力时,内胆承受压应力,纤维承受拉应力。

3.1.2

自紧压力 autofrettage pressure

对金属内胆复合气瓶进行自紧处理时,在瓶内所施加的最大压力。水压试验压力 TP 应不大于自紧压力的 95%。

3.1.3

压力循环幅 cycle amplitude

压力循环中压力上限与压力下限之差。

3.1.4

设计变更 design change

变更站用储氢气瓶的结构、材料、公称工作压力或尺寸(变化超过设计图纸上的公差范围)。

3.1.5

全幅压力循环 full pressure cycle

全幅压力循环的循环压力上限应不小于 P_A,循环压力下限不大于 2 MPa。

3.1.6

浅幅压力循环 shallow pressure cycle

循环幅度小于或等于 $30\% P_A$(按公式换算法)或小于或等于 $50\% P_A$(按古德曼图法)。

浅幅压力循环试验的压力上限为 P_A,下限为 $70\% P_A$(按公式换算法)或 $50\% P_A$(按古德曼图法)。

3.1.7

全幅压力循环次数 full pressure cycle life

按相关气瓶产品标准及本标准规定的全幅循环幅经试验验证的常温压力循环次数。

3.1.8

浅幅压力循环次数 shallow pressure cycle life

站用储氢气瓶在加氢站按符合 3.1.6 条件实际运行时的浅幅压力循环次数。设计气瓶时应至少按每小时循环一次来确定设计允许的最大浅幅压力循环次数。最大浅幅压力循环次数所对应的按照 6.3 得出的等效全幅压力循环次数应小于 3.1.7 规定的常温压力循环次数。

3.1.9

气瓶设计使用年限 service life

a) 站用储氢气瓶的设计使用寿命最长为 15 年。站用储氢气瓶的工况,只能选择全幅压力循环和浅幅压力循环的其中一种工况,加氢站应当提供不同工况的气瓶每年预期的压力循环次数;

b) 以全幅压力循环模式运行的站用储氢气瓶,根据相关气瓶产品标准规定的常温压力循环次数,除以站用储氢气瓶每年预期的全幅循环次数,来确定设计使用年限;

c) 以浅幅压力循环模式运行的站用储氢气瓶,根据 3.1.8 确定的允许最大浅幅压力循环次数,除以气瓶每年预期的浅幅压力循环次数,来确定设计使用年限。

3.1.10

最高允许温度 maximum allowable temperature

站用储氢气瓶使用时在任何部位允许达到的最高温度,即 85 ℃。

3.1.11

公称工作压力 nominal working pressure

P_W

站用储氢气瓶在基准温度(20 ℃)下的限定充装压力。

3.1.12

许用压力 allowable pressure

P_A

站用储氢气瓶的许用压力 P_A 为公称工作压力 P_W 的 1.25 倍,仅用于气瓶设计和试验过程中确定相关压力参数。

3.1.13

本文件规定的站用储氢气瓶水压试验压力 stationary test pressure

TP

站用储氢气瓶水压试验压力 TP 为许用压力的 1.25 倍,同时满足如下条件:

1 型气瓶,水压试验压力应低于使气瓶材料发生塑性变形的压力(如:参照 ISO 11120 设计制造的气瓶 TP≤0.95×1.5P_W/0.77);

2 型和 3 型气瓶,TP≤95% 的自紧压力。

3.1.14

极限弹性膨胀量 rejection elastic expansion;REE

在每种规格型号气瓶设计定型阶段,由制造单位规定的气瓶弹性膨胀的许用上限值。

注 1:单位为毫升(mL)。

注 2:该数值不超过设计定型批相同规格型号气瓶在水压试验压力下弹性膨胀量平均值的 1.1 倍。

3.1.15

纤维应力比 fiber stress ratio

最小爆破压力下纤维应力与公称工作压力下纤维应力的比值。

3.1.16

站用原型气瓶 original design of stationary gas cylinder

按加氢站实际运行工况,根据本文件中对站用储氢气瓶设计的有关规定,采用相应气瓶产品标准进行设计、制造、出厂检验和型式试验等并作为加氢站储氢气瓶使用的原型产品。

注:储氢气瓶结构型式:

——1 型气瓶:钢质气瓶,公称水容积不大于 1 000 L。

——2 型气瓶:钢内胆碳纤维环向缠绕复合气瓶,公称水容积不大于 1 000 L。

——3 型气瓶:金属内胆碳纤维全缠绕复合气瓶,公称水容积不大于 450 L。

3.2 符号

下列符号适用于本文件。

C ——材料常数;

$\mathrm{d}a/\mathrm{d}N$ ——裂纹扩展速率;

F_a ——氢加速因子;

K_{1min} ——在疲劳周期中最小的应力强度因子;

K_{1max} ——在疲劳周期中最大的应力强度因子；

m ——材料常数；

n_{eq} ——浅幅压力循环等效于全幅压力循环的循环次数（通过计算方法或实际循环试验方法进行确定）；

n_i ——对应于 ΔP_i 的压力循环次数；

P_A ——许用压力（以 MPa 为单位）；

P_w ——气瓶公称工作压力（以 MPa 为单位）；

R_K ——应力强度因子；

TP ——站用储氢气瓶水压试验压力（以 MPa 为单位）；

ΔK ——疲劳周期中应力强度因子的范围；

ΔP_i ——加氢站实际运行的浅幅压力循环幅（MPa）；

ΔP_{imax} ——设计最大浅幅压力循环幅（MPa）；

ΔP_{max} ——站用储氢气瓶全幅压力循环时的压力循环幅（MPa）。

4 材料

4.1 基本要求

4.1.1 临氢材料选材应当综合考虑材料的微观组织、力学性能、使用条件（压力、温度、氢气组分）、应力水平、制造工艺对氢脆的影响。

4.1.2 站用储氢气瓶的临氢铬钼钢材宜选用 4130X、30CrMo。除满足本文件要求外，30CrMo 和 4130X 还应符合 GB/T 33145 的规定。临氢铝材一般可选择 AA6061。临氢不锈钢材料，应符合相关气瓶产品标准的要求。

4.1.3 临氢受压元件用铬钼钢材，其材料制造单位应至少提供 3 个批次的材料在空气和氢气中的常温力学性能试验数据，包括屈服强度、抗拉强度、断后伸长率、最大力总延伸率、断面收缩率等。氢相容性试验按附录 A 中 A.1，氢敏感性试验按 A.2。

4.1.4 站用储氢气瓶制造单位应对临氢受压元件的材料与材料质量证明书进行确认，并按炉号对材料化学成分进行复验，复验结果应符合气瓶产品标准的要求。

4.1.5 当材料制造单位未按 4.1.3 的规定提供相关材料试验数据时，应由站用储氢气瓶制造单位按4.1.3 的规定完成相关材料的试验。

4.2 铬钼钢性能要求

4.2.1 化学成分

碳（C）含量不大于 0.35%，磷（P）含量不大于 0.015%，硫（S）含量不大于 0.008%。

4.2.2 力学性能

经热处理后的力学性能应同时满足以下要求：

a) 在空气中的抗拉强度（R_m）不超过 880 MPa，屈强比不超过 0.86，断后伸长率（$A_{50\ mm}$）不小于20%；−40 ℃下 3 个试样冲击吸收能量平均值（KV_2）应不小于 47 J，允许 1 个试样冲击吸收能量小于 47 J，但不小于 38 J，侧膨胀值（LE）不小于 0.53 mm，横向取样；

b) 在氢气和空气中的抗拉强度之比、最大力总延伸率之比均不小于 0.9。

4.3 铝合金

内胆用铝合金应符合 GB/T 35544 对材料的要求,并符合相关标准的氢气相容性要求。

4.4 纤维材料

增强纤维材料类型应为碳纤维。

4.5 树脂

用于浸渍的材料应是热固性树脂。如环氧树脂、改性环氧树脂等。树脂材料的玻璃化转变温度应按 A.3 确定。玻璃化转变温度应不低于 105 ℃。

5 设计和制造

5.1 基本要求

5.1.1 气瓶制造单位应针对每个加氢站的具体情况首先设计站用原型气瓶,出具站用原型气瓶的设计文件,设计文件要求应符合 TSG 23 的有关规定。在此基础上再根据本文件的要求设计站用储氢气瓶,并出具站用储氢气瓶设计文件。

5.1.2 站用储氢气瓶的设计文件应至少包括设计图纸、设计计算书和使用说明书。制造单位应在站用储氢气瓶设计文件上明确公称工作压力、设计使用年限、允许的全幅压力循环次数和浅幅压力循环波动范围及次数。

5.1.3 站用原型气瓶的产品标准应按照如下规定,同时还应满足本文件的相关要求:

a) 1 型气瓶:按 GB/T 33145 或参照 GB/T 33145、ISO 11120 制定企业标准或团体标准;

b) 2 型气瓶:参照 ISO 11119 或 ISO 11515 制定企业标准或团体标准;

c) 3 型气瓶:按 GB/T 35544 对 A 类气瓶的要求或参照 GB/T 35544、ISO 11119 等标准制定企业标准或团体标准。

5.1.4 企业标准或团体标准的安全技术要求不应低于本文件中的相关规定。按 GB/T 33145 或 GB/T 35544 等现行气瓶产品标准设计站用原型气瓶时,公称工作压力、纤维应力比、最小爆破压力等设计参数还应符合本文件的规定。在相关文件中产品标准的表达方式为:

a) 按现行国家标准:GB/T 35544 MOD＋T/CA0TI 02 013;

b) 按企业标准或团体标准:气瓶产品标准号＋T/CA0TI 02 013。

5.1.5 站用储氢气瓶的制造应同时满足相应气瓶产品标准和本文件的要求。

5.2 站用原型气瓶设计计算

5.2.1 应力分析

应采用应力分析方法计算在自紧压力、自紧后零压力、公称工作压力、许用压力、水压试验压力和设计最小爆破压力下,金属内胆和缠绕层中的应力和应变。应力分析应采用专用计算机程序或有限元分析程序进行计算,分析模型应考虑金属内胆的材料非线性、复合材料各向异性和结构的几何非线性。

5.2.2 纤维应力比和爆破压力

5.2.2.1 气瓶纤维应力比

对 2 型、3 型气瓶,纤维应力比应满足表 1 中的最小应力比的要求。

表 1 纤维应力比和最小爆破安全系数

结构	纤维应力比		最小爆破安全系数[a]		
	2 型	3 型	1 型	2 型	3 型
全金属	—	—	2.5	—	—
碳纤维	2.81	2.81	—	2.81	2.81
[a] 最小爆破安全系数是指最小爆破压力与公称工作压力 P_W 的倍数。					

5.2.2.2 气瓶爆破压力

站用储氢气瓶的爆破安全系数应不小于表1所规定的最小爆破安全系数,即气瓶的实际爆破压力应不小于表1中规定的最小爆破安全系数与公称工作压力 P_W 的乘积。

5.2.2.3 金属内胆爆破压力

对 2 型气瓶钢内胆的最小爆破压力应不小于 1.69 倍的公称工作压力 P_W;对 3 型气瓶金属内胆的最小爆破压力应不低于气瓶最小爆破压力的 5%。

5.3 站用储氢气瓶设计计算

5.3.1 公称工作压力

站用储氢气瓶的公称工作压力范围一般在 35 MPa~87.5 MPa 之间。采用铬钼钢材料的钢质气瓶及钢内胆碳纤维缠绕气瓶的公称工作压力不应大于 50 MPa。

5.3.2 全幅压力循环次数

全幅压力循环次数应由气瓶制造单位按照相关气瓶产品标准确定,并按照 A.5.1 中的方法进行型式试验验证。

5.3.3 浅幅压力循环次数

5.3.3.1 基本要求

站用储氢气瓶一般处于浅幅压力循环工况,制造单位应根据不同加氢站的运行条件明确设计允许的最大浅幅压力循环幅和最大浅幅压力循环次数。

应使用公式换算法或古德曼图法来确定站用储氢气瓶的压力循环次数。对公称工作压力大于 41 MPa 的 1 型气瓶,还应按附录 D 用断裂力学方法来验证气瓶的压力循环次数。

5.3.3.2 公式换算法

应当对浅幅压力循环次数进行换算,按照公式(1)计算出实际浅幅压力循环次数对应的等效全幅压力循环次数,按照公式(2)计算最大浅幅压力循环次数对应的等效全幅压力循环次数。

$$n_{eq} = n_i \left(\frac{\Delta P_i}{\Delta P_{max}} \right)^3 \quad \cdots\cdots\cdots\cdots\cdots\cdots (1)$$

$$n_{eq} = n_i \left(\frac{\Delta P_{imax}}{\Delta P_{max}} \right)^3 \quad \cdots\cdots\cdots\cdots\cdots\cdots (2)$$

注:仅由环境温度变化引起的压力变化不计入压力循环。

对某些金属材料,氢会加速裂纹萌生和疲劳过程中的裂纹扩展。在计算循环次数时需使用取决于材料的氢加速因子 F_a。

铝合金,$F_a=1$;

Cr-Mo 调质钢,$F_a=5$。

5.3.3.3 古德曼图法

对最大浅幅压力循环幅 ΔP_{imax} 超出 5.3.3.4a)规定的,应按附录 C 采用 S-N 曲线和古德曼图来核算 ΔP_{imax} 下的浅幅压力循环次数是否小于本文件及相关气瓶产品标准要求的全幅压力循环次数。

5.3.3.4 循环次数计数原则

循环次数计数原则如下。

a) 若采用公式(1)、公式(2)计算等效全幅压力循环次数,循环幅大于 30％ P_A 的,计入全幅压力循环次数。循环幅在(20％~30％)P_A 之间的,计入浅幅压力循环次数。最大浅幅压力循环幅 ΔP_{imax} 指气瓶压力波动的压力上限等于气瓶许用压力 P_A 且压力下限等于 70％P_A 的压力循环幅。

b) 若采用附录 C 计算等效全幅压力循环次数的,循环幅大于 50％P_A 的,计入全幅压力循环次数。循环幅在(20％~50％)P_A 之间的,计入浅幅压力循环次数。最大浅幅压力循环幅 ΔP_{imax} 指气瓶压力波动的压力上限等于气瓶许用压力 P_A 且压力下限等于 50％P_A 的压力循环幅。

c) 小于 20％ P_A 的压力波动,不计入压力循环次数。

5.3.3.5 最大浅幅压力循环试验

对新设计的站用储氢气瓶,应按 A.5.2 的要求通过最大浅幅压力循环试验来验证设计允许的最大浅幅压力循环次数。通过试验取得的气瓶失效前的实际平均循环次数应大于设计允许的最大浅幅压力循环次数,且至少是按 A.5.1 进行的全幅压力循环试验气瓶失效前实际平均全幅压力循环次数的 4 倍。

5.4 水压试验

站用储氢气瓶的水压试验应按 A.12 规定的试验程序进行。应注意站用气瓶的水压试验压力 TP 与气瓶产品标准规定的水压试验压力的区别,站用储氢气瓶应按 TP 进行水压试验。

5.5 自紧

对 2 型、3 型气瓶,自紧应在 5.4 水压试验之前进行。自紧压力应在 5.2.1 规定的范围内。应建立验证压力的方法,通过适当的测量技术如体积膨胀试验,监测自紧压力的上限不超过应力分析方法计算的允许值。

6 附加使用条件

6.1 制造单位应规定站用储氢气瓶的设计环境条件以及在使用过程中需要提供的保护措施,并将这些要求包含在站用储氢气瓶使用说明中。

6.2 加氢站应设置遮阳板保护气瓶免受阳光曝晒。瓶组制造与安装应为定期检验留下足够的空间。

7 站用原型气瓶用于站用储氢气瓶的流程

7.1 制造单位按气瓶产品标准和本文件的有关规定完成站用原型气瓶的设计、制造、出厂检验和型式试验,并由型式试验机构完成站用原型气瓶的设计文件鉴定和型式试验。

7.2 制造单位在站用原型气瓶基础上根据每个加氢站的工艺条件而设计的站用储氢气瓶,应按照本文件的规定进行型式试验,并由型式试验机构完成对站用储氢气瓶的设计文件鉴定和型式试验。

7.3 站用储氢气瓶还应进行验证试验,试验应满足如下要求,验证试验应由型式试验机构完成。

    a) 对采用相同材料、相同公称工作压力、相同制造工艺制造的第一批产品,应抽取试样瓶按 A.5 的要求分别进行最大浅幅压力循环试验和全幅压力循环试验直至气瓶失效,用以验证试验结果是否满足 5.3.3.2 或 5.3.3.3 的计算。

    b) 对其后生产的具有相同材料、相同公称工作压力、相同制造工艺的产品,若循环幅度在最大浅幅压力循环幅度范围内,可直接用 5.3.3.2 和 5.3.3.3 的方法核算与设计浅幅压力循环次数等效的全幅压力循环次数是否小于相应产品标准要求的全幅压力循环次数,并进行全幅压力循环试验即可。

7.4 站用储氢气瓶完成设计文件鉴定、型式试验和验证试验后,方可进行生产和销售。

8 型式试验

8.1 基本要求

站用原型气瓶除应按照 5.1.2 规定的气瓶产品标准进行型式试验,还应按照 8.2 和 8.3 的规定进行站用储氢气瓶的型式试验。已经按相关气瓶产品标准进行了的试验项目,如试验要求完全一致或高于本文件,则不需要重复试验,否则应按本文件要求完成试验。附录 A 中涉及的所有液压循环试验的压力允差为 0 MPa～＋2 MPa。

8.2 材料试验

8.2.1 试验项目

除非另有规定,1、2、3 型气瓶应进行表 2 所列的材料试验。

8.2.2 钢质气瓶、内胆的材料试验

钢与氢的相容性应按照 A.1 进行试验。对公称工作压力小于或等于 41 MPa 的气瓶,可免除氢气相容性试验。

8.2.3 铝合金内胆的材料试验

对 3 型气瓶铝合金内胆,应按照 GB/T 35544 的要求进行相应的材料试验。

表 2 材料试验

试验		试验所需的气瓶数量	适用类型		
			1 型	2 型	3 型
8.2.2～8.2.4	金属气瓶和内胆的材料试验	1 个气瓶或内胆或代表性的试验环	√	√	√
8.2.5	缠绕层性能试验	缠绕层试样		√	√

8.2.4 钢质气瓶、内胆材料的氢敏感系数

用于 1 型、2 型气瓶钢内胆的钢材应按照 A.2 进行试验,以确定在 A.5 中应用的氢敏感系数。对公称工作压力小于或等于 41 MPa 的气瓶,可不考虑氢敏感系数。

8.2.5 缠绕层性能试验

对 2 型、3 型气瓶,复合缠绕层的试样应按照 A.3 进行试验。树脂材料应满足该条款的要求。

8.2.6 瓶阀、瓶口接头、端塞及密封件

站用储氢气瓶的瓶阀、瓶口接头、端塞及密封件应符合 GB/T 34583 及相关气瓶产品标准的规定。

8.3 气瓶型式试验

8.3.1 型式试验项目

1、2、3 型气瓶应进行表 3 所列的型式试验。

表 3　气瓶及内胆型式试验项目

试验项目		试验所需的气瓶数量	适用类型		
			1 型	2 型	3 型
8.3.3	水压爆破试验[a]	3	√	√	√
8.3.4	常温压力循环试验[b]	3	√	√	√
8.3.5	未爆先漏(LBB)试验	2	√	√	√
8.3.6	加速应力破裂试验	1		√	√
8.3.7	极限温度压力循环试验	1		√	√
8.3.8	枪击试验	1			√
8.3.9	跌落试验	1			√
8.3.10	水压试验	3	√	√	√
8.3.11	气密性试验	3	√	√	√
[a] 对 2 型气瓶,加 1 个内胆。					
[b] 验证试验时抽取另外 3 只气瓶,根据 5.2 的规定,在常温下进行最大浅幅压力循环试验并满足该条款的要求。					

8.3.2 缩小比例样瓶、专用短瓶

在相关标准有明确规定下,可以用长度缩短、直径不变的气瓶进行试验;但专用短瓶的 L/D 比应大于 2.5。如果全比例气瓶 L/D 比小于 2.5,则需要用全比例气瓶。专用短瓶的缠绕模式应与全比例气瓶相同。

8.3.3 水压爆破试验

对所有类型气瓶,抽取 3 只气瓶按照 A.4 进行水压爆破试验,对 2 型气瓶,还应抽取 1 只内胆 A.4 按照进行水压爆破试验,试验结果应满足该条款的要求。

8.3.4 常温压力循环试验

对所有类型气瓶,抽取 3 只气瓶按照 A.5.1 的规定,在常温下进行全幅压力循环试验,并满足该条款的要求。

8.3.5 未爆先漏（LBB）试验

对所有类型气瓶，抽取 2 只气瓶按照 A.6 进行试验，并应满足该条款的要求。

8.3.6 加速应力破裂试验

对 2 型、3 型气瓶，抽取 1 只气瓶按照 A.7 进行试验，并满足该条款的要求。

8.3.7 极限温度压力循环试验

对 2 型、3 型气瓶，抽取 1 只气瓶按照 A.8 进行试验，并满足该条款的要求。对水容积大于 450 L 的气瓶，可以按照 6.3.1 的规定使用专用短瓶进行本试验。

8.3.8 枪击试验

对 3 型气瓶，抽取 1 只气瓶按照 A.9 进行试验，并满足该条款的要求。

8.3.9 跌落试验

对 3 型气瓶，抽取 1 只气瓶按照 A.10 进行试验，并满足该条款的要求。

8.3.10 水压试验

对所有类型气瓶，抽取 3 只气瓶按照 A.12 进行水压试验，并满足该条款的要求。

8.3.11 气密性试验

对所有类型气瓶，抽取 3 只气瓶按照 A.13 进行气密性试验，并满足该条款的要求。

8.4 设计变更

设计变更应符合相应气瓶产品标准的规定。

9 制造过程检验和批量检验

9.1 制造过程检验

站用储氢气瓶除应按照气瓶产品标准进行逐只检验，还应按照本文件的规定进行如下项目的制造过程检验：

    a) 无损检测应符合相应气瓶产品标准要求，无损检测方法应能够检测出允许的最大缺陷尺寸，最大缺陷尺寸不应超过设计规定的缺陷尺寸，对 3 型气瓶铝合金内胆，应按照 GB/T 35544 进行无损检测；

    b) 瓶体或内胆表面质量应符合相应气瓶产品标准要求，瓶体或内胆表面不应有拉深表面的划痕，以及在锻造或旋压收口时颈部或肩部产生的皱褶或折叠等缺陷；

    c) 气瓶标志应符合相应气瓶产品标准要求，同时也应符合 10.2 的要求；

    d) 金属气瓶和内胆在最终热处理后，应按照 A.11 逐只进行硬度试验，实测硬度值应在设计规定的范围内；

    e) 按照 A.12 逐只对成品气瓶进行水压试验，并满足该条款的要求；

    f) 复合材料表面质量应符合相应气瓶产品标准的要求；

    g) 按照 A.13 逐只对成品气瓶进行气密性试验，并满足该条款的要求。

9.2 批量检验

9.2.1 基本要求

站用储氢气瓶除应按照气瓶产品标准规定的批量检验项目进行检验外，还应按照9.2.2规定的项目进行批量检验。分批与批量应按照气瓶产品标准规定。应在正常生产的成品内胆和气瓶上进行，批量试验样瓶应随机抽取。

9.2.2 检验项目和要求

应从每批气瓶中抽取3只气瓶(对于2型和3型气瓶，应为2只气瓶和1只内胆)，1只按照A.4的要求进行水压爆破试验；1只按照A.5.1的要求进行全幅压力循环试验，压力循环试验的压力循环次数应大于或等于N_1；1只气瓶/内胆按照相应气瓶产品标准的要求进行拉伸试验和冲击试验，试验结果应符合相应标准的规定。

对于批量检验时有不合格项目，应按照相应气瓶产品标准的规定进行复验。

10 出厂文件和标志

10.1 出厂文件

10.1.1 站用储氢气瓶出厂文件应至少包括产品合格证、批量检验质量证明书和产品使用说明书等，出厂文件应符合5.1.2相关气瓶产品标准的规定，产品使用说明书中应能够反映本文件所要求的设计计算、检验和试验结果，并包含有对温度、压力、循环次数、使用年限等气瓶运行参数控制要求。

10.1.2 批量检验质量证明书的内容，应包括气瓶产品标准规定的批量检验项目和本文件规定的批量检验项目。

10.2 标志

站用储氢气瓶标志除应符合5.1.2相关气瓶产品标准的规定，还应在标志内容中增加压力波动范围。标志中的产品标准应按5.1.3中的规定。

11 使用管理

11.1 最大压力循环上限和压力波动范围的规定

通过本文件规定型式试验的气瓶可以作为站用储氢气瓶使用，实际使用的最大压力循环上限不应大于公称工作压力，压力波动范围不应超过由3.1.5或3.1.6确定的范围。

11.2 操作参数监测

11.2.1 每只站用储氢气瓶或相互连通的瓶组上应当加装压力循环计数装置，能够实时记录各个压力波动范围的累计循环次数，并在累计循环次数达到气瓶允许的全幅压力循环次数或浅幅压力循环次数时，或达到气瓶设计使用年限时，进行报警提示。

11.2.2 加氢站气瓶使用单位应当严格按站用储氢气瓶设计运行参数控制各气瓶(瓶组)压力波动范围。应当建立网络化平台实现各站用储氢气瓶相关运行参数(压力、温度、全幅循环次数、浅幅循环次数等)的实时监测、自动记录以及数据统计分析、数据安全保护等功能，并能够将系统记录的相关运行数据及时传输到气瓶制造单位存档备份，确保系统数据真实准确、完整可靠、不可更改，并能够追溯查询。否则，气瓶制造单位应对所销售的站用储氢气瓶建立独立的压力、温度、循环次数监控系统，保证站用储氢气瓶按设计参数运行并到期报废。

11.2.3 使用单位应保证记录装置完好并在气瓶设计使用年限内长期保存上述所有的记录。气瓶制造单位应当建立定期审查运行数据的制度,及时分析总结储氢气瓶的安全状况。

11.3 实际使用寿命

11.3.1 以全幅压力循环模式运行的站用储氢气瓶,在使用过程中累计全幅压力循环次数达到3.1.7所确定的全幅压力循环次数,或者达到设计使用年限时,气瓶停止使用。

11.3.2 以浅幅压力循环模式运行的站用储氢气瓶,使用过程中的累计浅幅压力循环次数达到3.1.8所允许的最大浅幅压力循环次数,或者达到设计使用年限时,气瓶停止使用。

11.4 定期检验

11.4.1 站用储氢气瓶应于投用后1年内进行首次安全状况评估。运行正常时一般每3年按相关标准检验一次。

11.4.2 定期检验机构应检查站用储氢气瓶运行参数记录,确认加氢站实际运行过程中,站用储氢气瓶按设计参数运行,应保证全幅压力循环次数或浅幅压力循环次数不超过本文件规定的压力循环次数。

附　录　A
（规范性）
试验方法和合格指标

A.1　氢相容性试验

站用储氢气瓶临氢低合金 Cr-Mo 钢材料的氢相容性试验（包括与断裂力学计算相关的疲劳裂纹扩展速率和断裂韧度试验）应按照 GB/T 34542.2 中相关条款的要求。

A.2　氢敏感性试验

A.2.1　一般要求

钢质储氢气瓶材料在氢气中的氢敏感系数（F_{hs}）通过以下试验得出。应采用拉伸试样的疲劳试验，确定 1 型气瓶及 2 型气瓶内胆钢材的氢敏感系数。

A.2.2　拉伸试样的疲劳试验

A.2.2.1　疲劳寿命试验

该试验方法用于评估氢气环境中钢材从裂纹起始位置到裂纹扩展至失效全过程的总疲劳寿命。

A.2.2.2　试验环境

试验应在不低于 P_A 下进行，结果对所有等于或小于试验中使用的压力均有效。试验温度为室温。用于试验的氢气应符合 GB/T 37244 的相关要求。

A.2.2.3　试样制备

试样应按照图 A.1 制备，TL 方向指试样的断裂面，其法线在气瓶的横向上，预制裂纹扩展方向在气瓶的纵向上。

如果气瓶壁厚不够，难以按照图 A.1 加工试样，则允许采用厚度至少为气瓶原始壁厚的 85％ 的试样。如果无法获得 TL 方向，则允许 LT 方向。

注意：建议进行电火花加工操作以制备缺口。

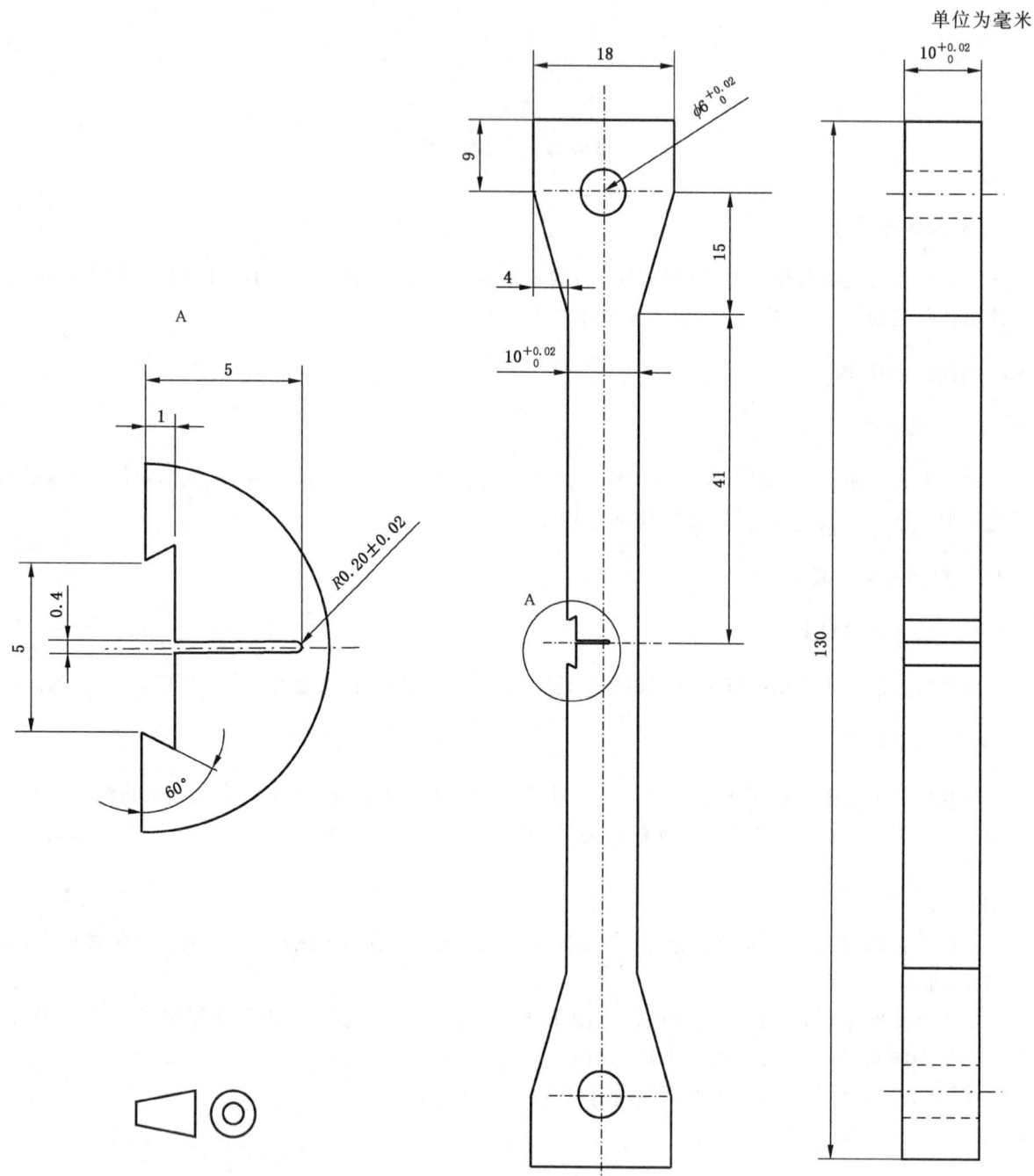

图 A.1　疲劳试样

A.2.2.4　试验程序

至少准备 8 个试样进行在氢气、空气或惰性环境中的疲劳试验。

其中至少 4 个试样进行在空气或惰性环境中的疲劳试验。通过以一定振幅（振幅为最大力减去最小力除以 2，采用 0.1 或更小的应力比，其大小应使导致失效的循环次数大于 10^5 次）施加载荷。

至少 4 个试样按照 A.2.2.2 进行在氢气环境中的疲劳试验，采用在空气或惰性环境中相同的载荷振幅和应力比进行试验直至失效。氢气环境中的试验频率应不大于 1 Hz。

氢敏感系数是疲劳试验循环至失效时在空气或惰性环境中平均循环次数与氢气环境中平均循环次数的比值。

A.2.2.5 材料验证

A.2.2.5.1 切取试样的气瓶应是最终热处理状态,从至少两个热处理批气瓶产品中各取一组试样按A.2.2.4进行试验,按试验结果的大值确定氢敏感系数。站用储氢气瓶材料的最大屈服强度不应超过各试验批最高屈服强度值的5%。应使用在各组试验中确定的氢敏感系数最大值作为 F_{hs} 值。

A.2.2.5.2 如果气瓶材料的抗拉强度和屈服强度不超过上述试验中所使用材料对应值的5%,则 A.2.2.5.1 中确定的 F_{hs} 值可用于相同材料、相同强度等级、相同化学成分并按相同热处理工艺制造的其他品种或型号的气瓶产品。当 1 型、2 型气瓶钢内胆的化学成分或机械性能发生变化,应重新进行材料氢敏感系数验证试验。

A.3 缠绕层性能试验

对 2 型、3 型气瓶,按 GB/T 1458 的规定,制作具有代表性的缠绕层试样,有效试样数应不少于6 个。将试样在沸水煮 24 h 后,再按 GB/T 1458 规定的方法进行试验。复合材料的层间剪切强度应不低于 13.8 MPa。

树脂材料的玻璃化转变温度应按 GB/T 19466.2 的规定进行测定,且其值应不低于 105 ℃。

A.4 水压爆破试验

气瓶(或金属内胆)以水为加压介质,逐渐升压至气瓶失效。应确保压力测量装置监测真实的气瓶内压力,当升压速率超过 0.35 MPa/s 时,应在最小设计爆破压力下保压 5 s 后,再继续加压直至爆破。

气瓶的实际爆破压力应不小于表 1 中规定的最小爆破安全系数与公称工作压力 P_w 的乘积;2 型气瓶内胆的实际爆破压力应不小于 1.69 倍的公称工作压力 P_w。对 1 型和 2 型气瓶或内胆,破口应发生在气瓶的筒体部位;对 3 型气瓶,泄漏或破裂可以发生在气瓶的筒体部位或封头部位。

A.5 常温压力循环试验

A.5.1 全幅压力循环试验

应选用非腐蚀性液体如油、水或乙二醇作为试验介质,循环压力上限不小于 P_A,循环压力下限不大于 2 MPa,循环频率不大于 10 次/min,试验期间气瓶外表面的温度不应超过 50 ℃。

在达到如下计算的循环 N_1 次前气瓶不允许失效。之后继续试验至额外的 N_1 次循环或至气瓶失效,气瓶的失效方式不应是破裂。

$$N_1 = T_{CL} \times F_{hs}$$

式中:

T_{CL}——相关气瓶产品标准中规定的液压常温压力循环试验的次数;

F_{hs}——根据 8.2.4 按 A.2 规定的方式确定的氢气环境中气瓶金属材料的最大氢敏感系数。

A.5.2 浅幅压力循环试验

根据 5.3.3 规定的浅幅压力循环寿命,在相同条件下对一组 3 只新的气瓶进行压力循环试验,循环压力上限为 P_A,循环压力下限为 70% P_A,循环频率不大于 50 次/min,试验期间气瓶外表面的温度不应超过 50 ℃。

气瓶在达到循环 N_2 次前不允许失效。之后继续试验至失效,失效模式不应是破裂。其中 N_2 计算如下:

$$N_2 = T_{SCL} \times F_{hs}$$

式中：

T_{SCL}——按公式(2)确定的设计允许的最大浅幅压力循环次数；

F_{hs}——根据 8.2.4 按 A.2 规定的方式确定的氢气环境中气瓶金属材料的最大氢敏感系数。

A.6 未爆先漏（LBB）试验

应选用非腐蚀性流体,例如油、水或乙二醇进行试验,循环压力上限不小于 1.25 倍的 P_A,循环压力下限不大于 2 MPa,循环频率不大于 10 次/min,气瓶试验至泄漏或超过 45 000 次,瓶体不应破裂。

A.7 加速应力破裂试验

气瓶应在不低于 85 ℃时静压加压至 1.25 倍的 P_A。气瓶应在此压力和温度下保持 2 000 h。然后按照 A.4 规定的程序对气瓶进行爆破试验,爆破压力应符合表 1 的规定。

A.8 极限温度压力循环试验

应采用没有任何保护涂层的气瓶进行极限温度压力循环试验,试验应按照以下程序进行。

a) 介质非腐蚀性液体,例如油、水或乙二醇,并在低于 2 MPa,不低于 85 ℃和相对湿度不低于 95% 的环境中 48 h。

b) 在气瓶表面温度为不低于 85 ℃,相对湿度不低于 95% 的条件下进行高温压力循环试验,试验压力上下限分别为不小于 P_A 和不大于 2 MPa,压力循环次数为 3.1.7 规定全幅压力循环次数的 0.5 倍。

c) 通过测量试验介质和气瓶表面温度,将气瓶和试验介质的温度调整为不高于 −40 ℃。

d) 在 c)的条件下进行压力上下限分别为不小于 P_A 和不大于 2 MPa 的低温压力循环试验,压力循环次数为 3.1.7 规定全幅压力循环次数的 0.5 倍。

e) 高温压力循环试验的循环频率不大于 10 次/min,除非压力测量装置直接安装在气瓶内,否则低温压力循环速率应不大于 2 次/min。

气瓶在高温和低温压力循环试验过程中,应无破裂,泄漏或纤维散开现象。在极端温度下进行压力循环后,气瓶应按照 A.4 进行爆破试验,爆破压力应符合表 1 的规定。

A.9 枪击试验

用氦气或氢气将气瓶加压至 $P_A(1\pm1\%)$,采用直径为 7.62 mm 的穿甲弹以至少为 850 m/s 的速度射击气瓶。子弹应以与气瓶中心线成 45°的角度射击一侧侧壁,气瓶不应破裂。

A.10 跌落试验

跌落试验应使用无内压、不安装瓶阀的气瓶。气瓶跌落面应为水平、光滑的水泥地面或者与之相类似的坚硬表面。试验过程如图 A.2 所示,试验步骤如下。

a) 气瓶下表面距跌落面 1.8 m,水平跌落 1 次。

b) 气瓶垂直跌落,两端分别接触跌落面 1 次。跌落高度应使气瓶具有大于或等于 488 J 的势能,同时应保证气瓶较低端距跌落面的高度小于或等于 1.8 m。为保证气瓶能够自由跌落,可采取措施防止气瓶翻倒。

c) 气瓶瓶口向下与竖直方向呈 45°跌落 1 次,如气瓶低端距跌落面小于 0.6 m,则应改变跌落角度以保证最小高度为 0.6 m,同时应保证气瓶重心距跌落面的高度为 1.8 m。若气瓶两端都有开口,则应将两瓶口分别向下进行跌落试验。

d) 气瓶跌落后,按照 A.5 的规定进行常温压力循环试验,循环次数为气瓶的设计循环次数 N_1。

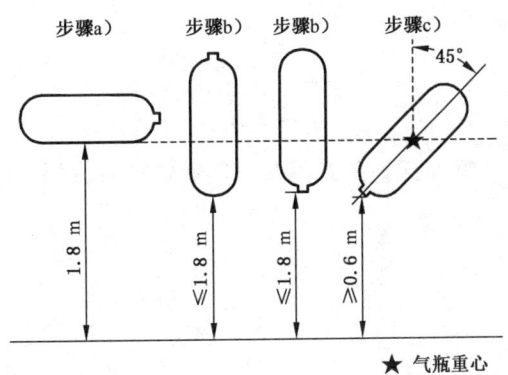

图 A.2 跌落方向

气瓶在前 3 000 次循环内不应发生破裂或泄漏,且随后继续循环至设计循环次数 N_1 之前,瓶体不应发生破裂。

A.11 硬度试验

硬度试验应按照相关气瓶产品标准规定的方法进行。对于产品标准中未作规定的,应按 GB/T 231.1 在每只气瓶或内胆的一个圆顶端(肩部)进行,或采用等效的方法。试验应在最终热处理后进行,由此确定的硬度值应在设计规定的范围内。

A.12 水压试验

气瓶应进行水压试验,水压试验压力 TP 按 3.1.13 的规定。在任何情况下,试验压力都不应超过自紧压力。在试验压力下保压至少 30 s 或足够长,以确保气瓶完全膨胀,瓶体不应泄漏或明显变形。气瓶的弹性膨胀量应不超过极限弹性膨胀量(REE)。如果由于试验装置的失效而无法保持试验压力,试验应在增加 0.7 MPa 的压力下重复进行,但不应进行两次以上的重复试验。

A.13 气密性试验

进行气密性试验时,应将设计选定的瓶阀或瓶口接头、端塞及密封件装配到气瓶上一起进行试验,试验压力为气瓶公称工作压力 P_w。试验前应彻底干燥气瓶,试验方法应按照 T/CATSI 02010 进行气瓶气密性氦泄漏检测,氢气漏率(标准状态下)不应超过 6 mL/(h·L)。

附　录　B

（资料性）

循环压力关系图及循环次数换算算例

B.1　循环压力关系图

见图 B.1。

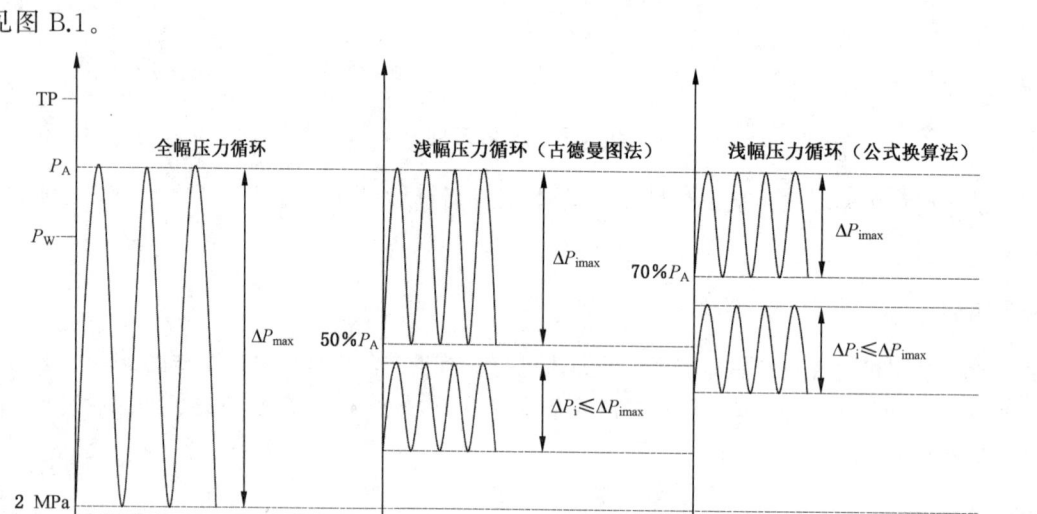

图 B.1　循环压力关系图

B.2　换算算例

算例1：

3 型铝合金内胆储氢气瓶，P_W＝52 MPa，P_A＝65 MPa。按浅幅压力循环在 70% P_A＝45.5 MPa～65 MPa 之间计算（实际使用压力上限不大于 52 MPa 的任何波动幅度在 19.5 MPa 内，设计使用年限15 年，每年循环不大于 10 000 次的工况）。

最大允许的浅幅压力循环波动范围为 65－45.5＝19.5 MPa

ΔP_{imax}＝19.5 MPa

ΔP_{max}＝65－2＝63 MPa

如果按 n_i＝10 000 次循环/年。对于 15 年的预期寿命，n_i＝150 000 次循环

n_{eq}＝150 000×(19.5/63)^3＝4 448

考虑到加速因子 F_a＝1，则等效循环次数为 4 448 次，小于标准规定的 11 000 次循环。

算例2：

3 型铝合金内胆储氢气瓶，P_W＝87.5 MPa，P_A＝109.38 MPa。按浅幅压力循环在 70% P_A＝76.6 MPa～109.38 MPa 之间计算（实际使用压力上限不大于 87.5 MPa 的任何波动幅度在 32.78 MPa内，设计使用年限 15 年，每年循环不大于 10 000 次的工况）。

最大允许的浅幅压力循环波动范围为 109.38－76.6＝32.78 MPa

ΔP_{imax}＝32.78 MPa

ΔP_{max}＝109.38－2＝107.38 MPa

如果按 n_i＝10 000 次循环/年。对于 15 年的预期寿命，n_i＝150 000 次循环

n_{eq}＝150 000×(32.78/109.38)^3＝4 037

考虑到加速因子 $F_a=1$，则等效循环次数为 4 037 次，小于标准规定的 11 000 次循环。

算例 3：

某加氢站：1 型储氢气瓶，$P_W=45$ MPa，$P_A=56.25$ MPa。

储氢气瓶：4130X 钢质气瓶

单瓶容积：0.895 m³

数量：18（高中低个数比为 2∶3∶4）

使用方式：高中低分三级加注

高压瓶组压力范围为 35 MPa～45 MPa

中压瓶组压力范围为 20 MPa～45 MPa

低压瓶组压力范围为 10 MPa～45 MPa

按储氢气瓶浅幅压力循环在 39.375 MPa～56.25 MPa 之间计算（实际使用压力上限不大于 45 MPa 的任何波动幅度在 16.875 MPa 内，每年循环不大于 10 000 次的工况）。

$\Delta P_{imax}=56.25-45=16.875$ MPa

$\Delta P_{max}=56.25-2=54.25$ MPa

1) 低压储氢气瓶压力循环在 10 MPa～45 MPa 之间

$\Delta P_{imax}=16.875$ MPa

$\Delta P_i=45-10=35$ MPa＞16.875 MPa（不能用公式计算，且超出 $56.25×50\%=28.125$ MPa，按全幅计算）

按每天全幅循环充装 10 次，$n_i=3\,650$ 次循环/年。

10 年的预期寿命，$n_i=36\,500$ 次循环，大于标准规定的 15 000 次循环。

5 年的预期寿命，$n_i=18\,250$ 次循环，大于标准规定的 15 000 次循环。

4 年的预期寿命，$n_i=14\,600$ 次循环，小于标准规定的 15 000 次循环。

结论：按此参数运行的瓶组只能使用 4 年。

2) 储氢气瓶压力循环在 20 MPa～45 MPa 之间

$\Delta P_{imax}=16.875$ MPa

$\Delta P_i=45-20=25$ MPa＞16.875 MPa，但没超出 $56.25×50\%=28.125$ MPa

结论：不能用公式计算，可按附录 C 采用 S-N 曲线和古德曼图来核算。

如果将储氢气瓶压力循环调整为 30 MPa～45 MPa 之间。

$\Delta P_{imax}=16.875$ MPa

$\Delta P_i=45-30=15$ MPa＜16.875 MPa

$\Delta P_{max}=54.25$ MPa

按本文件规定按每天充装 24 次计算，$n_i=8\,760$ 次循环/年。

10 年的预期寿命，$n_i=87\,600$ 次循环

按实际压力循环幅度计算：$n_{eq}=87\,600×(15/54.25)^3=1\,852$ 次

考虑到加速因子 $F_a=5$，则等效循环次数为 9 260 次，小于标准规定的 15 000 次循环。

按最大浅幅压力循环幅度计算：$n_{eq}=87\,600×(16.875/54.25)^3=2\,637$ 次

考虑到加速因子 $F_a=5$，则等效循环次数为 13 185 次，小于标准规定的 15 000 次循环。

结论：以调整后的浅幅压力循环幅度运行的瓶组可以安全使用 10 年。

3) 储氢气瓶压力循环在 35 MPa～45 MPa 之间

$\Delta P_{imax}=16.875$ MPa

$\Delta P_i=45-35=10$ MPa

$\Delta P_{max}=54.25$ MPa

每天充装 24 次，$n_i=8\,760$ 次循环/年。

10 年的预期寿命，$n_i = 87\ 600$ 次循环

按实际压力循环幅度计算：$n_{eq} = 87\ 600 \times (10/54.25)^3 = 549$ 次

考虑到加速因子 $F_a = 5$，则等效循环次数为 2 745 次，小于标准规定的 15 000 次循环。

按最大浅幅压力循环幅度计算：$n_{eq} = 87\ 600 \times (16.875/54.25)^3 = 2\ 637$ 次

考虑到加速因子 $F_a = 5$，则等效循环次数为 13 185 次，小于标准规定的 15 000 次循环。

结论：在此浅幅压力循环内的瓶组可以安全使用 10 年。

附　录　C

（资料性）

使用古德曼图进行压力循环次数换算

C.1　目的

本附录用于确定 5.3.3.4 所要求的压力循环次数换算。

C.2　制作 S-N 图

气瓶制造厂应使用与待开发的气瓶相同的材料和制造方法来制作 S-N 图。制作 2、3 型气瓶复合材料疲劳特性的 S-N 图，失效必须是复合材料的失效，例如瓶体爆破，而不是内胆泄漏。

按以下步骤制作 S-N 图。

a)　确定用于制作 S-N 图的气瓶的平均爆破压力。至少需要 10 只。将此点在 S-N 图上绘制为 100% 应力，1 个循环。

b)　将至少 4 个气瓶从不超过公称工作压力的 10% 循环到第一个指定的具有已知应力的压力水平。在 S-N 图上绘制这一点。S 值将是相对于平均爆破的应力，N 值将是第一次失败时的循环次数，或者未出现失效而停止循环的次数。

c)　将至少 4 个气瓶从不超过公称工作压力的 10% 循环到第二个指定的具有已知应力的压力水平。在 S-N 图上绘制这一点，方法同第 2 步。

d)　从 100%－1 点（爆破）连接下游疲劳点，画出一条线。这将是特征线。建议图中两个疲劳点至少相隔 10 年。

图 C.1 示出了基于上述制作方法的 S-N 图。

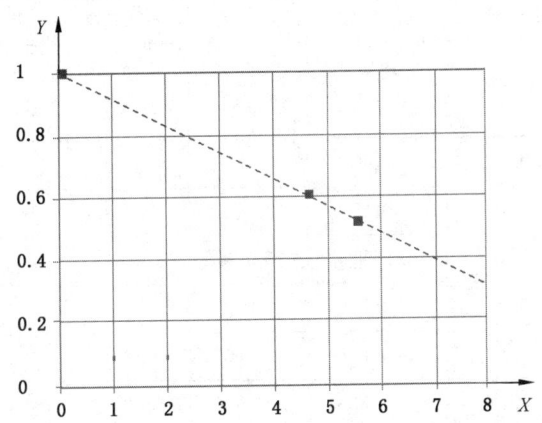

标引说明：

-■-　——压力容器；

X　——对数循环次数；

Y　——极限强度的比例。

图 C.1　碳复合材料疲劳寿命与载荷水平

C.3　等效压力循环

S-N 图（图 C.1）可用于指定替代压力以证明抗疲劳性能。例如：

● 假设完整循环的要求是 10^7 个全幅压力循环次数（10 000 000）。气瓶的设计必须使全压应力不超过平均爆破压力的 40%。

- 可以预期同一气瓶在平均爆破压力的约 80% 下承受约 10^2 个全幅压力循环次数（100）。如果在 80% 压力下压力循环超过 100 次而没有失效，则认为设计合格。
- 如果某些气瓶在所需的循环次数之前失效，则必须相应地降低失效曲线，并且气瓶将需要在相应较低的应力水平下操作以进行认证。

C.4 制作古德曼图

古德曼图，见图 C.1，根据 S-N 图（图 C.1）制作如下，如表 C.1 所示：

a) 从古德曼图中使用的 S-N 图中识别疲劳等级（第 1 列）。

b) 从 S-N 图中确定与疲劳水平相对应的应力水平（如，在较高的循环压力下）（第 2 列）；
   注意：应力水平以极限强度的一部分给出。

c) 从 S-N 图中确定与疲劳水平相关的较低应力水平（即在较低的循环压力下）（第 3 列）；
   注意：某些疲劳试验的下限高达最大工作压力的 10%，但可能接近于零。考虑到这种情况，较低的循环压力设定为零。

d) 计算压力循环的平均应力水平（第 4 列）。
   注 1：等于"上限"加"下限"的一半。

e) 计算压力循环的幅度（第 5 列）。
   注 2：等于平均应力水平减去较低的应力水平（等于"上限"减"下限"的一半）。

f) 输入每行第二个点的坐标（第 6 列，第 7 列）。由于这表示拉伸强度，例如在爆破试验中，这些坐标对于所有疲劳线将是相同的，并且对于上限将具有 1.0 的标准值，且振幅为 0.0。

g) 从两组 (X, Y) 坐标中，计算合成线（第 8 列）的斜率和 Y 轴（第 9 列）的截距。

表 C.1 古德曼图制作

第 1 列	第 2 列	第 3 列	第 4 列	第 5 列	第 6 列	第 7 列	第 8 列	第 9 列
疲劳水平	循环上限	循环下限	平均应力 (X_2)	应力幅 (Y_2)	抗拉强度 (X_1)	应力幅 (Y_1)	斜率 (m)	截距 (b)
1×10^1	0.92	0.0	0.460	0.460	1.0	0.0	$-0.851\ 8$	0.85
1×10^2	0.83	0.0	0.415	0.415	1.0	0.0	$-0.709\ 4$	0.71
1×10^3	0.74	0.0	0.370	0.370	1.0	0.0	$-0.587\ 3$	0.59
1×10^4	0.66	0.0	0.330	0.330	1.0	0.0	$-0.492\ 5$	0.49
1×10^5	0.60	0.0	0.300	0.300	1.0	0.0	$-0.428\ 6$	0.43
1×10^6	0.50	0.0	0.250	0.250	1.0	0.0	$-0.333\ 3$	0.33
1×10^7	0.40	0.0	0.200	0.200	1.0	0.0	$-0.250\ 0$	0.25
1×10^8	0.31	0.0	0.155	0.155	1.0	0.0	$-0.183\ 4$	0.18

表 C.1 的底部四行显示在下面的图 C.2 中。如果需要，可以绘制更多的线。

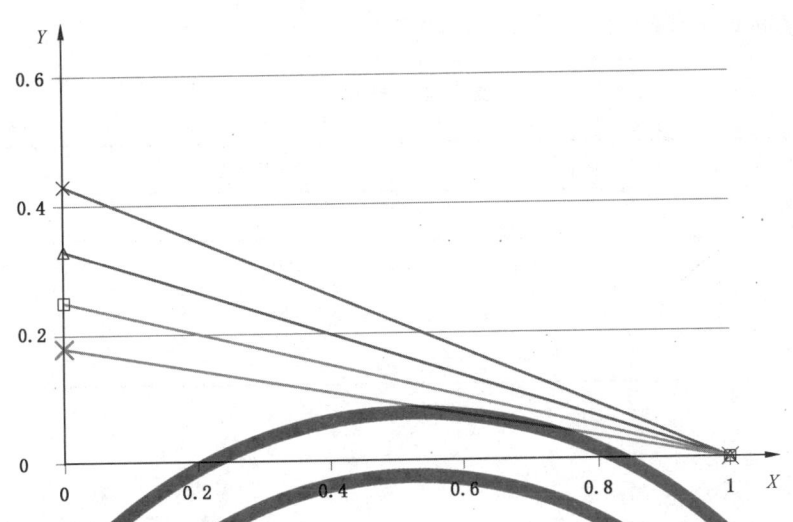

标引说明：

———×——— 1.00E+05；
———△——— 1.00E+06；
———□——— 1.00E+07；
———✕——— 1.00E+08；
X —— 平均载荷/极限强度；
Y —— 载荷振幅/极限强度

图 C.2　古德曼型恒定寿命图

作为 5.3.3.3 方法的替代方案，制造厂应根据 5.3.3.4 确定压力范围。使用古德曼型恒定寿命图评估每个压力范围中的使用寿命以及预期寿命总和，例如使用密纳法则。

表 C.2 给出了样品压力循环规范的示例。在这个例子中，爆破压力是最大上限压力的 2.25 倍（100×2.25＝225）。使用上述方法，根据表 C.3 中给出的这些数据可以放入无量纲项绘制古德曼图。

表 C.2　样品压力循环规范

组号	下限压力	上限压力	R	循环次数
1	0	100	0	100 000
2	30	70	0.429	400 000
3	70	100	0.7	500 000

表 C.3　标准化样本项

组号	下限比率	上限比率
1	0.222	0.222
2	0.222	0.088 9
3	0.377 8	0.066 7

可以在古德曼图上绘制点，图 C.2 绘制的线与前面的线类似。通过起点(0,0)斜率为 1 的"可靠性"线相交，获得压力下限为 0 的等效循环范围。可以看出组号 1 位于 $1×10^6$ 和 $1×10^7$ 线之间，而其他两点位于 $1×10^8$ 线以下。根据这些信息，可以估算使用寿命的总分数，如表 C.4 寿命评价所示。由

此产生的安全系数可以计算为 FS>1/0.109＝9.2。

表 C.4　寿命评价

设置号	循环次数	寿命分数	＝LF
1	100 000	＜100 000/1E6	＜0.100
2	400 000	＜400 000/1E8	＜0.004
3	500 000	＜500 000/1E8	＜0.005
总和-密纳法则			＜0.109

附　录　D
（规范性）
断裂力学验证方法

D.1　断裂力学设计

应按 ASME VIII-3 中的 KD-4 和 KD-10 进行断裂力学评价。断裂力学假设气瓶中存在初始裂纹。压力循环过程中因内部压力的变化而使裂纹扩展，并且当有效的断裂力学参数达到临界阈值时，气瓶会发生失效。

D.2　疲劳裂纹扩展参数

对于低合金 Cr-Mo 钢气瓶，其材料的裂纹扩展参数应按 GB/T 34542.2 的规定，并通过高压氢环境下的试验获得，但应满足以下要求：

a)　测试频率不应大于 1 Hz；

b)　波形应为三角形或正弦形；

c)　应力比应与气瓶在其使用寿命期间的应力比一致，应力比 $R=0.8$ 应视为疲劳裂纹扩展速率的上限；

d)　至少应进行三次试验，试验压力不应低于 P_A；

e)　试样应沿 TL 方向加工，使试样具有一个断裂面，其法线在气瓶的横向上，预期的裂纹扩展方向在气瓶的纵向上；

f)　用于测试的氢气应符合 GB/T 37244 的相关要求。

D.3　断裂韧度试验

应按 GB/T 34542.2 中给出的断裂韧度试验方法确定氢致裂纹开裂的临界阈值。至少应进行两次试验，试验压力不低于 P_A。设计时应考虑断裂韧性数据下限。

D.4　允许的循环次数

允许的循环次数是达到最终裂纹深度所需循环次数的一半，最终裂纹深度定义为应力强度因子达到材料断裂韧性的裂纹尺寸。

裂纹扩展速率是应力强度因子范围的函数，根据以下公式：

$$da/dN = C[f(R_K)]\Delta K^m$$

其中 $R_K = K_{lmin}/K_{lmax}$。

D.5　材料验证

切取试样的气瓶应是最终热处理状态，从至少两个热处理批气瓶产品中各取一组试样进行试验。站用储氢气瓶材料的最大屈服强度不应超过各试验批最高屈服强度值的 5%。

每个热处理批应至少取一组三个试样，按 D.2 进行测试，以确定 ΔK 的范围。对于每个测试得到的 ΔK，疲劳裂纹扩展速率曲线中的数据上限可用于 D.4 的计算。

每个热处理批应至少取一组两个试样，按 D.3 进行测试。断裂韧性数据下限可用于 D.4 的计算。

如果气瓶材料的抗拉强度和屈服强度不超过上述试验中所使用材料对应值的 5%，则通过以上试验获得的数据可用于相同材料、相同强度等级、相同化学成分并按相同热处理工艺制造的其他品种或型号的气瓶产品。

ICS 23.020.30
CCS J 74

团 体 标 准

T/CATSI 02016—2022

集装用压缩氢气铝内胆碳纤维全缠绕气瓶

Fully wrapped carbon-fibre reinforced aluminum lined gas cylinders used on
trailers or skids for transportation of compressed hydrogen

2022-03-10 发布　　　　　　　　　　　　　　　　2022-03-30 实施

中国技术监督情报协会　　　发 布

前　言

本文件按照 GB/T 1.1—2020《标准化工作导则　第 1 部分：标准化文件的结构和起草规则》的规定起草。

本文件参照 GB/T 35544《车用压缩氢气铝内胆碳纤维全缠绕气瓶》，并参考了 ISO 11119-2：2020《气瓶　可二次填充的混合气瓶和导管的设计、安装和测试　第 2 部分：容量大于 450 L 带有负载分配金属衬壳的完全包裹纤维增强复合材料气瓶和导管》中型式试验部分的内容。

请注意本文件的某些内容可能涉及专利。本文件的发布机构不承担识别专利的责任。

本文件由中国技术监督情报协会气瓶安全标准化与信息工作委员会提出并归口。

本文件起草单位：大连锅炉压力容器检验检测研究院有限公司、全国气瓶标准化技术委员会、上海市气体工业协会、国家市场监督管理总局特种设备局、中国特种设备检测研究院、北京科泰克科技有限责任公司、佛吉亚斯林达安全科技（沈阳）有限公司、石家庄安瑞科气体机械有限公司、中材科技（成都）有限公司、浙江大学、北京天海工业有限公司。

本文件主要起草人：胡军、张保国、周伟明、高继轩、徐锋、黄强华、刘岩、金鑫、孙冬生、姜将、王红霞、杨明高、李奇楠、李逸凡、岳增柱。

集装用压缩氢气铝内胆碳纤维全缠绕气瓶

1 范围

本文件规定了瓶组总容积大于 3 000 L 的集装箱及其他撬装结构的压缩氢气储运设备中使用的铝内胆碳纤维全缠绕气瓶(以下简称"气瓶")的型式和参数、技术要求、试验方法、检验规则、标志、包装、运输和储存等要求。

本文件适用于设计制造公称工作压力不超过 52 MPa、公称水容积不小于 150 L 且不大于 450 L、贮存介质为压缩氢气、工作温度−40 ℃～85 ℃的可重复充装气瓶。集装箱上使用的气瓶公称工作压力为 52 MPa、公称水容积为 300 L～350 L、瓶阀及端塞的使用温度不超过 65 ℃。

2 规范性引用文件

下列文件中的内容通过文中的规范性引用而构成本文件必不可少的条款。其中,注日期的引用文件,仅该日期对应的版本适用于本文件;不注日期的引用文件,其最新版本(包括所有的修改单)适用于本文件。

GB/T 191　包装储运图示标志

GB/T 192　普通螺纹　基本牙型

GB/T 196　普通螺纹　基本尺寸

GB/T 197　普通螺纹　公差

GB/T 228.1　金属材料　拉伸试验　第 1 部分:室温试验方法

GB/T 230.1　金属材料　洛氏硬度试验　第 1 部分:试验方法

GB/T 231.1　金属材料　布氏硬度试验　第 1 部分:试验方法

GB/T 232　金属材料　弯曲试验方法

GB/T 528　硫化橡胶或热塑性橡胶拉伸应力应变性能的测定

GB/T 1458　纤维缠绕增强塑料环形试样力学性能试验方法

GB/T 2941　橡胶物理试验方法试样制备和调节通用程序

GB/T 3246.1　变形铝及铝合金制品组织检验方法　第 1 部分:显微组织检验方法

GB/T 3362　碳纤维复丝拉伸性能试验方法

GB/T 3452.2　液压气动用 O 形橡胶密封圈　第 2 部分:外观质量检验规范

GB/T 3512　硫化橡胶或热塑性橡胶　热空气加速老化和耐热试验

GB/T 3880.1　一般工业用铝及铝合金板、带材　第 1 部分:一般要求

GB/T 3880.2　一般工业用铝及铝合金板、带材　第 2 部分:力学性能

GB/T 3880.3　一般工业用铝及铝合金板、带材　第 3 部分:尺寸偏差

GB/T 3934　普通螺纹量规　技术条件

GB/T 4437.1　铝及铝合金热挤压管　第 1 部分:无缝圆管

GB/T 4612　塑料　环氧化合物　环氧当量的测定

GB/T 5720　O 形橡胶密封圈试验方法

GB/T 6031　硫化橡胶或热塑性橡胶　硬度的测定(10 IRHD～100 IRHD)

GB/T 6519　变形铝、镁合金产品超声波检验方法

GB/T 7690.3　增强材料　纱线试验方法　第 3 部分:玻璃纤维断裂强力和断裂伸长的测定

GB/T 7758　硫化橡胶　低温性能的测定　温度回缩程序(TR 试验)

GB/T 7762—2014　硫化橡胶或热塑性橡胶　耐臭氧龟裂　静态拉伸试验

GB/T 7999　铝及铝合金光电直读发射光谱分析方法

GB/T 8337　气瓶用易熔合金塞装置

GB/T 9251　气瓶水压试验方法

GB/T 9252　气瓶压力循环试验方法

GB/T 11640　铝合金无缝气瓶

GB/T 13005　气瓶术语

GB/T 15385　气瓶水压爆破试验方法

GB/T 16918　气瓶用爆破片安全装置

GB/T 17394.1　金属材料　里氏硬度试验　第 1 部分:试验方法

GB/T 19466.2　塑料　差示扫描量热法(DSC)　第 2 部分:玻璃化转变温度的测定

GB/T 19624　在用含缺陷压力容器安全评定

GB/T 20668　统一螺纹　基本尺寸

GB/T 20975(所有部分)　铝及铝合金化学分析方法

GB/T 23987—2009　色漆和清漆　涂层的人工气候老化曝露　曝露于荧光紫外线和水

GB/T 26749　碳纤维　浸胶纱拉伸性能的测定

GB/T 30019　碳纤维　密度的测定

GB/T 32249　铝及铝合金模锻件、自由锻件和轧制环向锻件　通用技术条件

GB/T 33215　气瓶安全泄压装置

GB/T 37244　质子交换膜燃料电池汽车用燃料　氢气

GB/T 38106　压力容器用铝及铝合金板材

GB/T 38512　压力容器用铝及铝合金管材

YS/T 479　一般工业用铝及铝合金锻件

TSG 23　气瓶安全技术规程

T/CATSI 02010　气瓶气密性氦泄漏检测方法

3　术语、定义和符号

3.1　术语和定义

GB/T 13005 界定的以及下列术语和定义适用于本文件。

3.1.1

铝内胆　aluminum liner

气瓶内层用于密封气体且可承受或不承受部分压力载荷的无缝铝合金容器。

3.1.2

全缠绕　fully-wrapped

用浸渍树脂的纤维连续在内胆上进行螺旋和环向缠绕,使气瓶的环向和轴向都得到增强的缠绕方式。

3.1.3

全缠绕气瓶　fully-wrapped cylinder

在内胆外表面全缠绕碳纤维增强层,经加温固化成型的气瓶。

3.1.4

公称工作压力 nominal working pressure

气瓶在基准温度(20 ℃)下的限定充装压力。

3.1.5

自紧 autofrettage

通过向气瓶施加内压使铝内胆产生塑性变形,从而使得气瓶在零压力下铝内胆承受压应力、碳纤维承受拉应力的加压过程。

3.1.6

自紧压力 autofrettage pressure

自紧时施加在气瓶内的最高压力(表压)。

3.1.7

气瓶批量 batch of cylinder

采用同一设计条件,具有相同结构尺寸铝内胆、复合材料,且用同一工艺进行缠绕、固化的气瓶的限定数量。

3.1.8

铝内胆批量 batch of aluminum liner

采用同一设计条件,具有相同的公称外直径、设计壁厚,用同一炉罐号材料,同一制造工艺制成,按同一热处理规范及相同环境条件下进行连续热处理的铝内胆的限定数量。

3.1.9

设计使用年限 service life

在规定使用条件下,气瓶允许使用的年限。

3.1.10

纤维应力比 fiber stress ratio

气瓶在最小爆破压力下的碳纤维应力与公称工作压力下的碳纤维应力之比。

3.1.11

极限弹性膨胀量 rejection elastic expansion;REE

在每种规格型号气瓶设计定型阶段,由制造单位规定的气瓶弹性膨胀量的许用上限值。

注 1:单位为毫升(mL)。

注 2:该数值不超过设计定型批相同规格型号气瓶在水压试验压力下弹性膨胀量平均值的1.1倍。

3.1.12

等效纤维材料 equivalent fiber

碳纤维由同种原始材料(初始材料)制造,并且纤维制造单位规定的公称纤维模量和公称纤维强度均未超过设计原型规定的±5%的纤维材料。

3.1.13

等效树脂材料 equivalent matrix

相同类型和相同种类化学性质等效的树脂。

3.2 符号

下列符号适用于本文件。

A ——室温下铝内胆材料断后伸长率实测值,%;

a_0 ——铝内胆材料拉伸试样的原始厚度,mm;

b_0 ——铝内胆材料拉伸试样的原始宽度,mm;

D_f ——冷弯试验弯心直径,mm;

D_o ——铝内胆公称外直径,mm;

H ——铝内胆材料压扁试验压头间距,mm;

l_o ——铝内胆材料拉伸试样的原始标距,mm;

N ——气瓶设计循环次数,次;

p ——气瓶公称工作压力,MPa;

p_bmin ——气瓶最小爆破压力,MPa;

p_b0 ——气瓶爆破压力期望值,MPa;

p_m ——气瓶许用压力,MPa;

p_h ——气瓶水压试验压力,MPa;

$R_\mathrm{p0.2}$ ——室温下铝内胆材料0.2%非比例延伸强度,MPa;

R_m ——室温下铝内胆材料抗拉强度实测值,MPa;

S_ao ——冷弯试验铝内胆筒体实测平均壁厚,mm;

V ——气瓶公称水容积,L。

4 型式、参数和型号

4.1 型式

气瓶结构型式如图1所示,采用双口结构。

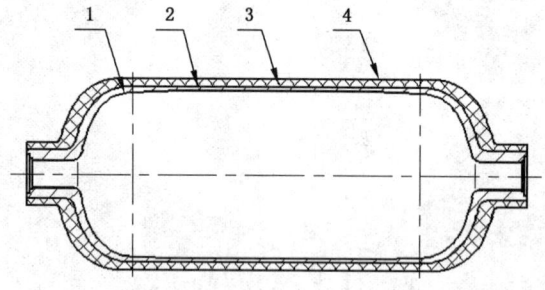

标引序号说明:

1——铝合金内胆;

2——防电偶腐蚀层;

3——碳纤维缠绕层;

4——玻璃纤维保护层。

图 1 气瓶结构型式

4.2 参数

4.2.1 气瓶公称工作压力为不大于52 MPa。

4.2.2 气瓶公称水容积和铝内胆公称外直径一般应符合表1的规定。

表 1 气瓶公称水容积和铝内胆公称外直径及允许偏差

项目	数值	允许偏差/%
公称水容积 V/L	150~450	$^{+2.5}_{0}$
铝内胆公称外直径 D_o/mm	325~660	±1

4.3 型号

气瓶型号标记应由以下部分组成：

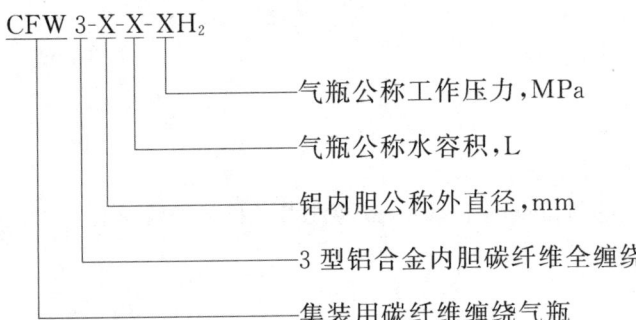

CFW 3-X-X-XH₂

- 气瓶公称工作压力，MPa
- 气瓶公称水容积，L
- 铝内胆公称外直径，mm
- 3 型铝合金内胆碳纤维全缠绕
- 集装用碳纤维缠绕气瓶

示例：铝内胆公称外直径 660 mm、气瓶公称水容积 350 L、气瓶公称工作压力 52 MPa 的集装用压缩氢气铝内胆碳纤维全缠绕气瓶，其型号标记为：CFW3-660-350-52H₂。

5 技术要求

5.1 一般要求

5.1.1 公称水容积

气瓶公称水容积的选取应按 10 L 一挡系列化。

5.1.2 设计循环次数

气瓶的设计循环次数 N 为 15 000 次。

5.1.3 设计使用年限

气瓶的设计使用年限为 15 年。

5.1.4 试验压力允差

除特别注明外，以气体为试验介质时，试验压力允差为 ±1 MPa；以液体为试验介质时，试验压力允差为 0 MPa～+2 MPa。

5.1.5 温度范围

在充装和使用过程中气瓶的温度范围。

5.1.6 氢气品质

充装气瓶的压缩氢气成分应符合 GB/T 37244 的规定。

5.1.7 工作环境

设计气瓶时，应考虑其连续承受机械损伤或化学侵蚀的能力，其外表面至少应能适应下列工作环境：

    a) 雨水、雪水环境；

    b) 车辆在海洋附近行驶，或者在用盐融化冰的路面上行驶；

    c) 阳光中的紫外线辐射；

d)　车辆振动和碎石冲击；

e)　接触酸和碱溶液、肥料；

f)　接触汽车用液体,包括汽油、液压油、电池酸、乙二醇和油；

g)　接触排放的废气。

5.2　材料

5.2.1　一般要求

制造气瓶的材料,应有材料制造单位提供的质量证明书原件,或者加盖了材料经营单位公章且有经办人签字(章)的质量证明书复印件。

5.2.2　铝内胆

5.2.2.1　铝内胆应采用 6061 铝合金,其化学成分应符合表 2 的规定。

表 2　6061 铝合金化学成分

元素		Si	Fe	Cu	Mn	Mg	Cr	Zn	Ti	Pb	Bi	其他		Al
												单项	总体	
质量分数/%	最小值	0.40	—	0.15	—	0.80	0.04	—	—	—	—	—	—	余量
	最大值	0.80	0.70	0.40	0.15	1.20	0.35	0.25	0.15	0.003	0.003	0.05	0.15	

5.2.2.2　铝内胆材料应满足相应标准的规定,板材应符合 GB/T 3880.1～3880.3 或 GB/T 38106 的规定,管材应符合 GB/T 4437.1、GB/T 38512 的规定,锻件应符合 GB/T 32249 或 YS/T 479 的规定。

5.2.2.3　铝内胆材料应经气瓶制造单位复验合格后方可使用。气瓶制造单位应按材料炉罐号根据 GB/T 7999 或 GB/T 20975 进行化学成分复验。

5.2.3　树脂

5.2.3.1　浸渍材料应采用环氧树脂或改性环氧树脂。树脂的环氧当量测定应按 GB/T 4612 的规定执行,树脂材料的玻璃化转变温度应按 GB/T 19466.2 的规定进行测定,且其值应不低于 105 ℃。

5.2.3.2　浸渍材料的性能和技术指标应符合相应的国家标准或行业标准的规定。

5.2.4　纤维

5.2.4.1　碳纤维

5.2.4.1.1　承载纤维应采用连续无捻碳纤维,不准许采用混合纤维。

注：当采用碳纤维作为承载纤维,用玻璃纤维作为防电偶腐蚀层或外表面保护层时,不认为是混合纤维。

5.2.4.1.2　每批碳纤维的力学性能应符合气瓶设计文件的规定。

5.2.4.1.3　气瓶制造单位应对碳纤维材料按批进行复验。纤维线密度(公制号数)应按 GB/T 3362 或 GB/T 30019 测定;纤维浸胶拉伸强度应按 GB/T 3362 或 GB/T 26749 测定。

5.2.4.2　玻璃纤维

5.2.4.2.1　应采用 S 型或 E 型玻璃纤维,其力学性能应符合气瓶设计文件的规定。

5.2.4.2.2　玻璃纤维只允许用作气瓶外表面保护层。

5.2.4.2.3　采用 GB/T 7690.3 规定的方法,按批对玻璃纤维力学性能进行复验。

5.2.5 密封件

5.2.5.1 密封件宜采用硅橡胶、氟橡胶、氟硅橡胶、氟碳橡胶、三元乙丙橡胶或氢化丁腈橡胶等与高压氢气具有良好相容性的聚合物。集装箱气瓶的密封件宜采用三元乙丙橡胶或氢化丁腈橡胶等。

5.2.5.2 密封件材料的使用温度范围应满足$-40\ ℃\sim85\ ℃$的要求。

5.2.5.3 密封件材料性能应满足附录A的要求。

5.3 设计

5.3.1 铝内胆

5.3.1.1 铝内胆端部应采用凸形结构。

5.3.1.2 铝内胆端部应采用渐变厚度设计,筒体与端部应圆滑过渡。

5.3.1.3 铝内胆最小设计壁厚应通过应力分析验证。

5.3.1.4 气瓶瓶口应开在气瓶端部,且应与铝内胆同轴。

5.3.1.5 瓶口的外径和厚度应满足瓶阀装配时的扭矩要求。

5.3.1.6 瓶口螺纹应采用直螺纹,螺纹长度应大于气瓶阀门螺纹的有效长度,且应符合GB/T 192、GB/T 196、GB/T 197或GB/T 20668的规定。

5.3.1.7 瓶口螺纹在水压试验压力下的切应力安全系数应不小于4。计算螺纹切应力安全系数时,铝合金剪切强度取60%的材料抗拉强度保证值。

5.3.2 气瓶

5.3.2.1 气瓶水压试验压力应不低于$1.5p$。

5.3.2.2 纤维应力比应不低于3.4。

5.3.2.3 气瓶最小爆破压力p_{bmin}应不低于$3.4p$。

5.3.2.4 气瓶碳纤维缠绕层外表面应缠绕玻璃纤维保护层,并应符合6.2.13规定的要求。用于集装箱等需在日照条件下使用的气瓶,玻璃纤维保护层(或在其上涂敷白色聚氨酯漆涂层)应具有防紫外线的功能。应依据GB/T 23987对试样进行耐紫外线能力测试,采用UVA 340灯使试样暴露在荧光紫外线中1 000 h,应无鼓泡、开裂、粉化或软化现象。当具有防紫外线的功能的玻璃纤维保护层或涂敷的白色聚氨酯漆涂层发生材料变化时,应重新进行耐紫外线能力测试。

5.3.2.5 气瓶应水平布置,使用条件中不包括因外力等引起的附加载荷。

5.3.3 应力分析

采用有限单元法,建立合适的气瓶分析模型,计算气瓶在自紧压力、自紧后零压力、公称工作压力、许用压力、水压试验压力和最小爆破压力下,铝内胆和缠绕层中的应力和应变。分析模型应考虑铝内胆的材料非线性、复合材料各向异性和结构的几何非线性。

5.3.4 最大允许缺陷尺寸

采用含预制裂纹气瓶常温压力循环试验方法或者基于断裂力学的工程评估方法,确定铝内胆无损检测时的最大允许缺陷尺寸,见附录B。当内胆壁厚减薄及内胆成型工艺变化时,气瓶制造单位应重新确定最大允许缺陷尺寸。

5.4 制造

5.4.1 一般要求

5.4.1.1 气瓶应符合产品设计图样和相关技术文件的规定。

5.4.1.2 制造应分批管理,铝内胆成品和气瓶成品均以不大于 200 只加上破坏性试验用铝内胆或气瓶的数量为一个批。

5.4.2 铝内胆

5.4.2.1 板材应冲压冷拉伸或旋压成形;管材应旋压成形。铝内胆不应进行焊接。

5.4.2.2 成形后的铝内胆应按评定合格的热处理工艺进行固溶时效热处理。

5.4.2.3 铝内胆热处理后应逐只进行硬度测定。

5.4.3 瓶口螺纹

螺纹和密封面应光滑平整,不准许有倒牙、平牙、牙双线、牙底平、牙尖、牙阔以及螺纹表面上的明显跳动波纹。螺纹轴线应与气瓶轴线同轴。

5.4.4 纤维缠绕

5.4.4.1 缠绕碳纤维前,铝内胆内外表面应清理干净,不应有金属碎屑等杂物,且应采取措施防止铝内胆外表面与碳纤维缠绕层之间发生电偶腐蚀。

5.4.4.2 缠绕和固化应按评定合格的工艺进行。固化温度不应对铝内胆力学性能产生影响。

5.4.4.3 水压试验前应按规定的自紧压力进行自紧处理,并详细记录每只气瓶的自紧压力、容积膨胀量等。

5.4.5 附件

5.4.5.1 撬装结构压缩氢气储运设备中使用的集装气瓶,一端应设置带安全泄压装置的瓶阀,另一端应设置带安全泄压装置的端塞。

5.4.5.2 用于集装箱的 52 MPa 气瓶,一般情况下一端应装设常闭状态且带安全泄压装置的气动截止阀,另一端应设置带安全泄压装置的端塞。安全泄压装置采用爆破片-易熔合金塞复合装置(以下简称"复合装置"),爆破片处于瓶内介质侧,易熔合金塞位于爆破片泄放一侧。爆破片应采用 H90 铜合金制造,平板结构;易熔合金塞应采用防挤出的结构设计,动作温度为(110 ± 5)℃;复合结构的本体应采用不锈钢。见图 2。

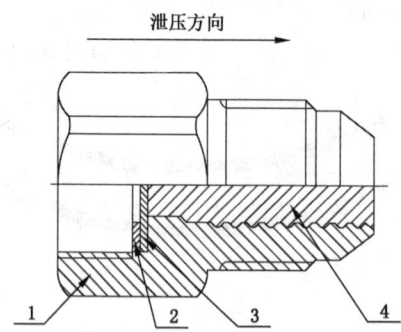

标引序号说明:

1——复合结构本体;

2——垫片;

3——爆破片;

4——易熔合金。

图 2 PRD 复合装置结构示意图

复合装置在 20 ℃下爆破片的设计爆破压力为 $4/3p$,爆破片的验收值允许偏差为 $^{\ 0}_{-10\%}$。150 ℃下复合装置爆破片爆破压力验证值应为 $1.15p$，允许偏差为 ${}_{-10\%}^{0}$；110 ℃下复合装置爆破片爆破压力验证值应为 $1.2p$，允许偏差为 ${}_{-10\%}^{0}$。安全泄压装置的安全泄放量应按 GB/T 33215 进行设计计算，应能保证缠绕气瓶在 6.2.12 所规定的火烧试验条件中安全泄压。爆破片的批量检验爆破试验抽样数量按表 3 的规定，其余要求应符合相关标准的规定。

表 3　爆破片批量检验爆破试验抽样要求

同批次爆破片成品总数/片或套	爆破片试验抽样数量/片或套
<10	2
10～15	3
16～30	4
31～100	6
101～500	3%，且不小于 6
501～1 000	2%，且不小于 15
1 001～3 000	1%，且不小于 20
注：抽样试验用的爆破片不计入该批次爆破片成品总数之内。	

5.4.5.3　除满足本文件要求外，易熔合金塞还应满足 GB/T 8337 的其他相关规定，爆破片装置还应满足 GB/T 16918 的其他相关规定。

5.4.5.4　安全泄压装置的泄放口不应朝向瓶体。气瓶设置其他火烧保护装置时，装置不应影响气瓶的受力状态和安全泄压装置的正常开启。

5.4.5.5　采用爆破片-易熔合金塞复合装置的，应在端塞侧设置测温点测量瓶内气体温度。充气过程中若发现端塞侧的气体温度超过 65 ℃，应立即停止充装。

5.4.5.6　气瓶的安全泄压装置和阀门的型式试验方法及合格指标应满足附录 C 的规定。其他集装用途的气瓶，安全泄压装置和阀门还应符合相关标准的要求。

6　试验方法和合格指标

6.1　铝内胆

6.1.1　壁厚和制造公差

6.1.1.1　试验方法

壁厚应采用超声测厚仪测量；制造公差应采用标准的或专用的量具、样板进行检查。

6.1.1.2　合格指标

合格指标如下：
a)　壁厚应符合设计规定；
b)　筒体外直径平均值和公称外直径的偏差不超过公称外直径的 1%；
c)　筒体同一截面上最大外直径与最小外直径之差不超过公称外直径的 2%；
d)　筒体直线度不超过筒体长度的 3‰。

6.1.2 内外表面

6.1.2.1 试验方法

目测检查外表面,用内窥灯或内窥镜检查内表面。

6.1.2.2 合格指标

合格指标如下:
a) 内、外表面无肉眼可见的表面压痕、凸起、重叠、裂纹和夹杂,颈部与端部过渡部分无突变或明显皱折;
b) 筒体与端部应圆滑过渡;
c) 若采用机加工或机械修磨的方法去除表面缺陷,缺陷去除部位应圆滑过渡,且壁厚不小于最小设计壁厚。

6.1.3 瓶口螺纹

6.1.3.1 试验方法

目测检查,并用符合 GB/T 3934 或相应标准的量规检查。

6.1.3.2 合格指标

合格指标如下:
a) 螺纹的有效螺距数和表面粗糙度应符合设计规定;
b) 螺纹牙型、尺寸和公差应符合相关标准规定。

6.1.4 铝内胆热处理后的性能测量

6.1.4.1 取样

a) 取样部位:拉伸试样、冷弯试样和压扁试样应从筒体中部截取,金相试样应从铝内胆肩部截取,如图 3 所示;
b) 取样数量:拉伸试样 3 件、冷弯试样 2 件或压扁试样 1 件、金相试样 1 件。

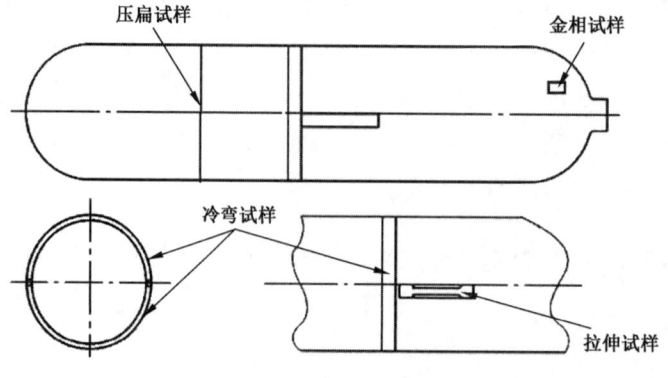

图 3 取样部位图

6.1.4.2 拉伸试验

6.1.4.2.1 试验方法

a) 试样为实物扁试样,如图 4 所示;
b) 试样制备和拉伸试验方法应按 GB/T 228.1 的规定执行。

单位为毫米

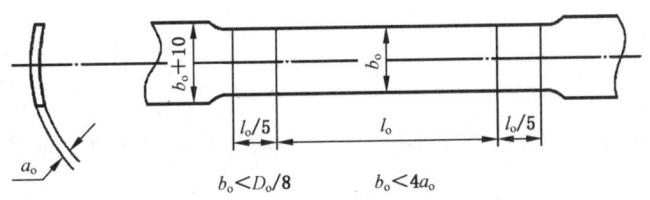

$b_o < D_o/8$ 　　　　　 $b_o < 4a_o$

图 4　拉伸试样图

6.1.4.2.2　合格指标

实测抗拉强度 R_m 与 0.2%非比例延伸强度 $R_{p0.2}$ 应满足设计制造单位保证值,断后伸长率 A 不应小于 12%。

6.1.5　金相试验

6.1.5.1　试验方法

试样的制备、尺寸和试验方法应按 GB/T 3246.1 的规定执行。

6.1.5.2　合格指标

无过烧组织。

6.1.6　冷弯试验

6.1.6.1　试验方法

从内胆筒体上截取一个筒体环,等分三段或两段,制备两个试样。试样宽度为 25 mm,试样侧面加工粗糙度不大于 12.5 μm,棱边可加工成半径不大于 2 mm 的圆角。弯心直径见表 4。试样按图 5 进行弯曲,弯曲角度 180°,试验方法按 GB/T 232 执行。

6.1.6.2　合格指标

目测试样无裂纹。

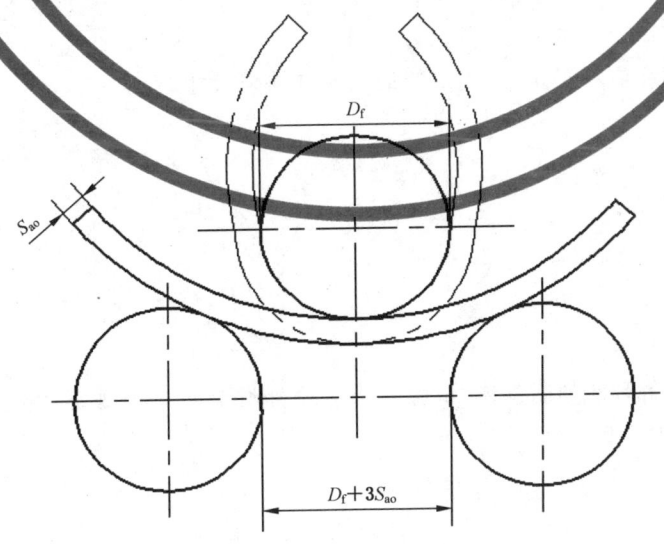

图 5　冷弯试验示意图

6.1.7 压扁试验

6.1.7.1 试验方法

试样制备和试验方法按 GB/T 11640 执行。试样应被压扁至表 4 规定间距 H。

6.1.7.2 合格指标

在保持规定压头间距和压扁载荷条件下,目测铝内胆压扁变形处无裂纹。

表 4 冷弯试验弯心直径和压扁试验压头间距

实测抗拉强度 MPa	弯心直径 D_f mm	压头间距 H mm
$R_m \leqslant 325$	$6S_{ao}$	$10S_{ao}$
$R_m > 325$	$7S_{ao}$	$12S_{ao}$

6.1.8 硬度试验

6.1.8.1 试验方法

试验方法应按 GB/T 17394、GB/T 230.1 或 GB/T 231.1 的规定执行。

6.1.8.2 合格指标

硬度值不应超出设计制造单位规定的范围。

6.1.9 无损检测

6.1.9.1 试验方法

采用超声检测或其他合适的检测方法,对铝内胆进行无损检测。

6.1.9.2 合格指标

铝内胆最大缺陷尺寸应小于 5.3.4 规定的最大允许缺陷尺寸。

6.2 气瓶

6.2.1 缠绕层力学性能

6.2.1.1 层间剪切试验

6.2.1.1.1 试验方法

采用环氧树脂或改性环氧树脂基体,试验方法应符合附录 D 中的规定,制作具有代表性的缠绕层试样,有效试样数不应少于 9 个。

6.2.1.1.2 合格指标

在沸水中煮 24 h 后,缠绕层层间剪切强度应不小于 34.5 MPa。

6.2.1.2 拉伸试验

6.2.1.2.1 试验方法

按 GB/T 3362 的规定,制作具有代表性的拉伸试样,有效试样数应不少于 6 个,并按 GB/T 3362 规定的试验方法进行试验。

6.2.1.2.2 合格指标

实测抗拉强度应不低于设计制造单位保证值。

6.2.2 缠绕层外观

6.2.2.1 试验方法

目测检查。

6.2.2.2 合格指标

不应有纤维裸露、纤维断裂、树脂积瘤、分层及纤维未浸透等缺陷。

6.2.3 水压试验

6.2.3.1 试验方法

按 GB/T 9251 规定的外测法进行水压试验,试验压力 p_h 为 1.5p。

6.2.3.2 合格指标

气瓶在试验压力下保压至少 30 s。保压期间压力不应下降,瓶体不应泄漏或明显变形。气瓶弹性膨胀量应小于极限弹性膨胀量,且泄压后容积残余变形率不大于 5%。

6.2.4 气密性试验

6.2.4.1 试验方法

在水压试验合格后,应逐只按 T/CATSI 02010 规定的方法进行气密性试验,试验压力为气瓶公称工作压力 p。

6.2.4.2 合格指标

氢气泄漏率(标准状态下)不应大于 6 mL/(h·L)。瓶体、瓶阀和瓶体瓶阀连接处均不应泄漏。因装配引起的泄漏,允许返修后重做试验。

6.2.5 水压爆破试验

试验方法应符合 GB/T 15385 的规定。

6.2.5.1 试验方法

按 GB/T 15385 规定的试验方法在常温条件下进行水压爆破试验。加压过程中当试验压力超过 1.5p 后,升压速率不应大于 1.4 MPa/s;若升压速率小于或等于 0.35 MPa/s,可加压直至爆破;若升压速率大于 0.35 MPa/s 且小于或等于 1.4 MPa/s,如果气瓶处于压力源和测压装置之间,可加压直至爆破,否则应在最小爆破压力下保压至少 5 s 后,再继续加压直至爆破。

6.2.5.2 合格指标

气瓶实测爆破压力应大于或等于 p_{bmin}，且在 $0.9p_{b0}$～$1.1p_{b0}$ 内。气瓶爆破压力期望值 p_{b0} 及确定依据（含实测值及其统计分析）应由制造单位提供。

6.2.6 常温压力循环试验

6.2.6.1 试验方法

试验介质应为非腐蚀性液体，在常温条件下按 GB/T 9252 规定的试验方法进行常温压力循环试验，并同时满足以下要求：

 a) 试验前，在规定的环境温度和相对湿度条件下，气瓶温度应达到稳定；试验过程中，监测环境、液体和气瓶表面的温度并维持在规定值；

 b) 循环压力下限应为 (2 ± 1) MPa，上限应不低于 $1.25p$；

 c) 压力循环频率应不超过 6 次/min。

6.2.6.2 合格标准

在 15 000 次循环内，气瓶不应发生泄漏或破裂，之后继续循环至 30 000 次或至泄漏发生，气瓶不应发生破裂。

6.2.7 环境温度压力循环试验

6.2.7.1 试验方法

按 GB/T 9252 的规定进行压力循环试验，试验步骤如下。

 a) 将气瓶充装无腐蚀性液体，在常压下，温度不低于 85 ℃，相对湿度 95％以上的环境中静置 48 h。

 b) 在上述环境中，从 (2 ± 1) MPa 至公称工作压力 p 进行压力循环 5 000 次，循环频率不超过 5 次/min。在试验期间，气瓶表面温度应保持在 85 ℃。

 c) 气瓶泄压至零压力在常温下稳定后，在不高于 -50 ℃的环境中稳定至气瓶表面温度在 -50 ℃～ -60 ℃之间，从 (2 ± 1) MPa 到公称工作压力 p 进行压力循环 5 000 次，循环频率不超过 5 次/min。在试验期间，气瓶表面温度应保持在 -50 ℃～-60 ℃之间。然后将气瓶泄压至零压力在常温下稳定。

 d) 完成上述试验后，按照 6.2.5 进行水压爆破试验。

6.2.7.2 合格标准

气瓶在压力循环试验过程中不应出现任何可见损伤、变形和泄漏。剩余爆破压力不应低于 1.7 倍水压试验压力。

6.2.8 热循环试验

6.2.8.1 试验方法

压力循环试验方法应符合 GB/T 9252 的规定，循环频率不应超过 10 次/min，在最大压力的 90％～100％期间保压不少于 1.2 s。

试验步骤如下：

 a) 气瓶在常温下从接近零压力到公称工作压力 p 进行压力循环 10 000 次；

 b) 将气瓶充压并保持在公称工作压力 p 下，在 93.3 ℃和 -52 ℃温度下进行热循环试验至少 20 次，在每个温度下至少保持 10 min；

c) 完成上述试验后,按6.2.5进行水压爆破试验。

6.2.8.2 合格标准

在压力循环的试验过程中气瓶不应出现任何可见损伤、变形和泄漏。剩余爆破压力应不低于$3p$。

6.2.9 裂纹容限试验

6.2.9.1 试验方法

在气瓶筒体中间用宽度1 mm的刀具加工一条纵向缺陷,深度至少为缠绕层厚度的50%,但不能超过2.5 mm,长度为5倍缠绕层厚度;再加工一条环向缺陷,尺寸与纵向缺陷相同,并与纵向缺陷在环向相差约120°。

1只气瓶按照6.2.5要求进行水压爆破试验。

另1只气瓶按6.2.6进行常温压力循环试验,循环压力上限为公称工作压力p。压力循环次数至少5 000次,或者气瓶因破裂或泄漏失效时,停止试验。

6.2.9.2 合格标准

a) 剩余爆破压力不低于$1.33p_h$;

b) 在公称工作压力p下进行至少5 000次压力循环不应破裂或泄漏。

6.2.10 跌落试验

6.2.10.1 试验方法

跌落试验应使用无内压、不安装瓶阀的气瓶。

气瓶跌落面应为水平、光滑的水泥地面或者与之相类似的坚硬表面,试验过程如图6所示,试验步骤如下。

a) 气瓶下表面距跌落面1.8 m,水平跌落1次。

b) 气瓶垂直跌落,两端分别接触跌落面1次。跌落高度应使气瓶具有大于或等于488 J的势能,并保证气瓶较低端距跌落面的高度小于或等于1.8 m。当气瓶的跌落势能不能满足488 J时,跌落高度为1.8 m。为保证气瓶能够自由跌落,可采取措施防止气瓶翻倒。

c) 气瓶瓶口向下与竖直方向呈45°角跌落1次,如气瓶低端距跌落面小于0.6 m,则应改变跌落角度以保证最小高度为0.6 m,同时应保证气瓶重心距跌落面的高度为1.8 m。若气瓶两端都有开口,则应将两瓶口分别向下进行跌落试验。

气瓶跌落后,按照6.2.6.1的规定进行常温压力循环试验,循环压力下限应为(2 ± 1)MPa,上限应不低于$1.25p$。

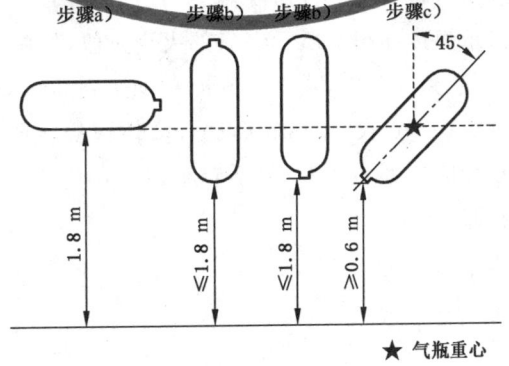

图6 跌落方向

6.2.10.2 合格标准

气瓶在前 3 000 次循环内不应发生破裂或泄漏,且随后继续循环至 15 000 次,瓶体不应发生破裂。

6.2.11 枪击试验

6.2.11.1 试验方法

试验步骤如下。

a) 气瓶充装空气或氮气至公称工作压力 p。

b) 从下列两种方法中任选一种进行射击:

    1) 采用直径为 7.62 mm 的穿甲弹以 850 m/s 的速度射击气瓶,射击距离不超过 45 m;

    2) 采用维氏硬度不小于 870 HV、直径为 6.08 mm～7.62 mm、质量为 3.8 g～9.75 g 的锥形钢制子弹(锥角为 45°)以 850 m/s 的速度射击气瓶,射击能量不小于 3 300 J。

c) 子弹应以 90°角射击气瓶一侧瓶壁。

6.2.11.2 合格标准

试验后的气瓶不应破裂。

6.2.12 火烧试验

6.2.12.1 试验方法

气瓶及其附件应进行火烧试验,并同时满足以下要求。

a) 局部火烧时火源应处于气瓶的中心位置。

b) 试验前,用氢气缓慢将气瓶加压到公称工作压力 p。

c) 火源为液化石油气(LPG)、天然气、木材或煤油燃烧器,其宽度应大于或等于气瓶直径,使火焰由气瓶的下部及两侧将其环绕。局部火烧时的火源长度为(250±50)mm,整体火烧时的火源长度应吞没整个气瓶。

d) 气瓶应水平放置,并使其下表面距火源约 100 mm。在气瓶轴向不超过 1.65 m 的区域内至少设置 5 个热电偶(至少 2 个设置在局部火烧范围内,至少 3 个设置在其他区域)。设置在其他区域的热电偶应等间距布置且间距小于或等于 0.5 m。热电偶距气瓶下表面的距离为(25±10)mm。必要时,还可在安全泄压装置及气瓶其他部位设置更多的热电偶。

e) 试验时应采用防风板等遮风措施,使气瓶受热均匀。

f) 火烧试验时,热电偶指示温度如图 7 所示。局部火烧阶段,气瓶火烧区域上热电偶指示温度在点火后 1 min 内至少应达到 300 ℃,在 3 min 内至少达到 600 ℃,在之后的 7 min 内不应低于 600 ℃,但不应超过 900 ℃。点火 10 min 后进入整体火烧阶段,火焰应迅速布满整个气瓶长度,热电偶指示温度至少应达到 800 ℃,但不应超过 1 100 ℃。火烧过程中至少 1 个热电偶指示温度应满足表 5 的规定。

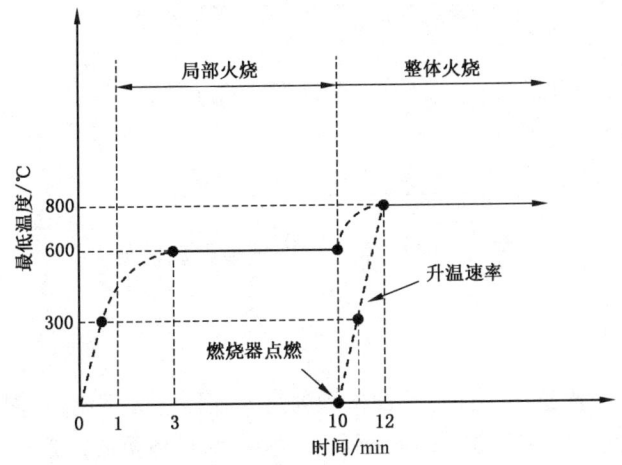

图 7　火烧试验过程最低温度要求

表 5　火烧试验操作和温度要求

时间/min	操作	局部火烧区域		整体火烧区域（除局部火烧区域）	
		最低温度/℃	最高温度/℃	最低温度/℃	最高温度/℃
0～1	点燃燃烧器		900		
1～3	稳定局部火源	300	900		
3～10	稳定局部火源	600	900		
10～11	在第 10 分钟点燃主燃烧器	600	1 100		1 100
11～12	稳定整体火源	600	1 100	300	1 100
12～试验结束	稳定整体火源	800	1 100	800	1 100

6.2.12.2　试验结果

记录火烧试验布置方式、热电偶指示温度、气瓶内压力、从点火到安全泄压装置打开的时间及从安全泄压装置打开到压力降至 1 MPa 以下的时间。在试验期间，记录热电偶温度和气瓶内压力的时间间隔不应超过 10 s。

6.2.12.3　合格指标

气瓶内气体通过压力泄放装置及时泄放，泄放过程应连续，且气瓶不发生破裂。

6.2.13　环境试验

6.2.13.1　气瓶放置和区域划分

在气瓶筒体上部划分 5 个明显区域，以便进行摆锤冲击和化学暴露，如图 8 所示。每个区域的直径应为 100 mm。5 个区域可不在一条直线上，但不应重叠。

注：虽然预处理和液体暴露在气瓶的筒体部位上进行，但气瓶的所有部位，包括两端，都视为暴露区域，都能适应暴露区域所处的环境。

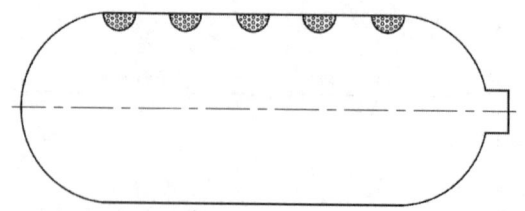

图 8　气瓶冲击和化学暴露区域图

6.2.13.2　摆锤冲击预处理

在 5 个区域各自的中心附近用摆锤进行冲击预处理。摆锤应为钢制,且侧面为等边三角形、底部为方形的锥体,顶点和棱的圆角半径为 3 mm。摆锤冲击中心与锥体重心的连线应在气瓶撞击点法线上,摆锤的冲击能量应大于或等于 30 J。在摆锤冲击过程中,应保持气瓶固定且始终无内压。

6.2.13.3　暴露用环境液体

在 5 个经预处理的区域上面,分别放置厚 1.0 mm、直径为 100 mm 的玻璃棉衬垫。分别向衬垫内加入足够的化学溶液,确保试验过程中化学溶液均匀地由衬垫渗透到气瓶表面,化学暴露区域应朝上。5 种化学溶液为:

    a)　体积浓度为 19％的硫酸水溶液(电池酸);
    b)　质量浓度为 25％的氢氧化钠水溶液;
    c)　体积浓度为 5％的甲醇汽油溶液(加油站用);
    d)　质量浓度为 28％的硝酸氨水溶液;
    e)　体积浓度为 50％的甲醇水溶液(挡风玻璃清洗液)。

6.2.13.4　压力循环

按 GB/T 9252 的规定对气瓶进行压力循环试验,循环压力下限应为 (2 ± 1) MPa,循环压力上限应不低于 $1.25p$,升压速率应不超过 2.75 MPa/s,压力循环次数为 3 000 次。

6.2.13.5　保压

将气瓶加压至 $1.25p$,在此压力下保压至少 24 h,以确保化学溶液腐蚀时间(压力循环时间和保压时间之和)达到 48 h。

6.2.13.6　水压爆破试验

按 6.2.5.1 规定进行水压爆破试验。

6.2.13.7　合格标准

气瓶在环境试验过程中,瓶体不应发生泄漏;经环境试验后,其爆破压力不应低于 1.8 倍公称工作压力 p。

6.2.14　加速应力破裂试验

6.2.14.1　试验方法

先在温度不低于 85 ℃的环境中,将气瓶加水压至 $1.25p$,并在此温度和压力下静置 1 000 h,再按 6.2.5.1 的规定进行水压爆破试验。

6.2.14.2 合格标准

爆破压力不应低于 $1.8p$。

6.2.15 氢气循环试验

6.2.15.1 试验方法

氢气循环试验应同时满足以下要求：

a) 循环压力的下限应为 (2 ± 1) MPa，上限应不低于 $1.25p$；

b) 充氢速率不应大于 60 g/s，充氢过程中气瓶温度不应高于 85 ℃，对采用爆破片-易熔合金塞复合装置的集装箱用气瓶，充氢过程中气瓶瓶阀及端塞温度不应高于 65 ℃；

c) 放氢速率应大于或等于实际使用时气瓶最大放氢速率，放氢过程气瓶温度不应低于 -40 ℃；

d) 氢气循环次数为 $1\,000$ 次，分两组进行，每组 500 次；第一组在常温环境中进行，循环后将气瓶加压至 $1.15p$，并在 55 ℃环境中至少静置 30 h；第二组在环境温度为 -30 ℃和 50 ℃条件下分别进行 250 次循环；

e) 按 6.2.4 的规定对气瓶进行气密性试验。

6.2.15.2 合格指标

瓶阀、瓶阀或端塞与瓶口连接处在气密性试验时氢气漏率（标准状态下）不应超过 6 mL/(h·L)。

7 检验规则

7.1 出厂检验

7.1.1 逐只检验

铝内胆和气瓶应按表 6 规定的项目进行逐只检验。

7.1.2 批量检验

7.1.2.1 检验项目

铝内胆和气瓶应按表 6 规定的项目进行批量检验。

7.1.2.2 抽样规则

7.1.2.2.1 铝内胆

从每批铝内胆中随机抽取 1 只。

如果批量检验时有不合格项目，按下列规定进行处理。

a) 如果不合格是由于试验操作异常或测量误差造成，应重新试验；如重新试验结果合格，则首次试验无效。

b) 如果试验操作和测量正确，应先查明试验不合格原因，再按以下规则处理：

　　1) 如确认铝内胆不合格是由于热处理不当造成的，允许对该批铝内胆重新热处理，但热处理次数不应超过 2 次。经重新热处理的该批铝内胆应作为新批重新进行批量检验；

　　2) 如果铝内胆不合格是由于其他原因造成的，则整批铝内胆报废。

7.1.2.2.2 气瓶

从每批气瓶中随机抽取 2 只,1 只进行水压爆破试验,另 1 只进行常温压力循环试验。常温压力循环试验的压力循环试验总循环次数应大于或等于 15 000 次。

如果批量检验时有不合格项目,允许再随机抽取 5 只气瓶进行该项试验。5 只气瓶全部通过试验,则本批气瓶合格;如果其中有一只未通过试验,则整批气瓶判废。

7.2 型式试验

7.2.1 新设计的气瓶应按表 6 规定的项目进行型式试验。若型式试验不合格,则不应投入批量生产,不应投入使用。

7.2.2 用于型式试验气瓶的抽样按 TSG 23 的规定,数量不应少于 30 只,从中随机抽取进行型式试验的内胆数量为 1 只,气瓶数量为:

水压爆破试验 3 只;常温压力循环试验 2 只;环境温度压力循环试验 1 只;热循环试验 2 只;裂纹容限试验 2 只;跌落试验 1 只;枪击试验 1 只;火烧试验 1 只;环境试验 1 只;加速应力破裂试验 1 只;氢气循环试验 1 只。

7.3 设计变更

7.3.1 允许通过减少型式试验项目的方式对设计原型进行设计变更。设计变更应按表 7 规定的项目重新进行型式试验。未列入表 7 的设计变更应视为新设计,需作为设计原型按表 6 的规定进行全部项目的型式试验。

7.3.2 不应在已完成的设计变更基础上再进行设计变更,即经减少试验项目完成变更的设计不能作为设计原型。当设计变更同时涵盖表 7 中两个或两个以上设计变更项目时,试验项目应能覆盖此次所有变更项目。

表 6 气瓶出厂检验及型式试验

序号	检验项目		出厂检验		型式试验	试验方法和合格标准
			逐只检验	批量检验		
1	内胆	铝内胆材料复验		√	√	5.2.2.3
2		壁厚和制造公差	√		√	6.1.1
3		内外表面	√		√	6.1.2
4		瓶口螺纹	√		√	6.1.3
5		拉伸试验		√	√	6.1.4
6		金相试验		√	√	6.1.5
7		冷弯试验[a]		√	√	6.1.6
8		压扁试验[a]		√	√	6.1.7
9		硬度试验	√		√	6.1.8
10		无损检测[b]	√		√	6.1.9

表 6　气瓶出厂检验及型式试验（续）

序号	检验项目		出厂检验		型式试验	试验方法和合格标准
			逐只检验	批量检验		
11	气瓶c	碳纤维材料复验		√	√	5.2.4
12		涂层或玻璃纤维保护层防紫外线能力测试			√	5.3.2.4
13		层间剪切和拉伸试验			√	6.2.1
14		缠绕层外观	√			6.2.2
15		水压试验	√		√	6.2.3
16		气密性试验	√		√	6.2.4
17		水压爆破试验		√	√	6.2.5
18		常温压力循环试验		√	√	6.2.6
19		环境温度压力循环试验			√	6.2.7
20		热循环试验			√	6.2.8
21		裂纹容限试验			√	6.2.9
22		跌落试验			√	6.2.10
23		枪击试验			√	6.2.11
24		火烧试验			√	6.2.12
25		环境试验			√	6.2.13
26		加速应力破裂试验			√	6.2.14
27		氢气循环试验			√	6.2.15

注："√"为需要做试验。

a　铝内胆冷弯试验和压扁试验选择其中一项执行。

b　为可选项。

c　进行序号 14～27 的气瓶型式试验时,外表面不应带有涂层。

表 7　设计变更需重新进行型式试验的试验项目

设计变更	试验项目												
	层间剪切试验	缠绕层拉伸试验	水压爆破试验	常温压力循环试验	火烧试验	环境温度压力循环试验	加速应力破裂试验	裂纹容限试验	环境试验	跌落试验	氢气循环试验	枪击试验	热循环试验
纤维制造单位	√	√	√	√	√		√			√		√	
等效纤维材料a	√	√	√				√			√			
新树脂材料a	√	√	√b	√b	√	√	√	√	√	√		√	√

表 7　设计变更需重新进行型式试验的试验项目（续）

设计变更		试验项目											
		层间剪切试验	缠绕层拉伸试验	水压爆破试验	常温压力循环试验	火烧试验	环境温度压力循环试验	加速应力破裂试验	裂纹容限试验	环境试验	跌落试验	氢气循环试验	枪击试验	热循环试验
等效树脂材料		√	√	√ᵇ	√ᵇ			√						
铝内胆外直径变化ᶜ	≤20％			√ᵇ	√ᵇ						√		√ᵈ	
	＞20％≤50％			√	√	√			√		√	√ᵉ	√	
气瓶长度变化	≤50％			√ᵇ	√ᵇ	√ᵉ							√ᵈ	
	＞50％			√ᵇ	√ᵇ						√	√ᵉ		
自紧压力增加＞15％				√ᵇ	√ᵇ			√						
内胆壁厚减薄				√	√									
内胆成型工艺				√	√									
玻璃纤维保护层									√					
安全泄压装置						√ᶠ								
瓶阀						√ᶠ							√ᵍ	
瓶口螺纹形式或尺寸变化ʰ				√ᵇ	√ᵇ								√	

a　仅适用于材料性能或制造商变化，等效纤维材料设计变更项仅适用于同一材料制造商生产的材料。

b　仅要求采用 1 只气瓶进行试验。

c　仅适用于当直径变化时，缠绕层壁厚与原设计保持同样或者较低的应力水平（例如：直径增加，则壁厚应成比例增加）。

d　仅在筒体长度小于直径或直径减小时进行试验。

e　仅在气瓶铝内胆外直径或长度增加时进行试验。

f　仅适用于安全泄压装置泄放通道面积减小、瓶阀/安全泄压装置质量增加超过 30％、安全泄压装置类型变化或瓶阀/安全泄压装置制造单位变化时。

g　仅适用于瓶阀安全泄压装置类型改变或瓶阀制造单位的同一型号产品从未进行过该项试验时。

h　瓶口螺纹公称直径变化≤10％且与原设计保持同样或者较低的应力水平的不视为螺纹尺寸变化。

7.3.3　当设计变更项目为新树脂材料、内胆壁厚减薄、外直径变化、气瓶长度变化时，均应重新进行应力分析。

7.3.4　碳纤维由同种原始材料（初始材料）制造，并且纤维制造单位规定的公称纤维模量和公称纤维强度均未超过设计原型规定的±5％，则应认为是等效纤维材料。

7.3.5　树脂材料类型不同时应认为是新树脂材料，如环氧树脂、改性环氧树脂等。

7.3.6　相同类型和相同种类化学性质等效的树脂为等效树脂材料。

8 标志、包装、运输和储存

8.1 标志

8.1.1 应对每只气瓶作清晰的永久性的标记,标记应植入树脂层内。

8.1.2 标记项目应包含以下内容:

    a) 气瓶编号;

    b) 气瓶公称水容积,L;

    c) 气瓶重量,kg;

    d) 气瓶充装介质名称或化学分子式;

    e) 气瓶公称工作压力,MPa;

    f) 气瓶水压试验压力,MPa;

    g) 极限弹性膨胀量(REE);

    h) 制造单位名称或代号;

    i) 气瓶制造年月;

    j) 气瓶设计使用年限,年;

    k) 监督检验标志;

    l) 制造单位许可证编号;

    m) 产品执行标准编号。

8.2 电子标签

气瓶树脂层应植入二维码或射频标签等可追溯的永久性电子标签。

8.3 包装

8.3.1 气瓶出厂时,若不带阀,其瓶口应采取可靠措施加以密封,以防止沾污。

8.3.2 气瓶应妥善包装,防止运输时损伤。

8.3.3 包装运输标志应符合 GB/T 191 的有关规定。

8.4 运输

8.4.1 气瓶的运输应符合运输部门的有关规定。

8.4.2 在运输和装卸过程中,应防止碰撞、受潮和损坏附件,尤其要防止缠绕层的划伤。

8.5 储存

气瓶不应储存在日光曝晒和高温、潮湿及含有腐蚀介质的环境中。

9 产品合格证和批量检验质量证明书

9.1 产品合格证

9.1.1 经检验合格的每只气瓶均应附有产品合格证及使用说明书。

9.1.2 产品合格证应包含以下内容:

    a) 气瓶型号;

    b) 气瓶编号;

c) 气瓶实测水容积,L;

d) 气瓶实测重量,kg;

e) 气瓶充装介质或化学分子式;

f) 气瓶公称工作压力,MPa;

g) 气瓶水压试验压力,MPa;

h) 极限弹性膨胀量(REE);

i) 制造单位名称或代号;

j) 气瓶制造年月;

k) 气瓶设计使用年限,年;

l) 监督检验标记;

m) 气瓶制造单位许可证编号;

n) 产品标准编号;

o) 铝内胆材料牌号;

p) 纤维材料牌号;

q) 树脂材料牌号;

r) 定期检验周期,年。

9.2 批量检验质量证明书

9.2.1 经检验合格的每批气瓶,均应附有批量检验质量证明书,气瓶使用方均应有批量检验质量证明书的复印件。

9.2.2 批量检验质量证明书的内容,应包括本标准规定的批量检验项目。

9.2.3 制造单位应妥善保存气瓶的检验记录和批量检验质量证明书的复印件(或正本),保存时间不少于15年。

附　录　A

（规范性）

气瓶用密封件性能试验方法

A.1　概述

本附录规定了气瓶用密封件性能试验方法，包括密封件材料拉伸试验和 O 形圈试验。

A.2　密封件材料拉伸试验

A.2.1　试验方法

密封件材料拉伸试验应符合 GB/T 528 的规定。

A.2.2　合格指标

拉伸强度和拉断伸长率应满足设计文件的要求。

A.3　O 形圈试验

A.3.1　外观检查

A.3.1.1　试验方法

按照 GB/T 3452.2 的试验方法，对 O 形圈外观质量进行检查。

A.3.1.2　合格指标

外观质量应满足设计文件的要求。

A.3.2　尺寸检查

A.3.2.1　试验方法

按照 GB/T 2941 的试验方法，对 O 形圈尺寸进行非接触测量。

A.3.2.2　合格指标

O 形圈截面直径和内径应满足设计文件的要求。

A.3.3　硬度检查

A.3.3.1　试验方法

按照 GB/T 6031 的试验方法，对 O 形圈硬度进行检查。

A.3.3.2　合格指标

硬度应满足设计文件的要求。

A.3.4　拉伸试验

A.3.4.1　试验方法

按照 GB/T 5720 的试验方法，对 O 形圈进行拉伸试验。

A.3.4.2 合格指标

拉伸强度和拉断伸长率应满足设计文件的要求。

A.3.5 压缩永久变形试验

A.3.5.1 试验方法

试验之前测定 O 形圈的截面直径。参照 GB/T 3512 的试验方法,将 O 形圈压缩成规定厚度,在温度为(150±2)℃大气中放置 72 h(允许偏差为−2 h～0 h)后,使 O 形圈恢复自由状态并测定其厚度,计算 O 形圈压缩永久变形率。

A.3.5.2 合格指标

压缩永久变形率应满足设计文件的要求。

A.3.6 硬度变化试验

A.3.6.1 试验方法

参照 GB/T 3512 的试验方法,将 O 形圈压缩成规定厚度,在温度为(150±2)℃大气中放置 72 h(允许偏差为−2 h～0 h)后,使 O 形圈恢复自由状态并测定其硬度。试验前后 O 形圈的硬度应按照 GB/T 6031 的规定并依据 O 形圈尺寸选择合适的方法进行测量。

A.3.6.2 合格指标

硬度变化应满足设计文件的要求。

A.3.7 氢气损伤试验

A.3.7.1 试验方法

a) 测量 3 个 O 形圈体积,并称重;
b) 将 O 形圈在压力为气瓶公称工作压力、温度为 15 ℃的氢气中放置 168 h 后,将压力在 45 s 内降至大气压力;
c) 将 O 形圈在压力为气瓶公称工作压力、温度为−40 ℃的氢气中放置 168 h 后,将压力在 45 s 内降至大气压力;
d) 取出 O 形圈后应立即观察 O 形圈表面并测量其体积变化率和质量损失率。

A.3.7.2 合格指标

O 形圈应无破损等异常现象,其体积膨胀率应不超过 25％或者体积收缩率应不超过 1％,质量损失率应不超过 10％。

A.3.8 温度回缩试验

A.3.8.1 试验方法

参照 GB/T 7758 的试验方法,在拉长状态下将与 O 形圈相同材料的标准试样冷却至−80 ℃使其固化,除去拉伸力并以均匀的速率提高试样温度,并测定试样回缩率为 10％时的温度。

A.3.8.2 合格指标

O 形圈材料温度应满足设计文件的要求。

附　录　B

（资料性）

铝内胆最大允许缺陷尺寸确定方法

B.1　总则

本附录规定了气瓶铝合金内胆无损检测时的最大允许缺陷尺寸确定方法,分为含裂纹气瓶液压疲劳试验方法和基于断裂力学的工程评估方法,气瓶内胆最大允许缺陷可以按照以上任一方法确定。内胆壁厚减薄及内胆成型工艺变更时,应重新确定铝内胆最大允许缺陷尺寸。

B.2　铝内胆最大允许缺陷确定方法

B.2.1　含裂纹气瓶液压疲劳试验方法

含裂纹气瓶液压疲劳试验方法按下列规定进行:
a)　在铝内胆收口和热处理前,在铝内胆内表面预制轴向裂纹;
b)　裂纹长度和深度应根据无损检测能力确定;
c)　将3只带有预制裂纹缺陷的气瓶按6.2.6的规定进行常温压力循环试验;
d)　若经设计循环次数后,3只气瓶均未泄漏或破裂,则最大允许缺陷尺寸规定为小于或等于预制裂纹尺寸。

B.2.2　基于断裂力学的工程评估方法

基于断裂力学的工程评估方法按下列规定进行:
a)　在铝内胆的疲劳敏感部位设置轴向裂纹,作为平面缺陷;
b)　压力范围为10%公称工作压力～公称工作压力;
c)　气瓶压力循环次数最小值为设计循环次数;
d)　按GB/T 19624的要求计算最大等效裂纹尺寸,最大允许缺陷尺寸应小于或等于此计算值。

附 录 C
（规范性）
截止阀和安全泄压装置型式试验方法与合格指标

C.1 概述

本附录规定了自动/手动截止阀、爆破片-易熔合金塞复合装置和温度驱动型安全泄压装置的型式试验方法与合格指标。其他类型安全泄压装置可参照此附录。

C.2 型式试验项目

型式试验包括安全泄压装置（复合装置或温度驱动型）、自动/手动截止阀以及非金属橡胶密封件试验，见表 C.1。

表 C.1 型式试验项目一览表

对象	试验项目	试验方法及合格指标
安全泄压装置	氢循环试验	C.3.1.1
	加速寿命试验	C.3.1.2
	温度循环试验	C.3.1.3
	耐盐雾腐蚀性试验	C.3.1.4
	耐冷凝腐蚀性试验	C.3.1.5
	跌落试验	C.3.1.6
	耐振性试验	C.3.1.7
	泄漏试验[a]	C.3.1.8
	耐压性试验[a]	C.3.1.9
	应力腐蚀开裂试验	C.3.1.10
	动作试验	C.3.1.11
	流量试验	C.3.1.12
自动/手动截止阀	耐压性试验[b]	C.3.2.1
	泄漏试验[b]	C.3.2.2
	极限温度压力循环试验	C.3.2.3
	耐盐雾腐蚀性试验	C.3.2.4
	耐冷凝腐蚀性试验	C.3.2.5
	耐振性试验	C.3.2.6
	电气试验	C.3.2.7
	应力腐蚀开裂试验	C.3.2.8
非金属橡胶密封件	耐氧老化性试验	C.3.3.1
	臭氧相容性试验	C.3.3.2
	氢气相容性试验	C.3.3.3
[a] 当安全泄压装置仅是进气口螺纹规格和外形尺寸发生变更时，应进行该试验。		
[b] 当截止阀仅是外形尺寸，进气口、出气口和其他外接口的连接方式及规格尺寸发生变更时，应进行该试验。		

C.3 型式试验方法与合格指标

C.3.1 安全泄压装置试验方法与合格指标

C.3.1.1 氢循环试验

C.3.1.1.1 试验方法

采用氢气对安全泄压装置进行气压循环试验，循环频率应不超过 10 次/min，试验要求见表 C.2。

表 C.2 氢循环试验要求

安全泄压装置型式	试验样品数量	循环压力	循环次数/次	试验温度/℃
温度驱动型安全泄压装置	5 个	$(2\pm1)MPa \sim 1.5p(\pm1\,MPa)$	5	≥85
		$(2\pm1)MPa \sim 1.25p(\pm1\,MPa)$	1 995	≥85
		$(2\pm1)MPa \sim 1.25p(\pm1\,MPa)$	13 000	55±5
复合装置	5 个	$(2\pm1)MPa \sim 1.5p(\pm1\,MPa)$	5	≥75
		$(2\pm1)MPa \sim 1.25p(\pm1\,MPa)$	1 995	≥75
		$(2\pm1)MPa \sim 1.25p(\pm1\,MPa)$	13 000	55±5
	5 个	$(2\pm1)MPa \sim p(\pm1\,MPa)$	2 000	≥85
		$(2\pm1)MPa \sim p(\pm1\,MPa)$	18 000	57±2

C.3.1.1.2 合格指标

循环试验后，安全泄压装置还应符合 C.3.1.8 泄漏试验、C.3.1.11 动作试验和 C.3.1.12 流量试验的规定。

C.3.1.2 加速寿命试验

C.3.1.2.1 试验方法

试验步骤如下。
a) 对 8 个安全泄压装置进行此项试验，其中 3 个安全泄压装置的试验温度为动作温度 T_{act}，另外 5 个安全泄压装置的试验温度为加速寿命温度 T_{life}；
- 对于温度驱动型安全泄压装置：$T_{life}=9.1T_{act}^{0.503}$；
- 对于复合装置：$T_{life}=12.88T_{act}^{0.420}$。
b) 将安全泄压装置置于恒温箱或水浴中，试验中温度允许偏差为±1 ℃。
c) 温度驱动型安全泄压装置进气口的氢气压力应为 $1.25p\pm1$ MPa；复合装置进气口的氢气压力应为 $p\pm1$ MPa。压力源可位于恒温箱或水浴箱的外部，并以单一或者采用分支管路系统为安全泄压装置加压。若采用分支管路系统，则每个分支管路都应包含一个单向阀。

C.3.1.2.2 合格指标

在 T_{act} 下测试的安全泄压装置动作时间应不超过 10 h，在 T_{life} 下测试的安全泄压装置应 500 h 内不动作。

C.3.1.3 温度循环试验

C.3.1.3.1 试验方法

试验步骤如下：

a) 将 1 个无内压的安全泄压装置先在温度小于或等于－40 ℃的液体中静置至少 2 h，然后在 5 min 内将其转移到温度大于或等于 85 ℃的液体中，并在此温度下静置至少 2 h，之后在 5 min 内将安全泄压装置转移到温度小于或等于－40 ℃的液体中；

b) 重复 a)的步骤，完成 15 次循环；

c) 将安全泄压装置在温度小于或等于－40 ℃的环境中静置至少 2 h，之后在此温度下用氢气对安全泄压装置进行 100 次压力循环，试验压力为 2^{+1}_{0} MPa～$0.8p^{+2}_{0}$ MPa。

C.3.1.3.2 合格指标

在温度循环试验后，安全泄压装置应符合 C.3.1.8 泄漏试验、C.3.1.11 动作试验和 C.3.1.12 流量试验的规定，其中泄漏试验的温度为 -40^{+5}_{0} ℃。

C.3.1.4 耐盐雾腐蚀性试验

C.3.1.4.1 试验方法

试验步骤如下。

a) 移除 2 个安全泄压装置所有非永久固定的排气口阀帽，将安全泄压装置安装到专用装置上。

b) 将安全泄压装置在以下规定的盐雾中暴露 500 h。其中 1 个安全泄压装置试验时，以 2∶1 的比例向盐溶液中添加硫酸和硝酸溶液，使盐溶液的 pH 为 4.0±0.2；另 1 个安全泄压装置试验时，通过向盐溶液中添加氢氧化钠将盐溶液的 pH 调整为 10.0±0.2。盐溶液应由 5％的氯化钠和 95％的蒸馏水（质量分数）组成。

c) 盐雾室的温度应维持在 30 ℃～35 ℃。

C.3.1.4.2 合格指标

经过耐盐雾腐蚀性试验后，安全泄压装置应符合 C.3.1.8 泄漏试验、C.3.1.11 动作试验和 C.3.1.12 流量试验的规定。

C.3.1.5 耐冷凝腐蚀性试验

C.3.1.5.1 试验方法

试验步骤如下。

a) 封闭安全泄压装置的进出口，常温下，在安全泄压装置表面放置厚度大于或等于 0.5 mm 的毛毡布，并使其覆盖在安全泄压装置表面，依次分别向不同的毛毡布内加入足够的化学溶液，确保化学溶液浸润整个毛毡垫，并由毛毡垫均匀渗透到安全泄压装置表面，可根据需要补充溶液，以使毛毡垫保持整体浸透状态。化学暴露区域应朝上，在每种溶液中持续暴露 24 h。四种化学溶液为：

1) 体积浓度为 19％的硫酸水溶液（电池酸）；

2) 质量浓度为 25％的氢氧化钠水溶液；

3) 质量浓度为 28％的硝酸氨水溶液；

4) 体积浓度为 50％的甲醇水溶液（挡风玻璃清洗液）。

b) 采用 1 个安全泄压装置完成此项试验,在每种溶液中暴露后,将安全泄压装置上残留溶液擦除并用水冲洗干净。

C.3.1.5.2 合格指标

试验后的安全泄压装置不应有影响其功能的裂纹、软化、膨胀等物理损伤(不包括凹痕、表面变色)。同时,安全泄压装置还应符合 C.3.1.8 泄漏试验、C.3.1.11 动作试验和 C.3.1.12 流量试验的规定。

C.3.1.6 跌落试验

C.3.1.6.1 试验方法

在常温下将 2 个安全泄压装置从 2 m 高处自由跌落到光滑水泥地面上。跌落方向为 6 个方向(3 个正交轴的正反方向)。

C.3.1.6.2 合格指标

不应出现影响安全泄压装置正常使用的可见外部损伤。

C.3.1.7 耐振性试验

C.3.1.7.1 试验方法

将安全泄压装置(含 1 个未经试验的安全泄压装置和经跌落试验的 3 个安全泄压装置)装在专用装置上,沿 3 个正交轴方向以共振频率各振动 2 h。以 1.5g 的加速度进行 10 min 正弦扫频,频率范围 10 Hz～500 Hz,确定安全泄压装置的共振频率,若未发现共振频率,则试验以 40 Hz 的频率进行。

C.3.1.7.2 合格指标

试验后的安全泄压装置应符合 C.3.1.8 泄漏试验、C.3.1.11 动作试验和 C.3.1.12 流量试验的规定。

C.3.1.8 泄漏试验

C.3.1.8.1 试验方法

将 1 个未经试验的安全泄压装置装在试验专用装置上,封堵出气口,从安全泄压装置的进气口充入氢气至不同的试验压力,在规定的温度和压力下,将阀浸在可控温的液体中 1 min。
a) 常温:在常温和 $0.05p_{-2}^{\ 0}$ MPa、$1.5p_{\ 0}^{+2}$ MPa 的试验压力下;
b) 高温:在温度为 85 ℃和 $0.05p_{-2}^{\ 0}$ MPa、$1.5p_{\ 0}^{+2}$ MPa 的试验压力下;
c) 低温:在温度为-40 ℃和 $0.05p_{-2}^{\ 0}$ MPa、$p_{\ 0}^{+2}$ MPa 的试验压力下。

C.3.1.8.2 合格指标

若在规定的试验时间内没有气泡产生,则安全泄压装置通过试验;若检测到气泡,则应采用适当方法测量泄漏速率。氢气的泄漏速率(标准状态下)不应超过 10 mL/h。

C.3.1.9 耐压性试验

C.3.1.9.1 试验方法

对 1 个安全泄压装置进行耐压性试验。试验要求如下:
a) 对安全泄压装置的进气口施加 $2.5p_{\ 0}^{+2}$ MPa 的液压,并保压 3 min,之后对安全泄压装置进行检查;

b) 以小于或等于 1.4 MPa/s 的升压速率继续加压,直至安全泄压装置失效,或大于 4 倍的公称工作压力 p,记录失效压力。

C.3.1.9.2 合格指标

保压 3 min 后,安全泄压装置不应发生破裂。

C.3.1.10 应力腐蚀开裂试验

C.3.1.10.1 试验方法

对 1 个含铜合金(如黄铜)零件的安全泄压装置进行试验。试验要求如下:
a) 清除铜合金零件上的油脂;
b) 将安全泄压装置在装有氨水的玻璃环境箱中连续放置 10 d;
c) 环境箱内氨水溶液相对密度应为 0.94,氨水体积应为环境箱容积的 2%;
d) 试样应置于氨水液面上方(35±5)mm 处不与氨水发生反应的托盘上;
e) 试验过程中应保持氨水和环境箱温度为(35±5)℃。

C.3.1.10.2 合格指标

不应产生裂纹或发生分层现象。

C.3.1.11 动作试验

C.3.1.11.1 试验方法

对 2 个未经试验和 12 个已经完成其他试验项目(包括 C.3.1.1、C.3.1.3、C.3.1.4、C.3.1.5、C.3.1.6 和 C.3.1.7)的安全泄压装置进行试验,试验要求如下。
a) 复合装置试验流程如下:
1) 将安全泄压装置放入温度高于易熔材料动作温度以上(11±1)℃的烘箱中,直至安全泄压装置温度稳定;
2) 加压至安全泄压装置动作;
3) 记录动作压力。
b) 温度驱动型安全泄压装置试验流程如下:
1) 试验装置应包含可控制空气温度和流量的环境箱,使空气温度达到(600±10)℃。安全泄压装置不应直接接触火焰。将安全泄压装置装在专用装置上,并记录试验布置方式;
2) 应采用热电偶监测环境箱温度。试验开始前 2 min,环境箱温度应稳定在规定温度范围内;
3) 应在安全泄压装置放入环境箱之前,对安全泄压装置加压。对于 2 个未经试验的安全泄压装置,一个加压至 0.25p,另一个加压至公称工作压力 p;对于已进行其他试验的安全泄压装置,加压至 0.25p;
4) 将带压的安全泄压装置放到环境箱中直至安全泄压装置动作,记录动作时间。

C.3.1.11.2 合格指标

对于复合装置:已进行过其他试验的安全泄压装置的动作压力应在未经试验安全泄压装置的动作压力的 75%～105%之间。

对于温度驱动型安全泄压装置:2 个未经试验的安全泄压装置的动作时间之差应小于或等于 2 min;已进行过其他试验的安全泄压装置的动作时间与未经试验且加压至 0.25p 的安全泄压装置的动

作时间之差应小于或等于 2 min。

C.3.1.12 流量试验

C.3.1.12.1 试验方法

试验要求如下：
a) 对 8 个安全泄压装置进行流量试验，其中 3 个阀未经试验，5 个安全泄压装置已按照 C.3.1.1、C.3.1.3、C.3.1.4、C.3.1.5、C.3.1.7 的规定分别进行了相应试验(其中每个试验抽取 1 个)；
b) 按照 C.3.1.8 的规定对每个安全泄压装置进行动作试验，安全泄压装置动作后，在不进行清洗、拆除部件或修整的情况下，采用氢气、空气或惰性气体对每个安全泄压装置进行流量试验；
c) 进气口压力应为(2±0.5)MPa，出气口压力应为大气压力，记录进气口压力及温度；
d) 流量的测量精度应为±2%。

C.3.1.12.2 合格指标

8 个安全泄压装置实测流量的最小值应大于或等于最大值的 90%。

C.3.2 截止阀试验方法与合格指标

C.3.2.1 耐压性试验

C.3.2.1.1 试验方法

对 3 个阀进行耐压性试验，其中 1 个阀未经试验，2 个阀已按照 C.3.2.4、C.3.2.5 的规定分别进行了相应试验；将未经试验的阀的爆破压力作为阀的基准爆破压力。试验要求如下：
a) 封堵阀的出气口，并使阀内部处于连通状态；
b) 对阀的进气口施加 $2.5p_{0}^{+2}$ MPa 的液压，并保压 3 min，之后对阀进行检查；
c) 以小于或等于 1.4 MPa/s 的升压速率继续加压，直至阀失效，或大于 $4p$，记录阀失效时的压力。

C.3.2.1.2 合格指标

保压 3 min 后，阀不应发生破裂。对于已进行过其他试验的阀，其实测爆破压力应不小于基准爆破压力的 0.8 倍，或大于 $4p$。

C.3.2.2 泄漏试验

C.3.2.2.1 试验方法

将 1 个未经试验的阀装在试验专用装置上，封堵出气口，在下列规定的试验温度下从阀的进气口充入氢气至不同的试验压力，在规定的温度和压力下，将阀浸在可控温的液体中 1 min。
a) 常温：在常温和 $0.05p_{-2}^{0}$ MPa、$1.5p_{0}^{+2}$ MPa 的试验压力下；
b) 高温：在温度为 85 ℃ 和 $0.05p_{-2}^{0}$ MPa、$1.5p_{0}^{+2}$ MPa 的试验压力下；
c) 低温：在温度为 −40 ℃ 和 $0.05p_{-2}^{0}$ MPa、p_{0}^{+2} MPa 的试验压力下。

C.3.2.2.2 合格指标

若在规定的试验时间内没有气泡产生，则阀通过试验；若检测到气泡，则应采用适当方法测量泄漏速率。氢气的泄漏速率不应超过 10 mL/h。

C.3.2.3 极限温度压力循环试验

C.3.2.3.1 试验方法

自动截止阀的循环次数为 15 000 次,手动截止阀的循环次数为 100 次。试验步骤如下。

a) 将阀装在专用装置上。在规定的压力和温度下,采用氢气对阀进气口连续进行加压并进行开关试验。试验流程见图 C.1。

b) 试验条件:

1) 常温循环:试验压力为 $1.25p_0^{+2}$ MPa,循环次数为总循环次数的 90%,试验温度应为常温。试验完成后,阀应符合 C.3.2.2.1a)常温泄漏试验的规定;

2) 高温循环:试验压力为 $1.25p_0^{+2}$ MPa,循环次数为总循环次数的 5%,试验温度应大于或等于 85 ℃。试验完成后,阀应符合 C.3.2.2.1b)高温泄漏试验的规定;

3) 低温循环:试验压力为公称工作压力 p_0^{+2} MPa,循环次数为总循环次数的 5%,试验温度应小于或等于 −40 ℃。试验完成后,阀应符合 C.3.2.2.1c)低温泄漏试验的规定。

C.3.2.3.2 合格指标

常温循环试验完成后,阀应符合 C.3.2.2.1a)常温泄漏试验的规定;高温循环试验完成后,阀应符合 C.3.2.2.1b)高温泄漏试验的规定;低温循环试验完成后,阀应符合 C.3.2.2.1c)低温泄漏试验的规定。

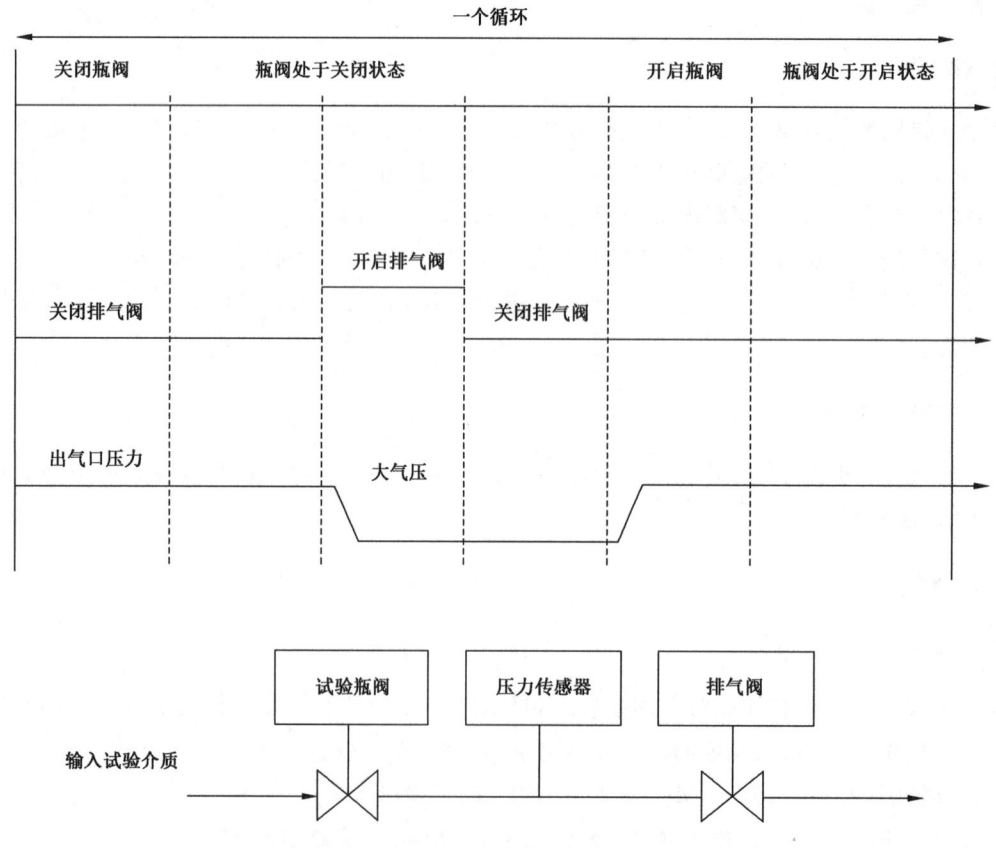

图 C.1 截止阀极限温度压力循环试验流程图

C.3.2.4 耐盐雾腐蚀性试验

C.3.2.4.1 试验方法

应将 1 个阀安装到专用装置上,使其处于正常安装状态,在规定的盐雾中暴露 500 h。盐雾室的温度应维持在 30 ℃～35 ℃,盐溶液应由 5％的氯化钠和 95％的蒸馏水(质量分数)组成。试验后,冲洗试样,清除盐垢并检查变形。

C.3.2.4.2　合格指标

试验后的阀不应有影响其功能的裂纹、软化、膨胀等物理损伤(不包括凹痕、表面变色)。同时,阀应符合 C.3.2.2.1a)常温泄漏试验和 C.3.2.1 耐压试验的规定。

C.3.2.5　耐冷凝腐蚀性试验

C.3.2.5.1　试验方法

试验步骤如下:

　a)　封闭阀的进出口,常温下,在阀表面放置厚度大于或等于 0.5 mm 的毛毡布,并使其覆盖在阀表面,依次分别向不同的毛毡布内加入足够的化学溶液,确保化学溶液浸润整个毛毡垫,并由毛毡垫均匀渗透到阀表面,可根据需要补充溶液,以使毛毡垫保持整体浸透状态。化学暴露区域应朝上,在每种溶液中持续暴露 24 h。4 种化学溶液为:

　　1)　体积浓度为 19％的硫酸水溶液(电池酸);

　　2)　质量浓度为 25％的氢氧化钠水溶液;

　　3)　质量浓度为 28％的硝酸铵水溶液;

　　4)　体积浓度为 50％的甲醇水溶液(挡风玻璃清洗液)。

　b)　采用 1 个阀完成此项试验,在每种溶液中暴露后,将阀上残留溶液擦除并用水冲洗干净。

C.3.2.5.2　合格指标

试验后的阀不应有影响其功能的裂纹、软化、膨胀等物理损伤(不包括凹痕、表面变色)。同时,阀应符合 C.3.2.2.1a)常温泄漏试验和 C.3.2.1 耐压试验的规定。

C.3.2.6　耐振性试验

C.3.2.6.1　试验方法

将 1 个未经试验的阀装在专用装置上,封堵出气口,从阀的进气口充入氢气至公称工作压力 p,沿 3 个正交轴方向以共振频率各振动 2 h。以 1.5g 的加速度进行 10 min 正弦扫频,频率范围 10 Hz～40 Hz,确定阀的共振频率,若未发现共振频率,则试验以 40 Hz 的频率进行。

C.3.2.6.2　合格指标

无可见外部损伤,同时,试验后的阀应符合 C.3.2.2.1a)常温泄漏试验的规定。

C.3.2.7　电气试验

C.3.2.7.1　试验方法

对 1 个电磁自动截止阀进行试验,试验应同时满足以下要求:

　a)　异常电压试验。将电磁阀与可变压直流电源相连,对其进行如下操作:

　　1)　在 1.5 倍额定电压下稳定(温度恒定)1 h;

　　2)　将电压增大到 2 倍额定电压或 60 V 中的较小值,持续 1 min;

　　3)　自动截止阀失效不应导致外部泄漏、阀门的动作以及冒烟、熔化或着火等危险情况。

　b)　绝缘电阻试验。在电源和阀外壳之间施加 1 000 V 直流电压,持续至少 2 s。

C.3.2.7.2 合格指标

对于异常电压试验,在公称工作压力和室温下,12 V 系统的阀的最小动作电压应小于或等于 9 V;24 V 系统的阀的最小动作电压应小于或等于 18 V。对于绝缘电阻试验,阀的绝缘电阻值应大于或等于 240 kΩ。

C.3.2.8 应力腐蚀开裂试验

C.3.2.8.1 试验方法

对 1 个含铜合金(如黄铜)零件的阀进行试验。试验要求如下:

a) 拆开阀,清除铜合金零件上的油脂,再将其重新组装;
b) 将阀在装有氨水的玻璃环境箱中连续放置 10 天;
c) 环境箱内氨水溶液相对密度应为 0.94,氨水体积应为环境箱容积的 2%;
d) 试样应置于氨水液面上方(35±5)mm 处不与氨水发生反应的托盘上;
e) 试验过程中应保持氨水和环境箱温度为(35±5)℃。

C.3.2.8.2 合格指标

不应产生裂纹或发生分层现象。

C.3.3 非金属密封件的试验方法与合格指标

C.3.3.1 耐氧老化性试验

C.3.3.1.1 试验方法

将 3 个非金属密封件置于温度为(70±2)℃和试验压力为 2 MPa 的氧气(纯度≥99.5%)中 96 h。

C.3.3.1.2 合格指标

无裂纹或其他可见缺陷。

C.3.3.2 臭氧相容性试验

C.3.3.2.1 试验方法

将 3 个试样按 GB/T 7762—2014 中的方法 A 进行试验。

C.3.3.2.2 合格指标

试样表面无龟裂。

C.3.3.3 氢气相容性试验

C.3.3.3.1 试验方法

试验步骤如下:

a) 对 3 个非金属密封件测量体积,并称重;
b) 将密封件在压力为气瓶公称工作压力、温度为 15 ℃的氢气中放置 168 h 后,将压力在 45 s 内降至大气压力;
c) 将密封件在压力为气瓶公称工作压力、温度为−40 ℃的氢气中放置 168 h 后,将压力在 45 s

内降至大气压力；

d) 取出密封件应立即观察 O 形圈表面并测量其体积变化率和质量损失率。

C.3.3.3.2 合格指标

密封件应无破损等异常现象，其体积膨胀率应不超过 25％或者体积收缩率应不超过 1％，质量损失率应不超过 10％。

附　录　D
（规范性）
层间剪切试验方法

D.1　试验原理

试样承受中心加载,试样两端置于两个支座上并可横向移动,通过位于试样中点的加载头直接施加载荷。

D.2　试样制作

试样制作方法和模具结构参照 GB/T 1458 的规定,试样尺寸应按本文件的规定。

D.3　取样和试样尺寸

D.3.1　取样

从圆环上切割试样时应小心,避免由于不合适的加工方法而引起的切口、划痕、粗糙、不平的表面、分层。可采用金刚砂工具,并通过水润滑进行切割、碾磨或磨削得到最终尺寸,试样边缘应平整。

D.3.2　试样尺寸

建议试样弧度不超过 30°,试样长度 18 mm～21 mm,见图 D.1。

单位为毫米

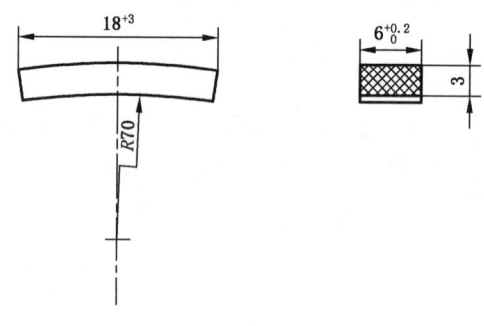

图 D.1　试样尺寸

D.4　试验要求

D.4.1　试验机

试验机应经过校准,能以一个恒定的横梁移动速度操作,加载系统误差不应超过±1%。试验过程中载荷应无惯性滞后,若有,惯性滞后不应超过测量载荷的1%。

D.4.2　加载工装

加载头和支座应分别采用直径为(6±0.5)mm 和(3±0.4)mm 的圆柱体,硬度应为 60 HRC～62 HRC。加载头和支座表面应光滑,不应有凹痕、毛刺、锐边等。

D.4.3　检验仪器

应使用公称直径 4 mm～7 mm 的千分尺测量试样宽度和厚度,若试样表面不规则时,可使用球面千分尺进行厚度测量,应使用千分尺或带有平基准面的卡测量试样长度。仪器可读取精度应为试样尺寸的1%。

D.4.4 环境条件

试样储存和试验应在标准试验环境[温度(23±3)℃,相对湿度(50±10)%]下进行。

D.5 试验步骤

D.5.1 试验速度

以1 mm/min横梁移动速度作为试验速度。

D.5.2 试样尺寸测量

将试样编号,试验前测量并记录试样中心截面处的宽度、厚度及试样的长度。

D.5.3 试样安装

将试样放入加载工装中,见图D.2,试样应对齐并居中,使其纵轴与加载头和支座垂直,调整跨距为(12±0.3)mm,加载头所放位置应与两边支座等距,精度为±0.3 mm,加载头和支座每个侧边应超过试样宽度至少2 mm。

单位为毫米

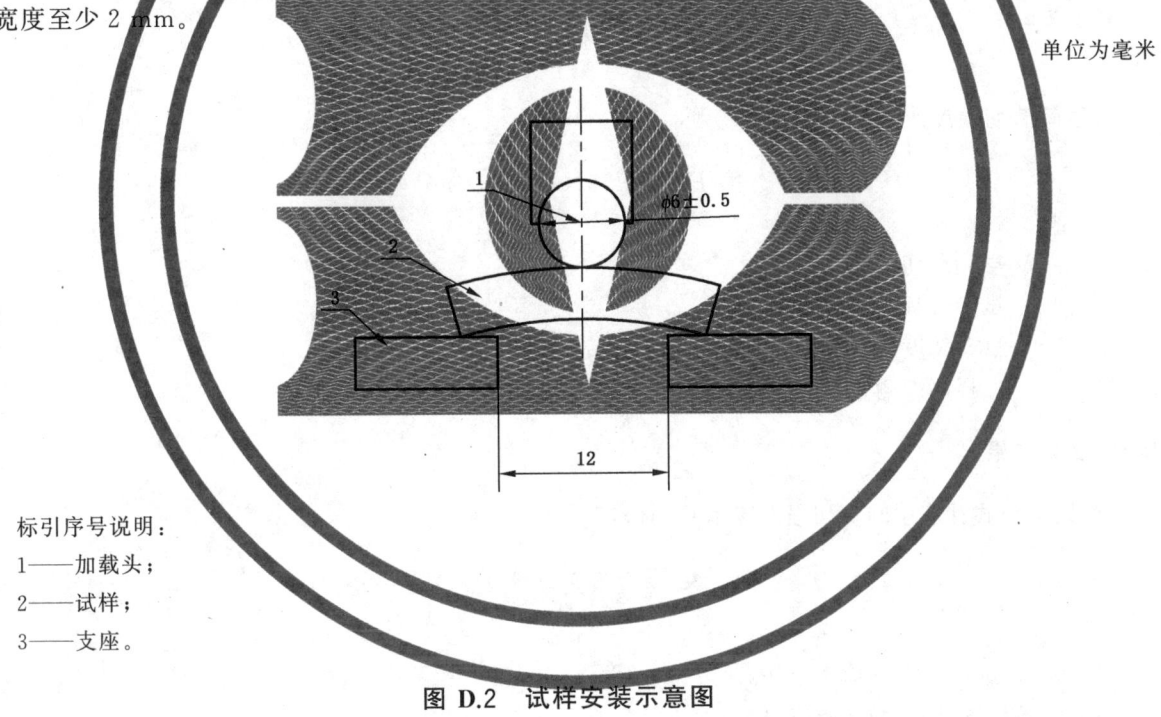

标引序号说明:
1——加载头;
2——试样;
3——支座。

图 D.2 试样安装示意图

D.5.4 试样温度测量

在试样中心处下侧安装温度传感器检测试样温度。

D.5.5 加载

以1 mm/min的加载速度对试样进行加载,连续加载直到下列情况发生:
a) 加载回落30%;
b) 试样破坏为两片;
c) 加载头位移超过试样的名义厚度。

D.5.6　数据记录

记录整个试验过程中的载荷-位移数据,记录最大载荷、最终载荷以及在载荷-位移数据中明显不连续的载荷。

D.5.7　破坏模式

试样典型破坏模式,见图 D.3,记录试样的破坏模式和破坏区域。

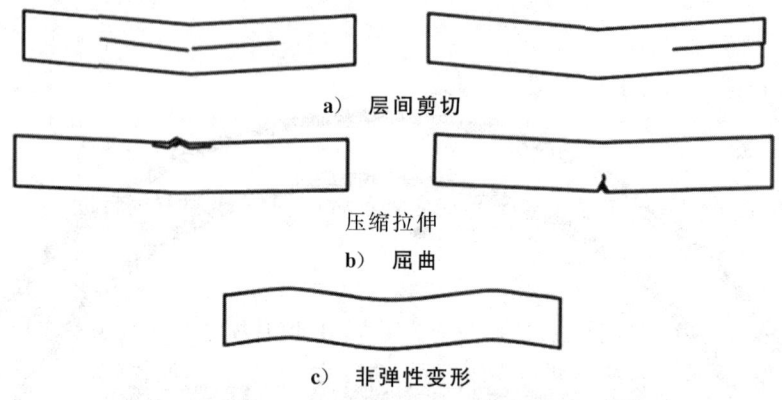

a)　层间剪切

压缩拉伸

b)　屈曲

c)　非弹性变形

图 D.3　试样典型破坏模式

D.6　层间剪切强度计算

$$F_{sbs} = 0.75 \times P_m / (b \times h)$$

式中:

F_{sbs} ——层间剪切强度,MPa;

P_m ——试验过程中最大载荷,N;

b ——试样宽度测量值,mm;

h ——试样厚度测量值,mm。

D.7　试验结果

按以下公式计算层间剪切强度算术平均值:

$$\overline{x} = \left(\sum_{i=1}^{n} x_i \right) / n$$

式中:

$\overline{x}$ ——样本的算术平均值,MPa;

x_i ——测量或导出的性能值,MPa;

n ——试样数量。

D.8　试验报告

报告应给出下列信息或含有下列信息:

a)　本试验方法;

b)　试验时间和地点;

c)　试验人员姓名;

d)　试验时出现的异常情况以及试验时出现的设备问题;

e)　试验材料的证明文件,包括材料规格、材料类型、材料牌号、制造厂家批号等;

f) 试样取样和切割方法；

g) 试验机型号、试验速度；

h) 试样尺寸和数量；

i) 试验室温度、湿度；

j) 试验结果；

k) 加载头和支座描述，包括直径和材料。

ICS 23.020.30
CCS J 74

团 体 标 准

T/CATSI 02018—2022

车用压缩天然气塑料内胆碳纤维
全缠绕气瓶

Fully-wrapped carbon fiber reinforced cylinder with a plastic liner for on-board
storage of natural gas as a fuel for automotive vehicles

2022-03-10 发布   2022-03-30 实施

中国技术监督情报协会   发 布

前　　言

本文件按照 GB/T 1.1—2020《标准化工作导则　第 1 部分:标准化文件的结构和起草规则》的规定起草。

本文件参考 T/CATSI 02007—2020《车用压缩氢气塑料内胆碳纤维全缠绕气瓶》、ISO 11439:2013《气瓶　车用天然气高压气瓶》及 ISO 11439:2013 修改单 1:2021。本文件规定的车用压缩天然气塑料内胆碳纤维全缠绕气瓶性能指标与 ISO 11439:2013 相协调,部分技术要求与 T/CATSI 02007—2020《车用压缩氢气塑料内胆碳纤维全缠绕气瓶》相一致。

请注意本文件的某些内容可能涉及专利。本文件的发布机构不承担识别专利的责任。

本文件由中国技术监督情报协会气瓶安全标准化与信息工作委员会提出并归口。

本文件起草单位:浙江大学、大连锅炉压力容器检验检测研究院有限公司、国家市场监督管理总局特种设备局、中国特种设备检测研究院、中国机械工业集团有限公司、合肥通用机械研究院有限公司、浙江省特种设备检测研究院、北京天海工业有限公司、中材科技(成都)有限公司、佛吉亚斯林达安全科技(沈阳)有限公司、佛山市南海区华南氢安全促进中心、山东奥扬新能源科技股份有限公司、江苏国富氢能技术装备股份有限公司。

本文件主要起草人:郑津洋、胡军、徐锋、常彦衍、杨苗苗、陈学东、薄柯、范志超、韩冰、杨明高、郭伟灿、石凤文、徐平、李逸凡、屠硕、白江坤、葛安泉。

本文件技术审查专家:黄强华、张保国、韩武林、王艳辉、刘岩。

车用压缩天然气塑料内胆碳纤维
全缠绕气瓶

1 范围

本文件规定了车用压缩天然气塑料内胆碳纤维全缠绕气瓶(以下简称"气瓶")的型式和参数、技术要求、试验方法、检验规则、安装防护、标志、包装、运输和储存等要求。

本文件适用于设计制造公称工作压力为 20 MPa 或 25 MPa、公称容积大于等于 30 L 且不大于 450 L、工作温度不低于−40 ℃且不高于 65 ℃、固定在机动车辆上用于盛装天然气燃料的可重复充装气瓶。

2 规范性引用文件

下列文件中的内容通过文中的规范性引用而构成本文件必不可少的条款。其中,注日期的引用文件,仅该日期对应的版本适用于本文件;不注日期的引用文件,其最新版本(包括所有的修改单)适用于本文件。

GB/T 192 普通螺纹 基本牙型

GB/T 196 普通螺纹 基本尺寸

GB/T 197 普通螺纹 公差

GB/T 222 钢的成品化学成分允许偏差

GB/T 223(所有部分) 钢铁及合金化学分析方法

GB/T 228.1 金属材料 拉伸试验 第1部分:室温试验方法

GB/T 528 硫化橡胶或热塑性橡胶 拉伸应力应变性能的测定

GB/T 1040.1 塑料 拉伸性能的测定 第1部分:总则

GB/T 1040.2 塑料 拉伸性能的测定 第2部分:模塑和挤塑塑料的试验条件

GB/T 1458 纤维缠绕增强塑料环形试样力学性能试验方法

GB/T 1633 热塑性塑料维卡软化温度(VST)的测定

GB/T 1636 塑料 能从规定漏斗流出的材料表观密度的测定

GB/T 1677 增塑剂环氧值的测定

GB/T 2941 橡胶物理试验方法试样制备和调节通用程序

GB/T 3190 变形铝及铝合金化学成分

GB/T 3191 铝及铝合金挤压棒材

GB/T 3362 碳纤维复丝拉伸性能试验方法

GB/T 3452.2 液压气动用O形橡胶密封圈 第2部分:外观质量检测规范

GB/T 3512 硫化橡胶或热塑性橡胶 热空气加速老化和耐热试验

GB/T 3682.1 塑料 热塑性塑料熔体质量流动速率(MFR)和熔体体积流动速率(MVR)的测定 第1部分:标准方法

GB/T 3934 普通螺纹量规 技术条件

GB/T 4336 碳素钢和中低合金钢 多元素含量的测定 火花放电原子发射光谱法(常规法)

GB/T 5720 O形橡胶密封圈试验方法

GB/T 6031 硫化橡胶或热塑性橡胶 硬度的测定(10IRHD～100IRHD)

GB/T 7690.1　增强材料　纱线试验方法　第1部分:线密度的测定

GB/T 7758　硫化橡胶　低温性能的测定　温度回缩程序(TR 试验)

GB/T 7999　铝及铝合金光电直读发射光谱分析方法

GB/T 8335　气瓶专用螺纹

GB/T 9251　气瓶水压试验方法

GB/T 9252　气瓶压力循环试验方法

GB/T 12137　气瓶气密性试验方法

GB/T 13005　气瓶术语

GB/T 15385　气瓶水压爆破试验方法

GB/T 17926—2022　车用压缩天然气瓶阀

GB 18047　车用压缩天然气

GB/T 19466.2　塑料　差示扫描量热法(DSC)　第2部分:玻璃化转变温度的测定

GB/T 19466.3　塑料　差示扫描量热法(DSC)　第3部分:熔融和结晶温度及热焓的测定

GB/T 20668　统一螺纹　基本尺寸

GB/T 20975(所有部分)　铝及铝合金化学分析方法

GB/T 21060　塑料　流动性的测定

GB/T 26749　碳纤维　浸胶纱拉伸性能的测定

GB/T 32249　铝及铝合金模锻件、自由锻件和轧制环形锻件　通用技术条件

GB/T 33084　大型合金结构钢锻件　技术条件

GB/T 33215　气瓶安全泄压装置

GB/T 37178　车用煤制合成天然气

GB/T 40510　车用生物天然气

HG/T 4280　塑料焊接工艺评定

T/CATSI 02009　气瓶安全泄压装置用玻璃泡技术条件

YS/T 479　一般工业用铝及铝合金锻件

ASTM D1921　塑料材料粒度(筛分分析)的标准试验方法［Standard Test Methods for Particle Size (Sieve Analysis) of Plastic Materials］

3　术语、定义和符号

3.1　术语和定义

GB/T 13005 界定的以及下列术语和定义适用于本文件。

3.1.1

塑料内胆　plastic liner

同充装气体接触,外表面缠绕碳纤维增强层,用于密封气体、按不承受压力载荷进行设计的塑料壳体。

3.1.2

无缝内胆　seamless liner

采用一体成型、没有拼接焊缝的塑料内胆。

3.1.3

焊接内胆　welded liner

含有拼接焊缝的塑料内胆。

3.1.4

全缠绕 fully-wrapping

用浸渍树脂基体的碳纤维连续在塑料内胆上进行螺旋和环向缠绕,使气瓶的环向和轴向都得到增强的缠绕方式。

3.1.5

全缠绕气瓶 fully-wrapped cylinder

对塑料内胆全缠绕后并经加热固化成型的气瓶。

3.1.6

公称工作压力 nominal working pressure

气瓶在基准温度(20 ℃)下的限定充装压力。

3.1.7

许用压力 allowable pressure

充装和使用过程中,气瓶所允许承受的最大压力。

3.1.8

气瓶批量 batch(gas cylinders)

采用同一设计,具有相同结构尺寸塑料内胆、相同复合材料,且用同一工艺进行缠绕、固化的气瓶的限定数量。

3.1.9

O 形圈批量 batch(O-rings)

采用同一设计,具有相同结构尺寸,且用同一材料批号、同一制造工艺制成的 O 形圈的限定数量。

3.1.10

塑料内胆批量 batch(liners)

采用同一设计,具有相同结构尺寸,且用同一塑料材料批号、同一制造工艺制成的塑料内胆的限定数量。

3.1.11

设计使用年限 service life

在规定使用条件下,气瓶允许使用的年限。

3.1.12

纤维应力比 fiber stress ratio

气瓶在最小爆破压力下的碳纤维应力与公称工作压力下的碳纤维应力之比。

3.1.13

极限弹性膨胀量 rejection elastic expansion;REE

在每种规格型号气瓶设计定型阶段,由制造单位规定的气瓶弹性膨胀量的许用上限值。

注 1:单位为毫升(mL)。

注 2:该数值不超过设计定型批相同规格型号气瓶在水压试验压力下弹性膨胀量平均值的1.1 倍。

3.1.14

渗漏 permeation

气瓶中的天然气通过塑料内胆材料空隙渗透到大气的过程。

3.1.15

泄漏 leakage

气瓶中的天然气通过界面间隙或穿透壁厚缺陷释放到大气的过程。

3.2 符号

下列符号适用于本文件。

K 焊缝卷边中心高度,mm;

N_d 气瓶设计循环次数,次;

P 气瓶公称工作压力,MPa;

P_{bmin} 气瓶最小爆破压力,MPa;

P_{b0} 气瓶爆破压力期望值,MPa;

P_h 气瓶水压试验压力,MPa;

P_m 气瓶许用压力,MPa;

V 气瓶公称容积,L。

4 型式、参数和型号

4.1 型式

气瓶结构型式如图 1 所示,其中 T 型为单头口结构,S 型为双头口结构。

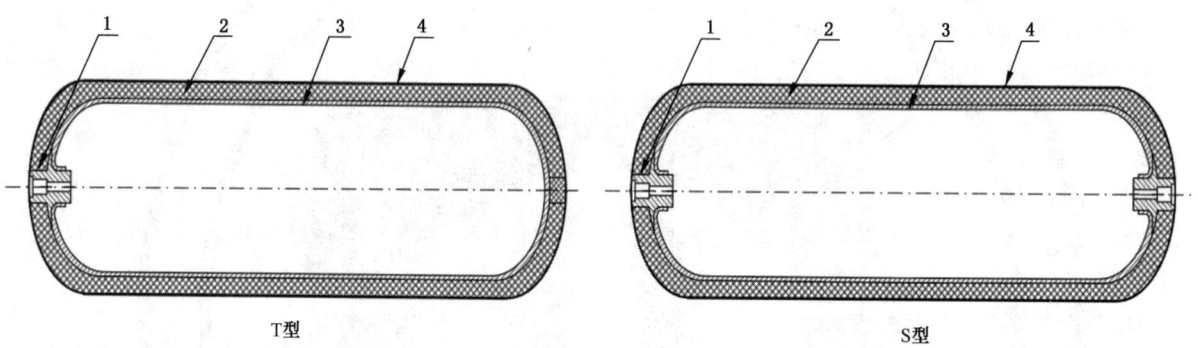

T型   S型

标引序号说明:

1——瓶阀座;   3——塑料内胆;

2——碳纤维缠绕层;   4——玻璃纤维保护层。

注:S 型气瓶一端为瓶阀座,另一端为盲堵或用于连接温度驱动安全泄放装置(TPRD)的阀座。

图 1 气瓶结构型式

4.2 参数

4.2.1 气瓶公称工作压力应为 20 MPa 或 25 MPa。

4.2.2 气瓶公称容积及允许偏差应符合表 1 的规定。

表 1 气瓶公称容积及允许偏差

项目	数值	允许偏差/%
公称容积/L	$30 \leqslant V \leqslant 120$	$^{+5}_{\ 0}$
	$120 < V \leqslant 450$	$^{+2.5}_{\ \ 0}$

4.2.3 同批塑料内胆重量偏差应不高于±2%。

4.3 型号

气瓶型号标记应由以下部分组成:

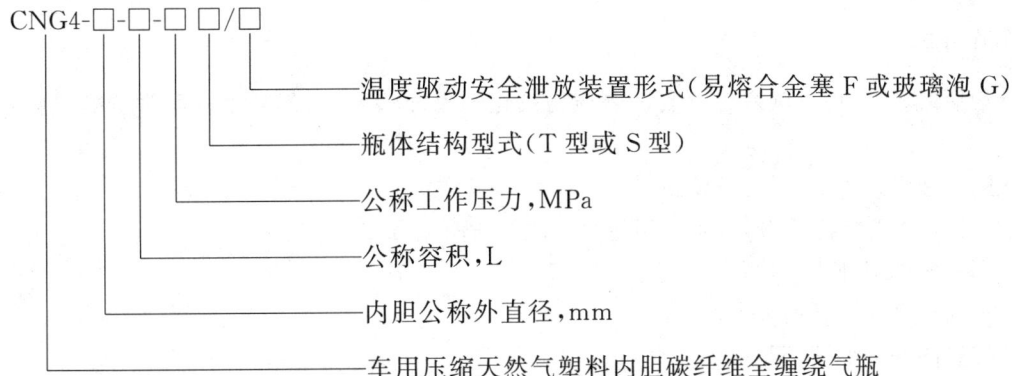

CNG4-□-□-□ □/□

温度驱动安全泄放装置形式(易熔合金塞 F 或玻璃泡 G)

瓶体结构型式(T 型或 S 型)

公称工作压力,MPa

公称容积,L

内胆公称外直径,mm

车用压缩天然气塑料内胆碳纤维全缠绕气瓶

示例：内胆公称外直径为 360 mm、公称容积为 135 L、公称工作压力为 20 MPa、结构型式为 S 型、温度驱动安全泄放装置形式为易熔合金塞的车用压缩天然气塑料内胆碳纤维全缠绕气瓶,其型号标记为 CNG4-360-135-20 S/F。

5 技术要求

5.1 一般要求

5.1.1 设计使用年限

气瓶的设计使用年限为 15 年。

5.1.2 设计循环次数

气瓶的设计循环次数为 15 000 次。

5.1.3 许用压力

在充装和使用过程中,气瓶的许用压力为公称工作压力的 1.3 倍。

5.1.4 试验压力允差

除特别注明外,以气体为试验介质时,试验压力允差为±1 MPa;以液体为试验介质时,试验压力允差为 0 MPa～＋2 MPa。

5.1.5 温度范围

5.1.5.1 气体温度

设计气瓶时应考虑气体温度变化的影响。除充装或排放外,气瓶内气体的温度应不低于－40 ℃且不高于 65 ℃。

5.1.5.2 气瓶温度

设计气瓶时应考虑瓶体材料温度变化的影响：
a) 气瓶的设计工作温度范围应不低于－40 ℃且不高于 82 ℃；
b) 气瓶材料温度仅在气瓶局部位置或极短时间内,可超过 65 ℃,除充装或排放外,瓶内气体温度应不高于 65 ℃。

5.1.6 气体成分

充装气瓶的压缩天然气成分应符合 GB 18047、GB/T 37178 或 GB/T 40510 的要求。

5.1.7 工作环境

设计气瓶时,应考虑其间断性承受机械损伤或化学侵蚀的能力,其外表面至少应能适应下列工作环境:

   a) 间断地浸入水中,或者道路溅水;
   b) 车辆在海洋附近行驶,或者在用盐融化冰的路面上行驶;
   c) 阳光中的紫外线辐射;
   d) 车辆振动或碎石的冲击;
   e) 接触酸和碱溶液、肥料;
   f) 汽车用液体的侵蚀,包括汽油、液压油、电池酸、乙二醇和油;
   g) 接触排放的废气。

5.2 材料

5.2.1 一般要求

5.2.1.1 材料性能和技术指标应符合相应的国家标准或行业标准的规定。

5.2.1.2 制造气瓶的材料,应有材料制造单位提供的质量证明书原件,或者加盖了材料经营单位公章且有经办人签字(章)的质量证明书复印件。

5.2.1.3 材料应经气瓶制造单位复验合格后方可使用。

5.2.2 塑料内胆

5.2.2.1 塑料内胆材料宜选用聚乙烯(包括改性聚乙烯)或聚酰胺(包括改性聚酰胺)。

5.2.2.2 塑料内胆材料的熔点应足够高,以确保火烧试验过程中天然气通过安全泄放装置释放,且不低于设计文件的规定值。熔点检测方法按 GB/T 19466.3 的规定执行。

5.2.2.3 塑料内胆材料的软化温度应不低于 100 ℃,检测方法按 GB/T 1633 规定的 A_{50} 法执行。

5.2.2.4 塑料内胆原材料为粒状塑料时,聚乙烯(包括改性聚乙烯)熔体质量流动速率和聚酰胺(包括改性聚酰胺)熔体体积流动速率应满足设计文件的要求,检测方法按 GB/T 3682.1 的规定执行。

5.2.2.5 塑料内胆原材料为粉状塑料时,表观密度、粉体流动性和粒度分布应满足设计文件的要求。表观密度检测方法按 GB/T 1636 的规定执行,粉体流动性检测方法按 GB/T 21060 的规定执行,粒度分布检测方法按 ASTM D1921 的规定执行。

5.2.3 瓶阀座

5.2.3.1 瓶阀座应采用 30CrMo 钢和铝合金 6061 的棒材或锻件。铝合金挤压棒材应符合 GB/T 3191 的规定,锻件应符合 GB/T 32249、YS/T 479 的规定。30CrMo 钢的棒材和锻件应符合 GB/T 33084 的规定。

5.2.3.2 铝合金 6061 的化学成分应符合表 2 的规定,其偏差应满足 GB/T 3190 的要求;30CrMo 钢的化学成分应符合表 3 的规定,其偏差应符合 GB/T 222 的规定。

5.2.3.3 气瓶制造单位应按材料炉号进行化学成分复验。铝合金 6061 化学成分复验应按 GB/T 7999 或 GB/T 20975 的规定执行;30CrMo 钢化学成分复验应按 GB/T 223(所有部分)或 GB/T 4336 的规定执行。

5.2.3.4 气瓶制造单位应按材料批号进行力学性能复验,力学性能应满足气瓶制造单位保证值要求。铝合金 6061 和 30CrMo 钢的拉伸试验应按 GB/T 228.1 的规定执行。

5.2.3.5 30CrMo 钢经热处理后的力学性能应满足以下要求:在空气中的抗拉强度(R_m)不超过 880 MPa,

屈强比不超过 0.86,标准试样的断后伸长率(A)不小于 20%;－40 ℃下 3 个试样冲击吸收能量平均值(KV_2)应不小于 47 J,允许 1 个试样冲击吸收能量小于 47 J,但不小于 38 J,侧膨胀值(L_E)不小于 0.53 mm。

表 2　铝合金 6061 化学成分

元素	Si	Fe	Cu	Mn	Mg	Cr	Zn	Ti	Pb	Bi	其他		Al
											单项	总体	
质量分数/%	0.40～0.80	≤0.70	0.15～0.40	≤0.15	0.80～1.20	0.04～0.35	≤0.25	≤0.15	≤0.003	≤0.003	≤0.05	≤0.15	余量

表 3　30CrMo 钢化学成分

元素	C	Si	Mn	Cr	Mo	S	P	Ni	Cu
质量分数/%	0.26～0.34	0.17～0.37	0.40～0.70	0.80～1.10	0.15～0.25	≤0.008	≤0.015	≤0.030	≤0.250

5.2.4　密封件

5.2.4.1　密封件宜采用丁腈橡胶、氧化丁腈橡胶、氟碳橡胶或氯丁橡胶等与压缩天然气具有良好相容性的聚合物。

5.2.4.2　密封件材料的使用温度范围应满足－40 ℃～82 ℃的要求。

5.2.4.3　密封件材料性能应满足附录 A 中 A.2 的要求。

5.2.5　树脂

浸渍材料应采用耐热性高且稳定性好的环氧树脂、改性环氧树脂。树脂的环氧值应符合设计文件要求,检验方法应按 GB/T 1677 的规定执行;树脂材料的玻璃化转变温度应按 GB/T 19466.2 的规定进行测定,且其值应不低于 102 ℃。

5.2.6　纤维

5.2.6.1　碳纤维

5.2.6.1.1　承载碳纤维应采用连续无捻碳纤维,不准许采用不同型号的碳纤维混缠。

5.2.6.1.2　每批碳纤维的力学性能应符合气瓶设计文件的规定。

5.2.6.1.3　气瓶制造单位应按批对碳纤维进行复验。纤维线密度(公制号数)应按 GB/T 7690.1 测定;纤维浸胶拉伸强度应按 GB/T 3362 或 GB/T 26749 测定。

5.2.6.2　玻璃纤维

5.2.6.2.1　应采用 S 型或 E 型玻璃纤维,其力学性能应符合气瓶设计文件的规定。

5.2.6.2.2　玻璃纤维只允许用作气瓶外表面保护层。

5.3　设计

5.3.1　塑料内胆和瓶阀座

5.3.1.1　塑料内胆不准许有纵向焊接接头,且环向焊接接头不准许多于两道。

5.3.1.2 瓶阀座静强度和疲劳寿命及其与塑料内胆连接接头在气瓶设计寿命内的静强度、疲劳强度和密封性能应满足气瓶全寿命安全要求。

5.3.1.3 瓶阀座应设在塑料内胆端部，且应与塑料内胆同轴。

5.3.1.4 瓶口螺纹应采用符合相应标准的直螺纹、锥螺纹或者其他满足相关国际标准的螺纹。直螺纹应符合 GB/T 192、GB/T 196、GB/T 197 或 GB/T 20668 的规定，锥螺纹应符合 GB/T 8335 或相应标准规定。铝合金 6061 用作直螺纹材料，30CrMo 钢可用作直螺纹或锥螺纹材料。螺纹长度应大于气瓶阀门螺纹的有效长度。

5.3.1.5 瓶口螺纹在水压试验压力下的切应力安全系数应不小于 6。计算螺纹切应力安全系数时，剪切强度取 0.6 倍的材料抗拉强度保证值。

5.3.2 气瓶

5.3.2.1 气瓶最小工作压力应不低于 1 MPa，当最小工作压力小于 2 MPa 时，常温压力循环试验、未爆先漏试验、极限温度压力循环试验、裂纹容限试验、跌落试验、环境试验和天然气循环试验压力下限不应低于气瓶最小工作压力。

5.3.2.2 气瓶的水压试验压力应不低于 1.5 倍公称工作压力。

5.3.2.3 采用有限单元法，建立合适的气瓶分析模型，计算复合材料在以下压力下的应力：零压、公称工作压力 P、水压试验压力 P_h 和最小爆破压力 P_{bmin}。

5.3.2.4 气瓶的纤维应力比应不低于 2.35，最小爆破压力应不低于 2.35 倍公称工作压力。

5.3.2.5 气瓶直筒段应有玻璃纤维保护层，气瓶两端应设置肩部保护罩或者玻璃纤维保护层。如果保护层作为强度设计的一部分时，应符合 6.2.13 跌落试验的规定。

5.4 制造

5.4.1 一般要求

5.4.1.1 气瓶制造应符合产品设计图样和相关技术文件的规定。

5.4.1.2 制造应分批管理，内胆成品或气瓶成品均以不大于 200 只加上破坏性试验用内胆或气瓶的数量为一个批，O 形圈成品以不大于 1 000 个为一个批。

5.4.1.3 气瓶生产车间应按设计文件规定控制环境温度和湿度。

5.4.1.4 塑料内胆成型、纤维缠绕、气瓶固化等过程的所有操作均应由自动化设备和连续的工艺协同完成。不允许设置人为干预工艺条件的操作岗位。

5.4.1.5 当气瓶端部设置肩部保护罩时，肩部保护罩应与肩部纤维层牢固粘贴。

5.4.2 塑料内胆

5.4.2.1 塑料内胆应采用注塑、吹塑、挤塑或滚塑成型。注塑成型至少应控制温度（包括模具温度、料筒温度、喷嘴温度）、塑化及注射压力、注射及冷却时间等参数；吹塑成型至少应控制型坯及模具温度、吹塑压力、鼓气速率、冷却时间等参数；挤塑成型至少应控制温度（包括料筒温度、模具温度、喷嘴温度）、挤塑量、挤出速率、真空压力、喷嘴流量等参数；滚塑成型至少应控制模具温度、模具旋转速度、冷却时间等参数。

5.4.2.2 塑料内胆应按评定合格后的成型工艺进行加工。采用焊接内胆时，塑料内胆应按评定合格后的焊接工艺进行自动焊接。焊接应在温度不低于 5 ℃ 的恒温恒湿室内进行。

5.4.2.3 塑料内胆焊接工艺评定技术要求见附录 B。

5.4.2.4 焊接应连续，外表面卷边切除后，表面不应有未熔合、烧焦、孔洞、肉眼可见的杂质等影响性能的缺陷。

5.4.2.5 焊接接头的错边量不应超过塑料内胆厚度的 10%。焊缝卷边中心高度 K 应大于 0,如图 2 所示。

5.4.2.6 焊接接头不合格的塑料内胆应报废,不准许返修。

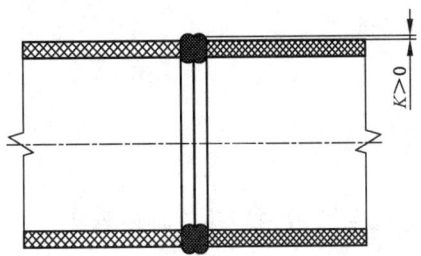

图 2 塑料内胆焊接接头示意图

5.4.3 瓶口螺纹

螺纹和密封面应光滑平整,不准许有倒牙、平牙、牙双线、牙底平、牙尖、牙阔以及螺纹表面上的明显跳动波纹。螺纹轴线应与气瓶轴线同轴。

5.4.4 纤维缠绕

5.4.4.1 缠绕纤维前,塑料内胆内外表面应该清理干净,不准许有碎屑等杂物。

5.4.4.2 缠绕和固化应按评定合格的工艺进行。固化过程中温度应低于内胆软化温度 10 ℃以上,且不应对塑料内胆性能产生影响。

5.4.4.3 缠绕和固化过程的充气压力应满足设计文件要求。

5.4.4.4 缠绕过程应监控并记录定位尺寸、纤维张力、充气压力等。

5.4.4.5 固化过程应监控并记录温度及内压。

5.5 附件

5.5.1 气瓶应当设置温度驱动安全泄放装置(TPRD)和截止阀。TPRD 应采用易熔合金塞或玻璃泡,其动作温度应为(110±5)℃,且泄放口不应朝向瓶体。

5.5.2 易熔合金塞应满足 GB/T 33215 的规定,玻璃泡应满足 T/CATSI 02009 的规定。

5.5.3 气瓶设置其他火烧保护装置时,装置不应影响气瓶受力和 TPRD 的正常开启。

5.5.4 安全泄压装置的额定排量应按 GB/T 33215 进行计算,不应小于气瓶的安全泄放量,并能保证气瓶在 6.2.8 规定的火烧试验条件中安全泄压。

6 试验方法与合格指标

6.1 内胆

6.1.1 壁厚和制造公差

6.1.1.1 试验方法

壁厚应采用超声测厚仪或测量精度与超声测厚仪等同的其他测量仪器/工具进行测量;制造公差应采用标准的或专用的量具、样板进行检查。

6.1.1.2 合格指标

塑料内胆的壁厚和制造公差应符合以下要求:

a) 壁厚应不小于最小设计壁厚;

b) 筒体外直径平均值和公称外直径的偏差不超过公称外直径的 1%;

c) 筒体同一截面上最大外直径与最小外直径之差不超过公称外直径的 2%;

d) 筒体直线度应不超过筒体长度的 3‰。

6.1.2 内外表面

6.1.2.1 试验方法

用灯光照射目测检查外表面,用内窥灯或内窥镜检查内表面。

6.1.2.2 合格指标

a) 塑料内胆内外表面应干净无污物;

b) 内部无鼓包、褶皱、重叠,以及边缘尖锐的表面压痕等缺陷。

6.1.3 母材拉伸试验

6.1.3.1 取样

取样部位为沿环向 0°、90°、180°、270°四个位置,如图 3 所示。

a) 无缝内胆:在筒体中部取 8 件轴向拉伸试样。

b) 焊接内胆:含有一道环向焊接接头时,在筒体两端与焊接接头之间的中间部位各取 8 件轴向拉伸试样;含有两道环向焊接接头时,在筒体直筒段中间部位取 8 件轴向拉伸试样。

6.1.3.2 试验方法

将试样分成 2 组,参照 GB/T 1040.1 和 GB/T 1040.2 的试验方法,分别在常温和−50 ℃下进行拉伸试验,推荐拉伸速率为 50 mm/min。

6.1.3.3 合格指标

内胆为韧性断裂,拉伸强度应不低于设计制造单位保证值。

6.1.4 焊接接头检测

6.1.4.1 无损检测

6.1.4.1.1 试验方法

焊接接头应 100%采用可视化超声检测("气瓶塑料内胆焊接接头可视化超声相控阵检测与质量分级方法"见附录 C)等方法进行无损检测。

6.1.4.1.2 合格指标

无损检测结果应满足设计文件规定。

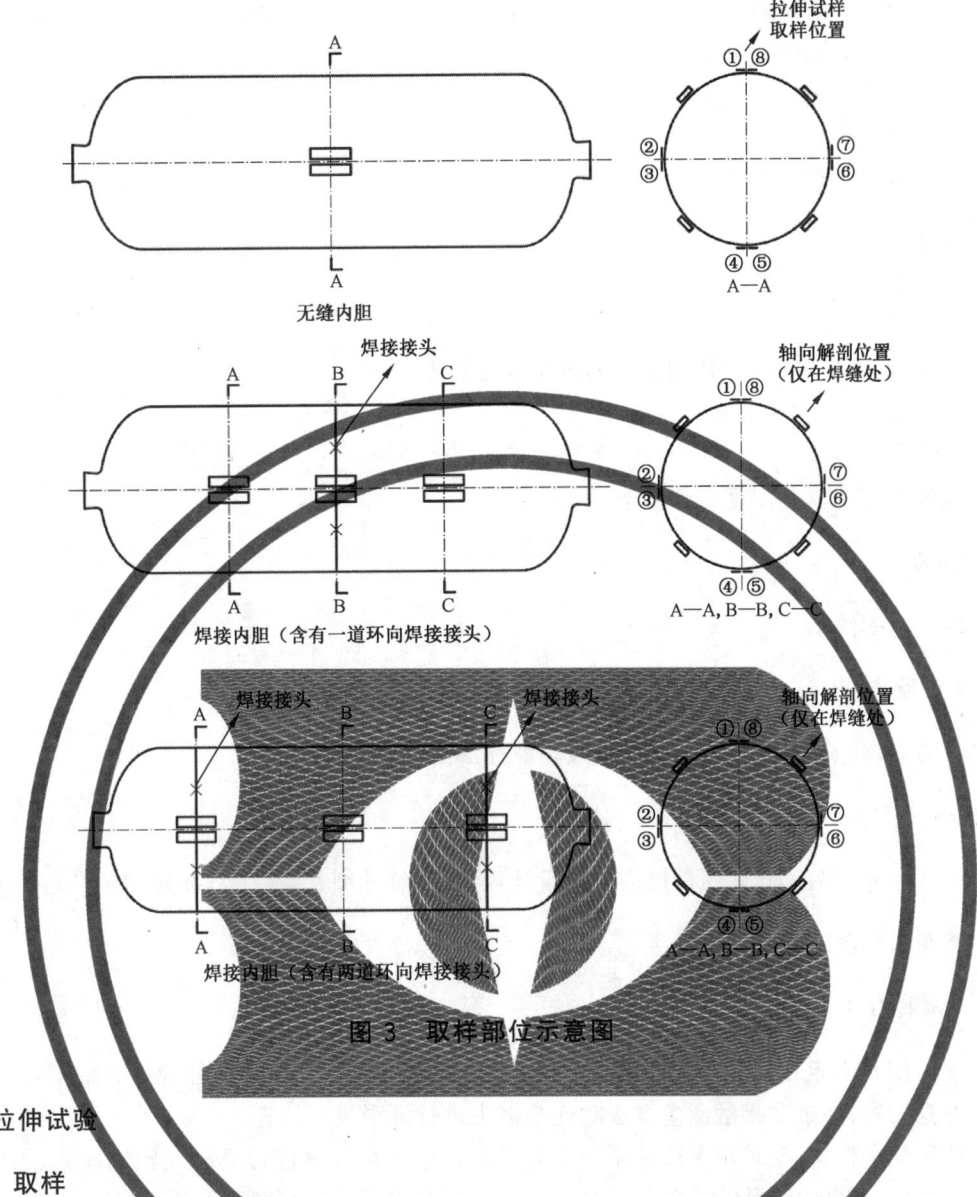

图 3　取样部位示意图

6.1.4.2　拉伸试验

6.1.4.2.1　取样

塑料内胆焊接接头经无损检测合格后再取拉伸试样。在每道焊接接头处取 8 件轴向拉伸试样,取样部位如图 3 所示。取样时应确保焊缝位于试样中部。

6.1.4.2.2　试验方法

将试样分成 2 组,参照 GB/T 1040.1 和 GB/T 1040.2 的试验方法,分别在常温和−50 ℃下进行拉伸试验,推荐拉伸速率为 50 mm/min。

6.1.4.2.3　合格指标

内胆为韧性断裂,拉伸强度应不低于设计制造单位保证值。

6.1.4.3　解剖检查

6.1.4.3.1　试验方法

对取完拉伸试样之后的剩余焊缝,先在每条焊缝环向 45°、135°、225°和 315°四个位置沿轴向解剖,如图 3 所示,用偏光显微镜观察树脂取向状态,并确定熔融部位的熔融范围,测量熔融长度;再在焊接接头中心沿环向解剖,检查树脂取向状态。

6.1.4.3.2 合格指标

熔融长度应满足设计文件要求。

6.1.5 软化温度

6.1.5.1 试验方法

按 GB/T 1633 规定的 A_{50} 法测定塑料内胆软化温度。

6.1.5.2 合格指标

塑料内胆材料的软化温度应不低于 100 ℃。

6.1.6 瓶阀座

6.1.6.1 瓶阀座螺纹

6.1.6.1.1 试验方法

目测检查,并用符合 GB/T 3934 标准或相应标准的量规检查。

6.1.6.1.2 合格指标

螺纹的有效螺距数和表面粗糙度应符合设计规定;螺纹牙型、尺寸和公差应符合相关标准规定。

6.1.6.2 瓶阀座和塑料内胆连接接头

6.1.6.2.1 试验方法

瓶阀座与塑料内胆连接接头质量检测至少应包括:外观检查、低压气密性检查和解剖检查。
a) 外观检查:通过非接触测量方法对连接接头进行外观尺寸检查。
b) 低压气密性检查:采用无油洁净干燥空气或其他惰性气体进行低压气密性检查。试验压力应不大于 0.2 MPa,保压时间应不少于 1 min,其余参数应符合气瓶设计文件的规定。
c) 解剖检查:按设计文件要求解剖瓶阀座与塑料内胆连接接头。

6.1.6.2.2 合格指标

瓶阀座与塑料内胆连接接头质量应符合设计规定。

6.1.7 O 形圈

6.1.7.1 试验方法

选型时按 A.3 的规定进行试验,其中压缩永久变形试验、硬度变化试验、天然气损伤试验和温度回缩试验应由 O 形圈制造单位进行并提供测试报告,气瓶制造单位需对 O 形圈硬度、外观和几何尺寸等进行复验。

6.1.7.2 合格指标

试验结果应满足 A.3 的规定。

6.2 气瓶

6.2.1 缠绕层力学性能

6.2.1.1 层间剪切试验

6.2.1.1.1 试验方法

根据附录 D 规定,采用环氧树脂、改性环氧树脂基体,制作具有代表性的缠绕层试样,有效试样数不应少于 9 个,再按其规定的方法进行试验。

6.2.1.1.2 合格指标

在沸水中煮 24 h 后,缠绕层层间剪切强度应不小于 34.5 MPa。

6.2.1.2 拉伸试验

6.2.1.2.1 试验方法

按 GB/T 1458 规定,制作具有代表性的拉伸试样,有效试样数应不少于 6 个,再按其规定的方法进行试验。

6.2.1.2.2 合格指标

实测抗拉强度应不低于设计制造单位保证值。

6.2.2 缠绕层外观

6.2.2.1 试验方法

目测检查。

6.2.2.2 合格指标

不应有纤维裸露、纤维断裂、树脂积瘤、分层及纤维未浸透等缺陷。

6.2.3 水压试验

6.2.3.1 试验方法

按照 GB/T 9251 规定的内测法进行水压试验,试验压力 P_h 为 $1.5P$。

6.2.3.2 合格指标

在不低于试验压力下保压至少 30 s,瓶体不应发生泄漏或明显变形。气瓶弹性膨胀量应小于极限弹性膨胀量。

6.2.4 气密性试验

6.2.4.1 试验方法

在水压试验合格后,按 GB/T 12137 规定的试验方法进行气密性试验。压力传感器精度不低于 0.25 级,量程为气瓶试验压力的 1.5 倍~3.0 倍。

6.2.4.2 合格指标

试验结果有下列情况之一者,则判定该受试气瓶的气密性试验为不合格:

a) 连续冒出气泡;

b) 固定位置气泡抹去后,仍出现气泡。

6.2.5 水压爆破试验

6.2.5.1 试验方法

按 GB/T 15385 规定的试验方法在常温条件下进行水压爆破试验。加压过程中当试验压力超过 1.5 倍公称工作压力后,升压速率应不大于 1.4 MPa/s;当升压速率小于或等于 0.35 MPa/s,可加压直至 爆破;当升压速率大于 0.35 MPa/s 且小于 1.4 MPa/s,如果气瓶处于压力源和测压装置之间,可加压直 至爆破,否则应在最小爆破压力下保压至少 5 s 后,继续加压直至爆破。

6.2.5.2 合格指标

气瓶实测爆破压力应在 $0.9P_{b0} \sim 1.1P_{b0}$ 内,且大于或等于 P_{bmin}。气瓶爆破压力期望值 P_{b0} 及确定 依据(含实测值及其统计分析)应由制造单位提供。

6.2.6 常温压力循环试验

6.2.6.1 试验方法

试验介质为非腐蚀性液体,在常温下按 GB/T 9252 规定进行压力循环试验,并同时满足以下要求:

a) 循环压力下限应小于或等于 2 MPa,上限应不低于 1.3P;

b) 压力循环频率应不超过 10 次/min。

6.2.6.2 合格指标

压力循环次数至 15 000 次的过程中,瓶体不应发生泄漏或破裂,之后继续循环至 45 000 次或致泄 漏,气瓶不应发生破裂。

6.2.7 未爆先漏(LBB)试验

6.2.7.1 试验方法

试验介质为非腐蚀性液体,在常温下按 GB/T 9252 规定进行压力循环试验,并同时满足以下要求:

a) 循环压力下限应小于或等于 2 MPa,上限应不低于 1.5P;

b) 压力循环频率应不超过 10 次/min。

6.2.7.2 合格指标

气瓶应泄漏失效或耐循环次数超过 45 000 次。

6.2.8 火烧试验

6.2.8.1 试验方法

气瓶及其附件应进行火烧试验,并同时满足以下要求。

a) 试验前,用天然气或空气缓慢将气瓶加压到公称工作压力。

b) 气瓶应水平放置,并使瓶体下侧在火源上方约 100 mm 处。应采用金属挡板防止火焰直接接触瓶阀和泄压装置,金属挡板不应直接接触泄压装置和瓶阀。

c) 沿气瓶下侧以不大于 0.75 m 的间隔距离均匀设置至少 3 只热电偶,以监测气瓶表面温度。

d) 火源长度应不小于气瓶长度,气瓶的中心位置应置于火源中心的上部。

e) 试验时,应采取措施预防气瓶突然发生爆炸。

f) 点火后,火焰长度应迅速布满整个气瓶的长度,并由气瓶的下部及两侧将其环绕,火焰分布均匀。

g) 点火后 5 min 内,至少应有 1 只热电偶指示温度达到 590 ℃,并在随后的试验中保持在该温度以上。

h) 用金属挡板防止火焰直接接触热电偶,也可以将热电偶嵌入边长小于 25 mm 的金属块中。试验过程中,每间隔不大于 30 s 的时间,记录一次热电偶的温度和气瓶内的压力。

6.2.8.2 试验结果

记录火烧试验的布置方式、热电偶指示温度、气瓶内压力、从点火到安全泄压装置打开的时间及从安全泄压装置打开到压力降至 1 MPa 以下的时间。在试验期间,记录热电偶温度和气瓶内压力的时间间隔不应超过 30 s。

6.2.8.3 合格指标

火烧过程中至少一个热电偶指示温度达到规定要求,从点火到安全泄压装置打开的时间应大于或等于 4 min,气瓶内气体通过压力泄放装置及时泄放,泄放过程应连续,且气瓶不发生爆炸。

6.2.9 极限温度压力循环试验

6.2.9.1 试验方法

6.2.9.1.1 高温压力循环试验

按以下步骤进行高温压力循环试验:

a) 将零压下的气瓶置于温度不低于 65 ℃、相对湿度不低于 95% 的环境中 48 h;

b) 在此环境中按 GB/T 9252 的规定进行压力循环试验。其中,循环压力下限应小于或等于 2 MPa,循环压力上限应大于或等于 1.3P,压力循环频率应不超过 10 次/min,气瓶循环至 7 500 次;

c) 试验过程中应保证气瓶表面与试验介质温度不低于 65 ℃。

6.2.9.1.2 低温压力循环试验

按以下步骤进行低温压力循环试验:

a) 将气瓶置于不高于 −40 ℃ 环境中直至纤维缠绕层外表面及试验介质温度不高于 −40 ℃;

b) 在此环境中按 GB/T 9252 的规定进行压力循环试验。其中,循环压力下限应小于或等于 2 MPa,循环压力上限为大于或等于 P,压力循环频率应不超过 3 次/min,气瓶循环至 7 500 次;

c) 试验过程中应保证气瓶表面与试验介质温度不高于 −40 ℃。

每隔 6 s 记录一次温度、压力和相对湿度,温度、压力和相对湿度超出规定范围的循环次数应剔除重做。

6.2.9.1.3 水压爆破试验

气瓶经高温和低温压力循环试验后,先按 6.2.4 的规定进行气密性试验,再按 6.2.5 的规定进行水压爆破试验。

6.2.9.2 合格指标

在压力循环试验过程中不应有纤维松开、气瓶泄漏或破裂现象,且气瓶爆破压力应不小于最小设计爆破压力的 85%。

6.2.10 加速应力破裂试验

6.2.10.1 试验方法

先在温度不低于 65 ℃的环境中,将气瓶加水压至 1.3P,并在此温度和压力下静置 1 000 h,每小时记录一次温度和压力,温度应在气瓶表面进行测量。静置之后按 6.2.5.1 的规定进行水压爆破试验。

6.2.10.2 合格指标

爆破压力应不小于最小设计爆破压力的 85%。

6.2.11 裂纹容限试验

6.2.11.1 试验方法

按以下方法进行试验。
a) 在气瓶外表面沿轴向加工两条裂纹,并符合以下最低要求:
   1) 一条裂纹切口底部长度至少为 25 mm,深度大于或等于 1.25 mm;
   2) 另一条裂纹切口底部长度至少为 200 mm,深度大于或等于 0.75 mm。
b) 按 GB/T 9252 的规定进行压力循环试验,并符合以下要求:
   1) 循环压力下限应小于等于 2 MPa,循环压力上限应不低于 1.3P;
   2) 压力循环频率应不超过 10 次/min;
   3) 气瓶循环次数为 15 000 次。

6.2.11.2 合格指标

在前 3 000 次压力循环中,瓶体不应发生泄漏或破裂;在继续循环至 15 000 次之前,瓶体不应发生破裂。

6.2.12 环境试验

6.2.12.1 气瓶放置和区域划分

在气瓶筒体上部划分 5 个明显区域,以便进行摆锤冲击和化学暴露,如图 4 所示。每个区域的直径应为 100 mm。5 个区域可不在一条直线上,但不应重叠。

虽然预处理和液体暴露在气瓶的筒体部位上进行,但气瓶的所有部位,包括两端,应视为暴露区域,应能适应暴露区域所处的环境。

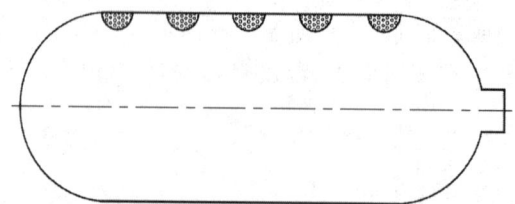

图 4 气瓶冲击和化学暴露区域图

6.2.12.2 摆锤冲击预处理

在5个区域各自的中心附近用摆锤进行冲击预处理。摆锤应为侧面为等边三角形的钢制正四棱锥体,顶点和棱的圆角半径为3 mm。摆锤冲击中心与锥体重心的连线应在气瓶撞击点法线上,摆锤的冲击能量应大于或等于30 J。在摆锤冲击过程中,应保持气瓶固定且始终无内压。

6.2.12.3 暴露用环境液体

在5个经预处理的区域上面,分别放置厚1.0 mm、直径为100 mm的玻璃棉衬垫。分别向衬垫内加入足够的化学溶液,确保试验过程中化学溶液均匀地由衬垫渗透到气瓶表面,化学暴露区域应朝上。5种化学溶液为:

  a) 体积浓度为19%的硫酸水溶液(电池酸);
  b) 质量浓度为25%的氢氧化钠水溶液;
  c) 体积浓度为5%的甲醇汽油溶液(加油站用);
  d) 质量浓度为28%的硝酸铵水溶液;
  e) 体积浓度为50%的甲醇水溶液(挡风玻璃清洗液)。

6.2.12.4 压力循环

按GB/T 9252的规定对气瓶进行压力循环试验,循环压力下限应小于或等于2 MPa,循环压力上限应不低于$1.3P$,升压速率应不超过2.75 MPa/s,压力循环次数为3 000次。

6.2.12.5 保压

将气瓶加压至$1.3P$,在此压力下保压至少24 h,以确保化学溶液腐蚀时间(压力循环时间和保压时间之和)达到48 h。

6.2.12.6 水压爆破试验

按6.2.5.1规定进行水压爆破试验。

6.2.12.7 合格指标

气瓶在环境试验过程中,瓶体不应发生泄漏;经环境试验后,其爆破压力不应低于1.8倍的公称工作压力。

6.2.13 跌落试验

6.2.13.1 试验方法

跌落试验应使用无内压、不安装瓶阀的气瓶,气瓶端部设置肩部保护罩时应保留肩部保护罩。

气瓶跌落面应为水平、光滑的水泥地面或者与之相类似的坚硬表面。试验过程如图5所示,试验步骤如下。

  a) 气瓶下表面距跌落面1.8 m,水平跌落1次。
  b) 气瓶垂直跌落,两端分别接触跌落面1次。跌落高度应使气瓶具有大于或等于488 J的势能,并保证气瓶较低端距跌落面的高度小于或等于1.8 m。当气瓶的跌落势能不能满足488 J时,跌落高度为1.8 m。为保证气瓶能够自由跌落,可采取措施防止气瓶翻倒。
  c) 气瓶瓶口向下与竖直方向成45°角跌落1次,如气瓶低端距跌落面小于0.6 m,则应改变跌落角度以保证最小高度为0.6 m,同时应保证气瓶重心距跌落面的高度为1.8 m。若气瓶两端都有开口,则应将两瓶口分别向下进行跌落试验。

d) 气瓶跌落后,按照6.2.6.1的规定进行常温压力循环试验,循环次数为15 000次。

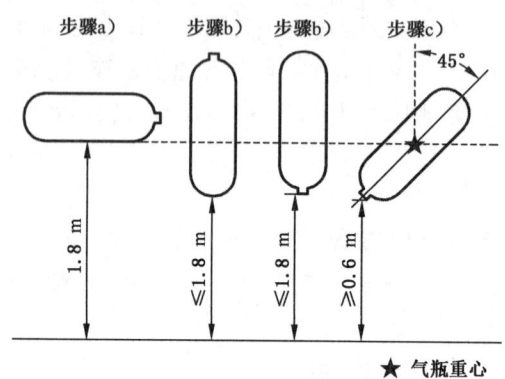

图 5　跌落方向

6.2.13.2　合格指标

气瓶在前3 000次循环内不应发生破裂或泄漏,且随后继续循环至15 000之前,瓶体不应发生破裂。

6.2.14　枪击试验

6.2.14.1　试验方法

试验步骤如下。

a) 采用天然气或氮气将气瓶加压至公称工作压力P。

b) 从下列两种方法中任选一种进行射击:

 1) 采用直径为7.62 mm的穿甲弹以850 m/s的速度射击气瓶,射击距离不超过45 m;

 2) 采用维氏硬度不小于870 HV、直径为6.08 mm~7.62 mm、质量为3.8 g~9.75 g的锥形钢制弹头(锥角为45°)以850 m/s的速度射击气瓶,射击能量不小于3 300 J。

c) 子弹应以45°角射击气瓶一侧瓶壁,子弹至少应完全穿透气瓶一个侧壁。

6.2.14.2　合格指标

气瓶不应发生破裂。

6.2.15　渗透试验

6.2.15.1　试验方法

采用天然气将气瓶加压至公称工作压力P,放置在常温密封舱中至少500 h,采用气相色谱仪、质谱仪或称重等方法检测泄漏情况。

6.2.15.2　合格指标

稳定状态下天然气漏率(含气瓶及其附件的泄漏)应不大于0.25 mL/(h·L)。

6.2.16　天然气循环试验

6.2.16.1　试验方法

天然气循环试验应在气密性试验、水压爆破试验、常温压力循环试验和渗透试验等试验均合格后在常温下进行。

a) 循环压力下限应小于或等于 2 MPa，上限应大于或等于公称工作压力；

b) 充气时间以不引起瓶内气体温度超过限定的工作温度为准；

c) 天然气循环次数为 1 000 次；

d) 按照 6.2.4 进行气瓶气密性试验；

e) 解剖气瓶，检查内胆、内胆与瓶阀座连接处是否有损伤。

6.2.16.2 合格指标

气瓶应满足 6.2.4 中的气密性试验要求。气瓶解剖后，内胆、内胆与瓶阀座连接处应无疲劳裂纹、塑料脱粘、密封件老化迹象或静电放电造成的损伤。

6.2.17 阀座扭矩试验

6.2.17.1 试验方法

采用卡具固定瓶体后，使用力矩扳手或其他能够设定扭矩的装置对瓶阀座施加 2 倍的阀门安装扭矩，施加的扭矩首先是拧紧螺纹的方向，其次是松开螺纹的方向，然后是拧紧螺纹的方向。之后按照 6.2.4.1 进行气密性试验。

6.2.17.2 合格指标

气瓶不应发生泄漏。

7 检验规则

7.1 出厂检验

7.1.1 逐只检验

内胆和气瓶应按表 4 规定的项目进行逐只检验。

7.1.2 批量检验

7.1.2.1 检验项目

内胆和气瓶应按表 4 规定的项目进行批量检验。

7.1.2.2 抽样规则

7.1.2.2.1 内胆

从每批内胆中随机抽取 1 只。

如果批量检验时有不合格项目，且有证据证明不合格是由于试验操作异常或测量误差所造成，则可重新检验。如果重新试验结果合格，则首次试验无效。否则应查明试验不合格原因，如果确认不合格是由于内胆缺陷造成的，则应对该批次内胆进行 100％检查并移除有缺陷的内胆后，重新随机抽取 2 只进行内胆批量检验，2 只内胆全部通过检验，则本批内胆合格；如果其中有一只未通过试验，则整批内胆判废。

7.1.2.2.2 气瓶

从每批气瓶中随机抽取 2 只。其中 1 只进行水压爆破试验，另 1 只进行常温压力循环试验。

a) 水压爆破试验

水压爆破试验应按照 6.2.5 规定进行。

b) 常温压力循环试验

气瓶先进行阀座扭矩试验,再进行常温压力循环试验,循环次数为 15 000 次,之后按照 6.2.4 规定进行气密性试验。

如果批量检验时有不合格项目,且有证据证明不合格是由于试验操作异常或测量误差所造成,则可重新检验。如果重新试验结果合格,则首次试验无效。如果批量试验有不合格的项目,允许再随机抽取 3 只气瓶进行该项试验。全部气瓶通过试验,则本批气瓶合格;如果其中有一只未通过试验,则整批气瓶判废。

7.2 型式试验

7.2.1 新设计气瓶应按表 4 规定的项目进行型式试验。

7.2.2 用于型式试验的气瓶,不应少于 30 只,从中随机抽取进行型式试验的内胆数量为 1 只,气瓶数量为:水压爆破试验 3 只;常温压力循环试验 2 只;未爆先漏(LBB)试验 3 只;火烧试验 1 只;极限温度压力循环试验 1 只;加速应力破裂试验 1 只;裂纹容限试验 1 只;环境试验 1 只;跌落试验至少 1 只;枪击试验 1 只;渗透试验 1 只;天然气循环试验 1 只;阀座扭矩试验 1 只。其他试验按逐只进行。

所有进行型式试验的内胆和气瓶在试验后都应进行消除使用功能处理。

表 4 试验和检验项目

试验项目			出厂检验		型式试验	试验
			逐只检验	批量检验		试验方法和合格指标
内胆	壁厚和制造公差		✓		✓	6.1.1
	内外表面		✓		✓	6.1.2
	母材拉伸试验			✓	✓	6.1.3
	焊接接头检测	无损检测	✓			6.1.4.1
		拉伸试验		✓	✓	6.1.4.2
		解剖检查		✓	✓	6.1.4.3
	软化温度			✓	✓	6.1.5
	瓶阀座螺纹		✓		✓	6.1.6.1
气瓶	瓶阀座和塑料内胆连接接头	外观检查	✓			6.1.6.2
		低压气密性检查	✓			6.1.6.2
		解剖检查			✓	6.1.6.2
	O 形圈	外观检查	✓			6.1.7
		尺寸检查	✓			6.1.7
		硬度检查		✓		6.1.7
		拉伸试验		✓		6.1.7

表 4　试验和检验项目（续）

试验项目		出厂检验		型式试验	试验
		逐只检验	批量检验		试验方法和合格指标
气瓶	缠绕层层间剪切试验			√	6.2.1.1
	缠绕层拉伸试验			√	6.2.1.2
	缠绕层外观	√		√	6.2.2
	水压试验	√		√	6.2.3
	气密性试验	√		√	6.2.4
	水压爆破试验		√	√	6.2.5
	常温压力循环试验		√ a	√	6.2.6
	未爆先漏（LBB）试验			√	6.2.7
	火烧试验			√	6.2.8
	极限温度压力循环试验			√	6.2.9
	加速应力破裂试验			√	6.2.10
	裂纹容限试验			√	6.2.11
	环境试验			√	6.2.12
	跌落试验			√	6.2.13
	枪击试验			√	6.2.14
	渗透试验			√	6.2.15
	天然气循环试验			√	6.2.16
	阀座扭矩试验			√	6.2.17

a　气瓶先进行阀座扭矩试验，再进行常温压力循环试验，压力循环次数为 15 000 次，之后按照 6.2.4 进行气密性试验。

7.3　设计变更

7.3.1　允许通过减少型式试验项目的方式对设计原型进行设计变更。设计变更应按表 5 规定的项目重新进行型式试验。未列入表的设计变更应视为新设计，需作为设计原型按表 4 的规定进行全部项目的型式试验。

7.3.2　不应在已完成的设计变更基础上再进行设计变更，即经减少试验项目完成变更的设计不能作为设计原型。当设计变更同时涵盖表 5 中两个或两个以上设计变更项目时，试验项目应能覆盖此次所有变更项目。

7.3.3　当设计变更项目为新树脂材料、塑料内胆外直径变化、气瓶长度变化或瓶阀座几何形状变化时，均应重新进行应力分析。

7.3.4　由同种原始材料（初始材料）制造，且纤维制造单位规定的公称纤维模量、公称纤维强度与设计原型规定值相差不超过设计原型规定值±5％的纤维为等效纤维材料。

7.3.5　树脂材料类型不同时应认为是新树脂材料，如环氧树脂、改性环氧树脂等。

7.3.6　相同类型和种类且化学性质等效的树脂为等效树脂材料。

表5 气瓶设计变更重新进行型式试验的试验项目

设计变更	缠绕层拉伸试验	缠绕层层间剪切试验	水压爆破试验	常温压力循环试验	极限温度压力循环试验	未爆先漏试验	火烧试验	加速应力破裂试验	裂纹容限试验	环境试验	跌落试验	枪击试验	渗透试验	阀座扭矩试验	天然气循环试验
纤维制造单位	√	√	√	√			√	√			√	√			
等效纤维材料[a]	√	√	√	√			√	√			√	√			
新树脂材料[a]	√	√	√[b]	√[b]			√		√	√	√	√			
等效树脂材料	√	√	√[b]	√[b]			√	√	√	√	√	√			
内胆外直径变化≤20%[c]			√[b]	√[b]		√					√	√[d]			√[c]
内胆外直径变化>20%[c]			√	√		√	√[e]	√	√		√	√			
气瓶长度变化≤50%			√[b]	√[b]			√[e]					√[d]			
气瓶长度变化>50%			√[b]	√[b]		√	√				√		√		√[e]
塑料内胆材料			√	√	√	√	√				√		√	√	
玻璃纤维保护层										√					
温度驱动安全泄压装置(TPRD)							√[f]							√[g]	√[h]
瓶阀							√[f]							√[g]	√[h]
瓶阀座材料或几何形式或尺寸(含瓶口螺纹形式或尺寸变化)			√[b,i]										√[k]	√	√[j]

a 仅适用于材料性能或制造商变化、等效纤维材料设计变更仅适用于同一材料制造生产的材料。
b 仅要求采用1只气瓶进行试验。
c 仅适用于当直径变化时,缠绕层壁厚与原设计保持同样或者较低的应力水平(例如:直径增加,则壁厚应成比例增加)。
d 仅在筒体长度或直径减小时进行试验。
e 仅在塑料内胆直径或气瓶长度增加时进行试验。
f 仅适用于TPRD泄放通道面积减小、瓶阀/瓶阀/TPRD质量增加超过30%,TPRD类型变化或瓶阀/TPRD制造单位变化时。
g 仅在瓶阀、端塞安装扭矩增加时进行试验。
h 仅适用于瓶阀TPRD类型改变或改变瓶阀制造单位的同一型号产品从未进行过该项试验时。
i 仅适用于瓶口螺纹公称直径变化≤10%且与原设计同样或者较低的应力水平或瓶口螺纹连接界面变化时,不含仅瓶口螺纹形式或尺寸变化。
j 仅适用于瓶阀座几何形状变化导致其内胆与塑料内胆连接界面变化时,不适用于瓶口螺纹形式或尺寸变化。
k 仅在瓶阀座几何形状变化时进行试验。

8 标志、包装、运输和储存

8.1 标志

8.1.1 每只气瓶缠绕层的表面层或者防护层下面应当植入完整、清晰的制造标签和经认证合格的电子标签,以形成永久性标记。

8.1.2 气瓶制造标签的字高一般不小于 8 mm,标记项目至少应包括:

    a) 制造单位名称和代号;

    b) 制造许可证编号;

    c) 气瓶编号;

    d) 气瓶阀门和 TPRD 的型号;

    e) 产品标准编号;

    f) 公称工作压力,MPa;

    g) 水压试验压力,MPa;

    h) 充装介质名称或化学分子式;

    i) 气瓶公称容积,L;

    j) 设计使用年限,年;

    k) 气瓶的制造年月;

    l) 监督检验标记。

8.2 包装

8.2.1 根据用户需要,如不带瓶阀出厂,则瓶口应采取可靠措施加以密封,防止沾污。

8.2.2 气瓶应妥善包装,防止运输时损伤。

8.3 运输

8.3.1 气瓶的运输应符合运输部门的有关规定。

8.3.2 气瓶在运输和装卸过程中,应防止碰撞、受潮和附件损坏,尤其要防止缠绕层划伤。

8.4 储存

    气瓶应存放整齐。储存在干燥、通风、阴凉的地方,避免日光暴晒、高温、潮湿,严禁接触强酸、强碱、强辐射,严禁切割、刻划、抛掷和剧烈撞击。

9 产品合格证和批量检验质量证明书

9.1 产品合格证

9.1.1 出厂的每只气瓶均应附有产品合格证并应安装有可追溯产品信息的产品合格电子标识(电子合格证),且应向用户提供产品使用说明书。

9.1.2 出厂产品合格证及电子合格证至少应包含以下内容:

    a) 制造单位名称和代号;

    b) 制造许可证编号;

    c) 气瓶编号;

    d) 产品标准编号;

e) 阀门和 TPRD 的制造厂和型号；

f) 充装介质名称或化学分子式；

g) 公称工作压力，MPa；

h) 水压试验压力，MPa；

i) 气密性试验压力，MPa；

j) 实测水容积，L；

k) 实测空瓶质量(不含附件)，kg；

l) 塑料内胆材料名称或牌号；

m) 纤维材料名称或牌号；

n) 树脂材料名称或牌号；

o) 瓶阀座材料名称或牌号；

p) 设计使用年限，年；

q) 出厂检验标记；

r) 制造年月；

s) 定期检验周期；

t) 设计循环次数，次；

u) 阀门制造单位名称和制造许可证编号(带阀门出厂时)；

v) 阀门装配扭矩。

9.1.3 产品使用说明书应至少包含以下内容：

a) 充装介质；

b) 公称工作压力，MPa；

c) 水压试验压力，MPa；

d) 设计使用年限，年；

e) 设计循环次数，次；

f) 产品的维护；

g) 安装使用注意事项。

9.2 批量检验质量证明书

9.2.1 批量检验质量证明书的内容，应包括本文件规定的批量检验项目，参见附录 E 车用压缩天然气塑料内胆碳纤维全缠绕气瓶批量检验质量证明书。

9.2.2 出厂的每批气瓶，均应附有批量检验质量证明书和监督检验证书。该批气瓶有一个以上用户时，所有用户均应有批量检验证明书和监督检验证书的复印件。

9.2.3 气瓶制造单位应妥善保存气瓶的检验记录和批量检验质量证明书的复印件(或正本)，保存时间不应低于气瓶的设计使用年限。

附　录　A

（规范性）

气瓶用密封件性能试验方法

A.1　概述

本附录规定了气瓶用密封件性能试验方法，包括密封件材料拉伸试验和 O 形圈试验。

A.2　密封件材料拉伸试验

A.2.1　试验方法

密封件材料拉伸试验应符合 GB/T 528 的规定。

A.2.2　合格指标

拉伸强度和拉断伸长率应满足设计文件的要求。

A.3　O 形圈试验

A.3.1　外观检查

A.3.1.1　试验方法

按照 GB/T 3452.2 的试验方法，对 O 形圈外观质量进行检查。

A.3.1.2　合格指标

外观质量应满足设计文件的要求。

A.3.2　尺寸检查

A.3.2.1　试验方法

按照 GB/T 2941 的试验方法，对 O 形圈尺寸进行非接触测量。

A.3.2.2　合格指标

O 形圈截面直径和内径应满足设计文件的要求。

A.3.3　硬度检查

A.3.3.1　试验方法

按照 GB/T 6031 的试验方法，对 O 形圈硬度进行检查。

A.3.3.2　合格指标

硬度应满足设计文件的要求。

A.3.4　拉伸试验

A.3.4.1　试验方法

按照 GB/T 5720 的试验方法，对 O 形圈进行拉伸试验。

A.3.4.2 合格指标

拉伸强度和拉断伸长率应满足设计文件的要求。

A.3.5 压缩永久变形试验

A.3.5.1 试验方法

试验之前测定 O 形圈的截面直径。按照 GB/T 3512 的试验方法,将 O 形圈压缩成规定厚度,在温度为(150±2)℃大气中放置(72±1)h 后,使 O 形圈恢复自由状态并测定其厚度,计算 O 形圈压缩永久变形率。

A.3.5.2 合格指标

压缩永久变形率应满足设计文件的要求。

A.3.6 硬度变化试验

A.3.6.1 试验方法

按照 GB/T 3512 的试验方法,将 O 形圈压缩成规定厚度,在温度为(150±2)℃大气中放置(72±1)h 后,使 O 形圈恢复自由状态并测定其硬度。试验前后 O 形圈的硬度应按照 GB/T 6031 的规定并依据 O 形圈尺寸选择合适的方法进行测量。

A.3.6.2 合格指标

硬度变化应满足设计文件的要求。

A.3.7 天然气损伤试验

A.3.7.1 试验方法

按照 GB/T 17926—2022 中 5.2.2.4.1 进行试验。

A.3.7.2 合格指标

O 形圈应无破损等异常现象,其体积膨胀率应不超过 25%,质量损失率应不超过 10%。

A.3.8 温度回缩试验

A.3.8.1 试验方法

按照 GB/T 7758 的试验方法,在拉长状态下将与 O 形圈相同材料的标准试样冷却至−80 ℃使其固化,除去拉伸力并以均匀的速率提高试样温度,并测定试样回缩率为 10% 时的温度。

A.3.8.2 合格指标

O 形圈材料温度应满足设计文件的要求。

附 录 B

（规范性）

气瓶塑料内胆焊接工艺评定

B.1 总则

本附录规定了气瓶塑料内胆焊接工艺评定的技术要求。

B.2 一般要求

B.2.1 在生产塑料内胆之前或改变塑料内胆材料、接头坡口形式、焊接工艺、塑料内胆直径和厚度时均应进行焊接工艺评定。焊接工艺评定除按本附录规定外,其余应按照 HG/T 4280 的规定。

B.2.2 焊接工艺评定所用的焊接机具、试验与检验设备应满足相应的标准规定并处于完好状态,试验与检验设备应经计量检定合格并在有效期内。

B.2.3 焊接工艺评定时应规定影响焊接质量的工艺参数及其允许变化范围。激光焊接工艺参数至少应包括激光功率、瓶体转速、光束直径、焊接压力、压焊时间、加热温度和环境温度;红外线焊接工艺参数至少包括红外线灯功率、加热温度、瓶体与红外线灯间的距离、焊接压力、压焊时间和环境温度。

B.2.4 焊接工艺评定应在气瓶塑料内胆或模拟塑料内胆上进行。模拟塑料内胆的材料、接头坡口形式、直径、厚度和焊接工艺应与气瓶塑料内胆保持一致。

B.2.5 焊接工艺评定的试件为 2 组。检验与试验项目中有一项不合格时,则判定该焊接工艺不合格。

B.2.6 焊接工艺评定文件应经过气瓶制造单位技术总负责人批准。

B.3 试验项目

B.3.1 焊接工艺评定的检验和试验项目至少应包括:外观检查、无损检测、拉伸试验和解剖检查。

B.3.2 焊接接头无损检测应采用可视化超声检测(见附录 C)等方法。

B.3.3 拉伸试样应在气瓶塑料内胆或模拟塑料内胆焊接接头沿圆周 0°、90°、180°、270°处的垂直方向取8 件轴向拉伸试样,焊接接头应位于试样中部。

B.3.4 拉伸试验试样应按 6.1.4.2 进行制备。

B.3.5 拉伸试验前应先进行脉动疲劳试验,温度为 -50 ℃,频率为 0.2 Hz,循环次数为气瓶的设计循环次数,最大拉伸应力不应小于气瓶焊接接头可能承受的最大轴向拉应力。

B.3.6 解剖检查试验方法应按 6.1.4.3 的规定执行。

B.4 试验方法和合格指标

焊接工艺评定试验结果应符合表 B.1 的要求。

表 B.1 焊接工艺评定方法

检验与试验项目	外观检查	无损检测	拉伸试验	解剖检查
试验方法及要求	5.4.2.4、5.4.2.5	6.1.4.1	6.1.4.2	6.1.4.3

附　录　C

（规范性）

气瓶塑料内胆焊接接头可视化超声相控阵检测与质量分级方法

C.1　概述

C.1.1　本附录规定了对接焊接接头的可视化超声相控阵检测与质量分级方法。

C.1.2　本附录适用采用激光焊接、红外线焊接方法形成内径 250 mm～630 mm、壁厚 4 mm～8 mm 的气瓶塑料内胆。

C.2　符号

c	声速，mm/s；
H	缺陷距外表面深度，mm；
I	缺陷长度，mm；
L	探头左右移动距离，mm；
M	设置的电子扫描步进数量；
N	设置的信号平均次数；
PRF	脉冲重复频率，Hz；
R	工件外半径，mm；
S	最大检测声程，mm；
T	工件壁厚，mm；
v_{max}	最大扫查速度，mm/s；
ΔX	设置的扫查步进值，mm；
ΔX_{max}	扫查步进最大值，mm。

C.3　通用要求

C.3.1　超声相控阵检测系统

C.3.1.1　超声相控阵检测系统包括主机、探头、离线分析软件、扫查装置和附件，能够实现可视化检测，实时显示信号位置及 A、B、C、S 等扫描图像。

C.3.1.2　超声相控阵检测系统的探头是由多个晶片组成的一维线阵列，探头可加装用来辅助声束偏转的楔块（包括液体楔块、低衰减胶体楔块或聚苯乙烯等低声速固体楔块）。

C.3.1.3　扫查装置包括探头夹持部分、驱动部分和导向部分，并装有记录位置的编码器。探头夹持部分应能调整和设置探头中心间距，在扫查时保持探头中心间距和相对角度不变。导向部分应能调整和设置探头运行轨迹，在扫查时保持探头运动轨迹与参考线一致。

C.3.2　对比试块

C.3.2.1　检测方法和工艺应采用对比试块验证。对比试块应采用与塑料内胆相同的焊接方法制作，并根据焊缝坡口形式设置人工反射体，人工反射体位置应具有代表性，至少应包括外表面、内表面和内部 1/2 深度位置。

C.3.2.2　应根据焊缝坡口形式设置人工反射体，用来调节灵敏度和定位缺陷。该反射体为主反射体，采用聚焦声束检测。

C.3.2.3 人工反射体的设置应满足以下要求：

    a) 在坡口面上设置人工反射体，直径为 2 mm 的平底孔。平底孔的中心线应垂直于坡口面且在坡口面长度方向等分；

    b) 在内外表面的熔合线上设置方槽，其深为 1 mm、宽为 1 mm、长为 10 mm；

    c) 在焊缝中心线上设置一个直径为 2 mm 的通孔，该孔或槽中心线应与焊缝截面中心线相重合且垂直于管壁。

C.3.2.4 人工反射体在水平方向的布置应使显示信号独立，邻近区反射体不应互相干扰。

C.3.2.5 人工反射体允许误差应满足以下要求：

    a) 孔直径：±0.1 mm；

    b) 槽长度：±0.1 mm；

    c) 槽深度：±0.2 mm；

    d) 角度：±1°；

    e) 反射体中心位置：±0.1 mm。

C.3.3 耦合剂

C.3.3.1 耦合剂应采用有效且适用于被检工件的介质。选用的耦合剂应具有良好的透声性、适宜的流动性、易清洗且无毒无害。典型的耦合剂包括水、甲基纤维素糊状物、洗涤剂。自动检测时耦合剂为水。

C.3.3.2 实际检测采用的耦合剂应与检测系统设置和校准时的耦合剂相同。

C.3.3.3 选用的耦合剂应保证在工艺规程规定的温度范围内稳定可靠的检测。

C.4 检测程序

C.4.1 表面清理

    焊接接头的外表面卷边应加工平整，其质量应经外观检验合格。焊接接头表面应清洁干燥、无妨碍检测的污物，其表面粗糙度应满足检测要求，表面的不规则状态不应影响检测结果的正确性和完整性。

C.4.2 探头及楔块的选择

C.4.2.1 根据工件厚度、材质、检测位置、检测面形状以及检测使用的声束类型对相控阵探头的中心频率、晶片间距、晶片数量、晶片尺寸、形状以及楔块规格等进行选择。根据工件厚度选择的相控阵探头参数如表 C.1 所示。

表 C.1 工件厚度与相控阵探头参数

工件厚度/mm	主动孔径ᵃ/mm	标称频率/MHz
4～6	4～6	7.5～10
>6～8	>6～8	5～7.5
ᵃ 电子扫描在满足穿透的情况下，应选择主动孔径小的探头。		

C.4.2.2 一次激发的晶片数一般不低于 16 个晶片。

C.4.2.3 楔块的曲率应与被检工件的形状相吻合，如图 C.1 所示。楔块边缘与被检工件接触面的间隙 x 大于 0.5 mm 时，应采用曲面楔块。

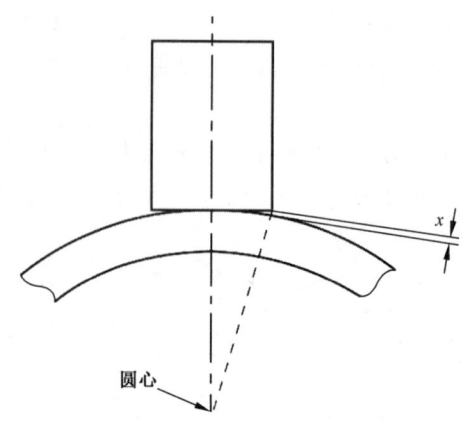

图 C.1 探头楔块边缘与工件外表面间隙的示意图

C.4.3 检测区域覆盖

C.4.3.1 超声相控阵检测可采用扇形扫查或线性扫查。检测区域内每一点应至少被两个方向的声束覆盖,如图 C.2 所示。制定检测工艺时,应确保用于覆盖检测区域的声束在有效声程范围内。

C.4.3.2 应使用与仪器相匹配的声束覆盖模拟软件,对扫查方式、探头位置、激发孔径、扇形扫查角度范围或线性扫查覆盖范围进行模拟设置。设置原则是使有效声程范围全覆盖检测区域,并能够满足所选择的检测等级要求。

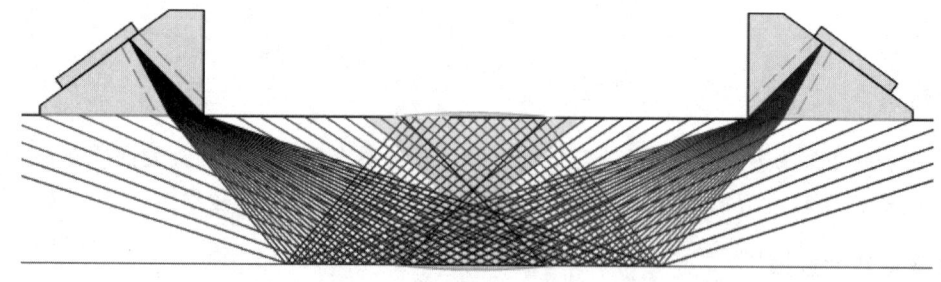

图 C.2 检测区域覆盖示例

C.4.4 检测时机

应在焊接工作全部完成,并自然冷却至少 2 h 后,进行超声检测。

C.4.5 灵敏度设定

灵敏度校验应按所用的超声相控阵检测系统在对比试块上进行。在最大声程处的灵敏度应不低于 $\phi 2$ 平底孔,信噪比不低于 12 dB。

C.4.6 扫查步进的设置

检测前应将超声相控阵检测系统设置为根据扫查步进采集信号。扫查步进最大值 ΔX_{max} 应不超过 1.0 mm。

C.4.7 编码器的校准

检测前应校准编码器。校准方式是将编码器移动至少为 500 mm,比较检测设备显示的位移与实际位移,要求误差应小于 1‰或 10 mm,以较小值为准。

C.4.8 扫查要求

C.4.8.1 扇形扫查时,声束扇形扫查角度不应超出 30°～75°。线性扫查时,应将扫查范围设置到最大以增加覆盖范围,在仪器处理速度允许的情况下,应将激发孔径移动的步进设置为1。

C.4.8.2 应采用聚焦声束检测,聚焦深度设置应为声束在工件中的最大深度。如对接接头直射波检测时为 T,一次反射波检测时为 $2T$。

C.4.8.3 扫查过程中应采取一定的措施(如提前画出探头轨迹或参考线、使用导向轨道)使探头移动轨迹与扫查轨迹的偏离量不超过 3 mm。

C.4.8.4 扫查过程中应保持耦合稳定,有耦合监控功能的仪器可开启此功能。对耦合效果有怀疑时,应重新扫查该段区域。

C.4.8.5 扫查一般采用编码器记录扫查位置,通常将相控阵探头安装在扫查装置中,沿对接接头长度方向移动。检测时,依照工艺设计将检测系统的硬件及软件置于检测状态,将探头摆放到要求的位置,沿设计的路径进行扫查。

C.4.8.6 扫查时应保证扫查速度不超过最大扫查速度,同时保证耦合效果和数据采集要求。根据式(C.1)计算最大扫查速度 v_{max}:

$$v_{max} = \frac{PRF}{N \times M} \cdot \Delta X \cdot (PRF < c/2S) \quad\cdots\cdots\cdots\cdots\cdots\cdots\cdots(C.1)$$

C.4.9 检测系统的复核

C.4.9.1 在以下情况应对检测系统进行复核:

    a) 校准后,探头、耦合剂和仪器调节旋钮发生改变时;

    b) 检测人员怀疑检测灵敏度有变化时;

    c) 连续工作 4 h 以上时;

    d) 工作结束时。

C.4.9.2 复核应包括灵敏度复核和检测精度复核,复核应采用与初始检测设置时的同一试块。若复核时发现与初始检测设置的测量偏离,则按表 C.2 规定的方法执行。

表 C.2 偏离与纠正

参数	偏离情况	纠正方法
灵敏度	≤3 dB	通过软件进行纠正
	>3 dB	应重新设置,并重新检测上次校准以来所检测的焊缝
深度	偏离≤实际深度的5%,且≤3 mm	不需要采取措施
	偏离>实际深度的5%,或>3 mm	应找出原因重新设置,并重新检测上次校准以来所检测的焊缝

C.5 检测数据的分析和解释

C.5.1 检测数据的有效性评价

C.5.1.1 分析数据之前应评估所采集的数据,确定其有效性。数据应至少满足以下要求:

    a) 数据是基于扫查增量的设置采集的;

    b) 采集的数据量满足检测焊缝长度的要求;

    c) 数据丢失量不应超过整个扫查的 5%,且不允许相邻数据连续丢失;

    d) 整个扫查图像中不应包含耦合监控显示耦合不良的位置。

C.5.1.2 若数据无效,应纠正后重新进行扫查。

C.5.2 缺陷定量

C.5.2.1 对回波波幅达到或超过基准灵敏度的缺陷,应确定其位置、波幅和指示长度等。

C.5.2.2 缺陷波幅为获得缺陷的最大反射波幅。

C.5.2.3 相邻两个或多个缺陷显示(非圆形),其在 X 轴方向间距小于其中较小的缺陷长度且在 Z 轴方向间距小于其中较小的缺陷自身高度时,应作为一个缺陷处理,该缺陷深度、缺陷长度及缺陷自身高度按如下原则确定:

    a) 缺陷深度:以两缺陷深度较小值作为单个缺陷深度;

    b) 缺陷长度:两缺陷在 X 轴投影上的前、后端点间的距离,按式(C.2)计算缺陷长度 I;

$$I = \frac{R-H}{R}L \quad\quad\quad\quad\quad\quad\cdots\cdots\cdots\cdots\cdots\cdots\cdots\cdots\cdots(\text{C.2})$$

    c) 缺陷自身高度:若两缺陷在 X 轴投影无重叠,以其中较大的缺陷自身高度作为单个缺陷自身高度;若两缺陷在 X 轴投影有重叠,则以两缺陷自身高度之和作为单个缺陷自身高度(间距计入)。

C.5.3 质量评定

C.5.3.1 经判断为裂纹的信号均不应接受。

C.5.3.2 熔合面缺陷当自身高度超过 $15\%T$ 时不应接受;当自身高度不超过 $15\%T$,而缺陷长度超过 $3T$ 时不应接受。

C.5.3.3 在熔融界面上或附近的孔洞缺陷若是圆形或椭圆形(不应存在尖锐端角)或符合以下条件,则是可接受的:

    a) 单个孔洞尺寸不超过 $1/4T$;

    b) 对于多个孔洞,在长度为 T 范围内孔洞尺寸之和不超过 $1/3T$ 且数量不超过 2 个。当两个信号相互接近时,若这两个相邻信号的间距超过 $2l$(l 代表两信号中较长信号的长度),则这些信号应认为是彼此独立的;否则,应认为它们是单个的信号,此信号长度应该包括两个相邻信号之间的间距。

附 录 D
（规范性）
层间剪切试验方法

D.1 试验原理

试样承受中心加载,试样两端置于两个支座上并可横向移动,通过位于试样中点的加载头直接施加载荷。

D.2 符号

下列符号适用于本附录。

b　　试样宽度测量值,mm;

F_{sbs}　　层间剪切强度,MPa;

h　　试样厚度测量值,mm;

n　　试样数量;

P_m　　试验过程中最大载荷,N;

$\overline{X}$　　样本的算术平均值,MPa;

X_i　　测量或导出的性能值,MPa。

D.3 试样制作

试样制作方法和模具结构参照 GB/T 1458 的规定,试样尺寸应按本文件的规定。

D.4 取样和试样尺寸

D.4.1 取样

从圆环上切割试样时应小心,避免由于不合适的加工方法而引起的切口、划痕、粗糙、不平的表面、分层。可采用金刚砂工具,并通过水润滑进行切割、碾磨或磨削得到最终尺寸,试样边缘应平整。

D.4.2 试样尺寸

建议试样弧度不超过30°,试样长度18 mm～21 mm。如图 D.1 所示。

单位为毫米

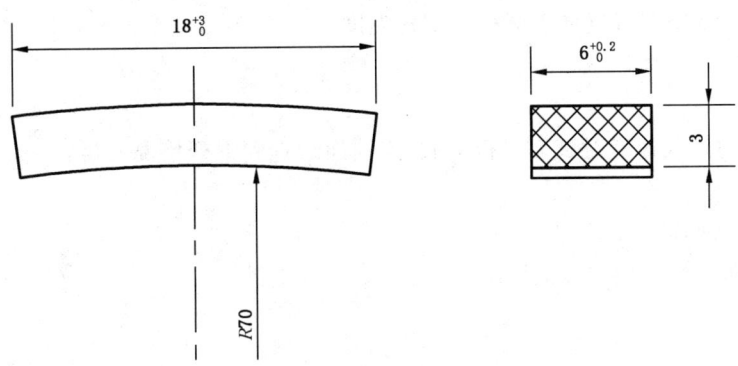

图 D.1　试样尺寸

D.5 试验要求

D.5.1 试验机

试验机应经过校准,能以恒定的横梁移动速度操作,加载系统误差不应超过±1%。试验过程中惯性滞后不应超过测量载荷的1%。

D.5.2 加载工装

加载头和支座应分别采用直径为(6±0.5)mm和(3±0.4)mm的圆柱体,硬度应为60 HRC~62 HRC。加载头和支座表面应光滑,不应有凹痕、毛刺、锐边等。

D.5.3 检验仪器

应使用公称直径4 mm~7 mm的千分尺测量试样宽度和厚度,若试样表面不规则时,可使用球面千分尺进行厚度测量,应使用千分尺或带有平基准面的卡测量试样长度。仪器可读取精度应为试样尺寸的1%。

D.5.4 环境条件

试样储存和试验应在标准试验环境[温度为(23±3)℃,湿度为(50±10)%]下进行。

D.6 试验步骤

D.6.1 试验速度

以1 mm/min横梁移动速度作为试验速度。

D.6.2 试样尺寸测量

将试样编号,试验前测量并记录试样中心截面处的宽度、厚度及试样的长度。

D.6.3 试样安装

将试样放入加载工装中,如图D.2所示,试样应对齐并居中,使其纵轴与加载头和支座垂直,调整跨距为(12±0.3)mm,加载头所放位置应与两边支座等距,精度为±0.3 mm,加载头和支座每个侧边应超过试样宽度至少2 mm。

D.6.4 试样温度测量

在试样中心处下侧安装温度传感器检测试样温度。

D.6.5 加载

以1 mm/min的加载速度对试样进行加载,连续加载直到下列情况发生:
a) 加载回落30%;
b) 试样破坏为两片;
c) 加载头位移超过试样的名义厚度。

单位为毫米

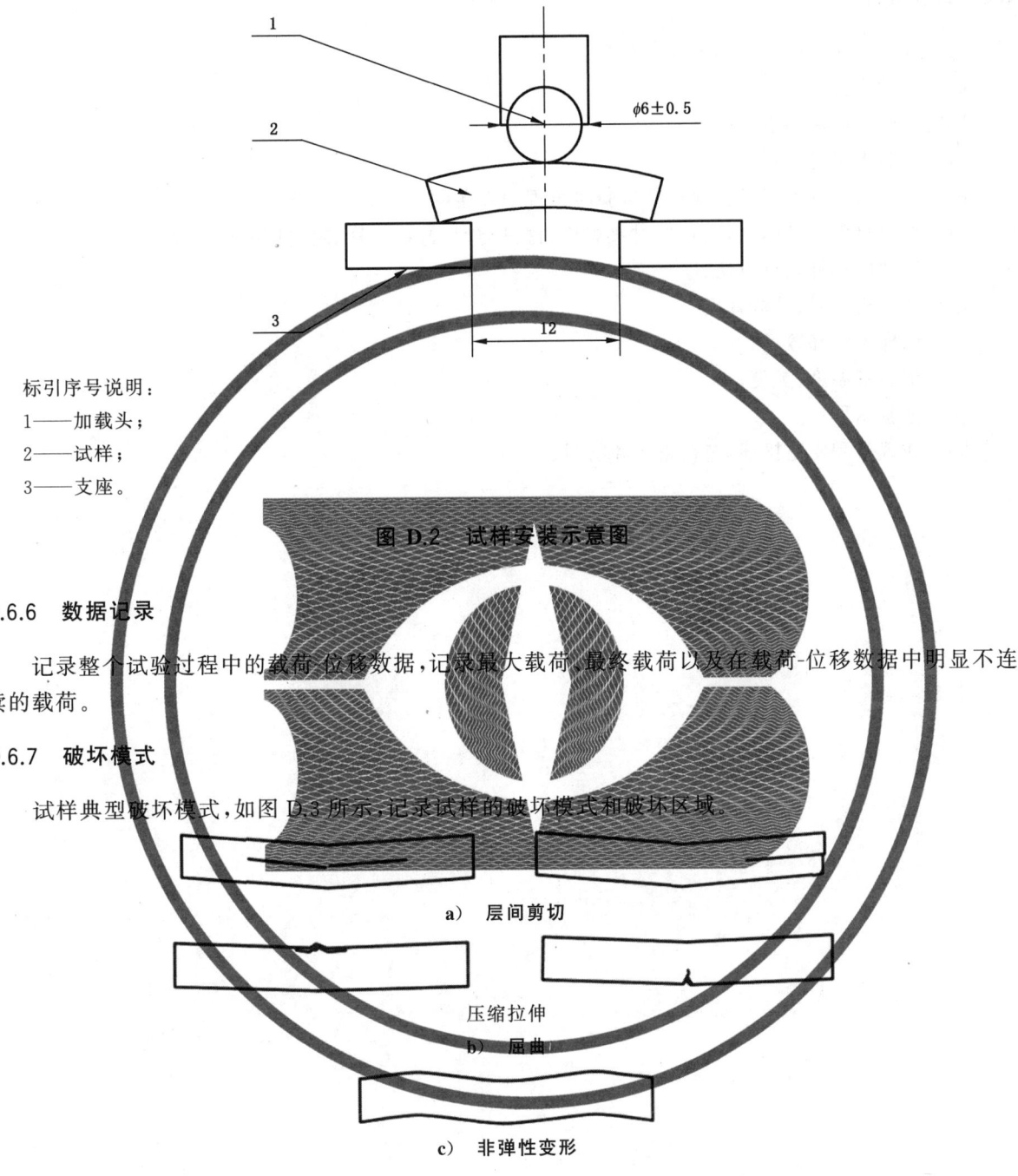

标引序号说明：
1——加载头；
2——试样；
3——支座。

图 D.2　试样安装示意图

D.6.6　数据记录

记录整个试验过程中的载荷-位移数据，记录最大载荷、最终载荷以及在载荷-位移数据中明显不连续的载荷。

D.6.7　破坏模式

试样典型破坏模式，如图 D.3 所示，记录试样的破坏模式和破坏区域。

a)　层间剪切

压缩拉伸

b)　屈曲

c)　非弹性变形

图 D.3　试样典型破坏模式

D.7　层间剪切强度计算

$$F_{sbs} = 0.75P_m/(bh) \qquad\qquad\cdots\cdots\cdots\cdots\cdots\cdots\cdots（D.1）$$

D.8　试验结果

按以下公式计算层间剪切强度算术平均值：

$$\overline{X} = \left(\sum_{i-1}^{n} X_i\right)/n \qquad\qquad\cdots\cdots\cdots\cdots\cdots\cdots\cdots（D.2）$$

D.9 试验报告

报告应给出下列信息或含有下列信息：

a) 试验方法；

b) 试验时间和地点；

c) 试验人员姓名；

d) 试验时出现的异常情况以及试验时出现的设备问题；

e) 试验材料的证明文件,包括材料规格、材料类型、材料牌号、制造厂家批号等；

f) 试样取样和切割方法；

g) 试验机型号、试验速度；

h) 试样尺寸和数量；

i) 试验室温度、湿度；

j) 试验结果；

k) 加载头和支座描述,包括直径和材料。

附 录 E

（资料性）

车用压缩天然气塑料内胆碳纤维全缠绕气瓶批量质量证明书

气瓶型号：　　　　　　　　　　　　盛装介质：

制造许可证编号：　　　　　　　　　制造单位：

生产批号：　　　　　　　　　　　　制造日期：

产品执行标准：　　　　　　　　　　产品图号：

本批气瓶共　　　只，编号从　　　号至　　　号

注：本批合格气瓶中不包含下列瓶号：

E.1　主要技术数据

公称工作压力/MPa		水压试验压力/MPa	
公称容积/L		气密性试验压力/MPa	
内胆公称外直径/mm			

E.2　主体材料

类别	名称或牌号	规格或型号
内胆材料		
纤维材料		
树脂材料		
阀座材料		

E.2.1　纤维/树脂复合材料

检验项目	层间剪切强度/MPa
合格标准	
实测结果	

E.2.2　内胆材料试验试验内胆编号：

检验项目	抗拉强度/MPa	软化温度/℃	极限伸长率/%
合格标准			
实测结果			

E.3 水压爆破试验

气瓶编号：   爆破压力：

E.4 常温压力循环试验

复合气瓶编号：   循环压力上限：   循环压力下限：

试验结果：常温加压循环至次，瓶体无泄漏或破裂。

该批产品经检查和试验符合 T/CATSI 02018—2022 标准的要求，是合格产品。

监督检验单位(盖章)：   制造单位(检验专用章)：

监督检验员：   检验负责人：
        年   月   日   年   月   日

————————————————

三、气瓶使用标准

ICS 71.100.20
G 86

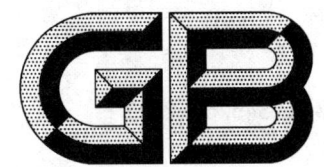

中华人民共和国国家标准

GB/T 34525—2017

气瓶搬运、装卸、储存和使用安全规定

Safety rules for handling, loading and unloading, storing and using of cylinder

2017-10-14 发布

2018-05-01 实施

中华人民共和国国家质量监督检验检疫总局
中国国家标准化管理委员会
发布

前　言

本标准按照 GB/T 1.1—2009 给出的规则起草。

请注意本文件的某些内容可能涉及专利。本文件的发布机构不承担识别这些专利的责任。

本标准由全国气瓶标准化技术委员会(SAC/TC 31)提出并归口。

本标准起草单位:杭州新世纪混合气体有限公司、北京氦普北分气体工业有限公司、北京普莱克斯实用气体有限公司、中国工业气体工业协会。

本标准主要起草人:吴粤燊、赵俊秀、狄春干、宋琦、沈建林、张金波。

气瓶搬运、装卸、储存和使用安全规定

1 范围

本标准规定了生产、经营、储存及以上场所使用区域内瓶装气体气瓶的搬运、装卸、储存和使用的基本安全技术要求。

本标准适用于在正常环境温度-40 ℃~60 ℃下使用的、公称容积为 0.4 L~3 000 L、公称工作压力为 0.2 MPa~35 MPa（表压，下同）且压力与容积的乘积大于或等于 1.0 MPa·L，盛装压缩气体、高（低）压液化气体、低温液化气体、溶解气体、吸附气体、标准沸点等于或者低于 60 ℃的液体以及混合气体的无缝气瓶、焊接气瓶、焊接绝热气瓶、缠绕气瓶、内装有填料的气瓶。

本标准不适用于仅在灭火时承受瞬时压力而储存时不承受压力的消防灭火器用气瓶、固定使用的瓶式压力容器以及军事装备、核设施、航空航天器、铁路机车、海上设施和船舶、民用机场专用设备使用的气瓶、车用气瓶、长管拖车、管束式车集装箱用大容积气瓶。

2 规范性引用文件

下列文件对于本文件的应用是必不可少的。凡是注日期的引用文件，仅注日期的版本适用于本文件。凡是不注日期的引用文件，其最新版本（包括所有的修改单）适用于本文件。

GB/T 7144 气瓶颜色标志
GB/T 13005 气瓶术语
GB/T 16804 气瓶警示标签
GB/T 26571 特种气体储存期规范
GB/T 28054 钢质无缝气瓶集束装置
JT 617 汽车运输危险货物规则

3 术语和定义

GB/T 13005 和 GB/T 28054 界定的术语和定义适用于本文件。

4 作业人员

4.1 气瓶搬运、装卸、储存和使用作业人员应按有关规定持证上岗。

4.2 作业人员应了解所作业的气瓶及瓶内介质的特性、相关要求和发生事故时的应急处置技术。

4.3 作业人员在作业中应经常检查气瓶安全情况，发现问题及时采取措施。

5 劳动防护

5.1 作业单位应配备必要的劳动防护用品和现场急救用具。

5.2 作业人员作业时，应穿戴相应的防护用具，并采取相应的人身肌体保护措施。

5.3 作业单位应负责定期对作业人员进行健康检查和事故预防、急救知识的培训。

5.4 气瓶一旦对人体造成碰伤、砸伤、灼伤、中毒等危害,应立即进行现场急救,并迅速送医院治疗。

6 搬运、装卸设备

6.1 各种搬运、装卸机械、工具,应有可靠的安全系数。

6.2 搬运、装卸易燃易爆气瓶的机械、工具,应具有防爆、消除静电或避免产生火花的措施。

7 气瓶的搬运和装卸

7.1 气瓶的搬运

7.1.1 近距离搬运气瓶,凹形底气瓶及带圆型底座气瓶可采用徒手倾斜滚动的方式搬运,方型底座气瓶应使用稳妥、省力的专用小车搬运。距离较远或路面不平时,应使用特制机械、工具搬运,并用铁链等妥善加以固定。不应用肩扛、背驮、怀抱、臂挟、托举或二人抬运的方式搬运。

7.1.2 不同性质的气瓶同时搬运时,其配装应按 JT 617 规定的危险货物配装表的要求执行。

7.1.3 不应使用翻斗车或铲车搬运气瓶,叉车搬运时应将气瓶装入集装格或集装蓝内。

7.1.4 气瓶搬运中如需吊装时,不应使用电磁起重设备。用机械起重设备吊运散装气瓶时,应将气瓶装入集装格或集装蓝中,并妥善加以固定。不应使用链绳、钢丝绳捆绑或钩吊瓶帽等方式吊运气瓶。

7.1.5 在搬运途中发现气瓶漏气、燃烧等险情时,搬运人员应针对险情原因,进行紧急有效的处理。

7.1.6 气瓶搬运到目的地后,放置气瓶的地面应平整,放置时气瓶应稳妥可靠,防止倾倒或滚动。

7.2 气瓶的装卸

7.2.1 装卸气瓶应轻装轻卸,避免气瓶相互碰撞或与其他坚硬的物体碰撞,不应用抛、滚、滑、摔、碰等方式装卸气瓶。

7.2.2 用人工将气瓶向高处举放或需把气瓶从高处放落地面时,应两人同时操作,并要求提升与降落的动作协调一致,轻举轻放,不应在举放时抛、扔或在放落时滑、摔。

7.2.3 装卸、搬运缠绕气瓶时,应有保护措施,防止气瓶复合层磨损、划伤,还应避免气瓶受潮。

7.2.4 装卸气瓶时应配备好瓶帽,注意保护气瓶阀门,防止撞坏。

7.2.5 卸车时,要在气瓶落地点铺上铅垫或橡皮垫;应逐个卸车,不应多个气瓶连续溜放。

7.2.6 装卸作业时,不应将阀门对准人身,气瓶应直立转动,不准脱手滚瓶或传接,气瓶直立放置时应稳妥牢靠。

7.2.7 装卸有毒气体时,应预先采取相应的防毒措施。

7.2.8 装卸氧气及氧化性气瓶时,工作服、手套和装卸工具、机具上不应沾有油脂。

8 气瓶储存

8.1 气瓶入库前的检查与处理

8.1.1 气瓶入库前,应由专人负责,逐只进行检查。检查内容至少应包括:

    a) 气瓶应由具有"特种设备制造许可证"的单位生产;

    b) 进口气瓶应经特种设备安全监督管理部门认可;

    c) 入库的气体应与气瓶制造钢印标志中充装气体名称或化学分子式相一致;

    d) 根据 GB/T 16804 规定制作的警示标签上印有的瓶装气体的名称及化学分子式应与气瓶钢印标志一致;

e) 应认真仔细检查瓶阀出气口的螺纹与所装气体所规定的螺纹型式应相符,防错装接头各零件应灵活好用;

f) 气瓶外表面的颜色标志应符合 GB/T 7144 的规定,且清晰易认;

g) 气瓶外表面应无裂纹、严重腐蚀、明显变形及其他严重外部损伤缺陷;

h) 气瓶应在规定的检验有效使用期内;

i) 气瓶的安全附件应齐全,应在规定的检验有效期内并符合安全要求;

j) 氧气或其他强氧化性气体的气瓶,其瓶体、瓶阀不应沾染油脂或其他可燃物。

8.1.2 经检查不符合要求的气瓶应与合格气瓶隔离存放,并作出明显标记,以防止相互混淆。

8.2 气瓶入库储存

8.2.1 气瓶的储存应有专人负责管理。

8.2.2 入库的空瓶、实瓶和不合格瓶应分别存放,并有明显区域和标志。

8.2.3 储存不同性质的气瓶,其配装应按 JT 617 规定的要求执行。

8.2.4 气瓶入库后,应将气瓶加以固定,防止气瓶倾倒。

8.2.5 对于限期储存的气体按 GB/T 26571 规范要求存放并标明存放期限。

8.2.6 气瓶在存放期间,应定时测试库内的温度和湿度,并作记录。库房最高允许温度和湿度视瓶装气体性质而定,必要时可设温控报警装置。

8.2.7 气瓶在库房内应摆放整齐,数量、号位的标志要明显。要留有可供气瓶短距离搬运的通道。

8.2.8 有毒、可燃气体的库房和氧气及惰性气体的库房,应设置相应气体的危险性浓度检测报警装置。

8.2.9 发现气瓶漏气,首先应根据气体性质做好相应的人体保护,在保证安全的前提下,关紧瓶阀,如果瓶阀失控或漏气不在瓶阀上,应采取应急处理措施。

8.2.10 应定期对库房内外的用电设备、安全防护设施进行检查。

8.2.11 应建立并执行气瓶出入库制度,并做到瓶库账目清楚,数量准确,按时盘点,账物相符,做到先入先出。

8.2.12 气瓶出入库时,库房管理员应认真填写气瓶出入库登记表,内容包括:气体名称、气瓶编号、出入库日期、使用单位、作业人等。

9 气瓶安全使用要点

9.1 气瓶的使用单位和操作人员在使用气瓶时应做到:

a) 合理使用,正确操作,应按 8.1.1 的要求进行检查,符合要求后再进行使用。

b) 使用单位应做到专瓶专用,不应擅自更改气体的钢印和颜色标记。

c) 气瓶使用时,应立放,并应有防止倾倒的措施。

d) 近距离移动气瓶,可采用徒手倾斜滚动的方式移动,远距离移动时,可用轻便小车运送。不应抛滚、滑、翻。气瓶在工地使用时,应将其放在专用车辆上或将其固定使用。

e) 使用氧气或其他强氧化性气体的气瓶,其瓶体、瓶阀不应沾染油脂或其他可燃物。使用人员的工作服、手套和装卸工具、机具上不应沾有油脂。

f) 在安装减压阀或汇流排时,应检查卡箍或连接螺帽的螺纹完好。用于连接气瓶的减压器、接头、导管和压力表,应涂以标记,用在专一类气瓶上。

g) 开启或关闭瓶阀时,应用手或专用扳手,不应使用锤子、管钳、长柄螺纹扳手。

h) 开启或关闭瓶阀的转动速度应缓慢。

i) 发现瓶阀漏气、或打开无气体、或存在其他缺陷时,应将瓶阀关闭,并做好标识,返回气瓶充装单位处理。

j) 瓶内气体不应用尽,应留有余压。

k) 在可能造成回流的使用场合,使用设备上应配置防止倒灌的装置。

l) 不应将气瓶内的气体向其他气瓶倒装;不应自行处理瓶内的余气。

m) 气瓶使用场地应设有空瓶区、满瓶区,并有明显标识。

n) 不应敲击、碰撞气瓶。

o) 不应在气瓶上进行电焊引弧。

p) 不应用气瓶做支架或其他不适宜的用途。

9.2 气瓶操作人员应保证气瓶在正常环境温度下使用,防止气瓶意外受热:

a) 不应将气瓶靠近热源。安放气瓶的地点周围 10 m 范围内,不应进行有明火或可能产生火花的作业(高空作业时,此距离为在地面的垂直投影距离);

b) 气瓶在夏季使用时,应防止气瓶在烈日下暴晒;

c) 瓶阀冻结时,应把气瓶移到较温暖的地方,用温水或温度不超过 40 ℃ 的热源解冻。

通过 1SO 9001 质量管理体系认证　　通过 TPED 欧盟承压设备认证　　广告
通过 1SO 14001 环境管理体系认证　　通过 ASME 美国锅炉压力容器认证
通过 1SO 45001 职业健康安全认证　　通过德国 TUV、瑞士 SGS、法国 BV 认证
通过 1SO 10012 测量管理体系认证

企业简介 Company Profile >>>

　　江苏民生重工有限公司创办于 1966 年，设计制造各类 A1、A2 级大型高压容器、热交换器，B1 无缝高压气瓶，B2 焊接气瓶，B4 低温绝热气瓶、瓶阀，产品广泛应用于新能源、新材料、节能环保、核电、石化、航天、军工等行业。公司拥有 25 万 m^2 的现代化高标准厂房，20 万 m^2 的国际物流码头，主要生产检测设备 2880 余台 (套)，工程技术人员 328 人。

　　公司荣获专精特新"小巨人"企业、"国家知识产权示范企业""高新技术企业""江苏精品认证企业""江苏省质量诚信企业""江苏省 AAA 重合同守信用企业"。作为全国气瓶标准化技术委员会委员，公司主导参与制定多项国家、行业、团体标准。

　　公司致力于打造高端气体特种装备产业技术联盟，全方位推进工业 4.0，建设智能工厂，开展智能生产，开发智能物联，和中国科学院理化技术研究所、南京工业大学、江苏科技大学等科研院所开展广泛的产学研合作，建设先进的工程技术研究检测中心、研究生工作站和博士后创新实践基地，研发项目获国家专利 252 项，多项产品荣获"中国产学研合作创新成果奖""国家高新技术产品""科技部技术创新基金""国家重点新产品""国家火炬计划""省重大科技成果转化""省科技进步奖""省质量信得过产品"等。

　　凭借可靠质量和优质服务，公司产品在国内和国际市场享有盛誉，与多家世界五百强、大型央企建有长期稳定合作关系，如中石化、中石油、中海油、中国燃气、中国神华、中煤、中核建、中核、中广核、上海核工程设计院、中国航天科技集团、中国兵器工业集团、国电投、华润、英国 BP、法国 TOTAL、壳牌 (SHELL) 石油、荷兰 SHV 喜威、韩国现代等。

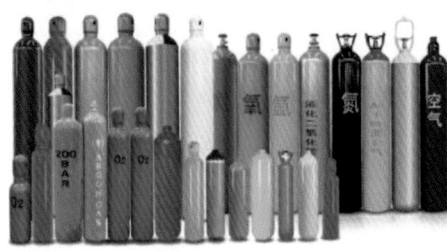

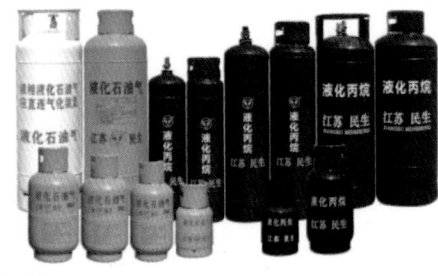

企业网站

公众号

地址:江苏靖江市新桥镇礼士桥南首　　江苏靖江市开发区富阳路99号　　江苏靖江市新桥园区1号
全国免费咨询热线(Hotline):4001590588
销售热线(Tel):0523-84331566　84330408　　　传真(Fax):0086-523-84334666　84337666
网址(website):www.jsmszg.com　　　　　　　邮箱(E-mail):jjmsjt@126.com　　jsmsjt@aliyun.com

LIAONING METAL TECHNOLOGY CO.,LTD

辽宁美托科技股份有限公司

企业简介
Company Introduction

辽宁美托科技股份有限公司成立于2010年，总公司及生产基地坐落于沈抚改革示范区，是一家拥有高压气源系统研发制造中心、特种高压气瓶及气源系统检测中心的高新技术企业。

公司是一家致力于特种高压气瓶研发、制造、检测与应用开发的科技型高新技术企业，拥有各类研发、检测及生产仪器设备近千台（套），已建成具有国际先进水平的专业化金属压力容器、复合材料容器等研发、生产及检测能力的综合基地。

公司拥有B1、B3级压力容器制造许可证，通过了欧盟CE、美国DOT、韩国KGS等国际认证；被评为专精特新小巨人企业、辽宁省省级专精特新企业、辽宁省省级企业技术中心、辽宁省技术创新中心、辽宁省省级工程技术研究中心，辽宁省知识产权优势企业、辽宁省省级瞪羚企业。公司以"质量卓越，顾客至上，科学管理，持续改进"为质量方针，坚持以技术为导向，不断创新，提升企业核心竞争力。

| 内贸邮箱 | metal@symtcl.com | 外贸邮箱 | rexliu@symtcl.com |

| 地 址 | 辽宁省沈抚示范区中兴大街7号路(B1b区) | 联系电话 | 024-56598671 |

视频号　官网号

广告

广告

![metal 美托]

产品介绍 Product Introduction

● 高压碳纤维复合气瓶

公司生产的碳纤维复合气瓶采用薄壁铝合金内胆，外缠绕碳纤维复合材料。该气瓶耐压高、重量轻，具有先泄漏后爆破的特性，爆破无飞溅碎片，安全性高，在恶劣环境和高温下使用，寿命长，维护量低。可装配自给式空气呼吸器、正压式氧气呼吸器，适用于消防灭火、救护、紧急逃生，同时该产品也适用于汽车工业、军事工业、航空领域等。

采用铝合金薄壁内胆，重量为传统钢制气瓶的三分之一。

最外层缠绕高强玻璃纤维，高蠕变、抗冲击、耐磨耐蚀。

采用的碳纤维具有超长的使用寿命和良好的使用防护性能。

● 铝合金医用氧气瓶

公司生产的铝合金医用氧气瓶具有重量轻、内表面洁净度高的特点，适用于医疗救护、家庭保健、休闲旅行等。

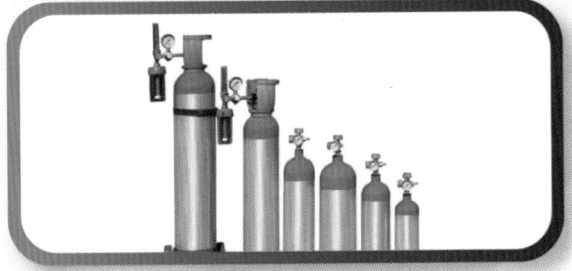

● 高压铝合金气瓶

公司生产的高压铝合金气瓶，广泛用于工业特种气体、标准气体、混合气体和高纯度气体的充装。按照用户充装气体的特殊要求，可对气瓶的内表面进行抛光、镀层，提高气瓶内表面的充装和储存质量。

● 车用压缩氢气气瓶

公司生产的车用压缩氢气气瓶，为当今先进的轻型高压氢气存储气瓶，用于大型压缩氢气存储系统的设计、开发与生产，在燃料电池和内燃机领域得到广泛应用。

美托氢气气瓶产品的充装压力有350 bar、450 bar和700 bar，适用于不同领域的项目使用，包括燃料电池汽车、反复供给氢气站、可移动式氢气充气站等项目。美托氢气瓶产品已广泛应用于各类氢能源项目。

企业荣誉 Corporate Honors

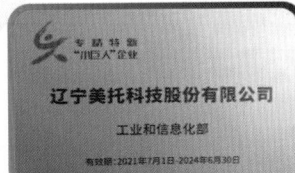

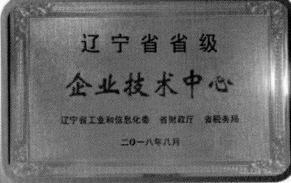
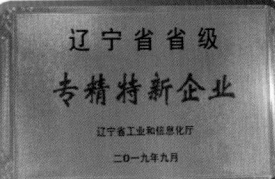
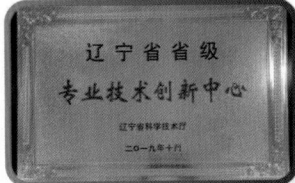
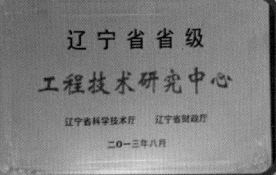

视频号　官网号

内贸邮箱 metal@symtcl.com　　**外贸邮箱** rexliu@symtcl.com

地 址 辽宁省沈抚示范区中兴大街7号路(B1b区)　**联系电话** 024-56598671

抚顺市博瑞特科技有限公司

企业简介

　　抚顺市博瑞特科技有限公司主要生产密闭／罐下采样器、不锈钢无缝气瓶、在线采样器等产品，服务于石油化工、医疗制药、食品检验等行业。

不锈钢无缝气瓶的主要技术优势

1. 已取得 B1 级压力容器制造许可证、美国 DOT 认证、欧盟 CE 认证，获得 ZL 2011 2 0094190.X"一体式采样钢瓶"实用新型专利证书。

2. 采用热旋压成型技术，内表面无焊点、无焊缝、材质 316L、耐腐蚀、耐高温性强。

3. 瓶体壁厚均匀，内表面经过酸洗钝化，平滑的内壁便于清洗，无介质残留堆积。

4. 配套阀门有安全防爆泄压装置，具有过压保护功能。

5. 十余种配件可供选购，满足不同环境、不同介质等复杂因素的采样需求。

6. 钢瓶内表面可做 PTFE 四氟涂层、EP 电抛光处理、硅烷硫钝化处理，提高防腐性能，有效防止微量元素被钢瓶内表面吸附。

地址：辽宁省抚顺市顺城区河北乡孤家子村　联系人：赵经理　手机：13804133799　官网：www.cnbrt.com

港安流体
GangAn Fluid

湖北港安流体科技股份有限公司简介

　　湖北港安流体科技股份有限公司，AAA级信用企业，重合同守信用企业，中国城市燃气协会会员单位。秉承"诚信、笃实、奉献、共誉"的企业价值观，专业设计、生产销售各类中高压工业气体阀门、暖通阀门与配件、不锈钢管道配件阀门、智能智控阀门与物联网管理系统等为核心的港安流体系列产品，广泛应用于工业气体、冷热水、暖通消防、燃气、医药、食品、化工与新能源领域。依托30多年合作伙伴中山美利制冷配件（集团）有限公司的空调系统阀门设计制造能力与技术优势，加强产品创新研发与数字智能制造，力争成为中国先进的流体管阀智能制造企业。

　　公司以技术为引擎、以创新为动力，一直重视产品研发和创新，按高标准高质量发展要求，定位先进装备制造业，严格按特种设备质量保证管理要求建立体系并有效运行，同时通过ISO 9001/ISO 14001/ISO 45001质量、环境、职业健康安全以及GB/T 27922《商品售后服务评价体系》五星售后服务体系、欧盟TPED认证，确保产品符合质量与安全要求。另外，高新技术企业、湖北省专精特新企业、法国BV、西班牙AENOR、德国DVGW与美国UL认证也正在进行中，助力拓展延伸国内国际中高端市场。

　　公司践行"用心智造优质产品，让心感受美好生活"的企业使命，不断创新提升，向客户提供安全舒适产品，并根据客户深度需求提供一站式系统增值服务，最终实现企业与客户合作双赢共誉。

　　公司坐落在"汉光武帝刘秀帝王之乡"湖北枣阳市，欢迎海内外朋友莅临指导、共商交流与合作!

安寨阀门 守护安宁

湖北港安流体科技股份有限公司
湖北省枣阳市中兴大道88号
www.gangan-fluid.com

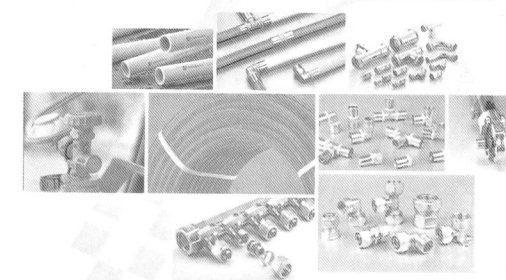

广告

广告

杭州语格文化传播有限公司

Hangzhou Yuge culture Communication Co., Ltd

杭州语格文化传播有限公司是一家专注于特种设备相关专业知识和技能培训服务的企业，同时也提供行业技术咨询，致力于推广数字化和智能化系统建设。公司的培训机构聚集了经验丰富的行业专家和实战教授，他们拥有丰富的现场检验经验和扎实的理论基础，能够生动地传授复杂的标准条文和检验技术，以便学员能够轻松掌握。公司致力于为每位学员提供直观、实用的技能指导，确保他们的工作能够安全高效地进行。

专业培训 传承经验 持续进修 技能卓越

联系方式：15267172779（郑总）

邮箱：467041839@qq.com

微信公众号：杭州语格文化传播有限公司

微信公众号

GERNUMAN® 威海捷诺曼自动化股份有限公司
WeiHai GERNUMAN Automation Co., LTD
上海捷诺曼自动化装备有限公司
ShangHai GERNUMAN Automation Equipment Co., LTD

销售热线：86+0631-5318069-8001
网 址：www.gernuman.com

威海捷诺曼自动化股份有限公司(高新技术企业、新四板)，成立于2012年，注册资金2100万元，占地20余亩，建筑面积1.4万m²，建有研发办公楼、数字化车间。主要从事碳纤维缠绕设备、碳纤维铺带设备、旋转固化炉、碳纤维铺缠一体机、氢气瓶自动化产线、环保VOC治理设备的研发和生产，下设威海市蓝拓工业自动化研究院(山东省新型研发机构)和全资子公司上海捷诺曼自动化装备有限公司。

现有员工52人，其中技术研发人员16人，博士2人，硕士3人，建有数字化工厂测试平台、氢能源装备模拟仿真平台、机器人仿真平台等。

与哈尔滨工业大学、山东大学、大连理工大学建立了深度的合作关系，是哈尔滨工业大学的重点产学研成果转化单位。

目前已服务客户100余家，涵盖航空航天、科研院所等复材行业及相关大学院校。设备已出口北美、欧洲、东南亚等多个国家。

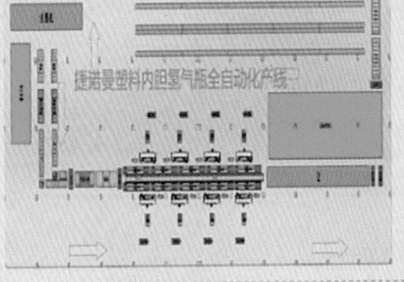

氢气瓶制造自动化产线

龙门纤维缠绕机

机器人纤维缠绕及铺带机

铺缠一体机

小型一体化纤维缠绕机

小型桌面缠绕机

卧式纤维缠绕机

多工位旋转固化炉

气瓶定期检验系统解决方案

低温容器、气瓶定期检验设备
低温容器、气瓶检验维修服务
液位、压力、温度等非标设备研发制造

公司简介
Company profile

北京华拓绿能科技有限公司是一家专业从事低温深冷技术和氢能领域智能检验设备研发、组装与销售的高新技术企业，公司自成立以来一直致力于为清洁能源事业的发展提供专业化技术和产品。公司自主研发物联网形态的低温绝热气瓶和车用压缩氢气纤维全缠绕气瓶检验设备，已经获得多项国家专利等知识产权，2017年10月获得国家高新技术企业认证，2018年5月获得中关村高新技术企业认证，2021年获得北京市知识产权试点单位认证。

公司主要技术领域包括气瓶成套检验设备研发制造，高低压安全阀校验装置研发制造，液位、压力、温度等非标设备定制研发，以及气瓶定期检验与维护。其中核心的智能无线静态蒸发率测试仪和水压试验等关键设备在行业内处于技术先进地位。多年来，华拓绿能研发设计的气瓶检验设备已成功服务于国内外数百家企事业单位，是国内特检院系统以及气瓶定期检验机构的优选产品。公司立足北京，业务辐射全国29个省（自治区、直辖市），并于2020年起，连续几年实现气瓶定期检验设备出口国外市场。助力省市级特检院、气瓶检验机构、主机厂、燃气公司、物流运输公司等行业链客户群体实现气瓶全寿命周期信息化管理与安全运行。

静态蒸发率测试仪
Static Vaporation Rate Tester

专利产品：智能静态蒸发率测试仪
流量、压力、温度、湿度、大气压一体显示
无线远传、远程控制、电池供电

气瓶外部清洗机

水压试验台

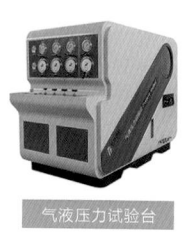

气液压力试验台

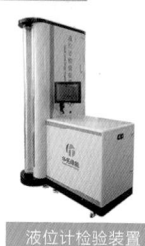

液位计检验装置

📍 北京市房山区良乡经济开发区金光路3号

☎ 010-60301622　13611308931

🌐 http://www.htge.com.cn

— 广告

DeleeTech
鼎力华业

传感 / 测量

江苏鼎力华业测控技术有限公司坐落于江苏省常州市浙大工业研究院创业园区，是一家专业从事低温介质液位测量研发的省级高新技术企业。公司在北京设有研发中心，由资深传感器专家及嵌入式软件工程师组成，以航天技术为依托，专注传感技术开发及应用，掌握低温介质液位测量的核心技术，产品涵盖液氧、液氮、液氩、二氧化碳、液氢、LNG等低温介质液位测量，广泛应用于能源、运输、工业制造、生物医疗、核能、商业航天领域。产品已通过CCS船级社、E-mark等行业组织认证，企业已通过质量体系审核，取得ISO 9001体系认证证书，多项产品获得专利及软件著作权。

· **车载液位计**
适用于LNG、液氢车载瓶

· **无线远传液位计、压力计**
适用于卧式工业气瓶、杜瓦瓶

· **液位传感器**
适用于卧式工业气瓶、杜瓦瓶，车载LNG、液氢瓶

车载瓶、绝热气瓶液位计安装案例

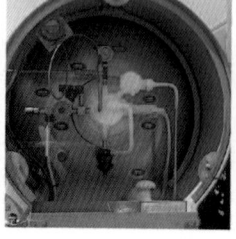

☎ 电话：0519-85511969
📍 地址：江苏省常州市新北区华山中路8号5号楼6层
✉ 邮箱：sales@deleetech.com
🌐 网址：www.deleetech.cn

广告

广告

山东华宸高压容器集团有限公司
SHANDONG HUACHEN HIGH PRESSURE VESSEL GROUP CO., LTD

　　山东华宸高压容器集团有限公司坐落于美丽的泉城济南，华宸集团成立于2007年，华宸集团下设五家全资子公司，近二十年笃行致远、耕耘不辍，华宸集团从无到有、从弱到强，把梦想变成现实。华宸集团已经发展成为国内较大的钢质无缝气瓶生产企业之一，产品涉及医疗器械、消防器材、化工装备、科研设备、军工、食品等领域。

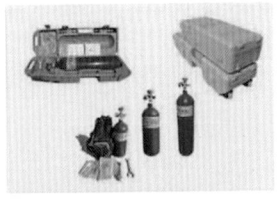

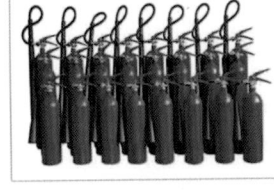

HTTP://WWW.SDGYRQ.COM/　15066665808

锐新 RAYSOV Better X-ray Solution

能型X射线数字成像（DR）检测系统

关于锐新

　　丹东锐新射线仪器有限公司作为高频X射线设备制造商、专业生产X射线数字成像检测系统设备的高科技公司、无损检测行业领先的射线仪器制造商和应用服务商，不仅拥有一系列心技术的自主知识产权和权威的技术创新研发团队，还拥有专业的运营团队和先进的检测设可为客户提供从基础器件、应用单元到整体系统的高端中国射线全产业链解决方案。
　　公司拥有以博士为核心的计算机数字成像检测技术团队，坚持数字影像处理技术推进射线像检测系统发展，帮助客户更加清晰地辨识复杂形状部位缺陷特征，提升现场检测效率、检精度。

— 智能型高频X射线数字成像(DR)检测系统应用行业 —

液化气钢瓶、消防钢瓶、低温绝热气瓶、LNG车载气瓶、低温液氢气瓶等

产品优势

□ 智能型高频X射线数字成像(DR)检测系统是专门针对各种气瓶、钢瓶对接焊缝X射线数字成像检测而设计开发的高效率、高精度X射线数字成像(DR)系统。

□ 具有自动化程度高、检测精度高、检测结果直观、检测速度快、检测数据易于分析、测量、计算、保管和查询。快速及有效检查出气瓶、钢瓶对接焊缝的气孔、未熔合、未焊透、咬边、夹渣等缺陷。具有高效率、低成本、节能、环保等特点。检测工作更快捷方便，效率更高。

技术优势

- ⟳ 高频高压技术
- ⟳ 自动传输技术
- ⟳ 系统优化与检测过程优化
- ⟳ 高精度机械设计
- ⟳ 可视化自动控制

- ⟳ 功能齐全的数字图像处理系统
- ⟳ 软件系统的网络功能
- ⟳ 远程网络评片软件
- ⟳ MES接口与数字通信
- ⟳ 辐射安全监测、报警

客户案例

联系方式

丹东锐新射线仪器有限公司
地址：辽宁省丹东新区中央大道31-12号
电话：0415-6277666
传真：0415-6277566
E-mail：info@raysov.com
网址：www.raysov.com

hy 华银® 始于1948
原山东掖县材料试验机厂

莱州华银试验仪器有限公司
LAIZHOU HUAYIN TESTING INSTRUMENT CO., LTD.

莱州华银试验仪器有限公司，原厂名"山东掖县材料试验机厂""莱州市试验机总厂"，于1948年2月创立，1961年开始专业研发制造硬度计，是中国金属材料布氏、洛氏、维氏等硬度计的生产企业，享有中国硬度计摇篮的美誉。

公司于2001年在中国试验机行业率先通过ISO 9001质量管理体系认证，是高新技术企业。

公司在硬度计领域已深耕60余年，获得诸多荣誉和国家专利。产品涵盖布氏、洛氏、维氏、肖氏、里氏、邵氏、多用硬度计和标准硬度机及多种智能化在线硬度计，拥有九大系列120多个品种型号。

20世纪90年代中期，公司开始研发生产智能化在线自动检测硬度机。2011年公司承担了科技部"科技型中小企业技术创新基金"《智能化在线布（洛）氏硬度试验机》项目，先后为国内多家骨干企业配套研发生产了火车车轮、发动机缸体缸盖、钻杆钻铤、气瓶等在线硬度计，其中在一家企业先后配套研发生产了13条在线硬度计检测线。

近10年来，在气瓶专用硬度计、在线硬度计技术研发上获得了多项国家专利，产品技术不断更新换代，先后推出了多款智能化气瓶在线洛氏、布氏硬度计，广泛应用于国内气瓶生产厂家和检测单位，部分型号产品还出口法国、阿根廷、委内瑞拉、乌兹别克斯坦、印度等国家。

热烈欢迎各厂家朋友关注公司网站，来公司参观洽谈业务、指导工作！

广告

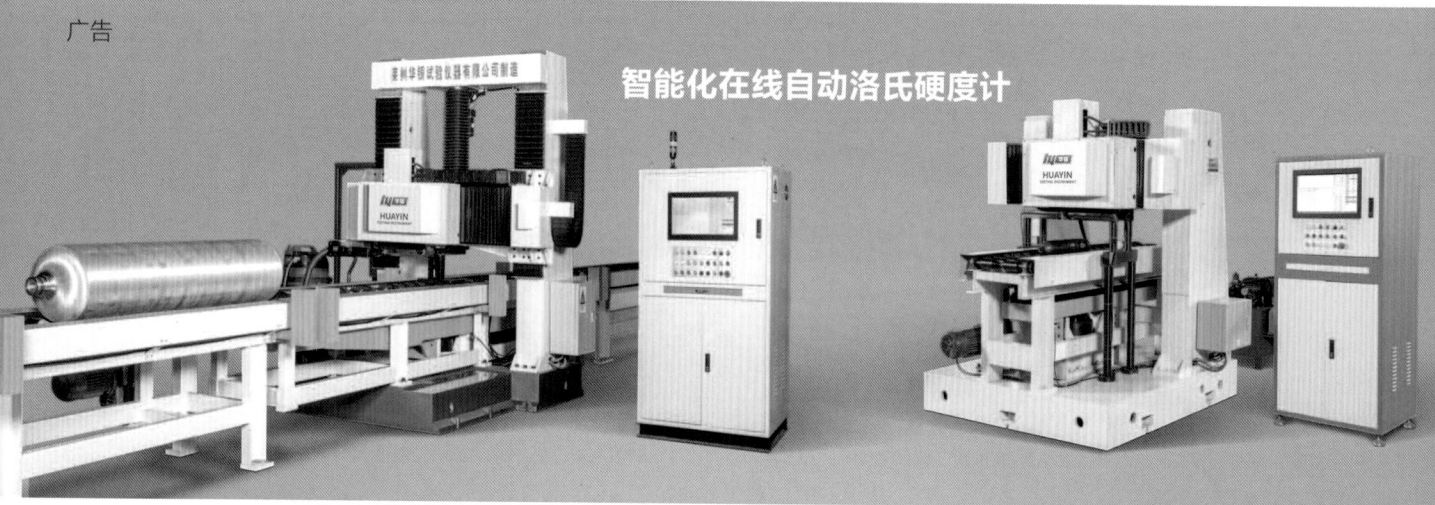

智能化在线自动洛氏硬度计

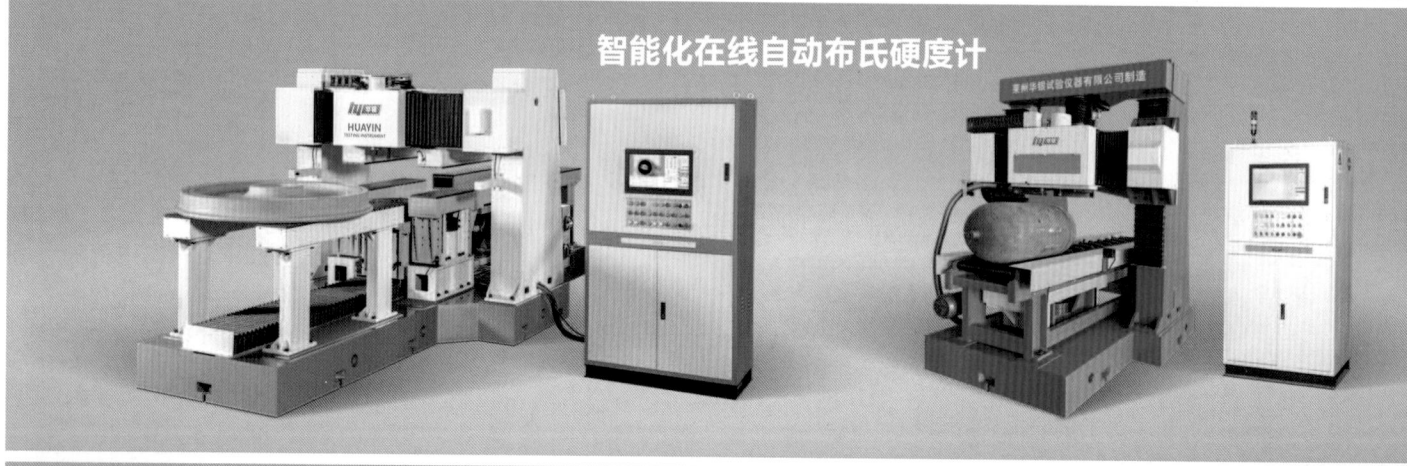

智能化在线自动布氏硬度计

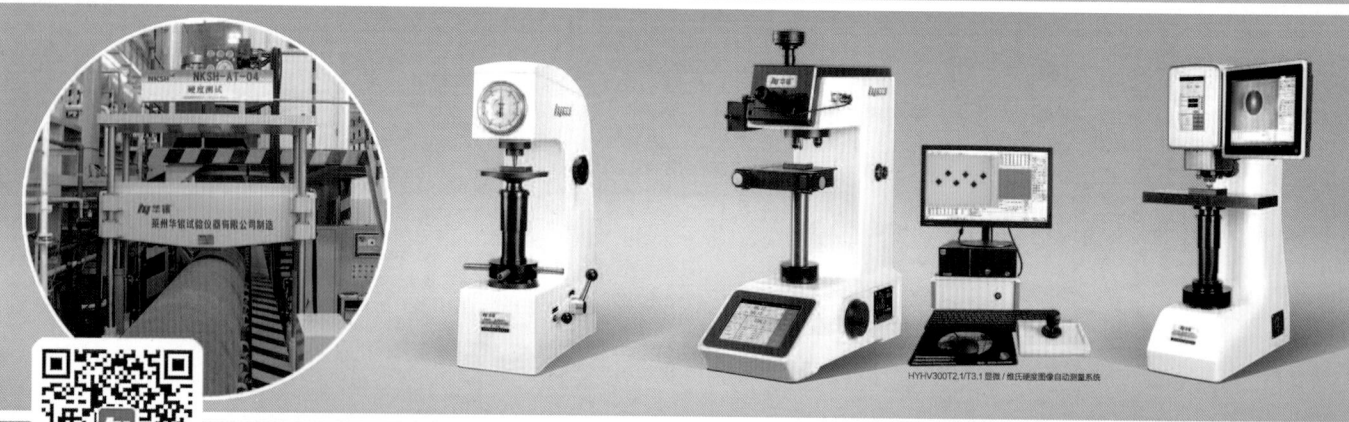

HYHV300T2.1/T3.1显微/维氏硬度视图像自动测量系统

地址：山东省莱州市东环路2788号
咨询电话：0535-2212350 2229766 2211612

HUAYIN 1948
Testing instrument
www.lzhuayin.com

华银微信公众号

广告

　　总部位于德国科隆的德国莱茵TÜV集团拥有150多年的历史，是一家从事检验、检测、认证等服务的全球性第三方机构，在全球59个国家设有500多家分支机构。无论是法定、自愿，或是客户提出的特殊要求，集团的专家能提供相应的一站式解决方案，以确保产品和设备质量及性能符合市场相关要求。

涉及产品包含

- 工业气瓶
- 长管拖车
- 车载燃料用气瓶
- 低温储罐
- 阀门
- 低温槽车
- 集束瓶组
- 撬装站加气站
- 管束式集装箱等

服务范围广泛　全球认可

ADR	PED	ASME	IMDG	ECER
TPED	DOT/TC	NB	MOM	DOSH
MHLW	KHK	CU-TR	SASO	IMETRO
AS	IBR	COC	ATEX	KOSHA
KEA				

一站式服务　值得信赖

管理体系的培训、咨询、认证服务（ISO 9001认证、ISO 14001认证、OHSAS 18001、TS 16949等）

国际焊接技能培训及发证

国际无损检测人员培训及发证

金属材料测试及NDT无损检测

失效分析

防爆

相关业务信息敬请咨询

 TÜVRheinland®
Precisely Right.

德国莱茵TÜV大中华区
www.tuv.com

北京联系人：熊川丰 先生
电话：010 - 8524 2199
手机：+86 134 2603 4333
邮箱：simon.xiong@tuv.com

上海联系人：郑怡
电话：+86 21 6108 1467
手机：+86 136 8196 1857
邮箱：tina.zheng@tuv.com

永安钢瓶
YONG AN GANG PING

山东永安特种装备有限公司

山东永安特种装备有限公司创建于1999年7月21日，坐落在风光旖旎、河湖秀美的沂蒙革命老区山东省临沂市河东经济开发区军部街，是一家专注于工业气瓶、高压储氢气瓶、高纯气气瓶、车用压缩天然气瓶、消防系统用气瓶、医用氧气瓶、焊接丙烷气瓶、民用液化石油气瓶、低温绝热气瓶、非重装焊接气瓶、集束装置等产品的高新技术企业，集研发、生产于一体的专业化钢瓶制造公司。

公司于2019年成为全国气瓶标准化技术委员会委员单位、第七届全国气瓶标准化技术委员会无缝分会委员单位、焊接分会委员单位；公司先后参与GB/T 5099—2017《钢质无缝气瓶》、GB/T 5100—2020《钢质焊接气瓶》、GB 5842—2023《液化石油气钢瓶》3项气瓶国家标准及GB 7512—2023《液化石油气瓶阀》1项阀门国家标准。

公司拥有高效运转的质保体系，通过ISO 9001质量管理体系认证，荣获"临沂市市长质量奖"，荣获"山东优质品牌""山东知名品牌"称号，公司产品已取得美国DOT认证、欧盟TPED、PED认证、韩国KGS认证、印度IS7285认证、中国船级社认证、医疗器械认证等。

公司拥有多条钢质无缝气瓶生产线、智能化焊接生产线、低温绝热气瓶生产线，可生产各种介质规格80余种，产品广泛应用于医药、航空、科技、电子、电力、石油化工、钢铁、工业、民用等行业，产品销往全国各地及全球大部分国家，受到广大用户的一致好评与认可。公司拥有专利30多项，其中发明专利12项，软件著作权4项；拥有注册商标"永安"等10多项，获得"山东省技术创新示范企业""山东省企业技术中心""山东省工业设计中心"，通过"知识产权管理体系认证""两化融合管理体系评定""数字化车间"，获得"山东省制造业单项冠军企业""山东省专精特新中小企业"等认定。

公司积极参与公益活动，董事长朱孔珏被临沂市委宣传部、临沂市工信局评选为"践行沂蒙精神 最美抗疫企业家"。山东永安始终本着"做专、做精、做大、做强"的经营理念，以"为社会提供更多优质放心产品"为目标，愿与全国气体行业人士和新老客户，真诚合作、共谋发展、和谐共赢、共创未来！

联系电话：0539-8080656　　网址：http://www.sdyongangp.com

全国气瓶标准化技术委员会多项气瓶标准起草组成员，拥有专利30多项

广告

2024
做专、做精、做大、做强
"为社会提供更多优质放心产品"为目标

广东奇才阀门科技有限公司

广东奇才阀门科技有限公司创建于 1996 年，是专业研发、生产气瓶阀门的企业，主要产品有各类气瓶阀门和燃气配件。

公司技术力量雄厚，有数十名从事气瓶阀门研究、设计、生产的专业工程技术人员，研发设计的产品获得了几十项专利，其中发明专利有十几项；公司还主导或参与了多项法规、国家标准、团体标准的制定或修订工作，2018 年获得高新技术企业认定，2023 年获得创新型中小企业、专精特新中小型企业认定。

公司建立了完善的质量管理体系，早在 1998 年就在行业内率先通过了 ISO 9000 质量管理体系认证，并于 2003 年取得 IQNet 认证；出口产品先后获得了 UL、CSA、ETL 等认证；2019 年取得了 GB/T 29490 知识产权管理认证；2020 年取得了 ISO 14000 环境管理体系认证和 ISO 18000 职业健康安全管理体系认证。

公司着眼于未来、与时俱进，于 2011 年组建团队开始智能瓶阀的研发，之后成立了广东至安云科技有限公司，研发了智能瓶阀、气瓶智能充装和管理系统及气站管理系统。

公司不断自我改造，大量改进更新了生产工艺、生产和检测设备，"奇才"牌气瓶阀门以优良的品质赢得了广大消费者、钢瓶制造企业、气瓶检测机构的认可和好评并得到广泛使用，成为业界的知名品牌；国外远销欧、美、澳洲、东南亚及中东等地区，享有良好声誉，2007 年 10 月成为欧洲信息中心注册供应商。

公司秉承"以人为本"的管理理念，极力给员工提供良好的工作、生活环境和发展空间；坚持"勇于创新、注重品质"的拼搏精神，致力于瓶阀产业的发展和创新，持续进行技术革新，引领瓶阀行业的升级和变革；以"高质量、优服务、讲信誉、谋共赢"的经营方针，竭诚与海内外客户建立长期稳定的交流与合作。

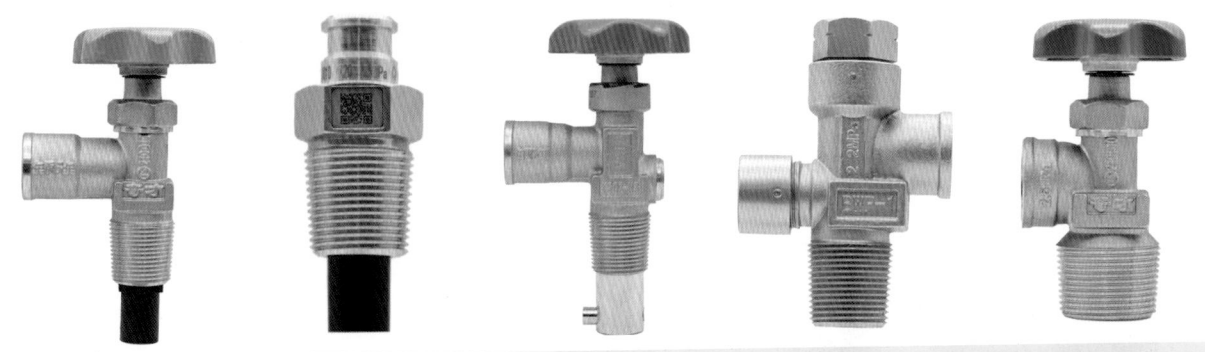

专业技术　精益求精　追求卓越　贴心服务

奇才阀门 质量和安全的保证

地　址：广东省佛山市南海区里水镇岗联工业区麻联路 7 号
网　址：http://www.cn-qicai.com
邮　箱：info@cn-qicai.com
服务热线：0757-85608358 18923060611

广告

扬州市安宜阀门有限公司

扬州市安宜阀门有限公司创建于 1958 年（前身为江苏安宜集团）。经过 60 多年的不断开拓发展，目前已成为我国具有高、低压瓶阀生产资质的单位。公司现有员工 350 余人，占地 5.3 万 m²，厂房面积 2.6 万 m²，拥有国内先进的生产、检测设备 200 多台，液化气瓶阀生产采用自动装配检测线，具有年产各类气体瓶阀 1200 万套，各类铜材 1.5 万吨的生产能力。公司瓶阀品种多、规格全、设备先进，技术力量雄厚，可按国际标准设计、制造各类瓶阀。

扬州市安宜阀门有限公司是全国气瓶标准化技术委员会附件分会、燃气装备与用具专业委员会委员单位，高新技术企业、江苏省民营科技企业、扬州市气瓶阀门工程技术研究中心、银行诚信企业和资信等级"AAA"级。公司先后通过 ISO 9000 质量管理体系认证、UL 认证、KGS 认证、SNI 认证、BV 认证、CE 认证。公司曾获"江苏省优质产品"、"建设部优质产品"、中国技术监督情报协会"监督检测质量十佳放心品牌"和"江苏省信得过产品"。公司现有高新技术产品 7 个，国家专利 8 个，其中发明专利 3 个，实用新型专利 17 个。

"质量第一，诚信为本"是公司一贯的服务宗旨，"求新、求精、求实、求进"是公司永远为之奋斗的目标。公司坚持走科技创新发展之路，已发展成为集技术情报收集、新品研发、定型设计制造与销售为一体的民营科技型企业，产品出口北美、欧洲、中东及东南亚等多个国家和地区，深受国内外用户的好评。

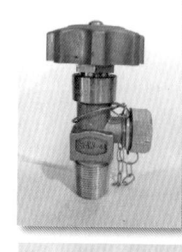

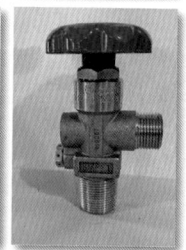

厂址：江苏省扬州市宝应经济开发区大陆工业集中区
网址：www.anyifm.com 邮箱：anyi-wgy@163.com
电话：0514-82654819 88601153 88603999
传真：0514-88602222 88600818 88601252

广告

长春致远新能源装备股份有限公司

合作理念：众行致远　　经营理念：诚以立信 信以致远

公司概况

长春致远新能源装备股份有限公司成立于 2014 年，位于吉林省长春市朝阳经济开发区，于 2021 年在深圳创业板上市【股票代码 300985】。公司主要从事清洁能源、新能源低温压力容器和能源装备制造。产品主要包括车、船用 **LNG 供气系统**、**氢能供气系统**、**罐式集装箱**、**LNG 及工业气体低温储罐**等能源装备的制造与服务。

公司是车用 LNG 供气系统产品行业知名企业，产品主机配套市场份额国内占有率高。

公司是高新技术企业、有省级企业技术中心、省级工程研究中心、市级产业技术研发中心、是长春市小巨人企业、长春市高新技术企业 50 强。

产品与客户——整车 OEM 配套

///// LNG、氢气供气系统

- LNG 供气系统产品规格从 160 L—1500 L，覆盖轻、中、重型卡车全系列车型。
- 氢气瓶（车载高压氢及液氢瓶）、氢气供气系统国内技术领先。

产品与客户——工业低温储罐

- 主要客户为内河船舶公司、中国燃气、长航上海等，同时出口泰国、马来西亚、北美等

///// 部分产品项目展示

船罐　　　　　立式储罐　　　　卧式储罐　　　氧氮氩储罐

小型低温储罐　　泵船液化系统　　加气撬　　　点供系统

产品与客户——客户认可

产品与客户——工业低温储罐

地址：吉林省长春市朝阳经济开发区育民路 888 号　　联系电话：0431-85011202　　服务热线：400 670 0666

邮箱：zhiyuanzhuangbei@163.com　　网址：http://www.zynewenergy.com　　广告

北京华诚浩达真空空压设备有限公司
Beijing HCHD Vacuum & Air Compressing Equipment Co., Ltd.

HCHD CO.,LTD.

北京华诚浩达真空空压设备有限公司是高新技术企业，成立于2005年，中国通用机械工业协会真空设备分会副理事长单位、中国危险品储运装备技术与信息化工作委员会委员单位。公司始终致力于真空、空压系统应用技术的推广以及相匹配的传感、自动化、云计算的遥感系列技术应用。

公司目前已经取得"华诚浩达"和"HCHD"注册商标、"ISO 9001质量管理体系"认证、"高新技术企业"认证，以及多项国家发明专利、实用新型专利和全自动控制系统的软件著作权，并且数量每年递增，是制造业中持续创新型的科技公司。

公司自2009年起进入LNG领域，在真空系统技术与工艺方面经历了数年的研发与试验，技术范围涉及各种形式的低温储运容器的半自动及全自动抽真空系统。相关产品涉及生产型、维修服务型等各种专用应用，同时可选择配合产品输出相关应用工艺。

目前有100余家用户正在使用公司全系列或部分系列低温储运容器抽真空产品，国际市场有Air Liquide（法国空气液化集团）、Linde（德国林德集团）、Air Products and Chemicals（美国空气化工公司）、Praxair（美国普莱克斯集团）等，国内市场有长春致远、南通中集、中车长江、中车西安、中车大连集装箱、山东中车、山东奥扬、荆门宏图、张家港富瑞、石家庄安瑞科、河北泰荣、宁波明欣、西安德森、滁州永强、未势能源、中船靖江船厂等众多大型低温储运容器的生产厂家。

产品的售出不是公司唯一目的，配合企业在短时间内做出合格的产品和更精细的工艺才是公司不变的追求，所以公司的产品到达客户现场时会让随同的多名工程师分别完成系统组装、电器调试、氦气检漏、生产工艺专业应用指导等一系列工作。让客户真正体会到购买的不仅是性能优异的系统，更是专业且无微不至的服务！

主要产品

1. 全自动低温储运装备夹层抽真空系统
2. 补抽真空及真空检测设备
3. 低温容器＋氢气瓶（Ⅳ型瓶）氦质谱检漏系统
4. 正－仲氢含量检测及转化一体机
5. 氢液化系统
6. 液氢装置中真空获得及维持系统

杜瓦瓶夹层抽真空系统

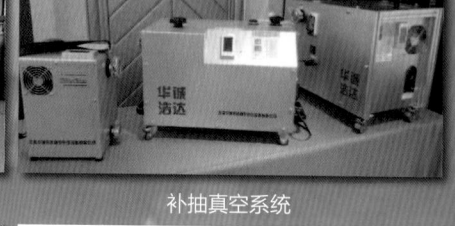

补抽真空系统

氦质谱检漏系统

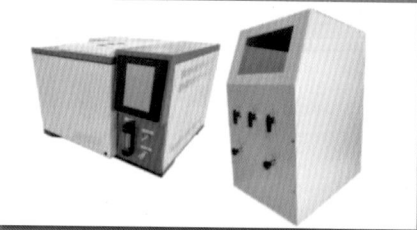

正－仲氢含量检测及转化一体机

LNG罐箱夹层抽真空系统

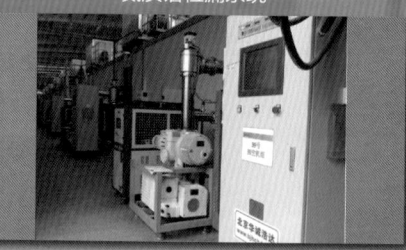

真空获得系统

丰台办公地址：北京市丰台区华源一里甲一号糖人商务会馆A座307　邮编：100073
大兴办公地址：北京市大兴区国际氢能示范区8号楼二层206室　邮编：102600
电话：010-63334916 / 010-63334918
企业网址：www.bjhchd.com　邮箱：hchd@bjhchd.com
总经理电话：18511802288　技术热线：18601307073
低温产品事业部经理：18618223007

广告

COMPANY PROFILE
致力于气体产品的设计和研发

杭州新世纪混合气体有限公司位于浙江省杭州市余杭经济开发区，成立于 1999 年，总占地面积约 50 亩，专业从事各类标准气体、高纯气体、超高纯气体、电子气体、特种气体、消防气体、混合气体、医用气体、食品及工业用气体的生产和销售。其产品主要服务于石油、化工、环保、军工、高校、科研、电力、电子、船舶、煤矿、汽车、医疗消防、航空航天、食品、建筑、冶炼、精细化工、加工制造等行业。

杭州新世纪混合气体有限公司是国家一、二级气体标准物质生产单位，坚持自主研发，已拥有 1 项国家一级气体标准物质，170 项国家二级气体标准物质。是全国气瓶标准化技术委员会委员单位、全国气瓶标准化技术委员会气瓶充装分委会秘书处承担单位、全国气体标准化技术委员会委员单位、全国气体标准化技术委员会混合气体分委会秘书处承担单位、中国工业气体协会副理事长单位、浙江省工业气体协会会长单位、浙江省化学品安全协会副会长单位、浙江省应急与安全科学技术学会副理事长单位。已制修订国家标准 20 项、行业标准 9 项、团体标准 1 项，是"高新技术企业""浙江省专精特新中小企业""浙江省新世纪标准气体高新技术企业研究开发中心"。

严格的质量管理体系
依据ISO 9001:2000质量管理体系规范生产管理。

精确的配气计算
研制了标准气配制的计算软件，保证计算准确无误。

严谨的制备方法
依据GB/T 5274.1进行标准气体生产。
原料控制：原料严格检测，保证满足生产需求。具有特殊原料提纯及生产设备，具有数百种原料，满足各行业标准气的需求。

准确的分析检测
依据ISO/IEC 17025:2005执行。
对于容易引起误差的气体，如受本底影响、易吸附气体，需瓶瓶检测。
对标准气数据和客户要求进行比对，准确无误后方能出厂。

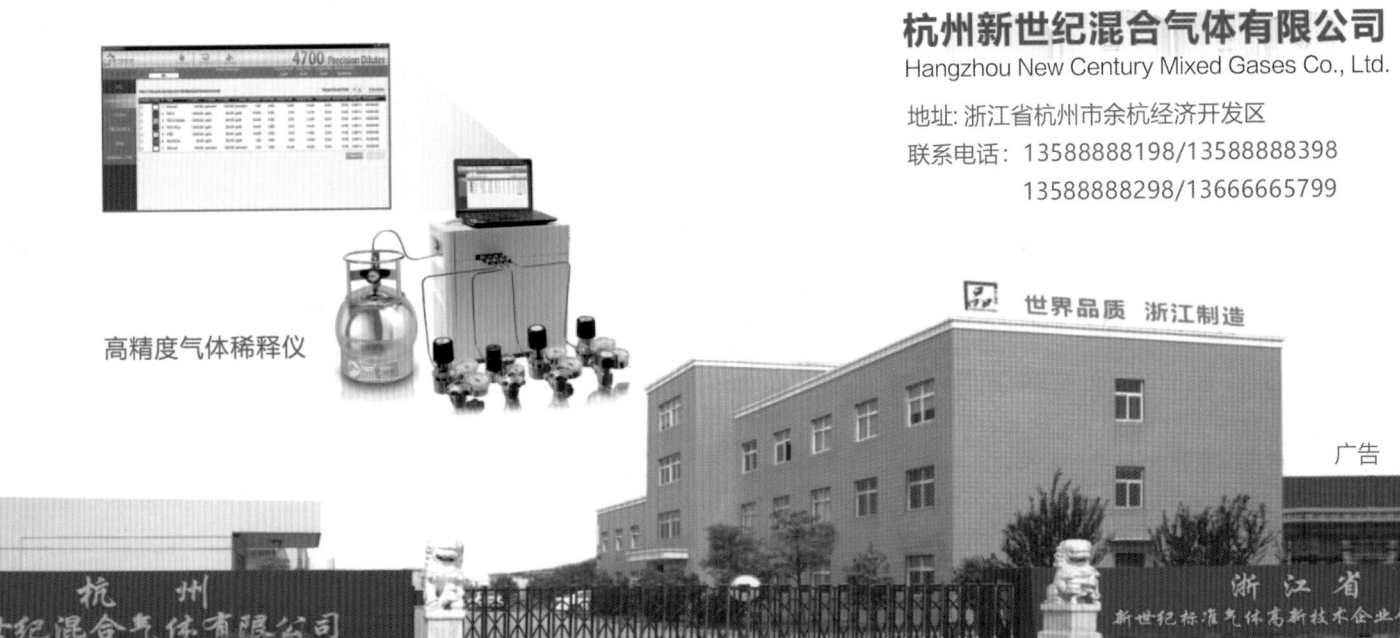

高精度气体稀释仪

杭州新世纪混合气体有限公司
Hangzhou New Century Mixed Gases Co., Ltd.
地址: 浙江省杭州市余杭经济开发区
联系电话：13588888198/13588888398
　　　　　13588888298/13666665799

世界品质　浙江制造

广告

广告目录

《气瓶标准汇编》2024（上）